Handbuch SAP®-Revision

SAP PRESS

Maxim Chuprunov

Handbuch SAP®-Revision

Internes Kontrollsystem und GRC

Rheinwerk
Publishing

Liebe Leserin, lieber Leser,

klirrend kalte Winterabende, ein brüllend heißer Sommertag oder – wie es das Coverbild dieses Buches erahnen lässt – ein heraufziehendes Unwetter. Selten ist das Wetter jedem recht. Dabei muss man es (natürlich) nehmen, wie es kommt. Manche behaupten sogar, es gäbe gar kein schlechtes Wetter, sondern nur die falsche Kleidung.

Im übertragenen Sinne vertritt auch unser Autor Maxim Chuprunov diese Haltung: Die IT-Revision ist fraglos eine ernste Sache, der man nicht entgehen kann, aber mit der richtigen Vorbereitung ist sie vor allem auch eine Chance, das SAP-System sicherer zu machen und das Unternehmen dabei zu unterstützen, besser und profitabler zu arbeiten.

In diesem Buch erläutert Maxim Chuprunov Ihnen detailliert und nachvollziehbar, wie Sie ein Internes Kontrollsystem (IKS) etablieren und automatisieren, das auch wirtschaftlichen Überlegungen Rechnung trägt. Damit ist Ihr Unternehmen nicht nur für den Besuch des Prüfers oder die interne Revision gerüstet, sondern schöpft die Möglichkeiten voll aus, die sich ihm durch GRC bieten. Ich bin sicher, dass dieses Buch wertvolle Anregungen für Sie bereithält!

Wir freuen uns stets über Lob, aber auch über konstruktive kritische Anmerkungen, die uns helfen, unsere Bücher zu verbessern. Scheuen Sie sich nicht, mich zu kontaktieren. Ihre Fragen und Anmerkungen sind jederzeit willkommen.

Ihre Eva Tripp
Lektorat SAP PRESS

eva.tripp@rheinwerk-verlag.de
www.rheinwerk-verlag.de
Rheinwerk Verlag · Rheinwerkallee 4 · 53227 Bonn

Auf einen Blick

Wir hoffen, dass Sie Freude an diesem Buch haben und sich Ihre Erwartungen erfüllen. Ihre Anregungen und Kommentare sind uns jederzeit willkommen. Bitte bewerten Sie doch das Buch auf unserer Website unter **www.rheinwerk-verlag.de/feedback**.

An diesem Buch haben viele mitgewirkt, insbesondere:

Lektorat Eva Tripp, Helene Bandholtz
Korrektorat Monika Klarl, Köln
Herstellung Nadine Preyl
Typografie und Layout Vera Brauner
Einbandgestaltung Nadine Kohl
Coverbild iStock: 497186676 © Mamphotography
Satz SatzPro, Krefeld
Druck Beltz Grafische Betriebe, Bad Langensalza

Dieses Buch wurde gesetzt aus der TheAntiquaB (9,35/13,7 pt) in FrameMaker. Gedruckt wurde es auf chlorfrei gebleichtem Offsetpapier (90 g/m²). Hergestellt in Deutschland.

Bibliografische Information der Deutschen Nationalbibliothek:
Die Deutsche Nationalbibliothek verzeichnet diese Publikation in der Deutschen Nationalbibliografie; detaillierte bibliografische Daten sind im Internet über *http://dnb.d-nb.de* abrufbar.

ISBN 978-3-8362-5586-8

3., aktualisierte und erweiterte Auflage 2019

Informationen zu unserem Verlag und Kontaktmöglichkeiten finden Sie auf unserer Verlagswebsite **www.rheinwerk-verlag.de**. Dort können Sie sich auch umfassend über unser aktuelles Programm informieren und unsere Bücher und E-Books bestellen.

Inhalt

4 Wie geht SAP mit dem Thema Compliance um? 125

TEIL III Von Konzept und Inhalt zur Umsetzung: Die Automatisierung eines Internen Kontrollsystems

Anhang

Vorwort

Die Einhaltung gesetzlicher Compliance-Auflagen, zum Beispiel in Bezug auf die externe Finanzberichterstattung, kann mit dem Staat nicht verhandelt werden. Dies ist jedoch nur eine Seite der Medaille: Das Management von Risiken und Kontrollen zur Einhaltung gesetzlich verankerter Anforderungen ist wichtig, greift aber zu kurz, wenn es um den geschäftlichen Erfolg geht. Hier stehen die Beurteilung der Nachhaltigkeit und letztlich des Werts eines Unternehmens im Vordergrund. Deshalb ist die Betrachtung der anderen Seite der Medaille mindestens ebenso wichtig: Sie lenkt den Blick auf nichtformelle Risiken, die den Unternehmenszielen entgegenstehen, und zeigt auf, welche Maßnahmen zur Risikooptimierung oder -reduzierung bereits getroffen wurden. Hier spielt die Umsetzung eines effektiven *Internen Kontrollsystems (IKS)* ebenfalls eine wesentliche Rolle, um zu beurteilen, ob die getroffenen Maßnahmen tatsächlich greifen. Erst die Zusammenschau der beiden Seiten in einem integrierten Governance, Risk and Controls/Compliance Management (GRC) ermöglicht es, die Firmenstrategie und -ziele nachhaltig zu erreichen oder risikoabhängig umzusteuern.

Gerade erleben wir eine neue industrielle Revolution, die sogenannte *digitale Revolution*: Immer kürzere Innovationszyklen, Globalisierung, Digitalisierung des Geschäfts, der Markteintritt neuer Wettbewerber (Born Digital Companies), und neue Regularien sind nur einige ihrer Merkmale. Zu den neuen Regularien zählt zum Beispiel die Datenschutz-Grundverordnung (DSGVO) – ein Regelwerk, das dem einzelnen Bürger die Hoheit über seine Daten zurückgibt.

Ein digitaler Darwinismus hat in diesem hart umkämpften Umfeld schon einige namhafte Unternehmen in die Knie gezwungen. Die Gewinner dieser Revolution werden hingegen als *Intelligent Enterprises* bezeichnet. Sie beobachten und reagieren unverzüglich auf die wesentlichen Risiken in ihrem Geschäftsmodell. Sie arbeiten kontinuierlich an Prozessoptimierungen, und sie erarbeiten sich das Vertrauen ihrer Kunden, Lieferanten und ihrer Investoren durch verlässliche Produkte und Dienstleistungen, optimierte interne Prozesse, soliden Datenschutz etc. Dieser *Digital Trust* ist ein unverzichtbarer Wettbewerbsvorteil in der Digital Economy.

Für dieses Vertrauen spielt GRC eine zentrale Rolle: GRC liefert allen Managementebenen in Echtzeit die notwendige und für alle Beteiligten übereinstimmende, widerspruchsfreie Transparenz. Ein modernes IKS vereint auch menschliche Denkleistung mit intelligenzbasierten Technologien (zum Beispiel Machine Learning, Artificial Intelligence, Robotic Process Automation). Die »kombinierte Intelligenz« von Mensch und Maschine ermöglicht weit mehr als »nur« die Compliance mit externen Gesetzen und internen Richtlinien. Ein modernes IKS ermöglicht eine kontinuierliche Überwachung und Optimierung der Geschäftsprozesse, die korrekte Steuerung des Unternehmens und letztlich eine verlässliche Zielerreichung.

In dieser aktualisierten und erweiterten 3. Auflage des Standardwerks *Handbuch SAP-Revision* wird den neuen Entwicklungen Rechnung getragen. So sind den Neuerungen im SAP-Umfeld drei zusätzliche Kapitel gewidmet: Sie erhalten Einblick in die Neuerungen zu Risk und Compliance in SAP S/4HANA, in die erweiterten Sicherheitsanforderungen rund um SAP Fiori und SAP HANA sowie in das Thema *Unified Connectivity*. Alle Kapitel des Buches wurden überdies an die aktuellen gesetzlichen Anforderungen, ISO-Normen und Cloud-Spezifika angepasst sowie auf Release 12.0 der SAP-Lösungen für GRC aktualisiert.

Ich danke dem Autor Maxim Chuprunov für sein umfassendes Referenzwerk, das nicht nur die Grundsätze, Anforderungen und Rahmenbedingungen eines erfolgreichen IKS beschreibt. Das Buch erklärt vielmehr, wie man durch Einsatz der SAP-GRC-Lösungen den manuellen Aufwand reduzieren und gleichzeitig das Vertrauen in die Prozesse erhöhen kann. Das *intelligente GRC* ermöglicht unter anderem eine permanente Revision, die automatisiert die zugrundeliegenden SAP-ERP- und SAP-S/4HANA-Systeme prüft und Verantwortliche nur im Fall der Fälle alarmiert. Dieses *Management by Exception* ist eine wesentliche Geschäftsgrundlage für das erfolgreiche Intelligent Enterprise von morgen. Das vorliegende Buch kann somit einen wertvollen Beitrag als Entscheidungshilfe auf dem Weg zu einem zeitgemäßen GRC-System leisten, indem es den Mehrwert eines IKS aufzeigt und Sie durch die Umsetzung im SAP-System führt.

Michael Heckner
Senior Director, Center of Excellence for GRC
SAP EMEA North

Vertrauen ist gut, Kontrolle ist billiger: Einleitung

Die Notwendigkeit, Risiken zu beherrschen und ein Internes Kontrollsystem (IKS) zu etablieren, steht ganz oben auf der Agenda des Topmanagements. Kann die Umsetzung der gesetzlichen Anforderungen einen tieferen Sinn und Nutzen haben, der über das simple »Paragrafen-Genüge-tun« hinausgeht? Sicherlich ja – wenn man es richtig macht. Die Praxis zeigt Folgendes:

- Nicht-Compliance ist einfach zu teuer. Wem nutzt eine strategische Entscheidung, zum Beispiel Daten von Kunden aus dem EU-Raum zu bearbeiten, wenn im Unternehmen keine hinreichenden technischen und organisatorischen Maßnahmen für deren Schutz etabliert sind? Strafen in Höhe von 4 % des weltweiten Jahresumsatzes eines Unternehmens können dessen Position spürbar schwächen.
- Oft wird übersehen, dass das Thema IKS aufgrund seiner traditionellen Fokussierung auf Compliance auch die Überwachung der Geschäftsprozesse hinsichtlich Effizienz, Wirtschaftlichkeit und Performance umfassen kann. Außerdem setzt das im Vorwort angesprochene und das IKS mitumfassende intelligente GRC voraus, dass neben der Gesetzeskonformität auch operative und strategische Zielsetzungen im Fokus von Governance, Risk und Compliance stehen. Es geht daher nicht nur um Paragrafen.
- Compliance als Spielregeln, die vom Staat in Ausübung seiner regulierenden Rolle aufgestellt wurden, schützt die Allgemeinheit vor vielen Übeln. Vielleicht erinnern Sie sich noch an die spektakulären Pleiten von Enron, FlowTex etc.? Ihre Ursachen lagen unter anderem in der Manipulation der externen Finanzberichterstattung.
- Diverse Compliance-Initiativen fordern, die komplexen Prozesse in einem Unternehmen (oft erstmals) sauber aufzunehmen. Transparentere Abläufe sind besser steuerbar, und die identifizierten Kontrollen kommen auch dem operativen Bereich zugute.
- Ein ineffizienter Compliance-Management-Prozess bindet viele Ressourcen. Die Automatisierung dieses Prozesses kann die Unternehmensleitung spürbar entlasten.
- Und nicht zuletzt: Compliance kann direkte finanzielle Vorteile bringen, wie etwa eine geringere Kapitalbindung infolge einer genaueren bzw. risikospezifischen Eigenkapitalhinterlegung oder günstigere Kredite

aufgrund einer besseren Bewertung durch Ratingagenturen. Darüber hinaus wirkt sich ein IKS positiv auf den Unternehmenswert aus.

Warum ist Compliance eine Herausforderung?

Es gibt demnach zahlreiche Gründe, Compliance-Anforderungen nicht ausschließlich als notwendiges Übel zu betrachten. Ihre effiziente Umsetzung und der Aufbau eines wirksamen IKS waren und bleiben jedoch nicht einfach:

- IKS-Management in einem integrierten Ansatz als Teil von intelligentem GRC zu betrachten, ist für viele Unternehmen Neuland. Die Frage nach einem praktikablen Zusammenspiel von IKS und Risikomanagement stellt Unternehmen nicht nur vor konzeptionelle und GRC-lösungsspezifische Herausforderungen, sondern fordert organisatorisch eine engere Zusammenarbeit zwischen den drei Verteidigungslinien im Unternehmen.
- Ohne hinreichende Aufmerksamkeit auf Governance-, Risk- und Compliance-Themen und ohne überzeugende Vorbildrolle der Führungsetagen geht nichts. Liegen diese Voraussetzungen nicht vor, ist es sehr schwierig, eine positive Risikokultur im Unternehmen zu fördern, bei der man einen Risikomanager als Freund, Helfer und Budgetbeschaffer für Problembereiche betrachtet.
- Das komplexe SAP-ERP-Umfeld erfordert ein spezifisches Know-how, und bei IT-gestützten Geschäftsprozessen weiß man nicht immer, welche Risiken sich darin verbergen und welche Kontrollmechanismen es gibt.
- Die Missachtung von Compliance-Anforderungen während der Implementierung eines SAP-Systems kann gravierende Folgen haben. Im Nachhinein ist man immer schlauer, im Falle nicht berücksichtigter Compliance-Anforderungen bei der SAP-Implementierung aber meist auch ärmer. Die SAP-Einführung ist ein kostspieliges Unterfangen, und ein nachträgliches Redesign ist aufwendig und teuer.
- Kontrollen müssen gelebt werden: Nicht die Kontrollen sind wirksam, die richtig dokumentiert sind, sondern vielmehr die Kontrollen, die ausgeführt werden. Dabei sorgt die in der Praxis oft noch fehlende Automatisierung für viel administrativen Aufwand. Microsoft Excel Sheets, E-Mails und manuelle Systemauswertungen dominieren noch erschreckend oft die IKS- und Revisionswelt, auch in großen Unternehmen.

Die Automatisierung eines IKS könnte Antworten auf viele Fragen geben, die heutzutage die Welt der Compliance beschäftigen:

- Wie lässt sich die Transformation von einem statischen IKS in Richtung eines integrierten und risikoorientierten GRC-Ansatzes bewerkstelligen?
- Können alle drei Verteidigungslinien integriert zusammenarbeiten?
- Lässt sich eine positive Risikokultur durch Tools fördern?
- Wie bringt man die operativen und revisionsspezifischen Sichten auf Kontrollmechanismen zusammen?
- Ist ein Realtime-Reporting über den Compliance-Stand auf Knopfdruck möglich?
- Wie kann man das IKS so abbilden, dass unterschiedliche Anforderungen von Risikomanagement, interner Revision, externer Jahresabschlussprüfung und branchenspezifischen Kontrollanforderungen effizient erfüllt werden?

Wie macht man es richtig?

Um ein IKS richtig zu implementieren, müssen viele Puzzleteile zusammengefügt werden:

- Integration zwischen Risiko-, IKS-, Richtlinien- und Revisionsmanagement
- gesetzliche Anforderungen und deren Auswirkung auf die heutige Welt der ERP-gestützten Prozesse
- Konzipierung und Aufbau eines IKS-Modells im IT-Umfeld
- Automatisierung eines IKS-Compliance-Prozesses
- Automatisierung der Test- und Überwachungsszenarien durch Integration
- unternehmensinterne IKS- und Compliance-Ziele bezüglich Effizienz, Wirtschaftlichkeit und Performance
- Umgang mit interner und externer Revision

Das hochaktuelle und spannende Gesamtbild bzw. die Vision der automatisierten GRC-Management-Prozesse im SAP-ERP-Umfeld eines gut geführten Unternehmens, zu dem sich die einzelnen Puzzleteile zusammenfügen lassen, hat uns dazu bewogen, dieses Buch zu schreiben.

Thema, Aufbau und Inhalt des Buches

Wachsende Anforderungen an Unternehmen

Die große Welle von gesetzlich getriebenen IKS-Projekten wurde Anfang der 2000er Jahre durch den Sarbanes-Oxley Act ausgelöst. Diese Welle hat auch in Europa alle in den USA börsennotierten Unternehmen erfasst. Auch in Europa wurde der Ruf nach mehr Transparenz und einer Risikominimierung lauter. Das schlug sich in EU-Richtlinien und weiteren lokalen gesetzlichen Initiativen nieder. Der weltweite Trend zeigt insgesamt, dass ein funktionierendes IKS als eine staatlich geforderte Compliance-Anforderung rasch durchsetzt. Aktuell erleben wir, dass die voranschreitende Digitalisierung und »Cloudisierung« der Geschäftswelt verschärfte Datenschutzauflagen mit sich bringt.

Compliance als Teil von GRC

Das Thema Governance, Risk, and Compliance als einheitliches Konzept (man spricht von einem integrierten GRC-Ansatz) ist auf dem Markt längst angekommen, und das Berücksichtigen von allen drei Verteidigungslinien im Unternehmen spiegelt sich sowohl in den einschlägigen Softwarelösungen als auch in anerkannten Referenzmodellen und Standards wider. Das Thema Compliance kann somit nicht mehr isoliert betrachtet werden.

IKS im IT-Umfeld

In diesem Buch wird Compliance als ein im Rahmen eines IKS abgebildeter Prozess verstanden, der Konformität mit den gesetzlichen Anforderungen und mit den unternehmenseigenen Richtlinien und Zielen (vor allem Effizienz und Wirtschaftlichkeit) gewährleisten soll. Ein IKS war schon vor dem Computerzeitalter bekannt, aber erst mit dem Voranschreiten der Informationstechnologie haben sich neue Besonderheiten ergeben: Die Systemprüfung als Prüfungsansatz, und insbesondere die Betrachtung von IKS und den softwarespezifischen Applikationskontrollen im Rahmen der externen Revision, haben sich als Pflicht durchgesetzt. Die Antwort auf die Frage, was all dies für Unternehmen bedeutet, deren Prozesse SAP-ERP-gestützt ablaufen, muss klar strukturiert und beschrieben werden.

Konzept dieses Buches

Wie Sie es gesehen haben, gibt es zahlreiche Puzzleteile rund um die hochaktuellen Themen IKS und Compliance, die es zusammenzufügen gilt, um einen guten Überblick zu erhalten. Dieses Buch berücksichtigt die Verbindung von Compliance mit den weiteren Bestandteilen von GRC, soweit die Integrationssicht es erfordert, um die möglichen Synergien aufzuzeigen und den integrierten GRC-Ansatz zu erklären. Im Fokus dieses Buches steht jedoch die IKS-Compliance selbst. Dabei wird dieses Thema aus der Perspektive eines von SAP ERP dominierten IT-Umfeldes betrachtet und konzeptionell in drei Schritten aufgearbeitet:

❶ vom Paragrafen zum Konzept

❷ vom Konzept zum Inhalt

❸ von Konzept und Inhalt zur Automatisierung

Idee und Aufbau dieses Buches zeigt Abbildung 1 noch einmal im Zusammenhang.

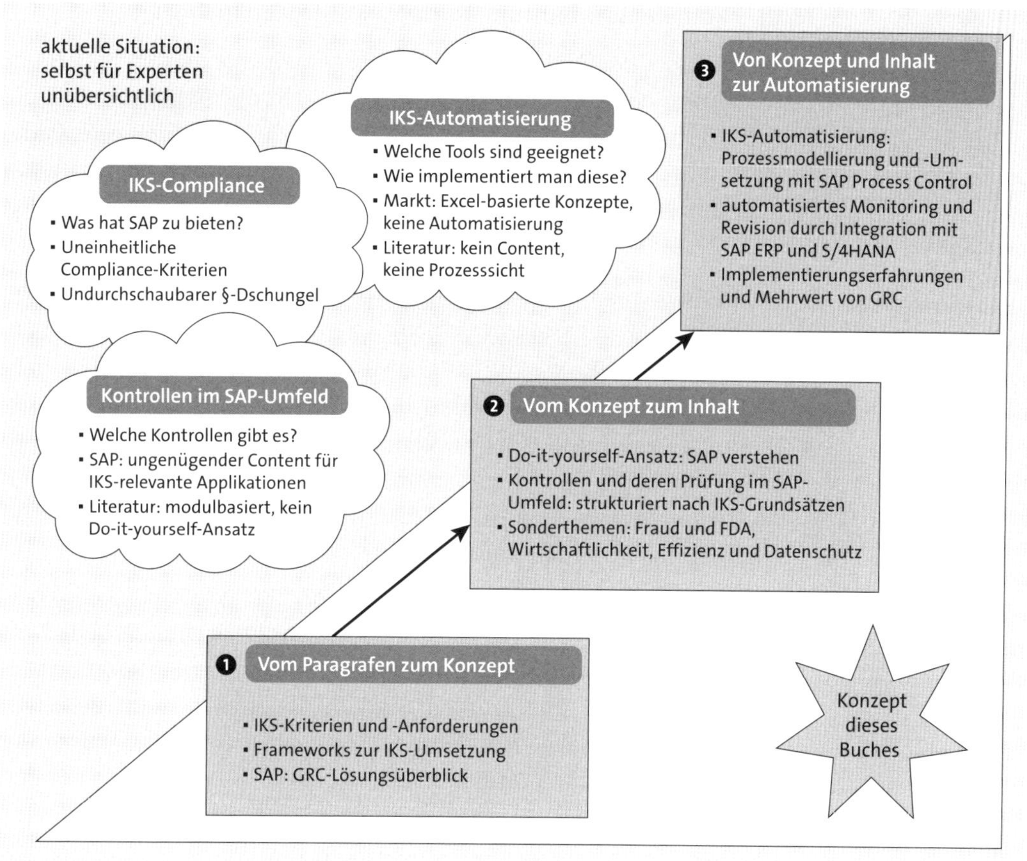

Abbildung 1 Konzept dieses Buches

Bei der vorliegenden dritten Auflage des Buches wurden folgende wesentlichen Anpassungen vorgenommen:

- Sie erhalten eine Delta-Übersicht zu Risk und Compliance in SAP S/4HANA sowie einen Einblick in die erweiterten Sicherheitsanforderungen rund um SAP Fiori und SAP HANA.
- Neu wird Unified Connectivity (UCON) samt Implementierungsschritten vorgestellt.
- Der Mehrwert von GRC, Hilfsmitteln und Erfolgsfaktoren bei der Implementierung von SAP GRC wurde neu aufgearbeitet.
- Alle Kapitel des Buches wurden überdies an die aktuellen gesetzlichen Anforderungen, ISO-Normen und Cloud-Spezifika angepasst sowie auf Release 12.0 der SAP-Lösungen für GRC aktualisiert.

TEIL I – Vom Paragrafen zum Konzept: Kontrollen in SAP ERP

IKS-Compliance im SAP-ERP-Umfeld – selbst für einen Experten stellen sich bei diesem Stichwort viele Fragen: Welche Sicht auf Compliance ist gemeint? Welche gesetzlichen, aber auch unternehmensinternen Anforderungen stehen im Mittelpunkt? Wie sieht ein integrierter GRC-Ansatz, basierend auf SAP-Software, aus? Die Antworten auf diese grundlegenden Fragen gibt der erste Teil des Buches.

- In **Kapitel 1**, »Gesetzliche Anforderungen im Bereich IKS-Compliance«, erfahren Sie, was man unter einem IKS versteht und wie relevante gesetzliche Compliance-Anforderungen im internationalen und branchenübergreifenden Vergleich aussehen.
- **Kapitel 2**, »Der Prüfer kommt: Wann, warum und wie man damit umgeht«, erklärt die besonderen Rahmenbedingungen, denen die Revision im IT-Umfeld ausgesetzt ist, und fasst die wichtigsten Sachverhalte und Empfehlungen aus der Prüfungspraxis zusammen.
- In **Kapitel 3**, »IKS-Anforderungen und SAP-ERP-Systeme: Grundsätze, Frameworks, Struktur«, zeigen wir Ihnen, nach welchen Grundsätzen und wie der Inhalt eines IKS im SAP-ERP-Umfeld definiert wird und welche international anerkannten Studien, Referenzmodelle und ISO-Standards Ihnen dabei behilflich sein können. Die Wichtigkeit des Continuous-Controls-Monitoring-Ansatzes wird dabei besonders hervorgehoben.
- **Kapitel 4**, »Wie geht SAP mit dem Thema Compliance um?«, fasst die wichtigsten Sachverhalte zusammen, damit Sie Ihre compliancerelevanten Prozesse effizienter gestalten können. Diese Sachverhalte reichen von der Zertifizierung der SAP-Softwarelösungen bis hin zu der Übersicht des SAP-GRC-Lösungsportfolios.

TEIL II – Vom Konzept zum Inhalt: Kontrollen in SAP ERP

Wie werden die IKS-Compliance-Anforderungen in die SAP-Sprache übersetzt? Welche Risiken und Kontrollen gibt es dazu in SAP-ERP-gestützten Prozessen? Und wie kann die Effizienz der SAP-ERP-gestützten Prozessabläufe implementiert und überwacht werden? Die Antworten auf diese Fragen finden Sie im zweiten Teil des Buches.

- In **Kapitel 5**, »Revisionsrelevante SAP-Basics«, erläutern wir Ihnen die grundlegenden Zusammenhänge im SAP-System und vermitteln Ihnen das Handwerkszeug für eine eigenständige Suche nach kontroll- und revisionsrelevanten Informationen in SAP ERP.

- **Kapitel 6**, »Generelle IT-Kontrollen in SAP ERP«, behandelt sowohl allgemeine organisatorische Kontrollen als auch Themen rund um das Change Management, kritische Berechtigungen und die grundlegende Systemsicherheit. Themen wie Outsourcing und Cloud dürfen natürlich auch nicht fehlen.
- In **Kapitel 7**, »Übergreifende Applikationskontrollen in SAP ERP«, erfahren Sie, wie die generelle Einhaltung der Grundsätze der Nachvollziehbarkeit und Vollständigkeit bei der Verarbeitung in SAP ERP sichergestellt werden kann.
- Die Überschriften von **Kapitel 8**, »Kontrollen in der Finanzbuchhaltung«, **Kapitel 9**, »Kontrollmechanismen im SAP-ERP-gestützten Procure-to-Pay-Prozess«, und **Kapitel 10**, »Kontrollmechanismen im SAP-ERP-gestützten Order-to-Cash-Prozess«, sprechen für sich: In diesen SAP-gestützten Prozessen existieren Risiken, die die Einhaltung der Compliance unmittelbar gefährden. Die zugehörigen Kontrollmechanismen sind überlebenswichtig und werden in den genannten Kapiteln beschrieben.
- In **Kapitel 11**, »Datenschutz-Compliance in SAP ERP Human Capital Management«, lernen Sie, welche gesetzlichen Anforderungen den Umgang mit personenbezogenen Daten regeln und wie diese Anforderungen in SAP ERP umgesetzt werden. Dabei wird die DSGVO vorgestellt und deren grundlegenden Prinzipien und Anforderungen beschrieben.
- **Kapitel 12**, »Betrug im SAP-System«, ist dem Thema Fraud (Betrug) gewidmet. Dort, wo die materiellen Werte und unmittelbar das Geld SAP-gestützt gehandhabt werden, ist immer die Gefahr doloser Handlungen gegeben. In diesem Kapitel zeigen wir Ihnen anhand von Beispielen, wie Sie mit dieser Gefahr umgehen können.
- **Kapitel 13**, »Exkurs: FDA-Compliance und Kontrollen in SAP«, betrifft direkt oder indirekt jeden Leser dieses Buches: Die vom Gesetz geforderten Kontrollmechanismen in der Pharma- und Nahrungsmittelindustrie, die primär auf die Qualität der hergestellten Produkte fokussiert sind, müssen in den SAP-Prozessen abgebildet sein. Auf die wichtigsten dieser Kontrollen wird hier eingegangen.
- **Kapitel 14**, »Exemplarische effizienz- und wirtschaftlichkeitsorientierte Analyseszenarien in SAP ERP«, gibt detaillierte Beispiele für jedes der vier Elemente eines effizienzorientierten IKS-Frameworks: prozessorientierte Analysen, Qualität von Stammdaten, manuelle Datenänderungen und Benutzereingaben sowie die Erweiterung der Berichte. Der hohe Detaillierungsgrad der Darstellung dient dem Zweck, eine Do-it-yourself-Anleitung für die Einrichtung diverser Auswertungsszenarien zur

Verfügung zu stellen und somit auch einen Eindruck davon zu vermitteln, welche Arbeit hinter der Implementierung von Continuous-Monitoring-Szenarien steckt.

- **Kapitel 15**, »Risk und Compliance in SAP S/4HANA«, geht auf die Neuerungen und Besonderheiten im Vergleich zu SAP ERP ein; dabei wird die Risk- und Compliance-Sicht hervorgehoben.
- **Kapitel 16**, »Berechtigungen in SAP S/4HANA«, bietet einen Einblick in die komplexer gewordene Welt der SAP-Sicherheit und geht dabei auf die drei Sichten ein: SAP Fiori, das S/4HANA-Backend sowie die SAP-HANA-Datenbank. Eine kurze Zusammenfassung der Migrationsschritte sowie die Darstellung der Auswirkungen auf die Funktionstrennungs-Anforderungen runden dieses Kapitel ab.
- **Kapitel 17**, »Unified Connectivity: Wirksamer Schutz der SAP-ERP-Umgebungen«, stellt die IKS-Vorteile von UCON vor und liefert eine ausführliche Anleitung zur Implementierung dieser Lösung. Es werden außerdem mehrere Verwendungsszenarien für UCON miteinander verglichen.

TEIL III – Von Konzept und Inhalt zur Umsetzung: Automatisierung eines Internen Kontrollsystems

Compliance auf Knopfdruck ist ein realistisches Szenario. Das Ziel dieses Teils ist es, sowohl eine konzeptionelle als auch eine technische Anleitung zur Implementierung von IKS- und Compliance-Management-Prozessen zu geben (basierend auf der SAP GRC 12.0).

- In **Kapitel 18**, »IKS-Automatisierung: Wie bringt man den COSO-Cube ins Rollen?«, gehen wir auf die konzeptionelle Bedeutung der risikoorientierten IKS-Automatisierung ein und erläutern die einzelnen Bausteine, die bei der Modellierung der Automatisierung von IKS-Prozessen verwendet werden können.
- **Kapitel 19**, »IKS-Automatisierung mithilfe von SAP Process Control«, zeigt Ihnen, wie der Compliance- und IKS-Management-Prozess mithilfe von SAP Process Control implementiert werden kann. Sie erfahren auch, warum und mithilfe welcher Integrationsszenarien SAP Process Control als Bestandteil eines integrierten GRC-Ansatzes angesehen werden kann.
- In **Kapitel 20**, »Umsetzung von automatisierten Test- und Monitoring-Szenarien«, wird erläutert, welche Optionen – unter anderem die Integration von SAP Process Control mit Ihren SAP-ERP- und SAP-S/4HANA-Systemen – die große Vision eines »Tests auf Knopfdruck« ermöglichen. Sie werden Schritt für Schritt durch die Einrichtung des Continuous-Monitoring-Ansatzes in SAP Process Control 12.0 geleitet.

- In **Kapitel 21**, »SAP GRC – Erfolgsfaktoren und Erfahrungswerte«, wird der Nutzen von SAP GRC aus der Sicht von drei Verteidigungslinien dargestellt. Außerdem erfahren Sie, wie sich der Mehrwert von SAP GRC beurteilen lässt. Es werden Hilfsmittel und Erfolgsfaktoren für SAP-GRC-Implementierungen beschrieben.

An wen richtet sich dieses Buch?

Benötigte Vorkenntnisse

Welche Vorkenntnisse sollten Sie als Leser mitbringen? Während für Teil I, »Vom Paragrafen zum Konzept: IKS und Compliance im ERP-Umfeld«, des Buches nur gesunder Menschenverstand und etwas betriebswirtschaftliches Grundwissen benötigt werden, ist insgesamt und insbesondere für die restlichen Teile dieses Buches SAP-ERP-Erfahrung von Vorteil. Der Compliance- und IKS-Beratungshintergrund stellen ideale Voraussetzungen für dieses Buch dar.

An wen richtet sich dieses Buch also?

- **Risikomanager, IKS-Verantwortliche, Mitarbeiter der internen Revision, externe Wirtschaftsprüfer, IT-Auditors, Compliance-Beauftragte**
  Das ist Ihr Buch – vom ersten bis zum letzten Kapitel!
- **SAP-Manager, Projektleiter, Datenschutzbeauftragte, Data Governance Experts, Business-Analysten und Berater für die SAP-ERP-Implementierungen**
  Die Compliance-Anforderungen bei der Implementierung von SAP ERP zu berücksichtigen, ist nicht einfach. Daher geben insbesondere Teil I, »Vom Paragrafen zum Konzept: IKS und Compliance im ERP-Umfeld«, und Teil II, »Vom Konzept zum Inhalt: Kontrollen in SAP ERP«, wichtige Hinweise für eine revisions- und IKS-konforme Gestaltung Ihrer Implementierungsprojekte und auch für den täglichen Betrieb der SAP ERP-Anwendungen.
- **SAP-Berater für die SAP-Lösungen für GRC**
  Teil III, »Von Konzept und Inhalt zur Umsetzung: Die Automatisierung eines Internen Kontrollsystems«, sollte Ihre obligatorische Lektüre werden. In Ihren Implementierungsprojekten, bei denen die Prozesssicht auf das IKS im Fokus steht, sollten Sie den Bezug zum IKS-Inhalt niemals verlieren: Aus diesem Grund ist auch Teil II, »Vom Konzept zum Inhalt: Kontrollen in SAP ERP«, wichtig für Sie. Und nicht zuletzt: Das Verständnis der komplexen Zusammenhänge zwischen gesetzlichen Anforderungen und deren Umsetzung im IT-Umfeld muss ebenfalls zu Ihrem Rüstzeug gehören, um mit Kunden eine gemeinsame Compliance-Spra-

che zu finden. Aus diesem Grund wäre für Sie auch Teil I, »Vom Paragrafen zum Konzept: IKS und Compliance im ERP-Umfeld«, relevant.

- **MBA-, BWL- und Wirtschaftsinformatik-Studenten**
  Für Sie sind vor allem Teil I, »Vom Paragrafen zum Konzept: IKS und Compliance im ERP-Umfeld«, und Teil II, »Vom Konzept zum Inhalt: Kontrollen in SAP ERP«, dieses Buches interessant: Teil I geht recht detailliert auf die gesetzlichen Anforderungen im internationalen Vergleich sowie auf die betriebswirtschaftliche Konzeption des IKS im IT-Umfeld ein. Die Übersicht über die international anerkannten GRC-Referenzmodelle könnte für Sie ebenfalls interessant sein. Teil III, »Von Konzept und Inhalt zur Umsetzung: Die Automatisierung eines Internen Kontrollsystems«, können Sie entnehmen, was die Automatisierung von IKS konzeptionell bedeutet.
- **Senior-Management**
  Ob Sie in Ihrem Unternehmen CFO, CEO oder CIO sind oder Ihren Pflichten in Vorstand oder Prüfungsausschuss nachgehen – die Governance-, Risk- und Compliance-Fragestellungen haben Sie sicherlich nicht umgangen. Selbst wenn Prozesse in Ihrem Unternehmen nicht SAP-gestützt ablaufen und eine richtige Definition des SAP-spezifischen Inhalts Ihres IKS für Sie irrelevant ist, haben Sie sich sicherlich Gedanken über dessen effiziente Gestaltung gemacht: Erfahrungen anderer Unternehmen im Umgang mit den IKS- und Compliance-Themen in Teil III, »Von Konzept und Inhalt zur Umsetzung: Die Automatisierung eines Internen Kontrollsystems«, werden gute Anhaltspunkte für Sie liefern. Darüber hinaus werden die gesetzlichen und sonstigen Compliance-Anforderungen, Empfehlungen zum Umgang mit der externen Prüfung und die Übersicht der GRC-Rahmenkonzepte aus Teil I, »Vom Paragrafen zum Konzept: IKS und Compliance im ERP-Umfeld«, dieses Buches für Sie interessant sein. Die visionären und konzeptionellen Ausführungen zum Thema »Compliance auf Knopfdruck« in Teil III, »Von Konzept und Inhalt zur Umsetzung: Die Automatisierung eines Internen Kontrollsystems«, sollten Sie sich ebenfalls nicht entgehen lassen.

Hinweise zur Lektüre

In diesem Buch finden Sie mehrere Orientierungshilfen, die Ihnen die Arbeit erleichtern sollen.

Infokästen In grauen Informationskästen sind Inhalte zu finden, die wissenswert und hilfreich sind, aber etwas außerhalb der eigentlichen Erläuterung stehen.

Damit Sie die Informationen in den Kästen sofort einordnen können, haben wir die Kästen mit Symbolen gekennzeichnet:

- [+] Die mit diesem Symbol gekennzeichneten **Tipps** und geben Ihnen spezielle Empfehlungen, die Ihnen die Arbeit erleichtern können.
- [«] Das Symbol **Hinweis** macht Sie auf Themen oder Bereiche aufmerksam, bei denen Sie besonders achtsam sein sollten. Sie finden in diesen Kästen auch Informationen zu weiterführenden Themen oder wichtigen Inhalten, die Sie sich merken sollten.
- [zB] **Beispiele**, durch dieses Symbol kenntlich gemacht, weisen auf Szenarien aus der Praxis hin und veranschaulichen die dargestellten Funktionen.

Marginalien

Marginalien (Stichwörter am Seitenrand) ermöglichen es Ihnen, das Buch nach bestimmten, für Sie interessanten Themen zu durchsuchen oder Stellen wiederzufinden, die Sie bereits gelesen haben. Die Marginalien stehen neben dem jeweiligen Absatz, der die entsprechenden Informationen enthält.

Die Prüfungshandlungen, die in die Darstellung eingebunden sind, werden zum Beispiel über das ganze Buch hinweg durch die Marginalie »Prüfung:« kenntlich gemacht (jeweils ergänzt durch ein inhaltliches Stichwort).

Danksagung

Nun gilt es, mich bei all den Menschen zu bedanken, ohne deren Unterstützung ich dieses Buchprojekt nicht hätte bewältigen können.

Während der Zeit, in der ich dieses Buch neben meinen Hauptaufgaben bei der Riscomp GmbH und parallel zu spannenden Projekten verfasst habe, mussten mich meine Familie und Freunde oft entbehren. Als Erstes möchte ich mich bei ihnen für ihr Verständnis und ihre Unterstützung bedanken.

Viele Menschen haben mir Anregungen, Ideen und Informationen zu vereinzelten Fragestellungen gegeben: Großer Dank gebührt den SAP-Experten Frau Jan Gardiner, Herrn Marcel Hotz, Herrn Thomas Frenehard, Herrn Dr. Gero Mäder, Herrn Jürgen Möller, Herrn Dominik Yow-Sin-Cheung, Herrn Daniel Welzbacher und Herrn Jochen Thierer.

Hoch geschätzte Kollegen haben selbst Beiträge zu diesem Buch verfasst: Frau Moldir Abdikerim (Riscomp GmbH) hat mit ihrer Masterarbeit an der Queens University Belfast die Basis für die Aussagen bezüglich des Mehrwerts des IKS geliefert. Herr Christian Spiegelburg (Riscomp GmbH) hat bei der Erstellung von Screenshots für SAP GRC geholfen. Herr Vishal Padiyar

(Riscomp GmbH) hat das UCON-Kapitel beigesteuert. Herr Gerhard Wasnick hat mir während seiner Zeit bei der Riscomp GmbH bei der Beschreibung der Kontrollmechanismen in den SAP-ERP-gestützten Procure-to-Pay- und Order-to-Cash-Prozessen geholfen. Frau Maria Spöri, ebenfalls Ex-Riscomp-Kollegin, hat wesentlich zu dem SAP-S/4HANA-Berechtigungskapitel beigetragen. Alle erwähnten und einige weitere Kollegen haben nicht nur zu diesem Buch beigetragen, sondern auch zur Anerkennung der der Riscomp GmbH als SAP-Partner mit Recognized Expertise für GRC-Lösungen.

Herr Günther Emmenegger (SAP Schweiz AG) hat das Kapitel zur Abbildung der FDA-Anforderungen im SAP-Umfeld geschrieben. Herr Volker Lehnert (SAP SE) hat den größten Teil des Kapitels über DSGVO und datenschutzrelevante Kontrollen in SAP ERP HCM verfasst. Herr Marc Michely (PricewaterhouseCoopers) hat den Beitrag über Fraud-Szenarien in SAP beigesteuert. Herr Reto Bachmann (ABB) hat Ideen für den Beitrag über effizienzorientierte Szenarien geliefert. Herr Gerhard Jurasek (SAPPHIR IT & Management Training GmbH) hat mir bei einigen Ausführungen bezüglich SAP S/4HANA geholfen. Frau Jennifer Schmider (Xiting AG) hat mich mit einem fachlichen Review zu SAP-S/4HANA-Security-Themen unterstützt.

Acht Augen sehen mehr als zwei: Eva Tripp, Helene Bandholtz und Monika Klarl haben erste Entwürfe, Vor- und Rohfassungen sowie den fertigen Text gelesen und durch ihre Anmerkungen verbessert. Herzlichen Dank für Ihre kompetenten Hinweise, Ihre Geduld und Ihre Unterstützung!

Trotz der vielfachen Unterstützung, die mir zuteilwurde, bin ich allein für die verbliebenen Fehler verantwortlich.

Ich hoffe, dass Ihnen dieses Buch dabei hilft, Ihre Aufgaben rund um GRC und IKS-Automatisierung mit SAP zu lösen, und wünsche Ihnen viel Erfolg und auch Freude bei der Lektüre.

Maxim Chuprunov

TEIL I

Vom Paragrafen zum Konzept: IKS und Compliance im ERP-Umfeld

Diese Situation dürfte vielen Lesern bekannt vorkommen: Der Prüfer kommt. Mit der Gesetzesmacht im Rücken und mit Fachbegriffen wie Compliance und Internes Kontrollsystem jonglierend, sorgt seine (bevorstehende) Anwesenheit im Unternehmen oft für eine angespannte Stimmung. Es wird häufig übersehen, dass der Prüfer für Ihr Unternehmen hilfreich sein und ein IKS durchaus einen messbaren Nutzen bringen kann.

Doch bevor Sie Nutzen aus dem Besuch des Prüfers ziehen können, müssen Sie verstehen, warum der Prüfer überhaupt Ihr Unternehmen besucht und wie Sie seinen Anforderungen gerecht werden können. Noch wichtiger ist es jedoch zu verstehen, warum in erster Linie Ihr Unternehmen selbst und nicht der Prüfer ein IKS benötigt: Es geht nicht nur darum, den Paragrafen genüge zu tun, sondern es geht auch um die Wirtschaftlichkeit und Effizienz.

Dieser Teil des Buches gibt Ihnen einen Einblick in die gesetzlichen Anforderungen, die Unternehmen beachten müssen und deren Einhaltung vom Prüfer zu kontrollieren ist. Sie werden auch erfahren, an welche Regeln sich Unternehmen wie Prüfer halten müssen. Darüber hinaus zeigen wir Ihnen, wie ein IKS im SAP-Umfeld strukturiert wird und welche international anerkannten Referenzmodelle Ihnen beim Aufbau der GRC-Prozesse helfen können. Sie werden nach der Lektüre auch wissen, welche Produkte SAP zur Verfügung stellt, um den Compliance-Anforderungen im Rahmen eines integrierten GRC-Ansatzes gerecht zu werden.

Kapitel 1
Gesetzliche Anforderungen im Bereich IKS-Compliance

Gesetze stellen die Einhaltung verschiedenster Regelungen, unter anderem von Unternehmen, sicher. Darüber hinaus gibt es Anforderungen, die den unternehmenseigenen Interessen entspringen. In diesem Kapitel erfahren Sie, welche gesetzlichen Anforderungen es im Bereich IKS-Compliance gibt und warum Effizienz zum Thema IKS gehört.

Ein *Internes Kontrollsystem* (IKS) ist ein Muss für jedes Unternehmen. Wenn Wirtschaftlichkeit und Effizienz zu den ureigensten Interessen von Unternehmen gehören, sind die Anforderungen und Hintergründe der von außen auferlegten Bestimmungen oft unklar. In diesem Kapitel haben wir einige IKS-bezogene gesetzliche Bestimmungen im internationalen Vergleich zusammengefasst.

1.1 Begriffsdefinitionen und Abgrenzung

Bevor wir die Einzelheiten der gesetzlichen Compliance-Anforderungen eingehend betrachten, sollen zwei grundlegende Begriffe dieses Buches genauer definiert werden: *Compliance* und *Internes Kontrollsystem*.

1.1.1 Compliance

Compliance als Gesetzeskonformität

Was bedeutet *Compliance*? Würde man einem Arzt diese Frage stellen, würde man erfahren, dass der Begriff mit der Einhaltung der vorgeschriebenen Behandlung von Patienten zu tun hat. Die Welt der Geschäftsprozesse, der die meisten Leser dieses Buches angehören, hat mit diesem Blickwinkel nur insoweit zu tun, als dass einige gesetzliche Anforderungen an Unternehmen als bittere (und recht teure) Pille wahrgenommen werden.

Compliance (wörtlich übersetzt: Befolgung) wird in diesem Buch zum einen als Gesetzeskonformität und zum anderen als Wahrung der eigenen wirtschaftlichkeits- und effizienzorientierten Interessen verstanden. Im

Einzelnen sind bei der Gesetzeskonformität, wie in Abbildung 1.1 zu sehen ist, gesetzliche Anforderungen von Bedeutung, die mit der Finanzberichterstattung und dem Risikomanagement sowie den IKS-Vorschriften (IKS = Internes Kontrollsystem) zusammenhängen.

Fragestellungen im Hinblick auf das Thema *Betrug* (Fraud) sind direkt mit dem Thema IKS verknüpft. Da aber aus Sicht des Gesetzgebers dort das Strafrecht direkte Anwendung findet, werden diese Fragestellungen separat behandelt (siehe Teil II, »Vom Konzept zum Inhalt: Kontrollen in SAP ERP«, insbesondere Kapitel 12, »Betrug im SAP-System«).

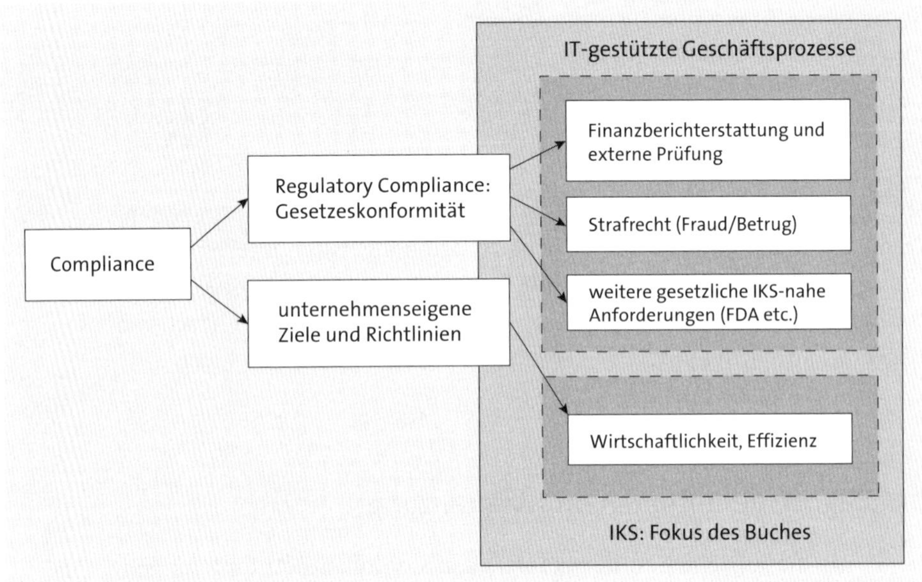

Abbildung 1.1 Verwendung des Compliance-Begriffs in diesem Buch

Sowohl die branchenspezifischen Anforderungen der Food and Drug Administration (FDA, siehe Kapitel 13, »Exkurs: FDA-Compliance und Kontrollen in SAP«) und ähnlicher europäischer Regularien als auch die wirtschaftlichkeits- und effizienzrelevanten Kontrollen werden in diesem Buch bei der Beschreibung wichtiger SAP-Applikationskontrollen berücksichtigt. Außerdem gehen wir auf das wichtige Thema Datenschutz ein (siehe Kapitel 11, »Datenschutz-Compliance in SAP ERP Human Capital Management«).

In diesem Buch wird die Struktur des wirtschaftlichkeits- und effizienzorientierten Frameworks im SAP-ERP-Umfeld systematisiert (siehe Abschnitt 3.1.5, »Struktur der effizienz- und wirtschaftlichkeitsorientierten Kontrollen im SAP-ERP-Umfeld«) sowie hierzu passende Beispiele (siehe Kapitel 14,

»Exemplarische effizienz- und wirtschaftlichkeitsorientierte Analyseszenarien in SAP ERP«) aus SAP ERP dargestellt.

Bevor diese Themen zur Sprache kommen, konzentriert sich der erste Teil des Buches auf die Compliance-Anforderungen von Gesetzgebern in Zusammenhang mit der externen Finanzberichterstattung und der externen Revision.

1.1.2 Internes Kontrollsystem (IKS) und GRC

Kontrollen sollen sicherstellen, dass Risiken minimiert und dadurch Ziele besser erreicht werden. Der klare Bezug zu relevanten Risiken ist also eine der grundlegendsten Eigenschaften von Kontrollen. Aus allen Kontrollen in einem Unternehmen wird das IKS gebildet, das unter anderem die Sicherstellung von Compliance im Sinne der Gesetzeskonformität gewährleisten soll.

IKS-Definition

Unter einem IKS werden die von der Unternehmensleitung im Unternehmen eingeführten Grundsätze, Verfahren und Maßnahmen (Regelungen) verstanden, die zur organisatorischen Umsetzung der Entscheidungen der Unternehmensleitung erlassen werden. Dabei handelt es sich zum Beispiel um folgende Entscheidungen:

- Entscheidungen zur Sicherung der Wirksamkeit und Wirtschaftlichkeit der Geschäftstätigkeit
- Entscheidungen zur Ordnungsmäßigkeit und Verlässlichkeit der internen und externen Rechnungslegung
- Entscheidungen zur Einhaltung der für das Unternehmen maßgeblichen rechtlichen Vorschriften

Ordnungsmäßigkeit vs. Wirtschaftlichkeit

Die einzelnen Ziele des IKS lassen sich meist gut voneinander abgrenzen: Während beim ersten Ziel der Profit im Fokus steht, beruht das zweite Ziel auf der Einhaltung gesetzlicher Bestimmungen. Dies soll sicherstellen, dass die von Unternehmen nach außen kommunizierten Jahresabschlüsse einschließlich der Angaben im Anhang korrekt sind bzw. dass nach § 264 Abs. 2 HGB (Deutschland) der Jahresabschluss unter Beachtung der Grundsätze ordnungsmäßiger Buchführung (GoB) ein den tatsächlichen Verhältnissen entsprechendes Bild der Vermögens-, Finanz- und Ertragslage vermittelt.

Würde man mit einer Kontrolle zum Beispiel primär das Risiko der falschen Bewertung oder des Ausweises einer bestimmten Bilanzposition adressieren, würde man die *Ordnungsmäßigkeit* als IKS-Ziel ansprechen.

[zB]

Zahlung, Berücksichtigung von Skonto

Der Unterschied von compliance- und wirtschaftlichkeitsgetriebenen Kontrollen wird anhand des folgenden Beispiels klar:

Ein Unternehmen hat die Wahl, Rechnungen schnell zu begleichen und dadurch Skonto in Anspruch zu nehmen oder die Begleichung der Rechnung und damit die Belastung des Kontos hinauszuzögern.

- **Risiko**
  Nimmt ein Unternehmen bei der Begleichung der Rechnungen kein Skonto wahr und zahlt später, entgeht ihm die potenzielle Einsparung.
- **Kontrolle**
  Die Applikationskontrollen im Rahmen der Zahlungsfunktionen in SAP können Zahlungsbedingungen berücksichtigen.
- **Relevanz**
  Bei dieser Kontrolle steht der Wirtschaftlichkeitsgrundsatz im Fokus. Verluste infolge ineffizienter Geschäftsprozesse verbietet der Gesetzgeber nicht, das heißt, sie haben keinen direkten Bezug zu Compliance.

Kurz gefasst: Auch wenn sich Compliance und Wirtschaftlichkeit als IKS-Fokus voneinander unterscheiden, schließen sie sich gegenseitig nicht aus. In der Regel werden die beiden Ziele parallel verfolgt.

Aller guten Dinge sind drei: Governance, Risk und Compliance

Die Begriffe *Compliance* und *IKS* kommen inzwischen selten allein. An vielen Stellen in diesem Buch wird über *Governance, Risk and Compliance* (GRC) gesprochen: Der Wunsch nach mehr Effizienz hatte integriertere Ansätze und Softwarelösungen zur Folge, um Bedürfnisse der Vertreter von *Drei Verteidigungslinien* (siehe Abschnitt 21.1.1, »Die erste Verteidigungslinie«) bestmöglich bedienen zu können. Somit geht der Begriff IKS in den drei zuvor genannten Buchstaben auf: *GRC*. Ein Internes Kontrollsystem ist ein fester Bestandteil von Governance, Risk and Compliance. Sie umfassen Prozesse, die die erfolgreiche Führung eines Unternehmens anstreben:

- **Governance**
  Unternehmensführung durch die Definition von Richtlinien und die Festlegung von Unternehmenszielen, einschließlich der darauf angewandten Methodik zur Information, Ressourcenplanung, Umsetzung sowie hierarchischer Kontrollstrukturen.
- **Risk Management**
  Die möglichst frühzeitige Auseinandersetzung mit Risiken, die das Unternehmen beim Erreichen der Ziele hindern könnten; das Bereitstellen

und Umsetzen der Strategien zur Risikominimierung gehören ebenfalls dazu.

- **Compliance oder das Einhalten externer sowie interner Normen**
  Der Prozess zur Identifizierung von Anforderungen (Gesetze, Richtlinien, Verträge etc.), die Bewertung des Konformitätsstatus, die Abwägung der Risiken und möglicher Kosten bei Nichtkonformität vs. Maßnahmen zur Einhaltung der Compliance inklusive der Mechanismen zur Umsetzung dieser Maßnahmen.

1.1.3 Gesetzliche IKS-Anforderungen in Übersee – die vielen Gesichter des SOX

Es gibt eine Reihe von gesetzlichen Bestimmungen und Anforderungen unterschiedlicher weisungsbefugter Institutionen an Unternehmen, die die Notwendigkeit eines Kontrollsystems *direkt* ansprechen. Nachfolgend erhalten Sie einen Überblick über die wichtigsten direkten IKS-Anforderungen im internationalen Vergleich.

Der längst etablierte Begriff *Sarbanes-Oxley Act* (SOX) kommt ursprünglich aus den USA, wird inzwischen aber auch bei der Beschreibung von lokalen, gesetzlichen IKS-Anforderungen in anderen Ländern verwendet.

1.1.4 SOX in den USA

Begriffsentstehung in den USA

Der Sarbanes-Oxley Act ist wohl das bekannteste Gesetz, das aus den USA stammt und für alle Unternehmen gilt, deren Anteile am US-Aktienmarkt gehandelt werden. Das mit der offiziellen Bezeichnung *Public Company Accounting Reform and Investor Protection Act* am 30. Juli 2002 verabschiedete Gesetz wurde in der Praxis in Sarbanes-Oxley Act umbenannt, in Anlehnung an den Senator Paul Sarbanes und den US-Repräsentanten Michael G. Oxley, auf die die Gesetzesinitiative zurückgeht.

Im Wesentlichen handelt es sich beim US-SOX um zwei Paragrafen:

SOX 302 – IKS

Paragraf 302 fordert direkt ein IKS, das eine verlässliche Finanzberichterstattung gewährleistet. Demnach muss das Management eines Unternehmens schriftlich die eigene Verantwortung bestätigen, ein solches IKS einzurichten und zu unterhalten. Zudem muss bestätigt werden, dass dieses IKS sicherstellen kann, dass die relevanten Informationen auch von anderen konsolidierten Tochtergesellschaften zur Verfügung gestellt werden. Des Weiteren hat das Management eigene Aussagen über die Effektivität der Kontrollen zu veröffentlichen und gegebenenfalls Schwächen des IKS gegenüber dem Prüfer und dem *Audit Committee* offenzulegen.

SOX 404 – IKS-Bewertung

Paragraf 404 fordert vom Management eines Unternehmens, im Rahmen eines IKS-Reports den Umfang und die Effektivität der internen Kontrollen zur Finanzberichterstattung darzulegen. Ein externer Wirtschaftsprüfer muss ebenfalls eine solche Bestätigung abgeben. Diese Vorschrift geht wesentlich weiter als die Anforderungen in Paragraf 302.

Scoping

In Zusammenhang mit dem US-SOX stehen Anleitungen zur Umsetzung von IKS-Anforderungen, die dem Management etwas Freiraum in der Auswahl von relevanten Kontrollmechanismen geben. Dazu gehören zum einen der PCAOB-Standard AS 5 (PCAOB = Public Company Accounting Oversight Board) und zum anderen die interpretative Anleitung der *Securities and Exchange Commission*, kurz SEC, die im Wesentlichen mit dem Prüfungsstandard deckungsgleich ist. Hiernach wird eine top-down-risikobasierte Auswahl von Kontrollen verwendet. In der Fachwelt ist auch der englische Begriff *Scoping* gängig.

[»]

Top-down-risikobasierte Kontrollauswahl/Scoping

Die top-down-risikobasierte Kontrollauswahl besteht aus den folgenden Schritten:

1. Identifizierung von signifikanten Elementen in der Finanzberichterstattung (Sachkonten oder sonstige Angaben im Abschluss)
2. Identifikation von materiellen Risiken, die mit diesen Konten oder Angaben in Zusammenhang stehen
3. Identifikation von unternehmensweiten Kontrollen (sogenannte Entity-Level Controls, ELC), die diese Risiken mit einer ausreichenden Genauigkeit adressieren
4. Identifikation von geschäftsprozess- und transaktionsbezogenen Kontrollen, die die restlichen Risiken ansprechen
5. Identifikation der Art, des Umfangs und des Zeitraums für die Nachweiserbringung und zur Bewertung der ausgewählten Kontrollen

Strafrechtliche Konsequenzen gemäß Paragraf 802 und 1107

Paragraf 802 im US-SOX sieht bis zu 20 Jahre Gefängnis für den Fall vor, dass die SOX-relevanten Nachweise im Rahmen der Finanzberichterstattung absichtlich geändert, gefälscht, zerstört oder verschleiert werden.

Laut *Paragraf 1107* wird die Verfolgung aller Personen, die bei Verstößen gegen die SOX-Bestimmungen die zuständigen Behörden informieren (sogenannte Whistleblower), mit bis zu zehn Jahren Gefängnis bestraft.

1.1.5 SOX in Kanada (NI 52-109)

Keine Attestierung durch Wirtschaftsprüfer

Der kanadische Gesetzgeber fordert in NI 52-109 (*National Instrument*), auch *Canadian SOX* genannt, im Wesentlichen die gleiche Einhaltung von IKS-Anforderungen wie auch der US-SOX. Der Hauptunterschied zum US-SOX besteht darin, dass nach kanadischem Gesetz keine Aussage der Unternehmensleitung und des externen Abschlussprüfers im Hinblick auf das IKS erforderlich ist. Ein weiterer Unterschied besteht darin, dass der kanadische Gesetzgeber keine Erleichterungen für kleine Unternehmen hinsichtlich des Zeitpunkts gewährt, ab dem diese die Anforderungen zu erfüllen haben.

1.1.6 SOX in Japan

IKS-Framework von FSA in Japan

Das im Juni 2006 in Japan verabschiedete Gesetz *Financial Instruments and Exchange* wurde kurzerhand in *Japanese SOX* (*J-SOX*) umgetauft. Die wesentlichen Unterschiede im Vergleich zum US-SOX sind folgende:

- **Framework für die IKS-Umsetzung**
  Während der US-SOX kein bestimmtes Framework für die IKS-Umsetzung vorschreibt, sieht das japanische Gesetz vor, dass ein IKS entsprechend dem von der *Financial Services Agency* (FSA) in Japan entwickelten Framework zu bewerten ist. Dieses Framework basiert auf COSO (Committee of Sponsoring Organizations of the Treadway Commission), beinhaltet aber zusätzliche Kontrollziele wie *Safeguarding of Assets* und *Response to IT*.
- **Beurteilung des Wirtschaftsprüfers**
  Der US-amerikanische Gesetzgeber erwartet ein direktes Reporting von einem Wirtschaftsprüfer, in dem dieser die Effektivität von Kontrollen im Bereich Finanzberichterstattung zu bewerten und hierfür genügend Prüfungsnachweise vorzuweisen hat. Demgegenüber beschränkt sich der J-SOX auf die Beurteilung eines Wirtschaftsprüfers, inwieweit das vom Management eines Unternehmens angefertigte IKS-Reporting nachvollziehbar (fairly stated) ist.

Unterschiede bei der externen Prüfung

Weitere Unterschiede betreffen diverse Feinheiten im Rahmen einer externen Prüfung des IKS:

- **Using Work of Others USA vs. Japan**
  Während in den USA ein Wirtschaftsprüfer die IKS-Bewertungsergebnisse, zum Beispiel der internen Revision, in seiner eigenen Arbeit direkt verwenden kann, darf ein Wirtschaftsprüfer in Japan dies nicht tun (Ausnahme: Verwendung solcher Ergebnisse als Nachweis für die IKS-Bewer-

tung durch das Management (Management Assessment)). Dabei muss sich der Wirtschaftsprüfer ein Bild von der Unabhängigkeit und der professionellen Kompetenz der internen Revision machen.

- **Prüfungstechniken USA vs. Japan**
  Hinsichtlich der Prüfungstechniken sehen die entsprechenden Prüfungsstandards in Japan zusätzlich zu den üblichen Techniken (wie zum Beispiel Umfrage, Beobachtung, Einsichtnahme und Wiederholung) eine weitere Technik vor, die zum Zweck der Beurteilung der operativen Effektivität von Kontrollen verwendet werden kann: Es handelt sich um die Kontrollwiederholung durch das Management, die unter Beobachtung eines Wirtschaftsprüfers stattzufinden hat.
- **Kategorisierung der Beanstandungen USA vs. Japan**
  Ein weiterer Unterschied besteht in der Kategorisierung der vom Wirtschaftsprüfer dokumentierten Beanstandungen: Während es in Japan nur zwei Kategorien gibt (Deficiency und Material Weakness), wird in den USA die Aufteilung in Deficiency, Significant Deficiency und Material Weakness angewendet.

1.1.7 SOX in China

Basic Standard for Enterprise Internal Control

Basic Standard for Enterprise Internal Control ist eine Corporate-Governance-Initiative in China, die häufig als Chinas landesspezifische SOX-Version bezeichnet wird. Die von der chinesischen Regierung verabschiedeten Bestimmungen haben eine entsprechende Implementierung von IKS ab dem 01. Januar 2011 oder später gefordert – je nach Rechtsform und gegebenenfalls relevanter Wertpapierbörse.

Diese Bestimmungen regeln im Allgemeinen die Bewertung der Effektivität des IKS sowie eine jährliche Publikation der jeweiligen Bewertungsergebnisse. Des Weiteren wird im *China-SOX* die Prüfung des IKS durch einen unabhängigen Gutachter bzw. Wirtschaftsprüfer festgelegt.

IT-gestützte IKS-Automatisierung

Besonders interessant ist die in Kapitel 1 Art. 7 des China-SOX angesprochene Einführung eines *Business Management IT-Systems*, das unter anderem interne Kontrollmechanismen zu beinhalten hat. Diesem Thema sind Kapitel 14, »Exemplarische effizienz- und wirtschaftlichkeitsorientierte Analyseszenarien in SAP ERP«, Kapitel 18, »IKS-Automatisierung: Wie bringt man den COSO-Cube ins Rollen?«, und Kapitel 19, »IKS-Automatisierung mithilfe von SAP Process Control«, gewidmet.

Die Wirksamkeit der in China gültigen Gesetze, die ein IKS fordern, erstreckt sich nicht nur, wie üblich, auf Unternehmen, deren Anteile an der Börse gehandelt werden (Public Companys), sondern auch auf die privaten Unternehmen (Private Companys).

Gültigkeit: nicht nur für börsennotierte Unternehmen

1.2 IKS-Anforderungen in Europa

Die meisten europäischen Länder sehen im Rahmen eines *Corporate Governance Kodex* vor, dass in einem börsennotierten Unternehmen ein Überwachungssystem einzurichten ist, dessen Überwachung wiederum dem Prüfungsausschuss obliegt. In diesem Abschnitt gehen wir auf dieses Thema sowie auf die sonstigen länderspezifischen und lokalen, gesetzlichen Anforderungen ein.

1.2.1 8. EU-Richtlinie

Abschlussrichtlinie

Die *8. EU-Richtlinie*, auch Abschlussrichtlinie genannt, ist eine Richtlinie des EU-Gesellschaftsrechts. Diese Richtlinie ist für jeden Mitgliedsstaat, an den sie gerichtet wird, hinsichtlich des zu erreichenden Ziels verbindlich, überlässt jedoch den innerstaatlichen Stellen die Wahl der Form und der Mittel. Die Anforderungen waren bis zum 29. Juni 2008 von allen EU-Mitgliedsstaaten in nationales Recht umzusetzen.

Ziele der 8. EU-Richtlinie

Die Abschlussrichtlinie regelt die Abschlussprüfung des Jahresabschlusses und des konsolidierten Abschlusses. In der 8. EU-Richtlinie werden die öffentliche Aufsicht, die externe Qualitätssicherung der Wirtschaftsprüfung, die Pflichten des Abschlussprüfers, die Anwendung internationaler Normen und die Unabhängigkeit des Prüfers behandelt. Ihr Ziel ist es, die Funktion der Abschlussprüfungen in den Mitgliedsstaaten der Europäischen Union (EU) zu stärken und zu harmonisieren. Sie gilt für »Unternehmen von öffentlichem Interesse«, das heißt für jene Unternehmen, die übertragbare Wertpapiere zum Handel am geregelten Markt ausgeben.

Kapitel X Art. 41 der 8. EU-Richtlinie

Die mit den SOX-Vorschriften vergleichbaren Punkte der Richtlinie sind vor allem in Kapitel X (Art. 39 bis 41) der 8. EU-Richtlinie zu finden. An dieser Stelle seien die wichtigsten Punkte aufgelistet, die besonders für Unternehmen und ihre Kontroll- und Risikomanagementsysteme relevant sind:

- In Art. 41 sind die Regelungen bezüglich des Prüfungsausschusses definiert. Die Unternehmen, die der Richtlinie entsprechen, müssen einen Prüfungsausschuss einführen.

- In Art. 41 (2) sind die Aufgaben dieses Prüfungsausschusses beschrieben, die unter anderem die Prüfung der Wirksamkeit des IKS und gegebenenfalls des internen Revisions- oder Risikomanagementsystems beinhalten.
- In Art. 41 (4) ist festgelegt, dass der Abschlussprüfer/die Wirtschaftsprüfungsgesellschaft dem Prüfungsausschuss über die Erkenntnisse und insbesondere über die Schwächen des IKS des jeweiligen Unternehmens und der Rechnungslegungsprozesse berichtet.

Inhaltliche Unterschiede zum US-SOX

Vergleicht man die Vorgaben des Euro-SOX mit denen des US-SOX, ergeben sich folgende Hauptunterschiede:

- Während beim US-SOX das Thema strategische Risiken/Risikomanagement ausgeblendet wurde, wird es in der 8. EU-Richtlinie zu den vom Prüfungsausschuss zu überwachenden Themen gerechnet.
- Die EU-Richtlinie thematisiert im Gegensatz zum US-SOX die Funktion der internen Revision.
- Die Richtlinie beschreibt insgesamt weniger detailliert, welche Aspekte der Wirtschaftsprüfer bezüglich der IKS-Effektivität begutachten muss.

1.2.2 Deutschland

Aktiengesetz

In § 91 Absatz 2 AktG (Aktiengesetz) wird ein Überwachungssystem gefordert, das Entwicklungen, die ein Unternehmen gefährden, frühzeitig erkennen kann. Somit fordert das Aktiengesetz von Aktiengesellschaften, ein IKS einzurichten. Für die Einrichtung des IKS trägt der Vorstand die Verantwortung.

Internes Überwachungssystem im KonTraG

Diese Anforderungen (genauso wie § 317 Abs. 4 HGB, das im Folgenden angesprochen wird) wurden durch das vom Deutschen Bundestag am 5. März 1998 verabschiedete *Gesetz zur Kontrolle und Transparenz im Unternehmensbereich*, auch *KonTraG* genannt, eingeführt. Das KonTraG fordert unter anderem, dass der Vorstand geeignete Maßnahmen zu treffen und insbesondere ein Überwachungssystem einzurichten hat, damit Entwicklungen, die den Fortbestand der Gesellschaft gefährden, früh erkannt werden. In dem Gesetz wird auch erwähnt, dass ein Wirtschaftsprüfer in einem besonderen Teil des Prüfungsberichts darauf eingehen muss, ob Maßnahmen erforderlich sind, um das interne Überwachungssystem zu verbessern.

Risikofrüherkennungssystem im HGB

In § 317 Abs. 4 HGB sind ähnliche Bestimmungen festgelegt: Der Abschlussprüfer bei börsennotierten Aktiengesellschaften hat bei der Abschlussprüfung auch zu beurteilen, ob der Vorstand im Rahmen des Risikomanagements ein Überwachungs- bzw. Risikofrüherkennungssystem eingerichtet hat und ob dieses Risikofrüherkennungssystem seine Aufgaben erfüllen kann. Kurz gefasst: Das IKS ist für alle AGs Pflicht; für die börsennotierten AGs ist das IKS zusätzlich zu prüfen.

Cromme Code

Der *Deutsche Corporate Governance Kodex* (DCGK) wurde vom Bundesministerium der Justiz bekannt gemacht und enthält Empfehlungen der Regierungskommission, die durch Paragraf 161 des Aktiengesetzes Gesetzescharakter angenommen haben. Da die Inhalte dieses Dokuments wesentlich durch Dr. Gerhard Cromme, bis zum 30. Juni 2008 Vorsitzender der *Regierungskommission Deutscher Corporate Governance Kodex*, beeinflusst wurden, wird oft der Begriff *Cromme Code* als Synonym verwendet.

Das oben erwähnte KonTraG kann als Vorgänger des DCGK betrachtet werden, da es ebenfalls die Verbesserung von Corporate Governance in deutschen Unternehmen zum Ziel hatte.

Aufgaben des Prüfungsausschusses

Im DCGK (dessen letzte Fassung vom 7. Februar 2017 stammt) wird gefordert, dass der Aufsichtsrat einen Prüfungsausschuss (*Audit Committee*) zur Überwachung der folgenden Maßnahmen einrichten soll:

- Überwachung der Rechnungslegung und des Rechnungslegungsprozesses
- Wirksamkeit des Internen Kontrollsystems
- Einrichtung eines Risikomanagementsystems
- Einrichtung eines internen Revisionssystems
- Durchführung einer Abschlussprüfung
- Compliance

Außerdem überwacht der Prüfungsausschuss Folgendes:

- Unabhängigkeit des Abschlussprüfers
- Erteilung des Prüfungsauftrags an den Abschlussprüfer
- Bestimmung von Prüfungsschwerpunkten
- Honorarvereinbarung

Der Vorsitzende des Prüfungsausschusses soll laut DCGK über besondere Kenntnisse und Erfahrungen in der Anwendung von Rechnungslegungsgrundsätzen und internen Kontrollverfahren verfügen.

Laut P 4.1.4 von DCKG sorgt der Vorstand für ein angemessenes Risikomanagement und Risikocontrolling im Unternehmen. Eine hohe IKS-Relevanz haben außerdem Empfehlungen im P 4.3. des DCGK bezüglich Interessenskonflikte unter den Vorstandsmitgliedern.

BilMoG

Des Weiteren ist das *Bilanzrechtsmodernisierungsgesetz* zu nennen (*BilMoG*, in Kraft seit 29. Mai 2009), ein deutsches Artikelgesetz zur Reform des Bilanzrechts. Dieses soll der Umsetzung der sogenannten *Abschlussprüferrichtlinie* (Richtlinie 2006/43/EG in Ergänzung durch die Richtlinie 2006/30/EG) und der sogenannten *Abänderungsrichtlinie* (Richtlinie 2006/46/EG) dienen. Insbesondere sind in diesem Zusammenhang § 289a HGB n. F. und § 289 Abs. 5 sowie § 315 Abs. 2 Nr. 5 HGB relevant: Danach muss der Vorstand der Hauptversammlung einen schriftlichen Bericht unter anderem über die neu eingefügten Pflichtangaben im Lagebericht bzw. im Konzernlagebericht zum IKS und Risikomanagementsystem im Hinblick auf den Rechnungslegungsprozess vorlegen.

In Abschnitt 2.1, »IKS im IT-Umfeld aus der Sicht der Wirtschaftsprüfung«, erfahren Sie, dass eine der wesentlichen Eigenschaften eines IKS dessen Risikoorientierung ist. Genauso wie Kontrollen und Risiken per Definition eng miteinander verzahnt sind, sollte dies auch für Prozesse im Rahmen von Risikomanagement und IKS gelten, sodass diese unter dem Begriff *Internes Überwachungssystem* oder als Bestandteil eines einheitlichen *GRC-Konzepts* betrachtet werden können.

Auf die integrativen Aspekte zwischen IKS und den Risikomanagementprozessen gehen wir in Abschnitt 2.1, »IKS im IT-Umfeld aus der Sicht der Wirtschaftsprüfung«, ein, und die praktische Umsetzung der relevanten Ansätze wird in Kapitel 15, »Risk und Compliance in SAP S/4HANA«, und in Kapitel 16, »Berechtigungen in SAP S/4HANA«, erläutert.

Die weiteren IKS-relevanten gesetzlichen Bestimmungen und Stellungnahmen in Deutschland, die IKS-Anforderungen IT- und prüfungsspezifisch behandeln (zum Beispiel *Grundsätze zur ordnungsmäßigen Führung und Aufbewahrung von Büchern, Aufzeichnungen und Unterlagen in elektronischer Form sowie zum Datenzugriff*, kurz GoBD), werden separat in Abschnitt 3.1.1, »IKS-Grundsätze im SAP-ERP-Umfeld: Von GoB zu GoBS und GoBD«, besprochen.

1.2.3 Schweiz

Swiss SOX Light

Im Schweizerischen Obligationenrecht spricht man vom *SOX Light*. Der Zusatz *Light* ist auf die Tatsache zurückzuführen, dass entsprechend den neuen Regelungen (Revisionen in 2008 und 2013) im Schweizerischen Obligationenrecht die Existenz eines IKS (und nicht die Wirksamkeit oder Effizienz) durch die Revision geprüft werden muss.

Ordnungsmäßigkeit für alle

Die direkten Anforderungen haben sich kaum geändert: Für alle im Handelsregister eingetragenen Unternehmen gelten nach wie vor die Grundsätze der kaufmännischen Buchführung nach Art. 957 ff. OR (ordnungsmäßige Rechnungslegung) sowie für Aktiengesellschaften nach Art. 662 a OR. Allerdings unterliegen nun nicht nur Aktiengesellschaften den Anforderungen der ordnungsgemäßen Rechnungslegung, sondern alle Unternehmen, die – unabhängig von ihrer Rechtsform – der ordentlichen Revision unterliegen. Die Bestimmungen für die Revisionspflicht gelten für Aktiengesellschaften, GmbHs, Genossenschaften, Kommanditaktiengesellschaften, Vereine und Stiftungen. Gemäß dem unveränderten Art. 716 a Ziff. 3 OR hat der Verwaltungsrat einer Aktiengesellschaft die unübertragbare Aufgabe zur Ausgestaltung des Rechnungswesens und der Finanzkontrolle. Daraus ist die Verpflichtung zur Schaffung eines IKS abzuleiten.

Existenz eines IKS prüfen

Die Neuerungen in der Gesetzgebung betreffen in erster Linie den Prüfungsgegenstand der Prüfer bzw. der Revisionsstelle:

- Nach Art. 728 a Ziff. 1 OR prüft die Revisionsstelle, ob ein IKS existiert.
- Nach Art. 728 a Ziff. 2 OR hat die Revisionsstelle bei der Durchführung und bei der Festlegung der Prüfung des Jahresabschlusses das IKS zu berücksichtigen.
- Nach Art. 728 b Ziff. 1 OR erstattet die Revisionsstelle dem Verwaltungsrat einen umfassenden Bericht mit Feststellungen über die Rechnungslegung, das IKS sowie die Durchführung und das Ergebnis der Revision.

Der *Schweizer Prüfungsstandard PS 890, Prüfung der Existenz des internen Kontrollsystems*, konkretisiert die genannten Bestimmungen aus Sicht der Wirtschaftsprüfer und beschreibt das Vorgehen, um ein Prüfungsurteil über die Existenz eines IKS zu erlangen.

1.2.4 Österreich

Die Umsetzung der 8. EU Richtlinie erfolgte in Österreich in Form des *Unternehmensrechts-Änderungsgesetzes 2008* (URÄG 2008). Hierdurch werden die bisherigen IKS-relevanten Auflagen, wie zum Beispiel § 82 AktG, in § 22 GmbHG und in Art. 1 § 39 des *Statuts der Europäischen Gesellschaft* angepasst. Im Wesentlichen wird in Österreich die Einrichtung von IKS und Risikomanagementsystem (RMS) erwartet, worüber der Vorstand von börsennotierten Gesellschaften zu berichten hat.

Die Aufgabe des Prüfungsausschusses

Der vom österreichischen Arbeitskreis für Corporate Governance erlassene *Österreichische Corporate Governance Kodex* sowie § 92 Abs 4a AktG/§30 g Abs 4a GmbHG sehen unter anderem vor, dass der Prüfungsausschuss die Überwachung der Wirksamkeit des IKS, der internen Revision und des RMS wahrzunehmen hat.

Neu ist, dass der Abschlussprüfer im Bestätigungsvermerk eine Aussage zu treffen hat, ob die wichtigsten Merkmale eines IKS und RMS im Hinblick auf die Rechnungslegung im Lagebericht zutreffend beschrieben sind.

1.2.5 Frankreich

Loi de Sécurité Financière

Als Hauptdokument ist in Frankreich das Schriftstück »Corporate Governance and Internal Control – Disclosure and Publication Requirements for Securities Issuers« bekannt, das am 23. Januar 2004 von der *Autorité des Marchés Financiers* (AMF) veröffentlicht wurde. AMF ist eine unabhängige öffentliche Organisation, die infolge des *Loi de Sécurité Financière* (Gesetz über die finanzielle Sicherheit) vom 01. August 2003 gegründet wurde und deren primäres Ziel ist, die Interessen von Investoren zu schützen. Diesem Dokument kann entnommen werden, dass die Implementierung eines IKS für ein börsennotiertes Unternehmen Pflicht ist und dass die Ergebnisse der Beurteilung der Effektivität von Kontrollen, sowohl vom Board als auch vom Wirtschaftsprüfer, im Rahmen eines jährlichen Berichts offenzulegen sind.

1.2.6 Dänemark

Financial Statements Act

Die relevanten dänischen gesetzlichen Bestimmungen sind im *Financial Statements Act* (Gesetz über die Finanzberichterstattung), Sections 107B(1) (vi) und 128(2) festgehalten. Hiernach wird im Rahmen eines jährlichen Berichts gefordert, dass unter anderem die Hauptelemente eines IKS beschrieben werden, das sich primär auf die Prozesse im Rahmen der Finanzberichterstattung fokussieren soll, um wesentliche Fehler im Jahresabschluss zu verhindern, aufzudecken und zu korrigieren.

Im *Danish Act on Approved Auditors and Audit Firms* (Wirtschaftsprüfungsgesetz) wird die Notwendigkeit eines *Audit Commitees* (Prüfungsausschusses) erwähnt, das unter anderem die Effektivität des IKS zu überwachen hat.

1.2.7 Italien

Preda Code

Der italienische *Corporate Governance Kodex*, auch *Preda Code* genannt (nach dem Namen von Stefano Preda, dem Hauptautor des Dokuments), wurde von der italienischen Börse im Jahr 1999 veröffentlicht. Der Kodex wurde 2002 und 2006 ergänzt – nach dem Geldwäscheskandal mit Cirio und nach dem Finanzbetrug bei Parmalat. Nachfolgend sind die zentralen Punkte aus dem Kodex aufgeführt:

- **Compliance als IKS-Aufgabe**
  Das Management muss die Adäquatheit und die Effektivität des IKS sicherstellen; die verantwortlichen Personen (mindestens eine) müssen hierzu benannt und es müssen ihnen ausreichend Ressourcen zur Verfügung gestellt werden.
- **Weitere IKS-Aufgaben**
  Das IKS hat die Aufgabe, die Konformität mit operationellen und administrativen Prozeduren sicherzustellen, um finanzielle und operationelle Risiken sowie Betrugsfälle zu identifizieren, zu verhindern und einzuschränken.
- **Funktionstrennung im IKS-Bereich**
  Personen, die eine Verantwortung für das IKS tragen, dürfen in der Hierarchie nicht den Weisungen des Managements unterstellt sein, das für operative Business-Prozesse zuständig ist. Die IKS-Verantwortlichen müssen über ihre Arbeit sowohl dem Direktorat als auch dem IKS-Ausschuss und dem Prüfungsausschuss berichten.
- **IKS-Ausschuss**
  Ein IKS-Ausschuss muss etabliert werden. Dieser hat eine beratende Aufgabe im Bereich IKS.

Comply-or-Explain-Prinzip

Trotz der Tatsache, dass die Bestimmungen des Preda Codes nicht zwingend sind, fordert dieser von allen börsennotierten Unternehmen, im Rahmen eines jährlichen Berichts offenzulegen, ob der Kodex eingehalten wird oder nicht. Dieses *Comply-or-Explain-Prinzip* gibt Unternehmen die Flexibilität, den Corporate-Governance-Prinzipien entsprechend den eigenen Besonderheiten zu folgen.

1.2.8 Spanien

Good Governance

In Spanien wurde eine spezielle Arbeitsgruppe mit dem Ziel geschaffen, die spanische *Securities Markets Commission* beratend zu unterstützen, insbesondere bezüglich der Harmonisierung von Reporting-Anforderungen an börsennotierte Unternehmen. Diese Arbeitsgruppe hat am 19. Mai 2006 das Dokument *Good Governance of Listed Companies* veröffentlicht (aktualisierte Fassung: Februar 2015). Dort werden unter anderem Optionen zur Stärkung der Corporate-Governance-Ausschüsse aufgezeigt.

Im P III.3.4.3. der aktuellen Fassung werden Risk-Control- und Management-Funktionen angesprochen, die von einem Audit Committee oder einem anderen geeigneten Ausschuss überwacht werden und eine effektive Mitigation von Risiken sicherstellen. Dabei werden alle Arten von Risiken erwähnt: operationelle, technologische, finanzielle, rechtliche, soziale, politische sowie Reputations- und Umweltrisiken.

Minimierung der Risiken als IKS-Ziel

Ähnlich wie Italien hat Spanien den Comply-or-Explain-Ansatz gewählt. Dabei steht in dem *Good-Governance-Dokument* generell eher das Risikomanagement im Fokus. Das IKS wird als Mittel betrachtet, die Risiken effizient zu managen: Die empfohlene *Risk Control and Management Function* muss demnach als Mindestvoraussetzung Risiken beschreiben, denen das Unternehmen ausgesetzt ist. Für eine interne Berichterstattung und das IKS soll dabei beschrieben werden, wie die genannten Risiken gehandhabt werden. Die Überwachung von Kontroll- und Risikomanagementsystemen sowie der Funktion der internen Revision obliegt dem Prüfungsausschuss.

1.3 IKS-Anforderungen in der Finanzbranche

In diesem Abschnitt werden die IKS-relevanten gesetzlichen Anforderungen erörtert, die in der Finanzbranche vorzufinden sind. Weitere branchenspezifische Anforderungen an die Hersteller von Lebensmitteln, Medikamenten und von einschlägigen Herstellanlagen werden in Kapitel 13, »Exkurs: FDA-Compliance und Kontrollen in SAP«, beschrieben.

1.3.1 Solvency II im Versicherungswesen

Aufsichts- und Eigenkapitalregeln

Solvency II ist ein Projekt der EU-Kommission zur Reform des Versicherungsaufsichtsrechts. Im April 2009 haben sich die Unterhändler der 27 Mitgliedsstaaten und des EU-Parlaments auf die neuen Aufsichts- und Eigenkapitalregeln Solvency II verständigen können, nachdem die Europäische Kommission dem Europäischen Parlament und dem Europäischen Rat einen Vorschlag für eine Solvency-II-Rahmenrichtlinie vorgelegt hat. Solvency II wurde am 22. April 2009 vom EU-Parlament und am 10. November 2009 von den EU-Finanzministern verabschiedet. Die Umsetzung dieser – zwischenzeitlich mehrfach korrigierten – Richtlinie in den Staaten der EU hat sich noch etwas hingezogen. In Deutschland trat die entsprechende Regulierung (Versicherungsaufsichtsgesetz) am 1. Januar 2016 in Kraft.

Drei Säulen bei Solvency II

Wie Sie Abbildung 1.2 entnehmen können, gibt es drei wesentliche Bestandteile von Solvency II, die auch Säulen genannt werden.

1. **Eigenmittelanforderungen**
   Die erste Säule behandelt unter anderem die Eigenmittelanforderungen, dabei wird zwischen Mindestkapital und Solvenzkapital unterschieden. Das Mindestkapital stellt eine absolute Untergrenze dar.

2. **Risikomanagement und Corporate Governance**
   Die zweite Säule behandelt die Grundsätze und Methoden der Aufsicht sowie einige qualitative Anforderungen.
3. **Berichterstattung an die Aufsichtsbehörden**
   Im Rahmen der dritten Säule werden vor allem die Berichterstattungspflichten der Versicherungsunternehmen geregelt. Dabei handelt es sich um die Berichtspflichten an Aufsichtsbehörden und um Angaben, die im Rahmen des Jahresabschlusses zu veröffentlichen sind.

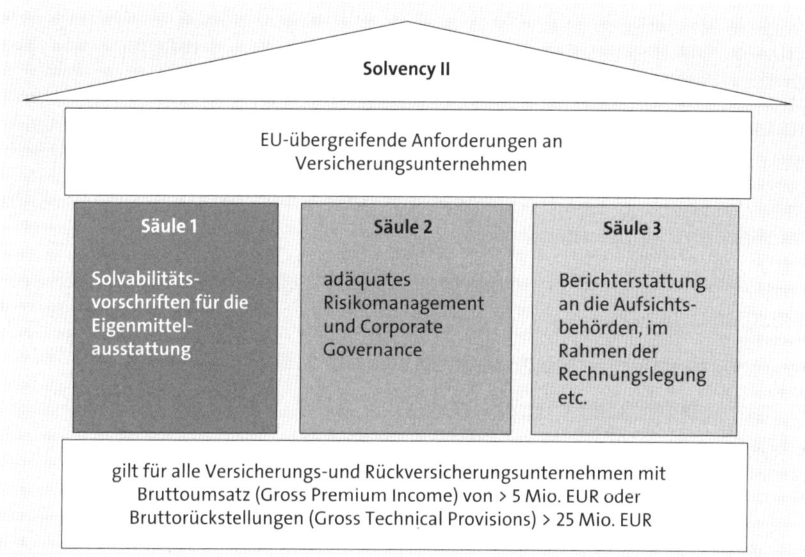

Abbildung 1.2 Solvency II – Anforderungen im Versicherungswesen

Drei Verteidigungslinien

Aus IKS-Gesichtspunkten ist vor allem die zweite Säule interessant, in der man einige Details der versichererspezifischen Struktur von drei Verteidigungslinien finden kann (siehe Abschnitt 21.1.1, »Die erste Verteidigungslinie«). Hier wird auf die einzelnen Aspekte der Geschäftsorganisation (Governance) eingegangen. Dazu gehören zum Beispiel das Risikomanagement, die interne Bewertung des Risikos und der Solvabilität, die interne Kontrolle, das interne Audit und die versicherungsmathematische Funktion. Die Hauptauswirkung im Kontext dieses Buches ist die Tatsache, dass durch diese gesetzliche Initiative effiziente Monitoring- und Kontrollmechanismen für Geschäftsprozesse – das heißt IKS – als wichtiger Bestandteil des Risikomanagements gefordert werden. In diesem Zusammenhang stehen auch die erhöhten Dokumentationsanforderungen sowie die Formalisierung der Funktion der internen Revision.

Berichterstattungspflichten

Bei der Umsetzung der Anforderungen im Rahmen der dritten Säule von Solvency II können IKS-Elemente ebenfalls abgeleitet werden: Die Kausalkette zwischen der externen Finanzberichterstattung und den IKS-Anforderungen wird in Abschnitt 2.1, »IKS im IT-Umfeld aus der Sicht der Wirtschaftsprüfung«, behandelt.

1.3.2 Basel II und III im Bankwesen

Risikoorientiertes Eigenkapital bei Banken

Der Begriff *Basel* bezeichnet die Gesamtheit aller Vorschriften, die vom Baseler Ausschuss für Bankenaufsicht in den letzten Jahren vorgeschlagen wurden. Die Basel-II-Regeln müssen gemäß den EU-Richtlinien 2006/48/EG und 2006/49/EG seit dem 01. Januar 2007 in den Mitgliedsstaaten der Europäischen Union für alle Kreditinstitute und Finanzdienstleistungsinstitute angewendet werden. Hauptziel von Basel II ist es, die staatlich verlangten regulatorischen Eigenkapitalanforderungen stärker am tatsächlichen Risiko auszurichten.

Basel II besteht, wie Sie in Abbildung 1.3 sehen, aus drei sich gegenseitig ergänzenden Säulen:

- Mindesteigenkapitalanforderungen
- bankaufsichtlicher Überprüfungsprozess
- erweiterte Offenlegung und Marktdisziplin

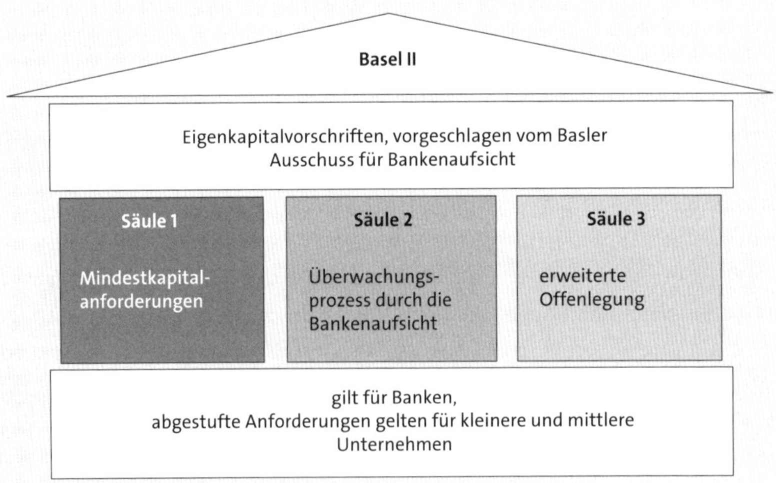

Abbildung 1.3 Basel II – Anforderungen im Bankenwesen

Neu: Berücksichtigung operationeller Risiken

Das Ziel der ersten Säule ist die genauere und angemessenere Berücksichtigung der Risiken einer Bank bei der Bemessung ihrer Eigenkapitalausstattung. Kurz gefasst: Für risikoreichere Geschäfte sollen mehr Eigenmittel hinterlegt werden als für Geschäfte mit weniger Risikopotenzial. Dabei werden sowohl bankenspezifische *Kreditausfallrisiken* und *Marktpreisrisiken* als auch *operationelle Risiken* berücksichtigt.

[«]

Operationelle Risiken – Definition

Unter operationellen Risiken werden sämtliche betrieblichen Risiken verstanden, die in einem Unternehmen einen Schaden verursachen können.

Die Überwachung der operationellen Risiken war ein Novum in Basel II; sie steht im direkten Zusammenhang mit dem IKS. Ein effizientes IKS hat somit im Basel-II-Umfeld einen direkten finanziellen Nutzen: Je besser das IKS ist, desto genauer kann die notwendige Eigenkapitalausstattung errechnet und desto weniger Kapital muss gebunden werden.

Risikomanagementsysteme

Im Rahmen der zweiten Säule wird die Etablierung und Anwendung adäquater Risikomanagementsysteme – wie beispielsweise das *Management Risk Controlling* (MRC) – bei Banken und Wertpapierfirmen sowie deren Überwachung durch eine Aufsichtsbehörde gefordert. Auch hier ist ein direkter Link zum IKS erkennbar.

Das Ziel der dritten Säule ist die Stärkung der *Marktdisziplin* durch die vermehrte Offenlegung von Informationen im Rahmen der externen Rechnungslegung der Banken (zum Beispiel im Jahresabschluss, in Quartalsberichten oder in Lageberichten).

Basel III

Infolge der Finanz- bzw. Weltwirtschaftskrise und aufgrund der mit Basel II gesammelten Erfahrungen wurde im Dezember 2010 die erste Fassung von *Basel III* festgelegt. Die Chefs von Notenbanken und Finanzaufseher aus 27 Ländern haben darin die neuen Regeln für das Eigenkapital festgelegt. Die wichtigste Nachricht ist, dass Kreditinstitute seither deutlich mehr eigenes Kapital benötigen. Sie erhalten dank großzügiger Übergangsfristen aber Zeit, um dieses Kapital zu bilden. Bei Basel III handelt es sich um eine Weiterentwicklung von Basel II, das grundsätzlich weiterhin gilt. In der EU wurde Basel III durch die *Kapitaladäquanzverordnung* (englisch *Capital Requirements Regulation*, abgekürzt CRR) umgesetzt und trat Anfang 2014 in Kraft.

1.4 Unternehmenserfolg durch IKS?

Das Erreichen der unternehmenseigenen Ziele wird in der Praxis selten in den unmittelbaren Zusammenhang mit IKS gebracht – zu Unrecht. Welche Mechanismen setzen Unternehmen üblicherweise ein, um den eigenen Erfolg zu messen und zu steuern? Lassen Sie uns zuerst auf die am meisten verbreiteten Systeme eingehen.

Balanced Scorecard für finanzielle und nicht finanzielle Indikatoren

Balanced Scorecard (BSC) ist ein Konzept zur Messung, Dokumentation und Steuerung der Aktivitäten eines Unternehmens bzw. einer Organisation im Hinblick auf seine/ihre Vision und Strategie (siehe Kaplan, R.; Norton, D.; Hilgner, B.: *Der effektive Strategieprozess: Erfolgreich mit dem 6-Phasen-System*. 2009).

Aufgrund ihrer umfassenden Gestaltungsmöglichkeit kann die Balanced Scorecard als Instrument zur Einrichtung eines integrierten Managementsystems betrachtet werden. Über Kennziffern zu den Funktionen und Attributen der betrachteten Objekte in der BSC wird es möglich, die Entwicklung der Geschäftsvision zu verfolgen. Dabei werden *kritische Erfolgsfaktoren* (KEF) definiert und daraus mit *Key Performance Indicators* (KPI) ein *Kennzahlensystem* (*Scorecard*) erstellt. Die Messgrößen repräsentieren den Erfüllungsgrad der strategischen Ziele. In einem kontinuierlichen Prozess werden Ziele und Zielerreichung überprüft und durch korrigierende Maßnahmen gesteuert.

Kennzahlensysteme

Im Vergleich zur BSC verwenden die klassischen *Kennzahlensysteme* (etwa das *Du-Pont-Modell*) bei der Unterstellung diverser Ursache-Wirkungs-Zusammenhänge überwiegend finanzielle Indikatoren. Das bekannteste Kennzahlensystem ist wohl auf die Berechnung des *Returns on Investment* (ROI) ausgerichtet. Der ROI wird aus dem Produkt der Kennzahlen *Umsatzrentabilität* und *Kapitalumschlag* ermittelt.

IKS im integrierten GRC-Ansatz

Im Rahmen dieses Buches möchten wir das Rad nicht neu erfinden, sondern nur aufzeigen, dass mehrere existierende Modelle die Grundidee in sich vereinen, dass die Geschäftsentwicklung im Rahmen eines integrierten Ansatzes überwacht und »ungünstige« Trends frühzeitig aufgedeckt werden können. Diese Grundidee ist auch im modernen integrierten GRC-Ansatz zu finden: IKS als dessen Bestandteil kann der Abdeckung nicht nur gesetzlicher, sondern aller relevanten Risiken dienen. Dabei ist IKS nicht nur mit dem Risikomanagement fest verdrahtet, sondern auch mit der bestehenden SAP-ERP-Landschaft in Unternehmen integriert.

IKS/GRC vs. Balanced Scorecard und Kennzahlensysteme

Vereinfacht dargestellt, lässt sich folgender Unterschied zwischen IKS (bzw. GRC) und den bekannten BSC- und Kennzahlenmodellen feststellen: Während BSC und Kennzahlenmodelle inhaltlich auf die strategische Ebenen abzielen, die eine Aggregation der Daten aus einzelnen Geschäftsvorfällen erfordern, hat der IKS-/GRC-Ansatz zusätzlich die nicht aggregierten Vorgänge, das heißt die einzelnen Transaktionen oder Geschäftsvorfälle im Fokus. So finden Sie zum Beispiel in BCS oder Kennzahlenmodellen kaum Aussagen wie diese: »Bei folgenden Wareneingängen wurde der gleitende Durchschnittspreis aufgrund fehlerhafter manueller Eingaben falsch berechnet; die Bewertung folgender Vorräte muss deswegen entsprechend korrigiert werden.«

IKS im Digitalisierungszeitalter

Es ist bereits jetzt ersichtlich, dass dieser Unterschied mit der zunehmenden Automatisierung und direkten Integration von BSC-Dashboards mit SAP-ERP-Systemen schwindet. Der Grund hierfür ist die exponentiell wachsende Analyseperformance und Digitalisierungstrends, die zum Beispiel in SAP S/4HANA realisiert werden (siehe Kapitel 15, »Risk und Compliance in SAP S/4HANA«). Etwa dank *In-Memory-Technologien* wie SAP HANA ist ein Drill-down von einem KPI bis auf die Ebene einzelner Transaktionen, selbst bei sehr großen Datenmengen, inzwischen kein Problem mehr, zum Beispiel via *SAP Digital Boardroom*.

Kann ein integriertes IKS einen messbaren Vorteil bringen? In Abschnitt 21.1.2, »Die zweite Verteidigungslinie«, beschreiben wir die Ansätze für den Entwurf eines Business Case für GRC im Detail. Dessen wichtigste Bestandteile sind nachfolgend zusammengefasst.

[«]

Wichtige Elemente für IKS und GRC Business Case

- Der Marktwert eines Unternehmens kann durch die Implementierung von IKS positiv beeinflusst werden.
- SAP-GRC-Lösungen können einige Geschäftsprozesse direkt unterstützen und somit Einsparungen erwirken und direkt zur Effizienz beitragen.
- Risikoreduktion ist der wichtigste Mehrwertbringer, und sie kann bei vorhandenen Erfahrungswerten beziffert werden – zum Beispiel als Reduktion bestimmter Risikoereignisse (Verluste, Vorfälle, Strafen, entgangene Umsätze etc.).
- In der Finanzbranche kann funktionierendes IKS die gesetzlich erforderliche Kapitalmittelhinterlegung und damit zusammenhängende Aufwände reduzieren.

1.5 Resümee

In diesem Kapitel haben Sie eine kurze Einleitung darüber erhalten, welche Ziele durch ein IKS erreicht werden können. Dabei lag der Fokus auf den Zielen »Ordnungsmäßigkeit der Rechnungslegung« und »Einhaltung der rechtlichen Vorschriften« (der IKS-Begriff und diese Ziele wurden in Abschnitt 1.1.2, »Internes Kontrollsystem (IKS) und GRC«, erläutert) sowie auf der Effizienz von Geschäftsprozessen.

Die Effizienz oder Wirtschaftlichkeit werden zwar bei einer »traditionellen« Betrachtungsweise nicht unbedingt mit dem Begriff IKS direkt in Verbindung gebracht; dies geschieht allerdings zu Unrecht, wie wir meinen. Daher stellen wir Ihnen in Abschnitt 3.1.5, »Struktur der effizienz- und wirtschaftlichkeitsorientierten Kontrollen im SAP-ERP-Umfeld«, eine mögliche Struktur eines effizienzorientierten IKS-Frameworks im SAP-ERP-Umfeld vor.

Die wichtigsten gesetzlichen Anforderungen an das IKS wurden genauer erläutert. Spezifische gesetzliche Anforderungen, die je nach Branche, Land und sonstigen Besonderheiten von Unternehmen zu Unternehmen stark variieren können, wurden nur kurz anhand der Finanzdienstleistungsbranche angeschnitten. In Kapitel 11, »Datenschutz-Compliance in SAP ERP Human Capital Management«, und Kapitel 13, »Exkurs: FDA-Compliance und Kontrollen in SAP«, wartet eine Beschreibung weiterer gesetzlicher Bestimmungen auf Sie: zum einen die Anforderungen bezüglich des Umgangs mit personenbezogenen Daten, zum anderen Anforderungen, die im Bereich Nahrungs- und Heilmittelindustrie an Unternehmen gestellt werden.

Geschäftsprozesse sind in jedem Unternehmen fast so individuell wie Fingerabdrücke von Menschen. Trotzdem lassen sich beim Einsatz von Standardsoftware bestimmte »typische« Grundszenarien identifizieren. In Kapitel 14, »Exemplarische effizienz- und wirtschaftlichkeitsorientierte Analyseszenarien in SAP ERP«, finden Sie Beispiele für effizienzorientierte Szenarien im SAP-ERP-Umfeld.

Sie haben gesehen, dass einem IKS als Mittel, um Compliance sicherzustellen, eine sehr große Bedeutung zukommt. Damit ist der erste Schritt getan: Sie wissen, welche Paragrafen ein IKS fordern.

Bevor die IKS-Besonderheiten im IT-Umfeld erläutert werden, erhalten Sie nun Informationen zu den vielen Facetten, die die Arbeit eines Prüfers hat, und darüber, dass dessen Aufgabe unter anderem darin besteht, das IKS zu untersuchen.

Kapitel 2

Der Prüfer kommt: Wann, warum und wie man damit umgeht

Der Termin beim Zahnarzt, der Gang zur Behörde oder der Besuch der Schwiegermutter – unangenehme Begegnungen kann man manchmal nicht umgehen. Hinterher ist es meist gar nicht so schlimm wie erwartet, und man profitiert sogar davon.

In einer Umfrage der Zeitschrift *Fast Company* gaben 82 % aller Executives zu, sich beim Golfspiel manchmal nicht an die Fair-Play-Regeln zu halten. Während dies auf dem Golfplatz meist unbemerkt bleibt und keine gravierenden Folgen hat, sieht es im Bereich der Finanzberichterstattung anders aus. Überstrapazierte Auslegungsspielräume, Bilanzierungskreativität am Rand der Kriminalität oder gar gefälschte Bilanzen können (natürlich berechtigterweise) verheerende Folgen haben: etwa einen *Versagungsvermerk* des Wirtschaftsprüfers, der negative Auswirkungen auf die Kreditvergabe bzw. Kreditwürdigkeit des Unternehmens oder strafrechtliche Konsequenzen hat.

Um sowohl beabsichtigte Fälschungen als auch unbeabsichtigte Fehler zu verhindern, benötigen Unternehmen ein Internes Kontrollsystem (IKS). Aus Kapitel 1, »Gesetzliche Anforderungen im Bereich IKS-Compliance«, wissen Sie bereits, welche gesetzlichen Bestimmungen ein IKS fordern – und aus welchem Grund.

Um die Einhaltung der Anforderungen der Gesetzgeber sicherzustellen, nehmen die interne Revision und weitere unternehmensinterne Kontrollinstanzen, aber auch unabhängige Prüfer die wichtige *IKS-Assurance-Rolle* wahr. Die entsprechenden Regeln, Hintergründe und Vorgehensweisen bei der Ausübung dieser Rolle im Umfeld IT-gestützter Geschäftsprozesse zu verstehen, ist essenziell – nicht nur, um eine Prüfung effizient unterstützen, sondern vor allem, um daraus einen Nutzen ziehen zu können. Nachfolgend ist das adäquate Rüstzeug für Sie zusammengestellt.

2.1 IKS im IT-Umfeld aus der Sicht der Wirtschaftsprüfung

In diesem Kapitel erfahren Sie, wie die Vorgehensweise der externen Revision durch die IT beeinflusst wird, warum die Notwendigkeit der IKS-Prüfung Hand in Hand mit der Notwendigkeit der externen Finanzberichterstattung geht und welche Richtlinien und Stellungnahmen die Arbeit der Revision im ERP-Umfeld bestimmen.

Gesetzliche Verankerung

Der Abschlussprüfer hat in Deutschland nach § 316 HGB den Jahresabschluss und nach § 317 HGB die Buchführung zu prüfen sowie nach § 322 HGB im Bestätigungsvermerk zu erklären, ob die Buchführung und der Jahresabschluss den Grundsätzen ordnungsmäßiger Buchführung und den gesetzlichen Vorschriften entsprechen. Diese Vorschrift bezieht sich auf mittelgroße und große Kapitalgesellschaften. Die Vorgaben zur Prüfungspflicht ergeben sich auch durch andere Vorschriften (zum Beispiel durch das Publizitätsgesetz (PublG) oder durch bundes- und landesrechtliche Regelungen).

Notwendigkeit der externen Revision

Weltweit sind sehr ähnliche gesetzliche Bestimmungen zu finden, die allesamt ein Ziel verfolgen: Man möchte den unterschiedlichen Interessengruppen – vor allem Kreditgebern und Investoren – ein wahrheitsgemäßes Bild der Vermögens- und Ertragslage eines Unternehmens bieten können, um auf diese Weise deren Interessen zu schützen.

Das soll dadurch gewährleistet werden, dass ein unabhängiger Sachverständiger die Inhalte der externen Finanzberichterstattung eines Unternehmens prüft und gegebenenfalls deren Glaubwürdigkeit bestätigt.

Externe Finanzberichterstattung

Die Bestandteile der prüfungsrelevanten externen *Finanzberichterstattung* sind in der Regel folgende:

- Bilanz
- Gewinn- und Verlustrechnung
- Anhang mit Jahresabschluss zuzüglich Lagebericht; für kapitalmarktorientierte Kapitalgesellschaften kommen Kapitalflussrechnung und Eigenkapitalspiegel hinzu.

In der derzeitigen Situation, in der die Finanzberichterstattung gänzlich (oder zum größten Teil) IT-systembasiert stattfindet und die rechnungswesenrelevanten Zahlen im Rahmen von komplex zusammenhängenden IT-gestützten Geschäftsprozessen zustande kommen, steht ein Wirtschaftsprüfer vor der Herausforderung, einen »Hauch von Magnetismus« testieren zu müssen.

2.1.1 Herausforderung durch die Informationstechnologie

IT-Systeme im Fokus der Wirtschaftsprüfer

Seit Anfang der 1980er-Jahre beeinflussen IT-Systeme zunehmend die Aufgaben der externen Revision. In der Fachliteratur wurden damals immer häufiger die folgenden Feststellungen getroffen:

Der Prüfungsgegenstand Buchführung wird durch die elektronische Datenverarbeitung grundlegend verändert: Während das manuell geführte Buch ein Abbild der Belegabgabe war, finden in den automatischen Systemen Datenauflösungen, -änderungen und -neuordnungen statt, die nicht allein aus der Buchführung heraus erkennbar sind (siehe zum Beispiel Leffson, U.: *Wirtschaftsprüfung*, Wiesbaden 1980, S. 231).

Horwath/Schäfer schreiben dazu: »Viele Systeme führen durch ihren hohen Integrationsgrad und ihre papierlose Verarbeitung zu einem Verlust des klassischen Prüfungspfades. Prüfungsrelevante Zwischenergebnisse liegen beispielsweise nur unvollständig oder lediglich in maschinenlesbarer Form u. a. m.« (Quelle: Horwath, P.; Schäfer, H-Th.: *Prüfung bei automatisierter Datenverarbeitung*, Berlin 1983, S. 24).

Diese bereits in den 80er Jahren erkannten neuen Rahmenbedingungen haben seitdem die Wirtschaftsprüfung grundlegend verändert.

2.1.2 Systemprüfung als Prüfungsansatz im IT-Umfeld

Einzelfallprüfung und Systemprüfung

Das neue Umfeld der revisionsspezifischen Tätigkeiten hat auch die Ansätze innerhalb der Jahresabschlussprüfung wesentlich beeinflusst. Als grundsätzliche Durchführungsansätze einer Jahresabschlussprüfung lassen sich die *Einzelfallprüfung* (Balance Sheet Audit) und die *Systemprüfung* (Transaction Audit) unterscheiden. Der Unterschied zwischen den beiden Prüfungsansätzen zeigt sich vor allem bei einer Gegenüberstellung der Prüfungsobjekte.

Einzelfallprüfung

Die Einzelfallprüfung ist auf die Prüfung von Ansatz, Bewertung und Ausweis der einzelnen Jahresabschlusspositionen ausgerichtet, insbesondere auf diejenigen, die nicht systemgestützt abgebildet werden (zum Beispiel manche Rückstellungsarten). Dementsprechend handelt es sich um eine *zeitpunktbezogene* Prüfung, bei der allein die ergebnisorientierten Prüfungshandlungen verwendet werden. Einzelfallprüfungen in Form von analytischen Prüfungshandlungen sind im Rahmen der Prüfungsplanung unerlässlich.

[»]

Ergebnisorientierte Prüfungshandlungen

Unter *ergebnisorientierten Prüfungshandlungen* sind alle Prüfungshandlungen zu verstehen, die auf eine unmittelbare Beurteilung der Ordnungsmäßigkeit der in den Konten bzw. Jahresabschlusspositionen ausgewiesenen Vermögensgegenstände und Schulden sowie Aufwendungen und Erträge ausgerichtet sind. Ergebnisorientierte Prüfungshandlungen lassen sich in *detaillierte Ergebnisprüfungen* (Prüfung der Geschäftsvorfälle und Bestände) und *globale bzw. analytische Prüfungshandlungen* (Plausibilitätsbeurteilungen) unterscheiden.

In der amerikanischen Prüfungsliteratur werden diese Prüfungshandlungen als »Substantive Tests of Details« und »Analytical Reviews« bezeichnet.

Systemprüfung

Im Gegensatz zur Einzelfallprüfung orientiert sich die Systemprüfung an dem Verarbeitungs- und Kontrollsystem des zu prüfenden Unternehmens, das für die im Jahresabschluss abgebildeten Verarbeitungsergebnisse verantwortlich ist. Dieser *zeitraumbezogenen* Prüfungsstrategie liegt die Erkenntnis zugrunde, dass die Verarbeitungsergebnisse und damit auch die im Jahresabschluss abgebildeten Sachverhalte zuvor das IKS durchlaufen haben. Arbeitet dieses System zuverlässig, kann auch mit zuverlässigen, das heißt fehlerfreien Verarbeitungsergebnissen gerechnet werden.

Die beiden Ansätze existierten lange, bevor die IT entstanden ist. Die Fokussierung auf das IKS zwecks Reduzierung des Prüfungsumfangs ist das Hauptmerkmal der Verfahrensprüfung, das bereits Anfang des 20. Jahrhunderts in der Fachliteratur behandelt wurde: »Where there is a satisfactory system of internal check, the auditor is not expected, and shall not attempt, to make a detailed audit.« (siehe Montgomery: *Auditing Theory and Practice*, New York 1912, S. 82).

Aber erst das Voranschreiten der IT hat die Verfahrensprüfung unverzichtbar gemacht, was in der Fachliteratur bereits Anfang der 1980er-Jahre zu lesen war: »Die Auffassung, um den Computer herum zu prüfen, (ist) nicht mehr vertretbar. Die Verfahrensprüfung ist notwendig geworden, je nach organisatorischer Ausgestaltung des EDV-Bereiches in mehr oder weniger großem Umfang.« (siehe Minz, G.: *Ansätze einer Prüfungstheorie für Computergestützte Buchführungssysteme*, in: WPg, 36. Jg., 1983, Nr. 18, S. 522).

2.1.3 Ansätze bei der Systemprüfung: IKS im Fokus

Aus der Theorie des Prüfungswesens heraus gesehen, wurde die Verfahrens- oder Systemprüfung durch das Entstehen neuer Prüfungsrisiken verursacht.

Prüfungsrisiko, Fehlerrisiko, Entdeckungsrisiko

Nach der Prüfungstheorie muss das *Prüfungsrisiko*, bestehend aus dem *Fehlerrisiko* und dem *Entdeckungsrisiko*, auf ein Minimum reduziert werden. In der Situation, in der der Jahresabschluss weitestgehend das Ergebnis IT-gestützter Prozesse ist, wäre – vereinfacht dargestellt – ein Fehler im Jahresabschluss auf einen Fehler im Informationssystem zurückzuführen. Das Fehlerrisiko könnte demnach generell mit einem Risiko im Informationssystem gleichgesetzt werden.

Wie Sie Abbildung 2.1 entnehmen können, ist die Verfahrensprüfung darauf ausgerichtet, die Bestandteile eines solchen Risikos zu adressieren.

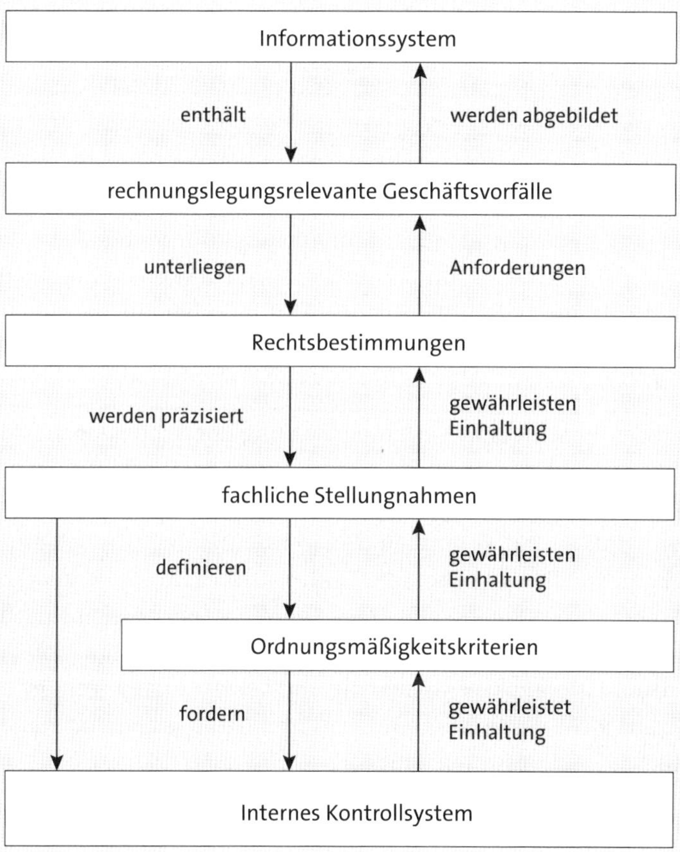

Abbildung 2.1 Abdeckung der Prüfungsrisiken durch Prüfungsansätze

[»]

Inhärentes Risiko und Kontrollrisiko – Definition

Die folgenden Definitionen stammen aus der internationalen Prüfnorm ISA 400. Die *International Standards on Auditing* (*ISA*) werden von der internationalen Vereinigung der Wirtschaftsprüfer, der *International Federation of Accountants* (*IFAC*), festgelegt:

- **Inhärentes Risiko**
  Das inhärente Risiko bezeichnet die Anfälligkeit einer Abschlussposition oder einer Klasse von Vorgängen für Fehler, die einzeln oder zusammen mit Fehlern bei anderen Abschlusspositionen oder Klassen von Vorgängen wesentlich sein können, und zwar unter der Annahme, dass keine diesbezüglichen internen Kontrollen bestehen.
- **Kontrollrisiko**
  Das Kontrollrisiko entspricht dem Risiko, dass ein Fehler, der in einer bestimmten Abschlussposition oder Klasse von Vorgängen auftritt und der einzeln oder zusammen mit Fehlern bei anderen Abschlusspositionen oder Klassen von Vorgängen wesentlich sein könnte, durch die Systeme des Rechnungswesens und der internen Kontrolle nicht verhindert oder nicht rechtzeitig aufgedeckt und korrigiert wird.

IKS-Ansatz bei der Systemprüfung

Folgender Schluss liegt nahe: Je stärker die Kontrollmechanismen sind, desto geringer ist das mit einem Informationssystem verbundene Prüfungsrisiko und umso mehr kann sich der Prüfer auf die Kontrollmechanismen im Unternehmen verlassen, und andere Prüfungshandlungen können eingeschränkt werden. Die Orientierung am Kontrollsystem ist somit der wichtigste Ansatz im Rahmen der Systemprüfung.

Risikoansatz bei der Systemprüfung

Im Rahmen der System- bzw. Verfahrensprüfung überschneiden sich die IKS- und risikoorientierten Ansätze. Stellt man statt der Konzentration der Prüfung auf Bilanzpositionen hin das Verständnis der Abläufe bzw. der Prozesse in den Vordergrund, kommt eine Risikoorientierung zum Ausdruck, da man sich nur auf die relevanten, das heißt risikobehafteten Prozesse beschränkt. Sofern im Unternehmen *interne Kontrollen* eingerichtet sind, die sicherstellen, dass die rechnungslegungsrelevanten Informationen in den einzelnen Transaktionszyklen vollständig und korrekt erfasst werden, bedeutet dies aus Sicht des Prüfers eine Risikoreduktion (siehe Buchner, R.: Wirtschaftliches Prüfungswesen, München 1997, S. 159).

Primäres Ziel der Analyse der IT-Prozesse im Rahmen der Systemprüfung ist die Identifizierung der wesentlichen IT-Risiken und die Beurteilung der Auswirkungen auf den Jahresabschluss und den Lagebericht. Da diese IT-Risiken bei der Verwendung DV-gestützter Buchführungssysteme einen wesentlichen Faktor für das Prüfungsrisiko darstellen, ist die Risikoorientierung die notwendige Voraussetzung für die Systemprüfung (siehe Abschnitt 3.1.3, »Kontroll-Identifizierungsprozess«, in Zusammenhang mit der Risikoorientierung). An dieser Stelle ist darauf hinzuweisen, dass die risiko- und kontrollorientierten Ansätze in den letzten Jahren weltweit gesetzlich gefordert wurden – und zwar als direkte Anforderung an Unternehmen, im Gegensatz zu den »indirekten« Anforderungen, die sich aus der Notwendigkeit einer unabhängigen Attestierung des Jahresabschlusses durch die externe Revision ergeben.

Gegenstand der Systemprüfung

Um den Gegenstand der Systemprüfung und somit die möglichen Untersuchungsbereiche für Kontrollen und Risiken vollständig abzugrenzen, lassen sich folgende Fokusbereiche im Rahmen der Systemprüfung nennen:

- die IT-Applikation selbst, insbesondere die Applikationskontrollen
- Organisationsstrukturen im Unternehmen
- Prozesse und Vorgänge rund um IT-Systeme wie Entwicklung und Support von Applikationen

In Teil II dieses Buches, »Vom Konzept zum Inhalt: Kontrollen in SAP ERP«, Kapitel 5 bis 14, werden die IKS-Inhalte im SAP-System beleuchtet – hinsichtlich der verschiedenen SAP-Applikationen und der relevanten Prozesse (zum Beispiel Change Management) sowie der Zusammenhänge.

2.1.4 IKS und die Systemprüfung als Pflicht

Die Notwendigkeit der IKS-Prüfung und insbesondere der in Abschnitt 2.1.2, »Systemprüfung als Prüfungsansatz im IT-Umfeld«, genannte IKS-Ansatz bei der Systemprüfung leiten sich nicht nur aus der Theorie des Prüfungswesens ab, sondern haben sich auch auf unterschiedliche Art und Weise institutionalisiert.

Wie Sie Abbildung 2.2 entnehmen können, unterliegt die IT-gestützte Erfassung der rechnungslegungsrelevanten Geschäftsvorfälle den relevanten Rechtsbestimmungen, werden aber auch von fachlichen Stellungnahmen geprägt.

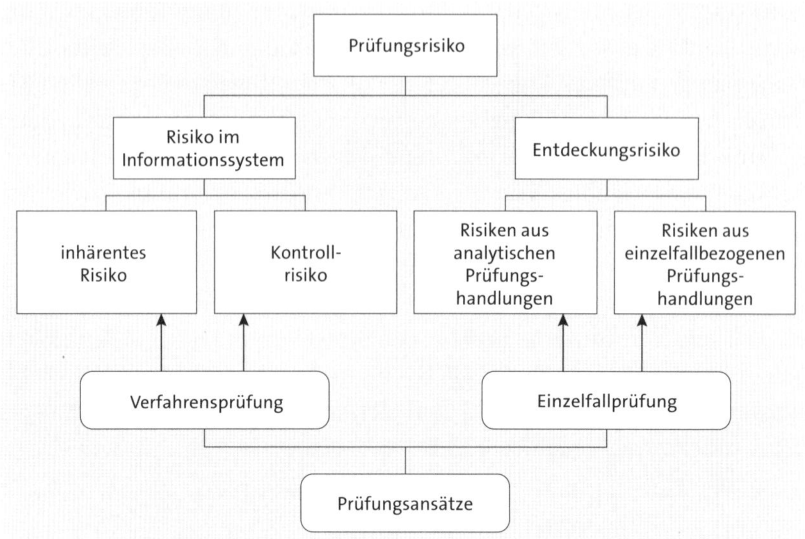

Abbildung 2.2 Notwendigkeit eines IKS aus Sicht des externen Rechnungswesens (Quelle: Peter Heidkamp, KPMG)

Relevante Rechtsbestimmungen

Im Hinblick auf die rechtlichen Rahmenbedingungen sind in erster Linie Bestimmungen des Handels- und Steuerrechts gemeint, die sowohl eine ordnungsgemäße Buchführung als auch deren unabhängige Prüfung erfordern. In zahlreichen Rechtsbestimmungen wird ausdrücklich auf die *Grundsätze ordnungsmäßiger Buchführung* (GoB) verwiesen (zum Beispiel § 238 Abs. 1 HGB oder § 243 Abs. 1 HGB). Diese Grundsätze definieren beispielsweise allgemeine Ordnungsmäßigkeitskriterien wie Vollständigkeit, Richtigkeit, Zeitgerechtigkeit, Ordnung, Nachvollziehbarkeit, Unveränderlichkeit (§ 239 Abs. 1, 2 und 3 HGB).

Vom rechtswissenschaftlichen Standpunkt aus handelt es sich bei *GoB* um einen unbestimmten Rechtsbegriff, der Gesetzeslücken schließen soll. Durch die praktische Übung und die Handlungen ordentlicher Kaufleute sowie durch Rechtsordnung, Erlasse, Empfehlungen sowie durch Gutachten von Behörden und Verbänden und durch die wissenschaftliche Diskussion wurde dieser unbestimmte Rechtsbegriff ausgefüllt.

Im internationalen Vergleich sind ähnliche Verweise auf die GoB bzw. im englischsprachigen Raum auf die *Generally Accepted Accounting Principles* (GAAP) zu finden. GAAP werden im US-amerikanischen Recht (US-GAAP), im *IFRS*-Umfeld (IFRS = *International Financial Reporting Standards*) oder in den *International Accounting Standards* (*IAS*) erwähnt.

Fachliche Stellungnahmen

Die rechtlichen Bestimmungen werden unter anderem in diversen fachlichen Stellungnahmen behandelt, beispielsweise in den Publikationen des *Instituts der Wirtschaftsprüfer* (*IDW*). Dabei gibt es sowohl Stellungnahmen, die ein IKS direkt fordern, als auch solche, die die Arbeit von Wirtschaftsprüfern in Bezug auf das IKS regulieren. Darüber hinaus werden in Stellungnahmen die GoB an IT-Belange angepasst, und das Thema Internes Kontrollsystem wird insbesondere im Umfeld einer IT-gestützten Buchführung behandelt (siehe Abschnitt 3.1.1, »IKS-Grundsätze im SAP-ERP-Umfeld: Von GoB zu GoBS und GoBD«). Im internationalen Vergleich sind zahlreiche Ähnlichkeiten zu beobachten, zum Beispiel berücksichtigen manche Publikationen des IDW die ISA, die von der IFAC erlassen werden und weltweit eine hohe Akzeptanz besitzen.

Erstmals 1988: IKS als Pflicht

Eine Pflicht zur Prüfung des IKS wurde durch das Fachgutachten 1/1988 des IDW eingeführt. Hier wurde erstmals die System- und Funktionsprüfung des IKS neben den ergebnisorientierten Prüfungshandlungen als Pflichtbestandteil der Jahresabschlussprüfung verbindlich festgelegt.

Prüfungsstandards: Systemprüfung

Unter den vom IDW erlassenen aktuellen Prüfungsstandards sind folgende im Sinn dieses Buches von Bedeutung:

- **Abschlussprüfung**
  Der Prüfungsstandard *IDW PS 330*, »Abschlussprüfung bei Einsatz von IT«, entspricht *ISA 401*, »Auditing in a Computer Information Systems Environment«, und schreibt vor, das IT-gestützte Rechnungslegungssystem darauf hin zu beurteilen, ob es den gesetzlichen Anforderungen entspricht – insbesondere den im *IDW RS FAIT 1* dargestellten Ordnungsmäßigkeits- und Sicherheitsanforderungen (siehe Abschnitt 3.1.1, »IKS-Grundsätze im SAP-ERP-Umfeld: Von GoB zu GoBS und GoBD«). Auf dieser Basis sollen die gesetzlich geforderten Prüfungsaussagen über die Ordnungsmäßigkeit der Buchführung getroffen werden.
- **Softwarezertifizierung**
  Sofern die Prüfung von Softwareprodukten beim Softwarehersteller oder Softwareanwender vor der Implementierung im jeweiligen Unternehmensumfeld des Softwareanwenders durchzuführen ist, findet unter anderem auch der Prüfungsstandard *IDW PS 880*, »Erteilung und Verwendung von Softwarebescheinigungen«, Anwendung. Gegenstand der Softwareprüfung ist die Beurteilung der GoB im Rahmen der durch die Software vorgegebenen Verfahren. Diese von Wirtschaftsprüfern erteilten Bescheinigungen werden in der Praxis vielfach als Softwaretestat oder Softwarezertifikat bezeichnet.

- **Systemprüfung bei Outsourcing**
  Die Besonderheiten der Systemprüfung im heutigen, oft durch Outsourcing und Shared Services geprägten IT-Umfeld werden im neuen Standard *International Standard on Assurance Engagements 3402* (*ISAE*) behandelt (siehe Abschnitt 6.1.2, »IT-Outsourcing: Wer ist verantwortlich für die Kontrollen?«). Die Prüfungsstandards *IDW PS 951* (zur Prüfung des IKS beim Dienstleistungsunternehmen für die auf das Dienstleistungsunternehmen ausgelagerten Funktionen) und *IDW PS 331* (zur Abschlussprüfung bei teilweiser Auslagerung der Rechnungslegung auf Dienstleistungsunternehmen) sollten an dieser Stelle ebenfalls erwähnt werden.
- **IKS- und Risikoansätze**
  Der Prüfungsstandard *IDW PS 261*, »Feststellung und Beurteilung von Fehlerrisiken und Reaktionen des Abschlussprüfers auf die beurteilten Fehlerrisiken«, ersetzt *IDW PS 260*, »Das interne Kontrollsystem im Rahmen der Abschlussprüfung«. Dieser Standard spiegelt *ISA 315*, »Understanding the Entity and its Environment and Assessing the Risks of Material Misstatement«, und *ISA 330*, »The Auditor's Procedures in Response to Assessed Risks«, wider. Interessant ist vor allem die im Standard angeführte Pflicht der Wirtschaftsprüfer, für bedeutsame Risiken zumindest den Aufbau und die Implementierung des damit verbundenen IKS zu beurteilen.

Um an dieser Stelle die internationale Vergleichbarkeit von Prüfungsstandards hervorzuheben, kann der schweizerische Prüfungsstandard *PS 890*, »Prüfung der Existenz des internen Kontrollsystems«, genannt werden.

DSVGO kommt

Zum Zeitpunkt des Verfassens der 3. Auflage dieses Buches waren neue IDW-Standards in Arbeit, die sich auf die bereits in Kraft getretenen Bestimmungen der Datenschutz-Grundverordnung (DSVGO) beziehen: die Datenschutzspezifika erfordern eine gesonderte Betrachtung von einschlägigen Kontrollmechanismen. Mehr zur DSVGO sowie relevante Beispiele aus dem SAP-gestützten Personalwesen finden Sie in Kapitel 11, »Datenschutz-Compliance in SAP ERP Human Capital Management«.

2.2 IKS-Assurance in der Praxis

Dies war nun genug Theorie. In der Praxis hat die Ausübung der IKS-Assurance-Rolle durch einen unabhängigen Prüfer viele Facetten. Nachfolgend erfahren Sie:

- welche Arten von Prüfern es gibt
- an welche Regeln sich der Prüfer halten muss
- welche Arten der Prüfungen mit IKS-Relevanz im SAP-Umfeld existieren

Darüber hinaus erhalten Sie Tipps, die die Zusammenarbeit mit dem Prüfer erleichtern, und dazu, wie Sie aus den Prüfungsergebnissen den optimalen Nutzen ziehen können.

2.2.1 Ausrichtungen der Prüfer

Um die Ziele des Prüfers zu verstehen, ist es wichtig zu wissen, mit welchem Prüfer Sie zusammenarbeiten. In der Praxis können Sie mit verschiedenen Auditoren kooperieren:

- **Externe Wirtschaftsprüfer**
  Diese werden in erster Linie mit der externen Prüfung des Jahresabschlusses in Verbindung gebracht. Dabei denkt man meist an die »Big Four« (bestehend aus PricewaterhouseCoopers (PwC), Ernst & Young (EY), Deloitte und KPMG), es gibt aber auch viele andere mittelgroße und kleinere Prüfungsgesellschaften. Das Hauptziel der Arbeit eines Wirtschaftsprüfers ist es, zum Zweck des Schutzes der Aktionäre und sonstiger Interessenten, im Bestätigungsvermerk für den Jahresabschluss zu bescheinigen, dass die Buchführung und der Jahresabschluss den gesetzlichen Vorschriften entsprechen.

[«]

Auszug aus dem deutschen Bestätigungsvermerk

Nach der erfolgreichen Prüfung wird der Jahresabschluss des jeweiligen Unternehmens mit folgendem Bestätigungsvermerk versehen:

»Nach meiner/unserer Beurteilung aufgrund der bei der Prüfung gewonnenen Erkenntnisse entspricht der Jahresabschluss den gesetzlichen Vorschriften (und den ergänzenden Bestimmungen des Gesellschaftsvertrags/der Satzung) und vermittelt unter Beachtung der Grundsätze ordnungsmäßiger Buchführung ein den tatsächlichen Verhältnissen entsprechendes Bild der Vermögens-, Finanz- und Ertragslage der Gesellschaft.

Der Lagebericht steht in Einklang mit dem Jahresabschluss, vermittelt insgesamt ein zutreffendes Bild von der Lage der Gesellschaft und stellt die Chancen und Risiken der zukünftigen Entwicklung zutreffend dar.«

- **Industriespezifische externe Prüfer**
  Je nach Branche, zum Beispiel in der Finanzbranche oder im Pharmabereich, gibt es Prüfer, die die Einhaltung der branchenspezifischen Regeln zu überwachen haben.
- **Spezialisierte externe Prüfer**
  Innerhalb eines bestimmten Prüfungsziels (wie beim Reporting bzw. bei der Jahresabschlussprüfung) gibt es Spezialisten, die sich auf ein bestimmtes Fachgebiet konzentrieren. Dabei kann es sich um Spezialisten für die steuerliche Berichterstattung, die Betrugsermittlung etc. handeln. Im Bereich der Technologie gibt es Prüfungsausrichtungen, die sich auf IT-Management, Sicherheit oder auch Applikationen (zum Beispiel SAP ERP) und Komponenten spezialisieren. Die genannten externen Wirtschaftsprüfer engagieren spezialisierte Prüfer, um bestimmte Gebiete abzudecken (zum Beispiel im Bereich von SAP-gestützten Prozessen und Bewertungen, Funktionstrennung etc.).
- **Steuerliche Außenprüfung**
  Angeordnet und durchgeführt von Steuerbehörden, hat diese Prüfung die Ermittlung, Prüfung und Beurteilung der Verhältnisse eines Steuerpflichtigen zum Ziel. Eine auftraggebende Behörde ist in Deutschland etwa das Finanzamt oder der *Internal Revenue Service* (*IRS*) in den USA. Prüfungen im Bereich Zoll und Außenwirtschaftsverkehr fallen ebenfalls in diese Kategorie.
- **Interne Revision**
  Die primäre Aufgabe der internen Revision besteht darin, die Unternehmensleitung in ihrer Kontrollfunktion zu unterstützen. Prüfungstechnisch führt die interne Revision periodische oder anlassbezogene Prüfungen durch, die inhaltlich nicht nur Compliance-Ziele, sondern auch weitere Ziele wie die Wirtschaftlichkeit oder die Qualität abdecken. Um ihre Vertrauens-, Präventions- und Informationsfunktionen zu erfüllen, ist die interne Revision weitgehend unabhängig und berichtet an den Prüfungsausschuss (Audit Commitee) des Unternehmens. In der Praxis kann es aber auch eine indirekte organisatorische Unterstellung unter den CFO geben, zum Beispiel durch die Berichterstattung von Prüfungsergebnissen. Externe, unabhängige Prüfer werden jedoch häufig zur Ausübung der Rolle der internen Revision engagiert.

2.2.2 Ausgewählte Prüfungsgrundsätze

In der Praxis werden Sie häufig mit irrtümlichen Vorstellungen konfrontiert, die die Rolle und Aufgaben eines Prüfers sowie die Regeln betreffen, an die sich ein Prüfer zu halten hat. Nachfolgend werden die wichtigsten Aspekte erläutert.

Wer prüft den Prüfer?

Gleichgültig, um welchen Prüfer oder um welches Prüfungsziel es sich handelt, ein Prüfer muss sich an bestimmte Grundregeln der Berufsausübung halten. Von offiziellen Gesetzen abgesehen, wie zum Beispiel der Wirtschaftsprüferordnung in Deutschland (Gesetz über eine Berufsordnung der Wirtschaftsprüfer), handelt es sich dabei um Grundsätze und ethische Normen, die von länderspezifischen Berufsverbänden wie dem IDW, dem *American Institute of Certified Public Accountants* (AICPA), dem *Institute of Internal Auditors* (IIA) etc. definiert und beispielsweise als *Code of Professional Conduct* festgehalten sind. Diese Normen und Grundsätze ähneln sich im internationalen Vergleich.

Die Aufgabe der Institute besteht auch darin, die Einhaltung der folgenden Grundsätze, die Qualität der Arbeit und die Weiterbildung der Prüfer zu überwachen.

- **Sachverständiger Dritter**
  Der Prüfer muss sein Handwerk beherrschen; hierzu gehört nicht nur das Fachwissen, sondern auch das prüfungsspezifische Know-how. Dieses Wissen muss durch Zertifizierungen und Berufsexamina (dies ist insbesondere für Jahresabschlussprüfer erforderlich) bestätigt werden, die außer der Prüfung selbst zum Teil einen bestimmten Studienschwerpunkt oder zumindest eine bestimmte Mindestanzahl an Berufsjahren als Voraussetzung erfordern.

  Für Wirtschaftsprüfer gibt es länderspezifische Berufsexamina, die auf rechtliche Besonderheiten und Bilanzierungsgrundsätze im jeweiligen Land abzielen, zum Beispiel *Wirtschaftsprüfer (WP)* in Deutschland oder *Certified Public Accountants (CPA)* in den USA. Manche Berufsexamina haben eine länderübergreifende Relevanz, weil die zugrundeliegenden Bilanzierungsstandards eine grenzübergreifende Bedeutung haben (CPA für US-GAAP oder Chartered Accountant für die IFRS-nahe Bilanzierung).

  Es gibt aber auch Berufsexamina für Prüfer, die nicht von den lokalen rechtlichen Besonderheiten abhängig sind und somit international gelten, wie zum Beispiel der *Certified Information System Auditor (CISA)* im Bereich IT-Audit oder der *Certified Internal Auditor (CIA)* für die interne Revision. Selbst wenn Sie mit einem Prüfungsassistenten zu tun haben, der noch über kein Berufsexamen verfügt, wird sein Vorgesetzter (Prüfungsleiter oder eine Ebene höher – zum Beispiel Partner) dieses mit Sicherheit vorweisen können.

- **Unabhängigkeit**
  Diese wichtige Bedingung wirkt sich auf sehr viele Aspekte der Zusammenarbeit mit einem Prüfer aus. Die Unabhängigkeitsrestriktionen haben einen funktionalen und organisatorischen Charakter.

  Als CIO dürfen Sie dem Prüfer einen Zeitraum oder ein System vorschlagen, etwa weil die Auslastung oder die Verfügbarkeit der Ansprechpartner dies nahelegen. Es obliegt jedoch dem Prüfer, ob er seine Auswertungen auch tatsächlich an diesem System in diesem Zeitraum durchführt. Der Prüfungsablauf darf generell nicht beeinflusst werden; der Prüfer agiert unabhängig.

  Die Unabhängigkeitsanforderungen beeinflussen zum Beispiel die Weisungsbefugnisse und Strukturen in der Organisation, falls es sich um die interne Revision handelt. Aus diesem Grund ist interne Revision meist nur dem Prüfungsausschuss unterstellt.
- **Objektivität im Rahmen der Unabhängigkeit**
  Bei funktionaler und organisatorischer Unabhängigkeit beziehen sich die Objektivitätsanforderungen auch auf jeden einzelnen Prüfer. Es ist zum Beispiel nicht zulässig, dass ein naher Verwandter des CFO zur Prüfung von dessen Unternehmen zugelassen wird oder dass Ihr Prüfer über einen größeren Anteil an Aktien Ihres Unternehmens verfügt. Selbstverständlich darf ein Prüfer auch keine Geschenke annehmen, die einen bestimmten Wert übersteigen. Hinsichtlich der inhaltlichen Arbeit der Prüfer darf ein IT-Auditor zum Beispiel kein SAP-System prüfen, an dessen Design oder Funktionskonfiguration er aktiv mitgewirkt hat.
- **Professioneller Skeptizismus**
  Der Beruf des Prüfers erfordert einen professionellen Skeptizismus. Das beinhaltet, dass Ihnen von Jahr zu Jahr immer wieder die gleichen Fragen gestellt oder auch einmal Nachweise gefordert werden, die in der Vergangenheit nicht zur Verfügung gestellt werden mussten. Der Prüfer muss unter anderem die richtige Balance zwischen Vertrauen und Misstrauen finden, um das Prüfungsrisiko auf ein akzeptables Maß zu bringen.
- **Nachweis**
  Für jemanden, der zum ersten Mal mit dem Prüfer zu tun hat, kann dessen Wunsch befremdlich sein, unbedingt Kopien von verschiedenen Dokumenten und Belegen mitnehmen zu wollen, um damit viele dicke Ordner zu füllen. Der Grund für diese »Sammelleidenschaft« ist jedoch,

dass die von den Prüfern abgehefteten oder in elektronischer Form aufbewahrten Nachweise ausreichend sein sollen, damit ein anderer Prüfer auf deren Basis (bzw. auf Basis der Arbeitspapiere) zum gleichen Schluss bezüglich des Prüfungsergebnisses kommen kann.

Das Prinzip »Wenn ich einen Kontrollschritt im Prozess nicht nachweisen kann, so fand dieser nicht statt« hat schon einige Kunden von Wirtschaftsprüfungsgesellschaften verärgert, insbesondere bei SOX-Audits. Die oft negative Einstellung gegenüber den scheinbar übertriebenen Nachweisforderungen dürfte sich allerdings relativieren, wenn Sie die Verantwortung bedenken, die der Wirtschaftsprüfer trägt. Außerdem sollte auch das Management eines Unternehmens daran interessiert sein, einen prüfbaren Nachweis dafür zu haben, dass die Geschäftsabläufe wie geplant bzw. vorgeschrieben funktionieren.

[«]

Nachweis in elektronischer Form

Im ERP-Umfeld muss eine Reihe von Voraussetzungen erfüllt sein, damit der Prüfer sich auf den Nachweis in elektronischer Form verlassen kann. Die Prüfung dieser Voraussetzungen, wie zum Beispiel die Nichtveränderlichkeit, die Nachvollziehbarkeit des Ursprungs und des Erfassens etc., stellt einen der wichtigsten Schwerpunkte im Rahmen von ERP-Audits dar. Die entsprechenden Kontrollen im SAP-ERP-System sind in Abschnitt 7.1, »Grundsatz der Unveränderlichkeit«, und 7.2, »Kontrollen für die datenbezogene Nachvollziehbarkeit«, beschrieben.

[zB]

Unantastbarkeit der Prüfungsgrundsätze

Bis vor einigen Jahren wurde die Prüfungsgesellschaft Arthur Anderson in einem Atemzug mit den Big Four (damals Big Five) genannt. Mittlerweile ist diese Gesellschaft durch den Enron-Skandal von der Bildfläche verschwunden – und man spricht inzwischen von den Big Four. Der Grund für den Niedergang war, dass die oben dargestellten Grundsätze von einigen Mitarbeitern der Firma nicht beherzigt wurden.

2.2.3 Arten der externen Prüfung im ERP-Umfeld

Vier Kategorien von Prüfungszielen

Neben den zahlreichen Arten von Audits gibt es auch viele Prüfungsziele, die von Prüfern bei der Ausübung ihrer Tätigkeit verfolgt werden. Das international anerkannte IKS-Framework von *COSO* (dieses basiert auf der

Studie des Commitee of Sponsoring Organizations of the Treadway Commitee von 1992) unterscheidet zwischen vier Kategorien von Prüfungszielen:

- **Strategische Ziele**
  High-Level-Ziele, die mit dem Geschäftszweck eines Unternehmens in Zusammenhang stehen und diese unterstützen
- **Operationelle Ziele**
  Hier stehen die Wirtschaftlichkeit und die Effizienz im Vordergrund – einschließlich des Schutzes der Assets eines Unternehmens.
- **Berichterstattung**
  Zuverlässigkeit der externen Berichterstattung, zum Beispiel Darstellung der Vermögens- und Ertragslage
- **Compliance**
  Konformität mit relevanten gesetzlichen Vorgaben, Regelungen und Richtlinien

Bisher wurden die Themen IT-Prozesse und Systemprüfung allgemein betrachtet. Im weiteren Verlauf dieses Buches werden wir uns auf SAP-gestützte Prozesse konzentrieren, die Betrachtung von SAP erfolgt dabei für unterschiedliche Prüfungsarten. Die gängigsten Fälle in der Praxis, bei denen SAP im Fokus steht, sind in Tabelle 2.1 zusammenfassend dargestellt.

Prüfungsart	Auslöser	Details	Prüfungsziel
Jahresabschlussprüfung	periodisch	Bewertung der Zuverlässigkeit der Daten im SAP-System, die der finanziellen Berichterstattung zugrunde liegen	Reporting
Steuerprüfungen	periodisch, anlassbezogen	Bewertung der Zuverlässigkeit der steuerlichen Berechnungen im SAP-System (zum Beispiel im Rahmen des SAP-Programms Umsatzsteuervoranmeldung), GdPdU-Audits	
IKS-bezogene Audits (SOX, GoBD etc.)	periodisch, initiativ	Beurteilung der Richtigkeit des Designs der Applikationskontrollen im SAP-System sowie der Konfigurationseinstellungen mit IKS-Relevanz	Compliance
Datenschutz, HIPAA-Audits	periodisch, initiativ	Prüfung der Einhaltung der gesetzlich vorgeschriebenen Restriktionen des Zugriffs auf bestimmte Daten und Transaktionen	

Tabelle 2.1 Übersicht über Prüfungsarten mit SAP-Bezug

Prüfungsart	Auslöser	Details	Prüfungsziel
Security Audit	initiativ	Prüfung des Berechtigungskonzepts sowie der sicherheitsrelevanten Konfigurationen im SAP-System (sowohl Applikation als auch Datenbank) oder bei der Interaktion mit SAP über Netzwerke (zum Beispiel RFC, Gateways)	operationell
Fraud Audit	anlassbezogen	detektive Prüfungshandlungen zur Aufdeckung der Betrugsfälle	
SAP-Implementierungs-Audit	initiativ	Überwachung des Prozesses der SAP-Implementierung, zum Beispiel in Bezug auf Projektrisiken, Statusberichte etc.	
Change Management Audit	initiativ	Beurteilung des Prozesses, bei dem die Ergebnisse der Konfiguration und der Entwicklung im SAP-System dokumentiert, durchgeführt, getestet und in die produktive Umgebung transportiert werden	operationell
SAP-Betriebs-Audit	initiativ	SLA-bezogene (Service Level Agreement) Beurteilung der Prozesse im Betrieb und der Administration im SAP-Umfeld	
Prüfung der Organisation und Planung	initiativ	Beurteilung von SAP-Management: zum Beispiel Alignment der SAP-SE-Roadmaps für SAP-Anwendungen mit der Planung und Strategie in IT und Business	Strategie
Softwareauswahl	initiativ	Prüfung der Existenz und der Einhaltung der Regeln zur Auswahl von Softwareprodukten	

Tabelle 2.1 Übersicht über Prüfungsarten mit SAP-Bezug (Forts.)

Datenschutz-Grundverordnung

Auf den Unterschied zwischen *Review* und *Audit* wurde in dieser Übersicht der Einfachheit halber nicht eingegangen.

Es ist davon auszugehen, dass die seit dem 25. Mai 2018 anzuwendende, aktualisierte Fassung der Datenschutz-Grundverordnung (DSGVO, englisch General Data Protection Regulation, kurz GDPR) der oben als Unterpunkt dargestellten Prüfungsart »Datenschutz« zusätzliches Gewicht verleihen wird – auch wenn die Beurteilung der Konformität mit DSGVO-Auflagen (englisch durch externe Prüfer) gesetzlich nicht explizit vorgeschrieben ist. Der hohe Compliance-Druck auf Unternehmen führt in der Regel dazu, dass entsprechende Marktnischen innerhalb von Assurance-Dienstleistungen sehr schnell gefüllt werden.

Die Grenzen zwischen den einzelnen Prüfungsarten können nicht immer eindeutig gezogen werden. Inhaltlich kann eine SAP-Prüfung sowohl themenübergreifend als auch eng auf einen Sachverhalt (komponenten- bzw. geschäftsprozessbezogen) fokussiert sein.

Integrierter Audit-Ansatz

Im Rahmen eines sogenannten *integrierten Audit-Ansatzes* bei einem SOX-pflichtigen Unternehmen wird neben der Prüfung des *Jahresabschlusses* auch die *Effektivität des IKS* untersucht und eine gesonderte Prüfungsaussage getroffen. Selbst bei einem Unternehmen, das nicht den SOX-Compliance-Auflagen unterliegt, werden im Rahmen der Jahresabschlussprüfung die eingesetzten SAP-Systeme untersucht: Wie bereits in Abschnitt 2.1.2, »Systemprüfung als Prüfungsansatz im IT-Umfeld«, gezeigt, ist dabei eine Systemprüfung unentbehrlich; und wie Sie aus Abschnitt 2.1.3, »Ansätze bei der Systemprüfung: IKS im Fokus«, wissen, liegt der Schwerpunkt einer Systemprüfung auf der Beurteilung der Kontrollmechanismen innerhalb einer ERP-Anwendung.

Etwas enger ausgerichtete SAP-Audits haben bestimmte Prozesse oder Fragestellungen zum Gegenstand: SAP-gestützte Abläufe sind komplex genug, sodass jeder Prozess zu einem eigenständigen Thema werden kann.

[zB]

Eine Position – mehrere Themengebiete

Rund um eine einzige Position in der Bilanz wie dem *Vorratsvermögen* können zum Beispiel allein folgende Themengebiete im SAP-ERP-System von Bedeutung sein:

- periodische Bewertungsläufe in das Material-Ledger
- Materialpreiskalkulation (S-preisgesteuert)
- Niederstwertermittlung nach Gängigkeit, Reichweite oder Marktpreis
- Analyse der Schwankungen des gleitenden Durchschnittspreises aufgrund der Erfassungsfehler im Warenlager
- Auszifferung des WE/RE-Kontos

2.2.4 Empfehlungen zum Umgang mit dem Prüfer

Viele Unternehmen, die SAP einsetzen, kennen diese Situation zur Genüge: Ein SAP-Audit wird angekündigt, und eine Beinahe-Panik bricht aus.

Als Erstes werden Zugangsberechtigungen beantragt. Bereits in der Anfangsphase stehen Sie vor der Frage: Was darf der Prüfer sehen und was nicht? Diese Frage ist leicht zu beantworten: Um die Erfüllung der in Abschnitt 2.2.2, »Ausgewählte Prüfungsgrundsätze«, dargestellten Grundsätze zu gewährleisten, darf ein Prüfer alles im System sehen, was er möchte.

[+]

Empfehlung Nr. 1 – Anzeigeberechtigungen geben

Geben Sie dem Prüfer umfassende Anzeigeberechtigungen (außer SAP-ERP-HCM-Berechtigungen, falls diese Komponente nicht im Fokus steht, siehe Kapitel 11, »Datenschutz-Compliance in SAP ERP Human Capital Management«, zum Thema Datenschutz). Zu empfehlen sind eigens für die Revision geschaffene Berechtigungsrollen.

Anzeigerechte

Es gibt eine Reihe von Standardprofilen im SAP-System, die Anzeigerechte beinhalten (zum Beispiel `S_A.SHOW`), doch von deren Verwendung raten wir Ihnen ab: In *Standardprofilen* stecken oft unangenehme »Überraschungen« (der Name des Standardprofils könnte etwa nicht mit dessen Inhalt übereinstimmen), und Sie möchten sicherlich nicht, dass ein weniger erfahrener Prüfer sich aus Versehen in einem SAP-Beleg oder in einem anderen Änderungs-Log verewigt. Eine eigens für die Revision eingerichtete Rolle mit Anzeigerechten ist besser geeignet.

[+]

Empfehlung Nr. 2 – Nichts verschleiern!

Versuchen Sie, nichts vor dem Prüfer zu verschleiern. Die Wahrheit ist die wichtigste Voraussetzung für das Vertrauen.

Ehrlich währt am längsten

Die großzügig verteilten SAP_ALL-Berechtigungen kurz vor einer anstehenden Prüfung hastig zu entziehen oder die Mandanteneinstellungen wieder auf »konform« zu setzen, ist nicht zielführend: Über die Änderungshistorie können die Vergabe der Berechtigungsprofile sowie die Konfigurationsänderungen zurückverfolgt werden. Sparen Sie sich Zeit und unangenehme Fragen – Last-Minute-Schönheitsreparaturen lassen sich im SAP-System aufgrund der umfangreichen Protokollierungen nicht verstecken (siehe Abschnitt 7.2, »Kontrollen für die datenbezogene Nachvollziehbarkeit«, und Abschnitt 7.3, »Nachvollziehbarkeit der Benutzeraktivitäten im SAP-System«).

[+]

Empfehlung Nr. 3 – Kooperieren

Arbeiten Sie mit dem Prüfer und nicht gegen ihn.

Vom Prüfer profitieren

Manche Unternehmen haben bedauerlicherweise eine recht zurückhaltende Einstellung gegenüber den SAP-Prüfern. Oftmals beschränkt sich die Zusammenarbeit darauf, die (hoffentlich) vorhandene Dokumentation (Blueprints, Prozessbeschreibungen etc.) auszuhändigen; im Übrigen finden die

Unternehmensmitarbeiter kaum Zeit, sich mit dem Prüfer auszutauschen. Zu Unrecht, denn Unternehmen können vom Prüfer profitieren! Sie kennen Ihre Prozesse sicherlich in- und auswendig, doch Ihr Prüfer bringt das im operativen Geschäft seltene Know-how im Bereich IKS-Gestaltung im SAP-Umfeld mit – inklusive eines »frischen« und unbefangenen Blicks auf Ihre Prozesse.

[+]

Empfehlung Nr. 4 – Ressourcen sichern

Halten Sie einen guten SAP-Prüfer!

Mangelware SAP-ERP-Wissen

Sie werden nicht viele Prüfer finden, die ein fundiertes SAP-ERP-Know-how mitbringen – solche Prüfer waren und bleiben aufgrund verschiedener Gründe (wenige Prüfer mit Berufserfahrung, Fluktuation etc.) Mangelware. Hat ein Prüfer Sie mit seinem SAP- und Prozesswissen überzeugt, geben Sie dem Management des Audit-Teams ein positives Feedback. Ein SAP-Prüfer hat in der Regel die Wahl, ob er Ihr Unternehmen bei einer periodischen Prüfung, zum Beispiel im Folgejahr, wieder prüfen möchte.

[+]

Empfehlung Nr. 5 – Nach Empfehlungen fragen

Prüfer bringen das kumulierte Know-how mit, das im Rahmen vieler Projekte bei vielen Kunden entstanden ist und das für Sie sehr nützlich sein kann.

Trotz des erwähnten Mangels an SAP-ERP-Know-how stellen selbst Standardchecklisten, die von zahlreichen Prüfern nach dem »One-Size-Fits-All«-Prinzip eingesetzt werden, das wertvolle kumulierte Wissen zahlreicher Prüfer aus unterschiedlichen Projekten dar. Sie beinhalten Hinweise auf typische Fehler und Risiken im SAP-ERP-Umfeld sowie auf gängige Kontrollmechanismen, die diesen Fehlern und Risiken entgegenwirken. Ein guter Prüfer kann Ihnen aufzeigen, welche Optionen beim Umgang mit bestimmten Risiken im SAP-ERP-System existieren, und seine Erfahrungen bezüglich der Vorgehensweise anderer Kunden mit Ihnen teilen.

Prüfung vs. Beratung

Es kann aber auch vorkommen, dass der Prüfer Sie auf die Restriktionen verweist, die seine Rolle als Prüfer mit sich bringt und die ihm verbieten, eine Beratung durchzuführen. In der Tat: Um den Grundsatz der Objektivität zu wahren, darf der Prüfer nicht proaktiv das IKS gestalten, das er selbst prüft. Doch es gibt genügend Spielraum, um dennoch vom Wissen des Prüfers zu profitieren.

Das belegt das folgende Zitat: »Die Objektivität eines internen Auditors ist *nicht* beeinträchtigt, falls dieser Standard-Kontrollmechanismen in IT-Systemen oder manuelle Review-Prozeduren empfiehlt, bevor diese implementiert werden. Die Objektivität des Prüfers *ist* beeinträchtigt, falls er solche Prozeduren in IT-Systemen selbst designt, installiert/konfiguriert oder entwirft« (Quelle: Practice Advisory 1120-1 des IIA).

Ähnliche Bestimmungen sind im Bereich der *externen Revision* zu finden. Es gibt daher genügend Möglichkeiten, einen guten Ratschlag von einem Prüfer zu erhalten. In der Praxis ist es sogar üblich, dass bei der Kommunikation der Prüfungsfeststellungen, zum Beispiel in Form eines *Management Letters*, die Empfehlungen explizit beschrieben sind – wenn sie unter Umständen auch recht allgemein gehalten sind. Sie können diese als Anlass nehmen, um den Prüfer nach Details zu fragen.

Ein kritischer Punkt bei der Zusammenarbeit mit dem Prüfer ist die Abstimmung der Prüfungsergebnisse. Der richtige Umgang mit diesem Thema kann Ihnen viel Ärger ersparen.

[+]

Empfehlung Nr. 6 – Ergebnisse abstimmen

Stimmen Sie rechtzeitig die Prüfungsergebnisse mit Ihrem Prüfer ab.

Unzufriedenheit oder gar Konflikte entstehen oft, wenn dem Management eines geprüften Unternehmens Ergebnisse vorgelegt werden, die im Nachhinein in Frage gestellt werden, weil zum Beispiel einige Sachverhalte vom Prüfer nicht vollumfänglich mangelfrei beurteilt wurden. Manchmal genügt schon etwas Diplomatie im Vorfeld. Bei guter Kommunikation auf der Ebene des Prüfungsleiters oder Managers des Prüfungsteams, die dafür Sorge tragen, dass die Feststellungen durchgesprochen werden und Missverständnisse ausgeräumt sind, lässt sich ein unschönes Nachspiel oft vermeiden.

2.3 Interessenskonflikte in der Wirtschaftsprüfung

Es gibt eine wichtige Perspektive auf die Rolle der Wirtschaftsprüfer, die aufgrund ihrer Wichtigkeit separat zu beleuchten ist: Es geht um Interessenskonflikte. Diese Perspektive hat zwei Seiten:

- Einerseits stehen mögliche Interessenskonflikte in Geschäftsprozessen im Fokus der Prüfer.
- Andererseits kann die Tätigkeit der Wirtschaftsprüfer als solche Interessenskonflikte mit sich bringen.

2.3.1 Prüfung von Interessenskonflikten

Funktionstrennung als einer der IKS Schwerpunkte

Die Gefahr, die mit Interessenskonflikten einhergeht, ist allgemein bekannt: Durch eine gefährliche Konzentration der Befugnisse bzw. Berechtigungen in der Hand einer Person, steigt das Risiko von Fehlern oder dolosen Handlungen (wie zum Beispiel Betrug). Da diese Art von Risiken die Vermögens- und Ertragslage von Unternehmen negativ beeinflussen kann, ist es nachvollziehbar, warum die externe Revision das Potenzial von Interessenskonflikten untersucht. Je nach rechtlichem Umfeld müssen sich Wirtschaftsprüfer von der Existenz oder Effektivität eines Internen Kontrollsystems im Unternehmen überzeugen und dabei unter anderem die Funktionstrennungs-Compliance beurteilen. Die am meisten verbreitete Art, dies zu tun – neben Interviews und Gesprächen mit Mitarbeitern – ist die Analyse der transaktionalen Daten und Berechtigungen.

Die zweite Art der Funktionstrennungsanalyse, auch *SoD-Berechtigungscheck* genannt (Segregation of Duties, siehe Abschnitt 4.3.3, »SAP Access Control«), ist besonders oft verbreitet, weil sie sich gut mithilfe diverser Tools automatisieren lässt. Die Situation in der Praxis ist nicht unüblich, in denen Wirtschaftsprüfer zum Beispiel um die Extraktion der AGR*-Berechtigungstabellen aus einem SAP-ERP-System bitten, Funktionstrennungschecks in eigener Umgebung durchführen und Ergebnisse mit ihrem Prüfungsmandanten besprechen.

Kein Ersatz für eigene SoD-Analyse

Ein solcher Einsatz von Analyse-Tools durch externe Prüfer kann allerdings kein Ersatz für unternehmenseigene SoD-Risikoanalysesoftware sein. Hierzu gibt es zwei Hauptgründe:

- **Unternehmensspezifische Besonderheiten berücksichtigen**
  Das Erfahrungswissen der Wirtschaftsprüfer im Hinblick auf die SoD-Regeln ermöglicht einen ersten Einblick in die Umsetzung der Funktionstrennung in Ihrem Unternehmen. Hat der Prüfer größere Beanstandungen, müssen die SoD-Regeln validiert werden, weil unternehmensspezifische Besonderheiten (Struktur der Geschäftsprozesse, eigenentwickelte Logik und Transaktionen etc.) nicht immer berücksichtigt werden können.
- **Dauerhafte Funktionstrennungsanalyse sicherstellen**
  Der noch gewichtigere Grund ist die Tatsache, dass nur eigene SoD-Analyselösungen in Unternehmen Bestandteil der fortwährenden Benutzerverwaltung sein können. Diese Lösungen können Sie nutzen, um die Wirksamkeit Ihres Berechtigungskonzepts bei zum Beispiel Neuimplementierungen oder Migrationsprojekten sicherzustellen.

Zugriffsberechtigungen zählen zu präventiven Kontrollen. Deren oben angesprochene Überprüfung durch die externe Revision trägt sicherlich zur Stärkung von IKS bei.

Betrug ist nicht im Fokus der Wirtschaftsprüfer

Die Untersuchung von tatsächlich stattgefundenen Funktionstrennungsverletzungen durch Wirtschaftsprüfer (siehe zum Beispiel Abschnitt 20.1.1, »Offline-CAAT-Tools«) kann ebenfalls vorkommen. Die detektive Effizienz der Wirtschaftsprüfer im Kontext der Betrugsaufdeckung ist allerdings recht überschaubar: Nur 2,6 % bis maximal 4 % aller bekannt gewordenen Betrugsfälle in Unternehmen werden durch eine externe Revision aufgedeckt. Dies ist auf die Natur der Dienstleistung von Wirtschaftsprüfern zurückzuführen: Im Handelsgesetzbuch § 317 sind Gegenstand und Umfang der Kontrolle durch einen Wirtschaftsprüfer geregelt. Demnach ist die Prüfungstätigkeit nicht auf das Erkennen doloser Handlungen ausgerichtet. Der Prüfer hat im Rahmen seiner Prüfungstätigkeit sicherzustellen, dass Unrichtigkeiten und Verstöße, die sich auf die Darstellung des sich nach § 264 Abs. 2 HGB ergebenden Bildes der Vermögens-, Finanz- und Ertragslage des Unternehmens wesentlich auswirken, bei gewissenhafter Berufsausübung erkannt werden (§ 317 Abs. 1 Satz 3 HGB).

[«]

Betrug ist nicht immer buchhaltungsrelevant

Von der Wesentlichkeitsklausel abgesehen, haben Korruptionsaffären häufig gar keine direkte buchhalterische Auswirkung: Ob etwa eine Beauftragung des Lieferanten durch Bestechung oder ohne Bestechung zustande kam – die eingehenden Rechnungen werden IKS-konform gegen Bestellung und Wareneingang geprüft und zur Zahlung freigegeben.

2.3.2 Wenn Prüfer selbst im Spannungsfeld agieren

Interessenskonflikte in der Wirtschaft werden durch immaterielle oder materielle Vorteile verursacht, an denen eine mit bestimmten Rechten ausgestattete Partei interessiert ist und entsprechende Möglichkeiten zum Erreichen dieser Vorteile vorliegen – zum potenziellen Nachteil eines Unternehmens oder weiterer Parteien. Wirtschaftsprüfung ist eine entgeltliche Dienstleistung und somit wäre es falsch zu vermuten, dass hier – wie auch sonst in der Privatwirtschaft – das Gewinnmaximierungsprinzip nicht relevant ist, neben all den berufsethischen Prinzipien. Die Geschichte kennt trotz der geltenden Grundsätze wie Unabhängigkeit und Objektivität leider einige Beispiele, bei denen renommierte Wirtschaftsprüfungsgesellschaften für große Schäden im Zusammenhang mit Bilanzfälschungen bei ihren Prüfungsmandanten mitverantwortlich waren. Diese Schäden verursachten Marktkapitalisierungsvernichtungen in Milliardenhöhe, Entlassungen, Imageschäden und langfristig – höhere Compliance-Kosten für alle. Aufgrund der gravierenden Folgen solcher Fälle sind Regierungen, Berufsverbände und Wirtschaftsprüfungsgesellschaften selbst bestrebt, Mechanismen zu implementieren, die einer besseren Einhaltung von Grundsätzen wie Unabhängigkeit, Objektivität, professionellem Skeptizismus etc. im Rahmen der Arbeit von Wirtschaftsprüfern dienen. Dennoch werden immer Grauzonen bleiben, in denen sich Wirtschaftsprüfer und deren Kunden bewegen.

Interessenskonflikte in der Wirtschaftsprüfung

2014 hat die EU mit ihrer *Audit-Reform* ein umfassendes Regelwerk zur Neuordnung der Abschlussprüfung verabschiedet, das seit dem 17. Juni 2016 in den EU-Mitgliedsstaaten anzuwenden ist. Die aktuellen EU-Vorschriften fordern zum Beispiel die Einhaltung eines Rotationsprinzips.

[»]

Rotationsprinzip in der Wirtschaftsprüfung

Gemäß Artikel 17 Abs. 1 und Abs. 3 EU-VO14 darf die Höchstlaufzeit eines *PIE-Prüfungsmandats* (PIE = Public Interest Entities) die Zeit von zehn Jahren grundsätzlich nicht überschreiten.

Ein großes Unabhängigkeitsproblem stellen zusätzliche Dienstleistungen von Wirtschaftsprüfern dar. In der EU verboten ist beispielsweise, dass Wirtschaftsprüfer die von ihnen geprüften PIE-Unternehmen zugleich in Themen beraten, die mit der Bilanzierung zusammenhängen.

[»]

Gesetzesneuerungen: Verbot bestimmter Nichtprüfungsleistungen

Die EU-Verordnung 537/2014 hat in Artikel 5 Abs. 1 eine Liste der für PIE-Abschlussprüfungsmandate grundsätzlich verbotenen Nichtprüfungsleistungen eingeführt, die sogenannte *Blacklist*. Dieser Verbotskatalog betrifft seit 01.01.2016 unter anderem interne Kontroll- oder Risikomanagementprozesse sowie Finanzinformationstechnologiesysteme.

Inhaltlich ist die Regulierung von Nichtprüfungsleistungen eigentlich nicht bahnbrechend: Der Missbrauch der priviligierten Stellung der Wirtschaftsprüfer für zum Beispiel zusätzliche IKS-relevante Dienstleistungen galt berufsethisch bereits seit Längerem als Verstoß gegen die Unabhängigkeit. Hier sind einige der relevanten Standards:

- *ICAEW* (*Institute of Chartered Accountants* in England and Wales) – Code of Ethics b section 290
- *IFAC* – Handbook of the Code of Ethics for Professional Accountants # 290.200/201/202 etc.

Die Tatsache, dass gesetzliche Verbote trotz bestehender Berufsstandards notwendig wurden und Grauzonen den roten Linien weichen mussten, spricht für sich.

Sich der Interessenskonflikte bewusst sein

Für Genaueres ist zu empfehlen, das Original des Gesetzestextes zu lesen. Kurz zusammengefasst, ist die Erbringung folgender Leistungen durch Wirtschaftsprüfer verboten, wenn sie gleichzeitig mit der Prüfung des Jahresabschlusses von PIE beauftragt sind:

- Unterstützung der Fachabteilungen bei Themen wie IKS und Risikomanagement
- Security- und compliancerelevante Unterstützung der ERP-Applikationsverantwortlichen
- Implementierungsunterstützung oder Softwareauswahl für Lösungen, die einen Bezug zum Rechnungswesen, IKS oder Risikomanagement haben.

In Abschnitt 2.2.4, »Empfehlungen zum Umgang mit dem Prüfer«, sind sechs Empfehlungen im Umgang mit Wirtschaftsprüfern aufgeführt. Auf der Basis dessen, was Sie in diesem und dem vorangehenden Kapitel erfahren haben, lässt sich abschließend die letzte Empfehlung festhalten:

[+]

Empfehlung Nr. 7 – Machen Sie sich Interessenskonflikte bewusst

Informieren Sie sich neben Gesetzestexten über verbotene Dienstleistungen direkt beim Wirtschaftsprüfer – Wirtschaftsprüfer verfügen in der Regel über eigene Richtlinien, die den Kunden gegenüber transparent gemacht werden dürfen.

2.4 Resümee

Geschäftsprozesse, insbesondere die, die eine externe Finanzberichterstattung beeinflussen, laufen heutzutage fast ausnahmslos IT-gestützt ab. Sie wissen nun, wie vielfältig und komplex das Arbeitsumfeld der Prüfer aus diesem Grund geworden ist. Sie haben zudem erfahren, was eine Systemprüfung ist, in welchen Fällen IT-Systeme genauer untersucht werden und an welche Regeln sich die Prüfer halten müssen. Es wurde auch herausgearbeitet, welche Möglichkeiten Sie haben, um die Zusammenarbeit mit einem Prüfer optimal zu gestalten.

Im nachfolgenden Kapitel erwartet Sie die spannende Aufgabe, die gesetzlichen Anforderungen an ein IKS in die Sprache der Informationstechnologie zu übersetzen.

Kapitel 3

IKS-Anforderungen und SAP-ERP-Systeme: Grundsätze, Frameworks, Struktur

Abwarten und Tee trinken oder den Kopf in den Sand stecken – diese Strategien helfen wenig dabei, Ihr Unternehmen für die Prüfung fit zu machen. Sie müssen aktiv dafür sorgen, ein »IT-fähiges« IKS zu etablieren, denn ohne IT läuft heutzutage nichts mehr.

Das Gesetz schreibt vor, und der Prüfer prüft. Dabei dreht sich vieles um das Interne Kontrollsystem (IKS). Wie lassen sich daher allgemein formulierte IKS-Anforderungen bei IT-gestützten Geschäftsprozessen konkretisieren? Und wie kommen die IKS-Inhalte im SAP-ERP-Umfeld zustande? Diesen Fragen widmet sich das vorliegende Kapitel. Sie erfahren:

- wie und welche SAP-ERP-spezifischen Anforderungen an ein IKS gestellt werden und wie sie sich aus den Grundsätzen der ordnungsmäßigen Buchführung ableiten lassen
- wer die Spielregeln für die Compliance im SAP-ERP-Umfeld definiert
- wie Sie im SAP-Umfeld die richtigen Kontrollen finden und strukturieren
- welche international anerkannten Studien, Standards und Referenzmodelle sich für IKS insbesondere im SAP-ERP-Umfeld anbieten

3.1 IKS-Inhalte im SAP-ERP-Umfeld definieren

Wer bestimmt, welche Risiken in SAP-ERP-gestützten Geschäftsprozessen relevant sind und mit welchen Kontrollen diese Risiken abgedeckt werden? Wie übersetzt man die accountingrelevanten Compliance-Anforderungen in die Sprache der IT-Systeme? Die folgenden Erläuterungen helfen Ihnen, die wichtigsten Fragen rund um das Thema IKS-Inhalte im SAP-ERP-Umfeld zu beantworten.

3.1.1 IKS-Grundsätze im SAP-ERP-Umfeld: Von GoB zu GoBS und GoBD

Sie wissen aus Kapitel 1, »Gesetzliche Anforderungen im Bereich IKS-Compliance«, welche gesetzlichen und welche sonstigen unternehmenseigenen Anforderungen an ein IKS gestellt werden. Darüber hinaus gibt es weitere Bestimmungen, die definieren, wie die Anforderungen in Bezug auf die Unternehmens-IT zu verstehen sind.

Deutschland hat in diesem Bereich eine Vorreiterrolle inne, da es complianceбezogene Regelungen, die IKS-Grundsätze im IT-Umfeld aufzeigen, in einer vergleichbaren Form in einem anderen Land kaum gibt.

Anforderungen in Deutschland

Mit Ausnahme der in Kapitel 1, »Gesetzliche Anforderungen im Bereich IKS-Compliance«, genannten Stellungnahmen, Standards und Richtlinien sind in Deutschland im Einzelnen folgende IT-spezifische Anforderungen relevant. Diese haben zwar Empfehlungscharakter, sind in der Praxis aber fest etabliert:

- die *FAMA-Stellungnahme* (*FAMA* = Fachausschuss für moderne Abrechnungssysteme beim Institut der Wirtschaftsprüfer Deutschland e. V.) von 1987
- die Stellungnahme *IDW RS FAIT 1*, »Grundsätze ordnungsmäßiger Buchführung beim Einsatz von Informationstechnologie«, die die FAMA-Stellungnahme zum Teil ersetzt (FAMA wurde in 1977 durch den Fachausschuss für Informationstechnologie, FAIT, abgelöst)
- die Stellungnahme *IDW RS FAIT 2*, »Grundsätze ordnungsmäßiger Buchführung beim Einsatz von Electronic Commerce«
- die Stellungnahme *IDW RS FAIT 3*, »Grundsätze ordnungsmäßiger Buchführung beim Einsatz elektronischer Archivierungsverfahren«
- die Grundsätze ordnungsmäßiger DV-gestützter Buchführungssysteme (*GoBS*, Schreiben des Bundesministeriums für Finanzen/BMF vom 07.11.1995 – IVA8 – S0316 – 52/95, BStBl. I, S. 738)
- die Grundsätze zur ordnungsmäßigen Führung und Aufbewahrung von Büchern, Aufzeichnungen und Unterlagen in elektronischer Form sowie zum Datenzugriff (*GoBD*, BMF Schreiben vom 14. November 2014). Die GoBD ersetzen die GoBS.

GoBD als IKS-Grundlage

Betrachtet man die Stellungnahmen und die GoBD inhaltlich, ergibt sich das in Abbildung 3.1 dargestellte Gesamtbild der Ordnungsmäßigkeitsanforderungen an ein rechnungslegungsrelevantes IT-System. Die meisten Ordnungsmäßigkeitsanforderungen sind direkt aus den *Grundsätzen ordnungsmäßiger Buchführung* (*GoB*) abgeleitet. Es gibt aber auch Anforderungen, die nur im IT-Umfeld relevant sind (IT-spezifische Anforderungen). Die Erfüllung dieser beiden Anforderungsgruppen ist die vorrangige Aufgabe der Kontrollmechanismen, die in (und rund um) rechnungslegungsrelevanten IT-Systemen etabliert sind.

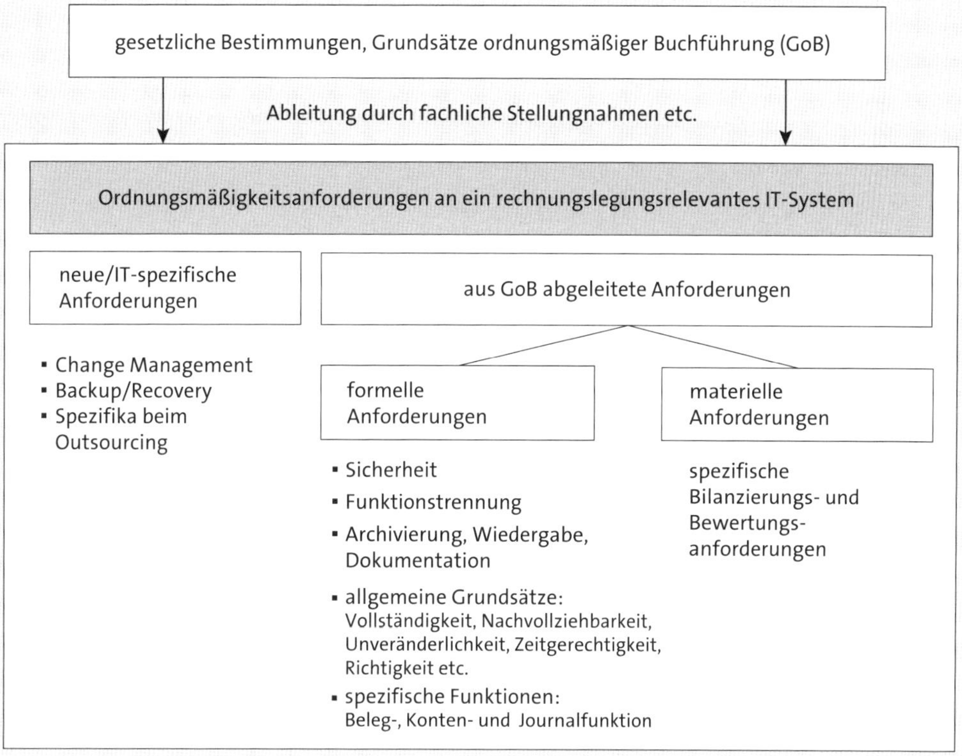

Abbildung 3.1 Ordnungsmäßigkeitskriterien für ein rechnungslegungsrelevantes IT-System

Formelle Anforderungen

Die meisten *formellen* Ordnungsmäßigkeitsanforderungen – wie zum Beispiel Sicherheit, Archivierung, Nachvollziehbarkeit, Unveränderlichkeit – werden direkt aus §§ 238 und 239 HGB (auch: §§ 145–147 Abgabenordnung, AO) abgeleitet. Anforderungen wie die Belegfunktion, die Kontenfunktion oder die Journalfunktion stellen ebenfalls eine »Übersetzung« von §§ 238 und 239 in die IT-nahe Sprache dar.

Materielle Anforderungen

Die *materiellen* Ordnungsmäßigkeitsanforderungen definieren die Logik der Berechnung, der Bewertung und des Ausweises bestimmter Bilanz- und GuV-Positionen im Rahmen der externen Berichterstattung. Die programmtechnische Umsetzung dieser Anforderungen in Form von IT-gestützten Abläufen erfordert diverse Applikationskontrollen, die bei der

Entstehung der Zahlen die Erfüllung bestimmter prüfungsrelevanter Kriterien gewährleisten.

Diese Kriterien haben sich in der Fachwelt als *Assertions* etabliert und werden unter der Abkürzung CEAVOP zusammengefasst. Im Einzelnen handelt es sich um folgende Kriterien:

- Completeness (Vollständigkeit)
- Existence (Existenz)
- Accuracy (Richtigkeit)
- Valuation (Bewertung)
- Ownership (Eigentumsrecht)
- Presentation (Darstellung)

3.1.2 Wer definiert die Spielregeln im SAP-Umfeld?

Die formellen und materiellen GoB-getriebenen Anforderungen an ein IKS müssen in die Sprache einer IT-Anwendung »übersetzt« werden, die die rechnungslegungsrelevanten Prozesse abbildet.

[zB]

Nichtveränderlichkeit der Belege in SAP ERP

Der Grundsatz der Nichtveränderlichkeit von Buchhaltungsbelegen kann beeinträchtigt werden, falls im SAP-ERP-System Berechtigungen für die Durchführung von Debugging-Aktivitäten vergeben sind, die direkte Tabellenänderungen erlauben. An dieser Stelle müssen effektive Kontrollmechanismen etabliert werden, wie zum Beispiel:

- präventiv: restriktive Berechtigungsvergabe
- präventiv: Notfallbenutzerkonzept
- detektiv: Review von System-Log

Keine staatlichen applikationsspezifischen Bestimmungen

Wer übernimmt in der Praxis diese Transferaufgabe? Der Staat als Gesetzgeber sowie Berufsverbände wie das Institut der Wirtschaftsprüfer müssen als Erlasser diverser Standards und Richtlinien ihre Unabhängigkeit bewahren und dürfen den freien Wettbewerb auf dem Markt von Softwareanbietern nicht beeinflussen. Aus diesem Grund sowie aufgrund der simplen Tatsache, dass es zahlreiche Applikationen von diversen Anbietern gibt, die ihre Produkte ständig verbessern bzw. ändern (folglich wäre der Aufwand für die Dokumentationsaktualisierung unvertretbar hoch), können applikationsspezifische Konformitätsanforderungen nicht von offiziellen Stellen herausgegeben werden.

Unternehmen und Prüfer in der Übersetzerrolle

In erster Linie sind die Unternehmen selbst – aber auch Softwarehersteller – daran interessiert, die gesetzlichen Anforderungen applikationsspezifisch umzusetzen. Diverse Organisationen wie die *Deutschsprachige SAP-Anwendergruppe* (*DSAG*) vertreten diese Interessen. Sie bieten die Möglichkeit zum Informationsaustausch, zum Networking sowie zur Einflussnahme und veröffentlichen Leitfäden, die bei der Umsetzung des IKS im SAP-Umfeld helfen.

Diese Leitfäden beinhalten unter anderem Erfahrungen vieler SAP-Anwender im Umgang mit *Wirtschaftsprüfungsgesellschaften*. Letztere müssen als unabhängige Gutachter in der Lage sein, sich eine eigene Meinung über die notwendigen Kontrollmechanismen in einer SAP-ERP-Applikation zu bilden. Da die Prüfung der finanzberichterstattungsrelevanten Gesetzeskonformität eine der primären Aufgaben der Wirtschaftsprüfungsgesellschaften ist, dominieren diese bei der Interpretation von applikationsabhängigen IKS-Spielregeln.

Information Systems Audit and Control Association

Des Weiteren werden in der Praxis auch die einschlägig zertifizierten Berater zurate gezogen. Unter den relevanten Zertifizierungen sind vor allem die von *Information Systems Audit and Control Association* (*ISACA*) zu nennen:

- *CISA*: Certified Information Systems Auditor
- *CRISC*: Certified in Risk and Information Systems Control

3.1.3 Kontroll-Identifizierungsprozess

Ein IKS dient dazu, sowohl Compliance als auch Wirksamkeit und Wirtschaftlichkeit zu adressieren. Die Struktur der finanzberichterstattungsgetriebenen Compliance-Anforderungen im IT-Umfeld wurde in Abschnitt 3.1.1, »IKS-Grundsätze im SAP-ERP-Umfeld: Von GoB zu GoBS und GoBD«, beschrieben. Wie gelangt man aber nun von den Anforderungen bzw. von einem konzeptuellen IKS-Rahmengerüst zum IKS-Inhalt? Diesen Prozess zur Ausgestaltung des IKS stellen wir im Folgenden dar.

Risiken finden

Die Kontrollen wiederum dienen dazu, die relevanten *Risiken* zu minimieren. Das bedeutet, dass relevante Risiken erst einmal identifiziert werden müssen. Die drei Compliance-Bereiche – finanzgetriebene ❶, branchenspezifische (zum Beispiel FDA) ❷ und unternehmenseigene ❸ – Bereiche sind als eigenständige *IKS-Domänen* vereinfacht in Abbildung 3.2 dargestellt.

Betrachten wir zum Beispiel einen Arzneimittelhersteller: Hier sind alle drei IKS-Domänen relevant, und Risiken müssen für jede Domäne in den gleichen Geschäftsprozessen identifiziert werden.

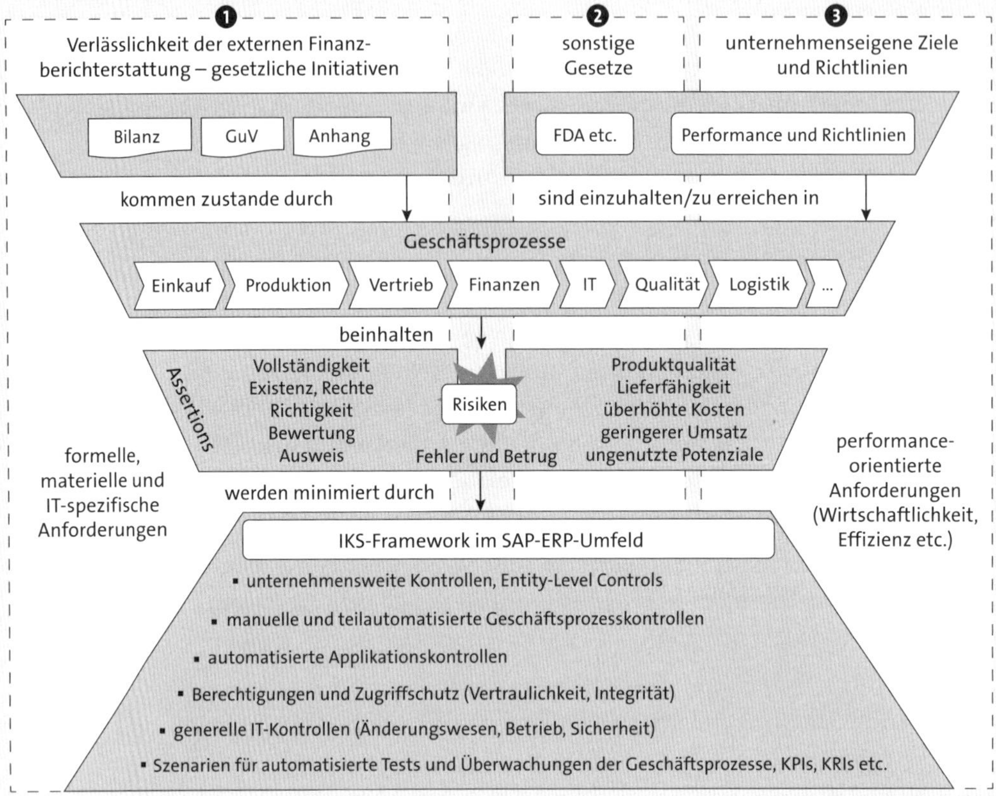

Abbildung 3.2 Prozess der Identifizierung von Kontrollen im Unternehmen

Um in den Geschäftsprozessen die relevanten Risiken ausfindig machen zu können, gilt es, IKS-domänenspezifischen Kriterien bei den relevanten Prozessen anzuwenden. Die beispielhaften Kriterien für die drei Domänen lernen Sie im Folgenden kennen.

Domäne 1: Externe Finanzberichterstattung

Die Hauptkriterien sind hier die Ihnen bereits aus Abschnitt 3.1.1, »IKS-Grundsätze im SAP-ERP-Umfeld: Von GoB zu GoBS und GoBD«, bekannten Assertions.

[zB]

Hauptkriterien in Domäne 1

Im SAP-gestützten Verkaufsprozess erkennen Sie zum Beispiel im Teilprozess Fakturierung die folgende Kausalkette bei der Kontrollfindung:

- *Prozessschritt*: Fakturierung
- *Kriterien*: Vollständigkeit und Bewertung von Forderungen und Umsatzerlösen
- *Risiko*: In der Schnittstelle zwischen den SAP-Komponenten SD (Vertrieb) und FI (Finanzwesen) bleiben manche Belege mit fehlerhaftem Status »hängen«.
- *Kontrolle*: Inhalte der SAP-Tabelle VBRK werden regelmäßig auf fehlerhafte Fakturabelege hin überwacht.

Domäne 2: Anforderungen an Arzneimittelhersteller

Die Kriterien für diese Domäne lernen Sie ausführlicher in Kapitel 13, »Exkurs: FDA-Compliance und Kontrollen in SAP«, kennen.

[zB]

Hauptkriterien in Domäne 2

An dieser Stelle nehmen wir als Beispiel die Erfassung der Bestellung für Rohstoffe:

- *Prozessschritt*: Erfassung einer Bestellung
- *Kriterien*: die angemessene Qualität der beschafften Rohstoffe
- *Risiko*: Gesundheit des Verbrauchers
- *Kontrolle*: Nur qualifizierte Lieferanten werden angesprochen.

Domäne 3: Unternehmenseigene Ziele

Die Ziele eines Unternehmens sind sehr vielfältig. Sie werden hier der Einfachheit halber zu einer IKS-Domäne zusammengefasst.

[zB]

Hauptkriterien in Domäne 3

Ein umweltbewusstes Unternehmen überwacht im Rahmen von eigenen Sustainability-Anforderungen (Nachhaltigkeit) den CO^2-Ausstoß pro Mitarbeiter:

- *Prozessschritt*: Überwachung der CO^2-Emissionen pro eine Million EUR-Umsatz
- *Kriterien*: Schwellenwert von maximal X Tonnen pro eine Million CHF
- *Risiko*: Umweltschäden und erhöhter Aufwand für Emissionszertifikate
- *Kontrolle*: Eine automatisierte Kontrolle, basierend auf dem Zusammenspiel der SAP-Lösungen (zum Beispiel die SAP-Produkte Sustain-

ability Performance Management und SAP Process Control). Hierbei laufen Informationen aus allen relevanten IT-Systemen zusammen, einschließlich Produktion und Reisekostenerfassung: Übersteigt ein Schwellenwert die vordefinierte Grenze, werden die Verantwortlichen per Workflow automatisch informiert und können die Ursachen mithilfe von speziellen Dashboards analysieren (Anteil der Flüge und Geschäftswagen bei Dienstreisen etc.).

IKS-Framework

Die Gesamtheit aller abgeleiteten Kontrollmechanismen kann als *IKS-Framework* bezeichnet werden. Dabei liegt auf der Hand, dass es Kontrollen geben kann, die gleichzeitig für mehr als eine IKS-Domäne relevant sind. Die drei in Abbildung 3.2 dargestellten IKS-Domänen bilden leider oft nur theoretisch ein einheitliches Framework. In der Praxis dominiert noch die Vorgehensweise, dass die IKS-Domänen als abgeschlossene Silos betrachtet werden.

Zum Beispiel ist die für Domäne 1 identifizierte Kontrolle auch für Domäne 3 relevant, da ein höherer Umsatz zu den ureigensten Interessen eines Unternehmens zählt. Auf die Möglichkeit, einzelne IKS-Domänen bei der IKS-Automatisierung effizient zu organisieren, um das kostspielige Siloprinzip zu vermeiden, gehen wir im zweiten Teil des Buches ein.

3.1.4 Struktur eines klassischen IKS-Frameworks im SAP-ERP-Umfeld

Welche Struktur ist typisch für ein IKS-Framework im SAP-ERP-Umfeld? Beginnen wir mit einem konkreten Beispiel in SAP ERP, um diese Struktur zu verstehen. Im Fokus steht bei der folgenden Erläuterung die »klassische« Betrachtungsweise – Konformität (Compliance) im Sinn der Gesetzeskonformität, das heißt in erster Linie die Richtigkeit der externen Finanzberichterstattung (siehe Abschnitt 1.1.1, »Compliance«).

Beispiel: Einkaufsprozess

Nehmen Sie beispielsweise den SAP-ERP-gestützten Einkaufsprozess (Procure-to-Pay). Einer der Prozessschritte ist die Rechnungsprüfung und -erfassung, die in SAP ERP unter anderem mithilfe von Transaktion MIRO erfolgt. Welche Risiken bestehen im Zusammenhang mit dieser Transaktion, und welche Kontrollen sind erforderlich? Die Gesamtübersicht ist für Sie exemplarisch in Abbildung 3.3 zusammengefasst. Im Einzelnen handelt es sich um folgende Risiken:

- überhöhte Zahlungen
- dolose Handlungen durch Umgehung von 3-Way-Match-Kontrollen

- dolose Handlungen aufgrund fehlender Funktionstrennung zwischen Stammdatenpflege und Buchungsberechtigungen
- generelle Zuverlässigkeit, Richtigkeit und Vollständigkeit der relevanten SAP-ERP-Prozesse

Das Risiko *überhöhte Zahlungen* deckt sowohl Compliance- als auch Wirtschaftlichkeitsaspekte ab: Einerseits bedeuten überhöhte Zahlungen einen direkten Verlust und damit einen wirtschaftlichen Schaden, aber kein »Vergehen« im Sinne der Compliance. Andererseits beeinflussen die überhöhten Zahlungen direkt die Richtigkeit der Verbindlichkeiten und wirken sich damit auch auf die Compliance aus.

Fundament

Beginnen wir mit der Betrachtung beim »Fundament«, das in Abbildung 3.3 aus den *IT General Controls* (*ITGC*) und den übergreifenden Applikationen besteht.

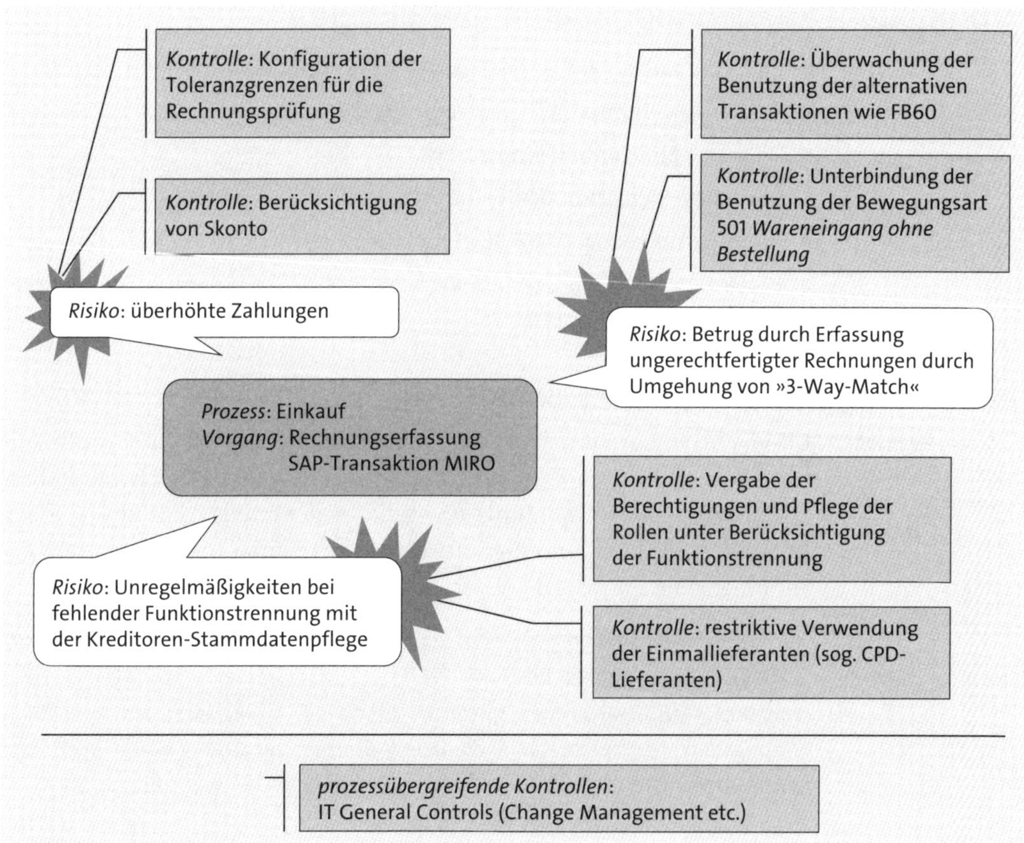

Abbildung 3.3 Risiken bei der Rechnungserfassung im SAP-System

IT General Controls

Um sich auf die Richtigkeit der Verarbeitungslogik rund um Transaktion MIRO verlassen zu können, muss sichergestellt sein, dass die zugrundeliegenden IT-Kontrollen effektiv sind. So müssen zum Beispiel Änderungen im SAP-System (Modifikationen, Entwicklungen, Konfigurationsänderungen) dokumentiert, abgestimmt, getestet, fehlerfrei und freigegeben worden sein, bevor diese in die Produktivumgebung einer SAP-ERP-Anwendung übernommen werden können. Ebenso muss sichergestellt werden, dass die generellen Sicherheitsstandards (Applikation und Netzwerksicherheit, Passwortschutz, generelle Einstellungen mit Auswirkung auf die Handhabung von SAP-Berechtigungsrollen) eingehalten werden. Jedes Unternehmen hat eigene Besonderheiten. In der Praxis hat sich jedoch, auch unter Einfluss anerkannter IKS-Studien wie COBIT, eine Gruppe von Kontrollmechanismen etabliert, die als *ITGC* bezeichnet wird.

ITGC: Struktur

Die übliche Struktur von ITGC sieht wie folgt aus:

- logischer Zugriff auf Infrastruktur, Anwendungen und Daten
- System-Development-Lifecycle-bezogene Kontrollen
- Change-Management-Kontrollen
- physische Sicherheit der Rechenzentren
- Backup und Recovery für Systeme und Daten
- Kontrollen in Bezug auf den Systembetrieb (SLAs (Service Level Agreements), Basis-Support etc.)

Übergreifende Applikationskontrollen

Nachvollziehbarkeit, Unveränderlichkeit etc.

Die eigenständige Betrachtung der übergreifenden Applikationskontrollen für die Abdeckung einiger *formeller Anforderungen* wie Nachvollziehbarkeit, Journal- und Kontenfunktion etc. ist in der Praxis nicht üblich, es sei denn, es handelt sich um eine Softwarebescheinigung. Dennoch empfehlen wir Ihnen eine solche Strukturierung.

[zB]

Belegnummernvergabe

In Bezug auf Transaktion MIRO würde zu den übergreifenden Applikationskontrollen zum Beispiel die Belegnummernvergabe gehören, die den Anforderungen an die Nachvollziehbarkeit gewachsen sein soll.

Dies sind Kontrollen zur Sicherstellung der allgemeinen Grundsätze:

- Nachvollziehbarkeit
- Unveränderlichkeit
- Zeitgerechtigkeit
- Belegfunktion

Prozesskontrollen

Geschäftsprozessorientiert

Nun zu den Prozesskontrollen: Wie der Name vermuten lässt, richtet sich deren Struktur nach der Struktur der Geschäftsprozesse im jeweiligen Unternehmen. Risiken wie die nicht korrekte Berücksichtigung von Skonto, überhöhte Zahlungen, aber auch Betrugsrisiken sind im Prozess der Erfassung eingehender Rechnungen vorhanden. Wie Sie in Abbildung 3.3 sehen, besteht bei einer fehlenden Funktionstrennung, beispielsweise zwischen der Berechtigung für Transaktion MIRO und der Pflege der Kreditorenstammdaten, sowie bei mangelnden alternativen Kontrollen, die Funktionstrennungsmängel kompensieren könnten, die Gefahr vorsätzlicher doloser Handlungen (wie Zahlung auf eigenes Konto).

Berechtigungsrollen nach Funktionstrennung

Diese Gefahr kann durch die funktionstrennungskonforme Gestaltung und Vergabe der SAP-Berechtigungsrollen verhindert werden. In der Praxis scheiden sich bezüglich der Zuordnung der Funktionstrennung im IKS-Framework die Geister: Häufig werden die entsprechenden Kontrollen wie ITGC betrachtet, weil das Thema Berechtigungen sich sehr »technisch« anhört. Aus Sicht der Kontrollhandhabung sowohl im Rahmen des Compliance Managements als auch methodisch gesehen (zum Bespiel laut COBIT-Studie, siehe Abschnitt 3.2.2, »COBIT«), gehört die Funktionstrennung jedoch den Prozesskontrollen an.

Weitere Prozesskontrollen

Weitere Prozesskontrollen sind folgende:

- **Applikationskontrollen**
  Konfigurative Einstellungen bezüglich der Toleranzgrenzen für die Rechnungsprüfung stellen sicher, dass zum Beispiel eine Rechnung automatisch gesperrt wird, falls der Rechnungsbetrag den Bestellwert um einen bestimmten Schwellenwert übersteigt. Falls die Verwendung der *Bewegungsart 501* (siehe Abschnitt 9.2.1, »Wareneingänge: Kritische Bewegungsarten«) unterbunden wurde (zum Beispiel durch das Löschen der Konten in der Kontenfindung), können keine Wareneingänge ohne Bestellbezug erfasst werden.
- **Halbautomatisierte Kontrollen**
  Die Berücksichtigung von Skonto ist ein typisches Beispiel für eine solche Kontrolle, weil diese manuellen Schritte erfordern kann. Ein weiteres Beispiel ist die Berechnung der Steuern bei der Rechnungserfassung: Je nach Konfiguration in SAP ERP kann der richtige Betrag von einem Steuerschlüssel »erzwungen« oder auch vom Vorschlagswert abweichend manuell eingegeben werden.

- **Automatisierte Überwachung**
  Zu diesen Kontrollen gehören Schritte, die kein direkter Bestandteil der Geschäftsprozesse sind, sondern eine Hilfsfunktion wahrnehmen. Es handelt sich hierbei um verschiedene Auswertungsmöglichkeiten. Im Hinblick auf den dargestellten MIRO-gestützten Prozess der Rechnungsprüfung sind dies beispielsweise folgende:
  - Reports zur Überwachung der Rechnungen mit Verdacht auf doppelte Erfassung (anhand der gleichen Referenznummer, des Betrags und des Fälligkeitsdatums)
  - Reports zur Überwachung der übrigen Transaktionen
    (Es gibt weitere Transaktionen außer MIRO, mit deren Hilfe man eine Rechnung ohne Bezug zur Bestellung erfassen kann.)
- **Manuelle Kontrollen**
  Die Einhaltung der administrativen Bestimmungen bezüglich der CpD-Lieferanten (CpD = Conto pro Diverse, auch Einmallieferant genannt) oder manuelles Einscannen und Ablegen der Originalrechnungen können als manuelle Kontrolle eingestuft werden.

Somit lässt sich die folgende Zusammensetzung der Prozesskontrollen im SAP-ERP-Umfeld festhalten.

[»]

Prozesskontrollen

Kontrollmechanismen in Geschäftsprozessen:

- Funktionstrennung mittels Berechtigungen
- Applikationskontrollen (Logik, Konfiguration, Stammdaten)
- halbautomatisierte Kontrollen mit manuellem Anteil
- automatisierte Überwachung
- manuelle Kontrollen

Aufteilung der Prozesse

Die Struktur der Prozesse ist für jedes Unternehmen spezifisch und richtet sich per Definition nach dessen Geschäftsprozessen und gegebenenfalls nach den eingesetzten IT-Komponenten. Typisch wäre die folgende Aufteilung in einem Industrieunternehmen:

- **Prozesse der Finanzbuchhaltung**
  aufgeteilt in Kreditoren-, Debitoren-, Anlagenbuchhaltung und Hauptbuch, Periodenabschluss sowie gegebenenfalls Konzernabschluss und Konsolidierung

- **Procure-to-Pay (P2P)**
  Bedarfsermittlung, Bestellwesen, Lieferantenauswahl, Rechnungsprüfung, Zahlungen, Bankbuchhaltung etc.
- **Order-to-Cash (O2C)**
  Auftragserfassung und -prüfung, Kreditlimitmanagement, Produktion, Projektmanagement und Bewertung, Lagerverwaltung, Materialbewertung etc.

Entity-Level Controls

Entity-Level Controls (*ELC*) wurden explizit vom *Auditing Standard No. 5* in den USA erwähnt und decken den Teil des IKS ab, der nicht direkt ein Bestandteil der Wertschöpfungskette ist. Es handelt sich zum Beispiel um die Funktionen des Prüfungsausschusses, der internen Revision, des Risikomanagements, des Managements von Richtlinien und Vorschriften etc. ELCs haben keinen relevanten Bezug zum SAP-System und werden im Rahmen dieses Buches nur am Rand berücksichtigt.

Zusammenfassend lässt sich die folgende Struktur eines IKS-Frameworks darstellen (siehe Tabelle 3.1).

Kontrollbereich	Kontrollinhalte	SAP-ERP-Bezug
ITGC	logischer Zugriff auf Infrastruktur, Anwendungen und Daten	direkt
	System-Development-Lifecycle-bezogene Kontrollen	indirekt
	Change-Management-Kontrollen	direkt
	physische Sicherheit der Rechenzentren	indirekt
	Backup und Recovery für Systeme und Daten	indirekt
	Kontrollen in Bezug auf den Systembetrieb	direkt
übergreifende Applikationskontrollen	Kontrollen zur Sicherstellung der Nachvollziehbarkeit, Nichtveränderlichkeit, Vollständigkeit der Verarbeitung	direkt

Tabelle 3.1 Struktur eines IKS-Frameworks zur Gewährleistung der Zuverlässigkeit der externen Finanzberichterstattung

Kontrollbereich	Kontrollinhalte	SAP-ERP-Bezug
Prozesskontrollen	Funktionstrennung mittels Berechtigungen	direkt
	Applikationskontrollen (Logik, Konfiguration, Stammdaten)	direkt
	automatisierte Überwachung	direkt
	halbautomatisierte Kontrollen mit einem manuellen Anteil	direkt
	manuelle bzw. organisatorische Kontrollen	indirekt
Entity-Level Controls	Kontrollen allgemeiner Art außerhalb einer direkten Wertschöpfungskette	kein

Tabelle 3.1 Struktur eines IKS-Frameworks zur Gewährleistung der Zuverlässigkeit der externen Finanzberichterstattung (Forts.)

3.1.5 Struktur der effizienz- und wirtschaftlichkeitsorientierten Kontrollen im SAP-ERP-Umfeld

In Abschnitt 1.1.1, »Compliance«, haben wir erwähnt, dass ein IKS die Wirtschaftlichkeit und Effizienz zum Schwerpunkt haben kann. Während die in Abschnitt 3.1.4, »Struktur eines klassischen IKS-Frameworks im SAP-ERP-Umfeld«, beschriebenen Kontrollbereiche ITGC und übergreifende Applikationskontrollen das einheitliche Fundament für alle IKS-Referenzmodelle bilden, liegt der Hauptunterschied bei den verschiedenen IKS-Referenzmodellen in den Inhalten der Prozesskontrollen.

Wirtschaftlichen Erfolg sichern

Das Ziel der effizienz- und wirtschaftlichkeitsorientierten Kontrollen im Sinne dieses Buches ist es, auf tiefster Prozess- bzw. Transaktions- oder Vorgangsebene Risiken zu adressieren, die den wirtschaftlichen Erfolg eines Unternehmens gefährden könnten. Im Rahmen dieses Buches sprechen wir in erster Linie IT- bzw. SAP-ERP-gestützte Vorgänge an. Das heißt, die Kontrollmechanismen sind dabei Datenauswertungen gleichzustellen. Die Grundidee besteht darin, anhand der in einem IT- bzw. SAP-ERP-System vorhandenen Daten wirtschaftlich unerwünschte Entwicklungen aufzudecken, um Korrekturmaßnahmen einleiten zu können.

In Abbildung 3.4 sehen Sie die schematische Darstellung eines Bestellprozesses.

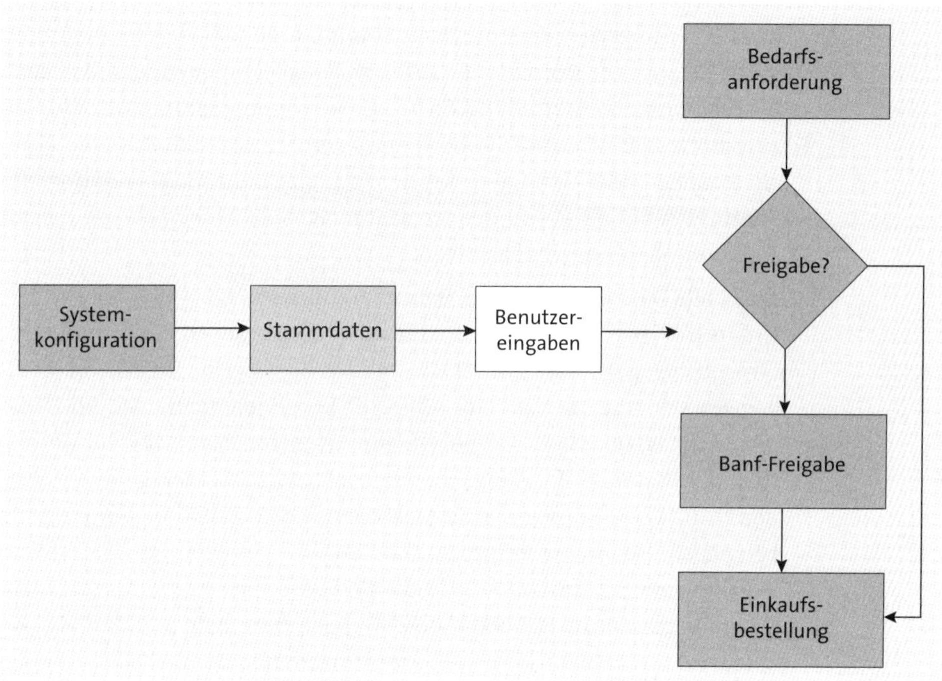

Abbildung 3.4 Schritte im Bestellvorgang

Sinnvolle Analysen

Angenommen, der Bestellprozess ist in einem SAP-ERP-System abgebildet: Welche Auswertungen würden helfen, um das Optimierungspotenzial in diesem Prozess zu ermitteln?

1. **Prozesseffizienzorientierte Analysen**
   Zeit ist Geld – das trifft auch auf Herstellungsprozesse zu: Um Kundenwünsche fristgerecht bedienen und eine bestimmte Ware ausliefern zu können, muss diese Ware erst einmal hergestellt oder von außen beschafft werden. Die Beschaffung findet auf jeden Fall statt – gleichgültig, ob es sich um Herstellmaterialien oder Fertigwaren handelt. In unserem Fall würde sich der Verzug zwischen einer Bedarfsanforderung, deren eventueller Freigabe und Umwandlung in eine Bestellung negativ auf den Einkaufsprozess auswirken. Um das Verbesserungspotenzial hier ermitteln zu können, bedarf es datumsbezogener Massenauswertungen einzelner Bestellvorgänge. In Abschnitt 14.1, »Prozessbezogene Datenauswertungen«, finden Sie weitere Beispiele für prozesseffizienzorientierte Analysen.

2. **Qualität der Stammdaten**
   Damit Prozesse nicht ins Stocken geraten, muss die Qualität der Stammdaten stimmen. Sollten zum Beispiel bestimmte Felder in Lieferanten-, Kunden-, Material- oder sonstigen Stammdaten fehlen, fehlerhaft oder inkonsistent sein, kann dies in unserem Beispiel unter Umständen dazu führen, dass eine Bestellung nicht erfasst werden kann; dann müssen zum Beispiel bestimmte Stammdaten in einem SAP-ERP-System manuell angelegt oder korrigiert werden. In Abschnitt 14.2, »Analyse der Stammdatenqualität«, finden Sie weitere Beispiele für Analysen, die auf die Stammdatenqualität abzielen.
3. **Manuelle Datenänderungen, Benutzereingaben**
   Unkontrollierte Datenänderungen im Prozess (Bedarfsanforderungen, Einkaufsbelege) können unter Umständen die Ursache für Prozessineffizienzen sein und auch auf eine schlechte Datenqualität hinweisen. Dabei gilt es zu bedenken, dass es bei einigen Arten von Daten absolut normal bzw. der Bestandteil des täglichen Betriebs ist, dass diese geändert werden. Auf jeden Fall kann eine Massenanalyse der manuellen Eingriffe beispielsweise im Bestellprozess helfen, die Ursachen zu klären und gegebenenfalls Maßnahmen für die Reduktion solcher Eingriffe einzuleiten. In Abschnitt 14.3, »Manuelle Datenänderungen«, finden Sie Beispiele für die Analysen im SAP-System, bei denen manuelle Datenänderungen im Mittelpunkt stehen.
4. **Erweiterung der Reports**
   Standardreports, die in einem SAP-ERP-System vorhanden sind, um bestimmte Prozesse zu überwachen (wie im Bereich Einkauf), reichen in vereinzelten Fällen nicht aus, um den Informationsbedarf abzudecken. In solchen Fällen können Ergebnisse der Datenanalysen, dessen Ergebnislisten zum Beispiel Felder beinhalten, die Standardreports nicht haben, ergänzend verwendet werden. In Abschnitt 14.4, »Ergänzung von SAP-ERP-Standardreports«, finden Sie weitere SAP-spezifische Beispiele zu Reports.

In Abbildung 3.5 sehen Sie die vereinfachte Darstellung des beschriebenen Ablaufs, der helfen kann, die Wirtschaftlichkeit und Effizienz der Geschäftsprozesse zu erhöhen.

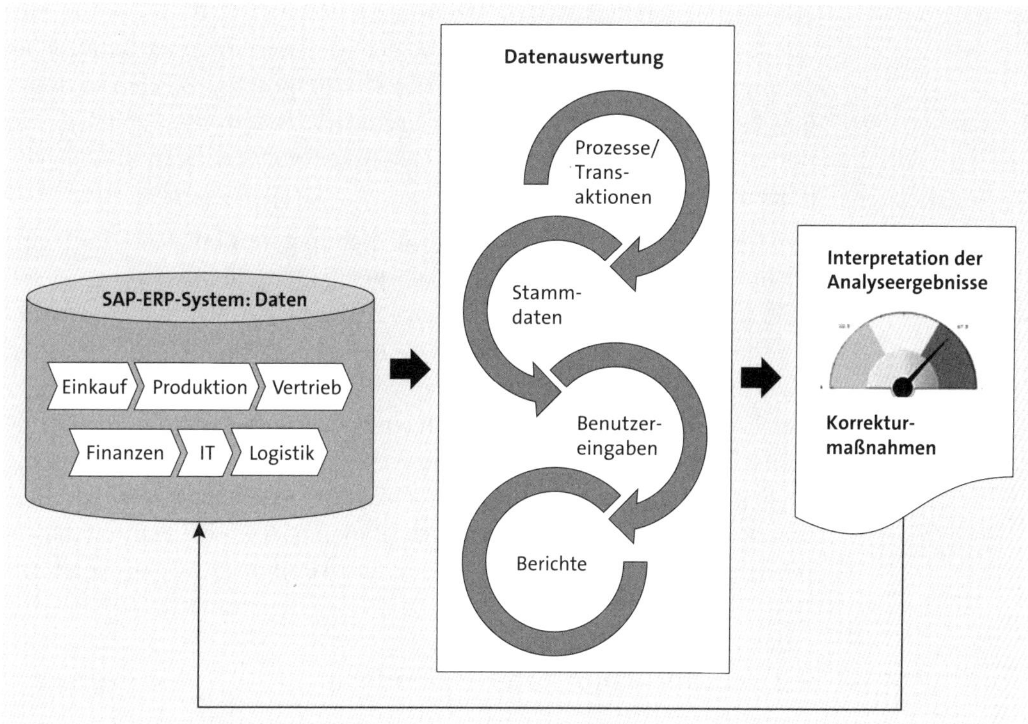

Abbildung 3.5 Schematische Darstellung – Ablauf zur Optimierung der Effizienz und Wirtschaftlichkeit der Geschäftsprozesse

Detektive Ausrichtung

Abschließend möchten wir an dieser Stelle eine Besonderheit des effizienz- und wirtschaftlichkeitsorientierten Ansatzes im IKS hervorheben: Während in der »klassischen«, complianceorientierten Sicht zwischen präventiven (vorbeugenden) und detektiven (aufdeckenden) Kontrollen unterschieden wird (in erster Linie, um den Prüfaufwand zu reduzieren, indem man sich auf präventive Kontrollen verlässt), werden bei Datenauswertungen überwiegend detektive Szenarien verwendet. Was sind die Gründe hierfür?

Dies liegt unter anderem an der Natur der SAP-ERP-Systeme: Oft ist es äußerst schwierig bis fast unmöglich, präventive Kontrollen in IT-gestützten Prozessen »wasserdicht« zu gestalten, ohne dass man generelle IT-Kontrollen (insbesondere im Change Management) oder übergreifende Applikationskontrollen gleichzeitig im Auge behält (siehe Abschnitt 3.1.4, »Struktur eines klassischen IKS-Frameworks im SAP-ERP-Umfeld«). Präventive Kontrollen basieren auf der im Code oder in Konfigurationseinstellungen enthaltenen Logik. Sie können zwar an einem Stichtag durchgeführt werden, geben schlussendlich aber nicht darüber Aufschluss, ob diese Kontrolle lückenlos aktiv war oder vielleicht trotzdem umgangen werden kann. So ist es zum Beispiel in der Praxis bei SAP-ERP-Einführungsprojekten nicht unüblich, die Richtigkeit der konfigurierten Geschäftsprozesse mit Transaktionsdaten und nicht nur mittels Durchsicht von Konfigurationseinstellungen zu überprüfen.

Der Hauptgrund für die detektive Ausrichtung von effizienz- und wirtschaftlichkeitsorientierten Analysen liegt allerdings in der Natur einer solchen Orientierung: Genauso, wie sich ein Arzt bei der Beurteilung des Cholesterinspiegels lieber auf die Analyse der tatsächlichen Blutwerte als auf den Kühlschrankinhalt des Patienten verlässt, muss man die einzelnen Ereignisse bzw. stattgefundene und in einem SAP-ERP-System festgehaltene Transaktionen unter die Lupe nehmen, um eine verlässliche Aussage bezüglich der Effizienz und Wirtschaftlichkeit im Geschäftsprozess zu treffen. Es gibt hier also weniger Platz für Annahmen oder für die Beurteilung potenzieller Möglichkeiten als bei einem reinen Compliance-Fokus von IKS.

3.2 IKS-relevante Referenzmodelle

Es gibt zahlreiche theoretische Ansätze rund um das Thema IKS-Gestaltung. Die Palette reicht von käuflich zu erwerbenden Eigenentwicklungen der großen Wirtschaftsprüfungsgesellschaften bis hin zu weltweit anerkannten Studien und Frameworks, die frei verfügbar sind. Die Frameworks oder Referenzmodelle werden Ihnen im Folgenden erläutert: Sie erhalten jeweils eine kurze Übersicht und Hinweise zur praktischen Verwendung.

3.2.1 COSO

IKS-Klassiker

Der COSO-Cube ist häufig das erste Framework, das einem einfallen wird, wenn man über GRC- oder IKS-Frameworks spricht. Das Akronym COSO ist abgeleitet von *Committee of Sponsoring Organizations of the Treadway Commission*. James C. Treadway Jr., der Namensgeber für COSO, war ursprünglich ein Mitglied der US-Börsenaufsicht *Securities and Exchange Commission* (*SEC*) und dessen erster Vorstandsvorsitzender.

COSO hat einige Studien mit IKS-Relevanz (unter anderem zum Thema Fraud) veröffentlicht. Die bekanntesten sind:

- »Internal Control – An Integrated Framework« (1992, häufig als COSO-Klassiker bezeichnet)
- die Enterprise-Risk-Management-Studie (COSO ERM, 2004)

Die zweite Studie basiert auf dem ursprünglichen COSO-Framework und stellt das Thema Risikomanagement stärker in den Vordergrund, das eng mit dem Thema IKS verzahnt ist. In der Studie werden Ansätze zur Erreichung strategischer und operativer Ziele sowie Ziele im Bereich Reporting und Compliance beschrieben. Das COSO-Framework hat acht Hauptelemente:

- Internal Control Environment
- Event Identification
- Risk Response
- Information and Communication
- Objective Setting
- Risk Assessment
- Control Activities
- Monitoring

Hinsichtlich GRC stehen beim COSO-Framework die Bereiche *Risk* und *Compliance* im Vordergrund.

3.2.2 COBIT

IKS im IT-Umfeld

Das COBIT-Framework (COBIT = Control Objectives for Information and Related Technologies, *www.isaca.org/cobit*) wurde vom *IT Governance Institute* (*ITGI*) und der *Information Systems Audit and Control Association* (*ISACA*, *www.isaca.org*) ausgearbeitet und ist frei verfügbar. COBIT kann zum Teil als Konkretisierung von COSO für IT-Belange angesehen werden und bietet Ansätze für IKS und Governance im IT-Bereich.

Kontrollziele

Das COBIT-Framework fasst Kontrollziele in vier Hauptkategorien zusammen:

- Plan & Organize
- Acquire & Implement
- Deliver & Support
- Monitor & Evaluate

Jede dieser Kategorien besteht aus vier bis 13 Prozessen. Diese Prozesse sind darauf ausgelegt, insgesamt mehr als 200 illustrative Kontrollziele zu erreichen (siehe Tabelle 3.2). COBIT kann nicht nur als IKS, sondern auch als *IT-Governance-Instrument* angesehen werden.

Stärken	Geeignet für
▪ breite Verwendung und Akzeptanz ▪ gut für Industrie ▪ gut für SOX-Compliance ▪ kann mit ISO 2700* integriert werden	▪ jedes Unternehmen mit einer großen IT-Abteilung ▪ formalisierte Prozesse ▪ jedes SOX-Unternehmen
Schwächen	**Sonstiges**
▪ aufwendig ▪ deckt Sicherheit nur schlecht ab ▪ viel über »was tun« mit wenig »wie«	▪ ISACA bietet Mapping zu anderen Frameworks an ▪ kann auf COSO gemappt werden

Tabelle 3.2 Übersicht über die COBIT-Eigenschaften

ITGI-Dokument

Das IT Governance Institute hat ein hilfreiches Dokument veröffentlicht (IT Control Objectives for Sarbanes-Oxley). Dieses Dokument ist auf Kontrollmechanismen fokussiert, die einen direkten Bezug zur Finanzberichterstattung und den damit zusammenhängenden Compliance-Anforderungen haben. Illustrative geschäftsprozessspezifische Applikationskontrollen im Anhang dieses Dokumentes stellen eine gute Vorlage für die Definition eines IKS-Frameworks dar.

3.2.3 ITIL

IT-Service-Management in fünf Büchern

Die *Information Technology Infrastructure Library* (*ITIL*, *www.itil-officialsite.com*), erstmals veröffentlicht in den 1980er-Jahren vom *Office of Government Commerce*, kann nicht im klassischen Sinn als IKS-Framework bezeichnet werden. Mit der Konzentration auf IT-Governance deckt ITIL eher den Bereich Governance im GRC-Konzept ab. Das ITIL-Framework ist für das IT-Service-Management gedacht und bietet die Vorgehensweise zur Identifizierung, Planung, Abwicklung und zum Support von IT-Dienstleistungen für Unternehmen. Die ITIL besteht aus fünf Büchern:

- Service Strategy
- Service Design
- Service Transition
- Service Operation
- Continual Service Improvement

Trotzdem kann die Struktur der ITIL gute Anhaltspunkte für die Struktur eines IKS-Frameworks liefern, da sie auf operative Ziele ausgerichtet ist (siehe Tabelle 3.3).

Stärken	Geeignet für
▪ gut für servicebezogene IT-Themen ▪ Zertifizierung wird angeboten ▪ gut für Verfügbarkeitsaspekte von IT-Governance ▪ ITIL »Small Scale Implementation« für kleinere Unternehmen	▪ mittlere bis große Unternehmen mit großen IT-Abteilungen ▪ Unternehmen mit formalisierten IT-Prozessen ▪ ist hilfreich, wenn Verfügbarkeit von IT-Services kritisch ist (Banken, Gesundheitswesen etc.)
Schwächen	**Sonstiges**
kein IKS-Framework im Sinne dieses Buches	▪ fünf Bücher für ca. 1.000 USD ▪ Training für ca. 10.000 USD ▪ zusätzliche Kosten für ITIL-Software

Tabelle 3.3 Übersicht über die ITIL-Eigenschaften

3.2.4 GAIT

ITGC: Prüfungen

Der *Guide to the Assessment of IT Risk*, 2007 vom Institute of Internal Auditors veröffentlicht, ist eines der Frameworks, das IT Audit direkt adressiert. Statt einer Auflistung der IT-spezifischen Kontrollziele bietet der GAIT eine risikobasierte Methode zur Priorisierung dieser Kontrollen.

Die erste Version des GAIT war dazu gedacht, den Scoping-Prozess im Rahmen von SOX-Audits zu unterstützen. Die neueste Ausgabe des GAIT erweitert diesen Fokus, um die generelle Interaktion von Business- und IT-Risiken zu ermöglichen. Neben Compliance-Aspekten betrachtet der GAIT auch Effizienz- und Effektivitätsthemen. Der GAIT basiert auf der Grundhaltung, dass nicht alle IT-Risiken erfolgreich innerhalb der IT überwacht werden können und dass Anforderungen aus den Hauptgeschäftsprozessen eines Unternehmens eine zentrale Rolle spielen sollen. Dies ist ein großer Pluspunkt für den GAIT; während der SOX-Welle war nämlich der Eindruck entstanden, dass ITGC eine Wissenschaft für sich sind und das Business von der IT getrieben wird und nicht umgekehrt.

Tabelle 3.4 zeigt eine Übersicht über die GAIT-Eigenschaften.

Stärken	Geeignet für
▪ gut für ITGC ▪ IT nicht als »Wissenschaft für sich«, sondern Business-Dienstleister	▪ Auditing ▪ Scoping
Schwächen	**Sonstiges**
Ansätze von IIA und ISACA sind manchmal unterschiedlich	frei verfügbar

Tabelle 3.4 Übersicht über die GAIT-Eigenschaften

3.2.5 ITAF

Referenzmodell für IT-Audits

ISACA bietet Referenzmodelle an, die ein ähnliches Ziel wie der GAIT verfolgen. Diese Referenzmodelle sind ITAF und Risk IT.

Das Akronym *ITAF* steht für *Information Technology Assurance Framework*. Dieses Referenzmodell richtet sich an einen Anwenderkreis, der sich mit IT-Anwendungen, Systemen und Infrastruktur auseinandersetzt, also an IT-Prüfer. Die in ITAF enthaltenen Standards, Richtlinien und Audit-Prozeduren können nicht nur für Prüfer, sondern auch für die »Verbraucher« der Prüfungsergebnisse bzw. -Reports nützlich sein (siehe Tabelle 3.5). ITAF leistet im Einzelnen Folgendes:

- Good-Practice-Modelle für Design, Durchführung und Reporting werden im Rahmen von IT-Audits angeboten.
- IT-auditspezifische Begriffe sowie Standardrollen innerhalb eines an IT-Audits beteiligten Personenkreises werden erklärt.
- Es werden Anforderungen an das Know-how, die Erfahrungen und den Code of Conduct eines Prüfers sowie typische Prozesse bei der Berichterstattung beschrieben.

Stärken	Geeignet für
vermittelt Verständnis des IT-Audit-Prozesses	IT-Prüfer und deren Kunden
Schwächen	**Sonstiges**
▪ Ansätze von IIA und ISACA sind manchmal unterschiedlich ▪ kein Input für IKS-Content	frei verfügbar

Tabelle 3.5 Übersicht über die ITAF-Eigenschaften

3.2.6 Risk IT

Das Referenzmodell Risk IT von ISACA behandelt Risiken im IT-Bereich und ergänzt COBIT: Während COBIT Beispiele von Kontrollen gibt, die IT-Risiken minimieren, liefert Risk IT ein Rahmenkonzept zur Identifizierung und für das Management von IT-bezogenen Risiken.

IT-Risiken als Teil der Business-Risiken

Risk IT hat den Anspruch, die Business-Risiken mit IT-Risiken zu verlinken, indem in allen Bereichen (unter anderem in einer beispielhaften Liste von typischen Risikoszenarien) durchgehend eine Verbindung zu den Business-Zielen hergestellt wird und das Management von IT-Risiken als Bestandteil eines gesamten Risikomanagementprozesses im Unternehmen angesehen wird. Des Weiteren wird ein Kosten-Nutzen-Verhältnis im Risikomanagement berücksichtigt.

Das Gesamtmodell ist unterteilt in drei große Domains, und jede dieser Domains besteht aus drei Prozessen:

- **Risk Governance**
  Erarbeitung des Risiko-Contents, dessen Integration in den Enterprise-Risk-Management-Prozess und risikobewusste Entscheidungen in Geschäftsprozessen
- **Risk Evaluation**
  Informationsbeschaffung, Risikoanalyse und Pflege des Risikoprofils
- **Risk Response**
  Kommunikation der Risiken, Maßnahmenpläne und Reaktion auf Ereignisse

Das Dokument *Risk IT Practitioner Guide* unterstützt das Risk-IT-Referenzmodell durch Beispiele der IT-spezifischen *Key Risk Indicators* (*KRI*), Impact-Kriterien für Business, Beschreibung des Links zu COBIT und Val IT etc.

Risk IT füllt die Lücke zwischen *generischen* Referenzmodellen wie etwa COSO ERM und detaillierten (primär sicherheitsbezogenen) IT-Risikomanagement-Referenzmodellen.

Tabelle 3.6 zeigt eine Übersicht über die Risk-IT-Eigenschaften.

Stärken	Geeignet für
■ Link zwischen IT und Business ■ Content und konkrete Beispiele für Risikomanagement	Risikomanagement im IT-Bereich

Tabelle 3.6 Übersicht über die Risk-IT-Eigenschaften

Schwächen	Sonstiges
wenig Input für IKS-Content	Link zu COBIT und Val IT

Tabelle 3.6 Übersicht über die Risk-IT-Eigenschaften (Forts.)

3.2.7 Val IT

Val IT ist ein aus mehreren Dokumenten bestehendes Referenzmodell für das Management von Investitionen im IT-Bereich. Dieses Referenzmodell hat das Ziel, den Nutzen von IT-Investments aus der Sicht des Hauptgeschäfts eines Unternehmens zu messen und zu steuern und Unternehmen bei der Erzielung eines optimalen Wertbeitrags aus ihren IT-Investitionen zu unterstützen. Val IT besteht aus einer Reihe von Grundsätzen und Prozessen. In Version 2.0 (seit 2008 verfügbar) ist Val IT deutlich an Struktur und Aufbau von COBIT angelehnt. Val IT besteht aus drei Domänen, denen jeweils die folgenden drei Prozesse zugeordnet sind:

- Value Governance
- Portfolio Management
- Investitionsmanagement (Investment Management)

Verhältnis zu COBIT

Die Beschreibung der Prozesse erfolgt nach dem Ansatz, wie er in COBIT zu finden ist. Für jeden Prozess wird Folgendes definiert:

- Key Management Practices
- Management Guidelines
- RACI Chart
- Goals and Metrics

Val IT soll COBIT vor allem in der Domäne des Finanzmanagements erweitern bzw. vervollständigen und denjenigen Personen Auskunft erteilen, die sich Informationen zum Wertbeitrag ihrer IT erhoffen. Auch COBIT beinhaltet durchaus bereits Governance-Elemente aus diesen Bereichen, wodurch sich gewisse Überschneidungen ergeben können. Val IT beinhaltet aber auch neue Sichtweisen, die in COBIT fehlen.

Verhältnis zu VMM

Inhaltlich ist mit Val IT ein weiteres Referenzmodell verwandt, nämlich *Value Measuring Methodology* (*VMM*). Dieses bietet eine ausführlichere Anleitung bezüglich der unterschiedlichen Arten des Mehrwerts im Vergleich zu Val IT. Insbesondere wird in VMM zwischen einem materiellen (tangible) bzw. einem messbaren Mehrwert und einem immateriellen (intangible) Mehrwert unterschieden. Darüber hinaus bietet VMM Vergleichsmodelle und Beispiele der Mehrwertberechnung für verschiedene Projekte. Tabelle 3.7 zeigt eine Übersicht über die Val-IT-Eigenschaften.

Stärken	Geeignet für
■ ergänzt COBIT ■ Optimierung des Wertbeitrags aus IT-Investitionen	bietet Ansätze für Value Engineering im Bereich der IT
Schwächen	**Sonstiges**
detailliertere Referenzmodelle als bei Val IT	■ strukturell an COBIT angelehnt ■ drei Domänen mit jeweils drei Prozessen

Tabelle 3.7 Übersicht über die Val-IT-Eigenschaften

Es ist davon auszugehen, dass die Nachhaltigkeit und der Erfolg von IT-Investitionen weiterhin an Bedeutung gewinnen werden. Val IT leistet hier im Hinblick auf das Wertemanagement einen guten Beitrag.

3.2.8 CMMI

Fünf Reifegrade der Softwareentwicklung

Capability Maturity Model Integration (*CMMI*) ist eine Sammlung von Referenzmodellen für unterschiedliche Anwendungsgebiete – in erster Linie handelt es sich um ein Modell zur Beurteilung der Qualität (Reifegradmodell) des Softwareprozesses (Entwicklung, Wartung, Konfiguration etc.) von Organisationen sowie zur Bestimmung seiner Verbesserungsmaßnahmen. Ende 2003 hat CMMI das ältere CM-Modell ersetzt, um diverse, zum damaligen Zeitpunkt vorhandene CM-Modelle (jede Entwicklungsdisziplin hatte ein eigenes Modell) zu konsolidieren und ein neues vereinheitlichtes Modell zu erstellen. Ein CMMI-Modell ist eine systematische Darstellung erprobter Praktiken, um die Verbesserung einer Organisation zu unterstützen. Im Mittelpunkt von CMMI stehen fünf Abstufungen zwischen unterschiedlichen Reifegraden der Softwareentwicklungsprozesse. Ein CMMI-Modell kann zum Beispiel für Folgendes genutzt werden:

- um einen Überblick über die gängigsten Vorgehensweisen (zum Beispiel bei der Projektplanung) zu erhalten
- um die Stärken und Schwächen einer Organisation zu analysieren
- um Verbesserungsmaßnahmen zu bestimmen und in eine sinnvolle Reihenfolge zu bringen

ITIL und CMMI

ITIL kann insoweit als teilweise mit CMMI verwandt betrachtet werden, als dass beide Modelle reifegradorientierte Bewertungen anbieten. Der Bewertungsfokus im Rahmen von ITIL liegt jedoch auf der IT-Infrastruktur und auf Dienstleistungen. Tabelle 3.8 zeigt eine Übersicht über die Eigenschaften von CMMI.

Stärken	Geeignet für
▪ Optimierung der Prozesse bei Softwareeigenentwicklungen im Unternehmen ▪ könnte als Quelle für IKS-Content bei Softwareentwicklungsprozessen verwendet werden	▪ Verbesserung der Organisation im Bereich Softwareentwicklung ▪ Zertifizierung bzw. in der Praxis anerkannte Beurteilung
Schwächen	**Sonstiges**
Fokus auf Softwareentwicklung, jedoch für große Softwarefirmen zu wenig detailliert	▪ offizielle Überprüfung des Reifegrads wird angeboten ▪ Parallelen zur ITIL bezüglich der Reifegradbestimmung

Tabelle 3.8 Übersicht über die CMMI-Eigenschaften

3.2.9 MOF

Das *Microsoft Operations Framework* (*MOF*) ist ein in Europa wenig bekanntes Referenzmodell des Softwareherstellers Microsoft, das eng mit ITIL V3 verwandt und auf IT-Dienstleistungen fokussiert ist. Die Einzelheiten zu diesem Modell finden Sie unter *http://technet.microsoft.com/en-us/library/cc506049.aspx*. Inhaltlich stellt MOF einen Versuch dar, über den gesamten IT-Lebenszyklus hinweg ein integriertes Referenzmodell zwischen den Bereichen Governance, Risk und Compliance anzubieten.

Tabelle 3.9 zeigt die Eigenschaften des Microsoft Operations Frameworks.

Stärken	Geeignet für
▪ kostenlos verfügbar ▪ logische und überschaubare Struktur	kleinere Firmen, die sich nicht für ein größeres Modell entscheiden möchten
Schwächen	**Sonstiges**
▪ nicht detailliert genug für komplexe Organisationen ▪ auf Microsoft-Windows-Kunden fokussiert ▪ adressiert kein Risk Assessment	▪ eng verwandt mit ITIL V3 ▪ Versuch eines IT-Governance-Frameworks, hat eventuell gute Perspektiven in künftigen Versionen

Tabelle 3.9 Übersicht über die MOF-Eigenschaften

3.2.10 PCI-DSS

Datensicherheit für Plastikgeld

Im Zusammenhang mit den Skandalen um gestohlene Kreditkartendaten ist der PCI-DSS-Standard (PCI-DSS = Payment Card Industry Data Security Standard, *www.pcisecuritystandards.org*) recht interessant. Wie die ISO-Normen ist der PCI-DSS ein Standard und kein Referenzmodell. Dieser ist entwickelt worden, um andere Standards mit Spezifika im Umfeld des »Plastikgeldes« zu ergänzen. Inhaltlich könnte dieser Standard auch auf ein anderes Sicherheitsumfeld projiziert werden, in dem der Schutz der Daten im Vordergrund steht (siehe Tabelle 3.10).

Stärken	Geeignet für
▪ kostenlos verfügbar ▪ gute Datenschutzstrategien ▪ liefert ein Self Assessment, wenn auch sehr generisch	alle Unternehmen, die Cardholder-Daten produzieren, sammeln, aufbewahren oder übertragen
Schwächen	**Sonstiges**
▪ kein governancebezogenes Konzept ▪ sehr »High-Level«-gehalten, wenig spezifisch	Checklisten-Ansatz statt eines fundierten Governance-Modells

Tabelle 3.10 Übersicht über die Eigenschaften von PCI-DSS

3.2.11 Zusammenfassende Sicht auf Referenzmodelle

Vier Dimensionen

Wie Sie sehen, haben existierende Frameworks bzw. Referenzmodelle inhaltliche Ausrichtungen und Ziele, die zwischen vier Hauptdimensionen mit unterschiedlichen Abdeckungsgraden angesiedelt sind:

- Strategie
- Performance
- Risk
- Compliance

In Abbildung 3.6 ist schematisch die Einordnung einiger Referenzmodelle in diese vier Dimensionen dargestellt.

Während GRC-, Strategie- und Business-Performance-Management-Konzepte unabhängig voneinander nichts Neues sind, ist ihr Zusammenspiel ein Trend, der noch recht jung ist. Von den erwähnten vier Dimensionen, in denen sich das *C-Level-Management* (C = Chief wie CFO, CEO, CIO) bewegt, sind im Rahmen dieses Buches zwei Dimensionen relevant: Risk und Compliance. Aus diesem Grund werden im Folgenden vor allem COSO und

COBIT als Referenzmodelle betrachtet, insbesondere im Rahmen des Themas IKS-Inhalt und IKS-Automatisierung im SAP-Umfeld.

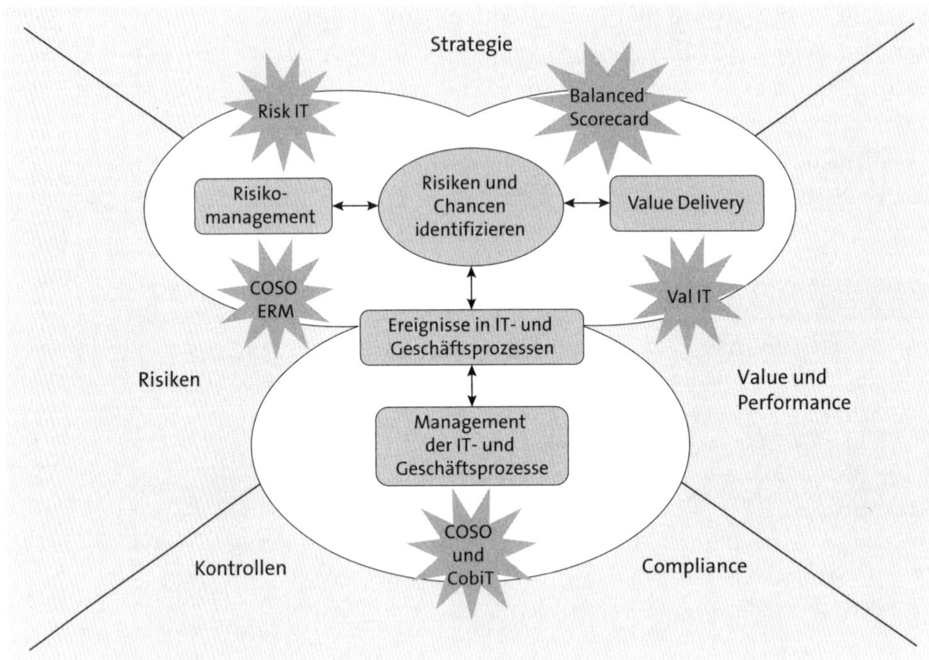

Abbildung 3.6 Einordnung der Referenzmodelle in GRC- und Enterprise-Performance-Themen (Quelle: Risk IT Overview)

3.3 IKS und risikomanagementrelevante Standards und Modelle

Innerhalb von weltweit anerkannten Referenzmodellen und Studien gibt es eine wichtige Kategorie: Es handelt sich um *ISO-Normen*. ISO (International Organization for Standardization) ist eine unabhängige, internationale Nichtregierungsorganisation mit Sitz in Genf, die 161 nationale Gremien aus unterschiedlichen Ländern, mit insgesamt über 45.000 Experten, vereint und ein nobles Ziel verfolgt: der Welt eine gemeinsame und fortwährend aktuell gehaltene Sprache und Sicherheit bei der Gestaltung diverser Prozesse und Produkte anzubieten. Unter zahlreichen Anleitungen und Standards werden in diesem Kapitel drei Standards hervorgehoben und einleitend vorgestellt: ISO 27001, ISO 31000, und ISO 19600. Des Weiteren wird das Thema Antikorruptionsinitiative erläutert.

Für die Gestaltung von IKS liegt noch kein dedizierter ISO-Standard vor. Am nächsten kommt dem Thema IKS die ISO-Normreihe 9000 (Qualitätsmanagement). Da allerdings Effizienz und Effektivität der Unternehmensprozesse nur eine Teilmenge der IKS-Ziele darstellt, wird ISO 9000 nicht weiter in diesem Buch beleuchtet. Für vollständige Inhalte aller ISO-Standards empfiehlt es sich dringend, sich die jeweils vollständige aktuelle Version zu beschaffen.

3.3.1 ISO-27k-Übersicht

Standards für IT-Sicherheit

Unter ISO 27k fasst man üblicherweise Standards zusammen – es handelt sich demnach nicht um ein Referenzmodell. Diese Standards sind im Jahr 2000 entstanden (British Standard BS 7799, anschließend ISO 17799) nach Anpassungen in den Jahren 2005 und 2007 folgte die letzte Aktualisierung, die 2014 und 2015 stattfand. ISO 27k kann auch als Checkliste für Kontrollen im Bereich Information Security betrachtet werden. Inhaltlich ist ISO 27k ist auf drei Säulen aufgebaut:

- Vertraulichkeit
- Verfügbarkeit
- Integrität

Tabelle 3.11 zeigt die Eigenschaften von ISO 27k.

Stärken	Geeignet für
▪ Security Policy im Fokus ▪ risikobasierter Ansatz ▪ starker Standard mit guten Datenschutzstrategien	▪ generell für alle Unternehmen mit IT im Einsatz ▪ von IT-Prüfern als Benchmark für Sicherheitsthemen verwendet
Schwächen	**Sonstiges**
▪ sehr technologieorientiert, erfordert ein größeres Governance-Framework ▪ Erweiterung um Verfügbarkeit und Integrität, doch diese Elemente sind ein Teil von Data Governance; dies gehört zum Thema Security	▪ kein Framework, sondern Standards ▪ ca. 200 USD für ISO 27002 und 300 USD für ISO 27001 und 27002 ▪ Self Assessment und Zertifizierung sind möglich (kosten extra)

Tabelle 3.11 Übersicht über die Eigenschaften von ISO 27k

Unter den ISO-27k-Anforderungen sind zwei Standards besonders hervorzuheben: ISO 27001, auf den im nachfolgenden Abschnitt eingegangen wird und ISO 27005, bei dem es sich um eine genaue Anleitung zur IT-Risikoanalyse und zum Risikomanagement im IT-Bereich handelt.

3.3.2 ISO 27001: Informationssicherheits-Managementsystem

Umfassendes Cyber-Security-Rahmenwerk

ISO/IEC 27001 enthält Anforderungen, die bei der Einrichtung, Implementierung, Aufrechterhaltung und kontinuierlichen Verbesserung eines Informationssicherheits-Managementsystems berücksichtigt werden müssen. Dieser Standard kann auch als eine Art Benchmark verwendet werden, um die Fähigkeit einer Organisation zu bewerten, ihre eigenen Informationssicherheitsanforderungen zu erfüllen. In unserem Digitalisierungszeitalter, in dem Cyber-Security zum Modewort wurde, ist die Relevanz dieses Standards stark gestiegen, und Zertifizierungen gemäss ISO 27001 sind inzwischen für viele Unternehmen und insbesondere für IT-Dienstleister zu einer De-facto-Mussanforderung geworden.

Das Erreichen der Informationssicherheitsziele ist zum wichtigen Erfolgsfaktor für Unternehmen und deren Stakeholder geworden, weil es sich um die Absicherung der Vermögenswerte handelt – bzw. der Information, als dessen immer wichtiger werdender Anteil.

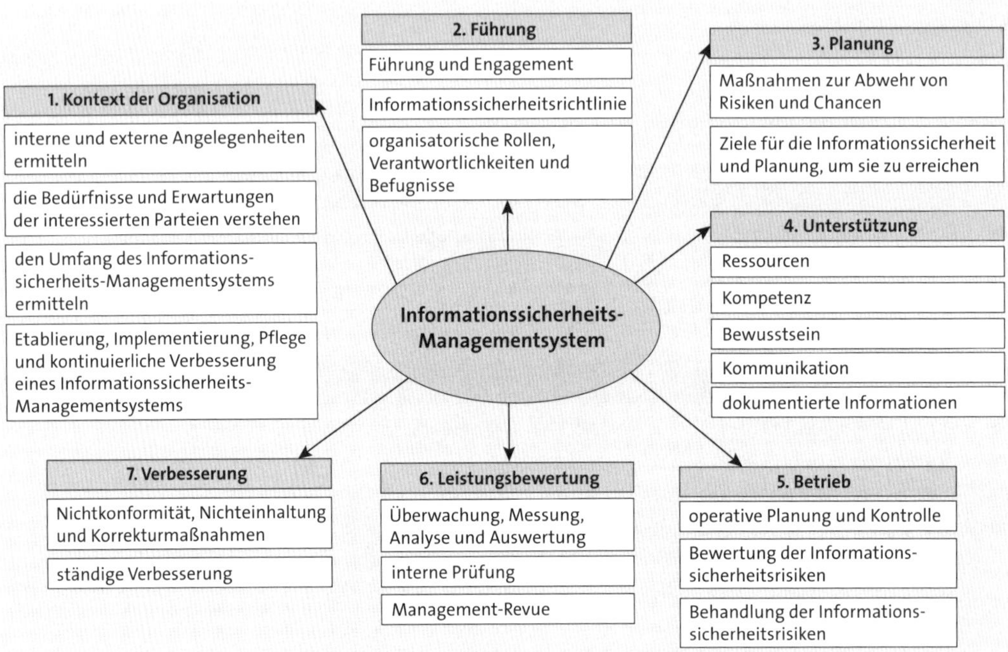

Abbildung 3.7 Anforderungen an das Informationssicherheits-Managementsystem

Der Standard enthält sieben Hauptkapitel, die die Anforderungen an ein Informationsmanagementsystem zusammenfassen. Schematisch sind deren

Inhalte in Abbildung 3.7 zusammengefasst. Lesen Sie idealerweise diesen und andere in diesem Buch angesprochene Standards in vollständiger bzw. in der Originalfassung.

[+]

Liste von Kontrollzielen in ISO/IEC 27001 nutzen

ISO/IEC 27001 enthält auch eine umfassende Liste von Kontrollzielen und Kontrollen, die zur Umsetzung der Informationssicherheitsrisikobehandlung erforderlich sind. Diese Liste kann als gute Vergleichsbasis für den Teil eines IKS-Rahmenwerks dienen, der den IT-Risiken entgegenwirken soll.

Zwei Beispiele der Kontrollziele laut ISO 27001 sind:

- **A.16 Information Security Incident Management**

  A.16.1 Management of Information Security Incidents and Improvements

  Objective: To ensure a consistent and effective approach to the management of information security incidents, including communication on security events and weaknesses.
- **A.17 Information Security Aspects of Business Continuity Management**

  A.17.1 Information Security Continuity

  Objective: Information security continuity shall be embedded in the organization's business continuity management systems.

Die aktuelle, zu dem Zeitpunkt der Entstehung dieses Buches verfügbare Version von ISO 27001 wurde zuletzt im Jahr 2015 ergänzt.

3.3.3 ISO 19600 – Compliance Management System

An Managementsysteme angelehnte Anleitung

Die internationale Norm ISO 19600 ist im Jahr 2014 entstanden und stellt empfohlene Praktiken bzw. die Anleitung für die Entwicklung, Implementierung, Bewertung und laufende Verbesserung von Compliance Management Systems in Unternehmen dar. Dieser Standard ist für alle Arten von Organisationen anwendbar und beschränkt sich nicht auf bestimmte Compliance-Anforderungen – weder interne noch externe; vielmehr wird in diesem Standard das Ziel verfolgt, den Unternehmen Wege aufzuzeigen, wie ein beliebiges Managementsystem auch für das Erreichen von Compliance-Zielen verwendet werden kann.

Die in ISO 19600 enthaltene Anleitung folgt der in Abbildung 3.8 dargestellten Struktur.

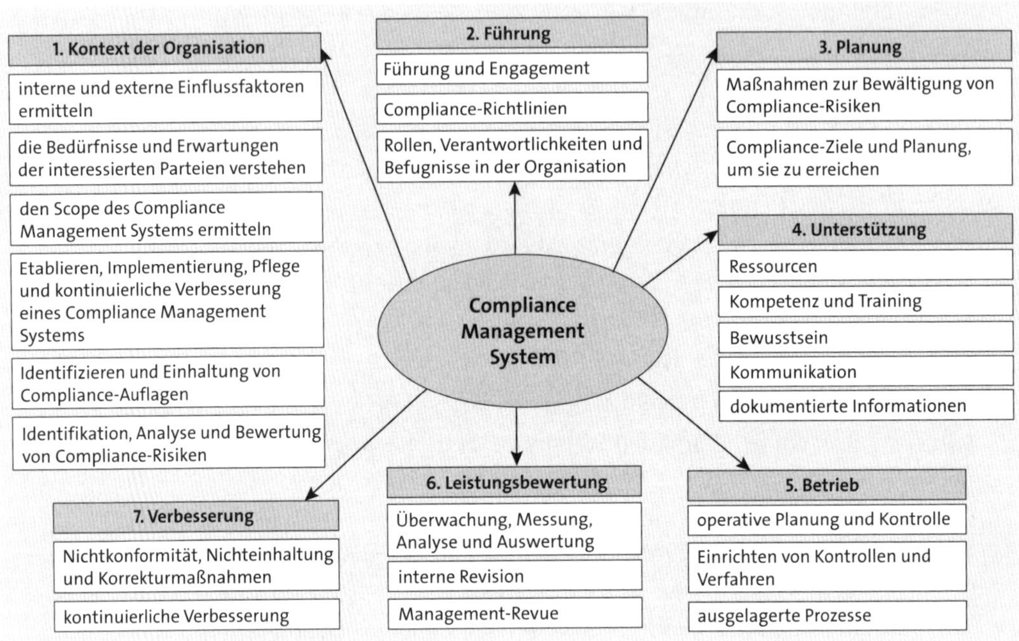

Abbildung 3.8 ISO 19600 – Compliance Management System

Kulturelle und prozesseitige Integration als Voraussetzung

Gemäß ISO 19600 ist Compliance ein Ergebnis der Einhaltung der von außen auferlegten als auch internen Vorschriften durch eine Organisation. Ein nachhaltiges Erreichen der Compliance-Ziele wird dadurch ermöglicht, dass sich diese in die Kultur der Organisation und in das Verhalten und die Einstellung der Menschen, die für sie arbeiten, einbetten. Laut ISO 19600 ist es wünschenswert bzw. zu empfehlen, dass das Compliance Management in die Finanz-, Risiko-, Qualitäts-, Umwelt- und Arbeitsschutzmanagementprozesse und die betrieblichen Anforderungen und Verfahren der Organisation integriert wird.

Die High-Level-Prozessdarstellung in Form eines Flussdiagramms können Sie Abbildung 3.9 entnehmen. Der Compliance-Management-Prozess ist hiernach konsistent mit sonstigen Managementsystemen und basiert auf dem Prinzip einer kontinuierlichen Verbesserung (Plan-Do-Check-Act = PDCA).

Zu dem Zeitpunkt der Entstehung dieses Buches war die erste Version des Standards ISO 19600 verfügbar.

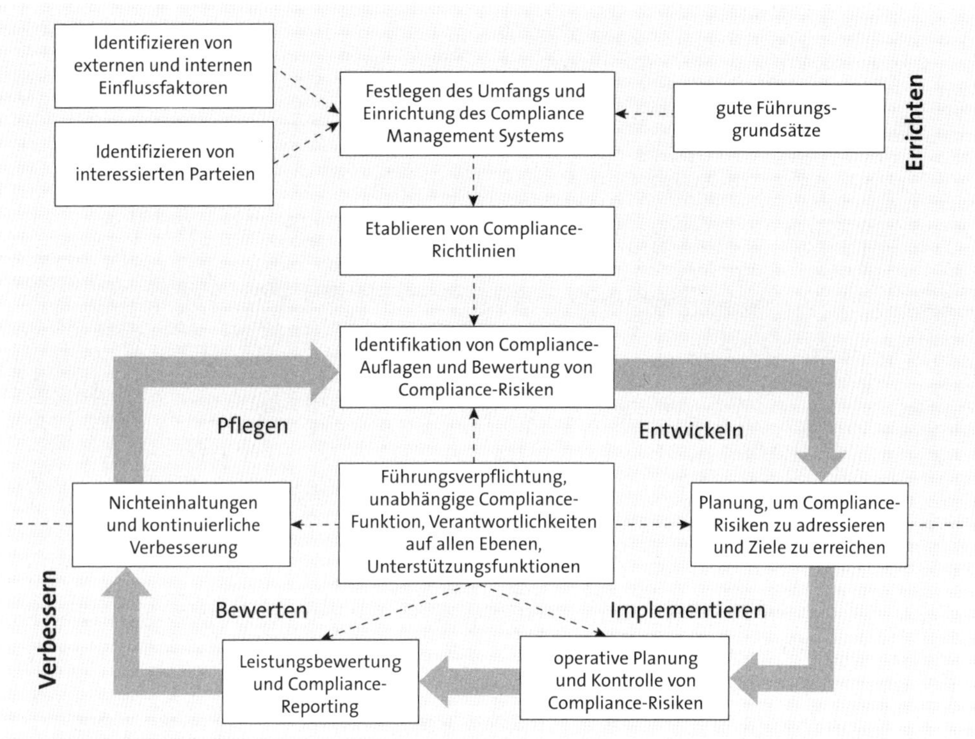

Abbildung 3.9 Flussdiagramm eines Compliance Management Systems

3.3.4 ISO 31000 – Risikomanagement

ISO 31000 stellt eine Anleitung zur Handhabung von Risiken für alle Arten von Organisationen dar. Die in dieser internationalen Norm beschriebenen Ansätze sind allgemeingültig, das heißt, sie sind für den Umgang mit jeder Risikoart geeignet, und sie sind branchenübergreifend. ISO 31000 kann während der gesamten Lebensdauer einer Organisation angewendet werden.

Risikomanagement – Allrounder-Anleitung

Diese Norm vereint die folgenden Sichten, auf die in eigenständigen Kapiteln eingegangen wird:

- **Rahmenwerk für das Risikomanagement**
  Aspekte, die bei der inhaltlichen Entwicklung eines Rahmenwerks wichtig sind.
- **Risikomanagementprozess**
  Eigenschaften eines effizienten und effektiven Risikomanagements.

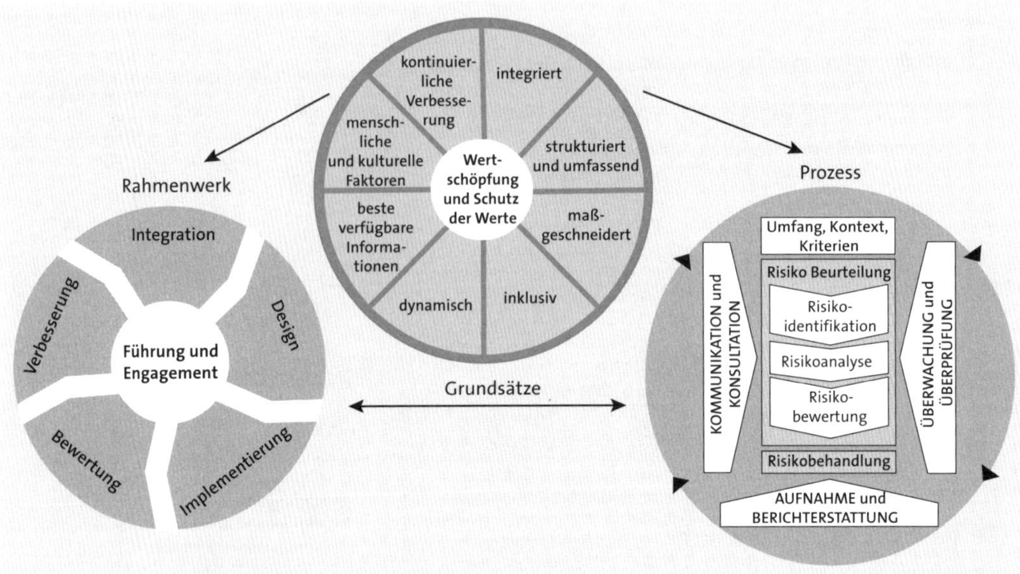

Abbildung 3.10 ISO 31000 – Grundsätze, Rahmenbedingungen und Prozess des Risikomanagements

[»]

Managementsupport als Voraussetzung

Eine der wichtigsten Aussagen in ISO 31000 betrifft die Wichtigkeit der Unterstützung durch das Topmanagement im Unternehmen: Diese ist die Voraussetzung für die Effektivität einer Riskomanagement-Initiative. Die Bedeutung der Managementunterstützung gilt aus meiner Erfahrung für alle GRC-relevanten Maßnahmen und Prozesse.

Risikomanagement für KMU

Zum Zeitpunkt der Entstehung dieses Buches lag die 2. Ausgabe von ISO 31000 vor: 2018-02. Im Zusammenhang mit diesem Standard ist ein weiteres Dokument interessant: das Handbuch »A practical guide for SMEs, ISO3100 Risk Management«. SME steht für *Small and Medium-sized Enterprises*. Das deutschsprachige Äquivalent lautet *kleine und mittlere Unternehmen (KMU)*. Dieses Handbuch baut auf ISO 31000-Inhalten auf und ist in der Zusammenarbeit von ISO, ITC (The International Trade Centre, Kollektivvertretung von World Trade Organization und United Nations) und UNIDO (The United Nations Industrial Development Organization) entstanden.

3.4 Resümee

In diesem Kapitel wurde eine Brücke zwischen den gesetzlichen Anforderungen an ein IKS und dessen praktikabler Struktur im IT-Umfeld geschlagen. Dabei wurden sowohl IKS-Grundsätze im IT-Umfeld klassifiziert und beschrieben als auch der Prozess zur Identifizierung der IKS-Inhalte schematisch dargestellt. Sie haben zudem eine gute Übersicht über international anerkannte Studien, Referenzmodelle und Standards erhalten, die bei der Gestaltung eines IKS sowohl prozess- als auch contentseitig viele nützliche Informationen liefern können.

Sie wissen aus diesem Kapitel ebenfalls, dass es bei IT-gestützten Geschäftsprozessen Kontrollmechanismen geben kann, die auf die Effizienz und Wirtschaftlichkeit der Vorgänge abzielen.

Weitere Hilfestellungen hinsichtlich der Gestaltung Ihres IKS, insbesondere im SAP-Umfeld, bietet Ihnen das folgende Kapitel 4, »Wie geht SAP mit dem Thema Compliance um?«.

Kapitel 4

Wie geht SAP mit dem Thema Compliance um?

So eindeutig Anforderungen auch sein mögen: Es gibt viele Wege nach Rom. In diesem Kapitel erfahren Sie, welche Lösungen und Produkte SAP anbietet, damit Unternehmen Compliance-Anforderungen gerecht werden.

Compliance hat natürlich auch bei SAP als Hersteller von SAP-ERP-Software einen hohen Stellenwert. In diesem Kapitel erfahren Sie:

- wie SAP die Zertifizierung eigener Produkte handhabt
- welche relevanten Leitfäden und Anweisungen für die Umsetzung und Überprüfung von Compliance-Anforderungen existieren
- welche SAP-Produkte für integrierte GRC-Prozesse geeignet sind
- welche Quellen den Kunden zugänglich sind, um sich einen Überblick über die Kontrollmechanismen in SAP-gestützten Geschäftsprozessen zu verschaffen

4.1 Softwarezertifizierung

Einer der Compliance-Aspekte im SAP-Umfeld ist die Zertifizierung von SAP-Produkten, das heißt die Bestätigung seitens eines unabhängigen Gutachters über die allgemeine Konformität von Software mit bestimmten gesetzlichen oder sonstigen Normen. Im Folgenden erfahren Sie, welche Konformitätsgutachten SAP vorzuweisen hat, die auf offiziellen Quellen basieren.

[«]

Differenzierung – Softwarezertifizierung und IKS-Testat

Bevor wir die Softwarezertifizierung eingehender betrachten, möchten wir prophylaktisch auf ein in der Praxis gängiges Missverständnis eingehen: Softwarezertifizierung und ein unternehmensspezifisches IKS-Testat sind zwei unterschiedliche Dinge.

- **Softwarebescheinigung bzw. -zertifizierung**
  Wenn ein ERP-System »compliant« ist, bedeutet das noch nicht, dass dieses System auch beim Einsatz im Unternehmen compliant ist. Die Zertifizierung bezieht sich auf die grundlegende Beschaffenheit eines Softwareproduktes.
- **Testat in Bezug auf ein unternehmensspezifisches IKS**
  Hier wird eine Aussage darüber getroffen, ob ein ERP-System im Unternehmen compliant eingesetzt wird. Diese Aussage bezieht sich auf Kontrollen im Unternehmen.

4.1.1 SAP-Hinweis 671016

SAP-Hinweis zur Softwarezertifizierung

Die sogenannten SAP-Hinweise, auf die Kunden über den SAP Service Marketplace online zugreifen können, bieten nicht nur Lösungsvorschläge für diverse technische Probleme, sondern liefern auch Antworten auf häufig gestellte Fragen. SAP-Hinweis 671016 mit dem Titel »Softwarebescheinigungen« beschreibt, wie SAP mit der Zertifizierung eigener Produkte umgeht. Die letzte Änderung des Hinweises zum Zeitpunkt der Entstehung der 3. Ausgabe dieses Buches ist auf den 05.07.2018 datiert.

Warum zertifiziert SAP eigene Software?

In SAP-Hinweis 671016 wird zuerst darauf hingewiesen, dass ein Softwarehersteller grundsätzlich nicht verpflichtet ist, »seine Standardsoftware von einer autorisierten Stelle auf ihre ordnungsmäßige Verarbeitung hin überprüfen zu lassen«. Darüber hinaus wird erklärt, dass SAP zum Zweck der Steigerung der Softwarequalität und der Kundenzufriedenheit ausgewählte Bereiche der SAP-Softwarekomponenten sporadisch (nach Abwägung der Neuerungen innerhalb eines Releasestandes) prüfen und testieren lässt. Die bestehenden Prüfberichte kann SAP den Kunden zugänglich machen.

Kriterien für Softwarezertifizierung

Bezüglich der Kriterien für die Beurteilung der Ordnungsmäßigkeit von Software wird in diesem Hinweis auf deutsche Normen verwiesen (siehe Abschnitt 3.1.1, »IKS-Grundsätze im SAP-ERP-Umfeld: Von GoB zu GoBS und GoBD«). Dabei handelt es sich insbesondere um:

- handelsrechtliche Vorschriften (HGB)
- steuerrechtliche Vorschriften (AO, GoBS, GoBD)
- Verlautbarungen des Instituts der Wirtschaftsprüfer (IDW PS 330, RS FAIT1, RS FAIT2)

Auf der Grundlage der genannten Vorschriften erfolgt die Beurteilung von Software durch Wirtschaftsprüfer (in der Regel durch eine der Big-Four-

Wirtschaftsprüfungsgesellschaften) oder durch Ämter wie das BSI (Bundesamt für Sicherheit in der Informationstechnik). Außerdem wird das Ergebnisdokument nach IDW PS 880 erstellt.

In diesem Hinweis findet sich auch die Bemerkung, dass diese Form der Beurteilung aufgrund der vorhandenen berufsrechtlichen Vorgaben weltweit nur in Deutschland möglich ist.

Trotzdem hat ein in Deutschland erstelltes Testat auch internationale Bedeutung, zumal die grundlegenden Beurteilungsprinzipien überwiegend den Grundsätzen ordnungsmäßiger Buchführung entspringen, deren Inhalte weltweit oft deckungsgleich sind.

4.1.2 Zertifizierungsberichte

Certificate Center von SAP

SAP-Hinweis 671016 können Sie zudem entnehmen, wo die aktuellen Testate zu finden sind. Kunden und Partner können unter dem Link *http://service.sap.com/certificates* auf diese zugreifen. Es gab Änderungen auf dem SAP-Portal, sodass aktuell Zertifikate im Certificate Center zu finden sind. Dabei gibt es mehrere Bereiche, in denen Zertifizierungsberichte zu finden sind. Die Zertifizierungstestate zu den gesetzlichen Anforderungen sind im Bereich **Legal and Financial Reports** zu finden (siehe Abbildung 4.1).

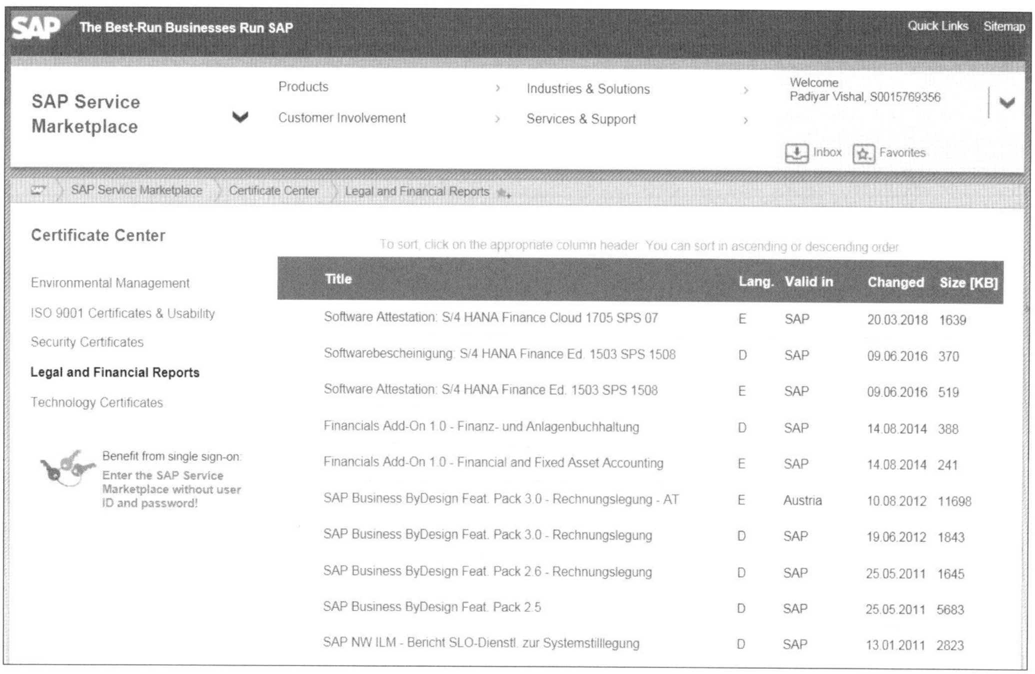

Abbildung 4.1 SAP-Zertifizierungsberichte

USA: Core-Financial-Systems-Anforderungen

Zu den Zertifikaten, die nicht nach deutschen Regularien erstellt wurden, gehört das für mySAP ERP 2005 erteilte *Certificate of Compliance*, nach dem dieses Produkt den Core-Financial-Systems-Grundsätzen entspricht. Die Zertifizierung wurde vom *Financial Systems Integration Office* durchgeführt, einer staatlichen Agentur in den USA. Die Aufgabe dieser Agentur besteht in der Attestierung von Softwareprodukten aus dem Bereich Finanzen. Die attestierten Softwarelösungen erhalten eine Erlaubnis, in den USA bei staatlichen Einrichtungen, Agenturen und bei der Staatsregierung selbst eingesetzt zu werden.

Zertifikate: jetzt auch für Cloud!

Die Mehrheit der dem Bereich **Legal Requirements** entspringenden Softwarezertifikate ist auf der Grundlage des deutschen Prüfungsstandards *IDW PS 880* erstellt. Die aktuellen Prüfberichte betreffen

- SAP S/4HANA Finance Edition 1503 SPS 1508 (Januar 2016)
- SAP S/4HANA Finance Cloud 1705 SPS 07 (Dezember 2017)

Beide Reports beziehen sich auf die Ordnungsmäßigkeit der Komponenten FI-GL (General Ledger Accounting = Hauptbuch), FI-AP (Accounts Payable = Kreditorenbuchhaltung), FI-AR (Accounts Receivable = Debitorenbuchhaltung), FI-AA (Asset Accounting = Anlagenbuchhaltung) unter Einsatz des neuen Hauptbuchs (New General Ledger).

GoBS und GDPdU

Die Beurteilungskriterien betreffen die Bereiche GoBS und GDPdU. GDPdU steht für *Grundsätze zum Datenzugriff und zur Prüfbarkeit digitaler Unterlagen* und bezeichnet die deutsche Rechtsnorm, die die Interessen der Steuerbehörden vertritt. Die Abdeckung von rechnungswesensrelevanten Bewertungsanforderungen bezog sich ausschließlich auf das deutsche Handels- und Steuerrecht. Im Einzelnen handelt es sich dabei um Folgendes:

- handelsrechtliche Vorschriften, insbesondere §§ 238 ff. HGB
- steuerrechtliche Vorschriften, insbesondere §§ 140–148 ff. AO
- IDW-Stellungnahme zur Rechnungslegung »Grundsätze ordnungsmäßiger Buchführung bei Einsatz von Informationstechnologie« (IDW RS FAIT 1 vom 24. September 2002)
- Grundsätze zur ordnungsmäßigen Führung und Aufbewahrung von Büchern, Aufzeichnungen und Unterlagen in elektronischer Form sowie Datenzugriff (GoBD) vom 14 November 2014.

Konformität bei sachgerechter Anwendung

Für die Einzelheiten, insbesondere bezüglich des Ausschlusses von bestimmten Funktionen aus dem Prüfungs- bzw. Zertifizierungsumfang, verweisen wir Sie auf das Original des Prüfberichts. Die Gesamtaussage des Testats ist die Bestätigung der Konformität des Softwareproduktes mit den genannten Anforderungen – unter dem Vorbehalt einer sachgerechten Anwendung dieses Softwareproduktes. Somit kann man auf die Stimmigkeit der allgemeingültigen Abläufe innerhalb einer Software schließen, die weitgehend releaseunabhängig sind.

Die Erwähnung der »sachgerechten Anwendung« bestätigt die Wichtigkeit konfigurativer Applikationskontrollen in SAP ERP. SAP als tabellengesteuerte Applikation beinhaltet eine breite Palette an Gestaltungsmöglichkeiten und Optionen, die wichtige Kontrollfunktionen übernehmen. Eines der Hauptziele, die dieses Buch verfolgt, ist es, Ihnen die wichtigsten compliancerelevanten Applikationskontrollen im SAP-System vorzustellen (siehe Teil II, »Vom Konzept zum Inhalt: Kontrollen in SAP ERP«).

Sicherheitsbezogene Zertifizierung der SAP-Produkte

Außer den genannten Zertifikaten, die eine funktionale Seite von SAP-Produkten abdecken (Schwerpunkt: Applikationskontrollen), gibt es Gutachten, die sich ausschließlich auf die Sicherheit von SAP-Applikationen beziehen. Diese sind online im SAP Support Portal für SAP-Kunden und -Partner zugänglich.

Bei den älteren Zertifikaten handelt sich unter anderem um das Sicherheitszertifikat, das vom *Bundesamt für Sicherheit in der Informationstechnik* (*BSI*) ausgestellt wurde. Dieses Zertifikat bezieht sich auf die mySAP.com-Komponente des R/3-Systems, Release 4.0b, die nach folgenden Kriterien bewertet wurde:

- Information Technology Security Evaluation Criteria (ITSEC) V.2.1
- IT Security Evaluation Manual (ITSEM) V.1.0

Der Gegenstand der Bewertung waren SAP-Transaktionen und RFC-Funktionsgruppen (RFC = Remote Function Call); bewertet wurde nach der Evaluationsstufe E2, und die bescheinigte Mindeststärke der relevanten Sicherheitsmechanismen ist »mittel«. Die Einzelheiten können dem Zertifizierungsreport entnommen werden. Dieses Zertifikat wird in folgenden Ländern von vergleichbaren Ämtern anerkannt: Deutschland, Finnland, Frankreich, UK, Italien, Niederlande, Norwegen, Portugal, Schweden, Schweiz und Spanien.

Außerdem sind neue sicherheitsrelevante Zertifizierungen unter der bereits erwähnten Adresse *http://service.sap.com/certificates* im Bereich **Security Certificates** zu finden. Dabei handelt es sich unter anderem um ISO 27001, ISO 9001 und andere Zertifizierungen.

Neue Zertifizierung mit DSGVO-Relevanz

Im Hinblick auf die in erweiterter Form am 25. Mai 2018 in Kraft getretenen Bestimmungen der *EU-Datenschutz-Grundverordnung* (*DSGVO*) ist das in Abbildung 4.2 gezeigte BSI-Zertifikat hervorzuheben.

Es handelt sich um eine Bescheinigung der Konformität mit dem *BS (British Standard) 10012:2009* bezüglich der Implementierung von Personal-Information-Management-Systemen durch SAP. Dieser Standard wurde ursprünglich von der britischen Regierung eingeführt, um die Beurteilung des Schutzes von sensitiven, personenbezogenen Daten zu ermöglichen, die von UK-Firmen gespeichert und verarbeitet werden. Die letzte Änderung dieses Zertifikats ist auf den 21.11.2016. datiert.

bsi.

Certificate of Registration

Personal Information Management System – BS 10012:2009

This is to certify that	SAP SE Dietmar-Hopp-Allee 16 69190 Walldorf Germany and SAP Deutschland SE & Co. KG Hasso-Plattner-Ring 7 69190 Walldorf Germany
Holds certificate No.:	DPMS 590244

has implemented and is operating a Data Protection Management System in accordance to BS 10012:2009. For the following scope "EU Access Service from SAP"® is in use to ensure separation of EU customer data storage and access:

Digital Business Services:	Product Support Cloud Support Centers of Expertise Enterprise Support & Premium Engagements Global Consulting Delivery
Products & Innovation:	Maintenance Support Software Development Cloud Operations

Abbildung 4.2 BS 10012:2009: Zertifikat für SAP

4.2 Compliancerelevante Leitfäden

Sich in einem Wust aus offiziellen Online-Informationsquellen zum Thema *Compliance* im SAP-Umfeld zurechtzufinden ist nicht einfach. In Abschnitt 4.2.1, »SAP-Online-Ressourcen«, gehen wir daher auf die wichtigsten Quellen ein, die auf eine Vielzahl von Dokumenten verweisen.

SAP SE hat sowohl eigenständig als auch in der Rolle eines Koautors bei der DSAG e. V. (Deutschsprachige SAP-Anwendergruppe) in einigen Publikationen diverse compliancerelevante Themen beleuchtet. Von praktischer Bedeutung sind vor allem drei Publikationen (siehe Abschnitt 4.2.5, »DSAG-Leitfäden: Prüfleitfaden, Datenschutzleitfaden«).

Auf den SAP-Webseiten werden nur Themen rund um generelle IT-Kontrollen (IT General Controls, ITGC) wie Sicherheit, Zugriffsschutz und Change Management behandelt.

4.2.1 SAP-Online-Ressourcen

help.sap.com

Im Internet sind einige Informationsquellen und Dokumente zum Thema Sicherheit von SAP-Systemen zu finden. Die allgemein zugänglichen Informationen sind dem offiziellen SAP Help Portal zu entnehmen (unter *http://help.sap.com/*). Für jede Softwarelösung von SAP gibt es einen Satz an Leitfäden, unter anderem den **Security Guide**.

Security – Themen auf der SAP-Website

Im frei zugänglichen Bereich des Internetauftritts von SAP (*https://www.sap.com/corporate/en/company/security.html*) gibt es neben den beiden relevanten Bereichen **Corporate Security Themen** und **Security Products** diverse Hot Topics, sowie weiterführende Links im Bereich **Data Protection and Privacy**.

SAP-Hinweise zum Thema Sicherheit

Eine weitere praxisbezogene Informationsquelle sind SAP-Hinweise. Einer SAP-Applikationskomponente zugeordnet, beschreiben diese SAP-Hinweise die Handhabung bestimmter Sicherheitsaspekte in SAP-Produkten oder enthalten Informationen über sicherheitsrelevante Änderungen in diesen Produkten aufgrund von Release- und sonstigen Änderungen.

[«]

Wichtige Webseiten zum Thema Sicherheit

Unter dem Link *https://support.sap.com/securitynotes* sind wichtige SAP-Hinweise zu finden. Außerdem gibt es hier weiterführende Links zu SAP Security Community, Security Whitepapers etc.

4.2.2 SAP-Hinweise zur Behebung der Sicherheitsrisiken

Obwohl SAP erheblich in sicheren Code investiert, besteht immer noch die Notwendigkeit, auch bereits veröffentlichte Produkte wegen neuer Fehler oder neuer Angriffsmuster zu korrigieren. Die Sicherheitserhaltung von installierter SAP-Software ist daher wichtig, um auch vor neuen Arten von Angriffen oder neu identifizierten, potenziellen Schwachstellen kontinuierlich zu schützen.

Auf der Grundlage von Rückmeldungen von Kunden, Partnern und SAP-Benutzergruppen hat SAP einen regelmäßigen *SAP Security Patch Day* eingeführt, der für den zweiten Dienstag jeden Monats geplant ist und der mit dem Security Patch Day anderer großer Softwareanbieter synchronisiert wird. Zu diesen Patch-Tagen veröffentlicht SAP Softwarekorrekturen als

Hinweise, die sich ausschließlich auf die Sicherheit konzentrieren, um sich vor möglichen Schwachstellen oder Angriffen zu schützen. Die Empfehlung lautet, diese Korrekturen so schnell wie möglich umzusetzen. Zur Identifizierung, Auswahl und Implementierung dieser Korrekturen stehen mehrere Tools zur Verfügung.

Mit der Funktion *System Recommendations* im SAP Solution Manager kann man alle relevanten Hinweise und Patches für die ausgewählten Systeme prüfen und alle Systeme einfach auf dem neuesten Stand halten. Weitere Informationen finden Sie unter *https://support.sap.com/en/solution-manager/processes-72/system-recommendations.html*

4.2.3 SAP Security Whitepapers

Um Kunden zu helfen, die Sicherheit ihrer SAP-Systeme zu erhöhen, hat SAP eine Reihe von Dokumenten unter dem Titel »Security Whitepapers« gestartet; zu finden sind diese unter *https://support.sap.com/en/security-whitepapers.html*. Ziel dieser Serie ist es, prägnante, leicht verständliche und einfach zu implementierende Informationen zur Verbesserung der Sicherheit von IT-Systemen zur Verfügung zu stellen. Die Whitepapers dieser Serie behandeln verschiedene Aspekte der Sicherheit, einschließlich Empfehlungen für die Systemkonfiguration sowie Anleitungen und Unterstützung für die Implementierung von SAP-Sicherheitsfixes. Jedes Whitepaper der Serie konzentriert sich auf einen bestimmten Aspekt.

In Tabelle 4.1 finden Sie eine Auflistung der SAP Whitepapers, die während der Vorbereitung der 3. Auflage dieses Buches verfügbar waren:

Titel	Erscheinungsdatum
SAP HANA 2.0 SPS03 Security Whitepaper	Mai 2018
SAP Cloud Platform Security: Trust Matters	Mai 2017
SAP's Standards, Processes, and Guidelines for Protecting Data and Information	August 2016
SAP HANA SP12 Security Whitepaper	Mai 2016
The Secure Software Development Lifecycle at SAP	März 2016
Managing Security with SAP Solution Manager	Juni 2015
SAP Security Recommendations: Securing Remote Function Calls (RFC)	November 2014

Tabelle 4.1 SAP Security Whitepapers

Titel	Erscheinungsdatum
Security Services von SAP Active Global Support	Juni 2012
Sicheres Cloud Computing mit SAP	Februar 2012
Secure Configuration of SAP NetWeaver Application Server Using ABAP	Januar 2012
Protecting SAP Applications Against Common Attacks	November 2011

Tabelle 4.1 SAP Security Whitepapers (Forts.)

4.2.4 SAP Secure Operations Map

SAP Secure Operations Map ist ein Referenzmodell zur Strukturierung der doch recht breiten Sicherheitsthematik im SAP-Umfeld. Es konzentriert sich auf die Sicherheitsaspekte des Betriebs, das heißt auf all die Themen und Aufgaben, die ein Kunde oder ein Dienstleister berücksichtigen muss, um SAP-Systeme und -Landschaften auf sichere Weise warten und betreiben zu können.

SAP Secure Operations Map (siehe Abbildung 4.3) strukturiert das gesamte Thema des sicheren Betriebs in fünf Bereiche, die wiederum in 16 Spuren unterteilt werden. Jede dieser Spuren gibt einen Überblick über das jeweilige Thema und insbesondere über die für den sicheren Betrieb wichtigen Aktivitäten.

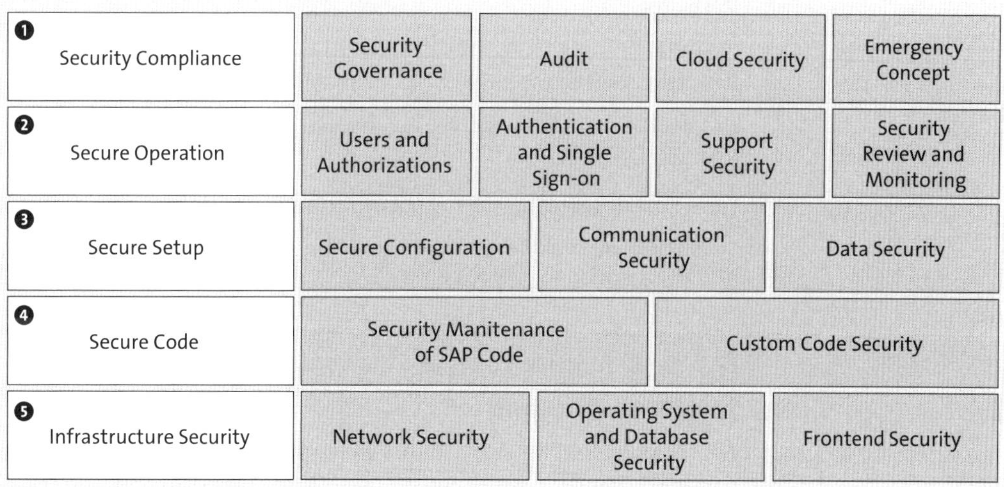

Abbildung 4.3 SAP Secure Operations Map

❶ **Security Compliance**

- *Sicherheitssteuerung*: Verabschiedung von Sicherheitsrichtlinien für die SAP-Landschaft eines Unternehmens, Erstellung und Implementierung einer SAP-Sicherheitsgrundlinie
- *Audit*: Sicherstellung und Überprüfung der Übereinstimmung der IT-Infrastruktur und des Betriebs eines Unternehmens mit internen und externen Richtlinien
- *Cloud-Sicherheit*: Gewährleistung eines sicheren Betriebs in Cloud- und Outsourcing-Szenarien
- *Notfallkonzept*: Vorbereitung und Reaktion auf Notfallsituationen

❷ **Sicherer Betrieb**

- *Benutzer und Berechtigungen*: Verwaltung der IT-Benutzer und -Berechtigungen einschließlich spezieller Benutzer wie Administratoren
- *Authentifizierung und Single Sign-on*: ordnungsgemäße Authentifizierung der Benutzer, aber nur so oft, wie wirklich erforderlich
- *Sicherheit im Support*: die Lösung von Softwarevorfällen auf sichere Weise
- *Nachprüfung und Monitoring*: regelmäßige Überprüfung und Überwachung der Sicherheit der SAP-Systeme

❸ **Sichere Einrichtung**

- *Sichere Konfiguration*: Einrichten und Verwalten einer sicheren Konfiguration von Standard- und benutzerdefinierten Geschäftsanwendungen
- *Kommunikationssicherheit*: Verwendung der in der SAP-Software verfügbaren Maßnahmen zur Kommunikationssicherheit
- *Datensicherheit*: Sicherung kritischer Daten über den reinen Berechtigungsschutz hinaus

❹ **Sichere Entwicklung bzw. Programmierung**

- *Sichere Pflege des SAP-Codes*: Einrichtung eines wirksamen Prozesses zur Aufrechterhaltung der Sicherheit des von SAP gelieferten Codes
- *Sicherheit des benutzerdefinierten Codes*: Entwicklung des sicheren, benutzerdefinierten Codes und die Bewahrung seiner Sicherheit

❺ **Sicherheit der Infrastruktur**

- *Netzwerksicherheit*: Sicherstellung einer Netzwerkumgebung, die die SAP-Anforderungen abdeckt
- *Betriebssystem- und Datenbanksicherheit*: Abdeckung der SAP-Anforderungen auf Betriebssystem- und DB-Ebene

- *Sicherheit des Frontends*: angemessene Sicherheit am Frontend, einschließlich der Workstations und mobilen Geräte

Das Ziel von SAP Secure Operations Map ist es, den Leser mit Aktivitäten vertraut zu machen, die für den sicheren Betrieb von SAP-Lösungen wichtig sind. Ein solcher Ansatz hilft, die Frage, was man tun muss, um die Sicherheit zu verwalten, pragmatisch zu beantworten. Gleichzeitig kann SAP Secure Operations Map als Stütze zur Gestaltung bzw. Strukturierung von Risikomanagement- und IKS-Rahmenwerken betrachtet werden – als SAP-spezifische Ergänzung von allgemeinbekannten Referenzmodellen wie COSO und COBIT im Bereich ITGC.

4.2.5 DSAG-Leitfäden: Prüfleitfaden, Datenschutzleitfaden

Die Publikationen der DSAG, auf die wir in diesem Abschnitt eingehen, sind in Zusammenarbeit mit der SAP AG erstellt worden und sowohl auf der Webseite der DSAG als auch im SAP Service Marketplace zu finden (siehe Abschnitt 4.2.1, »SAP-Online-Ressourcen«). Relevant im Sinne dieses Buches sind vor allem folgende Leitfäden:

- Prüfleitfaden SAP ERP 6.0
- Leitfaden Datenschutz SAP ERP 6.0

Beide Publikationen sind als Empfehlungen zu verstehen und sollen den Interessenten Anhaltspunkte geben. Sie sind nicht als verbindliche Richtlinie oder Norm zu betrachten – trotzdem soll die hohe Qualität und Kompetenz dieser Publikationen betont werden, die auch durch die hohe Akzeptanz der Leitfäden in der Praxis (unter anderem bei den Big-Four-Wirtschaftsprüfungsgesellschaften) bestätigt wurde.

Prüfleitfaden SAP ERP 6.0

Der Prüfleitfaden SAP ERP 6.0 wurde von der Arbeitsgruppe »Audit Roadmap« erstellt und besteht aus zwei Teilen:

- **Basisteil**
  Hier werden ITGC und prozessübergreifende Applikationskontrollen aus IKS-Gesichtspunkten beleuchtet.
- **Betriebswirtschaftlicher Teil**
  Hier werden prozess- bzw. komponentenbezogene Applikationskontrollen (sowie die Vorgehensweise für deren Prüfung) für FI (Financials = Finanzwesen), MM (Materials Management = Materialwirtschaft), CO (Controlling = Kostenrechnung) und SD (Sales and Distribution = Vertrieb) beschrieben.

Datenschutzleitfaden SAP ERP 6.0

Dem Datenschutzleitfaden SAP ERP 6.0 liegt das *Bundesdatenschutzgesetz* (*BDSG*) zugrunde, in dem die Handhabung personenbezogener Daten geregelt wird. Im Fokus dieses Leitfadens steht die SAP-Komponente *SAP ERP Human Capital Management* (*SAP ERP HCM*); früher Human Resources, HR. Die behandelten Kontrollmechanismen betreffen vor allem die Sicherheit und die prozessübergreifenden Applikationskontrollen, die auch im Compliance-Kontext dieses Buches relevant sind.

4.2.6 SAP Security Optimization Services Portfolio

SAP bietet seinen Kunden verschiedene Dienste und Werkzeuge zur Verbesserung der Sicherheit von SAP-Anwendungen an. Informationen zu SAP Security Optimization Services Portfolio finden Sie auf dieser Website: *https://support.sap.com/en/offerings-programs/support-services/security-optimization-services-portfolio.html*

Im Folgenden finden Sie die wichtigsten Sicherheitswerkzeuge und -dienste:

- SAP EarlyWatch Alert – Sicherheitskapitel
- Security Optimization Service (SOS)
- Configuration Validation im SAP Solution Manager
- SAP-Sicherheitshinweise

SAP EarlyWatch Alert – Sicherheitskapitel

SAP EarlyWatch Alert ist ein Tool, das die wesentlichen administrativen Bereiche von SAP-Komponenten überwacht und die Kunden über deren Leistungsfähigkeit und Stabilität auf dem Laufenden hält. SAP EarlyWatch Alert wird automatisch ausgeführt, damit Unternehmen proaktiv auf Probleme reagieren können, bevor diese kritisch werden.

SAP-EarlyWatch-Alert-Report

Der SAP-EarlyWatch-Alert-Report enthält ausgewählte Informationen zu kritischen Sicherheitsbeobachtungen für:

- den SAP NetWeaver Application Server ABAP
- den SAP NetWeaver Application Server Java
- SAP HANA

SAP-Hinweise 863362 und 888889

SAP-Hinweis 863362 beschreibt die Sicherheitsüberprüfungen im SAP EarlyWatch Alert. In diesem Zusammenhang ist auch SAP-Hinweis 888889 zu empfehlen (RSECNOTE-Tool) Weitere Informationen finden Sie unter *https://support.sap.com/en/offerings-programs/support-services/earlywatch-alert.html*

Security Optimization Service (SOS)

Der Security Optimization Service wurde entwickelt, um die Sicherheit der SAP-Systeme zu verifizieren und zu verbessern, indem potenzielle Sicherheitsprobleme identifiziert und Empfehlungen dazu gegeben werden, wie die Sicherheit des Systems verbessert werden kann.

Ziele des SAP Security Optimization Service sind:

- Verringern des Risikos eines Systemeinbruchs
- Gewährleisten der Vertraulichkeit von Geschäftsdaten
- Sicherstellen der Authentizität des Benutzers
- erhebliche Reduzierung des Risikos von kostspieligen Ausfallzeiten, verursacht durch falsche Benutzerinteraktion

Self-Service, Remote-Service oder Vor-Ort-Service

Der Security Optimization Service kann entweder als Guided Self-Service (GSS), als Remote-Service oder als Vor-Ort-Service angeboten werden. Weitere Informationen finden Sie unter *https://support.sap.com/de/offerings-programs/support-services/security-optimization-services-portfolio.html*

[«]

SAP-Hinweise zur SAP Security Optimization

Die relevanten SAP-Hinweise sind wie folgt:

- SAP-Hinweis 696478 (SAP Security Optimization: Preparation & Additional Info)
- SAP-Hinweis 1484124 (Guided Security Optimization Self Service – Prerequisites)

Configuration Validation im SAP Solution Manager

Mit der Configuration Validation im SAP Solution Manager bietet SAP ein Werkzeug zur Validierung verschiedener Arten von Softwarekonfigurationselementen. Dies hilft bei der Standardisierung und Harmonisierung von Konfigurationselementen innerhalb des ABAP- und Java-World-Cross-Systems unter Verwendung eines einzigen Configuration Item Repositorys im SAP Solution Manager. Die Idee hinter der Konfigurationsvalidierung ist es, Folgendes zu überprüfen:

- ob sich alle Systeme auf einer bestimmten Betriebssystemebene oder DB-Ebene befinden
- ob die Template-Konfiguration (SAP- oder DB-Parameter) auf alle Systeme angewendet wird
- ob es keinen Kernel auf allen Systemen gibt, der älter als sechs Monate ist

- ob Sicherheitsrichtlinieneinstellungen angewendet werden und Sicherheitsstandards vorhanden sind
- ob bestimmte Transporte in den Systemen angekommen sind

Weitere Informationen zur Configuration Validation finden Sie unter *https://wiki.scn.sap.com/wiki/display/TechOps/ConfVal_Home*

4.3 SAP-Lösungen für Governance, Risk and Compliance (GRC)

Die drei Buchstaben GRC (Governance, Risk and Compliance) haben sich im Wortschatz der Führungsetagen und auf der CFO-Agenda fest etabliert. Wenn früher aber Compliance und die damit zusammenhängenden Anforderungen an ein IKS wie US-SOX etc. meist isoliert betrachtet wurden, spricht man heutzutage von einem integrierten GRC-Ansatz: Das sieht man sowohl an der Entwicklung von theoretischen Rahmenkonzepten als auch bei den GRC-Softwarelösungen.

Doch wie schafft man den Spagat zwischen Theorie und deren softwaregestützter Umsetzung? Was bietet SAP hier an? Und was erreicht man durch Effizienz bei der Automatisierung der GRC-Prozesse, basierend auf den SAP-Lösungen für GRC? In diesem Abschnitt gehen wir anhand einer einfachen Struktur auf die wichtigsten Punkte ein.

4.3.1 Übersicht über die GRC-Lösungen von SAP

Die SAP-GRC-Produktfamilie ist in den letzten Jahren vor allem vor dem Hintergrund der Entwicklung von SAP HANA stark gewachsen.

SAP GRC Suite

Die ältesten SAP-GRC-Tools (aktuell in Release 12.0) umfassen:

- SAP Access Control
- SAP Process Control
- SAP Risk Management

[»]

SAP-HANA-Option für die SAP GRC Suite

Ab Release 10.1 kann die SAP GRC Suite mit der SAP-HANA-Datenbank betrieben werden. Außerdem bringt die (ebenfalls neue) Integrierbarkeit der GRC Suite 10.1 mit SAP HANA (zum Beispiel Views im Continuous (Controls) Monitoring) einige funktionale Vorteile mit sich. Lesen Sie hierzu mehr in Abschnitt 20.3.1, »SAP GRC mit Geschäftsanwendungen verbinden«.

SAP Assurance and Compliance: Softwarelösungen

Zusätzlich stehen die folgenden Lösungen aus dem Bereich *SAP Assurance und Compliance* zur Verfügung:

- SAP Audit Management
- SAP Business Integrity Screening
- SAP Business Partner Screening
- SAP Tax Compliance

Die letzten drei Lösungen haben historisch und technisch gemeinsame Wurzeln und zielen allesamt auf leistungsstarke Data Analytics ab. Außerdem ist eine neue Lösung SAP Enterprise Threat Detection entwickelt worden, die auf Aufdeckung und Prävention von Security- und Cyber-Risiken in Geschäftsanwendungen ausgerichtet ist. Tabelle 4.5 zeigt einen Überblick über die SAP-GRC-Lösungen. Im Block SAP-Lösungen für GRC finden Sie zwei unterschiedliche Bereiche:

- **SAP GRC Suite**
  Die hier genannten Softwarekomponenten SAP Access Control, SAP Process Control und SAP Risk Management decken die folgenden Aufgabengebiete ab: IKS, (Op)Risk, Richtlinien und Verlustmanagement, IKS-konforme Benutzer- und Berechtigungsverwaltung.
- **SAP Assurance and Compliance Software**
  Hier sind die neuen SAP-HANA-basierten Lösungen eingeordnet, die mit der SAP GRC Suite integriert sind.

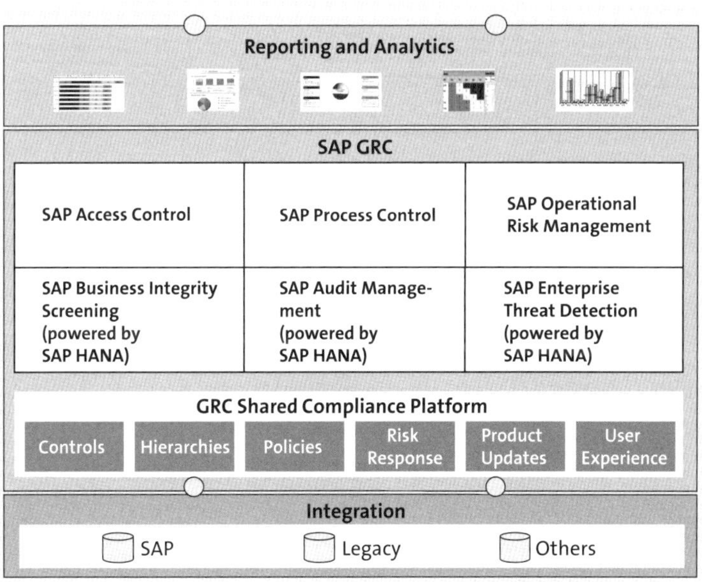

Abbildung 4.4 Übersicht der SAP-GRC-Lösungen (Quelle: SAP)

In Abbildung 4.5 finden Sie eine Übersicht über die derzeit verfügbaren Komponenten innerhalb der SAP GRC Suite, die eng miteinander verzahnt sind. Vereinfach dargestellt, wird hier die Tatsache unterstrichen, dass die Lösungen durch die Verwendung geneinsamer Stammdaten, Workflows, Benutzeroberfläche etc. einen integrierten Ansatz in SAP GRC unterstützen.

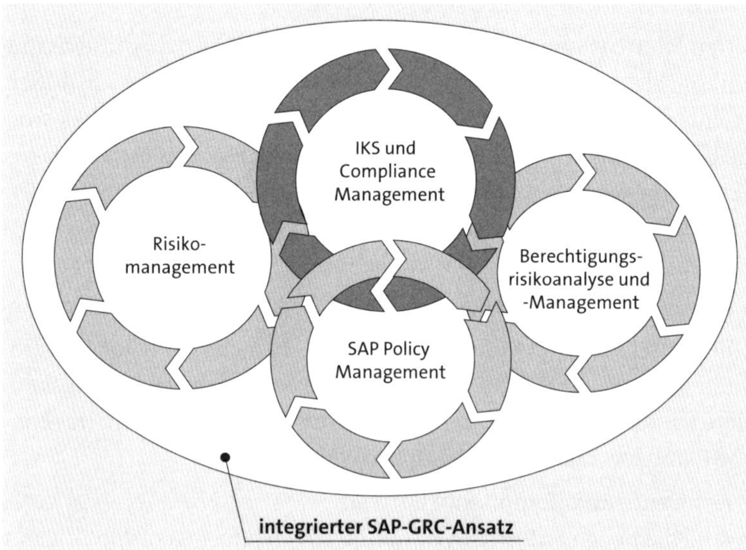

Abbildung 4.5 Integrierter GRC-Ansatz (Quelle: Chuprunov, CFO World)

Sicherlich ist Ihnen aufgefallen, dass Abbildung 4.5 eine weitere Lösung enthält: SAP Policy Management.

[»]

SAP Policy Management (Richtlinienverwaltung)

Aus Prozesssicht lässt sich die Komponente SAP Policy Management in eine eigenständige Komponente ausgliedern, auch wenn diese lizenztechnisch ein Bestandteil von SAP Process Control (Komponente innerhalb der SAP GRC Suite) ist.

Mehr zu den einzelnen SAP-GRC-internen Integrationsszenarien finden Sie in den nachfolgenden Kapiteln zu jeder einzelnen SAP-GRC-Komponente.

Weiter Details zu den internen und externen Integrationsoptionen, die die SAP GRC Suite bietet, können Sie Abbildung 4.6 entnehmen.

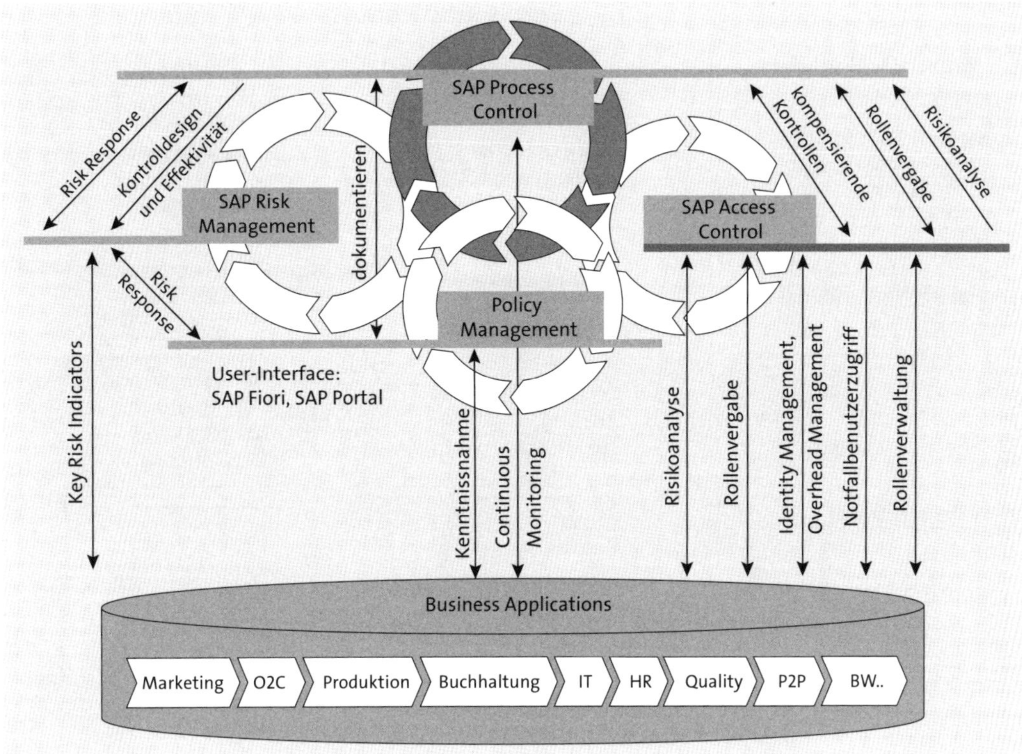

Abbildung 4.6 Integrationsszenarien in der SAP GRC Suite, vereinfachte Darstellung

Die Integrationsszenarien, die sich in Abbildung 4.6 hinter dem Begriff *Continuous Monitoring* verbergen, werden ausführlich in Kapitel 20, »Umsetzung von automatisierten Test- und Monitoring-Szenarien«, beschrieben.

Während die obige Darstellung die wichtigsten internen und externen Integrationsszenarien der SAP GRC Suite zusammenfasst, möchten wir in Abbildung 4.7 den Fokus von GRC-Lösungen auf die externe Integration richten. Es handelt sich um die Möglichkeit auf diverse Daten in Geschäftsanwendungen zugreifen zu können, um GRC-Aufgaben automatisiert, das heißt ohne oder unter einer reduzierten Einbeziehung von Endanwendern abwickeln zu können.

Detection Methods and Strategys umfassen die wichtigsten Elemente in neuen SAP-HANA-basierten Lösungen erwähnt, die in Abschnitt 4.3.7 näher erläutert werden.

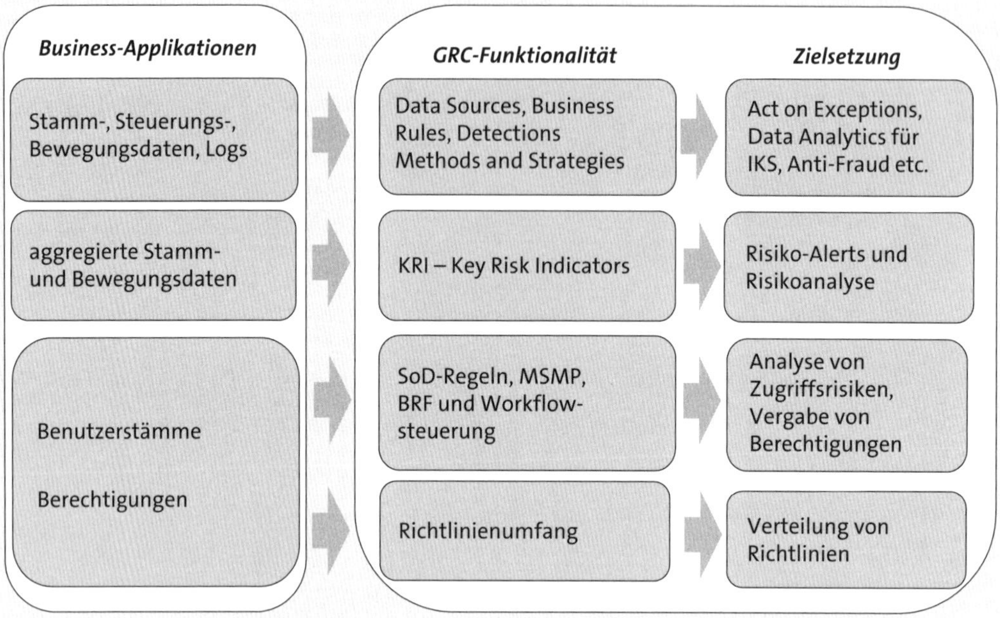

Abbildung 4.7 Übersicht externer Integrationsszenarien in SAP-GRC-Lösungen (Quelle: Chuprunov, »GRC im Dienste der Betrugs- und Korruptionsbekämpfung«)

Was bedeutet es, die GRC-Prozesse zu automatisieren? Beginnen wir mit dem IKS – dem GRC-Bestandteil, der Ihnen sicherlich vertraut ist.

4.3.2 SAP Process Control

Die Bezeichnung der Lösung mag auf den ersten Blick etwas irreführend wirken, denn deren Hauptziel ist die Automatisierung von IKS, integriert mit Risikomanagement und (optional) mit Geschäftsanwendungen. Historisch gesehen, ist SAP Process Control als SOX-Management-Tool der nicht mehr unterstützten Lösung SAP Management of Internal Controls erwachsen. Im Laufe der Zeit kamen immer mehr Sichten auf den Bereich IKS-Compliance dazu, die in SAP Process Control via Multiple Compliance Framework abgebildet werden konnte. Diesem Trend entsprechend wurde die Komponente ihrem Namen immer gerechter, da immer mehr Geschäftsprozesse für IKS relevant wurden.

Am besten lässt sich das Konzept der IKS-Automatisierung erklären, wenn man zwei Sichten abstrahiert, die es in einer softwaregestützten Lösung zusammenzuführen gilt: die inhaltliche Sicht (Content oder IKS-Rahmenwerk) und die Prozesssicht. Eine detaillierte Erläuterung dieses Konzepts können Sie Kapitel 18, »IKS-Automatisierung: Wie bringt man den COSO-Cube ins Rollen?«, entnehmen.

SAP Process Control beinhaltet alle Dokumentationselemente eines IKS-Rahmenwerks (Prozesse, Risiken, Kontrollen, Sachkonten etc.), die oft zusammenfassend als Risiko- und Kontrollmatrix genannt werden.

Effizienztreiber bei der IKS-Dokumentation

Aus der fachlichen Sicht bedeutet die Content-Automatisierung in erster Linie die Verringerung des Verwaltungsaufwands seitens der IKS- und complianceverantwortlichen Personen. Weitere Details finden Sie in Abschnitt 19.4.1, »IKS-Dokumentationsprozess«. Eine höhere Effizienz wird dank einer einheitlichen Struktur und wiederverwendbarer Elemente erreicht, wie zum Beispiel folgender:

- zentralisierte Dokumentationsvorlagen
- parallele Verwendung mehrerer IKS-Dimensionen, beispielsweise für IKS-Compliance, Datenschutz und operationelle Kontrollen
- Abbildung von Shared-Services-Strukturen
- Referenzierungsfunktion

Keine Kontrollen ohne Risiken

Eine sehr wichtige Rolle kommt bei der IKS-Dokumentation dem risikoorientierten Ansatz zu. Für den Dokumentationsprozess bedeutet es, dass Kontrollen als Gegenmaßnahmen mit Risiken verlinkt bzw. aus Risiken ableitend definiert werden können (siehe Abschnitt 19.3.2, »IKS-Datenmodell in SAP Process Control«). Schließlich existieren Kontrollen nicht als Selbstzweck, sondern sind primär dazu da, Risiken zu minimieren.

Des Weiteren ergeben sich durch die Automatisierung Vorteile für einen berechtigungsgesteuerten Zugriff auf die einzelnen Elemente, für die Protokollierung von deren Änderungen sowie für die Verwendung der Elemente im Rahmen der Berichterstattung.

Aus der Prozesssicht geht es primär um verschieden Aktivitäten, die auf einzelne Elemente eines IKS-Frameworks angewendet werden (Umfragen, Tests, Bewertungen etc.), siehe Kapitel 18, »IKS-Automatisierung: Wie bringt man den COSO-Cube ins Rollen?«, sowie Abschnitt 19.4.3, »Planungsprozess, Tests und Bewertungen«. Zusammenfassend lassen sich diese Aktivitäten wie Abbildung 4.8 darstellen.

Die Hauptaktivitäten umfassen eine Vielzahl wiederkehrender, manueller IKS-Vorgänge. Dazu gehören die Bestätigung der Kontrolldurchführung, die Designbewertung, der Effektivitätstest, die Risikobewertung, Umfragen etc. Die Automatisierung der manuellen IKS-Vorgänge bedeutet vor allem deren einfache Handhabung, vorgegebene Abläufe sowie automatisierte Benachrichtigungen und Erinnerungen. Vor allem Workflows erlauben eine intuitive Bearbeitung einzelner Aufgaben. Dank Workflow wird das Hauptziel von IKS und Compliance Management erreicht: eine strukturierte und effiziente Informationsbeschaffung sowie die enge Zusammenarbeit mit den Fachabteilungen.

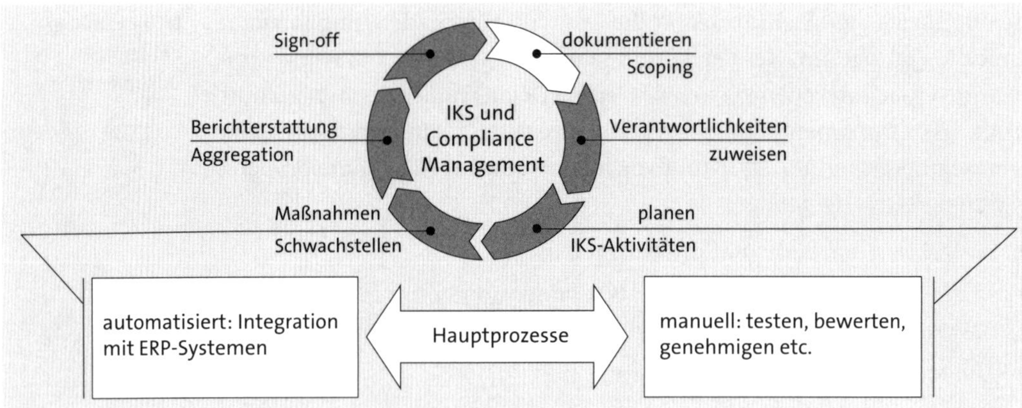

Abbildung 4.8 Vereinfachte Darstellung des IKS-Managementprozesses in SAP Process Control

Risiken als Optimierungsmaßstab für das IKS

Es gibt viele Möglichkeiten, wie Sie in SAP Process Control Workflow-Aktivitäten optimieren können. Eine Option ist die Gegenüberstellung von Aktivitätsanzahl und zu minimierenden Aktivitätsrisiken.

[»]

Scoping in SAP Process Control

Mithilfe von SAP Process Control können Sie IKS-Aktivitäten reduzieren, ohne dabei höhere Risiken eingehen zu müssen. Hierzu können Sie das sogenannte *Scoping* anwenden. Es werden wesentlichkeitsbasierte, risikobasierte und gemischte Scoping-Modelle angeboten (siehe hierzu Abschnitt 19.4.2, »Scoping-Prozess«).

Die Bearbeitung von Workflow-Aufgaben ist auch ohne Zugriff auf SAP GRC möglich – mithilfe von SAP Interactive Forms by Adobe, die per E-Mail verschickt werden können.

In SAP Process Control haben Sie die Möglichkeit, massenhaft IKS-Vorgänge zu planen. Dabei gibt es zwei Hauptpunkte:

- **Eine Auswahl der Organisationseinheiten**
  Bei Bedarf können sämtliche oder nach bestimmten Merkmalen ausgewählte Reporting Units selektiert werden.
- **Eine Auswahl der Prozesse, Kontrollen oder Risiken**
  Die Auswahl von Prozessen, Kontrollen oder Risiken sollte nach bestimmten Attributen erfolgen, wie zum Beispiel Risiko-Level, Kontrollkategorie, Vorgangshäufigkeit etc. Objekte können aber auch individuell ausgewählt werden.

Ein weiterer Vorteil der Prozessautomatisierung ist die elektronische Speicherung der Aktivitätsergebnisse. Dies ermöglicht eine schnelle Berichterstattung über den Stand der Compliance in Echtzeit. Andererseits erlaubt die Verwendung von Attachements die Erfüllung des Grundsatzes von *Paperless Compliance* und *Supporting Evidence*.

Continuous Monitoring

Einer der größten Mehrwerte wird im IKS-Prozess allerdings durch die automatisierten Test- und Überwachungsszenarien (*Continuous Monitoring Framework*, kurz CMF) erzielt. Dabei identifiziert das mit einer Business-Anwendung integrierte GRC-System automatisch Abweichungen vom Soll-Zustand, indem Stamm-, Bewegungs- und Steuerungsdaten sowie Änderungsprotokolle nach bestimmten Regeln ausgewertet werden. Das heißt also, dass GRC bei compliance- und fraudfokussierten Szenarien das IKS durch eine höhere Genauigkeit und die nahezu uneingeschränkte Kapazität, große Datenmengen auszuwerten, stärkt. Mehr zum Thema CMF finden Sie in Kapitel 20, »Umsetzung von automatisierten Test- und Monitoring-Szenarien«.

Bei dem auf Effizienz ausgerichteten Fokus können Szenarien auf direkte Einsparungen abzielen – etwa durch die Aufdeckung von Ineffizienzen (zum Beispiel »geliefert, aber nicht in Rechnung gestellt«) oder durch die Überwachung der Stammdatenqualität.

[«]

Vordefinierte CMF-Szenarien

SAP Process Control bietet über 100 vordefinierte CMF-Szenarien für SAP ERP. Es handelt sich dabei um Skripte aus dem älteren Release der Softwarelösung, die dennoch als Vorlage für die Implementierung im neuen CMF dienen können.

Zusammengefasst lassen sich die Hauptmerkmale eines automatisierten IKS-Managements wie in Tabelle 4.2 darstellen.

Inhalte	Prozesse
■ Verwendung zentraler Referenzkataloge und Vorlagen für die einzelnen Elemente eines IKS-Frameworks ■ mehrere Framework-Dimensionen (zum Beispiel US-SOX-Compliance, GxP, Wirtschaftlichkeit, GDPR, ISO 27001 etc.) ■ Shared-Services-Konzept	■ einfache und intuitive Informationsbeschaffung via Workflows ■ Continuous Compliance Monitoring (Wegfall manueller Auswertungen) ■ Paperless Compliance und Supporting Evidence ■ aktuelle Reports auf Knopfdruck (kein Konsolidierungsaufwand), vordefinierte Dashboards und flexible Gestaltung von kundenindividuellen Reports

Tabelle 4.2 Automatisiertes IKS-Management via SAP Process Control: Effizienztreiber

Mit Release 12.0 der SAP GRC Suite hat SAP einige Verbesserungen und Erweiterungen geliefert, einige davon sind nachstehend erwähnt.

Verbesserte Funktionalität in SAP Process Control 12.0

In Release 12.0 sind die folgenden Verbesserungen vorgenommen worden:

- CMF-Szenarien können ohne Verlinkung mit Kontrollen eingesetzt werden (Standalone-Modus für CMF).
- Verbesserungen bei CMF-Szenarien, die Änderungsbelege auswerten, insbesondere bei Filtereinstellungen
- Möglichkeit einer Funktionstrennungsanalyse für SAP-PC-Rollen, die auf der Ebene von IKS-Framework-Elementen (und nicht via SU01 im Backend) den Benutzern zugewiesen werden
- einige Verbesserungen und Erweiterungen bei IKS-Aktivitäten wie Effektivitätstest und Kontrolldurchführung
- optionale Nutzung einer Fiori-ähnlichen Benutzeroberfläche
- Umsetzung von ca. 25 weiteren Verbesserungsvorschlägen als Ergebnis der Customer-Connect-Initiative aus 2018

Mit welchen Bausteinen kann ein automatisierter IKS-Prozess weiter in Richtung eines ganzheitlichen GRC-Ansatzes ausgebaut werden? Beginnen wir für die Beantwortung dieser Frage bei Berechtigungsthemen, die durch die Komponente SAP Access Control abgedeckt sind.

4.3.3 SAP Access Control

Benutzerverwaltung und Funktionstrennung

Auch wenn Kontrollen in Geschäftsprozessen und Zugriffsberechtigungen aus IKS-Sicht ein einheitliches Gerüst bilden sollten, sind diese beiden Bereiche in der Praxis oft voneinander getrennt. Der Grund ist vor allem organisatorischer Natur: Die Zugriffsberechtigungen werden üblicherweise in der IT (Security Department) verwaltet. Die inhaltliche Verantwortung für Kontrollen in Geschäftsprozessen (selbst wenn diese vollständig IT-gestützt ablaufen) liegt jedoch bei den Fachabteilungen.

Die GRC-Automatisierung bei der Benutzer- und Berechtigungsverwaltung besteht daher vorwiegend darin, die operativen Prozesse IKS-konform zu gestalten und mit zusätzlichen IKS-relevanten Aktivitäten anzureichern. Dies sind zum Beispiel die Analyse bestehender sowie die Simulation potenzieller Funktionstrennungsverletzungen. Zu diesem Zweck können Sie die Funktion *Access Risk Analysis* (*ARA*) in SAP Access Control nutzen.

Access Risk Analysis

Die Funktion *Access Risk Analysis* dient der Analyse von Berechtigungsrisiken und bildet somit den Kern von SAP Access Control. Womöglich kennen Sie diese Funktion unter den alten Namen *Risk Analysis and Remediation* (*RAR*), *Access Risk Management* sowie *Compliance Calibrator*.

Eine effiziente Aufdeckung der Berechtigungsrisiken ist ohne den Einsatz von Tools unmöglich. Die ARA-Komponente von SAP Access Control soll kritische Berechtigungen oder eine Kombination kritischer Berechtigungen aufdecken. Eine solche kritische Berechtigung liegt zum Beispiel vor, wenn dieselbe Person Programmänderungen in einer Entwicklungsumgebung durchführen und diese in die produktive Umgebung überführen könnte. Aus diesem Grund ist eine effektive *Funktionstrennung* (englisch *Segregation of Duties*, kurz *SoD*) notwendig.

[«]

Integration mit SAP Process Control

Durch die Integration von SAP Access Control mit SAP Process Control können Analyseergebnisse zum Beispiel für einzelne oder mehrere Risiken den verantwortlichen Personen als *Exception Workflow* automatisch zugesandt werden. Exceptions stellen abzuarbeitende Aufgaben dar.

Funktionstrennungsregeln

Die Inhalte (Funktionstrennungsregeln oder SoD Rules) lassen sich hochladen oder direkt im SAP-System pflegen. Auch im Pflegeprozess sind die Nachvollziehbarkeit der Änderungen und das Vier-Augen-Prinzip gewährleistet, zum Beispiel durch Benachrichtigungen oder Freigabeverfahren für Änderungen.

[+]

Vordefinierte SoD-Standardregeln in SAP Access Control

Je nach Releasestand werden in SAP Access Control ca. 250 Definitionen für SoD-Risiken für SAP-Lösungen ausgeliefert. Es werden die meisten gängigen Geschäftsprozesse und Komponenten in SAP ECC 6.0 oder SAP S/4HANA abgedeckt (siehe Abschnitt 14.1.3, »Zeitspanne zwischen Bestelleingang und Bestätigung des Kundenauftrags«, für SAP-S/4HANA-Spezifika in SoD-Regeln).

Die Risikoanalyse weist die folgenden Merkmale auf:

- **Schnelle Verarbeitung großer Datenmengen**
  Auf Berechtigungsobjekte und -werte heruntergebrochen, werden Millionen von Zeilen analysiert. Die Analyse der Berechtigungsrisiken erfolgt sowohl in Echtzeit als auch offline.
- **Systemübergreifende Risikoanalyse**
  Berechtigungen sind oft über mehrere unterschiedliche Systeme verteilt. ARA erlaubt es, unterschiedliche Zugriffslogiken und -konzepte an einer zentralen Stelle zu harmonisieren. Die Kombination von kritischen Berechtigungen innerhalb eines Risikos kann in mehr als einem System analysiert werden.
- **Organisatorische Trennung**
  Die sogenannten *Organizational Rules* erlauben es, Fehleinschätzungen (False Positives) in den Situationen zu vermeiden, in denen die organisatorische Trennung bei Funktionstrennungsverletzungen kompensierend wirkt.

[zB]

Beispiel für eine organisatorische Trennung

Die Kombination der Berechtigungen für die Pflege von Kreditorenstammdaten und für die Rechnungserfassung kann kritisch sein. Werden beide Vorgänge jedoch in unterschiedlichen Buchungskreisen durchgeführt, relativiert sich das Risiko.

Kompensierende Kontrollen

Den identifizierten Risiken können für Mitigationszwecke (das heißt zwecks Risikominimierung) *kompensierende Kontrollen* zugewiesen werden (siehe Abbildung 4.9). Mithilfe von ARA können Sie diese Kontrollen dokumentieren und verwalten.

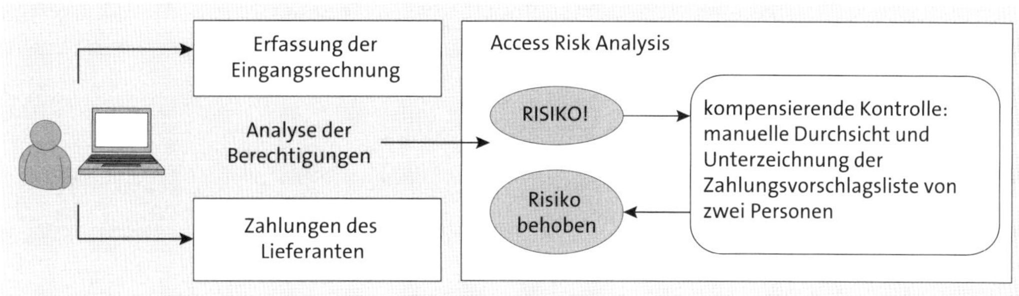

Abbildung 4.9 Risikoanalyse und -mitigation mit Access Risk Analysis

Integration mit SAP Process Control

Um ein einheitliches Gerüst für die Gestaltung von Berechtigungen zu ermöglichen, ist SAP Access Control eng mit SAP Process Control integriert. Das heißt, Risikoanalyseergebnisse aus der ARA-Komponente können von SAP Access Control an SAP Process Control weitergereicht werden, sodass SAP Process Control aus IKS-Sicht eine zentrale Rolle spielt.

Kontrollen, die bei der Risikoanalyse mitigierend (das bedeutet, Funktionstrennungsverletzungen werden in Analyseergebnisberichten als eliminiert betrachtet) zugewiesen werden, können überdies gleichzeitig Bestandteil des IKS-Frameworks in SAP Process Control sein, das heißt, sie können in den IKS-Managementprozess als Ganzes einbezogen werden.

Aus Prozesssicht ist der Nutzen der Analyse von Berechtigungsrisiken sowie die Mitigation noch besser im Zusammenspiel von ARA mit anderen SAP-Access-Control-Komponenten zu erkennen, wenn man diese als Bestandteil der Workflows betrachtet.

User Access Management

Benutzerverwaltung: Workflows und SoD-Risikoanalyse

Die Komponente *User Access Management* (UAM) ermöglicht eine zentralisierte *Benutzerverwaltung*. Möglicherweise kennen Sie diese Funktion aus Release 5.3 unter dem Namen *Compliant User Provisioning* (*CUP*).

UAM nutzt Workflows, um die Vergabe von Zugriffsberechtigungen schneller und zuverlässiger zu gestalten. Die Integration mit dem Organisationsmanagement (OM) von SAP ERP HCM und mit Identity-Management-Lösungen (sowohl von SAP als auch von anderen Anbietern) bietet zusätzliche Synergien. Auf diese Weise können bereits bestehende Informationen über die organisatorische Zugehörigkeit von Benutzern wiederverwendet werden.

Die Workflows können flexibel gestaltet werden. Wie in Abbildung 4.10 anhand eines realen Projektbeispiels dargestellt, können die Genehmigungswege unter anderem in Abhängigkeit von identifizierten Berechtigungsrisiken im SAP-System definiert werden (oder auch basierend auf diversen Angaben im Antrag, auf Attributen oder Ownern von ausgewählten Berechtigungsrollen etc.).

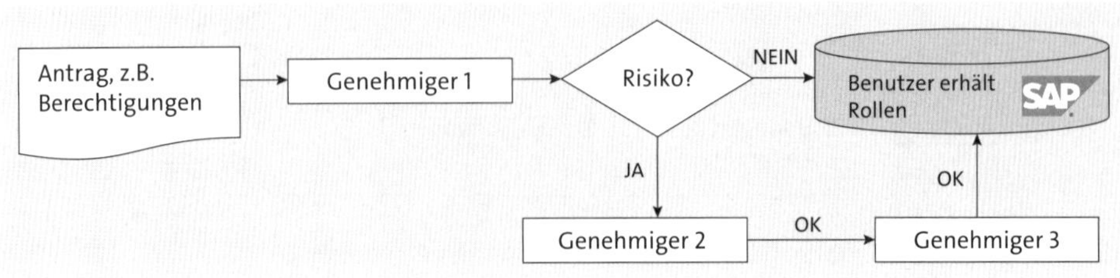

Abbildung 4.10 Provisioning-Workflows im User Access Management

ARA-UAM-Integration: Risiken eines Änderungsantrags

Die Integration von UAM und BRM (Business Role Governance) mit den Risikoanalysefunktionen der Komponente ARA erlaubt eine präventive Analyse der Risiken in einem Änderungsantrag – noch bevor die eigentliche Vergabe der Rechte erfolgt ist. Der Begriff *Provisionierung* wird als Zusammenfassung von allen Aktivitäten verstanden, die eine Änderung von Berechtigungen eines Benutzers nach sich ziehen. Die Simulationen und die Zuweisung bzw. Verwendung von kompensierenden Kontrollen sind weitere Eigenschaften, die durch die Integration ermöglicht werden.

Aus Compliance-Sicht kann mit Workflows auch die Protokollierung und Nachvollziehbarkeit sämtlicher Genehmigungsschritte erzielt werden.

UAM unterstützt nicht nur operationell ausgerichtete Provisionierungs-Workflows mit integrierter Risikoanalyse und nachvollziehbarer Historie, sondern auch Workflows, die eine regelmäßige Validierung der vergebenen Berechtigungen und gegebenenfalls den Entzug der Berechtigungsrollen ermöglichen. Es handelt sich um User-Access-Review- und SoD-Review-Workflows, die IKS bzw. Compliance-Zielsetzungen unterstützen.

Review der Berechtigungsvergabe

Der *User Access Review* (*UAR*) ist Bestandteil von UAM. Das Ziel dieser Funktion ist es, die Aktualität der Berechtigungsvergabe in regelmäßigen Abständen zu überprüfen und gegebenenfalls die Berechtigungsrisiken auf ein Minimum zu reduzieren.

Die verantwortliche Person erhält im workflowbasierten Verfahren Informationen über die einem Benutzer zugewiesenen Rollen sowie über die Häufigkeit von deren Verwendung. Die letztgenannte Information soll die Entscheidung erleichtern, ob bestimmte Rollen entzogen und somit die damit verbundenen Risiken minimiert werden können; der Entzug der Rollen erfolgt automatisch, nachdem der Review abgeschlossen und der Entzug der Rollen bestätigt wurde.

Review von Berechtigungsrisiken

Auch das *SoD-Review* (Funktionstrennungs-Review) ist keine eigenständige SAP-Access-Control-Komponente, sondern eine Funktion bzw. Workflow-Art innerhalb von UAR, die bei der Integration von UAM mit ARA möglich ist. Im Rahmen dieser Review-Funktion werden Berechtigungsrisiken auf der Ebene einzelner Benutzer analysiert.

Neben Informationen über Risiken (Funktionstrennungskonflikte oder kritische Berechtigungen) erhalten Sie im Workflow auch Angaben über die Häufigkeit der Verwendung von Funktionen (Gruppen von Transaktionen, die einzelne Bestandteile von Risikoregeln bilden). Folgende Optionen werden für den Umgang mit Risiken angeboten:

- Zuweisung einer kompensierenden Kontrolle
- Vorschlag, die entsprechende Funktionstrennungsverletzung zu bereinigen (Berechtigungen eines Benutzers durch den Entzug von Rollen zu reduzieren oder Inhalte von Rollen anzupassen)
- Akzeptanz des Risikos

Die Bereinigung von Funktionstrennungsverletzungen erfolgt in diesem Szenario manuell bzw. außerhalb des SoD-Review-Workflows.

IKS-relevante Eigenschaften in CUP

In Tabelle 4.3 sehen Sie, welche IKS-relevanten Eigenschaften die drei genannten Funktionen innerhalb von UAM haben.

Funktion von SAP Access Control	Rollen (Information)	Verwendungshäufigkeit (Information)	Risiken (Information)	Risikomitigation (Funktion)	Rollenentzug (Funktion)
WF: Benutzerantrag (klassisch)	ja	ja	ja	ja	ja
WF: User Access Review (UAR)	ja	ja	nein	nein	ja
WF: SoD Review	ja	ja	ja	ja	ja
Bericht Risikoanalyse	ja	ja	ja	ja	ja

Tabelle 4.3 Gegenüberstellung IKS-relevanter Eigenschaften von ausgewählten Workflows im User Access Management

So kann zum Beispiel ein Bearbeiter eines UAR-Workflows sehen, welche SAP-Rollen ein Benutzer hat und wie oft die einzelnen Rollen innerhalb eines bestimmten Zeitraums verwendet wurden (basierend auf Aufrufen der in einer Rolle enthaltenen Transaktionen). Eine Möglichkeit, die Berechtigungsrisiken zu sehen, besteht in UAR nicht. Die UAR-Funktion wurde dafür konzipiert, einem Benutzer nicht oder wenig verwendete Berechtigungen gegebenenfalls zu entziehen.

Business Role Management

Die Komponente *Business Role Management*, ehemals Business Role Governance, ermöglicht es Ihnen, sogenannte *Business-Rollen* effizient zu verwalten. Diese Komponente kennen Sie vielleicht noch unter dem Namen *Enterprise Role Management* aus Release 5.3.

Org-Werte in Rollen automatisiert pflegen

Die Effizienz der Rollenverwaltung in der Komponente BRM wird unter anderem dadurch erreicht, dass die Mapping-Regeln bei der Ausprägung von organisationsspezifischen Berechtigungsobjekten für deren automatisierte Ableitung sorgen.

[»]

Verwaltung von Business-Rollen

Business-Rollen können sowohl Einzelrollen als auch Sammelrollen umfassen. Wie der Name sagt, wird durch den Einsatz von Business-Rollen angestrebt, einen Mitarbeiter mit möglichst allen erforderlichen Berechtigungen zur Ausübung eigener Aufgaben zu versorgen. Dabei kann eine Business-Rolle Zugriffsrechte für mehrere Systeme beinhalten. Der Vorteil bei der Provisionierung der Berechtigungen liegt auf der Hand: Endanwender müssen nicht mehrere Rollen für mehrere Systeme beantragen.

Es ist möglich, Business-Rollen um zusätzliche Attribute zu erweitern, zum Beispiel den Funktionsbereich, den Prozess oder einen Teilprozess. Diese Attribute ermöglichen eine intuitive Suche von Rollen in Benutzeranträgen (im Rahmen von UAM). Ohne den Einsatz von BRM müssen die Inhalte über einen Massen-Upload von Rollen in SAP Access Control gepflegt werden.

Compliance-Aspekte

Die Integration von BRM mit ARA hat den Vorteil, dass die Rollen frei von Funktionstrennungskonflikten ausgeprägt werden können. Dies stellt eine zentrale Voraussetzung der IKS-Konformität im Berechtigungswesen dar, denn erst wenn die Rollen »sauber« sind, können kritische Berechtigungen auch auf Benutzerebene auseinandergehalten werden: Sie können nur Aktivitäten voneinander separieren, wenn diese in unterschiedlichen Rollen enthalten sind. Außerdem sorgen Genehmigungs-Workflows dafür, dass Rollen nur mit Zustimmung einer rollenverantwortlichen Person erstellt oder geändert werden dürfen.

Die Kernfunktionen der Komponente BRM sind in Abbildung 4.11 dargestellt.

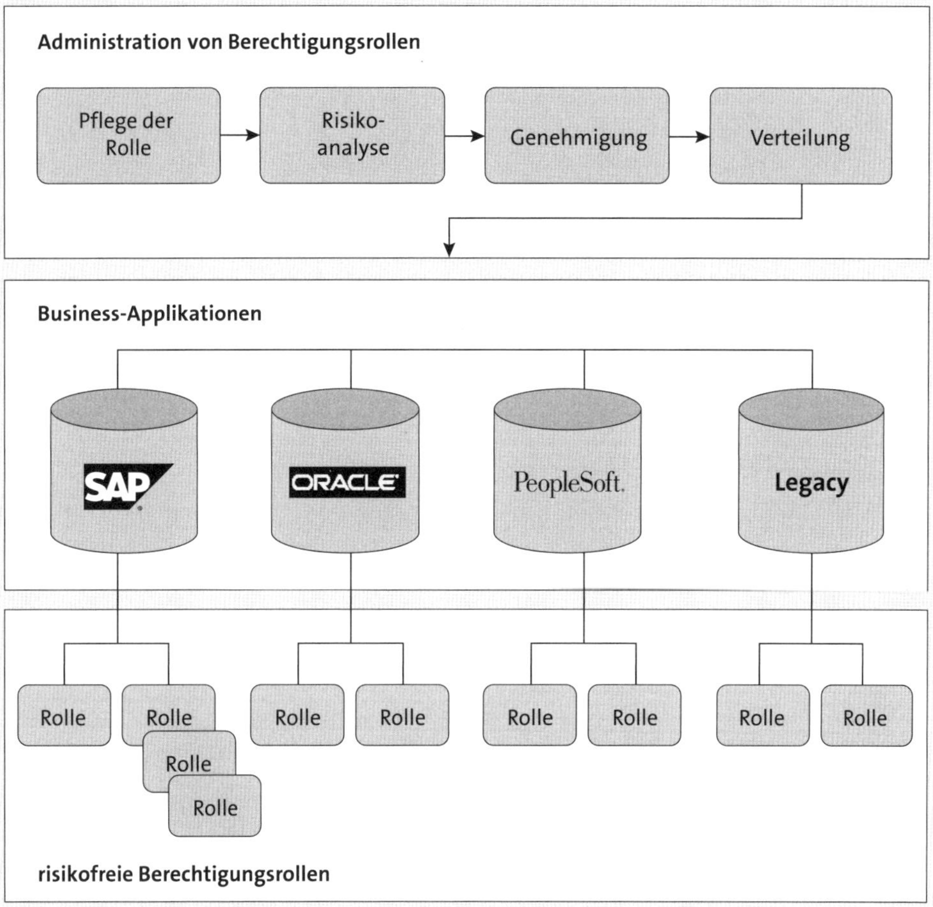

Abbildung 4.11 Kernfunktionen der Komponente Business Role Management

Centralized Emergency Access

Notfallbenutzerkonzept mithilfe von CEA

Die Komponente Centralized Emergency Access (CEA) von SAP Access Control hilft bei der Etablierung eines IKS-konformen Notfallbenutzerkonzepts. Sie kennen diese Komponente aus Release 5.3 unter dem Namen *Superuser Privilege Management* (*SPM*), wobei Sie sich womöglich auch noch an die noch vorherige Bezeichnung *Firefighter* erinnern.

Sollte ein Benutzer für die Durchführung bestimmter kritischer Aktionen zusätzliche Berechtigungen benötigen, kann dieser temporär eine Notfallbenutzer-ID verwenden (vorausgesetzt, der entsprechende Benutzer verfügt über die Berechtigung für eine solche Notfallbenutzer-ID), ohne sich erneut an einer SAP-Applikation ab- oder anmelden zu müssen.

[»]

Notfallbenutzer vs. Notfallrollen, Szenarien in SAP Access Control, CEA

CEA ermöglicht sowohl den Einsatz von Notfallbenutzer-IDs, als auch von Notfallrollen. In einem Projekt müssen Vor- und Nachteile von beiden Optionen abgewogen werden. In der Praxis hat sich überwiegend das benutzerbasierte Firefighting (das heißt der Einsatz von Notfallbenutzer-IDs) durchgesetzt.

Der Grund für die Beantragung einer Notfallbenutzer-ID wird dokumentiert, und die verantwortliche Person wird per E-Mail informiert. Sämtliche Aktionen des Notfallbenutzers werden protokolliert. Review und Genehmigung von Logs durch Verantwortliche können ebenfalls eingerichtet werden.

Integration von CEA und UAM

Die Integration von CEA mit der UAM-Komponente erlaubt es, die Zuweisung von Berechtigungen zur Nutzung von Notfallbenutzer-IDs im Rahmen eines workflowbasierten Genehmigungsverfahrens zu beantragen und durchzuführen.

Mit Release 12.0 der SAP GRC Suite hat SAP einige Verbesserungen und Erweiterungen geliefert, einige davon sind nachstehend erwähnt.

[»]

verbesserte Funktionalität in SAP Access Control 12.0

- Integration mit einigen Cloud-Lösungen via Identity Access Governance (IAG), siehe Abschnitt 4.3.6, »GRC-Werkzeuge in der Cloud«
- Integration der SAP-Access-Control-Funktionalität mit SAP SuccessFactors
- Benutzeroberfläche: Personalisiertes SAP Fiori Launchpad, einige neue Dashboards im SAP Fiori Tile Catalog
- einige neue Optimierungsoptionen für Synchronisierungsjobs
- Synchronisation von Business-Rollen mit SAP Identity Management (SAP ID Management)
- Emergency Access Management bzw. Firefighter für die SAP-HANA-Datenbank
- aktualisierte Risikodefinitionen für SAP S/4HANA in ARA

Zusammenfassend lassen sich folgende wichtige Elemente der IKS-Automatisierung bei der GRC-Integration von Benutzer- und Berechtigungsverwaltung hervorheben (siehe Tabelle 4.4).

Inhalt	Prozess
▪ Das Sichtbarmachen von Zugriffsrisiken in Geschäftsanwendungen, inklusive Simulation vor der eigentlichen Vergabe der Berechtigungen ▪ Weitergabe der Risikoanalyseergebnisse von SAP Access Control an SAP Process Control ▪ Verwendung von Kontrollen aus SAP Process Control für Mitigationszwecke in ARM ▪ systemübergreifende Analyseregeln ▪ Wiederverwendung von OM-Daten	▪ Integration der IKS-Aktivitäten in operative Prozesse (zum Beispiel Antrags- und Genehmigungsverfahren, Risikoanalyse, Mitigation, Audit Trail etc.) ▪ intuitive Analyse der vergebenen Berechtigungen (mittels Workflow) ▪ Review-Automatisierung für SoD und vergebene vs. benutzte Rollen ▪ Automatisierung des Notfallbenutzerkonzepts ▪ Nachvollziehbarkeit aller Vorgänge bei der Benutzerverwaltung

Tabelle 4.4 Benutzer- und Berechtigungsverwaltung als GRC-Bestandteil: IKS-Vorteile

4.3.4 SAP Policy Management (Richtlinienverwaltung)

Die Richtlinienverwaltung ist ein eigenständiger Prozess, dessen Automatisierung in erster Linie eine effiziente Gestaltung des gesamten Lebenszyklus einer Richtlinie bedeutet. Hierfür steht die Komponente *SAP Policy Management* seit Release 10.0 der SAP-Lösungen für GRC erstmalig zur Verfügung. Im Rahmen der Komponente SAP Policy Management kann der gesamte Lebenszyklus einer Richtlinie abgebildet werden: Dokumentation, Abstimmung, Freigabe und Verteilung relevanter Mitarbeitergruppen, die die Einhaltung entsprechender Richtlinien formell bestätigen können. Mithilfe von Umfragen kann auch sichergestellt werden, dass die Inhalte der Richtlinie von Mitarbeitern verstanden wurden.

Richtlinienversionen

Die SAP GRC Suite ist mit dem SAP Document Management System verknüpft. Innerhalb der Richtlinie können Versionen von Richtliniendokumenten fortlaufend angelegt werden. Über Standardberichte können bei Bedarf alle Versionen einer Richtlinie gefunden werden.

Richtlinienstatus

Eine Richtlinie kann in der SAP GRC Suite folgenden Status aufweisen:

- Entwurf
- in Review
- Überarbeitung
- eingereicht für Genehmigung
- abgelehnt
- veröffentlicht

Nur veröffentlichte Richtlinien können den Endanwendern durch Verteilung verfügbar gemacht werden. Das Ziel ist dabei, entweder alle Mitarbeiter, bestimmte Mitarbeiter oder nur Gruppen von Mitarbeitern nach bestimmten Kriterien gezielt zu adressieren.

Verteilung von Richtlinien

Durch die Festlegung des Richtlinienumfangs (oder: Policy Scope) bestimmen Sie, wem welche Richtlinien zugeteilt werden. Die Besonderheit dabei ist, dass die für eine Verteilung erforderlichen Informationen wie Benutzername und E-Mail-Adresse von außerhalb des SAP-GRC-Systems kommen können. So ist zum Beispiel die folgende Automatisierung möglich: Mitarbeiter der Kreditorenabteilung erhalten eine Richtlinie. Die betreffenden Mitarbeiter werden mithilfe einer einfachen Vorgehensweise gefunden: alle Benutzer, die im SAP-ERP-System die Rolle ZERP:AP:Invoice_Verification verwenden.

[»]

Arten der Richtlinienverteilung

Ein Mitarbeiter bekommt per E-Mail ein Formular (über SAP Interactive Forms by Adobe) zugestellt. Dieses Formular beinhaltet die eigentlichen Richtliniendokumente sowie diverse Antwortoptionen. Dazu stehen die folgenden Möglichkeiten zur Verfügung:

- **Kenntnisnahme**
  Dies ist die einfachste Option. Sie haben die Wahl zwischen »akzeptieren« oder »ablehnen«.
- **Umfrage**
  Hier kann eine flexibel definierbare Auswahl an Fragen und Antwortoptionen mitversendet werden.
- **Quiz**
  Ähnlich wie eine Umfrage aufgebaut, können die einzelnen Fragen beim Quiz richtige und falsche Antwortoptionen beinhalten, um eine Art Erfolgskontrolle zu ermöglichen.

Richtlinienakzeptanz überwachen

Der Rücklauf von den einzelnen Benutzern wird in SAP GRC importiert und kann im Reporting ausgewertet werden; somit kann für jeden Empfänger einer Richtlinie nachvollzogen werden, ob und mit welchem Ergebnis Kenntnisnahme, Umfrage oder Quiz abgeschlossen wurden.

Aus IKS-Sicht können Richtlinien als wichtige Kontrollmechanismen angesehen werden; daher ist an dieser Stelle eine Integration mit dem IKS-Rahmenwerk möglich. Außerdem sind Integrationsmöglichkeiten mit dem Risikomanagement interessant, wenn weitere GRC-Bausteine berücksichtigt werden. So tragen wirksame Richtlinien aktiv zu einer Risikominimierung bei. Tabelle 4.5 fasst die wichtigsten IKS- und Effizienztreiber im Richtlinienverwaltungsprozess zusammen.

Inhalt	Prozess
■ zentrales Repository aller Richtlinien, einschließlich Versionsmanagement etc. ■ integriertes Datenmodell (Verlinkung einzelner Richtlinien mit dem IKS-Framework) ■ aktive Verwendung von Richtlinien im Risikomanagement (zum Beispiel Risikoreduktion) und Berechtigungswesen (Mitigation fehlender Funktionstrennung)	■ workflowgestützter Lebenszyklus (Entwurf, Review, Genehmigung, Veröffentlichung etc.) ■ automatisiertes Erteilen der Richtlinien an Endanwender (einschließlich der Festhaltung formeller Kenntnisnahme, Bestätigung der Einhaltung etc.)

Tabelle 4.5 Richtlinienmanagement als GRC-Bestandteil

4.3.5 SAP Risk Management

SAP Process Control verfolgt einen risikoorientierten Ansatz, etwa durch qualitative Risikobewertungen oder Kontrollrisikobewertungen, die Bestandteil des Scoping-Prozesses sind. SAP Risk Management bietet Ihnen darüber hinaus fortgeschrittene Möglichkeiten für die Risikoanalyse. Dazu gehören:

- *quantitativen Risikoanalysen*, das heißt zahlenmäßige Abbildung einer möglichen Eintrittswahrscheinlichkeit und Schadenshöhe
- *Simulationen*: What-if- und Monte-Carlo-Simulation
- *Collaborative Risk Assessments*: gemeinsame Risikobewertung durch mehrere Anwender, mit anschließender Konsolidierungsmöglichkeit
- *Bowtie Builder*: grafische Darstellung und Pflege von Risiken.
- *Risk Heat Maps*: klassische zweidimensionale Darstellung von Risiken.

Diese Komponente unterstützt den Risikomanagementprozess durch die Abfolge folgender Schritte:

1. Planung des Risikoumfeldes
2. Identifizierung von Risiken
3. Bewertung und Analyse der Risiken
4. Definition, Aktualisierung und Überwachung von Maßnahmen
5. Überwachung der Risiken

Eine Zusammenfassung der wichtigsten Prozessschritte in SAP Risk Management der Integrationsszenarien mit SAP Process Control sehen Sie in Abbildung 4.12. Beide Anwendungen – SAP Process Control und SAP Risk Management – sind miteinander integriert und haben eine gemeinsame Datenbasis, sowohl hinsichtlich der Risiken als auch hinsichtlich eines gemeinsamen Reportings.

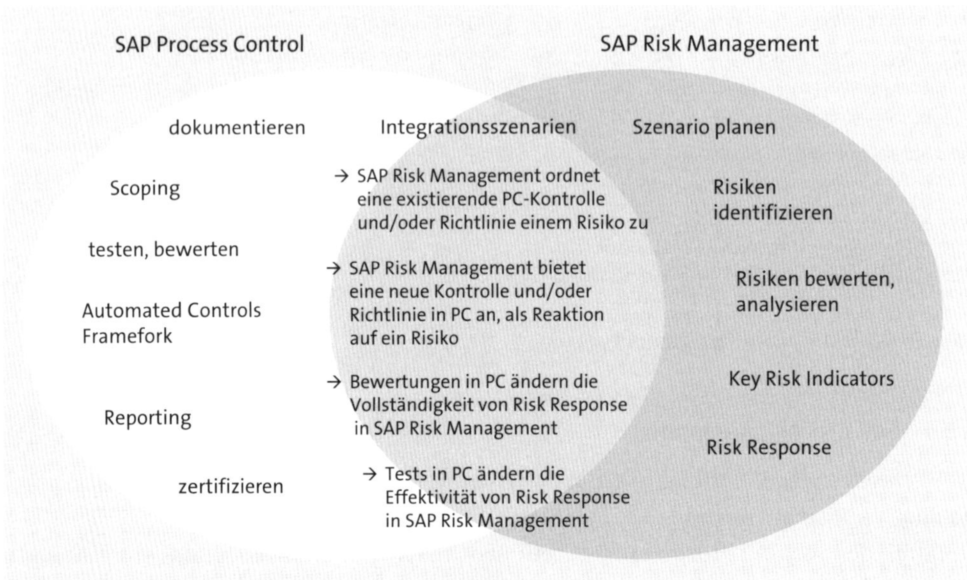

Abbildung 4.12 Kernfunktionen und Integrationsszenarien – SAP Risk Management und SAP Process Control

Risikomanagement – die ersten Schritte

Im Gegensatz zum IKS-Management, bei dem ein höherer Maturitätsgrad in der Dokumentation erwartet wird, reicht im Risikomanagement ein Rahmengerüst aus Organisationshierarchie, Schadens- und Treiberkategorien, Risikokategorien, Analyseprofilen, Rollen und dazugehörigen Workflows aus, um mit dem Risikomanagementprozess beginnen zu können. Eine initiale Erfassung der Risikolandkarte bzw. Identifikation und Anlage von einzelnen Risiken kann in diesem Rahmenwerk nach und nach systematisch erfolgen. Im Einzelnen können Risiken im SAP-Risikomanagement wie folgt angelegt werden:

- **Upload**
  Dies kann auf der Benutzeroberfläche recht simpel mithilfe von Microsoft Excel Templates erfolgen.
- **Risikovorschläge**
  Diese Option ist sowohl im Ad-hoc-Modus als auch zum Beispiel als Option bei einer Umfrage oder bei der Pflege eines Incidents oder Verlustes wählbar. Die vorgeschlagenen Risiken können in ein bereits bestehendes Risiko überführt, als ein neues Risiko angelegt oder abgelehnt werden.
- **Risikoverteilung aus einer Vorlage**
  Diese Option ist gut geeignet, um bestimmte, typische Muss-Risiken bei einem zentralisierten Ansatz gleichzeitig in mehreren Organisationseinheiten anzulegen.
- **Manuelle Anlage**
  Sie können »from Scratch« starten oder ein Risiko auf einer Risikovorlage basierend manuell anlegen
- **Automatisiert als Ergebnis einer Umfrage**
  Dies bedarf einer Zusatzentwicklung via Business Add-In (BAdI), die Umfrage erfolgt via SAP Interactive Forms by Adobe und ist auch für Nicht-GRC-Benutzer verfügbar.

Risikobewertung

Die identifizierten Risiken müssen bewertet werden – dies wird in SAP Risk Management durch qualitative und quantitative Bewertung, Dreipunktanalyse, Scoring etc. unterstützt.

Analyseprofile

Diese einzelnen Optionen bzw. deren Kombination können in den bereits genannten *Analyseprofilen* definiert werden, die auf der Ebene von Risikokategorien zum Einsatz kommen: Dies bedeutet, dass für alle Risiken, die der gleichen Kategorie angehören, die Risikobewertung nach demselben Prinzip erfolgt.

Die Bewertung umfasst die Einschätzung der Risiken im Hinblick auf ihre Eintrittswahrscheinlichkeit sowie die Schadenshöhe, die zusammen die Gesamthöhe (zum Beispiel gering, mittel oder hoch) eines Risikos ergeben.

SAP Risk Management unterstützt bis zu drei Dimensionen für die Risikobewertung:

- **Bruttorisiko**
  Das *Bruttorisiko* wird auch *inhärentes* oder *innewohnendes Risiko* genannt. Dabei werden Wahrscheinlichkeit und Schadenshöhe »as is« be-

urteilt, das heißt unter der Annahme, dass noch keine Gegenmaßnahmen getroffen wurden.

- **Nettorisiko**
  Mit dem *Nettorisiko* ist das Restrisiko unter der Berücksichtigung von Gegenmaßnahmen gemeint.
- **Geplantes Nettorisiko**
  Diese Bewertungsdimension kann zum Beispiel als das *akzeptables* oder *Zielrisiko* verstanden werden.

Ähnlich wie SAP Process Control bietet SAP Risk Management eine Integration mit anderen Anwendungen wie zum Beispiel SAP ERP oder SAP Business Warehouse (SAP BW). Während es sich in SAP Process Control um das CMF (siehe Kapitel 17, »Unified Connectivity: Wirksamer Schutz der SAP-ERP-Umgebungen«) handelt, bietet SAP Risk Management die Automatisierung der Risikoidentifizierung, basierend auf der Funktionalität *Key Risk Indicators* (*KRI*).

[»]

Externe Integration in SAP Risk Management

Zusätzlich zu Key Risk Indicators, die im Vergleich zu CMF auf aggregierte Daten zugreifen, werden in SAP Risk Management folgende externe Integrationsszenarien angeboten:

- Zwischen SAP Risk Management und EHS (Environment, Health and Safety) bestehen Integrationsoptionen sowohl für Stammdaten (Risiken), als auch für die Risikobewertungsergebnisse.
- Integration für die Risikogegenmaßnahmen (Risk Response) in SAP Risk Management mit den Komponenten PS (Project System = Projektabwicklung) und PM (Plant Maintenace = Instandhaltung).

Mit Release 12.0 der SAP GRC Suite hat SAP einige Verbesserungen und Erweiterungen geliefert; einige davon sind nachstehend erwähnt.

[»]

Verbesserte Funktionalität in SAP Risk Management 12.0

Die folgenden Funktionen wurden in Release 12.0 verbessert:

- optionale Verwendung einer Fiori-ähnlichen Benutzeroberfläche
- Aggregation von Risiken
- Verwendung von SAP HANA Views für KRI, Integrierbarkeit mit SAP S/4HANA Cloud

Aus der eingangs erwähnten Inhalts- und Prozessperspektive lassen sich die wichtigsten Effizienztreiber wie in Tabelle 4.6 gezeigt zusammenfassen.

Inhalt	Prozess
■ integriertes Datenmodell ■ wiederverwendbare Vorlagen für Risk, Response etc. ■ »aktive« Rolle von Kontrollen und Richtlinien im Risk Management (zum Beispiel Verwendung zwecks Risikoreduktion)	■ intuitive Informationsbeschaffung über Risiken via Workflows ■ Wiederverwendung der Ergebnisse aus anderen Komponenten wie SAP Access Control oder SAP Process Control ■ KRI-Automatisierung (manuell und basierend auf der Integration mit SAP-ERP- und SAP-BW-Systemen)

Tabelle 4.6 Risikomanagement: Effizienztreiber

Weiterführende SAP-Risk-Management-Funktionen

Die Komponente SAP Risk Management bietet zusätzlich zu den oben skizzierten Kernfunktionen weiterführende Funktionalität in einem OpRisk-Add-on an, die den Operational-Risk-Management-Prozess unterstützen, der im Rahmen von Anforderungen aus Basel II und III sowie Solvency in der Finanzbranche zum Einsatz kommen kann (siehe Abschnitt 1.3). Insbesondere handelt es sich um solch spezifische Funktionen wie die folgenden:

- Risk Control Self Assessment
- Static Data Management
- workflowgestützte Verlusterfassung, integriert mit dem Risk Management Framework in SAP Risk Management.
- Loss Database
- Möglichkeit des Austausches mit der ORX-Datenbank (Operational Risk Data eXchange Association)

In der Praxis lässt sich diese Funktionalität auch außerhalb der Finanzbranche gut einsetzen (zum Beispiel im Kontext von Incident Management), insbesondere weil Workflow-Steuerung und Reporting sich bei Verlusten als sehr flexibel und stabil gezeigt haben. Die zahlreichen Dashboards ermöglichen eine sehr gute Visualisierung.

4.3.6 GRC-Werkzeuge in der Cloud

Das zunehmende Angebot an cloudbasierten SAP-Lösungen beeinflusst auch die Strategie von SAP rund um GRC-Lösungen. Im Mittelpunkt der GRC-Cloud-Strategie stehen die folgenden Anforderungen:

- **Unterstützung von hybriden Landschaften**
  Bestehende SAP-GRC-Lösungen müssen mit neuen Cloud-Lösungen von SAP besser interagieren können.
- **Entwicklung von neuen cloudbasierten GRC-Lösungen**
  Auch dieses Ziel hat sich SAP gesetzt, um die Integration bestehender SAP-GRC-Lösungen mit Cloud besser integrieren zu können. Zum anderen geht es um die Umsetzung der SAP-Produktstrategie, die langsam aber sicher in Richtung Cloud geht. Dabei sollen die bereits bestehenden SAP-GRC-Lösungen nicht ersetzt, sondern ergänzt werden, damit Kunden aktuelle gesetzliche Auflagen besser erfüllen können. So wird aktuell die Lösung SAP Data Privacy Governance (DPG) entwickelt.
- **GRC API Hub**
  Des Weiteren möchte SAP Möglichkeit für SAP-Kunden und Partner schaffen, eigene Lösungen in der SAP Cloud Platform zu entwickeln. Außerdem gehören zu der Vision von GRC API-Hub-Benchmarking-Optionen sowie der Austausch von Best Practices für Kunden, um einen Vergleich und weitere Optimierung für deren GRC-Rahmenwerke zu fördern.

[zB]

Integration von SAP Access Control mit Cloud-Lösungen

Früher konnte insbesondere SAP Access Control nicht ohne Weiteres mit SAP-Cloud-Lösungen (SAP S/4HANA Cloud sowie zugekauften Lösungen von SAP) integriert werden. Das heißt, dass eine Funktionstrennungs-Risikoanalyse sowie eine Benutzer- oder Berechtigungsverwaltung nur eingeschränkt möglich war. Seit Release 12.0 der SAP GRC Suite ist eine Integration von SAP Access Control mit zum Beispiel SAP Ariba, SAP Concur, Cloud for Customer (C4C), SAP SuccessFactors, SAP C/4HANA und weiteren Lösungen möglich bzw. wird stufenweise je nach Service-Pack-Level angeboten.

Die Integration von SAP Access Control mit cloudbasierten Produkten von SAP wird nicht unmittelbar, sondern mithilfe der Einbindung von weiteren Lösungen ermöglicht:

1. SAP Cloud Identity Access Governance
2. SAP Cloud Platform Identity Provisioning

Bei den Lösungen SAP Process Control und SAP Risk Management gibt es ab Release 12.0 der SAP GRC Suite eine zusätzliche Integrationsmöglichkeit im Rahmen von CMF (siehe Kapitel 19, »IKS-Automatisierung mithilfe von SAP

Process Control«) bzw. KRI-Funktionalität. Die beiden Komponenten können einer höheren Automatisierung der GRC-Abläufe auf Daten in SAP S/4HANA Cloud zugreifen. Somit ist ein weiterer wichtiger Meilenstein erreicht, der die bewährten SAP-GRC-Lösungen für die neue Cloud-Welt rüstet und somit einen Schutz von getätigten Investitionen bietet.

In der SAP-Entwicklung wird derzeit an weiteren GRC-Cloud-Werkzeugen gearbeitet. Eine Vorschau finden Sie in den folgenden Infokästen, bevor wir einen Blick auf neue SAP-HANA-basierte SAP-Werkzeuge werfen.

[«]

SAP Data Privacy Governance

Im Mai 2018 ist die DSGVO in Kraft getreten. Die neue Lösung SAP Data Privacy Governance soll im ersten Schritt Prozesse wie *Record of Processing Activities* (*ROPA*) sowie die Verteilung von Richtlinien unterstützen. Weitere Funktionen wie *Data Protection Impact Assessment* (*DPIA*) sowie die Unterstützung von Audit- und Kontrollrahmenwerken sind ebenfalls geplant. An dieser Stelle müssen wir einen Disclaimer einfügen: Pläne können sich ändern und anhand der Ausführungen in diesem Buch sollten keine Entscheidungen bezüglich eines Softwarekaufs getroffen werden.

4.3.7 SAP Business Integrity Screening

Leistungsfähige Data-Analytics-Anwendung

SAP Fraud Management war die erste SAP-HANA-basierte Lösung aus der GRC-Familie. Da die Zielsetzung bei der Verwendung von SAP Fraud Management nicht zwangsläufig nur mit Betrugsaufdeckung zu tun haben muss, wurde diese Lösung in *SAP Business Integrity Screening* umbenannt. Es handelt sich um ein leistungsfähiges Werkzeug zur Datenanalyse, das eine kontinuierliche Optimierung und Anwendung vordefinierter Auswertungslogik, Integration in die Geschäftsprozesse sowie die Verwaltung identifizierter Alerts bzw. von Ausreißern ermöglicht.

SAP Business Integrity Screening ist Bestandteil der SAP-Software »Assurance und Compliance«, wie in Abschnitt 4.3.1, »Übersicht über die GRC-Lösungen von SAP«, bereits erwähnt.

Die Funktionsweise von SAP Business Integrity Screening

Angenommen, Sie möchten die auffälligen Lieferanten identifizieren, bei denen ein mögliches Risiko der Absprache mit Einkäufern in Ihrem Unternehmen vorliegen könnte: In SAP Business Integrity Screening würden Sie hierzu unterschiedliche logische Prüfeinheiten aufsetzen, sogenannte *Aufdeckungsmethoden*. Im Folgenden finden Sie hierzu einige Beispiele:

- Lieferanten finden, deren Umsatzwachstum im Jahresvergleich über 300 % betrug.

- Lieferanten finden, deren Eingangsrechnungen in über 10 % aller Fälle von der gleichen Person erfasst und freigegeben wurden, die auch Bestellungen angelegt hat

Solche Aufdeckungsmethoden werden mit Aufdeckungsstrategien kombiniert, die inhaltlich gleiche Untersuchungs- und Aufdeckungsobjekte behandeln können (zum Beispiel Lieferanten und deren Rechnungen).

[zB]

Reisekosten

Ein weiteres Beispiel könnte die Überprüfung der Einhaltung von Reisekostenrichtlinien durch Mitarbeiter anhand der Auswertung von erfassten Reisen sein. Dabei würde man nach einer möglichen Wiederverwendung gleicher Belege in unterschiedlichen Reisen oder innerhalb der gleichen Reise, nach Überschreitung der Limits bei Hotelkosten und sonstigen Auffälligkeiten Ausschau halten und SAP Business Integrity Screening entsprechende Alerts generieren lassen. Diese Alerts können im weiteren Prozessverlauf in SAP Business Integrity Screening untersucht werden, um den Verdacht zu verifizieren. Die Entsprechenden Dokumentations- und Workflow-Möglichkeiten in SAP Business Integrity Screening unterstützen diesen Prozess.

Treffsicherheit steigern

Sehr wichtig ist in SAP Business Integrity Screening die Möglichkeit, eine laufende Anpassung der Logik vornehmen zu können, um die Präzision der Aufdeckung zu steigern. Die Reduktion von False Positives (vermutete »Ausreißer«, die nach einer genaueren Untersuchung doch keine sind) ist eine der wichtigsten Herausforderungen, die es zu meistern gilt. Dies wird unter anderem durch Simulationsoptionen und Kalibration der Regelkriterien (Parameter, Gewichtung von Risk Score etc.) ermöglicht.

Vordefinierte Regeln in SAP Business Integrity Screening

SAP Business Integrity Screening enthält vordefinierte Inhalte – es sind ca. 160 Aufdeckungsmethoden vorhanden, die man aktivieren und wiederverwenden kann. Für Details bezüglich der Implementierung von Aufdeckungsmethoden und Aufdeckungsstrategien in SAP Business Integrity Screening ist die Lektüre des folgenden Buches zu empfehlen: M. Chupruno: *GRC im Dienste der Korruptions- und Betrugsbekämpfung*, Espresso Tutorials, 2017.

Während der Designphase können für relevante Daten auch *SAP Predictive Analytics Tools* eingesetzt werden. Mit deren Hilfe werden SQL-Skripte generiert, die sich in SAP HANA Studio in sogenannten *Execution Procedures* verwerten lassen; eine der effizientesten Optionen dabei ist es, Beispiele von bereits bestätigten Datenmustern (zum Beispiel Betrugsfällen) zu analysieren.

[«]

SAP Predictive Analytics

SAP Predictive Analytics basiert auf *SAP InfiniteInsight* (von SAP 2013 durch den Kauf von KXEN in die Produktpalette aufgenommen) – diese Lösung ist etwas benutzerfreundlicher als sonstige Predictive Analytics Tools, die oft die Qualifikation eines Data Scientists oder zumindest gute Kenntnisse im Bereich *Maschinelles Lernen* voraussetzen.

Es werden recht oft Parallelen zwischen dem CMF von SAP Process Control und SAP-Business-Integrity-Screening-Funktionen gezogen. Während es sich in beiden Fällen prinzipiell um die Anwendung einer vordefinierten Logik auf Daten in Geschäftsapplikationen handelt, gibt es wesentliche funktionale Unterschiede, die noch näher in Kapitel 20, »Umsetzung von automatisierten Test- und Monitoring-Szenarien«, behandelt werden.

In SAP Business Integrity Screening gibt es zwei grundsätzliche Verwendungsmodelle: die Sammelaufdeckung und die Online-Aufdeckung.

[«]

Sammelaufdeckung vs. Online-Aufdeckung in SAP Business Integrity Screening

- **Sammelaufdeckung**
  Aufdeckungsstrategien werden in SAP Business Integrity Screening angestoßen; anschließend werden gegebenenfalls Alerts bearbeitet.
- **Online-Aufdeckung**
  Ein Aufruf von SAP Business Integrity Screening ist in einen Geschäftsprozess der externen Anwendung integriert. Somit können realtime bzw. während der Vorgangsbearbeitung doppelte Eingangsrechnungen, verdächtige Geschäftspartner oder Insurance Claims identifiziert und mittels entsprechender Transaktion gestoppt werden.

SAP Business Integrity Screening kann mit SAP Process Control integriert werden, um zum Beispiel bestätigte Fälle (Alerts) zwecks einer workflowgestützten Bearbeitung, inklusive Maßnahmenplänen und Reportings, weiterzuleiten.

4.3.8 SAP Business Partner Screening

Eine weitere Lösung innerhalb der SAP-Assurance-and-Compliance-Software ist *SAP Business Partner Screening*. Die dieser Lösung zugrundeliegende Funktionalität war ursprünglich Bestandteil von SAP Business Integrity Screening (aka Fraud Managements), wurde aber später in ein eigenständiges Produkt umgewandelt. Das Hauptziel dieser Lösung ist die Automatisierung der Geschäftspartnerüberprüfung. Für manche Unternehmen ist diese gesetzlich vorgeschrieben und ist auch sonst als wichtiger Teil von globalen Fair-Play-Standards formal nicht screeningpflichtigen Unternehmen zu empfehlen.

[zB]

Business Partner Screening im Einkauf

Die Einkaufsabteilung ist dabei, Stammdaten eines neuen Geschäftspartners in SAP S/4HANA einzupflegen. Noch bevor der Speicherknopf angeklickt wird, startet ein webservicegestützter Scanprozess in SAP Business Partner Screening. Bei möglichen Treffern wird ein Alert generiert und die Transaktion im SAP-ERP-System (je nach Konfiguration) geblockt. Eine Integration mit SAP Master Data Governance für die regelmässige Überprüfung von Stammdaten wäre ein weiteres gängiges Beispiel, wie SAP Business Partner Screening verwendet werden kann.

Beispiele von Black Lists

Gegen welche Listen erfolgt der Abgleich? Inhaltlich geht es beispielsweise um Folgendes:

- *OFAC-Listen* (Office of Foreign Assets Control in USA)
- *METI-Listen* (Ministry of Economy, Trade and Industry in Japan)
- von *Interpol* gesuchte Kriminelle
- *Adverse Media List*
- *Politically Exposed Persons* (*PEP*)
- *State-owned Enterprises*, *Relatives of Sanctioned Parties* etc.

Darüber hinaus kann der Abgleich auch um affilierte Personen und Firmen erweitert werden, die einen Bezug zu verdächtigen Geschäftspartnern haben. Unternehmen können außerdem eigene Listen erstellen. SAP Business Partner Screening ist offen, was Importmöglichkeiten von unterschiedlichen Content Providern betrifft (zum Beispiel Thomson Reuters, Dow Jones, Sanktionslisten.de etc.).

SAP Business Partner Screening: Besonderheiten

Neben der Integration mit Geschäftsanwendungen, die in SAP Business Partner Screening im Vergleich zu SAP Business Integrity Screening meist immer angestrebt werden, gibt es einen wesentlichen Unterschied zwischen den beiden Lösungen im Hinblick auf den Aufbau von Aufdeckungsstrategien.

[«]

Unterschied von SAP Business Integrity Screening und SAP Business Partner Screening hinsichtlich Aufdeckungsstrategien

In SAP Business Partner Screening gibt es innerhalb einer Aufdeckungsstrategie immer nur eine Aufdeckungsmethode. In SAP Business Integrity Screening kann eine Aufdeckungsstrategie hingegen mehrere Methoden beinhalten, von der jede einzelne, je nach Gewichtung, zum Generieren von Alerts beitragen kann.

SAP Business Partner Screening bietet einen Deltamodus für die Analyse, das heißt die Anwendung der Prüflogik nach dem letzten Update von Sanktionslisten.

[«]

Cloud-Version von SAP Business Partner Screening

Bei *SAP Watchlist Screening* handelt sich um die cloudbasierte Version von *SAP Business Partner Screening*. Diese Lösung ist bereits verfügbar.

4.3.9 SAP Tax Compliance

Die Lösung SAP Tax Compliance hat funktional den gleichen Ursprung wie SAP Business Integrity Screening und SAP Business Partner Screening. Wie Sie es dem Namen der Lösung entnehmen können, ist deren Anwendungsgebiet auf die Aufdeckung von Fehlern und Inkonsistenzen bei der Berechnung von Steuern fokussiert, unter anderem der Mehrwertsteuer. Folgende Risiken werden durch diese Lösung direkt adressiert:

- **Finanzielle Risiken**
  Vermeidung von Strafen (Zinsen, Strafsteuern; in Italien bis zu 200 %!) infolge verspäteter oder zu niedriger Abführung der Mehrwertsteuer; verfrühter oder erhöhter Abzug von Vorsteuer kann ebenfalls zu Strafen führen; Zahlung von Umsatzsteuer an den Fiskus, ohne dass diese auf den Kunden abgewälzt wurden; mangelnde Erstattung der Vorsteuer vom Fiskus.
- **Gesetzliche Anforderungen**
  Je nach Land kann ein Steuer-IKS erforderlich sein. Außerdem kann das Vorhandensein von Steuer-IKS helfen, die Steuerstrafbarkeit (zum Beispiel in Deutschland) zu vermeiden.

Der Einsatz von SAP Tax Compliance ermöglicht – bei einer sachgerechten Organisation – eine systematische Reduktion von Fehlerquellen und die Anpassung der Geschäftsprozesse.

4.3.10 SAP Audit Management

Die Lösung *SAP Audit Management* ist ebenfalls Bestandteil der SAP-Assurance-and-Compliance-Software und ist, wie der Name besagt, entwickelt worden, um zum Beispiel die durch die *interne Revision* oder Qualitätssicherung durchzuführenden Audits zu unterstützen. Die wichtigsten Funktionen sind:

- risikobasierte Planung und Vorbereitung der Revision
- Berücksichtigung von Skills und Verfügbarkeiten bei der Kapazitätsplanung
- rollenbasierter Zugriff: Zuweisung von Verantwortlichkeiten in Audit-Teams
- Aus Prüf-Items bestehende Prüfpläne können einem Genehmigungsprozess unterzogen werden.
- Dokumentation von Prüfungsergebnissen, flexible Ablage von Arbeitspapieren einschließlich Bildern und Sprachmemos, die auf mobilen Geräten aufgezeichnet werden können
- Analytics und Data Mining: Integration mit Business-Anwendungen
- Dokumentation und Nachverfolgung von Feststellungen
- Management Reporting, auditspezifische KPIs
- Suchoptionen, die das Auffinden der Information auch innerhalb von abgelegten Arbeitspapieren ermöglichen

Auch bei dieser Lösung ist eine Integration mit der SAP GRC Suite möglich: Risiken und Kontrollen, einschließlich deren Test- und Bewertungsergebnissen, können nach SAP Audit Management synchronisiert und mit den einzelnen Prüf-Items verlinkt werden. Neue Risiken können außerdem in SAP Audit Management direkt vorgeschlagen werden. Diese Integration ist ein wichtiger Effizienztreiber, denn Prüfungen von Schlüsselkontrollen im IKS-Framework eines Unternehmens sowie die Berücksichtigung von bestehenden Risiken gehören zu den wichtigen Aufgaben der internen Revision.

4.3.11 SAP Enterprise Threat Detection

SAP Enterprise Threat Detection ist die neueste SAP-HANA-basierte Lösung, die auf die Aufdeckung SAP-ERP-bezogener Aktivitäten von Cyber-Kriminalität ausgerichtet ist. Die Verwendung von SAP Enterprise Threat Detection ist dabei überwiegend auf die Aufdeckung ausgerichtet, wobei auch präventive Szenarien denkbar sind. Ein verdächtiges Muster wird hier anhand von Protokollen bzw. Logs identifiziert (zum Beispiel aktiver Login mit einer Benutzer-ID von zwei und mehreren Standorten gleichzeitig).

Die wichtigsten Eigenschaften der Lösung SAP Enterprise Threat Detection sind wie folgt:

Logs im Fokus

- das Zusammentragen von Log-Daten aus der Systemlandschaft sowie deren Normalisierung und Vereinheitlichung
- eine Echtzeitauswertung von Angriffsmustern durch die Korrelation von Logs
- eine automatisierte Reaktion auf kritische Alerts
- eine manuelle Analyse zur Identifikation fortgeschrittener Angriffe

Die Lösung SAP Enterprise Threat Detection nutzt die SAP-HANA-spezifischen Vorteile, um mit dem typischen Big-Data-Problem effizient umzugehen: Logfiles in einem SAP-ERP-System können bis zu einer Million neue Einträge pro Stunde generieren.

4.3.12 Audit-Informationssystem

SAP-Hinweis 77503

Bei dem *Audit-Informationssystem* (*AIS*) handelt es sich um einen Dinosaurier bzw. um ein Hilfs-Tool, das als Vorfahre von SAP GRC bezeichnet werden kann und an dieser Stelle zu Referenzzwecken erwähnt wird. In der Praxis kann AIS als eine der möglichen Content-Quellen für Auswertungsszenarien, zum Beispiel dem CMF in SAP Process Control dienen.

Die offizielle Informationsquelle zu diesem Tool ist SAP-Hinweis 77503. Wie der Name schon sagt, ist das AIS ein Informationswerkzeug, das in jedem SAP-ERP-System (kostenlos!) vorhanden ist und Möglichkeiten bietet, die reportbasierte Auswertung verschiedener Daten in den Bereichen Business Audit, System Audit und Tax Audit durchzuführen.

Strukturierte Auswertungsmöglichkeiten

Das AIS liefert eine nach den genannten Bereichen gruppierte Sammlung von SAP-Standardreports (insgesamt über 600), die sonst im Standardmenübaum des SAP-Systems verteilt sind. Einen Mehrwert bietet AIS durch die bilanzposten- und prozessorientierte Darstellung von auditrelevanten Auswertungsmöglichkeiten. Darüber hinaus werden zu den SAP-Reports

Varianten angeboten, die Anhaltspunkte für mögliche Selektionskriterien geben oder direkt verwendet werden können.

Datenextrakte

Das AIS bietet zudem vorkonfigurierte Möglichkeiten, um audirelevante Daten zu extrahieren, die anschließend für Analysezwecke in diversen *CAAT*-Anwendungen (CAAT = Computer Assisted Auditing Techniques) wie IDEA, ACL etc. verwendet werden können (siehe Abschnitt 20.1.1, »Offline-CAAT-Tools«).

Nachteile

In Zusammenhang mit den angebotenen Auswertungsmöglichkeiten enthält das AIS keine zusätzlichen Informationen – weder bezüglich der Interpretation von Auswertungsergebnissen noch bezüglich der Kontrollziele oder Risiken, die aus IKS-Gesichtspunkten relevant wären. Ein weiterer Nachteil ist, dass im AIS keine über die Anzeige der *Spool-Listen* hinausgehende Weiterverwendung von Auswertungsergebnissen möglich ist, wie zum Beispiel deren Protokollierung, Dokumentation und Behebung von Audit-Feststellungen.

Überwindung mit SAP Process Control

Diese beiden Nachteile lassen sich beispielsweise durch den Einsatz von SAP Process Control vermeiden, indem Sie die Standardreports von SAP für die Zwecke der Kontrollautomatisierung im Rahmen des Continuous Monitoring Frameworks verwenden (siehe Kapitel 20, »Umsetzung von automatisierten Test- und Monitoring-Szenarien«).

[»]

Verwendung des Audit-Informationssystems

Um an dieser Stelle einen häufig verbreiteten Irrtum zu korrigieren – das AIS muss nicht installiert werden; es bedarf lediglich der Zuweisung von Standard-AIS-Rollen (bzw. deren Anpassung) an einen AIS-Benutzer in SAP ERP.

4.4 Resümee

In diesem Kapitel haben Sie Informationen dazu erhalten, wie SAP das Thema Compliance aus unterschiedlichen Perspektiven behandelt. Die Facetten reichen von der Zertifizierung der Software bis hin zu compliancerelevanten Softwareprodukten und Informationsquellen. Eine Sonderstellung nehmen die SAP-GRC-Lösungen ein: Die GRC-Familie ist in den letzten Jahren um einige neue SAP-HANA-basierte Lösungen gewachsen. Außerdem bekommt man die Auswirkungen der Cloud-Strategie von SAP auch im GRC-Bereich immer deutlicher zu spüren.

Mit diesen Ausführungen schließen wir den ersten Teil des Buches ab. In den weiteren Teilen werden wir zwei Aspekte näher betrachten, die hier schon angeschnitten wurden: In Teil II, »Vom Konzept zum Inhalt: Kontrollen in SAP ERP«, werden die Kontrollen im SAP-System ausführlich erörtert. Teil III, »Von Konzept und Inhalt zur Umsetzung: Die Automatisierung eines Internen Kontrollsystems«, hat die IKS-Automatisierung zum Gegenstand, unter anderem mithilfe von SAP Process Control, einem Produkt, das Sie hier bereits kennengelernt haben.

TEIL II

Vom Konzept zum Inhalt: Kontrollen in SAP ERP

Im ersten Teil dieses Buches haben Sie das theoretische Rüstzeug zum Thema IKS-Compliance im SAP ERP-Umfeld erhalten.

Mit diesem Wissen ausgestattet, können Sie sich nun an die Arbeit machen! Es gilt, den Inhalt eines eigenen IKS-Frameworks zu gestalten.

In diesem Teil werden die grundlegenden compliancerelevanten Zusammenhänge im SAP-System dargelegt, und es wird erläutert, wie Sie diese Zusammenhänge selbstständig nachvollziehen und die relevanten Kontrollmechanismen im SAP-System finden können. Anschließend werden die wichtigsten Kontrollmechanismen in SAP ERP erläutert, entsprechend der bereits bekannten Struktur. Dabei werden den Themen Betrug, FDA- und Datenschutz-Compliance eigene Kapitel gewidmet. Die bis dato noch recht unübliche Betrachtungsweise, dass Kontrollmechanismen im ERP-Umfeld einem Unternehmen helfen können, Ineffizienzen in Geschäftsprozessen aufzudecken, wird besonders berücksichtigt: Auf Sie wartet eine durch Beispiele unterstützte detaillierte Beschreibung, wie man solche Kontrollszenarien selbstständig automatisieren kann.

Kapitel 5
Revisionsrelevante SAP-Basics

Man kann unmöglich alles wissen. Besonders in einem komplexen ERP-System wie SAP ERP muss man – das Verständnis der grundlegenden Zusammenhänge vorausgesetzt – die möglichen Informationsquellen kennen und Suchtechniken beherrschen.

Die Prüfung eines SAP-Systems erfordert oft fast die Fertigkeiten eines Hackers, um hinter die Kulissen einer Applikation blicken zu können. Das SAP-System bietet hierzu eine breite Palette an Suchoptionen und Analyse-Tools.

Unter Compliance-Gesichtspunkten sind im SAP-ERP-Umfeld zwei große Bereiche von Bedeutung (siehe Abbildung 5.1).

- die Applikationslogik von SAP, bestehend aus dem Zusammenspiel von Transaktionen, Programmen und Datenbanktabellen
- der Schutz des Zugriffs auf die Applikationslogik

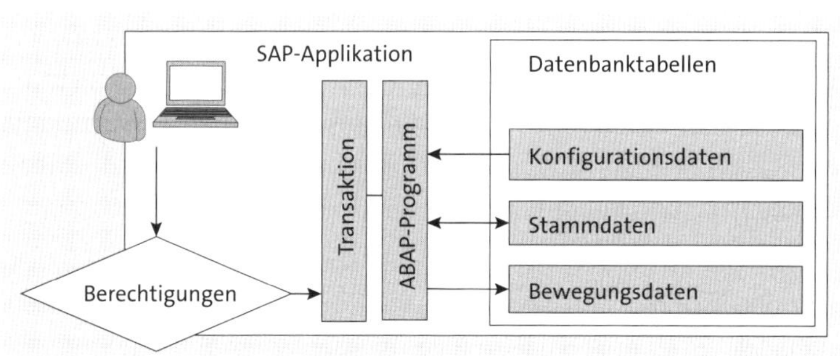

Abbildung 5.1 SAP in a Nutshell

Der Struktur aus Abbildung 5.1 folgend, erfahren Sie in diesem Kapitel Folgendes:

- welche Vorteile die Tabellensteuerung im SAP-System hat
- welche Arten von Daten und Applikationskontrollen im SAP-System existieren

- wie die grundlegenden Zusammenhänge zwischen Transaktionen, ABAP-Programmen und Tabellen in einer SAP-Applikation aussehen
- wie diese Zusammenhänge mithilfe diverser Such-Tools und Optionen eigenständig nachvollzogen und gegebenenfalls relevante Applikationskontrollen gefunden werden können
- wie Applikationskontrollen im SAP-System geprüft werden
- wie das Berechtigungskonzept im SAP-System funktioniert
- wie man die revisionsrelevanten Berechtigungsinformationen eigenständig findet
- wie eine Prüfung der Benutzerberechtigungen durchgeführt werden kann

Dieser »Find-it-yourself«-Ansatz wird Ihnen helfen, die Informationen in den weiteren Kapiteln von Teil II, »Vom Konzept zum Inhalt: Kontrollen in SAP ERP«, sowie die in Teil III, »Von Konzept und Inhalt zur Umsetzung: Die Automatisierung eines Internen Kontrollsystems«, beschriebenen Ansätze zur Automatisierung der Test- und Monitoring-Szenarien besser zu verstehen.

5.1 Am Anfang war die Tabelle: SAP-System als tabellengesteuerte Applikation

SAP-System: über 90.000 Datenbanktabellen

Das SAP-System ist tabellengesteuert. Tabellengesteuert heißt, dass die wesentlichen Programmbestandteile, die den Ablauf der Datenverarbeitung bestimmen, zum Teil als Inhalte der Datenbanktabellen ausgelagert sind. Das bedeutet, dass es im ABAP-Code der Programme Verweise auf die Inhalte von Feldern in Datenbanktabellen gibt.

Die Anzahl der Datenbanktabellen in SAP ERP spricht für sich: über 90.000 Tabellen sind es – befüllt mit Stamm-, Steuerungs- und Bewegungsdaten. Um in einem SAP-System revisionsrelevante Aufgaben wahrzunehmen, ist es unumgänglich, die Logik der Applikation zu verstehen – und diese Logik spielt sich vor allem in all den komplexen Zusammenhängen ab, die sich in der Struktur und in den Zusammenhängen zwischen den einzelnen Tabellen widerspiegeln.

Das folgende Beispiel illustriert, wie man auf die oben genannte Anzahl der Tabellen im SAP-System kommt. Tabelle DD02L beinhaltet die Kurzbeschreibung »SAP-Tabellen« (siehe Abbildung 5.2).

Tabelle	Kurzbeschreibung
DD02L	SAP-Tabellen

Abbildung 5.2 Tabelle DD02L: SAP-Tabellen

Wenn Sie den Data Browser (Transaktion SE16) aufrufen, können Sie die Auswahl im Feld **Tabellenart** auf TRANSP (transparente Tabelle) einschränken (siehe Abbildung 5.3).

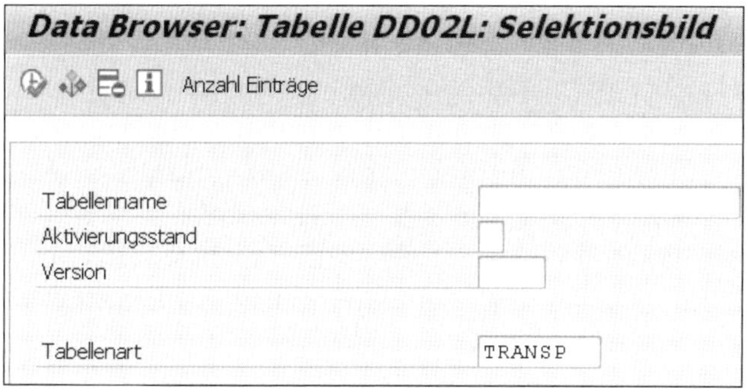

Abbildung 5.3 Tabelle DD02L im Data Browser

Klicken Sie anschließend auf **Anzahl Einträge**. Das Ergebnis sehen Sie in Abbildung 5.4.

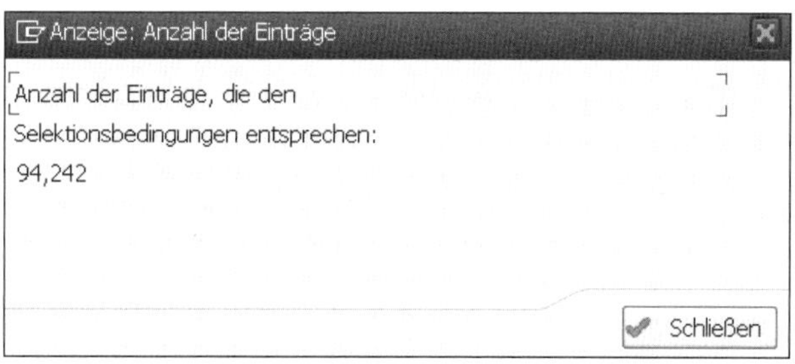

Abbildung 5.4 Anzahl der Tabellen anzeigen: Ergebnisse

Wie Sie Abbildung 5.5 entnehmen können, umfasst das SAP-System sechs Tabellenarten. Tabellenart TRANSP war ausgewählt, weil die Großzahl der Konfigurations-, Stammdaten- und transaktionalen Tabellen (mehr dazu erfahren Sie in Kapitel 6, »Generelle IT-Kontrollen in SAP ERP«) zu dieser Tabellenart gehören.

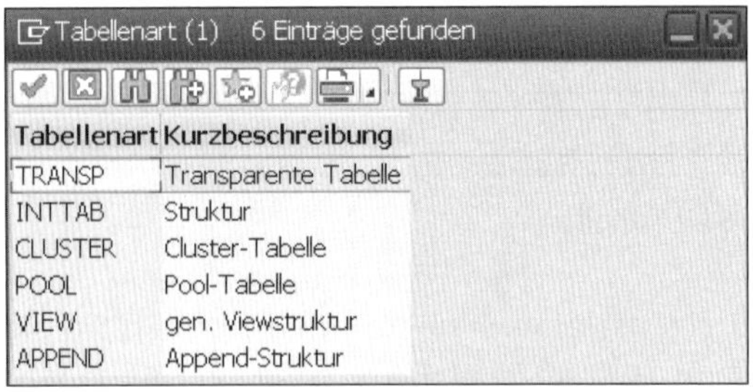

Abbildung 5.5 Tabellenarten im SAP-System

Die Steuerung der Programmlogik durch die Tabelleninhalte ermöglicht es, die Prozesse, die im SAP-System abgebildet werden sollen, an die Kundenbedürfnisse anzupassen. Auch im Zusammenhang mit dem Generationenwechsel der SAP-Lösungen und zunehmender Relevanz von SAP S/4HANA hat sich in dieser Hinsicht nichts geändert – dabei betreffen viele Anpassungsmöglichkeiten direkt die compliancerelevanten Applikationskontrollen. Zwei Beispiele für compliancerelevante Kontrollen finden Sie im Folgenden:

- **Toleranz bei der Bestimmung der Mehrwertsteuer**
  Die maximal erlaubte Differenz zwischen dem manuell eingegebenen und dem vom SAP-System berechneten Wert der Mehrwertsteuer kann als Prozentsatz festgelegt werden. Dieser Toleranzbetrag wird in Tabelle T007A im Feld **Tolerance** definiert.
- **Vier-Augen-Prinzip bei der Lieferantenpflege**
  Falls bei der Stammdatenpflege von Lieferanten ein Vier-Augen-Prinzip eingeführt werden soll, müssen entsprechende Einträge in Tabelle T055F gepflegt werden; dann muss eine zweite Person einen neu angelegten Lieferanten genehmigen, bevor dieser verwendet werden kann.

Angesichts der aufgeführten Beispiele können Sie sich vorstellen, dass es viele weitere Applikationskontrollen gibt. Die Abhängigkeit der Programmlogik von Tabelleninhalten erfordert verstärkte Kontrollen der Änderungen von Tabelleninhalten (siehe Abschnitt 7.2, »Kontrollen für die datenbezogene Nachvollziehbarkeit«) sowie eine Restriktion des Systemzugriffs mit Änderungsberechtigungen.

Tabellensteuerung: Vorteile aus IKS- und Revisionssicht

Die *Tabellensteuerung* im SAP-System bringt aus Revisionssicht folgende Vorteile:

- Transparenz und Nachvollziehbarkeit der Applikationslogik
- Möglichkeiten für die Einrichtung von Applikationskontrollen ohne Programmieraufwand

- die Basis für die Automatisierung der Designbewertung von Applikationskontrollen durch die Auswertung der Tabelleninhalte
- Die mehrfache Replikation derselben Daten auf unterschiedlichen Aggregationsstufen (zum Beispiel Debitorenposten, Hauptbuchbelege, Sachkontensalden) sorgt für eine höhere Sicherheit gegen diverse Manipulationen: Diese würden zum Verlust der Konsistenz der Daten führen, die über mehrere Tabellen hinweg gegeben sein muss.

Abhängig von ihrem Inhalt, lassen sich SAP-Tabellen in Stammdaten-, Bewegungsdaten- und Konfigurationstabellen unterscheiden.

5.1.1 Daten im SAP-System

Abhängig von Datenvolumen, Inhalt der Daten sowie ihrem Verarbeitungsprozess, unterscheidet man zwischen Stamm-, Steuerungs- und Bewegungsdaten. Diese unterschiedlichen Datenarten stellen wir Ihnen im Folgenden vor.

Stammdaten

Grunddaten für die Aufzeichnung der Geschäftsvorfälle

Stammdaten sind in einem SAP-System Grunddaten, die für die Aufzeichnung der Geschäftsvorfälle benötigt werden. Aus Revisionsgesichtspunkten sind die wichtigsten Stammdaten im SAP-System in Haupt- und Nebenbüchern zu finden:

- *Hauptbuch*: Sachkonten, Kostenstellen, Profit-Center
- *Nebenbücher*: spezifische Stammdaten
  - *Debitorenbuchhaltung*: Kundenstammdaten
  - *Kreditorenbuchhaltung*: Lieferantenstammdaten, Zahlungsbedingungen
  - *Anlagenbuchhaltung*: Anlagenstammdaten
  - *Materialwirtschaft*: Materialstammdaten
  - *Personalwesen*: Personalstammdaten

Segmente bei den Stammdaten

Wie Sie in Abbildung 5.6 sehen, sind Stammdaten im SAP-System üblicherweise in zwei Segmente aufgeteilt:

- **A-Segment**
  Hier sind organisationseinheitsunabhängige (zum Beispiel buchungskreisübergreifende) Daten eines Stammdatenobjektes enthalten, die im gesamten Mandanten eines SAP-Systems gelten (zum Beispiel Tabelle LFA1 mit den Lieferantenstammdaten; hier kommt jeder Lieferant nur einmal vor).

- **B-Segment**
  In diesem Segment sind organisationseinheitsspezifische Stammdaten enthalten (zum Beispiel Tabelle LFB1 mit den Lieferantenstammdaten; hier sind zusätzliche Daten zu finden, die in jeder Organisationseinheit bzw. in jedem Buchungskreis für einen Kreditor gepflegt werden können).

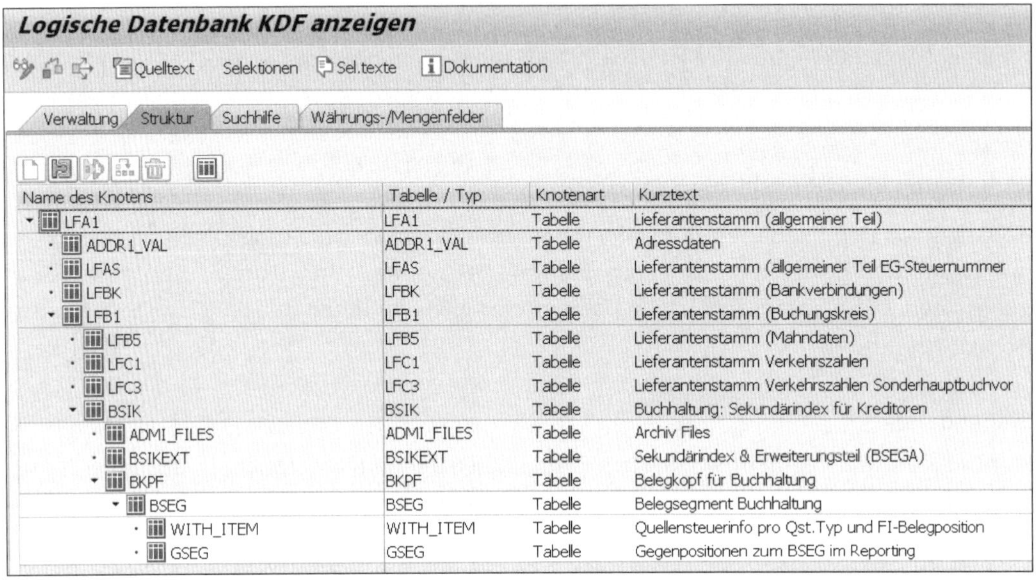

Abbildung 5.6 Tabellenstruktur der Lieferantenstammdaten – Beispiel

Beide Segmente sind miteinander verknüpft (A:B = 1:n; LFA1 zu einem Kreditor: immer nur einmal (im Mandanten); LFB1 zu einem Kreditor: in jeder Organisationseinheit (zum Beispiel Buchungskreis), in der dieser Kreditor angelegt ist). Bei der Anlage der neuen Stammdaten müssen zuerst die zentralen Daten (das A-Segment) generiert werden.

Bewegungsdaten

Bewegungsdaten stellen das Ergebnis der Aufzeichnung der Geschäftsvorfälle dar; man spricht dabei von *elektronischen Belegen*. Die Aufteilung der Bewegungsdaten erfolgt im SAP-System entsprechend der Gliederung der Geschäftsvorgänge. Im Folgenden finden Sie hierzu einige Beispiele:

- **Finanzbuchhaltung**
  Buchungen im Hauptbuch und aus den Nebenbüchern: Debitoren- und Kreditorenbuchungen, Anlagenbewegungen und -abschreibungen etc.

- **Einkauf**
  Bestellanforderungen, Bestellungen, Materialbewegungen etc.
- **Vertrieb**
  Verkaufsbelege, Vertriebsbelege

Belegkopf und Belegsegment

Der grundlegende Aufbau der Bewegungsdaten im SAP-System sieht komponenten- und prozessübergreifend ähnlich aus: Ein Dokument im SAP-System besteht aus einem *Belegkopf*, der mit einem oder mehreren zugehörigen *Belegsegmenten* verlinkt ist. In Abbildung 5.7 sehen Sie den Aufbau der Bewegungsdaten im Hauptbuch, im Wesentlichen die Tabellen BKPF (Belegkopf) und BSEG (Belegsegment).

Abbildung 5.7 Tabellenstruktur der Bewegungsdaten in der Finanzbuchhaltung

Der Aufbau von Bewegungsdaten folgt im SAP-System einheitlichen Regeln: Sie bestehen aus einem Belegkopf und zugehörigen Segmenten oder Positionen (siehe Abbildung 5.8).

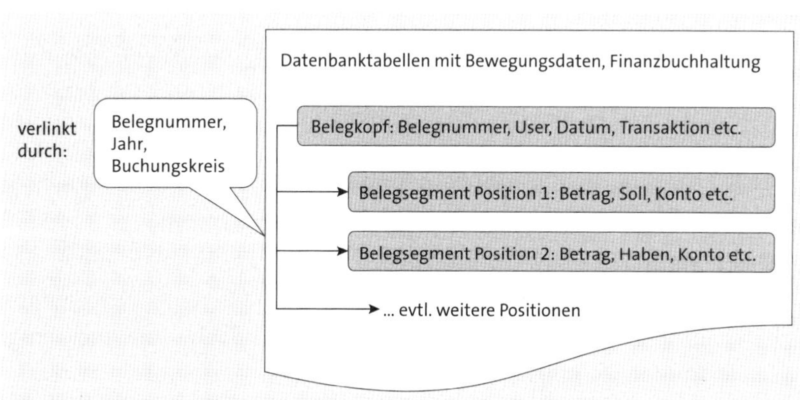

Abbildung 5.8 Aufbau eines Buchhaltungsbelegs im SAP-System

- **Belegkopf**
  Der Belegkopf enthält generelle Daten zum jeweiligen Geschäftsvorgang wie Belegerfasser, Datum, Transaktion (mit der der Vorgang erfasst wurde), Belegnummer, Organisationseinheit (je nach Prozess: Buchungskreis, Werk, Verkaufsorganisation etc.).
- **Belegsegment**
  Das Belegsegment enthält detaillierte Angaben zum Geschäftsvorgang wie Betrag, gegebenenfalls Menge, Soll-/Haben-Kennzeichen, Sachkonto etc. Bei den Buchhaltungsbelegen sorgt die Systemlogik für mindestens zwei Belegsegmente pro Beleg, wobei innerhalb eines Belegs die Summe der Soll-Beträge gleich der Summe der Haben-Beträge ist. Damit wird das Prinzip der doppelten Buchführung im SAP-System sichergestellt.

Beleg eindeutig identifizieren

Belegkopf und Belegsegment sind miteinander durch die Belegnummer, das Geschäftsjahr und die ID der entsprechenden Organisationseinheit verbunden. Dies ist bedingt durch die Vergabelogik von Belegnummern im SAP-System, bei der die gleiche Belegnummer – von weiteren Belegattributen abgesehen – im SAP-System mehrfach vergeben werden kann.

Wichtige Datumsfelder

Eine wichtige Bedeutung kommt dem Datum im Beleg zu. Folgende Datumsfelder sind in einem Buchhaltungsbeleg enthalten:

- **Erfassungsdatum**
  Dies ist ein Zeitstempel, der vom SAP-System bei der Erfassung des Belegs vergeben wird. Manuell kann dieses Datum nicht geändert/beeinflusst werden.
- **Buchungsdatum**
  Aus Revisionssicht ist dies das wichtigste Datum, weil die Zuordnung der Geschäftsvorfälle zu einer bestimmten Buchungsperiode nach diesem Datum erfolgt. Das Buchungsdatum wird manuell erfasst.

Weitere Datumsfelder

Je nach Prozess bzw. Nebenbuch können weitere Datumsfelder relevant sein:

- **Belegdatum**
  Dies ist ein Referenzdatum, das manuell aus dem zugrundeliegenden externen Dokument (zum Beispiel eingehende Lieferantenrechnung) übernommen werden kann.
- **Ausgleichsdatum**
  Bei den Positionen, die nach dem Offene-Posten-Prinzip geführt werden (zum Beispiel Fakturen, eingehende Lieferantenrechnungen, Warenein-

gänge, Zahlungen etc.), wird in diesem Feld das Datum des Ausgleichs bzw. der manuellen oder automatischen Zuordnung der zusammengehörigen Positionen vom SAP-System gepflegt.

- **Fälligkeitsdatum**
  Das Fälligkeitsdatum, auch *Zahlungsfristenbasisdatum* genannt, bestimmt, wann eine offene Kreditoren- oder Debitorenrechnung fällig ist. Werden im Beleg Skontoprozentsätze (und Tage) nicht definiert, ist die Bezahlung am Zahlungsfristenbasisdatum fällig. Die altersstrukturbezogene Bewertung (und gegebenenfalls Abschreibung) von offenen Debitorenposten basiert beispielsweise auf diesem Datum.

In Abbildung 5.9 und Abbildung 5.10 sehen Sie Beispiele für Datumsfelder in Kreditorenbelegen (Feldnamen und Feldbezeichnungen).

MANDT	KTOPL	SAKNR	XBILK	SAKAN	BILKT	ERDAT	ERNAM	GVTYP

Abbildung 5.9 Beispiel für Datumsfelder in Kreditorenbelegen: technische Feldnamen

Mandant	Kontenplan	Sachkonto	Bestandskonto	Sachkonto	Konzernkontonummer	Angelegt am	Angelegt von	ErfolgsktoTyp
100	1000	0001000000	X	1000000	0000010000	14.08.2000	I001068	
100	1000	0001000001	X	1000001	0000010000	23.01.2002	ERICHB	
100	1000	0001000002	X	1000002	0000010000	23.01.2002	ERICHB	
100	1000	0001000003	X	1000003	0000010000	06.04.2004	11BMENZI	
100	1000	0001000004	X	1000004	0000010000	01.07.2004	11BMENZI	

Abbildung 5.10 Beispiel für Datumsfelder in Kreditorenbelegen: Feldbezeichnungen

Die grundlegenden Anforderungen an einen Beleg wie fortlaufende Nummerierung, eindeutige Zuordnung, Zeitnähe etc. werden mithilfe dieser Felder gewährleistet. Nähere Informationen bezüglich der Einhaltung der jeweiligen Grundsätze eines buchhaltungsrelevanten Belegs finden Sie in Kapitel 7, »Übergreifende Applikationskontrollen in SAP ERP«, und Kapitel 8, »Kontrollen in der Finanzbuchhaltung«.

Konfigurationsdaten

Konfigurationstabellen steuern Prozesse im SAP-System

Die Mehrheit der Tabellen im SAP-System enthält Konfigurationsdaten und bestimmt die Abläufe und Prozesse in der SAP-Applikation – die sogenannten *Konfigurationstabellen*. Dies wird dadurch ermöglicht, dass die Logik der ABAP-Programme Verweise auf die Inhalte entsprechender Konfigurationstabellen beinhaltet. Dies wiederum ermöglicht eine flexible Anpassung der im SAP-System abgebildeten Geschäftsprozesse.

Der Aufbau von Konfigurationstabellen kann, je nach Prozess und Komponente, variieren, jedoch sind folgende generelle Eigenschaften einer Konfigurationstabelle im SAP-System üblich:

Eine Konfigurationstabelle (zum Beispiel Tabelle T090NA, Abschreibungsschlüssel, siehe Abbildung 5.11) besteht aus:

- Definition eines *Hauptsteuerungsobjektes* ❶ (zum Beispiel Abschreibungsschlüssel in der Anlagenbuchhaltung)
- gegebenenfalls Verlinkung zu anderen *zusammenhängenden Steuerungsobjekten* (zum Beispiel Bewertungsplan in der Anlagenbuchhaltung), die unter anderem eine automatische Ermittlung des Hauptsteuerungsobjektes ermöglicht
- die dem Steuerungsobjekt zugeordnete *Verarbeitungslogik* ❷ (zum Beispiel tagesgenaue Berechnung der Abschreibungen)

Feld	Datentyp	Länge	Kurzbeschreibung
MANDT	CLNT	3	Mandant
AFAPL	CHAR	4	Bewertungsplan für die Anlagenbewertung
AFASL	CHAR	4	Abschreibungsschlüssel
XAKTIV	CHAR	1	Status des Abschreibungsschlüssels
METHBT	CHAR	3	Höchstbetragmethode
ANHWSL	CHAR	3	Anhaltewertschlüssel
XNAAUS	CHAR	1	Normalabschreibung aussetzen bei Sonderabschreibung
XZIAUS	CHAR	1	Zinsen aussetzen wenn keine Abschreibungen geplant
XNAZUG	CHAR	1	Zugang nur im Jahr der Aktivierung
XPERGJ	CHAR	1	Periodensteuerung je Geschäftsjahr
PROZST	NUMC	1	Anzahl der Stellen, auf die der Prozentsatz gerundet wird
XDAILY	CHAR	1	Tagesgenaue Berechnung der Abschreibungen
XRAFA	CHAR	1	Abschreibungen doch nicht kürzen im Rumpfgeschäftsjahr

Abbildung 5.11 Konfigurationstabelle für Abschreibungsschlüssel

Einer Konfigurationstabelle wird eine *weitere Tabelle* mit der Bezeichnung des jeweiligen Hauptsteuerungsobjektes (zum Beispiel Tabelle T090NAT, Bezeichnung Abschreibungsschlüssel) zugeordnet, wobei alle vom SAP-System unterstützten Sprachen berücksichtigt werden.

Änderungen an Konfigurationstabellen

Änderungen der Inhalte von Konfigurationstabellen sollten strikten Regeln im Rahmen des Change Managements unterliegen (siehe Kapitel 6, »Generelle IT-Kontrollen in SAP ERP«) und sind gegen direkte Änderungen zu schützen.

[+]

SAP-Tabellenhandbuch

Sie können den Report RSSDOCTB (Tabellenhandbuch) verwenden, um die in SAP ERP hinterlegte Dokumentation zu den einzelnen Tabellen einzusehen.

5.1.2 Kontrollen im SAP-System

Entsprechend der inhaltlichen Aufteilung der Daten in einem SAP-System in den Stamm-, Bewegungs- und Konfigurationsdaten kann es sich bei der Einrichtung von Kontrollen oder bei der Durchführung von Prüfungen dieser Kontrollen im SAP-Umfeld (je nach Objekt der Kontrollprozeduren) um *Konfigurations-*, *Stammdaten-* oder *Transaktionskontrollen* handeln (siehe Abbildung 5.12).

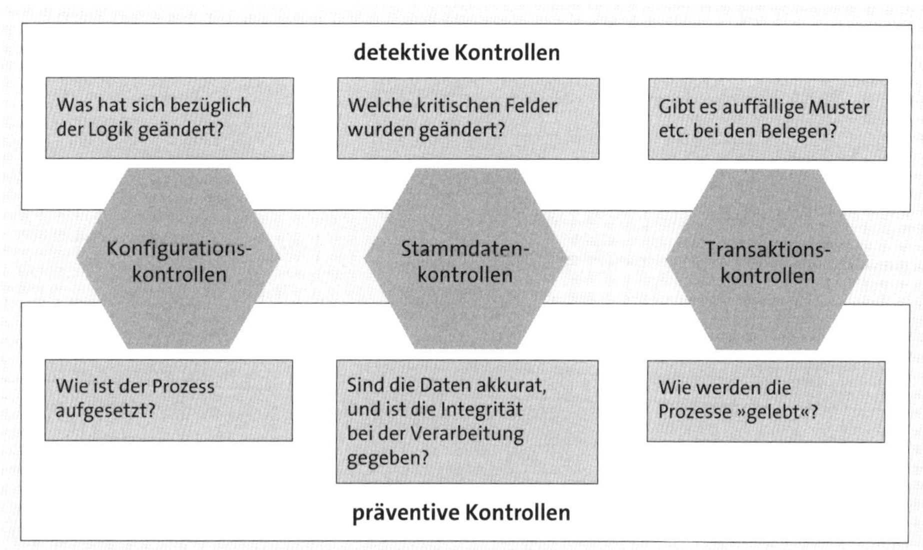

Abbildung 5.12 Arten der Kontrollaktivitäten im SAP-Umfeld

Fragestellungen für Systemprüfungen

Nachfolgend sind einige Beispiele für typische Fragestellungen aufgelistet, die im Zusammenhang mit der Systemprüfung und der Beurteilung des Internen Kontrollsystems (IKS) im SAP-Umfeld entstehen:

Konfigurationskontrollen

Konfigurationskontrollen steuern die Logik der Datenverarbeitung und spielen aus diesem Grund eine zentrale IKS-Rolle bei ERP-gestützten Geschäftsprozessen. Fragen bei Konfigurationskontrollen betreffen die Frage, ob die Customizing-Einstellungen dem Kontrollziel im Geschäftsprozess entsprechen:

- **Vollständigkeit**
  Wird zum Beispiel die ALE-Audit-Funktion bei der Übertragung der Dokumente über eine Schnittstelle verwendet?
- **Bewertung**
  Sind zum Beispiel Einstellungen für die automatisierte Abwertung der Materialbestände nach dem Niederstwertprinzip korrekt?
- **Ausweis**
  Wurde zum Beispiel die Kontenfindung für das automatisierte Aufspalten des WE/RE-Saldos in »unterwegs befindliche Ware« und »unterwegs befindliche Rechnung« korrekt gepflegt?
- **Richtigkeit**
  Sind zum Beispiel die in Steuerschlüsseln gepflegten Werte für die Berechnung der Umsatzsteuer richtig?
- **Vier-Augen-Prinzip**
  Wurde zum Beispiel die Review-Funktion für das Anlegen der Kreditoren aktiviert?
- **Änderungsmanagement, generelle IT Kontrolle**
  Wurden die Änderungen der Konfigurationsdaten im Einklang mit dem definierten Change-Management-Prozess durchgeführt? Wurden sie genehmigt/getestet?

Stammdatenkontrollen

Manche Felder in den Stammdaten übernehmen eine Steuerungsfunktion, beeinflussen den Prozess der Aufzeichnung der Geschäftsvorgänge und sind daher aus IKS-Sicht relevant. Fragen hinsichtlich der *Stammdatenkontrollen* zielen darauf ab, ob die in den Stammdaten enthaltenen Werte das Kontrollziel unterstützen. Zum Beispiel geht es um die Klärung folgender Fragen:

- **Bewertung**
  Wurden zum Beispiel die Kreditlimits vollständig gepflegt, sodass sich das Risiko von Wertberichtigungen auf Forderungen aufgrund ihrer geringen Werthaltigkeit reduziert?
- **Ausweis**
  Wurden zum Beispiel in den Stammsätzen der Kreditoren die korrekten Abstimmkonten zugeordnet? Sind die debitorischen Kreditoren gesondert ausgewiesen?
- **Vier-Augen-Prinzip**
  Wurde zum Beispiel die Erfassung der Bankverbindung im selben Schritt mit der Rechnungserfassung genehmigt? Wurden kritische Änderungen

(Bankverbindung, Abstimmkonto etc.) kontrolliert und genehmigt? Gibt es einen Hinweis auf Unregelmäßigkeiten?

Transaktionskontrollen

Die aufgezeichneten Geschäftsvorfälle können nachträglich einzeln beurteilt werden, zum Beispiel auf die Effektivität des IKS und dessen Ordnungsmäßigkeit hin. Fragen bei solchen *Transaktionskontrollen* sind zum Beispiel:

- **Präventive Kontrolle**
  Sind die Berechtigungskontrollen richtig implementiert?
- **Detektive Kontrolle**
  Wurden zum Beispiel Wareneingänge und Bestellungen für das gleiche Material von der gleichen Person erfasst?

  Wurden bei der manuellen Erfassung der Geschäftsvorgänge Richtlinien eingehalten (an Stellen, an denen Applikationskontrollen nicht vorhanden oder nicht ausreichend sind), zum Beispiel falsche Kontierung, Überschreitung des Betragslimits bei der Erfassung der CpD-Rechnungen (CpD = Conto pro Diverse) etc.?

  Gibt es Hinweise auf mögliche Unregelmäßigkeiten mit Fraud-Potenzial, zum Beispiel Buchungen an Wochenenden, Verwendung eigener Bankverbindungen von Mitarbeitern bei der Erfassung von CpD-Eingangsrechnungen, Splitting der Bestellungen etc.?

Viele dieser Fragen können mithilfe der Suchoptionen im SAP-System beantwortet werden. Diese können Ihnen helfen, grundlegende Zusammenhänge im SAP-System nachzuvollziehen. In den folgenden Abschnitten lernen Sie die wichtigsten Suchoptionen kennen.

5.1.3 Tabellenbezogene Suche

Fragestellungen bei der tabellenbezogenen Suche

Nicht immer gibt es passende Transaktionen oder Reports, die die gewünschten Informationen in Bezug auf revisionsrelevante Fragestellungen liefern können. An diese Informationen gelangen Sie oft nur durch direktes Zugreifen auf die Inhalte von Datenbanktabellen. Nachfolgend sind einige Beispiele für solche Fragestellungen aufgeführt:

- In welchen Tabellen und Feldern sind die gesuchten Daten enthalten?
- Wie sind die Tabellen miteinander verknüpft, welche Daten/Tabellen sind im Zusammenhang mit dem Gesuchten sonst von Bedeutung?
- In welchen Tabellen werden Konfigurationsdaten verwaltet?
- Wo findet man die generellen Eigenschaften der Tabellen?

Auch bei der Analyse von Kontrollmechanismen entstehen diese Fragen, die durch die tabellen- bzw. datenbezogene Suche beantwortet werden können.

Wichtige Data-Dictionary-Tabellen

Eine hilfreiche Informationsquelle bezüglich Tabellen und deren Eigenschaften wie Pflegestatus, Änderungsprotokollierung etc. sind die folgenden beiden Data-Dictionary-Tabellen:

- DD02L – SAP-Tabellen
- DD09L – Technische Einstellungen von Tabellen

Suche via Transaktion SE16 (Data Browser)

Die gängigste und die meistverwendete Suchoption ist Transaktion SE16 (Data Browser), die die Suche nach Tabellennamen sowie die Anzeige der Tabelleninhalte ermöglicht.

Mit diesem Werkzeug ausgerüstet, kommen Sie bereits recht weit: Nach dem Aufruf von Transaktion SE16 gelangen Sie in den Data Browser. Hier haben Sie die Option, direkt einen technischen Tabellennamen in das Feld **Tabellenname** einzugeben (siehe Abbildung 5.13).

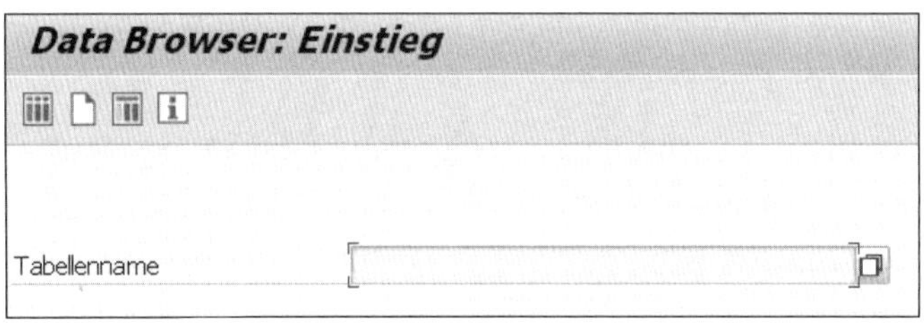

Abbildung 5.13 Tabellensuche über den Data Browser (Transaktion SE16): Suche nach dem Tabellennamen

Alternativ können Sie über das Feld **Kurzbeschreibung** nach der Tabellenkurzbeschreibung suchen (siehe Abbildung 5.14).

Abbildung 5.14 Tabellensuche über den Data Browser (Transaktion SE16): Suche nach der Tabellenbeschreibung

Als Suchergebnis werden die gewünschten Tabellen aufgelistet (siehe Abbildung 5.15).

Repository Infosystem: Tabellen suchen (7 Treffer)

Tabellenname	Kurzbeschreibung
GLACCREFH	Sachkontenstamm: Anlegen mit Vorlage
GLACCREFI	Sachkontenstamm: Anlegen mit Vorlage
GLT0	Sachkontenstamm Verkehrszahlen
SKA1	Sachkontenstamm (Kontenplan)
SKAS	Sachkontenstamm (Kontenplan: Schlagwortver
SKAT	Sachkontenstamm (Kontenplan: Bezeichnung)
SKB1	Sachkontenstamm (Buchungskreis)

Abbildung 5.15 Liste von Tabellen

Mit einem Doppelklick auf eine Zeile (im Beispiel Tabelle SKA1) können Sie sich einzelne Tabellen und deren Inhalte anzeigen lassen (siehe Abbildung 5.16).

Data Browser: Tabelle SKA1 500 Treffer

Prüftabelle...

Tabelle: SKA1
Angezeigte Felder: 19 von 21 Feststehende Führungsspalten: 3 Listbreite 0250

MANDT	KTOPL	SAKNR	XBILK	SAKAN	BILKT	ERDAT	ERNAM	GVTYP	KTOKS
100	1000	0001000000	X	1000000	0000010000	14.08.2000	I001068		10
100	1000	0001000001	X	1000001	0000010000	23.01.2002	ERICHB		10
100	1000	0001000002	X	1000002	0000010000	23.01.2002	ERICHB		10
100	1000	0001000003	X	1000003	0000010000	06.04.2004	11BMENZI		10
100	1000	0001000004	X	1000004	0000010000	01.07.2004	11BMENZI		10
100	1000	0001000005	X	1000005	0000010000	06.04.2004	11BMENZI		10
100	1000	0001000006	X	1000006	0000010000	01.07.2004	11BMENZI		10
100	1000	0001000007	X	1000007	0000010000	05.10.2009	11CTRUOG		10
100	1000	0001000008	X	1000008	0000010000	04.05.2011	11CTRUOG		10
100	1000	0001000010	X	1000010	0000010000	14.08.2000	I001068		10
100	1000	0001000013	X	1000013	0000010000	01.07.2004	11BMENZI		10
100	1000	0001000015	X	1000015	0000010000	01.07.2004	11BMENZI		10
100	1000	0001000020	X	1000020	0000010000	14.08.2000	I001068		10
100	1000	0001000220	X	1000220	0000010000	02.09.2003	11MLINSI		10

Abbildung 5.16 Liste der Tabelleninhalte

Suche über Datenfelder

Tiefer gehende Such- und Analyseoptionen für Tabellen sind im Repository-Infosystem enthalten. Über eine direkte Tabellensuche und -anzeige hinaus bietet Transaktion SE84 (Reporitory-Infosystem) die Suche nach Tabellen über die darin enthaltenen Datenfelder (siehe Abbildung 5.17).

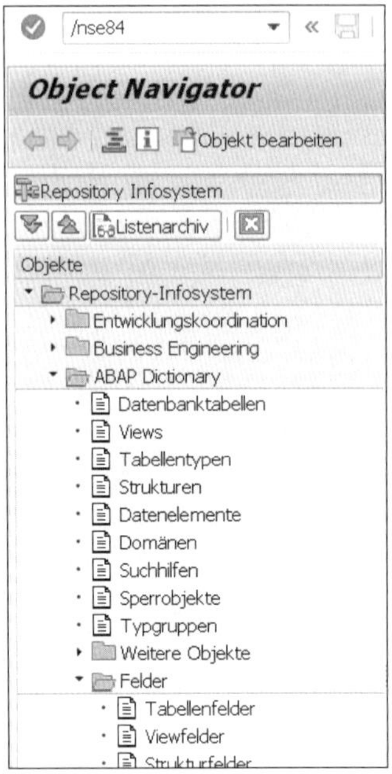

Abbildung 5.17 Tabellensuche über Datenfelder im Object Navigator/ Repository-Infosystem (Transaktion SE84)

Beim Aufruf dieser Transaktion stehen Ihnen zwei Optionen zur Verfügung. Zum einen können Sie über **ABAP Dictionary • Datenbanktabellen** nach dem technischen Tabellennamen oder nach der Tabellenbeschreibung suchen, ähnlich wie bei der zuvor erwähnten Transaktion SE16 (siehe Abbildung 5.18).

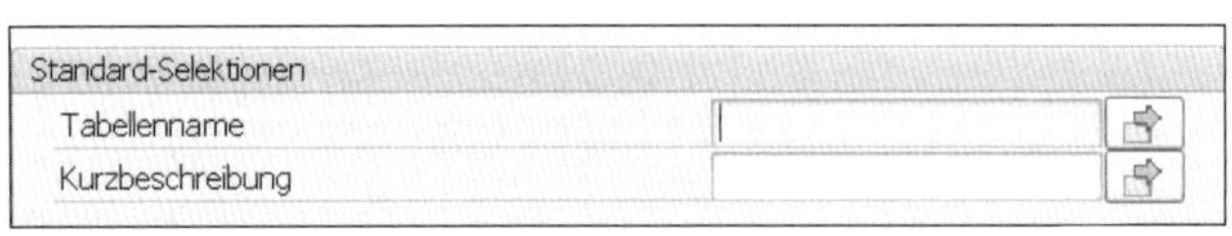

Abbildung 5.18 Tabellensuche über Object Navigator/Repository-Infosystem (Transaktion SE84) – Suche nach Tabellennamen

Zum anderen können Sie, basierend auf Datenfeldern (Bestandteile von Tabellen), über **ABAP Dictionary • Felder • Tabellenfelder** nach Tabellen suchen (siehe Abbildung 5.19).

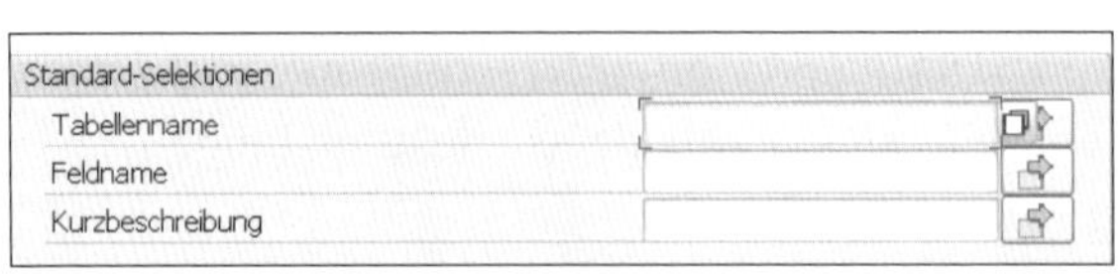

Abbildung 5.19 Tabellensuche über Object Navigator/Repository-Infosystem (Transaktion SE84) – Suche nach Feldnamen und Kurzbeschreibung

[zB]

Tabellensuche über Felder

Bei der Suche nach Tabellen, die das Feld **Kreditorennummer** beinhalten, finden Sie unter anderem die Tabellen LFA1 und LFB1 mit den Kreditorenstammdaten, außerdem die (in SAP S/4HANA nicht mehr vorhandenen) Tabelle BSIK mit den offenen Kreditorenpositionen und Tabelle BSAK mit den ausgeglichenen Kreditorenposten. Diese Tabellen sind besonders hilfreich, um die Applikationslogik im Bereich der Kreditorenbuchhaltung nachzuvollziehen.

Suche der Konfigurations- bzw. Steuerungstabellen

Eine weitere Suchmethode, die insbesondere für die Analyse der Applikationskontrollen nützlich ist, ist die Suche nach den Steuerungstabellen im Einführungsleitfaden (Implementation Guide, kurz IMG). Im IMG sind alle Customizing-Einstellungen zusammengefasst und prozess- und themenbasiert in einen Menübaum integriert (siehe Abbildung 5.20). Sie können hier zum Beispiel ermitteln, dass die Buchungskreise und deren Eigenschaften in Tabelle T001 gepflegt werden. Rufen Sie Transaktion SPRO auf, und klicken Sie auf den Button **SAP-Referenz-IMG**.

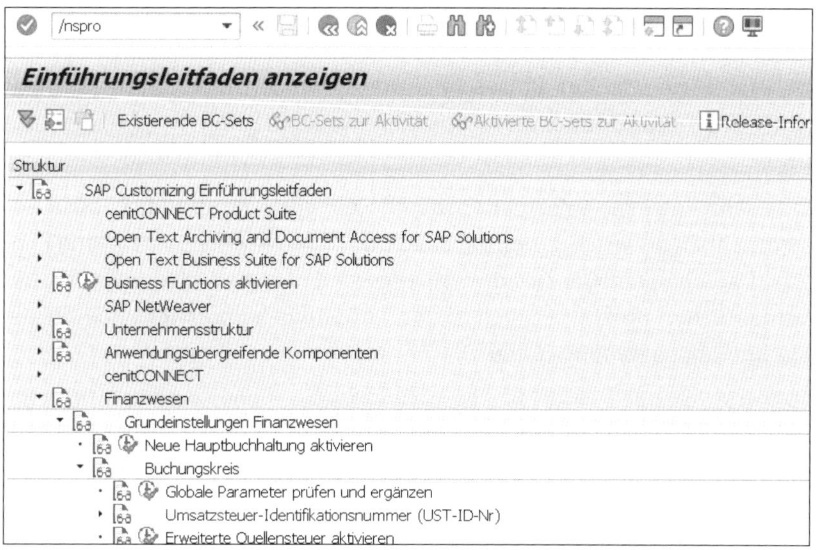

Abbildung 5.20 Suche der Konfigurationstabellen über den IMG (Transaktion SPRO)

Markieren Sie einen Punkt im IMG, und klicken Sie auf den Button **Änderungsprotokoll**. Es erscheint die in Abbildung 5.21 gezeigte Auswertung von Änderungsprotokollen.

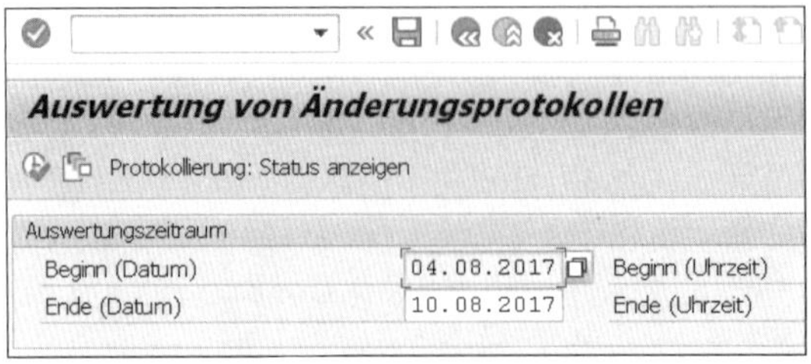

Abbildung 5.21 Auswertung von Änderungsprotokollen

Klicken Sie auf den Button **Protokollierung: Status anzeigen**. Im Suchergebnis sehen Sie den Namen der gesuchten Tabelle. Mithilfe dieser Tabelle können die entsprechenden Konfigurationseinstellungen gespeichert bzw. gepflegt werden (siehe Abbildung 5.22).

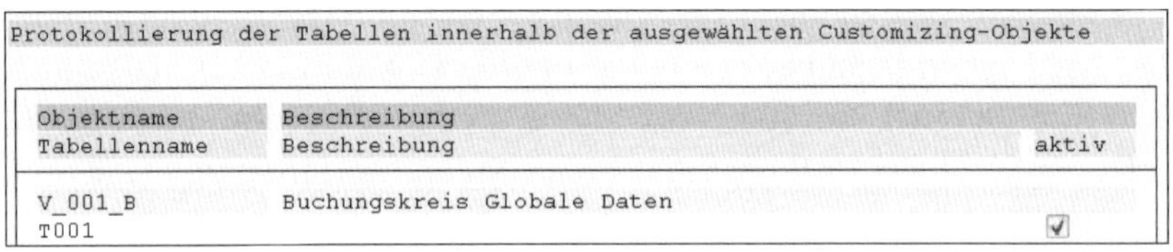

Abbildung 5.22 Protokollierung der Tabellen

Dabei gibt die über den Button **Änderungsprotokoll** aufgerufene Information auch Auskunft über den Status der Protokollierung der jeweiligen Tabelle.

Eine sehr nützliche Informationsquelle bezüglich der grundlegenden Zusammenhänge zwischen den Tabellen und Daten im SAP-System sind logische Datenbanken. Die Zusammenhänge sind dort grafisch dargestellt und verdeutlichen prozessbezogen die Verknüpfungen, in erster Linie für die *Stamm-* und *Bewegungsdaten*.

Haben Sie beispielsweise über die Stichwortsuche herausgefunden, dass die Sachkonten in Tabelle SKA1 (Sachkontenstammdaten, A-Segment) enthalten sind, können Sie mithilfe der logischen Datenbank SDF (Sachkontendatenbank) eigenständig ermitteln, wo die Informationen über Sachkonten bei der Erfassung der Geschäftsvorfälle verwendet werden (Tabelle BSEG). Insbesondere bei der Entwicklung der Datenanalyseszenarien oder von automatisierten Kontrollmechanismen, bei denen Stamm- und Bewegungsdaten im Vordergrund stehen, liefern die logischen Datenbanken wertvolle Informationen.

Logische Datenbanken durchsuchen

Die Suche über logische Datenbanken gestaltet sich wie folgt: Rufen Sie Transaktion SLDB auf. Es erscheint das Bild **Name der LDB** (Logical Data Base). In das Feld **Tabellenname** geben Sie den technischen Namen der Tabelle ein, zu der eine logische Datenbank gesucht wird (in diesem Beispiel »SKA1«). Klicken Sie auf das grüne Häkchen (siehe Abbildung 5.23).

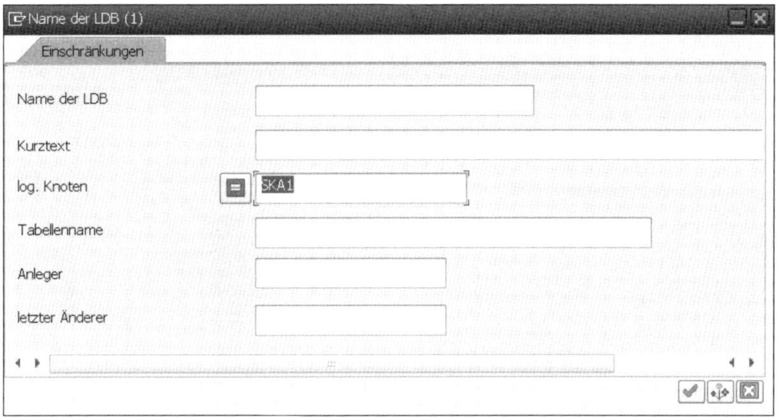

Abbildung 5.23 Suche von Tabellen und Verstehen der Datenmodelle mithilfe logischer Datenbanken (Transaktion SLDB)

Das Suchergebnis bietet die Auflistung von logischen Datenbanken. Markieren Sie die gewünschte Datenbank, und klicken Sie wieder auf das grüne Häkchen (siehe Abbildung 5.24).

Abbildung 5.24 Liste der logischen Datenbanken

Anschließend markieren Sie den Radiobutton **Struktur** und klicken auf den Button **Anzeigen** (siehe Abbildung 5.25).

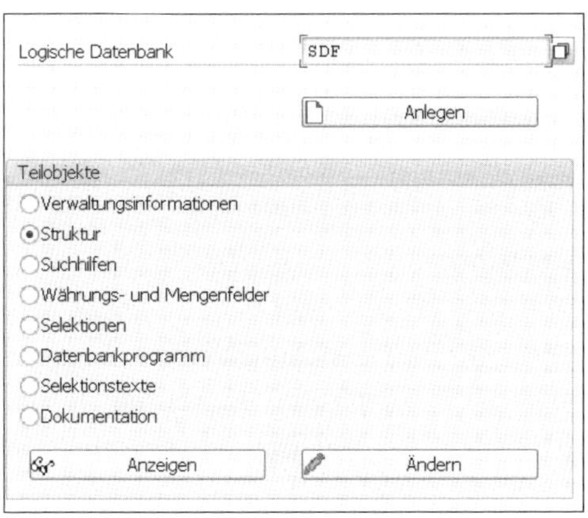

Abbildung 5.25 Objekte anzeigen

Das finale Ergebnis der Suche ist eine Übersicht über die einzelnen Datenbanktabellen und ihre Verknüpfungen untereinander in der entsprechenden logischen Datenbank (siehe Abbildung 5.26).

Abbildung 5.26 Übersicht über die Tabellen und deren Verknüpfung

Logische Datenbanken

Die wichtigsten logischen Datenbanken sind in Tabelle 5.1 im Überblick dargestellt.

Logische Datenbank	Inhalte
SDF	Sachkontendatenbank
BRF	Belegdatenbank (insbesondere die Verknüpfung mit den Stammdatentabellen)
KDF	Kreditorendatenbank
DDF	Debitorendatenbank
ADA	Anlagendatenbank
VRV	logische Datenbank RV: Fakturen
BMM	Materialwirtschaftsdatenbank

Tabelle 5.1 Beispiele für logische Datenbanken

Repository-Infosystem

Eine weitere nützliche Quelle für die grafische Darstellung der Verknüpfungen zwischen den Datenbanktabellen ist das *Repository-Infosystem*. Insbesondere ist es die Quelle für das Nachvollziehen der Zusammenhänge in den Steuerungsdaten, aber auch hilfreich im Bereich der Stammdaten. So können Sie der Übersicht in Abbildung 5.27 entnehmen, dass Tabelle SKA1 unter anderem mit folgenden Tabellen verknüpft ist:

- Tabelle T004 – Verzeichnis der Kontenpläne
- Tabelle T077S – Kontogruppen Sachkonten
- Tabelle T880 – Gesellschaftsdaten (für KONS-Ledger)
- Tabelle TFKB – Funktionsbereiche

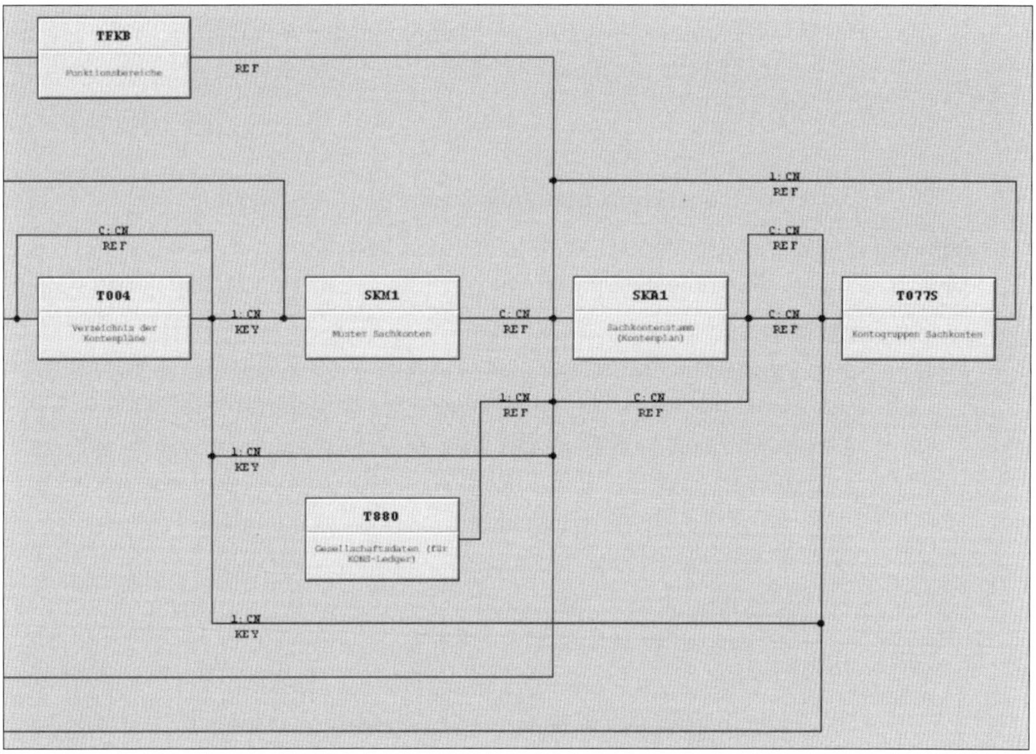

Abbildung 5.27 Grafische Darstellung der Zusammenhänge zwischen den Tabellen im Repository-Infosystem

Um die grafische Übersicht anzuzeigen, gehen Sie folgendermaßen vor: Rufen Sie Transaktion SE84 auf, die wir bereits dargestellt haben. Wählen Sie **ABAP Dictionary • Datenbanktabellen**, und wechseln Sie zur gewünschten Datenbanktabelle. In diesem Beispiel fügen Sie »SKA1« in das Feld **Tabellenname** ein. Über einen Doppelklick gelangen Sie in die Eigenschaften dieser Tabelle. Klicken Sie auf den Button (**Grafische Sicht**), siehe Abbildung 5.28.

Abbildung 5.28 Grafische Darstellung im Repository-Infosystem aufrufen (Transaktion SE84)

Das Ergebnis ist die grafische Darstellung von Verknüpfungen der gewünschten Tabelle mit anderen Tabellen, die Sie in Abbildung 5.27 gesehen haben.

5.1.4 Transaktionsbezogene Suche

Geschäftsprozess als Abfolge von Transaktionen

Prozesse stellen im SAP-System eine Verkettung von Transaktionen dar, die eine Abfolge der einzelnen Schritte in einem Geschäftsprozess abbilden.

Einkaufsprozess als Abfolge von Transaktionen im SAP-System

Der Einkaufsprozess wird im SAP-System wie folgt abgebildet (vereinfacht dargestellt):

- Erfassung einer Bestellanforderung (Transaktion ME51)
- Freigabe einer Bestellanforderung (Transaktion ME54)
- Erfassung einer Bestellung (Transaktion ME21)
- Freigabe einer Bestellung (Transaktion ME28)
- Erfassung eines Wareneingangs (Transaktion MIGO)
- Rechnungseingang und -prüfung (Transaktion MIRO)
- Zahlung (Transaktion F110)

Suche nach Transaktionen

Das Repository-Infosystem ermöglicht die Suche nach Transaktionen über deren Kurzbeschreibung oder deren Transaktionscode (Transaktion SE84). Informationen über die Transaktionsnamen sind in Tabelle TSTCT enthalten, sodass die Suche alternativ direkt über diese Tabelle (Transaktion SE16) erfolgen kann.

Bei der ersten Option starten Sie Transaktion SE84. Anschließend rufen Sie über den Menübaum **Weitere Objekte • Transaktionen** auf (siehe Abbildung 5.29).

Abbildung 5.29 Suche nach Transaktionen im Repository-Infosystem aufrufen (Transaktion SE84)

Bei der zweiten Option rufen Sie Transaktion SE16 auf, geben in das Feld **Tabellenname** »TSTCT« ein und starten die Suche (siehe Abbildung 5.30).

Abbildung 5.30 Suche nach Transaktionen im Data Browser (Transaktion SE16)

Bei den jeweils folgenden Schritten haben Sie die Möglichkeit, das gewünschte Stichwort in die Suchfelder einzutragen, hier »Ergebnisrechnung« in das Feld **Kurzbeschreibung** im Repository-Infosystem oder in das Feld **Text** im Data Browser. Das Ergebnis ist die Auflistung der entsprechenden Transaktionen (siehe Abbildung 5.31).

Transaktionscode	Kurzbeschreibung
CPAE	Templ.-Verr. Ist: Ergebnisrechnung
CPPE	Templ.-Verr. Plan: Ergebnisrechnung
FC10	Vergleichende Ergebnisrechnungen
FC10N	Ergebnisrechnungen
KEKE	Aktivkennzeichen Ergebnisrechnung
OBJ1	C FI Jahresb.wesen. Ergebnisrechnung
OBM2	C FI Monatsb.wesen Ergebnisrechnung
OBN2	C FI Monatsb.wesen Ergebnisrechnung

Abbildung 5.31 Auflistung der Transaktionscodes und zugehörigen Kurzbeschreibungen

Transaktionen: Suche im Benutzermenü

Bei der Erfassung der Geschäftsvorfälle im SAP-System werden Transaktionen üblicherweise über das SAP-Standardmenü oder über das Benutzermenü aufgerufen. Im Menübaum sind Transaktionen nach der Zugehörigkeit zu den einzelnen Komponenten bzw. Geschäftsprozessen strukturiert, was eine intuitive Suche ermöglicht.

Der technische Name einer Transaktion kann über den Menüpunkt **Zusätze • Technische Detailinformation** eingesehen oder generell über die Einstellung **Zusätze • Einstellungen** Checkbox **Technischer Name anzeigen** für alle Transaktionen sichtbar gemacht werden. Sind technische Transaktionsnamen zu sehen, sind die Transaktionscodes im Menübaum zu finden, wie in Abbildung 5.32 dargestellt.

Abbildung 5.32 Transaktionen im Menübaum

Wie Sie sehen, sind die transaktionsbezogenen Suchmöglichkeiten im SAP-System sehr vielfältig und ermöglichen es unter anderem, den Fluss der Geschäftsprozesse im SAP-System nachzuvollziehen.

5.1.5 Programmbezogene Suche

ABAP-Programme beinhalten die Verarbeitungslogik im SAP-System. Die Transaktionen SE38 (ABAP Editor) und SE84 (Repository-Infosystem) erlauben die Suche von Programmen über ihren technischen Namen oder über ihre Bezeichnung.

Programmsuche über Transaktion SE84 oder über SE38/SA38

Gehen Sie nun wie folgt vor: Rufen Sie Transaktion SE84 auf, und wählen Sie im Menübaum **Programmbibliothek • Programme** (siehe Abbildung 5.33).

Abbildung 5.33 Programmsuche nach Programmnamen oder -bezeichnung (Transaktion SE84)

Eine weitere Option ist die Verwendung von Transaktion SE38 (oder Transaktion SA38, ABAP-Programmausführung), siehe Abbildung 5.34. Fügen Sie im Feld **Programm** den technischen Namen ein, und klicken Sie auf den Button **Neue Selektion**.

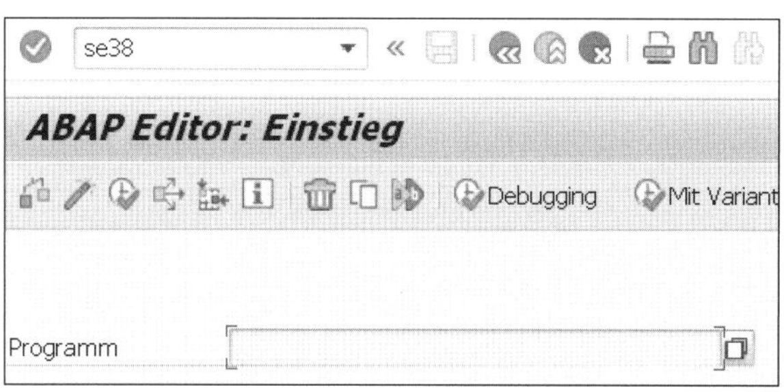

Abbildung 5.34 Programmsuche über den ABAP Editor (Transaktion SE38)

Beide Optionen bieten die Möglichkeit, anschließend entweder nach dem Namen des Programms (Feld **Programmname**) oder nach einem bestimmten Stichwort im Feld **Kurzbeschreibung** zu suchen (siehe Abbildung 5.35).

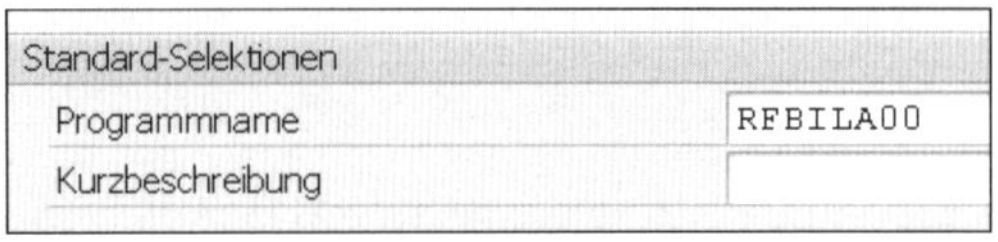

Abbildung 5.35 Selektion nach Programmnamen oder Kurzbeschreibung

In Abbildung 5.36 sehen Sie das Ergebnis der Suche. Der vollständige Titel des gesuchten Reports RFBILA00 lautet Bilanz/GuV.

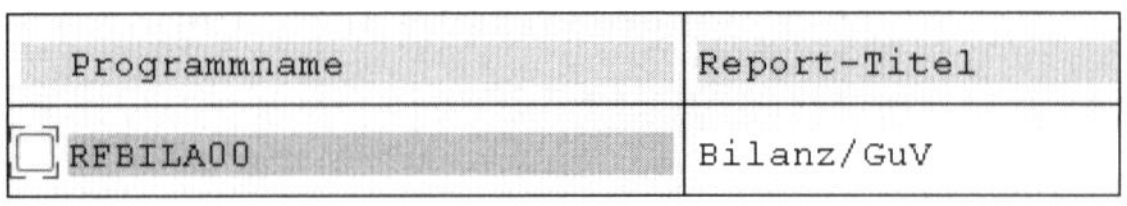

Abbildung 5.36 Programmnamen und Reporttitel anzeigen

5.1.6 Beziehung zwischen Programmen und Transaktionen

Einen Link von der Transaktion zum zugehörigen ABAP-Programm können Sie zum Beispiel während der Transaktionsausführung in Erfahrung bringen.

Befinden Sie sich zum Beispiel, wie in Abbildung 5.37 dargestellt, in der Maske mit den Selektionskriterien für die Anzeige der Bilanzwerte (das heißt, im vorangegangenen Schritt wurde die entsprechende Transaktion oder das Programm direkt aufgerufen), können Sie über den Menüpfad **System • Status** ein weiteres Fenster aufrufen.

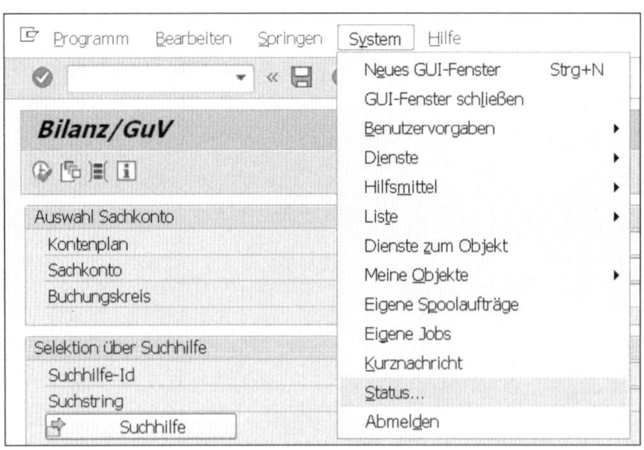

Abbildung 5.37 Ermittlung der Transaktion – Programmzuordnung aus der Transaktion heraus

Dort sind im Bereich **Repository-Daten** sowohl der Name für die Transaktion (Feld **Transaktion**, hier S_ALR_8701228) als auch für das Programm (Feld **Report**, hier RFBILA00) zu finden (siehe Abbildung 5.38).

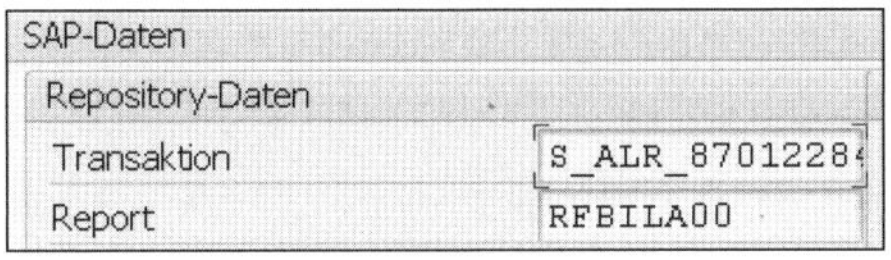

Abbildung 5.38 Name der Transaktion und des Programms in den Repository-Daten

Tabelle TSTC

Die Verknüpfung zwischen Transaktionen und Programmen kann auch über Tabelle TSTC nachvollzogen werden. Rufen Sie mithilfe von Transaktion SE16 (Data Browser) Tabelle TSTC auf, indem Sie »TSTC« in das Feld **Tabellenname** eingeben.

Geben Sie im Feld **Programm** den Namen des zutreffenden ABAP-Programms ein; anschließend klicken Sie auf den Button **Ausführen** (siehe Abbildung 5.39).

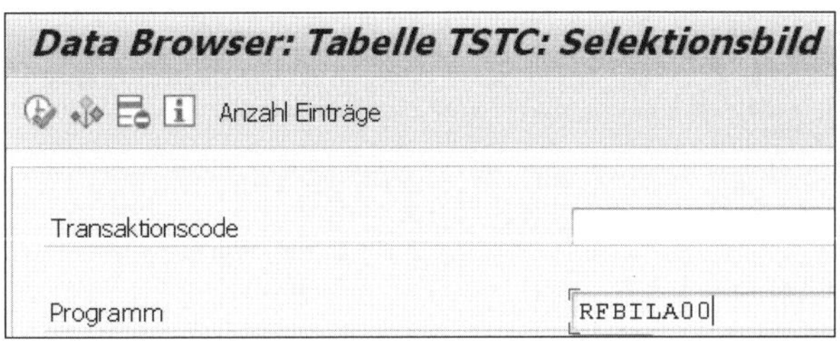

Abbildung 5.39 Verknüpfung zwischen Transaktionen und Programmen über Tabelle TSTC

Das Ergebnis sehen Sie in Abbildung 5.40.

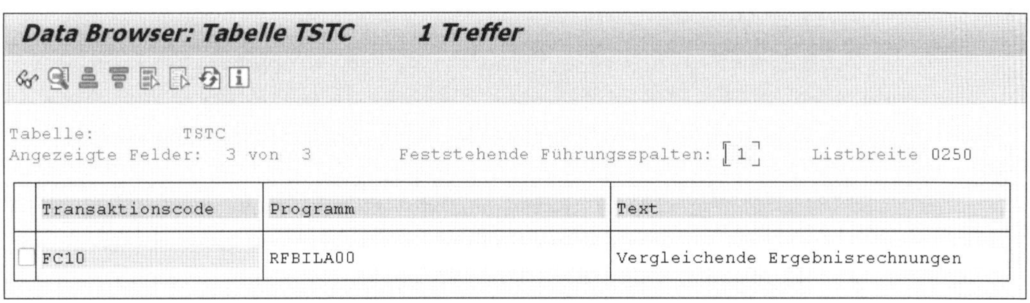

Abbildung 5.40 Verknüpfung zwischen einer Transaktion und einem Programm: das Suchergebnis

Auf diese Weise können Sie auch herausfinden, dass das Programm RFBILA00 (Bilanz) über Transaktion FC10 aufgerufen wird. Die Suche, basierend auf Tabelle TSTC, kann aber auch in die umgekehrte Richtung erfolgen (von einer Transaktion zu einem Programm).

5.1.7 Beziehung zwischen Programmen und Tabellen

Link von Programmen zu Daten

Eine zentrale Frage bei der Nachvollziehbarkeit der Applikationslogik im SAP-System ist, welche Daten bzw. Inhalte welcher Tabellen beim Ausführen eines Programms verwendet oder verändert werden.

Der Link von einem Programm zu den damit zusammenhängenden Tabellen kann am einfachsten direkt über den ABAP-Quellcode sichtbar gemacht werden.

Hierzu sind folgende Schritte notwendig: Rufen Sie Transaktion SE38 auf. In der Erfassungsmaske geben Sie den Programmnamen in das Feld **Programm** ein, markieren den Radiobutton **Quelltext** und klicken auf den Button **Anzeigen** (siehe Abbildung 5.41).

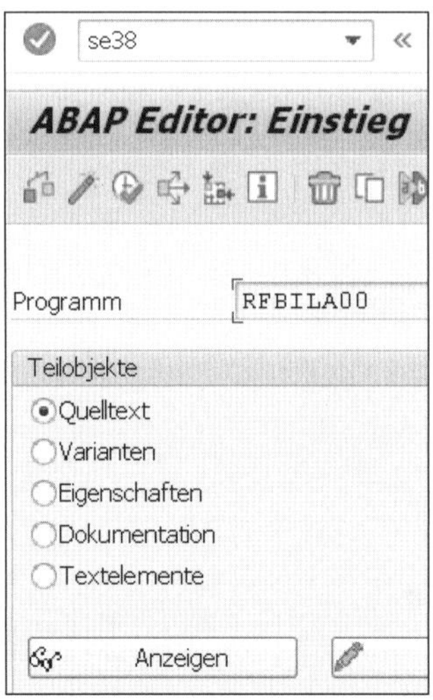

Abbildung 5.41 Vom Programm zur Tabelle über den Programmquellcode

Das Ergebnis ist der ABAP-Quellcode, bei dem im obersten Bereich, gleich nach der allgemeinen Beschreibung des Programms, üblicherweise die verwendeten Tabellen deklariert werden (siehe Abbildung 5.42). So können Sie zum Beispiel über den Quellcode des Reports RFBILA00 (Bilanz) ermitteln, dass dieses die Informationen über Sachkonten aus Tabelle SKA1 liest.

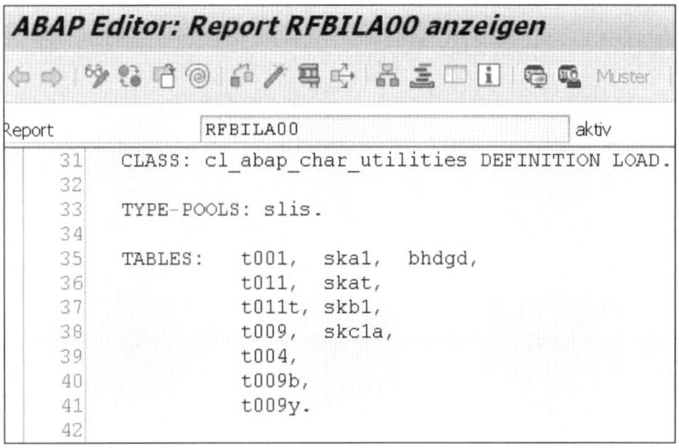

Abbildung 5.42 Quellcode zum Report RFBILA00 anzeigen

Suche nach Tabellen im ABAP-Quellcode

Diese Vorgehensweise kann nur einen allgemeinen Einblick in die verwendeten Tabellen gewähren, da die TABLES-Anweisung nur eine mögliche Deklarationsart in ABAP ist. Aus Revisionsgesichtspunkten kann es insbesondere notwendig sein, nach Tabellen zu suchen, deren Inhalte von einem Programm geändert werden. Diese Suche kann sich unter Umständen mehrstufig gestalten, wenn Sie eine vollständige Analyse anstreben. Dies ist im folgenden Hinweis beschrieben.

[+]

Suchmöglichkeiten nach Tabellen im ABAP-Quellcode

Nachfolgend sind gängige Suchmöglichkeiten für Tabellen im ABAP-Quellcode zusammengefasst:

- Außer einer TABLES-Anweisung kann die Information über Tabellen auch der TYPE-Referenzierung entnommen werden.
- Im objektorientierten Umfeld können Tabellen auch ohne explizite Deklaration bearbeitet werden.
- Eine weitere Option ist die Suche nach UPDATE-, INSERT- oder MODIFY-Befehlen im Programm und in den zugehörigen Includes (zum Beispiel über das Suchprogramm SRS_ABAP_SOURCE_SCAN).
- Zudem müssen Sie im ABAP-Code und in den zugehörigen Includes nach den Befehlen SUBMIT, CALL FUNCTION oder CALL TRANSACTION suchen; in den aufgerufenen Includes/Unterprogrammen/etc. suchen Sie ebenfalls nach den Befehlen UPDATE, INSERT oder MODIFY.

Verwendungsnachweis: von der Tabelle zum Programm

Eine weitere, in der Praxis oft praktizierte Suche ist der *Verwendungsnachweis*. Dieser dient dem Zweck, Programme und Transaktionen zu finden, die Daten in bestimmten Tabellen ansprechen. Dabei unterscheidet man zwischen einer lesenden und einer verändernden Datenverwendung.

[zB]

Prüfungshandlung Verwendungsnachweis

Während der SAP-Systemprüfung wurde ein eigenentwickeltes Programm gefunden, das die Protokollierung der Tabellenänderungen massenhaft ausschalten kann (dieses wird über ein Feld in Tabelle DD09L gesteuert).

Die Berechtigungen für das direkte Aufrufen der Programme (Transaktion SA38) waren im geprüften SAP-System recht großzügig vergeben. In einer stark verteilten Systemlandschaft war dies mit einem hohen Risiko verbunden: Buchungen wurden über zahlreiche Schnittstellen in das Hauptbuch übernommen, und die Kontierungslogik war über pflegbare Umschlüsselungstabellen gesteuert. Die Nachvollziehbarkeit der Änderung dieser Logik wäre nicht gegeben gewesen, falls jemand über die direkte Tabellenpflege über Transaktion SM30 die Inhalte dieser pflegbaren Tabellen geändert hätte.

Im folgenden Beispiel sehen Sie den Fall, dass in einem untersuchten SAP-System bei einer solchen Analyse das eigenentwickelte Programm ZZTEST gefunden wurde, das alle Sachkontentexte in Tabelle SKA1 löscht. Aus Compliance-Gesichtspunkten ist ein solches Programm nur mit großer Vorsicht zu verwenden, da zum Beispiel bei manuellen Buchungsvorgängen, bei denen man bei der Kontensuche auf deren Bezeichnungen angewiesen ist, die Fehlergefahr gestiegen wäre.

Nach dem Aufruf von Transaktion SE11 und dem Eintrag des Namens der untersuchten Tabelle in das Feld **Datenbanktabelle** klicken Sie auf den Button (**Verwendungsnachweis**), siehe Abbildung 5.43.

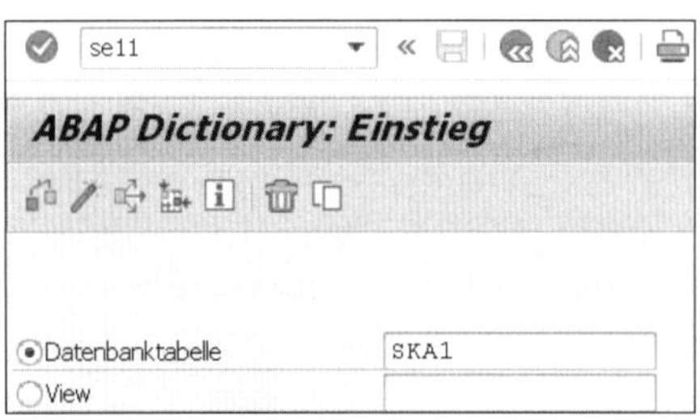

Abbildung 5.43 Suche über den Verwendungsnachweis: Einstieg

Daraufhin wählen Sie im Dialogfenster in der Feldgruppe **Verwendung in** die Option **Programmen** aus und bestätigen die Auswahl durch Anklicken des grünen Häkchens (siehe Abbildung 5.44).

Das Ergebnis ist die Auflistung der Programme, die die untersuchte Tabelle ansprechen (siehe Abbildung 5.45).

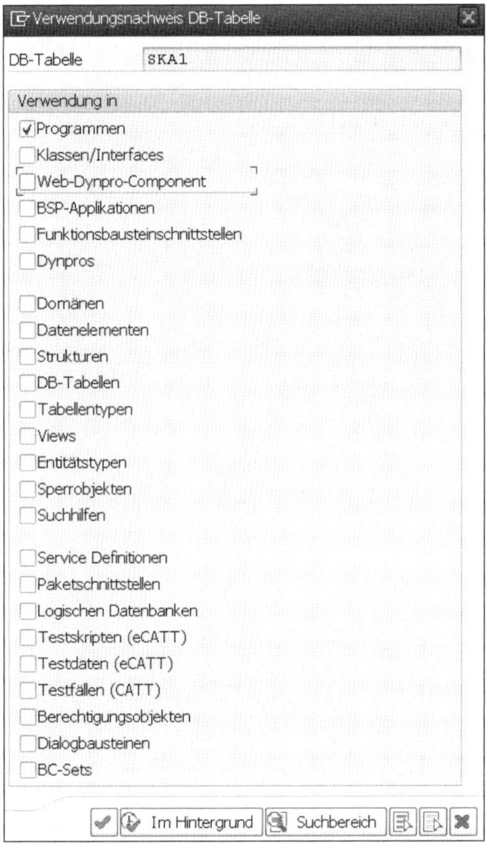

Abbildung 5.44 Von den Tabellen zu den relevanten Programmen über den Verwendungsnachweis

RFDSLD00	Debitoren-Salden in Hauswährung
RFITEMGL	Sachkonten Einzelpostenliste
RFKORI00	Includebaustein Formulardruck: Deklarationsteil 1
RFSABL00	Änderungsanzeige Sachkonten

Abbildung 5.45 Liste der Programme, die die gewünschte Tabelle ansprechen

[«]

Verwendungsnachweis für Tabellen

Diese Vorgehensweise erlaubt nur einen allgemeinen und möglicherweise keinen vollständigen Einblick in die Verwendung der Tabellen in Programmen. Je nach Art der Programmierung kann die Objektliste zum Verwendungshinweis unvollständig sein, insbesondere hinsichtlich der Auswertungen zu SAP-Standardtabellen in SAP-Standardprogrammen. Nur bei einfachen Programmen mit geringer Komplexität kann man eine zuverlässige Aussage mithilfe des Verwendungsnachweises treffen.

5.1.8 Zusammenfassung der Suchmöglichkeiten im SAP-System

Überblick über die Suchoptionen

Die in den vorangegangenen Abschnitten beschriebenen Möglichkeiten, um grundlegende Zusammenhänge in einem SAP-System nachzuvollziehen, sind in Abbildung 5.46 zusammengefasst.

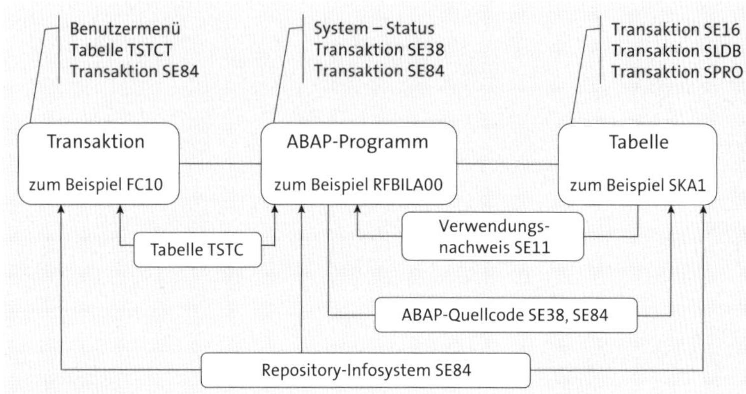

Abbildung 5.46 Zusammenfassung der Suchoptionen – Zusammenhänge im SAP-System nachvollziehen

Die beschriebenen Hilfswerkzeuge sollten in der Regel ausreichen, um zahlreiche der im Rahmen einer Systemprüfung entstehenden Fragen bezüglich der Applikationskontrollen im SAP-Umfeld zu beantworten (siehe die weiteren Kapitel in Teil II, »Vom Konzept zum Inhalt: Kontrollen in SAP ERP«).

5.1.9 Organisationsstrukturen im SAP-System

Mithilfe von Organisationsstrukturen wird die Aufbauorganisation des Unternehmens im SAP-System abgebildet. Die einzelnen Bestandteile innerhalb der Organisationsstruktur sind diverse Organisationseinheiten, die je nach Prozess und SAP-Komponente miteinander verknüpft sind und hierarchische Strukturen bilden.

IMG (Transaktion SPRO)

Die beste Möglichkeit, um einen Überblick über die im SAP-System abgebildeten Organisationsstrukturen zu erlangen, ist der IMG. Wählen Sie hier Transaktion SPRO und den anschließenden Menüpfad **Unternehmensstruktur • Zuordnung und Unternehmensstruktur • Definition**.

Organisationsobjekte im SAP-System

Je nach Komponenten und Prozessen gibt es folgende Organisationsobjekte:

- Mandant (übergeordnete Organisationseinheit, technische Sicht)
- Kostenrechnungskreis, Ergebnisbereich, Buchungskreis, Geschäftsbereich (Finanzsicht)

- Werk, Lagerort, Einkaufsorganisation (Materialwirtschaft, Logistik)
- Vertriebsbereich, Verkaufsorganisation, Vertriebsweg, Sparte, Verkaufsbüro, Verkäufergruppe (Vertrieb)
- Personalbereich, Mitarbeitergruppe, Mitarbeiterkreis (Personalwirtschaft)

Für die Betrachtung der Finanzberichterstattung unter Compliance-Gesichtspunkten spielt der Buchungskreis als eigenständige bilanzierende Einheit eine zentrale Rolle.

Die Verwendung von Organisationseinheiten ist im SAP-System sehr vielfältig. In Abbildung 5.47 ist eine vereinfachte Übersicht über die wichtigsten Organisationseinheiten dargestellt. Dabei können die Logistikstrukturen (Werke, Einkaufsorganisationen etc.) abweichend von der Abbildung definiert werden, beispielsweise auch übergreifend; die Voraussetzung für einen buchungskreisübergreifenden Kostenrechnungskreis ist, dass beide Buchungskreise denselben Kontenplan verwenden.

Die Organisationseinheiten dienen der Zuordnung der Geschäftsvorfälle, wobei die zugehörigen *Stamm-* und *Steuerungsdaten* oft ebenfalls organisationseinheitsspezifisch ausgeprägt werden.

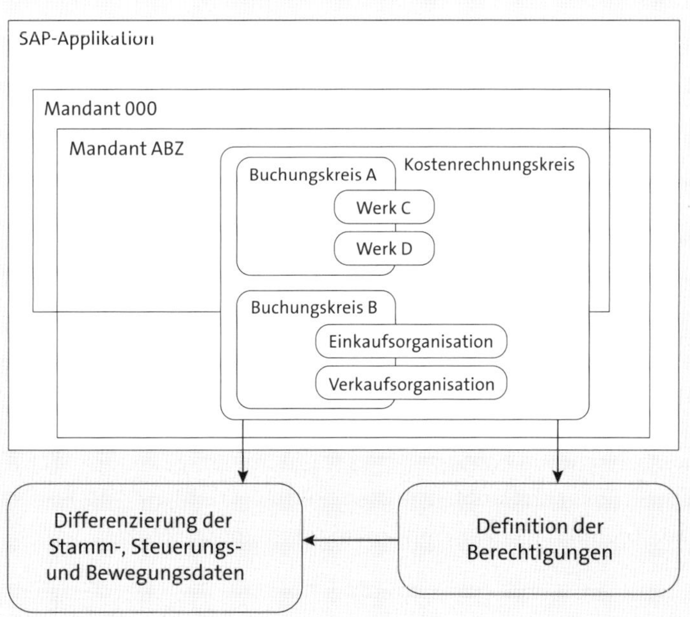

Abbildung 5.47 Vereinfachte Darstellung der Organisationsstrukturen und deren Rollen im SAP-System

[zB]

Organisationsstrukturen in SAP-Geschäftsvorfällen

Eine eingehende Rechnung (Bewegungsdaten: Buchungsbeleg) wird im Werk 2000 erfasst, das dem Buchungskreis 1000 zugeordnet ist (Organisationseinheiten: Werk, Buchungskreis).

Bei der Erfassung der Rechnung wird die erste Position der Kontierung aus dem Stammsatz des Lieferanten gezogen (organisationsspezifische Stammdaten: Lieferant) und die zweite manuell eingegeben (organisationsspezifische Stammdaten: Sachkonten).

Dabei wird im Hintergrund geprüft, ob die Toleranz (organisationsspezifische Steuerungsdaten: Toleranzgrenzen für die Rechnungsprüfung) für die Abweichung des Rechnungsbetrags vom Betrag in der entsprechenden Bestellung überschritten wurde.

Organisationsstrukturen in SAP-Berechtigungen

Darüber hinaus wird im SAP-System bei einem Geschäftsvorfall bzw. beim Aufruf einer Transaktion berechtigungstechnisch geprüft, ob der Erfasser diese ausführen darf. Dabei kommt eine weitere Rolle von Organisationseinheiten zum Tragen: Eine berechtigungstechnische Differenzierung der Geschäftsvorfälle berücksichtigt unter anderem auch die Organisationsstrukturen.

Berechtigungen stellen neben Applikationskontrollen somit eine zweite wichtige Domäne dar, die im Hauptfokus eines IKS liegt und auf die wir im nächsten Abschnitt eingehen.

5.2 Berechtigungen

Die in Abschnitt 5.1, »Am Anfang war die Tabelle: SAP-System als tabellengesteuerte Applikation«, beschriebenen Kontrollen können den Compliance-Anforderungen nur genügen, wenn der Zugriff auf diese Abläufe ausreichend geschützt ist. Sie lernen nun die Grundlagen des Berechtigungsschutzes im SAP-System kennen. Dabei hat dieses Buch nicht den Anspruch, auf alle Fragen zum Thema SAP-Berechtigungen Antworten zu liefern. Die Compliance-Betrachtung konzentriert sich nur auf einige wenige Sachverhalte innerhalb des sehr komplexen Themenkreises rund um SAP-Berechtigungen. Dabei geht es in erster Linie um die Ordnungsmäßigkeit.

[+]

Literaturtipp

Für tiefer gehende Fragen, insbesondere bezüglich der Konzeptionierung und der effizienten Umsetzung eines Berechtigungskonzepts, ist das Buch *SAP-Berechtigungswesen* von Volker Lehnert, Katharina Stelzner, Peter John und Anna Otto zu empfehlen, das ebenfalls bei SAP PRESS erschienen ist.

5.2.1 Ablauf und Hierarchie der Berechtigungskontrollen

Hat ein Benutzer die Sicherheitskontrollen bei der Anmeldung erfolgreich passieren können, muss er über die Berechtigung verfügen, eine bestimmte Aktion im SAP-System ausführen zu können. Die Interaktion eines Benutzers mit einem SAP-System kann aus IKS-Gesichtspunkten zusammengefasst werden, wie in Abbildung 5.48 dargestellt.

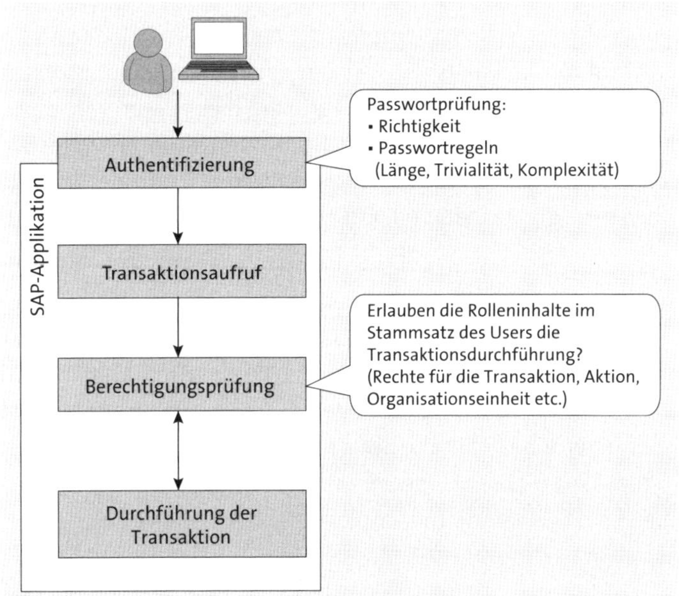

Abbildung 5.48 Vereinfachte Darstellung der Berechtigungsprüfung im SAP-System

Die Kontrollen bezüglich der Authentifizierung werden in Abschnitt 6.3, »Sicherheitskontrollen beim Zugriff auf das SAP-System und bei der Authentifizierung«, ausführlich erläutert; hier zeigen wir Ihnen vereinfacht, welche Sicherheitsprüfungen – aufgeteilt in Authentifizierung und anschließende Berechtigungsprüfung – im SAP-System stattfinden.

Berechtigungsprüfung

Die einzelnen Bestandteile der Berechtigungsprüfung beim Aufruf einer Transaktion sind, vereinfacht dargestellt, folgende:

1. Transaktionsaufruf prüfen
2. Berechtigungsobjekt prüfen
3. Rolle/Profil prüfen
4. Benutzer prüfen

In den nachfolgenden Abschnitten werden die einzelnen Bestandteile dieser Abfolge näher erläutert. Änderungen in SAP S/4HANA, insbesondere im Zusammenhang mit der Verwendung von SAP-Fiori-Applikationen, anstatt oder zusätzlich zum Transaktionsaufruf im SAP GUI, sind in Kapitel 16, »Berechtigungen in SAP S/4HANA«, beschrieben.

5.2.2 Berechtigungsobjekte

Rolle der Berechtigungsobjekte

Die Berechtigungsobjekte stellen die unterste Ebene innerhalb der Architektur des Berechtigungskonzepts von SAP dar. Jedes Berechtigungsobjekt ist mit bestimmten Daten verknüpft. Der Zugriff auf diese Daten wird darüber hinaus durch die Werte in den bis zu zehn Wertefeldern pro Berechtigungsobjekt differenziert, die zum Beispiel eine spezifische Art des Zugriffs (Lesen, Schreiben etc.), der Aktivität oder der Organisationseinheiten erlauben.

Berechtigungsobjekt S_TCODE

Wird ein Geschäftsvorfall vom Benutzer bearbeitet bzw. eine Transaktion aufgerufen, wird vom SAP-System als Erstes das Berechtigungsobjekt S_TCODE geprüft, wie in Abbildung 5.49 dargestellt. Dieses Objekt hat nur ein Feld für einen Transaktionscode. Das bedeutet, dass das System zuerst prüft, ob der Benutzer eine generelle Berechtigung für das Aufrufen einer bestimmten Transaktion besitzt. Diesem übergeordneten Berechtigungsobjekt folgt die Prüfung weiterer Berechtigungsobjekte, die von der aufgerufenen Transaktion bestimmt werden.

[zB]

Berechtigungsobjekt F_BKPF_BUK

Das Berechtigungsobjekt F_BKPF_BUK (Buchhaltungsbeleg: Berechtigung für Buchungskreise) wird beim Aufruf von Transaktion FB60 geprüft; es bestimmt, welche Aktivitäten mit Buchungsbelegen in welchem Buchungskreis erlaubt sind. Die Felder innerhalb dieses Berechtigungsobjektes heißen **Aktivität** und **Buchungskreis**.

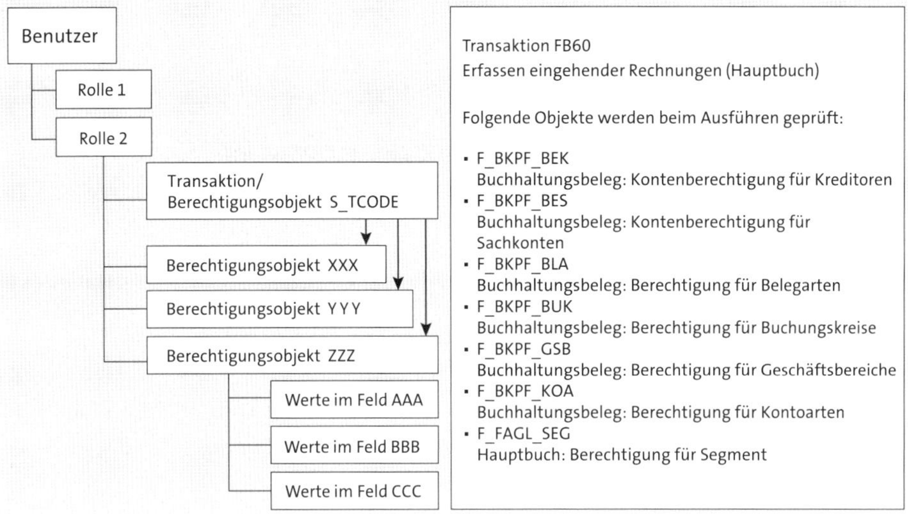

Abbildung 5.49 Hierarchie der Berechtigungsprüfung im SAP-System

Aktivitäten innerhalb eines Berechtigungsobjektes

Das Feld **Aktivität** kommt in den meisten Berechtigungsobjekten vor und bestimmt, welche Aktivitäten mit einem bestimmten Datenobjekt erlaubt sind, das heißt, welche Aktionen im Rahmen eines bestimmten Geschäftsprozesses gestattet sind. Die wichtigsten Aktivitäten im SAP-System sind:

- 01 – Anlegen
  (zum Beispiel einen Beleg anlegen = buchen, einen Stammsatz anlegen)
- 02 – Ändern
- 03 – Anzeigen
- 05 – Sperren/Entsperren
- 06 – Löschen

Bei Aktivität 06 handelt es sich nicht um das physische Löschen der Daten; dies wäre aus Revisionssicht extrem risikobehaftet. Aus Revisionsgesichtspunkten stehen vor allem die Aktivitäten 01 und 02 im Fokus. Weitere Felder in den Berechtigungsobjekten halten berechtigungstechnisch die zu bearbeitenden Daten anhand ihrer Attribute auseinander. So verfügt der Buchhaltungsbeleg zum Beispiel über Attribute wie Belegart, Sachkonto, Buchungskreis, Geschäftsbereich etc. Für alle Attribute sind die entsprechenden Berechtigungsobjekte vorhanden.

Tabellen TOBJ und TOBJT

Einen allgemeinen Überblick über die Berechtigungsobjekte und insbesondere über ihre Bezeichnungen und die enthaltenen Felder erhalten Sie in den Tabellen TOBJ und TOBJT. Rufen Sie Transaktion SE16 auf, und geben

Sie den Namen des Berechtigungsobjektes in das Feld **Objekt** ein (siehe Abbildung 5.50).

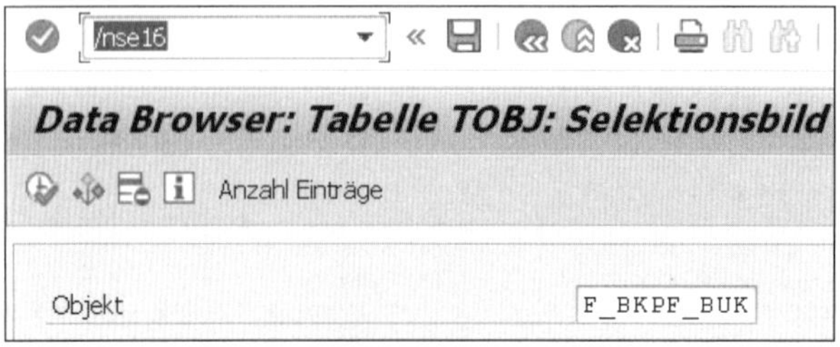

Abbildung 5.50 Berechtigungsobjekte in Tabelle TOBJ suchen

Die existierenden Felder pro Berechtigungsobjekt können Sie Tabelle TOBJ entnehmen (Feld **BUKRS** und Feld **ACTVT** beim Objekt `F_BKPF_BUK` etc.), wie es in Abbildung 5.51 zu sehen ist.

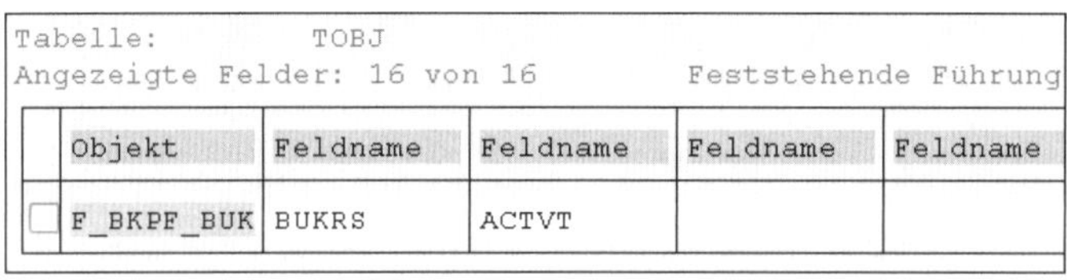
Tabelle: TOBJ
Angezeigte Felder: 16 von 16 Feststehende Führung

Objekt	Feldname	Feldname	Feldname	Feldname
F_BKPF_BUK	BUKRS	ACTVT		

Abbildung 5.51 Felder pro Berechtigungsobjekt in Tabelle TOBJ

Mithilfe von Transaktion SE16 können Sie des Weiteren die Namen der einzelnen Berechtigungsobjekte Tabelle TOBJT entnehmen (siehe Abbildung 5.52).

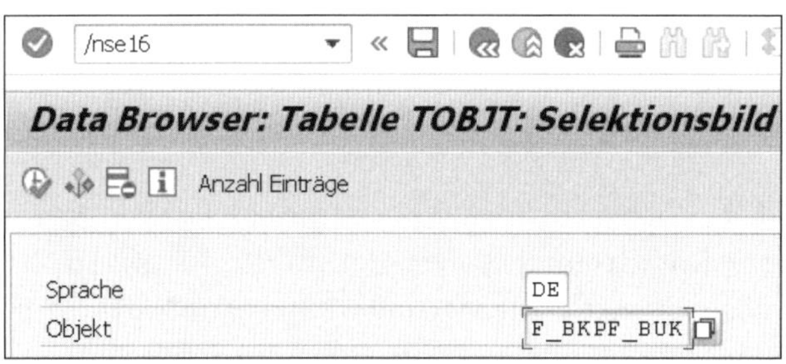

Abbildung 5.52 Namen der Berechtigungsobjekte in Tabelle TOBJT nachschlagen

Tabelle TOBJT können Sie die Beschreibung des Objektes entnehmen (siehe Abbildung 5.53).

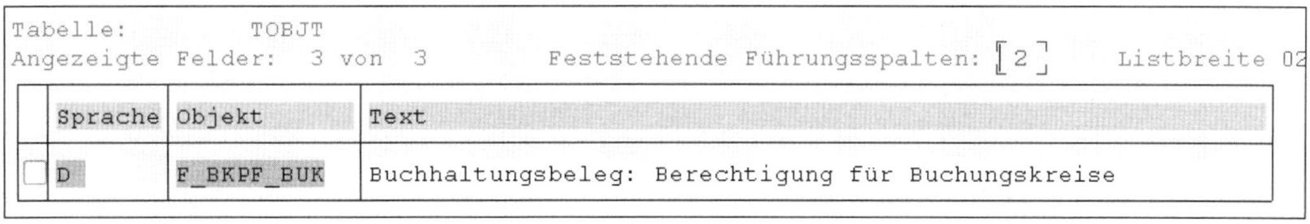
Tabelle: TOBJT
Angezeigte Felder: 3 von 3 Feststehende Führungsspalten: 2 Listbreite 02

	Sprache	Objekt	Text
	D	F_BKPF_BUK	Buchhaltungsbeleg: Berechtigung für Buchungskreise

Abbildung 5.53 Name eines Berechtigungsobjektes in Tabelle TOBJT

Dokumentation über Berechtigungsobjekte

Eine alternative Suchoption samt ausführlicher Dokumentation zu den einzelnen Berechtigungsobjekten finden Sie in Transaktion SUIM. Rufen Sie dazu zunächst Transaktion SUIM auf, und wählen Sie den Menüpfad **Berechtigungsobjekte • Berechtigungsobjekte nach komplexen Selektionskriterien** (siehe Abbildung 5.54).

Abbildung 5.54 Berechtigungsobjekte nach komplexen Selektionskriterien suchen

Geben Sie im Feld **Berechtigungsobjekt** den Namen des Berechtigungsobjektes ein (siehe Abbildung 5.55).

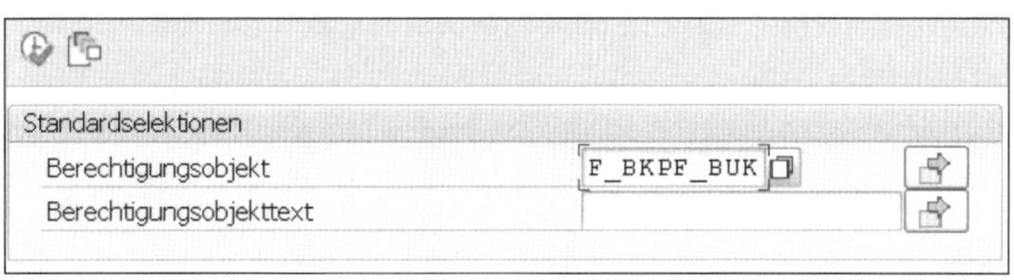

Abbildung 5.55 Berechtigungsobjekt suchen

Im Anschluss können Sie sich aus dem Suchergebnis (siehe Abbildung 5.56) heraus über einen Klick auf den Button (**Dokumentation**) die ausführliche Dokumentation zum jeweiligen Objekt anzeigen lassen.

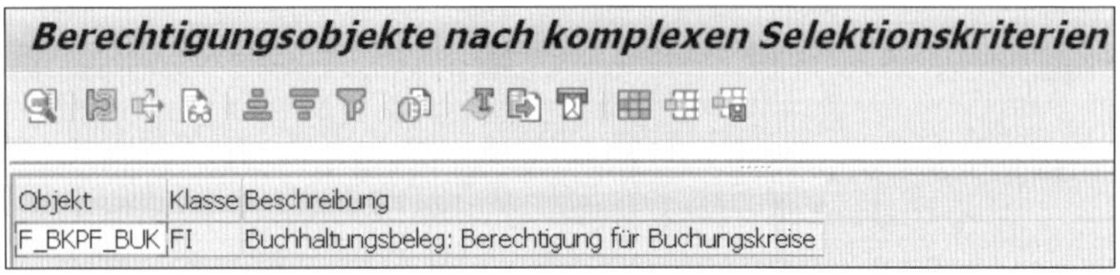

Abbildung 5.56 Suchergebnis der Berechtigungsobjekte

In Abbildung 5.57 sehen Sie beispielhaft die ausführliche Dokumentation zu einem Berechtigungsobjekt. Das Berechtigungsobjekt F_BKPF_BUK legt beispielsweise fest, in welchem Buchungskreis Belege bearbeitet werden können und beinhaltet zwei Felder für die Ausprägung relevanter Werte in Berechtigungsrollen: Buchungskreis und Aktivität.

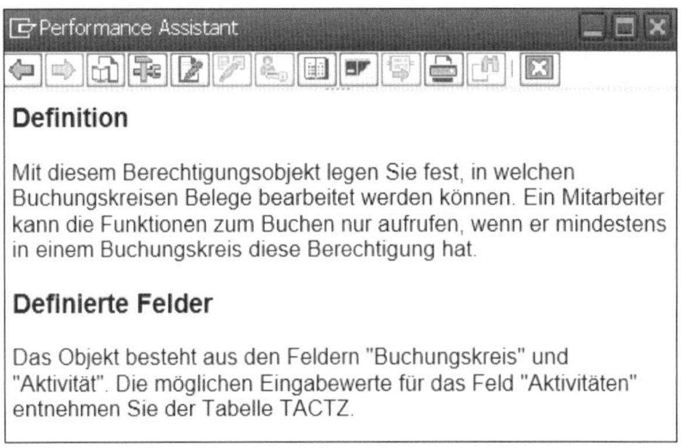

Abbildung 5.57 Dokumentation für Berechtigungsobjekte

Namenskonventionen der Berechtigungsobjekte

Der *technische Name* eines Berechtigungsobjektes kann maximal zehn Zeichen haben. Das erste Zeichen des technischen Namens steht meist für die Zugehörigkeit der vom Objekt geschützten Daten oder für Vorgänge zu einem bestimmten Gebiet oder einer bestimmten Komponente im SAP-System, zum Beispiel:

- A – Anlagenbuchhaltung
- S – Basis
- F – Finanzwesen
- K – Controlling
- L – Logistik
- M – Materialwirtschaft
- P – Personalwirtschaft etc.

5.2.3 Ermittlung der Berechtigungsobjekte

Aus Revisionsgesichtspunkten ist es oft erforderlich zu wissen, welche Berechtigungsobjekte beim Aufruf einer Transaktion geprüft werden. In diesem Abschnitt lernen Sie zwei Möglichkeiten zur Ermittlung von Berechtigungsobjekten kennen.

System-Trace

Eine genaue Antwort auf diese Frage, insbesondere bei eigenentwickelten Transaktionen bzw. Programmen, kann nur die Analyse der Berechtigungsprüfung mithilfe von Tracing (Transaktion ST01) liefern, da die Prüfungslogik im Quellcode eines der Transaktion zugeordneten Programms definiert wird.

Um den System-Trace zu aktivieren, gehen Sie wie folgt vor: Rufen Sie Transaktion ST01 auf, und klicken Sie auf den Button Trace an (**Trace an**). Daraufhin wird Ihnen die Meldung »Der Trace ist abgeschaltet (Hauptschalter aus)« im Feld **Trace Status** angezeigt (siehe Abbildung 5.58).

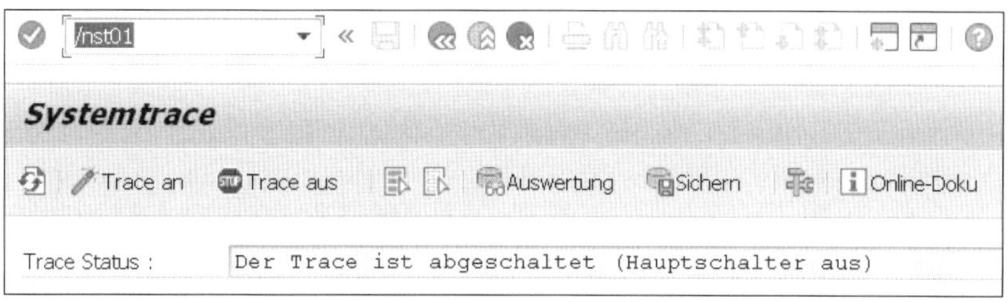

Abbildung 5.58 System-Trace aktivieren – Trace-Status

Im Anschluss definieren Sie, welche Systemereignisse zu analysieren sind (siehe Abbildung 5.59). Beachten Sie, dass die Option **Berechtigungsprüfung** im Bereich **Trace Komponenten** markiert sein muss.

Zusätzlich können Sie über einen Klick auf den Button allgemeine Filter (**Allgemeine Filter**), den Sie ebenfalls im Bereich **Trace Komponenten** finden, die Analysekriterien verfeinern. Sie können beispielsweise die Trace-Aufzeichnung auf einen Benutzer einschränken, indem Sie im Feld **Trace nur für Benutzer** die Benutzerkennung eintragen.

Nach der Aktivierung des System-Trace werden alle Aktivitäten aufgezeichnet, die den ausgewählten Selektionskriterien entsprechen. So werden in Abbildung 5.59 alle Berechtigungschecks für den Benutzer I046410 bis auf die Ebene der einzelnen Werte der Berechtigungsobjekte aufgezeichnet.

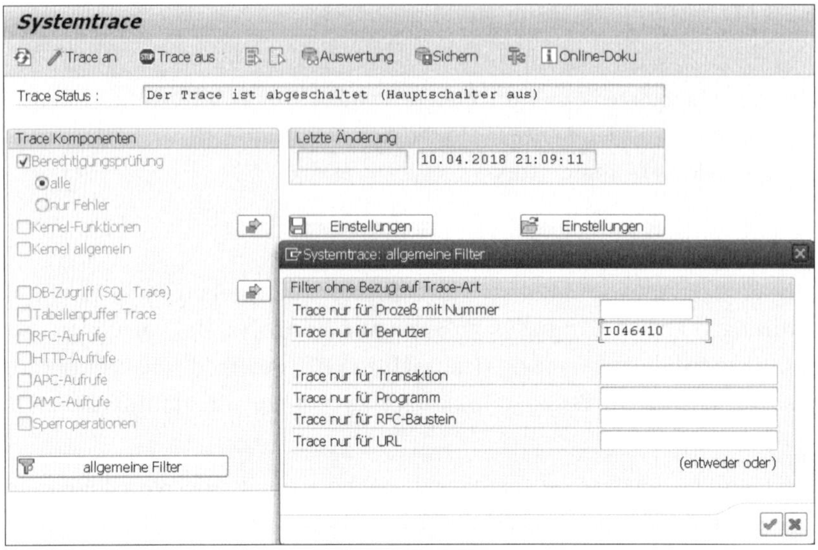

Abbildung 5.59 System-Trace: allgemeine Filter

System-Trace auswerten

Um den System-Trace auszuwerten, müssen Sie folgendermaßen vorgehen: Klicken Sie zunächst auf den Button Trace an.

Anschließend müssen Sie die Auswertungskriterien für das System-Trace-Log definieren (siehe Abbildung 5.60); hierbei übernimmt das SAP-System automatisch die im System-Trace-Filter eingetragenen Selektionskriterien als Vorschlagswerte.

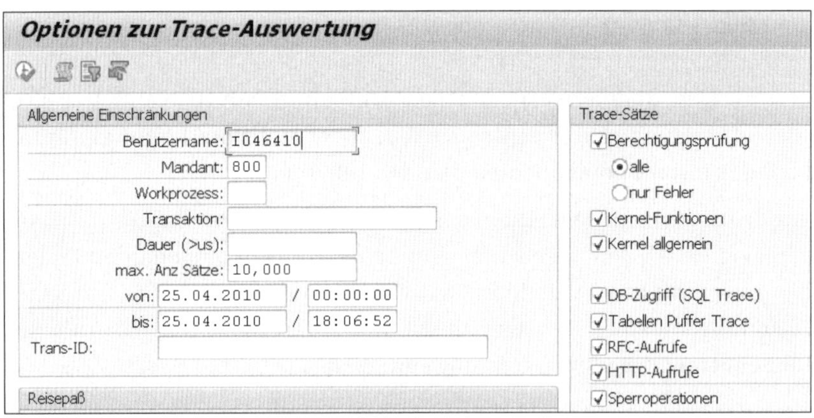

Abbildung 5.60 Optionen zur Trace-Auswertung

Das Ergebnis, das in Abbildung 5.61 zu sehen ist, ist die Auflistung sämtlicher Berechtigungsprüfungen, die im SAP-System im Rahmen der Selektionskriterien stattfanden. So sehen Sie zum Beispiel, dass der Benutzer I046410 Transaktion FB60 (Erfassung eingehender Rechnungen) aufgerufen hat und das SAP-System im Rahmen von deren Ausführung unter anderem die Berechtigungsobjekte S_TCODE (Prüfung der Transaktion), F_BKPF_BUK (Prüfung der Buchungskreise) sowie F_BKPF_KOA (Prüfung der Kontenarten) geprüft hat.

Der System-Trace ist nicht nur eine wichtige Informationsquelle für die in einem SAP-System stattfindenden Berechtigungsprüfungen, sondern auch selbst eine wichtige Prüfungshandlung.

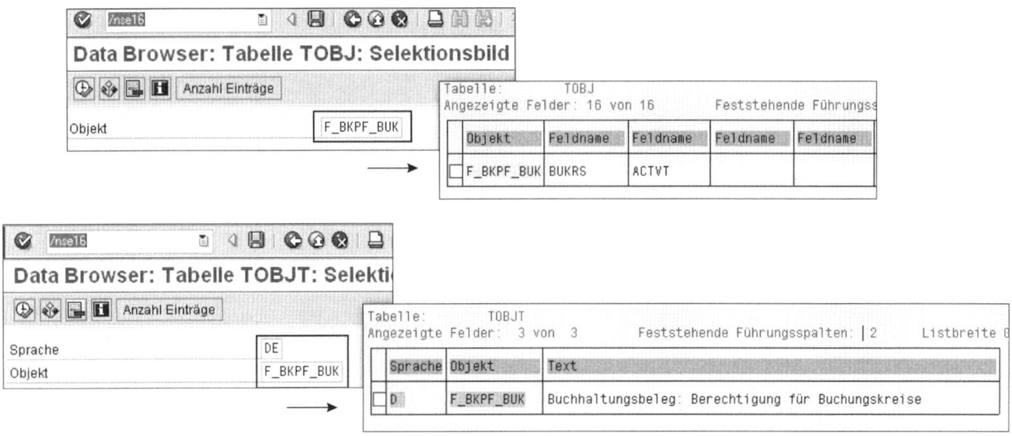

Abbildung 5.61 Auswertungsergebnisse des System-Trace

Prüfung einer Kontrolle mithilfe des System-Trace

Ein Unternehmen hatte viele eigenentwickelte und modifizierte Programme im Einsatz, unter anderem im Bestellwesen. Mithilfe der System-Trace-Analyse für Transaktion Z*, die für die Bestellerfassung verwendet wurde, hat man herausfinden können, dass die berechtigungstechnische Einschränkung dieser Transaktion für Organisationseinheiten nicht möglich war: Es fand keine systemtechnische Überprüfung von Berechtigungsobjekten statt (wie des Berechtigungsobjektes M_BEST_WRK, Werk in Bestellung), die eine solche Einschränkung ermöglicht hätten. Somit war die Berechtigungskontrolle unwirksam.

Mehr zum Schutz von Eigenentwicklungen erfahren Sie in Abschnitt 6.4.1, »Schutz der Programme und Transaktionen – Grundlagen«.

Vorschlagswerte für den Profilgenerator

Aus Effizienzgründen wird in der Praxis meist Tabelle USOBT statt des System-Trace als Informationsquelle verwendet (siehe Abbildung 5.62).

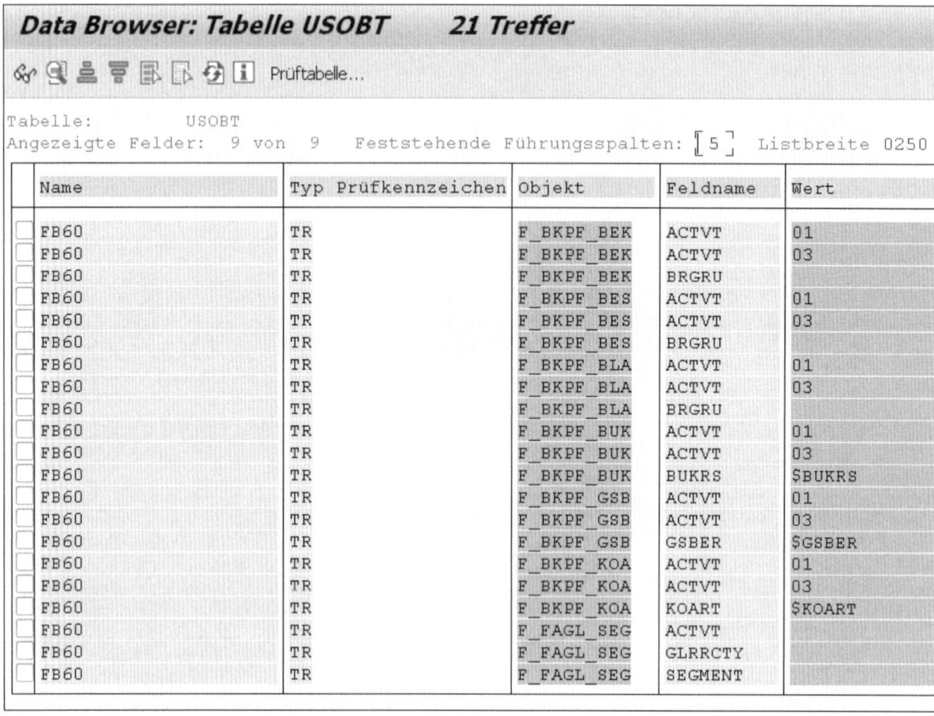

Data Browser: Tabelle USOBT 21 Treffer

Prüftabelle...

Tabelle: USOBT
Angezeigte Felder: 9 von 9 Feststehende Führungsspalten: 5 Listbreite 0250

Name	Typ	Prüfkennzeichen	Objekt	Feldname	Wert
FB60	TR		F_BKPF_BEK	ACTVT	01
FB60	TR		F_BKPF_BEK	ACTVT	03
FB60	TR		F_BKPF_BEK	BRGRU	
FB60	TR		F_BKPF_BES	ACTVT	01
FB60	TR		F_BKPF_BES	ACTVT	03
FB60	TR		F_BKPF_BES	BRGRU	
FB60	TR		F_BKPF_BLA	ACTVT	01
FB60	TR		F_BKPF_BLA	ACTVT	03
FB60	TR		F_BKPF_BLA	BRGRU	
FB60	TR		F_BKPF_BUK	ACTVT	01
FB60	TR		F_BKPF_BUK	ACTVT	03
FB60	TR		F_BKPF_BUK	BUKRS	$BUKRS
FB60	TR		F_BKPF_GSB	ACTVT	01
FB60	TR		F_BKPF_GSB	ACTVT	03
FB60	TR		F_BKPF_GSB	GSBER	$GSBER
FB60	TR		F_BKPF_KOA	ACTVT	01
FB60	TR		F_BKPF_KOA	ACTVT	03
FB60	TR		F_BKPF_KOA	KOART	$KOART
FB60	TR		F_FAGL_SEG	ACTVT	
FB60	TR		F_FAGL_SEG	GLRRCTY	
FB60	TR		F_FAGL_SEG	SEGMENT	

Abbildung 5.62 Vorschlagswerte für Berechtigungsobjekte innerhalb einer Transaktion

Vorschlagswerte für Berechtigungsobjekte: Tabelle USOBT

Tabelle USOBT enthält die Auflistung der Berechtigungsobjekte pro Transaktion, die bei der Pflege der Rollen (siehe Abschnitt 5.2.4, »Rollen im SAP-System«) mithilfe des Profilgenerators (Transaktion PFCG) vom SAP-System herangezogen wird: Wird eine neue Transaktion in eine Rolle aufgenommen, werden die zugehörigen Berechtigungsobjekte in Tabelle USOBT automatisch »mitgenommen«. In dieser Tabelle sind lediglich Erfahrungswerte enthalten, die als Standardbestandteil der SAP-ERP-Software ausgeliefert werden. Die Inhalte einer tatsächlichen Berechtigungsprüfung im SAP-System werden nicht durch diese Tabelle, sondern von den ABAP-Programmen bestimmt, die einer Transaktion zugrunde liegen. In Abbildung 5.62 sehen Sie Berechtigungsobjekte, die beim Aufruf von Transaktion FB60 (Erfassung eingehender Eingangsrechnungen) abgefragt werden.

Die von SAP im Standard ausgelieferten Vorschlagswerte decken ca. 90 % aller Fälle ab und müssen gepflegt werden, insbesondere um die Rollenpflege für eigenentwickelte Transaktionen und Programme abzudecken (für diese kann es logischerweise keine Vorschlagswerte geben).

5.2.4 Rollen im SAP-System

Rollen als Container für Berechtigungsobjekte

Rollen können als eine Art Container beschrieben werden, der Berechtigungsobjekte sowie Werte für deren Felder beinhaltet. Da Rollen das Abbild der Ablauf- und Aufbauorganisation in einem Unternehmen sind, werden sie unternehmensspezifisch definiert. Eine weitere Art von Container sind Profile, die das SAP-System automatisch aus den Rollen generiert und die zum »Verpacken« der Berechtigungsobjekte verwendet werden. In der Praxis dominieren allerdings Berechtigungskonzepte, die auf Rollen aufgebaut sind. Profilbasierte Berechtigungskonzepte sind inzwischen überholt.

Bei Berechtigungsauswertungen möchte man gegebenenfalls wissen, in welchen Rollen Berechtigungen für die Ausführung bestimmter Transaktionen enthalten sind. Eine der gängigsten Analyseoptionen hierfür ist Transaktion SUIM (Benutzerinformationssystem), die im Übrigen für viele weitere berechtigungsrelevante Auswertungen zu empfehlen ist. Hierbei gehen Sie wie folgt vor (siehe Abbildung 5.63):

Rufen Sie Transaktion SUIM auf, und wählen Sie **Rollen • Rollen nach komplexen Selektionskriterien • Rollen nach komplexen Selektionskriterien**.

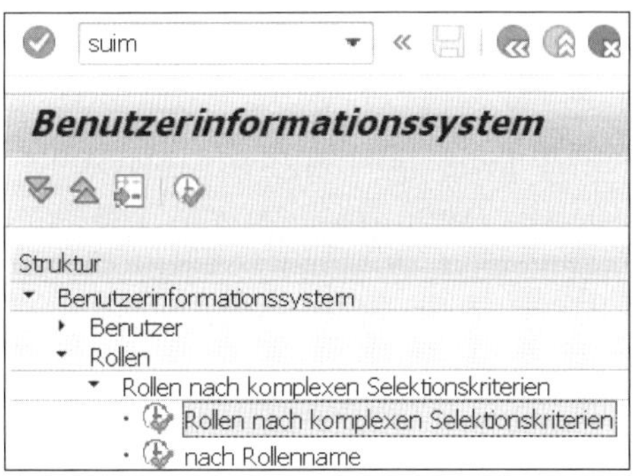

Abbildung 5.63 Benutzerinformationssystem (Transaktion SUIM) aufrufen

Die Rollen können anschließend hinsichtlich ihres technischen Namens, ihrer Bezeichnung, der Benutzerzuordnung oder bezüglich ihres Inhalts (bis auf die Ebene von einzelnen Berechtigungsobjekten) gesucht werden.

Die zum Beispiel nach der Einschränkung der Beschreibung auf *Invoice Processing* gefundene Rolle kann per Doppelklick aufgerufen werden (siehe Abbildung 5.64).

Abbildung 5.64 Rolle aufrufen

Die entsprechende Rolle hat verschiedene Registerkarten; für die Analyse der Rolleninhalte ist insbesondere die Registerkarte **Berechtigungen** relevant (siehe Abbildung 5.65).

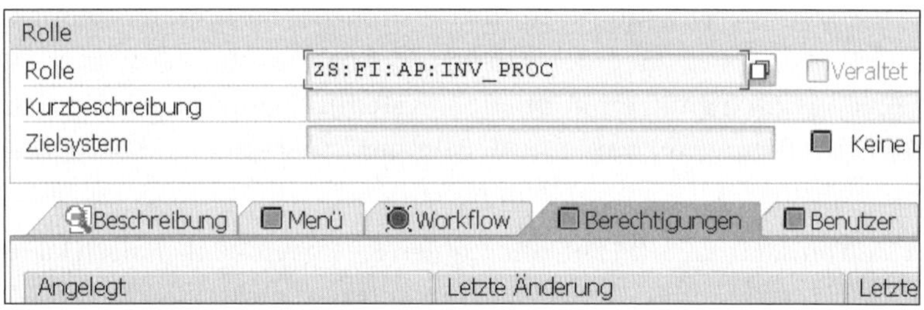

Abbildung 5.65 Analyse der Rolleninhalte über die Registerkarte »Berechtigungen«

Klicken Sie nun auf den Button **Berechtigungsdaten anzeigen** (siehe Abbildung 5.66).

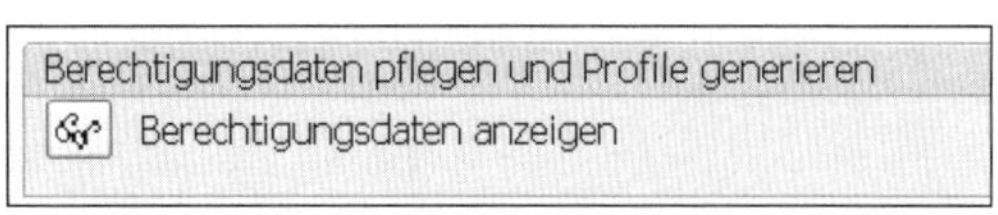

Abbildung 5.66 Berechtigungsdaten anzeigen

Das Ergebnis ist ein Menübaum von Berechtigungsobjekten, die nach Komponenten gruppiert sind und deren Werte ebenfalls Teil der Menühierarchie sind (siehe Abbildung 5.67).

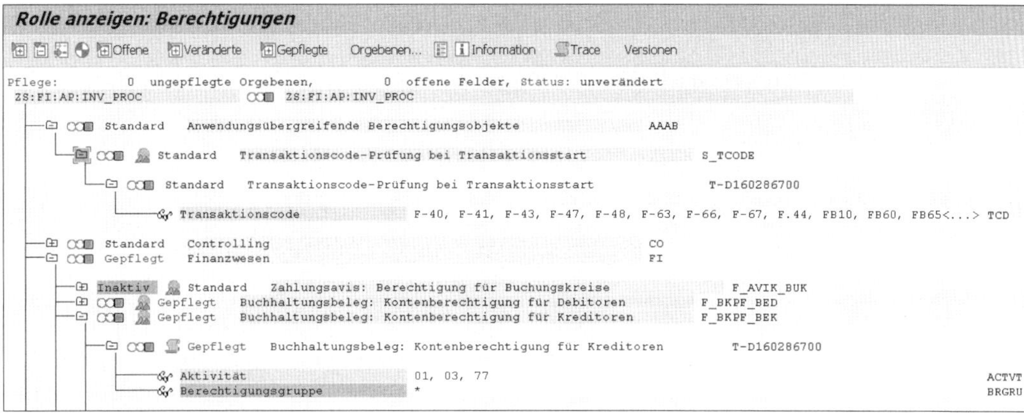

Abbildung 5.67 Strukturierte Anzeige der Berechtigungsobjekte

Autorisierungen innerhalb einer Rolle

Wie Sie in Abbildung 5.67 sehen, enthält die Rolle ZS:FI:AP:INV_ PROC eine allgemeine Autorisierung für das Aufrufen einiger rechnungserfassungsrelevanten Transaktionen, unter anderem FB60 (Erfassung einer Kreditorenrechnung im Hauptbuch), und die Buchungen (Aktion 01 – Anlegen/Buchen – in Kombination mit Aktion 03 – Anzeigen). Aktion 77 erlaubt außerdem eine Vorerfassung. Zudem ist auch unter Berücksichtigung weiterer Einschränkungen in anderen Berechtigungsobjekten die Verwendung von allen Kreditorenstammsätzen erlaubt (der Wert im Feld **Berechtigungsgruppe** ist »ausgesternt«, das heißt, alle für dieses Feld möglichen Werte sind erlaubt).

5.2.5 Benutzer im SAP-System

Aus Sicht der in Abschnitt 5.2.1, »Ablauf und Hierarchie der Berechtigungskontrollen«, dargestellten Hierarchie der Berechtigungsprüfung ist ein *Benutzer* der oberste Knoten. In einem SAP-System werden Benutzer als Stammsätze verwaltet, die über eine Reihe von Attributen verfügen, aufgeteilt auf diverse Registerkarten. Attribute dienen entweder dem Informationszweck (zum Beispiel Kontaktdaten) oder übernehmen eine Steuerungsfunktion (zum Beispiel Benutzer- oder Lizenztyp). Zu den wichtigsten Steuerungsattributen eines Benutzerstammsatzes gehören die ihm zugewiesenen Rollen.

Benutzerstammsatz analysieren

Ein Benutzerstammsatz und die diesem Benutzer zugeordneten Berechtigungen können auf folgende Art analysiert werden: Rufen Sie Transaktion SU01 auf, und tragen Sie die Benutzer-ID in das Feld **Benutzer** ein (siehe Abbildung 5.68). Klicken Sie anschließend auf den Button (**Anzeigen**).

Abbildung 5.68 Benutzerstammsatz und die ihm zugewiesenen Rollen

Im nächsten Schritt sehen Sie den Benutzerstammsatz mit allen zugehörigen Attributen und Eigenschaften. In Abbildung 5.69 ist die Adresse des Benutzers dargestellt. Um die dem Benutzer zugeordneten Rollen anzuzeigen, muss die Registerkarte **Rollen** selektiert werden.

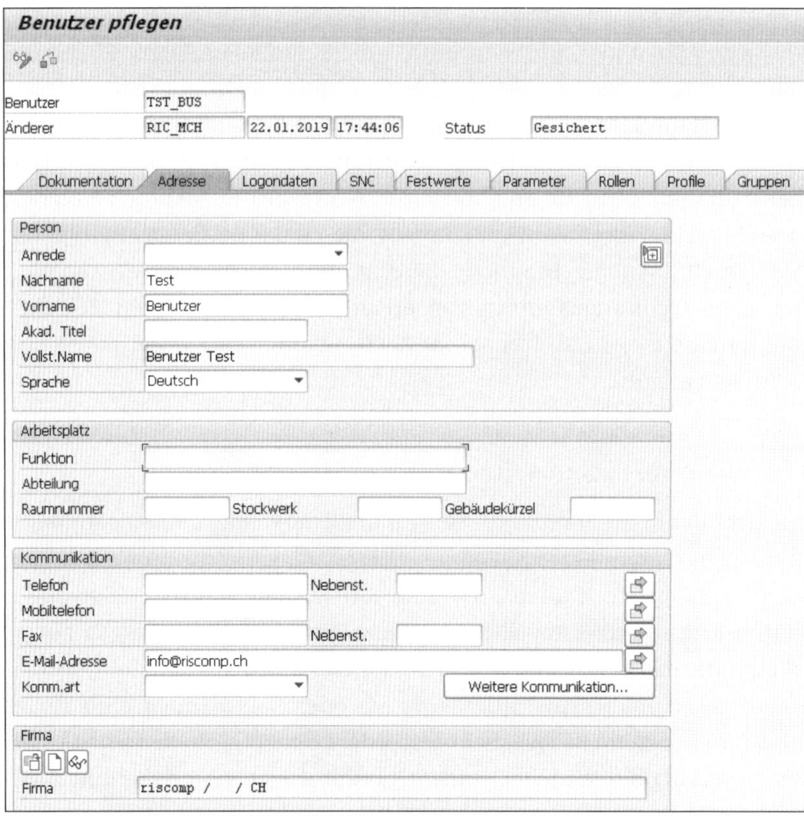

Abbildung 5.69 Attribute des Benutzerstammsatzes

Als Ergebnis in Abbildung 5.70 sehen Sie eine Auflistung aller dem Benutzer zugeordneten Rollen.

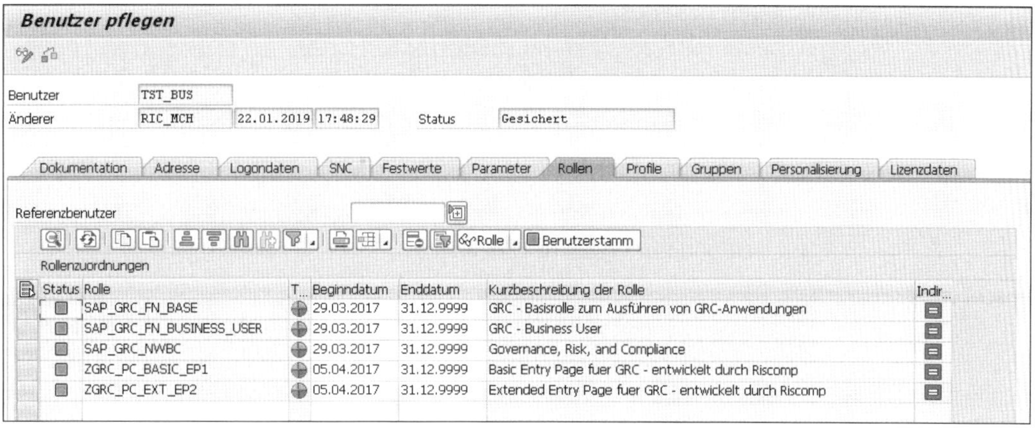

Abbildung 5.70 Übersicht über die dem Benutzer zugeordneten Rollen

5.2.6 Benutzertypen im SAP-System

Benutzertypen

Im SAP-System gibt es unterschiedliche Benutzertypen, die unterschiedliche Aufgabentypen wahrnehmen. Im Einzelnen kennt ein SAP-System folgende Benutzertypen:

- Dialogbenutzer
  Der Benutzertyp **Dialogbenutzer** wird von genau einer Person für alle Anmeldearten verwendet und steht aus Compliance-Gesichtspunkten primär im Fokus. Personen, die an SAP-gesteuerten Geschäftsprozessen beteiligt sind, sind Dialogbenutzer im SAP-System.
- System
  Der Benutzertyp **System** (ein »technischer« Benutzer) wird für systeminterne Vorgänge (Hintergrundverarbeitung, Batch-Jobs etc.) und systembedingte Vorgänge (ALE, Workflow, TMS, ZBV) verwendet. Eine Dialoganmeldung dieses Benutzers (mittels SAP GUI) ist nicht möglich.
- Kommunikation
  Der Benutzertyp **Kommunikation** wird für eine dialogfreie Kommunikation mit dem SAP-System (für Schnittstellen etc.) verwendet; eine Dialoganmeldung (mittels SAP GUI) ist dabei nicht möglich.
- Service
  Ein Benutzer vom Typ **Service** ist ein Dialogbenutzer, der einem anonymen, größeren Benutzerkreis zur Verfügung steht. Servicebenutzer werden beispielsweise für einen ITS-Service oder einen öffentlichen Webservice verwendet. Nach einer individuellen Authentifizierung kann eine mit einem Servicebenutzer begonnene anonyme Sitzung als personenbezogene Sitzung unter einem Dialogbenutzer weitergeführt werden.

- **Referenzbenutzer**
  Der Benutzertyp **Referenzbenutzer** ist wie der Servicebenutzer ein allgemeiner, nicht personenbezogener Benutzer. Mit einem Referenzbenutzer kann man sich nicht anmelden. Der Referenzbenutzer dient nur der zusätzlichen Vergabe von Berechtigungen.

Die zusammenfassende Darstellung der Eigenschaften von einzelnen Benutzertypen finden Sie in Tabelle 5.2.

Eigenschaft/Benutzertyp	Dialog	Kommunikation	System	Service
Dialoganmeldung (SAP GUI) möglich	ja	nein	nein	ja
Mehrfachanmeldung möglich	nein	ja	ja	ja
RFC-Anmeldung möglich	ja	ja	ja	ja
Hintergrundjob-Ausführung möglich	ja	nein	ja	ja
Erzwingung der Kennwortänderung	ja	ja	nein	nein
Erzeugung eines Anmeldetickets	ja	ja	nein	nein

Tabelle 5.2 Eigenschaften der Benutzertypen

Sonderbenutzer im SAP-System

Bei der Installation von SAP-Systemen generiert das SAP-System automatisch eine Reihe von Sonderbenutzern, die mit vielen Rechten ausgestattet sind: `SAP*`, `DDIC`, `EARLYWATCH`, `SAPCPIC`. Deren Behandlung ist aus Compliance-Sicht ein wichtiges Thema und wird in Abschnitt 6.3.3, »Behandlung der Standardbenutzer«, erläutert.

5.2.7 Beispiel für eine Berechtigungsauswertung

Auswertung der Berechtigungen

Während ein SAP-System prüft, ob ein Benutzer über die Berechtigungen für bestimmte Aktionen verfügt, ist diese Fragestellung bei der Prüfung unter Compliance-Gesichtspunkten genau umgekehrt: Man möchte herausfinden, welche Benutzer für bestimmte Aktionen im SAP-System berechtigt sind (siehe Abbildung 5.71).

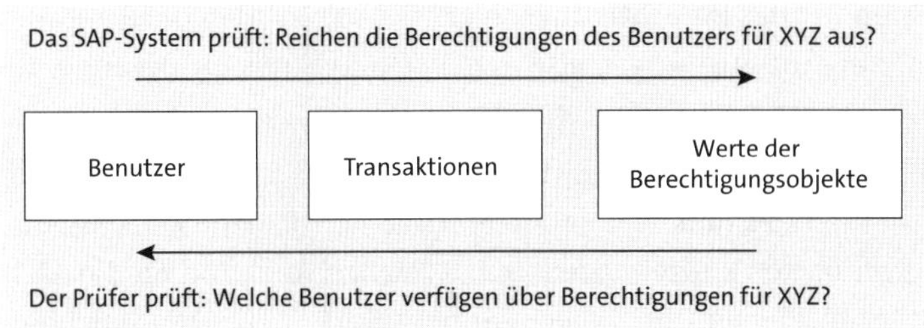

Abbildung 5.71 Prüfung der Berechtigungen

Mittel für die Auswertung von Berechtigungen

Dementsprechend sind Sie auf die Suchoptionen angewiesen, die helfen, die Benutzer anhand der Berechtigungsobjekte und Feldwerte zu ermitteln. Bei geringem Auswertungsvolumen und geringer Auswertungskomplexität reicht Transaktion SUIM in der Regel aus. Für funktionstrennungsbezogene Auswertungen mit mehreren Transaktionen sind Sie auf zusätzliche Tools, wie zum Beispiel SAP Access Control, angewiesen.

Das Ziel der im Folgenden beschriebenen Auswertung ist es herauszufinden, welche Benutzer für die Erfassung der Eingangsrechnungen über Transaktion FB60 im Buchungskreis 1000 berechtigt sind.

Hierzu starten Sie zunächst Transaktion SUIM im Benutzerinformationssystem. Hier wählen Sie **Benutzer • Benutzer nach komplexen Selektionskriterien • Benutzer nach komplexen Selektionskriterien** (siehe Abbildung 5.72).

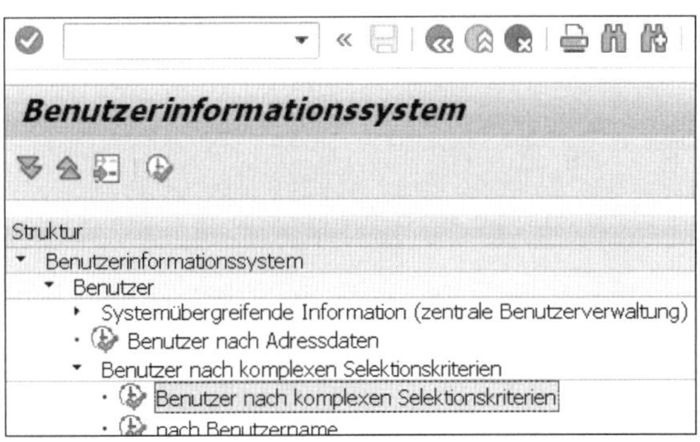

Abbildung 5.72 Auswertung der Benutzer, basierend auf Berechtigungsobjekten und deren Werten

Anschließend müssen Sie die Selektionskriterien pflegen. Folgende Angaben wurden Abbildung 5.73 vorgenommen:

Für das Berechtigungsobjekt S_TCODE wurde der Wert »FB60« eingetragen – so wird geprüft, welche Benutzer über eine allgemeine Berechtigung für Transaktion FB60 verfügen.

Zudem wurden für das Berechtigungsobjekt F_BKPF_BUK (Buchhaltungsbeleg: Berechtigung für Buchungskreise) der Buchungskreis »1000« und die Aktivität »01« (Anlegen/Buchen) eingetragen.

Da bei der Erfassung der Eingangsrechnung im Hauptbuch eine Kontierung ausgeführt werden soll, muss der Benutzer zusätzlich über die Berechtigungen für die Kontoarten K (Kreditoren) und S (Sachkonten) und für die Aktivität 01 (Anlegen/Buchen) im Berechtigungsobjekt F_BKPF_KOA (Buchhaltungsbeleg: Berechtigung für Kontoarten) verfügen.

Eventuell sind weitere Berechtigungsobjekte von Bedeutung, je nachdem, ob diese im Rahmen der Rollenpflege weiter eingeschränkt werden oder nicht.

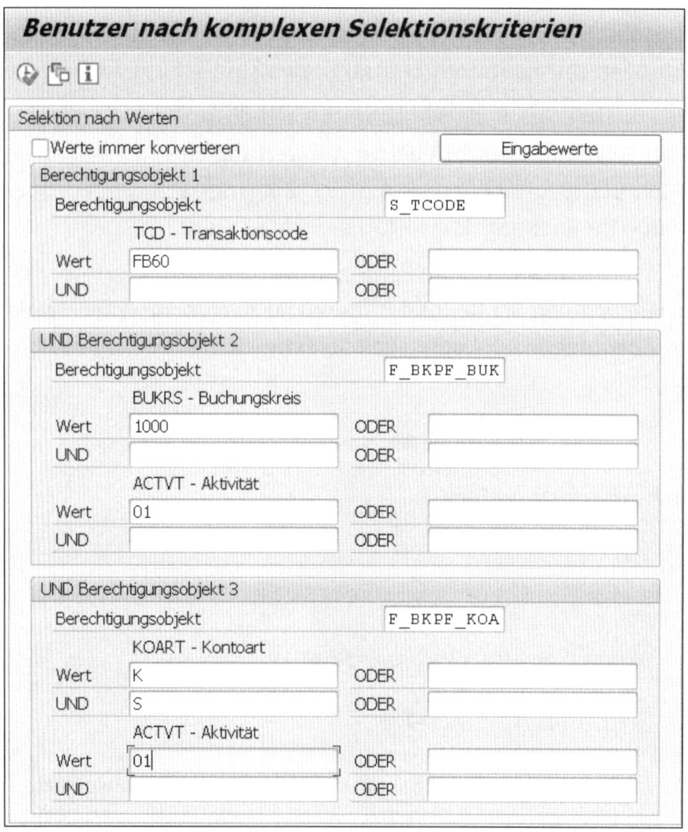

Abbildung 5.73 Selektionskriterien pflegen (Transaktion SUIM)

Das Ergebnis in Abbildung 5.74 ist die Auflistung aller Benutzer, die über die gesuchten Berechtigungen verfügen.

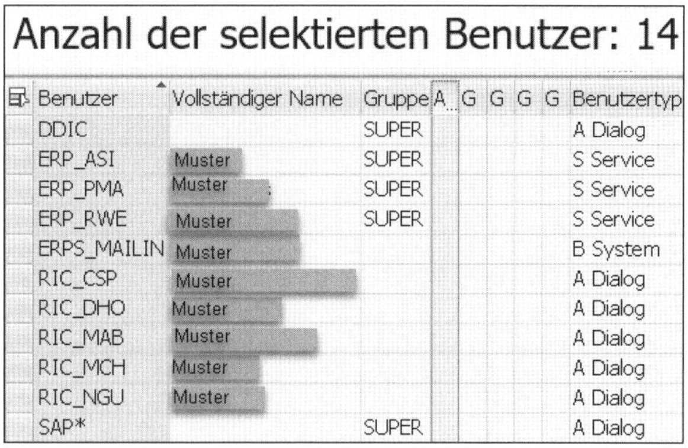

Anzahl der selektierten Benutzer: 14

Benutzer	Vollständiger Name	Gruppe	A...	G	G	G	G	Benutzertyp
DDIC		SUPER						A Dialog
ERP_ASI	Muster	SUPER						S Service
ERP_PMA	Muster	SUPER						S Service
ERP_RWE	Muster	SUPER						S Service
ERPS_MAILIN	Muster							B System
RIC_CSP	Muster							A Dialog
RIC_DHO	Muster							A Dialog
RIC_MAB	Muster							A Dialog
RIC_MCH	Muster							A Dialog
RIC_NGU	Muster							A Dialog
SAP*		SUPER						A Dialog

Abbildung 5.74 Liste der Benutzer mit den gesuchten Berechtigungen

Sie wissen nun, wie Sie eine der wichtigsten Berechtigungsauswertungen im SAP-System meistern können, die im Rahmen von Systemprüfungen erforderlich ist. Die auf dem Markt befindlichen Tools (siehe Abschnitt 4.3.3, »SAP Access Control«) bedienen sich des gleichen Auswertungsprinzips mit dem (wesentlichen) Unterschied, dass bei der Berechtigungsanalyse gegebenenfalls uneingeschränkt zahlreiche Berechtigungsobjekte als Auswertungskriterien verwendet werden können.

5.3 Resümee

In diesem Kapitel haben Sie sich ein Grundverständnis der Daten und Arten der Kontrollen im SAP-System erarbeitet. Die Aufteilung in Prozess- bzw. Applikationskontrollen und Berechtigungskontrollen spiegelt dabei zwei große Kontrollbereiche wider. Diese sind zwar aus IKS- und Prozesssicht eng miteinander verknüpft, technisch aber vollkommen unterschiedlich.

Darüber hinaus haben Sie Werkzeuge und Suchmechanismen im SAP-System kennengelernt, die Ihnen helfen, die grundlegenden Zusammenhänge im SAP-System nachzuvollziehen. Diese Werkzeuge und Suchmechanismen können im Rahmen diverser Audits im SAP-Umfeld ebenso nützlich sein wie bei der Einrichtung effizienter Kontrollmechanismen in SAP-gestützten Prozessen.

Kapitel 6
Generelle IT-Kontrollen in SAP ERP

IT General Controls stellen das Fundament jedes IKS-Frameworks dar, das SAP-ERP-gestützte Geschäftsprozesse umfasst. In diesem Kapitel sehen wir uns dieses Fundament genauer an.

Um sich auf die Prozesse in SAP-ERP-Systemen verlassen zu können und die Konsistenz der Daten und der Verarbeitungslogik zu gewährleisten, muss eine Reihe von Voraussetzungen erfüllt sein. Für die Erfüllung dieser Voraussetzungen sind effiziente generelle IT-Kontrollen – IT General Controls (ITGC) – erforderlich (siehe Abschnitt 3.1.4, »Struktur eines klassischen IKS-Frameworks im SAP-ERP-Umfeld«). Risiken, die im Fokus von ITGC stehen, sind im Rahmen fast aller IKS-Compliance-Frameworks (IKS = Internes Kontrollsystem) relevant – unabhängig davon, ob es sich um Finanzberichterstattungs- oder qualitätsgetriebene Anforderungen handelt.

In diesem Kapitel lernen Sie die wichtigsten Kontrollen kennen, die den ITGC-Anteil eines IKS-Frameworks im SAP-ERP-Umfeld bilden und die von der IT-Revision üblicherweise als Erstes untersucht werden. Darüber hinaus möchten wir Sie an dieser Stelle daran erinnern, dass es Referenzmodelle wie GAIT (Guide to the Assessment of IT Risk) und COBIT (Control Objectives for Information and Related Technologies) gibt (siehe hierzu Abschnitt 3.2.2, »COBIT«, und Abschnitt 3.2.4, »GAIT«), die in der Praxis als Vorlagen für die Durchführung von Prüfungen dienen.

6.1 Organisatorische Kontrollen

Zuerst gilt es, sich einen Gesamtüberblick über die IT-Organisation zu verschaffen und die generellen Fragen zu beantworten: Wer macht was? Sind die organisatorischen Rahmenbedingungen ausreichend, um funktionsfähige generelle IT-Kontrollen zu gewährleisten? Sind die vorhandenen Dokumentationen und Richtlinien angemessen? Berücksichtigen die Richtlinien die aus IKS-Gesichtspunkten kritischen Sachverhalte? Ohne einen Anspruch auf Vollständigkeit gehen wir nachfolgend auf die wichtigsten generellen IT-Kontrollen ein.

6.1.1 IT-Organisation

Shared Services

Häufig ist die IT in größeren Unternehmen in sogenannten *Shared Services* (Service-Unternehmen) organisiert, um innerhalb eines Unternehmens die notwendige Infrastruktur und die Unterstützung des Betriebs von Business-Anwendungen, wie zum Beispiel SAP ERP, zu gewährleisten.

Kontrollmechanismen bei Service-Unternehmen

Die IKS-Sicht auf die Auslagerung der IT wird in sogenannte Service-Unternehmen in Prüfungsstandards wie SAS 70, ISAE 3402 und IDW PS 951 behandelt. Die Situation rund um das Thema *Kontrollmechanismen* bei Service-Unternehmen kann aus Compliance-Sicht wie folgt zusammenfasst werden: Die Abwicklung operativer Prozesse lässt sich zwar an Service-Unternehmen delegieren, die compliancerelevanten Fragestellungen bezüglich der Kontrollmechanismen in diesen Prozessen bleiben aber weiterhin in der Verantwortung des Auftraggebers.

Competence Center

Ein weiterer wichtiger Begriff ist das *Competence Center*: Darunter wird eine Einheit im Unternehmen verstanden, die – meist nach dem geografischen Prinzip – Business-Anwendungen betreut, dies jedoch ohne den Hardwareanteil, um den sich die *Rechenzentren* kümmern.

IT-Organisation

Betrachtet man die *IT-Organisation* in Unternehmen ganzheitlich, lassen sich die folgenden typischen IT-Funktionen bei der Unterstützung SAP-basierter Geschäftsprozesse in Unternehmen nennen:

- Management und Betrieb des Rechenzentrums, in dem sich Server und sonstige, für SAP-Anwendungen notwendige Komponenten befinden, einschließlich der physischen Kontrollen (Zutrittssicherheit, Feuerschutz, Klimatisierung etc.)
- Datensicherung, Aufbewahrung und Archivierung
- Pflege und Administration von Hardware, Datenbanken und Netzwerken
- Pflege von SAP-Software (Einspielen von Support Packages, Upgrades etc.)
- Überwachung und Pflege der Schnittstellen und Verbindungen zwischen unterschiedlichen Systemen
- Help-Desk-Funktionen, mithilfe derer SAP-bezogene Probleme erfasst und bearbeitet werden
- Der SAP-Anwendungs-Support beschäftigt sich mit der Lösung der Probleme, der Umsetzung der Anforderungen und der Abwicklung der Pro-

jekte, die eine Änderung der Konfiguration oder der Programmierung erfordern.

- Pflege und Administration des Benutzerzugriffs wie Netzwerk- und Applikationsbenutzer, IDs und Passwörter
- strategische Planungsprozesse in der IT in Abstimmung mit der Business-Strategie, die Entscheidungen bezüglich des IT-Budgets, der Releasestrategie der bestehenden Anwendungen, gegebenenfalls der Implementierung der neuen IT-gestützten Prozesse

Fundament der SAP-gestützten Prozesse

Die Gesamtheit der genannten Funktionen ist erforderlich, damit SAP-gestützte Prozesse zuverlässig und reibungslos funktionieren können. Falls beispielsweise das Datenbankmanagement die Konsistenz der Daten nicht sicherstellen kann, werden alle anderen Kontrollmechanismen in der SAP-Anwendung selbst irrelevant: Sollte zum Beispiel die Netzwerk- und Schnittstellensicherheit schwach sein, können unter Umständen Berechtigungs- und Funktionstrennungskontrollen umgangen werden.

Sollte zum Beispiel die Vollständigkeit der schnittstellenbasierten Datenverarbeitung nicht gegeben sein, kann die Datenverarbeitung auch innerhalb einer SAP-Anwendung nicht vollständig sein. All diese Elemente sind in unterschiedlichen IT-Funktionen innerhalb der IT-Organisation angesiedelt. Wie Sie sehen, ist das Betätigungsfeld für einen IT-Auditor im Bereich IT-Organisation recht breit, und es ist wichtig, sich am Anfang einen Überblick über die Organisation zu verschaffen.

6.1.2 IT-Outsourcing: Wer ist verantwortlich für die Kontrollen?

Zuständigkeit beim Outsourcing

Durch die Auslagerung der Funktionen verliert ein Unternehmen die unmittelbare Hoheit über wichtige Kontrollmechanismen, und es stellt sich die Frage, wer in einem *Outsourcing-Szenario* für die ausgelagerten Kontrollen zuständig ist. Die Antwort ist recht eindeutig: weiterhin das Unternehmen selbst! Dies lässt sich nicht nur aus zahlreichen Prüfungsstandards ableiten; die Verantwortung ergibt sich unmittelbar aus den Pflichten der Geschäftsführung. Diese können nicht durch die Auslagerung bestimmter Prozesse auf Dritte übertragen werden.

Leider unterschätzen viele Unternehmen bei der Auswahl eines IT-Dienstleisters die Wichtigkeit der Compliance-Anforderungen und berücksichtigen bei der Analyse des Preis-Leistungs-Verhältnisses nicht die »versteckten« Kosten der Compliance. Es gibt Kontrollmechanismen, auf die bei der Auswahl von IT-Dienstleistern zu achten ist.

[»]

Service Level Agreements (SLA)

Ein SLA ist ein Standardvertrag für wiederkehrende Dienstleistungen eines Service-Unternehmens, dessen Ziel es ist, die Kontrollmöglichkeiten für den Auftraggeber transparent zu gestalten. In SLAs werden zugesicherte Leistungseigenschaften wie etwa Leistungsumfang, Reaktionszeit und Schnelligkeit der Bearbeitung genau beschrieben. Wichtiger Bestandteil ist hierbei die Dienstgüte, die die vereinbarte Leistungsqualität beschreibt. Prüfer achten bei SLAs außer auf deren Inhalt auf ein regelmäßiges Reporting eines Dienstleisters (zum Beispiel Kennzahlen wie durchschnittliche tatsächliche Verfügbarkeit, Systemperformance, Ausfallereignisse).

Zertifizierung

Ein weiteres Kontrollmittel ist recht verbreitet, auch wenn es keine vollumfängliche Abdeckung des Themas IKS gewährleistet. Dabei handelt es sich um die *Zertifizierung*. Es gibt ISO-Normen wie ISO 9000 ff., die qualitätsorientiert sind, oder weitere Normen, die die Sicherheit betreffen. Heutzutage ist die Zertifizierung gängige Praxis und für viele Service-Provider ein gutes Marketingmittel.

Ein SLA-Standardvertrag oder Zertifizierungen adressieren in der Regel nicht bzw. nur ganz wenige der relevanten Kontrollmechanismen; daher gibt es weitere Mittel, um das Thema IKS gezielt beim Service-Provider abzudecken. Hierbei handelt es sich um Berichte zu IKS-Fragestellungen, die für Service-Unternehmen von Prüfern erstellt werden können.

US-Standard SAS 70

Aus Gründen der Nachvollziehbarkeit der letzten Entwicklungen möchten wir mit dem Rückblick auf *US-Standard SAS 70*, gewissermaßen der »Audit-Urgroßvater« im Shared-Services-Umfeld, beginnen – auch wenn dieser nicht mehr gilt und durch andere Standards abgelöst wurde.

[»]

Die Vorgeschichte: SAS-70-Bericht

Ein SAS-70-Bericht bot lange Zeit die Möglichkeit, die beim Service-Unternehmen angesiedelten Kontrollmechanismen von einem unabhängigen Prüfer attestieren zu lassen. Das Akronym SAS 70 bedeutet aufgelöst *Statement on Auditing Standards No. 70: Service Organizations*.

Dieser Standard wurde vom *Auditing Standards Board* des *American Institute of Certified Public Accountants* (*AICPA*) in den USA erlassen und sah zwei Typen von Berichten vor:

- **Typ 1**
  Im Rahmen des Typ-1-Berichts wurde die Angemessenheit der Kontrollen (Design Effectiveness) beim IT-Service-Unternehmen bestätigt.

- **Typ 2**
  Diese Berichtsart enthielt darüber hinaus die Bewertung der Wirksamkeit der Kontrollen (Operating Effectiveness).

Auch wenn SAS 70 aus den USA stammt, hat sich diese Berichtsart in den Nicht-US-GAAP-Ländern (GAAP = Generally Accepted Accounting Principles) durchgesetzt, die nicht über eigene Standards verfügen. Aus Sicht eines Prüfers war ein SAS-70-Bericht vom Typ 2 die einzige Möglichkeit, sich auf ein IKS bei einem Service-Provider verlassen zu können. In der Regel konnte aber beim Typ-2-Bericht auf eigene Prüfungshandlungen nicht vollumfänglich verzichtet werden. Besonders bei einer externen Prüfung durfte man sich nicht allein auf Typ-2-Berichte verlassen – Schnittstellenkontrollen und die ergänzenden Kontrollen waren zusätzlich beim auslagernden Unternehmen zu prüfen.

[zB]

Beispiele für internationale Standards

Die weiteren relevanten internationalen Standards sind:

- Canada: Canadian Standard on Assurance Engagements (CSAE) 3416
- UK: Audit and Assurance Faculty (AAF) 01/06
- Australien: Guidance Statement (GS) 007
- China: Hong Kong Standard on Auditing (HKSA) – Auditing Practice Note 860.2
- Japan: Audit Standards Committee Report No. 18
- Deutschland: Prüfungsstandard (PS) 951 von IDW (Institut der Wirtschaftsgüter)

Von SAS 70 zu ISAE 3402

Um die bunte Palette der länderspezifischen Standards zu vereinheitlichen und eine Alternative für den in die Jahre gekommenen Standard SAS 70, existiert seit 1992, zu bieten, wurde vom *International Auditing and Assurance Standards Board* (*IAASB*) ein neuer Standard eingeführt, der *International Standard on Assurance Engagements* (*ISAE*) *3402, Assurance Reports on Controls at a Service Organisation*. Als Teil des *International Framework for Assurance Engagements* (*IFAC*) von IAASB kann dieser Standard die länderspezifischen Standards nicht ersetzen, sondern stellt eine weitere Alternative für Service-Unternehmen dar, um über ein eigenes IKS zu berichten. Trotzdem kann ISAE 3402 als Basis für künftige Anpassungen der länderspezifischen Standards oder als Default-Standard für Länder betrachtet werden, die über keine eigenen vergleichbaren Standards verfügen.

[»]

Bericht nach ISAE 3402 vs. SAS 70

Der Standard ISAE 3402 bringt einerseits einige wichtige Neuerungen mit sich und weist andererseits einige Ähnlichkeiten mit SAS 70 auf:

- Im Vergleich zu einem SAS-70-Bericht, der sich nur auf finanzberichterstattungsrelevante Kontrollen bezieht, kann ein Bericht nach ISAE 3402 weitere Compliance-Bereiche umfassen, zum Beispiel die Qualität.
- Ein weiterer wesentlicher Unterschied zu SAS 70 besteht darin, dass im ISAE-3402-Bericht die formelle Bestätigung der Verantwortung für das IKS seitens des Managements eines Service-Unternehmens enthalten ist.
- Des Weiteren soll ein ISAE-3402-Bericht die Beschreibung der vom Prüfer durchgeführten Prüfungshandlungen enthalten, was beim SAS-70-Bericht nicht der Fall ist.
- Bei einem ISAE-3402-Bericht unterscheidet man zwischen Typ A und Typ B. Inhaltlich entsprechen diese Typen jeweils den Typ-1- und Typ-2-Berichten nach SAS 70.

Basierend auf ISAE 3402, wurden auch die Anforderungen für die Berichterstattung und die Prüfung der US-Prüfer von Dienstleistungsorganisationen angepasst: Zuerst wurde SAS 70 durch Statement on Standards for Attestation Engagements (SSAE) Nr. 16 ersetzt. Die beiden Standards ISAE 3402 und SSAE 16 gelten für Berichte über Perioden, die am oder nach dem 15. Juni 2011 enden, wobei SSAE 16 im Mai 2017 durch SSAE 18 ersetzt worden ist.

Vereinfacht: ISAE 3420 + ISAE 3000 = SSAE 18

SSAE 18 kombiniert mehrere Standards und geht inhaltlich über SSAE 16 hinaus. Letzterer war vorwiegend auf finanzberichterstattungs-orientierte Kontrollen ausgerichtet – genauso wie es bei ISAE 3402 immer noch der Fall ist und der durch ISAE 3000 (deckt alle anderen IKS-Dimensionen ab) ergänzt wird.

System and Organizational Controls

Im Rahmen von SSAE 18 gibt es drei Arten von Berichten, die unter dem Acronym *SOC* (*System and Organization Controls*) zusammengefasst werden:

- SOC 1 ist auf interne Kontrollen über Finanzberichterstattung fokussiert.
- SOC 2 richtet sich nach WebTrust- und SysTrust-Prinzipien; hier geht es primär um Themen wie Sicherheit, Verfügbarkeit, Prozessintegrität und Datenschutz. Der SOC-2-Bericht kann in der Regel unter Einhaltung einer Vertraulichkeitserklärung (NDA = Non-Disclosure Agreement) zur Verfügung gestellt werden.

- SOC 3 hat den gleichen inhaltlichen Fokus wie SOC 2 und wird eher für Marketingzwecke verwendet. Ein SOC-2-Bericht darf frei veröffentlicht werden.

Bestand vs. Effektivität von Kontrollen

Die erwähnten Arten von Berichten können von 2 Typen sein (ähnlich wie bei SAS 70 in der Vergangenheit oder ISAE 3402):

- Berichte vom Typ 1 sind auf das Bestehen und die Angemessenheit des Designs von Kontrollen fokussiert.
- Berichte vom Typ 2 beinhalten Typ 1 und beurteilen darüber hinaus die Effektivität von Kontrollen in einem bestimmten Zeitraum.

Sub-Sub-Beziehungen bei Kontrollen offenlegen

In SSAE 18 wird die Wichtigkeit betont, die Transparenz bezüglich der Einbeziehung von weiteren Dienstleistern durch eine Service-Organisation zu gewährleisten, das heißt, Beziehungen zu den gegebenenfalls weiteren Unterbeauftragten (Subservice-Organisation) offenzulegen. Dabei müssen Kontrollen beschrieben werden, auf die sich die Service-Organisation im Rahmen der Dienstleistungserbringung an Endkunden verlässt: sogenannte Complimentary Service Organization Controls.

6.1.3 IKS und Cloud

Der Einsatz von cloudbasierten Lösungen beeinflusst die Art und Weise, wie Organisationen mit IT-Governance-Themen umgehen. Die Palette an Cloud-Optionen ist recht breit: man unterscheidet für gewöhnlich zwischen Private und Public Cloud. Ferner können Organisationen Softwarelösungen. Infrastruktur oder Plattformen als Cloud-Dienstleistungen beziehen. Cloud-Dienstleister verwenden meist die gleiche Infrastruktur für mehrere Kunden (bzw. Kundengruppen). Ohne zu tief auf die recht bunte Palette an Cloud-Optionen einzugehen, möchten wir an dieser Stelle einige IKS-relevanten Beobachtungen für Sie zusammenfassen.

In Abbildung 6.1 sehen Sie eine schematische Darstellung von Einflussmöglichkeiten auf den Grad der Gestaltung von Kontrollmechanismen, die üblicherweise den Kunden beim Beziehen von Cloud-Dienstleistungen zur Verfügung stehen. Die Abstufung ist für drei Arten dieser Dienstleistung gemacht:

- Software as a Service (SaaS)
- Platform as a Service (PaaS)
- Infrastructure as a Service (IaaS)

Annahme: SaaS als Public Cloud

Bei diesen drei Abstufungen haben wir die übliche Differenzierung in Public und Private Cloud aus Vereinfachungsgründen außer Acht gelassen: Es wurde die Annahme getroffen, dass SaaS überwiegend als Public Cloud benutzt wird. Die Private-Cloud-Option bei SaaS weist in puncto Flexibilität IaaS-Eigenschaften auf, da die zugrundeliegende Infrastruktur meist von einem bestimmten Kunden benutzt wird. Abhängig vom Service-Provider können die Optionen stark variieren.

Im Falle von IaaS können Kunden teilweise bis maßgeblich Kontrollmechanismen mitgestalten. Beim SaaS-Modell müssen Kunden hingegen meist die IKS-relevanten Gegebenheiten akzeptieren oder haben nur beschränkten Einfluss auf Kontrollmechanismen, die durch Cloud-Service-Provider zur Verfügung gestellt werden.

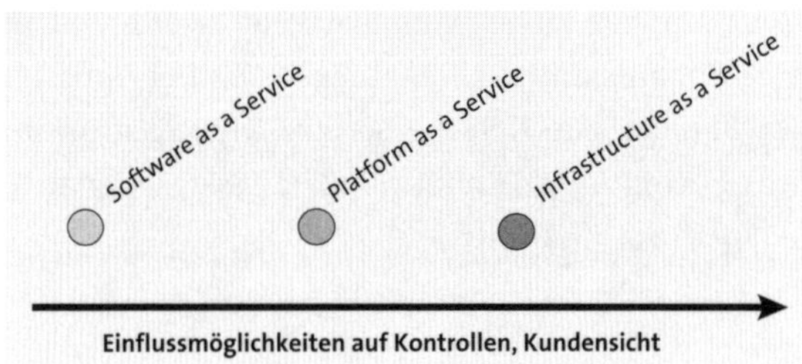

Abbildung 6.1 Einflussmöglichkeiten auf die Gestaltung von Kontrollen im Cloud-Umfeld, vereinfachte Darstellung

Die nachfolgenden Beispiele gehören der Domäne »Generelle IT-Kontrollen« an (siehe Abschnitt 3.1.4, »Struktur eines klassischen IKS-Frameworks im SAP-ERP-Umfeld«), wobei die Aussage bezüglich der Einflussmöglichkeiten auf die Gestaltung auch bei prozessrelevanten Applikationskontrollen gilt. Bei Letzteren werden für SaaS-Kunden oft Administrationskonsolen angeboten, mit deren Hilfe Geschäftsanwendungen bis zum gewissen Grad konfiguriert werden können. Dies ist bei IaaS-orientierten Modellen meist nicht relevant – wie zum Beispiel bei SAP HANA Enterprise HEC, mit deren Hilfe SAP als Dienstleister Patching, Upgrades, Infrastrukturüberwachung, Backup und Recovery sowie sonstige technische Aufgaben übernimmt, während Kunden über SAP-HANA-basierte Geschäftsanwendungen im Rahmen eigener Change-Management-Richtlinien frei walten können.

[zB]

Netzwerkkontrollen

- Angenommen, ein Unternehmen möchte seine eigene Infrastruktur auf das IaaS-Modell umstellen bzw. von einem spezialisierten Cloud-

Anbieter Hosting- und Betriebsdienstleistungen beziehen. Dabei besteht in der Regel die Möglichkeit, Kontrollmechanismen auf der Netzwerkebene mitzugestalten, zum Beispiel über die Einrichtung von DMZ (Demilitarisierte Zone), zusätzlichen Netzwerksegmenten und Firewalls, IDS (Intrusion Detection Systems) etc.

- Wenn ein Unternehmen SaaS verwenden möchte, ist die weiter vorne genannte Mitgestaltungstiefe der Netzwerkkontrollen beim Cloud-Anbieter sehr beschränkt.

[zB]

TLS-Verschlüsselung

Angenommen, ein Unternehmen möchte SaaS aus einer Public-Cloud-basierten-Multitenant-Umgebung beziehen. Wenn dieses Unternehmen intern für Webbrowsers die TSL-v1.3-Verschlüsselung (TSL = Transport Layer Security) verwendet und auf diese Mindestanforderung besteht, würde es bedeuten, dass der SaaS-Provider tiefere Verschlüsselungsstandards wie TSL v1.2 technisch nicht mehr erlauben müsste. Der SaaS-Anbieter würde Verschlüsselungsstandards erst anheben, wenn alle anderen Bestandskunden eigene Webbrowser ebenfalls auf TSL 1.3 umgestellt haben.

Der Umgang mit Cloud-Risiken

Sie haben nun Beispiele gesehen, die zeigen, dass je nach Ausgestaltung von Cloud-Dienstleistungen Kontrollmechanismen entweder überhaupt nicht vorhanden oder nicht beeinflussbar sein können. Was macht man dabei als Kunde, um Risiken im Zusammenhang mit der IT-seitigen Auslagerung von Geschäftsdaten und -prozessen im Griff zu haben? Wie Sie bereits aus Abschnitt 6.1.2 wissen, können Unternehmen sich nicht blind auf Kontrollen verlassen, die in der Obhut von Dienstleistern (in unserem Fall Cloud-Providern) sind.

Berichte anfordern

Die nach SSAE1 8 oder anderen vergleichbaren Standards erstellten Berichte erlauben eine unabhängige Beurteilung des Kontrollumfeldes eines Cloud-Dienstleisters. Die inhaltliche Analyse und der Vergleich solcher Berichte, die für mögliche Cloud-Lieferanten von unabhängigen Prüfern erstellt wurden, sollten der erste Schritt sein. Dabei müssen Sie die Bedeutung von unterschiedlichen Arten (SOC 1, SOC 2 oder SOC 3) und Typen (Typ 1 oder Typ 2) dieser Berichte im Hinterkopf behalten (siehe Abschnitt 6.1.2). Die Aussage bezüglich der Effizienz von Kontrollen hat sicherlich mehr Gewicht als Feststellungen bezüglich deren Existenz und des Designs. Außerdem können, je nach Gegenstand von Cloud-Dienstleistungen, die in Abschnitt 4.1.1, »SAP-Hinweis 671016«, erwähnten BSI- (Bundesamt für Sicherheit in der Informationstechnik), BS- (British Standard) und ISO-Zertifizierungen (International Organization for Standardization) relevant sein.

Vertrag gestalten

Bei der Vertragsgestaltung für Cloud-Dienstleistungen ist es zu empfehlen, die Möglichkeit für eine unabhängige Prüfung der Effektivität von Kontrollen bzw. Durchführung von Audits explizit vorzusehen.

Datenschutzauflagen berücksichtigen

Sollte eine Datenverarbeitung in einer Cloud personenbezogene Daten im Sinne der DSGVO 2016/679 beinhalten, müssen folgende Personen alle Informationen zur Verfügung stellen, um die Existenz der von der DSGVO 2016/679, Art. 32, »Security of Processing«, geforderten technischen und organisatorischen Maßnahmen zu demonstrieren:

- der *Auftragsverarbeiter* (Data Processor, in unserem Fall der Cloud-Dienstleister)
- der *Verantwortliche* (Data Controller, in unserem Fall der potenzielle Kunde eines Cloud-Dienstleisters)

Dies umfasst nach dem Wortlaut des Gesetzes unter anderem auch regelmäßige Tests und Bewertungen der Effektivität der technischen und organisatorischen Maßnahmen (oft auch kurz TOMs genannt). Die bereits angesprochenen SSAE-18-, SOC-1- und SOC-2-Berichte sollten die hierzu erforderlichen Informationen beinhalten.

Blackbox Penetration Testing

Zusätzlich kann die Durchführung von Vulnerability Scans durch unabhängige Anbieter empfohlen werden. Solche Scans können von einfacheren automatisierten Application Security Checks bis hin zum manuellen, durch Cyber-Security-Experten durchgeführten Blackbox Penetration Testing variieren. Penetrationstestberichte müssen sorgfältig evaluiert werden, weil sie unter anderem eine unabhängige Meinung über den Zustand von einigen technischen und organisatorischen Maßnahmen des Dienstleisters darstellen.

6.1.4 Zuständigkeit beim Outsourcing – Richtlinien und Dokumentation

Sie wissen bereits aus Abschnitt 2.2.2, »Ausgewählte Prüfungsgrundsätze«, dass ein Prüfer unter anderem auf dokumentierte Nachweise zurückgreift, um sich einen Überblick über die wichtigsten generellen IT-Kontrollen zu verschaffen. Insbesondere bei Kontrollen, die durch einen Mitarbeiter manuell ausgeführt werden, ist eine Dokumentation erforderlich. Die Kontrolldurchführung sollte dokumentiert sein, damit ex post festgestellt werden kann (anhand der Dokumentation), ob bzw. dass die Kontrolle tatsächlich ausgeführt worden ist.

In der Praxis werden daher in der Regel folgende Arten der Dokumentation angefordert:

Arten der Dokumentation

- **Dokumentation über physische Sicherheit, Feuerschutz und Klimatisierung**
  Hier wird üblicherweise auf Übersichtspläne, aktuelle Wartungsverträge und -protokolle geachtet.
- **Datensicherung und Wiederanlaufverfahren**
  Hier wird insbesondere darauf geachtet, wie die Vorgänge protokolliert werden und wie weit ein letzter Wiederanlauftest zurückliegt, basierend auf Sicherungskopien.
- **Sicherheitsrichtlinien**
  Das Thema Sicherheit im SAP-Umfeld ist sehr komplex, reicht weit über die SAP-Anwendung selbst hinaus und betrifft unter anderem die Datenbank-, Netzwerk- und Schnittstellensicherheit.
- **Berechtigungskonzept und Benutzerverwaltungskonzept**
  Hier wird besonders auf die Definition und den Umgang mit kritischen Berechtigungen – einschließlich der Berechtigungen auf Betriebssystemebene – geschaut, auf das Notfallbenutzerkonzept und auf die Funktionstrennungsregeln (auf Rollen- und Benutzerebene); siehe Abschnitt 6.4.1, »Schutz der Programme und Transaktionen – Grundlagen«.
- **Change-Management-Richtlinien**
  Sachverhalte wie Systemänderungen jeglicher Art stehen üblicherweise bei einer solchen Prüfung im Fokus (siehe Abschnitt 6.2, »Kontrollen im Bereich Change Management und Entwicklung«), weil bei Systemänderungen auch die Konsistenz der Verarbeitungslogik und der Daten mit IKS-Relevanz betroffen sein kann.
- **Entwicklerrichtlinien**
  Bei dieser Prüfung konzentriert man sich auf Sachverhalte wie Namenskonventionen, Protokollierungskennzeichen bei eigenentwickelten Tabellen, Berücksichtigung der Berechtigungsprüfungen in eigenentwickelten Programmen und die Zuordnung der Programme zu den Transaktionen.
- **Blueprints, Tests und Abnahmen**
  Die Dokumentation implementierter Geschäftsprozesse, die Abnahmeprotokolle (zum Beispiel Funktionstests, Integrationstests, Benutzerakzeptanztests) und die Dokumentation der durchgeführten Tests, die im Rahmen der Implementierungsprojekte entstehen, schließen die Liste der üblicherweise vom Prüfer angeforderten Dokumente ab.

Die Liste der genannten Dokumente hört sich für Sie eventuell wie eine Selbstverständlichkeit an, doch in der Praxis erlebt man als Prüfer einige Überraschungen.

Prüfung: wichtige Verfahrens- und Systemdokumentation

Verschaffen Sie sich bei der Prüfung einen Überblick über die existierende System- und Verfahrensdokumentation. Die aufgezählten Dokumente können in der Prüfungspraxis als Mindestanforderungen betrachtet werden, wobei der inhaltliche Umfang der Dokumentation mit der Komplexität der Abläufe in der IT und den SAP-ERP-gestützten Geschäftsprozessen zusammenhängt.

6.2 Kontrollen im Bereich Change Management und Entwicklung

Unabhängig von den gesetzlichen Compliance-Anforderungen – ob SOX (Sarbanes-Oxley Act) oder FDA (Food and Drug Administration) etc. –, sind die Kontrollen im Bereich *Change Management* immer relevant. Gleiches gilt auch für die Art der durchgeführten Prüfung oder des Reviews: Ob GoBS-Check (Grundsätze ordnungsmäßiger DV-gestützter Buchführungssysteme), SOX-Audit oder Post Implementation Review – man muss sich davon überzeugen, dass die Änderungen der Konfiguration oder der Entwicklungen in einem SAP-System ordnungsgemäß stattfinden und so eine solide Basis für die Konsistenz der Daten und der Verarbeitungslogik darstellen. In diesem Abschnitt lernen Sie die wichtigsten Change-Management-Kontrollen kennen, die ein Prüfer für gewöhnlich untersucht und die fester Bestandteil jedes IKS-Frameworks sind.

6.2.1 SAP-Systemlandschaft

Änderungen direkt in einem SAP-Produktivsystem vorzunehmen, in dem verschiedene Geschäftsprozesse ablaufen, kommt einem chirurgischen Eingriff ohne Anästhesie sehr nahe. Es gibt sicherlich Ausnahmen: So werden in der Praxis Währungskurse, Buchungsperioden oder Menübäume direkt im SAP-System geändert. Für alle anderen Änderungen gilt: Um die Lebenserwartung eines Patienten bzw. eines SAP-Systems nicht zu gefährden, werden Änderungen in der Regel zuerst in einem *Entwicklungssystem* durchgeführt, in ein *Qualitätssicherungssystem* transportiert und nach der erfolgreichen Durchführung von Tests in das *Produktivsystem* eingespielt.

Transporte

Folgende Transportwege sind zu nennen:

- aus dem Qualitätssicherungssystem weiter in das Produktivsystem (zusammengefasst: E → Q → P)
- aus einem Entwicklungssystem weiter in das Produktivsystem (zusammengefasst: E → Q und E → P)

Drei Systeme als Standard

In der SAP-ERP-Welt ist eine dreigeteilte Systemlandschaft Standard. Für »kleinere« Implementierungen mit einer überschaubaren Anzahl an Prozessen und ohne wesentliche Entwicklungen oder Modifikationen des SAP-Standards sind in der Praxis aber auch zweigeteilte Systemlandschaften vorzufinden.

Die gängigste Möglichkeit für einen Einblick in die SAP-Systemlandschaft ist Transaktion STMS (Transport Management System), siehe Abbildung 6.2.

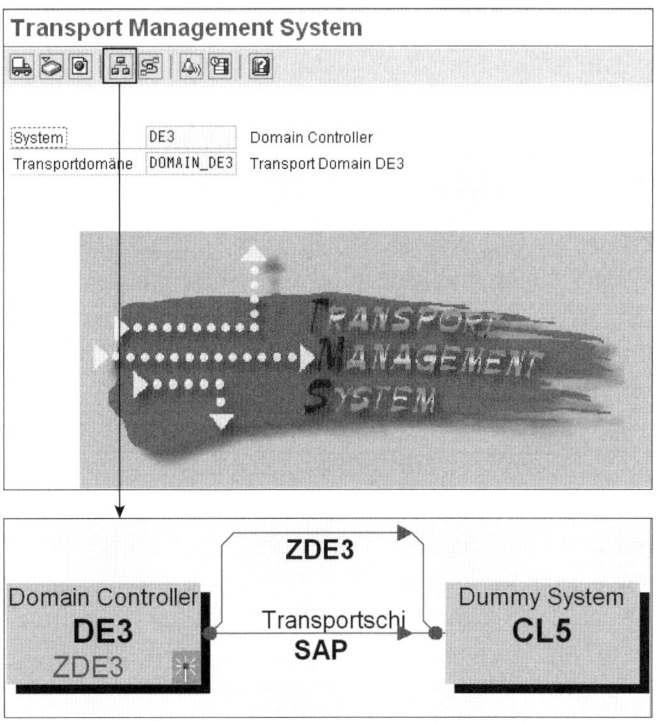

Abbildung 6.2 Übersicht über Verbindungen im Transport Management System

Erfahrungsgemäß gibt es im Bereich der Systemlandschaft recht wenige Beanstandungen, da hier keinesfalls nur Anforderungen von Prüfern, sondern primär die ureigenen Interessen von Unternehmen betroffen sind.

Transportauftrag als Träger der Änderungen im SAP-System

In Abbildung 6.2 sehen Sie die einzelnen Systeme und Verbindungen zwischen diesen Systemen. Eine Verbindung wird in der SAP-Sprache *Transportschiene* genannt. Über diese Transportschienen werden *Transportaufträge* transportiert, in die einzelne Konfigurations-, Programm- und sonstige Änderungen an einem SAP-System »verpackt« werden. Die Verfahren rund um die Behandlung von Transportaufträgen werden unter dem Begriff *Transport Management System* zusammengefasst, kurz *TMS*.

Prüfung: SAP-Systemlandschaft

Verschaffen Sie sich bei der Prüfung anhand der Dokumentation und mithilfe von Transaktion STMS einen Überblick über die Angemessenheit der eingerichteten Systemlandschaft und der Transportwege. Insbesondere sind Mechanismen interessant, die sicherstellen, dass Qualitätssystem und Produktivsystem – die in der Testphase befindlichen Funktionalitäten ausgenommen – auf dem gleichen Stand bezüglich Konfiguration und Entwicklungen sind. Im Fachjargon wird oft das Wort *Refresh* verwendet: Bei einem Refresh-Vorgang wird ein System (Produktivsystem) oder ein Mandant auf das andere System oder den Mandanten kopiert. Prüfen Sie, wie lange der erste Refresh-Vorgang zurückliegt.

6.2.2 Korrektur- und Transportwesen

Sie wissen bereits in groben Zügen, wie ein TMS funktioniert. Ein *Transportauftrag* ist ein Träger von Änderungen an verschiedenen Objekten im SAP-System, und die effektiven Kontrollmechanismen rund um diese Transportaufträge sind essenziell, um Risiken der Daten- und Programminkonsistenz sowie der Systemverfügbarkeit generell vorzubeugen. Um die relevanten Kontrollmechanismen zu identifizieren, gehen wir gemeinsam den Lebenszyklus eines Transportauftrags durch.

Kontrolle: Bezeichnung der Transportaufträge

Ein Transportauftrag wird in einem SAP-System angelegt, und dabei wird ein Kurztext frei vergeben. Hier sollten sinnvolle Bezeichnungen für den Transportauftrag verwendet werden, die den Zweck einer Änderung wiedergeben, zum Beispiel »Anpassung Steuerschlüssel«. Eine solche sinnvolle Bezeichnung ist für die Zuordnung des Transportauftrags wichtig und generell für eine einfachere Prüfbarkeit von Änderungen. Es ist zum Beispiel auch wichtig, nach Möglichkeit eine Referenzierung zu verwenden (wie die Nummer eines SAP-Hinweises, der implementiert wurde).

In Abbildung 6.3 sehen Sie die einzelnen Transportaufträge und einige Beispiele dafür, wie Sie Transportaufträge benennen können. Diese Liste kann mit Transaktion SE01 (Transport Organizer) aufgerufen werden. Die Transportnamen beinhalten zum Beispiel den Namen der Komponente (PC steht für SAP Process Control, BC für SAP Basis), gegebenenfalls einen Verweis auf einen SAP Hinweis einschließlich der Nummer sowie eine Kurzbeschreibung des Sachverhalts.

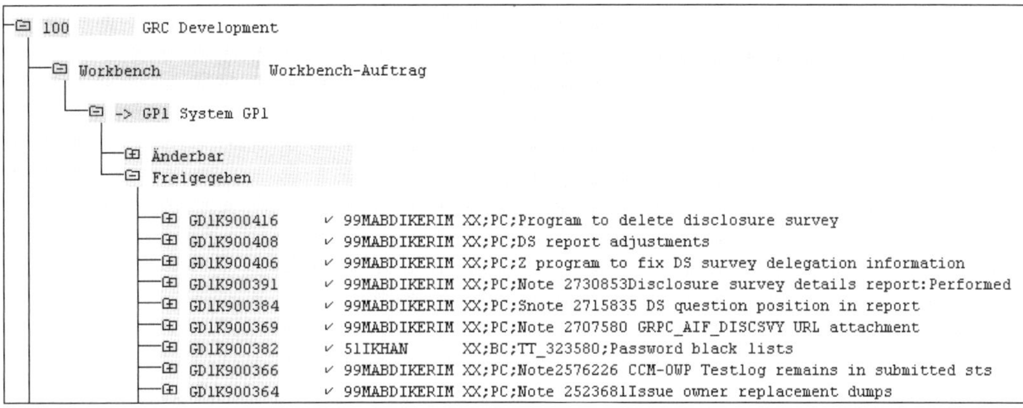

Abbildung 6.3 SAP-Transportaufträge

Kontrolle: Paketierung der Transportaufträge

Da in einen Transportauftrag mehrere Änderungen verpackt werden können, ist es sinnvoll, diese auseinanderzuhalten. Daraus ergibt sich eine weitere Kontrolle. Der Inhalt eines Transportauftrags muss einer zusammenhängenden Funktionalität angehören, die einzeln getestet werden kann. So würde man zum Beispiel die Aktivierung von BC-Sets (Business Configuration Sets) im Rahmen der Implementierung der SAP-Lösungen für GRC innerhalb eines Transportauftrags zusammenfassen (siehe Kapitel 19, »IKS-Automatisierung mithilfe von SAP Process Control«).

Die Information in der Bezeichnung eines Transportauftrags genügt keineswegs, um dessen Herkunft und Daseinsberechtigung zu rechtfertigen und um die Testergebnisse und die formellen Freigaben zu dokumentieren.

Kontrolle: Standardformen und Testdokumentation

Außerdem muss jede Änderung im System aus IKS-Gesichtspunkten auf deren Auswirkungen auf Sicherheit, Effektivität der bestehenden Kontrollen oder auf die Notwendigkeit der neuen Kontrollen hin geprüft werden. Aus diesem Grund haben sich in der Praxis Standardformulare oder Tools etabliert, die diese Dokumentationsfunktion übernehmen. Darüber hinaus ist eine solche Dokumentation auch mithilfe des SAP Solution Managers möglich.

Die generierten Transportaufträge werden im SAP-Quellsystem freigegeben und automatisch über Transportwege an die vorgesehenen Zielsysteme verteilt. In einem SAP-Zielsystem stehen diese Transportaufträge für einen Importvorgang bereit.

Zusätzlich zu den Freigabe- und Importvorgängen kann ein *Genehmigungsverfahren für Transport-Requests* etabliert werden. In Abbildung 6.4 sehen Sie beispielhaft, wo im SAP-System entsprechende Einstellungen vorgenommen werden.

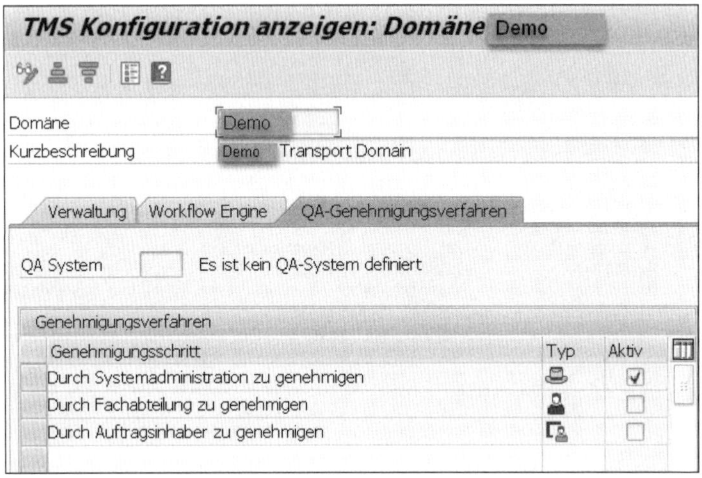

Abbildung 6.4 Konfiguration des Genehmigungsverfahrens für Transportaufträge

Diese Übersicht können Sie im SAP-System finden, indem Sie Transaktion STMS aufrufen und anschließend über den Menüpfad **Systemübersicht • Springen • Transportdomäne** zu den jeweiligen Einstellungen navigieren.

Kontrolle: Notfallproduktionskorrekturen

Für Fälle, in denen eine Änderung dringend durchzuführen ist (zum Beispiel, um einen Fehler zu korrigieren), muss eine korrekte organisatorische und technische Vorgehensweise vorgeschrieben sein (vor allem die Dokumentation und die Benachrichtigung des Vorgesetzten). Technisch wird in solchen Fällen die Funktion *Vorabimport* verwendet, die einen Transportauftrag zwar importiert, diesen aber gleichzeitig in der Import-Queue belässt, um ihn zu einem späteren Zeitpunkt in einer korrekten Reihenfolge, gegebenenfalls mit anderen zusammenhängenden Transporten, zu importieren.

Kontrolle: Funktionstrennung

Das Ausführen der beiden Vorgänge – Freigeben und Importieren der Transportaufträge – von derselben Person kann zum Interessenskonflikt führen und muss aus diesem Grund berechtigungstechnisch auseinandergehalten werden.

Für die Import- und Exportvorgänge im Korrektur- und Transportwesen ist das Berechtigungsobjekt `S_TRANSPRT` zuständig. Dabei sind folgende Werte relevant:

- Aktivität 43: Freigeben (im Quellsystem, Transaktion SE01)
- Aktivität 60: Importieren (im Zielsystem, Transaktion STMS)

Um Transportaufträge zu importieren, wird zusätzlich das Berechtigungsobjekt `S_CTS_ADMI` benötigt, mit den Werten »IMPA« und »IMPS« für das Feld CTS_ADMFCT.

Um die Funktionstrennung zwischen Import- und Freigabevorgängen zu gewährleisten, darf ein Benutzer nicht gleichzeitig über Freigabe- und Importberechtigungen verfügen.

Kontrolle: im Produktivsystem angelegte Transportaufträge

In Abschnitt 6.2.3, »Mandantensteuerung«, erfahren Sie, wie verhindert werden kann, dass beispielsweise Konfigurationsänderungen direkt in einem Produktivsystem vorgenommen werden (unter Umgehung der vorgesehenen Transportwege von einem Entwicklungs- oder Qualitätssicherungs- in das Produktivsystem). Sollten Änderungen doch sofort im Produktivsystem vorgenommen worden sein, haben Sie eine Möglichkeit, dies nachträglich herauszufinden.

Beim Anlegen eines Transportauftrags wird dessen technischer Name bzw. die ID vom SAP-System automatisch vergeben. Dabei wird die System-ID (drei Zeichen) an die ersten drei Stellen der ID des Transportauftrags gesetzt. Würde man zum Beispiel in einem System XYZ nach Transportaufträgen XYZ* suchen, würde man Transportaufträge finden, die direkt in diesem System angelegt wurden.

Prüfung: Korrektur- und Transportwesen

Bei der Prüfung sind folgende Maßnahmen zu empfehlen:

1. Verschaffen Sie sich einen Überblick über die eingerichteten Verfahren im Korrektur- und Transportwesen anhand der Dokumentation. Achten Sie insbesondere darauf, ob für die Namenskonventionen der Transportaufträge klare Regeln vorliegen.
2. Bewerten Sie mithilfe von Transaktion SE01 die Transportaufträge im Entwicklungs- oder Qualitätssicherungssystem. Beurteilen Sie die Nachvollziehbarkeit der Bezeichnungen der Transportaufträge.
3. Prüfen Sie, ob die Freigabe- und Importberechtigungen für Transportaufträge unter Einhaltung der Funktionstrennungsgrundsätze verwendet werden.
4. Prüfen Sie, ob ein Genehmigungsverfahren für Transportaufträge eingerichtet wurde.
5. Prüfen Sie im Produktivsystem mithilfe von Transaktion SE01 anhand der Namenskonventionen der dort befindlichen Transportaufträge, ob es Transportaufträge gibt, die in diesem System direkt angelegt wurden.

6.2.3 Mandantensteuerung

Mandanten im SAP-System

Ein Mandant ist eine SAP-spezifische »technische« Organisationseinheit, die es erlaubt, Stamm-, Bewegungs- und Konfigurationsdaten sowie Berechtigungen innerhalb eines SAP-Systems global auseinanderzuhalten. Ein Mandant hat eine wichtige Steuerungsfunktion, die unter anderem bestimmt, ob und wie in einem SAP-System Änderungen vorgenommen werden können. Die hierfür zuständigen Einstellungen werden mithilfe von Transaktion SCC4 (Mandantenverwaltung) festgelegt. Dabei werden pro Mandant die in Abbildung 6.5 abgebildeten Parameter bestimmt.

Folgende Einstellungen sind aus Revisionssicht erforderlich:

- Im Bereich **Änderungen und Transporte für mandantenabhängige Objekte** ist die Option **automatische Aufzeichnung von Änderungen** aktiviert ❶, weil es sich um ein Entwicklungssystem handelt. In einem Produktivsystem sollte dieser Parameter auf **keine Änderungen erlaubt** gesetzt sein.
- Der Bereich **Änderungen an mandantenübergreifenden Objekten** ist auf **Änderungen an Repository und mand. unabh. Customizing erlaubt** gesetzt ❷. In einem Produktivsystem sollte die Option **Keine Änderung von Repositoryobjekten** aktiviert sein.
- Der Bereich **Schutz bzgl. Mandantenkopierer und Vergleichstool** sollte im Produktivsystem auf **Kein Überschreiben** gesetzt sein; Einstellungen, die Sie unter ❸ sehen, würden Sie eher in einem Entwicklungssystem vorfinden.
- Der Bereich **Einschränkung beim Starten von CATT und eCATT** sollte auf **eCATT und CATT nicht erlaubt** gesetzt sein (CATT = Computer Aided Test Tool, eCATT = Extended CATT). Einstellungen, die Sie unter ❹ sehen, sollten Sie in einem Produktivsystem kritisch hinterfragen.

[»]

CATT

Die CATT-Funktionalität wird neben ihrem eigentlichen Zweck, eingerichtete Szenarien zu testen, oft auch zur Datenübernahme im SAP-System herangezogen. Da dabei unter Umständen Änderungen auf Datenbankebene vorgenommen werden können, stellt die Verwendung dieser Funktionalität in einem Produktivsystem ein Risiko dar.

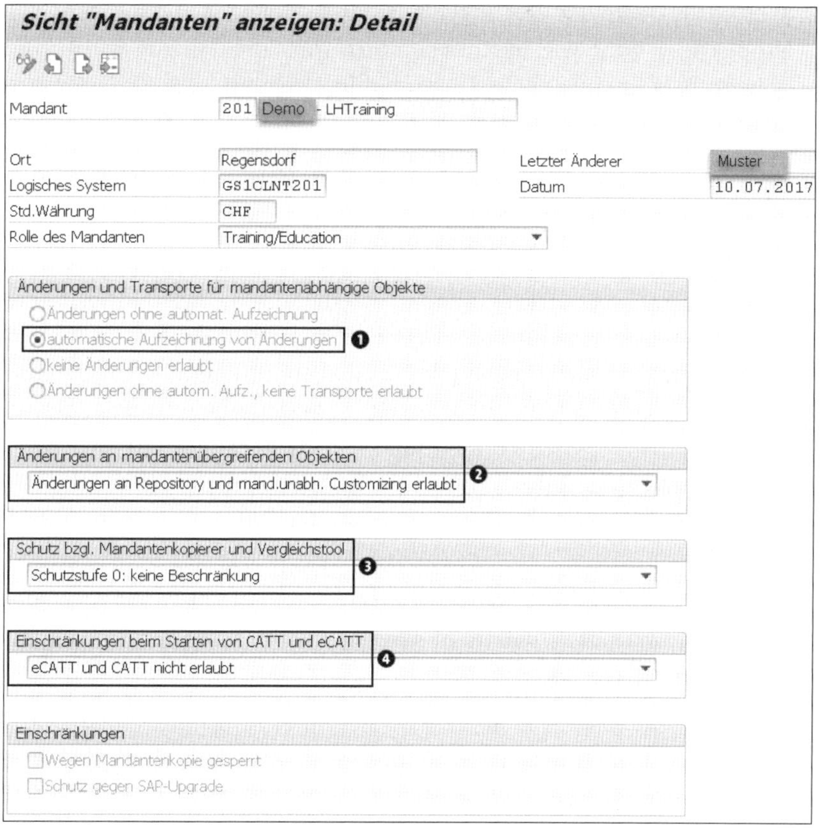

Abbildung 6.5 Mandanteneinstellungen (Transaktion SCC4)

Kontrolle: Mandanteneinstellungen

Die Mandanteneinstellungen können mithilfe von Transaktion SCC4 oder direkt in der Datenbanktabelle T000 überprüft werden. Diese kann, wie Sie bereits wissen, mit Transaktion SE16 (Data Browser) aufgerufen werden.

Die (temporären) Änderungen der Mandanteneinstellungen sind durchaus zulässig, sie sollten allerdings dokumentiert und nachvollziehbar begründet sein. Die Prüfung einer nachweislich stattgefundenen Änderung für deren dokumentierte Begründung stellt eine »klassische« Prüfungshandlung dar.

Kontrolle: Mandanteneinstellungen ändern

Mithilfe des Reports RSTBHIST können Sie Änderungen der Mandanteneinstellungen in Tabelle T000 auswerten. Für einzelne Änderungen – je nach deren Inhalt (wie für die Öffnung eines Produktivmandanten für direkte Änderungen) – würde man dokumentierte Gründe erwarten.

Prüfung: Mandanten einstellungen

Bei der Prüfung sind folgende Schritte zu empfehlen:

1. Prüfen Sie die Mandanteneinstellungen, insbesondere im SAP-Produktivsystem, mithilfe von Transaktion SCC1 oder direkt in Tabelle T000.

2. Werten Sie die in der Vergangenheit stattgefundenen »Öffnungen« des Produktivsystems wie beschrieben aus. Die Voraussetzungen für die Auswertbarkeit von Tabelle T000 sind in Abschnitt 7.2.2, »Tabellenprotokollierung«, beschrieben.

6.2.4 Wartung und Updates

Software »lebt«

Die SAP-Software wird von der SAP AG gewartet und weiterentwickelt, indem neue Softwarereleases, Support Packages und Erweiterungspakete (EHP, Enhancement Packages) zur Verfügung gestellt werden. Außerdem werden für die Überwachung und Problembehebung Remote- bzw. Service-Verbindungen eingerichtet, mit deren Hilfe SAP-Mitarbeiter auf SAP-Systeme der Kunden zugreifen können und über die auch automatisierte Remote Services (wie SAP EarlyWatch Alert) angeboten werden. Auch SAP-Hinweise zur Behebung bestimmter bekannter Probleme werden veröffentlicht.

Sich einen Überblick über die Organisation und den Stand von SAP-ERP-Software zu verschaffen, gehört zu den üblichen Prüfungshandlungen im Rahmen von SAP-Audits.

Aktualität von SAP ERP

Als Prüfer würde man generell, zwecks Gewährleistung einer (noch) höheren Sicherheit, Konsistenz der Daten und Programmlogik, einen aktuellen Stand von *Support Packages* erwarten und empfehlen, da oft ein direkter Zusammenhang des Softwarereleases mit der Einhaltung von gesetzlichen Anforderungen zu beobachten ist. Insbesondere in der Komponente SAP ERP Human Capital Management (SAP ERP HCM), in der gesetzliche Änderungen bezüglich der Besteuerung des Einkommens etc. hin und wieder zu speziellen Support Packages führen, ist die Aktualität von Software aus IKS-Sicht sehr wichtig.

Softwareaktualität prüfen

Um den Releasestand der einzelnen Komponenten und des Levels von Support Packages in einem SAP-ERP-System zu überprüfen, wählen Sie den Menüpunkt **System: Status**. Sie gelangen auf die in Abbildung 6.6 gezeigte Sicht. Alternativ können Sie Transaktion SPAM (Support Package Manager) verwenden.

In Abbildung 6.7 sehen Sie für die Komponente GRCFND_A, dass es sich um Release 10.1 (V1100) und Service Pack 14 (0014) handelt.

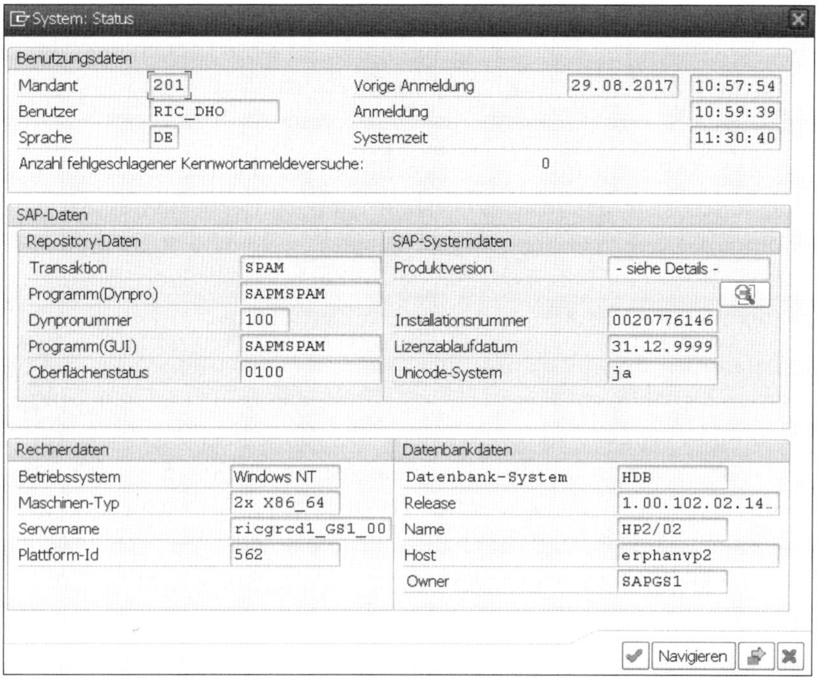

Abbildung 6.6 Release- und Support-Package-Informationen in SAP ERP: Systemstatus

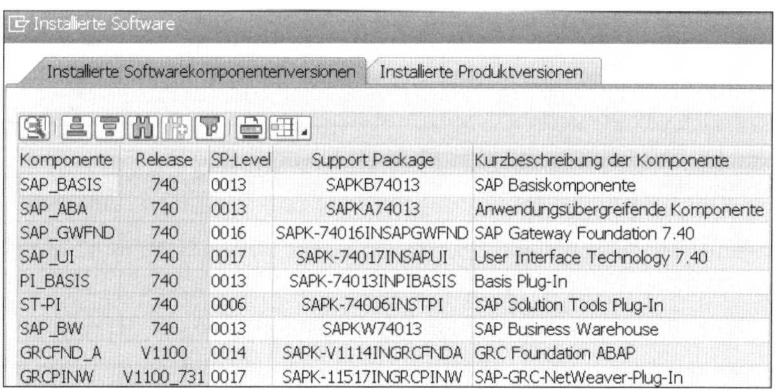

Komponente	Release	SP-Level	Support Package	Kurzbeschreibung der Komponente
SAP_BASIS	740	0013	SAPKB74013	SAP Basiskomponente
SAP_ABA	740	0013	SAPKA74013	Anwendungsübergreifende Komponente
SAP_GWFND	740	0016	SAPK-74016INSAPGWFND	SAP Gateway Foundation 7.40
SAP_UI	740	0017	SAPK-74017INSAPUI	User Interface Technology 7.40
PI_BASIS	740	0013	SAPK-74013INPIBASIS	Basis Plug-In
ST-PI	740	0006	SAPK-74006INSTPI	SAP Solution Tools Plug-In
SAP_BW	740	0013	SAPKW74013	SAP Business Warehouse
GRCFND_A	V1100	0014	SAPK-V1114INGRCFNDA	GRC Foundation ABAP
GRCPINW	V1100_731	0017	SAPK-11517INGRCPINW	SAP-GRC-NetWeaver-Plug-In

Abbildung 6.7 Release- und Support-Package-Informationen in SAP ERP: installierte Softwarekomponenten

Kontrolle: Aktualität von Support Packages

Der Vergleich des aktuellen Support-Package-Standes eines SAP-ERP-Systems wird mit den online bzw. den im SAP Support Portal, SAP Support Package Stack Schedule veröffentlichten Informationen über verfügbare Service Packs durchgeführt.

Bei der Beurteilung der Aktualität der Service Packs ist zu bedenken, dass viele Unternehmen aufgrund organisatorischer Restriktionen nur einmal im Jahr ein Zeitfenster haben, in dem SAP-Wartungsarbeiten wie das Einspielen von SPs etc. durchgeführt werden können.

Kontrolle: Release- und Support-Package-Stände der SAP-Landschaft

Aus dem SAP-Standard einer dreigeteilten Systemlandschaft ergibt sich eine weitere zu prüfende Kontrolle: Es gilt der Grundsatz, dass alle Systeme in der SAP-Landschaft den gleichen Releasestand und den gleichen Support-Package-Stand haben müssen – es sei denn, man befindet sich mitten in einem Upgrade-Projekt.

Kontrolle: Zugangsdaten in der Secure Area

In Zusammenhang mit der Wartung von SAP-Systemen können in der Prüfungspraxis zahlreiche Fragen entstehen. Interviews mit SAP-Basis-Spezialisten sind zu empfehlen, um zu klären, wie, von wem und wie oft die SAP-Hinweise überwacht und ob diese konsistent auf alle Systeme verteilt werden. Einer der kritischeren Punkte ist dabei die Pflege der Zugangsdaten für SAP-ERP-Systeme für den Zugriff über Remote-Support-Verbindungen, die von SAP-Mitarbeitern verwendet werden. Die standardmäßige Vorgehensweise, dass Benutzername und Passwort in der sogenannten *Secure Area* veröffentlicht werden, ist nur für den Bearbeiter der entsprechenden Fehlermeldung zugänglich. In Interviews kann geklärt werden, wie die Zugangsdaten an das SAP-System für den Remote-Zugriff kommuniziert werden. E-Mail oder Telefon als Kommunikationsmittel sind zwar nicht ideal; doch wirklich kritisch ist es, wenn im Text einer Fehlermeldung selbst die Zugriffsdaten für die breite Öffentlichkeit publiziert werden. Deswegen sollten in Stichproben zusätzlich Texte von OSS-Fehlermeldungen geprüft werden. Des Weiteren sollte geprüft werden, ob und wie bei Systemaktualisierungen Tests durchgeführt werden.

Prüfung: Wartung und Updates

Darüber hinaus sind bei der Prüfung folgende Handlungen zu empfehlen:

1. Verschaffen Sie sich einen Überblick über die eingerichteten Verfahren zur Aktualisierung von SAP-Software.
2. Prüfen Sie mithilfe von Transaktion SPAM den SP-Stand des SAP-Systems. Berücksichtigen Sie dabei die offiziell verfügbaren SPs und gegebenenfalls die zugrundeliegenden gesetzlichen Bestimmungen.
3. Prüfen Sie die Ordnungsmäßigkeit der Handhabung des Remote-Zugriffs auf die SAP-Systeme.
4. Um sich einen Überblick über die im SAP-System vorgenommenen Modifikationen und die Ordnungsmäßigkeit ihrer Durchführung zu verschaffen, verwenden Sie Transaktion SPAU (Modifikationsabgleich).
5. Prüfen Sie zusätzlich Abweichungen bei SAP-Standardobjekten, die infolge von sogenannten Reparaturen entstehen. Dies können Sie mithilfe

von Transaktion SE03 (Transport Organizer Tools) und über den Button **Reparierte Objekte Anzeigen** durchführen. Berücksichtigen Sie dabei, dass Objekte mit Reparaturkennzeichen vom Überschreiben ausgeschlossen sind, was gegebenenfalls beim Einspielen von neuen Support Packages erfolgt. Prüfen Sie eventuell anhand der Dokumentation die Gründe für die Reparaturen.

6.2.5 SAP Solution Manager

Der SAP Solution Manager ist ein zentrales System zum Verwalten und Dokumentieren einer komplexen und verteilten Lösungslandschaft. Er unterstützt den kompletten Lebenszyklus einer Softwarelösung, vom Business Blueprint über die Implementierungsprojekte bis hin zum produktiven Betrieb. Der SAP Solution Manager bietet Zugriff auf Werkzeuge, Methoden und vorkonfigurierte Inhalte. Die Nutzung des SAP Solution Managers ist in der Wartungsgebühr enthalten, und die Software wird allen SAP-Kunden kostenlos zur Verfügung gestellt.

Funktionen im SAP Solution Manager

Im Einzelnen bietet der SAP Solution Manager folgende Funktionen:

- **Implementierungsprojekte und globaler Roll-out**
  Anlage eines Blueprints; Verwaltung der Projektdokumentation, Schulungsunterlagen; Testfälle; Zugriff auf Implementierungs-Roadmaps und Best-Practice Dokumente; Erstellung von in Roll-outs wiederverwendbaren Projektvorlagen
- **Customizing-Verteilung**
  systemübergreifender Abgleich und Übertragung der Customizing-Einstellungen
- **Testmanagement**
  Organisation und Durchführung von funktionalen Tests nach Änderungen an der Software, Automatisierung von Testabläufen über eCATT
- **E-Learning**
  Erstellung des Lernmaterials mithilfe des SAP-Tutors und Verteilung des Lernmaterials in Learning Maps
- **Solution Monitoring**
  Überwachung aller angeschlossenen SAP-Systeme von einem zentralen System aus, einschließlich Geschäftsprozess-Monitoring und Service Level Reporting.
- **Service-Lieferung**
  Zugriff auf performance-, verfügbarkeits- und sicherheitsoptimierungsorientierte Dienstleistungen von SAP, um Risiken beim Betrieb von SAP zu minimieren

- **Service Desk**
  Workflow zum Anlegen und Bearbeiten von Problemmeldungen
- **Verwalten von Änderungsanträgen**
  Workflowbasierte Administration von Änderungsanträgen. Alle Änderungen werden nachvollziehbar dokumentiert; Korrektur- und Transportwesensfunktionen werden im Hintergrund aufgerufen.

SAP Solution Manager ist Pflicht

Die Wichtigkeit des SAP Solution Managers als zentraler Knoten für die Administration einer komplexen Systemlandschaft ist kontinuierlich gestiegen. Schieden sich noch bis vor wenigen Jahren die Geister daran, ob der SAP Solution Manager als Pflicht angesehen werden soll oder nicht, ist die Lage inzwischen klar: Aus Revisions- und Compliance-Gesichtspunkten wird die Abwesenheit des SAP Solution Managers eine negative Feststellung zur Folge haben. Der Grund dafür ist, dass die elementare Wartung eines SAP-Systems den Einsatz des SAP Solution Managers erfordert. Unternehmen, die ihn nicht nutzen, müssen oft »kreative« (und damit fehleranfällige) Workarounds verwenden. Der richtige Einsatz des SAP Solution Managers kann helfen, generelle IT-Kontrollen aus den Bereichen Änderungsmanagement, Sicherheit, Verfügbarkeit und vieles mehr stärken.

6.3 Sicherheitskontrollen beim Zugriff auf das SAP-System und bei der Authentifizierung

Der Zugriffsschutz ist einer der Grundbausteine der generellen IT-Kontrollen. Um zu gewährleisten, dass Geschäftsvorfälle und sonstige Ereignisse in einem SAP-ERP-System eindeutig einer berechtigten Person zugeordnet werden, bedarf es logischer Zugriffskontrollen. Hier wird eine Abgrenzung zwischen dem Zugriff *auf das System* und *innerhalb des Systems* vorgenommen.

In diesem Abschnitt erfahren Sie, welche Kontrollmechanismen beim Zugriff auf SAP ERP existieren, während in Abschnitt 6.4, »Sicherheits- und Berechtigungskontrollen innerhalb von SAP ERP«, gezeigt wird, wie Zugriffsberechtigungen innerhalb von SAP ERP eingeschränkt werden.

6.3.1 Identität und Lebenszyklus der Benutzer

Aus IKS-Gesichtspunkten sind insbesondere Benutzer interessant, die im »normalen« Dialogmodus auf SAP ERP zugreifen können, das heißt vor allem die Dialogbenutzer.

Identitätsprinzip: Single Sign-on

Der Zugriff erfolgt entweder durch die Eingabe der Benutzer-ID und des Passworts oder automatisch im Rahmen des sogenannten *Single Sign-on* (SSO). Ist bei der ersten Option das Prinzip einer eindeutigen systemübergreifenden Identität eines Benutzers technisch nicht zwingend erforderlich, setzt das SSO dies voraus. Bei einer SAP-Prüfung muss darauf geachtet werden, dass aus Compliance-Gesichtspunkten das Identitätsprinzip systemübergreifend erfüllt wird, weil nur unter dieser Bedingung zum Beispiel eine automatisierte systemübergreifende Analyse der unzulässigen Berechtigungskombinationen möglich ist.

Kontrolle: systemübergreifende Benutzeridentität

Die Realisierung des Identitätsprinzips bei der Benutzerverwaltung ist die Voraussetzung für die Erfüllung der Nachvollziehbarkeits- und Verantwortlichkeitsanforderungen (Accountability) in einem IKS. So sollte beispielsweise über Interviews, Walkthroughs und gegebenenfalls Systemauswertungen geklärt werden, ob und wie gewährleistet wird, dass über alle Systeme und Netzwerke hinweg eine Person die gleiche technische Benutzeridentifikationsnummer oder den gleichen Benutzernamen verwendet.

SAP Identity Management

SAP Identity Management ist eine der verfügbaren Softwarelösungen, die durch eine zentralisierte Benutzerverwaltung unter anderem eine konsequente Einhaltung des Identitätsprinzips gewährleisten kann. Weitere relevante SAP-Produkte sind die Zentrale Benutzerverwaltung (auch ZBV oder CUA genannt) und SAP Access Control.

SAP-Organisationsmanagement

Das Organisationsmanagement (OM) im SAP-System wird in Kapitel 11, »Datenschutz-Compliance in SAP ERP Human Capital Management«, dargestellt. Unter Organisationsmanagement versteht man die Verwaltung der Informationen über eine Person, insbesondere ihre Einbettung in die Organisationshierarchie, die Zugehörigkeit zu einer Planstelle, einem Arbeitsplatz etc.

Kontrolle: anonyme Benutzer-Accounts

Im Rahmen des Identitätsprinzips ist es erforderlich, dass ein Benutzerkonto nachvollziehbar einer Person zugeordnet werden kann. Hin und wieder kommt es vor, dass *anonyme* oder *Sammelbenutzer-IDs* (zum Beispiel für Werkstudenten) in einem SAP-ERP-System verwendet werden. Dies ist in einer produktiven Umgebung *inakzeptabel*, da dabei eine Lizenzvereinbarung mit SAP verletzt werden kann und Buchungen im SAP-System keinem Benutzer eindeutig zugeordnet werden können.

In Tabelle USR03 (Adressnamen der Benutzer) können Sie die Namen der Benutzer auf Plausibilität hin überprüfen und feststellen, inwieweit diese eindeutig einer Person zugeordnet werden können.

Kontrolle: Benutzeränderungen

Des Weiteren sollte ein Unternehmen einen Prozess etablieren, der organisatorische Änderungen im Zusammenhang mit einem Mitarbeiter (Neueinstellung, Versetzung oder Kündigung) effizient in IT-Anwendungen repliziert. Aus Revisionsgesichtspunkten sind vor allem die Punkte Versetzung und Kündigung relevant.

Prüfung: Identität und Lebenszyklus der Benutzer

Prüfen Sie die Einhaltung des Identitätsprinzips im Unternehmen und insbesondere in SAP-Systemen: Gibt es anonyme Benutzer-Accounts? Sind die Benutzer-IDs in allen Systemen einheitlich?

Folgende Prüfungshandlungen sollten in Bezug auf den Benutzerlebenszyklus durchgeführt werden:

1. Nehmen Sie den Prozess auf. Wie geht das Unternehmen mit organisatorischen Änderungen um? Welche Tools werden zur Abwicklung dieser Änderungen eingesetzt?
2. Fordern Sie in der Personalabteilung des geprüften Unternehmens eine Liste aller ausgeschiedenen Mitarbeiter an, die über einen SAP-ERP-Account verfügt haben, um diese Liste im System gegen Tabelle USR03 und Tabelle USR02 (Login-Daten) zu checken. So können Sie feststellen, ob Änderungen zeitnah und vollständig berücksichtigt werden.
3. Im Fall einer Veränderung (zum Beispiel Abteilungswechsel) können die Korrekturen der Berechtigungszuordnungen mithilfe von Transaktion SUIM (Benutzerinformationssystem) im Menüpunkt **Änderungsbelege** nachvollzogen werden.
4. Die im Rahmen des Benutzerlebenszyklus übliche Vorgehensweise, Benutzer zu sperren, die eine längere Zeit inaktiv waren, kann in Tabelle USR02 validiert werden (Analyse der Felder **Letzter Login am** und **Status Benutzersperre**).

6.3.2 Passwortschutz

Ein Passwort ist der Schlüssel zu einem SAP-ERP-System, den es zu schützen gilt. Als Prüfer würde man erwarten, dass Sicherheitsrichtlinien vorhanden sind und dass sie relevante Sachverhalte abdecken.

Kontrolle: Sicherheitsrichtlinie

Hier sind die Anforderungen für die Vergabe sicherer Passwörter zu dokumentieren. In der Regel korrelieren die Anforderungen, die durch die Big Four im Rahmen der IT-Prüfungen gestellt werden, mit den vom BSI (*www.bsi.de*) kommunizierten Empfehlungen (unter anderem bezüglich der Passwortlänge von acht Zeichen). Bei Letzteren handelt es sich nicht um die gesetzlichen Vorgaben. Im Zweifelsfall ist die Empfehlung eines unabhängigen IT-Prüfers maßgeblich.

[zB]

Sicherheitsstandards in Kürze

Traditionell werden Sicherheitsstandards für IT-Systeme von nationalen länderspezifischen Agenturen entwickelt – wie zum Beispiel *DIN* (*Deutsches Institut für Normung*) und IT-Agenturen wie *BSI* oder *NIST* (*National Institute of Standards and Technology*) in den USA. Deren Empfehlungen und Richtlinien werden in erster Linie für IT-Systeme der Regierung angewendet. In der Regel kommen diese Empfehlungen jedoch auch in der freien Wirtschaft an. Im Rahmen der Standardisierungs- und Harmonisierungsbestrebungen wurden nationale Standards in Europäische Normen (EN) oder internationale Standards (ISO) übernommen. In wenigen Fällen haben technische Vorgaben es sogar in die Gesetzgebung geschafft.

Mithilfe sogenannter SAP-Profilparameter wird das Sicherheitsniveau des Passwortschutzes festgelegt. Die Einstellungen der Profilparameter gelten in SAP ERP systemweit und somit für alle Mandanten und alle Benutzer einer SAP-Instanz.

[«]

Passwortschutzrelevante Profilparameter

Nachfolgend sind die wichtigsten Profilparameter aufgeführt:

- `Login/min_password_lng`
  Dieser Parameter bestimmt die Mindestlänge des Anmeldekennworts. Diese kann drei bis 40 Zeichen betragen, wobei mindestens acht Zeichen zu empfehlen sind.
- `Login/password_expiration_time`
  Dieser Parameter legt die Gültigkeitsdauer der Kennwörter in Tagen fest.
- `Login/fails_to_session_end`
  Dieser Parameter bestimmt die Anzahl der Falschanmeldungen, bis das Anmeldeverfahren eines Benutzers abgebrochen bzw. das Anmeldefenster geschlossen wird.
- `Login/fails_to_user_lock`
  Sollte die Anzahl der fehlerhaften Anmeldeversuche den in diesem Parameter festgelegten Wert überschreiten, wird der Benutzer-Account gesperrt.
- `Login/min_password_digits`
  Dieser Parameter steuert, wie viele Ziffern (0 bis 9) in einem Kennwort mindestens enthalten sein müssen.
- `Login/min_password_letters`
  Hier wird die minimale Anzahl der Buchstaben im Kennwort bestimmt.

- Login/min_password_lowercase
  Dieser Parameter bestimmt die minimale Anzahl der Kleinbuchstaben in einem Passwort. (Er greift nicht, wenn ein anderer Profilparameter, Login/password_downwards_compatibility, auf den Wert »5« gesetzt wird.)
- Login/min_password_uppercase
  Die minimale Anzahl der Großbuchstaben wird in diesem Parameter eingestellt. (Er greift nicht, wenn ein anderer Profilparameter, Login/password_downwards_compatibility, auf den Wert »5« gesetzt wird.)
- Login/min_password_specials
  Hier wird die minimale Anzahl von Sonderzeichen im Passwort bestimmt.
- Login/min_password_diff
  Mit diesem Parameter kann festgelegt werden, in wie vielen Zeichen sich ein neues Kennwort vom alten Kennwort mindestens unterscheiden muss, wenn der Benutzer sein Kennwort ändert.
- Login/password_change_waittime
  Mit diesem Parameter kann festgelegt werden, nach wie vielen Tagen ein Benutzer sein Kennwort erneut ändern kann. Dabei werden Änderungen seines Passworts, die von einem anderen Benutzer vorgenommen wurden (zum Beispiel beim Zurücksetzen), nicht berücksichtigt.
- Login/password_history_size
  Hier wird die Größe der Kennworthistorie festgelegt. Der Zweck dieses Parameters besteht darin, die Wiederverwendung der bereits eingesetzten Kennwörter zu unterbinden.

Kontrolle: Überprüfung mit Report RSPARAM

Die Überprüfung der Einstellungen in den Profilparametern erfolgt mithilfe des Reports RSPARAM. Alternativ können sicherheitsrelevante Profilparameter durch den Report RSUSR003 aufgelistet werden, wenn die Option **Profilparameter anzeigen** ausgewählt wird.

Beschreibungen zu Profilparametern finden

Die Dokumentation zu jedem Profilparameter können Sie über den Report RSPARAM (zum Beispiel über Transaktion SA38 (ABAP-Reporting) aufrufbar) einsehen. In der generierten Liste können Sie unter login* auch weitere Profilparameter finden, die Sicherheitsrelevanz haben. In Abbildung 6.8 sehen Sie einen Ausschnitt aus der Liste mit Profilparametern.

Wenn Sie einen Eintrag markieren und anschließend öffnen, sehen Sie Details zu den Einstellungen eines Parameters (siehe Abbildung 6.9).

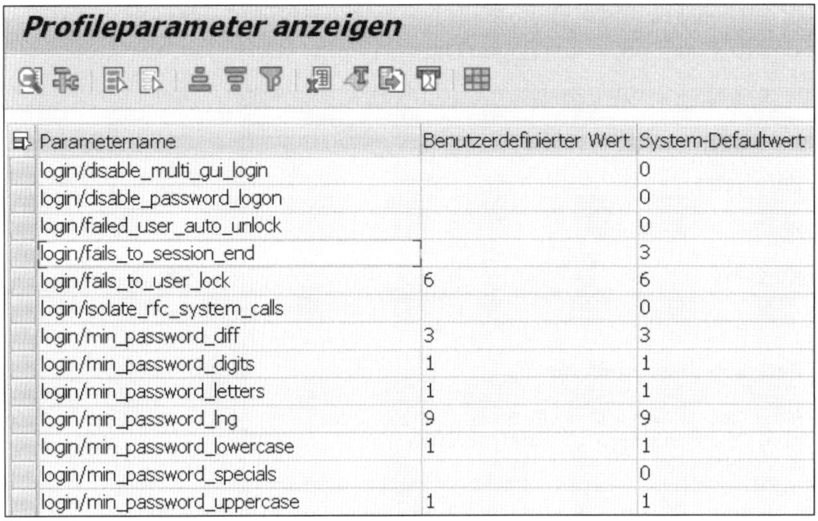
Profileparameter anzeigen

Parametername	Benutzerdefinierter Wert	System-Defaultwert
login/disable_multi_gui_login		0
login/disable_password_logon		0
login/failed_user_auto_unlock		0
login/fails_to_session_end		3
login/fails_to_user_lock	6	6
login/isolate_rfc_system_calls		0
login/min_password_diff	3	3
login/min_password_digits	1	1
login/min_password_letters	1	1
login/min_password_lng	9	9
login/min_password_lowercase	1	1
login/min_password_specials		0
login/min_password_uppercase	1	1

Abbildung 6.8 Profilparameter in SAP ERP

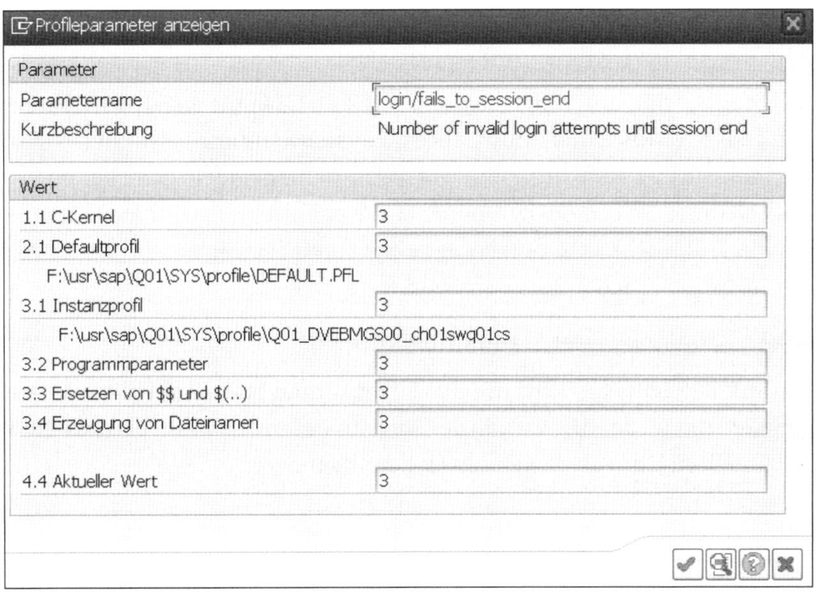

Abbildung 6.9 Details zum Profilparameter anzeigen

Wenn Sie auf (**Dokumentation**) unten rechts in Abbildung 6.9 klicken, sehen Sie Erläuterungen zu dem jeweiligen Parameter (siehe Abbildung 6.10).

Kontrolle: unzulässige Kennwörter

Ein Risiko, das durch die Profilparameter nicht abgedeckt werden kann, ist die Verwendung von *trivialen Kennwörtern*. Die Liste der unzulässigen Kennwörter wird im SAP-System in Tabelle USR40 gepflegt. Hier sollten auch triviale Kennwörter enthalten sein wie der Name des Unternehmens, von Wochen- und Monatstagen etc.

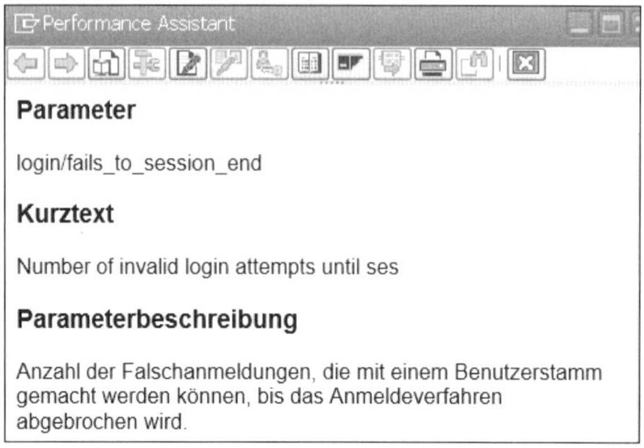

Abbildung 6.10 Parameterbeschreibung im Performance Assistant

Bei Profilparametern, die insgesamt eine hohe Komplexität eines Passworts und ein hohes Sicherheitsniveau sicherstellen, relativiert sich die Gefahr, die von trivialen Kennwörtern ausgeht.

Behalten Sie im Hinterkopf, dass mit SAP S/4HANA die SAP-HANA-Datenbank aus Revisions- und Compliance-Sicht an Bedeutung gewonnen hat. In der SAP-HANA-Datenbank gilt es ebenfalls, sicherheitsrelevante Parameter kritisch unter die Lupe zu nehmen, siehe Abschnitt 15.2.1, »Risk und Compliance in SAP S/4HANA: Das Wichtigste auf einen Blick«).

6.3.3 Behandlung der Standardbenutzer

Die SAP-ERP-Software wird mit den sogenannten Standardbenutzern ausgeliefert, die bei der Installation des Systems automatisch angelegt werden. Es handelt sich um die folgenden Standardbenutzer:

- `SAP*`
- `EARLYWATCH`
- `DDIC`
- sonstige Benutzer wie `SAPCPIC`, `WF_BATCH` oder `TMSADM`

Diese Standardbenutzer stellen ein Risiko dar, weil sie zum einen anonym sind und gegen das Identitätsprinzip verstoßen und andererseits mit weitreichenden (gegebenenfalls sogar uneingeschränkten) Berechtigungen ausgestattet sind.

Standardkennwörter

Der Benutzer SAP* ist für die Installationsphase vorgesehen und standardmäßig in den Mandanten 000, 001 und in jedem neu angelegten Mandanten vorhanden. In älteren SAP-Releases verwendete der Benutzer SAP* das allgemein bekannte Kennwort 06071992, und seit SAP ERP 6.0 mit SAP ECC 6.0 lautet das Initialkennwort PASS. Ähnliches gilt für den Benutzer SAPCPIC, der mit dem Standardkennwort ADMIN ausgeliefert wird.

Kontrolle: Standardkennwörter bei Standardbenutzern ändern

Die Standardkennwörter bei den Standardbenutzern können Sie mithilfe des Reports RSUSR003 überprüfen. Klicken Sie hierfür nach dem Aufrufen des Berichts im Bild **In allen Mandanten die Kennwärter der Standardbenutzer prüfen** auf (**Ausführen**). Ergebnisse der Ausführung des Berichts RSUSR003 sehen Sie in Abbildung 6.11)

Mandant	Benutzer	Sperre	Kennwortstatus	Grund der Benutzersperre	Falschanm.	Gültig von	Gültig bis
000	DDIC		Existiert; Kennwort nicht trivial.				
	SAP*		Existiert; Kennwort nicht trivial.	Durch Administrator gesperrt			13.07.2017
	SAPCPIC		Existiert; Kennwort nicht trivial.		5		
	TMSADM		Existiert; Kennwort nicht trivial.				
100	DDIC		Existiert; Kennwort nicht trivial.			01.01.2001	31.12.9999
	SAP*		Existiert; Kennwort nicht trivial.	Durch Administrator gesperrt			13.07.2017
	SAPCPIC		Existiert; Kennwort nicht trivial.			01.01.2001	31.12.9999
	TMSADM		Existiert nicht.				

Abbildung 6.11 Ergebnisse der Ausführung des Berichts RSUSR003

Das Programm führt die Analyse mandantenübergreifend durch, was aus Revisionsgesichtspunkten absolut notwendig ist: Mithilfe der weitreichenden Berechtigungen beispielsweise von SAP* können etwa Systemänderungen vorgenommen werden, die mandantenübergreifende Auswirkung haben.

Zusätzlich können revisionsrelevante Informationen in Tabelle USR02 (Felder **Grund der Benutzersperre** und **Falschanm.**) eingeholt werden.

Kontrolle: Profilparameter zur Handhabung von SAP*

Mithilfe des Profilparameters `Login/no_automatic_user_sapstar` wird der Standardbenutzer SAP* »entschärft«: Der Benutzer SAP* ist fest im ABAP-Quellcode eines SAP-Systems verankert, und das Löschen dieses Benutzers (zum Beispiel mit Transaktion SU01, Benutzerpflege) bewirkt, dass seine Neuanmeldung mit dem Initialkennwort PASS möglich wird. SAP* hat dann folgende Eigenschaften:

- Der Benutzer verfügt über sämtliche Berechtigungen, da keine Berechtigungsprüfungen durchgeführt werden.
- Das Standardkennwort PASS kann nicht geändert werden.

Der Soll-Wert des erwähnten Profilparameters ist aus Revisionssicht »1« (automatischer Benutzer SAP* ist deaktiviert) – dadurch stellt das Löschen des Benutzers SAP* kein Risiko dar.

6.3.4 Notfallbenutzerkonzept

Notfallbenutzer und Risiken

Grundsätzlich sind Berechtigungen in Business-Anwendungen nach dem Prinzip der geringstmöglichen Rechtevergabe zu gestalten. Es kann allerdings (Not)fälle geben, die einen schnellen Eingriff in ein SAP-ERP-System erfordern und in denen ein Benutzer-Account notwendig ist, der über weitreichende Rechte verfügt.

In solchen Fällen, die außerhalb eines üblichen Systembetriebs liegen, kommen sogenannte *Notfallbenutzer* zum Einsatz. Da solche Benutzer-Accounts per Definition nicht einer Person zugeordnet sind und deren Rechte nicht nach dem Minimalprinzip eingeschränkt sind, liegen die weitreichenden Risiken im Zusammenhang mit dem Notfallbenutzer auf der Hand. Diesen compliancebezogenen Risiken stehen aber auch hohe operative Risiken gegenüber: Aufgrund der (gegebenenfalls hohen) Anforderungen an die Systemverfügbarkeit muss ein Notfallbenutzer im Bedarfsfall sehr zeitnah für dringende Troubleshooting- und Korrekturmaßnahmen zur Verfügung stehen.

Notfallbenutzerprozess

Aus diesem Grund gilt es für Unternehmen, einen Prozess zu etablieren, in dem bei einem schnellen Zugriff auf Notfallbenutzer-IDs ausreichend Kontrollen vorhanden sind, um dessen IKS-konforme Verwendung sicherzustellen:

- ein dokumentiertes Notfallbenutzerkonzept
- nach Möglichkeit die Einschränkung der Berechtigungen von Notfallbenutzern (zum Beispiel separate Benutzer für IT- und Geschäftsprozesse)
- die Einschränkung des Zugriffs auf die Login-Daten (Passwort) des Notfallbenutzers
- klar definierte Voraussetzungen für die Verwendung eines Notfallbenutzers
- eine lückenlose Protokollierung der Aktionen des Notfallbenutzers
- Genehmigungs- oder Benachrichtigungsprozess der Verwendung der Notfallbenutzer-ID
- eine regelmäßige Auswertung der protokollierten Aktivitäten des Notfallbenutzers

Die in der in Vergangenheit von Prüfern oft empfohlene Vorgehensweise, das Kennwort eines Notfallbenutzers in einem versiegelten Umschlag und in einem Tresor aufzubewahren, wird von SAP-Kunden mit wenig Begeisterung aufgenommen. Inzwischen bietet SAP nicht nur Tools zur Erfüllung vereinzelter Anforderungen (wie zum Beispiel die Protokollierung, wenn ein Security Audit Log verwendet wird, siehe Abschnitt 7.3.2, »Security Audit Log«), sondern auch ein Produkt, das den Notfallbenutzerprozess als Ganzes unterstützt: Es handelt sich um die Komponente *Emergency Access Management* in SAP Access Control (siehe Abschnitt 4.3.3, »SAP Access Control«).

Prüfung: Verwendung des Notfallbenutzers

Neben dem Review der Inhalte eines dokumentierten Notfallbenutzerkonzepts muss ein Prüfer sich selbst von der Funktionsfähigkeit dieses Konzepts überzeugen. Dabei kann er mithilfe des Reports RSUSR100 (im Menübaum von Transaktion SUIM zu finden) die Verwendung des Notfallbenutzers nachweislich finden und diese durch die Dokumentation der einzelnen Einsätze (Ursache, Benachrichtigung etc.) belegen lassen.

6.4 Sicherheits- und Berechtigungskontrollen innerhalb von SAP ERP

In Abschnitt 6.3, »Sicherheitskontrollen beim Zugriff auf das SAP-System und bei der Authentifizierung«, wurde erläutert, welche wichtigen Risiken, Kontrollen und Prüfungshandlungen rund um das Thema *Logischer Zugriff auf das SAP-System* zu beachten sind. Nun zeigen wir Ihnen, auf was Sie aus IKS- und Revisionsgesichtspunkten bei Berechtigungen innerhalb von SAP ERP achten müssen. Dabei werden Ihnen die Kenntnisse über die Grundlagen des Berechtigungskonzepts in SAP ERP (siehe Abschnitt 5.2, »Berechtigungen«) nützlich sein. Wir beschränken uns hier auf die wichtigsten compliancerelevanten Sachverhalte.

[+]

Literaturhinweis

Technische Sicherheitsaspekte im SAP-Umfeld wie SAP-Middleware-Sicherheit in SAP Web Dispatcher, SAProuter und SAP Internet Transaction Server sowie die Sicherheit von SAP GUI, Webbrowser und die Sicherheit der mobilen Endgeräte etc. werden in diesem Buch nicht erläutert.

Wenn Sie nähere Informationen zu diesem Bereich suchen, empfehlen wir Ihnen das Buch *SAP-Systeme schützen* von Holger Stumm, Daniel Berlin, das ebenfalls bei SAP PRESS erschienen ist.

6.4.1 Schutz der Programme und Transaktionen – Grundlagen

Befehl: AUTHORITY-CHECK

Berechtigungsprüfungen in SAP ERP müssen funktionieren, damit deren Einschränkung bei der Benutzervergabe nach dem Prinzip der minimalen Rechtevergabe und nach dem Prinzip der Funktionstrennung möglich ist. Sie wissen bereits, dass Berechtigungsobjekte, Berechtigungsrollen und Benutzer die wichtigsten Elemente innerhalb des Berechtigungskonzepts sind. Dabei ist die Prüfung auf Berechtigungsobjekte und Feldwerte hin im ABAP-Quellcode (Befehl AUTHORITY-CHECK) in jeder Transaktion enthalten. Bei SAP-Standardprogrammen und -Transaktionen findet die Berechtigungsprüfung immer statt. Bei der Verwendung von Standardtransaktionen im Quellcode von Eigenentwicklungen müssen Sie allerdings vorsichtig sein: Wird der Befehl CALL TRANSACTION verwendet, können Sie leider nicht davon ausgehen, dass eine richtige Berechtigungsprüfung im Hintergrund beim Aufruf einer eigenentwickelten Transaktion durch den Benutzer stattfindet.

[»]

Befehl CALL TRANSACTION

Wird eine Transaktion im APAB-Quellcode eines Programms indirekt, das heißt von einer anderen Transaktion aufgerufen, wird möglicherweise keine Berechtigungsprüfung vorgenommen. So werden Berechtigungen zum Beispiel nicht geprüft, wenn eine Transaktion eine andere Transaktion mit der Anweisung CALL TRANSACTION aufruft (SAP-Hinweis 358122).

Bei vollständig eigenentwickelten Programmen und Transaktionen (diese fangen mit Z*, Y* oder /* an) muss ein Berechtigungsschutz unter anderem durch den Befehl AUTHORITY-CHECK eingebaut werden.

Prüfung: Berechtigungsschutz eigenentwickelter Programme

Bei der Prüfung sind folgende Handlungen zu empfehlen:

Nehmen Sie Einsicht in die dokumentierten Entwicklerrichtlinien und ermitteln Sie, ob und wie sicherheitsrelevante Themen bei der Entwicklung von Programmen berücksichtigt werden, insbesondere ob obligatorische Tests einer korrekten Berechtigungsprüfung vorgesehen sind.

Mithilfe des Reports RS_ABAP_SOURCE_SCAN können Sie, wie es in Abbildung 6.12 zu sehen ist, prüfen, ob ein vom Kunden entwickeltes Programm den Sprachbefehl AUTHORITY-CHECK enthält und ob die relevanten Berechtigungsobjekte angemessen berücksichtigt wurden. In unserem Beispiel wird das Programm ZPC_ADMIN_HRP5329 untersucht.

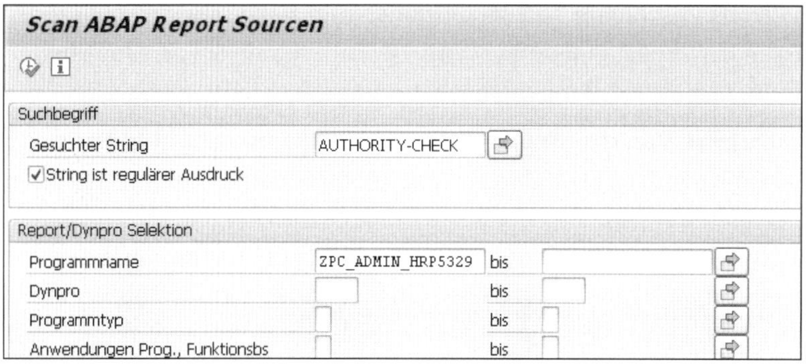

Abbildung 6.12 Prüfung des Sprachbefehls »AUTHORITY-CHECK« in Transaktionen

Wie Sie Abbildung 6.13 entnehmen können, beinhaltet das erwähnte Programm den eingebauten Check auf Transaktionscode, welches über das Berechtigungsobjekt `S_TCODE` einem Benutzer mittels einer Rolle zugeordnet werden muss, damit dieser das Programm ZPC_ADMIN_HRP5329 nicht direkt, sondern via Transaktion aufrufen darf.

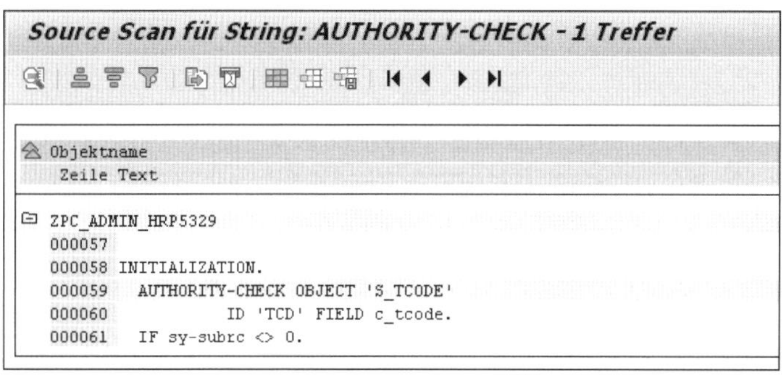

Abbildung 6.13 Ergebnisse der Suche nach AUTHORIZY-CHECK in einem kundenindividuellen Programm

Bei der Verwendung des Befehls `CALL TRANSACTION` müssen Sie prüfen, ob die relevanten Ausführungen aus SAP-Hinweis 358122 umgesetzt worden sind.

Kann die Analyse des ABAP-Quellcodes eine hypothetische Auskunft darüber geben, ob ein Berechtigungscheck systemseitig stattfindet, wird dessen tatsächliche Durchführung mithilfe des System-Trace geprüft.

Prüfung: System-Trace eigenentwickelter Transaktionen

Eine Gesamtheit der eigenentwickelten Transaktionen können Sie für die nachfolgende Prüfung generieren, indem Sie die Inhalte von Tabelle TSTCT auf Y*, Z* oder /* hin auswerten.

Parallel zur Ausführung einer relevanten Transaktion können Sie den System-Trace einschalten, um die tatsächlich stattgefundene Berechtigungsprüfung auf Objektebene nachzuvollziehen und zu beurteilen, ob diese angemessen bzw. vollständig und richtig ist. Entnehmen Sie die Einzelheiten Abschnitt 5.2.3, »Ermittlung der Berechtigungsobjekte«.

Kein direkter Programmzugriff für Business-Benutzer

Der Aufruf von Verarbeitungslogik in SAP ERP kann nicht nur durch eine Transaktion, sondern auch durch direktes Starten eines Programms (zum Beispiel über Transaktion SA38) stattfinden. Dies ist jedoch mit einem hohen Risiko verbunden, da der Benutzerzugriff auf Programme in der Praxis meist nur auf Transaktionsebene eingeschränkt wird, sodass Benutzer, die über eine generelle Berechtigung zum Beispiel für Transaktion SA38 verfügen, auch Programme starten könnten, die nicht für sie bestimmt sind – auch kritische Dienstprogramme, die eine Massenänderung oder sogar Löschung bestimmter Daten durchführen. Die Überprüfung der Einschränkung eines direkten Zugriffs auf Programme ist daher eine wichtige Prüfungshandlung.

Prüfung: Berechtigungen für direktes Aufrufen von Reports

Prüfen Sie (siehe Abschnitt 5.2.7, »Beispiel für eine Berechtigungsauswertung«), ob Business-Benutzer direkt auf Programme zugreifen können (Transaktionen TSA38, SE18). Das relevante Berechtigungsobjekt dabei ist S_PROGRAM. Sollten Business-Benutzer über solche Berechtigungen verfügen, muss geprüft werden, inwieweit der Zugriff auf Programme eingeschränkt ist:

1. Zum einem müssen Sie daher die Inhalte der Berechtigungsrollen prüfen und feststellen, inwieweit das Feld **P_GROUP** für das Objekt S_PROGRAM sinnvolle Werte und nicht »*« enthält (dieser Wert würde alle möglichen Werte erlauben).
2. Zum anderen müssen Sie prüfen, ob den einzelnen Programmen Berechtigungsgruppen zugeordnet sind. Die relevanten Tabellen sind TPGP (Übersicht der existierenden Berechtigungsgruppen) und TRDIR (Programme und Berechtigungsgruppen). Programmspezifische Berechtigungsgruppen erlauben es, die Berechtigungsvergabe für die Programmausführung detaillierter zu gestalten.

Im Folgenden sehen Sie, wie Berechtigungsgruppen den Programmen zugeordnet werden (Transaktion SE38). Tragen Sie hierzu im Feld **Programm** den Namen des Programms ein, und markieren Sie **Eigenschaften** im Bereich **Teilobjekte** (siehe Abbildung 6.14).

Sie sehen hier auch im Bereich **Attribute**, dass dem Report RFBILA00 (Bilanz und GuV) im Standard keine Berechtigungsgruppe zugeordnet ist (siehe Abbildung 6.15).

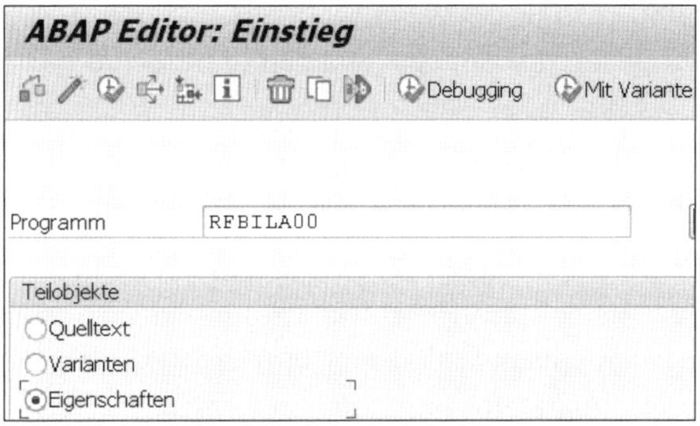

Abbildung 6.14 Zuordnung der Berechtigungsgruppen zu den Programmen im SAP-System

Abbildung 6.15 Eigenschaften eines ABAP-Programms

Alternativ könnten Sie die gleichen Ergebnisse über Tabelle TRDIR nachvollziehen: Im Feld SECU gibt es keinen Eintrag für den Report RFBILA00 (siehe Abbildung 6.16).

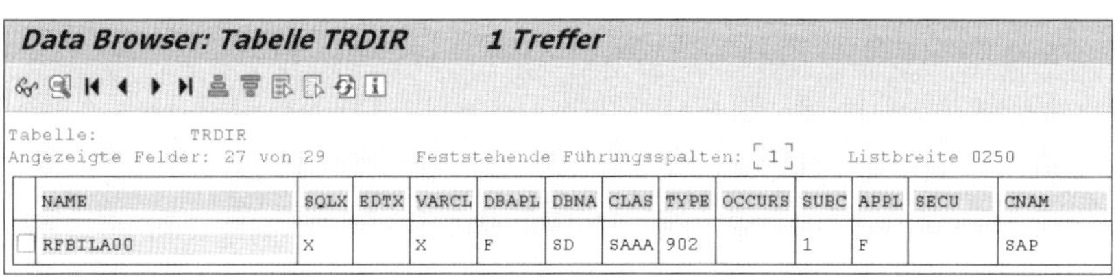
Data Browser: Tabelle TRDIR 1 Treffer

Tabelle: TRDIR
Angezeigte Felder: 27 von 29 Feststehende Führungsspalten: 1 Listbreite 0250

NAME	SQLX	EDTX	VARCL	DBAPL	DBNA	CLAS	TYPE	OCCURS	SUBC	APPL	SECU	CNAM
RFBILA00	X		X	F	SD	SAAA	902		1	F		SAP

Abbildung 6.16 Tabelle TRDIR, Prüfung der Reporteigenschaften

Eine generelle Regel lautet, dass Business-Benutzer nur über dedizierte Transaktionen Zugriff auf die Programmlogik erhalten dürfen, und nicht über Programme.

Prüfung: Zuordnung Transaktionscode zu Programmen

Die Zuordnung der Transaktionscodes zu den Programmen können Sie wie folgt nachvollziehen:

1. Die Liste der eigenentwickelten Programme kann, wie in Abschnitt 5.1.5, »Programmbezogene Suche«, beschrieben, mithilfe der Transaktionen SE84 (Repository Infosystem) oder SE38 (ABAP Editor) bei der Selektion auf »Z*« oder »Y*« im Feld **Programmname** generiert werden.
2. Die Zuordnung von Transaktionen zu den Programmen finden Sie in Tabelle TSTC. Zusätzlich ist Tabelle TSTCT hilfreich, die Auskunft über die Bezeichnung der einzelnen Transaktionen gibt.
3. Eigenentwickelte Programme, die keiner Transaktion zugeordnet sind, können Sie durch den Abgleich der genannten Listen finden.

6.4.2 Schutz der Programme und Transaktionen bei weitreichenden Entwicklungen

Umfassende Analyse bei umfangreichen Entwicklungen

In Abschnitt 6.4.1, »Schutz der Programme und Transaktionen – Grundlagen«, haben wir die wichtigsten sicherheits- und compliancerelevanten Fragestellungen innerhalb von SAP-Systemen aufgeführt, unter anderem bei Eigenentwicklungen. Bei umfangreichen ABAP-Entwicklungen und unter Berücksichtigung der möglichen Zugriffe auf SAP-Systeme von außerhalb (zum Beispiel »technische« Zugriffe via RFC-Destinationen oder beabsichtigte Zugriffe über das Internet, beispielsweise im Rahmen von SAP Supplier Self-Services etc.) bedarf das Thema *ABAP Code Security* aufgrund einer hohen Komplexität der SAP-Welt einer näheren Betrachtung.

In allen gängigen Programmiersprachen können durch Fehler während der Entwicklung immense Sicherheitslücken während des Betriebs der Anwendung entstehen. ABAP bildet hier keine Ausnahme.

Im Hinblick auf die Applikationssicherheit geht das Risiko nicht von spezifischen Transaktionen aus, sondern von speziellen ABAP-Befehlen.

[zB]

ABAP-Reports schützen

Nehmen Sie die Erstellung und Ausführung von ABAP-Reports in einem Produktivsystem als Beispiel. Ein herkömmlicher Schutz besteht darin, den Zugriff auf die Transaktionen SE38 und SE80 zu verbieten, keinem Entwickler `S_DEVELOP`-Berechtigungen zu geben und das System als Produktivsystem zu definieren. Tatsächlich sind all diese Maßnahmen auch notwendig, um die Erstellung und Ausführung von ABAP-Reports durch die Transaktionen SE38 und SE80 zu unterbinden. Allerdings sind die Maßnahmen nicht ausreichend.

ABAP-Code wird technisch nicht durch die Transaktionen SE38 und SE80 erstellt, sondern durch den Befehl `INSERT REPORT`. Aber dieser Befehl führt weder eine implizite Berechtigungsprüfung durch, noch prüft er, ob es sich um ein Produktivsystem handelt. Diese Prüfungen finden explizit im Quellcode der Transaktionen SE38 und SE80 statt. Jeder selbst entwickelte Code kann jedoch den Befehl `INSERT REPORT` verwenden, um weitere ABAP-Programme zu erstellen, ohne irgendeine Berechtigungsprüfung durchzuführen. Dies wird durch Abbildung 6.17 verdeutlicht.

Befehl: INSERT REPORT

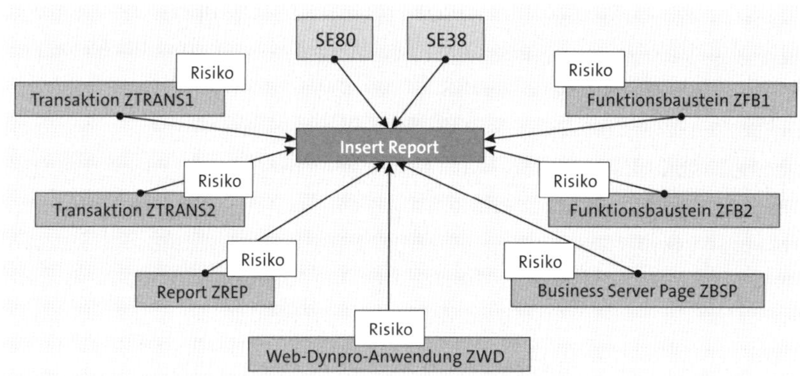

Abbildung 6.17 Risikodarstellung Applikationssicherheit: keine Gefährdung durch Transaktionen, sondern durch ABAP-Befehle

Durch das Konzept der expliziten Berechtigungsprüfungen in der Programmiersprache ABAP stellt sich das generelle Problem, dass Berechtigungsprüfungen zur Laufzeit nur dann ausgeführt werden, wenn die Berechtigungsobjekte auch tatsächlich explizit in den ABAP-Programmen geprüft werden. Fehlt, wie in diesem Beispiel, die Prüfung im Code, werden auch kritische Befehle und Aktionen ausgeführt, ohne dass der Anwender dazu berechtigt ist. Es ist daher elementar wichtig, alle potenziell gefährlichen Aktionen und Befehle im ABAP-Code zu untersuchen.

Immer mehr Unternehmen führen moderne GRC-Software ein. Einen Mehrwert erzielen Unternehmen durch das Automatisieren der Kontrollen in Prozessen sowie die Möglichkeit, diese mit relevanten Abläufen in Risk Management, Benutzer- und Berechtigungsverwaltung, Richtlinienverwaltung etc. fest zu verbinden. Allein die Integration von GRC-Anwendungen mit ERP-Systemen ist sehr vielversprechend: Stamm-, Bewegungs- und

Falsches Sicherheitsgefühl

Steuerungsdaten in ERP-Systemen werden effizient überwacht, die Risiken und Schwachstellen werden dabei auf Knopfdruck erkannt, und Behebungsmaßnahmen werden automatisch eingeleitet (siehe Kapitel 20, »Umsetzung von automatisierten Test- und Monitoring-Szenarien«).

Dieser *Continuous (Controls) Monitoring* genannte Ansatz stößt allerdings bei klassischer GRC-Software an technische Grenzen, wenn es um das Prüfen von ABAP-Code geht.

Bei manuell getriebenen IKS-Prozessen sieht es kaum anders aus: Zum einen ist manuelles Prüfen mit hohem Aufwand verbunden – selbst wenn die Prüfungen nur aus Stichproben bestehen. Zum anderen verfügen Prüfer üblicherweise auch nicht über Werkzeuge zur vollständigen Prüfung, zumal solche Prüfungen sehr spezifisches Fachwissen erfordern.

Ob IKS-Prozesse Microsoft-Excel-basiert ablaufen oder durch GRC-Software unterstützt werden – der produktive ABAP-Code bleibt eine Blackbox. Entsprechend verfügen viele Unternehmen nur über unzureichende Sicherheitsmaßnahmen im Bereich der ABAP-Entwicklung.

Sicherheitslücken in ABAP

Welche Gefahren gehen von Sicherheitslücken im ABAP-Code aus? Die Risiken durch unsichere Programmierung lassen sich in sechs Bereiche einteilen. Diese beschreiben jeweils die Auswirkung von Sicherheitsdefekten auf die Compliance und welche *gesetzlichen Anforderungen* verletzt werden, wenn unsicherer Code in ein Produktivsystem gelangt:

1. **Risiko: Unberechtigtes Ausführen von Business-Logik**
   Fragestellungen bezüglich der Zugriffsberechtigungen sind in den meisten Compliance-Anforderungen enthalten, die sich direkt oder indirekt auf Daten und Verarbeitungslogik in IT-Systemen beziehen:
   - Richtigkeit und Zuverlässigkeit der Finanzberichterstattung (SOX, GoBS etc.)
   - Qualität (FDA)
   - Datenschutz (Data Privacy)
   - Steuerrecht

   Die Prinzipien der minimal notwendigen Rechtevergabe sowie der Funktionstrennung einzuhalten, kann in diesen Domänen beeinträchtigt werden.

   Möglicherweise kommt auch das Strafrecht zur Anwendung.
2. **Risiko: Unberechtigtes Auslesen von Geschäfts- und Konfigurationsdaten**
   Unberechtigter Lesezugriff ist in erster Linie aus der Perspektive der Datenschutzanforderungen (insbesondere HR-Daten) sowie der Anforde-

rungen an den Schutz von Kreditkartendaten relevant. Diebstahl von geschäftskritischen Daten wie dem Kundenstamm kann dem Strafrecht unterliegen.

3. **Risiko: Unberechtigtes Verändern von Geschäfts- und Konfigurationsdaten**
   Das direkte Ändern von Bewegungsdaten kann zum Nichteinhalten des Belegprinzips führen, insbesondere für die Finanzberichterstattung. Dies ist dann ein direkter Verstoß gegen das elektronische Radierverbot gemäß § 239 HGB und auch hinsichtlich qualitätsbezogener gesetzlicher Anforderungen relevant (EU-Richtlinien für GMP (Good Manufacering Practice), GLP (Good Laboratory Practice) etc.). Das Strafrecht kann bei bestimmten Voraussetzungen ebenfalls relevant sein.
4. **Risiko: Gefährdung der Verfügbarkeit des Systems**
   Bei geschäftskritischen Systemen sind Compliance-Anforderungen im Bereich der Finanzberichterstattung relevant, weil ein Wirtschaftsprüfer im Interesse der Anleger ordnungsgemäß kommunizieren muss, wenn er eine potenzielle Gefährdung hinsichtlich des Fortbestands des Unternehmens erkennt. Bei absichtlicher Gefährdung kann das Strafrecht greifen. Von Compliance-Themen abgesehen, muss natürlich die Verfügbarkeit der Systeme ureigenstes Unternehmensinteresse sein.
5. **Risiko: Beeinträchtigung der Nachvollziehbarkeit von Geschäftsvorgängen**
   Gesetzliche Anforderungen wie § 239 HGB und andere Vorschriften verlangen die Nachvollziehbarkeit von Entstehung und Änderung der im System aufgezeichneten Geschäftsvorfälle (Belegprinzip) sowie der Stamm- und Steuerungsdaten.
6. **Risiko: Identitätsdiebstahl**
   Der Grundsatz der Accountability sowie der Nachvollziehbarkeit kann beeinträchtigt werden (Finanzberichterstattung, Qualität, Datenschutz). Identitätsdiebstahl mit dem Ziel, zusätzliche Berechtigungen zu erlangen, zieht die gleiche Compliance-Relevanz nach sich, wie es zu Risiko 1 beschrieben wurde.

Der Missbrauch der meisten (Sicherheits)lücken, die durch ABAP-Code entstehen, setzt böse Absicht, kriminelle Energie und häufig auch Innentäter voraus (siehe Kapitel 12, »Betrug im SAP-System«). Das senkt zwar die Eintrittswahrscheinlichkeit, aber aufgrund des großen Schadenspotenzials sind entsprechende Risiken durchaus ernst zu nehmen.

Diese Risiken können sich verschärfen, wenn die Entwicklung des Quellcodes an Beratungshäuser ausgelagert wurde. Hier ist dann nicht mehr ersichtlich, welches Know-how die Entwickler haben und wie loyal sie gegenüber dem Auftraggeber sind. Auch Unternehmenszukäufe erhöhen das Risiko, da Unmengen an neuem ABAP-Code in das Unternehmen fließen können.

Beispiele von Sicherheitsdefekten

Es gibt viele verschiedene Arten von Schwachstellen, die durch ABAP-Code entstehen können. Um beispielhaft auf die technischen Risiken eingehen zu können, soll hier die BIZEC-APP/11-Liste (The Business Security Initiative, *http://bizec.org*) als Basis herangezogen werden (siehe Tabelle 6.1).

ID	Schwachstelle	Beschreibung	Risiken
APP-01	ABAP Command Injection	Ausführung von beliebigem ABAP-Code	1–6
APP-02	OS Command Injection	Ausführung beliebiger Betriebssystemkommandos	1, 4
APP-03	Improper Authorization (Missing, Broken, Proprietary, Generic)	fehlende oder fehlerhafte Berechtigungsprüfung	1
APP-04	Generic Module Execution	unerlaubte Ausführung von Modulen (Reports, Funktionsbausteinen etc.)	1
APP-05	Cross-Client Database Access	mandantenübergreifender Zugriff auf Geschäftsdaten	2, 3
APP-06	SQL Injection	schadhafte Manipulation von Datenbankbefehlen	2, 3, 4, 5
APP-07	Unmanaged SQL	Verwendung nativer Datenbankbefehle	4, 5
APP-08	Cross-Site Scripting	Manipulation des Browser-UI (UI = User Interface), Diebstahl von Berechtigungen	6
APP-09	Cross-Site Request Forgery	Ausführung von Business-Logik im Namen eines anderen Benutzers.	6
APP-10	File Upload (Malware)	Speicherung schadhafter Dateien auf dem SAP-Server	1, 4
APP-11	Directory Traversal	unerlaubter Schreib-/Lesezugriff auf Dateien (SAP-Server)	2, 3, 4

Tabelle 6.1 Liste BIZEC APP/11: die derzeit am weitesten verbreiteten Sicherheitsprobleme in ABAP-Code, den Risikogruppen zugeordnet

Das anschaulichste Sicherheitsproblem im ABAP-Code sind fehlende oder technisch fehlerhafte Berechtigungsprüfungen (APP-03). Da ABAP über ein explizites Berechtigungskonzept verfügt, muss jedes Programm, das berechtigungsrelevante Aktionen ausführt, auch die zugehörigen Berechtigungsobjekte selbst überprüfen. Fehlt diese Prüfung im ABAP-Code oder ist sie fehlerhaft, führt das Programm die Aktion aus, auch wenn der Anwender die tatsächlich erforderliche Berechtigung gar nicht besitzt.

Injection-Schwachstellen

Ein anderes grundsätzliches, aber weniger offensichtliches Problem sind sogenannte *Injection-Schwachstellen*. Durch diese können Benutzer mit zweifelhaften Absichten bestimmte (dynamische) ABAP-Befehle zur Laufzeit schadhaft verändern. Durch die Manipulation dynamischer ABAP-Befehle kann es sogar trotz korrekter Berechtigungsprüfung zu unerlaubten Eingriffen kommen.

Häufig wissen ABAP-Entwickler nicht, welche Risiken beim Einsatz dynamischer Programmiertechniken entstehen und öffnen damit ungewollt Hackern Tür und Tor. Abbildung 6.18 können Sie entnehmen, wie eine Command Injection im ABAP-Code aussieht.

```
REPORT Z_RISIKO.
DATA lt_prog(72) OCCURS 0 WITH HEADER LINE.
PARAMETERS lv_name TYPE string.
lt_prog = 'REPORT ZFT.'.
APPEND lt_prog.
CONCATENATE
  `DATA lv_tmp(80) TYPE c VALUE '`
  lv_name
  `'.`
  INTO lt_prog.
APPEND lt_prog.
lt_prog = 'WRITE / lv_tmp.'.
APPEND lt_prog.
INSERT REPORT 'ZFT' FROM lt_prog.
SUBMIT ('ZFT').
```

Abbildung 6.18 Beispiel einer Schwachstelle – ABAP Command Injection (APP-01)

Das Codebeispiel zeigt, wie Benutzer-Input (`lv_name`) zur Laufzeit verwendet wird, um einen neuen Report zu erstellen, der dann auch gleich ausgeführt wird. Ein Angreifer kann das Programm durch die vorhandene Injection-Schwachstelle manipulieren und beliebigen ABAP-Code zur Ausführung bringen. Das funktioniert in diesem Fall sogar ohne Entwicklerberechtigung in einem Produktivsystem, denn der ABAP-Befehl, der das Programm anlegt (`INSERT REPORT`), führt weder eine implizite Berechtigungsprüfung durch, noch prüft er, ob es sich um ein Produktivsystem handelt.

Präventionsmöglichkeiten

Die besten Kontrollmechanismen aus IKS- und Compliance-Sicht sind vorbeugender Natur. Für generelle IT-Kontrollen (ITGC) im Bereich Änderungsmanagement bei Eigenentwicklungen sind in der Praxis folgende Mechanismen zu empfehlen:

- **Ordnungsgemäße Entwicklerrichtlinien und Standards**
  Ohne Entwicklungsstandards ist ein sicherheitsbewusstes Programmieren nicht möglich. Alle Entwickler und Zulieferer müssen diese Entwicklungsstandards einhalten.
  Wichtig: Das Beheben von Sicherheitsfehlern im Code kann deutlich aufwendiger sein als beispielsweise Änderungen an Konfiguration und Benutzerrollen. Je mehr Code in einem Unternehmen geschrieben wurde, desto größer ist das potenzielle Risiko. Es empfiehlt sich daher, frühzeitig die Entwicklungsstandards in puncto Sicherheit ordnungsgemäß zu gestalten, damit die Menge an Problemen durch neuen Code nicht stetig steigt.
- **Einsatz von statischen Codeanalyse-Tools/Qualitätssicherungs-Tools**
  Angemessene Qualitätssicherungsprozesse sind ein Muss. Damit Schiefstände und Differenzen gegenüber dem Soll-Zustand im Vorfeld aufgedeckt werden, können Tools zur statischen Codeanalyse wie Virtual Forge CodeProfiler for ABAP in den Korrektur- und Transportprozess des SAP-Systems integriert werden. Somit wird zentral verhindert, dass unsicherer Code in die Produktion gelangt.

Mit diesen Tools lässt sich natürlich auch der in der Produktion befindliche ABAP-Code nachträglich scannen – und so das immense Compliance-Risiko eindämmen, das vom eigenen ABAP-Code ausgeht.

6.4.3 Schutz der Tabellen

Eine direkte Pflege der Tabelleninhalte kann im SAP-System, insbesondere bei den Konfigurationstabellen, die die Logik der Datenverarbeitung steuern, durchgeführt werden. Diese Pflege gehört zu den kritischen und risikobehafteten Vorgängen in einem SAP-System und kann bei ineffektiven Kontrollen gravierende Folgen für die Konsistenz der Verarbeitungslogik und der Daten haben. Die Vergabe der entsprechenden Berechtigungen muss daher besonders strikt gehandhabt werden.

Prüfung: Berechtigungen zur Tabellenpflege

Business-Benutzer dürfen nicht über eine Berechtigung für die generelle Tabellenpflege verfügen, zum Beispiel mithilfe der Transaktionen SE11 (ABAP-Dictionary-Pflege) oder SM30 (Tabellenpflege). Untersuchen Sie Folgendes:

1. Die Prüfung der Berechtigungsvergabe für die Tabellenpflege wird für die Transaktionen SE11, SM30 und SM31 durchgeführt, wie es in Abschnitt 5.2.7, »Beispiel für eine Berechtigungsauswertung«, erläutert wird (in Zusammenhang mit dem Berechtigungsobjekt `S_TABU_DIS`). Werte im Feld **Aktivität** werden dabei auf »01« oder »02« eingeschränkt.
2. Sollten die generellen Pflegetransaktionen trotzdem in den Rollen der Business-Benutzer vorhanden sein, muss sichergestellt werden, dass eine effektive Berechtigungsrestriktion eine Ebene tiefer – beim Berechtigungsobjekt `S_TABU_DIS` im Feld DICBERCLS (Berechtigungsgruppe) – gegeben ist.
3. Überprüfen Sie, onb den pflegbaren Tabellen mit IKS-kritischen Inhalten durchgehend Berechtigungsgruppen zugeordnet sind. Für die Prüfung werden die Tabellen TDDAT (Zuordnung Tabelle – Berechtigungsgruppe) und TBRG (Berechtigungsgruppen) als Informationsquelle verwendet.
4. Sollten Berechtigungskontrollen bei der Tabellenpflege nicht effektiv sein, müssen zusätzliche Berechtigungskontrollen eingerichtet werden.

Alternative Vorgehensweise beim Tabellenschutz

Der Schutz der Tabellen über Berechtigungsgruppen ist bei der Berechtigungsvergabe für Transaktionen zur generellen Tabellenpflege (SM30 etc.) recht aufwendig. In der Praxis hat sich folgende Vorgehensweise etabliert:

1. Den Business-Benutzern werden keine übergreifenden Standardtransaktionen wie SM30 zur Verfügung gestellt; stattdessen erhalten die Benutzer dedizierte tabellenspezifische eigenentwickelte Pflegetransaktionen.
2. Für die Pflege werden Tabellen-Pflege-Views angelegt; eine direkte Pflege der Tabellen wird technisch unterbunden.

6.4.4 Kontrollen bei der Steuerung der Berechtigungsprüfungen

Die zentrale Voraussetzung für ein funktionierendes Berechtigungskonzept ist, dass systemseitig Prüfungen auf Berechtigungsobjektebene stattfinden. In SAP ERP gibt es Funktionen, die es ermöglichen, die Prüfung der Berechtigungsobjekte auszuschalten (zum Beispiel mithilfe von Transaktion SU24, Berechtigungsobjektprüfung unter Transaktionen). Das Risiko aus IKS-Gesichtspunkten liegt auf der Hand: Das gezielte Ausschalten der Prüfung einzelner Objekte kann das gesamte Berechtigungskonzept in einem SAP-System unwirksam werden lassen.

Dem Beispiel in Abbildung 6.19 können Sie entnehmen, dass für Transaktion FB60 (Erfassung eingehender Rechnungen) alle relevanten Objekte vom SAP-System geprüft werden können (falls dies im ABAP-Sourcecode vorgesehen ist). Diese Prüfungen könnten aber im SAP-System gezielt unterbunden sein; die entsprechende Information pro Berechtigungsobjekt finden Sie in der Spalte **Prfkz.** (für Prüfkennzeichen).

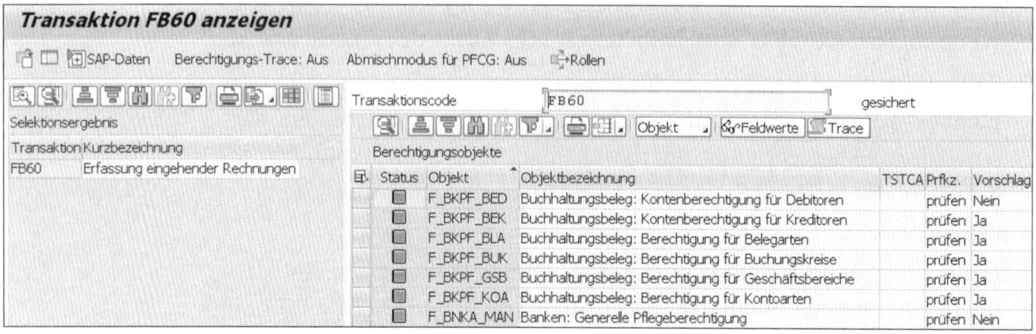

Abbildung 6.19 Ausschalten der Berechtigungsprüfung auf Objektebene mit Transaktion SU24

Prüfung: Profilparameter

Prüfen Sie die zugrundeliegenden Einstellungen im SAP-System, die den Umfang der Berechtigungsprüfungen steuern:

1. Prüfen Sie über den Report RSPARAM die Einstellung des Profilparameters `Auth/no_check_in_some_cases`. Sollte dieser auf »Y« stehen, bedeutet das, dass ein Ausschalten der Berechtigungsprüfung für einzelne Objekte theoretisch möglich ist (außer für Objekte, die der Basis oder SAP ERP HCM angehören).
2. Sollte das transaktionsspezifische Ausschalten möglich sein, prüfen Sie, ob davon Gebrauch gemacht wurde. Hierzu können Sie die Tabellen USOBX_C (Einstellungen, die von SAP-Kunden vorgenommen wurden) und USOBX (Einstellungen des SAP-Standards) auswerten.

Das Ausschalten der Berechtigungsobjekte kann nicht nur transaktionsspezifisch, sondern auch zentral – für alle Transaktionen – vorgenommen werden. Untersuchen Sie daher Folgendes:

- Überprüfen Sie den Wert des Profilparameters `Auth/object_disabling_active`. Sollte dieser auf »Y« stehen oder nicht gepflegt bzw. leer sein, können einzelne Berechtigungsobjekte global – für alle Transaktionen – ausgeschaltet werden.
- Sollte das zentrale Ausschalten möglich sein, muss geprüft werden, ob davon Gebrauch gemacht wurde. Mithilfe von Transaktion AUTH_SWITCH_OBJECTS erhalten Sie die nötige Übersicht.

Im SAP-System gibt es weitere Profilparameter, die den Wirkungsgrad der Kontrollen im Bereich Zugriffssicherheit und Passwortschutz steuern. Nachfolgend sind die wichtigsten Profilparameter zusammengefasst:

Weitere Profilparameter zur Steuerung der Berechtigungsprüfungen

- **Auth/new_buffering**
  Die Einzelheiten zu den möglichen Werten im Rahmen dieses Parameters können Sie dem Report RSPARAM entnehmen. Der Wert »kleiner 4« birgt das Risiko, dass eventuell Inkonsistenzen zwischen gepflegten Berechtigungswerten und den tatsächlichen Zugriffsrechten der Benutzer entstehen können.
- **Auth/rfc_authority_check**
  Durch diesen Parameter wird bestimmt, ob bei Aktionen rund um das Thema RFC eine Berechtigungsprüfung gegen das Berechtigungsobjekt S_RFC stattfindet.
- **Auth/system_access_check_off**
  Mithilfe dieses Parameters wird die Feinsteuerung der Berechtigungsprüfungen bei ABAP-Sprachelementen vorgenommen. Beim Wert »0« sind alle Berechtigungsprüfungen eingeschaltet.
- **Auth/tcodes_not_checked**
  Beim Aufruf jeder Transaktion wird das Berechtigungsobjekt S_TCODE geprüft, und bei diesem Parameter können Transaktionen eingetragen werden, die von einer solchen Prüfung ausgeschlossen sind. In der Praxis wird hier oft Transaktion SU53 (Auswertung der eigenen Berechtigungsprüfung) hinterlegt. Im Übrigen sollte S_TCODE aus Sicherheitsgründen für alle Transaktionen gelten.
- **Bdc/bdel_auth_check**
  Dieses Objekt bezieht sich explizit auf das Löschen der Batch-Input-Mappen, insbesondere darauf, inwieweit bei diesem Vorgang das Objekt S_BCD_MONI berücksichtigt wird: Mit dem Wert »true« ist dieses Berechtigungsobjekt aktiv, zum Beispiel bei der Verwendung von Transaktion SM35 (Bearbeitung der Match-Input-Mappen).
- **Rspro/auth/pagelimit**
  In einem umweltbewussten Unternehmen sollte dieser Parameter unbedingt verwendet werden: Hier wird gesteuert, ob die Einschränkung einer maximalen Anzahl der Seiten in einem Druckauftrag berechtigungstechnisch möglich ist. Beim Wert »1« wird das Berechtigungsobjekt S_PRO_PAGE berücksichtigt.

6.4.5 Kritische Administrationstransaktionen

Minimale Rechtevergabe

Sie haben bereits einige kritische Berechtigungskombinationen im Bereich der generellen IT-Kontrollen kennengelernt. Dabei handelt es sich um Zugriffsrechte, die man in der Praxis unter dem Sammelbegriff *Basisberechtigungen* zusammenfasst. Doch nicht nur die Vergabe von Basisberechtigungen in kritischen Kombinationen ist aus Sicht der IKS-Compliance und aus Risikogesichtspunkten bedenklich. Die Missachtung des Grundsatzes einer minimalen Rechtevergabe für die einzelnen Basisberechtigungen kann ebenfalls ein hohes Risiko für die Verfügbarkeit der SAP-Systeme, für die Integrität und Konsistenz der Daten und der Verarbeitungslogik darstellen.

Tabelle 6.2 zeigt einige Beispiele für kritische Transaktionen.

Transaktionen	Beschreibung kritischer Aktivitäten	Berechtigungsobjekte
SCC4, SE06	Pflege der Mandantenänderbarkeit	S_ADMI_FCD
SE38, SA38	Modifikation und Entwicklung der Programme (Entwicklerschlüssel notwendig); Web-Dynpro-Entwicklung muss berücksichtigt werden.	S_DEVELOP SP_PROGRAM
SM30, SM31, SE16, SE16N	Tabellenpflege	S_TABU_DIS S_TABU_CLI
SCC6, SE01, SE06, STMS	Administration des Transport Management Systems	S_CTS_ADMI
RZ04	Administration der SAP-Instanzen (CCMS, Computer Center Management System)	S_RLZ_ADM
RZ10, RZ11	Administration der Profilparameter	S_RLZ_ADM
Programme RSCDOK99 und RSCDOK*	Löschen der Änderungsbelege	S_SCDO
SM59	Administration der RFC-Verbindungen	S_ADMI_FCD
SM49	unmittelbares Ausführen der Betriebssystemkommandos	S_LOG_COM

Tabelle 6.2 Übersicht über die kritischen Basisberechtigungen im SAP-System

Transaktionen	Beschreibung kritischer Aktivitäten	Berechtigungsobjekte
SM13	Verbuchungsadministration	S_ADMI_FCD
SM35	Administration von BI-Mappen	S_BDC_MONI
SNRO	Administration von Nummernkreisintervallen und -ständen	S_NUMBER

Tabelle 6.2 Übersicht über die kritischen Basisberechtigungen im SAP-System (Forts.)

In der Praxis gibt es unterschiedliche Strategien, um das Prinzip der minimalen Rechtevergabe im Basisbereich zu handhaben. Je nach Organisation können einige der kritischen Basisberechtigungen in die Rolle eines Notfallbenutzers ausgelagert werden, damit kein Mitarbeiter permanent über diese verfügen kann und erhöhte Protokollierungsmechanismen greifen können (siehe Abschnitt 6.3.4, »Notfallbenutzerkonzept«).

6.4.6 Berücksichtigung der Funktionstrennungsgrundsätze

Das Stichwort *Funktionstrennung* ist in diesem Buch bereits mehrmals gefallen; im Bereich der generellen IT-Kontrollen (oder der Basis) gibt es ebenfalls kritische Berechtigungskombinationen.

Prüfung: Funktionstrennung, Entwicklung und Berechtigungswesen

Folgende Berechtigungskombinationen sind als kritisch einzustufen, weil im Fall eines Verstoßes gegen eine solche Kombination das Risiko unautorisierter Änderungen besteht:

- die Entwicklung (zum Beispiel Transaktion SE38) und sonstige Programmänderungen (zum Beispiel Customizing)
- für die bereits erwähnte Freigabe und den Import der Transportaufträge

Des Weiteren wird aufgrund einer erhöhten Fehlergefahr (aber auch aufgrund möglicher doloser Handlungen) in der Praxis die Kombination der folgenden beiden Berechtigungen beanstandet:

- die Benutzerpflege (Zuweisung der Berechtigungsrollen), zum Beispiel über Transaktion SU01 (Pflege der einzelnen Benutzer) oder über Transaktion SU10 (Massenpflege der Benutzer)
- Berechtigungen für die Pflege der Rolleninhalte über PFCG (Profilgenerator)

[»]

Kompensierende Kontrollen

An dieser Stelle muss auf mögliche kompensierende Kontrolle hingewiesen werden:

- Auf der Berechtigungsobjektebene ist es üblich, berechtigungstechnisch die Pflege eigener Berechtigungen (oder die einer IT-Abteilung) von einem Administrator durch die Restriktion der Werte für das Feld **Benutzergruppe** im Objekt S_USER_GRP einzuschränken.
- Eine direkte Zuweisung der Rollen mittels Transaktion SU01 (Benutzerpflege) ist inzwischen kein Best-Practice-Szenario mehr: Unternehmen setzen vermehrt *Provisionierungs-Tools* ein, bei denen die Zuweisung der Berechtigungsrollen zu den Benutzern einem automatisierten Genehmigungsverfahren unterliegt und außerdem eine *Risikoanalyse* stattfinden kann (siehe Abschnitt 4.3.3, »SAP Access Control«, und Abschnitt 4.3.4, »SAP Policy Management (Richtlinienverwaltung)«).

Prozesse zur Gewährleistung der Funktionstrennung

Das Thema Funktionstrennung haben wir bisher *inhaltlich* betrachtet, das heißt, welche Aktionen in SAP ERP aus Risikogesichtspunkten auseinandergehalten werden sollten (auf Rollen- und Benutzerebene). Eine solche Betrachtungsweise ist auch in Kapitel 8 bis Kapitel 11 zu finden, in denen Sie sich über prozessspezifische Applikationskontrollen informieren können. Doch auf was müssen Sie achten, um *prozessseitig* die Einhaltung des Funktionstrennungsprinzips generell sicherzustellen?

Prüfung: Funktionstrennung, Benutzer- und Berechtigungswesen

Nachfolgend sind die wesentlichen Punkte zusammengefasst:

- **Dokumentation**

  Unternehmen sollten eigene SAP-gestützte Prozesse analysieren und Risiken – insbesondere in Bezug auf kritische Berechtigungskombinationen – dokumentieren.

  Den Kern einer solchen Dokumentation bildet die sogenannte *Funktionstrennungsmatrix*, in der zweidimensional alle risikobehafteten Berechtigungen dargestellt sind und die auf der Grundlage der Prozesse des Unternehmens erstellt wird. Ausschlaggebend sind bei der Definition der Funktionstrennungsanforderungen die Unternehmensgröße, das Risikopotenzial des Prozesses, die Größe der Abteilung, in der der jeweilige Prozessschritt angesiedelt ist, etc.

  Alternative Kontrollen sind zu implementieren und zu dokumentieren, wenn eine Funktionstrennung, zum Beispiel aus organisatorischen Gründen, nicht erreicht werden kann.

- **Prozess der Rollenverwaltung**
  Die Grundvoraussetzung für die funktionstrennungskonforme Berechtigungsvergabe im SAP-System sind konfliktfreie Berechtigungsrollen. Nur wenn kritische Berechtigungen auf Rollenebene bei der Pflege (zum Beispiel über Transaktion PFCG, Profilgenerator) auseinandergehalten werden, ist die Funktionstrennung auch auf Benutzerebene zu erreichen. Die entsprechend dokumentierte Vorgehensweise ist Pflichtbestandteil eines Berechtigungskonzepts.
- **Prozess der Berechtigungsvergabe**
  Sind die SAP-Berechtigungsrollen einmal »sauber« (frei von Funktionstrennungskonflikten), muss die anschließende Rollenzuordnung zu den Benutzern die Funktionstrennungsrisiken berücksichtigen.

6.5 Resümee

Sie wissen nun, wie die größten Risiken und die wichtigsten relevanten Kontrollmechanismen sowie die Wege zu deren Prüfung im Bereich ITGC im SAP-Umfeld aussehen: Sie haben Wissenswertes über die möglichen organisatorischen Kontrollen und Maßnahmen im SAP-ERP-Umfeld sowie über die Anforderungen an Change-Management-Prozesse und an die Sicherheit des Benutzerzugriffs auf ein SAP-System erfahren. Sie haben zudem die wichtigsten Compliance-Anforderungen und Wege zu deren Realisierung im Bereich Benutzer- und Berechtigungsverwaltung kennengelernt.

Dieses Wissen soll Ihnen helfen, ein zuverlässiges »Fundament« für Ihr IKS aufzubauen. Betrachtet man die einzelnen Lebensphasen einer SAP-Applikation, kann es vor allem bei der initialen Implementierung eines SAP-Systems, aber auch im Rahmen der laufend stattfindenden Änderungen angewendet werden. Bei der Durchführung von Systemprüfungen aller Art im SAP-Umfeld ist dieses Wissen unabdingbar.

Kapitel 7

Übergreifende Applikationskontrollen in SAP ERP

Nachvollziehbarkeit, Unveränderlichkeit und Vollständigkeit – es gilt, diese übergreifenden Compliance-Grundsätze im SAP-System sicherzustellen. Dieser Aufgabe ist dieses Kapitel gewidmet.

In Abschnitt 3.1.4, »Struktur eines klassischen IKS-Frameworks im SAP-ERP-Umfeld«, haben Sie erfahren, dass übergreifende Applikationskontrollen (IT General Controls, ITGC) eine wichtige Funktion in IT-Systemen wahrnehmen, um in erster Linie die Anforderungen zur Sicherstellung der *Nachvollziehbarkeit*, *Unveränderlichkeit* und *Vollständigkeit* zu erfüllen. Diese Anforderungen sind nicht nur das Ergebnis allgemeingültiger und international einheitlich gestalteter Prinzipien wie GAAP (Generally Accepted Accounting Principles) bzw. deren Übersetzung in die IT-Sprache, sondern sie sind auch in jedem Land gesetzlich in der einen oder anderen Form vorhanden (siehe Kapitel 1, »Gesetzliche Anforderungen im Bereich IKS-Compliance«). Die expliziteste Ausführung dieser Anforderungen im IT-Umfeld ist in der deutschen Gesetzgebung zu finden. In Deutschland sind insbesondere folgende Paragrafen relevant:

- **§ 239 Abs. 3 Handelsgesetzbuch (HGB)**
  Hiernach dürfen Eintragungen oder Aufzeichnungen nur so verändert werden, dass ihr ursprünglicher Inhalt weiterhin feststellbar bleibt.
- **§ 257 Handelsgesetzbuch (HGB)**
  Hieraus kann abgeleitet werden, dass alle in Tabellen erfassten Beleginformationen, alle in Verbindung mit diesen Beleginformationen stehenden Daten und Programme, die das Rechnungslegungsverfahren steuern oder beschreiben, sowie alle Änderungen an diesen Daten und Programmen als Bestandteil der Verfahrensdokumentation festzuhalten und für einen Zeitraum von mindestens zehn Jahren aufzubewahren sind.

Bei Missachtung der in SAP ERP vorhandenen Risiken, die die Einhaltung der genannten grundlegenden Prinzipien gefährden, kann aus IKS-Sicht (IKS = Internes Kontrollsystem) die Verlässlichkeit der externen Finanzberichterstattung infrage gestellt werden. In diesem Kapitel lernen Sie die in jedem SAP-ERP-System bestehenden komponenten- und prozessübergreifenden Risiken sowie die wirksamen Kontrollmechanismen gegen diese Risiken kennen.

Abgrenzung ITGC vs. übergreifende Applikationskontrollen

Die Abgrenzung der Themen in diesem Kapitel von den Themen in Kapitel 6, »Generelle IT-Kontrollen in SAP ERP«, die sich auf die gleichen Objekte beziehen, wie zum Beispiel Tabellen, erfolgt nach diesem Prinzip: ITGC (siehe Kapitel 6) sind bezüglich der Tabellenfragestellungen rund um Berechtigungen relevant, und bei den übergreifenden Applikationskontrollen in diesem Kapitel steht die Nachvollziehbarkeit der Datenänderungen in Tabellen im Fokus.

[»]

Änderungen in SAP S/4HANA

Dieses Kapitel basiert auf SAP ERP 6.0. In Kapitel 15, »Risk und Compliance in SAP S/4HANA«, finden Sie Informationen zu den Änderungen rund um SAP S/4HANA.

7.1 Grundsatz der Unveränderlichkeit

Der *Grundsatz der Unveränderlichkeit* bedarf nicht vieler Kommentare: Wie Sie in Abschnitt 3.1.1, »IKS-Grundsätze im SAP-ERP-Umfeld: Von GoB zu GoBS und GoBD«, erfahren haben, stellt dieser Grundsatz eine der Voraussetzungen für eine ordnungsgemäße *Belegfunktion* dar, weil nur ein elektronischer Beleg, der nicht verändert werden kann, als Beleg im Sinne von GoB angesehen werden kann. Im Nachfolgenden zeigen wir Ihnen einige Risiken auf, die die Einhaltung der Belegfunktion in SAP ERP gefährden können, sowie zugehörige Kontrollmechanismen.

7.1.1 Schutz der Daten in Tabellen

Risiko: Transaktion SE16N und &SAP_EDIT

Wie im täglichen Systembetrieb SAP-Tabellen geschützt werden können, haben Sie in Abschnitt 6.4.2, »Schutz der Programme und Transaktionen bei weitreichenden Entwicklungen«, erfahren. Diese Kontrollmechanismen reichen allerdings nicht bei allen Möglichkeiten zur Pflege von Tabelleninhalten aus. Eine »versteckte« Möglichkeit bietet Transaktion SE16N (Data Browser). Führt man nach dem Aufruf einer SAP-Tabelle mit Transaktion SE16N zusätzlich die Funktion `&SAP_EDIT` (die weitreichende SAP-Berechtigungen voraussetzt) aus, können anschließend die Inhalte dieser Tabelle geändert werden. Somit könnten auch wichtige Belegtabellen direkt gepflegt werden (ohne Erstellung eines Änderungsbelegs), was grob gegen das Belegprinzip verstoßen würde.

In folgenden Tabellen, bei denen mithilfe von Transaktion SE16N und der Funktion &SAP_EDIT Änderungen vorgenommen wurden, sind diese Änderungen nachvollziehbar:

- SE16N_CD_KEY – Tabellenanzeige Änderungsbelege: Kopf
- SE16N_CD_DATA – Tabellenanzeige Änderungsbelege: Daten

Lösung: SAP-Hinweis 1420281

Diesen Tabellen können die einzelnen Änderungsbelege entnommen werden – die Änderungsbelege können jedoch mit Transaktion SE14 (Verwaltung der Änderungsbelege) gelöscht werden. Somit stellt Transaktion SE16N in Kombination mit der Funktion &SAP_EDIT eine große Gefahr dar. Um diese Lücke zu schließen, hat SAP den Hinweis 1420281 veröffentlicht, mit dessen Hilfe das beschriebene Risiko bewältigt werden kann. Bei der Umsetzung dieses SAP-Hinweises wird die Funktion &SAP_EDIT deaktiviert (die Umsetzung der in den SAP-Hinweisen vorhandenen Quellcode-Anpassungen und der manuellen Schritte ist ein Standardprozess in SAP ERP).

Ab SAP-ERP-Release ECC 6.0 (ECC steht für ERP Central Component) und der Support Packages 17 und 18 ist die entsprechende Korrektur standardmäßig »eingebaut«.

Prüfung: Pflege

Um die Angemessenheit des Umgangs mit den genannten Risiken beurteilen zu können, sind folgende Schritte durchzuführen:

1. Prüfen Sie über **System • Status** das Release und den SP-Stand des untersuchten SAP-Systems. Kann auf die Deaktivierung der beschriebenen Funktion &SAP_EDIT geschlossen werden?
2. Prüfen Sie gegebenenfalls, ob die in SAP-Hinweis 1420281 enthaltene Korrektur umgesetzt ist.

7.1.2 Debugging

Elektronisches Radierverbot

Den gröbsten Verstoß gegen die Anforderungen der Unveränderlichkeit der Buchhaltungsbelege (in Deutschland ist zum Beispiel § 239 Abs. 3 HGB zum »elektronischen Radierverbot« relevant) und gegen die Einhaltung des Nachvollziehbarkeitsprinzips stellen *Debugging-Aktivitäten* in einem produktiven SAP-ERP-System dar. Diese sind für eine schnelle Problembehebung zwar manchmal erforderlich, doch insbesondere die Option, im Rahmen von Debugging die Feldinhalte sämtlicher Tabellen (auch Tabellen mit Buchhaltungsbelegen) zu ändern oder gar ganze Datensätze zu löschen, birgt ein hohes Risiko, unter anderem weil die jeweiligen Aktivitäten in der Regel nicht protokolliert werden (Ausnahme: System-Log, siehe Abschnitt 7.3.1, »System-Log«).

Tabelleninhalte ändern/löschen

Abbildung 7.1 sehen Sie beispielhaft, wie der Debugging-Modus aktiviert wird: Nachdem Sie Tabelle GRFNTASKPLAN (Plannereinträge in SAP Process Control) mit Transaktion SE16 (Data Browser) aufgerufen und einen Eintrag ausgewählt haben, geben Sie »/h« in die Transaktionszeile ein und drücken dann zweimal die [↵]-Taste.

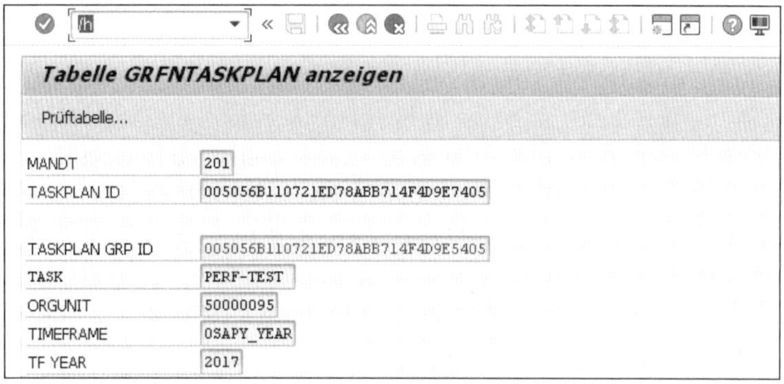

Abbildung 7.1 Aktivieren des Debugging-Modus

Anschließend gelangen Sie in die Übersicht (siehe Abbildung 7.2). Nach einem Doppelklick auf die Variante code show steigen Sie in die in Abbildung 7.3 dargestellte Sicht ein.

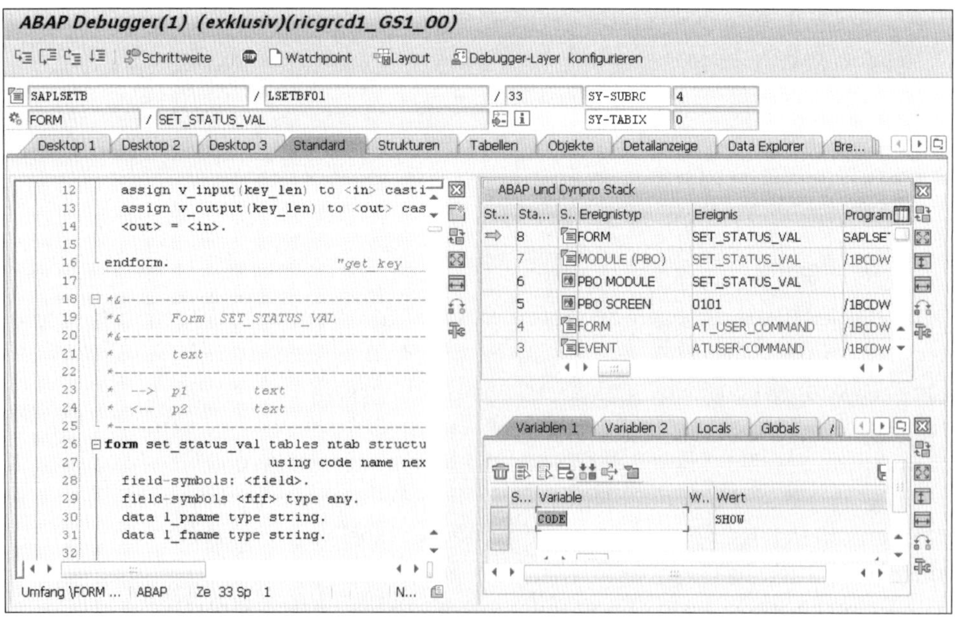

Abbildung 7.2 Variante CODE SHOW im Debugger

Nachdem `show` auf `dele` geändert wurde, ist das Löschen eines entsprechenden Datensatzes in Tabelle GRFNTASKPLAN möglich.

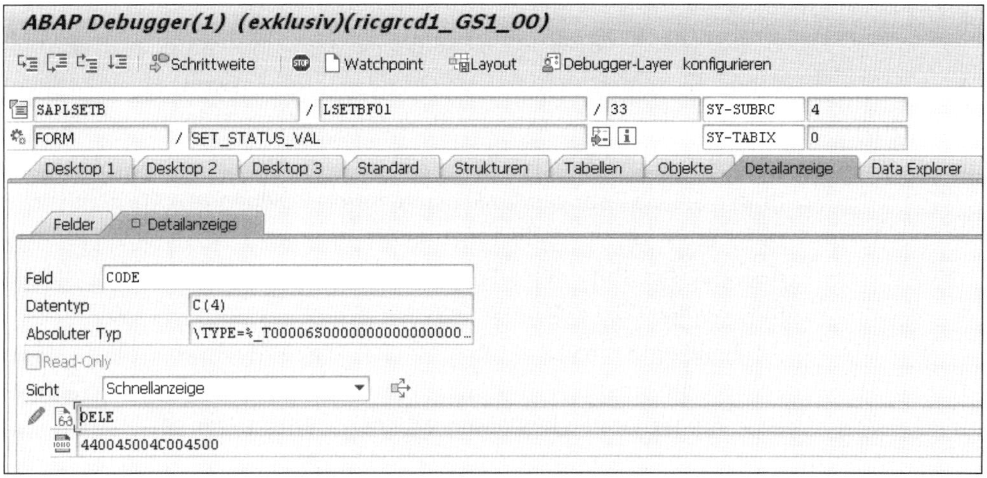

Abbildung 7.3 Änderung von SHOW auf DELE im Debugger

Wie Sie in Abbildung 7.4 sehen, können Sie den zuvor ausgewählten Eintrag in der Tabelle GRFNTASKPLAN löschen. Eine solche Vorgehensweise ist theoretisch bei einer jeden Datenbanktabelle möglich. Die damit zusammenhängenden Risiken für die Konsistenz der Logik und der Daten in einem SAP System liegen auf der Hand.

Dieses Risiko erfordert wirksame *Kontrollen*, die sich auf drei wichtige Bereiche konzentrieren:

- Einschränkung der Debugging-Berechtigungen
- Einrichten eines Notfallbenutzerkonzepts
- Konfiguration und Auswertung des System-Logs

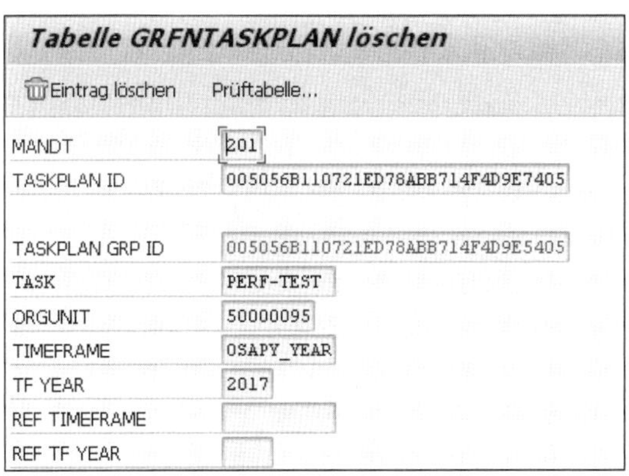

Abbildung 7.4 Aktive Löschoption für einen Tabelleneintrag

Prüfung: Debugging-Berechtigungen

Die Behandlung von *Debugging-Berechtigungen* gehört zu den obligatorischen Prüfungshandlungen im Rahmen des SAP-Audits und muss bei der Einrichtung eines IKS immer berücksichtigt werden.

1. Prüfen Sie, ob Berechtigungen für Debugging-Aktivitäten restriktiv gehandhabt werden. Berücksichtigen Sie in Ihren Auswertungen vor allem das Berechtigungsobjekt `S_DEVELOP`, den Objekttyp DEBUG und die Aktivitäten 02 (Ändern) und 06 (Löschen).
2. Prüfen Sie, ob Debugging-Aktivitäten im Notfallbenutzerkonzept (siehe Abschnitt 6.3.4, »Notfallbenutzerkonzept«) vorgesehen sind. Im Idealfall darf nur der Notfallbenutzer in einem produktiven SAP-ERP-System über Debugging-Berechtigungen verfügen.
3. Prüfen Sie die Inhalte des System-Logs (siehe Abschnitt 7.3.1, »System-Log«) dahingehend, ob dort Aktivitäten protokolliert wurden, die auf Debugging-Aktivitäten hinweisen (Meldungen A1 4 und A1 9).

7.1.3 Änderbarkeit der Belege

Die Buchhaltungsbelege müssen den generellen Anforderungen an die Unveränderlichkeit genügen. Von den in Abschnitt 7.1.1, »Schutz der Daten in Tabellen«, und in Abschnitt 7.1.2, »Debugging«, beschriebenen Möglichkeiten abgesehen, bietet das SAP-System offizielle Funktionen, die Belegänderungen erlauben. Generell gilt Folgendes:

Nicht änderbare Felder

In SAP-Belegen gibt es Felder, die nicht änderbar sind: Das SAP-System verhindert durch eingebaute systemimmanente Checks das Ändern von bestimmten Feldinhalten. Dazu zählen zum Beispiel alle Felder aus dem Belegkopf, ausgenommen der Informationsfelder, das heißt der Referenzbelegnummer und des Belegtextes. In den Belegpositionen können nur Beträge geändert werden, die nicht bereits zur Fortschreibung eines Kontosaldos (oder anderer Kontierungsobjekte) geführt haben. So können zum Beispiel der Buchungsbetrag, das Konto, der Buchungsschlüssel, das Geschäftsjahr und der Steuerbetrag nicht geändert werden. Andere Felder werden bei bestimmten Vorgängen vor Änderungen geschützt. Beim Nettoverfahren kann beispielsweise der Skontobetrag beim Buchen der Zahlung nicht geändert werden.

Änderbar je nach eingesetzten Komponenten

In den Belegen gibt es Felder, die abhängig vom Einsatz einer Anwendung nicht änderbar sind: Bei einigen Feldern verhindert das SAP-System eine Änderung in Abhängigkeit dessen, ob Sie bestimmte Anwendungen einsetzen. Beispielsweise kann die Kontierung auf eine Kostenstelle nicht mehr verändert werden, wenn die Kostenstellenrechnung eingesetzt wird.

Änderbare Belegfelder

Es gibt aber auch Felder, für die das SAP-System eine Änderungsoption anbietet. Dabei sind Änderungen eines Feldes zusätzlich an die Änderungsregeln geknüpft, die im SAP-System definiert sind.

Regeln für Feldänderungen einrichten

Mithilfe von Transaktion OB32 (Pflege der Belegänderungsregeln) können Änderungsregeln für bestimmte Felder eingerichtet werden. Wie Sie es aus Abbildung 7.5 ersehen können, wurde für CpD-Debitorenbelege (CpD = Conto pro Diverse) erlaubt, nachträglich das Bankkonto zu ändern (falls eine Gutschrift für einen Einmalkunden bezahlt wurde etc.).

Abbildung 7.5 Änderungsregeln für SAP-Belege: Übersicht

Zusätzlich können Voraussetzungen berücksichtigt werden, wie zum Beispiel die Möglichkeiten einer Änderung ausschließlich für nicht ausgeglichene Belegpositionen oder offene Buchungsperioden (siehe Abbildung 7.6).

Abbildung 7.6 Änderungsregeln für SAP-Belege: Detail

Prüfung: Belegänderungsregeln

Wir empfehlen Ihnen, die im Auslieferungsumfang vorhandenen Standardänderungsregeln zu übernehmen. Die Überprüfung der eingerichteten Regeln kann wie folgt durchgeführt werden.

- **Transaktion OB32**
  Prüfen Sie mithilfe von Transaktion OB32, bei welchen Feldern Änderungen in Belegen erlaubt sind (alternativ kann dies auch direkt über Tabelle TBAER geprüft werden); berücksichtigen Sie dabei bestehende generelle Änderbarkeitsregeln. Umfangreiche Änderungsmöglichkeiten sind erklärungsbedürftig.
- **Transaktion FB04**
  Mithilfe von Transaktion FB04 (Belegänderungen) oder des Reports RFBABL00 können Sie die erfolgten Belegänderungen auswerten.

[»]

Ausnahme: Muster- und Dauerbuchungsurbelege

Von den beschriebenen Regeln gibt es eine Ausnahme: Bei Muster- und Dauerbuchungsurbelegen (siehe Abschnitt 8.3.2, »Dauerbuchungen«) können alle Zusatzkontierungen geändert werden.

7.2 Kontrollen für die datenbezogene Nachvollziehbarkeit

Technische Grundlage der Nachvollziehbarkeit

Um die im SAP-System stattgefundenen Änderungen aufzeichnen und auswerten zu können, bietet SAP ERP einige Mechanismen an. Diese stellen eine technische Grundlage für die Erfüllung des Nachvollziehbarkeitsgrundsatzes dar. Mithilfe dieser Mechanismen sind Kontrollen möglich, die einige Risiken aufdecken und minimieren können (*detektive Kontrollen*). Dabei handelt es sich insbesondere um die Risiken, die aus fehlender Funktionstrennung, aus Fehlern bei der Stammdatenpflege etc. resultieren. Zu solchen Kontrollen zählen auch Reports im Finanzwesen, die im Rahmen der Abschlussaktivitäten Änderungen in den Sach-, Kreditoren- und Debitorenkonten etc. aufzeigen (siehe Abschnitt 8.1.4, »Konsistenzcheck der Verkehrszahlen mit der großen Umsatzprobe«).

7.2.1 Änderungsbelege in SAP ERP

Änderungsbeleg

Für die wichtigsten Stammdaten ist diese Funktionalität bereits standardmäßig »eingebaut«, und bei den Eigenentwicklungen in SAP ERP muss sie berücksichtigt werden: die Aufzeichnung der Änderungsbelege. Werden beispielsweise die Bankverbindung eines Lieferanten, ein Sachkonto oder ein Materialstamm geändert, werden für diese Änderungen im SAP-System sogenannte *Änderungsbelege* gespeichert und können mittels verschiedener Reports ausgewertet werden, zum Beispiel mit dem Report RFKABL00 für Kreditorenstammdatenänderungen, mit dem Report RFSABL00 für die Änderungen der Sachkontenstammdaten, mit der Option **Änderungsbelege** im Menübaum von Transaktion SUIM (Benutzerinformationssystem) etc.

SAP-Tabellen

Diese Änderungsbelege befinden sich in den folgenden SAP-Tabellen:

- CDHDR – Änderungsbelegkopf
- CDPOS – Änderungsbelegpositionen

Änderungsbelege einrichten

Welche Voraussetzungen müssen erfüllt sein, damit die Änderungsbelege aufgezeichnet werden? Mithilfe von Transaktion SCDO (Änderungsbelegobjekte) muss zuerst ein Änderungsbelegobjekt angelegt werden. Anschließend muss, wie es aus Abbildung 7.7 am Beispiel von Tabelle MBEW hervorgeht, für jedes relevante Datenelement (zum Beispiel **Materialnummer**) in dessen technischen Eigenschaften die Option **Änderungsbeleg** aktiviert sein (siehe Abbildung 7.7). Dies ermöglicht in unserem Beispiel die Protokollierung von bewertungsrelevanten Änderungen im Materialstamm. Die letzten technischen Schritte zur Aktivierung der Änderungsbelegaufzeichnung sind die Generierung von Updates für relevante Objekte in Transaktion SCDO und das Einfügen der entsprechenden Funktionsaufrufe in den relevanten Update-Programmen.

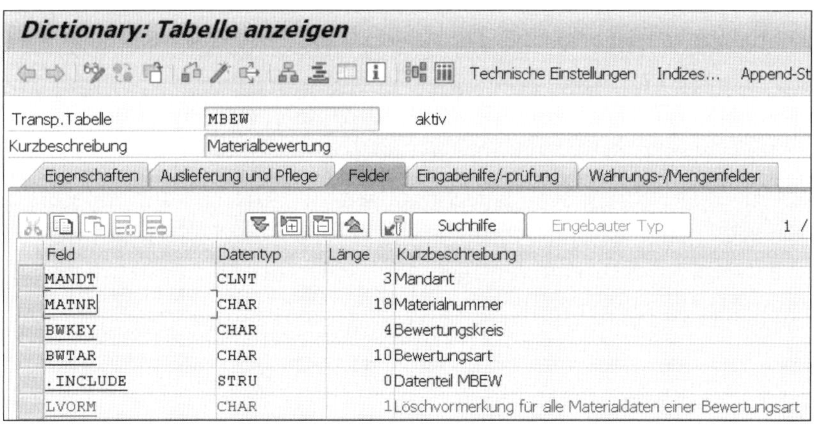

Abbildung 7.7 Liste der Datenelemente in der Tabelle MBEW

Per Doppelklick auf **MATNR** springen Sie in die nachfolgende Übersicht (siehe Abbildung 7.8). Wie Sie sehen, ist das Kennzeichen **Änderungsbeleg** aktiviert.

Abbildung 7.8 Eigenschaften der Datenelemente als Voraussetzung für die Aufzeichnung der Änderungsbelege

Prüfung: Änderungsbelege

Zur Prüfung der Änderungsbelege gehen Sie folgendermaßen vor:

1. Verschaffen Sie sich einen Überblick über die wesentlichen Eigenentwicklungen im SAP-System, wie zum Beispiel zur Pflege eigener Stammdaten, und prüfen Sie bei den jeweiligen Tabellen, ob die Aufzeichnung der Änderungsbelege aktiviert ist.
2. Verwenden Sie Transaktion SCDO und die Analyse des Sourcecodes der relevanten Update-Programme, um die Korrektheit der Behandlung von Änderungsbelegobjekten zu analysieren.
3. Prüfen Sie die Inhalte der Entwicklerrichtlinien dahingehend, inwieweit die Benutzung der Änderungsbelegfunktionen zwecks Gewährleistung der Nachvollziehbarkeitsanforderungen vorgeschrieben ist.
4. Prüfen Sie, ob kritische Berechtigungen zum Löschen der Änderungsbelege (zum Beispiel mithilfe der Reports RSCDOK91, RSCDOK95, RSCDOK99) restriktiv vergeben sind. Eines der wichtigsten Berechtigungsobjekte hierfür ist S_SCDO.

7.2.2 Tabellenprotokollierung

Compliance vs. Performance

Eine weitere technische Option im SAP-System ist es, Änderungen in Datenbanktabellen aufzuzeichnen – mithilfe der *Tabellenprotokollierung*. Deren Ziel ist die Umsetzung des Nachvollziehbarkeitsprinzips im SAP-System, ähnlich wie bei der Ihnen bereits bekannten Änderungsbelegfunktion. Die Aktivierung der Tabellenprotokollierung ist technisch einfacher zu realisieren als die Protokollierung mithilfe von Änderungsbelegen. Insbesondere bei eigenentwickelten, rechnungslegungsrelevanten Tabellen ist die Tabellenprotokollierung in der Praxis der gängige Weg.

In der Praxis der Revision wird daher von Prüfern oft bemängelt, dass eigenentwickelte Tabellen nicht protokolliert werden; dagegen stehen die Aussagen von Unternehmen, dass die Einbeziehung vieler Tabellen in die Protokollierung aus Performancegründen nicht vertretbar ist.

Empfohlener Protokollierungsumfang

Aus unserer Erfahrung möchten wir Ihnen folgende Empfehlung bezüglich des *Protokollierungsumfangs* geben: Zu protokollieren sind Änderungen in pflegbaren Tabellen mit Stamm- und Steuerungsdaten, die einen inhaltlichen Bezug zu einer der folgenden Compliance-Anforderungen aufweisen:

- **Externe Finanzberichterstattung**
  Das Kriterium für die Abgrenzung der relevanten Daten ist, dass diese unmittelbar in Prozesse involviert sind, die zu Änderungen der Sachkontensalden oder zu anhangrelevanten Angaben führen.
- **Prozesse mit Betrugspotenzial**
  Ein Fraud-Risiko haben vor allem Prozesse, die mit der Handhabung der Vermögenswerte (Zahlungsverkehr, Material Management, Anlagevermögen etc.) oder mit der Gewährung von Vorteilen den Geschäftspartnern gegenüber (Gutschriften, Verträge, Zahlungsbedingungen etc.) zu tun haben.
- **Sonstige Compliance-Relevanz**
  Daten mit *sonstiger Compliance-Relevanz* im Ermessen oder im branchenspezifischen Umfeld eines jeweiligen Unternehmens (wie zum Beispiel FDA-Anforderungen etc.)

Tabellen mit Bewegungsdaten

Wie Sie sehen, sind Tabellen mit Bewegungsdaten nicht erwähnt. Dies hat folgende Gründe:

- Per Definition sollten Tabellen mit Bewegungsdaten (registrierte Geschäftsvorfälle oder Logs bzw. Verarbeitungsprotokolle) nicht gepflegt werden dürfen.
- Sollten Tabellen mit Bewegungsdaten aus legitimen Gründen gepflegt werden können, können aufgrund eines gewöhnlich hohen Transaktionsaufkommens Systemperformanceprobleme auftreten bzw. einen erhöhten Aufwand nach sich ziehen.

SAP-Hinweise für die Tabellenprotokollierung

Wie setzt man die Tabellenprotokollierung technisch um? An dieser Stelle sind zwei SAP-Hinweise zu empfehlen: SAP-Hinweis 1916 bezieht sich auf die älteren Releasestände von SAP und ist insgesamt etwas veraltet; SAP-Hinweis 112388 liefert jedoch eine ausführlichere und aktuellere Beschreibung der relevanten Sachverhalte (*https://service.sap.com/sap/support/notes/112388*).

Voraussetzungen für die Tabellenprotokollierung

Vonseiten des SAP-Systems müssen für die *Tabellenprotokollierung* zwei Voraussetzungen erfüllt sein:

- Der Profilparameter `rec/client` soll wie in Abbildung 7.9 dargestellt die Protokollierung im relevanten Mandanten vorsehen (er kann über Transaktion RZ10, Pflege von Profilparametern, gepflegt werden).
- Mittels Transaktion SE13 (Speicherparameter für Tabellen pflegen) muss die Protokollierung für jede Tabelle einzeln eingeschaltet sein. Bei zahlreichen SAP-Standardtabellen ist das Kennzeichen **Protokoll** bereits gesetzt (siehe Abbildung 7.10); es kann allerdings erforderlich sein, weitere Standardtabellen in die Protokollierung einzubeziehen.

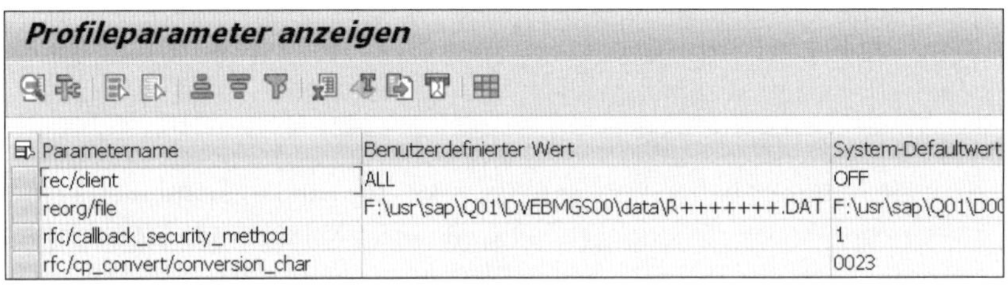

Abbildung 7.9 Profilparameter rec/client

Sind diese Voraussetzungen erfüllt, können die in den Tabellen vorgenommenen Änderungen mithilfe von Report RSTBHIST oder RSVTPROT (oder alternativ mit Transaktion SCU3) ausgewertet werden.

In Abbildung 7.10 sehen Sie die Zusammenfassung der technischen Voraussetzungen für die Tabellenprotokollierung am Beispiel von Tabelle T000.

Abbildung 7.10 Technische Tabelleneinstellungen

Die Auswertung der Änderungen in Tabelle T000 sehen Sie in Abbildung 7.11. Im Feld **Customizing-Objekt/Tabelle** geben Sie den Tabellennamen ein. Im Bereich **Auswertungszeitraum** legen Sie den Zeitraum fest, für den die

Auswertung erfolgen soll. Im Bereich **Auswertung bezüglich** können Sie über das Setzen einer Markierung festlegen, ob sich die Auswertung auf Tabellen oder aber auf Customizing-Objekte beziehen soll. Im Anschluss klicken Sie auf (**Ausführen**).

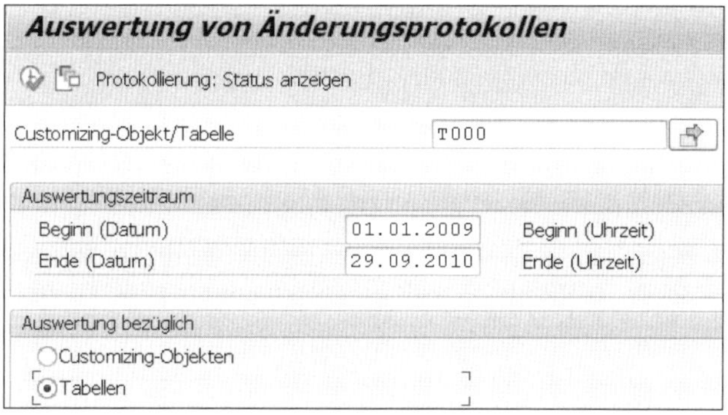

Abbildung 7.11 Selektionskriterien für die Auswertung der Tabellenänderungen

Sie gelangen in die Sicht aus Abbildung 7.12. Der Tabelle können Sie entnehmen, wer wann welches Feld geändert hat. Außerdem finden Sie hier Details zu den Feldwerten (alt/neu).

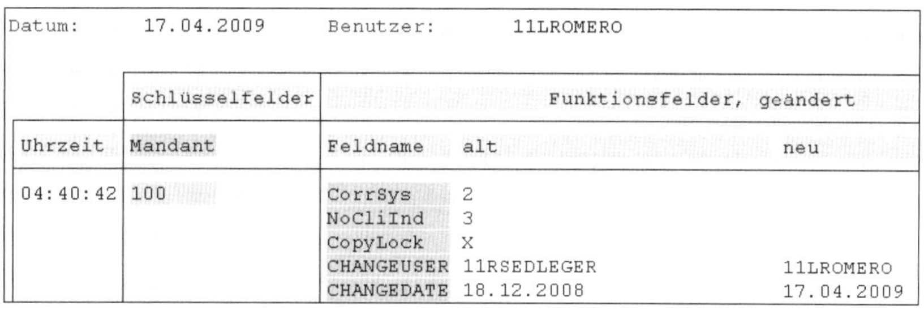

Datum: 17.04.2009 Benutzer: 11LROMERO

	Schlüsselfelder	Funktionsfelder, geändert		
Uhrzeit	Mandant	Feldname	alt	neu
04:40:42	100	CorrSys	2	
		NoCliInd	3	
		CopyLock	X	
		CHANGEUSER	11RSEDLEGER	11LROMERO
		CHANGEDATE	18.12.2008	17.04.2009

Abbildung 7.12 Ergebnisse einer Auswertung von Tabellenänderungen

Prüfung: Tabellenprotokollierung

Bei der Tabellenprotokollierung sind folgende Schritte durchzuführen:

1. Prüfen Sie mithilfe des Reports RSPARAM, ob der Profilparameter `rec/client` für den produktiven Mandanten eingeschaltet ist.
2. Ermitteln Sie die eigenentwickelten Tabellen (Z* oder Y*), und beurteilen Sie unter anderem durch Interviews deren Rechnungslegungsrelevanz. Prüfen Sie mithilfe des Reports RDDPRCHK die Korrektheit der Protokollierungseinstellungen. Alternativ können Sie dazu auch die SAP-Tabelle DD09L verwenden.

[»]

Protokollierung in SAP Process Control

An dieser Stelle möchten wir darauf hinweisen, dass im Rahmen von SAP Process Control die Möglichkeit besteht, mittels einer Snapshot-Funktionalität Änderungen der Inhalte einer ausgewählten Datenbanktabelle zu überwachen. Der Vorteil einer SAP-Process-Control-basierten Protokollierung ist, dass Änderungen der wichtigen Objekte unmittelbar in den IKS-Prozess involviert werden können. Wird zum Beispiel ein Steuerungsfeld in Tabelle T001 (Buchungskreise) geändert, können in SAP Process Control eine Benachrichtigung und ein Workflow für die Problembehebung automatisch generiert und an die zuständige Person weitergeleitet werden. Technisch sind allerdings aufgrund der Vollständigkeitsanforderungen an die Protokollierung die Optionen vorzuziehen, die in Abschnitt 7.2.2, »Tabellenprotokollierung«, beschrieben sind. Die SAP Process-Control-Protokollierungsoption ist eine sinnvolle Ergänzung.

In Kapitel 19 lernen Sie eine weitere Möglichkeit der Protokollierung kennen, um die Datenänderungen mithilfe von SAP Process Control aufzuzeichnen und auszuwerten.

7.2.3 Belegnummernvergabe

Nachvollziehbarkeit der Bewegungsdaten durch Nummerierung

In einem SAP-System werden die einzelnen Geschäftsvorfälle als Belege (*Bewegungsdaten*, siehe Abschnitt 5.1.1, »Daten im SAP-System«) aufgezeichnet. Dabei gibt es technisch generell zwei Möglichkeiten, um Belege zu nummerieren:

- **Externe Belegnummernvergabe**
  Die Belegnummern werden »von außen« vorgegeben, das heißt von anderen SAP-Komponenten oder über Schnittstellen aus anderen Systemen.
- **Interne Belegnummernvergabe**
  Bei dieser Option wird eine Belegnummer vom SAP-System selbst vergeben.

Beide Möglichkeiten haben eines gemeinsam: Das SAP-System prüft, ob die Belegnummern innerhalb eines bestimmten zugewiesenen Intervalls liegen. Allerdings wird nur bei der internen Vergabe der Belegnummern systemtechnisch dafür Sorge getragen, dass die Nummerierung *fortlaufend* stattfindet. Aber auch die fortlaufende Belegnummerierung kann im SAP-System aus verschiedenen Gründen *Lücken* aufweisen, was die Erfüllung des Grundsatzes der Nachvollziehbarkeit beeinträchtigen könnte.

Lücken in der Belegnummerierung

Aus diesem Grund sind in SAP ERP Kontrollen unabdingbar, um die Lücken in der Belegnummerierung zu verhindern oder zumindest zu begründen. Nachfolgend werden die üblichen Ursachen für Belegnummernlücken zusammenfassend dargestellt.

- **Belegarchivierung**
  Liegen Belegnummern von reorganisierten (bzw. archivierten) Belegen in einem zu prüfenden Nummernintervall, werden sie als Beleglücken ausgewiesen. Aus diesem Grund müssen Belegarchivierungen nachvollziehbar dokumentiert werden.
- **Belegnummernpufferung**
  Unter anderem aus Performancegründen gibt es eine im Shared Memory auf dem Applikationsserver abgebildete technische Option, um im Verbuchungsprozess Belegnummern zu »bündeln«. Beim Start einer SAP-Instanz werden gleichzeitig mehrere Belegnummern in den Hauptspeicher geladen, sodass ein *Puffer* aus mehreren Belegnummern entsteht. Wird das SAP-System zu einem Zeitpunkt heruntergefahren, an dem noch nicht alle Belegnummern aus dem Puffer verbraucht sind, entstehen Lücken. Aus diesem Grund darf für kritische Nummernkreisobjekte, wie zum Beispiel `RF_BELEG` (Nummernkreise für Buchhaltungsbelege), keine Pufferung eingeschaltet sein.
- **Belegvorerfassung**
  Ein vorerfasster Beleg erhält im SAP-System bereits eine Nummer aus dem »echten« *Nummernkreisintervall*. Solange der vorerfasste Beleg aber nicht gebucht wurde, besteht eine Lücke. Diese ist nach dem Löschen eines vorerfassten Belegs auch nicht mehr zu korrigieren (siehe Abschnitt 8.3.1, »Belegvorerfassung«).
- **Dolose Handlungen**
  Beim absichtlichen Löschen der Einträge in Belegtabellen (auf Datenbankebene oder mittels Debugging, siehe Abschnitt 7.1.2, »Debugging«) können ebenfalls Lücken entstehen. Ein solches Löschen kann unter Umständen als kriminelle Handlung eingestuft werden.
- **Manuelle Pflege der Nummernkreise**
  Eine unsachgemäße manuelle Pflege der Belegnummernkreisintervalle kann zu Lücken führen (falls die aktuelle Nummer des zuletzt gespeicherten Belegs höher gesetzt wird).
- **Verbuchungsabbrüche**
  Verbuchungsabbrüche führen ebenfalls zu Lücken in der Belegnummernvergabe, falls die Verbuchung nicht rechtzeitig neu angestoßen und der entsprechende Vorgang neu erfasst wurde (siehe Abschnitt 7.4.1, »Überwachung der Verbuchungsabbrüche«).

Prüfung: lückenlose Belegnummernvergabe

Folgende Prüfungshandlungen sind im Zusammenhang mit der Belegnummernvergabe zu empfehlen:

1. Verschaffen Sie sich einen Überblick über die eingerichteten Belegnummernkreise (Tabelle NRIV).
2. Führen Sie eine Auswertung der Belegnummern auf Lückenlosigkeit mithilfe des Reports RFBNUM00 durch, und lassen Sie sich für gegebenenfalls aufgedeckte Lücken Nachweise zukommen (zum Beispiel für die Belegarchivierung, die Löschung der vorerfassten Belege oder für Verbuchungsabbrüche).
3. Prüfen Sie in Tabelle TNRO, ob für die relevanten Belegnummernkreisobjekte (`RF_BELEG`, `RV_BELEG`, `MATBELEG` etc.) die Pufferung der Belegnummern aktiviert ist.
4. Prüfen Sie, ob Berechtigungen zur Pflege der Nummernkreise mit Transaktion FBN1 (Nummernkreise Buchhaltungsbeleg) oder für die direkte Pflege von Tabelle NRIV restriktiv vergeben sind.

7.3 Nachvollziehbarkeit der Benutzeraktivitäten im SAP-System

Die in einem SAP-ERP-System stattfindenden Aktivitäten müssen ebenfalls dem Grundsatz der Nachvollziehbarkeit genügen – unabhängig davon, ob es sich um Transaktionsaufrufe, Benutzeraktivitäten, kritische Systemereignisse oder Konfigurationsänderungen handelt. SAP bietet einige Kontrollmechanismen, die Ihnen dabei helfen, IKS-kritische Aktivitäten zu überwachen und gegebenenfalls zu belegen. Auf die wichtigsten dieser Kontrollen gehen wir in diesem Abschnitt ein.

7.3.1 System-Log

Aufgaben des System-Log

Das System-Log ist das wichtigste Protokoll eines SAP-Systems und bildet den Einstieg bei einer Problemanalyse. Farblich differenziert, werden im System-Log Meldungen, Warnungen und Fehler festgehalten. Unter zahlreichen Systemereignissen, die im System-Log festgehalten werden, gibt es einige, denen aus IKS-Sicht eine besondere Bedeutung zukommt, weil dort zum Beispiel Folgendes dokumentiert wird:

- Debugging-Aktivitäten (Meldung A1 9), aufgrund derer die Tabelleninhalte geändert wurden (siehe Abschnitt 7.1.2, »Debugging«)
- Verbuchungsabbrüche (Meldung R6 5)

- das unmittelbare und uneingeschränkte Absetzen von Betriebssystemkommandos aus der SAP-Bedienoberfläche mittels Report RSBDCOSO (Meldung LC 0)

Beispiele dieser und anderer Meldungen können Sie Abbildung 7.13 entnehmen.

02:38:05	BTC	031	100	MM_BATCH			D0	1	Transaktions-Abbruch VL 217 ( )
02:38:54	DP						Q0	I	Betriebssystem Aufruf recv gescheitert (errno 10054)
02:38:54	DP						Q0	4	Verbindung zu User 29451 (11MDEWOLF), Terminal 86 (CH01MW8346) verloren.
02:40:28	BTC	030	100	MM_BATCH			D0	1	Transaktions-Abbruch VL 217 ( )
02:40:53	DIA	002	100	ALEREMOTE			AB	0	Laufzeitfehler "MESSAGE_TYPE_X" aufgetreten.
02:40:53	DIA	002	100	ALEREMOTE			AB	1	> Kurzdump "170825 024053 ch01swq01cs_Q01_00 ALEREMOTE " erstellt.
02:42:28	BTC	028	100	MM_BATCH			D0	1	Transaktions-Abbruch VL 217 ( )
02:43:53	DIA	006	100	ALEREMOTE			AB	0	Laufzeitfehler "MESSAGE_TYPE_X" aufgetreten.
02:43:53	DIA	006	100	ALEREMOTE			AB	1	> Kurzdump "170825 024353 ch01swq01cs_Q01_00 ALEREMOTE " erstellt.
02:44:28	BTC	030	100	MM_BATCH			D0	1	Transaktions-Abbruch VL 217 ( )
02:45:44	BTC	022	100	MM_BATCH			D0	1	Transaktions-Abbruch VL 217 ( )
02:48:28	BTC	030	100	MM_BATCH			D0	1	Transaktions-Abbruch VL 217 ( )
02:48:44	DIA	002	100	ALEREMOTE			AB	0	Laufzeitfehler "MESSAGE_TYPE_X" aufgetreten.
02:48:44	DIA	002	100	ALEREMOTE			AB	1	> Kurzdump "170825 024844 ch01swq01cs_Q01_00 ALEREMOTE " erstellt.
02:49:58	DIA	005	100	ALEREMOTE			AB	0	Laufzeitfehler "MESSAGE_TYPE_X" aufgetreten.
02:49:58	DIA	005	100	ALEREMOTE			AB	1	> Kurzdump "170825 024958 ch01swq01cs_Q01_00 ALEREMOTE " erstellt.
02:50:28	BTC	028	100	MM_BATCH			D0	1	Transaktions-Abbruch VL 217 ( )
02:52:28	BTC	026	100	MM_BATCH			D0	1	Transaktions-Abbruch VL 217 ( )
02:52:59	DIA	012	100	ALEREMOTE			AB	0	Laufzeitfehler "MESSAGE_TYPE_X" aufgetreten.
02:52:59	DIA	012	100	ALEREMOTE			AB	1	> Kurzdump "170825 025259 ch01swq01cs_Q01_00 ALEREMOTE " erstellt.
02:53:46	BTC	030	100	MM_BATCH			D0	1	Transaktions-Abbruch VL 217 ( )
02:56:19	DIA	002	100	11DMALANI			R4	7	Lösche Modus 001 nach Fehler 061

Abbildung 7.13 Meldungen im System-Log – Beispiel

Verwendung des System-Logs

Das System-Log wird mithilfe von Transaktion SM21 (Online-Auswertung des System-Logs) aufgerufen. Bei der Auswahl der Option **Bearbeiten • Expertenmodus** in der Menüleiste können Sie die verfügbaren Selektionskriterien erweitern. Nach der optionalen Einschränkung auf Zeitrahmen, Benutzer, Transaktionscode, Prozessstart, Problemklasse etc. und Lesen des System-Logs werden die Ergebnisse in Listenform dargestellt.

Konfiguration des System-Logs

Der richtigen Konfiguration des System-Logs kommt eine wesentliche Bedeutung zu. Das System-Log wird lokal für jeden Applikationsserver geschrieben, und zwar, wenn nicht explizit über einen Systemparameter anders definiert, in die Datei **SLOG<Instanznummer>.log**. Jeder Protokolleintrag belegt 192 Bytes, sodass die Standardgröße von 500 KBytes 2.065 Einträgen entspricht. In einem größeren SAP-System dürfte dieses Limit nach weniger als einem Tag ausgeschöpft sein. Bei Erreichung der definierten Grenze verdrängt jeder neue Eintrag den jeweils ältesten in der Log-Datei. Damit Systemereignisse trotzdem nachvollziehbar bleiben, kann zusätzlich eine Backup-Datei im System-Log definiert werden, in die der Inhalt der eigentlichen Log-Datei beim Erreichen der Maximalgröße verschoben wird. Das Schreiben der Log-Datei selbst beginnt dann wieder mit einer leeren Datei. All dies kann über die Einstellungen der Profilparameter gesteuert werden; die wichtigsten Profilparameter können Sie Tabelle 7.1 entnehmen.

Profilparameter	Bedeutung
rslg/max_diskspace_local	bestimmt die maximale Größe der lokalen Log-Datei
rslg/local/file	bestimmt die Lokation der lokalen Log-Datei auf dem Applikationsserver
rslg/local/old_file	bestimmt die Lokation der Backup-Datei für die lokale Log-Datei auf dem Applikationsserver
rslg/max_diskspace_central	bestimmt die maximale Größe der zentralen Log-Datei
rslg/central/file	bestimmt die Lokation der zentralen Log-Datei auf dem Applikationsserver
rslg/central/old_file	bestimmt die Lokation der Backup-Datei für die zentrale Log-Datei auf dem Applikationsserver

Tabelle 7.1 Relevante Profilparameter für das System-Log

Unix: globales System-Log

In Unix-Systemen ist zusätzlich ein *globales System-Log* verfügbar. Die Einträge aller lokalen System-Logs der konfigurierten Instanzen können in diesem Log zusammengeführt werden.

Prüfung: SAP-System-Log

Nachfolgend sind die gängigen Prüfungshandlungen im Zusammenhang mit der Behandlung des System-Logs zusammengefasst:

1. Prüfen Sie, ob die Vorgehensweise bei der Auswertung der System-Logs dokumentiert wird: mit welcher Periodizität werden sie gemacht? Ist der für das Aufbewahren der Log-Dateien erforderliche Speicherplatz ausreichend? Was wird geprüft? Wie werden kritische Meldungen weiterbearbeitet? Prüfen Sie darüber hinaus, ob die dokumentierte Vorgehensweise auch in der Praxis eingehalten wird.
2. Prüfen Sie die Einstellungen der Profilparameter (siehe Tabelle 7.1) und ob diese angemessen gepflegt sind; berücksichtigen Sie dabei die Größe des Systems (Anzahl der Benutzer, Transaktionsaufkommen etc.). Die Profilparameter können mithilfe des Reports RSPARAM ausgewertet werden.
3. In Zusammenhang mit anderen Prüfungshandlungen (Überwachung der Verbuchungsabbrüche oder Aufdeckung von Debugging-Aktivitäten) werten Sie die Inhalte des System-Logs mithilfe von Transaktion SM21 aus.

7.3.2 Security Audit Log

Protokollierung sicherheitsrelevanter Aktivitäten

Das Security Audit Log bietet die Möglichkeit, sicherheitsrelevante Aktivitäten von Benutzern im SAP-System zu protokollieren. Es ist weder technisch möglich noch sinnvoll oder aus Datenschutzgründen zulässig, alle Aktionen aller Benutzer auf diesem Weg zu protokollieren. Aus Revisionssicht sollten Notfall-, Support- und sonstige privilegierte Benutzer (zum Beispiel SAP-Standardbenutzer) im Security Audit Log protokolliert werden. Im Einzelnen können beispielsweise folgende Informationen im Security Audit Log festgehalten werden:

- erfolgreiche und misslungene Dialoganmeldeversuche
- erfolgreiche und misslungene RFC-Anmeldeversuche
- RFC-Aufrufe
- Änderungen der Benutzerstammdaten
- erfolgreiche und misslungene Transaktionsstarts

Einrichten: Security Audit Log

Ist das Security Audit Log über entsprechende Profilparameter einmal aktiviert (siehe Tabelle 7.2), muss ein *Audit-Profil* angelegt werden (Transaktion SM19). Unter diesem Profil müssen darüber hinaus ein oder mehrere *Security-Audit-Log-Filter* definiert werden, wodurch bestimmt wird, welche Audit-Klassen für welche Benutzer in welchen Mandanten protokolliert werden. Jeder Filter muss mithilfe der Checkbox **Filter aktiv** explizit selektiert werden.

Profilparameter	Definition
rsau/enable	Aktivierung des Security Audit Logs auf dem Applikationsserver
rsau/local/file	Bestimmung der Lokation des Security Audit Logs auf dem Applikationsserver
rsau/max_diskspace_local	maximaler Platz, der Audit-Dateien zugewiesen werden darf
rsau/selection_slots	Anzahl der Filter, die für das Security Audit Log zulässig sind

Tabelle 7.2 Relevante Profilparameter für das Security Audit Log

Prüfung: Security Audit Log

Folgende Auswertungen rund um das Thema Security Audit Log sind zu empfehlen:

1. Werten Sie über den Profilparameter `rsau/enable` aus, ob das Security Audit Log aktiviert ist und ob die sonstigen Profilparameter angemessen

eingestellt sind. Profilparameter können mithilfe des Reports RSPARAM ausgewertet werden.

2. Prüfen Sie mit Transaktion SM19 die Inhalte der Filtereinstellungen im Security Audit Log und inwieweit Notfall-, Support- und Standardbenutzer in die Protokollierung einbezogen sind. Berücksichtigen Sie gegebenenfalls die Anforderungen der Datenschutzbestimmungen.
3. Die Log-Inhalte des Security Audit Logs können Sie mithilfe von Transaktion SM20 (Auswertung des Security Audit Logs) auswerten.
4. Prüfen Sie, ob die Berechtigungen für die genannten Transaktionen, einschließlich SM18 (alte Log-Inhalte löschen), restriktiv vergeben sind.

7.3.3 Historie der Transaktionsaufrufe

Wer hat wann was gemacht?

Informationen über die Aufrufe der Transaktionen (sogenannte Statistical Records oder Statistikdatei), die Bestandteil des *Computer Center Management Systems* (*CCMS*) von SAP sind, stellen eine wertvolle Quelle für diverse Auswertungen dar – diese können zum Beispiel für *RBE-Tools* (RBE = Reversed Business Engineering) im Rahmen verschiedener Prüfungen und Ermittlungen, Leistungsanalysen etc. verwendet werden. Da es sich dabei um personenbezogene Daten handelt, müssen diese Informationen unter Berücksichtigung der *Datenschutzbestimmungen* gehandhabt werden.

Statistikdatei

Die Inhalte der Statistikdatei (Default-Name **stat.DAT**) können mit Transaktion STAD oder mit Report RSSTAT26 ausgewertet werden. Beispiele für allgemeine Informationen der Statistikdatei sind:

- Datum, Beginn der Transaktion, Ende der Transaktion, Transaktionscode, Report, Dynpro
- Datenbankstatistik: Inserts, Updates, Selects, Fetches, Deletes
- tabellenbezogene Statistik etc.

Pro Bildwechsel wird ein Statistiksatz in eine Datei geschrieben, die durch den Profilparameter `stat/file` spezifiziert ist. Die *SAP-Workprozesse* legen zunächst lokale Puffer für die Daten an. Sind diese Puffer voll, wird der Pufferinhalt in die Statistikdatei entleert.

Prüfung: Statistikdatei

Die Behandlung der Historie der Transaktionsaufrufe können Sie im SAP-System auf folgende Weise überprüfen:

1. Prüfen Sie die Ausprägung der statistikdateirelevanten Profilparameter, wie zum Beispiel `stat/file`. Profilparameter können mithilfe des Reports RSPARAM ausgewertet werden.

2. Berücksichtigen Sie die relevanten Datenschutzanforderungen, und prüfen Sie, ob der Zugriff auf die Statistikdatei ausreichend eingeschränkt ist (Transaktionen STAD, ST03 etc.). Der Zugriff auf globale statistische Einträge basiert auf dem Berechtigungsobjekt S_TOOLS_EX. Ohne diese Berechtigung können Benutzer nur auf eigene statistische Aufzeichnungen zugreifen. Das Objekt enthält ein Feld für den Berechtigungsnamen; durch die Eingabe des Wertes »S_TOOLS_EX_A« ist die Anzeige fremder Statistikeinträge möglich.

7.3.4 Nachvollziehbarkeit der Systemänderungen im Korrektur- und Transportwesen

Korrektur- und Transportwesen

Zusätzlich zu den bisher aufgezählten technischen Möglichkeiten, um Änderungen im SAP-System festzuhalten, bietet das *Korrektur- und Transportwesen (KTW)* eigene Mechanismen, um Änderungen der Programmlogik und sonstige Systemänderungen zu protokollieren. In Abschnitt 6.2.2, »Korrektur- und Transportwesen«, haben Sie bereits Grundlagen zum Thema Korrektur- und Transportwesen kennengelernt. Die wichtigsten Elemente dabei sind:

- KTW-Verzeichnisse mit entsprechenden Informationen zu den einzelnen Transportaufträgen
- SAP-Datenbanktabellen mit transportrelevanten Inhalten
- KTW-Parameter, die den gesamten KTW-Prozess, einschließlich der Inhalte der genannten KTW-Verzeichnisse, bestimmen

In Tabelle 7.3 sehen Sie die Zusammenfassung der wichtigsten KTW-Verzeichnisse und SAP-Datenbanktabellen.

Protokoll (Verzeichnisse oder Tabellen)	Beschreibung
<transport_directory>/bin	Konfigurationsdatei des Transportprogramms tp
<transport_directory>/data	Datendateien der Transportaufträge
<transport_directory>/sapnames	eine Protokolldatei pro Benutzer des Korrektur- und Transportwesens, in der die Transportaktivitäten für dessen Transportaufträge nachgehalten werden

Tabelle 7.3 KTW-relevante Transporte und Verzeichnisse

Protokoll (Verzeichnisse oder Tabellen)	Beschreibung
<transport_directory>/buffer	Ein Importpuffer pro System. In dem Puffer werden die zum Import anstehenden Aufträge für dieses System einschließlich aller benötigten Arbeitsschritte zum Import aufgelistet.
<transport_directory>/cofiles	Control-Dateien der Transportaufträge. Hier sind die Objektklassen, die notwendigen Importschritte und die Rückgabewerte vermerkt.
<transport_directory>/log	allgemeine und auftragsspezifische Protokolldateien
Tabelle E070	Header von Aufträgen/Aufgaben
Tabellen E071 und E071K	Objekteinträge von Aufträgen/Aufgaben und Schlüsseleinträge von Aufträgen/Aufgaben

Tabelle 7.3 KTW-relevante Transporte und Verzeichnisse (Forts.)

KTW-Verzeichnisse stellen eine zentrale Ablage der wichtigsten Informationen über KTW-gesteuerte Systemänderungen dar, und es wird empfohlen, deren Inhalte regelmäßig zu archivieren.

Parameter im Transportsteuerungsprogramm tp

Die eigentliche Steuerung und Ausführung der Transporte zwischen SAP-Systemen übernimmt das Programm `tp` auf Betriebssystemebene. Dieses Programm veranlasst sowohl den Export von Daten aus einem SAP-System als auch den Import in andere Systeme. Die Logik bestimmen dabei unter anderem Parameter, die im KTW unter dem folgenden Pfad zu finden sind (Transaktion STMS): **Übersicht • Systeme • SAP-System • Ändern • Transporttool**. (Es handelt sich nicht, wie Sie es bisher kennengelernt haben, um Parameter, die über Transaktion RZ11 gepflegt und durch den Report RSPARAM ausgewertet werden können.)

In Abbildung 7.14 sehen Sie beispielhaft die Auflistung der relevanten KTW-Steuerungsparameter, zum Beispiel folgende:

- `RECCLIENT`: Aufzeichnung der Änderungen der Inhalte von Konfigurationstabellen in Tabellenprotokollen (wie in Abschnitt 7.2.2, »Tabellenprotokollierung«, beschrieben)
- `IMPORT*`: Steuerung der Zulässigkeit von Importen unterschiedlicher Arten von Änderungsaufträgen

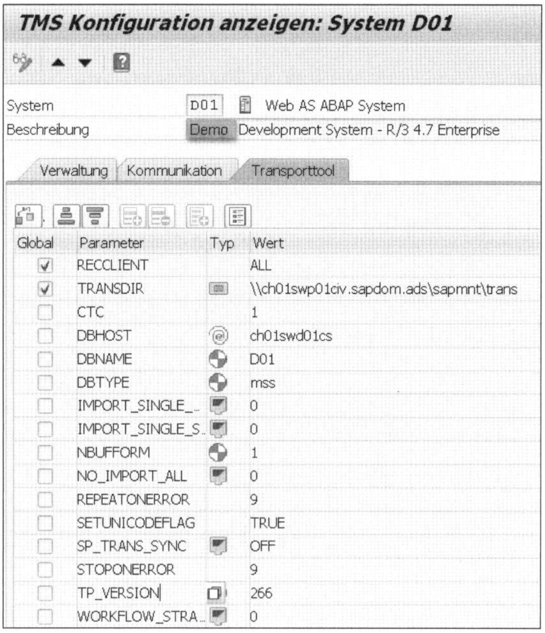

TMS Konfiguration anzeigen: System D01

System D01 Web AS ABAP System
Beschreibung Demo Development System - R/3 4.7 Enterprise

Verwaltung | Kommunikation | Transporttool

Global	Parameter	Typ	Wert
☑	RECCLIENT		ALL
☑	TRANSDIR		\\ch01swp01civ.sapdom.ads\sapmnt\trans
☐	CTC		1
☐	DBHOST		ch01swd01cs
☐	DBNAME		D01
☐	DBTYPE		mss
☐	IMPORT_SINGLE_...		0
☐	IMPORT_SINGLE_S...		0
☐	NBUFFORM		1
☐	NO_IMPORT_ALL		0
☐	REPEATONERROR		9
☐	SETUNICODEFLAG		TRUE
☐	SP_TRANS_SYNC		OFF
☐	STOPONERROR		9
☐	TP_VERSION		266
☐	WORKFLOW_STRA...		0

Abbildung 7.14 Auswertung der Transportparameter

Prüfung: Nachvollziehbarkeit im Korrektur- und Transportwesen

Von organisatorischen Kontrollen im KTW abgesehen, die in Abschnitt 6.2.2, »Korrektur- und Transportwesen«, erläutert wurden, gibt es weitere wichtige Applikationskontrollen: Beurteilen Sie zum einen in Abstimmung mit der basisverantwortlichen Person die Vorgehensweise bei der Archivierung der Inhalte der KTW-Verzeichnisse sowie die Angemessenheit der berechtigungstechnischen Einschränkung des Zugriffs auf diese Verzeichnisse und die relevanten Datenbanktabellen. Prüfen Sie zum anderen die Transportparameter, wie in Abbildung 7.15 dargestellt.

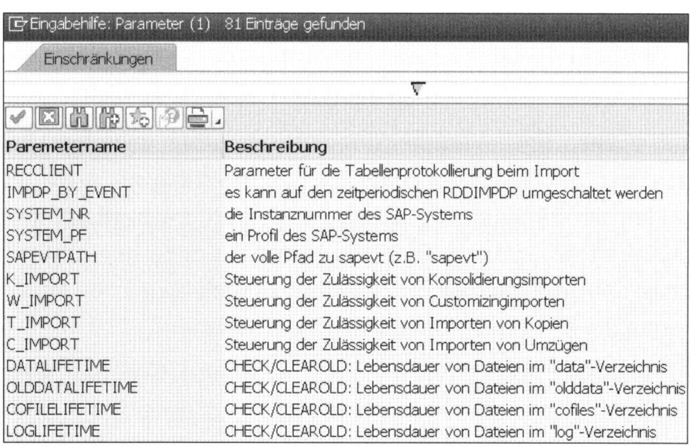

Eingabehilfe: Parameter (1) 81 Einträge gefunden

Einschränkungen

Paremetername	Beschreibung
RECCLIENT	Parameter für die Tabellenprotokollierung beim Import
IMPDP_BY_EVENT	es kann auf den zeitperiodischen RDDIMPDP umgeschaltet werden
SYSTEM_NR	die Instanznummer des SAP-Systems
SYSTEM_PF	ein Profil des SAP-Systems
SAPEVTPATH	der volle Pfad zu sapevt (z.B. "sapevt")
K_IMPORT	Steuerung der Zulässigkeit von Konsolidierungsimporten
W_IMPORT	Steuerung der Zulässigkeit von Customizingimporten
T_IMPORT	Steuerung der Zulässigkeit von Importen von Kopien
C_IMPORT	Steuerung der Zulässigkeit von Importen von Umzügen
DATALIFETIME	CHECK/CLEAROLD: Lebensdauer von Dateien im "data"-Verzeichnis
OLDDATALIFETIME	CHECK/CLEAROLD: Lebensdauer von Dateien im "olddata"-Verzeichnis
COFILELIFETIME	CHECK/CLEAROLD: Lebensdauer von Dateien im "cofiles"-Verzeichnis
LOGLIFETIME	CHECK/CLEAROLD: Lebensdauer von Dateien im "log"-Verzeichnis

Abbildung 7.15 Beschreibung der TMS Parameter

7.4 Prozessübergreifende Verarbeitungskontrollen

Die Einhaltung der Grundsätze der Vollständigkeit, Richtigkeit und Nachvollziehbarkeit der Datenverarbeitung kann in einem SAP-System bei Verbuchungsabbrüchen sowie bei Fehlern in der Schnittstellenverarbeitung beeinträchtigt werden. Nachfolgend zeigen wir Ihnen, welche Kontrollen im Rahmen der Verbuchungsprozesse im SAP-System eingerichtet und geprüft werden können. Außerdem erfahren Sie, auf was Sie bei der Überwachung systemübergreifender Prozesse achten müssen, die mittels gängiger SAP-Schnittstellentechniken realisiert wurden.

7.4.1 Überwachung der Verbuchungsabbrüche

Asynchrones Schreiben von Daten

Das Verbuchungssystem ist eine zentrale SAP-Komponente, die nicht isoliert, sondern immer im Zusammenhang mit anderen technischen *Services* eines SAP-Systems wie Dialog, Hintergrund und Enqueue zu betrachten ist. Mit dem Begriff *Verbuchung* ist im SAP-Umfeld die Durchführung der Änderungen auf Datenbankebene gemeint, die nach der Erfassung oder Änderung der Daten vom SAP-Verbuchungssystem meist *asynchron* durchgeführt wird.

Wie ist die Asynchronität der Verbuchung zu verstehen? Erfasst beispielweise ein Benutzer Daten, werden diese zunächst vom *Dialogprozess* entgegengenommen. Die erforderlichen Änderungen in der Datenbank werden jedoch nicht vom Dialogprozess selbst durchgeführt, sondern von speziell dafür vorgesehenen *Verbuchungs-Workprozessen*; die Änderungen werden demnach asynchron vollzogen. Gegenüber der *synchronen Datenänderung*, das heißt der sofortigen Veränderung durch den Dialogprozess selbst, ergibt sich für den Benutzer beim asynchronen Schreiben eine höhere Performance: Während der Benutzer Daten erfasst, ändert oder löscht, muss er nicht auf die Verbuchung seiner Änderungen in der Datenbank warten. Diese wird asynchron von Verbuchungs-Workprozessen ausgeführt.

V1- und V2-Vorgänge

Innerhalb einer asynchronen Verarbeitung wird technisch zwischen Buchungen mit hoher Priorität (*V1-Vorgänge*), die vorrangig abgearbeitet werden (zum Beispiel Vorgänge, die im Hauptbuch erfasst werden), und Buchungen mit niedriger Priorität (*V2-Vorgänge*), die zum Beispiel statistischen Zwecken dienen, unterschieden. V2-Verbuchungen können erst nach der Durchführung der V1-Verbuchungen ausgeführt werden.

Risiken bei der Verbuchung

Bei der Ausführung der Verbuchungen kann es zu Fehlern kommen. Zum einen können die Geschäftsvorfälle im SAP-System nur unvollständig erfasst werden; zum anderen kann es aber auch zu größeren Problemen kommen: Der Ausfall der Verbuchungsprozesse bedeutet möglicherweise bereits nach kurzer Zeit den Stillstand für das gesamte System, da die im Rahmen der Verbuchung zu ändernden Objekte gesperrt bleiben und die *Verbuchungstabellen* permanent wachsen (VBHDR – Verbuchungsköpfe, VBMOD – Verbuchungskomponenten, VBDATA – Daten, die den Komponenten übergeben werden, VBERROR – Fehlerinformationen bei Verbuchungsabbruch).

Welche Kontrollmechanismen bietet das SAP-System, um Fehler bei Verbuchungsprozessen zu minimieren? Zum einem handelt es sich um systemimmanente Kontrollen, die über Profilparameter eingerichtet werden können. Die wichtigsten dieser Parameter sind in Tabelle 7.4 zusammengefasst.

Profilname	Bedeutung
`rdisp/vbmail`	Angabe, ob dem Benutzer, bei dessen Verbuchungsauftrag es zu einem Fehler kam, automatisch eine Nachricht zugesendet wird.
`rdisp/vb_mail_user_list`	Hier können zusätzlich Verantwortliche für die Verbuchungsadministration eingetragen werden, die im Fall eines Verbuchungsfehlers immer informiert werden.
`rdisp/vbdelete`	Anzahl der Tage, nach deren Ablauf die nicht beendeten Verbuchungsaufträge beim Neustart des SAP-Systems oder einer Instanz gelöscht werden (Tabelle VBLOG). Per Default ist hier »50« eingetragen. Empfehlung: »> 365 Tage«.
`rdisp/vbreorg`	Hier wird gesteuert, ob unvollständige Verbuchungsaufträge beim Neustart des SAP-Systems oder einer Instanz gelöscht werden sollen. Zum Löschen unvollständiger Verbuchungsaufträge gibt es Alternativen, siehe Abbildung 7.16.
`rdisp/vb_stop_active`	Dieser Parameter legt fest, ob die Verbuchung manuell oder bei einem schwerwiegendem Datenbankproblem automatisch deaktiviert werden kann.

Tabelle 7.4 Übersicht über die wichtigen Profilparameter im Rahmen der Verbuchungsadministration

Weitere relevante Profilparameter können Sie eigenständig mithilfe des Reports RSPARAM finden. In der Liste aller Parameter, die dieser Report erzeugt, können Sie nach `Rdisp/vb*` suchen. Alle Parameter, die mit `Rdisp/vb*` anfangen, beziehen sich auf Verbuchungsprozesse im SAP-System.

Neben IKS-konformen Konfigurationseinstellungen gehört zum anderen eine regelmäßige Überwachung der Verbuchungsabbrüche zum festen Bestandteil der Administration jedes SAP-Systems. In den Abbildungen sehen Sie, wie eine solche Überwachung mithilfe von Transaktion SM13 (Monitor Verbuchungen) erfolgen kann (siehe Abbildung 7.16).

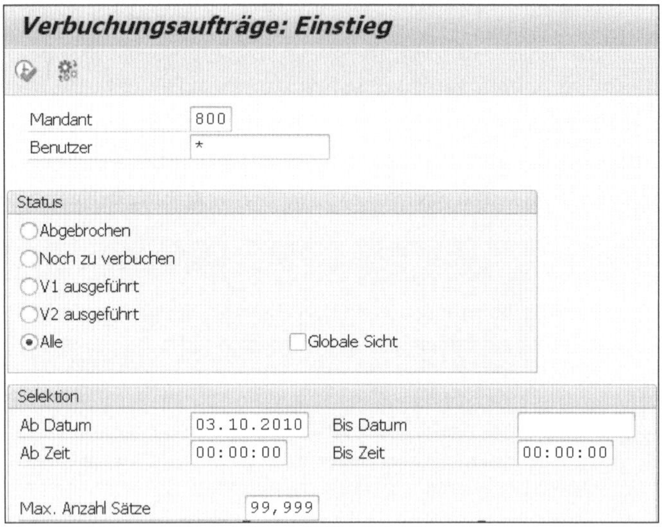

Abbildung 7.16 Einstieg in die Analyse abgebrochener Verbuchungen – Übersicht

Alternativ können Sie Transaktion SM14 (Verbuchungsadministration) für die Überwachung nutzen (siehe Abbildung 7.17). Mit einem Klick auf **abgebrochene Verbuchungsaufträge** erhalten Sie eine Übersicht der Verbuchungsabbrüche.

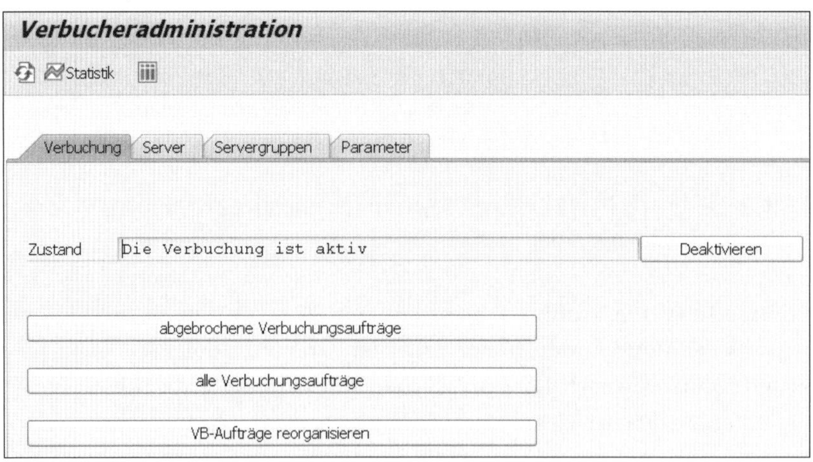

Abbildung 7.17 Einstieg in die Verbuchungsadministration

Überwachung der Verbuchungsabbrüche

Neben Transaktion SM13, die im Wesentlichen die Inhalte von Tabelle VBLOG wiedergibt, steht der Report RFVBER00 (FI-Beleg: Liste abgebrochener Verbuchungen) zur Verfügung, der zusätzlich eine Historie fehlerhafter Verbuchungen auflistet (einschließlich der bereits gelöschten Verbuchungen). In der Ergebnisliste können diese Verbuchungssätze im folgenden Status erscheinen:

- **Init** – Der Satz wartet auf die Verbuchung.
- **Auto** – Ist die Verbuchung nach einem Stoppen des Verbuchungsservers wieder aktiv, wird der Satz automatisch nachverbucht.
- **Run** – Der Satz ist gerade in Bearbeitung.
- **Err** – Es trat ein Fehler auf, der zum Abbruch führte.

Status »Err«

Insbesondere die Einträge mit dem Status **Err** müssen analysiert werden. Die Buchungsverarbeitung muss wiederholt und die Behandlung von Fehlern nachvollziehbar dokumentiert werden.

Prüfung: abgebrochene Verbuchungen

Den Umgang mit Verbuchungsabbrüchen in SAP ERP zu prüfen ist essenziell. Folgende Handlungen sind in diesem Zusammenhang zu empfehlen:

1. Verschaffen Sie sich den Überblick über die im Unternehmen etablierten Prozeduren und Kontrollmechanismen, um Risiken im Bereich der Verbuchung zu minimieren: Einstellungen der Profilparameter, Auswertungen des System-Logs (Meldungen R0 R, R0 S, R0U, R0 X etc.), Überwachung der Verbuchungsabbrüche mittels Transaktion SM13 und Report RFVBER00.
2. Prüfen Sie die Behandlung der abgebrochenen Verbuchungen: Werden diese zeitnah bearbeitet? Ist eindeutig geregelt, wer die Verbuchung erneut anzustoßen hat (IT oder Mitarbeiter der Buchhaltung)?
3. Prüfen Sie, ob Berechtigungen für die Verbuchungsadministration restriktiv vergeben sind (insbesondere für die Transaktionen SM13 und SM14, die Administration des Verbuchers sowie das Berechtigungsobjekt `S_ADMI_FCD`).

7.4.2 Vollständigkeit der ALE-Schnittstellenverarbeitung

Systemübergreifende Kommunikation

Die Abbildung aller Geschäftsprozesse in einem einzigen zentralen System ist selten. Aus verschiedenen Gründen kann ein ständiger Datenabgleich und Datenaustausch erforderlich sein: Informationsflüsse zwischen relativ selbstständigen Zweigstellen einer Firma, durch die Größe eines zentralen Systems bedingte technische Engpässe, die Notwendigkeit der Kommunikation mit anderen, weitgehend unabhängigen Systemen (Lagerverwaltungssystem etc.). Eine der möglichen und eine der am weitesten verbreiteten technischen Lösungen für einen ständigen Datenaustausch und Datenabgleich im SAP-Umfeld ist *Application Link Enabling* (*ALE*). Aufgrund der großen Komplexität des Themas werden wir nachfolgend nur auf die wichtigsten IKS-relevanten Sachverhalte eingehen.

IKS-relevante Informationen über ALE

ALE beinhaltet betriebswirtschaftliche Szenarien (zum Beispiel für Rechnungseingänge) und Funktionsbausteine, die es erlauben, ohne kundenspezifische Entwicklungen die Übertragung und den Abgleich von Daten von oder zu einem SAP-System zu realisieren. Sie wissen bereits, dass es drei Arten von Daten im SAP-System gibt: *Transaktionsdaten*, *Stammdaten* und *Konfigurationsdaten* (siehe Abschnitt 5.1.1, »Daten im SAP-System«). Die ALE-Technik kann helfen, diese Daten zwischen SAP-Systemen auszutauschen. Die Informationen werden mittels sogenannter *Intermediate Documents* (*IDocs*) ausgetauscht, die einem bestimmten *Nachrichtentyp* angehören. Die Einzelheiten über die Konfiguration von ALE in einem SAP-System können über Transaktion SALE eingesehen werden (für ALE gibt es einen eigenen Abschnitt im Einführungsleitfaden, Implementation Guide, kurz IMG).

Kontrollmechanismen bei ALE

Abbildung 7.18 sehen Sie, wie die Vollständigkeit der Übermittlung von IDocs im SAP-System überwacht werden kann. Hierfür stehen die Transaktionen WE05 (IDoc-List) und BD87 (Statusmonitor für ALE-Nachrichten) zur Verfügung.

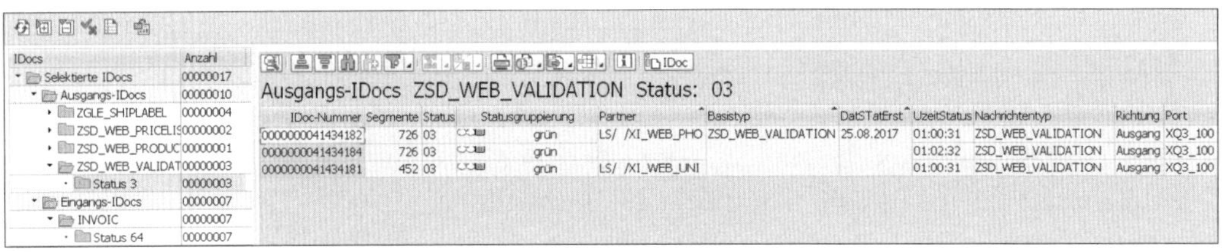

Abbildung 7.18 Überwachung von IDocs im Rahmen von ALE-Funktionen

Außer einer regelmäßigen Überwachung von ALE-Schnittstellen empfiehlt es sich, von der sogenannten *ALE-Audit-Funktion* Gebrauch zu machen: Mithilfe der Einrichtung des ALE-Nachrichtentyps ALEAUD kann eine Nachricht vom Empfängersystem an das Sendersystem über den Status der IDoc-Übermittlung geschickt werden. Der Vorteil dieses Verfahrens ist, dass die Nachrichten der verantwortlichen Stelle im Fehlerfall direkt zugestellt, die Fehler dort behoben und die Nachrichten erneut verarbeitet werden können. Eine Übersicht über die möglichen Fehlerstatus für die IDoc-Übermittlung finden Sie in Abbildung 7.19.

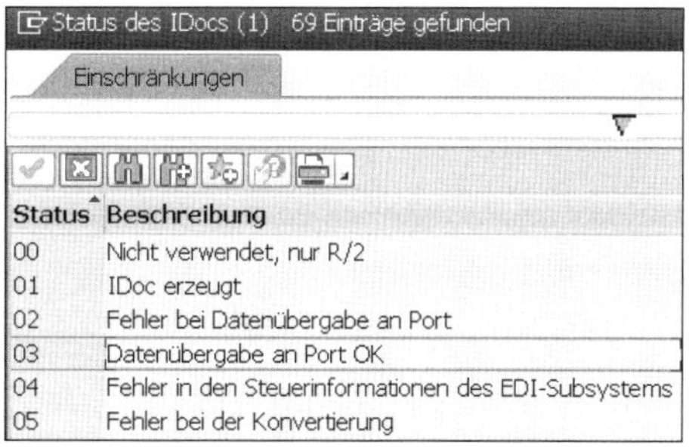

Abbildung 7.19 Übersicht der IDoc-Status

Prüfung: Application Link Enabling

Bei der Prüfung der Themen rund um ALE-Schnittstellen sind folgende Handlungen zu empfehlen:

1. Finden Sie im Interview heraus, ob ALE-Funktionen zum Einsatz kommen, und versuchen Sie, gegebenenfalls, einen Überblick über die Konfiguration von ALE-Funktionen mithilfe von Transaktion SALE (insbesondere bezüglich der verwendeten Nachrichtentypen) zu erlangen. Prüfen Sie, ob vom Nachrichtentyp ALEAUD Gebrauch gemacht wird.
2. Überprüfen Sie die Konsistenz der Konfiguration von ALE mithilfe von Transaktion IDOC (Reparatur- und Prüfprogramme für IDocs und EDI, Electronic Data Interchange).
3. Prüfen Sie, ob die Überwachung einer vollständigen und fehlerfreien Übermittlung von IDocs angemessen organisiert ist und regelmäßig stattfindet.
4. Verwenden Sie die Transaktionen BD87 (Statusmonitor für ALE-Nachrichten) und WE05 (IDoc-Listen) sowie Transaktion BDM2 (IDoc-Verfolgung), um eigenständig einen Überblick über den Stand der Übermittlung von IDocs zu erhalten. Den Statusmonitor für ALE Nachrichten sehen Sie in Abbildung 7.20.

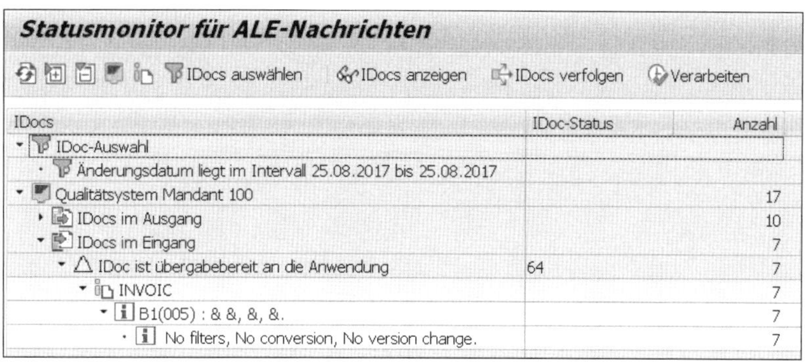

Abbildung 7.20 Statusmonitor für ALE Nachrichten

5. Prüfen Sie, ob Berechtigungen für die ALE-Administration restriktiv vergeben sind (neben den Ihnen bereits vorgestellten Transaktionen ist hier das Berechtigungsobjekt `S_IDOCMONI` relevant).

7.4.3 RFC-Verbindungen (Remote Function Call)

Standard-Schnittstellenprotokoll

Zahlreiche Verbindungen zwischen zwei SAP-Systemen oder einem SAP- und einem externen System basieren auf dem SAP-Schnittstellenprotokoll *Remote Function Call* (*RFC*). Im Rahmen des RFC werden bestimmte vordefinierte Funktionsbausteine aufgerufen, die unterschiedliche Schnittstellenkonzepte unterstützen. So dient RFC als Grundlage für ALE und BAPIs (Business Application Programming Interfaces); im Rahmen des Transport Management Systems (siehe Abschnitt 6.2.2, »Korrektur- und Transportwesen«, und Abschnitt 7.3.4, »Nachvollziehbarkeit der Systemänderungen im Korrektur- und Transportwesen«) wird RFC standardmäßig für den Austausch von Objektinhalten eingesetzt. Bei der Automatisierung von Test- und Überwachungsszenarien mittels des Continuous Monitoring Frameworks (CMF) wird RFC für die Übermittlung der Selektionskriterien und der Testergebnisse zurück nach SAP Process Control genutzt (siehe Kapitel 19, »IKS-Automatisierung mithilfe von SAP Process Control«). Die Pflege der RFC-Verbindungen oder der *RFC-Destinationen* kann über Transaktion SM59 (Pflege der RFC-Destinationen) durchgeführt werden.

Arten der RFC-Kommunikation

Es werden mehrere Arten der RFC-Kommunikation unterschieden: synchroner RFC, asynchroner RFC, transaktionaler RFC, queued RFC (qRFC). Die Verwendung unterschiedlicher Kommunikationsarten erfordert auch unterschiedliche Kontrollmechanismen, die vor allem auf die Vollständigkeit der Datenübertragung über RFC-Schnittstellen abzielen.

Im Folgenden sehen Sie zwei Beispiele für Monitoring-Transaktionen: Transaktion SM58 dient der Überwachung des transaktionalen RFC (siehe Abbildung 7.21).

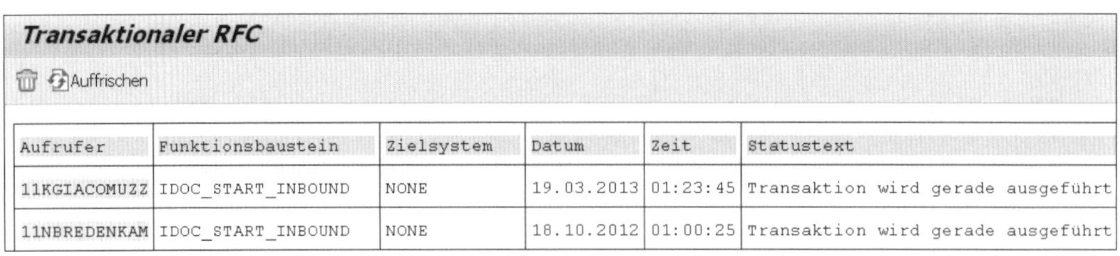

Aufrufer	Funktionsbaustein	Zielsystem	Datum	Zeit	Statustext
11KGIACOMUZZ	IDOC_START_INBOUND	NONE	19.03.2013	01:23:45	Transaktion wird gerade ausgeführt
11NBREDENKAM	IDOC_START_INBOUND	NONE	18.10.2012	01:00:25	Transaktion wird gerade ausgeführt

Abbildung 7.21 RFC: Monitoring-Transaktionen

Mithilfe von Transaktion SMQ1 (qRFC, Monitorausgang, oder Transaktion SMQ2, Monitoreingang) kann der qRFC überwacht werden (siehe Abbildung 7.22). qRFC ist eine Erweiterung des transaktionalen RFC. Bei dieser Variante werden Aufträge in Warteschlangen gesammelt und erst dann über einen transaktionalen RFC bearbeitet, wenn sichergestellt ist, dass alle Vorgänger bereits korrekt behandelt wurden. Dieses Verfahren garantiert einerseits die Abarbeitung von Aufträgen in der Reihenfolge ihres Eingangs und erfordert andererseits eine Überwachung der einzelnen Aufträge in der Queue, um die Vollständigkeit der Übermittlung sicherzustellen.

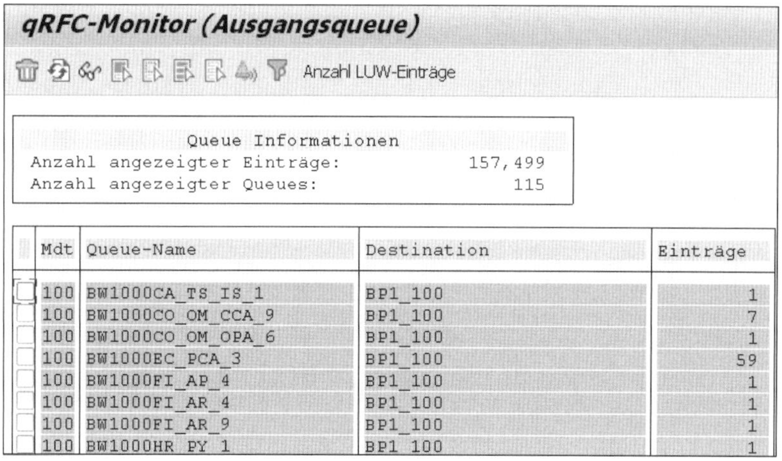

Abbildung 7.22 Überwachung der qRFC

RFC und Sicherheit

In Zusammenhang mit der RFC-Thematik sind auch Sicherheitsfragen relevant: Einerseits muss die *Benutzung* der RFC-Kommunikation ausreichend geschützt sein (zum Beispiel Verwendung der Option **Trusted System** in den einzelnen RFC-Destinationen, die keine Identifikationsdaten zwischen verbundenen Systemen benötigt), andererseits muss die *Administration* von RFC-Destinationen ausreichend geschützt sein. Außerdem muss auf die Verwendung von *RFC-Benutzern* geachtet werden: Dialogbenutzer sind hier zu vermeiden; stattdessen sollten eigens dafür vorgesehene Benutzertypen verwendet werden, wie zum Beispiel Kommunikationsbenutzer (siehe Abschnitt 5.1.6, »Beziehung zwischen Programmen und Transaktionen«).

Schutz der Administration und der Benutzung des RFC

Die *Administration* von RFC-Destinationen muss mittels Berechtigungsobjekt S_RFC_ADM geschützt werden. Außerdem sind hierzu die Berechtigungsobjekte S_ADMI_FCD und S_ICF relevant:

Um die Nutzung von RFC durch die Anwender abzusichern, nutzen Sie Berechtigungsobjekt S_RFC. Wenn der Anwender entfernte Funktionsbausteine aufruft, sollten Sie diesen Vorgang mit Berechtigungsobjekt S_ICF absichern. Bei der Verwendung des Trusted RFC muss der Anwender zusätzlich über entsprechende Ausprägungen des Berechtigungsobjektes S_RFCACL verfügen.

Tipp für den Schutz des RFC

Bei der Pflege von RFC-Destinationen können Sie auf der Registerkarte **Logon & Security** (Anmeldung und Sicherheit) im Feld **Authorization for Destination** (Berechtigung für Destination) ein beliebiges Literal eintragen (siehe Abbildung 7.23). Dieses Literal stellt den Prüfwert für das zu schützende Zielobjekt (in unserem Fall eine bestimmte RFC-Destination) dar, das im Feld ICF_VALUE zum Beispiel bei den Berechtigungsobjekten S_ICF oder S_RFC_ADM zu finden ist. In der Praxis wird von dieser zusätzlichen Möglichkeit für den Schutz der Benutzung und/oder Administration des RFC leider nicht immer Gebrauch gemacht.

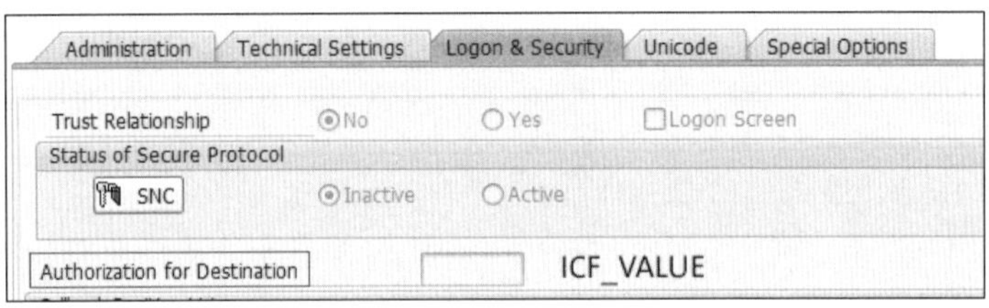

Abbildung 7.23 Zusätzliche Pflege des Prüfwertes für RFC-Destinationen

RFC-Inventur angebracht

Erfahrungsgemäß nutzen Unternehmen viele RFC-Destinationen, auch solche, über deren Zweck keine Auskunft gegeben werden kann. Da der RFC eine Art offene Tür in ein SAP-System darstellt, ist eine saubere Dokumentation der einzelnen RFC-Destinationen unabdingbar und stellt eine weitere wichtige Voraussetzung für die Ordnungsmäßigkeit im RFC-Bereich dar.

Cyber-Risiken und UCON

In Zeiten der Digitalisierung sind Unternehmen zunehmend den Cyber-Risiken ausgesetzt. SAP-Landschaften weisen häufig Web-Schnittstellen auf. Unvollständig definierte und nicht hinreichend geschützte RFC-Verbindungen werden dabei oft zum Ziel von Cyber-Attacken.

Aufgrund der zunehmenden Wichtigkeit von Cyber-Risiken haben wir den RFC-spezifischen SAP-Infrastrukturrisiken ein separates Kapitel 17, »Unified Connectivity: Wirksamer Schutz der SAP-ERP-Umgebungen«, gewidmet. Dort erfahren Sie, neben der Klärung wichtiger Grundbegriffe, wie man RFC-Verbindungen mittels *Unified Connectivity* (*UCON*) schützen und welche Verwendungsszenarien es dabei geben kann.

Prüfung: Remote Function Call

Folgende Prüfungshandlungen sind im Zusammenhang mit RFC-Schnittstellen empfehlenswert:

1. Verschaffen Sie sich einen Überblick über die eingerichteten RFC-Destinationen. Verwenden Sie hierzu Transaktion SM59 oder Tabelle RFCDES. Prüfen Sie, ob der Zweck einzelner Destinationen nachvollziehbar dokumentiert ist und ob nur tatsächlich verwendete Destinationen im Produktivsystem existieren.
2. Prüfen Sie, ob die Überwachung der Vollständigkeit der RFC-Datenübertragung angemessen organisiert ist.
3. Prüfen Sie, ob Sicherheitsfragen im RFC-Bereich ausreichend berücksichtigt sind. Bei Berechtigungsauswertungen bezüglich der Pflege von RFC-Destinationen beachten Sie das Objekt S_ADM_FCD. Folgende Werte im Feld **Systemadministrationsfunktionen** sind relevant:
   - NADM (Netzwerkadministration) einschließlich Transaktion SM59
   - RFCA (RFC-Administration)
   - QDEL (Ausführung des Reports RSTRFCQDS)
   - Report RSTRFCIDS zum Löschen einer Queue in Transaktion SMQ1 oder in Transaktion SMQ2
4. Prüfen Sie, ob die Trennung zwischen der Pflege und Überwachung von RFC-basierten Schnittstellen durch Ausprägungen des Berechtigungsobjektes S_RFC_ADM hinreichend ist. Prüfen Sie außerdem, ob von dem Schutz der RFC-Destinationen durch die Pflege der Prüfwerte im Feld ICF_VALUE Gebrauch gemacht wird.

7.4.4 Vollständigkeit der Batch-Input-Verarbeitung

Stapelverarbeitung made by SAP

Das *Batch-Input-Verfahren* ist eine weitere, im SAP-Umfeld lange genutzte und sehr verbreitete Standardtechnik, um über eine Simulation eines Benutzerdialogs Daten in das SAP-System zu übernehmen oder um massenhafte Verbuchungen durchzuführen.

Die Datenübernahme erfolgt in zwei Schritten:

1. Erzeugen einer Batch-Input-Mappe, in der alle relevanten Daten enthalten sind (Transaktionen, Dynpros, Felder, Feldwerte).
2. Verarbeiten der Batch-Input-Mappe im SAP-System. Durch das sogenannte *Abspielen* der Batch-Input-Mappe werden die Daten in das SAP-System eingespielt.

Die Erzeugung einer Batch-Input-Mappe wird entweder von außen angestoßen (zum Beispiel durch Standardschnittstellen für Kontoauszüge oder eigenentwickelte Schnittstellen) oder im Rahmen der SAP-internen Vorgänge, die sich der gleichen Technik bedienen, wie zum Beispiel die Aufsplittung des Saldos des WE/RE-Kontos etc. Beim Abspielen einer Batch-Input-Mappe (entweder im *Dialogmodus* oder im *Hintergrund*) finden sämtliche Konsistenzchecks statt, die auch bei normalen Transaktionsaufrufen erfolgen. Da aber für eine Buchung ausreichende Konsistenz, Richtigkeit und Vollständigkeit der Daten, die von außen kommen, möglicherweise nicht für alle Transaktionen innerhalb einer Mappe gegeben sein können, werden die einzelnen Transkationen abgebrochen.

Die Batch-Input-Mappe wird in diesem Fall als **fehlerhaft abgearbeitet** ausgewiesen. Dabei sind im Protokoll die einzelnen Transaktionen sichtbar (eine Batch-Input-Mappe kann viele Transaktionszeilen enthalten), die nicht verarbeitet werden konnten (alle anderen Datensätze sind verbucht). Die fehlerhaften Batch-Input-Mappen müssen daher zeitnah nachbearbeitet werden, um die *Vollständigkeit* der Erfassung der Geschäftsvorfälle sicherzustellen.

In Abbildung 7.24 sehen Sie beispielhaft die Batch-Input-Mappe ZHR_IT0038, die von einem kundenindividuellen Programm zwecks Update von steuerlich relevanten Daten von Mitarbeitern generiert wurde.

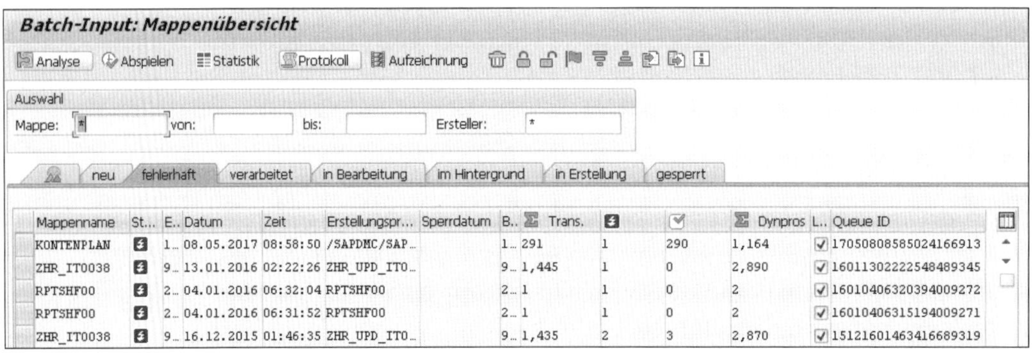

Mappenname	St...	E..	Datum	Zeit	Erstellungspr...	Sperrdatum	B..	Trans.			Dynpros	L..	Queue ID
KONTENPLAN		1...	08.05.2017	08:58:50	/SAPDMC/SAP...		1...	291	1	290	1,164	✓	17050808585024166913
ZHR_IT0038		9...	13.01.2016	02:22:26	ZHR_UPD_IT0...		9...	1,445	1	0	2,890	✓	16011302222548489345
RPTSHF00		2...	04.01.2016	06:32:04	RPTSHF00		2...	1	1	0	2	✓	16010406320394009272
RPTSHF00		2...	04.01.2016	06:31:52	RPTSHF00		2...	1	1	0	2	✓	16010406315194009271
ZHR_IT0038		9...	16.12.2015	01:46:35	ZHR_UPD_IT0...		9...	1,435	2	3	2,870	✓	15121601463416689319

Abbildung 7.24 Fehlerhafte Batch-Input-Mappe – Beispiel 1

Die einzige Transaktion PA30 (Pflege der HR-Daten) ist auf Fehler gelaufen (siehe Abbildung 7.25).

Abbildung 7.25 Fehlerhafte Batch-Input-Mappe – Beispiel 2

Prüfung: Batch-Input-Verarbeitung

Bei der Behandlung der Batch-Input-Vorgänge im SAP-System sind folgende Prüfungshandlungen zu empfehlen:

1. Verschaffen Sie sich einen Überblick über Vorgänge, die im untersuchten SAP-System, basierend auf der Batch-Input-Technik, stattfinden. Insbesondere sind die *Namenskonventionen* der Batch-Input-Mappen wichtig (die Namen für Batch-Input-Mappen werden automatisch von den Programmen vergeben, die diese Mappen erzeugen).
2. Prüfen Sie die Organisation der Batch-Input-Verarbeitung: Sind den unterschiedlichen Batch-Input-Vorgängen fachliche Ansprechpartner zugeordnet? Werden redundante und fehlerhafte Mappen zeitnah überwacht und gegebenenfalls gelöscht?
3. Prüfen Sie, ob Berechtigungen nach dem Prinzip der minimalen Rechtevergabe behandelt werden (Transaktion SM35, Berechtigungsobjekt `S_BDC_MONI` mit den Feldwerten »DELE« (Löschen), »IMPO« (Importieren), »AONL« (im Dialogmodus abspielen) »ABTC« (im Hintergrund abspielen). Prüfen Sie, ob die Einschränkung der Berechtigungen nach den Namenskonventionen von BI-Mappen angewendet wird.
4. Werten Sie fehlerhafte (insbesondere rechnungslegungsrelevante – dies kann anhand der im Log aufgelisteten Transaktionen beurteilt werden) Batch-Input-Mappen mithilfe von Transaktion SM35 aus, und prüfen Sie, ob diese zeitnah nachbearbeitet und nicht mehr relevante fehlerhafte Mappen zeitnah zum Löschen vorgemerkt werden.

7.5 Resümee

Sie haben in diesem Kapitel übergreifende Applikationskontrollen im SAP-System kennengelernt. Der wesentliche Unterschied dieser Kontrollen zu den ITGC besteht darin, dass übergreifende Applikationskontrollen primär auf die Einhaltung der Grundsätze Vollständigkeit, Nachvollziehbarkeit sowie Unveränderlichkeit der Verarbeitung der Daten beim Erfassen der Geschäftsvorfälle ausgerichtet sind und somit einen direkten Bezug zu den Geschäftsabläufen haben. Ein konkretes Risiko in diesem Bereich kann häufig einer *Assertion* zugeordnet werden: So kann beispielsweise eine unvollständige Übertragung der eingehenden Rechnungen aus einem externen System über eine Schnittstelle ins SAP-System die Vollständigkeit der Verbindlichkeiten in der externen Finanzberichterstattung beeinflussen.

ITGC spielen hingegen eine unterstützende Rolle und können einer Assertion eher selten zugeordnet werden. So würde ein Genehmigungsverfahren für Transportaufträge für alle Systemänderungen objektübergreifend gelten. Die Abgrenzung in dem genannten Beispiel für die Schnittstelle bei eingehenden Rechnungen wäre nicht möglich.

Kapitel 8
Kontrollen in der Finanzbuchhaltung

IKS, Prüfung und Revision assoziiert man in erster Linie mit der Finanzberichterstattung. Aus diesem Grund eröffnen wir in diesem Buch das vielfältige Thema der SAP-Prozesskontrollen mit der Finanzbuchhaltung.

Eine der Hauptursachen und der Auslöser der IKS-Compliance-Anforderungen (IKS = Internes Kontrollsystem) ist die externe Finanzberichterstattung, auf die sich bestimmte Zielgruppen außerhalb des Unternehmens verlassen. Einige Elemente dieser Finanzberichterstattung, zum Beispiel Bilanz sowie Gewinn- und Verlustrechnung (GuV), kommen gewissermaßen »per Knopfdruck« zustande. Dabei sind im Wesentlichen folgende FI-Komponenten von SAP ERP relevant:

- Hauptbuchhaltung (FI-GL und gegebenenfalls das neue Hauptbuch, New General Ledger, GL)
- Kreditorenbuchhaltung (FI-AP)
- Debitorenbuchhaltung (FI-AR)
- Bankbuchhaltung (FI-BL)
- Anlagenbuchhaltung (FI-AA)

[«]

Neuerungen in SAP S/4HANA

Wir stützen uns in diesem Kapitel auf Release SAP ERP 6.0. In Kapitel 15, »Risk und Compliance in SAP S/4HANA«, finden Sie die zusammenfassende Übersicht der relevanten Neuerungen in SAP S/4HANA.

Um sich auf diese Berichterstattung verlassen zu können und damit ein SAP-System den in Abschnitt 3.1.1, »IKS-Grundsätze im SAP-ERP-Umfeld: Von GoB zu GoBS und GoBD«, beschriebenen Grundsätzen gewachsen sein kann, müssen bestehende Risiken erkannt und mit effektiven Kontrollen adressiert werden. Ohne Anspruch auf eine vollständige Aufzählung aller relevanten Sachverhalte zu erheben, gehen wir in diesem Kapitel auf die wichtigsten Risiken und Kontrollmechanismen ein und beschreiben Prüfungshandlungen, die in der Praxis ein »Muss« in jedem SAP-System sind.

Bei der Beschreibung der Prüfungshandlungen gehen wir verstärkt auf relevante Datenmodelle ein (Datenbanktabellen). Diese Informationen helfen Ihnen, in Teil III, »Von Konzept und Inhalt zur Umsetzung: Die Automatisierung eines Internen Kontrollsystems«, eine Verbindung zu möglichen automatisierten Test- und Monitoring-Szenarien im SAP-System herzustellen – da bei der Einrichtung der meisten dieser Szenarien Daten direkt aus Datenbanktabellen gelesen werden müssen und das Verständnis der zugrundeliegenden Datenmodelle dabei sehr wichtig ist.

8.1 Grundlegende Kontrollmechanismen im Hauptbuch

Das Hauptbuch ist aus IKS-Sicht das »Herz« der SAP-ERP-Anwendung, in dem alle für die externe Finanzberichterstattung relevanten Informationen zusammenkommen. In diesem Abschnitt vermitteln wir Ihnen das Grundverständnis der Vorgänge im Hauptbuch (Komponente FI-GL von SAP) und sprechen einige ausgewählte Kontrollbereiche an.

8.1.1 Grundsatz: Zeitnähe der Buchungen

Periodengenau buchen

Der Grundsatz eines zeitgerechten bzw. zeitnahen Ausweises der Geschäftsvorfälle in der Berichterstattung wird in SAP ERP dadurch realisiert, dass das Geschäftsjahr in sogenannte Buchungsperioden aufgeteilt ist. Dabei kann das Geschäftsjahr einem Kalenderjahr entsprechen oder als Rumpfgeschäftsjahr bzw. als vom Kalenderjahr abweichendes Geschäftsjahr abgebildet sein. Systemtechnisch müssen dabei die sogenannte *Geschäftsjahresvariante* und die *Variante für Buchungsperioden* konfiguriert und einem Buchungskreis – einer eigenständig bilanzierenden Einheit im SAP-System – zugewiesen sein. Die einzelnen Buchungsperioden entsprechen in der Regel einem Kalendermonat und generell gilt, dass zu einem Zeitpunkt nur eine Buchungsperiode offen sein darf (bzw. maximal zwei Buchungsperioden, da zum Beispiel am Anfang eines Monats noch Buchungen vorgenommen werden können, die den Vormonat betreffen). Die Minimalanforderung wäre folgende: Wenn der Jahresabschluss erstellt/festgestellt ist, müssen alle Buchungsperioden des abgelaufenen Geschäftsjahres geschlossen sein.

Sonderperioden

Eine Ausnahme können die sogenannten *Sonderperioden* darstellen: Über die »normalen« Buchungsperioden (in der Regel zwölf) hinaus werden üblicherweise weitere Hilfsperioden eingerichtet – in der Regel bis zu vier zusätzliche Perioden zu den normalen Buchungsperioden. Diese zusätzlichen

Buchungsperioden stehen am Jahresende während der Erstellung des Jahresabschlusses für allerlei Korrekturen und manuelle Buchungen zur Verfügung. Die Buchungsperiode 12 wird bei der Bebuchung der Sonderperioden geschlossen.

In Tabelle T001 können Sie die einem Buchungskreis zugeordnete Variante für Buchungsperioden finden, deren aktuelle Einstellungen Tabelle T001B zu entnehmen sind. Die für Variante 1000 in Tabelle T001B ausgewerteten Einträge zeigen, dass für die meisten Kontengruppen alle Hauptbuchungsperioden offen sind (siehe Abbildung 8.1). Dies gilt für alle Buchungskreise, die die Variante 1000 verwenden. Dieses Negativbeispiel stammt aus einem Entwicklungssystem; in einem produktiven SAP-System würde es zu einer wesentlichen Beanstandung führen.

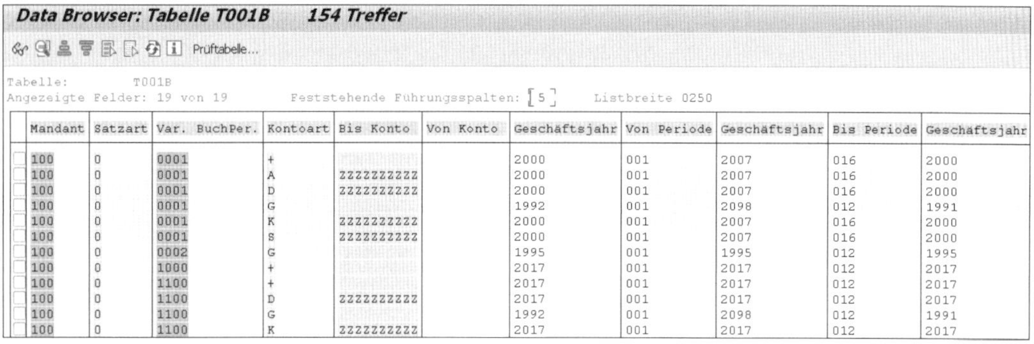
Data Browser: Tabelle T001B 154 Treffer

Prüftabelle...

Tabelle: T001B
Angezeigte Felder: 19 von 19 Feststehende Führungsspalten: [5] Listbreite 0250

Mandant	Satzart	Var. BuchPer.	Kontoart	Bis Konto	Von Konto	Geschäftsjahr	Von Periode	Geschäftsjahr	Bis Periode	Geschäftsjahr
100	0	0001	+			2000	001	2007	016	2000
100	0	0001	A	ZZZZZZZZZZ		2000	001	2007	016	2000
100	0	0001	D	ZZZZZZZZZZ		2000	001	2007	016	2000
100	0	0001	G			1992	001	2098	012	1991
100	0	0001	K	ZZZZZZZZZZ		2000	001	2007	016	2000
100	0	0001	S	ZZZZZZZZZZ		2000	001	2007	016	2000
100	0	0002	G			1995	001	1995	012	1995
100	0	1000	+			2017	001	2017	012	2017
100	0	1100	+			2017	001	2017	012	2017
100	0	1100	D	ZZZZZZZZZZ		2017	001	2017	012	2017
100	0	1100	G			1992	001	2098	012	1991
100	0	1100	K	ZZZZZZZZZZ		2017	001	2017	012	2017

Abbildung 8.1 Varianten für Buchungsperioden – Einstellungen

Die Differenzierung zwischen den einzelnen Sachkonten wird hier anhand der Kontengruppen vorgenommen:

- A – Anlagen
- D – Debitoren
- G – Special Ledger
- K – Kreditoren
- M – Material
- S – Sachkonten

Prüfung: Grundsatz der zeitnahen Buchungen

Prüfen Sie die Einhaltung des Grundsatzes der Zeitnähe der Erfassung von Geschäftsvorfällen folgendermaßen:

1. Sorgen Sie für einen Überblick über die eingerichteten Geschäftsjahresvarianten (Transaktion OB29, Geschäftsjahresvarianten, oder Tabelle T009) sowie über deren Zuordnung zu den relevanten Buchungskreisen (Tabelle T001).

2. Prüfen Sie, ob gleichzeitig mehr als eine Buchungsperiode offen sind (Tabelle T001B) oder ob die Ein-Monats-Regel (bzw. maximal zwei Monate) in der Vergangenheit eingehalten wurde (Auswertung der Änderungen in Tabelle T001B mithilfe des Reports RSTBHIST).

Keine monatlichen Abschlüsse

Nicht alle Unternehmen führen monatliche Abschlüsse durch. In diesem Fall wäre es ausreichend, dass die Buchungsperioden geschlossen sind, für die bereits Abschlüsse erstellt worden sind (zum Beispiel Quartalsabschlüsse; bei kleineren Unternehmen Jahresabschlüsse). Wichtig ist in diesem Zusammenhang noch, dass Abschlüsse, die bereits veröffentlicht oder geprüft worden sind, nicht mehr geändert werden dürfen.

In Abbildung 8.2 und Abbildung 8.3 sehen Sie, wie die Prüfung der in der Vergangenheit vorgenommenen Änderungen der offenen Buchungsperioden mithilfe des Standardreports RSTBHIST durchgeführt werden kann.

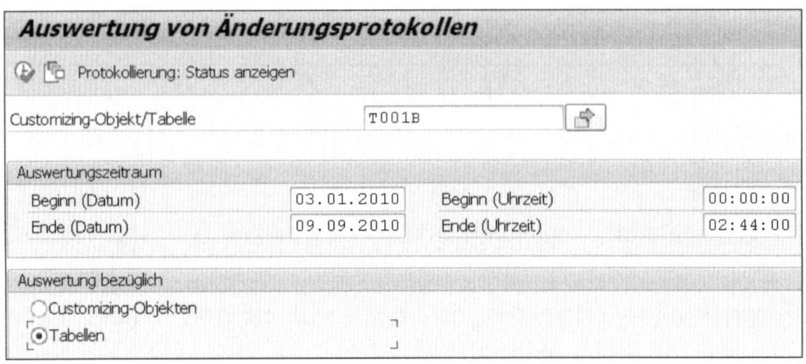

Abbildung 8.2 Prüfung der Änderung der Buchungsperioden in der Vergangenheit

Starten Sie den Report RSTBHIST (siehe Abbildung 8.2). Geben Sie den Namen der Tabelle im Feld **Customizing-Objekt/Tabelle** ein, und klicken Sie auf (**Ausführen**).

In Abbildung 8.3 sehen Sie, dass am 11. September 2017 für einige Kontoarten innerhalb der Variante 3300 die Periode 4 wieder geöffnet wurde.

Berechtigungsobjekt F_BKPF_BUP

Buchungsperioden können zusätzlich berechtigungstechnisch geschützt werden – mithilfe des Berechtigungsobjektes F_BKPF_BUP. Mit diesem optionalen Berechtigungsobjekt kann festgelegt werden, in welchen offenen Buchungsperioden Buchungen erlaubt sein sollen.

Erlaubte Buchungsperioden
Technische Bezeichnung: T001B
Mandant: 100

Datum: 11.09.2017 Benutzer: 22TDITTES

	Schlüsselfelder				Funktionsfelder, geändert		
Uhrzeit	Satzart	Variante	Kontoart	Bis Kto.	Feldname	alt	neu
04:35:03	0	3300	+		Von Per. 1	005	004
04:35:03	0	3300	D	9999999999	Von Per. 1	005	004

Abbildung 8.3 Änderungsprotokoll für Tabelle T001B

8.1.2 Bilanz

Entstehung der Bilanz

Wie entsteht eine Bilanz? Während der Erfassung einer manuellen Buchung müssen den einzelnen Positionen in einem Beleg Sachkonten zugewiesen werden. *Sachkonten* sind Hauptkontierungsmerkmale in einem SAP-ERP-System: Bei der Erfassung einer Buchung müssen mindestens zwei Positionen vorhanden sein, mit jeweils einem Soll- und einem Haben-Betrag. Die Summe dieser Beträge muss pro Beleg null ergeben (diese »Null-Kontrolle« ist systemimmanent, das heißt in der Programmlogik codiert, und kann nicht einfach geändert werden).

Gesamtheit aller rechnungslegungsrelevanten Vorgänge

Die Gesamtheit aller rechnungslegungsrelevanten Vorgänge, die die Bewegungsdaten (siehe Abschnitt 5.1.1, »Daten im SAP-System«) in einem SAP-System ausmachen, muss am Jahresende, gegliedert nach Sachkonten, als Bilanz und GuV präsentiert werden. Die korrekte und vollständige Zuordnung der einzelnen Sachkonten zur Struktur dieser Berichte ist eine wichtige Voraussetzung für die Richtigkeit der externen Finanzberichterstattung.

In Abbildung 8.4 sehen Sie das Beispiel einer Bilanzhierarchie, die über Transaktion OB58 (Pflege der Tabellen T011/T011T) gepflegt wird.

Prüfung: Bilanzstruktur

Die Bilanz muss auf die Richtigkeit der Struktur und auf die Vollständigkeit der Kontenzuordnung hin geprüft werden:

1. Rufen Sie die Bilanzstruktur über Transaktion OB58 oder im Einführungsleitfaden (Implementation Guide, IMG) über **Finanzwesen • Hauptbuchhaltung • Geschäftsvorfälle • Abschluss • Dokumentieren • Bilanz-/GuV-Strukturen definieren** (Transaktion SPRO) auf.
2. Klappen Sie die Hierarchie innerhalb eines relevanten Knotens auf. Die fachliche Beurteilung der Richtigkeit der Zuordnung der Sachkonten ist Aufgabe des Wirtschaftsprüfers.

3. Die nicht zugeordneten Sachkonten sind als solche außerhalb der Bilanz/GuV-Hierarchie aufgelistet. Die nicht zugeordneten Sachkonten können auf eine unvollständige Bilanzstruktur hinweisen. Es ist zu empfehlen, solche Konten zum Beispiel der Position »Verrechnungskonten« zuzuweisen und dann zu prüfen, ob die Position den Saldo null aufweist.

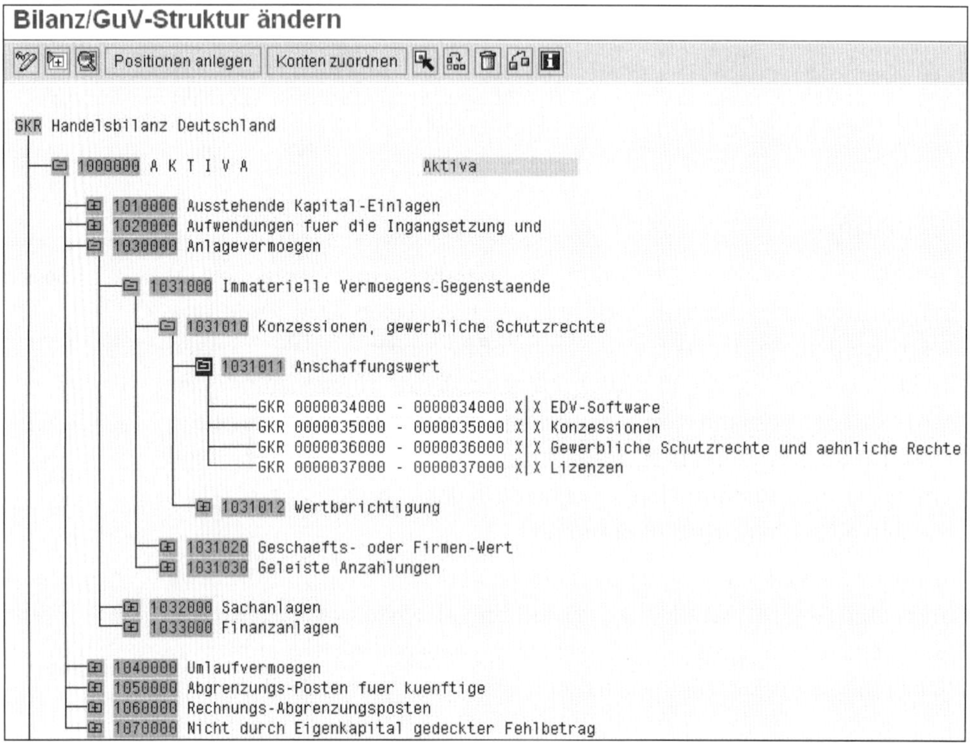

Abbildung 8.4 Bilanzstruktur

Parallele Rechnungslegung

Bei der Zuordnung der Sachkonten der Bilanzhierarchie kann es Ausnahmen geben: Bei der Abbildung der parallelen Rechnungslegung, zum Beispiel um gleichzeitig länderspezifische (HGB) und international anerkannte (US-GAAP oder IFRS) Bilanzierungsrichtlinien umzusetzen, basierend auf der sogenannten Sachkontenlösung, ist die Verwendung von Hilfskonten üblich, die als »Dummys« verwendet und nicht in der Bilanz gebraucht werden. Solche Sachkontenlösungen haben sich allerdings mit der Etablierung des neuen Hauptbuches (New GL) erübrigt.

8.1.3 Sachkontenstammdaten

Auf der Datenbankebene findet man Sachkonten in SAP ERP in den Tabellen SKA1 (Zentrale Sachkontendaten) und SKB1 (Buchungskreisspezifische

Daten, siehe Abbildung 8.5 sowie Abschnitt 5.1, »Am Anfang war die Tabelle: SAP-System als tabellengesteuerte Applikation«).

Die einzelnen Felder im Sachkontenstamm haben eine wichtige Steuerungsfunktion. Manche dieser Funktionen sind mit Risiken verbunden und müssen somit aus IKS-Gesichtspunkten kontrolliert werden.

Tabelle: SKA1
Angezeigte Felder: 9 von 9 Feststehende Führungsspalten: 3 Listbreite 0250

Kontenplan	Sachkonto	Bestandskonto	ErfolgsktoTyp	Kontengruppe	Buchungssperre	Kurztext
1000	0001000000	X		10		Hauptkasse
1000	0001000001	X		10		Hauptkasse USD
1000	0001000002	X		10		Petty Cash EUR
1000	0001000003	X		10		Hauptkasse CAD
1000	0001000004	X		10		Hauptkasse GBP
1000	0001000005	X		10		Petty Cash CHF
1000	0001000006	X		10		Hauptkasse CAD
1000	0001000007	X		10		VERVE Hauptkasse JOD
1000	0001000008	X		10		AB Hauptkasse JOD
1000	0001000010	X		10		Kasse Bistromax
1000	0001000013	X		10		Hauptkasse JPY

Abbildung 8.5 Steuerungsfelder in zentralen Sachkontendaten

Die Prüfung der Plausibilität und der Richtigkeit der Sachkontenstammdaten ist im Rahmen einer Systemprüfung sehr wichtig.

Prüfung: Felder im Sachkontenstamm

[+]

Kontenplan finden

Über Tabelle T001 finden Sie den relevanten Kontenplan, der der untersuchten Organisation bzw. dem Buchungskreis zugeordnet ist. In Tabelle SKA1 sind wichtige Steuerungsinformationen pro Sachkonto definiert.

Eines der Steuerungsfelder ist das Feld **nur Automatisch bebuchbar** in Abbildung 8.6.

Tabelle: SKB1
Angezeigte Felder: 17 von 24 Feststehende Führungsspalten: 3 Listbreite 0250

Buchungskreis	Sachkonto	Berechtigung	Feldstatusgrp	Abstimmkennz.	Steuerkat.	Zins-Kennz.	Autom.bebuchb.	OP-Verwaltung
0001	0000012010		G001	A				
0001	0000012050		G007	A				
0001	0000013000		G007	A	-			
0001	0000013010		G001	A				
0001	0000013050		G007	A				
0001	0000021000		G007	A	-			
0001	0000021010		G001	A				
0001	0000021050		G007	A				
0001	0000022000		G007	A	-			
0001	0000022010		G001	A				
0001	0000022050		G007	A				
0001	0000031000		G039	K	-B			
0001	0000031010		G001		-			
0001	0000031100		G007	A				
0001	0000031200		G001				X	
0001	0000032000		G007	A	-			

Abbildung 8.6 Buchungskreisspezifische Steuerungsfelder in den Sachkontendaten

Es ist wichtig, dass bei Konten, die nicht manuell bebucht werden dürfen, in Tabelle SKB1 in diesem Feld der Wert »X« eingetragen ist (zum Beispiel bei einigen Konten in der Materialwirtschaft oder Umsatzkonten, die nur im Rahmen eines Fakturalaufs bebucht werden dürfen).

Darüber hinaus ist die Richtigkeit der Zuordnung von Feldstatusgruppen wichtig (siehe Abschnitt 8.2.2, »Feldstatusgruppen«). Der Abgleich der zugeordneten Feldstatusgruppen mit den im Blueprint vorgesehenen Einstellungen und die Prüfung der einzelnen Feldstatusgruppen in Stichproben sind zu empfehlen.

Sicherheitstipp: Schutz der Sachkonten

Das SAP-System bietet die Möglichkeit, wichtige Stammdatenobjekte einzeln zu schützen. Tabelle SKB1 (Sachkonten buchungskreisspezifische Daten) enthält das Feld **Berechtigung**. In diesem Feld können den einzelnen Konten Berechtigungsgruppen zugeordnet werden, die bei einer kontengenauen Einschränkung des Zugriffs in Benutzerrollen verwendet werden können.

8.1.4 Konsistenzcheck der Verkehrszahlen mit der großen Umsatzprobe

Im Rahmen eines Monatsabschlusses werden in der SAP-gestützten Buchhaltung periodisch unter anderem Aktivitäten durchgeführt, denen aus IKS-Sicht eine wichtige Rolle zukommt. Hierbei handelt es sich etwa um Aktivitäten, die die Konsistenz der rechnungslegungsrelevanten Transaktionsdaten überprüfen.

Konsistenzcheck: zwei Optionen

Ein solcher Konsistenzcheck kann mithilfe der sogenannten großen Umsatzprobe durchgeführt werden. Dabei gibt es zwei Optionen:

- **Report TFC_COMPARE**
  Sollte das neue Hauptbuch aktiv sein, können Sie den Report TFC_COMPARE_VZ verwenden; die Auswertung wird dabei pro eingerichtetem Ledger durchgeführt.
- **Report SAPF190**
  Ist das neue Hauptbuch nicht aktiv, verwenden Sie für die Abstimmung den Report SAPF190 (große Umsatzprobe).

[+]

Aktivierung des neuen Hauptbuches

Mithilfe von Tabelle FAGL_ACTIVEC können Sie überprüfen, ob das neue Hauptbuch aktiviert ist. Ist dies der Fall, finden Sie im Feld **Active** den Wert »X« vor.

Konsistenzprüfungen

Die erwähnten Reports führen eine erweiterte Abstimmung in der Finanzbuchhaltung durch. Dabei werden folgende Konsistenzprüfungen ausgeführt:

- Soll- und Haben-Verkehrszahlen der Debitorenkonten, Kreditorenkonten und Sachkonten mit den Soll- und Haben-Summen der gebuchten Belege.
- Soll- und Haben-Verkehrszahlen der Debitorenkonten, Kreditorenkonten und Sachkonten mit den Soll- und Haben-Summen der Anwendungsindizes (die Anwendungsindizes werden systemintern für Konten mit OP-Verwaltung oder Einzelpostenanzeige gebraucht).

Die Ergebnisse der Abstimmung werden gespeichert, das heißt, die vergangenen Läufe dieser Berichte können im SAP-System nachvollzogen werden.

SAP-Hinweis 31875

Die Durchführung der Abstimmanalyse kann unter Umständen mehrere Stunden andauern. Deshalb sollte die Datenselektion im Hintergrund (als Batch-Job) ausgeführt werden. Differenzen bei den Anwendungsindizes haben ihre Ursache oft in der Änderung der Einstellung **Einzelpostenanzeige** des Sachkontos. Weitere Informationen hierzu können SAP-Hinweis 31875 entnommen werden.

In der Praxis besteht häufig der Irrglaube, dass die große Umsatzprobe prüft, ob Haupt- und Nebenbuch übereinstimmen. Das ist nicht der Fall und sollte durch zusätzliche (manuelle) Prüfungen im Rahmen des IKS sichergestellt werden (sehen Sie hierzu Abschnitt 8.1.6, »Abstimmarbeiten im Hauptbuch«).

8.1.5 Ausgewählte Kontrollen bei Abschlussarbeiten

Berichte mit Änderungen

Außer der großen Umsatzprobe ist es im Rahmen der Abschlussarbeiten anzuraten, eine Reihe von Reports auszuführen, die Änderungen von wichtigen Stammdaten im Hauptbuch auflisten. In Tabelle 8.1 haben wir die wichtigsten Berichte zusammengetragen.

Beschreibung	Report	Kommentar
große Umsatzprobe/Vergleich Belege/Verkehrszahlen	SAPF190 TFC_COMPARE_VZ	Fehlermeldungen mit Basis besprechen
Änderungen der Sachkontenstammdaten	RFSABL00	»Templates« für andere Konten ebenfalls prüfen

Tabelle 8.1 Übersicht über die bei Abschlussarbeiten auszuführenden Kontrollberichte im Hauptbuch

Beschreibung	Report	Kommentar
Änderungen der Buchhaltungsbelege	RFBABL00	besondere Vorsicht bei Dauerbuchungen
Auswertung von abgebrochenen Buchungssätzen	RFVBER00	Belege zu den Unterlagen nehmen
Auswertung von vorerfassten Belegen	RFPUEB00	buchen oder stornieren
Auswertung von gemerkten Belegen	RFTMPBEL	buchen oder stornieren
Kontrolle von Dauerbuchungsurbelegen	RFDAUB00	Beginn, Ende und Plausibilität
Kontrolle von Kreditorenstammdatenänderungen	RFKABL00	Plausibilität von Änderungen und Erfasser prüfen
Kontrolle von Debitorenstammdatenänderungen	RFDABL00	Plausibilität von Änderungen und Erfasser prüfen
Kontrolle von Bankstammdatenänderungen	RFBKABL0	Plausibilität von Änderungen und Erfasser prüfen
Kontrolle von Buchhaltungsbelegänderungen	RFBABL00	Plausibilität von Änderungen und Erfasser prüfen
Auswertung von FI-Buchungen	RFBELJ00	Plausibilität von Erfasser prüfen
Änderungsanzeige Kreditmanagement	RFDKLIAB	Änderungen der Limits und Sperren prüfen

Tabelle 8.1 Übersicht über die bei Abschlussarbeiten auszuführenden Kontrollberichte im Hauptbuch (Forts.)

Je nach Compliance-Umfeld kann es notwendig sein, die Ergebnisse der Berichte aus Tabelle 8.1 als Nachweis der durchgeführten Kontrollhandlungen aufzubewahren bzw. zu archivieren (zum Beispiel in Form von Spool-Listen).

8.1.6 Abstimmarbeiten im Hauptbuch

Im Rahmen des Monats- und Jahresabschlusses werden unter anderem Abstimmarbeiten durchgeführt, die die Kontrolle der Richtigkeit der Bilanz- und GuV-Positionen als Hauptziel haben.

Saldenbestätigungen

Diese wichtige Prüfungshandlung wird sowohl von Unternehmen (gegebenenfalls in Abstimmung mit Wirtschaftsprüfern) oder unter Aufsicht der Wirtschaftsprüfer durchgeführt und ist primär dazu gedacht, die Risiken der Überbewertung von Forderungen und Umsatzerlösen sowie der Unterbewertung von Verbindlichkeiten zu adressieren.

[zB]

Zusammenarbeit von Unternehmen und Wirtschaftsprüfern

Zum Beispiel druckt und verschickt das Unternehmen Anschreiben zur Saldenbestätigungen an Lieferanten und Kunden, die ihrerseits die Antworten an die Wirtschaftsprüfungsgesellschaft senden.

Um Bestätigungsbriefe zu generieren, werden die SAP-Transaktionen F.17 (für Debitoren bzw. Kunden) und F.18 (für Kreditoren bzw. Lieferanten) verwendet.

Abgleich der Haupt- und Nebenbücher

Geringe Risiken

Weitere Kontrollhandlungen beziehen sich auf die Abstimmung der Zahlen mit dem Hauptbuch, beispielsweise aus der Anlagen-, Kreditoren- und Debitorenbuchhaltung. Unserer Auffassung nach sind in diesem Bereich in SAP ERP 6.0 systemseitig wenig Risiken vorhanden: Der Integrationsgrad der einzelnen FI-Komponenten stellt inzwischen die Einheit des Buchungsstoffes sicher: Zum Beispiel werden in der Anlagenbuchhaltung die Abschreibungsergebnisse nicht mehr per Batch-Input-Technik weitergereicht, sondern direkt in das Hauptbuch gebucht. Des Weiteren sind kreditorische und debitorische Vorgänge im SAP-System nur möglich, wenn in Kreditoren- und Debitorenstammdaten sogenannte Abstimmkonten hinterlegt sind – das heißt, Buchungen erfolgen automatisch direkt im Hauptbuch.

Hilfreiche Abstimmarbeiten

Trotzdem können folgende Abstimmarbeiten hilfreich sein:

- **Abstimmung der Summe der Belege mit Kontensalden**
  Ergebnisse des Reports RFSSLDOO (Sachkontensalden) mit den Ergebnissen des Reports RFHABUOO (Hauptbuch aus der Belegdatei)

- **Abstimmung der Nebenbücher**
  Abstimmung der Ergebnisse des Reports RFKKBU00 (Kontokorrentkontenschreibung aus der Belegdatei) mit den Reports RFKSLD00 (Kreditorensalden in Hauswährung) und RFDSLD00 (Debitorensalden in Hauswährung)

Etwas komplizierter wird es hingegen bei der Abstimmung des Hauptbuches bzw. bei der Erfassung von Zahlen, die außerhalb der FI-Komponente zustande kommen: bei der Materialbewertung in der Komponente MM (Materialwirtschaft), bei der WIP-Ermittlung (WIP = Work in Progress) in der Kostenträgerrechnung oder bei der Auftragsabrechnung in der Komponente PS (Projektabwicklung). Auf weitere Abstimmarbeiten mit Zahlen außerhalb von FI (Finanzwesen) gehen wir in Kapitel 9, »Kontrollmechanismen im SAP-ERP-gestützten Procure-to-Pay-Prozess«, und in Kapitel 10, »Kontrollmechanismen im SAP-ERP-gestützten Order-to-Cash-Prozess«, ein. In Kapitel 15, »Risk und Compliance in SAP S/4HANA«, sehen Sie außerdem, dass der noch höhere Integrationsgrad in SAP S/4HANA einige Abstimmungen überflüssig macht.

8.2 Kontrollen zur Richtigkeit und Qualität der Daten im Hauptbuch

Buchungsvorgänge im SAP-System

In Abschnitt 5.2, »Berechtigungen«, haben Sie Grundlegendes über die Buchungsbelege bzw. Transaktionsdaten im SAP-System erfahren – dies wird Ihnen helfen, sich mit den Informationen in diesem Abschnitt auseinanderzusetzen. Etwas verallgemeinert, kann man Buchungsvorgänge im SAP-System einer dieser beiden Gruppen zuordnen:

- **Non-Routine Transactions**
  Diese werden im SAP-System von einem Buchhalter, größtenteils basierend auf dem eigenen Urteil oder auf der Expertenmeinung, erfasst (zum Beispiel Bilanzpositionen im Bereich Rückstellungen).
- **Routine Transactions**
  Diese werden im SAP-System massenhaft und zum größten Teil automatisiert generiert.

In beiden Gruppen sind Risiken enthalten, die die Richtigkeit und Vollständigkeit des Buchungsstoffes im SAP-System gefährden. Während Risiken bei Non-Routine Transactions im Prüfungswesen durch substantive Prüfungshandlungen (Einzelprüfung der Vorgänge) adressiert werden, stehen bei der zweiten Gruppe (Routine Transactions) die Applikationskontrollen im Vordergrund (diese werden primär im Rahmen einer Systemprüfung bewertet). Die Applikationskontrollen können verhindern, dass sich Ungenauigkeiten häufen, zum Beispiel aufgrund der schlechten Datenqualität durch die Massendatenverarbeitung. Solchen Risiken kann man mit Kontrollen entgegenwirken, auf die wir im Folgenden eingehen (siehe Abschnitt 8.2.2, »Feldstatusgruppen«, und Abschnitt 8.2.4, »Validierungen im SAP-System«).

8.2.1 Richtigkeit der Kontenfindung

Automatische Zuordnung der Sachkonten

Eine manuelle Belegerfassung, bei der die Zuordnung *aller* Sachkonten im Ermessen eines Buchhalters liegt, macht nur einen Bruchteil aller Transaktionsdaten in einem SAP-ERP-System aus. Die meisten Vorfälle, die aus Buchhaltungssicht inhaltlich den Nebenbüchern angehören, werden in SAP ERP automatisch auf vordefinierte Konten gebucht. Aus IKS-Gesichtspunkten muss die Vollständigkeit und Richtigkeit der Pflege der *Kontenfindung* für relevante Vorgänge geprüft werden. In Abstimmung mit zuständigen Ansprechpartnern können relevante risikobehaftete Vorgänge ausgewählt und geprüft werden, wobei die Prüfung der inhaltlichen Richtigkeit der Kontenfindung ein gutes Buchhaltungsgrundverständnis und Kenntnisse des relevanten Kontenplans voraussetzt. Eine gute Möglichkeit zur Überprüfung der Kontenfindung bietet Transaktion FBKP (Konfiguration Buchhaltung pflegen), siehe Abbildung 8.7.

Abbildung 8.7 Prüfung der Kontenfindung mit Transaktion FBKP

Klicken Sie in Transaktion FBKP im Bereich **Auswahl** auf **Automatische Buchungen**. Dadurch erhalten Sie eine Übersicht über die einzelnen Kontenfindungsgruppen (siehe Abbildung 8.8).

Abbildung 8.8 Übersicht über Kontenfindungsgruppen

Führen Sie einen Doppelklick auf eine der Gruppen im Bereich **Gruppe** aus, in unserem Beispiel auf **Buchungen der Materialwirtschaft (MM)**. Daraufhin gelangen Sie zu einer Übersicht über die einzelnen Vorgänge innerhalb der Gruppe (siehe Abbildung 8.9).

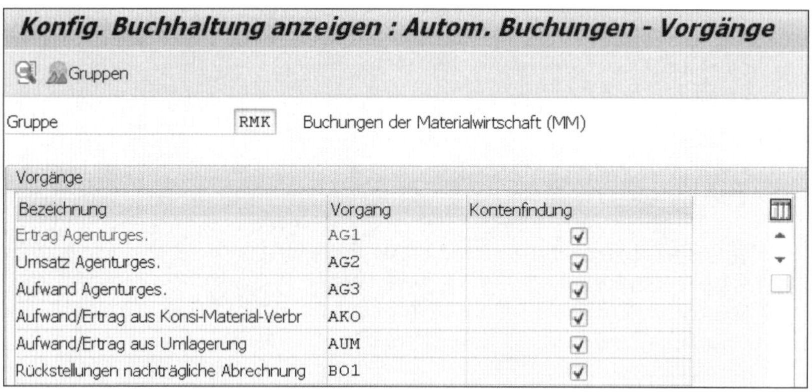

Abbildung 8.9 Übersicht über Vorgänge in einer Gruppe

Ein Doppelklick auf einen Vorgang im Bereich **Vorgänge** führt Sie zu der Übersicht über die hinterlegten Konten. In unserem Beispiel klicken Sie auf **Rückstellungen nachträgliche Abrechnung** und gelangen in die Sicht aus Abbildung 8.10.

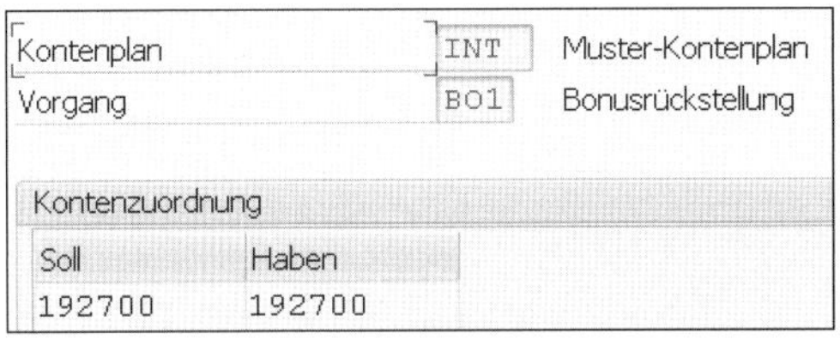

Abbildung 8.10 Übersicht über hinterlegte Konten

Prüfung: Buchungslogik und Kontenfindung

Prüfen Sie für ausgewählte Vorgänge in der automatischen Kontenfindung die Richtigkeit und Vollständigkeit der hinterlegten Sachkonten mithilfe von Transaktion FBKP.

8.2.2 Feldstatusgruppen

Die Pflege von Stammdaten oder die Erfassung von Buchungen erfordert im SAP-System die Eingabe bestimmter Informationen. Der Umfang der erforderlichen Informationen reicht bei Default-Konfigurationseinstellungen nicht immer aus, um eine vollständige und/oder richtige Verarbeitung zu gewährleisten, besonders wenn Standardprozesse im Rahmen der SAP-Implementierung wesentlich angepasst wurden. Um die erforderliche Qualität und Vollständigkeit der Daten zu gewährleisten, bietet das SAP-System die Möglichkeit, vorgangs- und datenspezifische *Feldstatusgruppen* einzurichten.

Kostenstelle: Muss-Eingabe systemseitig erzwingen

In Abbildung 8.11 sehen Sie, dass für die Erfassung der Buchungen, bei denen Aufwandskonten verwendet werden (Kostenkonten), eine eigenständige Feldstatusgruppe ZCA2 eingerichtet wurde. Diese Feldstatusgruppe stellt sicher, dass bei einer Buchung die Kostenstelle als zusätzliches Kontierungsmerkmal eingegeben werden muss (Muss-Eingabe). Nur so kann dieser Vorgang auch im Controlling bzw. Management Accounting berücksichtigt werden (zum Beispiel im Rahmen der Kostenstellenrechnung). Feldstatusgruppen werden den Sachkonten in deren Stammdaten zugeordnet und systemseitig verwendet, falls ein entsprechendes Sachkonto bei der Belegerfassung ausgewählt wurde.

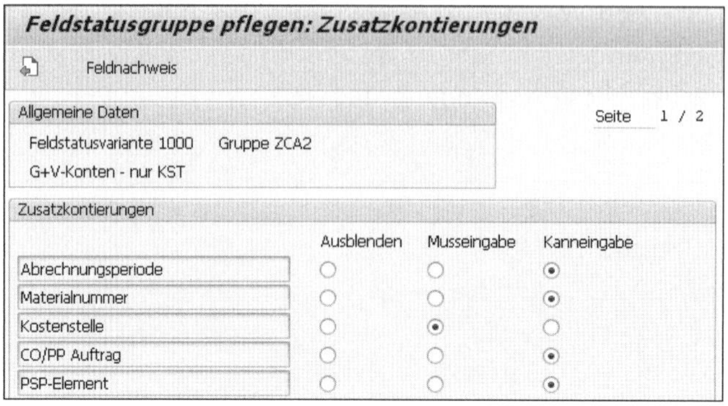

Abbildung 8.11 Pflege der Feldstatusgruppen

Prüfung: Feldstatusgruppen

Eine Analyse und Prüfung der Definition von Feldstatusgruppen sind im Rahmen einer SAP-Systemprüfung zu empfehlen. Dabei prüfen Sie zweierlei:

Mithilfe von Transaktion OBC4 (Pflege Tabelle T004V) können Sie zum einen prüfen, ob bei den eingerichteten Feldstatusgruppen für die relevanten Vorgänge Daten als Muss-Felder definiert sind, die für eine vollständige und richtige Verarbeitung benötigt werden.

Zum anderen bietet das SAP-System Konsistenzcheck-Reports, die bei komponentenübergreifenden Vorgängen die durch Feldstatusgruppen gesteuerte Qualität der Daten überprüfen können. So können Sie zum Beispiel den Report RM07CUFA (Feldauswahlabgleich Bewegungsart – Sachkonto) verwenden, um die Konsistenzprüfung der Feldstatusgruppen für Konten aus MM- und FI-Sichten durchzuführen.

8.2.3 Berechnung von Steuern bei manuellen Buchungen

Reports

Aus IKS-Gesichtspunkten sind die korrekte Bewertung und der korrekte Ausweis der Steuerverbindlichkeiten wesentlich, für die primär der Staat bzw. das Finanzamt als Gläubiger fungiert. In SAP ERP verlässt man sich dabei auf die Richtigkeit des Reports **Umsatzsteuervoranmeldung** (Report RFUMSV00), der die kumulierten Steuerbeträge am Ende einer Periode präsentiert.

Diese kumulierten Beträge setzen sich aus Einzelbelegen zusammen, die bei der Erfassung diverser Vorgänge entstehen. Die wichtigsten Vorgänge sind folgende:

- **Rechnungseingang**
  In der Regel findet die Steuerfindung hier über die manuelle Eingabe des Vorsteuerkennzeichens statt.

- **Fakturierung**
  Die Umsatzsteuerfindung wird im Zusammenhang mit der Fakturierung separat definiert. Diese legt fest, welcher Steuersatz für die Ausgangssteuer zur Anwendung kommt.

Der Report RFUMSV00 zieht Daten über die einzelnen Vorgänge aus Tabelle BSET (Belegsegment Steuerdaten). Auch der Report RFUMSV10 (Zusatzliste zur Umsatzsteuervoranmeldung) nimmt Daten aus den SAP-Tabellen mit Sachkonteneinzelposten, die durch einzelne Buchungen fortgeschrieben werden.

Die Höhe eines Steuerbetrags wird in SAP ERP bei der manuellen Erfassung (der Fakturierungsvorgang ist an dieser Stelle nicht relevant) von einzelnen Buchungen für umsatzsteuerrelevante Vorgänge (Ausgangssteuer und Umsatzsteuer) automatisch berechnet, kann aber manuell geändert werden: Entscheidend ist dabei, wie das ausgewählte Steuerkennzeichen konfiguriert ist.

SAP-Prüfung der Richtigkeit des Steuerbetrags

Wie Sie in Abbildung 8.12 sehen, kann pro Steuerkennzeichen definiert werden, ob eine Fehlermeldung ausgegeben werden soll, wenn der Steuerbetrag nicht korrekt ist. Die Prüfung erfolgt systemseitig:

Pro Steuerkennzeichen wird die korrekte Steuer anhand des Basisbetrags und des Prozentsatzes errechnet. Bei einer Abweichung von mehr als einer Währungseinheit (zum Beispiel Cents oder Centimes) pro Belegposition wird eine Fehlermeldung ausgegeben. Enthält das Steuerkennzeichen keinen Eintrag im Feld **Fehler bei Abweichung**, erscheint anstelle der Fehlermeldung eine Warnung, und die Erfassung der Buchung ist weiterhin möglich.

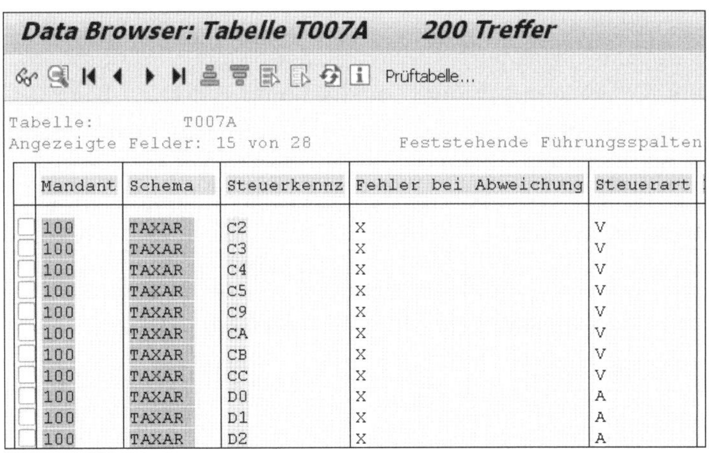
Data Browser: Tabelle T007A 200 Treffer

Prüftabelle...

Tabelle: T007A
Angezeigte Felder: 15 von 28 Feststehende Führungsspalten

Mandant	Schema	Steuerkennz	Fehler bei Abweichung	Steuerart
100	TAXAR	C2	X	V
100	TAXAR	C3	X	V
100	TAXAR	C4	X	V
100	TAXAR	C5	X	V
100	TAXAR	C9	X	V
100	TAXAR	CA	X	V
100	TAXAR	CB	X	V
100	TAXAR	CC	X	V
100	TAXAR	D0	X	A
100	TAXAR	D1	X	A
100	TAXAR	D2	X	A

Abbildung 8.12 Steuerung der Fehlermeldung bei abweichendem Steuerbetrag

Prüfung: Einstellungen bei der Steuerberechnung

Mithilfe von Tabelle T007A oder über Transaktion FTXP (Steuerkennzeichen pflegen) können Sie in Bezug auf Steuerkennzeichen auswerten, ob Einstellungen im Feld **Fehler bei Abweichung** angemessen sind: »Leere« Einträge bedeuten, dass die manuelle Eingabe eines Betrags zugelassen ist, der von dem systemseitig errechneten Betrag abweicht.

8.2.4 Validierungen im SAP-System

Kundeneigene logische Regeln

Das SAP-System bietet die Möglichkeit, für verschiedene Vorgänge und zusätzlich zu den bereits vorhandenen Standardkonsistenzchecks kundeneigene logische Regeln einzurichten, die die Richtigkeit der beispielsweise manuell eingegebenen Daten überprüfen. Diese Möglichkeit heißt *Validierung*, und die entsprechende Funktionalität erlaubt es, Validierungs- und Substitutionsregeln einzurichten, die die Kontrollen in der Finanzbuchhaltung stärken können.

In der Praxis werden zum Beispiel folgende Regeln eingerichtet:

- Regeln, die eine unzulässige Kombination von Sachkonten ausschließen
- Regeln, die die Verwendung von nicht zulässigen Geschäftsbereichen unterbinden
- Regeln, die sinnvolle Einträge in Kommentarfeldern (zum Beispiel durch die Minimallänge) begünstigen
- Regeln, die automatische Einträge bestimmter Informationen korrigieren (Substitution)
- Regeln, die einen Maximalbetrag bei einer Buchung einschränken (alternativ dazu können Toleranzgruppen eingerichtet werden, siehe Abschnitt 8.4.2, »Toleranzgruppen«)

Validierungen

Validierungen können aber auch alternativ zu den SAP-Berechtigungsrollen verwendet werden, um den Zugriff auf bestimmte Vorgänge benutzerspezifisch einzuschränken. In Abbildung 8.13 sehen Sie ein Beispiel für eine Validierung. Diese Validierung stellt sicher, dass bei der Erfassung einer Buchung für den Buchungskreis 1510 und der Verwendung der Belegarten DR oder DZ ein Kreditkontrollbereich mitgegeben werden muss.

Abbildung 8.14 zeigt die Voraussetzungen für die Validierung. Sie werden mit der Nachricht **Please enter a credit control area** um die Angabe eines Kontrollbereichs gebeten.

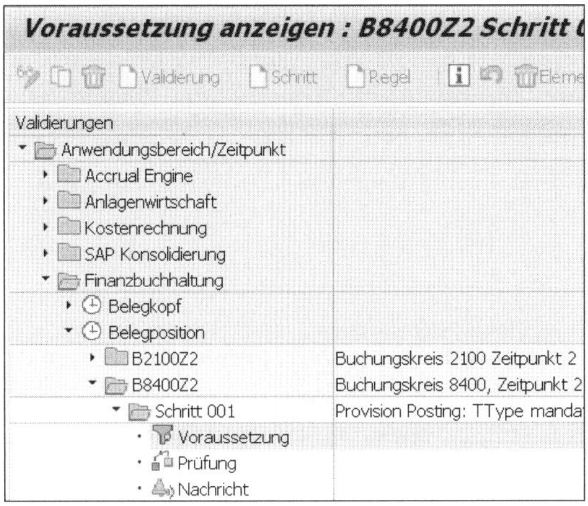

Abbildung 8.13 Beispiel für die Einrichtung einer Validierung

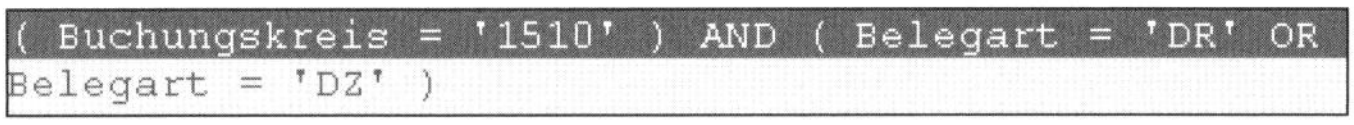

Abbildung 8.14 Validierung: Voraussetzung

Prüfung: Validierungen und Substitutionen

Bei der Einrichtung von Validierungen sind drei Ebenen zur Überprüfung der Regeln möglich: bei der Eingabe von Daten im Belegkopf, in Einzelpositionen oder erst beim Speichern des Belegs. Dabei gibt es zwei Optionen hinsichtlich des Ausgangs einer Prüfung: eine Warnung oder eine Fehlermeldung. Eine Warnung hat eher informativen Charakter und stellt aus IKS-Sicht keine effektive Kontrolle dar.

1. Validierungen und Substitutionen spielen aus IKS-Sicht eine wichtige Rolle. Versuchen Sie, im Interview und über Transaktion GGB0 (Validierungsbearbeitung) einen Überblick über den Zweck und den Inhalt der eingerichteten Validierungsregeln zu erhalten.
2. Beachten Sie bei Substitutionen, dass selbst »gut gemeinte« Regeln mit Risiken verbunden sind: Falls keine Meldungen eingerichtet sind, merkt der Benutzer eventuell nicht, dass die eingegebenen Daten vom SAP-System automatisch geändert bzw. ersetzt werden.

8.2.5 Fremdwährungen

Hohes Risiko bei inkorrekter Umrechnung

Das SAP-System erlaubt die Erfassung der Geschäftsvorgänge in Fremdwährungen, basierend auf den im System hinterlegten Kursen. Dabei wird der Betrag in die Hauswährung umgerechnet, die einem Buchungskreis zugeordnet ist. Sie können sich vorstellen, welche dramatischen Auswirkungen inkorrekt gepflegte Umrechnungskurse haben können: So würde bei einer falschen Kommastelle im Umrechnungskurs der Betrag in der Hauswährung zehnmal höher oder niedriger ausfallen, und dieser Fehler würde sich über viele Transaktionen hinweg multiplizieren. Aus Revisionsgesichtspunkten sind bei Fremdwährung zwei Aspekte zu beachten: zum einen die Pflege der Währungen, zum anderen die Fremdwährungsdifferenzen.

Pflege der Währungen

Im SAP-System ist eine manuelle Pflege der Währungskurse in Tabelle TCURR möglich – wie in Abbildung 8.15 mithilfe von Transaktion SM30 (Aufruf View-Pflege) und bei der Verwendung des Pflege-Views V_TCURR.

Abbildung 8.15 Direkte Pflege der Währungsumrechnungskurse

Geben Sie im Feld **Tabelle/Sicht** »V_TCURR« ein. Markieren Sie im Bereich **Datenbereich einschränken** die Option **keine Einschränkungen**, und klicken Sie im Anschluss auf 

(**Pflegen**). Daraufhin gelangen Sie in die Sicht aus Abbildung 8.16.

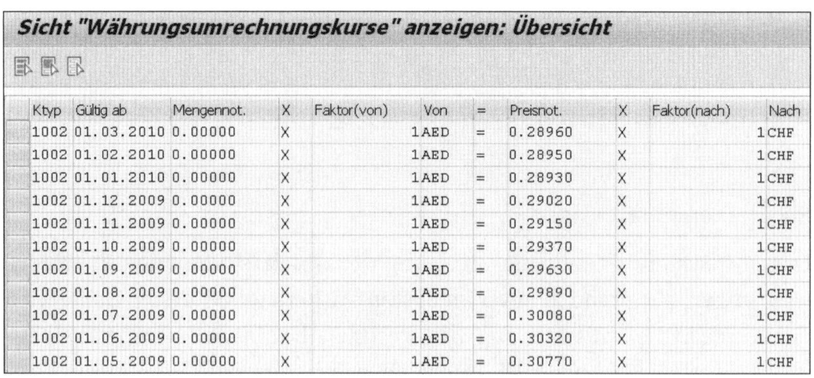

Sicht "Währungsumrechnungskurse" anzeigen: Übersicht

Ktyp	Gültig ab	Mengennot.	X	Faktor(von)	Von	=	Preisnot.	X	Faktor(nach)	Nach
1002	01.03.2010	0.00000	X	1	AED	=	0.28960	X	1	CHF
1002	01.02.2010	0.00000	X	1	AED	=	0.28950	X	1	CHF
1002	01.01.2010	0.00000	X	1	AED	=	0.28930	X	1	CHF
1002	01.12.2009	0.00000	X	1	AED	=	0.29020	X	1	CHF
1002	01.11.2009	0.00000	X	1	AED	=	0.29150	X	1	CHF
1002	01.10.2009	0.00000	X	1	AED	=	0.29370	X	1	CHF
1002	01.09.2009	0.00000	X	1	AED	=	0.29630	X	1	CHF
1002	01.08.2009	0.00000	X	1	AED	=	0.29890	X	1	CHF
1002	01.07.2009	0.00000	X	1	AED	=	0.30080	X	1	CHF
1002	01.06.2009	0.00000	X	1	AED	=	0.30320	X	1	CHF
1002	01.05.2009	0.00000	X	1	AED	=	0.30770	X	1	CHF

Abbildung 8.16 Preisnotierte Währungsumrechnungskurse

Dabei gibt es zwei grundsätzliche Umrechnungskurse, je nachdem, welche Kurseingabe für jedes ausgewähltes Währungspaar (zum Beispiel GBP – EUR) gepflegt worden ist.

- **Preisnotierte Darstellung**
  Der Preis in der **Nach**-Währung, der für eine (zehn, hundert etc.) Einheit(en) der **Von**-Währung zu zahlen ist.
- **Mengennotierte Darstellung**
  Die Menge in **Von**-Währung, die man für eine (zehn, hundert etc.) Einheit(en) der **Nach**-Währung erhält (siehe Abbildung 8.17).

Ktyp	Gültig ab	Mengennot.	X	Faktor(von)	Von	=	Preisnot.	X	Faktor(nach)	Nach
EURX	01.04.2003	1.47000	X	1	CHF	=	0.00000	X	1	EUR
EURX	01.04.2002	1.50000	X	1	CHF	=	0.00000	X	1	EUR
EURX	01.04.2001	1.55000	X	1	CHF	=	0.00000	X	1	EUR
EURX	01.01.2000	1.60000	X	1	CHF	=	0.00000	X	1	EUR
EURX	01.01.1999	1.62612	X	1	CHF	=	0.00000	X	1	EUR
EURX	01.01.1800	1.95583	X	1	DEM	=	0.00000	X	1	EUR
EURX	01.01.1800	6.55957	X	1	FRF	=	0.00000	X	1	EUR
EURX	31.10.2003	126.79375	X	1	JPY	=	0.00000	X	1	EUR
EURX	30.09.2003	128.94384	X	1	JPY	=	0.00000	X	1	EUR

Abbildung 8.17 Mengennotierte Währungsumrechnungskurse

Die manuelle Pflege sollte eine Ausnahme sein: In der Regel importieren Unternehmen täglich Umrechnungskurse, die zum Beispiel von den Zentralbanken des jeweiligen Staates zur Verfügung gestellt werden.

Die Pflege der Währungskurse ist aus IKS-Sicht mit hohen Risiken verbunden und verdient daher besondere Aufmerksamkeit.

Prüfung: Pflege der Währungskurse

Im Zusammenhang mit der Pflege der Währungskurse ist folgendes Vorgehen zu empfehlen:

1. Bringen Sie über Interviews die Vorgehensweise bei der Pflege der Währungskurse in Erfahrung. Prüfen Sie, ob der Import der Datei mit Währungsumrechnungskursen ausreichend geschützt ist (zum Beispiel der Zugriff auf das Verzeichnis, in der diese Datei abgelegt wird).
2. Prüfen Sie den Umfang der Berechtigungsvergabe für die direkte Pflege der Umrechnungskurse (Transaktion SM30, Pflegedialog V_TCURR). Dieser sollte sehr strikt gehandhabt werden.

Datumsfeld: schwache Verschlüsselung

Das SAP-System hat eine systemimmanente Kontrolle in die Logik von Tabelle TCURR eingebaut: Damit eine direkte Tabellenpflege (im Pflegedialog oder auf Datenbankebene) erschwert wird, wurde das Datumsfeld verschlüsselt. Diese Kontrolle ist leider als schwach zu bewerten; bei gezielten Manipulationen kann die allgemein bekannte Verschlüsselungslogik leicht umgangen werden. Wenn Sie zum Beispiel im Datumsfeld den Wert 80009688 sehen, können Sie von diesem 99999999 subtrahieren; das Ergebnis ist das gewünschte Datum (80009688 – 99999999 = 19990311 = 1999.03.11).

Maximale Fremdwährungsdifferenzen

Über die Pflege der Währungskurse hinaus ist eine weitere Kontrolle sehr wichtig: Im Rahmen der Erfassung eines Belegs ist es im SAP-System möglich, den Umrechnungskurs manuell zu korrigieren. Um den Umfang solcher Korrekturen einzuschränken, bietet das SAP-System sogenannte Toleranzen für Fremdwährungsdifferenzen an. Dabei gibt es zwei Möglichkeiten:

- Toleranzgrenze pro Buchungskreis
- Toleranzgrenze pro Währungspaar

Sollte die Abweichung eine definierte Toleranzgrenze (in Prozent) übersteigen, wird eine Fehlermeldung generiert.

Prüfung: Toleranzgrenzen

Um die Ordnungsmäßigkeit des Umgangs mit Fremdwährungsdifferenzen zu prüfen, sind folgende Schritte zu empfehlen:

1. Prüfen Sie, ob die maximale Toleranzgrenze für relevante Buchungskreise (währungsübergreifend) eingerichtet und deren Höhe angemessen ist. Verwenden Sie hierzu Tabelle T001.
2. Prüfen Sie, ob für Währungspaare (buchungskreisübergreifend bzw. mandantenweit) maximale Kursabweichungen definiert sind. Verwenden Sie hierzu Tabelle TCURD.

8.3 Vollständigkeit der Verarbeitung im Hauptbuch

In Kapitel 7, »Übergreifende Applikationskontrollen in SAP ERP«, haben Sie die Risiken kennengelernt, die themenübergreifend, das heißt auch in der Finanzbuchhaltung, den Grundsatz der Vollständigkeit beeinträchtigen können. In diesem Abschnitt gehen wir auf die spezifischen Risiken ein, die die Vollständigkeit der Verarbeitung in der Komponente FI gefährden können, sowie auf die Kontrollen, die diesen Risiken entgegenwirken.

8.3.1 Belegvorerfassung

Belegvorerfassung: zweischneidiges Schwert

Die Vorerfassung der Belege ist aus IKS-Sicht ein zweischneidiges Schwert, weil diese Funktion einerseits zusätzliche nützliche Kontrollmechanismen bietet und andererseits weitere Kontrollhandlungen erfordert, um ordnungsgemäß und risikofrei eingesetzt zu werden.

Es kann hilfreich sein, bei der Belegerfassung ein Vier-Augen-Prinzip technisch zu realisieren, nämlich in folgendem Fall:

- wenn die erste Person Belege erfassen, aber nicht buchen, sondern nur »parken« kann
- wenn eine zweite Person fachlich die Richtigkeit der vorerfassten Belege (Betrag, Kontierung, Zusatzinformationen etc.) prüft und diese gegebenenfalls bucht

Systemtechnisch ist es möglich, die Belegvorerfassung nach dem Betrag zu steuern, das heißt, je nach der Höhe des Betrags, zum Beispiel in Hauswährung, würde das SAP-System ein workflowbasiertes Verfahren zur Buchung eines Belegs starten. Dieses Verfahren muss im IMG konfiguriert sein (siehe Abbildung 8.18).

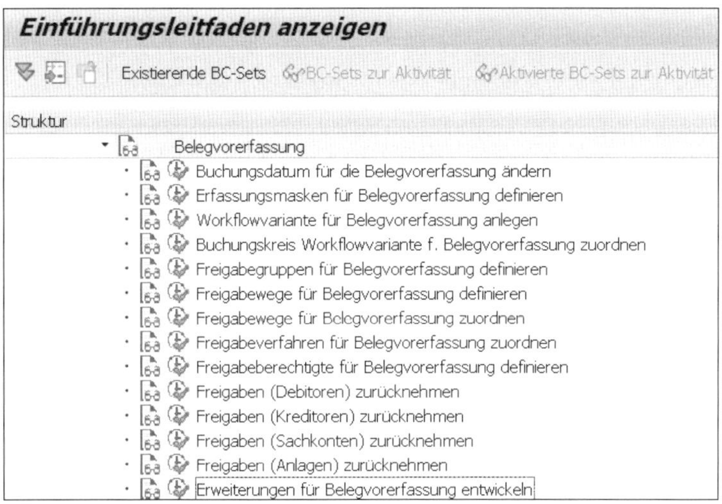

Abbildung 8.18 Konfiguration der workflowbasierten Belegvorerfassung

Eine generelle betragsmäßige Einschränkung der Buchungen auf Benutzerebene – vs. dem beschriebenen Vier-Augen-Prinzip – kann im SAP-System mittels Toleranzgruppen eingerichtet werden (siehe Abschnitt 8.4.2, »Toleranzgruppen«).

Prüfung: Einsatz der Belegvorerfassung

Folgende Prüfungshandlungen sind zu empfehlen:

1. Finden Sie in Interviews heraus, ob das Unternehmen von der Belegvorerfassung Gebrauch macht, um das Vier-Augen-Prinzip in der Buchhaltung zu realisieren.
2. Prüfen Sie gegebenenfalls im IMG unter **Finanzwesen • Grundeinstellungen Finanzwesen • Beleg • Belegvorerfassung**, ob die angestrebte Kontrollstrategie korrekt umgesetzt wurde. Achten Sie darauf, dass bei dem

Einsatz dieses Verfahrens, zum Beispiel in den Stammdaten von Debitoren und Kreditoren, Freigabegruppen zugeordnet werden müssen.

Risiko: »vergessene« Buchungen

Die Belegvorerfassung kann aber das Kontrollsystem nicht nur stärken, sondern sie ist auch mit Risiken verbunden. Das Instrument der Belegvorerfassung wird in der Praxis oft verwendet, um Belege zu erfassen, für die aber noch Informationen benötigt werden (wie das richtige Konto für die Aufwandsbuchung).

Ein vorerfasster Beleg ist kein gebuchter Beleg, das heißt, die Sachkontensalden wurden noch nicht fortgeschrieben und der entsprechende Geschäftsvorfall buchhalterisch noch nicht erfasst. Aus diesem Grund sind beim Einsatz der Belegvorerfassung Kontrollen erforderlich, die sicherstellen, dass am Ende eines Monats keine vorerfassten Belege »vergessen« werden.

Die in Tabelle 8.2 aufgelisteten Tabellen können Sie verwenden, um das Vorhandensein der vorerfassten Belege im SAP-System zu überprüfen.

Tabelle	Belege
VBKPF	Belegkopf Belegvorerfassung
VBSEC	Belegsegment CpD-Daten der Belegvorerfassung
VBSEGA	Belegsegment Belegvorerfassung – Datenbank für Anlagen
VBSEGD	Belegsegment Belegvorerfassung Debitoren
VBSEGK	Belegsegment Belegvorerfassung Kreditoren
VBSEGS	Belegsegment Belegvorerfassung – Datenbank für Sachkonten
VBSET	Belegsegment Belegvorerfassung Steuern

Tabelle 8.2 SAP-Tabellen mit vorerfassten Belegen

Prüfung: Vorhandensein der vorerfassten Belege

Um die Vollständigkeit der Bearbeitung der vorerfassten Belege zu prüfen, sind folgende Prüfungshandlungen zu empfehlen:

1. Klären Sie in Interviews, ob Kontrollmechanismen eingerichtet sind, die im Rahmen der Abschlussarbeiten (zum Beispiel Monatsabschluss) eine vollständige Berücksichtigung der vorerfassten Belege sicherstellen.
2. Verwenden Sie die Reports RFPUEB00 (Liste vorerfasster Belege), RFTMPBEL (Liste der unvollständig erfassten Belege) oder die in Tabelle 8.2 aufgelisteten Tabellen, um das Vorhandensein der vorerfassten Belege zu prüfen.

Ein weiteres Nachvollziehbarkeitsrisiko im Zusammenhang mit vorerfassten Belegen ergibt sich aus der Tatsache, dass gelöschte vorerfasste Belege Lücken in der Belegnummernvergabe hinterlassen (siehe Abschnitt 7.2.3, »Belegnummernvergabe«). Daher ergeben sich aus dem Einsatz der vorerfassten Belege zusätzliche Dokumentationsanforderungen.

8.3.2 Dauerbuchungen

Vorlagen für regelmäßige Buchungen

Um regelmäßig wiederkehrende Geschäftsvorfälle wie Mietzahlungen effizient abzubilden, stellt das SAP-System die Funktionalität *Dauerbuchungen* zur Verfügung. Dies funktioniert auf folgende Weise: Die eingerichteten Dauerbuchungsbelege (dies sind keine echten Belege, sondern Vorlagen bzw. Muster) werden in regelmäßigen Abständen (durch die Einplanung eines Jobs) von Report SAPF120 (Transaktion F.14) aufgerufen, um daraus »echte« Buchungsbelege zu erzeugen. Dies geschieht nicht sofort, sondern mittels Generierung einer Batch-Input-Mappe. Erst nachdem diese Mappe abgespielt worden ist, werden Belege im SAP-System gebucht. Die Dauerbuchungsbelege können sowohl periodisch als auch nach einem vordefinierten Plan verwendet werden.

Bei der letzteren Option ist zusätzlich die Konfiguration der *Ausführungspläne* und die Hinterlegung der *Ausführungstermine* hinter jedem Plan erforderlich. Dies geschieht im IMG unter **Finanzwesen • Grundeinstellungen Finanzwesen • Beleg • Dauerbuchungen**.

Einen Überblick über eingerichtete Dauerbuchungsbelege erhalten Sie mit dem Report RFDAUB00 (Transaktion F.15, Dauerbuchungen listen, siehe Abbildung 8.19).

```
Demo                              Dauerbuchungs-Urbelege                            Zeit 09:
Stäfa                                                                               RFDAUB00/99M

BuKr Belegnr    Art Buch.dat.  Erste Ausf. N.Ausführ. L.Ausführ. Abst. Tag Apl. Anzahl LKz aSr Referenz
Pos BS SK Uw Koart Konto       St Steuer Hauswährung Soll-/Haben-Betrag HWähr       Betrag in FW Währg

1000 9100002    SA  04.05.2004 31.05.2004  31.03.2007 31.03.2007     1  31          35  X
001 40          S     4920100                    0.00          3,600.00  CHF          3,600.00  CHF
002 50          S     1640100                    0.00          3,600.00- CHF          3,600.00- CHF

1000 9100004    SA  31.01.2005 31.01.2005  31.12.2005 31.12.2005     1  31          12  X
001 40          S     4801000     V0             0.00          5,600.00  CHF          5,600.00  CHF
002 50          S     1280000                    0.00          5,600.00- CHF          5,600.00- CHF

1000 9100005    SA  27.04.2005 30.04.2005  31.03.2006 31.03.2006     1  31          12  X
001 40          S     4551000     V0             0.00        150,000.00  CHF        150,000.00  CHF
002 50          S     2280000                    0.00        150,000.00- CHF        150,000.00- CHF

1000 9100006    SA  27.04.2005 30.04.2005  31.03.2006 31.03.2006     1  31          12  X
001 40          S     4920400                    0.00          3,600.00  CHF          3,600.00  CHF
002 50          S     1640400                    0.00          3,600.00- CHF          3,600.00- CHF
```

Abbildung 8.19 Auswertung der Dauerbuchungsurbelege mit Report RFDAUB00

Die Risiken beim Einsatz von Dauerbuchungsbelegen liegen auf der Hand: Bei der Generierung von Buchungen ist der Bearbeiter weitgehend ausgeschlossen, was die Kontrolle der Richtigkeit von Buchungen erschwert. Aus diesem Grund sollten Kontrollmechanismen eingerichtet sein, die unter anderem einen periodischen Review der Aktualität von Dauerbuchungen und der eingerichteten Ausführungstermine umfassen.

Prüfung: Umgang mit Dauerbuchungen

Um einen Überblick über die Kontrollmechanismen im Zusammenhang mit Dauerbuchungsbelegen zu erhalten, prüfen Sie Folgendes:

1. Finden Sie in Interviews heraus, ob Dauerbuchungsbelege zum Einsatz kommen und ob regelmäßige Auswertungen bezüglich deren Aktualität und gegebenenfalls bezüglich der Aktualität der Ausführungstermine stattfinden (über **Einrichtung Finanzwesen • Grundeinstellungen Finanzwesen • Beleg • Dauerbuchungen**).
2. Prüfen Sie mithilfe des Reports RFDAUB00, ob Dauerbuchungsbelege im SAP-System vorhanden sind.
3. Prüfen Sie den Umgang mit Batch-Input-Mappen, die bei der Erstellung von Dauerbuchungen generiert werden (siehe Abschnitt 7.4.4, »Vollständigkeit der Batch-Input-Verarbeitung«).
4. Prüfen Sie, ob die Berechtigungen zum Ändern von Dauerbuchungsbelegen angemessen vergeben sind.

8.3.3 Abstimm-Ledger

FI und CO: Financial und Management Accounting

In der Komponente CO (Controlling) von SAP werden Werteflüsse abgebildet, die primär für interne Zwecke erforderlich sind, nämlich im Rahmen des Management Accountings. Die CO-Buchungen werden entweder gleichzeitig mit den FI-Buchungen erzeugt (bei aufwandsrelevanten Vorgängen werden in der Regel auch eines oder mehrere CO-Objekte kontiert – Kostenstelle, Auftrag etc.) oder bei CO-internen Vorgängen. Letztere können möglicherweise ihrerseits Buchungen in FI auslösen.

[zB]

CO-interne Vorgänge lösen Buchungen in FI aus

Die Kosten eines zentral verwalteten Fuhrparks werden am Periodenende innerhalb der Komponente CO-OM (Overhead Management = Kostenstellenrechnung) zwischen den einzelnen Gesellschaften verteilt. Da unterschiedliche Gesellschaften möglicherweise unterschiedlichen Buchungskreisen zugeordnet sein können, ist eine zusätzliche (Um)buchung in der Komponente FI erforderlich. Je nachdem, ob im jeweiligen Unternehmen das neue Hauptbuch eingesetzt wird oder nicht, sind hier zwei Szenarien möglich:

- **Zusätzliche Schritte ohne neues Hauptbuch**
  Sollte das neue Hauptbuch nicht aktiv sein, sind zusätzliche Aktivitäten erforderlich, um die Vorgänge in CO in der FI-Komponente nachzuziehen; für diesen Zweck wird das sogenannte Abstimm-Ledger verwendet. Am Monatsende werden alle im Abstimm-Ledger gesammelten FI-relevanten Werte mithilfe von Transaktion KALC (Meldung der Kostenflüsse) in das Hauptbuch übernommen.
- **Mit neuem Hauptbuch**
  Sollte das neue Hauptbuch (New GL) im Einsatz sein, entfällt die Notwendigkeit von Abstimmarbeiten: Die korrekten Einstellungen vorausgesetzt, ist die Echtzeitintegration zwischen FI und CO gegeben, und die Bewegungen in CO müssen nicht in FI zusätzlich repliziert werden.

Prüfung: Konfiguration im Abstimm-Ledger

Bleiben wir bei der ersten Option, und nehmen wir an, dass das neue Hauptbuch nicht zur Verfügung steht. Im IMG können Sie die Einstellungen überprüfen. Dabei stehen Ihnen unter **Finanzwesen (neu) • Grundeinstellungen Finanzwesen (neu) • Bücher • Echtzeitintegration des Controllings mit dem Finanzwesen** die in Abbildung 8.20 gezeigten Optionen zur Verfügung.

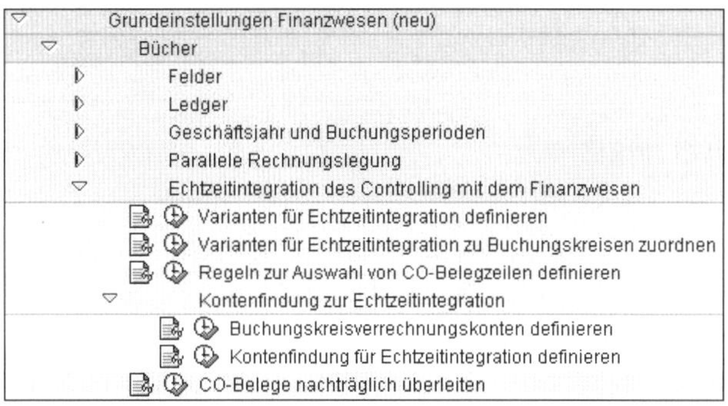

Abbildung 8.20 Relevante Konfiguration im Abstimm-Ledger

Unter anderem können Sie hier prüfen, ob alle relevanten Vorgänge für das automatische Generieren der FI-Buchungen selektiert sind, ob die Integration aktiviert ist, ob in der Kontenfindung richtige Konten hinterlegt sind etc. Darüber hinaus steht Ihnen hier der Report zur Verfügung, der die Vollständigkeit der Belegüberleitung prüfen kann (**CO-Belege nachträglich überleiten**). Alternativ können Sie den Report FAGL_COFI_TRANSFER_CODOCS aufrufen.

Prüfung: Werte aus CO nach FI überleiten

Bei der Überleitung der Werte aus CO nach FI steht die Vollständigkeit im Fokus.

1. Protokoll-Review: In Transaktion KALC können Sie über den Menüpfad **Zusätze • Protokoll** die Verarbeitungsergebnisse aus der Vergangenheit einsehen. Bei den Datumsfeldern ist zu beachten, dass es sich um den Zeitraum der Überleitung der CO-Werte nach FI handelt (der Lauf des Abstimm-Ledgers) und nicht um das Buchungsdatum der FI-Belege.
2. Verwenden Sie Transaktion KALC oder die IMG-Option **CO-Belege nachträglich überleiten**, um die Vollständigkeit der Wertübertragung nach FI zu überprüfen. Vergessen Sie dabei nicht, die Option **Testlauf** auszuwählen.

8.4 Sicherheit und Schutz der Daten im Hauptbuch

Um finanzrelevante Daten vor unerwünschten Änderungen zu schützen, müssen Benutzerberechtigungen nach dem Grundsatz der geringstmöglichen Rechtevergabe behandelt werden. Außer den Berechtigungen gibt es aber weitere Kontrollmechanismen, die im IMG zur Verfügung stehen – sogenannte Applikationskontrollen (siehe Abschnitt 5.1.2, »Kontrollen im SAP-System«).

Auf einige der wichtigen Kontrollen zum Schutz der Daten in der Finanzbuchhaltung gehen wir im Folgenden ein.

8.4.1 Schutz der Buchungskreise

Buchungskreis: wichtiges Element

Der Buchungskreis ist als eigenständig bilanzierende Einheit eines der wesentlichen Elemente der SAP-Organisationsstrukturen. Auf Buchungskreisebene werden einige, aus der Sicht der Finanzbuchhaltung wichtige Einstellungen vorgenommen, wie zum Beispiel die Zuordnung des Kontenplans, die Geschäftsjahresvariante oder die maximale Kursabweichung (Fremdwährungskurse, siehe Abschnitt 8.2.5, »Fremdwährungen«). Die Übersicht über die wichtigsten Einstellungen finden Sie in Abbildung 8.21.

Produktivkennzeichen im Buchungskreis

Diese Einstellungen werden im IMG unter **Finanzwesen • Grundeinstellungen Finanzwesen • Buchungskreise • Globale Parameter** vorgenommen (alternativ über Transaktion SM30 und den Pflegedialog V_001_B). Es liegt auf der Hand, dass der Zugriff auf diese Funktionen – wie auch generell auf die Konfiguration und die direkte Tabellenpflege – restriktiv zu handhaben ist. Darüber hinaus möchten wir Sie auf eine Einstellung im Buchungskreis aufmerksam machen: das *Produktivkennzeichen*. Dieses Kennzeichen wird vor allem benötigt, um rechnungswesensrelevante Daten zu schützen.

Abbildung 8.21 Globale Einstellungen im Buchungskreis

Nicht gesetztes Produktivkennzeichen

Im Rahmen der Implementierung von SAP ERP – zum Beispiel in der Testphase – kann es erforderlich sein, Daten (Stamm- und Bewegungsdaten) zum Beispiel im Bereich der Anlagenbuchhaltung in einem Buchungskreis zu löschen. Hierfür steht Transaktion OABL (Buchungskreis zurücksetzen) zur Verfügung, die Folgendes bewirkt:

- Alle Anlagenstammsätze werden gelöscht.
- Alle Anlagentransaktionen werden gelöscht.

Um eine solche – bei einem produktiven Betrieb äußerst unangenehme – Überraschung (plötzliches Verschwinden der Daten in der Anlagenbuchhaltung) zu vermeiden, muss das Produktivkennzeichen im Buchungskreis gesetzt sein. Außerdem muss auf die Vergabe des Berechtigungsobjektes `A_ADMI_ALL`, das beim Aufruf von Transaktion OABL geprüft wird, besonders geachtet werden.

In Abbildung 8.22 sehen Sie die Meldung, die Sie erhalten, falls Sie einen Buchungskreis zurücksetzen möchten.

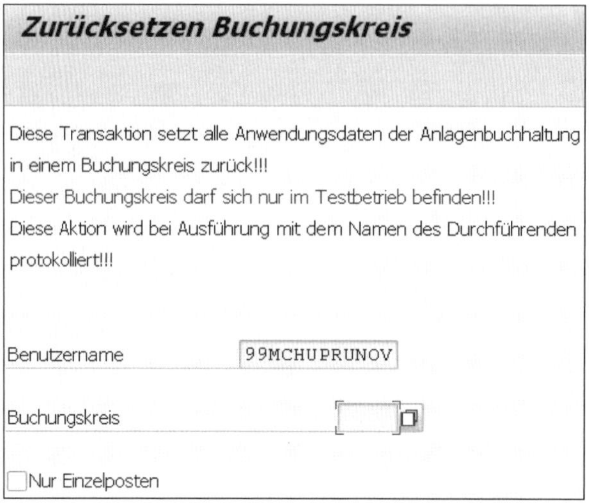

Abbildung 8.22 Meldung beim Zurücksetzen eines Buchungskreises.

Den Schutz eines Buchungskreises können Sie in dessen Einstellungen, zum Beispiel in Tabelle T001, überprüfen (siehe Abbildung 8.23).

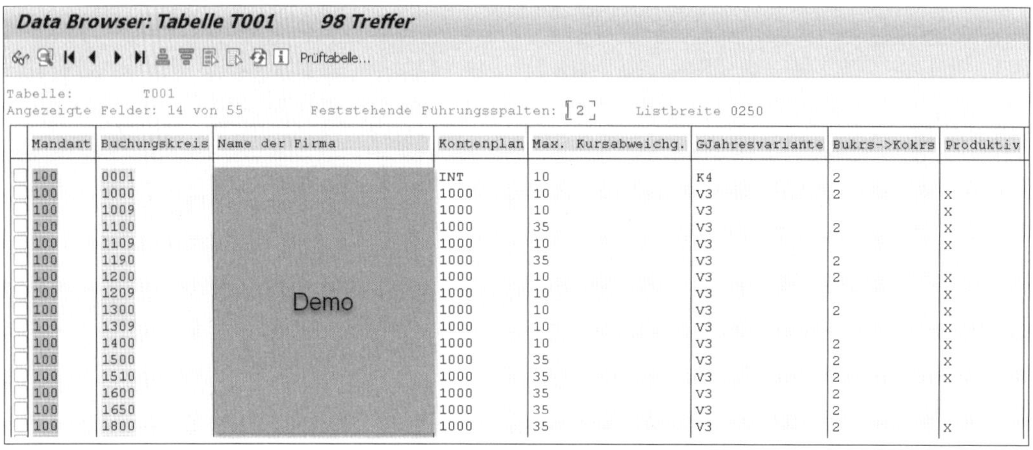

Data Browser: Tabelle T001 98 Treffer

Prüftabelle...

Tabelle: T001
Angezeigte Felder: 14 von 55 Feststehende Führungsspalten: 2 Listbreite 0250

Mandant	Buchungskreis	Name der Firma	Kontenplan	Max. Kursabweichg.	GJahresvariante	Bukrs->Kokrs	Produktiv
100	0001		INT	10	K4	2	
100	1000		1000	10	V3	2	X
100	1009		1000	10	V3		X
100	1100		1000	35	V3	2	X
100	1109		1000	10	V3		X
100	1190		1000	35	V3	2	
100	1200		1000	10	V3	2	X
100	1209		1000	10	V3		X
100	1300	Demo	1000	10	V3	2	X
100	1309		1000	10	V3		X
100	1400		1000	10	V3	2	X
100	1500		1000	35	V3	2	X
100	1510		1000	35	V3	2	X
100	1600		1000	35	V3	2	
100	1650		1000	35	V3	2	
100	1800		1000	35	V3	2	X

Abbildung 8.23 Prüfung, ob das Produktivkennzeichen gesetzt wurde

In der Abbildung sehen Sie auch das Feld **Produktiv**, das die Möglichkeit einer solchen Zurücksetzung steuert und dessen Werte Sie direkt in der Tabelle nachvollziehen können. Enthält das erwähnte Feld bei einem Buchungskreis den Wert »X«, ist dieser gegen Löschprogramme geschützt.

Prüfung: Schutz des Buchungskreises

Folgende Schritte sind zu empfehlen, um den Schutz der Buchungskreise zu überprüfen:

1. Prüfen Sie in Tabelle T001, ob für die im Produktivbetrieb eingesetzten Buchungskreise das Produktivkennzeichen gesetzt ist.
2. Prüfen Sie, ob die Vergabe der Berechtigungen für Transaktion OABL und für das Berechtigungsobjekt `A_ADMI_ALL` restriktiv gehandhabt wird.

8.4.2 Toleranzgruppen

Benutzerspezifische Toleranzgruppen

In Abschnitt 8.2.4, »Validierungen im SAP-System«, haben Sie erfahren, wie Sie komplexe Regeln einrichten, die helfen können, zusätzliche Kontrollen bei der Erfassung der Buchhaltungsbelege zu etablieren. Das SAP-System bietet Ihnen außerdem eine simplere Möglichkeit, um die erlaubten Höchstbeträge benutzerspezifisch zu gestalten: Sie können den einzelnen Benutzern *Toleranzgruppen* zuordnen, die eine maximale Höhe des Betrags in einem Beleg einschränken. Sollte beispielsweise ein Benutzer mit einer auf 10.000 EUR gesetzten Toleranzgruppe 10.001 EUR im Haben auf das Konto »Marketingkosten« zu erfassen versuchen, erhält er eine Fehlermeldung. Es gibt auch weitere Grenzen, die gesetzt werden können. Insgesamt können Sie im IMG (**Finanzwesen • Hauptbuchhaltung • Beleg • Belegposition • Toleranzgruppen für Mitarbeiter definieren**) Folgendes bestimmen:

- bis zu welchem Betrag ein Mitarbeiter einen Beleg buchen darf
- bis zu welchem Betrag ein Mitarbeiter eine Belegposition auf ein Debitoren- oder Kreditorenkonto erfassen darf
- wie viel Skonto (in Prozent) ein Mitarbeiter in einer Belegposition gewähren darf
- bis zu welcher Höhe Zahlungsdifferenzen akzeptiert werden dürfen

Außerdem werden in diesen Toleranzgruppen maximale Beträge bei Zahlungsdifferenzen festgelegt.

Geschäftspartner-spezifische Toleranzen

Außer den benutzerspezifischen Toleranzgruppen gibt es auch Toleranzgruppen für Geschäftspartner, Kunden (Debitoren) und Lieferanten (Kreditoren). Diese werden im IMG definiert, unter Finanzwesen **Debitoren- und Kreditorenbuchhaltung • Geschäftsvorfälle • Zahlungseingang • Zahlungseingang manuell • Toleranzen für Debitoren/Kreditoren definieren**. Diese Toleranzen dienen primär dem Zweck, den »Spielraum« bei der Behandlung von Zahlungsdifferenzen und Restposten einzuschränken, die beim Zahlungsausgleich auftreten können.

In Abbildung 8.24 sehen Sie ein Beispiel, wie eine Toleranzgruppe für Benutzer definiert und zugeordnet wird.

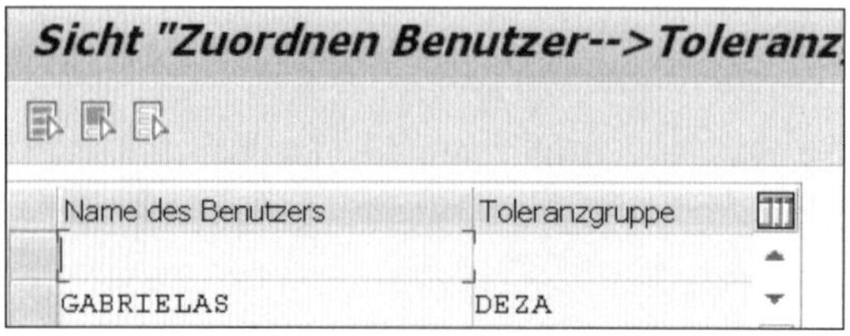

Abbildung 8.24 Toleranzgruppe definieren und zuordnen

In Abbildung 8.25 sehen Sie die Inhalte einer geschäftspartnerspezifischen Toleranzgruppe.

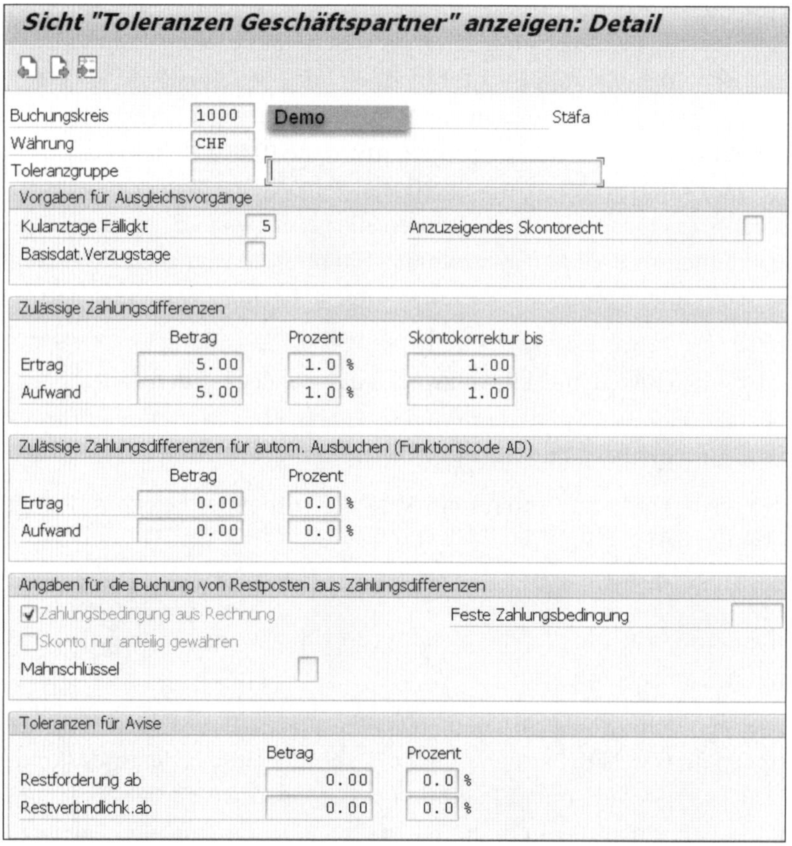

Abbildung 8.25 Geschäftspartnerspezifische Toleranzgruppe

Prüfung: Toleranzgruppen der Benutzer und Geschäftspartner

Folgende Schritte sind zu empfehlen, um einen Überblick über die Behandlung der Toleranzgruppen zu erhalten:

Im IMG (wie beschrieben) oder in Tabelle T043T prüfen Sie, ob Toleranzgruppen angemessen definiert sind. (Die **Betrag pro Beleg**-Grenze in Abbildung 8.26 dürfte zum Beispiel die Frage nach sich ziehen, ob eine Obergrenze von 511 Milliarden bei einer Buchung sinnvoll ist.) Anschließend prüfen Sie, ob von diesen Gruppen Gebrauch gemacht wird – mithilfe von Tabelle T043, in der den einzelnen Benutzern Toleranzgruppen zugeordnet werden.

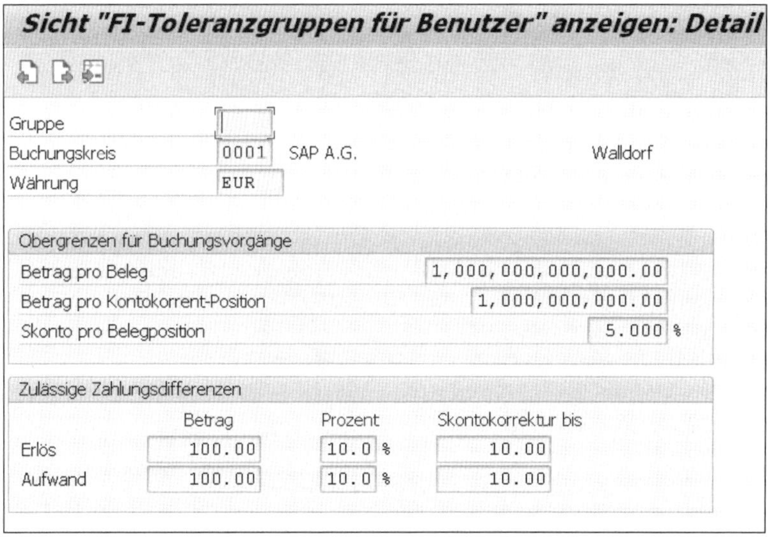

Abbildung 8.26 Toleranzgrenzen für Benutzer

Im IMG oder in Tabelle T043GT prüfen Sie die Angemessenheit der Toleranzgrenzen für Geschäftspartner. Prüfen Sie in den Tabellen LFB1 (für Kreditoren) und KNB1 (für Debitoren), ob und bei welchen Geschäftspartnern diese Toleranzen verwendet werden.

8.4.3 Schutz der Stammdaten

Die Stammdaten in der Finanzbuchhaltung umfassen Objekte wie Sachkonten, Anlagen, Banken, Kreditoren und Debitoren. Die Bedeutung der Stammdaten wurde allgemein in Abschnitt 5.1.1, »Daten im SAP-System«, beschrieben; die Besonderheit der Stammdaten in FI ist deren unmittelbare Beteiligung an Buchungen, deren Gesamtheit die externe Finanzberichterstattung ausmacht.

Stammdaten bei einer Buchung

Bei einer manuellen Rechnungserfassung mithilfe von Transaktion FB60 (Erfassung eingehender Rechnungen) benötigt man folgende Stammdaten: einen *Kreditor* und ein *Aufwandskonto* (bei einem Kreditor ist ein weiteres Sachkonto – das sogenannte *Abstimmkonto* – hinterlegt).

In den folgenden Abbildungen sehen Sie die wichtigsten FI-Stammdatentabellen im SAP-System und deren Verknüpfungen untereinander.

In Abbildung 8.27 sehen Sie Tabelle SKA1 und SKB1, die Sachkontenstammdaten zu Kontenplan bzw. Buchungskreis enthalten.

▾ SKA1	SKA1	Tabelle	Sachkontenstamm (Kontenplan)
▾ SKB1	SKB1	Tabelle	Sachkontenstamm (Buchungskreis)

Abbildung 8.27 Tabellen mit Sachkontenstammdaten

Abbildung 8.28 stellt die Tabellen zu den Lieferantenstammdaten dar.

▾ LFA1	LFA1	Tabelle	Lieferantenstamm (allgemeiner Teil)
• ADDR1_VAL	ADDR1_VAL	Tabelle	Adressdaten
• LFAS	LFAS	Tabelle	Lieferantenstamm (allgemeiner Teil EG-Steuernummer
• LFBK	LFBK	Tabelle	Lieferantenstamm (Bankverbindungen)
▾ LFB1	LFB1	Tabelle	Lieferantenstamm (Buchungskreis)

Abbildung 8.28 Tabellen mit Lieferantenstammdaten

Abbildung 8.29 zeigt die Tabelle zu den Kundenstammdaten.

▾ KNA1	KNA1	Tabelle	Kundenstamm (allgemeiner Teil)
• ADDR1_VAL	ADDR1_VAL	Tabelle	Adressdaten
• KNAS	KNAS	Tabelle	Kundenstamm (allgemeiner Teil EG-Steuernummern)
• KNKA	KNKA	Tabelle	Kundenstamm Kreditmanagement: Zentraldaten
• KNKK	KNKK	Tabelle	Kundenstamm Kreditmanagement: Kontrollbereichsdate
• KNBK	KNBK	Tabelle	Kundenstamm (Bankverbindungen) X
▾ KNB1	KNB1	Tabelle	Kundenstamm (Buchungskreis)

Abbildung 8.29 Tabellen mit Kundenstammdaten

Die Kontrollen der Qualität der Stammdaten werden systemseitig primär durch die Einrichtung von Feldstatusgruppen (siehe Abschnitt 8.2.2, »Feldstatusgruppen«) etabliert. Doch die Einrichtung und Änderung dieser Daten muss durch Berechtigungen ausreichend geschützt werden.

Stammdaten-Pflegetransaktionen

Rechte für die Ausführung von Stammdaten-Pflegetransaktionen dürfen *organisatorisch* nur nach dem Prinzip der geringstmöglichen Rechtevergabe an qualifizierte Personen aus Fachbereichen vergeben werden. *Berechtigungstechnisch* müssen Rollen eingerichtet werden, die durch Berechtigungsobjekte und deren Werte (siehe Abschnitt 5.2.2, »Berechtigungsobjekte«) den Zugriff auf die Stammdaten ausreichend schützen.

In Tabelle 8.3 sind die wichtigsten stammdatenbezogenen Berechtigungsobjekte zusammengefasst.

Transaktionen	Objekt	Ziel des Berechtigungsobjektes
FI01, FI02, FI06 – Bankenstammdaten anlegen und pflegen	F_BNKA_BUK	Einschränkung für Hausbanken und Bankkonten – Buchungskreisebene
	F_BNKA_MAN	generelle Pflegeberechtigung für Bankenstammdaten
FD01, FD02, FD06 – Buchhaltung VD01, VD02, VD06 – Vertrieb; Debitoren anlegen und pflegen	F_KNA1_APP	Einschränkung auf Finanzbuchhaltung oder Vertrieb
	F_KNA1_BED	Einschränkung auf einzelne Debitoren über spezifische Gruppen
	F_KNA1_BUK	Einschränkung auf Buchungskreisebene
	F_KNA1_GRP	Einschränkung auf Debitorenkontengruppen
	F_KNA1_KGD	Einschränkung der generellen Änderbarkeit für Kontengruppen
FD32, F.34 – Debitoren Kreditlimit pflegen	F_KNKA_KKB	Einschränkung für kontrollbereichsbezogene Daten
	F_KNKK_BED	Einschränkung auf Debitorenkontennummern
FK01, FK02, FK06 – Buchhaltung MK01, MK02, MK06 – Einkauf Kreditoren anlegen und pflegen	F_LFA1_APP	Einschränkung auf Finanzbuchhaltung oder Einkauf
	F_LFA1_BEK	Einschränkung der Kreditoren über Berechtigungsgruppen
	F_LFA1_BUK	Einschränkung auf Buchungskreisebene
	F_LFA1_GRP	Einschränkung auf Kontengruppen
FS00, FSP0, FSS0 – Sachkonten anlegen und pflegen	F_SKA1_AEN	Einschränkung auf bestimmte Felder
	F_SKA1_BES	Einschränkung auf einzelne Konten über Berechtigungsgruppen
	F_SKA1_BUK	Einschränkung auf Buchungskreisebene
	F_SKA1_KTP	Einschränkung für Kontenpläne
AS01, AS02, AS06, AS21, AS22, AS26 – Anlagen anlegen und pflegen	A_S_ANLGR	Einschränkung auf Buchungskreisebene
	A_S_ANLKL	Einschränkung auf der Ebene von Anlagenklassen und Buchungskreisen
	A_S_KOSTL	Einschränkung auf der Ebene von Kostenstellen und Buchungskreisen
	A_S_WERK	Einschränkung auf der Ebene von Werken und Buchungskreisen

Tabelle 8.3 Übersicht über Berechtigungsobjekte zum Schutz der FI-Stammdaten

In Tabelle 8.3 wird die Besonderheit der Kreditoren- und Debitorenstammdaten deutlich: Diese haben sowohl eine *FI-Sicht* als auch *vertriebs- oder einkaufsrelevante* Sichten.

Berechtigungsgruppen

Über die standardmäßig in die SAP-Logik der Berechtigungsprüfung eingebauten Werte für immer vorhandene Objekte (wie zum Beispiel Organisationseinheiten) hinaus gibt es die Möglichkeit, Stammdaten individuell in bestimmten Gruppen zusammenzufassen, die einzeln geschützt werden können. Um eine solche zusätzliche Flexibilität bei der Berechtigungsgestaltung zu erreichen, werden *Berechtigungsgruppen* von Stammdaten eingerichtet.

Im SAP-Auslieferungsumfang gibt es keine Berechtigungsgruppen für Stammdaten. Es ist generell den SAP-Kunden überlassen, von diesen Berechtigungsgruppen Gebrauch zu machen. Sie sehen in Abbildung 8.30, dass in den Stammdaten von Sachkonten und Debitoren eine zusätzliche Spalte **Berechtigung** vorhanden ist: Hier können nach Belieben neue Gruppen zugeordnet werden.

Tabelle: KNB1
Angezeigte Felder: 16 von 59 Feststehende Führungsspalten: 3 List

Debitor	Buchungskreis	Berechtigung	Zahl.sperre	Zahlungsbed	Zins-Kennz.
0000020014	7400			Z301	
0000020015	1100			Z301	
0000020015	5200			ZO30	
0000020015	5600			ZOX4	
0000020016	1100			Z201	01
0000020016	1200			Z301	01
0000020016	1300			Z201	
0000020016	1500			Z201	01
0000020016	1840			Z301	01

Abbildung 8.30 Kundenstammdaten – Tabellensicht

Bei der Pflege der Berechtigungsrollen können wie in Abbildung 8.31 gezeigt, Berechtigungsgruppen verwendet werden.

Objekt	F_KNA1_BED	
Text	Debitor: Kontenberechtigung	
Klasse	FI	Finanzwesen
Autor	SAP	

Berechtigungsfelder

Berechtigungsfeld	Kurzbeschreibung
BRGRU	Berechtigungsgruppe
ACTVT	Aktivität

Abbildung 8.31 Verwendung der Berechtigungsgruppen für den individuellen Schutz der Kundenstammdaten

[+]

Prüfung: Schutz der Stammdaten in FI

Für die in Abbildung 8.30 und Abbildung 8.31 gezeigten Transaktionen und Berechtigungsobjekte erhalten Sie mittels einer Auswertung (zum Beispiel im Report RSUSR002, siehe Abschnitt 5.2.7, »Beispiel für eine Berechtigungsauswertung«) einen Überblick darüber, inwieweit die Berechtigungen nach dem Prinzip der geringstmöglichen Rechtevergabe gehandhabt werden.

8.4.4 Kritische Transaktionen

Massenpflege- und Löschaktionen

In der SAP-gestützten Finanzbuchhaltung gibt es Transaktionen, die aufgrund der damit verbundenen hohen Risiken besonders geschützt werden müssen. Insbesondere betrifft dies Transaktionen, die wichtige Daten in FI massenhaft ändern, löschen oder stornieren – aber auch die Ihnen bekannten Transaktionen zum Ändern der Buchungsperioden oder zum Zurücksetzen der Buchungskreise.

Prüfung: kritische Berechtigungen in FI

Prüfen Sie, ob die Transaktionen aus der abschließenden Aufzählung angemessen behandelt werden, ob diese in separate, restriktiv zu handhabende Rollen ausgegliedert sind und ob deren Vergabe sich auf einen ausgewählten Personenkreis beschränkt.

- Transaktionen F.80, FP22 – Massenstorno von Belegen
- Transaktionen XK99, XD99 – Massenpflege von Kreditoren und Debitoren
- Transaktion FPVC – Massenstorno von Mahnungen
- Transaktion F.34 – Massenpflege Kreditlimitdaten
- Transaktionen OB_GLACC11, OB_GLACC12 und OB_GLACC13 – Massenpflege Sachkonten
- Transaktion MASS – zentrale Transaktion für zahlreiche Massenänderungen. Diese ist gesondert durch das Berechtigungsobjekt `B_MASSMAIN` zu schützen.
- Transaktion OABL – Buchungskreis zurücksetzen
- Transaktion S_ALR_87003642 – Pflege der Buchungsperioden

8.4.5 Funktionstrennung im Hauptbuch

Risiko doloser Handlungen

Der Grundsatz der Funktionstrennung ist immer dann zu beachten, wenn die in einer Person kombinierten Aktivitäten das Risiko doloser Handlungen in sich bergen oder ein erhöhtes Fehlerpotenzial aufweisen. Solche Aktivitäten sind nach Möglichkeit nicht von derselben Person auszuführen. Erfahrungsgemäß ist es allerdings recht schwierig, in der Finanzbuchhaltung Funktionstrennungsanforderungen berechtigungstechnisch durchzusetzen – meist aufgrund der organisatorischen Gegebenheiten; die effizienten SAP-ERP-gestützten Prozesse erlauben es oft nicht, zusätzliche Personen nur aus Ordnungsmäßigkeitsgesichtspunkten zu beschäftigen. Trotzdem empfehlen wir, die Kombination der Berechtigungen aus Tabelle 8.4 bei einer Person zu vermeiden.

Kompensierende Kontrollen

Wie geht man mit diesen Anforderungen um? Aufgrund der bereits erwähnten organisatorischen Gegebenheiten verlagert sich in der Prüfungspraxis der Schwerpunkt oft von der Einhaltung der Funktionstrennungsanforderungen auf die Überprüfung der Funktionsfähigkeit der *kompensierenden Kontrollen*. In Abschnitt 8.1.5, »Ausgewählte Kontrollen bei Abschlussarbeiten«, wurden bereits einige Beispiele für Kontrollen erwähnt, bei denen Stammdatenänderungen regelmäßig auf ihre Rechtmäßigkeit hin überprüft werden.

Berechtigungen für folgende Aktivitäten ...	... sollten nicht mit Berechtigungen für folgende Aktivitäten kombiniert werden:
Pflege der Buchungsperioden	alle Buchungen, die zum Fortschreiben der Sachkonten führen
Pflege der Substitutions- und Validierungsregeln	
Pflege der Umrechnungskurse für Fremdwährungen	
Abstimmung Bank oder Kasse	
Pflege aller FI-Stammdaten	
Eingangsrechnungen im Hauptbuch (zum Beispiel über FB60) erfassen	Pflege der FI-Sicht der Kreditorenstammdaten
Fakturen oder Gutschriften im Hauptbuch erfassen	Pflege der FI-Sicht der Debitorenstammdaten
Pflege der Bewertungsbereiche	Buchungen in der Anlagenbuchhaltung
Pflege von Anlagenstammdaten und Aktivierung	

Tabelle 8.4 Funktionstrennungsanforderungen in der Finanzbuchhaltung

Prüfung: Funktionstrennung im Hauptbuch

Prüfen Sie, ob die SAP-Rollen unter Einhaltung der Funktionstrennungsanforderungen definiert wurden, die in Tabelle 8.4 zusammenfassend aufgelistet sind.

Sollten die technischen Voraussetzungen für die Funktionstrennung auf Rollenebene gegeben sein, prüfen Sie, ob dies auch bei den Benutzern der Fall ist bzw. ob die risikobehafteten Berechtigungskombinationen an Benutzer vergeben sind.

Falls die Funktionstrennungsanforderungen organisatorisch nicht umgesetzt werden können, prüfen Sie, ob dokumentierte kompensierende Kontrollen vorhanden sind und ob diese ausgeführt werden.

[«]

Funktionstrennung bei Zahlungsvorgängen

Das Thema *Funktionstrennung bei Zahlungsvorgängen* gehört inhaltlich in diesen Abschnitt, wird aber aufgrund seiner Besonderheiten separat in Abschnitt 8.6.2, »Zahlungsfunktionen«, behandelt.

8.5 Kontrollen in der Anlagenbuchhaltung

Die Anlagenbuchhaltung ist als Teilbereich der Finanzbuchhaltung zu verstehen, in der Vermögensgegenstände des Anlagevermögens eines Unternehmens mit einer Nutzungsdauer von über einem Jahr erfasst und verwaltet werden. Aufgabe der Anlagenbuchhaltung ist die Bewertung und Buchung von Zu- und Abgängen des Anlagevermögens sowie die Ermittlung und Buchung der Abschreibungswerte. Die Anlagenbuchhaltung wird im SAP-System üblicherweise als FI-AA bezeichnet.

In Abschnitt 8.1.1, »Grundsatz: Zeitnähe der Buchungen«, Abschnitt 8.1.6, »Abstimmarbeiten im Hauptbuch«, Abschnitt 8.4.3, »Schutz der Stammdaten«, und Abschnitt 8.2.2, »Feldstatusgruppen«, wurden bereits Kontrollmechanismen erwähnt, die auch im Rahmen der Anlagenbuchhaltung relevant sind. Nachfolgend werden einige ausgewählte FI-AA-spezifische Kontrollmechanismen sowie deren Prüfung beschrieben.

8.5.1 Grundlagen der Anlagenbuchhaltung im SAP-System

Entstehung einer Anlage

Die Aktivierung des Sachanlagevermögens und die Ermittlung der Abschreibungen für diese Anlagen bilden den Kern der Funktionalitäten in FI-AA. Eine Anlage kann auf unterschiedlichen Wegen entstehen:

- Durch den Kauf einer Anlage: Dabei ist ein externer Lieferant involviert (Einkauf).
- Durch die eigene Herstellung einer Anlage: Die Werte für selbst erstellte Anlagen können beim Einsatz weiterer SAP-Komponenten aus der Materialwirtschaft, der Produktion oder der Instandhaltung kommen (Fertigung, Investitionsmaßnahme).

Die Abnutzung der Sachanlagen (Tabelle ANLP) wird wertmäßig in regelmäßigen (in der Regel monatlichen) Abschreibungen berücksichtigt.

Hauptelemente einer Abschreibung

Die Hauptelemente in der SAP-gestützten Anlagenbuchhaltung sind einerseits Stammdaten (Anlagen) und andererseits diverse Grunddaten, die aus der Konfiguration kommen.

- **Anlage**
  Die einzelnen Sachanlagen bilden die zentralen Stammdaten in FI-AA. Um Änderungen dieser Stammdaten zu analysieren, können Sie den Report RAAEND01 (Änderungen der Anlagenstammsätze) verwenden; um Werte im Anlagevermögen zu analysieren, können Sie Transaktion AW01N (Asset Explorer) oder den Anlagengitterreport RAGITT01 verwenden.
- **Anlagenklasse (Tabelle ANKA)**
  Die einzelnen Anlagen sind nach Gruppen gegliedert, die einerseits eigene Regeln für Abschreibungen, Kontenfindung etc. enthalten und andererseits Reporting-Zwecken dienen.
- **Bewertungsbereich (Tabelle T093)**
  Die Sachanlagen können wertmäßig nach unterschiedlichen Grundsätzen bewertet werden, die in der Regel länderspezifische (Bewertungs- und Bilanzierungsregeln), steuerliche und sonstige (kalkulatorische) Besonderheiten widerspiegeln. In das Hauptbuch (und folglich in die Bilanz) können dabei nur Werte eines Bewertungsbereichs sofort bzw. online weitergereicht werden. Die Werte für andere Bewertungsbereiche werden mittels Batch-Input im Rahmen der monatlichen Buchung der Werte in das Hauptbuch weitergereicht.
- **Bewertungsplan (Tabellen T096, T093C)**
  Der Bewertungsplan ist ein übergeordnetes FI-AA-Element, in dem länderspezifische Bewertungsbereiche zusammengefasst sind. Ein Bewertungsplan muss bei der Konfiguration einem Buchungskreis zugewiesen werden.

8.5.2 Default-Werte bei Anlagenklassen

Werteflüsse für AfA in FI-AA steuern

Die Steuerung der anlagenrelevanten Werteflüsse in der Finanzbuchhaltung erfolgt mittels Anlagenklassen. Hier werden wichtige Parameter definiert, insbesondere solche, die die Abschreibungslogik steuern. Viele der Parameter können beim Anlegen einer neuen Anlage manuell bestimmt werden, doch oft werden *Vorschlagswerte* übernommen, die in Anlagenklassen hinterlegt sind. Aus diesem Grund ist es wichtig, die Richtigkeit dieser Vorschlagswerte zu überprüfen – insbesondere für *Abschreibungsschlüssel* und Nutzungsdauer.

In Abbildung 8.32 sehen Sie, wie Sie mittels Transaktion OAYZ (Anlagenklassen: Bewertungsbereiche) die hinterlegten Vorschlagswerte überprüfen können.

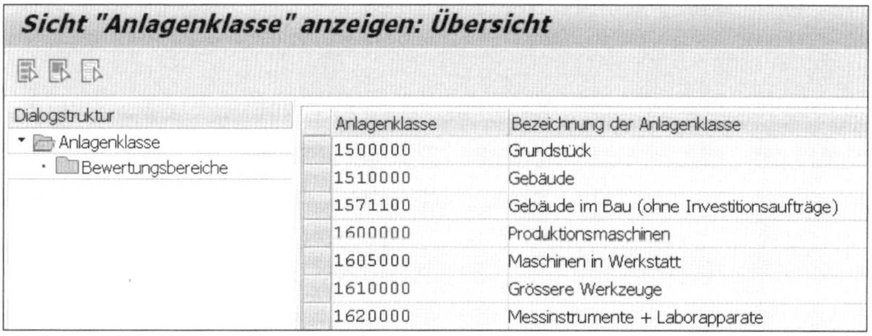

Anlagenklasse	Bezeichnung der Anlagenklasse
1500000	Grundstück
1510000	Gebäude
1571100	Gebäude im Bau (ohne Investitionsaufträge)
1600000	Produktionsmaschinen
1605000	Maschinen in Werkstatt
1610000	Grössere Werkzeuge
1620000	Messinstrumente + Laborapparate

Abbildung 8.32 Übersicht über die Vorschlagswerte für Anlagenklassen

Per Doppelklick auf eine Anlagenklasse können Sie die Vorschlagswerte einsehen (siehe Abbildung 8.33).

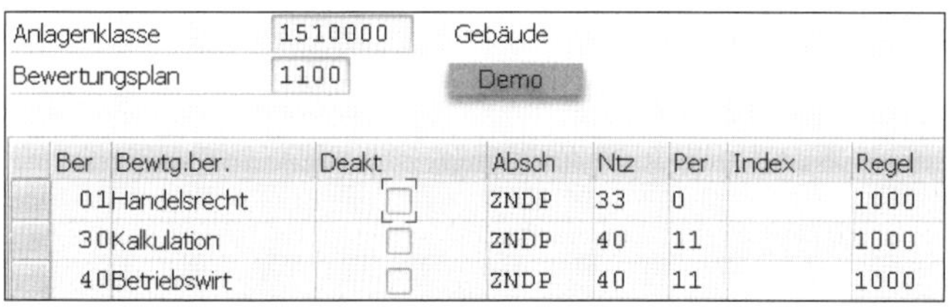

Ber	Bewtg.ber.	Deakt	Absch	Ntz	Per	Index	Regel
01	Handelsrecht	☐	ZNDP	33	0		1000
30	Kalkulation	☐	ZNDP	40	11		1000
40	Betriebswirt	☐	ZNDP	40	11		1000

Abbildung 8.33 Vorschlagswerte

In den meisten Ländern wird die Nutzungsdauer unterschiedlicher Anlagenklassen aus steuerlicher Sicht vorgeschrieben. In den Fällen, in denen die steuerliche Bewertung mit der handelsrechtlichen Bewertung übereinstimmt, ist es sinnvoll, die Vorschlagswerte im SAP-System mit den entsprechenden Vorschriften des Bundesministeriums für Finanzen, zum Beispiel AfA-Tabellen (AfA = Abschreibung für Abnutzung), vergleichen zu können. Das Gleiche betrifft die Vorschlagswerte zugelassener Abschreibungsmethoden, die Sie ebenfalls via Transaktion OAYZ (Feld **Abschreibungsschlüssel**) überprüfen können.

Prüfung: AfA-relevante Parameter in Anlagenklassen

Im Rahmen der Überprüfung der IKS-relevanten Vorschlagswerte der Anlagenklassen sind folgende Handlungen zu empfehlen:

1. Prüfen Sie mittels Transaktion OAYZ für relevante Anlagenklassen die Vorschlagswerte für die Nutzungsdauer sowie die Abschreibungsschlüssel.
2. Prüfen Sie, ob die tatsächlich gepflegten Werte im Feld **Nutzungsdauer** bei den einzelnen Anlagenklassen von den gesetzlich vorgeschriebenen Werten abweichen. Verwenden Sie hierzu die Tabellen ANLA (Informationen über Anlagen und Anlagenklassen) sowie ANLB (Informationen über Anlagen und deren Nutzungsdauer).

8.5.3 Kontenfindung in der Anlagenbuchhaltung

Widerspiegelung der Werte aus FI-AA

Die Werte aus der Anlagenbuchhaltung spiegeln sich im Hauptbuch von SAP zum größten Teil automatisiert mittels Kontenfindung wider. Die Richtigkeit des Ausweises der FI-AA-Vorgänge im Hauptbuch hängt somit von der korrekten Zuordnung der Sachkonten sowie von der Konsistenz der Feldwerte bei diesen Sachkonten ab. In Tabelle 8.5 sehen Sie die Aufstellung der Transaktionen, mit deren Hilfe die Richtigkeit der in der Kontenfindung hinterlegten Sachkonten überprüft werden kann.

Transaktion	Kurzbeschreibung
AO86	Kontierung Abgänge
AO87	Kontierung Aufwertungen auf AHK
AO88	Kontierung Investitionsförderung
AO89	Kontierung nicht zu akt. Koanteil
AO90	Kontierung Zugänge
AO93	Kontierung Normalabschreibung
AO94	Kontierung Sonderabschreibung
AO95	Kontierung außerplanmäßige Abschreibung
AO96	Kontierung Übertragung von Rücklagen

Tabelle 8.5 Übersicht über die Kontenfindungstransaktionen für die Anlagenbuchhaltung

Transaktion	Kurzbeschreibung
AO97	Kontierung Aufwertung auf Abschreibung
AO98	Kontierung Zinsen
AO99	Kontierung abgeleitete Bereiche

Tabelle 8.5 Übersicht über die Kontenfindungstransaktionen für die Anlagenbuchhaltung (Forts.)

Diese Transaktionen sind auch im Menübaum des IMG zu finden. In Abbildung 8.34 sehen Sie ein Beispiel, wie Sachkonten im Rahmen eines Musterbewertungsplans für Deutschland im Bewertungsbereich US-GAAP für diverse Abgangsvorgänge hinterlegt werden.

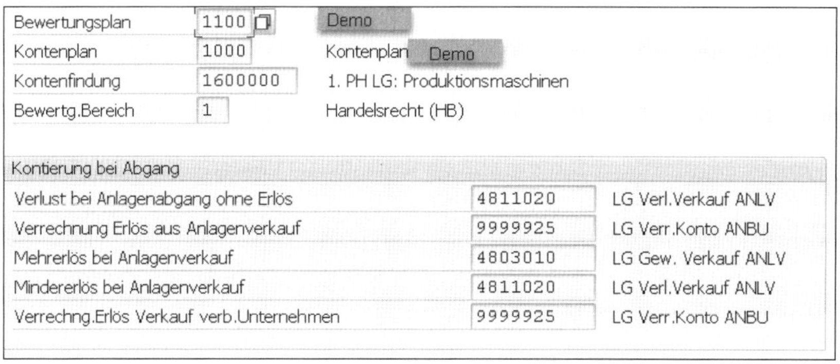

Abbildung 8.34 Beispiel für die Kontenfindung in der Anlagenbuchhaltung – Abgang

Prüfung: Kontenfindung in FI-AA

In Zusammenhang mit der Überprüfung der Kontenfindung in der Anlagenbuchhaltung sind folgende Schritte zu empfehlen:

1. Prüfen Sie mittels der in Tabelle 8.5 aufgelisteten Transaktionen die Richtigkeit und die Vollständigkeit der Kontenfindung für relevante Vorgänge in der Anlagenbuchhaltung.
2. Zusätzlich zur manuellen Überprüfung der Richtigkeit der Kontenfindung empfiehlt es sich, eine automatisierte Konsistenzprüfung der kontenfindungsrelevanten Einstellungen und Feldwerte im Sachkontenstamm vorzunehmen (siehe Abschnitt 8.5.4).

8.5.4 Konsistenzprüfung der Kontenfindung und der Konfiguration

Konsistenzcheck der Konfiguration

Im IMG (Transaktion SPRO) wird für die Anlagenbuchhaltung eine Funktion angeboten, die neben den generellen Übersichten der relevanten Einstellungen eine maschinelle Ermittlung der Inkonsistenzen durchführt. Diese Konsistenzcheck-Funktion ist über den Pfad **Finanzwesen (neu) • Anlagenbuchhaltung • Produktionsvorbereitung • Konsistenz prüfen** zu finden.

Wie Sie in Abbildung 8.35 sehen, besteht hier außer der Prüfung der FI-AA-relevanten Felder im Sachkontenstamm auch die Möglichkeit der Konsistenzprüfung sonstiger Konfigurationseinstellungen in der Anlagenbuchhaltung.

Aktion auswählen:

Aktivitäten

Aus...	Bezeichnung der Aktivität
	Übersichtsreport: Anlagenklassen
	Übersichtsreport: Bewertungspläne
	Übersichtsreport: Buchungskreise
	Übersichtsreport: Bewertungsbereiche
✔	Konsistenzreport: Anlagen-Hauptbuchkonten
✔	Konsistenzreport: FI-AA-Customizing

Abbildung 8.35 Konsistenzchecks der Konfiguration und des kontenfindungsrelevanten Sachkontenstamms in der Anlagenbuchhaltung

Wenn Sie die beiden markierten Optionen auswählen, werden die folgenden beiden Reports ausgeführt: Report RACKONT1 dient der Prüfung der Hauptbuchkonten (siehe Abbildung 8.36).

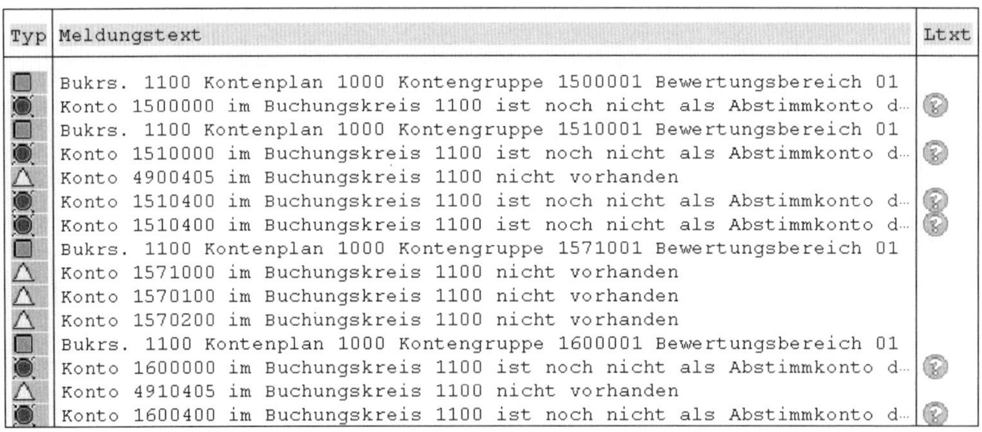

Typ	Meldungstext	Ltxt
	Bukrs. 1100 Kontenplan 1000 Kontengruppe 1500001 Bewertungsbereich 01	
	Konto 1500000 im Buchungskreis 1100 ist noch nicht als Abstimmkonto d...	
	Bukrs. 1100 Kontenplan 1000 Kontengruppe 1510001 Bewertungsbereich 01	
	Konto 1510000 im Buchungskreis 1100 ist noch nicht als Abstimmkonto d...	
	Konto 4900405 im Buchungskreis 1100 nicht vorhanden	
	Konto 1510400 im Buchungskreis 1100 ist noch nicht als Abstimmkonto d...	
	Konto 1510400 im Buchungskreis 1100 ist noch nicht als Abstimmkonto d...	
	Bukrs. 1100 Kontenplan 1000 Kontengruppe 1571001 Bewertungsbereich 01	
	Konto 1571000 im Buchungskreis 1100 nicht vorhanden	
	Konto 1570100 im Buchungskreis 1100 nicht vorhanden	
	Konto 1570200 im Buchungskreis 1100 nicht vorhanden	
	Bukrs. 1100 Kontenplan 1000 Kontengruppe 1600001 Bewertungsbereich 01	
	Konto 1600000 im Buchungskreis 1100 ist noch nicht als Abstimmkonto d...	
	Konto 4910405 im Buchungskreis 1100 nicht vorhanden	
	Konto 1600400 im Buchungskreis 1100 ist noch nicht als Abstimmkonto d...	

Abbildung 8.36 Konsistenzreport für Anlagen-Hauptbuchkonten

Mit Report RACHECKO prüfen Sie das Customizing (siehe Abbildung 8.37).

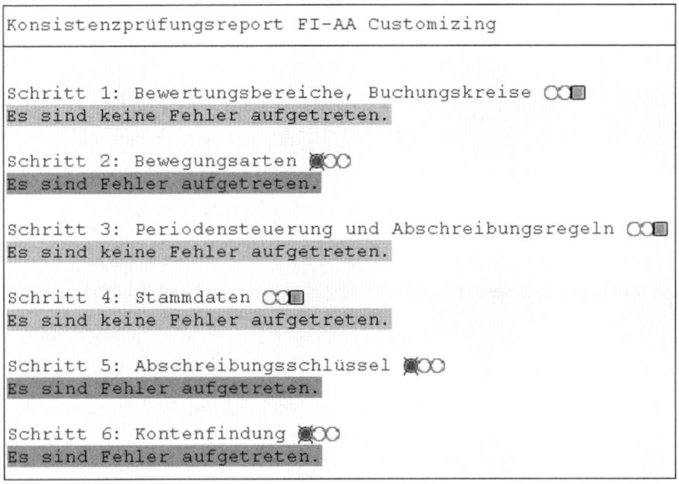

```
Konsistenzprüfungsreport FI-AA Customizing

Schritt 1: Bewertungsbereiche, Buchungskreise
Es sind keine Fehler aufgetreten.

Schritt 2: Bewegungsarten
Es sind Fehler aufgetreten.

Schritt 3: Periodensteuerung und Abschreibungsregeln
Es sind keine Fehler aufgetreten.

Schritt 4: Stammdaten
Es sind keine Fehler aufgetreten.

Schritt 5: Abschreibungsschlüssel
Es sind Fehler aufgetreten.

Schritt 6: Kontenfindung
Es sind Fehler aufgetreten.
```

Abbildung 8.37 Konsistenzreport für die Prüfung des Customizings in FI-AA

Folgende Konsistenzcheck-Transaktionen stehen zur Verfügung:

- OAK1 – Konsistenz Bewertungsplan
- OAK2 – Konsistenz Buchungskreis
- OAK3 – Konsistenz Bewertungsbereich
- OAK4 – Konsistenz Hauptbuchkonten
- OAK5 – Customizing Mitbuchsteuerung
- OAK6 – Konsistenz Hauptbuchkonten

Abstimmungen der Werte mit dem Hauptbuch

Neben dieser maschinellen Auswertung, die sich auf die Konfiguration und den Sachkontenstamm bezieht, ist es ratsam, den Report RAABST01 zur Aufdeckung der Abstimmprobleme zwischen der Wertfortschreibung in der Anlagenbuchhaltung und der Kontenfortschreibung in der Hauptbuchhaltung (bezogen auf ein bestimmtes Konto) zu verwenden. Dieser Report ist besonders hilfreich, wenn Differenzen zwischen der Saldenliste im Ledger der Hauptbuchhaltung und den im Anlagengitter ausgewiesenen Werten bestehen.

Prüfung: Konsistenzcheck in FI-AA

Folgende Prüfungshandlungen sind zu empfehlen:

1. Führen Sie die Transaktionen OAK1 bis OAK6 aus, um die Konsistenz der Konfiguration und der Feldwerte im Sachkontenstamm für die Anlagenbuchhaltung zu überprüfen.
2. Prüfen Sie mittels des Reports RAABST01, ob Differenzen zwischen dem Hauptbuch und der Anlagenbuchhaltung vorliegen.

8.5.5 Abschreibungen

Länderspezifische Szenarien

Um Besonderheiten der lokalen Anforderungen an die Bilanzierung abzubilden, hat das SAP-System einige länderspezifische vorkonfigurierte Szenarien zu bieten, auch für die Anlagenbuchhaltung. Diese *lokalisierten* SAP-Szenarien sind allerdings nicht immer zeitgleich mit einem neuen Release verfügbar und umfassen unter Umständen auch nicht alle Länder.

Länderspezifische Besonderheiten

Im Jahr 2007 standen wir vor der Herausforderung, die in Lettland gültigen gesetzlichen Anforderungen bei einem Unternehmen in der Anlagenbuchhaltung (FI-AA) zu implementieren. Die zu beachtenden Regelungen waren stark am lokalen Steuerrecht orientiert und forderten zum Beispiel, dass das Fundament eines Gebäudes anders abgeschrieben werden musste als das Dach desselben Gebäudes. Dabei war der Restwert bei der Berechnung der AfA-Beträge bewertungsbereichsübergreifend zu berücksichtigen.

Mit anderen Worten: Die Grundelemente der Anlagenbuchhaltung (siehe Abschnitt 8.5.1, »Grundlagen der Anlagenbuchhaltung im SAP-System«) waren komplett neu einzurichten, unter anderem auch die Abschreibungsschlüssel.

AfA-Schlüssel sind nicht einfach

Um die Rechenlogik der eigendefinierten Abschreibungsschlüssel zu verstehen, muss ein Prüfer seine Liebe zu Details und seine Affinität zur Mathematik erneut unter Beweis stellen. In Abbildung 8.38 sehen Sie ein Beispiel, wie einzelne Rechenmethoden in den Elementen innerhalb eines Abschreibungsschlüssels hinterlegt werden. Diese Einstellungen können Sie mittels Transaktion AFAMA (Abschreibungsschlüssel pflegen überprüfen.

Abbildung 8.38 Konfiguration von Abschreibungsschlüsseln

Aus der Übersicht aus Abbildung 8.38 können Sie sowohl in die einzelnen Abschreibungsschlüssel als auch die zugeordneten Rechenmethoden verzweigen (siehe Abbildung 8.39).

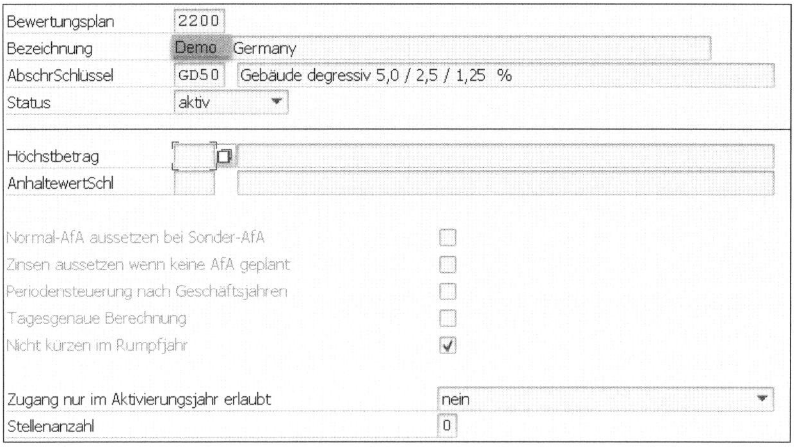

Abbildung 8.39 Beispiel für einen Abschreibungsschlüssel in einem Bewertungsplan

Neben einer Prüfung der Rechenmethoden ist ein Überblick über generelle Regeln bezüglich der Periodizität der Mitbuchungen der Abschreibungen sinnvoll. Pro Buchungskreis und Bewertungsbereich werden die Frequenz der Weiterleitung der AfA-Werte in das Hauptbuch und sonstige Einstellungen definiert (siehe Abbildung 8.40). Diese Übersicht können Sie mittels Transaktion OAYR (Buchungsregeln Abschreibungen) generieren.

Prüfung: Abschreibungsregeln

Folgende ausgewählte Prüfungshandlungen sind im Zusammenhang mit Abschreibungen zu empfehlen:

1. Prüfen Sie die Richtigkeit der Rechenregeln in den Abschreibungsschlüsseln – insbesondere sind eigendefinierte Abschreibungsschlüssel relevant; diese beginnen mit Z oder Y. Die hinterlegten Rechenregeln können Sie mithilfe von Transaktion AFAMA prüfen. Alternativ können Sie hierzu folgende Tabellen verwenden
   - T090NA (Abschreibungsschlüssel)
   - T090NAT (Bezeichnung Abschreibungsschlüssel)
   - T090NAZ (Methodenzuordnung Abschreibungsschlüssel)
2. Prüfen Sie mit Transaktion OAYR die generellen buchungskreisspezifischen Regeln für die Überleitung der AfA-Werte in das Hauptbuch. Zu den kritischen Regeln gehören zum Beispiel die Nichtzulässigkeit der Buchung von Abschreibungen unter null; dies ist sowohl nach HGB und IFRS als auch in den meisten Ländern laut Steuerrecht nicht erlaubt.

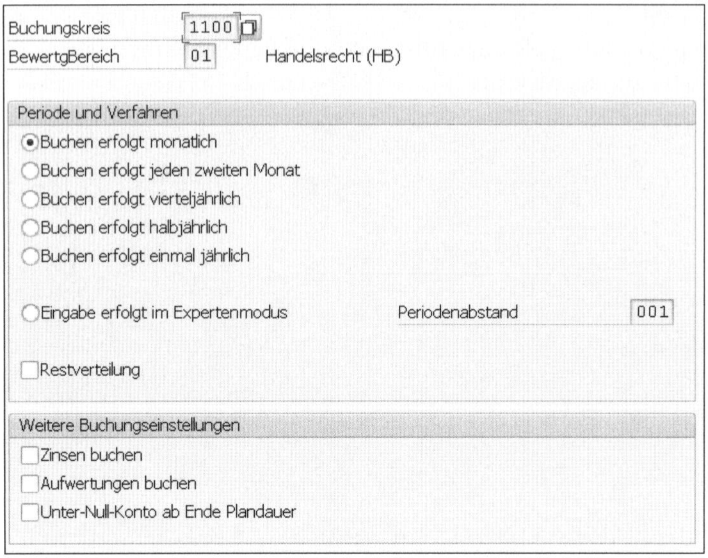

Abbildung 8.40 Buchungskreisspezifische Abschreibungsregeln

8.5.6 Anlagengitter

Eine der wichtigsten Informationsquellen in der SAP-gestützten Anlagenbuchhaltung ist das sogenannte *Anlagengitter*. Dieses ist im SAP-System in Form des Standardberichts RAGITT01 definiert und bietet eine komprimierte Übersicht über alle buchhalterisch relevanten anlagenbezogenen Werteflüsse im SAP-System. Die Vollständigkeit und die Richtigkeit der in diesem Bericht berücksichtigten Werte sind kritisch zu prüfen, insbesondere falls während der SAP-ERP-Implementierung Anpassungen des Standards vorgenommen wurden. Die Struktur und die Zusammensetzung des Anlagengitters werden mit Transaktion OA79 (Pflege des Anlagengitters) gepflegt.

Den folgenden drei Abbildungen können Sie entnehmen, wie die einzelnen Vorgänge (zum Beispiel Zugänge) den Positionen im Anlagengitter zugeordnet werden. Abbildung 8.41 zeigt die Konfiguration des Anlagengitters.

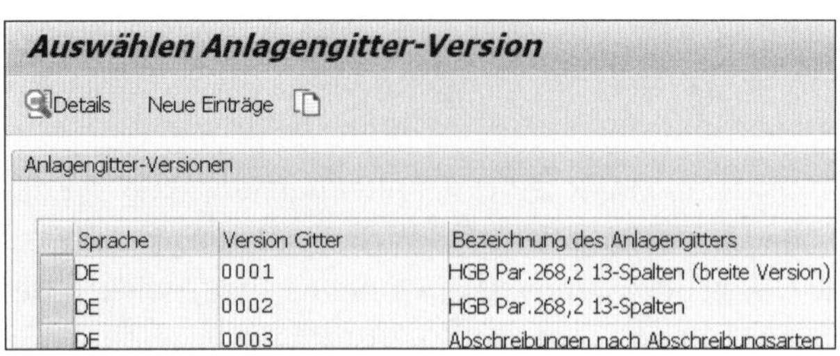

Abbildung 8.41 Konfiguration des Anlagengitters

Markieren Sie die gewünschte Version und steigen Sie in die Details ein (siehe Abbildung 8.42). Achten Sie dabei auf das Kennzeichen **Gitter vollständig**, das in der relevanten Gitterversion als »markiert« erscheinen muss.

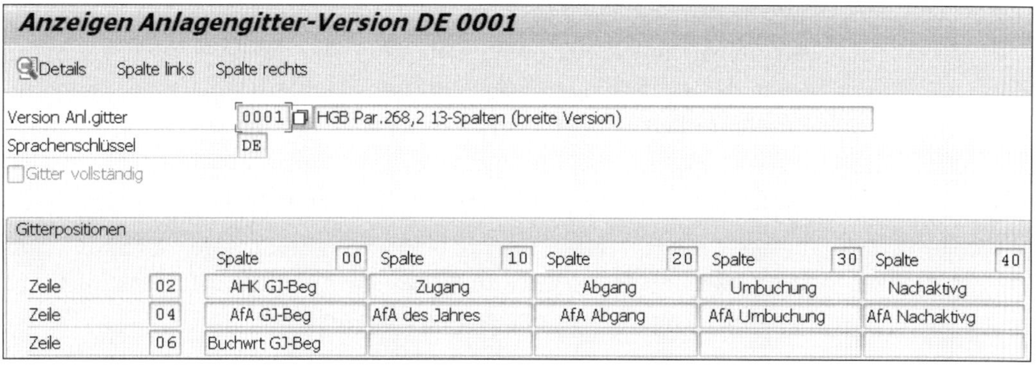

Abbildung 8.42 Details der Anlagengitterversion

Sie können tiefergehend in die Konfiguration der einzelnen Positionen des Anlagengitters einsteigen (siehe Abbildung 8.43).

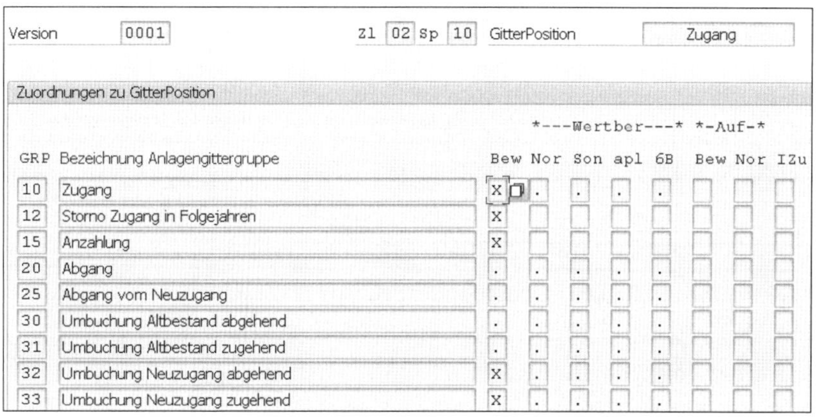

Abbildung 8.43 Konfiguration einer Position im Anlagengitter.

Prüfung: Vollständigkeit des Anlagengitters

Bei der Überprüfung des Anlagengitters sind folgende Aktionen relevant:

1. Prüfen Sie, ob die einzelnen Vorgänge im Anlagengitter vollständig berücksichtigt wurden, und kontrollieren Sie insbesondere das Vollständigkeitskennzeichen in der relevanten Gitterversion (Transaktion OA79).
2. Verwenden Sie alternativ Tabelle TABWP, um das Vollständigkeitskennzeichen zu überprüfen.

8.5.7 Geringwertige Wirtschaftsgüter

Fehlerverringerung durch Konfigurationskontrolle

Die geringwertigen Anlagengüter werden aktiviert und sofort bzw. im Jahr ihrer Anschaffung als Betriebsausgaben erfasst. Technisch ist diese Anforderung im SAP-System mithilfe des speziellen Abschreibungsschlüssels GWG (Geringwertige Wirtschaftsgüter) und mithilfe der Nutzungsdauer (ein Monat) umgesetzt. Außerdem kann eine korrekte buchhalterische Behandlung von Geringwertigen Wirtschaftsgütern durch eine Konfigurationskontrolle verstärkt werden: Es handelt sich um eine Höchstbetragsprüfung, die eine Zugangsbuchung in der Anlagenbuchhaltung zurückweist, falls ein bestimmter Betrag unterschritten wurde.

Optionen bei der Werteprüfung

In Abbildung 8.44 sehen Sie, wie eine solche Prüfung im SAP-System pro Anlagenklasse und pro Bewertungsbereich mithilfe von Transaktion OAY2 (Anlagenklasse GWG-Werteprüfung) eingestellt wird.

Abbildung 8.44 Anlagenklasse – Steuerung der GWG-Werteprüfung

Sie haben insgesamt drei Optionen (siehe Abbildung 8.45):

- *Kein Eintrag* (**0**): Die Höchstbetragsprüfung ist inaktiv.
- **1**: Die gesamten Anschaffungs- und Herstellkosten (AHK) der Anlage werden gegen den hinterlegten GWG-Höchstbetrag geprüft.
- **2**: Die durchschnittlichen AHK der Anlagen in einer Sammelbuchung werden gegen den hinterlegten GWG-Höchstbetrag geprüft.

GWG-Wertprüfung	Kurzbeschreibung
0	Keine Höchstbetragsprüfung
1	Wertmäßige Höchstbetragsprüfung
2	Höchstbetrag in Verbindung mit Menge prüfen

Abbildung 8.45 Optionen der GWG-Werteprüfung.

Die GWG-Höchstbeträge werden mit Transaktion OAYK (Geringwertige Wirtschaftsgüter) gepflegt. Wie Sie in Abbildung 8.46 sehen, können diese unter anderem auch buchungskreisspezifisch pro Bewertungsbereich festgelegt werden.

Ber	Bezeichnung Bewertungsbereich	GWG-Betrag	MaxGWG-Bst	Währg
01	Handelsrecht	800.00	880.00	EUR
02	Steuerliche Sonder-AfA zu handelsbilanziellen ...	800.00	880.00	EUR
10	Vermögensbewertung	800.00	880.00	EUR
15	Steuerbilanz	800.00	880.00	EUR
20	Kalkulatorische AfA	800.00	880.00	EUR
30	Konzernbilanz in Hauswährung	800.00	880.00	EUR
31	Konzernbilanz in Konzernwährung	800.00	880.00	EUR

Abbildung 8.46 GWG-Höchstbeträge pro Buchungskreis

Prüfung: GWG-Konfigurationskontrolle

Erkundigen Sie sich, ob die GWG-Problematik für das geprüfte Unternehmen relevant ist, und gegebenenfalls, wie diese laut Bilanzierungsrichtlinien zu behandeln ist.

8.5.8 Berechtigungssteuerung in der Anlagenbuchhaltung

Bewegungsarten

Sie wissen bereits aus Abschnitt 5.2, »Berechtigungen«, wie Berechtigungskontrollen im SAP-System funktionieren. Um die Vergabe der Berechtigungen in der Anlagenbuchhaltung nach den Prinzipien der Funktionstrennung sowie der geringstmöglichen Rechte zu gestalten, kann eine Differenzierung auf der Ebene einzelner Werte in Berechtigungsobjekten erforderlich sein. Die Besonderheit der SAP-gestützten buchhalterischen Vorgänge in der Anlagenbuchhaltung besteht unter anderem darin, dass diesen bestimmte *Bewegungsarten* entsprechen. Die einzelnen Bewegungsarten finden Sie in den Tabellen TABW (Bewegungsarten) und TABWT (Bezeichnungen der Bewegungsarten). Bewegungsarten sind dreistellig und lassen sich vereinfacht in vier Hauptkategorien zusammenfassen:

- 1* – Zugang
- 2* – Abgang
- 3* – Transfer/Umbuchung
- 4* – Nachaktivierung

Berechtigungsobjekte

Zwei Berechtigungsobjekte spielen in der Anlagenbuchhaltung bei der Berücksichtigung der Bewegungsarten zusammen:

- **Berechtigungsobjekt A_B_ANLKL**
  Dieses Berechtigungsobjekt ist der erste Teil des Objektes *Bewegungen eines Anlagenstammsatzes*. Auf dieser Ebene wird definiert, ob ein Benutzer Bewegungen auf einen Anlagenstammsatz einer Anlagenklasse in einem bestimmten Buchungskreis buchen darf. Dem Berechtigungsobjekt sind die folgenden Felder zugeordnet: **Anlagenklasse**, **Buchungskreis** und **Aktivitätstyp**.
- **Berechtigungsobjekt A_B_BWART**
  Dieses Berechtigungsobjekt ist der zweite Teil des Objektes *Bewegungen eines Anlagenstammsatzes*. Auf dieser Ebene wird definiert, ob ein Benutzer Bewegungen auf einen Anlagenstammsatz mit einer bestimmten Bewegungsart innerhalb einer Anlagenklasse buchen darf. Definierte Felder sind hier **Anlagenklasse** und **Bewegungsart**.

Aktivitäten

Außer zwischen Bewegungsarten wird in der Anlagenbuchhaltung zwischen unterschiedlichen Aktionen im Rahmen der Abschlussaktivitäten unterschieden. Das Berechtigungsobjekt `A_PERI_BUK` definiert, ob der jeweilige Systembenutzer in der Anlagenbuchhaltung folgende periodische Arbeiten durchführen darf:

- Abschreibungen buchen (Aktivität 30)
- Abschreibungen neu rechnen (Aktivität 31)
- Bestandswerte buchen (Aktivität 32)
- Planwerte Abschreibungen an Kostenrechnung (Aktivität 33)
- neuen Bewertungsbereich aufnehmen (Aktivität 34)
- Jahreswechsel (Aktivität 35)
- Jahresabschluss (Aktivität 36)
- Archivierung (Aktivität 37)
- Archivierung zurückladen (Aktivität 38)

Prüfung: Berechtigungen in FI-AA

Nachfolgend sind die wesentlichen Punkte aufgezählt, die im Zusammenhang mit Berechtigungen in der Anlagenbuchhaltung zu prüfen sind:

1. Prüfen Sie, inwieweit der Grundsatz der Funktionstrennung bei der Berechtigungsvergabe in der Anlagenbuchhaltung berücksichtigt wurde (siehe Abschnitt 8.4.5, »Funktionstrennung im Hauptbuch«).
2. Prüfen Sie, ob die in diesem Abschnitt beschriebenen Berechtigungen nach dem Minimalprinzip vergeben worden sind.
3. Verschaffen Sie sich einen Überblick über die verwendeten Bewegungsarten (Tabellen TABW und TABWT), und prüfen Sie, ob kritische Bewegungsarten, zum Beispiel Abgang aus Verschrottung, besonders geschützt sind.

8.5.9 Kritische Berechtigungen in der Anlagenbuchhaltung

In der SAP-gestützten Anlagenbuchhaltung sind einige Diensttransaktionen vorhanden, die ausschließlich im Rahmen der Implementierung – das heißt nicht im produktiven Betrieb – verwendet werden dürfen. Sollten diese Transaktionen im geprüften System nicht gesperrt sein, ist die Berechtigungsvergabe sehr strikt zu handhaben. Im Einzelnen geht es um folgende Transaktionen:

Hilfstransaktionen: nur für die Implementierung

- **Transaktion OABL – Buchungskreis zurücksetzen**
  Bei der Ausführung dieser Transaktion werden alle Anlagenstämme und Bewegungen gelöscht. Beim Testen der Datenübernahme könnte dies hilfreich sein, doch im Produktivbetrieb könnte es verheerende Folgen haben (siehe Abschnitt 8.4.1, »Schutz der Buchungskreise«).
- **Transaktion OAGL – Gebuchte Abschreibungen zurücksetzen**
  Hier können die gebuchten Abschreibungen im Anlagennebenbuch zurückgesetzt werden. Das SAP-System löscht die entsprechenden Werte aller Anlagen eines Buchungskreises. Das Zurücksetzen erfolgt nicht im buchhalterischen Sinn: Es werden keine Belege oder Buchungsmappen erzeugt, die die bereits erfolgten Abschreibungsbuchungen in der Finanzbuchhaltung stornieren. Deshalb hat das Zurücksetzen in der Anlagenbuchhaltung Differenzen zwischen den Wertberichtigungen der Anlage im Nebenbuch und den zugehörigen Konten in der Finanzbuchhaltung zur Folge.
- **Transaktionen OAAR und OAAQ – Jahresabschlussaktivitäten zurücknehmen**
  Um die erfolgten Jahresabschlussaktivitäten in der Anlagenbuchhaltung zurückzunehmen, gibt es zwei Transaktionen: OAAR (Jahresabschluss Bewertungsbereich zurücknehmen) und OAAQ (Jahresabschluss je Buchungskreis zurücknehmen).
- **Transaktion OABK – Anlagenklassen löschen**
  Diese Transaktion ist nur in der Einführungsphase notwendig, falls angelegte Anlagenklassen nicht mehr benötigt werden.
- **Transaktion OAMK – Konfiguration der Abstimmkonten pro Buchungskreis**
  Diese Transaktion ist nützlich, weil sie alle Anlagenbuchhaltungsabstimmkonten auflistet. Allerdings enthält diese Transaktion die kritische Option **Abstimmkennzeichen für alle Konten löschen**.

Prüfen Sie, ob die Berechtigungen für die aufgelisteten Diensttransaktionen nach dem Prinzip der geringstmöglichen Rechtevergabe vergeben werden.

Prüfung: kritische Berechtigungen

8.6 Kontrollen in der Kreditoren- und Debitorenbuchhaltung

Die Account-Payables- und Account-Receivables-Komponenten in FI stellen prozessseitig den Nebenbuchanteil der Verbindlichkeiten und Aufwendungen sowie von Forderungen und Umsatzerlösen im Jahresabschluss dar. Bei Einsatz der weiteren SAP-ERP-Komponenten kommen auch weitere Prozesse zum Tragen, die in diesem Buch im Rahmen des Procure-to-Pay-Prozesses (siehe Kapitel 9, »Kontrollmechanismen im SAP-ERP-gestützten Procure-to-Pay-Prozess«) und des Order-to-Cash-Prozesses (siehe Kapitel 10, »Kontrollmechanismen im SAP-ERP-gestützten Order-to-Cash-Prozess«) behandelt werden.

Einige FI-AP- und FI-AR-relevante Themen wurden bereits in den vorangegangenen Kapiteln im Rahmen der übergreifenden Hauptbuchkontrollen behandelt. In diesem Abschnitt geht es um Kontrollmechanismen, die spezifisch für FI-AP und FI-AR sind.

8.6.1 Richtigkeit der Abstimmkonten

Woher »weiß« das SAP-System, welches Sachkonto im Hauptbuch im Hintergrund automatisch bebucht wird, falls ein Geschäftsvorfall stattfindet, in den ein Debitor oder ein Kreditor involviert ist? Die Antwort lautet hier: durch das *Abstimmkonto*. Dieses wird im Stamm eines Debitors oder Kreditors hinterlegt und bei einer Buchung verwendet.

Inkorrekter Ausweis in der Bilanz

In Abbildung 8.47 sehen Sie folgendes Beispiel: Das Konto 160000 (**Kreditoren-Verbindlichkeiten Inland**) ist dem Kreditor 3101 (**Finanzamt Berlin**) zugeordnet. Die Zuweisung eines Abstimmkontos in der FI-Sicht der Geschäftspartnerstammdaten ist obligatorisch (Muss-Feld); die Risiken in der Praxis ergeben sich aus einer inkorrekten Zuordnung. Die Forderungen und Verbindlichkeiten werden in der Bilanz in der Regel in Gruppen zusammengefasst, zum Beispiel Forderungen/Verbindlichkeiten Inland/Ausland. Wird einem Inlandskreditor ein Auslandsverbindlichkeitskonto zugewiesen, landet dieser unter einer falschen Position im Jahresabschluss. Dies kann dazu führen, dass bei der nachträglichen Abwertung von Forderungspositionen nach Länderrisiken (sogenannte Länderdelkredere) falsch gerechnet wird. Insgesamt handelt es sich hier um das Risiko eines falschen Ausweises von Forderungen und Verbindlichkeiten.

Abbildung 8.47 Beispiel für das Abstimmkonto eines Kreditors

Sonderhauptbuchvorgänge

Bei sogenannten Sonderhauptbuchvorgängen werden nicht die direkt zugeordneten Abstimmkonten verwendet. Bei besonderen Buchungen (wie Anzahlung, Wechsel) wird das im Stammsatz eines Geschäftspartners hinterlegte Abstimmkonto durch ein anderes Konto ersetzt (**Erhaltene Anzahlungen** statt **Forderungen**). Die Ersetzung erfolgt aufgrund des Sonderhauptbuchkennzeichens, das bei solchen Buchungen anzugeben ist.

Die Regeln für die Ableitung der Sonderhauptbuchkonten werden im IMG unter **Finanzwesen (neu) • Grundeinstellungen Finanzwesen • Debitoren- und Kreditorenbuchhaltung • Geschäftsvorfälle • Buchungen mit abweichendem Abstimmkonto • Abweichende Abstimmkonten definieren** und **Sonstige Sonderhauptbuchvorgänge** definiert.

Prüfung: Abstimmkonten Geschäftspartnerstammdaten

Im Hinblick auf die Zuordnung der Abstimmkonten sind folgende Prüfungshandlungen zu empfehlen:

1. Führen Sie Plausibilitätschecks hinsichtlich der Richtigkeit der zugeordneten Abstimmkonten durch: Die Länderkennzeichen der Geschäftspartner können den Tabellen LFA1 und KNA1 entnommen werden, während die zugeordneten Sachkonten in den Tabellen LFB1 und KNB1 zu finden sind.
2. Prüfen Sie die Richtigkeit der Zuordnung von abweichenden Abstimmkonten für Sonderhauptbuchvorgänge (siehe den zuvor aufgeführten Pfad im IMG).

8.6.2 Zahlungsfunktionen

Bevor wir uns den Kontrollmechanismen im Rahmen der SAP-Standardfunktion **Zahllauf** zuwenden, möchten wir Ihnen noch einige Ratschläge geben, wie Sie das Thema Zahlungen im SAP-System aus IKS- und Prüfungssicht generell angehen sollten.

Zahlungsmöglichkeiten

In der Revisionspraxis wird oft übersehen, dass Transaktion F110 (Parameter für maschinelle Zahlung) nicht der einzige Schritt in der Abfolge von Aktionen bei der Zahlungsabwicklung und auch nicht die einzige Zahlungsmöglichkeit ist.

- Die Ergebnisse eines Zahllaufs aus dem SAP-System werden oft an eine weitere (unter anderem Nicht-SAP-Software), auf Zahlungsvorgänge ausgerichtete Anwendung weitergeleitet, in der die Zahlungen weiterbearbeitet werden. In solchen Anwendungen können einzelne Zahlungen in der Regel auch manuell erfasst werden. Außerdem verfügen solche Anwendungen oft über eigene Freigabe- bzw. Visierungsverfahren (zusätzliche Kontrollmechanismen) – all das muss bei der Prüfung berücksichtigt werden.
- Die Zahlungsvorgänge erfordern eine Interaktion mit den Banken: Dateien mit Zahlungsanweisungen werden zum Beispiel über Netzwerk/FTP von den Banken abgeholt, sodass Kontrollmechanismen über Zahlungsdateien gesondert zu berücksichtigen sind.
- Zahlen kann man im SAP-System auch mit Schecks oder mittels Zahlungsanordnungen (Transaktion FIBLAPOP); die Möglichkeit der Online-Überweisungen darf auch nicht vergessen werden.
- Bei größeren Unternehmen ist es generell schwierig, effiziente Kontrollen über Zahlläufe einzurichten: Die tägliche Durchsicht von Hunderten, wenn nicht Tausenden von Transaktionen in Zahlungsvorschlagslisten ist beinahe unmöglich. Die empfohlene Einstellung, durch die Brille eines Prüfers gesehen, wäre daher folgende: Ist die Rechnung einmal erfasst, wird diese bezahlt. Die Revision konzentriert sich dabei auf den vorgelagerten Schritt, die Rechnungsprüfung.
- Manchmal wird vergessen, dass Zahlungen im SAP-System auch an Kunden (Gutschriften) und nicht nur an Lieferanten gehen.

SAP-Zahlprogramm

Das SAP-Zahlprogramm (Transaktionen F110 und F111) ermittelt anhand des Fälligkeitsdatums Kreditoren- und Debitorenpositionen, die zu bezahlen sind. Durch die Angabe des Datums für den nächsten Zahllauf »weiß« das SAP-System, ob ein Posten im aktuellen oder im nächsten Zahllauf berücksichtigt werden muss. Die Bearbeitung erfolgt im Wesentlichen in zwei Schritten:

1. **Vorbereitung einer Zahlungsvorschlagsliste**
   Bei der Vorbereitung einer Zahlungsvorschlagsliste kann manuell bestimmt werden, welche der vorgeschlagenen Positionen bezahlt werden sollen.

2. **Durchführung des Zahllaufs**
   Bei der Durchführung des Zahllaufs werden Ergebnisse als Drucklisten, Formulare (zum Beispiel Schecks), Datenträger etc. erstellt.

Berechtigungen im Zahllauf

Aus Risikogesichtspunkten ist es üblich, diese beiden Schritte berechtigungstechnisch auseinanderzuhalten: Eine Person ist dabei für die Vorschlagsliste und eine andere Person für die unmittelbare Ausführung des Zahllaufs zuständig. Berechtigungstechnisch kann dies mittels der Berechtigungsobjekte F_REGU_BUK (Einschränkung auf Buchungskreisebene) und F_REGU_KOA (Einschränkung auf Kontoartebene: D – Debitoren, K – Kreditoren, S – Sachkonten) realisiert werden. Die Werte für die Aktionen im Rahmen dieser beiden Objekte sind identisch; dies sehen Sie in Tabelle 8.6.

8

Aktion	Aktionscode	Beschreibung
Zahlungsvorschlagsliste vorbereiten	02	Parameter bearbeiten
	03	Parameter anzeigen
	11	Vorschlag ausführen
	12	Vorschlag bearbeiten
	13	Vorschlag anzeigen
	14	Vorschlag löschen
	15	Vorschlag Zahlungsträger erstellen
Zahlung durchführen	21	Zahllauf ausführen
	23	Zahllauf anzeigen
	24	Zahllauf Zahlungsdaten löschen
	25	Zahllauf Zahlungsträger erstellen
	26	Zahllauf Zahlungsaufträge löschen
	31	Zahlungsträger drucken manuell

Tabelle 8.6 Aktionen beim Zahllauf im SAP-System

Prüfung: Kontrollen beim SAP-Zahllauf

Die Beurteilung der Kontrollmechanismen rund um den Zahllauf ist essenziell. Nachfolgend sind die wichtigen Prüfungsschritte in diesem Zusammenhang aufgelistet:

1. Prüfen Sie, ob die Berechtigungsvergaben für das Zahlprogramm und für die Erfassung sowie für die Freigabe von Rechnungen getrennt werden (Funktionstrennung).
2. Prüfen Sie, ob gleiche Personen zur Vorbereitung von Zahlungsvorschlagslisten und zur Ausführung des Zahllaufs berechtigt sind (Funktionstrennung).
3. Die Tabellen REGU* können Ihnen behilflich sein, um verschiedene Auswertungen im Zusammenhang mit den Zahlungsfunktionen durchzuführen (zum Beispiel Tabelle REGUA, Änderung von Zahlungsvorschlägen).
4. Prüfen Sie, ob bei mangelnder Funktionstrennung kompensierende Kontrollen in ausreichendem Maße vorhanden sind. Die Zahlungsvorschlagslisten können beispielsweise ausgedruckt und von zwei Personen geprüft und unterzeichnet werden (Vier-Augen-Prinzip).

Optimal zahlen

Bezüglich operativer Kontrollen beim Zahlprogramm gibt es einige Optionen, um mithilfe der Konfiguration von den Fristen der Zahlungen zu profitieren:

- Buchungskreisspezifisch können *Toleranztage* bei Verbindlichkeiten festgelegt werden, die auf die ermittelten Zahlungsfristen addiert werden, was die Verzögerung von Zahlungen ermöglicht.
- Außerdem kann ein *Mindestkontoprozentsatz* festgelegt werden. Wird dieser nicht erreicht, wird erst bei Nettofälligkeit gezahlt (das Datum, zu dem der offene Posten ohne Skontoabzug zu zahlen ist).

8.6.3 Einmalkunden und -lieferanten – Vorsicht!

Risiko: CpD-Geschäftspartner

Wenn Sie denken, dass – sobald die Funktionstrennungsanforderungen zwischen der Pflege der Geschäftspartnerstammdaten und der Rechnungs- bzw. Gutschrifterfassung berechtigungstechnisch umgesetzt sind – das Funktionstrennungsrisiko aus der Welt geräumt ist, müssen wir Sie enttäuschen. Leider – aus IKS-Gesichtspunkten (oder auch zum Glück, hinsichtlich der Flexibilität im operativen Geschäft) – bietet das SAP-System die Möglichkeit, bei der Erfassung einer Eingangsrechnung auf einen CpD-Lieferanten (CpD = Conto pro Diverse, Einmallieferant) zeitgleich auch die gewünschte Bankverbindung einzugeben und somit die Berechtigungskontrollen zu umgehen (und damit auch die Funktionstrennung). Analog zu den Kreditoren gibt es diese CpD-Funktion auch für Debitoren; eine ähnliche Funktionalität bietet außerdem die Verwendung von abweichenden Zahlungsempfängern oder Regulierern im Beleg. Welche Risiken bringt dies mit sich?

- **Generell: Nachvollziehbarkeit**
  Da kein geregelter, sondern ein »anonymer« Geschäftspartnerstammsatz zum Einsatz kommt, ist es aufwendiger, den CpD-Vorgang einem spezifischen Lieferanten oder Kunden zuzuordnen.
- **Einmalkunden**
  Ein anonymer Kunde besitzt kein spezifisches Kreditlimit. Bei Zahlungsvorgängen auf CpD-Kunden gibt es das Risiko doloser Handlungen.
- **Einmallieferanten**
  Hier geht es primär um das Betrugsrisiko. Vorgänge, die mit dem Geldabfluss zu tun haben, sind generell risikogefährdet und diejenigen ganz besonders, die unter Missachtung der Funktionstrennungsanforderungen erfolgen.

Kompensierende Kontrollen

Ob ein Geschäftspartner ein CpD-Geschäftspartner ist, wird bei dessen Anlage (Stammdatenpflege) festgelegt. Da CpD-Funktionen IKS-seitig weitreichende Auswirkungen haben können, müssen entsprechende Kontrollen bei der Stammdatenpflege (reglementierte CpD-Konten) oder bei der Rechnungs- und Gutschrifterfassung durchgeführt werden. Letztere werden in der Praxis oft organisatorisch (Vorschriften bezüglich der Betragsobergrenze für CpD-Partner) oder mit etwas mehr Aufwand berechtigungstechnisch gehandhabt (siehe Abschnitt 8.4.3, »Schutz der Stammdaten«).

In Abbildung 8.48 sehen Sie, wie man die Geschäftspartnerstammdaten auf CpD-Lieferanten und auf abweichende Zahlungsempfänger und Regulierer hin auswerten kann: In Tabelle LFA1 finden Sie die benötigten Informationen zu den Kreditoren (Lieferanten) ❶. In Tabelle KNA1 finden Sie die Informationen zu den Debitoren (Kunden) ❷.

Im Folgenden sind die wichtigsten Prüfungsschritte bezüglich der Einmalgeschäftspartner zusammengefasst:

Prüfung: CpD-Funktionen und abweichende Bankdaten im Beleg

1. Prüfen Sie mithilfe der Auswertung der Tabellen KNA1 und LFA1, ob Stammsätze für Einmalgeschäftspartner existieren; prüfen Sie dies auch für Stammsätze, die den Einsatz abweichender Zahlungsempfänger oder Regulierer erlauben.
2. Prüfen Sie, ob von diesen Stammdaten Gebrauch gemacht wurde (Auswertung der offenen und ausgeglichenen Positionen für Debitoren und Kreditoren) und ob die Beträge die gegebenenfalls organisatorisch festgelegte Betragsgrenze übersteigen.

3. Prüfen Sie, ob sonstige kompensierende Kontrollen existieren (zum Beispiel Berechtigungsschutz).

Tabelle: LFA1
Angezeigte Felder: 5 von 5 Feststehende Führungsspalten: 2 Listbre

Kreditor	Land	Name	CPD-Konto	Zempfg.in Bel.
0000001950	DE	CPD L-Z	X	
0000001960	DE	CPD A-K	X	
0000003010	US	One Time Vendors Q - Z	X	
0000003950	US	One Time Vendors L - P	X	
0000003960	US	One Time Vendors A - K	X	
0000000008	MX	Jose Fernandez		X
0000001000	DE	C.E.B. BERLIN		X
0000001013	DE	Real Estate Agency Hamburg		X
0000001018	CH	Bechtle direct AG		X
0000001023	DE	Molkereigenossenschaft Brandenburg		X

❶

Tabelle: KNA1
Angezeigte Felder: 5 von 5 Feststehende Führungsspalten: 2 Listbre

Debitor	Land	Name	CPD-Konto	Regul.in Beleg
0000000099	DE	Einmalkunde	X	
0000005002	JP	One time customer	X	
0000010009		Einmalkunde	X	
0000100016	DE	Einmalkunde	X	
CPB2000100	US	CPB One Time Customer	X	
0000100073	GB	ABC Marketing		X
0000100074	DE	ABC Marketing		X
0000100075	DE	M&M Consulting		X
0000100076	DE	Bear´s Security Service		X
0000100077	DE	Andrea Lindsay Att. at Law		X

❷

Abbildung 8.48 SoD-relevante Felder im Geschäftspartnerstamm – Kreditoren und Debitoren

8.6.4 Altersstruktur und Wertberichtigungen

Wenn Kunden nicht zahlen

Das Endergebnis in jedem kommerziell ausgerichteten Unternehmen ist der Verkauf von Produkten und/oder Dienstleistungen. Bevor dieser sich buchhalterisch als Umsatzerlös zeigen lässt, müssen Kunden, die mit einem Unternehmen einen Kaufvertrag eingegangen sind, die Verbindlichkeiten (die zugleich Forderungen bei diesem Unternehmen sind) begleichen. Solange dies nicht geschehen ist, bleiben Forderungen in den Aktiva der Bilanz stehen. Je älter die überfälligen Forderungsbestände sind, desto größer ist das Risiko, dass sich diese nicht realisieren lassen werden und somit wertberichtigt bzw. abgeschrieben werden müssen. Ausschlaggebend für Wertberichtigungen ist das *Fälligkeitsdatum* einer Forderung. (Auf Tabellenebene heißt das entsprechende Feld im Beleg **Zahlungsfristenbasisdatum**.)

Kein Unternehmen sieht gern eigene Vermögenswerte schwinden. So können die großen überfälligen Bestände an Forderungen mit dem Risiko verbunden sein, dass man die Fälligkeit der »älteren« Forderungspositionen mittels kreativer technischer Workarounds zu verändern versucht (bis hin zu Manipulationen auf Datenbankebene). Dabei kann eventuell die Debugging-Funktion verwendet werden (siehe Abschnitt 7.1.2, »Debugging«), um das Feld **Zahlungsfristenbasisdatum** in Tabelle BSID (offene Debitorenpositionen) zu ändern.

Prüfung: Betrugsaufdeckung beim Fälligkeitsdatum

Folgende Analyseschritte sind im Zusammenhang mit der Identifizierung von möglichen Manipulationen des Fälligkeitsdatums zu empfehlen:

1. Erkundigen Sie sich, inwieweit in der Vergangenheit wesentliche überfällige Bestände an Forderungen zu beobachten waren und ob Abwertungen vorgenommen wurden. Verschaffen Sie sich mithilfe der SAP-Reports RFDOPR00, RFDOPR10, RFDOFW00 selbst einen Überblick über die Altersstruktur der Forderungen.
2. Werten Sie das System-Log dahingehend aus, ob in der Vergangenheit Debugging-Aktivitäten stattgefunden haben (siehe Abschnitt 7.3.1, »System-Log«).
3. Es wird empfohlen, Plausibilitätschecks mittels CAAT-Tools durchzuführen – selbst wenn die Lage im geprüften Unternehmen auf geringe Betrugsrisiken hindeutet: Werten Sie die Inhalte von Tabelle BSID aus. Größere zeitliche Abstände innerhalb einzelner Belege zwischen dem *Zahlungsfristenbasisdatum* und beispielsweise dem *Erfassungsdatum* könnten auf Unregelmäßigkeiten hindeuten.

8.6.5 Vier-Augen-Prinzip bei der Stammdatenpflege

Sensible Felder

Die Pflege der Geschäftspartnerstammdaten, insbesondere der Kreditoren, kann als kritische Aktivität betrachtet werden. Es wird empfohlen, kritische Felder in den Kreditorenstammdaten, unter anderem die, die Sie in Abschnitt 8.6.3, »Einmalkunden und -lieferanten – Vorsicht!«, kennengelernt haben, und darüber hinaus die Bankverbindung besonders zu schützen. Das SAP-System bietet Ihnen die Möglichkeit, dies mithilfe von *sensiblen Feldern* umzusetzen. Wenn Sie ein Feld des Debitoren- bzw. Kreditorenstammsatzes als sensibel definieren, wird bei einer Änderung des Feldeintrags das Konto des jeweiligen Debitors bzw. Kreditors gesperrt. Um die Sperre aufzuheben, muss ein zweiter Berechtigter die Änderung kontrollieren und bestätigen bzw. ablehnen.

Prüfung: Definition der sensiblen Felder bei der Stammdatenpflege

Der Pfad im IMG, den Sie für die Einrichtung des Vier-Augen-Prinzips für die Kreditorenstammdaten verwenden können lautet: **Finanzwesen • Debitoren- und Kreditorenbuchhaltung • Kreditorenkonten • Stammdaten • Anlegen der Kreditorenstammdaten vorbereiten • Sensible Felder für 4-Augen-Prinzip definieren (Kreditoren)**. Alternativ können Sie Auswertungen direkt in Tabelle T055F vornehmen.

In unserem Beispiel wurden die Felder **Bankkonto**, **Kontoinhaber**, **IBAN** und **Partnergesellschaft** in der Konfigurationstabelle als sensibel definiert (siehe Abbildung 8.49). Ändert der verantwortliche Sachbearbeiter den Eintrag in diesem Feld im Debitoren- bzw. Kreditorenstammsatz, bleibt das Konto so lange für den Zahllauf gesperrt, bis ein zweiter Berechtigter die Stammdatenänderung bestätigt.

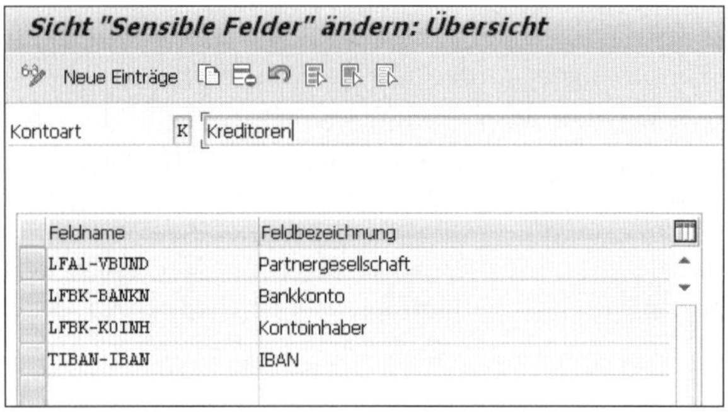

Abbildung 8.49 Beispiele für sensible Felder

Der Schutz der sensiblen Geschäftspartnerfelder gehört zu den wichtigen Kontrollmechanismen in SAP ERP, die bei jeder Systemprüfung analysiert werden müssen.

8.7 Resümee

Sie haben in diesem Kapitel eine Vielzahl von wichtigen Kontrollmechanismen im SAP-gestützten Finanzwesen kennengelernt. Diese stellen das »Herzstück« jedes IKS-Frameworks dar, das auf die Gewährleistung der Verlässlichkeit der externen Finanzberichterstattung ausgerichtet ist. Über Hauptbuchthemen hinaus wurden hier auch die Bereiche Anlagen-, Kreditoren- und Debitorenbuchhaltung abgedeckt.

Die Prozesse in der Kreditorenbuchhaltung sind eng mit dem Procure-to-Pay-Prozess verzahnt, der im folgenden Kapitel erläutert wird.

Kapitel 9

Kontrollmechanismen im SAP-ERP-gestützten Procure-to-Pay-Prozess

Für produzierende Unternehmen sind Einkauf und Materialverwaltung essenzielle Teile der Wertschöpfungskette: Ohne die Grundmaterialien lässt sich nichts herstellen. In diesem Kapitel betrachten wir den Procure-to-Pay-Prozess mit den Augen des Prüfers.

Der SAP-gestützte Einkaufsprozess, im Folgenden als *Procure-to-Pay-Prozess* (*P2P-Prozess*) bezeichnet, beinhaltet unter anderem folgende Teilprozesse:

- Identifikation von Beschaffungsquellen und deren Management (Procurement) mit Bezug zu den Teilprozessen der Lieferanten- und Materialstammdatenpflege
- alle internen Prozesse zur Vorbereitung der Bestellung, zum Beispiel Freigaben von Bestellanfragen, Erstellung, Versand und Administration von Bestellungen, Rahmenverträge und sonst übliche Vertragsarten im Einkaufsprozess
- Administration sonstiger Daten, die für den Einkaufsprozess relevant sind (zum Beispiel Lieferantenbewertung, Pflege von Einkaufsinfosätzen, Quotierungen oder einfache Informationen rund um die Materialdisposition)
- bestellbezogene Wareneingänge und deren buchhalterische Bewertung
- Rechnungseingänge und Zahlungsausgänge mit Bezug zu Bestellungen

SAP-gestützter Einkaufsprozess

In Abbildung 9.1 finden Sie eine vereinfachte Übersicht des SAP-gestützten Einkaufsprozesses.

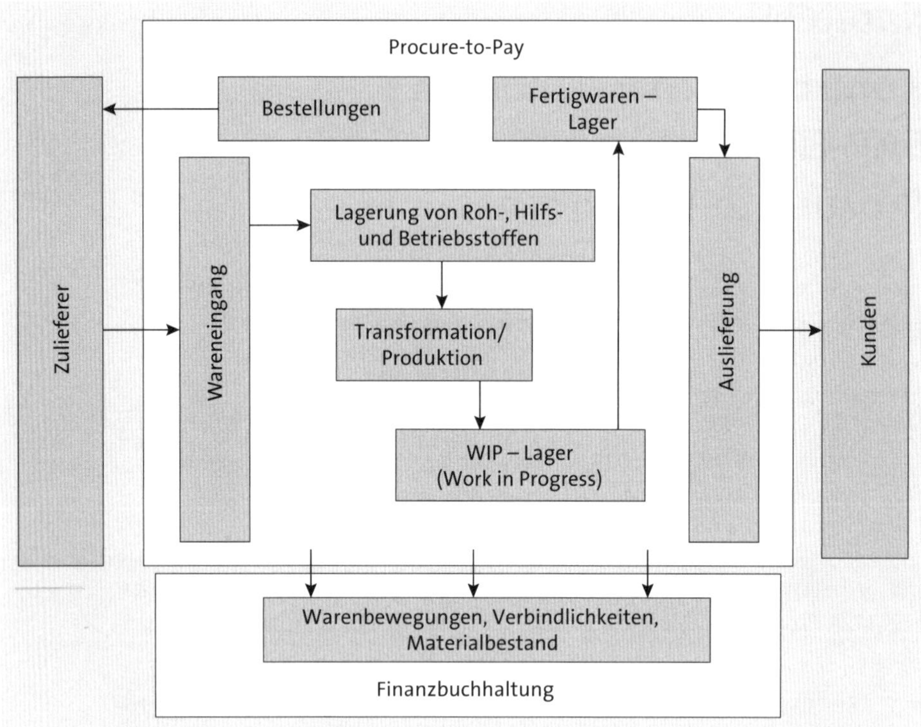

Abbildung 9.1 Vereinfachte Darstellung des SAP-gestützten Einkaufsprozesses

Da der P2P-Prozess einerseits mit Waren oder Dienstleistungen zusammenhängt und andererseits zu Zahlungen führt, werden die darin enthaltenen Risiken unter Umständen mit Betrugshandlungen in Verbindung gebracht. Neben diesen Betrugsrisiken bestehen im P2P-Prozess weitere Risiken im Zusammenhang mit der Finanzberichterstattung. In der Folge brauchen Unternehmen starke Kontrollen rund um die Richtigkeit, die Vollständigkeit oder die Bewertung von Beständen, Verbindlichkeiten und Rückstellungen für ausstehende Rechnungen.

In diesem Kapitel lernen Sie einige ausgewählte Kontrollmechanismen und Prüfungshandlungen zur Aufdeckung von IKS-Schwächen im SAP-gestützten P2P-Prozess kennen. Sie müssen dabei berücksichtigen, dass die Risikosituation immer an das unternehmensspezifische Umfeld angepasst werden muss. Erfahrungsgemäß können Abweichungen von in diesem Kapitel beschriebenen Kontrollmechanismen bestehen, falls Beschaffungsprozesse zwischen zwei Unternehmen *innerhalb eines Konzerns* stattfinden oder wenn in wesentlichem Umfang *Anzahlungsanforderungen* genutzt werden.

[«]

Änderungen in SAP S/4HANA

Behalten Sie bitte im Hinterkopf, dass Ausführungen in diesem Kapitel SAP ERP 6.0 betreffen. In Kapitel 15, »Risk und Compliance in SAP S/4HANA«, finden Sie Informationen zu den Änderungen rund um SAP S/4HANA, jedoch ohne den Einkaufsprozess.

9.1 Bestellwesen

In diesem Abschnitt gehen wir auf die gängigen Kontrollen im SAP-gestützten Bestellwesen ein.

9.1.1 Berechtigungskonsistente Pflege der Organisationsstrukturen

Risiko Organisationsstruktur vs. Berechtigungen

Insbesondere bei größeren SAP-Systemen, in denen eine Vielzahl von Buchungskreisen produktiv betrieben wird, ist eine angemessene Funktionstrennung wichtig. Diese Funktionstrennung kann in der Berechtigungsverwaltung jedoch nur umgesetzt werden, wenn die aktuelle Aufbauorganisation der operativen Einheiten im SAP-System gepflegt ist. Sollte das nicht der Fall sein, zum Beispiel wenn sich die Organisationsstruktur ändert, würden vergebene Berechtigungen nicht mit den geplanten Zuständigkeitsbereichen übereinstimmen, wodurch gegebenenfalls eine ordnungsgemäße berechtigungstechnische Funktionstrennung im Einkauf unwirksam wird.

[zB]

Dezentrale und zentrale Einkaufsprozesse

Der Einkaufsprozess kann *dezentral* (das heißt eine Einkaufsorganisation und die zugehörigen Einkäufergruppen bedienen ein Werk) oder *zentral* aufgesetzt sein. Der zentralisierte Einkaufsprozess (eine Einkaufsorganisation bedient mehrere Werke) ist beispielsweise für die Einkaufsstrategie für Rohstoffe typisch, da man bei einem solchen Verfahren in der Regel mit besseren Konditionen rechnen kann.

Die Organisationsstruktur im Einkauf wird im Einführungsleitfaden (Implementation Guide, IMG) gepflegt. Insbesondere die Zuordnung der Werke zu den Einkaufsorganisationen sollte im Einklang mit den vergebenen Berechtigungen, das heißt Rolleninhalten stehen. Die entsprechenden Einstellungen im Customizing sind unter folgendem Pfad zu finden: **Unternehmensstruktur • Definition • Logistik Allgemein bzw. Materialwirtschaft**. Die definierten Rollen lassen sich mit Transaktion SUIM (Benutzerinformationssystem) oder direkt mit Transaktion PFCG (Profilgenerator) analysieren (siehe Abschnitt 5.2.5, »Benutzer im SAP-System«).

Prüfung: Organisationsstrukturen im Einkauf

Folgende Prüfungshandlungen sind zu empfehlen, um die Wirksamkeit der Berechtigungskontrollen im Einkauf zu beurteilen:

1. Prüfen Sie im IMG die Einstellungen bezüglich der Organisationseinheiten in der Logistik. Alternativ können Sie hierzu die Tabellen T001W (Werke), T024E (Einkaufsorganisation), T024W (zulässige Einkaufsorganisationen), T001K (Bewertungskreise) verwenden.
2. Verschaffen Sie sich einen Überblick über das Berechtigungskonzept und insbesondere über die verwendeten Berechtigungsrollen, inwieweit die Abgrenzungen bei Rollen der Organisationsstruktur im SAP-System entsprechen. Vor allem sind die Rollen relevant, die die folgenden Berechtigungsobjekte beinhalten: `M_BAN_*` (Bestellanforderungen) oder `M_BES_*` (Bestellungen) mit dem Zusatz `*WRK` für Werk, `*EKO` für Einkaufsorganisation und `*EKG` für Einkäufergruppe.

9.1.2 Vier-Augen-Prinzip im Bestellwesen

Risiken im Bestellwesen

Das Hauptrisiko im Bestellwesen stellen unautorisierte Bestellungen und die damit verbundenen Mittelabflüsse dar. Um diesem Risiko entgegenzuwirken, haben viele Unternehmen Verfahrensanweisungen oder Richtlinien zur Limitierung der Einkaufskompetenzen erarbeitet. Das SAP-System bietet die Möglichkeit, solche Kontrollen dort systemtechnisch abzubilden, wo eine Bestellung gestaffelt nach bestimmen Wertgrenzen von unterschiedlichen Personen freizugeben ist.

[+]

SAP-Freigabestrategie

In der Freigabestrategie ist der Genehmigungsvorgang von Bestellanforderungen festgelegt. Die Strategie gibt vor, mit welchen Freigabecodes eine Gesamtbestellanforderung bzw. eine Bestellanforderungsposition genehmigt werden muss und in welcher Reihenfolge die Genehmigungen zu erfolgen haben. Es können maximal acht Freigabecodes definiert werden.

Die Freigabestrategie kann im Bestellwesen optional konfiguriert werden.

Freigabestrategie: mit und ohne Klassifizierung

Die Freigabestrategie erlaubt es, für ganze Bestellungen, Kontrakte, Lieferpläne, Anfragen oder auch Dienstleistungserfassungsblätter Vier-Augen-Kontrollmechanismen einzurichten (es handelt sich bei diesen Formularen um Einkaufsbelegarten im SAP-System, das heißt um Möglichkeiten, um eine Bestellung zu generieren). Dieses Vorgehen wird als *Freigabestrategie mit Klassifizierung* bezeichnet.

Die Freigabestrategie kann aber auch auf der Positionsebene (pro Position innerhalb einer Bestellung) erfolgen, das heißt *ohne Klassifizierung*. Im Rahmen der Freigabestrategie muss aus Risikosicht beachtet werden, dass eine Bestellanforderung oder Bestellung standardmäßig als freigegeben gilt, falls die Bedingungen für eine Freigabestrategie nicht erfüllt sind, das heißt die Bedingungen für die Freigabe.

Pflege der Freigabestrategie

Die Freigabe mit Klassifizierung (pro Bestellung/für alle Positionen innerhalb dieser) bietet wesentlich mehr Flexibilität als die Freigabestrategie ohne Klassifizierung. Allerdings müssen die Freigabebedingungen auch gepflegt werden, zum Beispiel Wert, Warengruppe, Kontierung und Werk. Die Pflege der Freigabestrategie erfolgt im IMG; dabei werden die Einstellungen der Einkaufsbelegarten für die Freigabestrategie und der Freigabekriterien vorgenommen (zu finden unter **Materialwirtschaft • Einkauf • Bestellanforderung/Bestellung • Freigabeverfahren (für Bestellungen) • Freigabeverfahren für Bestellungen/Bestellanforderungen festlegen**).

Freigabekennzeichen

Im Rahmen der Freigabestrategie können auch Werte für *Freigabekennzeichen*, das heißt maximale Abweichungen nach Freigabe, angegeben werden (Abbildung 9.2) Zusätzlich kann auch festgelegt werden, dass eine Bestellanforderung oder Bestellung bei Überschreitung der bei der Konfiguration festgelegten bestimmten Obergrenzen neu freigegeben werden muss.

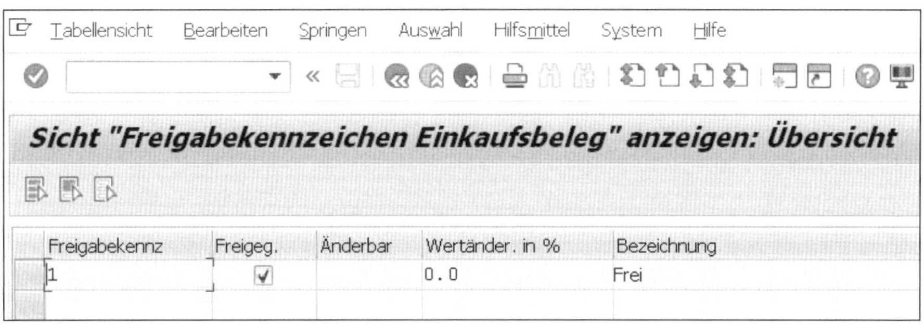

Abbildung 9.2 Pflege der Freigabekennzeichen für Einkaufsbelege

In Abbildung 9.3 sehen Sie die möglichen Werte bei der Änderbarkeit.

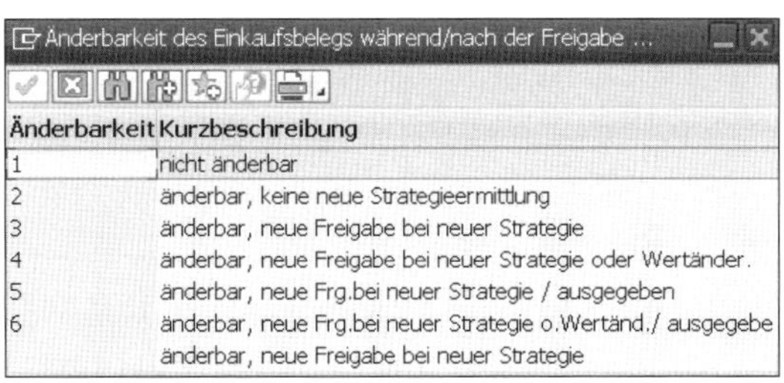

Abbildung 9.3 Festlegung einer neuen Freigabe

SAP Business Workflow

Zusätzlich zu den Freigabestrategien kann der *SAP Business Workflow* genutzt werden. In dem abgebildeten SAP-System sind die Rollen (Freigabeebenen) kundenspezifisch angepasst. Die Ermittlung des Freigebenden erfolgt in einem User-Exit durch eine separat gepflegte Kostenstellen- und Freigabehierarchie.

[»]

Häufige Irrtümer im Zusammenhang mit Workflows

In der Praxis wird im Zusammenhang mit SAP-Applikationskontrollen immer wieder auf die SAP-Business-Workflow-Funktion verwiesen. Diese Funktion stellt an sich keine eigenständige Kontrolle dar: Sie ist lediglich eine Hilfe, damit der Freigebende die Bestellanforderungs- oder Bestellnummer nicht manuell eingeben muss; die Bearbeitung der Daten findet aber weiterhin mittels üblicher SAP-Transaktionen statt. Das bedeutet, dass die Vergabe der Berechtigungen für entsprechende Transaktionen auch beim Einsatz von SAP-Workflows aus IKS-Sicht weiterhin ausschlaggebend ist. Eine effektive Kontrolle kann auch beim Einsatz von SAP-Workflows nur durch das Zusammenspiel von Systemeinstellungen (Customizing) und Berechtigungen erreicht werden.

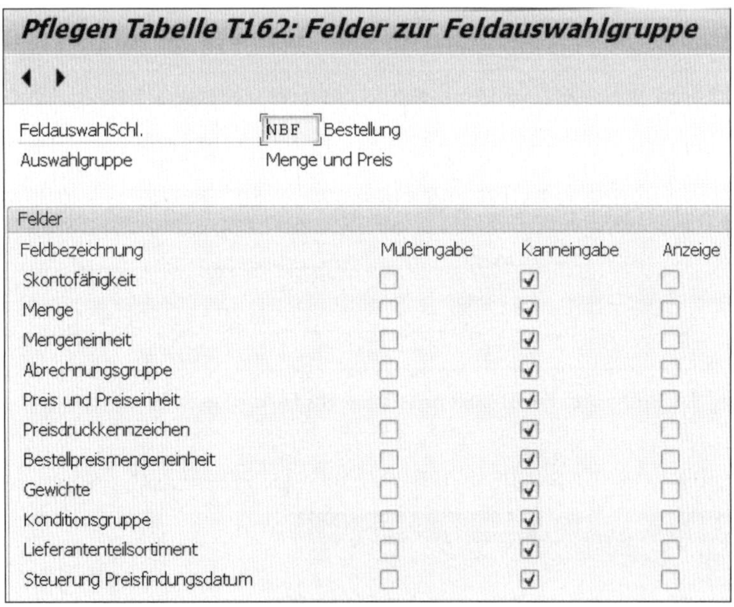

Pflegen Tabelle T162: Felder zur Feldauswahlgruppe

FeldauswahlSchl. NBF Bestellung
Auswahlgruppe Menge und Preis

Felder

Feldbezeichnung	Mußeingabe	Kanneingabe	Anzeige
Skontofähigkeit	☐	☑	☐
Menge	☐	☑	☐
Mengeneinheit	☐	☑	☐
Abrechnungsgruppe	☐	☑	☐
Preis und Preiseinheit	☐	☑	☐
Preisdruckkennzeichen	☐	☑	☐
Bestellpreismengeneinheit	☐	☑	☐
Gewichte	☐	☑	☐
Konditionsgruppe	☐	☑	☐
Lieferantenteilsortiment	☐	☑	☐
Steuerung Preisfindungsdatum	☐	☑	☐

Abbildung 9.4 Feldsteuerung bei Bestellungen

In Abbildung 9.4 und Abbildung 9.5 sehen Sie, welche Felder in der Auswahlgruppe Menge und Preis bei Bestellungen und Bestellanforderungen obligatorisch oder optional sind.

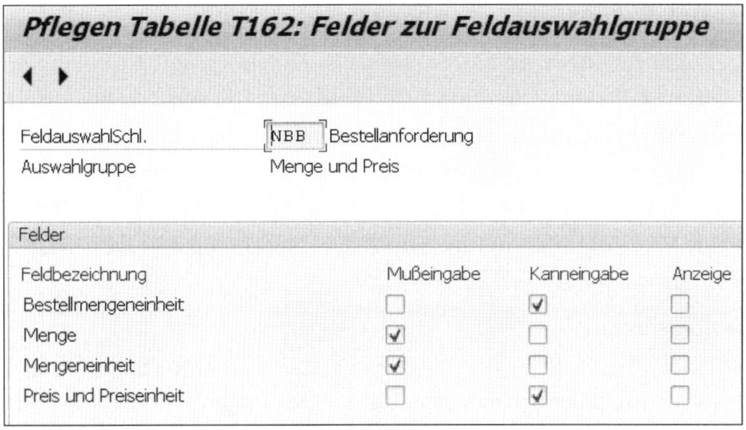

Abbildung 9.5 Feldsteuerungen bei Bestellanforderungen

Werteeingaben

Bei der Verwendung der Freigabestrategie spielen die durch Feldsteuerung beeinflussten *Werteeingaben* eine wichtige Rolle. Die Steuerung solcher Eingaben kanndurch die Einstellung im Customizing festgelegt werden: **Materialwirtschaft • Einkauf • Bestellanforderung/Bestellung • Bildaufbau und Belegebene festlegen • Feldauswahlschlüssel** (zum Beispiel »NBB« für Bestellanforderung oder »NBF« für Bestellungen) • Feldauswahlgruppe **Menge und Preis**.

Prüfung: Freigabestrategien im Bestellwesen

Folgende Prüfungshandlungen sind im SAP-System im Zusammenhang mit Freigabestrategien zu empfehlen:

1. Klären Sie, ob im Bestellwesen von Freigabestrategien Gebrauch gemacht wird. Verschaffen Sie sich gegebenenfalls einen Überblick mithilfe des IMG. Die Einstellungen zu den Freigabestrategien können außerdem in Tabelle T16FS eingesehen werden.
2. Prüfen Sie die Einstellungen der Bildsteuerung für Werte pro Position in den Feldauswahlgruppen **Bestellungen** und **Bestellanforderungen**; hierzu können Sie Tabelle T162 (Feldgruppe **Materialpreise**) verwenden.

9.2 Wareneingänge und Rechnungsprüfung

Die Erfassung der Wareneingänge und eingehenden Rechnungen führt zu Verbindlichkeiten eines Unternehmens und hat somit eine zentrale Bedeutung im P2P-Prozess. Nachfolgend gehen wir auf ausgewählte Risiken und Kontrollmechanismen in diesem Bereich ein.

9.2.1 Wareneingänge: Kritische Bewegungsarten

Risiken bei Bewegungsarten 561 und 501

Die Materialbewegungen im SAP-System, einschließlich der Wareneingänge, werden mithilfe von *Bewegungsarten* gesteuert. Diese haben eine wichtige Kontrollfunktion und stellen unter anderem sicher, dass zum Beispiel bei der Erfassung eines Wareneingangs die Beziehung zu einer vorhergehenden Bestellung hergestellt wird. Aus diesem Grund sollten die Bewegungsarten 561 (Datenübernahme) und 501 (Wareneingang ohne Bestellung) restriktiv behandelt werden.

- **Bewegungsart 561**
  Die initiale Übernahme von Materialbeständen wird im SAP-Standard eingesetzt, um diese zum Beispiel aus einem Altsystem in die SAP-Bestände zu transferieren. Wird diese Bewegungsart unsachgemäß eingesetzt, besteht die Gefahr, dass unter anderem die Bestandswerte in MM (Materialwirtschaft) nicht mit den Werten im Hauptbuch übereinstimmen. Diese Bewegungsart wird im produktiven System nicht benötigt.
- **Bewegungsart 501**
  Diese Bewegungsart bucht zwar die Bestände in das Materialnebenbuch (Material-Ledger), jedoch werden dabei einige vorgelagerte Geschäftsprozesskontrollen außer Kraft gesetzt. Außerdem können Vorgänge auf dem WE/RE-Konto nicht sachgemäß erfasst und Bewertungspreise für Materialien (bei dem gleitenden Durchschnittspreis) unter Umständen falsch ermittelt werden.

Da die Bewegungsart 561 im alltäglichen Geschäftsprozess nicht benötigt wird, sollte sie gesperrt werden. Die Berechtigung zur Buchung von Warenbewegungen mit der Bewegungsart 501 sollte restriktiv vergeben werden, alternativ kann eine nachgelagerte Geschäftsprozesskontrolle implementiert werden. Dabei werden pro Werk die Bewegungen mit der Bewegungsart 501 analysiert und mit den organisatorischen Vorgaben abgeglichen. Die Auswertung der Bewegungen pro Bewegungsart erfolgt im SAP-System mithilfe von Transaktion MB51 (Materialbelegliste).

Prüfung: kritische Bewegungsarten

Um die Wirksamkeit der Applikationskontrollen im Zusammenhang mit den Bewegungsarten der Materialien zu überprüfen, sind die folgenden Handlungen zu empfehlen:

1. Die SAP-systemtechnischen Informationen über Bewegungsarten finden Sie in Tabelle T156; dort erhalten Sie einen Überblick.
2. Die Einschränkung der Bewegungsarten durch Berechtigungen erfolgt mithilfe des Berechtigungsobjektes `M_MSEG_BWA`. Prüfen Sie, ob bei Rollendefinitionen die entsprechenden Werte ausgeprägt sind.

3. Die Sperre von Bewegungsarten kann im SAP-System über zwei Wege erreicht werden: Mithilfe von Transaktion OMJJ (Customizing neue Bewegungsarten); dort müssen die erlaubten Transaktionen von der Bewegungsart 561 entfernt werden) oder in der Kontenfindung, die für kritische Bewegungsarten ungepflegt bleiben kann (leere Felder für Sachkonten).
4. Werten Sie mithilfe von Transaktion MB51 Materialbewegungen mit kritischem Status aus.

9.2.2 3-Way-Match und Zahlungssperren bei der Logistik-Rechnungsprüfung

Die Erfassung von Eingangsrechnungen ist einer der abschließenden Schritte im P2P-Prozess. Nach diesem Schritt folgen die Bezahlung – siehe Abschnitt 8.6.5, »Vier-Augen-Prinzip bei der Stammdatenpflege« – sowie der Ausgleich der offenen Positionen. Zusätzlich zu den operativen Risiken von Erfassungsfehlern oder betrügerischen, das heißt dolosen Handlungen bestehen in diesem Bereich Risiken für den Jahresabschluss hinsichtlich der Richtigkeit, der Vollständigkeit und des Ausweises von Verbindlichkeiten aus Lieferungen und Leistungen.

Abweichungen kontrollieren/sperren

In den meisten Fällen kommt im SAP-System die *Logistik-Rechnungsprüfung* zum Einsatz (Transaktion MIRO). Die Logistik-Rechnungsprüfung ist Bestandteil der SAP-Materialwirtschaft; hier kann eine Eingangsrechnung vor oder nach dem Wareneingang erfasst werden. Für eine effektive Kontrolle von Abweichungen (falls die Rechnung einen höheren Betrag oder eine geringere Menge als in der Bestellung enthält) ist es wichtig, dass die Eingangsrechnung einen Bezug zur Bestellung oder einer Bestellposition, aber auch zu einem Wareneingang hat. Diese Verknüpfung hat sich im IKS-Lexikon als fester Begriff etabliert: *3-Way-Match*.

Aber auch bei Eingangsrechnungen ohne Bestellbezug gibt es im SAP-System Konfigurationskontrollen, die die Risiken im Zusammenhang mit der Rechnungserfassung reduzieren können. Folgende Konfigurationskontrollen sind relevant:

- Rechnungssperren aufgrund der Abweichung der Rechnungsposition (Mengen-, Preis-, Bestellpreismengenabweichungen etc.) von der Bestellung
- Rechnungssperren aufgrund der absoluten Höhe einer Rechnungsposition mit und ohne Bestellbezug
- stochastische Rechnungssperren mit und ohne Bestellbezug

Neben den automatisierten Kontrollen besteht außerdem die Möglichkeit einer manuellen Rechnungssperre.

Toleranzgrenzen bei der Rechnungsprüfung

Bei der *Logistik-Eingangsrechnungsprüfung* werden die zusammengehörigen Positionen aus Bestell-, Wareneingangs- und Rechnungseingangsvorgängen miteinander verglichen. Werden die einstellbaren Toleranzen überschritten, wird die gesamte Eingangsrechnung zwar gebucht, aber in der Kreditorenzeile des Buchhaltungsbelegs wird die *Zahlsperre* **R** (Rechnungsprüfung) gesetzt.

Gesperrte Eingangsrechnungen müssen mithilfe von Transaktion MRBR (Gesperrte Rechnungen freigeben) freigegeben werden. Die Logistik-Eingangsrechnungsprüfung wird im Customizing durch die Pflege der Toleranzgrenzen pro Buchungskreis eingestellt, zu erreichen über **Materialwirtschaft • Logistik-Rechnungsprüfung • Toleranzgrenzen festlegen** (siehe Abbildung 9.6).

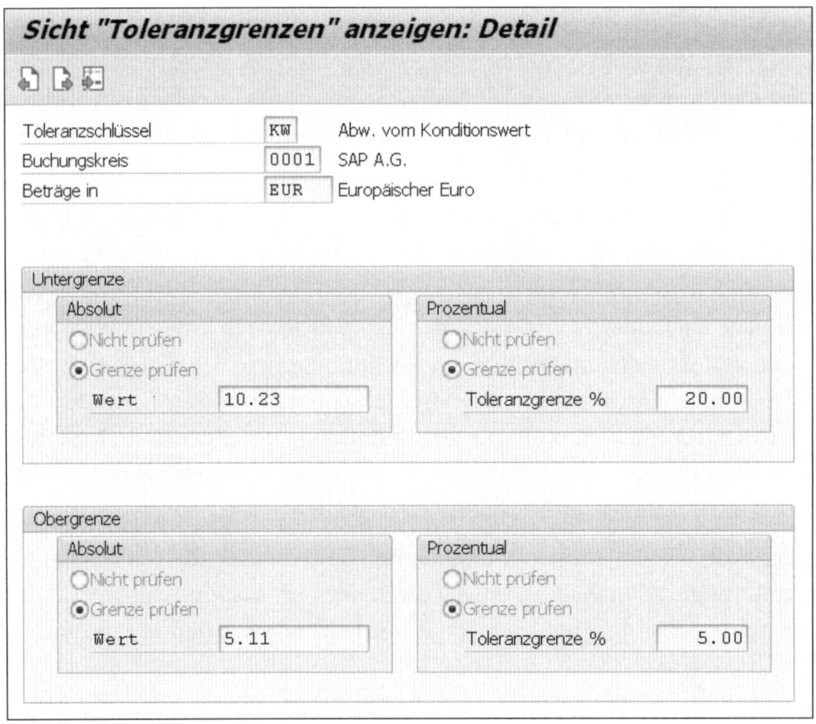

Abbildung 9.6 Toleranzgrenzen für die Rechnungsprüfung

Umgang mit Sperrgründen

Das SAP-System handhabt die möglichen Sperrgründe individuell. Einzelne Sperrgründe können gelöscht werden, während andere bestehen bleiben. Im Rahmen des Berechtigungskonzepts können die Sperrgründe ebenfalls differenziert betrachtet werden (zum Beispiel bei *qualitätsbezogenen Sperrgründen* vs. *Schätzpreisabweichungen*).

[«]

Umwege »ausschalten«

Die Funktion zur Buchung von Eingangsrechnungen auf Sach- oder Materialkonten sollte für die Logistik-Rechnungsprüfung deaktiviert sein, um zu verhindern, dass die genannten Kontrollen umgangen werden können (**Materialwirtschaft • Eingangsrechnung • Direktbuchen auf Sach- und Materialkonten aktivieren**). Dabei bleibt natürlich außerhalb der Logistik-Rechnungsprüfung die Möglichkeit, Eingangsrechnungen auch manuell zu erfassen (siehe Abschnitt 9.5, »Corporate Governance«).

Stochastische oder betragsmäßige Sperren

Stochastische Sperren werden vom SAP-System für Eingangsrechnungen gesetzt, obwohl keine Abweichungen zwischen Bestellung, Waren- und Rechnungseingang vorliegen. In der Folge muss die Eingangsrechnung zusätzlich zur Zahlung freigegeben werden. Diese Kontrolle beruht auf einem psychologischen Effekt, der eine abschreckende Wirkung für Betrugshandlungen hervorruft. Stochastische Sperren werden pro Buchungskreis im IMG aktiviert: **Materialwirtschaft • Logistik-Rechnungsprüfung • Eingangsrechnung • Rechnungssperre • Stochastisches Sperren**.

Absolute Positionsbeträge können ebenfalls zu einer Sperre führen, sobald ein absoluter Betrag überschritten wird. Diese Funktion kann auch im IMG unter **Materialwirtschaft • Logistik-Rechnungsprüfung • Eingangsrechnung • Rechnungssperre • Positionsbetragsprüfung** konfiguriert werden.

Prüfung: Kontrollen zur Rechnungsprüfung

Folgende Schritte sind zu empfehlen, um die Kontrollen im Bereich Rechnungsprüfung zu beurteilen:

1. Prüfen Sie im IMG oder in Tabelle T169G die Toleranzgrenzen, die bei der Logistik-Rechnungsprüfung im SAP-System automatisch berücksichtigt werden.
2. Im IMG oder in Tabelle T169P erhalten Sie einen Überblick über die eingerichteten stochastischen oder betragsmäßigen Sperren.
3. Bei der Vergabe von Berechtigungen für die Erfassung von Bestellungen, Wareneingängen und Eingangsrechnungen sowie für das Entsperren von Rechnungen muss zwischen diesen einzelnen Aktionen eine angemessene Funktionstrennung sichergestellt sein. Prüfen Sie, ob dies organisatorisch oder berechtigungstechnisch gewährleistet wird und ob bei gegebenenfalls vorhandener mangelnder Funktionstrennung angemessene kompensierende Kontrollen vorhanden sind.

9.2.3 Prüfung auf doppelte Rechnungserfassung

Versehentliche Doppelerfassung

Die Prüfung auf doppelte Rechnungserfassung kann eine versehentliche Doppelerfassung von Eingangsrechnungen verhindern. Dabei werden systemseitig Referenznummer, Rechnungsdaten und Betrag verglichen und gegebenenfalls eine Warnmeldung ausgegeben.

Die Voraussetzungen für die Prüfung auf doppelte Rechnungserfassung lauten wie folgt:

- Im Lieferantenstammsatz muss das Kennzeichen im Feld **Prf.dopp.Rech** (Prüfung auf doppelte Rechnungserfassung) im Lieferstammsatz gesetzt sein.
- Zusätzlich muss im Customizing die Prüfung auf doppelte Rechnungen eingestellt werden.

Pro Buchungskreis kann festgelegt werden, ob im jeweiligen oder in allen Buchungskreisen nach Doppelrechnungen gesucht werden soll. Die Konfiguration findet im IMG unter **Materialwirtschaft • Logistik-Rechnungsprüfung • Eingangsrechnung • Prüfung auf doppelte Rechnungen einstellen** statt.

Prüfung: doppelte Rechnungserfassung

Folgende Auswertungen sind im Zusammenhang mit den Risiken bezüglich der doppelten Rechnungserfassung sinnvoll:

1. Prüfen Sie, ob für die automatische Warnung bei einer doppelten Rechnungserfassung die systemtechnischen Voraussetzungen erfüllt werden (Lieferantenstamm sowie Konfigurationseinstellungen).
2. Um die gebuchten Rechnungen auf Doppelerfassung hin zu prüfen, können mithilfe von CAAT Auswertungen vorgenommen werden (siehe Abschnitt 20.1.1, »Offline-CAAT-Tools«).

9.3 WE/RE-Konto

Der ordnungsgemäße Umgang mit massenhaften Routinetransaktionen kann sich in der Praxis für viele Unternehmen als echte Herausforderung erweisen. Insbesondere findet man recht oft die Situation vor, dass das WE/RE-Verrechnungskonto zum Beispiel am Monatsende einen weit von null abweichenden Saldo und Tausende von nicht ausgezifferten Positionen aufweist.

Wareneingang/ Rechnungseingang

Ein *WE/RE-Verrechnungskonto* erfüllt als Zwischenkonto zwischen dem Bestands- und Kreditorenkonto eine wichtige Kontroll- und Zuordnungsfunktion. Auf dem WE/RE-Konto werden Wareneingänge (WE) und Rechnungseingänge (RE) zu einer Bestellung erfasst. Im ersten Fall (WE) wird das

WE/RE-Konto durch das Buchen der Rechnung und im zweiten Fall (RE) durch das Buchen des Wareneingangs ausgeglichen.

Bei einem unsachgemäßen Umgang mit dem WE/RE-Konto können sowohl der Ausweis und die Bewertung der Positionen im Bereich Forderungen, Verbindlichkeiten als auch Preisdifferenzkonten betroffen sein.

9.3.1 Auszifferung des WE/RE-Kontos

Vollständige und richtige Zuordnung

Eine Herausforderung ist für viele Unternehmen eine vollständige und richtige Zuordnung von zusammengehörigen offenen WE- und RE-Positionen auf dem WE/RE-Konto. Bei einem hohen Transaktionsaufkommen kann die hierfür vorgesehene Standardtransaktion MR11 (Manuelle Pflege des WE/RE-Kontos) nicht ausreichen. Für eine maschinelle Auszifferung von WE/RE-Positionen steht der Report SAPF124 zur Verfügung. Dieser ordnet relevante Positionen anhand der Regeln zu, die in Tabelle TF123 (Zusatzregeln für Report SAPF124) gepflegt werden.

Maschinelles Auszıffern

Wie Sie in Abbildung 9.7 sehen, können für einzelne Sachkonten, aber auch für ein Sachkontennummernintervall, bis zu fünf Zuordnungskriterien definiert werden. Das Kriterium **ZUONR** (Zuordnungsnummer) ist für das WE/RE-Konto ausschlaggebend: Dieses Feld setzt sich aus einer Bestellnummer und Bestellposition zusammen und erlaubt es, die Wareneingänge und Rechnungseingänge zuzuordnen. Die zusammengehörigen Positionen werden durch den Report SAPF124 ausgeglichen, wenn es keine wertmäßigen Abweichungen zwischen den Wareneingängen und den Rechnungseingängen gibt. Dabei werden sogenannte *Ausgleichsbelege* erzeugt.

Data Browser: Tabelle TF123 3 Treffer

Prüftabelle...

Tabelle: TF123
Angezeigte Felder: 10 von 10 Feststehende Führungsspalten: [4] Listbreite 0250

Mandant	Kontenplan	Kontoart	Von Konto	Bis Konto	Kriterium_1	Kriterium_2	Kriterium_3
100		D	0000000001	9999999999	ZUONR	GSBER	VBUND
100		D	A	Z	ZUONR	GSBER	VBUND
100		K	A	Z	ZUONR	GSBER	VBUND

Abbildung 9.7 Zuordnungskriterien für die maschinelle Auszifferung mithilfe des Reports SAPF124

Toleranzgrenzen bei Auszifferung

Des Weiteren bietet der Report SAPF124 die Möglichkeit, WE und RE auch bei Preisabweichungen innerhalb definierter Schwellenwerte auszugleichen und die Differenzen auf einem Preisdifferenzkonto zu erfassen. Die Voraussetzungen hierfür sind folgende:

- Eine Toleranzgruppe mit zulässigen Werten für absolute und/oder prozentuale Preisabweichungen ist gepflegt.
- Dem WE/RE-Konto ist eine Toleranzgruppe zugeordnet.
- Die Kontenfindung für das Preisdifferenzkonto muss gepflegt sein.

Pflege von Toleranzgruppen

Die Konfiguration der Toleranzgruppen finden Sie im IMG unter dem Pfad **Hauptbuchhaltung • Geschäftsvorfälle • Ausgleich offener Posten • Differenzen beim Ausgleichen • Toleranzgruppen für Sachkonten definieren**. In Abbildung 9.8 sehen Sie, welche absoluten und prozentualen Toleranzwerte bei der Konfiguartion einer Toleranzgruppe definiert werden.

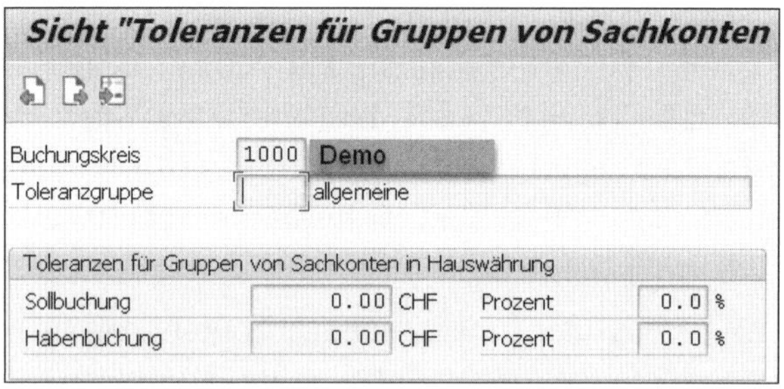

Abbildung 9.8 Absolute und prozentuale Toleranzwerte definieren

Abbildung 9.9 können Sie schließlich entnehmen, wo den Stammdaten eines WE/RE-Kontos die entsprechende Toleranzgruppe (Toleranzgruppen sind eindeutig innerhalb eines Buchungskreises) zugeordnet werden kann.

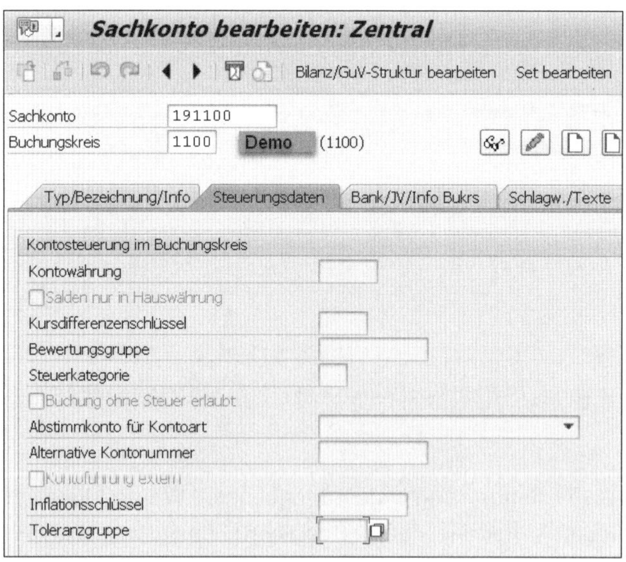

Abbildung 9.9 Stammdaten eines WE/RE-Kontos der entsprechenden Toleranzgruppe zuordnen

Prüfung: Auszifferung WE/RE-Konto

Führen Sie folgende Prüfungshandlungen im Zusammenhang mit der Auszifferung des WE/RE-Kontos durch:

1. Sehen Sie in der Kontenfindung (Transaktion FBKP, Konfiguration Buchhaltung pflegen, Vorgang WRX) nach, welches Sachkonto als WE/RE-Konto definiert ist.
2. Über die Einstellungen in den Stammdaten des WE/RE-Kontos erhalten Sie mit Transaktion FS00 (Zuordnung zu einer Toleranzgruppe, manuelle vs. maschinelle Pflegbarkeit des WE/RE-Kontos etc.) einen Überblick. Den Tabellen T043S und T043ST können Sie Einzelheiten über die Inhalte von Toleranzgruppen entnehmen. In Transaktion OMR3 (MM-IV Vorschlag Kontenpflege) oder in Tabelle T169K finden Sie weitere Einstellungen, die für die Pflege des WE/RE-Kontos relevant sind.
3. Werten Sie den Stand der Pflege des WE/RE-Kontos mit Transaktion FBL3N (Einzelposten Sachkonten) aus.
4. Verschaffen Sie sich einen Überblick über die eingerichteten Zuordnungskriterien für die maschinelle Auszifferung in Tabelle TF123.

9.3.2 Abschlussarbeiten und Ausweis des WE/RE-Kontos in der Bilanz

Eine richtige und vollständige Pflege des WE/RE-Kontos vorausgesetzt, und unter der Annahme, dass keine wareneingangsbezogene Rechnungsprüfung im Einsatz ist, muss im Rahmen der Abschlussarbeiten (zum Beispiel monatlich oder quartalsweise) der Saldo des WE/RE-Kontos in zwei offene Positionen aufgesplittet werden, um eine korrekte buchhalterische Handhabung (Ausweis und Bewertung) zu gewährleisten. Diese beiden Bestandteile entsprechen zwei Vorgängen in der Kontenfindung:

- BNG (berechnet, nicht geliefert): ausstehende Lieferungen
- GNB (geliefert, nicht berechnet): ausstehende Rechnungen

In Abbildung 9.10 sehen Sie, wie die Kontenfindung für diese Vorgänge gepflegt und geprüft werden kann (der Einstieg erfolgt mithilfe von Transaktion FBKP, Konfiguration Buchhaltung pflegen).

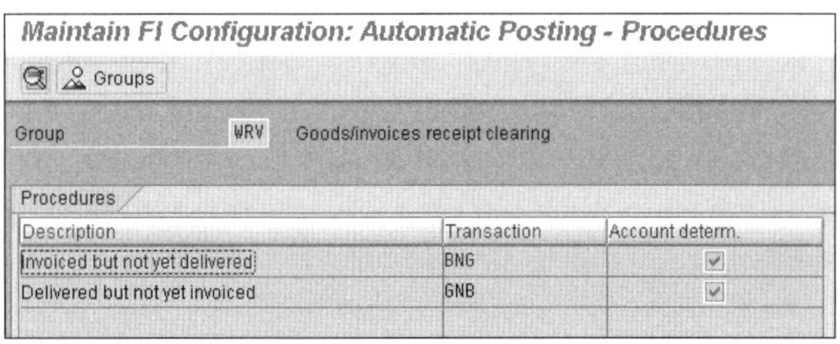

Abbildung 9.10 Kontenfindung für GNB- und BNG-Vorgänge

Aufsplittung des WE/RE-Saldos

Die Aufsplittung des WE/RE-Saldos erfolgt mithilfe des Reports RFWERE00, der zum Monatsende eine Buchung generiert, die den Saldo auf dem WE/RE-Konto auf null bringt und zwei weitere Konten bebucht (BNG und GNB). Diese Konten sehen Sie in Abbildung 9.11 und Abbildung 9.12.

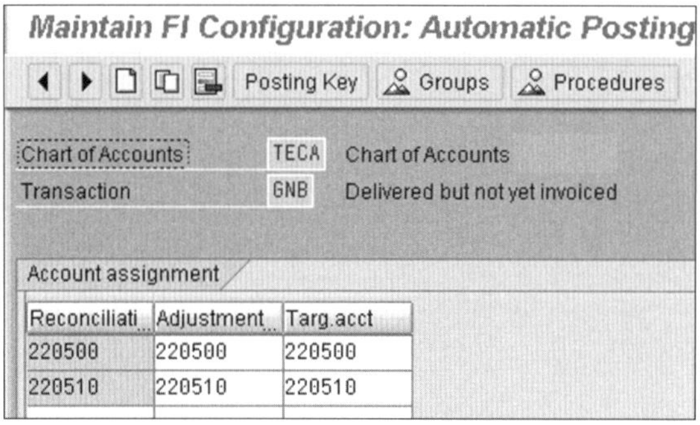

Abbildung 9.11 Berechnet, nicht geliefert (GNB)

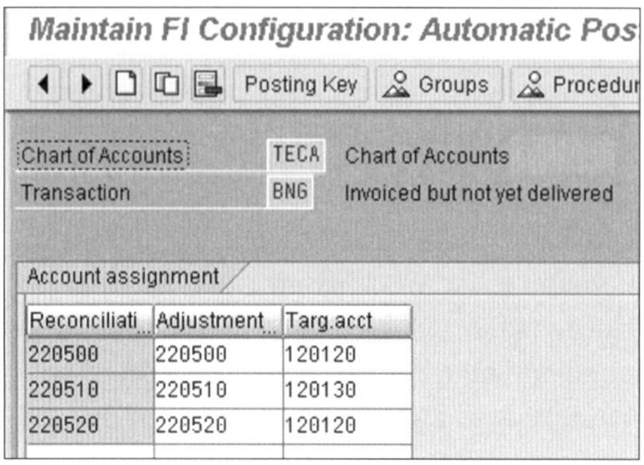

Abbildung 9.12 Geliefert, nicht berechnet (BNG)

Gleichzeitig wird eine weitere Buchung generiert, die diese erste Buchung zum ersten Tag des Folgemonats rückgängig macht. Der Report RFWERE00 kann sowohl für die buchhalterische Aufsplittung als auch für die Analyse des WE/RE-Kontos (ohne Buchung) verwendet werden.

Report RM07MSAL

In der Praxis wird oft ein weiterer Report RM07MSAL (WE/RE-Saldenliste) verwendet. Dieser Report stellt die Wareneingangsmengen und -werte einer Bestellung den Rechnungseingangsmengen und -werten dieser Bestellung gegenüber, sofern der Saldo nicht null ist. Auf diese Weise können Abweichungen nachvollzogen werden. Darüber hinaus kann man bei Abweichungen auch erkennen, um welche Bestellungen es sich handelt.

Prüfung: Ausweis WE/RE-Konto am Monatsende

Um die korrekte buchhalterische Behandlung des WE/RE-Konto-Saldos zu prüfen, nehmen Sie folgende Auswertungen vor:

1. Werten Sie den Saldo des WE/RE-Kontos zum Ende eines Monats aus. Ist dieser ungleich null, klären Sie, ob die Rechnungsprüfung wareneingangsbezogen stattfindet. Falls nicht, klären Sie, wie der Saldo des WE/RE-Kontos im Rahmen der Abschlussarbeiten gehandhabt wird.
2. Prüfen Sie mittels Transaktion FBKP, ob für die Vorgänge BNG und GNB in der Kontenfindung die richtigen Sachkonten zugeordnet sind.

9.4 Kontrollen rund um das Thema Bestände

Von der Stammdatenpflege bis hin zur Bewertung – Bestände als Umlaufvermögen auf der Aktivseite der Bilanz stehen im Mittelpunkt der IKS-relevanten Themen im P2P-Prozess.

9.4.1 Pflege von Materialstammdaten

Wichtige Rolle der Materialstammdaten

Wichtige Kontrollen im Stammdatenbereich mit P2P-Relevanz wurden unter anderem bereits in Abschnitt 8.6.1, »Richtigkeit der Abstimmkonten«, erläutert. Bleibt nun noch das Thema Materialstamm: Dessen Pflege hat Einfluss auf eine Vielzahl wichtiger Unternehmensprozesse. Außer dem P2P-Prozess ist auch der *Verkaufsprozess* (*Order to Cash, O2C*) betroffen. Aus Sicht des Internen Kontrollsystems (IKS) sind darüber hinaus auch die Bewertung des Umlaufvermögens und die Berechnung sowie der Ausweis der Vorsteuer (MwSt.) relevant. Aus diesem Grund sollte die Pflege von Materialstammdaten in einen IKS-konformen Änderungsprozess eingebunden sein.

Kontrollen rund um den Materialstamm

In einigen Unternehmen wird eine Kombination von Berechtigungen in Verbindung mit der SAP-Business-Workflow-Funktion eingesetzt. Dabei stellt die Einschränkung von Berechtigungen für Buchungskreise, Werke, Materialstammsichten und Pflegestatus sicher, dass die Materialien nur von autorisierten Benutzern gepflegt werden können. Die Workflow-Funktionalität informiert die autorisierten Benutzer darüber, welche Materialstämme zur Pflege bereitstehen.

SAP Business Workflow

Die Initiierung des Workflows erfolgt durch sogenannte *Ereignisse*. Das Ereignis ist in dem Fall die Erstellung eines neuen Materialstammsatzes, das heißt die Pflege der Grunddaten 1 und 2. In der Folge wird ein Änderungsauftrag (Change Order) erzeugt; ein Beispiel sehen Sie in Abbildung 9.13.

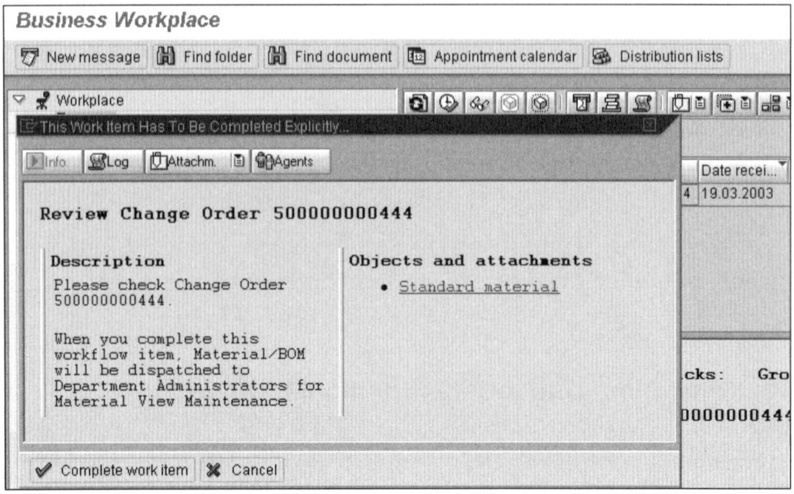

Abbildung 9.13 Änderungsauftrag für den Materialstamm

Dieser Änderungsauftrag wird an einen lokalen Materialstammverwalter geschickt. Nach der Freigabe wird der Antrag an alle lokalen Organisationseinheiten zur Pflege der relevanten Materialstammsichten weitergeleitet (siehe Abbildung 9.14).

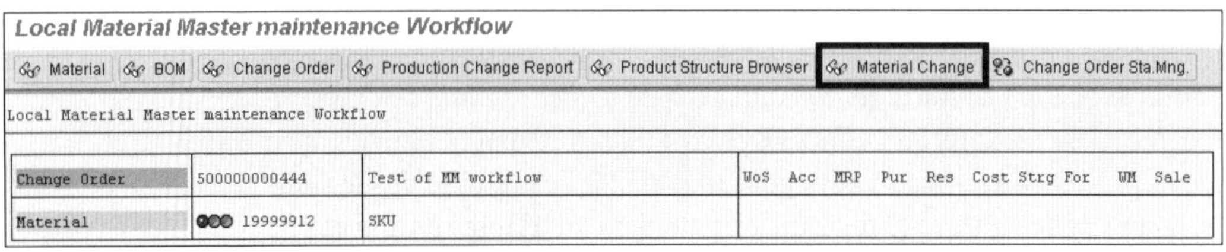

Abbildung 9.14 Workflowbasierte Bearbeitung von Materialstammdaten

Der Materialstammverwalter hat dabei jederzeit die Möglichkeit, den Fortschritt der Materialstammpflege zu verfolgen. Pro Sicht im Materialstamm erfolgt abschließend eine Freigabe, um eine angemessene Funktionstrennung sicherzustellen. Der Materialstamm kann über den Button **Material Change** angezeigt werden. Die Materialstammänderung wird durch die Bestätigung der Workflow-Aufgabe **Complete work item** abgeschlossen (siehe Abbildung 9.15).

Standard-SAP-Workflows werden über den Menüpfad **SAP Menü • Tools • Business Workflow • Administration** konfiguriert.

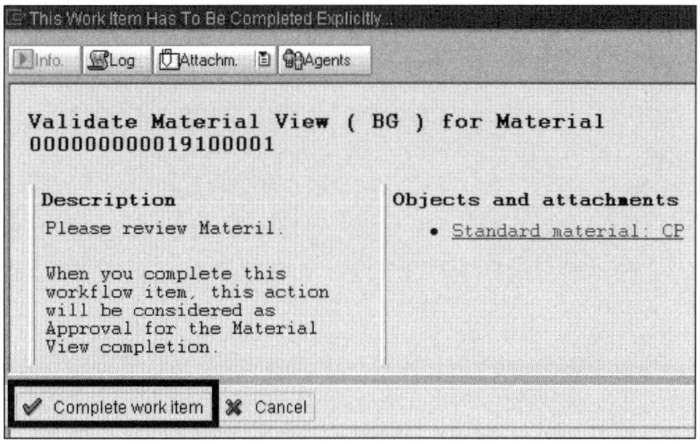

Abbildung 9.15 Materialstammänderung bestätigen

Prüfung: Pflege Materialstammdaten

Folgende Auswertungen sind im Zusammenhang mit der Behandlung der Materialstammdaten zu empfehlen:

1. Verschaffen Sie sich einen Überblick über die Prozesse und Verfahrensanweisungen zur Materialstammpflege in Logistik, Einkauf und Vertrieb.
2. Prüfen Sie, wie die Materialstammpflege im Berechtigungskonzept abgebildet ist. Wichtig für eine angemessene Funktionstrennung sind unter anderem folgende Berechtigungsobjekte:
   - `M_MATE_STA` für die Änderung des Pflegestatus
   - `M_MATE_WRK` für die Einschränkung auf Werksebene
   - `M_MATE_MAR` für die Materialart
   - `M_MATE_VKO` für die Pflege innerhalb definierter Verkaufsorganisationen

9.4.2 Unbewertetes Vorratsvermögen und getrennte Bewertung

Bewerteter vs. unbewerteter Bestand

Die Bestandsverwaltung im SAP-System erlaubt für das Vorratsvermögen mehrere Möglichkeiten einer gesonderten Bewertung. Das Vorratsvermögen besteht aus Roh-, Hilfs- und Betriebsstoffen, unfertigen und fertigen Erzeugnissen oder Leistungen. Materialien im SAP-System können trotz gleicher Materialnummer einen unterschiedlichen buchhalterischen Wert besitzen. So wird zum Beispiel Material mit abgelaufenem Mindesthaltbarkeitsdatum meist *unbewertet* geführt. In den folgenden Fällen wird das Material zwischen bewertetem und unbewertetem Bestand umklassifiziert:

- Wareneingänge erfolgen erst in der Qualitätssicherung, und erst nach Freigabe der Qualitätssicherung erfolgt eine Freigabe in den unbeschränkten Lagerbestand.

- (Un-)fertige Erzeugnisse überschreiten ihr Haltbarkeitsdatum, oder Materialien werden als unbewerteter Projektbestand geführt.
- Materialien werden durch Umlagerung oder Umbuchung zwischen bewertetem und unbewertetem Bestand verschoben.

Bei der Klassifizierung des Vorratsvermögens besteht das Risiko eines fehlerhaften Ausweises in der Bilanz, das heißt der Über- oder Unterbewertung.

Konfiguration zur Umklassifizierung des Bestandes

Die SAP-Funktionalität *Chargenverwaltung* kann bei aktivierter Prüfung des Mindesthaltbarkeitsdatums (MDH) im Bestand eine Veränderung des Status **frei** auf **nicht frei** einschließlich der Erstellung eines Materialbelegs automatisch bewirken. Mithilfe der Kontenfindung kann die relevante Bewegungsart so eingestellt werden, dass der gesamte Buchwert der Charge in den Aufwand gebucht wird. Die Aktivierung der Prüfung des Mindesthaltbarkeitsdatums (MDH) erfolgt mit Transaktion OMJE (Tabelle T159L sowie pro Bewegungsart in Tabelle T156). Zusätzlich ist die Bewegungsart 341 (unfertige Leistungen, frei an nicht frei in der Kontenfindung, Tabelle T156 ff.) zu pflegen.

Handhabung der getrennten Bewertung

Neben der Chargenverwaltung können Materialien bei manuellen Materialbewegungen auch unterschiedlich bewertet werden. Dies ist für Unternehmen relevant, die Rohmaterialien, unfertige Erzeugnisse oder Fertigerzeugnisse sowohl fremdbeziehen als auch selbst fertigen und lagern. Da Anschaffungs- und Herstellkosten der Materialien in diesem Fall unterschiedlich sind, müssen die Bestände *getrennt bewertet* werden. Das Risiko bei der getrennten Bewertung ist vergleichbar mit dem Bewertungsrisiko bei unbewertetem Bestand.

Konfiguration der getrennten Bewertung

Die Einstellung der getrennten Bewertung erfolgt im Customizing unter **Materialwirtschaft • Bewertung und Kontierung • Getrennte Bewertung • Getrennte Bewertung aktivieren/einstellen** oder mithilfe von Transaktion OMWO/OMWC. Mithilfe dieser Konfigurationseinstellungen werden beispielsweise Bewertungstypen konfiguriert (ob ein Eigen- oder Fremdbezug vorliegt etc.).

Prüfung: Bewertung des Vorratsvermögens

Folgende Prüfungshandlungen sind im Zusammenhang mit der Materialbewertung zu empfehlen:

1. Verschaffen Sie sich einen Überblick, ob die getrennte Bewertung und die Chargenverwaltung aktiviert sind.
2. Die Aktivierung der Prüfung auf das Mindesthaltbarkeitsdatum im Rahmen der Chargenverwaltung kann in den Tabellen T159L und T156 überprüft werden.

3. Prüfen Sie die Einstellungen zur getrennten Bewertung von Vorratsvermögen im Customizing mit den Transaktionen OMWO (MM-IV Steuerung Bewertung) und OMWC (MM-IV Getrennte Materialbewertung).

9.4.3 Kontenfindung bei Materialbewegungen

Materialbewegungen im SAP-System

Die logistischen Prozesse in der Lagerverwaltung (Warehouse Management) sind den Hauptprozessen Einkauf, Produktion und Verkauf untergeordnet. Die notwendigen Materialbewegungen müssen einerseits die Mengen in den Lagerorten und andererseits die entsprechenden Werte in der Buchhaltung aktualisieren. Dies erfolgt im SAP-System mithilfe der Bewegungsarten. Jede Materialbewegung besitzt eine Bewegungsart im Materialbeleg.

Bewegungsarten und Kontenfindung

Eine Bewegungsart steuert unter anderem, ob nur Mengen, nur Werte oder beides im SAP-System aktualisiert werden. So müssen bei einem Wareneingang zu einer Bestellung die Materialbestände in den Lagerorten erhöht und das Vorratsvermögen angepasst werden. Im Gegensatz dazu erfordert eine *Umbuchung* innerhalb eines Werks oder eines Bewertungskreises meist nur die Aktualisierung der Mengen, nicht aber der Buchwerte. Die Richtigkeit der Kontenfindung ist dabei essenziell, weil bei fehlerhaften Einstellungen die korrekte Anweisung der Bestandswerte in der Bilanz und GuV beeinträchtigt werden kann.

Konfiguration der Kontenfindung

Die Richtigkeit der Kontenfindung sowie die systemtechnische Einschränkung, dass Sachkonten bei Bewegungen manuell nicht ausgewählt werden können, sind auch aus IKS-Gesichtspunkten sehr wichtig. Die Kontenfindung in der SAP-Materialwirtschaft besteht aus folgenden Elementen:

- Bewertungssteuerung
- Bewertungskreis
- Bewertungsklasse
- Kontomodifikation

Während in der Bewertungssteuerung und im Bewertungskreis festgelegt wird, welche Werke mit oder ohne Anpassung der Kontierung (Kontomodifikation) angelegt werden, wird in der Bewertungsklasse festgelegt, welches Konto abschließend bebucht wird. Über die *Bewertungsklasse* ist eine materialabhängige automatische Kontenfindung möglich. Beispielsweise können so die Zugänge für Rohstoffe auf andere Bestandskonten gebucht werden als die Zugänge für Halbfabrikate, obwohl in beiden Fällen der gleiche Vorgang erfasst wird. Die *Kontenklassenreferenz* verknüpft Bewertungsklassen mit Materialarten und legt damit fest, welche Bewertungsklassen für ein Material zulässig sind, das selbst immer einer bestimmten Materialart zugeordnet ist.

Um Erfassungsfehler bei Materialbewegungen zu verhindern, sollte das Prüfkennzeichen in der Kontomodifikation (Tabelle: T156X bis XPKON) nicht gesetzt sein. Durch diese Einstellung wird verhindert, dass Sachkonten, die im Erfassungsbild eingegeben werden, für den Buchhaltungsbeleg verwendet werden.

Prüfung: Kontenfindung bei Materialbewegungen

Folgende Handlungen empfehlen wir im Zusammenhang mit der Kontenfindung bei Materialbewegungen sowie für die Abstimmung des Hauptbuchs mit den Werten in MM:

1. Verschaffen Sie sich einen Überblick über die Systemeinstellungen zur Kontenfindung, insbesondere der Kontomodifikation für Bewegungsarten, sowie über die Anbindung der Kontenpläne (über Transaktion OMWD oder mithilfe der Fixkontentabelle T030).
2. Kontrollieren Sie in Stichproben die Kontierung der Bewegungsarten für wichtige Materialarten. Wählen Sie dazu Transaktion OMWB (Simulation der Kontenfindung), und klicken Sie anschließend auf den Button **Simulation oder Sachkonten**.

[»]

Saldenabgleich zwischen MM und FI

Der Report RM07MMFI führt einen Saldenabgleich zwischen den SAP-Komponenten Materialwirtschaft und Finanzbuchhaltung durch. Zusätzlich gleicht der Report RM07MBST summarisch den Lagerbestand mit dem Bestandskonto in der Finanzbuchhaltung ab. Eine Konsistenzprüfung der Bestände sollte regelmäßig mithilfe des Reports RM07KO01 durchgeführt werden.

9.4.4 Berichtigung des Vorratsvermögens: Inventur und Materialabwertungen

Werte anpassen – wann und warum?

Im Rahmen der Monats-, Quartals- oder Jahresabschlussaktivitäten ist das Vorratsvermögen nach allen Rechnungslegungsvorschriften auf eventuellen Abwertungsbedarf hin zu prüfen. Die Bewertungsmaßstäbe können sich von Land zu Land unterscheiden. So wird zum Beispiel nach IAS 2 eine Bewertung zu niedrigeren, historischen Kosten oder zum Nettoverkaufswert (zum Nettoverkaufspreis, zu den Nettovertriebskosten etc.) verlangt. Abweichungen von Mengen infolge der Inventurergebnisse oder die Notwendigkeit einer Wertberichtigung (Erfassung zusätzlicher Anschaffungs-

oder Herstellkosten, AHK) stellen weitere mögliche Ursachen für Wertkorrekturen dar.

Inventur

Das SAP-System unterstützt unterschiedliche Inventurverfahren, zum Beispiel die *permanente*, die *stichtagsbezogene* oder *Stichtagsinventur*. Alle Verfahren verfolgen dabei nur das Ziel, Differenzen zwischen den Mengen im SAP-System und den tatsächlichen Mengen im Lager zu finden. Diese Inventurdifferenzen werden im SAP-System erfasst (Rückmeldung der Zählung) und anschließend ausgebucht.

Inventurkontrolle: Sperre der Lagerorte

Um eine Abweichung durch Materialbewegungen während der Inventur zu verhindern, sollten während der Inventur die Bestände durch eine Sperre der Lagerorte fixiert werden. Diese Sperre kann im Customizing aktiviert werden (**Materialwirtschaft • Bestandsführung und Inventur • Inventur • Buchbestand fixieren im Lagerort erlauben** im IMG).

Inventurkontrolle: Funktionstrennung

Eine weitere wichtige Kontrolle im Rahmen der Inventur ist die Funktionstrennung zwischen der Zählung und der Erfassung der Zählergebnisse einerseits und der Berechtigung zum Ausbuchen der Inventurdifferenzen andererseits. Für die Erfassung der Zählung ist das Berechtigungsobjekt `M_ISEG_WDB` in der Aktivität 01 erforderlich. Die Berechtigung zum Ausbuchen der Inventurdifferenz wird durch das Berechtigungsobjekt `M_ISEG_WDB` vergeben. Im Customizing des Systems können auch Obergrenzen für die Pflege von Inventurdifferenzen festgelegt werden.

Um die Vollständigkeit der Inventur sicherzustellen, sollten die angelegten Inventuren nach Abschluss auch wieder geschlossen werden.

AHK-bezogene Wertberichtigung

Anpassungen des Buchwertes können laufend auftreten, wenn zum Beispiel Transportrechnungen als zusätzliche AHK erfasst werden. Im Rahmen von eigengefertigten Materialien für Anlagen im Bau erfolgt die Erfassung der Kosten indirekt am Monatsende. Entsprechende Kontrollen über die Materialien, die mit dem *Standardpreis* bewertet werden, sowie die Umlage der Herstellkosten sind in Abschnitt 9.4.6, »Produktkostenrechnung«, aufgeführt.

Abwertung des Vorratsvermögens

Für Handelsware oder fremdbezogene Materialien (diese werden meist mit *gleitendem Durchschnittspreis* bewertet) ist jedoch zu ermitteln, ob ein Abwertungsbedarf des Vorratsvermögens besteht. SAP bietet zu diesem Zweck mehrere Verfahren an, die im SAP-System eingestellt werden müssen. Neben der Preissteuerung (S/V) kann ein Niederstwerttest auch auf Basis des periodisch gleitenden Durchschnittspreises, des mittleren Zugangspreises, durch die Ermittlung niedrigster Marktpreise, von Verbrauchsfolgeverfahren (LIFO/FIFO), der Reichweite oder der Lagerreichweite durchgeführt werden.

Die Bewertung des Vorratsvermögens enthält einen signifikanten Spielraum bei dem Ausweis der Werte in der Bilanz. Deshalb empfehlen sich folgende Kontrollen:

- **Prüfungshandlungen zur Abwertung**
  Wichtige Parameter zur Berechnung der Niederstwertermittlung müssen zum Zeitpunkt des Reportstarts im Customizing richtig gesetzt sein:
  - Reichweitenabschläge bei der Niederstwertermittlung im Customizing (Transaktionen OMW5 und OMW5W)
  - Selektion der Beleg- und Bewegungsarten, die bei der Niederstwertermittlung nach Marktpreisen für die Berechnung der Zugangspreise berücksichtigt werden (Transaktion OMWI für Bewegungsarten/ Transaktion OMWJ für Belegarten)
  - Abschlagswerte für die Niederstwertermittlung nach Gängigkeit (Transaktionen OMW5 und OMW5W)
  - Bewertungsebene für LIFO/FIFO (Transaktion OMWL) sowie die Definition der LIFO/FIFO-relevanten Bewegungsarten
- **Kontrollen zur Funktionstrennung**
  Zusätzlich sollte eine angemessene Funktionstrennung sichergestellt sein. Das SAP-System ermöglicht die Erstellung einer Batch-Input-Mappe sowie die direkte Aktualisierung der Bewertungspreise im Materialstamm. Eine angemessene Funktionstrennung kann auf zwei unterschiedliche Arten erreicht werden.
  - *Präventive Kontrolle*: Die Wertberichtigung wird ausschließlich mithilfe der Batch-Input-Mappe durchgeführt. Der Benutzer, der die Bewertung vorbereitet und durchführt, darf keine Berechtigungen zur Aktualisierung des Materialstamms besitzen. Außerdem sollte der Benutzer auch keine Berechtigungen für die Verarbeitung der Batch-Input-Mappen haben.
  - *Detektive Kontrolle*: Die Änderungen der Preise im Materialstamm werden nach der Aktualisierung mithilfe der Transaktionen MRN9 (Anwendungs-Log) und CKMPCD (Anzeige der Preisänderungsbelege) ausgewertet.

[»]

Wichtig für Transaktion CKMPCD

Wählen Sie die Option **Belegpositionen pro Material** aus; anderenfalls werden die Wertänderungen nicht ausgegeben.

Abschließend ist die Festlegung der Schritte der Niederstwertermittlung wichtig. Diese sind jedoch organisatorisch festzulegen, bevor die Transaktionen MRN0 (Marktpreise), MRN1 (Reichweite), MRN2 (Gängigkeit) und MRN3 (Verlustfreie Bewertung) etc. zur Niederstwertermittlung gestartet werden können.

Prüfung: Berichtigung des Vorratsvermögens

Folgendes müssen Sie im Zusammenhang mit Wertberichtigungen in der Materialwirtschaft prüfen:

1. Verschaffen Sie sich einen Überblick über die verwendeten Inventurverfahren, und klären Sie, ob Lagerorte während der Inventur gesperrt werden. Werten Sie entsprechende Änderungsbelege aus. Prüfen Sie, ob Funktionstrennungsanforderungen über Berechtigungen umgesetzt sind.
2. Prüfen Sie unter Berücksichtigung der rechnungslegungsrelevanten Bewertungsmaßstäbe die Vorgehensweise für die Abwertungen, und analysieren Sie gegebenenfalls die relevanten Konfigurationseinstellungen. Prüfen Sie, ob Funktionstrennungsanforderungen berücksichtigt werden.

9.4.5 Freigabe von Verschrottungen

IKS-konform Bestände ausbuchen

Die meisten Unternehmen führen regelmäßige Kontrollen ihres Lagerbestandes durch. Bestände, die nicht mehr benötigt oder verkauft werden können, werden bei »Verschrottungsaktionen« als Warenausgang aus dem Bestand in den Aufwand der GuV ausgebucht. Zu diesem Zweck sind im SAP-Standard die Bewegungsarten 551, 553 und 555 definiert. Werden die Verschrottungsaktionen nicht durchgeführt, besteht Korrekturbedarf bei der Menge des Vorratsvermögens.

Kontrolle: kritische Bewegungsarten

Hinsichtlich der Verwendung kritischer Bewegungsarten sollte die Kontrolle in zwei Teilen erfolgen:

1. Die Vorabkontrolle besteht in der restriktiven Vergabe der Berechtigungen.
2. Da eine effektivere Kontrolle auf Prozessebene (vorgelagerte Freigabe von Verschrottungen) leider nicht vom SAP-Standard unterstützt wird, kann nachträglich manuell geprüft werden, ob die kritischen Bewegungsarten autorisiert genutzt wurden.

Prüfung: Freigabe von Verschrottungen

Bezüglich der Behandlung der Verschrottungen prüfen Sie Folgendes:

1. Die Einschränkung der Bewegungsarten erfolgt mit den Berechtigungsobjekten M_MSEG_BWA, M_MSEG_BMB, M_MSEG_BWE, M_MSEG_BMF und M_MSEG_LGO.

Prüfen Sie, ob die Bewegungsarten 551, 553 und 555 restriktiv gehandhabt werden.

2. Materialbewegungen mit bestimmten Bewegungsarten können mithilfe von Transaktion MB51 (Materialbelegliste) analysiert werden. Werten Sie die Materialbelege mit den Verschrottungsbewegungsarten 551, 553 und 555 aus, und vergleichen Sie das Ergebnis mit den freigegebenen Verschrottungsaktionen.

9.4.6 Produktkostenrechnung

Wertefluss für Eigenerzeugnisse im SAP-System

Die Bewertung des Vorratsvermögens innerhalb der Wertschöpfungskette von Unternehmen wird in vielen Fällen mit der SAP-Komponente Controlling (CO) und dessen Komponenten Produktkostencontrolling (CO-PC) und Ergebnisrechnung (CO-PA) durchgeführt. Als *Kostenträger* bzw. *Kostensammler* fungieren unterschiedliche Typen von Aufträgen, zum Beispiel Innen- oder Fertigungsaufträge. Diese Kostensammler werden durch die einzelnen Transaktionen im Geschäftsprozess belastet, zum Beispiel durch Rohmaterialentnahme. Am Ende des Fertigungsprozesses werden diese Kostensammler dann durch die Rückmeldung (Fertigmeldung) des Materials entlastet und beispielsweise der Bestand bei Lagerfertigung bzw. der Kundenauftrag belastet.

Die Rückmeldung der Halbfabrikate oder Fertigerzeugnisse erfolgt meist zum *Standardpreis*. Zum Periodenende müssen in diesem Fall die Abweichungen zwischen Standardpreis (aus den Plankosten) und den aufgelaufenen Ist-Kosten verglichen werden. Im Fall von Abweichungen müssen diese analysiert werden, und der Standardpreis muss angepasst werden. Hauptrisiko für die Bestandsbewertung ist, dass das Controlling als internes Rechnungswesen mit dem externen Rechnungswesen nicht abstimmbar ist. Fehler im Controlling würden sich dann durch Umbewertung des Bestandes oder der Ware in Arbeit in das Vorratsvermögen vererben.

Integration von FI in CO

Prinzipiell muss die Integration der CO-Komponente in zwei Richtungen erfolgen. Die Integration der Komponente FI (Finanzwesen) in das Controlling muss stattfinden, damit alle relevanten Geschäftsvorfälle auf die richtigen Mitbuchkonten repliziert werden. Im Customizing der Komponente CO ist auch zu prüfen, welche Kostensammler vom Unternehmen eingesetzt werden. Dabei wird festgestellt, ob alle wichtigen, in FI erfassten Geschäftsvorfälle in die Komponente CO übernommen werden. Im Allgemeinen wird bei einer Warenentnahme für einen Produktionsauftrag in der Finanzbuchhaltung »Produktionsaufwand an Rohmaterial« gebucht. Der entsprechende Kostensammler wie der Produktionsauftrag wird mitkontiert.

Integration von CO in FI

In umgekehrter Richtung ist die Komponente CO in der Lage, die Kosten mithilfe eines *Abstimm-Ledgers* oder in Echtzeit an FI zu übergeben. Dies gilt für primäre und sekundäre Kostenarten. Die IKS-relevanten Fragestellungen hierzu wurden bereits in Abschnitt 8.3.3, »Abstimm-Ledger«, beleuchtet. Bei aktiviertem neuen Hauptbuch sollten außerdem die Customizing-Einstellungen für die Buchungen der Finanzbuchhaltungsbelege kontrolliert sowie die Einstellungen mit der Organisation der Bewertungskreise abgeglichen werden. So sollten die Bestände, Kosten und die Buchungskreise, in die die Komponente CO bucht, abgeglichen sein (Transaktion CKM9). Zusätzlich sollte die Richtigkeit der Kontenfindung (siehe Abbildung 9.16) in Stichproben kontrolliert werden (Transaktion OKGB oder Tabelle V_KKAB).

KoRec...	Buchu...	AbgrVer...	Kategorie	Saldo/Bil...	Kostenart	Lfd. Satznr.	GuV-Konto	Bilanz-Konto	Rec...
0001	0001	0	WIPA			0	891000	791000	

Abbildung 9.16 Kontenfindung bei der CO-FI-Integration

Funktionstrennung

Innerhalb der Komponente CO sollte auch eine angemessene Funktionstrennung umgesetzt sein. So ist die Anlage von Kostensammlern, Innen- oder Fertigungsaufträgen zu trennen. Ebenso ist darauf zu achten, dass die unterschiedlichen Kostenträger auch zeitnah wieder geschlossen werden, um sicherzustellen, dass alle Kosten periodengerecht auf die Bestände umgelegt werden.

Prüfung: P2P-Produktkostenrechnung

In Zusammenhang mit der Produktkostenrechnung sind folgende Prüfungshandlungen zu empfehlen:

1. Prüfen Sie die eingesetzten Kostenträger, und kontrollieren Sie, welche Primärkostenarten auf die Kostenträger gebucht werden. Beurteilen Sie die Risikosituation des Unternehmens und ob die Bilanzbewertung der Bestände auf Zahlen aus dem Controlling beruht. Dies ist zum Beispiel der Fall, wenn das Unternehmen seine Fertigerzeugnisse mit Planpreisen bewertet und zum Periodenende die im Controlling aufgelaufenen Ist-Kosten mit den Plankosten vergleicht. Werden aus den Zahlen des Controllings dann noch die Bestandswerte angepasst, sollten die Kostenerfassung und Umlage vollständig und richtig sein.
2. Falls das neue Hauptbuch nicht aktiv ist (siehe Abschnitt 8.3.3, »Abstimm-Ledger«): Werten Sie die Buchungsbelege mithilfe von Transaktion KALC aus. Prüfen Sie stichpunktartig, ob die Übernahme der Kosten vollständig erfolgte. Beachten Sie, dass Sie die Transaktion nur im

Testlauf starten. Fehlen Belege in der Auswertung, ist dies zu analysieren.

3. Prüfen Sie, ob Funktionstrennungsanforderungen im Berechtigungskonzept ausreichend berücksichtigt sind.

9.4.7 Ausgänge von unbewertetem Bestand

Unbewertetes Material wird von vielen Unternehmen eingesetzt, um Mengen zu verwalten oder um Material und Dienstleistungen beschaffen zu können. So können Werbematerialien oder Testprodukte zwar mengenmäßig im SAP-System geführt werden, jedoch werden die Anschaffungs- und Herstellkosten dieser Bestände direkt beim Wareneingang zur Bestellung oder bei der Entnahme der Roh- und Hilfsstoffe aus dem Lager in den Aufwand gebucht. Um einen unautorisierten Warenausgang zu verhindern, sollten die Warenausgänge einer Kontrolle unterliegen. Das Risiko eines unautorisierten Warenausgangs ist relevant, wenn die unbewerteten Materialien einen freien Marktwert besitzen oder wenn es sich um Testprodukte handelt, die der Tabak- oder Branntweinsteuer unterliegen.

Unbewertete Abgänge im Griff

Innerhalb des Beschaffungsprozesses ist es wichtig, dass Rücklieferungen für unbewertete Materialien nur mit Bezug zu Bestellungen durchgeführt werden können. Dies ist insbesondere wichtig, weil dabei der Aufwand storniert wird. An dieser Stelle ist anzumerken, dass kostenlose Lieferungen im Vertriebsprozess ein ähnliches Risiko darstellen, jedoch andere automatisierte Kontrollen zum Einsatz kommen. Die Abwicklung der sogenannten *Retourenposition* erfolgt, indem in der Bestellposition das Feld RETPO für Retourenposition aktiviert wird. Sobald Sie über Transaktion MIGO (Warenbewegung) den Warenausgang zu dieser »Retourenbestellung« buchen, ermittelt das SAP-System die erforderliche Bewegungsart (im Standard 161). Die relevanten Einstellungen werden im IMG unter **Materialwirtschaft • Einkauf • Bestellung • Retourenbestellung • Lieferantenretoure** vorgenommen.

9.5 Corporate Governance

Externe Anforderungen an Zahlungsvorgänge

In Abschnitt 8.6.5, »Vier-Augen-Prinzip bei der Stammdatenpflege«, wurden bereits die IKS-relevanten Fragestellungen rund um das Thema Zahlungsvorgänge behandelt. An dieser Stelle möchten wir auf die Wichtigkeit dieser Vorgänge auch aus der Sicht von externen Anforderungen eingehen. Im internationalen Umfeld steigen die Anforderungen hinsichtlich der

Transparenz und der Kontrolle von Zahlungen. Gründe hierfür können Selbstverpflichtungen (Tabakindustrie in Europa), legislative Anforderungen (wie in den USA der Foreign Practice Act) oder Gesetze zur Verhinderung von Geldwäsche bzw. Steuerhinterziehung sein. Unternehmen sollten angemessene effektive Kontrollen über ausgehende Zahlungen und Zahlungsempfänger implementieren, um diesen externen Anforderungen nachzukommen.

Hohes Risiko

Die meisten Verfahren gegen Unternehmen, die gegen einzelne der genannten Anforderungen verstoßen haben, werden in der Praxis meist gegen außergerichtliche Zahlungen eingestellt. Neben dem finanziellen Verlust kann aber die Reputationsschädigung für ein Unternehmen gravierend sein.

Die Kontrollen rund um Corporate Governance sollten zusätzlich zu den bereits erläuterten Kontrollen der CpD-Kreditoren und der kritischen Felder im Lieferantenstamm besondere Maßnahmen hinsichtlich der direkten Erfassung von Kreditorenzahlungen und Debitorengutschriften umfassen.

Automatische Kontrolle

Zusätzlich zu einer restriktiven Vergabe der Berechtigungen zur Erfassung von allgemeinen Kreditorenrechnungen mittels Transaktionen FB60 (Erfassung eingehender Rechnungen) oder F-43 (Erfassung Kreditorenrechnung) sollten noch folgende Maßnahmen bzw. Systemeinstellungen durchgeführt werden, um eine automatisierte Kontrolle zu ermöglichen.

- Pflege einer Zahlungssperre für FI-Kreditoren und FI-Debitoren im Stammsatz
- Definition einer Vertriebsbelegart für Debitorengutschriften, die automatisch eine Gutschrift erstellt und sperrt. Diese automatisierte Kontrolle wird im Detail im Verkaufsprozess Order-to-Cash (O2C), siehe Kapitel 10, »Kontrollmechanismen im SAP-ERP-gestützten Order-to-Cash-Prozess«, erklärt.

9.6 Resümee

In diesem Kapitel haben Sie einen Überblick über IKS-relevante Themen im P2P-Prozess erhalten. Die wesentlichen Risiken, zu denen passende Kontrollmechanismen erläutert wurden, liegen aus IKS-Gesichtspunkten in den Teilprozessen Bestellwesen, Rechnungsprüfung, Behandlung des WE/RE-Kontos sowie im Bereich der Bestandsbewertung.

Kapitel 10

Kontrollmechanismen im SAP-ERP-gestützten Order-to-Cash-Prozess

Jedes wirtschaftlich arbeitende Unternehmen hat Umsatz und Gewinn zum Ziel. Hier spielt der Vertrieb eine wichtige Rolle. Betrachten wir nun die Risiken und Kontrollen, die in der Prozesskette, von der Bestellung bis zur Bezahlung der Rechnung, vorkommen.

Der Vertriebsprozess (englisch Order-to-Cash, O2C) hat in marktwirtschaftlich orientierten Unternehmen eine zentrale Rolle inne. Im Vertriebsprozess laufen alle eingehenden Anfragen und Aufträge zusammen, und durch ihn werden dem Kunden die relevanten Lieferungen und Leistungen zur Verfügung gestellt. In den meisten Unternehmen setzt sich der Vertriebsprozess aus den folgenden Bestandteilen zusammen:

1. Angebots-/Auftragserfassung
2. Bereitstellung von Waren oder Dienstleistungen
3. Fakturierung
4. Zahlungseingang

Sales and Distribution

In Abbildung 10.1 sehen Sie eine schematische Darstellung des SAP-gestützten Vertriebsprozesses. Im Standard unterstützt ein SAP-ERP-System in der Komponente *Sales and Distribution* (*SD*) eine Vielzahl von unterschiedlichen Varianten dieses Geschäftsprozesses, zum Beispiel für den Vertrieb von Dienstleistungen (Leistungsstamm), für die Handhabung von Anzahlungsanforderungen im Anlagenbau (Sonderhauptbuchvorgänge) oder für Teil- und Sammelzahlungen.

Im Folgenden werden gängige Kontrollmechanismen aufgezeigt, die – vereinfacht dargestellt – in zwei Gruppen zusammengefasst sind:

- Kontrollen in der vorbereitenden Vertriebsphase
- Kontrollen bei der Auftragserfüllung und Umsatzlegung

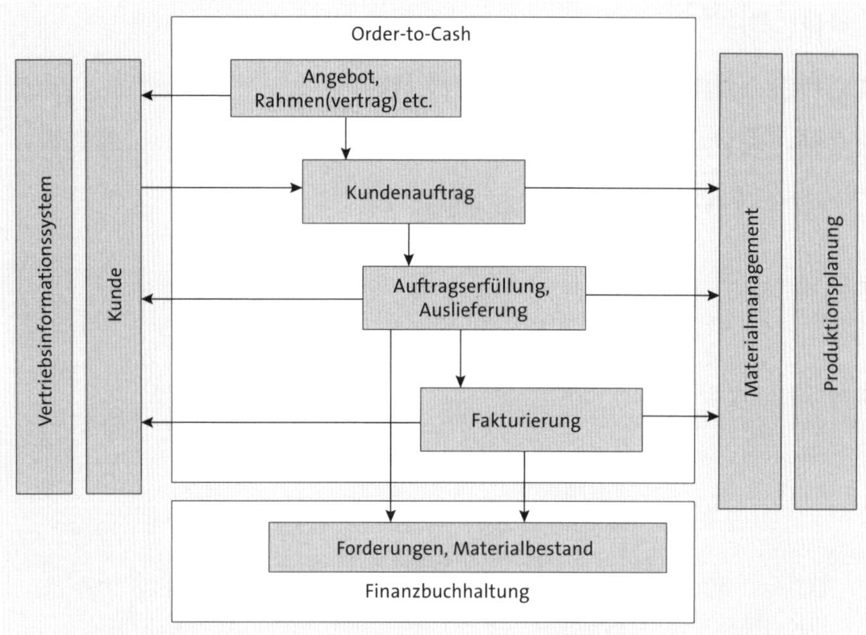

Abbildung 10.1 Vereinfachte Darstellung des SAP-gestützten O2C-Prozesses

[»]

Änderungen in SAP S/4HANA

In diesem Kapitel legen wir SAP ERP 6.0 zugrunde. In Kapitel 15, »Risk und Compliance in SAP S/4HANA«, finden Sie Informationen zu den Änderungen rund um SAP S/4HANA, jedoch nicht mit Fokus auf den Vertriebsprozess.

10.1 Kontrollen in der vorbereitenden Vertriebsphase

Bevor eine Rechnung an den Kunden geschickt wird, muss einiges geschehen: Ein Auftrag muss vorliegen, und der Kunde muss angelegt und aus Kreditwürdigkeitsgesichtspunkten bewertet werden. In diesem Abschnitt lernen Sie die Risiken sowie die Kontrollmechanismen der vorbereitenden Vertriebsphase kennen.

10.1.1 Kontrollen bei der Auftragserfassung

Vertriebsauftrag als Basis

Der erstmalige Auftragseingang ist in den meisten Fällen der Startpunkt für spätere Umsatzerlöse und Zahlungseingänge. Beim Auftragseingang werden der Kundenstamm und die Materialien oder Leistungen in einem *Ver-*

triebsbeleg/Vertriebsauftrag zusammengefasst und im O2C-Prozess bearbeitet. Alle weiteren Prozessschritte der Warenlieferung und Fakturierung beruhen auf dem Vertriebsauftrag. Der Vertriebsauftrag ist meist die systemtechnische Abbildung eines rechtlich bindenden Vertrags mit dem Kunden.

Risiken bei der Auftragserfassung

Die Erstellung der Vertriebsbelege im SAP-System kann direkt oder durch Kopieren eines existierenden Angebots erfolgen. Die Übernahme der Belegdaten aus dem Angebot reduziert die Wahrscheinlichkeit eines Fehlers und verringert den Erfassungsaufwand. Für Kontrollzwecke ist jedoch die *automatische Vollständigkeitskontrolle* maßgebend. Das Hauptrisiko bei der Erfassung der Vertriebsaufträge sind fehlerhafte oder unvollständige Vertriebsbelege, die unter Umständen zu einem geringeren Umsatz führen können.

Kontrollen bei der Auftragserfassung

Die Vollständigkeitskontrolle überprüft die eingegebenen Beleginformationen nach einem vorgegebenen Schema, das Sie im Customizing pflegen können (**Vertrieb • Grundfunktionen • Unvollständigkeit • Unvollständigkeitsschemata definieren/zuordnen**). Sollten nicht alle zur Belegverarbeitung notwendigen Informationen (Verkaufsbelegkopf- oder Einteilungsdaten, Kontakt-, Partner- oder Lieferkopfdaten etc.) vorhanden sein, kann eine Warnmeldung erfolgen (je nach Konfiguration). Des Weiteren können in Abhängigkeit von der gepflegten Statusgruppe bestimmte Folgeaktivitäten für den Beleg gesperrt werden.

Prüfung: Vertriebsbelege

Folgende Prüfungshandlungen sind im Zusammenhang mit den Kundenaufträgen im SAP-gestützten O2C-Prozess zu empfehlen:

1. Verschaffen Sie sich einen Überblick über die eingesetzten Vertriebsbelegarten (**Vertrieb • Verkauf • Verkaufsbelege • Verkaufsbelegkopf • Verkaufsbelegarten definieren**). Die Daten werden in Tabelle TVAK gespeichert.
2. Prüfen Sie, ob das Vollständigkeitsschema konfiguriert ist (siehe IMG-Pfad), Belege regelmäßig auf Unvollständigkeit hin geprüft (Transaktion V.02, Liste unvollständiger Aufträge) und gegebenenfalls nachbearbeitet werden.
3. Folgende Auswertungen können außerdem hilfreich sein, um einen Überblick über die existierenden Vertriebsbelege zu erhalten:
   - Auswertung doppelt erfasster Aufträge (Transaktion SDD1, Doppelte Verkaufsbelege im Zeitraum)
   - Analyse von offenen Aufträgen, deren Lieferdatum weit in der Vergangenheit liegt (Transaktion V.15, Anzeigen rückständiger Aufträge)

- Auswertung von Kommissionierungen zu Vertriebsaufträgen ohne Warenausgang (Transaktion VL06O, Auslieferungsmonitor)

  Sollten Sie Aufträge finden, deren Status unklar ist, klären Sie den Auftragsstatus mit der Fachabteilung ab. Grundsätzlich sollten Vertriebsaufträge zeitnah erfasst und bearbeitet werden.

4. Transaktionen VKM1 (Anzeige von gesperrten Vertriebsbelegen) und VKM2 (Anzeige entsperrter Vertriebsbelege) können ebenfalls eine nützliche Übersicht liefern.

10.1.2 Qualität der Kundenstammdaten

Im Vertriebsprozess stellen die Kunden- oder auch Debitorenstammdaten die Grundlage für regelmäßige Geschäftsbeziehungen dar. Das SAP-System setzt für jeden Vertriebsauftrag ein Mindestmaß an Kundenstammdaten voraus – für einen kontrollierten Geschäftsbetrieb empfiehlt es sich jedoch, einen unternehmensspezifischen Prozess zur Kundenstammdatenpflege festzulegen.

Prozess zur Kundenstammdatenpflege

Dieser Prozess beginnt mit der Überprüfung, ob ein Stammsatz für den Kunden bereits existiert. Gegebenenfalls wird eine Erweiterung bestehender Kundenstämme oder eine Erhebung der neuen Kundendaten durch den Vertrieb durchgeführt. Die gute Qualität und Vollständigkeit der Kundendaten ist sehr wichtig. Lässt man zum Beispiel die Kreditlimitpflege außer Acht (siehe Abschnitt 10.1.4, »Kreditlimitvergabe und -kontrolle«), besteht die Gefahr von Zahlungsausfällen; nicht gepflegte Partnerrollen führen zu undurchsichtigen Informationsbeständen und Vertriebszahlen. Unterliegt das Unternehmen zusätzlichen Anforderungen wie dem Geldwäschegesetz, ist die Sicherstellung einer guten Qualität der Kundenstammdaten nur noch mithilfe eines kontrollierten Kundenstammdatenmanagements möglich.

Kontrollen der Kundenstammdaten

Eine weitergehende, qualitative Analyse der Kundenstammdaten kann mithilfe des *SAP Query Painters*, aber auch mit anderen CAAT-Möglichkeiten durchgeführt werden (siehe Abschnitt 20.1.1, »Offline-CAAT-Tools«). Abbildung 10.2 zeigt das Datenmodell einer solchen Auswertung.

[zB]

Analyse mit dem SAP Query Painter

In der Praxis erbrachte eine solche Analyse, zum Beispiel bei einem Tabakwarenhersteller, dass trotz strenger Auflagen zur Geldwäsche lediglich bei 8 % aller Kunden gültige Bankverbindungen gepflegt waren.

[+]

Doppelt angelegte Kundenstämme identifizieren

Doppelt angelegte Kundenstämme können mithilfe von Transaktion S_ALR_87012180 (Adressliste Debitoren) identifiziert werden.

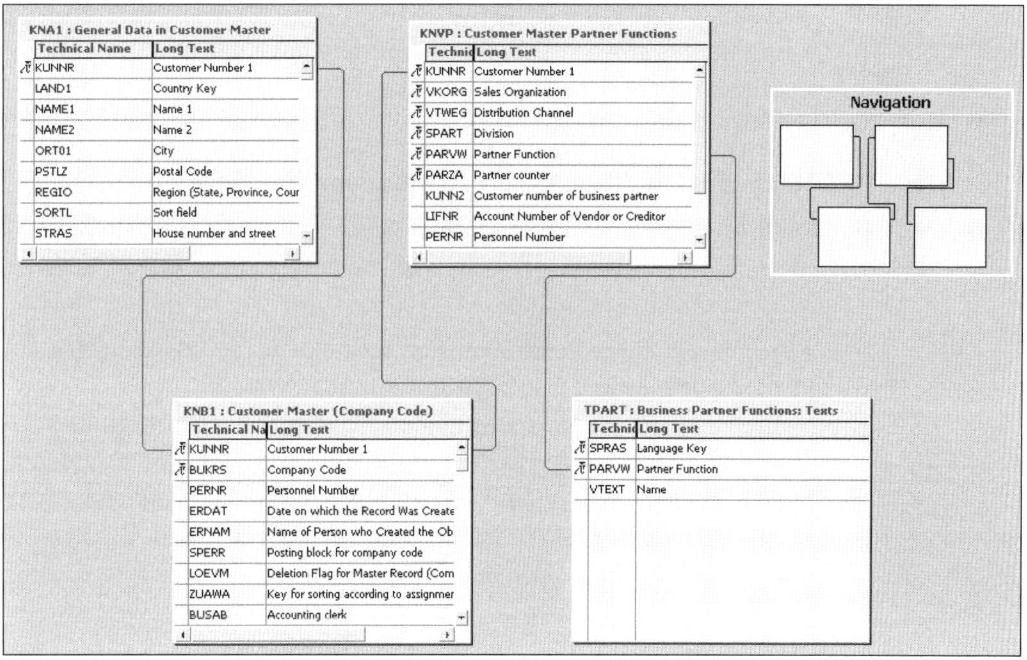

Abbildung 10.2 Kundenstammdaten-Query für eine qualitative Auswertung

Weitere operative Kontrollen der Kundenstammdatenpflege können die Freigabe oder auch nur die monatliche Kontrolle des Änderungsprotokolls von kritischen Feldern im Kundenstamm sein (siehe Abschnitt 8.1.5, »Ausgewählte Kontrollen bei Abschlussarbeiten«). Das SAP-System unterstützt die Funktionstrennung bei der Pflege von Kundenstammdaten, indem kritische Felder im Kundenstamm festgelegt werden können. Wird eines dieser Felder geändert, erfolgt eine sofortige Sperrung. Die Änderung des Stammsatzes muss durch eine zweite Person freigegeben werden.

Sensible Felder

Die Einstellung der sensiblen Felder erfolgt im Customizing unter **Finanzwesen • Debitoren- und Kreditorenbuchhaltung • Debitorenkonten • Stammdaten • Anlegen der Debitorenstammdaten • Sensible Felder für 4-Augen-Prinzip festlegen** (siehe Abschnitt 8.6.5, »Vier-Augen-Prinzip bei der Stammdatenpflege«).

In Abschnitt 14.2.1 lernen Sie weitere Szenarien zur Überprüfung der Kundendatenqualität kennen und erfahren, wie Sie diese Szenarien zur Überprüfung der Qualität von Kundenstammdaten in SAP ERP eigenständig einrichten können.

Prüfung: Pflege der Kundenstammdaten

Betrachten Sie bei der Prüfung der Kundenstammdaten besonders den Prozess der Pflege von Kundendaten. Achten Sie insbesondere darauf, ob die Kontrollen angemessen sind, die die Vollständigkeit und die Richtigkeit der relevanten Daten sicherstellen müssen.

10.1.3 Funktionstrennung bei der Stammdatenpflege

Die Grundlage eines IKS-konformen Stammdatenmanagements ist eine angemessene Funktionstrennung. Im Vertriebsprozess sollten folgende Anforderungen beachtet werden:

- **Trennung: Pflege der Kundenstammdaten von der Erfassung der Vertriebsaufträge und der Kreditlimitpflege**
  Die Pflege der Kundenstammdaten muss von der Erfassung der Vertriebsaufträge und der Kreditlimitpflege getrennt sein. Die Berechtigungen für die Pflege von Kundenstammdaten werden mit den folgenden Berechtigungsobjekten erteilt:
  - V_KNA1_BRG für Kundenberechtigungsgruppen
  - V_KNA1_VKO für die Autorisierung der Verkaufsorganisationen
  - V_KNKK_FRE für die Bearbeitung und Freigabe von gesperrten Kreditorenbelegen
  - Die Berechtigungen zur Pflege von Mahndaten im Kundenstamm werden durch die Berechtigungsobjekte F_KNA1_BUK (Buchungskreis) und F_KNA1_APP (Aktivitäten für Debitorenstammsätze) begrenzt.
- **Trennung: Berechtigung zur Kreditlimitpflege von den Buchungsberechtigungen in der Finanzbuchhaltung**
  Im Rahmen einer angemessenen Funktionstrennung sollten die Berechtigungen zur Kreditlimitpflege nicht mit den Buchungsberechtigungen in der Finanzbuchhaltung (auch: Fakturierung und Gutschrifterfassung) kombiniert werden. Die Berechtigungsobjekte V_KNKK_FRE und V_VBUK_FRE steuern die Berechtigungen für die Entsperrung von Vertriebsaufträgen.

Wie bei den Funktionstrennungsfragestellungen müsste sich bei fehlender (und in der Praxis schwer durchzusetzender) Funktionstrennung der IKS-Fokus in Richtung der kompensierenden Kontrollen verlagern.

10.1.4 Kreditlimitvergabe und -kontrolle

Wenn Kunden nicht bezahlen

Im Verkaufsprozess bestehen unterschiedliche Möglichkeiten zum Ausgleich der Forderungen aus Lieferungen und Leistungen. Die risikoärmste Möglichkeit ist der bewährte Tausch von Ware und Geld (Barverkauf); weitere Varianten dieses Tausches sind Vorauskasse oder der elektronischer Bankeinzug. Im Anlagenbau wird meist auch eine Bankgarantie zur Absicherung von Forderungen eingesetzt. Dabei garantiert die Bank im Fall einer Insolvenz des Debitors (Kunden) die ausstehenden Forderungen.

Wird dem Kunden ein Zahlungsziel eingeräumt, sollte das Unternehmen sein Risiko eines Forderungsausfalls durch den Einsatz einer Kreditkontrolle beschränken und aktiv handhaben.

Kreditausfallrisiko

Die Pflege der Kundenstammdaten beinhaltet auch die Erfassung, die Auswertung und das Management des Kreditausfallrisikos. Das SAP-System unterstützt im Standard die Risikominimierung in diesem Bereich durch die Bereitstellung unterschiedlicher Kreditlimitkontrollen. Das SAP-System unterscheidet zwischen der *statischen* und der *dynamischen Kreditlimitkontrolle*, um das Ausfallrisiko handhaben zu können.

Die Kreditlimitkontrolle beruht auf zwei Säulen:

- Pflege der Kreditlimits sowie der Risikokategorie im Kundenstamm
- Aktivierung der Kreditlimitvergabe in den Vertriebsbelegarten

Die Pflege der Kreditlimits im Kundenstamm erfolgt innerhalb des jeweiligen *Kreditkontrollbereichs*. Die relevanten Daten können mithilfe von Transaktion FD32 (Debitor – Kreditmanagement ändern) angezeigt werden.

[+]

Kreditkontrollbereich

Die Kreditkontrollbereiche sind im SAP-System ein Organisationskriterium für die Verwaltung von Kreditlimits. Die Kreditkontrollbereiche sind im Customizing den Buchungskreisen zugeordnet.

In Abbildung 10.3 sehen Sie, wie die Kreditlimitdaten eines Kunden im SAP-System aussehen. Die Kreditlimitdaten werden in der SAP-Tabelle KNKK gespeichert. Durch die Auswertung der Tabelle kann eine Aussage über die Qualität der Kreditkontrolldaten getroffen werden.

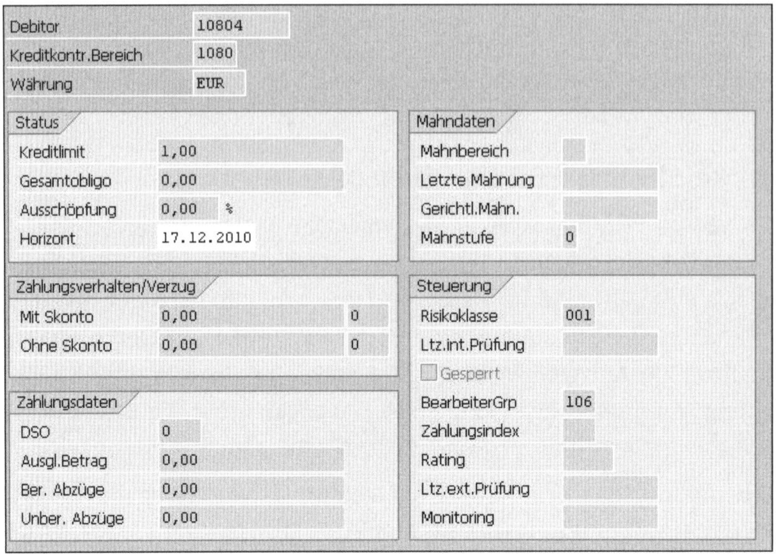

Abbildung 10.3 Kreditlimitdaten im Kundenstamm

Pflege der Kundenstammdaten und der Kreditlimitkontrollen

Die bereits in Abschnitt 10.1.2, »Qualität der Kundenstammdaten«, erläuterte Kundenstammdatenpflege hat aus der Sicht von Kreditlimitkontrollen eine zentrale Bedeutung. Zum einen müssen Kreditlimits vollständig gepflegt sein, zum anderen darf es nach Möglichkeit keine »Dubletten« bei Kunden geben: Mehrere Stammsätze für einen Kunden können dazu führen, dass das Gesamtrisiko des Unternehmens durch das Kumulieren mehrerer Kreditlimits über das akzeptierte Maß hinaus ansteigt.

Prüfung: Kreditlimits im Vertrieb

Prüfen Sie im Zusammenhang mit der Kreditlimitpflege Folgendes:

1. Verschaffen Sie sich einen Überblick über die Verwendung der Kreditkontrollfunktionen im SAP-gestützten Vertriebsprozess: Pflege der Kreditlimits, Verfahren bei der Kreditlimitprüfung (wie die Verwendung der Kreditvektorfunktion, die eine Kreditlimitprüfung bereits bei der Auftragserfassung erlaubt).
2. Werten Sie die Vollständigkeit der Pflege von Kreditlimitdaten in Tabelle KNKK aus. Achten Sie dabei auf die Plausibilität der vergebenen Limits. Einträge wie 999.999.999 EUR für die Höhe des Kreditlimits stellen keine wirksame Kontrolle dar.
3. Mithilfe von Transaktion FD24 (Kreditlimitänderungen) lassen sich die Änderungen der Kreditlimits anzeigen und auswerten. Werten Sie die Änderungen auf Plausibilität hin aus.

10.2 Kontrollen bei der Auftragserfüllung und Umsatzlegung

Im Prozess der Umsatzlegung ist die ganze Palette von Risikoarten enthalten: von den operationellen sowie den finanzberichterstattungsrelevanten Risiken bis hin zu Betrugsrisiken.

10.2.1 Kontrollen rund um die Warenauslieferung

Risikobereiche

Die meisten Unternehmen liefern ihre Waren an die Logistikpartner des Kunden oder direkt an den Kunden, indem sie eine *Auslieferung* erstellen. Erfolgt die Zusammenstellung der Lieferung (Kommissionierung) innerhalb des Unternehmens, werden meist noch Kommissionierbelege erstellt. In Abhängigkeit von den ausgelieferten Waren, setzt eine Vielzahl von Unternehmen auch kostenlose Lieferungen oder Ersatzlieferungen ein. Kostenlose Lieferungen stellen ein wesentliches Risiko für unkontrollierte oder unautorisierte Warenausgänge dar (Betrugspotenzial). Weitere, von SAP unterstützte Arten, Waren auszuliefern, sind aus IKS-Sicht ebenfalls interessant: Die Möglichkeit im SAP-System, Warenausgänge ohne Bezug zu Vertriebsbelegen anzustoßen, mit deren Hilfe Rücklieferungen, normale Auslieferungen oder Storno abgewickelt werden, ist als kritisch anzusehen.

Systemkontrollen

Sie haben Bewegungsarten bereits im Zusammenhang mit dem P2P-Prozess kennengelernt (siehe Abschnitt 9.2.1, »Wareneingänge: Kritische Bewegungsarten«). Bewegungsarten sind aber auch im Zusammenhang mit dem O2C-Prozess relevant. Die Bewegungsarten sind in Tabelle T156 festgelegt; die Einschränkung der Bewegungsarten durch Berechtigungen erfolgt durch das Berechtigungsobjekt `M_MSEG_BWA`. Das Customizing der Bewegungsarten erreichen Sie durch die Eingabe von Transaktion OMJJ (Customizing neue Bewegungsarten). Dort empfehlen wir, bei der Bewegungsart 561 (WA Bestandsaufnahme) Transaktionen zu entfernen.

Für den Fall, dass Auslieferungen nicht auf Vertriebsbelegdokumenten beruhen, muss die eingesetzte Vertriebsbelegart automatisch eine Sperre des Vertriebsauftrags bewirken (siehe Abbildung 10.4, Liefersperre wird in diesem Fall automatisch nicht vorgeschlagen). Die Definition der Vertriebsbelegarten erfolgt in Tabelle TVAK. Die Sperre kann über einen User-Exit oder über die Einstellung der Sperrarten im Customizing erfolgen (Transaktion VOV8, Pflege der Belegarten).

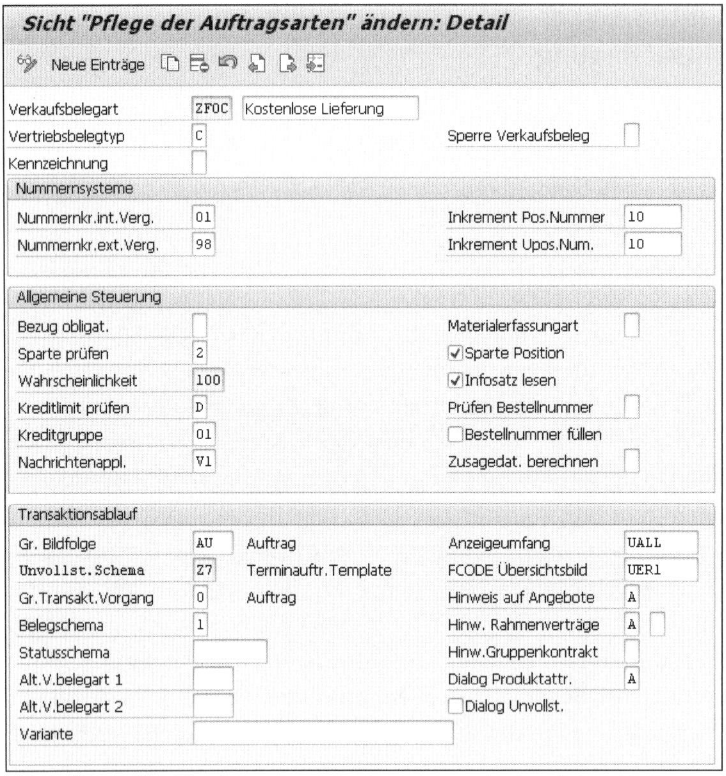

Abbildung 10.4 Beispiel für eine Vertriebsbelegart – kostenlose Lieferung

Prüfung: Warenauslieferung

Prüfen Sie im Zusammenhang mit den Warenbewegungen Folgendes:

1. Überprüfen Sie die Handhabung von kostenlosen Lieferungen. Prüfen Sie die Einstellungen der entsprechenden Bewegungsarten.
2. Kontrollieren Sie, ob die Auslieferungen mit speziell eingestellten Vertriebsbelegarten, zum Beispiel für kostenlose Lieferungen, mit einer automatischen Liefersperre versehen sind. Dies stellt sicher, dass kostenlose Lieferungen eine separate Freigabe erfordern.
3. Werten Sie mithilfe von Transaktion VL14L zur Lieferung gesperrte Vertriebsaufträge aus. Beachten Sie hierbei, dass der Sperrstatus vorab aktualisiert wurde. Hierzu sollte die Fachabteilung den Report SDSPESTA vorab ausführen, damit die Sperrinformationen aktuell sind.

10.2.2 Preisfindung und Umsatzsteuerermittlung

Auftrags- und lieferbezogene Fakturierung

Der operative Vertriebsprozess enthält, wie eingangs erwähnt, auch den Schritt der Fakturierung. Dabei unterscheidet das SAP-System die *auftragsbezogene* und die *lieferbezogene Rechnungserstellung* (Fakturierung). Während die lieferbezogene Fakturierung eine bestimmte Lieferposition zur Grundlage hat, erfolgt die Fakturierung bei der auftragsbezogenen Faktura mit Bezug zu einer Position eines Auftrags, das heißt, eine Lieferung einschließlich des Gefahrenübergangs muss nicht stattgefunden haben. Teil- und Sammelfakturen sind für beide Fakturaarten möglich.

Fehlerhafte Rechnungen

Während der Fakturierung erfolgt die Ermittlung des Preises (siehe Abbildung 10.5). Die Konditionstechnik im SAP-System verwendet sogenannte *Konditionsarten* zur Definition von Zu- und Abschlägen, ausgehend vom Bruttopreis. *Zu- und Abschläge* sind beispielsweise notwendig, um in definierten Vertriebskanälen wie Internet oder für Großkunden einen pauschalen Abschlag zu berücksichtigen. Weitere übliche Kriterien für die Materialpreisfindung sind Materialien oder Kunden.

Neben der Ermittlung des Verkaufspreises wird während der Fakturierung auch die Umsatzsteuer ermittelt. Ein weiteres Problem besteht hier häufig darin, dass Reihengeschäfte und Dreiecksgeschäfte nicht korrekt abgebildet werden. Eine falsche Ermittlung der Umsatzsteuer beeinträchtigt die Richtigkeit und Vollständigkeit der Umsatzsteuerverbindlichkeiten. Das Unternehmen haftet auch für die nicht berechnete Umsatzsteuer.

Ein weiteres operatives Risiko ist die fehlerhafte Ermittlung von Nettopreisen, die zum Verlust von Umsatz und Gewinn führen können.

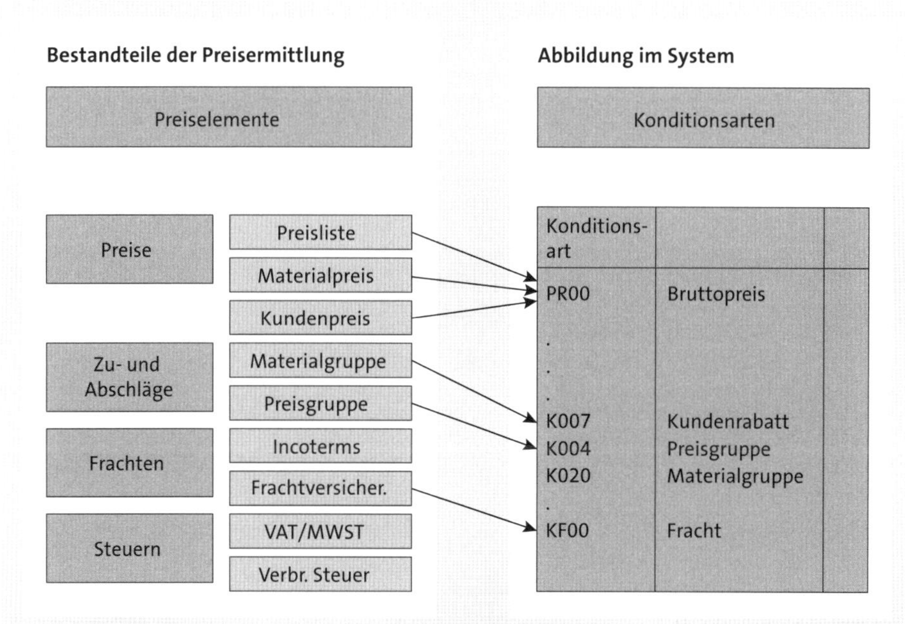

Abbildung 10.5 Bestandteile der Preisermittlung und deren Abbildung im SAP-System

Manipulationsgefahr

Neben nicht vorsätzlichen Fehlhandlungen existiert auch das Risiko doloser Handlungen (Betrug): Besteht die Möglichkeit, einzelne Positionen in der Zugriffsfolge manuell einzugeben, zum Beispiel einen prozentualen Abschlag, kann der Verkaufspreis zugunsten des Kunden beeinflusst werden; sollten Produkte des Unternehmens einer Verbrauchssteuer unterliegen, kann die Ermittlung der Tabak-, Branntwein- oder Mineralölsteuer ebenfalls während der Fakturierung erfolgen.

Vergleichen Sie die Prozesse und Kontrollen im Bereich der Vertriebspreise und Materialien mit den Customizing-Einstellungen im SAP-System, und führen Sie anschließend einen Customizing-Check für die Kalkulationsschemata durch (Transaktion VCHECKT683, Customizing-Check Kalkulationsschema).

Stichproben zur automatischen Verkaufspreisermittlung

Es ist empfehlenswert, in Stichproben die automatische Ermittlung von Verkaufspreisen zu prüfen. Gehen Sie dabei folgendermaßen vor: Suchen Sie für eine der verwendeten Verkaufsbelegarten (Feld AUART) mithilfe von Transaktion SE16 in Tabelle VBAK (Feld VBTYP auf C, Auftrag einschränken) Einträge für einen begrenzten Zeitraum (siehe Abbildung 10.6). Das Kalkulationsschema finden Sie im Feld **KALSM**.

Mdt	Verkaufsb.	Angel.am	Uhrzeit	Gült.von	Angeb...	Belegdatum	VBTyp	GTV	Kal.Sm
150	4100075475	02.01.2018	14:09:27			02.01.2018	C	0	ZVK410
150	4100075476	02.01.2018	14:36:38			02.01.2018	C	0	ZVK41P
150	4100075481	02.01.2018	14:56:25			02.01.2018	C	0	ZVK410
150	4100075482	02.01.2018	14:51:29			02.01.2018	C	0	ZVK41P
150	4100075484	02.01.2018	14:57:56			02.01.2018	C	0	ZVK410
150	4100075492	02.01.2018	15:42:59			02.01.2018	C	0	ZVK410
150	4100075495	02.01.2018	15:50:36			02.01.2018	C	0	ZVK41P
150	4100075501	02.01.2018	16:14:41			02.01.2018	C	0	ZVK41P
150	4100075514	02.01.2018	16:48:01			02.01.2018	C	0	ZVK41P

Abbildung 10.6 Auswertungen im Bereich der Verkaufspreisermittlung

Ermitteln Sie die im Einsatz befindlichen Kundenschemen für die betroffenen Kunden (Tabelle KNVV, Feld KALKS; siehe Abbildung 10.7).

Mdt	Debitor	VkOrg	VW...	SP	BGrp	AufSp	KuSm	Kd
150	0040000407	4220	01	01			1	
150	0040000408	4220	01	01			1	
150	0040000409	4210	01	01			1	
150	0040000410	4200	01	01			1	
150	0040000411	4220	01	01			1	
150	0040000412	4200	01	01			1	
150	0040000413	4200	01	01			1	
150	0040000414	4200	01	01			1	
150	0040000415	4200	01	01			1	

Abbildung 10.7 Kundenschemen ermitteln

Ermitteln Sie aus den angewendeten Verkaufsbelegarten die entsprechende Konditionsart (Tabelle T683V Schemafindung; siehe Abbildung 10.8).

VkOrg	VWeg	SP	BeSm	KuSm	Kal.Sm	KArt	Schema	Schema
4100	01	01	A	1	ZVK410	PR00		
4100	01	01	B	1	ZVK410	PR00		
4100	01	01	C	1	ZVK410	PR00		

Abbildung 10.8 Konditionsartermitteln

Für das Beispiel ergibt sich damit aus dem Vertriebsbelegtyp C, dem Kundenschema 1 und Kalkulationsschema ZVK410, dieKonditionsart PR00. Beachten Sie, dass Konditionsarten und Zugriffsfolgen meist identisch sind.

Werten Sie Tabelle T682I aus, um herauszufinden, welche Zugriffsfolge der Konditionsart PR00 zugeordnet ist (siehe Abbildung 10.9). Auch in Tabelle T682 dürfen nur die Datensätze mit dem *Applikationskennzeichen* V berücksichtigt werden. Alternativ können Sie die Einstellung der Zugriffsfolgen auch im Customizing einsehen (**Vertrieb • Grundfunktionen • Preisfindung • Steuerung der Preisfindung • Zugriffsfolgen definieren**).

Der Kalkulationsart zugeordnete Zugangsfolge ermitteln

In der Spalte **Tabelle** wird für jeden einzelnen Schritt in der Zugriffsfolge auf die Tabelle verwiesen, in der sich die Konditionssätze befinden. In der SAP-Konditionstechnik spricht man in diesem Fall von einem *Zugriff*. Um die relevante Tabelle im ABAP Dictionary zu finden, wird der Zahl ein A vorangestellt. So wird aus 132 der Tabellenname A132.

V	Apl	ZuFg	Lnr.	Tab	KI...	E	MPool	Bedg	Kopf	ZTyp
A	V	PPSV	50	004	0	X		000		
A	V	PR00	10	005	48	X	D	000		
A	V	PR00	20	006	49	X	D	000		
A	V	PR00	30	006	50	X	D	003		
A	V	PR00	40	004	51	X	D	000		
A	V	PR01	15	006	0	X		000		
A	V	PR01	16	006	0	X		003		
A	V	PR01	20	006	0	X		000		
A	V	PR01	30	006	0	X		003		
A	V	PR01	40	004	0			000		

Abbildung 10.9 Ermittlung der Zugriffsfolgen

Zusammenfassend dargestellt, bestehen die relevanten Prüfungshandlungen für die Preisermittlung und die Umsatzsteuerfindung im Wesentlichen darin, einen Überblick über die im Einsatz befindlichen Fakturierungsarten und über die Systematik der Preisermittlung zu erhalten. Zudem können durch eine stichprobenartige Prüfung möglicherweise fehlerhafte Konditionsarten und nicht plausible Einträge in Konditionstabellen identifiziert werden.

Prüfung: Preisermittlung bei Fakturierung

10.2.3 Rücklieferungen und Gutschriften

Risikofaktor Gutschriften

Ein fester Bestandteil im Handel, aber auch in der Anlagen- und Konsumgüterindustrie, ist die Behandlung der Rücklieferungen von Kunden. Dieser Prozess stellt sicher, dass Waren, die vom Kunden zurückgeschickt werden, ordnungsgemäß entgegengenommen werden. Dazu gehört meist eine Prüfung, ob die Waren erneut verkauft oder entsorgt werden müssen. Wird die Ware in den Lagerbestand zurückgenommen, muss dies als Warenzugang gebucht werden. Zusätzlich muss dem Debitor eine Gutschrift ausgestellt oder eine neue Ware ausgeliefert werden.

Die Erfassung von *Debitorengutschriften* kann einen direkten Geldabfluss darstellen, wenn diese an den Kunden ausbezahlt werden. Werden die Gutschriften mit ausstehenden Forderungen verrechnet, stellt dies einen indirekten Mittelabfluss dar. In beiden Fällen besteht das Risiko doloser Handlungen. Ein weiteres Risiko besteht hinsichtlich der Richtigkeit und Vollständigkeit der Forderungen.

Systemkontrollen bei Rücklieferungen

Für die Erfassung der Wareneingänge sollten *bewertete Warenbewegungen* verwendet werden. Dies führt zwar zu einer Erhöhung des Umlaufvermögens, durch eine Verschrottungsbewegungsart kann der Bestand jedoch wieder angepasst werden und unterliegt somit angemessenen SAP-Kontrollen. Das SAP-System bietet die Möglichkeit, Warenrücklieferungen mithilfe von Rücklieferungsaufträgen zu erfassen, die technisch eine Art Vertriebsauftrag sind. Anstelle einer Faktura wird zum Zeitpunkt des Wareneingangs eine Gutschrift vom SAP-System erstellt. Im Customizing sollte hinterlegt sein, dass diese Gutschriften automatisch gesperrt werden (ähnlich einer Fakturasperre) und eine gesonderte Freigabe erfordern. Für die Konfiguration von Materialbewegungsarten sei an dieser Stelle auf Abschnitt 9.2.1, »Wareneingänge: Kritische Bewegungsarten«, zu den Kontrollen im Einkaufsprozess verwiesen.

Die Einstellung der Retourenbelege sowie die automatische Erstellung der Gutschriften erfolgt im Customizing mithilfe von Transaktion VOV8 (Pflege der Belegarten). In Abbildung 10.10 sehen Sie ein Beispiel, wie die Verkaufsbelegart RE für die Retourenabwicklung konfiguriert ist. Aus IKS-Gesichtspunkten sind insbesondere die fakturierungsbezogenen Einstellungen wichtig.

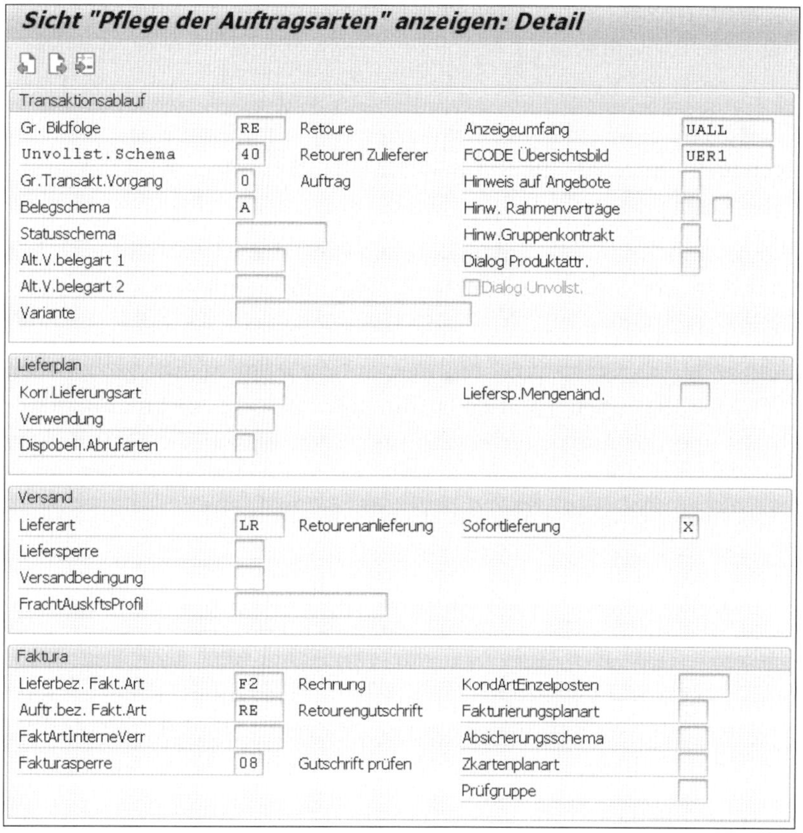

Abbildung 10.10 Customizing einer Retourenbelegart mit Gutschriftenvorschlag und automatischer Sperre

10.2.4 Fakturavorrat

Nicht rechtzeitig gestellte Rechnungen

Die Erstellung der Fakturen ist ein wesentlicher Schritt im Rahmen des Vertriebsprozesses. Die Faktura bewirkt die Buchung der Umsätze (Umsatzerlöse) und der Forderungen (offene Positionen auf dem Debitorenkonto). Die Trennung zwischen liefer- und auftragsbezogenen Fakturen, die in Abschnitt 10.2.2, »Preisfindung und Umsatzsteuerermittlung«, erwähnt wurde, kann auch bei Service-Auftragspositionen oder Wartungsverträgen relevant sein.

Fakturavorrat

Ein Risiko bezüglich der Vollständigkeit der Umsätze stellt der sogenannte *Fakturavorrat* dar. Darunter sind alle liefer- oder auftragsbezogenen Fakturen zu verstehen, die fakturiert werden können und nicht werden. Einzelne Positionen aus dem Fakturavorrat, die nicht rechtzeitig umgesetzt wurden, sind in den meisten Fällen aufgrund der Verspätung in Rechnung zu stellen. Die entstandenen Umsatzkosten sind jedoch vollumfänglich angefallen.

Der Fakturavorrat kann manuell oder automatisch zur Fakturierung freigegeben werden. Allerdings kann es bei Fehlern oder einer gesetzten Buchungssperre der Kunden zu nicht fakturierten Vertriebsbelegpositionen kommen.

Prüfung: Fakturavorrat

Folgende Prüfungshandlungen im Zusammenhang mit dem Fakturavorrat werden empfohlen:

1. Kontrollieren Sie den Fakturavorrat (Transaktion VF04) hinsichtlich Zeitnähe und Konformität der Fakturapositionen mit den internen Verfahrensrichtlinien.
2. Kontrollieren Sie, ob eine angemessene Funktionstrennung zwischen der Fakturierung, der Kundenstammdatenpflege, dem Kreditmanagement und der Auftragserfassung umgesetzt ist. Für die Fakturierung sind die Berechtigungsobjekte V_VBRK_FKA, V_VBRK_VKO und die Transaktionscodes VF01, VF02, VF04 oder VF11 relevant.

10.2.5 Vollständigkeit der buchhalterischen Erfassung von Fakturen

Fehler bei der Überleitung in die Hauptbuchhaltung

Nachdem die Fakturen im SAP-System erstellt sind, werden die Fakturapositionen in die SAP-Finanzbuchhaltung übergeleitet, und auf den entsprechenden Konten werden zum Beispiel Umsatzerlöse gebucht. Werden die fakturierten Positionen nicht oder unvollständig in die Hauptbuchhaltung übergeleitet, fehlen diese Umsatzerlöse am Ende der Periode in der *Gewinn- und Verlustrechnung* (*GuV*). Neben den eigentlichen Rechnungspositionen können auch Gutschriftenpositionen unverarbeitet in der Schnittstelle verbleiben.

Um die Vollständigkeit der Überleitung der Fakturabelege zu prüfen, können Sie Transaktion VF03 (Anzeigen Faktura) verwenden (siehe Abbildung 10.11).

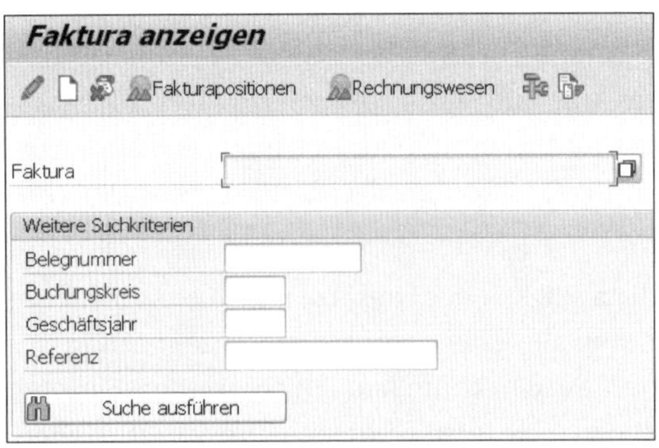

Abbildung 10.11 Ermittlung von Rechnungen, die nicht in das Hauptbuch übergeleitet wurden

Mithilfe der Wertesuchhilfe (siehe Abbildung 10.12) können Sie die Fakturen ermitteln, die noch nicht an die Buchhaltung übergeleitet wurden.

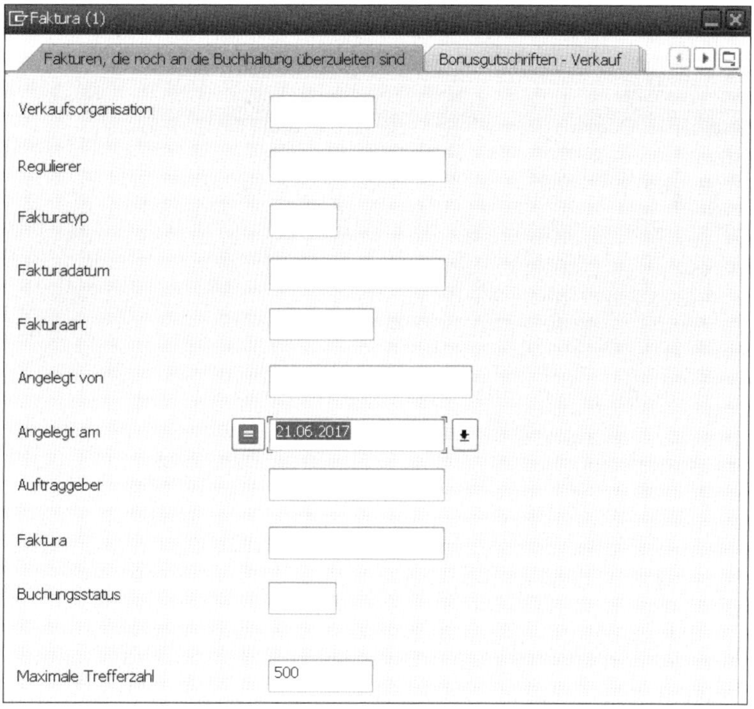

Abbildung 10.12 Wertesuchhilfe zur Ermittlung der Fakturen

In Abbildung 10.13 sehen Sie die Fakturen, die noch an die Buchhaltung überzuleiten sind, in Form einer Liste.

VkOrg	Regulierer	FkTyp	Fakturadat	FkA...	Angel.von	Angel.am	Auftr.geb.	Faktura
4100	50000071	L	11.10.2018	ZI01	SD_BATCH_PST	12.10.2018	C100011094	4190178285
4100	50000934	L	23.01.2019	ZI01	SD_BATCH_PST	24.01.2019	C100011412	4190206508
4100	C100011404	L	01.11.2018	ZC01	SD_BATCH_PST	01.11.2018	P100086865	4190184062
4100	C100011404	L	01.11.2018	ZC01	SD_BATCH_PST	01.11.2018	P100092790	4190184072
4100	C100011404	L	01.11.2018	ZC01	SD_BATCH_PST	01.11.2018	P100100794	4190184079
4100	C100011404	L	01.11.2018	ZC01	SD_BATCH_PST	01.11.2018	P100101521	4190184083
4100	C100011404	L	01.11.2018	ZC01	SD_BATCH_PST	01.11.2018	P100105328	4190184084
4100	C100011404	L	01.11.2018	ZC01	SD_BATCH_PST	01.11.2018	P100106810	4190184085

Abbildung 10.13 Übersicht über die nochüberzuleitenden Fakturen

Prüfen Sie die ermittelten Vertriebsbelege und die Gründe, warum die Belege nicht übergeleitet wurden. Alternativ können Sie auch mit Transaktion SE16 Tabelle VBRK auswerten. Im Feld **Buchungsstatus** (RFSt) finden Sie den Status der Rechnung und den Fehlergrund (siehe Abbildung 10.14).

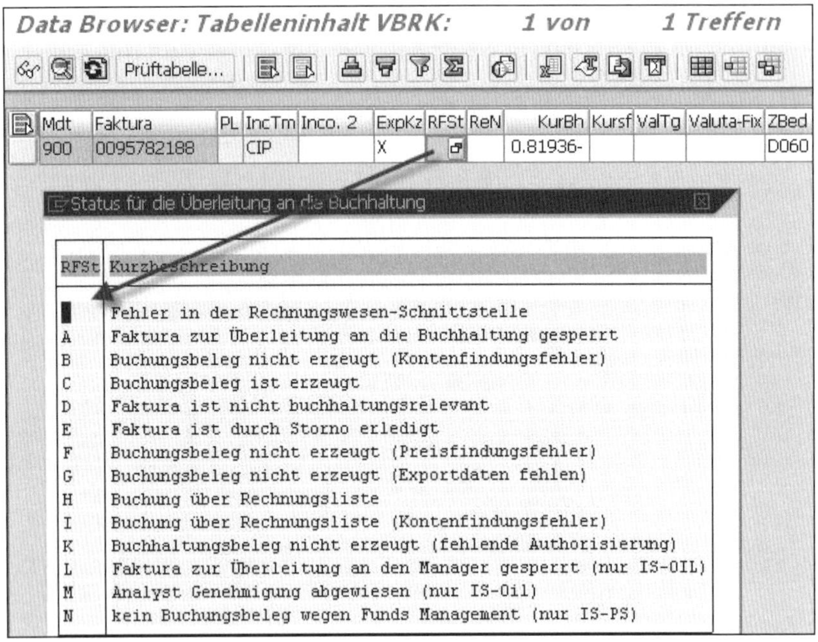

Abbildung 10.14 Statusliste für (nicht) übergeleitete Fakturen

Relevant sind dabei die Buchungsstatus **0**, **A**, **B**, **F**, **G**, **I** und **K**. Unternehmen sollten angemessene Verfahren einsetzen, um die Fakturapositionen mit diesen Status zeitnah aufzudecken.

Prüfung: fehlerhafte Fakturen

Folgende Prüfungshandlungen werden im Zusammenhang mit der Vollständigkeit der Fakturenüberleitung in die Finanzbuchhaltung empfohlen:

1. Bringen Sie in Erfahrung, ob angemessene Kontrollen zur regelmäßigen Überprüfung der vollständigen Fakturenüberleitung in der Buchhaltung etabliert sind.
2. Werten Sie Tabelle VBRK für die relevanten Buchungsstatus aus.

10.2.6 Mahnwesen

Mahnprozess

Nach der Lieferung bzw. Leistungserbringung und der Fakturierung bleiben die Forderungen bis zum Zahlungseingang offen. Sie werden deshalb auch *offene Posten* genannt. In den meisten Fällen werden die Forderungen durch Bankeinzahlung, Bankeinzug, Barzahlung oder Überweisung ausgeglichen. In wenigen Fällen jedoch erfüllt der Kunde seine Verbindlichkeiten nicht fristgerecht. Für das Unternehmen ist es nun einerseits wichtig, dass ein möglicherweise bestehendes Ausfallrisiko zeitnah erkannt wird und weitere Bestellungen oder Lieferungen gestoppt werden. Andererseits müssen diese offenen Posten auch aktiv eingefordert werden. Diese Aufgabe übernimmt das Mahnwesen im SAP-System.

Die Reports im SAP-Mahnwesen wählen die überfälligen Posten aus, die einen Soll-Saldo ergeben. Zusätzlich werden die Debitoren und auch die Kreditoren ausgewählt, deren Stammsatz eine Mahnung erlaubt. Abschließend wird noch die Erinnerungs- oder Mahnstufe ermittelt; dann wird das Mahnschreiben gedruckt.

Der Versand der Mahnung und das aktive Management der Kundenbeziehung durch den Vertrieb sollten zu einem schnellen Zahlungseingang führen, ohne dass die Kundenbeziehung in Mitleidenschaft gezogen wird.

Risiken

Zusätzlich zu dem Risiko des Forderungsausfalls muss auch die richtige Bewertung der Forderungen in der Bilanz sichergestellt sein. Nur werthaltige Forderungen dürfen in voller Höhe aktiviert werden. Entweder erfolgt für die Berücksichtigung der Forderungsausfälle eine pauschale Buchung einer aufwandswirksamen Rückstellung, oder die einzelnen offenen Posten werden hinsichtlich des Alters und dahingehend analysiert, ob sie noch eingebracht werden, und einzelne Rückstellungen werden gebildet.

An dieser Stelle gehen wir lediglich auf die Kontrollen im Bereich Mahnwesen ein. Die Einstellungen des Mahnwesens sind im Customizing und im Kreditoren- und Debitorenstamm hinterlegt.

Kontrollen

Sie sollten kontrollieren, ob das Unternehmen die SAP-Funktionen des Mahnwesens nutzt, und wenn ja, ob die eingestellten Mahnverfahren alle relevanten Risikobereiche im Forderungsmanagement abdecken.

Grundeinstellungen im Mahnwesen

Prüfen Sie, ob die eingestellten Parameter mit den organisatorischen Richtlinien des Unternehmens übereinstimmen. Eine Übersicht über die Einstellungen des Mahnverfahrens können Sie auch durch Aufruf von Transaktion OBL6 erhalten. Die Einstellungen zum Mahnverfahren befinden sich im SAP-Customizing (Transaktion SPRO • **Finanzwesen** • **Debitoren- und Kreditorenbuchhaltung** • **Geschäftsvorfälle** • **Mahnen** • **Mahnverfahren** • **Grundeinstellungen Mahnen**).

Hier finden Sie zum Beispiel die Einstellungen bezüglich der Mahnbereiche (siehe Abbildung 10.15) und Mahnschlüssel (siehe Abbildung 10.16).

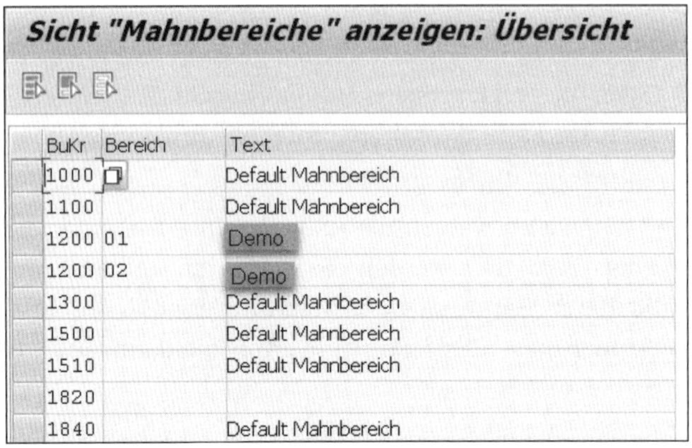

Sicht "Mahnbereiche" anzeigen: Übersicht

BuKr	Bereich	Text
1000		Default Mahnbereich
1100		Default Mahnbereich
1200	01	Demo
1200	02	Demo
1300		Default Mahnbereich
1500		Default Mahnbereich
1510		Default Mahnbereich
1820		
1840		Default Mahnbereich

Abbildung 10.15 Grundeinstellungen im Mahnwesen

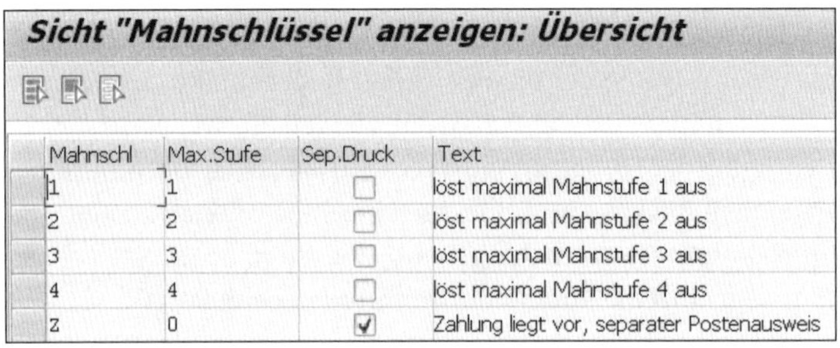

Sicht "Mahnschlüssel" anzeigen: Übersicht

Mahnschl	Max.Stufe	Sep.Druck	Text
1	1	☐	löst maximal Mahnstufe 1 aus
2	2	☐	löst maximal Mahnstufe 2 aus
3	3	☐	löst maximal Mahnstufe 3 aus
4	4	☐	löst maximal Mahnstufe 4 aus
Z	0	☑	Zahlung liegt vor, separater Postenausweis

Abbildung 10.16 Übersicht über Mahnschlüssel

Abbildung 10.17 zeigt die Sperrgründe für Mahnungen.

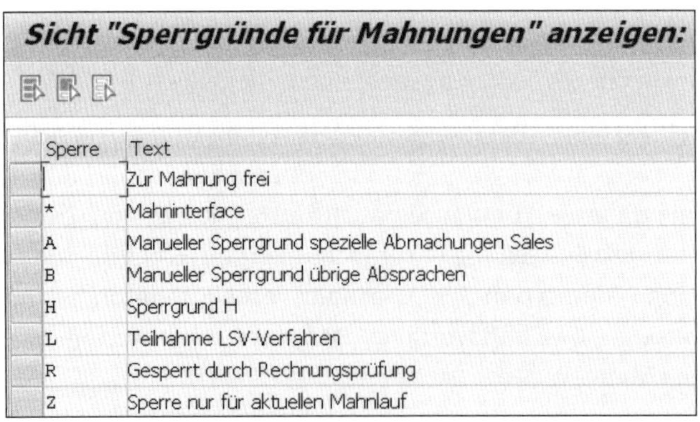

Sicht "Sperrgründe für Mahnungen" anzeigen:

Sperre	Text
	Zur Mahnung frei
*	Mahninterface
A	Manueller Sperrgrund spezielle Abmachungen Sales
B	Manueller Sperrgrund übrige Absprachen
H	Sperrgrund H
L	Teilnahme LSV-Verfahren
R	Gesperrt durch Rechnungsprüfung
Z	Sperre nur für aktuellen Mahnlauf

Abbildung 10.17 Übersicht über Sperrgründe für Mahnungen

Die Definition des gesamten Mahnverfahrens und insbesondere die Parametrisierung befinden sich ebenfalls im SAP-Customizing (Transaktion

SPRO • **F5 • Finanzwesen • Debitoren- und Kreditorenbuchhaltung • Geschäftsvorfälle • Mahnen • Mahnverfahren • Mahnverfahren Definieren** oder direkt über Transaktion FBMP). Ein Beispiel für Mahnverfahren, bei denen Zahlungserinnerungen nach 14 Tagen verschickt werden, zeigt Abbildung 10.18.

Abbildung 10.18 Definition des Mahnverfahrens im Customizing

In Abbildung 10.19 sehen Sie Details zu den Einstellungen innerhalb eines Mahnverfahrens, zum Beispiel den Mahnabstand in Tagen, Anzahl von Mahnstufen etc.

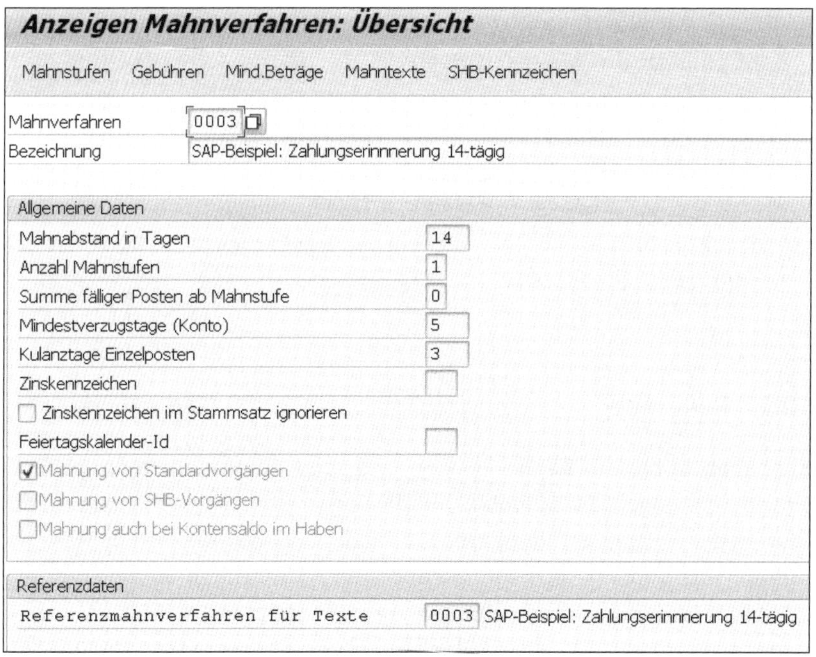

Abbildung 10.19 Einstellungen eines Mahnverfahrens

Prüfung: Mahnprozess

In Zusammenhang mit den Stammdaten und offenen Posten sind im Mahnprozess folgende Prüfungshandlungen zu empfehlen:

Werten Sie Kreditoren- und Debitorenstammdaten dahingehend aus, inwieweit nicht verbundene, dritte Unternehmen und Geschäftspartner zum Mahnen gesperrt sind und welche Mahnstufen die einzelnen Debitoren und Kreditoren haben.

Die Tabellen LFB5 und KNB5 werten Sie mit Transaktion SE16 aus (dabei ist das Feld **Mahnsperre** relevant). Alle Lieferanten bzw. Kunden mit gesetztem Sperrkennzeichen werden vom automatischen Mahnlauf nicht erfasst. Beachten Sie aber, dass die Auswertung auch gesperrte Kunden und verbundene Unternehmen enthalten kann. Zur Auswertung der Debitoren verwenden Sie Tabelle KNB5.

Abschließend prüfen Sie die Liste der Forderungen und gegebenenfalls der geleisteten Anzahlungen mithilfe von Transaktionen FBL3N (Kreditoren) und FBL5N (Debitoren). Im Layout wählen Sie das Feld **Verzug nach Nettofälligkeit** aus.

Gleichen Sie die überfälligen offenen Posten mit den Einstellungen zum Mahnlauf dahingehend ab, ob die Forderungen fristgerecht und entsprechend den Unternehmensrichtlinien gemahnt wurden.

[+]

Konfiguration des Mahnverfahrens

Eine gute Übersicht über die Einstellungen zum automatischen Mahnverfahren erhalten Sie im Customizing mit Transaktion OBL6 (Konsistenzprüfung Mahnverfahren). Die Sperrkennzeichen sind in den Tabellen KNB5 für den Debitoren- bzw. LFB5 für den Kreditorenstamm gespeichert. Die Auswertung der offenen Posten erfolgt mit den Transaktionen FBL3N (Kreditoren) und FBL5N (Debitoren).

10.3 Resümee

Sie haben in diesem Kapitel Risiken und Kontrollmechanismen im O2C-Prozes kennengelernt. Aufgeteilt auf die vorbereitende Phase sowie auf die Phasen der Auftragserfüllung und Umsatzlegung, ist der Compliance-Blick auf den O2C-Prozess stark an den operativen Unternehmenszielen orientiert. Dies ist darauf zurückzuführen, dass Umsatz und Gewinn zu den ureigensten Interessen von Unternehmen gehören. Die Betrugsrisiken im O2C-Prozess darf man nicht aus dem Auge verlieren – mehr dazu erfahren Sie in Abschnitt 12.4, »Betrugsszenarien im Vertriebsbereich«.

Kapitel 11
Datenschutz-Compliance in SAP ERP Human Capital Management

Personenbezogene Daten sind mit besonderer Vorsicht zu behandeln: Hier, unter dem Oberbegriff »Datenschutz« erläutert, betrifft dieses Thema nicht nur Compliance-Experten, sondern auch die meisten Leser dieses Buches persönlich.

Die Risiken und relevanten Kontrollmechanismen in SAP-gestützten Prozessen der Personalverwaltung und -abrechnung – die Komponente *SAP ERP Human Capital Management* (*SAP ERP HCM*) – sind aus der Ihnen bisher bekannten Perspektive der externen Finanzberichterstattung recht überschaubar: Grob zusammengefasst, handelt es sich dabei um die richtige und vollständige Überleitung der Ergebnisse eines Abrechnungslaufs für Löhne und Gehälter sowie um Rückstellungen für ausstehende Gehälter (zum Beispiel das 13. Monatsgehalt) in das Hauptbuch. Infolgedessen wird der Personalaufwand bis auf die Ebene der einzelnen Kostenstellen verbucht. Bei der Verwendung von Zeitdatenerfassung sowie bei der Integration mit dem Reisemanagement können gegebenenfalls weitere relevante Fragestellungen aufkommen.

In diesem Kapitel wenden wir uns von dem finanzberichterstattungsgetriebenen Aspekt der Compliance ab – das allgegenwärtige Thema *Sicherheit und Berechtigungen* ausgenommen – und betrachten Compliance hinsichtlich der HCM-Prozesse aus der Datenschutzperspektive.

Im Rahmen zahlreicher Vorträge der Autoren in Benutzergruppen oder bei Industrie-Events wird immer wieder deutlich, dass viele Kunden beim Stichwort *Datenschutz* in erster Linie an die Prozesse der Personalverwaltung denken. Das ist natürlich zu kurz gegriffen! Personenbezogene Daten sind in vielen anderen SAP-Komponenten zu finden. Dennoch ist es sinnvoll, Datenschutzanforderungen anhand des Personalwesens darzustellen. Bei Unternehmen und in der Bevölkerung ist ein ausgeprägtes Bewusstsein vorhanden, dass es sich vor allem bei HR-Daten um schützenswerte Daten handelt. Aus diesem Grund stellen wir Ihnen in diesem Kapitel anhand der SAP-Personalwirtschaft exemplarisch die zentralen Anforderungen vor.

Auch wenn wir uns in diesem Kapitel weitestgehend auf SAP ERP HCM beziehen, muss Ihnen jedoch bewusst sein, dass Datenschutz mitnichten ein reines HR-Thema ist: Vielmehr werden personenbezogenen Daten an zahlreichen Stellen in SAP-Systemen verarbeitet. Auch die *EU-Datenschutzgrundverordnung* (*DSGVO*) fokussiert weniger auf die Verarbeitung von Beschäftigtendaten – hierzu werden explizit nationale Regelungen ermöglicht –, sondern auf allgemein personenbezogene Daten, wie sie in Endkundenbeziehungen oder auch in Lieferantenbeziehungen auftauchen.

[+]

Literaturtipp

Eine ausführliche allgemeine Darstellung der notwendigen Datenschutzmaßnahmen für SAP S/4HANA und die SAP Business Suite finden Sie in dem Buch: *Datenschutz mit SAP* von Lehnert et. al (SAP PRESS 2017).

Das SAP-ERP-HCM-bezogene Konzept der zeitabhängigen Berechtigungen wird im folgenden Buch beschrieben: *SAP-Berechtigungswesen* von Lehnert et. al (SAP PRESS 2016).

11.1 Gesetzliche Datenschutzanforderungen

In diesem Kapitel beziehen wir uns bei der Beschreibung der gesetzlichen Datenschutzanforderungen vor allem auf die DSGVO, aber auch auf die spezifischen Bestimmungen des neuen *Bundesdatenschutzgesetzes* (*BDSG*) beziehen.

Anders als die alte EU-Richtlinie zum Datenschutz (*EC 95/46*) ist die DSGVO unmittelbar geltendes europäisches Recht, das keiner nationalen Umsetzung bedarf. Nur in den Bereichen, in denen die DSGVO nicht anwendbar ist (zum Beispiel Polizei und Justiz) oder dort, wo es explizite Öffnungsklauseln gibt (zum Beispiel im Arbeitnehmerdatenschutz) ist nationales Recht erforderlich und entsprechend anzuwenden. Im Personalwesen ist im deutschen Recht insbesondere § 26 BDSG von Bedeutung.

11.1.1 Rechtliche Datenschutzgrundlagen und Grundsätze

Datenschutzrecht ist ein modernes Recht. Es ist damit – im Vergleich zu anderen Rechtsquellen – relativ konkret. Datenschutz ist darüber hinaus nicht vorwiegend Gegenstand nationaler Regelungen, sondern steht auch international immer in Verbindung mit Vorschlägen, aber teilweise auch mit verbindlichen Richtlinien internationaler Organisationen.

OECD-Leitlinien

Einleitend sind an dieser Stelle die Leitlinien der *OECD (Organisation for Economic Co-Operation and Development)* zu nennen, die bereits seit Beginn der 1980er Jahre einen richtungsweisenden internationalen Rahmen bieten. Die OECD ist ein Zusammenschluss von Industrieländern. Die »Leitlinien für den Schutz des Persönlichkeitsbereichs und den grenzüberschreitenden Verkehr personenbezogener Daten« (OECD, 1980) sind am 23.09.1980 beschlossen worden. Sie sind nicht unmittelbar wirksam, sondern eine Vorgabe an die Mitgliedsstaaten. So sollen sie zwar Mindestnormen darstellen, im Wesentlichen besteht ihre Zielsetzung jedoch darin, den internationalen Datenverkehr nicht über Gebühr einzuschränken. Sie wurden zuletzt im Jahr 2013 angepasst.

OECD-Leitlinien vs. DSGVO

Die in den OECD-Leitlinien aufgeführten Grundsätze finden sich vergleichbar in den meisten Datenschutzgesetzen zahlreicher Länder wieder und sind nachfolgend (mit englischen Überschriften) dargestellt. Exemplarisch stellen wir die englischen Überschriften den Verarbeitungsgrundsätzen der DSGVO gegenüber:

- **Collection Limitation Principle**
  Dieses Prinzip findet sich in Art. 5 Abs. 1 Buchst. a DSGVO wieder: »Rechtmäßigkeit, Verarbeitung nach Treu und Glauben, Transparenz«.
- **Data Quality Principle**
  In der DSGVO definiert die Prinzipien der »Datenminimierung« Art. 5 Abs. 1 Buchst. c DSGVO und die »Richtigkeit« Art. 5 Abs. 1 Buchst. d DSGVO.
- **Purpose Specification Principle**
  Diese Anforderung ist in das Prinzip der »Zweckbindung« nach Art. 5 Abs. 1 Buchst. b DSGVO eingegangen.
- **Use Limitation Principle**
  Auch diese Anforderung ist in das Prinzip der »Zweckbindung« nach Art. 5 Abs. 1 Buchst. b DSGVO eingegangen.
- **Security Safeguards Principle**
  Diese Anforderung ist unter anderem in »Integrität und Vertraulichkeit« in Art. 5 Abs. 1 Buchst. f DSGVO enthalten.
- **Openness Principle**
  Diese Anforderung findet sich unter anderem in Art. 5 Abs. 1 DSGVO in der Transparenzanforderung, aber auch in Art. 5 Abs. 2 DSGVO »Rechenschaftspflicht«. Da in Art. 5 nur die Grundsätze benannt werden, findet sich die weitere Ausgestaltung (wie in anderen Anforderungen auch) im weiteren Rechtstext. Zum Openness Principle sind in jedem Fall die Datenschutz-Folgenabschätzung (Privacy Impact Assessment in Art. 35

DSGVO sowie das Verfahrensverzeichnis in Art. 32 DSGVO, aber auch die Breach Notifcation in Art. 34 DSGVO und die etwaige Bestellung eines Datenschutzbeauftragten (Art. 37 DSGVO) anzuführen.

- **Individual Participation Principle**
  Seine Rechte kann nur wahrnehmen, wer ausreichend Information über die Verarbeitung und die Art der Verarbeitung hat. Hier ist zunächst der Grundsatz der Transparenz in Art. 5 Abs. 1 DSGVO anzuführen, der dann unter anderem in den Art. 12–15 (Transparenz und Modalitäten) die unterschiedlichen Auskunftspflichten und weiteren Eingriffsrechte des Betroffenen regelt.
- **Accountability Principle**
  Im deutschen Text der DSGVO handelt es sich dabei um die Rechenschaftspflicht, also das Vermögen, Konformität mit den Regelungen des Datenschutzes nachweisen zu können. Die Rechenschaftspflicht ist, sowie alle Grundsätze der Verarbeitung bußgeldbewehrt, und zwar bis zu 4 % des weltweiten Jahresumsatzes oder 20.000.000 EUR (jeweils der höhere Betrag) gemäß Art. 83 Abs. 5 DSGVO.

Globale Vergleichbarkeit?

Die durch die OECD definierten Grundsätze sind somit vollumfänglich in die DSGVO übernommen worden. International sind eine Vielzahl neuer Datenschutzgesetze zu beobachten. In Südafrika wird wahrscheinlich im Jahr 2019 der *Protection of Personal Information Act* (*PoPIA*) wirksam, der seit 2013 als Gesetz verabschiedet ist. In Brasilien konstituiert das *LEI 13.709* vergleichbare Rechte. Auch der *California Consumer Privacy Act of 2018* bedient (mit Abweichungen) ähnliche Grundsätze. Gleiches gilt für den aktuellen Entwurf des indischen Datenschutzrechtes.Aus dem Rahmen fallen die russischen und chinesischen Gesetze. Diese Gesetze erzwingen unter anderem die Erstverarbeitung der Daten im jeweiligen Land.

Binnenraum – sicheres Drittland

Wie schon unter dem Regiment der alten Datenschutzrichtlinie EC95/46 (die in nationales Recht zu überführen war) konstituiert die DSGVO (als unmittelbar geltendes Recht) einen sicheren Binnenraum. Das heißt, solange die Daten in diesem Raum verarbeitet werden, ist es grundsätzlich egal, ob dies in den Niederlanden, in Deutschland oder in Frankreich geschieht. Der Binnenraum umfasst dabei die Länder der *Europäischen Union* (*EU*) und die des *Europäischen Wirtschaftsraumes* (*EWR*). Die Übertragung von personenbezogenen Daten außerhalb dieses Raumes bedarf besonderer Regelungen, deren gewichtigste die Anerkennung als sicheres Drittland ist.

Code of Conduct

Weitere Verfahren (die Unternehmen offenstehen) sind die der einschlägigen Standardvertragsklauseln oder die Erstellung verbindlicher Verhaltensregeln in einem Unternehmen oder in einer Branche (*Code of Conduct*).

Safe-Harbor-Abkommen und Privacy Shield

Für die Vereinigten Staaten galt jahrelang das *Safe-Harbor-Abkommen*. Dieses wurde durch den Europäischen Gerichtshof am 06.10.2015 unter anderem mit Verweis auf die Spionagegesetzgebung in den Vereinigten Staaten gekippt. Das Nachfolgeabkommen *Privacy Shield* hat aber aus unserer Sicht denselben Mangel.

Weitere Normen in Deutschland

Für die Bundesrepublik Deutschland müssen neben der DSGVO auch das *Bundesdatenschutzgesetz* (*BDSG*) das *Strafgesetzbuch* (*StGB*), die *Sozialgesetzbücher* (*SGB*), das Arbeitsrecht und im Besonderen das *Betriebsverfassungsgesetz* (*BetrVG*) und zahlreiche branchenspezifische Regelungen in Betracht gezogen werden. Zusätzlich zu den Regeln auf Bundesebene gibt es landesgesetzliche Anforderungen (vor allem im Bereich des öffentlichen Dienstes). Im Arbeitnehmerdatenschutz sind zwingend auch etwaige *Kollektivvereinbarungen* zu beachten. Die Bundesrepublik hat diesbezüglich von der Öffnungsklausel der DSGVO Gebrauch gemacht und in § 26 BDSG explizit Kollektivvereinbarungen als Verarbeitungsgrundlage ermöglicht.

Abbildung 11.1 Datenschutzpyramide

Abbildung 11.1 zeigt eine vereinfachte datenschutzbezogene Rechtspyramide, die häufig genutzt wird, um Rangfolgen und Abhängigkeiten von Gesetzen zu verdeutlichen. Sie ist vereinfacht, weil sich die Autoren nicht in das Spannungsfeld EU-Recht, Völkerrecht und Verfassungsrecht begeben wollten, das im Kontext dieses Buches nicht relevant ist.

Geltungsbereich der DSGVO

Für Unternehmen, die in irgendeiner automatisierten Form personenbezogene Daten verarbeiten, die in elektronischer Form aus Unternehmensteilen innerhalb des EU-Raumes stammen, gelten die Regelungen der DSGVO oder solche, die in nationaler Ausführung auf einer Öffnungsklausel der DSGVO basieren. Weitere Details bzgl. der räumlichen Geltung von DSGVO finden Sie im folgenden Abschnitt.

11.1.2 Grundlagen der DSGVO

Die DSGVO ist unmittelbar geltendes Recht im Rahmen ihres sachlichen und räumlichen Anwendungsbereiches. Die DSGVO findet keine Anwendung in Fragen der nationalen Sicherheit. Sie enthält ferner Öffnungsklauseln, die eine weitere Ausgestaltung durch nationales Recht ermöglichen. Im Nachfolgenden möchten wir einige Grundbegriffe aus der DSGVO vorstellen.

[+]

Lesen Sie die DSGVO zweisprachig

Die DSGVO ist in alle Amtssprachen der Mitgliedsländer übersetzt worden; gültig ist jede Fassung. Da die englische Fassung aber die eigentliche Grundlage ist, ist es dringend anzuraten, neben der deutschen Exegese auch immer die englische Fassung zu prüfen.

Räumlicher Geltungsbereich

Die DSGVO gilt für Niederlassungen eines Verantwortlichen oder eines Auftragsverarbeiters mit Sitz in der EU. Sie gilt ferner über den europäischen Binnenraum hinaus, sofern Waren oder Dienstleistungen an Personen, die sich im Gebiet der EU befinden, angeboten werden, und sie gilt auch, wenn das Verhalten von Personen, die sich in der EU befinden, beobachtet wird (Art. 3 DSGVO).

Ein Unternehmen, das seinen Sitz im EU-Raum hat, fällt unter die nationale Gesetzgebung, die auch auf der DSGVO basiert – oder vielmehr basieren soll, denn es haben längst noch nicht alle Länder (auch nicht Deutschland) alle notwendigen Gesetze angepasst. Gegebenenfalls kann es sektorale Normen geben, die einzelne Tatbestände konkreter regeln, als dies beispielsweise in den Datenschutzgesetzen Österreichs und Deutschlands der Fall ist.

[«]

Nationale Gesetzgebung in Deutschland

Ein Unternehmen, das in Deutschland seinen Sitz hat, fällt unter die Regelungen der DSGVO und des BDSG. Für Arbeitnehmerdaten gelten ergänzend die Regelungen der Sozialgesetzbücher (SGB), arbeitsrechtliche Regelungen und weitere Regelungen. In vielen Bereichen unterliegt die Verarbeitung personenbezogener (Arbeitnehmer)daten der Mitbestimmung des Betriebsrates gemäß Betriebsverfassungsgesetz (BetrVG). Im Rahmen der Sozialversicherung und des Steuerrechts werden explizit personenbezogene Daten benannt, die der Arbeitgeber den Behörden in elektronischer Form zugänglich zu machen hat.

Personenbezogene Daten

Die Definition des Art. 4 Nr. 1 DSGVO für personenbezogene Daten lautet:

> *»Als »personenbezogene Daten« bezeichnet man alle Informationen, die sich auf eine identifizierte oder identifizierbare natürliche Person (im Folgenden »betroffene Person«) beziehen; als identifizierbar wird eine natürliche Person angesehen, die direkt oder indirekt, insbesondere mittels Zuordnung zu einer Kennung wie einem Namen, zu einer Kennnummer, zu Standortdaten, zu einer Online-Kennung oder zu einem oder mehreren besonderen Merkmalen, die Ausdruck der physischen, physiologischen, genetischen, psychischen, wirtschaftlichen, kulturellen oder sozialen Identität dieser natürlichen Person sind, identifiziert werden kann.«*

[«]

Definition: personenbezogene Daten

Folgt man der Definition der DSGVO sind unglaublich viele Daten als personenbezogen anzusehen. In SAP S/4HANA oder der SAP Business Suite können einige Zehntausend Daten unter diese Definition gefasst werden. Um ein konkretes Beispiel zu geben: Trotz aller Kampagnen, Frauen gleichberechtigt am Wirtschaftsleben teilhaben zu lassen, ist zum Beispiel in zahlreichen Unternehmen die Attributkombination »weiblich« und »Senior Management« identifizierend.

In einigen EU-Ländern, auch in der Schweiz, unterliegen auch juristische Personen dem Datenschutz.

Sensitive Daten

Sensitive Daten stehen unter besonderem Datenschutz; ihre Verarbeitung unterfällt somit einem besonderen Verarbeitungsvorbehalt.

Sensitive Daten sind laut Art. 9 Abs.1 DSGVO wie folgt definiert:

> *»Daten, aus denen die rassische und ethnische Herkunft, politische Meinungen, religiöse oder weltanschauliche Überzeugungen oder die Gewerkschaftszugehörigkeit hervorgehen, sowie [...] genetische Daten, biometrische Daten zur eindeutigen Identifizierung einer natürlichen Person, Gesundheitsdaten oder Daten zum Sexualleben oder der sexuellen Orientierung einer natürlichen Person«.*

Solche Daten werden in HR-Systemen zumindest teilweise verarbeitet. So wird in Deutschland zum Beispiel die Kirchensteuer vom Arbeitgeber abgeführt.

Definitionen und Erläuterungen zur Datenverarbeitung

Speichern, Verändern, Übermitteln, Sperren und Löschen von Daten

Das Verarbeiten personenbezogener Daten umfasst das Speichern, Verändern, Übermitteln, Sperren und Löschen dieser Daten. Diese Begriffe werden folgendermaßen definiert (siehe Art. 4 Abs. 2 DSGVO):

- **Was ist unter »Verarbeitung« zu verstehen?**
  Die Verarbeitung von Daten umfasst das Erheben, Speichern, Verändern, Auslesen, die Aufbewahrung, Übermittlung, Kombination oder Verknüpfung sowie das Löschen personenbezogener Daten. Beachten Sie, dass die Verarbeitung, erst recht aber die Kombination oder Verknüpfung von personenbezogenen Daten gegebenenfalls neue personenbezogene Daten schafft. Wertet man das Bestellverhalten eines Kunden (natürliche Person) aus, entsteht ein neuer personenbezogener Datensatz. Verarbeitung ist also so ziemlich alles was in einem System mit personenbezogenen Daten erfolgt und umfasst ausdrücklich auch die reine Vorhaltung von Daten.
- **Wer ist für die Verarbeitung in welcher Form verantwortlich?**
  Verantwortlicher ist die natürliche oder juristische Person, die über die Zwecke und Mittel der Verarbeitung von personenbezogenen Daten entscheidet, Art. 4 Abs. 7 DSGVO. *Auftragsverarbeiter* ist die natürliche oder juristische Person, die personenbezogene Daten im Auftrag des Verantwortlichen verarbeitet, Art. 4 Abs. 8 DSGVO. Der Auftragsverarbeiter kann eine andere juristische Person desselben Konzerns sein. *Empfänger* ist die natürliche oder juristische Person, die die Daten erhält, Art. 4 Abs. 9 DSGVO. Eine Ausnahme gilt für einzelne Untersuchungsaufträge durch Behörden.
- **Wann ist die Verarbeitung gestattet?**
  Art. 6 DSGVO enthält eine abschließende Aufzählung aller rechtmäßigen Verarbeitungsgrundlagen.

- **Einwilligung (Art. 6 Abs. 1 Buchst. a DSGVO)**
Für die Einwilligung der betroffenen Person genügt laut DSGVO eine einfache Einverständniserklärung, die ohne Zwang, für den konkreten Fall und in Kenntnis der Sachlage erfolgt. Auch wenn die DSGVO nicht grundsätzlich die Schriftform (elektronische Form) voraussetzt, ist diese dringend anzuraten; in einigen nationalen Gesetzen und/oder in Bezug auf bestimmte Daten ist die Schriftform erforderlich. Sie müssen in jedem Fall nachweisen können, wann, unter welchen Umständen und für welche Daten die Einverständniserklärung vorliegt – sinnvoll ist mithin in jedem Fall die Schriftform, gegebenenfalls auch elektronisch. § 26 Abs. 2 BDSG verlangt im Arbeitsverhältnis die schriftliche Einwilligung. Die Einverständniserklärung ist im Kontext des Arbeitsvertrages problematisch, da in aller Regel im Arbeitsverhältnis zwischen der »betroffenen Person und dem Verantwortlichen ein klares Ungleichgewicht« besteht (Erwägungsgrund 43 DSGVO). Unter welchen Bedingungen in Deutschland trotzdem im Arbeitsverhältnis eine Einwilligung möglich ist, regelt § 26 Abs. 2 BDSG.
- **Erfüllung eines Vertrages/vorvertragliche Verhandlungen (Art. 6 Abs. 1 Buchst. b DSGVO)**
Die DSGVO stellt klar, dass personenbezogenen Daten zur Abwicklung eines Vertrages verarbeitet werden dürfen. Zur Abwicklung gehören unseres Erachtens auch Berichtspflichten, zum Beispiel nach IFRS (International Financial Reporting Standards). Die Aufbewahrung aufgrund steuerrechtlicher oder anderer rechtlicher Verpflichtungen wäre entweder als zum »Zweck gehörig« oder aber als »Rechtliche Verpflichtung« zu betrachten.
- **Rechtliche Verpflichtung (Art. 6 Abs. 1 Buchst. c DSGVO)**
In vielen Fällen gibt es eine rechtliche Verpflichtung zur Verarbeitung personenbezogener Daten. So ist es Arbeitnehmern zum Beispiel nicht möglich, die Personalbuchhaltung zu bitten, die Übermittlung personenbezogener Daten an das Finanzamt einzustellen, da weder eine Einwilligung vorliegt, noch diese Übermittlung unmittelbarer Gegenstand des Arbeitsvertrages wäre. Hier gilt: Der Arbeitgeber hat die rechtliche Verpflichtung, die relevanten Daten dem Finanzamt (sowie Krankenkassen, Sozialversicherung etc.) mitzuteilen.
- **Lebenswichtiges Interesse (Art. 6 Abs. 1 Buchst. d DSGVO)**
Wenn die Verarbeitung im lebenswichtigen Interesse des Betroffenen liegt, ist diese ebenfalls statthaft. Dieses lebenswichtige Interesse spielt in der SAP-Welt nur ausnahmsweise eine Rolle. So wird in der Lösung SAP Patient Management auch dann ein Datensatz erzeugt, wenn ein Pa-

tient bewusstlos ist und der Verarbeitung schlicht nicht zustimmen kann.

- **Öffentliches Interesse (Art. 6 Abs. 1 Buchst. e DSGVO)**
  Die Verarbeitung ist auch rechtmäßig, wenn diese für die Wahrnehmung einer Aufgabe erforderlich ist, die im öffentlichen Interesse liegt. Dasselbe gilt für die Ausübung öffentlicher Gewalt, die dem Verantwortlichen übertragen wurde.
- **Berechtigtes Interesse (Art. 6 Abs. 1 Buchst. f DSGVO)**
  Das berechtigte Interesse dürfte in den kommenden Jahren die Verarbeitungsgrundlage werden, die am häufigsten zu Prozessen führt. Es geht dabei um eine Interessenabwägung zwischen den (meist) ökonomischen Interessen der Verantwortlichen und dem stattfindenden Eingriff in die Persönlichkeitsrechte des Betroffenen.

  Bedeutender wird das berechtigte Interesse in einer Konzernstruktur. In ErwG 48 DSGVO wird die interne Übermittlung innerhalb eines Konzerns ausdrücklich als berechtigtes Interesse beschrieben. Die Datenschutzprinzipien, unter anderem bei der Übertragung in ein Drittland, bleiben aber unberührt (s. a. Art. 6, Rn. 142 HK-DS-GVO/BDSG, Schwartmann, Klein).

Präzisierung »Verantwortlicher« in einer Konzernstruktur

In komplexen Konzernstrukturen entstehen in der Praxis oft Fragen zu den Verantwortlichkeiten. Die verantwortliche Stelle ist die eigenständige juristische Person, die zum Beispiel einen (Arbeits)vertrag mit dem Betroffenen hat, hatte oder anbahnt. Zwar hat die DSGVO ein schwaches Konzernprivileg eingeführt, doch im Besonderen bei der Übermittlung von Daten sind hohe Maßstäbe anzulegen.

Auftragsverarbeitung

Gewährt eine rechtlich eigenständige Konzerntochter anderen rechtlich eigenständigen Konzerntöchtern oder der Zentrale (Empfänger) Zugang zu Daten, ist zunächst zu klären, ob der Empfänger seinen Sitz in der EU hat.

Falls der Empfänger seinen Sitz in der EU hat, kann – zumindest nach europäischem Recht – eine *Auftragsverarbeitung* gegeben sein. In diesem Fall ändert sich die verantwortliche Stelle nicht. Eine Auftragsverarbeitung setzt aber voraus, dass der Empfänger in Bezug auf die Datenverarbeitung vollständig weisungsgebunden und dies auch nachweisbar ist.

[zB]

Auftragsverarbeitung

Stellen Sie sich einen Konzern vor, in dem ein rechtlich eigenständiges *Shared Service Center* innerhalb der Europäischen Gemeinschaft die Mitarbeiterdaten verwaltet. In diesem Fall handelt es sich um eine Auftragsverarbeitung Befindet sich das Shared Service Center nicht in der EU, ist in jedem Fall sicherzustellen, dass es sich um ein sicheres Drittland handelt. Dementsprechend obliegt die Verantwortung auch im Sinne der einzurichtenden oder anzuweisenden Schutzmaßnahmen der verantwortlichen Stelle, das heißt dem eigentlichen Arbeitgeber.

Rechte des Betroffenen/Zweckbindung

Zulässigkeit

Nur für den vorbestimmten Zweck notwendige personenbezogene Daten dürfen gespeichert werden (Art. 5 Abs. 1 Buchst b und c DSGVO). Das bedeutet, dass es einer rechtlichen und/oder vertraglichen Grundlage für die Speicherung bedarf. Eine vertragliche Grundlage setzt nicht den Schutz sensitiver Daten außer Kraft. Es bedeutet ferner, dass die Daten nur mit Bezug zum vorab definierten Zweck und nur in erforderlichem Umfang erhoben werden dürfen. Auch dürfen nur sachlich richtige Daten gespeichert werden. Das schließt das Recht ein, die Daten bereinigen zu lassen.

Gesetz – Einverständnis – Information

Das Unternehmen ist auf der sicheren Seite, wenn es nachweisen kann, dass eine Rechtsgrundlage und/oder das Einverständnis des Betroffenen vorliegen. Damit ist es naheliegend, ein schriftliches oder elektronisches Einverständnis einzuholen. Dieses sollte auch einen Nachweis darüber enthalten, wie der Betroffene über die Zweckbestimmung informiert worden ist. Ebenso muss nachweisbar sein, dass das Einverständnis freiwillig erklärt wurde.

In einigen Fällen, insbesondere in Bezug auf Arbeitnehmer, sind eindeutige Rechtsgrundlagen der Datenverarbeitung geregelt: Ein Arbeitnehmer muss keine Einwilligung erklären, wenn der Arbeitgeber personenbezogene Daten an die Träger der Sozialversicherung oder die Finanzämter weitergibt. Dies bedeutet allerdings nicht, dass die zu diesem Zweck erhobenen Daten beliebigen anderen Zwecken zugeführt werden dürfen.

[«]

Die Einwilligung ist kein Freifahrtschein

Beachten Sie, dass ungeachtet einer Einwilligung nicht alles erlaubt ist. Auf das Problem des Ungleichgewichts (ErwG 43 DSGVO) haben wir bereits hingewiesen: Vor allem im Beschäftigungsverhältnis ist nicht zwangsläufig von einer freiwilligen Einigung auszugehen. Dabei sollten Sie immer die Konsequenzen eines Entzuges der Einwilligung bedenken. Die Daten, die auf Grundlage einer Einwilligung verarbeitet werden, müssen beim Widerruf der Einwilligung unverzüglich gelöscht werden. Beachten Sie ferner auch unbedingt das Kopplungsverbot: Der Zwang zur Einwilligung als Voraussetzung für den Abschluss eines Arbeitsvertrags dürfte in aller Regel nicht rechtskonform sein.

Sofern Daten ohne Einwilligung verarbeitet werden, beispielsweise wenn dies zur Erfüllung rechtlicher Auflagen erforderlich ist, muss der Betroffene über die Datenverarbeitung informiert werden.

Prüfung: Verarbeitung personenbezogener Daten

Folgende grundlegende Fragen sind bei der Prüfung zur Verarbeitung von personenbezogenen Daten zu beantworten:

1. Ist die Verarbeitung der Daten durch ein Gesetz bestimmt?
2. Basiert die Verarbeitung auf einem Vertrag, dient sie der Herbeiführung eines Vertrages (vorvertragliche Verhandlungen) oder der Abwicklung eines Vertrages?
3. Sofern dies nicht der Fall ist: Liegt eine schriftliche Einwilligungserklärung des Betroffenen vor?
4. Wurde diese Einwilligung freiwillig und in voller Kenntnis der Zweckbestimmung gegeben?

Inhaltliche und zeitliche Zweckbestimmung

Für die Verarbeitung personenbezogener Daten gilt in jedem Fall, dass die Daten für einen oder mehrere konkrete Zwecke verarbeitet werden dürfen. Aus dem Zweck ergibt sich auch der Zeitraum, in dem die Daten aufbewahrt werden dürfen oder müssen: Daten, die im Rahmen des Zwecks nicht mehr erforderlich sind, sind zu löschen, um beispielsweise Datenänderungen (Buchungen, Freigaben) zu dokumentieren.

Prüfung: Zweckbestimmung

Bei der Prüfung der Einhaltung des Zweckbestimmungsgrundsatzes sind folgende Fragen zu beantworten:

1. Liegt für jedes Verfahren eine eindeutige Zweckbestimmung vor?
2. Ist im Rahmen der Zweckbestimmung definiert, welche Daten über welchen Zeitraum aufzubewahren sind?
3. Werden ausschließlich Daten verarbeitet, die im Rahmen der Zweckbestimmung erforderlich sind?
4. Kann nachgewiesen werden, dass nicht mehr benötigte Daten (wenn erforderlich) archiviert oder (wenn möglich) gelöscht werden?

Informationsrechte

Grundsätzlich ist der Betroffene über die Speicherung und die geplante Datenverwendung (Art. 12–15 DSGVO) zu informieren. Dieser Punkt ist vor allem dann von dringendem Interesse, wenn die Daten im Rahmen anderer gesetzlicher Auflagen auch ohne Einwilligung des Betroffenen verarbeitet werden dürfen oder wenn die Daten einer anderen Verwendung zugeführt werden sollen als der ursprünglich angekündigten.

Auskunftsrecht

Grundsätzlich hat der Betroffene das Recht, in die über ihn erhobenen Daten Einsicht zu nehmen und über die Art der Datenverarbeitung informiert zu werden (Art. 15 DSGVO). Dazu gibt es unter anderem das Verfahrensverzeichnis, in dem die eingesetzten IT-Systeme, die Datenqualitäten und die Sicherheitsmaßnahmen dargestellt sind.

Sachliche Richtigkeit und Einsichtnahme

Es dürfen nur solche personenbezogenen Daten verarbeitet werden, die sachlich richtig und aktuell sind (Art. 5 Abs. 1 Buchst. d DSGVO). Der Betroffene hat das Recht, gegebenenfalls eine Korrektur zu verlangen.

Prüfung: sachliche Richtigkeit

Bei der Prüfung der Einhaltung des Grundsatzes der sachlichen Richtigkeit sind folgende Fragen zu beantworten:

1. Wie wird die sachliche Richtigkeit der personenbezogenen Daten gewährleistet?
2. Gibt es einen Automatismus, mit dem Betroffene aufgefordert werden, ihre Daten zu bewerten und gegebenenfalls zu berichtigen?
3. Wie können Betroffene die Korrektur der Daten veranlassen?
4. Können Betroffene auf Antrag ihre Daten einsehen?

Weitere Verarbeitungsgrundsätze

Die Verarbeitungsgrundsätze sind in allgemeiner Form in Art. 5 DSGVO geregelt und in Abbildung 11.2 zu sehen. Lehnert et. al. stellen diese ausführlicher in Kapitel 12 des Buches »Datenschutz mit SAP« (SAP PRESS 2017) dar. Dort formulieren sie unter anderem, dass diese Grundsätze die Basis für die Revision bilden müssen.

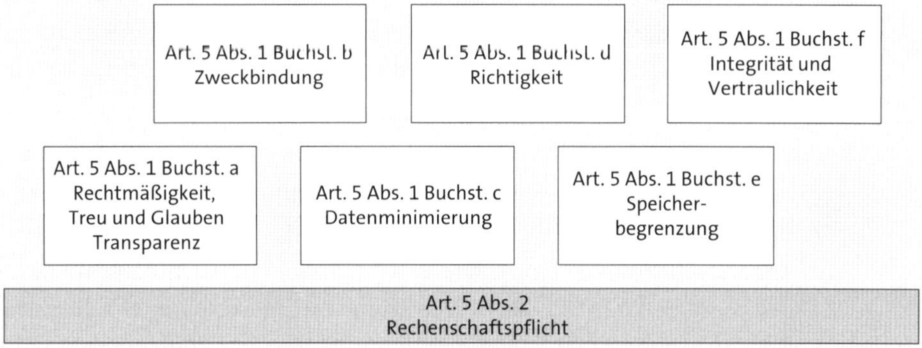

Abbildung 11.2 Übersicht über die Verarbeitungsgrundsätze

Die in Abbildung 11.2 benannten und im Folgenden aufgelisteten Grundsätze sind nachweispflichtig:

- Rechtmäßigkeit, Verarbeitung nach Treu und Glauben, Transparenz
- Zweckbindung
- Datenminimierung
- Richtigkeit
- Speicherbegrenzung
- Integrität und Vertraulichkeit

Privacy by design and default

Konkretere Regelungen finden sich zunächst noch in Art. 25, »Datenschutz durch Technikgestaltung und durch datenschutzfreundliche Voreinstellungen«, DSGVO. Dieser Artikel fordert *privacy by design and default*. Systeme und Verfahren sind demnach so zu entwerfen und umzusetzen, dass ein dem notwendigen Schutzbedarf angemessenes Schutzniveau erreicht wird. Außerdem werden in Art. 32, »Sicherheit der Verarbeitung«, der DSGVO angemessene Schutzmaßnahmen nach dem Stand der Technik gefordert.

Integrität und Vertraulichkeit der Verarbeitung

Integrität und Vertraulichkeit der Verarbeitung umfassen letztlich alle Maßnahmen, die sicherstellen, dass die Daten nur im vordefinierten Verfahren und nur durch einschlägig organisatorisch Berechtigte verarbeitet werden. Lehnert et. al. (2017) stellen in ihrem Buch »Datenschutz mit SAP« die Integrität und Vertraulichkeit der Verarbeitung technisch in den Mittelpunkt der Datenschutzrevision und veranschaulichen in nachfolgender Übersicht, welche Maßnahmen daraus ableitbar werden.

Schutzmaßnahmen

Art. 32 DSGVO zielt auf die Schutzmaßnahmen nach dem Stand der Technik ab. Dies bedeutet für Ihren Systembetrieb zweierlei: Einerseits werden Sie die meisten notwendigen technischen Schutzmaßnahmen ohnehin nachweisen müssen. Abbildung 11.3 enthält nahezu keine Schutzmaßnahmen, die Sie nicht sowieso eingerichtet haben sollten, um ihren Jahresabschluss testieren lassen zu können.

Nehmen Sie das Beispiel der Sicherheit des genutzten Codes. Wenn Sie die Eigenentwicklung nicht unter Kontrolle haben, wird dies vermutlich bereits in der Jahresabschlussprüfung bemängelt.

Andererseits müssen einige Schutzmaßnahmen datenschutzrechtlich vertieft werden. Während das Berechtigungskonzept unter buchhalterischer Rechtssetzung primär Funktionstrennung fokussiert, müssen Sie nun ein striktes, zweckgebundenes Minimalprinzip bereits bei den Anzeigetransaktionen nachweisen.

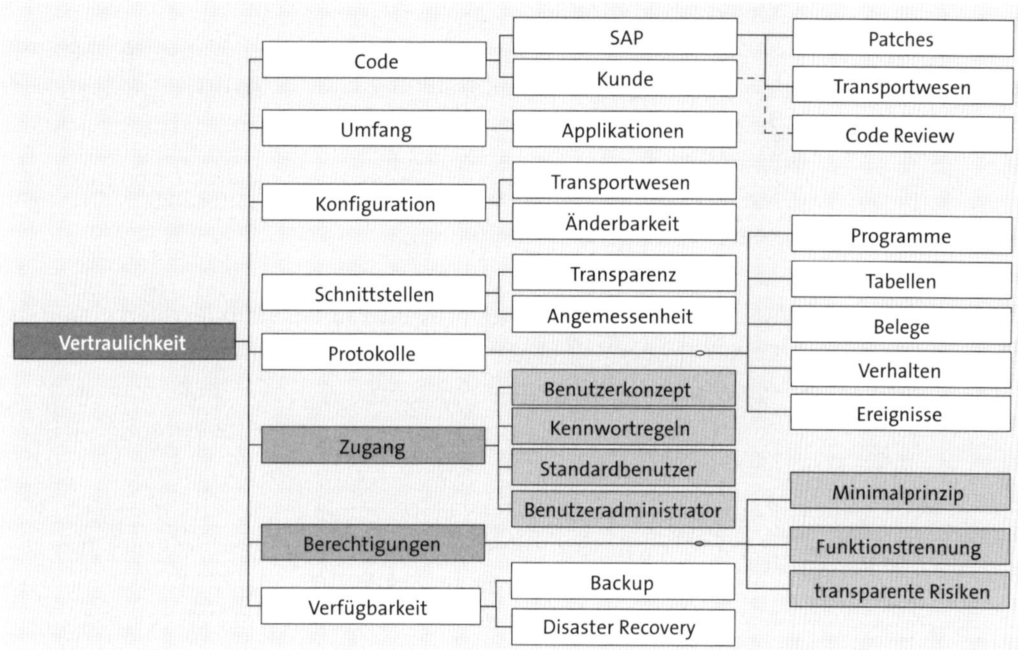

Abbildung 11.3 Maßnahmen, um Integrität und Vertraulichkeit zu gewährleisten

Folgerungen zu Schutzmaßnahmen

Für die in Art. 32 DSGVO geforderten Schutzmaßnahmen ist keine Öffnungsklausel in der DSGVO für nationale Gesetzgebung vorgesehen. Im neuen BDSG sind bestimmte Bereiche (unter anderem Polizei und Justiz) definiert. Im alten deutschen Datenschutzrecht waren sie in einer Anlage zu § 9 BDSG (alt) detailliert geregelt. Nachfolgend werden die wichtigen Begriffe des deutschen Rechts eingeführt, da diese marktüblich sind und den wesentlichen Rahmen abdecken.

- **Zutrittskontrolle**
  Der Zutritt (physikalisch) zu den Datenverarbeitungsanlagen ist Unbefugten zu verwehren.
- **Zugangskontrolle**
  Der Zugang zu den eingesetzten Systemen ist auf den berechtigten Personenkreis einzuschränken.
- **Zugriffskontrolle**
  Es muss sichergestellt werden, dass nur Personen Zugriff erhalten, die dazu formal (organisatorisch) berechtigt sind. Ferner ist sicherzustellen, dass auch sie nur auf die Daten zugreifen können, die in ihren Verantwortungsbereich fallen.

- **Weitergabekontrolle**
  Es ist sicherzustellen, dass Datenweitergaben (technische Interfaces, Übermittlungen) ohne Zugriffe durch Unbefugte erfolgen. Dies muss jederzeit beweisbar sein.
- **Eingabekontrolle**
  Nachträglich muss ermittelbar sein, wer welche Eingaben, Änderungen oder Löschungen vorgenommen hat.
- **Auftragskontrolle**
  Die verantwortliche Stelle muss im Fall der Auftragsverarbeitung die Einhaltung der Weisungen durch den Auftragnehmer garantieren.
- **Verfügbarkeitskontrolle**
  Personenbezogene Daten müssen gegen zufällige Zerstörung oder Verlust geschützt sein.
- **Kombinationsverbot**
  Es muss gewährleistet werden, dass Daten unterschiedlicher Zweckbestimmung getrennt verarbeitet werden. (Der Begriff *Kombinationsverbot* wird hier verwendet; er stammt nicht aus der EU-Richtlinie.)

Die DSGVO benennt in Art. 32 lediglich zwei Schutzmaßnahmen konkret: Pseudonymisierung und Verschlüsselung. Lehnert et. al. bezweifeln in »Datenschutz mit SAP« (SAP PRESS 2017), dass eine wirksame Pseudonymisierung bei Massendaten eines typischen SAP-Systems überhaupt werthaltig erreichbar ist. Unter sehr vielen Attributen, die zu einer Person vorliegen, ist die Vermeidung einer zufälligen Re-Identifizierung schwierig. Zur Verschlüsselung bietet das SAP-System allerdings diverse Verfahren an.

11.1.3 Mitbestimmung und Arbeitnehmerdatenschutz

Mitbestimmung

Sowohl in Deutschland als auch in Österreich gelten Gesetze, die Betriebs- und Personalräten eine Mitwirkung und Mitbestimmung in Bezug auf die Verarbeitung von Arbeitnehmerdaten einräumen.

[»]

Mitbestimmung von Betriebs- und Personalräten

In Deutschland handelt es sich bei diesen Gesetzen um das Betriebsverfassungsgesetz (BetrVG), siehe Däubler, Klebe, Wedde, Weichert (2010), *Bundesdatenschutzgesetz, Kompaktkommentar zum BDSG* sowie Gola, Klug, Körffer (2010), *BDSG Bundesdatenschutzgesetz, Kommentar*.

Der Personalrat ist die Arbeitnehmervertretung im Öffentlichen Dienst Deutschlands. Seine Aufgaben sind nicht im BetrVG, sondern im *Bundes-*

personalvertretungsgesetz (*BPersVG*) sowie in den *Personalvertretungsgesetzen* der Bundesländer geregelt.

[«]

Zustimmung des Betriebsrates erforderlich

In Deutschland ist die Zustimmung des Betriebsrats für eine Einführung oder Änderung eines IT-gestützten Verfahrens erforderlich, bei dem Arbeitnehmerdaten betroffen sind. Es ist ausnahmslos davon auszugehen, dass es sich bei der Einführung und Nutzung eines SAP-ERP-HCM-Systems um einen Tatbestand im Rahmen der Mitbestimmung handelt.

Aufbewahrung der Daten

Die angeführte Zweckbindung definiert nicht eindeutig den Zeitraum, in dem Daten zu löschen sind. Diese Frage ist in Bezug auf Bewerbungsverfahren, Skill-Datenbanken und Bewertungsverfahren erheblich.

Personenbezogene Daten von Beschäftigten

Soweit es sich um einen Beschäftigten handelt, können die personenbezogenen Daten grundsätzlich erfasst und gespeichert werden; die DSGVO enthält keine expliziten Ausführungen zu Arbeitnehmern; allerdings ist eine Öffnungsklausel für die nationale Gesetzgebung vorhanden. Abhängig von der jeweiligen nationalen Ausgestaltung des Arbeitsrechts ist davon auszugehen, dass es entweder gesetzliche und vertragliche Regelungen oder Rechtsprechungen gibt, die den Arbeitnehmerdatenschutz regeln. Das neue BDSG enthält explizite Regelungen zum Arbeitnehmerdatenschutz in § 26 BDSG.

Grundsätzlich gilt: Personenbezogene Daten dürfen im Rahmen eines Beschäftigungsverhältnisses erhoben und verarbeitet werden. Dabei gelten ausnahmslos das Prinzip der Zweckbestimmung und das Prinzip der gesetzlich gegebenen Grundlage oder das explizite Einverständnis des Betroffenen.

Daten nach einem Bewerbungsverfahren

Für Bewerbungsverfahren gilt, dass die Daten nach Abschluss des Verfahrens zu vernichten sind. Für unternehmensinterne Bewerberdatenbanken gilt, dass hier eine eindeutige Einwilligungserklärung des Betroffenen einzuholen ist. Diese sollte regelmäßig erneuert werden. Eine Datenübermittlung an Dritte (auch in demselben Konzern) ist ohne explizite Zustimmung des Betroffenen nicht rechtens. Für Deutschland ist zwingend davon auszugehen, dass die Daten beim Betroffenen direkt erhoben werden. Das heißt, dass eine Verknüpfung von direkt beim Betroffenen erhobenen Daten mit öffentlich zugänglichen Angaben, wie zum Beispiel XING oder Facebook, nicht rechtmäßig ist (siehe Däubler, Klebe, Wedde, Weichert, 2010, § 32 RB 56).

[»]

Direkterhebung

Auch wenn die Direkterhebung nicht in allen Ländern der EU zwingend ist, ist sie in Bezug auf Arbeitnehmer in jedem Fall die sinnvollste Methode, da sie am ehesten dazu geeignet ist, den Arbeitnehmer über die Datenerhebung zu informieren und die Datenqualität sicherzustellen. Entsprechend kann bei der Direkterhebung immer auch die Einwilligungserklärung eingeholt oder fallweise das Widerspruchsrecht eingeräumt werden.

Sensitive Daten erheben

Im Rahmen eines Arbeitsverhältnisses kann es erforderlich sein, auch sensitive Daten zu erheben, zum Beispiel aufgrund des Gesundheitsschutzes (europaweit oder spezifisch für Deutschland) oder des Kündigungsschutzrechts.

In Deutschland gilt seit 2009, dass personenbezogene Daten eines Arbeitnehmers ausnahmsweise zur Aufdeckung von Straftaten erhoben werden dürfen, wenn es beweisbare Indizien für einen Verdacht gibt. Der Gesetzgeber in der Bundesrepublik reagierte damit auf einen Skandal bei einem großen deutschen Verkehrsunternehmen.

Alle erhobenen Daten sind nach Entfallen der Voraussetzungen (Zweckbestimmung, Rechtsgrundlage, Einwilligung) zu löschen. Davon ausgenommen sind nur die Daten, die aufgrund anderer Rechts-, Satzungs- oder Vertragsgrundlagen aufbewahrt werden müssen.

[zB]

Aufbewahrung

Die Strahlenschutzverordnung der Bundesrepublik Deutschland sieht beispielsweise vor, dass die Daten zur Strahlenbelastung eines Mitarbeiters bis zum vollendeten 75. Lebensjahr, mindestens jedoch 30 Jahre aufbewahrt werden müssen. Spätestens zum 95. Jahr nach der Geburt einer Person sind die Daten zu löschen.

Skill-Datenbanken und Bewertungsverfahren

In Bezug auf Skill-Datenbanken und Bewertungsverfahren ist davon auszugehen, dass diese Daten für die gesamte Laufzeit des Arbeitsverhältnisses relevant sind und somit erst nach Beendigung des Arbeitsverhältnisses gelöscht werden, da erst dann ihr Zweck entfällt.

[»]

Umgang mit Skill-Datenbanken

Der Umgang mit Skill-Datenbanken ist an die Ausführungen im Abschnitt »Präzisierung ›Verantwortlicher‹ in einer Konzernstruktur« in Abschnitt 11.1.2, »Grundlagen der DSGVO«, gebunden.

Prüfung: Arbeitnehmerdatenschutz

Folgende Fragestellungen sind im Zusammenhang mit dem Arbeitnehmerdatenschutz relevant:

- Besteht für jedes erhobene Datum eine Rechtsgrundlage, und/oder gibt es eine Einwilligungserklärung des Betroffenen?
- Ist für jedes erhobene Datum die Aufbewahrungsfrist geklärt?
- Liegen Einwilligungserklärungen für die Übermittlung an Dritte vor?
- Sind für sensitive Daten besondere Schutzmaßnahmen vorgesehen?
- Werden sensitive Daten auf Basis einer Einwilligung verarbeitet, wenn ja, gibt es dazu eine Kollektivvereinbarung?
- Kann nachgewiesen werden, dass nicht mehr benötigte Daten (wenn erforderlich) archiviert oder (wenn möglich) gelöscht werden?
- Ist sichergestellt, dass die Daten ausschließlich in dem Rahmen verwendet werden, der durch die Zweckbestimmung vorgegeben ist?
- Ist insbesondere in Bezug auf die Zweckbestimmung sichergestellt, dass nur vorab definierte Abfragen in vorab definierten Systemen möglich sind?

11.2 Datenschutzrelevante übergreifende Kontrollmechanismen im SAP-System

Nachvollziehbarkeitsgrundsatz

Die Erfüllung des Grundsatzes der Nachvollziehbarkeit im SAP-System ist aus Sicht der Datenschutzanforderungen in dreifacher Hinsicht zu betrachten:

- **Protokollierung wird gefordert**
  Einerseits ist die Möglichkeit einschlägiger Auswertungen unmittelbar zur Auflage gemacht worden, insbesondere das Datenschutzgesetz selbst, bzw. die Anlage zu § 9 Satz 1 BDSG definiert dies eindeutig: Es ist »zu gewährleisten, dass nachträglich überprüft und festgestellt werden kann, ob und von wem personenbezogene Daten in Datenverarbeitungssysteme eingegeben, verändert oder entfernt worden sind«. Solche Anforderungen betreffen in erster Linie Daten in SAP ERP HCM.
- **Protokollierung ist nicht immer bewusst**
  Andererseits entstehen außerhalb von SAP ERP HCM bzw. in weiteren, vom SAP-System unterstützten Geschäftsprozessen, dank der Ihnen bereits bekannten Protokollierungsmechanismen (zum Beispiel die Aufzeichnung sämtlicher Transaktionsaufrufe von Benutzern in SAP ERP, siehe Abschnitt 7.3.2, »Security Audit Log«, und Abschnitt 7.3.3, »Historie

der Transaktionsaufrufe«) personenbezogene Daten, die datenschutzrelevant sind. Diese Tatsache wird in der Praxis stark vernachlässigt.

- **Leseprotokollierung**
  In der SAP Business Suite und in SAP S/4HANA steht eine Leseprotokollierung zur Verfügung (*Read Access Logging, RAL*). Damit ist es möglich, auch lesende Zugriffe zu protokollieren.

Auf beide Seiten des Nachvollziehbarkeitssachverhaltes gehen wir im Folgenden ein.

11.2.1 Änderungen von personenbezogenen Daten nachvollziehen

SAP-ERP-HCM-spezifische Änderungsbelege

Auf das Konzept der Infotypen gehen wir in Abschnitt 11.4.2, »Personalmaßnahmen«, ausführlicher ein. An dieser Stelle soll nur erwähnt werden, dass alle personenbezogenen Stammdaten in SAP ERP HCM in Tabellen enthalten sind, die als *Infotypen* bezeichnet werden. Die Nachvollziehbarkeit der Änderungen von personenbezogenen Daten im SAP-System würde daher erfordern, dass diese Infotypen protokolliert werden. Dies wird mithilfe von *SAP-ERP-HCM-spezifischen Änderungsbelegen* realisiert (nicht mit den Änderungsbelegen aus Abschnitt 7.2.1, »Änderungsbelege in SAP ERP«, zu verwechseln, die andere SAP-gestützte Prozesse betreffen).

Die Einrichtung dieser Änderungsbelege erfolgt im Einführungsleitfaden (Implementation Guide, IMG) unter folgendem Pfad: **Personalmanagement • Personaladministration • Werkzeuge • Revision • Änderungsbeleg einrichten**.

[»]

Vorsicht – keine Default-Werte vorhanden!

Die SAP-Standardauslieferung enthält keine Belegschreibung, das heißt, die dazu erforderlichen Steuerungstabellen werden leer ausgeliefert.

Änderungsbelege konfigurieren

Wie Sie in Abbildung 11.4 sehen, sind bei der Konfiguration von SAP-ERP-HCM-Änderungsbelegen drei Schritte durchzuführen:

1. **Belegrelevante Infotypen festlegen**
   Die Änderung eines als *belegrelevant* definierten Infotyps löst eine Belegschreibung aus. Infotypen, die nicht als belegrelevant definiert wurden, werden somit nicht protokolliert. Für die Belegschreibung der Personalstammdatenverwaltung gilt die Transaktionsklasse A, für die Belegschreibung der Bewerberdatenverwaltung die Transaktionsklasse B.

2. **Feldgruppen festlegen**
   Innerhalb eines Infotyps müssen alle Felder angegeben werden, die protokolliert werden sollen. Über die Feldliste können alle Felder eines Infotyps angezeigt und direkt ausgewählt werden. Des Weiteren besteht die Möglichkeit, innerhalb eines Infotyps Felder zu verschiedenen Feldgruppen zusammenzufassen. Bei der Belegschreibung werden jeweils alle Felder einer Feldgruppe als Einheit betrachtet und zusammen protokolliert.
3. **Eigenschaften der Feldgruppen festlegen**
   In diesem Schritt wird festgelegt, welche Feldgruppen protokolliert werden sollen. Außerdem können zu jeder Feldgruppe noch *Ergänzungsfeldgruppen* (*EFG*) festgelegt werden. Die Ergänzungsfeldgruppen werden immer dann protokolliert, wenn sich innerhalb der zugehörigen *auslösenden Feldgruppe* (*AFG*) ein Feld geändert hat. Des Weiteren muss hier festgelegt werden, ob der Beleg als Langzeitbeleg (L) oder Kurzzeitbeleg (S) erfasst werden soll. Langzeitbelege bleiben im SAP-System so lange erhalten, bis sie explizit gelöscht werden. Beide Alternativen sind aus IKS-Sicht ausreichend.

Aktivitäten	
Aus...	Bezeichnung der Aktivität
✓	HR-Belege: Belegrelevante Infotypen
✓	HR-Belege: Feldgruppendefinition
✓	HR-Belege: Feldgruppeneigenschaften

Abbildung 11.4 Einstellungen bei der Protokollierung von Infotypen

Änderungen an Infotypsätzen können Sie sich mithilfe des Reports RPUAUDOO (protokollierte Änderungen in den Daten der Infotypen) anzeigen lassen.

Prüfung: Protokollierung der Infotypen

Prüfen Sie im IMG, wie beschrieben, ob für alle relevanten Infotypen Änderungsbelege eingerichtet wurden. Prüfen Sie, ob die Art der Protokollierung (Kurz- oder Langzeitbelege) angemessen ausgewählt wurde.

11.2.2 Protokollierung der Reportaufrufe in SAP ERP HCM

Der Aufruf von Reports, die im SAP-System personenbezogene Daten verwenden, kann in SAP ERP HCM protokolliert werden. Die entsprechenden Einstellungen werden im IMG unter **Personalmanagement • Personaladministration • Werkzeuge • Revision • Reportstarts protokollieren** vorgenommen (die Voraussetzung dabei ist, dass zu protokollierende Reports die logische Datenbank PNP verwenden). Pro Report kann festgelegt werden, ob die Protokollierung für den Online-Start, den Hintergrundstart oder für beide Varianten erfolgen soll. Folgende Daten werden in das Protokoll aufgenommen: Report, Reporttitel, Benutzer, Startdatum, Startuhrzeit, Reportparameter und Select Options.

Die Ergebnisse der Protokollierung können mit Report RPUPROTD eingesehen werden.

Prüfung: Protokollierung der Reportaufrufe

Folgende Prüfungshandlungen sind im Zusammenhang mit der Protokollierung der Reportaufrufe sinnvoll:

- Prüfen Sie die Einstellungen im IMG, ob von der Protokollierung der Reportaufrufe Gebrauch gemacht wird.
- Sollen Reportaufrufe protokolliert werden, prüfen Sie, ob der Zugriff auf den Report RPUPROTU restriktiv gehandhabt wird.

11.2.3 Daten löschen und unkenntlich machen

Depersonalisierung der Daten

In Abschnitt 6.2.1, »SAP-Systemlandschaft«, haben Sie die übliche Struktur der SAP-Systemlandschaft kennengelernt. Ein SAP-Produktivsystem wird in der Praxis oft als Kopiervorlage verwendet, zum Beispiel für ein Qualitätssicherungssystem oder ein Schulungssystem. Bei einem Kopiervorgang (je nach Systemkopierprofil) können unter Umständen sämtliche Daten übernommen werden, auch Daten aus SAP ERP HCM. Da in einer Qualitäts- oder Sandboxumgebung die Berechtigungsvergabe weniger strikt gehandhabt wird, besteht hier die Gefahr, dass personenbezogene Daten in falsche Hände geraten (ebenso wie Kunden- und Lieferantendaten). Aus diesem Grund werden in diesen Systemen Daten (Inhalte von Infotypen) mittels verschiedener Programme anonymisiert.

Prüfung: Daten depersonalisieren

Es ist sinnvoll, einen Überblick über die Systemlandschaft im SAP-ERP-HCM-Umfeld zu erlangen. Prüfen Sie, ob beim Kopieren des Produktivsystems die personenbezogenen Daten anonymisiert werden.

Bewerberdaten

Darüber hinaus ist auch das Löschen der Daten im produktiven SAP-ERP-HCM-System von Relevanz: In der Komponente Personalbeschaffung gibt es hierfür entsprechende Programme, die zum Beispiel Daten von Bewerbern und anderen Personen löschen, die eigene Daten über das Internet im SAP-ERP-HCM-System erfassen. Es ist zu empfehlen, die Verwendung solcher Reports zu überprüfen (die Einplanung im Job Scheduler, Inhalte der verwendeten Reportvariante etc.). Für externe Bewerber, die im E-Recruiting gelöscht werden sollen, wird der Report RCF_DELETE_EXT_CAND verwendet.

Mitarbeiterdaten

Im Hinblick auf die Mitarbeiterdaten war in der Komponente SAP ERP HCM zum Zeitpunkt der Drucklegung dieses Buches (Januar 2019) in der Standardauslieferung keine Funktionalität vorhanden, die es erlauben würde, Mitarbeiterdaten massenhaft zu löschen. Auch das Löschen einzelner Mitarbeiterdaten ist nicht immer möglich: Sobald für einen Mitarbeiter in SAP ERP HCM Abrechnungsergebnisse vorliegen, kann dieser nicht mehr gelöscht werden.

11.2.4 Personenbezogene Daten außerhalb von SAP ERP HCM

Aufgrund der weiteren Nachvollziehbarkeitsanforderungen außerhalb von SAP ERP HCM können Daten entstehen, die – für viele Unternehmen oft unbewusst – personenbezogen sind. Viele der im SAP-System stattfindenden Protokollierungen sind aus Datenschutzsicht weniger kritisch; so wird beispielsweise die Benutzer-ID in allen, im SAP-System erfassten Belegen protokolliert. Eine flexible massenhafte Analyse der Belege wäre durch die Weiterverwertung von als Datei gespeicherten Informationen möglich, die durch einen direkten Tabellenzugriff oder den Start eines Reports generiert werden können. Da ein lokales Speichern von SAP-Daten berechtigungstechnisch eingeschränkt werden kann, sollte davon Gebrauch gemacht werden.

Riskante Protokollierungstechniken

Manche Protokollierungstechniken sind allerdings aus Datenschutzsicht mit einem höheren Risiko verbunden:

- **Security Audit Log**
  Im Security Audit Log können zum Beispiel Filter eingerichtet werden, die sämtliche Aktionen eines Benutzers protokollieren. Aus datenschutztechnischen Gründen ist es daher bedenklich (und in Deutschland mit dem Betriebsrat abzustimmen), über einen empfohlenen Umfang von anonymen Notfallbenutzern, Standardbenutzern, Support-Benutzern etc. hinaus Aktivitäten weiterer Benutzer zu protokollieren (siehe Abschnitt 7.3.2, »Security Audit Log«).
- **Historie der Transaktionsaufrufe**
  Die in der Statistikdatei gespeicherten Daten über sämtliche Transaktionsaufrufe innerhalb eines bestimmten Zeitraums sind datenschutzrelevant. Aus diesem Grund muss der Zugriff auf diese Datei strikt gehandhabt werden (siehe Abschnitt 7.3.3, »Historie der Transaktionsaufrufe«).
- **SQL-Trace**
  Solange dieser Trace aktiviert ist, werden sämtliche Datenbankaktivitäten eines Benutzers oder einer Benutzergruppe protokolliert. Der Zugriff auf die SQL-Trace-Funktionen, insbesondere auf die Log-Datei, sollte daher restriktiv gehandhabt werden.

Prüfung: Handhabung datenschutzrelevanter Daten in SAP ERP

Es empfiehlt sich, in Bezug auf die Behandlung von datenschutzrelevanten Informationen Folgendes zu prüfen:

1. Klären Sie, ob die gegebenenfalls außerhalb von SAP ERP HCM bestehenden Daten aus Datenschutzsicht klassifiziert sind.
2. Prüfen Sie, ob die Berechtigungen für lokales Speichern der Daten restriktiv vergeben werden.
3. Prüfen Sie, ob im Security Audit Log Aktivitäten von Business-Benutzern protokolliert werden und der Zugriff auf die Statistikdatei ausreichend eingeschränkt ist. Prüfen Sie auch die Handhabung der SQL-Trace-Funktionen.

11.3 Besondere Anforderungen an SAP ERP HCM

Die besonderen Anforderungen von SAP ERP HCM sind durch den Umgang mit den Mitarbeiterdaten begründet. Personaldaten enthalten allgemeine Daten zur Person, aber auch sensitive Daten im Sinn der EU-Direktive (siehe Abschnitt 11.1.2, »Grundlagen der DSGVO«).

Schutznormen

Der besondere Schutz aller personenbezogenen Daten ist eine gesetzliche Anforderung; diese Daten müssen vor jedem ungewollten Zugriff geschützt sein. Dieser Schutz muss konkret sein; ein gewollter Zugriff auf mehrere 10.000 Mitarbeiter entspricht nicht dieser Anforderung. Daher muss nachweisbar sein, wer warum zu welcher Zeit eine personenbezogene Information einsehen oder ändern konnte.

Sonstige Meldepflichten

Neben der Einschränkung des Zugriffs für die Benutzer gibt es im HR-Bereich aber auch rechtliche Auflagen, dass bestimmte personenbezogene Daten an die Sozialversicherungen, Finanzämter oder Aufsichtsbehörden zu melden sind. Geregelt wird dies in einer Vielzahl von Rechtsquellen, die von Land zu Land, aber auch branchenabhängig stark differieren kann (Meldepflichten in der Nahrungsmittelindustrie oder in der Energiewirtschaft etc.).

Selbstpflege

Die nächste nennenswerte Besonderheit ist, dass die Daten, die verarbeitet werden, im Prinzip die eigenen Daten des Benutzers sein können. Der Mitarbeiter in der Lohnbuchhaltung erhält auch sein Gehalt über SAP ERP HCM; er ist demnach auch ein Mitarbeiter im SAP-System. Hier gilt es daher sicherzustellen, dass niemand sein eigenes Einkommen oder vergleichbare kritische Daten pflegen kann.

Informationsmissbrauch

Schließlich ist auch noch auf eine Besonderheit hinzuweisen, die teilweise dazu führt, dass Mitarbeiterdaten und -bezüge durch Drittanbieter verwaltet werden: Denn Mitarbeiterdaten können durch missbräuchliche Nutzung den betrieblichen Frieden stören.

Technische Besonderheiten

In Abbildung 11.5 sehen Sie eine zusammenfassende Darstellung diverser Anforderungen an den Schutz der Mitarbeiterdaten sowie eine vereinfachte Struktur dieser Daten. Die unterschiedlichen Anforderungen haben zu einigen technischen Besonderheiten geführt:

- punktuelle Ausschlussmöglichkeit (statt der üblichen positiven Berechtigung) in Bezug auf die eigene Personalnummer eines Benutzers
- strukturelle Berechtigungen
- kontextsensitive Berechtigungen

Diese Punkte werden im folgenden Abschnitt dargestellt.

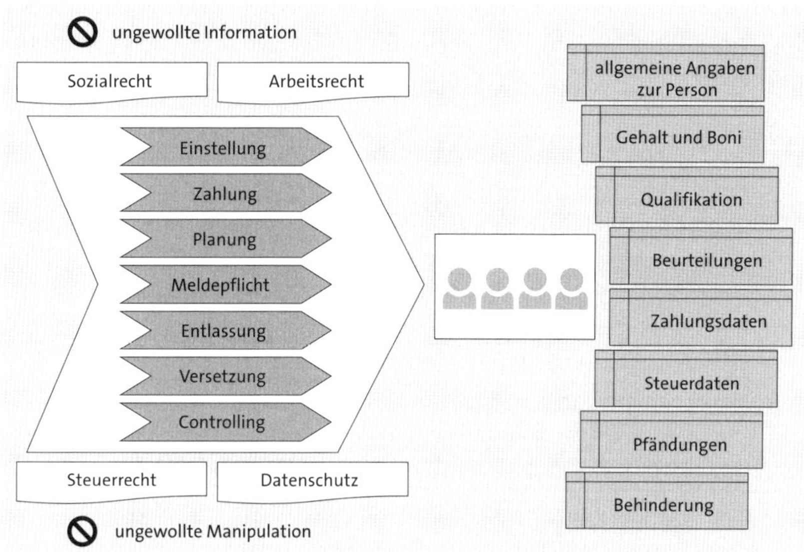

Abbildung 11.5 Normen, Prozesse und Daten in SAP ERP HCM

11.4 Berechtigungen und Rollen in SAP ERP HCM

Dem Thema *Berechtigungen* kommt in SAP ERP HCM eine besondere Bedeutung zu. Denn über Berechtigungen werden wesentliche Anteile der erforderlichen Schutzmaßnahmen eingerichtet, die Zugriffskontrollen:

> *»Es muss sichergestellt werden, dass nur die Personen Zugriff erhalten, die dazu formal (organisatorisch) berechtigt sind. Ferner ist sicherzustellen, dass auch diese nur auf die Daten zugreifen können, die in ihren Verantwortungsbereich fallen.« (Quelle: BDSG)*

Damit ergibt sich sowohl funktional als auch organisatorisch die Notwendigkeit eines ausnahmslosen Minimalprinzips. Es darf nur auf Daten zugegriffen werden, die sich aus der formalen Zuständigkeit ergeben.

[+]

Literaturhinweis

Für tiefer gehende Fragestellungen bezüglich der Gestaltung eines Berechtigungskonzepts in SAP ERP HCM ist das Buch *SAP-Berechtigungswesen* (SAP PRESS 2016) von Volker Lehnert, Katharina Stelzner, Peter John und Anna Otto zu empfehlen.

11.4.1 Differenzierende Attribute in SAP ERP HCM

SAP-ERP-HCM-Attribute

Daten werden im SAP-ERP-HCM-System in Infotypen hinterlegt und häufig mit Attributen versehen – in Tabelle 11.1 sind einige notwendige Attribute aufgeführt.

Attribut	Beschreibung
Infotyp (Informationstyp)	Personen-, organisationsbezogene und andere Daten in SAP ERP HCM werden in sogenannten Infotypen hinterlegt: So werden die primären Daten zur Person im Infotyp 0002 hinterlegt, die Basisbezüge im Infotyp 0008, Familie und Bezugspersonen im Infotyp 0021 und die Qualifikationen im Infotyp 0024. Infotypen können zeitabhängig gespeichert werden. Es gibt mehrere Hundert Infotypen im Standard; viele davon sind länderspezifisch. Aus Sicht des Berechtigungskonzepts ist eine Einschränkung je Infotyp auf der Grundlage einer Sensitivitätseinschätzung erforderlich.
Subtyp	Subtypen sind weitere Untergliederungen des Infotyps. Der angeführte Infotyp 0021 (Familie und Bezugspersonen) kann über diverse Subtypen detailliert unterschieden werden, zum Beispiel Ehegatte, geschiedener Ehegatte, Lebensgefährte, Kind, Notruf. Berechtigungen müssen gegebenenfalls über eine genaue Kombination von Infotyp und Subtyp vergeben werden.
Subtyp	Konkret ist es zum Beispiel denkbar, dass für einen eventuellen Notfall die Informationen unter dem Subtyp Notruf der Security bereitgestellt werden, die aber keinen Grund hat, weitere Daten über Kinder, geschiedene Ehegatten oder anderes einzusehen.

Tabelle 11.1 Attribute im SAP-ERP-HCM-System

Attribut	Beschreibung
Objekttyp	Jedes Element einer Organisation kann als eigenständiges Objekt dargestellt werden. Wichtige Objekttypen sind zum Beispiel Organisationseinheit (O), Stelle (C), Planstelle (S) und Person (P). Für die indirekte Rollenzuordnung gibt es weitere Objekttypen: Rolle (AG) und Benutzer (AG). Objekte werden im Infotyp 1000 gepflegt.
Planvariante	Da der Planung in SAP ERP HCM eine wichtige Bedeutung zukommt, werden üblicherweise unterschiedliche Planvarianten definiert, die entsprechend geschützt werden können. Zukunftsbezogene Planungen in Bezug auf das Personal sind in jedem Fall sensitiv. Sie werden allerdings eher selten durchgeführt.
Planungsstatus	In Zusammenhang mit der Planung sind die unterschiedlichen möglichen Status, die ein Objekt annehmen kann (**aktiv**, **geplant**, **beantragt**, **genehmigt**, **abgelehnt**), gegebenenfalls ebenfalls über Berechtigungen zu unterscheiden. Planungsstatus spielen in der Branchenlösung SAP for Defense & Security eine erhebliche Rolle.
Personalbereich	Der Personalbereich ist ein organisatorisches Merkmal, um die Mitarbeiter einer Organisation nach administrativen Kriterien gliedern und die Berechtigungen auf bestimmte Bereiche einschränken zu können.
Mitarbeitergruppe	Die Mitarbeitergruppe ist ein weiteres, vom Personalbereich unabhängiges Gliederungsmerkmal. Üblicherweise werden zumindest Aktive, Rentner, Externe und Vorruheständler unterschieden.
Mitarbeiterkreis	Innerhalb der Mitarbeitergruppe werden Mitarbeiterkreise unterschieden. So können die aktiven Mitarbeiter zum Beispiel nach Arbeitern, Angestellten und außertariflichen Angestellten eingeteilt werden.
Organisationsschlüssel	Der Organisationsschlüssel ist ein weiteres Merkmal zur Differenzierung der Personal- und der Unternehmensstruktur. Die Vorschlagswerte für den Organisationsschlüssel sind definierbar.

Tabelle 11.1 Attribute im SAP-ERP-HCM-System (Forts.)

Infotyptabellen

Die in den Infotypen hinterlegten Informationen können in den Infotyptabellen ausgewertet werden; unter anderen sind hier folgende Tabellen zu nennen:

- PA0000 (IT0000) bis PA0998 (IT0998)
- HRP1000 (IT1000) bis HRP1990 (IT1990)
- PA2001 (IT2001) bis PA3893 (IT3893)
- HRP5003 (IT5003) bis HRP6200 (IT6200)

Prüfung: Inhalte der Infotypen

Die Einsichtnahme in diese Strukturen dient im Einzelfall der Kontrolle, welche Daten im Sinn einer Überprüfung der Sensitivität enthalten sind. Eine Auswertung der verwendeten Infotypen ist mit dem Report RPDINF01 möglich.

11.4.2 Personalmaßnahmen

Der Begriff *Personalmaßnahme* ist in SAP ERP HCM ein Sammelbegriff für unterschiedliche Ereignisse, die im Rahmen der Personaladministration erfasst werden (Anstellung, Wechsel, Kündigung etc.).

Personalstammdaten pflegen (Transaktion PA30)

In der Personaladministration können beispielsweise die Daten der Mitarbeiter über Transaktion PA30 (Personalstammdaten pflegen) bearbeitet werden. Alternativ steht Transaktion (Pflege über Personalmaßnahmen) PA40 zur Verfügung. Mit dieser Transaktion sind die in Tabelle 11.2 ausgewiesenen Berechtigungsobjekte verbunden.

Berechtigungsobjekt	Beschreibung	Feld	Beschreibung
PLOG	Personalplanung	INFOTYP	Infotyp
		ISTAT	Planungsstatus
		OTYPE	Objekttyp
		PLVAR	Planvariante
		PPFCODE	Funktionscode
		SUBTYP	Subtyp
P_ORGIN	Stammdaten	AUTHC	Berechtigungslevel
		INFTY	Infotyp
		PERSA	Personalbereich
		PERSK	Mitarbeiterkreis
		SUBTY	Subtyp
		VDSK1	Organisationsschlüssel
P_PCLX	HR: Cluster	AUTHC	Berechtigungslevel
		RELID	Bereichskennung für Cluster in den Tabellen PCLx

Tabelle 11.2 Berechtigungsobjekte

Berechtigungs-objekt	Beschreibung	Feld	Beschreibung
P_PERNR	Stammdaten – Personalnummernprüfung	AUTHC	Berechtigungslevel
		INFTY	Infotyp
		PSIGN	Interpretation einer zugeordneten Personalnummer
		SUBTY	Subtyp

Tabelle 11.2 Berechtigungsobjekte (Forts.)

Infotypen zu Transaktion PA30

Um nun die Berechtigungen für eine Personalmaßnahme festzulegen, wie zum Beispiel eine Einstellung, werden Angaben dazu benötigt, welche Infotypen gepflegt werden sollen. Diese Einstellungen sind abhängig von der Konfiguration der Arbeitsabläufe in SAP ERP HCM. In Bezug auf Transaktion PA30 (Personalstammdaten pflegen) sind mindestens die folgenden Infotypen erforderlich:

- IT0000 – Maßnahmen
- IT0001 – Organisatorische Zuordnung
- IT0002 – Daten zur Person

Häufig werden gleichzeitig auch die folgenden Infotypen gepflegt:

- IT0003 – Abrechnungsstatus
- IT0007 – Sollarbeitszeit
- IT0008 – Basisbezüge
- IT0009 – Bankverbindung
- IT0012 – Steuerdaten D
- IT0013 – Sozialvers. D
- IT0016 – Vertragsbestandteile
- IT0021 – Familie/Bezugsperson
- IT0105 – Kommunikation

Weitere Infotypen können, abhängig von der Konfiguration, notwendig sein.

Subtypen in Berechtigungen

Sofern Sie den Infotyp IT0105 (Kommunikation) pflegen, ist über den Subtyp auch die Art der Kommunikation festzulegen. Um zu einem Infotyp den Subtyp zu ermitteln, können Sie in Tabelle T591A (Infosubtypeigenschaften) über den Infotyp die zugeordneten Subtypen ermitteln (siehe Abbildung 11.6).

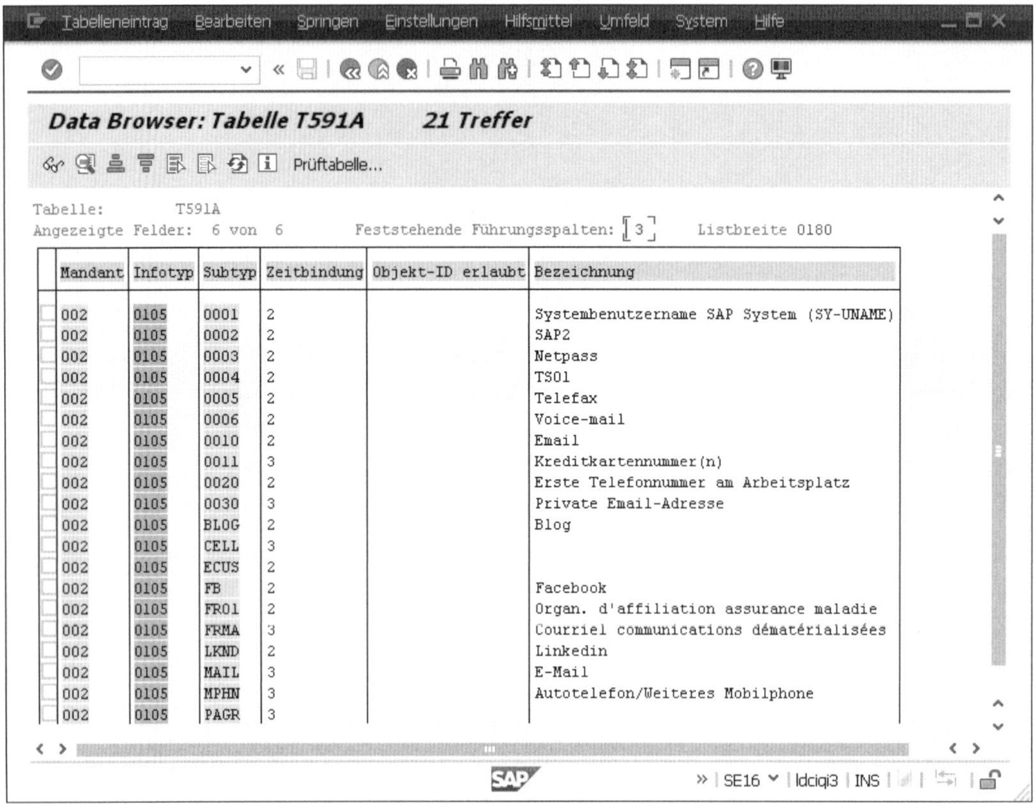

Mandant	Infotyp	Subtyp	Zeitbindung	Objekt-ID erlaubt	Bezeichnung
002	0105	0001	2		Systembenutzername SAP System (SY-UNAME)
002	0105	0002	2		SAP2
002	0105	0003	2		Netpass
002	0105	0004	2		TS01
002	0105	0005	2		Telefax
002	0105	0006	2		Voice-mail
002	0105	0010	2		Email
002	0105	0011	3		Kreditkartennummer(n)
002	0105	0020	2		Erste Telefonnummer am Arbeitsplatz
002	0105	0030	3		Private Email-Adresse
002	0105	BLOG	2		Blog
002	0105	CELL	3		
002	0105	ECUS	2		
002	0105	FB	2		Facebook
002	0105	FR01	2		Organ. d'affiliation assurance maladie
002	0105	FRMA	3		Courriel communications dématérialisées
002	0105	LKND	2		Linkedin
002	0105	MAIL	3		E-Mail
002	0105	MPHN	3		Autotelefon/Weiteres Mobilphone
002	0105	PAGR	3		

Abbildung 11.6 Infosubtypeigenschaften

Für die Personalmaßnahme werden noch die Angaben über den Personalbereich (Feld PERSA), die Mitarbeitergruppe (Feld PERSG), den Mitarbeiterkreis (Feld PERSK) und den Organisationsschlüssel (Feld VDSK1) benötigt. Damit hätten Sie alle Angaben für das Berechtigungsobjekt `P_ORGIN` (HR: Stammdaten) zusammen. (Die Prüfung muss aktiviert sein, siehe Abschnitt 11.4.4, »Berechtigungshauptschalter«.)

Einschränkung auf Personalnummern

Um die Berechtigungen der Personalmaßnahme weiter auszusteuern, können Sie – abhängig von weiteren Einstellungen – eine Festlegung in Bezug auf das Berechtigungsobjekt `P_PERNR` (**HR: Stammdaten • Personalnummernprüfung**) vornehmen. Dort wird über das Feld **Interpretation einer zugeordneten Personalnummer** (PSIGN) festgelegt, ob ein Mitarbeiter auf die Daten seiner eigenen Personalnummer zugreifen darf, genauer: Dort wird festgelegt, ob der Benutzer, der einer Personalnummer über den Infotyp

0105 Subtyp 0001 zugeordnet ist, auf diese zugreifen darf. Das Feld PSIGN kann folgende Ausprägungen haben:

- I – zusätzliche Berechtigungen für die eigene Personalnummer
- E – ausgeschlossene Berechtigungen für die eigene Personalnummer

Die Ausprägung E übersteuert die Ausprägung I. Die Ausprägung * wird nicht unterstützt. Dabei steuert das Feld **Berechtigungslevel** (AUTHC) die Art (zum Beispiel Lesen, Schreiben, gesperrt Schreiben).

[«]

Besonderheit: Berechtigungsobjekt P_PERNR

Die Berechtigungsprüfung gegen das Objekt P_PERNR stellt eine Ausnahme dar. Grundsätzlich wird in allen Programmablaufprüfungen kontrolliert, ob eine bestimmte Berechtigung vorhanden ist: Das Prinzip ist, dass der Zugriff positiv berechtigt wird. Mithilfe des Berechtigungsobjektes P_PERNR kann die Berechtigung für den Zugriff auf Daten in Bezug auf die eigene Personalnummer für Infotyp- und Aktivitätsweise gestattet (positive Berechtigung), aber auch unterbunden werden (negative Berechtigung).

Damit die Prüfung der eigenen Personalnummer ermöglicht wird, muss ein sogenannter Berechtigungshauptschalter gesetzt werden (siehe Abschnitt 11.4.4, »Berechtigungshauptschalter«.

Prüfung: Personalmaßnahme

Die Personalmaßnahme bildet einen Großteil der Personaladministration. Sofern die relevanten Infotypen zur Protokollierung vorgesehen sind, können Änderungen mit Transaktion S_AHR_61016380 (Protokollierte Änderungen) in den Daten der Infotypen überprüft werden. Aus Datenschutzsicht ist allein die Anzeige bereits schützenswert. Aus Rechnungslegungssicht müssen Personalmaßnahmen korrekt sein, denn mit Personalmaßnahmen können auch Änderungen der Bezüge verbunden sein. Insbesondere für diese ist die Selbstpflege kritisch.

11.4.3 Strukturelle Berechtigungen

HCM-Besonderheiten bei Berechtigungen

Strukturelle Berechtigungen sind ein Sonderfall der SAP-ERP-HCM-Berechtigungen, der mittlerweile allerdings auch in anderen Lösungen aufgegriffen wurde. Ihre Besonderheit besteht darin, dass die Zuweisung eines strukturellen Profils über eine eigene Transaktion in eine eigene Tabelle erfolgt – und somit unabhängig von den Transaktionen SU01 (Benutzerpflege) und PFCG (Pflege von Rollen) ist.

Die strukturellen Berechtigungen basieren auf dem Organisationsmanagement innerhalb von SAP ERP HCM und erlauben es, den organisatorischen Zugriff auf einen bestimmten Teil der Organisation einzuschränken. Diese Einschränkung ist IKS-relevant, da sie einerseits den organisatorischen Zugriff von Berechtigungen beschränkt und somit dem Minimalprinzip des Datenschutzes folgt. Andererseits ist sie auch im Sinn der Rechnungslegung erforderlich, um auch hier dem Minimalprinzip und gegebenenfalls der Funktionstrennung nachkommen zu können. Um dies zu verdeutlichen, zeigt Abbildung 11.7 eine vereinfachte Sicht des Organisationsmanagements.

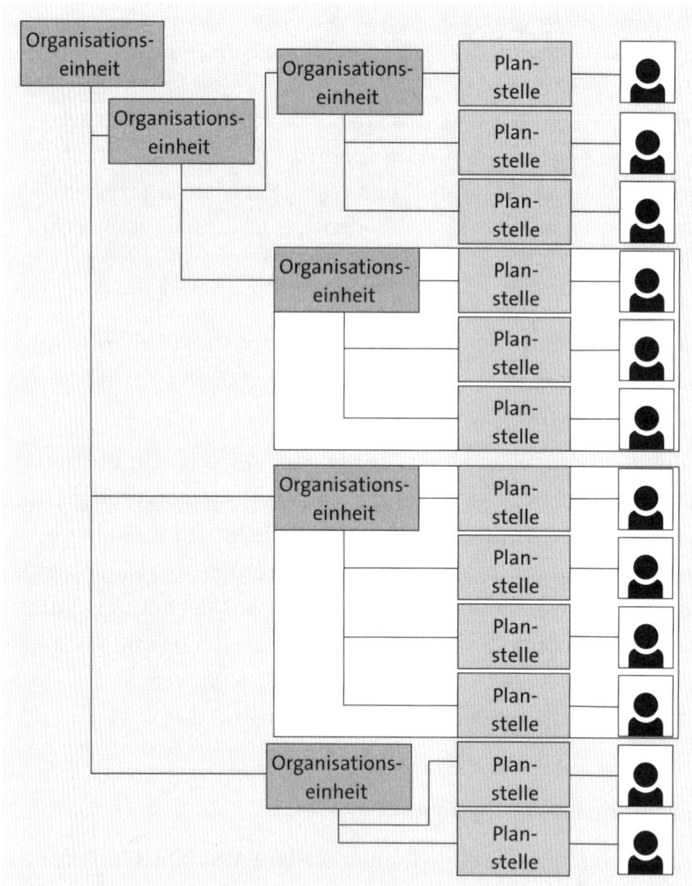

Abbildung 11.7 Einfache Sicht auf das Organisationsmanagement

Auswertungswege

Sie können nachvollziehen, dass eine Organisationsstruktur aus einer beliebigen Anzahl von hierarchisch gegliederten Organisationseinheiten bestehen kann. Den Organisationseinheiten sind Planstellen zugeordnet, und der Planstelle ist wiederum eine Person zugeordnet. Die grau unterlegten Bereiche stellen die Ergebnismenge eines *Auswertungsweges* dar. In unserem Zusammenhang sind dies die Bereiche der Organisation, für die ein Zugriff ausdrücklich eingeräumt wird.

Auswertungswege sind in der Lage, diese Informationen »entlang« der Struktur auszuwerten. Die dargestellten Auswertungswege stellen die Informationen aller gezeigten Organisationseinheiten, einer Stelle, einer Planstelle, der (weiteren) Objekte und der Person – in Bezug auf den Benutzer – dar.

Strukturelle Berechtigungen: Aufbauorganisation

Strukturelle Berechtigungen bieten die Möglichkeit, organisatorische Zugriffe entsprechend den Anforderungen des Datenschutzes zu differenzieren. In Abbildung 11.8 wird dieses Prinzip verdeutlicht. Die Rolle enthält bei einem solchen Ansatz zwei Sichten:

- die ablauforganisatorische Sicht, die Antworten auf die Frage »Was?« liefert (Aktionen und Maßnahmen)
- die aufbauorganisatorische Sicht, die mithilfe der strukturellen Berechtigungen (als Organigramm dargestellt) die Frage »Wo?« beantwortet

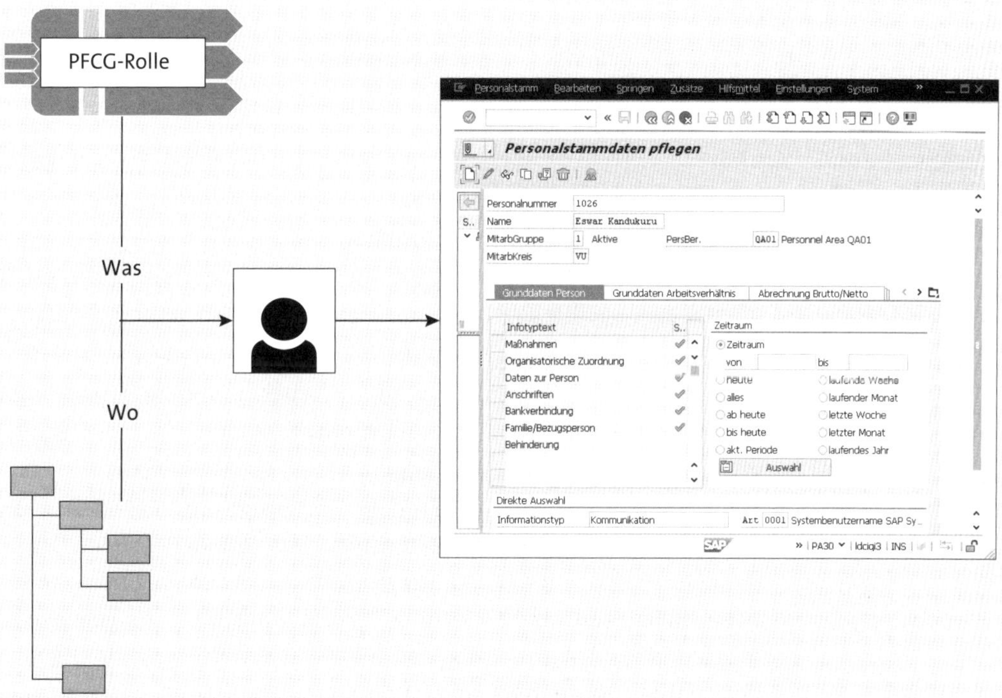

Abbildung 11.8 Übersicht über strukturelle Berechtigungen und Rollen

Daraus können Sie ersehen, dass strukturelle Berechtigungen in Ergänzung zu Rollen vergeben werden müssen.

Strukturelles Berechtigungsprofil

Ein *strukturelles Profil* kombiniert einen oder mehrere Auswertungswege mit dem designierten Startobjekt, den Auswertungstiefen und den Zeitraumbeschränkungen innerhalb einer oder mehrerer Planvarianten: Es kann demnach genau definiert werden, auf welchen Teil der Organisation im Ist oder Plan und für welche Zeiträume der Zugriff gestattet ist. Der so definierte aufbauorganisatorische Zugriff wird – abhängig von weiteren Einstellungen – zur Laufzeit konkretisiert, das heißt, es wird zur Laufzeit ermittelt, welche Stellen, Planstellen, Personen etc. im Zugriff des Benutzers liegen.

Pflege des strukturellen Berechtigungsprofils

Zur Pflege eines strukturellen Berechtigungsprofils wird Transaktion OOSP (Berechtigungsprofil ändern) verwendet. Strukturelle Profile werden über Transaktion OOSB (Benutzerberechtigungen ändern) Benutzern zugewiesen; die entsprechende Tabelle ist T77UA (Benutzerberechtigungen).

Auswertungsweg

Ein Auswertungsweg enthält eine genaue Definition, in welcher Folge Objekte und Verknüpfungen des Organisationsmanagements in SAP ERP HCM auszuwerten sind. In Abbildung 11.7 sind die folgenden Auswertungswege enthalten:

- O_O_S_C – Stellen je Organisationseinheit
- O_S_C – Stellen einer Organisationseinheit

Probleme bei der Risikoanalyse

Strukturelle Berechtigungen stellen Zugriffsrisikoanalysen vor ein methodisches und ein logisches Problem.

- **Risikoanalyse: methodisches Problem**
  Zusätzlich zu den Berechtigungen, die ein Benutzer über Rollen erhält, müssen in SAP ERP HCM aufbauorganisatorische (strukturelle) Berechtigungen pro Benutzer geprüft werden.

  Zusätzlich zu den Rollen, die es zu untersuchen und zu bewerten gilt, müssen die Profile untersucht und bewertet werden.
- **Risikoanalyse: logisches Problem**
  Das logische Problem ist umfassender. Die Bewertung von Rollen ist eine relativ statische Angelegenheit, da auch die zugrundeliegenden Berechtigungen statisch sind: Einkäufergruppen oder Buchungskreise ändern sich nicht zur Laufzeit. Strukturelle Berechtigungen sind hingegen dynamisch und werden grundsätzlich zur Laufzeit ermittelt. Da die Organisation selbst dynamisch ist, kann ein Teil der Organisation, der heute noch wenig spezifische Risiken ausweist, morgen schon kritisch sein. Ein gutes Beispiel hierfür ist die Branchenlösung SAP for Defense & Security

für Organisationen der inneren und äußeren Sicherheit: Informationen über Einheiten, die in einen Einsatz geschickt werden, sind selbstverständlich sensibler als Informationen über Einheiten, die in der Heimat sind, und dieser Zustand kann sich täglich ändern.

SAP Access Control

SAP Access Control bietet die technische Möglichkeit, auch strukturelle Profile in die Risikoanalyse einzubeziehen. Mit der Nutzung von SAP Access Control bleibt daher »nur« das logische Problem der sinnvollen Definition von Risiken, die sich aus strukturellen Profilen ergeben.

Prüfung: strukturelle Berechtigungen

Mit Transaktion OOAC (HR: Berechtigungshauptschalter) können Sie auswerten, welche Objekte zur Laufzeit in einem strukturellen Profil enthalten sind. Diese Auswertung ermöglicht es Ihnen einzuschätzen, auf welche Organisationsteile ein Inhaber dieses Profils zugreifen kann.

Es kann sich dabei immer nur um eine Stichprobe handeln. Es empfiehlt sich, kritische Organisationsteile gesondert zu definieren und diese Stichproben dann dahingehend einzusetzen, dass der Inhalt auf die »kritischen« Organisationsteile untersucht wird (Kontextlösung in SAP-ERP-HCM-Berechtigungen).

Grundkonzept der Kontextlösung

Die *Kontextlösung* ist, in einfachen Worten ausgedrückt, die Kombination des rollenbasierten Konzepts mit den strukturellen Profilen. Strukturelle Profile werden hierbei in spezifische Berechtigungsobjekte eingetragen. Dieses Prinzip ist in Abbildung 11.9 zu sehen. In die Rolle wird das strukturelle Profil aufgenommen. Der Benutzer, der die Rolle erhält (direkt oder indirekt), hat über diese Rolle die ablauforganisatorischen und aufbauorganisatorischen Berechtigungen.

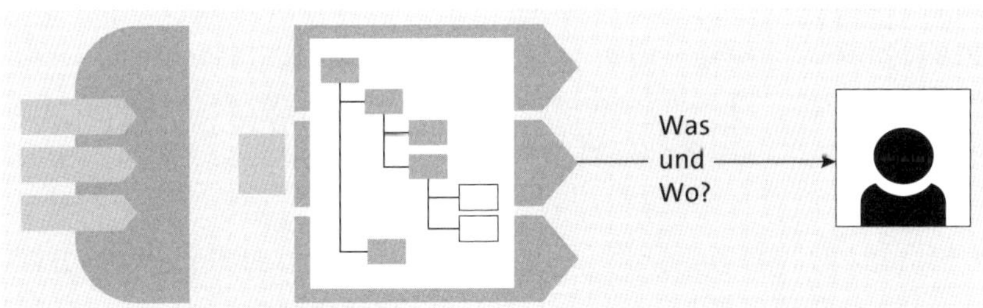

Abbildung 11.9 Kontextlösung

Berechtigungsobjekte der Kontextlösung

Tabelle 11.3 zeigt ein Berechtigungsobjekt der Kontextlösung. Dieses Berechtigungsobjekt enthält, im Vergleich zu dem entsprechenden Berechtigungsobjekt ohne Kontextlösung, ein zusätzliches Feld: das Feld **Berechtigungsprofil** (PROFL), in das das strukturelle Profil eingetragen wird.

Objekt	Beschreibung	Feld	Beschreibung
P_ORGXXCON	HR: Stammdaten – erweiterte Prüfung mit Kontext	SUBTY	Subtyp
		SBMOD	Sachbearbeitergruppe
		SACHZ	Sachbearbeiter für Zeiterfassung
		SACHP	Sachbearbeiter für Personalstammdaten
		SACHA	Sachbearbeiter für Abrechnung
		PROFL	strukturelles Profil
		INFTY	Infotyp
		AUTHC	Berechtigungslevel

Tabelle 11.3 Berechtigungsobjekte der Kontextlösung

Prüfung: strukturelle Berechtigungen

Zunächst ist zu prüfen, welche Berechtigungskonzepte in SAP ERP HCM genutzt werden. Basierend auf dieser Feststellung ist zu prüfen, ob die Einstellungen dementsprechend gesetzt wurden. Schließlich ist mindestens stichprobenartig zu prüfen, inwieweit SAP ERP HCM Berechtigungen hinreichend organisatorisch einschränken, das heißt im Regelfall einen Zugriff auf die gesamten HR-Daten einer Organisation ausschließen kann.

11.4.4 Berechtigungshauptschalter

Berechtigungen in SAP ERP HCM werden zu einem erheblichen Anteil über sogenannte *Berechtigungshauptschalter* gesteuert. Wir haben dies bereits in Bezug auf die Berechtigungsobjekte P_ORGIN und P_PERNR erwähnt.

Steuerungsfunktion der Hauptschalter

Berechtigungshauptschalter steuern im Wesentlichen die folgenden Abläufe:

- Einsatz der Stammdatenprüfung auf den Infotyp (siehe Abschnitt 11.4.2, »Personalmaßnahmen«, Berechtigungsobjekt P_ORGIN)
- Einsatz der erweiterten Stammdatenprüfung auf den Infotyp hin
- Einsatz der Prüfung auf die eigene Personalnummer hin (siehe Abschnitt 11.4.2, »Personalmaßnahmen«, Berechtigungsobjekt P_PERNR)
- Einsatz der strukturellen Berechtigungen (Abschnitt 11.4.3, »Strukturelle Berechtigungen«)
- Toleranzzeitraum nach Versetzung

- Prüfverfahren
- Kombinationen verschiedener Prüfungen

Mit Transaktion OOAC (HR: Berechtigungshauptschalter) stellen Sie die Berechtigungshauptschalter ein. Tabelle 11.4 gibt Ihnen einen Überblick über die Merkmale des Hauptschalters.

Semantisches Kürzel	Beschreibung	Bedeutung
ADAYS	HR: Toleranzzeit der Berechtigungsprüfung	Angabe in Tagen, wie lange nach einem organisatorischen Wechsel eines Mitarbeiters die ehemals zuständigen Benutzer noch Zugriff auf die Daten haben.
APPRO	HR: Prüfverfahren	Über diesen Schalter wird die Prüfung des Infotyps 0130 (Datenprüfung des Mitarbeiters) aktiviert. Das Prüfverfahren muss dazu im Customizing der Personaladministration definiert sein.
DFCON	HR: Default-Planstelle (Kontext)	Im Rahmen der Kontextlösung: Definition des Umgangs mit Personalnummern, die nicht mit dem Organisationsmanagement in SAP ERP HCM verknüpft sind, das heißt Personalnummern, die keiner Planstelle oder nur der Default-Planstelle zugeordnet sind.
INCON	HR: Stammdaten (Kontext)	Im Rahmen der Kontextlösung: Nutzung des Berechtigungsobjektes P_ORGINCON aktivieren.
NNCON	HR: kundeneigene Berechtigungsprüfung (Kontext)	Im Rahmen der Kontextlösung: Nutzung kundeneigener Berechtigungsobjekte aktivieren.
NNNNN	HR: kundeneigene Berechtigungsprüfung	Nutzung kundeneigener Berechtigungsobjekte aktivieren.
ORGIN	HR: Stammdaten	Standardprüfung auf Infotypen hin, Berechtigungsobjekt P_ORGIN aktivieren.

Tabelle 11.4 Prüfungsrelevanz der Hauptschalter

Semantisches Kürzel	Beschreibung	Bedeutung
ORGPD	HR: strukturelle Berechtigungsprüfung	Aktivierung der strukturellen Berechtigungsprüfung.
ORGXX	HR: Stammdaten – erweiterte Prüfung	Erweiterte Prüfung auf Infotypen hin mit Berechtigungsobjekt P_ORGXX aktivieren.
PERNR	HR: Stammdaten – Personalnummernprüfung	Prüfung auf eigene Personalnummer hin aktivieren.
XXCON	HR: Stammdaten – erweiterte Prüfung (Kontext)	Im Rahmen der Kontextlösung: erweiterte Prüfung auf Infotypen hin aktivieren.

Tabelle 11.4 Prüfungsrelevanz der Hauptschalter (Forts.)

Durch ihre Bedeutung für ein Berechtigungskonzept sind die Berechtigungshauptschalter zwingend in eine Prüfung des Berechtigungskonzepts aufzunehmen: Sowohl Datenschutzrisiken als auch kaufmännische Risiken sind unmittelbar mit diesen Schaltern verbunden. Wird beispielsweise die Prüfung gegen die eigene Personalnummer in diesen Schaltern unterdrückt, laufen einschlägige Rolleneinstellungen ins Leere, und der Sachbearbeiter kann sich seine Bezüge nach Bedarf anpassen.

Prüfung: Berechtigungshauptschalter

Dem Abgleich der konzeptionell festgelegten Werte mit den tatsächlichen Einstellungen kommt eine besondere Bedeutung zu. Hat ein Unternehmen die Prüfung auf die eigene Personalnummer hin zur Vermeidung der Selbstpflege (Teil der Personalmaßnahme) in bestimmten Bereichen festgelegt, müssen Sie regelmäßig prüfen, ob diese Einstellung auch aktiv ist. Sinngemäß, aber umfassender gilt dies auch für die Kontextlösung und die strukturellen Berechtigungen (siehe Abschnitt 11.4.3, »Strukturelle Berechtigungen«): Nur wenn die Schalter gesetzt sind, ist dieser Schutz wirksam. Behalten Sie daher einen Überblick über die Einstellungen mit Transaktion OOAC (HR: Berechtigungshauptschalter).

11.5 Datenlöschung und Datensperrung

SAP Information Lifecycle Management

In den letzten Jahren haben die Aufsichtsbehörden in Deutschland viel Wert auf das Sperren und Löschen personenbezogener Daten gelegt. SAP stellt in SAP ERP HCM alle Funktionen zur Verfügung, die erforderlich sind, um Daten löschen zu können. Die Löschung basiert auf dem *SAP Information Lifecycle Management* (*SAP ILM*).

Die grundsätzliche Systematik, wie sie in Abbildung 11.10 zu sehen ist, beschreibt Lehnert et. al in »SAP Berechtigungswesen« (SAP PRESS 2016).

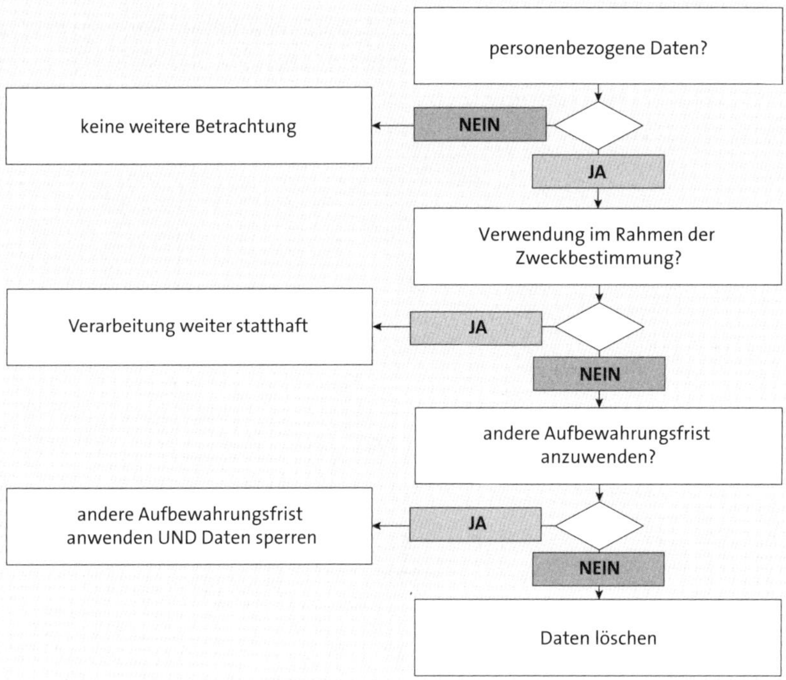

Abbildung 11.10 Vorgehensweise beim Löschen von Daten

Ergänzend zum Löschen steht in SAP ERP HCM-PA (PA = Personaladministration) ein Konzept zeitabhängiger Berechtigungen zur Verfügung, dass über eine BAdI-Implementierung (BAdI = Business Add-In) das zeitabhängige Sperren für einzelne Benutzer ermöglicht.

11.6 Resümee

In diesem Kapitel haben Sie Grundbegriffe und -bestimmungen aus der aktuellen DSGVO kennengelernt. Außerdem haben Sie erfahren, aufgrund welcher gesetzlichen Bestimmungen und wie personenbezogene Daten in SAP ERP, vor allem in SAP ERP HCM, geschützt werden können. Dies erfolgt mithilfe der Berechtigungskontrollen in SAP ERP HCM, die sich recht stark von den in Abschnitt 5.2, »Berechtigungen«, beschriebenen »üblichen« SAP-ERP-Berechtigungen unterscheiden. Unter anderem der hohen Komplexität der Thematik ist die Tatsache zu verdanken, dass in der Praxis im Bereich SAP-ERP-HCM-Berechtigungen umfangreiche kundenspezifische technische Anpassungsmöglichkeiten über BAdIs bestehen.

Der finanzberichterstattungsrelevante Prozess in SAP ERP HCM wurde zwar ausgeklammert, doch die Berechtigungs- sowie Nachvollziehbarkeitskontrollen, die Sie kennengelernt haben, sind nicht nur im Rahmen der Datenschutzbestimmungen relevant, sondern auch aus der Sicht der externen Finanzberichterstattung.

Kapitel 12
Betrug im SAP-System

Ein mächtiges ERP-System wie SAP ERP bietet viele Möglichkeiten für einen sicheren Umgang mit Daten und Informationen. Diese Gestaltungsmöglichkeiten können auch dazu genutzt werden, kriminelle Handlungen zu vertuschen. Ein Exkurs zum Thema Fraud im SAP-System.

Betrug ist für Unternehmen jeder Größe ein nur schwer vermeidbares Risiko: Trotz der allgemein bekannten strafrechtlichen Konsequenzen findet sich in der Praxis genügend kriminelle Energie. Ein modernes ERP-System wie SAP kann dabei ein Risiko darstellen, aber es bietet gleichzeitig auch Lösungsansätze zur Betrugsprävention bzw. zur Betrugsaufdeckung an. In Teil II, »Vom Konzept zum Inhalt: Kontrollen in SAP ERP«, wurden bereits häufiger Betrugsthemen angesprochen – in diesem Kapitel soll das Thema kumuliert und prozessspezifisch dargestellt werden.

12.1 Einführung

Zunehmende Gefahr

Im vierten *Global Economic Crime Survey*, einer Studie, die PricewaterhouseCoopers alle zwei Jahre weltweit durchführt (Quelle: *www.pwc.com*), gaben mehr als 43 % der befragten Unternehmen an, von Betrugsfällen betroffen zu sein. Selbst in einem Land wie der Schweiz liegt die Betrugsrate bei 39 %. Sie liegt zwar unter dem weltweiten Durchschnitt, doch sie nimmt seit sechs Jahren stetig zu (»Umfrage zur Wirtschaftskriminalität 2018 – Schweiz«, Quelle: *https://www.pwc.ch/de/publications/2018/globale-umfrage-zur-wirtschaftskriminalitaet-2018.pdf*). Betrug kann unter anderem die wirtschaftliche Unternehmenssituation (Auswirkungen auf Bilanz sowie Gewinn- und Verlustrechnung), die Unternehmenskultur und die Reputation eines Unternehmens negativ beeinflussen. Die Unternehmen tun sich in der Regel schwer damit, die Gefährdung zu quantifizieren, weil viele Wenn-dann-Szenarien auch auf Spekulationen beruhen würden, die sich zulasten der Integrität der Mitarbeiter auswirken würden. Ein Klima des gegenseitigen Misstrauens ist kein gutes Umfeld für die menschliche Zusammenarbeit im Unternehmen.

Betrug kann auf verschiedenen Ebenen geschehen und verschiedene Ziele verfolgen. In der jüngeren Vergangenheit haben Betrugsfälle in der Finanzberichterstattung für weltweite Schlagzeilen gesorgt. Einzelne Betrugsfälle hatten so extreme Ausmaße, dass große Unternehmen in sich zusammenbrachen oder gar verschwanden (siehe Abschnitt 2.2.2, »Ausgewählte Prüfungsgrundsätze«).

12.1.1 Betrugsarten

Lassen Sie uns zuerst den Begriff *Betrug* näher erörtern und auf die einzelnen Betrugsarten eingehen.

Betrügerische Finanzberichterstattung

Betrügerische Finanzberichterstattung kann wie folgt definiert werden: Es handelt sich um die absichtlich falsche Darstellung der finanziellen Situation eines Unternehmens – durch eine bewusste Falschaussage oder inkorrekte Darstellung der Finanz-, Vermögens- oder Ertragslage in der Finanzberichterstattung. Ziel dieser falschen Darstellung ist es, die Adressaten zu täuschen.

Der Zweck eines solchen Betrugs kann zum Beispiel die Verbesserung der unternehmerischen Ergebnisse (wie des Umsatzes) sein, damit das Unternehmen in der Lage ist, bessere Refinanzierungskonditionen auszuhandeln. Diese Art von Betrug kann an verschiedenen Stellen der Finanzberichterstattung auftreten, wie zum Beispiel:

- Vermögen, Umsatzerlöse oder Gewinn können zu hoch ausgewiesen werden.
- Fälligkeiten, Aufwendungen oder Verluste können zu niedrig ausgewiesen werden.

Die betrügerische Finanzberichterstattung wird eher selten zur direkten Bereicherung des Straftäters begangen, im Gegensatz zur Unterschlagung.

Vermögensunterschlagung

Vermögensunterschlagung bedeutet hingegen, dass ein Individuum oder eine Gruppe das Vermögen eines Unternehmens illegal für die eigenen Zwecke missbraucht.

Diese Art von Veruntreuung wird ausgeführt, um einen direkten finanziellen Vorteil zu erzielen. Oft erfolgt diese Art von Betrug durch Diebstahl (zum Beispiel im Lager) oder durch unerlaubte Mittelverwendung (zum Beispiel durch den Transfer von liquiden Mitteln des Unternehmens auf das private Bankkonto).

Drei Faktoren, die Betrug begünstigen

Die Betrugstheorie definiert drei Voraussetzungen für deliktisches Handeln (siehe Abbildung 12.1):

- die Möglichkeit zum Betrug
- der Anreiz zum Betrug
- die Fähigkeit zur Rationalisierung des eigenen Handelns

Ein Unternehmen muss alle drei Faktoren eindämmen, um das Betrugspotenzial proaktiv minimieren zu können.

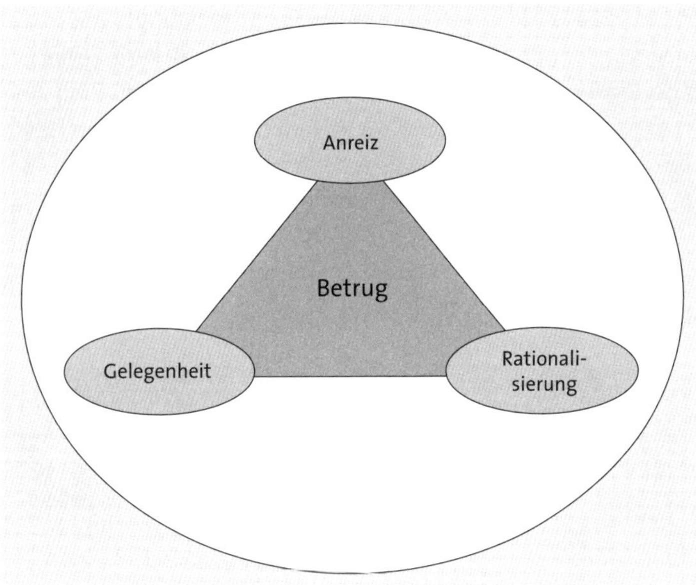

Abbildung 12.1 Begünstigende Faktoren für den Betrug

Die Informationstechnologie (und speziell: vernetzte, integrierte und mächtige ERP-Systeme wie SAP) bietet Möglichkeiten, bestimmte Arten von Betrug auszuüben und solche illegalen Aktivitäten zu verschleiern. Gleichzeitig bietet die Informationstechnologie wesentliche Kontroll- und Überwachungsmechanismen an, um das Betrugsrisiko effizient und effektiv zu reduzieren.

Zwei der drei Faktoren sind jedoch nicht an technologische Komponenten gebunden. Betrug auf höherer Managementebene wird oft vom Willen verursacht, auch höchste Ziele und die damit verbundenen Bonuszahlungen zu erreichen. Neben realistischen Zielsetzungen sollten Unternehmen daher auch ein akzeptables bzw. inakzeptables (zum Beispiel unlauteres) Verhalten in ihren Richtlinien definieren. Dort sollten sie auch die Konsequenzen darlegen, falls ein Betrug tatsächlich begangen wird. Die effiziente Kommunikation solcher Regelungen reduziert die Möglichkeit, Betrug zu rechtfertigen.

12.1.2 Betrug und das SAP-System

Angriffspunkte im SAP-System

Auf der einen Seite kann das SAP-System genutzt werden, um betrügerische Aktivitäten durchzuführen und zu verschleiern. Tätigkeiten, die früher von zahlreichen Mitarbeitern ausgeführt wurden, können mit der Einführung von ERP-Systemen auf wenige oder gar einzelne Personen konzentriert werden. Integrierte und vernetzte ERP-Systeme, deren Existenz auch darin begründet ist, Effizienzgewinne in der Abwicklung von Prozessen zu erreichen, stellen Unternehmen oft vor die Herausforderung, bei der Berechtigungsvergabe ein Gleichgewicht zwischen einer effizienten und einer sicheren Organisation zu finden. Sicherheit bedeutet in vielen Fällen Funktionstrennung (und in der Regel Einbußen bei der Effizienz).

SAP-System und Verhinderung von Betrug

Auf der anderen Seite kann das SAP-System bei richtiger Anwendung dazu eingesetzt werden, einen Betrug frühzeitig aufzudecken oder gar zu verhindern. Dafür bietet das SAP-System zahlreiche Arten von sogenannten (halb)automatisierten Kontrollen (siehe Tabelle 12.1).

Kontrollart	Eigenschaft	Kontrollbeispiele, die Betrug verhindern/aufdecken können
Zugriffskontrollen	präventiv	▪ können den Zugang zu kritischen Aufgaben oder Informationen einschränken (zum Beispiel Pflege von Transferpreisen) ▪ können die Trennung von unvereinbaren Tätigkeiten erzwingen (zum Beispiel zwischen der Stammdatenpflege der Kreditoren und der Ausübung von Zahlungen)
Applikations- bzw. Konfigurationskontrollen (siehe Abschnitt 3.1.4, »Struktur eines klassischen IKS-Frameworks im SAP-ERP-Umfeld«, und Abschnitt 5.1.2, »Kontrollen im SAP-System«)	präventiv	▪ können zur systematischen Unterbindung von gewissen Verhaltensmustern oder Taten beitragen (zum Beispiel kann der Warenausgang nur gebucht werden, wenn ein Kundenauftrag vorliegt)

Tabelle 12.1 Arten der automatisierten Anti-Fraud-Kontrollen

Kontrollart	Eigenschaft	Kontrollbeispiele, die Betrug verhindern/aufdecken können
halbautomatisierte Kontrollen mit manuellem Anteil, automatisierte Überwachung (siehe Abschnitt 3.1.4, »Struktur eines klassischen IKS-Frameworks im SAP-ERP-Umfeld«, bezüglich der Struktur der Kontrollen im ERP-Umfeld)	detektiv	▪ dienen der Identifikation von Ausnahmen innerhalb spezifischer Transaktionsarten (zum Beispiel Durchsicht der manuellen Journaleinträge) ▪ erlauben das Überprüfen von Transaktionen mittels einer Datenanalyse (zum Beispiel Analyse der direkten manuellen Buchungen im Hauptbuch)

Tabelle 12.1 Arten der automatisierten Anti-Fraud-Kontrollen (Forts.)

Präventive Kontrollen bevorzugen

Die genannten Kontrollarten sind in den verschiedenen SAP-Komponenten vorhanden und können kombiniert angewendet werden, um die Betrugsrisiken im Umfeld eines SAP-Systems proaktiv zu minimieren. Grundsätzlich sind präventive automatisierte Kontrollen gegenüber detektiven Kontrollen vorzuziehen, da präventive IT-Kontrollen nur schwer zu umgehen und somit effektiver sind. Außerdem verursachen automatisierte Kontrollen lediglich einmalig einen Initialaufwand (Systemparametrisierung) und beanspruchen nur geringe bis gar keine personellen Ressourcen für die Durchführung der Kontrollaktivität. An dieser Stelle darf natürlich nicht vergessen werden, dass es auch nichtautomatisierte präventive Kontrollen gibt (zum Beispiel organisatorische Kontrollen).

Die folgenden Abschnitte beschreiben Betrugsrisiken am Beispiel von unterschiedlichen Geschäftsprozessen.

[«]

Hinweis zu den folgenden Beispielen

Wir möchten Sie an dieser Stelle darauf aufmerksam machen, dass für jedes Betrugsszenario eine Auswahl von Kombinationen präventiver und detektiver Kontrollaktivitäten vorgestellt wird, die Betrug unterbinden bzw. reduzieren können. Eine Gewähr für die Vollständigkeit der Kontrollaktivitäten kann nicht übernommen werden, da für jedes Betrugsrisiko die SAP-Konfiguration und das IKS-Umfeld eines Geschäftsprozesses individuell und umfassend analysiert werden müssen.

12.2 Betrugsszenarien in der SAP-Basis

Die SAP-Basiskomponente des SAP NetWeaver Application Servers ABAP ist die Grundlage der meisten SAP-Produkte. Betrug im Umfeld der SAP-Basiskomponente erfolgt meist aufgrund von zu weit gefassten Benutzerrechten und des Missbrauchs der Support- und Administrationsfunktionalitäten im SAP-System, die eine Umgehung von automatisierten Applikationskontrollen ermöglichen. Der Betrug geschieht dabei nicht in der eigentlichen SAP-Basiskomponente; doch der weitgehende Zugang zu den Support-Funktionalitäten kann einen Eingriff in die verschiedenen Geschäftsabläufe erlauben.

Häufig missbrauchte Funktionalitäten

Der Betrug in diesem Bereich erfolgt unter anderem durch den Missbrauch folgender Funktionalitäten:

- Write-Debugging-Berechtigungen
- Abspielen einer Batch-Input-Mappe unter einem anderen Benutzernamen

Diese Funktionen betrachten wir nun näher und zeigen dabei auf, wie Betrug im SAP-System entdeckt und verhindert werden kann.

Weitere Informationen zu basisrelevanten Kontrollen (teilweise auch mit direktem Fraud-Bezug) erhalten Sie in Kapitel 6, »Generelle IT-Kontrollen in SAP ERP«, und 7, »Übergreifende Applikationskontrollen in SAP ERP«.

12.2.1 Write-Debugging-Berechtigungen

Debugging-Arten

Sie kennen bereits aus Abschnitt 7.1.2, »Debugging«, die Gefahren des Debuggings. Die Risiken aufgrund des Debuggings sind nicht zu unterschätzen! Das *Debugging* ist eine Funktionalität, die dem erfahrenen Benutzer erlaubt, ein Problem in einem Programm oder in Bezug auf Daten Schritt für Schritt zu lösen. Im SAP-System gibt es zwei Arten von Debugging:

- **Read-Debugging**
  Das Read-Debugging ermöglicht es, Programmfehler zu beheben, und zeigt den Inhalt der Programmvariablen während der Laufzeit an.
- **Write-Debugging**
  Das Write-Debugging ermöglicht ebenfalls die Behebung von Programmfehlern, zeigt den Inhalt der Programmvariablen während der Laufzeit an und erlaubt zusätzlich Änderungen.

[«]

Write-Debugging und Betrug

In Bezug auf das Thema Betrug gelten zwei wichtige Anmerkungen zum Write-Debugging:

- Wer Programmfehler beheben kann, hat einen sehr tiefen Einblick in das SAP-System und kann alle Berechtigungsanfragen umgehen. Der Debugger hat freien Zugang zum SAP-System.
- Während der Behebung eines Programmfehlers können Benutzerfelder, die das SAP-System für die Protokollierung benötigt, geändert werden, sodass es so aussieht, als hätte eine andere Person eine Transaktion vorgenommen. Diese Funktionalität kann zur Verschleierung eines begangenen Betrugs genutzt werden.

12.2.2 Abspielen einer Batch-Input-Mappe unter einem anderen Benutzernamen

Beim Batch-Input-Verfahren (siehe Abschnitt 7.4.4, »Vollständigkeit der Batch-Input-Verarbeitung«) können ein oder mehrere Transaktionsaufrufe mit zugehörigen Daten zusammengeführt werden. Diese Funktion kann für verschiedene Transaktionen verwendet werden, wie zum Beispiel für die Erstellung von Lieferantenstammdaten, für das Erfassen von manuellen Journaleingaben oder für die Erstellung von Benutzerstammdaten.

Betrügerische Möglichkeiten

Für die Ausführung einer Batch-Input-Mappe benötigt der Benutzer die erforderlichen Berechtigungen. SAP kann jedoch so konfiguriert werden, dass die Batch-Input-Mappe mittels eines Hintergrundjobs *unter einem anderen Namen* ausgeführt werden kann. Hinsichtlich einer betrügerischen Handlung gibt es zwei wichtige Aspekte, die in diesem Fall zu berücksichtigen sind:

- Verfügt ein Benutzer über die Berechtigungen, Batch-Input-Mappen als Hintergrundjob abzuspielen, kann er einen beliebigen anderen Benutzer auswählen und seine eigenen Berechtigungen um die Berechtigungen der anderen Person erweitern.
- Alle Batch-Input-Geschäftsvorfälle, die unter einem anderen Benutzernamen im Rahmen eines Hintergrundjobs erzeugt worden sind, werden auch unter diesem Namen protokolliert.

Präventivkontrolle: restriktive Berechtigungsvergabe

Die Bearbeitung von Hintergrundjobs unter einem anderen Benutzernamen kann im SAP-System mittels Berechtigungen gesteuert werden. Das wichtigste Berechtigungsobjekt heißt S_BTCH_NAM. Dieses Berechtigungsobjekt enthält nur ein Berechtigungsfeld, das den berechtigten Benutzernamen definiert, der solche Hintergrundjobs erfassen darf. Ohne diese Berechtigung dürfen Benutzer nur unter ihrem eigenen Namen Hintergrundjobs erfassen. Die Vergabe dieser Berechtigung sollte, wenn überhaupt, nur sehr restriktiv erfolgen.

Aufdeckende Kontrolle: Batch-Job-Logfiles

Das SAP-System protokolliert alle ausgeführten Hintergrundjobs (inklusive abgespielter Batch-Input-Mappen) in einem Protokoll. Dieses Protokoll enthält alle Informationen zum Hintergrundjob. Um zu identifizieren, wer unter einem anderen Namen einen Hintergrundjob veranlasst hat, kann Tabelle TBTCP (Hintergrundjobübersicht) analysiert werden (siehe Abbildung 12.2).

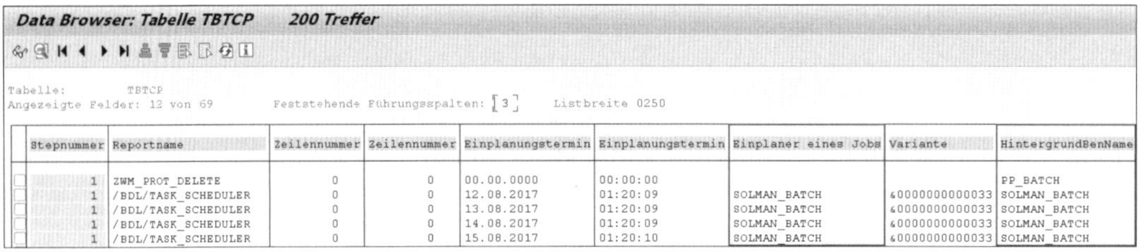

Stepnummer	Reportname	Zeilennummer	Zeilennummer	Einplanungstermin	Einplanungstermin	Einplaner eines Jobs	Variante	HintergrundBenName
1	ZWM_PROT_DELETE	0	0	00.00.0000	00:00:00			PP_BATCH
1	/BDL/TASK_SCHEDULER	0	0	12.08.2017	01:20:09	SOLMAN_BATCH	&0000000000033	SOLMAN_BATCH
1	/BDL/TASK_SCHEDULER	0	0	13.08.2017	01:20:09	SOLMAN_BATCH	&0000000000033	SOLMAN_BATCH
1	/BDL/TASK_SCHEDULER	0	0	14.08.2017	01:20:09	SOLMAN_BATCH	&0000000000033	SOLMAN_BATCH
1	/BDL/TASK_SCHEDULER	0	0	15.08.2017	01:20:10	SOLMAN_BATCH	&0000000000033	SOLMAN_BATCH

Abbildung 12.2 Hintergrundjob-Log

Bei allen Hintergrundjobs, in denen der Feldname SDLUNAME (Einplaner eines Jobs) vom Feldnamen AUTHCKNAM (Hintergrundbenutzername) abweicht, ist dies ein Indiz dafür, dass der Job von einer anderen Person durchgeführt wurde. Es ist jedoch zu bedenken, dass dieses Jobprotokoll nur das ausgeführte Programm aufführt, aber keine Auskunft über den betriebswirtschaftlichen Inhalt der jeweiligen Geschäftsvorfälle gibt. Aus diesem Grund muss man in Erfahrung bringen, welche Abläufe im Unternehmen über den entsprechenden Batch-Input-Vorgang abgewickelt werden.

12.3 Betrugsszenarien im Hauptbuch

Die meisten Betrugsszenarien in der SAP-gestützten Finanzbuchhaltung betreffen – neben dem Umgehen der Funktionstrennung – gefälschte sowie manuell durchgeführte Belegbuchungen und -änderungen. Solche betrügerischen Journaleinträge werden oftmals im Rahmen eines Periodenabschlusses vorgenommen.

Bilanzbetrug/-fälschung

Diese Art von Betrug wird in der Literatur als *Bilanzbetrug/-fälschung* bezeichnet und kommt insbesondere bei den folgenden Positionen der Finanzberichterstattung vor:

- Buchung fiktiver Umsätze und Forderungen
- falsche Darstellung des Anlagevermögens
- falsche Darstellung von Verbindlichkeiten und Aufwendungen

12.3.1 Betrügerische manuelle Belegbuchungen im Hauptbuch

Das SAP-System verfügt über diverse Kontrollmechanismen, die zur Verhinderung von unautorisierten manuellen Journaleinträgen im Hauptbuch beitragen können.

Manuelle Buchungen sperren

Beispielsweise können manche Hauptbuchkonten so konfiguriert werden, dass nur automatische Einträge zugelassen und manuelle Buchungen durch das SAP-System zurückgewiesen werden (zum Beispiel Umsatzerlöse, die aus der Komponente SD (Vertrieb) durch Fakturierungsvorgänge bebucht werden). In der Praxis ist es sinnvoll, für den gleichen Vorgang bei Bedarf gegebenenfalls ein manuell zu bebuchendes Konto zu etablieren, das dedizierter überwacht werden kann.

12

Konten mit der Einstellung **nur automatisch bebuchbar** (Tabellenfeld INTB) können in Tabelle SKB1 eingesehen werden. Es sollte kritisch geprüft werden, ob alle relevanten Konten gegen manuelles Buchen gesperrt sind. In der Praxis müssen Konten oftmals doch manuell bebucht werden können, sodass nur eine detektive Analyse der Konten mögliche nicht autorisierte Buchungen identifizieren kann.

Manuelle Buchungen beschränken

Eine andere Maßnahme im SAP-System ist die restriktive Berechtigungsvergabe zur manuellen Erfassung von Belegen im Hauptbuch. Transaktionen, mit denen die manuelle Erfassung von Belegen im Hauptbuch möglich ist, sind unter anderem:

- FB01 – Beleg buchen
- FB50 – Sachkontenbeleg erfassen
- FB50L – Sachkontenbeleg für Ledger-Gruppe erfassen
- FB01L – allgemeine Buchung für Ledger-Gruppe

Da auch selbst entwickelte Transaktionen in Gebrauch sein können, sollten alle eigenentwickelten Transaktionen, mit denen Belege manuell erfasst werden, angemessenen Kontrollen unterzogen werden.

12.3.2 Identifizierung und Analyse von manuellen Journaleinträgen

Externe und interne Prüfer haben zwar primär nicht das Ziel, betrügerische Handlungen aufzudecken, müssen bei ihrer Arbeit aber auch auf die

Betrugsrisiken eingehen, beispielsweise wenn sie Journaleinträge analysieren. Während eine Anzahl von Prüfungsstandards (SAS 99, ISA 240 etc.) die Anforderungen an externe Prüfer in Bezug auf Betrugsrisiken bei der Prüfung des Jahresabschlusses definiert, müssen interne Anforderungen situationsbezogen betrachtet werden.

Während Prüfer sich nicht primär mit der Aufdeckung des Betrugs beschäftigen, fokussieren sich Forensiker in erster Linie auf Betrugsfälle.

[»]

Begriffsdefinition »Forensik«

Unter dem Begriff *Forensik* werden die Arbeitsgebiete zusammengefasst, in denen systematisch kriminelle Handlungen identifiziert bzw. ausgeschlossen sowie analysiert oder rekonstruiert werden. (Quelle: Wikipedia).

Analyse auf Tabellenebene

Die größte Herausforderung bei der Analyse von Journaleinträgen im Hauptbuch besteht darin, zwischen manuellen und automatischen Einträgen zu unterscheiden. SAP behandelt alle Transaktionen als Journaleinträge; manuelle Einträge sind nicht speziell gekennzeichnet. Daher kommen in der Praxis oft CAAT-basierte (CAAT = Computer Assisted Auditing Techniques) Datenanalyseszenarien vor (siehe Abschnitt 20.1.1, »Offline-CAAT-Tools«), die auf Extrakten aus den Belegtabellen basieren (BKPF und BSEG, siehe Abschnitt 5.1.1, »Daten im SAP-System«).

Die nachfolgend aufgezählten Elemente können bei der Identifizierung von manuellen Journaleinträgen helfen. Bei der Interpretation der Ergebnisse ist jedoch spezifisches ERP-Prozesswissen sowie Buchhaltungs- und Revisions-Know-how notwendig.

- Transaktion: Code, Tabelle BKPF, Feld TCODE
- Belegart: Tabelle BKPF, Feld BLART
- betriebswirtschaftlicher Vorgang: Tabelle BKPF, Feld GLVOR
- Benutzername: Tabelle BKPF, Feld USNAM
- Hauptbuch: Tabelle BSEG, Feld HKONT

Je nach Prüfungsziel liegen unterschiedliche Felder im Fokus. Als Minimalanforderung sollten bei der Analyse der SAP-Buchhaltungsbelege jedoch die Felder aus Tabelle 12.2 in Betracht gezogen werden.

Tabelle	Feld	Beschreibung
BKPF	MANDT	Mandant
BKPF	BUKRS	Buchungskreis
BKPF	BELNR	Belegnummer
BKPF	GJAHR	Geschäftsjahr
BKPF	BLART	Belegart
BKPF	BLDAT	Belegdatum
BKPF	BUDAT	Buchungsdatum
BKPF	MONAT	Periode
BKPF	CPUDT	erfasst am
BKPF	CPUTM	erfasst um
BKPF	USNAM	Benutzername
BKPF	TCODE	Transaktionscode
BKPF	BSTAT	Belegstatus
BKPF	GLVOR	Geschäftsvorfall
BKPF	PPNAM	vorerfasst von
BSEG	MANDT	Mandant
BSEG	BUKRS	Buchungskreis
BSEG	BELNR	Belegnummer
BSEG	GJAHR	Geschäftsjahr
BSEG	BUZEI	Position
BSEG	KOART	Kontoart
BSEG	SHKZG	Soll/Haben
BSEG	DMBTR	Betrag lokale Währung
BSEG	WRBTR	Betrag
BSEG	PSWBT	Betrag Hauptbuch
BSEG	HKONT	Hauptbuchkonto

Tabelle 12.2 Nützliche Felder bei der Analyse der Belegdaten im Hauptbuch

CAAT-unterstützte Abfragen

Übliche, von CAAT unterstützte Abfragen können unter anderem die folgenden Szenarien umfassen:

- Liste der Benutzer, die Journaleinträge erfasst haben
- Liste von Journaleinträgen, die über einem bestimmten Betrag liegen
- Liste von Journaleinträgen, die nach dem Abschlussdatum erfasst wurden
- Liste von rückdatierten Belegen
- Liste von Einträgen, die zu ungewöhnlichen Zeiten erfasst wurden
- Liste von Einträgen, die während Ferienabwesenheiten erfasst wurden

12.4 Betrugsszenarien im Vertriebsbereich

Anreize zum Betrug

Im Vertriebsbereich werden die betrügerischen Aktivitäten meist durch Anreize für das Erreichen eines Umsatzzieles verursacht (beispielsweise bei einem hohen variablen und umsatzabhängigen Lohnanteil). Um ihre hoch gesteckten Umsatzziele zu erreichen, begehen Mitarbeiter Betrug im SAP-System, indem sie beispielsweise die folgenden Handlungen ausführen:

- fiktive Rechnungen an fiktive Kunden ausstellen
- nicht bewilligte Gutschriften/Boni gewähren oder Bonusvereinbarungen am Ende des Geschäftsjahres falsch ausweisen
- Gratisware unerlaubt abgeben
- eine Forderung als bezahlt ausführen, obwohl diese überhaupt nicht oder nicht voll bezahlt wurde

Diese Betrugsfälle sollen nun näher betrachtet werden. Dabei wird aufgezeigt, wie Sie sie im SAP-System entdecken und verhindern können.

12.4.1 Fiktive Rechnungen an fiktive Kunden stellen

Fälligkeit analysieren

Da der Umsatz oft maßgebend für die Entlohnung des Verkaufspersonals ist, kann dies ein Anreiz sein, Betrug zu begehen, indem fiktive Rechnungen an einen nicht vorhandenen Kunden ausgestellt werden, um so das Umsatzziel zu erreichen. Die Überwachung der *Fälligkeitsstruktur* (siehe in diesem Zusammenhang auch ein weiteres Betrugsrisiko in Abschnitt 8.6.4, »Altersstruktur und Wertberichtigungen«) von nicht bezahlten Rechnungen hat sich bewährt, um fingierte Rechnungen aufzudecken.

Das SAP-System enthält verschiedene Standardreports, um solche Überwachungen durchzuführen. Ein in der Praxis häufig gebrauchter Report ist die Offene-Posten-Fälligkeitsanalyse (OP, Transaktion S_ALR_87012168); andere nützliche Reports sind:

- S_ALR_87012175 – OP-Fälligkeitsvorschau Debitoren
- S_ALR_87012178 – OP-Analyse Debitoren nach Saldo der überfälligen Posten

Überfällige und unbezahlte Rechnungen sollten regelmäßig von einer Drittperson analysiert werden, die weder in den Rechnungs- noch in den Zahlungsprozess involviert ist.

Funktionstrennung

Um das in diesem Abschnitt adressierte Betrugsrisiko zu senken, sollten die relevanten SAP-Berechtigungen getrennt und nicht in Kombination einer Person zugeordnet werden:

- Pflege von Kundenstammdaten (alle Sichten)
- Erzeugen/Buchungen von Ausgangsrechnungen (betrifft die Komponenten Finanzwesen, FI, und Vertrieb, SD)

Kopiersteuerung und manuelle Bearbeitung

Zudem sollten die Systemeinstellungen so gewählt werden, dass eine Rechnung nur in Verbindung mit einer existierenden Kundenbestellung oder auf Basis eines Auslieferungsscheins erzeugt und die Rechnungsdaten (Warenmenge, Rechnungspreis etc.) nicht manuell überschrieben werden können. Eine SAP-Funktion, die den Dokumentenfluss für diese Daten steuert, ist die sogenannte *Kopiersteuerung* (IMG-Pfad **Vertrieb • Fakturierung • Fakturen • Kopiersteuerung für Fakturen pflegen**). Unter dem Menüpunkt **Kopiersteuerung für Fakturen pflegen** kann für jede Rechnungsart angegeben werden, welche Daten aus den Referenzdokumenten in die Faktura kopiert werden sollen.

Um sicherzugehen, dass die kopierten Daten nicht manuell überschrieben werden können, muss bei den Konditionsarten das Kennzeichen für die Bedingung **Nicht manuell bearbeitbar** gesetzt werden (IMG-Pfad **Vertrieb • Grundfunktionen • Preisfindung • Steuerung der Preisfindung • Konditionsarten definieren**, siehe Abbildung 12.3).

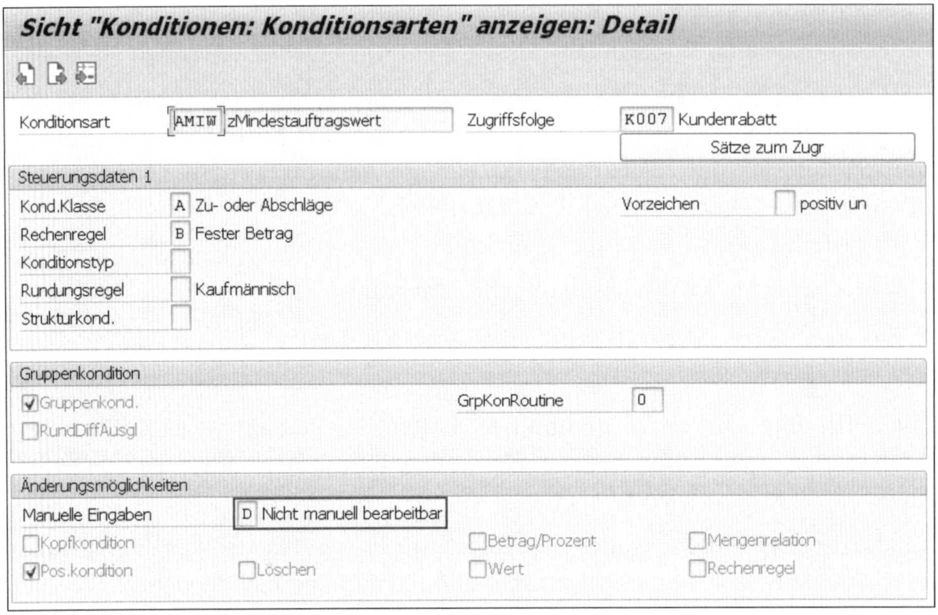

Abbildung 12.3 Konditionsarten konfigurieren

12.4.2 Gewährung nicht ordnungsgemäßer Gutschriften oder Boni

Behandlung von Gutschriften und Boni formalisieren

Gutschriften sowie Boni haben direkten Einfluss auf den Deckungsbeitrag. Daher sollte die Gewährung von Gutschriften und Rabatten in einer Richtlinie detailliert festgehalten und die Einhaltung der Richtlinie überwacht werden.

Gutschriften und Rabatte/Boni

Normalerweise sollte eine *Gutschrift* an einen Kunden aufgrund einer existierenden Rechnung ausbezahlt werden, durch eine Schadensmeldung oder Ähnliches ausgelöst.

Rabatte/Boni sind Marketinginstrumente zur Verbesserung der Kundenzufriedenheit, des Umsatzes etc. Rabatte können auf Waren oder auf Zahlungen gewährt werden.

Betrugsszenario

Folgendes Betrugsszenario ist in der Praxis bereits mehrfach aufgetreten: Das Verkaufspersonal arrangiert zusammen mit dem Kunden einen Rabatt oder eine Gutschrift, der bzw. die nicht den offiziellen Richtlinien entspricht, um sich gegenseitig zu bereichern (der Rabatt/die Gutschrift wird unter allen Betrügern geteilt).

Denkbar ist auch, dass vom Kunden geforderte Rabattierungen durch das Verkaufspersonal akzeptiert werden, um den Vertragsabschluss nicht zu gefährden, obwohl diese gegen interne Vorgaben verstoßen.

Funktionstrennung

Im Rahmen der Berechtigungskonzeption sollten daher beispielsweise die folgenden SAP-Funktionen möglichst restriktiv und getrennt vergeben werden:

- Ausstellen/Ändern von Gutschriften
- Freigabe der Gutschrift zur Buchung und somit zur Zahlung
- Möglichkeit, manuell Rabatte einzugeben

Prüfen: Tabelle VBRK

Zur Überprüfung manuell erstellter Gutschriften sollte Tabelle VBRK zum Beispiel hinsichtlich folgender Felder analysiert werden:

- **Feld FKART (Fakturaart)**
  Rechnungsart auswählen
- **Feld ERNAM (angelegt von)**
  Nur ein definierter Personenkreis sollte Gutschriften erstellt haben.
- **Feld FKDAT (Fakturadatum)**
  Dieses Feld zeigt, in welcher Periode die Gutschriften gebucht wurden. Verdächtig ist beispielsweise eine unüblich hohe Anzahl von Gutschriften nach dem Jahreswechsel/-abschluss.

Mithilfe von Systemeinstellungen kann auch festgelegt werden, dass Gutschriften im Vier-Augen-Prinzip freigegeben werden müssen, bevor es zu einer Buchung und somit einer Auszahlung kommen kann.

Absprachearten

Zudem kann das SAP-System so konfiguriert werden, dass Bonusabrechnungen nur bis zu einem vorbestimmten Betrag ausgeführt werden können (IMG-Pfad **Vertrieb • Fakturierung • Bonusabwicklung • Bonusabsprachen • Absprachearten definieren**). Der Zahlungsmodus C (keine Beschränkung für manuelle Zahlungen) sollte in keiner Absprecheart vorkommen.

12.4.3 Übermäßiger Einsatz von Gratiswaren

»Kostenlos« ist gefährlich

Um die Kundenbeziehung zu festigen, offeriert das Verkaufspersonal oft Gratiswaren (siehe Abschnitt 10.2.1, »Kontrollen rund um die Warenauslieferung«). Wird der Gebrauch von Gratiswaren nicht überwacht, kann dieses eigentlich gute Marketinginstrument missbraucht werden:

- Die Waren werden für den Privatgebrauch bezogen und eventuell sogar weiterverkauft.
- Die Abgabe von Gratiswaren steht in keinem Verhältnis zu den Kundenmargen.
- Den Kunden werden statt eines Rabattes inoffiziell Gratiswaren zur Verfügung gestellt.

Gratiswaren kontrollieren

Es ist möglich, die Abgabe von Gratiswaren zu kontrollieren, indem gelieferte Waren überprüft werden, die nicht in Rechnung gestellt wurden. Dazu sollte das Feld FAKSK (Sperre) in den Verkaufsdokumenten und den Lieferscheinen überprüft werden. Tabelle VBAK (Verkaufsdokumente) sehen Sie in Abbildung 12.4.

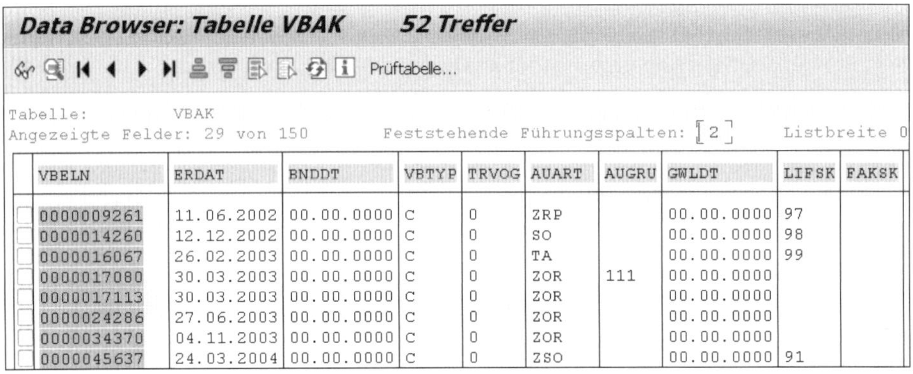

Data Browser: Tabelle VBAK 52 Treffer

Prüftabelle...

Tabelle: VBAK
Angezeigte Felder: 29 von 150 Feststehende Führungsspalten: 2 Listbreite 0

VBELN	ERDAT	BNDDT	VBTYP	TRVOG	AUART	AUGRU	GWLDT	LIFSK	FAKSK
0000009261	11.06.2002	00.00.0000	C	0	ZRP		00.00.0000	97	
0000014260	12.12.2002	00.00.0000	C	0	SO		00.00.0000	98	
0000016067	26.02.2003	00.00.0000	C	0	TA		00.00.0000	99	
0000017080	30.03.2003	00.00.0000	C	0	ZOR	111	00.00.0000		
0000017113	30.03.2003	00.00.0000	C	0	ZOR		00.00.0000		
0000024286	27.06.2003	00.00.0000	C	0	ZOR		00.00.0000		
0000034370	04.11.2003	00.00.0000	C	0	ZOR		00.00.0000		
0000045637	24.03.2004	00.00.0000	C	0	ZSO		00.00.0000	91	

Abbildung 12.4 Prüfung der Verkaufsdokumente auf Tabellenebene

Abbildung 12.5 zeigt Tabelle LIKP (Lieferscheine).

Data Browser: Tabelle LIKP 200 Treffer

Prüftabelle...

Tabelle: LIKP
Angezeigte Felder: 26 von 166 Feststehende Führungsspalten: 2 Li

VBELN	ERZET	BZIRK	VKORG	LFART	AUTLF	LDDAT	FAKSK	LIFSK
0080015101	09:30:52		1100	ZRP		11.06.2002		97
0080023080	17:58:43		1100	LF		12.12.2002		98

Abbildung 12.5 Prüfung der Lieferscheine auf Tabellenebene

Die Wertehilfe für das Feld **FAKSK** bietet eine Übersicht über die Sperrgründe (siehe Abbildung 12.6).

Sperre	Bezeichnung
01	Kalkulation fehlt
02	Rückmeldung fehlt
03	Preise unvollständig
04	Zahlungsbed. prüfen
05	Lieferbeding. prüfen
08	Gutschrift prüfen
09	Lastschrift prüfen
Z1	BTE/FM To Cust. Srvc
ZR	Lastschrift prüfen
ZT	trial period ITE

Abbildung 12.6 Übersicht über Sperrgründe

Falls es im Feld FAKSK (Sperre) keinen Eintrag gibt, kann der Lieferschein zur Rechnungsstellung herangezogen werden. Falls ein Eintrag vorliegt, ist die Rechnungsstellung blockiert. Diese Fälle sollten regelmäßig von einer Drittperson analysiert werden.

Zudem sollten die nicht in Rechnung gestellten Waren regelmäßig anhand der Funktion **Fakturavorrat bearbeiten** (Transaktion VF04) überwacht werden.

Es wird empfohlen, einen Überblick über folgende Einstellungen zu erlangen, die die Behandlung von Gratiswaren steuern:

- **Vertrieb • Verkauf • Verkaufsbelege • Verkaufsbelegposition • Positionstypen definieren**
- **Vertrieb • Grundfunktionen • Preisfindung • Steuerung der Preisfindung • Kalkulationsschemata definieren und zuordnen**

12.4.4 Nicht ordnungsgemäße Ausbuchung offener Kundenforderungen

Funktionstrennung

Um eine nicht ordnungsgemäße Abschreibung (das heißt, die Kundenzahlung ist geringer als die Kundenforderung, und der Differenzbetrag wird entgegen der Unternehmensrichtlinie ohne weitere Maßnahmen ausgebucht) zu verhindern, sollten die Berechtigungen für den Zahlungseingangsprozess und den Vorgang **Rechnung erstellen/ändern** nicht an eine Person vergeben werden.

Falls Einzahlungen automatisch bearbeitet werden, sollten die Zahlungseingänge, die nicht automatisch abgeglichen werden können, überprüft und, falls nötig, zeitnah aufgeklärt werden.

Zudem sollte der Toleranzwert des SAP-Systems für automatische/manuelle Ausbuchungen (die Differenz des ausstehenden Betrags und der Einzahlung) angemessen konfiguriert werden.

12.5 Betrugsszenarien in der Personalbuchhaltung

Die Personalbuchhaltung, im Speziellen die Lohn- und die Spesenbuchhaltung, ist ein prädestiniertes Umfeld für betrügerische Aktivitäten. Wenn es gelingt, betrügerische Handlungen in der Personalbuchhaltung über einen längeren Zeitraum auszuführen, können immense Schäden angerichtet werden. Die folgenden Szenarien erläutern eine Auswahl von SAP-ERP-HCM-Einstellungen, die betrügerische Aktivitäten in der Lohnbuchhaltung einschränken können.

12.5.1 Fiktive Angestellte

Ende/Änderung eines Arbeitsverhältnisses

Fiktive Angestellte stellen ein wesentliches Risiko dar, dass eine nicht tatsächlich existierende Person oder ein nicht tatsächlich existierender Gehaltsanspruch im SAP-ERP-HCM-System erfasst werden kann und, je nach der Ausgestaltung des IKS, nicht als fiktiv erkannt wird. Änderungen im Arbeitnehmerverhältnis, wie eine Kündigung oder das Einstellen von neuem Personal, können solche betrügerischen Aktivitäten begünstigen.

[zB]

Betrug durch einen fiktiven Angestellten

Wenn zum Beispiel ein Arbeitnehmer kündigt oder gekündigt wird, der Datensatz im System aber aktiv bleibt und gleichzeitig die Bankangaben geändert werden, könnten fortan die laufenden Zahlungen auf dieses falsche Konto überwiesen werden.

Weitere Möglichkeiten

In der Personalbuchhaltung gibt es neben diesem Beispiel weitere Möglichkeiten, um betrügerische Handlungen mithilfe eines fiktiven Angestellten durchzuführen, zum Beispiel:

- fiktiver Arbeitnehmer – eine Person, die tatsächlich nicht existiert
- temporäre Arbeitnehmer, die den normalen internen Kontrollen oftmals entgehen, da diese auf festangestellte Arbeitnehmer ausgerichtet sind

Dokumentation der Angestellteninformationen

Um die Gefahr von fiktiven Angestellten zu entschärfen, braucht es ein angemessenes Kontrollumfeld – innerhalb und außerhalb des SAP-Systems. Dieses sollte aus einer angemessenen Dokumentation sämtlicher relevanter Angestellteninformationen bestehen, inklusive der Beweise und Belege für alle im SAP-System enthaltenen Informationen. In der Praxis haben sich auch spontane Prüfungen von Mitarbeiterdaten als hilfreiche Instrumente zur Stärkung des Kontrollumfeldes bewährt.

Mögliche Kontrollen innerhalb des SAP-ERP-HCM-Systems sind beispielsweise:

Kontrollen in SAP ERP HCM

- Durchsicht der Änderungen an Mitarbeiterdatensätzen und Informationsarten (siehe Abschnitt 11.1.2, »Grundlagen der DSGVO«)
- Trennung zwischen dem Zugang zu den Stammdaten des Mitarbeitenden und den Transaktionsdaten wie der Zeiterfassung
- Vergleich der Lohn- und Gehaltsabrechnungen mit denen aus vergangenen Zeitperioden (Sind die ausgewiesenen Daten angemessen im Vergleich zu vergangenen Perioden?)

12.5.2 Limitierter Zugang zu eigenen HR-Daten

Neben der Aufgabentrennung für den zu bearbeitenden Mitarbeiterkreis sollte auch der Zugriff auf die eigenen HR-Daten beschränkt werden, damit Mitarbeiter ihre eigenen Datensätze nicht bearbeiten können. Die Prävention hat generell größere Wirkung als eine aufdeckende Kontrolle.

Präventive Kontrolle

Der Zugriff auf die eigenen Datensätze bedeutet, dass Mitarbeiter Zahlungen und Abzüge manipulieren können, was eine direkte finanzielle Einbuße für das Unternehmen zur Folge haben kann.

Kontrollschritte

Die eigenen HR-Daten sollten daher gesperrt werden, indem man die folgenden drei SAP-Einstellungen beachtet:

1. **Konfiguration prüfen**
   Die Personalnummer kann mit der folgenden Einstellung überprüft werden: **Personalmanagement • Personalverwaltung • Werkzeuge • Berechtigungsverwaltung • Berechtigungshauptschalter bearbeiten • Berechtigungshauptschalter pflegen**. Innerhalb dieser Customizing-Funktion sollte die Einstellung im Feld PERNR (HR: Stammdaten – Personalnummernprüfung) aktiviert werden, indem der Wert auf »1« gesetzt wird.
2. **Infotypverlinkung**
   Nachdem die Überprüfung der Personalnummern aktiviert worden ist, muss eine solche nun mit dem jeweiligen SAP-Benutzerkonto verlinkt werden, sodass das SAP-System »weiß«, welche Personalnummer zu welchem Konto gehört, und diese entsprechend sperrt. Um dies zu konfigurieren, muss das SAP-Benutzerkonto für alle Personaldaten im Infotyp (0105), Subtyp 0001 (System Benutzername) eingegeben werden. Der Subtyp verlinkt das SAP-Benutzerkonto mit den jeweiligen Personaldaten; das Benutzerkonto ist somit gesperrt.

3. **Berechtigungseinschränkung**
   Um den Benutzerzugang zu definieren (in diesem Fall den Zugang zu den eigenen Daten), muss das Berechtigungsobjekt P_PERNR für jedes SAP-Konto unterhalten werden. Im Speziellen sollte das Objektfeld PSIGN (Interpretation der jeweiligen Personalnummer) auf **E** (Ausschließen) eingestellt werden.

   Mit einer solchen Einschränkung ist immer eine zweite Person erforderlich, um Änderungen in den eigenen Personaldaten vorzunehmen.

12.5.3 Vier-Augen-Prinzip bei vertraulichen Daten

Betrug bei Überstunden und Urlaubsguthaben

Betrug im Personalbereich muss sich nicht auf die Manipulation von direkten Lohndaten beschränken. Obwohl dies in der Praxis eher selten vorkommt, werden auch Überstunden, das Urlaubsguthaben, die Arbeitsplanung oder die bewilligten Absenzen manipuliert. Daher sollte der Zugang auch zu derart empfindlichen und vertraulichen Daten streng limitiert sein, speziell im Hinblick darauf, dass viele Länder ein striktes Datenschutzgesetz (siehe Kapitel 11, »Datenschutz-Compliance in SAP ERP Human Capital Management«) haben und dieses erfordert, dass Daten in IT-Systemen ausreichend geschützt werden.

Funktionstrennung

Technisch ist die Konfiguration einer korrekten Funktionstrennung in SAP ERP HCM anders gelöst als in den anderen SAP-Komponenten. Das Konzept des Berechtigungsobjektes existiert zwar, da die Stammdaten aber anders konzipiert sind, unterscheidet sich auch die Konfiguration. Die folgenden Optionen erklären, wie die Funktionstrennung (zur Pflege der sich auf die Stammdaten beziehenden Informationstypen) in SAP ERP HCM gelöst werden kann.

Änderungen der Informationstypen im SAP-ERP-HCM-System benötigen die Bewilligung einer zweiten Person. Dies kann in den Bewilligungseinstellungen des SAP-ERP-HCM-Systems festgelegt werden (Berechtigungsobjekt P_ORGIN oder P_ORGXX). Es gibt zwei Varianten für diese Einstellung:

- **Asymmetrische Einstellung**
  Eine Benutzergruppe bearbeitet die Daten (Pflege), und eine separate Gruppe muss diese Änderungen bewilligen (Genehmigung). Die Gruppe der »Genehmiger« kann nur existierende Eingaben bewilligen, hat aber keinen Zugang zum System, um Änderungen einzugeben.
  - Für die asymmetrische Einstellung benötigen die »Pfleger« die kombinierten Bewilligungen **E** (Enqueue) und **R** (Read), aber nicht **W** (Write).

- Die »Genehmiger« benötigen die kombinierten Bewilligungen **D** (Dequeue) und **R** (Lesen), aber nicht **W** (Schreiben).

- **Symmetrische Einstellung**
Auch in dieser Einstellung werden zwei separate Benutzer benötigt, aber beide verwenden die gleichen Rollen. Beide haben eingeschränkte Schreibrechte, wobei der Benutzer, der einen Informationstyp zuerst bearbeitet, diesen sperrt. Lediglich der zweite Benutzer kann diese Sperre wieder aufheben. Für die symmetrische Einstellung brauchen beide (Pfleger und Genehmiger) die kombinierten Bewilligungen **S** (Symmetrisch) und **R** (Lesen), aber nicht **W** (Schreiben).

12.6 Resümee

Sie haben in diesem Kapitel einige ausgewählte Betrugsszenarien in SAP ERP sowie relevante Kontrollmechanismen kennengelernt. Das Thema Betrug hat viele Gesichter – so wie die kriminelle Energie, die dahinter steckt. Nicht alle vorsätzlichen Unregelmäßigkeiten findet man im SAP-System, selbst wenn Prozesse SAP-gestützt ablaufen. Dieses Kapitel hat kurz umrissen, inwiefern Daten in SAP-Systemen gleichwohl einen Hinweis auf solche Unregelmäßigkeiten geben können.

Auf der Basis der Grundlagen, die dieses Kapitel vermittelt hat, sollte es Ihnen möglich sein, in Ihrem Unternehmen oder bei Ihrem Kunden die Betrugsrisiken zu adressieren.

Kapitel 13
Exkurs: FDA-Compliance und Kontrollen in SAP

Risiken, die im IT-gestützten Herstellungsprozess von Nahrungs- und Arzneimitteln vorhanden sein können, betreffen alle Leser: entweder direkt als Verbraucher oder gegebenenfalls auch im professionellen Umfeld, wenn Sie in diesen Branchen tätig sind.

Bislang haben Sie in Teil II, »Vom Konzept zum Inhalt: Kontrollen in SAP ERP«, die Umsetzung branchenübergreifender Anforderungen kennengelernt – im Wesentlichen im Rahmen der externen Finanzberichterstattung sowie beim Schutz der personenbezogenen Daten im SAP-ERP-Umfeld. In diesem Kapitel zeigen wir Ihnen, welchen gesetzlichen Bestimmungen die Tätigkeit der Arznei- und Lebensmittelhersteller unterliegt. Darüber hinaus erhalten Sie einen kurzen Überblick darüber, was diese Anforderungen in der Praxis im Umfeld von IT-gestützten Prozessen bedeuten, insbesondere im SAP-Umfeld.

13.1 Gesetzliche Anforderungen im Bereich Arznei- und Lebensmittelherstellung

Sie werden sicherlich schon von der US-Behörde *Food and Drug Administration*, kurz *FDA*, gehört haben. Sie erfahren nun Details über die von dieser Behörde erlassenen Bestimmungen sowie über deren Zusammenhang mit ähnlichen Regularien in anderen Ländern. Außerdem zeigen wir Ihnen, welche einschlägigen FDA-relevanten *Grundsätze* sich in der Praxis durchgesetzt haben und welche drei Phasen im Lebenszyklus einer IT-Anwendung aus der Sicht der entsprechenden Anforderungen relevant sind.

Entstehung und Ziel von FDA-Bestimmungen

Die FDA ist die behördliche Lebensmittelüberwachung und die Arzneimittelzulassungsbehörde der Vereinigten Staaten, die dem Gesundheitsministerium unterstellt ist.

Sie wurde mit Sitz in Rockville (Maryland, USA) im Jahr 1927 gegründet und mit der Aufgabe des Schutzes der öffentlichen Gesundheit in den USA beauftragt. Die FDA kontrolliert die Qualität, Sicherheit und Wirksamkeit von Human- und Tierarzneimitteln, biologischen Produkten, Medizinprodukten, Lebensmitteln und bei Strahlen emittierenden Geräten. Dies gilt sowohl für Geräte, die in den USA hergestellt wurden, als auch für importierte Produkte. (Quelle: Wikipedia)

13.1.1 FDA-relevante gesetzliche Anforderungen im internationalen Vergleich

CFR – Code of Federal Regulations in den USA

Der *Code of Federal Regulations* (*CFR*) ist die Zusammenfassung der Verwaltungsgesetze der Vereinigten Staaten von Amerika und wird vom Federal Register der Exekutivbehörden herausgegeben. Er besteht aus 50 Titeln. Titel 21, »Food and Drugs (administered by the US Food and Drug Administration and the US Drug Enforcement Administration)«, enthält Bestimmungen, die primär Gegenstand dieses Kapitels sind.

FDA-Compliance als gängiger Begriff

Grundsätzlich muss jedoch erwähnt werden, dass eine Beschränkung auf die Anforderungen des Code of Federal Regulations 21 der USA sicher falsch wäre, da die Zulassungs- und Kontrollbehörden fast aller Länder für die Lebensmittel-, Pharma-, Biotech- und Medizingeräteindustrie weltweit entsprechende Regelungen eingeführt haben. Allerdings folgen viele dieser Länder in zeitlichem Abstand dem Vorbild der FDA; daher hat es sich in der Branche eingebürgert, von *FDA-Compliance* zu sprechen, selbst wenn Produkte solcher Nicht-US-Unternehmen nicht für den nordamerikanischen Markt bestimmt sind. Folgende Behörden, die mit FDA-ähnlichen Aufgaben betraut sind, können beispielhaft genannt werden:

- ICH – International Conference on Harmonization of Technical Requirements for Registration of Pharmaceuticals for Human Use
- EMA – European Medicines Agency (früher EMEA)
- HPFB – Health Products and Food Branch (Kanada)
- BMG – Bundesministerium für Gesundheit (Deutschland)
- NPCB – National Pharmaceutical Control Bureau (Malaysia)
- TGA – Therapeutic Goods Administration (Australien)
- MDEC – Medical Device Evaluation Committee (Australien)
- BAG – Bundesamt für Gesundheit (Schweiz)
- Swissmedic – Schweizerisches Heilmittel Institut (Schweiz)

- MHLW – Ministery for Health, Labour and Welfare (Japan)
- PMSB – Pharmaceutical and Medical Safety Bureau (Japan)

Harmonisierung von FDA-Compliance

Dies sind nur einige Beispiele für FDA-ähnliche Behörden, und es war nur logisch, dass im Rahmen des grenzüberschreitenden Handels mit den betroffenen Produkten eine Harmonisierung der Gesetzgebung notwendig wurde. Daher wurde im November 1995 das *Pharmaceutical Inspection Cooperation Scheme* (*PIC/S*) gegründet, ein internationales Programm zur Zusammenarbeit im Bereich der pharmazeutischen Überwachung. Im Vordergrund stehen die Entwicklung von Standards, auch in Zusammenarbeit mit dem Fachgremium auf der Ebene der EU, sowie der Erfahrungsaustausch. Für die Mitgliedsstaaten der EU hat mittlerweile die EMA, die European Medicines Agency, die Federführung übernommen, im PIC/S sind jedoch weltweit 37 Behörden Mitglied.

13.1.2 GxP – die FDA-Grundsätze

In Abschnitt 3.1.1, »IKS-Grundsätze im SAP-ERP-Umfeld: Von GoB zu GoBS und GoBD«, haben Sie die Grundsätze der ordnungsmäßigen Buchführung kennengelernt, die aufgrund ihres universalen Charakters weltweit Anwendung finden. Im FDA-Bereich gibt es ebenfalls Grundsätze, die international anerkannt sind.

Entstehung der guten Herstellungspraxis

1980 wurde die *International Society for Pharmaceutical Engineering* (*ISPE*) gegründet, eine Berufsorganisation der in der pharmazeutischen Industrie tätigen Mitarbeiter. Die ISPE veröffentlichte als Antwort der Industrie auf die Regularien von 1994 »Good Automated Manufacturing Practice« (GAMP) einen Führer zur Validierung von automatisierten Systemen in der pharmazeutischen Produktion. Die ebenfalls von der ISPE herausgegebenen Grundsätze der *Guten Herstellungspraxis* (Good Manufacturing Practice, *GMP*) wurden inzwischen um *Gute Laborpraxis* (*GLP*), *Gute klinische Praxis* (*GKP*) und weitere Richtlinien erweitert, sodass man mittlerweile das Kürzel *GxP* verwendet, bei dem das »x« als Platzhalter für die verschiedenen Bereiche zu sehen ist. Diese Grundsätze liegen der Validierung zugrunde.

Gute Herstellungspraxis in der EU

Die Europäische Kommission, Generaldirektion III (Industrie, Arzneimittel und Kosmetika) hat 1991 zwei Richtlinien verabschiedet, in denen die Grundsätze und Leitlinien der GMP für Humanarzneimittel (Richtlinie 91/356/EWG, später geändert durch die Richtlinie 2003/94/EG) und für Tierarzneimittel (Richtlinie 91/412/EWG) festgelegt wurden. Der Leitfaden für die gute Herstellungspraxis enthält detaillierte Leitlinien, die diesen Grundsätzen entsprechen. Diese Leitlinien sollen die Bewertung von Anträgen auf eine Herstellungserlaubnis erleichtern und als Grundlage für Inspektionen bei den Arzneimittelherstellern dienen.

Die Grundsätze der guten Herstellungspraxis und die detaillierten Leitlinien gelten für sämtliche Tätigkeiten, für die eine Erlaubnis gemäß Art. 16 der Richtlinie 75/319/EWG und Art. 24 der Richtlinie 81/851/EWG in der jeweiligen geänderten Fassung vorgeschrieben ist. Sie gelten ferner für alle anderen Verfahren der Arzneimittelherstellung im großen Maßstab, wie beispielsweise in Krankenhäusern und für die Herstellung von Produkten für klinische Prüfungen (siehe *Die Regelung der Arzneimittel in der Europäischen Union. Band 4. Leitfaden für die gute Herstellungspraxis*; *https://ec.europa.eu/health/documents/eudralex/vol-4_en*).

Gute Laborpraxis

Die Überwachungsbehörden des Schweizerischen Bundesamts für Gesundheit (BAG), des Bundesamts für Umwelt (BAFU) und des Schweizerischen Heilmittelinstituts (Swissmedic) arbeiten nach einem gemeinsamen GLP-Programm. Die GLP ist ein Qualitätssicherungssystem, das sich mit dem organisatorischen Ablauf und den Rahmenbedingungen befasst (siehe zum Beispiel *http://www.bfr.bund.de/cd/258*), unter denen nichtklinische gesundheits- und umweltrelevante Sicherheitsprüfungen geplant, durchgeführt und überwacht werden, sowie mit der Aufzeichnung, Archivierung und Berichterstattung der Prüfungen. Die Grundsätze der GLP wurden von einer 1978 gegründeten GLP-Expertengruppe entwickelt. Die GLP-Regularien für nichtklinische Prüfungen, die 1976 von der FDA veröffentlicht wurden, dienten als Grundlage für diese Expertengruppe. 1997 wurden die GLP-Richtlinien dem aktuellen Stand der Technik angepasst.

Gute klinische Praxis

Der Begriff *Gute klinische Praxis* bezeichnet international anerkannte, nach ethischen und wissenschaftlichen Gesichtspunkten aufgestellte Regeln für die Durchführung von klinischen Studien. Dabei stehen der Schutz der Studienteilnehmer und deren informierte Einwilligung sowie die Qualität der Studienergebnisse im Mittelpunkt. GCP ist Teil der genannten Richtlinien für »gute Arbeitspraxis« in der Entwicklung und Herstellung von Arzneimitteln (siehe zum Beispiel *http://www.ciwos.com/glossar/gcp.html*). In der Europäischen Gemeinschaft wurden erste GCP-Regeln 1989 veröffentlicht (zum Beispiel *EU-GCP Note for Guidance*). Durch die Harmonisierung zwischen den USA, Europa und Japan im Rahmen der ICH wurde 1996 die detaillierte ICH-GCP-Guideline E6 fertiggestellt und durch den Ausschuss für Humanarzneimittel (CHMP) der Europäischen Arzneimittelagentur (EMEA) als europäische Leitlinie verabschiedet. Die Anforderungen der europäischen GCP-Richtlinien gehen in manchen Aspekten über ICH-GCP hinaus, so beispielsweise bei der Anforderung, dass alle Prüfpräparate grundsätzlich nach GMP hergestellt sein müssen (siehe *http://de.wikipedia.org/wiki/Good_Clinical_Practice*).

13.1.3 IT aus der Sicht von FDA-Compliance

FDA vs. IT

Alle in Abschnitt 13.1.2, »GxP – die FDA-Grundsätze«, genannten Grundsätze müssen in einem Umfeld erfüllt werden, das heutzutage von IT-gestützten Prozessen dominiert wird. Was bedeutet das für die IT-Systeme, die FDA-relevante Abläufe steuern? In der Praxis kann man bei der Projizierung der FDA-Compliance-Anforderungen auf IT-Systeme drei Phasen unterscheiden:

1. Implementierung: FDA-konforme Validierung eines Systems
2. Betrieb eines IT-Systems: FDA-relevante Applikationskontrollen
3. Systempflege: Aktualisierung der Validierung

In allen drei Phasen besteht die Gefahr, dass das System die erwähnten Ziele der Patienten- bzw. Verbrauchersicherheit, Produktqualität und Datenintegrität nicht erreicht bzw. wieder verliert.

Validierung eines IT-Systems

Werden Geschäftsprozesse bei FDA-pflichtigen Unternehmen ganz oder teilweise durch Computersysteme unterstützt, müssen diese Systeme während der Implementierung »validiert« sein und auch im laufenden Betrieb vorgegebene Bedingungen erfüllen, die durch Gesetze definiert sind und durch Kontrollorgane überwacht werden.

[«]

SAP S/4HANA: geänderte Validierungsanforderungen

In Kapitel 15, »Risk und Compliance in SAP S/4HANA«, lernen Sie die wichtigste IKS-relevanten Änderungen in SAP S/4HANA im Vergleich zu SAP ERP 6.0 kennen. Auch wenn diese Änderungen aus der klassischen auf Finanzberichterstattung orientierten IKS Sicht überschaubar sind, bringt die neue SAP-HANA-Welt einen Paradigmenwechsel für die GxP-orientierte Validierung mit sich: die klassische Struktur mit einer nichtvalidierungspflichtigen Datenbankebene existiert nicht mehr; die Datenbank ist ebenfalls validierungspflichtig. Upgrades erfordern dabei eine Revalidierung. Außerdem muss die Kommunikation zwischen Applikationsserver und dem Softwareteil in SAP HANA zumindest in Bezug auf Korrektheit und Vollständigkeit validiert werden.

Betrieb eines IT-Systems

Die Validierung des Systems im Rahmen der Implementierung ist sicher die wichtigste Phase; jedoch besteht auch im operativen Betrieb des Systems die Gefahr, dass zum Beispiel durch die Änderung von bestimmten

Stammdaten oder Konfigurationseinstellungen ein Risiko für die Patientensicherheit entsteht. Als Beispiel sei die Verlängerung des Reinigungsintervalls von Produktionsanlagen oder die Verlängerung der Haltbarkeitsdauer eines Medikaments genannt. Aus diesem Grund sind effiziente Kontrollmechanismen für relevante Stamm-, Steuerungs- und Bewegungsdaten eines IT-Systems unabdingbar.

Pflege eines IT-Systems

Eine besondere Herausforderung für die Betreiber von validierten Systemen stellt Abschnitt 5.8 der Anleitung zu Part 11 des Titels 21 des CFR dar: Dort wird explizit erwähnt, dass Änderungen durch Software-Upgrades, Fixes oder Service Packs eine Revalidierung des Systems durch Regressionstests erforderten. Daher muss die laufende Pflege eines IT-Systems aus FDA-Compliance-Sicht als eigenständige Phase (bzw. als eigener Kontrollbereich) ausgegliedert werden.

13.2 Validierung der IT-Systeme

Die Validierung ist für alle Lebensphasen einer IT-Anwendung relevant, doch während der initialen Einführung einer Anwendung ist der Validierungsaufwand am höchsten. Aus diesem Grund werden im Folgenden Inhalte und Bedeutung der FDA-spezifischen Validierung eines IT-Systems primär für die Phasen der Implementierung beschrieben.

13.2.1 Vorgehensweise bei der Validierung

Was bedeutet Validierung im Kontext der FDA-Compliance-Anforderungen?

[»]

Definition der Validierung

Dokumentierte Beweisführung in Übereinstimmung mit den Grundsätzen der guten Herstellungspraxis, dass Verfahren, Prozesse, Ausrüstungsgegenstände, Materialien, Arbeitsgänge oder Systeme tatsächlich zu den erwarteten Ergebnissen führen.

Dokumentation im Fokus

Diese Definition impliziert zuallererst eine Dokumentation der »zu erwartenden Ergebnisse«, auf die das Computersystem (oder sonstige Ausrüstungsgegenstände, Materialien, Arbeitsgänge etc.) hin getestet werden muss. Aus dieser Beschreibung werden Spezifikationen abgeleitet, die letztendlich die Vorlage für die Konfiguration oder die Programmierung des Computersystems sind. Programmmodule werden gegen diese Spezifikationen getestet, und zur Validierung des Gesamtsystems werden sogenannte *Integrationstests* durchgeführt. Die Tests müssen, ebenso wie die Benutzeranforderungen, sorgfältig dokumentiert werden, sodass auch Änderungen an den Dokumenten nachweisbar sind und zurückverfolgt werden können. Wird zur Verwaltung der Dokumente ein elektronisches *Dokumentenmanagementsystem* verwendet, muss es ebenfalls validiert sein.

Die Vorgehensweise bei der Validierung wird in der Praxis grafisch oft in Form eines V-Modells dargestellt, wie Sie dies Abbildung 13.1 entnehmen können.

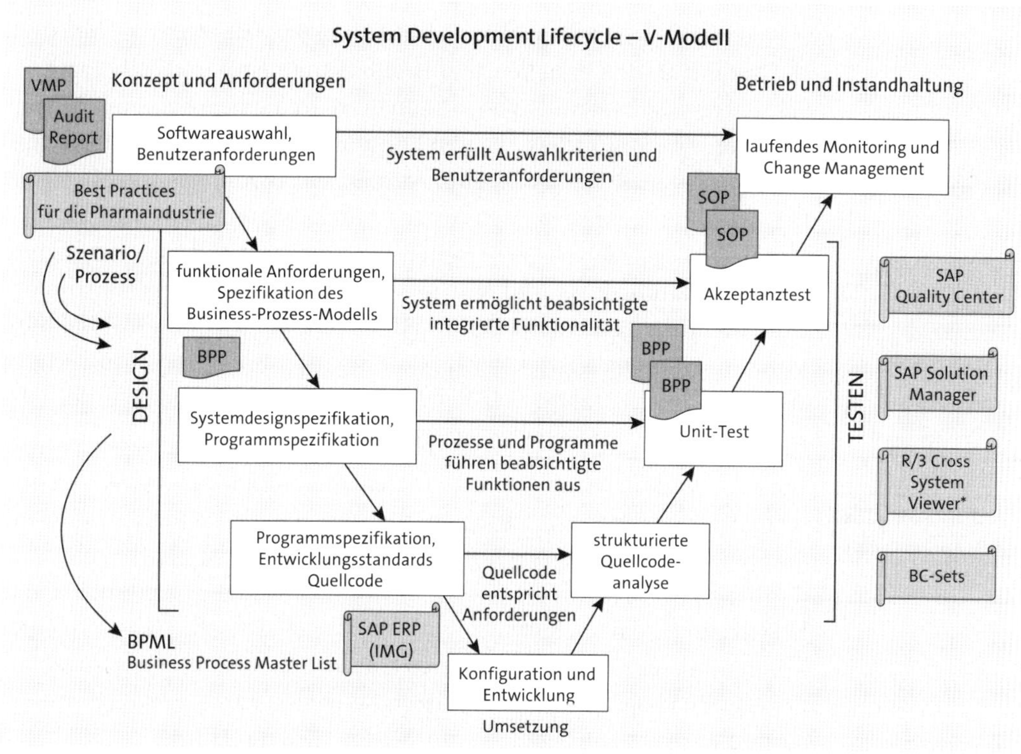

Abbildung 13.1 Schematische Darstellung der Validierung

Risikobasierter Ansatz

Im Grunde entspricht das Gerüst des V-Modells bei der Implementierung eines FDA-relevanten Systems dem bekannten ASAP-Implementierungsansatz von SAP. Die Vorgehensweise im V-Modell ist aber viel stärker formalisiert, insbesondere hinsichtlich der Dokumentation bei unterschiedlichen Projektphasen. Sie sehen in der Abbildung auch, dass eine starke formale Verbindung zwischen den Tests und den zugrundeliegenden Dokumenten besteht.

Im August 2003 änderte die FDA die Regeln für die Validierung grundsätzlich, indem sie die *risikobasierte Validierung* einführte. Diese Änderung erlaubt es der Industrie, auf der Basis einer (gut dokumentierten) Risikoanalyse die zu validierenden Geschäftsprozesse so einzuschränken, dass die Validierung mit einem für die Industrie erträglichen Aufwand möglich wird. Sie werden sich an dieser Stelle sicherlich an Parallelen zu den ähnlichen risikobasierten Ansätzen erinnern, die in Teil I, »Vom Paragrafen zum Konzept: IKS und Compliance im ERP-Umfeld«, im Zusammenhang mit den IKS-Ansätzen aus Sicht einer externen Finanzberichterstattung erwähnt wurden.

Es ist wichtig zu verstehen, dass sich alle aktuellen FDA-Anforderungen auf die Dokumentation beziehen, und zwar nicht nur bei der Installation eines Computersystems, sondern auch beim Betrieb eines solchen, zum Beispiel wenn Änderungen an Stammdaten Konsequenzen für die Patientensicherheit, Produktqualität oder Datenintegrität haben könnten (siehe Abschnitt 13.3, »FDA-Compliance in IT-gestützten Geschäftsprozessen«). Die im SAP-Standard ausgelieferten Tools bieten die Möglichkeit, diese Dokumentationsanforderungen zu erfüllen. Unter anderem handelt es sich um das Dokumentenmanagementsystem (DMS), das Bestandteil des SAP Solution Managers ist (siehe Abschnitt 6.2.5, »SAP Solution Manager«). Dies wurde in der Praxis mittels zahlreicher Vendor-Audits durch Kunden aus der Life-sciences-Industrie oder deren Beauftragte bestätigt.

Von einer Einstellung zur Dokumentation

Über die Verpflichtung hinaus, die Benutzeranforderungen, die technischen Spezifikationen, die Programmierung und die Konfiguration sowie die entsprechenden Tests schriftlich zu dokumentieren, besteht zusätzlich die Verpflichtung, diese Dokumente untereinander zu verbinden. Das heißt, es muss eine Möglichkeit vorhanden sein, dass ein Auditor zu einer Konfigurationseinstellung (wie einen Eintrag in einer Tabelle) die zugehörige technische Spezifikation, auf deren Basis dieser Eintrag erstellt wurde, sowie die zugehörige Benutzeranforderung sucht und findet.

13.2.2 Kontrollen in Implementierungsprozessen

IKS-relevante Kontrollmechanismen

Sie haben in Abschnitt 13.2.1, »Vorgehensweise bei der Validierung«, erfahren, welche extensiven Dokumentationsanforderungen während der Implementierung eines FDA-relevanten IT-Systems gestellt werden. Die Ausgestaltung eines Implementierungsprozesses – einschließlich eines Änderungs- und Testmanagements, der Berücksichtigung der Sicherheitsfragestellungen sowie der Erfüllung der systemübergreifenden Anforderungen an die Nachvollziehbarkeit, die Vollständigkeit der Verarbeitung etc. – dürfte im Allgemeinen mit den Anforderungen deckungsgleich sein, die Sie bereits im Rahmen der »üblichen« IKS-Kriterien am Beispiel von SAP ERP kennengelernt haben (siehe Kapitel 6, »Generelle IT-Kontrollen in SAP ERP«, und Kapitel 7, »Übergreifende Applikationskontrollen in SAP ERP«). Die üblichen SAP-spezifischen Tools und Mechanismen, die ordnungsgemäß zu verwenden wären, sind auch im FDA-Umfeld relevant (die dreigeteilte Systemlandschaft, Korrektur- und Transportwesen etc.).

»Bündelung« der Konfigurationseinstellungen zu BC-Sets

Ein wesentlicher Unterschied zur üblichen Praxis besteht darin, dass im GxP-relevanten Umfeld dringend empfohlen wird, Konfigurationseinstellungen zu BC-Sets zusammenzufassen, die sich nachvollziehbar zu den beschriebenen Spezifikationen verlinken lassen. Die Namensgebung der BC-Sets könnte beispielsweise die Rückverfolgbarkeit der Dokumente für einen Auditor wesentlich erleichtern.

Kontinuierliche Überwachung der Einstellungen

Die laufende Überwachung der (ordnungsgemäß dokumentierten und getesteten) Einstellungen (siehe Abbildung 13.1) schließt den Prozess der Einführung einer FDA-relevanten IT-Anwendung ab und stellt somit einen fließenden Übergang in die nächste Phase dar, auf die wir im folgenden Abschnitt 13.3 eingehen: laufender Betrieb und Compliance in IT-gestützten Geschäftsprozessen. Mit der Markteinführung der SAP-Lösungen für GRC, insbesondere von *SAP Process Control*, stehen nun erstmals auch proaktive Kontrollen für die Konfiguration eines Systems zur Verfügung, das den Vorschriften der FDA oder ähnlicher Behörden genügen muss. Dies ist ein erheblicher Fortschritt gegenüber einer reinen Dokumentation. Hiermit wird verhindert, dass Fehler bei der Konfiguration entstehen, während es bis zu diesem Moment nur möglich war, zu dokumentieren, wer wann welchen Fehler gemacht hatte. Einzelheiten zu diesem Thema finden Sie in Kapitel 20, »Umsetzung von automatisierten Test- und Monitoring-Szenarien«.

13.3 FDA-Compliance in IT-gestützten Geschäftsprozessen

In diesem Abschnitt erfahren Sie anhand von Beispielen, welche Kontrollmechanismen im laufenden Betrieb einer SAP-Anwendung etabliert werden können. Die aufgeführten Beispiele basieren zum Teil auf vorkonfigurierten Test- und Überwachungsszenarien von SAP Process Control (siehe hierzu Abschnitt 4.3.2, »SAP Process Control«, sowie Kapitel 19, »IKS-Automatisierung mithilfe von SAP Process Control«).

13.3.1 Beispiele: Kontrollen in der Beschaffung

Bei »guten« Lieferanten einkaufen

Die Regeln der guten Herstellungspraxis verlangen für die Herstellung von Medikamenten und Medizingeräten die Verwendung von Materialien und Lieferanten, die dafür qualifiziert sind, das heißt die die vorgegebenen Qualitätsanforderungen erfüllen. Speziell Kunden in der Lifesciences- und Nahrungsmittelindustrie dürfen Materialien nur von solchen qualifizierten Lieferanten beziehen. Die Qualitätsmetrik in der Konfiguration von SAP Quality Management kann so vorgenommen werden, dass Material nur von Lieferanten bezogen werden kann, die durch ein Audit qualifiziert und akzeptiert wurden. Eine solche Applikationskontrolle kann sicherstellen, dass bei der Beschaffung von Materialien, die direkt in die Produktion eingehen, aber auch von Etikettier- und Verpackungsmaterial, nur bei den qualifizierten und akzeptierten Lieferanten eingekauft wird.

Risiken und Kontrollziele

Materialien, die von nicht qualifizierten bzw. nicht genehmigten Lieferanten beschafft werden, bergen das Risiko, dass Vorgaben für das Endprodukt nicht erfüllt werden. Verunreinigungen können zudem eine direkte Konsequenz für die Patienten- und Verbrauchergesundheit haben. Die entsprechenden Kontrollziele sind gesetzlich verankert:

- 21 CFR Parts 210 und 211 für die Pharmaindustrie, 211.22 Verantwortlichkeiten der Qualitätskontrollabteilung
- 21 CFR Part 820 für Medizingeräte, 820.50 Einkaufskontrollen

SAP-systemseitig können Überwachungsszenarien eingerichtet werden, die sicherstellen, dass nur qualifizierte Lieferanten für die Bestellung von Rohmaterial (Komponenten, Etiketten und Verpackungsmaterial) ausgewählt werden können. Mithilfe eines solchen Kontrollmechanismus würde man sowohl das unmittelbare Risiko als auch die negativen Auswirkungen auf den Ruf des Unternehmens verhindern.

13.3.2 Beispiele: Kontrollen im Produktionsmanagement

Erforderliches Wissen nachweisen

Die FDA-Relevanz der IT-gestützten Prozesse, die die Entstehung von Lebens- und Arzneimitteln sowie von medizinischen Geräten steuern, bedarf keiner weiteren Kommentare. In der Phase der Produktentstehung kommen mehrere Kontrollmechanismen zum Einsatz, beispielhaft sei hier die Überwachung des Kenntnisstands des Produktionspersonals genannt. Alle Produktionsprozesse werden in der Lifesciences-Industrie durch sogenannte Standardverfahrensanweisungen (*Standard Operation Procedures, SOP*) beschrieben. Diese Anweisungen werden permanent aktualisiert, und die Führungskräfte sind dafür verantwortlich, dass das Personal, das die

Anlagen bedient, immer auf dem aktuellen Kenntnisstand dieser Anweisungen ist. Auch im Übrigen muss sichergestellt sein, dass das Personal an den geplanten Schulungsmaßnahmen teilgenommen hat.

Risiken und Kontrollziele

Sollten Mitarbeiter in der Herstellung der chemischen Komponenten, der galenischen Produktion oder der Verpackung von Medikamenten nicht regelmäßig die erforderlichen Schulungsmaßnahmen bezüglich der guten Herstellungspraxis absolvieren, würde das Risiko entstehen, dass die FDA-relevanten Produkte von unqualifiziertem Personal nicht konform hergestellt werden und dass diese Produkte die Gesundheit der Verbraucher gefährden können. SAP ERP Human Capital Management (SAP ERP HCM) ist so konfiguriert, dass die Schulung der Mitarbeiter geplant werden kann; der erfolgreiche Abschluss einer Schulung wird in SAP registriert. Die Erfüllung der entsprechenden Kontrollziele spricht unmittelbar folgende gesetzliche Bestimmungen an: 21 CFR Parts 210 und 211 für die Pharmaindustrie, 211.25 Paragrafen a) und b) Organisation und Personal.

Zur Erfüllung dieses Kontrollziels kann die Teilnahme des Personals an vorgeschriebenen Schulungen vom Produktionsverantwortlichen mittels Auswertungen von relevanten Daten in SAP ERP HCM überwacht werden. Diese Kontrollen ermöglichen es, frühzeitig Maßnahmen zu ergreifen, falls Mitarbeiter nicht an den Schulungen teilgenommen haben.

13.3.3 Beispiele: Kontrollen im Qualitätsmanagement

Regelmäßig die Qualität überprüfen

Qualitätsmanagement ist per se eine der wichtigsten Funktionen zur Sicherstellung der Patientensicherheit. Als eine der möglichen Kontrollen sei beispielhaft *das Prüfintervall* genannt: Sowohl Rohstoffe als auch Erzeugnisse werden in SAP als Materialstammsätze geführt. In SAP Quality Management können *regelmäßige Qualitätsprüfungen* von Materialien angestoßen werden, die durch das Prüfintervall (oder *Inspektionsintervall*: die Zeit zwischen zwei wiederkehrenden Qualitätskontrollen in Tagen) im Materialstammsatz gesteuert werden.

Risiken und Kontrollziele

Werden Komponenten mit überfälliger Qualitätskontrolle für die Arzneimittelproduktion verwendet, besteht die Gefahr, dass Ergebnisprodukte ein Gesundheitsrisiko darstellen. Die FDA-Anforderungen und Regeln verlangen die Durchführung einer angemessenen Qualitätsprüfung in regelmäßigen Zeitabständen, um eine durchgängige Qualität sicherzustellen. Um die Verwendung von überaltertem oder kontaminiertem Material zu vermeiden und um den gesetzlichen Anforderungen (21 CFR Parts 210 und 211 für die Pharmaindustrie, 211.87 Wiederholungsprüfung von zugelassenen Komponenten; 21 CFR Part 820 für Medizingeräte, 820.72 Inspektion,

Teil a)) Genüge zu tun, sind in SAP Kontrollmechanismen erforderlich, die das Vorhandensein der notwendigen Informationen über das Prüfintervall im Materialstammsatz (Tage des Zeitraums bis zur nächsten Qualitätsprüfung des Materials) kontrollieren.

13.3.4 Beispiele: Kontrollen in der Instandhaltung

Anlagen pflegen

Mithilfe der SAP-Komponente Instandhaltung (Enterprise Asset Management, EAM, früher Plant Maintenance, PM) werden unter anderem Maßnahmen gesteuert, die in Form von Reinigungen oder sonstigen Instandhaltungsmaßnahmen die Herstellungsanlagen und Maschinen im FDA-konformen Zustand aufrechterhalten. Solche Vorgänge werden in SAP nicht nur geplant, sondern deren tatsächlich stattgefundene Durchführung wird in EAM registriert.

Risiken und Kontrollziele

Die Verlängerung des Zeitraums zwischen zwei geplanten Reinigungen oder anderen Instandhaltungsmaßnahmen (zum Beispiel aus Einsparungsgründen) kann einen Einfluss auf die Qualität der mit diesen Anlagen hergestellten Arznei- oder Nahrungsmittel haben. Deshalb ist es wichtig, die Änderung solcher Daten zu überwachen. Eine ordnungsgemäße Durchführung von Reinigungs- und Instandhaltungsmaßnahmen wird in 21 CFR Parts 210 und 211 für die Pharmaindustrie, 211.67 Paragrafen a) und b2), Anlagen gesetzlich vorgeschrieben. Eines der möglichen Kontrollszenarien in SAP wäre die Überwachung der zeitgerechten Durchführung von geplanten Maßnahmen. Die Abstimmung der Reinigungs- und Instandhaltungszyklen mit dem Instandhaltungskalender kann mittels Auswertung entsprechender Konfigurationsdaten automatisiert werden.

13.3.5 Beispiele: Kontrollen zur Chargenrückverfolgbarkeit

Produkthistorie gewährleisten

Im Fall von Produktreklamationen sowie beim Aufkommen von Fragen bezüglich der Produktsicherheit etc. ist es wichtig, die Zusammensetzung von Halbfabrikaten und Fertigprodukten über alle Produktionsstufen hinweg zu dokumentieren, um bei Bedarf einen Nachweis erbringen zu können. In SAP werden die hergestellten Produkte in *Chargen* zusammengefasst, und die Historie einer Charge wird in der *Batch-where-used-Liste* festgehalten. Diese verfolgt, wie eine Charge angelegt und über die verschiedenen Stufen der Produktion verarbeitet wird. Die Batch-where-used-Liste wird benötigt, um herauszufinden, bei der Produktion welcher Charge eine andere Charge verwendet wurde oder aus welchen anderen Chargen eine Charge produziert wurde.

Risiken und Kontrollziele

Wird die Batch-where-used-Liste oft geändert, können die Warenbewegungen nur schwierig verfolgt werden, was in inkonsistenten Warenbewegungsdatensätzen resultiert. Um die Chargenrückverfolgbarkeit zu gewährleisten, bedarf es Kontrollmechanismen, für die die gesetzlichen Bestimmungen in 21 CFR Parts 210 und 211 für die Pharmaindustrie, 211.188 Chargenproduktion und Kontrollsätze, 211.192 Produktionsdatenüberwachung relevant sind.

Einer der möglichen Kontrollmechanismen ist die Überwachung von Änderungen der Batch-where-used-Liste. Vielleicht erinnern Sie sich an dieser Stelle an die Funktionalitäten, die Abschnitt 7.2, »Kontrollen für die datenbezogene Nachvollziehbarkeit«, beschrieben wurden und die die Nachvollziehbarkeit von Änderungen in SAP sicherstellen. So kann man zum Beispiel eine Änderung oder die Häufigkeit von Änderungen der Batch-where-used-Liste überwachen.

Eine weitere mögliche Kontrolle ist die Überprüfung einer übergreifenden Einstellung in SAP: Die Funktion der Batch-where-used-Liste muss in der SAP-Konfiguration zuerst aktiviert werden, und jegliche Änderungen der entsprechenden Einstellungen können regelmäßig ausgewertet werden.

13.3.6 Beispiele: Kontrollen in Lagerverwaltungsprozessen

Lagerentnahmestrategien

SAP-gestützte Lagerverwaltungsprozesse sind FDA-relevant, da die Konfiguration der zulässigen *Lagerentnahmestrategien* direkten Einfluss auf das Alter der ausgelieferten Produkte hat und Medikamente in aller Regel einem Alterungsprozess unterliegen, der ihre Wirkung auf die Patienten beeinflusst. Außerdem wird in vielen Betrieben der pharmazeutischen bzw. Medizingeräteindustrie die Sterilisierung der Produkte erst unmittelbar vor der Auslieferung im Lager durchgeführt und dadurch – obwohl es sich eigentlich um einen Produktionsschritt handelt – zu einem Teil des Lagerverwaltungsprozesses. Welche Lagerentnahmestrategien werden mit der SAP-Komponente Warehouse Management unterstützt? Die Organisation des Warenflusses kann folgende Standardstrategien verwenden:

- First In – First Out (FIFO)
- Last In – First Out (LIFO)
- First Expired – First Out (FEFO)
- Anbruchmengen zuerst

Die erste Strategie in dieser Liste wird aus FDA-Compliance-Gesichtspunkten bevorzugt.

Risiken und Kontrollziele

Der Ablauf des Haltbarkeitsdatums ist ein schwerwiegendes Problem in der Lifesciences-Industrie, da mit zunehmendem Alter die Potenz der Wirkstoffe nachlässt und eventuell schädliche Zerfallsprodukte entstehen können. Die Gefahr besteht nicht nur für die Patientensicherheit, sondern auch für das Markenimage und das Image der gesamten Herstellerfirma. Die Verwendung der Entnahmestrategie FIFO kann bewirken, dass älteste Materialien im Lager zuerst entnommen werden, was wiederum sicherstellt, dass das ältere Material nicht liegen bleibt und das Haltbarkeitsdatum überschritten wird. Die relevanten gesetzlichen Bestimmungen sind:

- 21 CFR Parts 210 und 211 für die Pharmaindustrie, 211.150 Warenverteilungsverfahren
- 21 CFR Part 820 für Medizingeräte, 820.150 Lagerung, 820.160 Warenverteilung

Die Überwachung der Konfigurationseinstellungen, die die Verwendung der FIFO-Entnahmestrategie bestimmen, kann den genannten Risiken entgegenwirken.

FEFO

Alternativ zu FIFO kann in SAP die Entnahmestrategie nach Resthaltbarkeit *First Expired – First Out* verwendet werden, die sich nach der kürzesten verbleibenden Haltbarkeit richtet (das Feld SLED, Shelf Life Expiration Date, ist dabei ausschlaggebend). Diese Strategie ist sogar sicherer als FIFO, da bei einer Rücklieferung eines Materials das Datum des Wareneingangs (maßgeblich für FIFO) eventuell überschrieben wird, während das Haltbarkeitsdatum nicht geändert wird.

13.4 FDA-Compliance bei Systempflege, -aktualisierung und -änderung aufrechterhalten

Wie bereits in Abschnitt 13.2.2, »Kontrollen in Implementierungsprozessen«, erwähnt, stellt jede Änderung eines validierten Systems eine Herausforderung für die Verantwortlichen dar, da unter FDA-Bestimmungen nachgewiesen werden muss, dass das System trotz der Änderung weiterhin die erwarteten Ergebnisse liefert. Die FDA schreibt in Abschnitt 5.8 ihrer »Anleitung für die Industrie« zu Part 11 des 21 CFR *Change Control,Configuration Management*:

- **Aufzeichnung von Änderungen**
  Es sollten Systeme vorhanden sein, die Änderungen verfolgen und den Aufwand an Revalidierung evaluieren können, der durch Änderungen notwendig wird. Der Aufwand der Revalidierung hängt von der Art der

Änderung, dem Umfang und der potenziellen Auswirkung auf das validierte System und den etablierten Betriebsbedingungen ab. Änderungen, die dazu führen, dass das System außerhalb der vorher validierten Betriebsgrenzen arbeitet, sind besonders signifikant.

- **Überwachung von Upgrades**
  Upgrades des Herstellers oder Instandhaltungsmaßnahmen, besonders wenn sie remote (zum Beispiel über ein Netzwerk) durchgeführt werden, müssen sorgfältig überwacht werden, da sie Änderungen einführen können, die unbemerkt bleiben und unerwünschte Effekte auf das validierte System haben können. Beispiele für solche Aktivitäten beinhalten die Installation von Platinen mit neuen Versionen von Firmware, das Hinzufügen von neuen Netzwerkkomponenten und von Software-Upgrades, Fixes oder Service Packs. Es ist wichtig, dass die Anwender sich solcher Änderungen ihres Systems bewusst sind.
- **Informationspflicht für Softwarelieferanten**
  Lieferanten müssen angewiesen werden, dass sie die Anwender über die Art solcher Änderungen informieren, um eine Analyse der Änderungen zu ermöglichen und um entsprechende Revalidierungsmaßnahmen einzuleiten.
- **Das Nachtesten der bestehenden Funktionalität**
  Regressionstests werden als besonders wichtig erachtet, um herauszufinden, ob Teile des Systems, die selbst nicht verändert wurden, trotzdem in ihrer Zuverlässigkeit beeinflusst wurden. Zum Beispiel kann neue Software das Verhalten anderer Software im System beeinflussen, sei es durch die Installation neuer Gerätetreiber oder durch das Teilen von Programmcode, der von anderen Komponenten mitgenutzt wird.

Compliance-übergreifende Anforderungen

Aus diesen Ausführungen wird klar, dass die in Kapitel 6, »Generelle IT-Kontrollen in SAP ERP«, und Kapitel 7, »Übergreifende Applikationskontrollen in SAP ERP«, beschriebenen SAP-spezifischen Kontrollmechanismen im Rahmen des Change Managements, der generellen Nachvollziehbarkeit der Systemänderungen und der Sicherheit auch im Bereich FDA eine wichtige Stellung einnehmen. Diese Kontrollmechanismen sind ein gutes Beispiel dafür, wie man bei *Multidomain-Anforderungen* an ein Internes Kontrollsystem (IKS, siehe Abschnitt 18.2.3, »Prozesse«) durch die IKS-Automatisierung Synergien für Bereiche erzielen kann, die eine domain- oder complianceübergreifende Relevanz haben (siehe Abschnitt 19.3.8, »Multiple-Compliance-Framework-Konzept«).

Business Process Impact Analyzer

Um unter anderem zusätzliche FDA-spezifische Anforderungen abzudecken, hat SAP ein Werkzeug entwickelt, das es dem Betreiber erlaubt, die

Geschäftsprozesse, die in seinem System konfiguriert sind, in eine sogenannte »technische Stückliste« aufzulösen. Geschieht dies mit der zu installierenden neuen Software, kann der Betreiber durch Abgleich der beiden technischen Stücklisten die Geschäftsprozesse identifizieren, die durch die neue Software betroffen sind. Sind dabei Prozesse betroffen, die als GxP-relevant eingestuft wurden, sind diese Prozesse einem Regressionstest zu unterziehen. Bei diesem Werkzeug handelt es sich um den *Business Process Change Analyzer*, der Bestandteil des SAP Solution Managers ist (ab SAP Solution Manager 7.0 EHP1). Mit dieser Lösung kann der Revalidierungsaufwand erheblich reduziert werden.

13.5 Resümee

In diesem Kapitel haben Sie einen kurzen Überblick über die spezifischen gesetzlichen Anforderungen an die Hersteller von Arznei- und Nahrungsmitteln erhalten. Zudem haben Sie erfahren, wie diese Bestimmungen im SAP-ERP-Umfeld umgesetzt werden und welche Änderungen SAP S/4HANA für die Validierung mit sich bringt. Im Mittelpunkt dieser Anforderungen steht der Schutz des Verbrauchers, der auf die hohe Qualität der Produkte angewiesen ist.

Am Beispiel von FDA ist deutlich geworden, dass es Anforderungen an SAP-ERP-Systeme gibt, die aus vielen Compliance-Gesichtspunkten Gültigkeit haben: Hierbei handelt es sich um die generellen IT-Kontrollen und die übergreifenden Applikationskontrollen, die ein Fundament in jedem IKS-Framework bilden. Innerhalb dieses Fundaments hat die FDA-Compliance allerdings besonders hohe Standards, die in Form von Validierungsanforderungen zum Ausdruck kommen.

Kapitel 14

Exemplarische effizienz- und wirtschaftlichkeitsorientierte Analyseszenarien in SAP ERP

Geld sparen und Prozesse optimieren sind Ziele im Rahmen des IKS-Prozesses: Diese teils noch ungewohnte Sichtweise wird in diesem Kapitel anhand entsprechender Szenarien in SAP ERP erläutert.

Wie es bereits in Abschnitt 3.1.5, »Struktur der effizienz- und wirtschaftlichkeitsorientierten Kontrollen im SAP-ERP-Umfeld«, beschrieben wurde, lassen sich effizienz- und wirtschaftlichkeitsorientierte Kontrollmechanismen bei der Anwendung auf SAP ERP in vier Schichten unterteilen:

- Kontrollen der Prozesse
- Kontrollen der Stammdatenqualität
- Kontrolle der Benutzereingaben
- Kontrolle des Reportings

An dieser Struktur orientiert sich auch die Darstellung in diesem Kapitel. Hier werden Beispiele für effizienz- und wirtschaftlichkeitsorientierte Kontrollen gezeigt, die sich auf diese vier Schichten beziehen.

Kontrollen bedeuten im Kontext dieses Kapitels in erster Linie Szenarien für *Datenauswertungen*: Die Anwendungsbereiche solcher Analysen reichen von der internen Revision über die Prozessoptimierung bis hin zu Data Governance. In diesem Kapitel erfahren Sie anhand einiger Beispiele, wie Sie die Effizienz und die Wirtschaftlichkeit in SAP-ERP-gestützten Geschäftsprozessen steigern können.

Dieses Kapitel beschäftigt sich inhaltlich vor allem mit technischen Umsetzungsmöglichkeiten, das heißt mit der Implementierung von entsprechenden Analyseszenarien. Das dabei verfolgte Ziel ist es, Ihnen Werkzeuge an die Hand zu geben, um diese Szenarien, basierend auf dem Continuous Monitoring Framework der SAP-Lösungen für GRC 10.0, zu implementieren (siehe Kapitel 20, »Umsetzung von automatisierten Test- und Monitoring-Szenarien«).

14.1 Prozessbezogene Datenauswertungen

Das Prinzip der prozessbezogenen Datenauswertungen unterscheidet sich von Fall zu Fall nur unwesentlich.

SAP-Tabellen verbinden

Im ersten Schritt dieser Auswertungen werden die SAP-Tabellen von Transaktions- und Stammdaten miteinander verbunden. Dies geschieht entweder sofort im SAP-System mithilfe von Querys, oder die Tabellen werden manuell aus dem SAP-System heruntergeladen und dann mit einem der verbreiteten Tabellenverarbeitungs-Tools (Microsoft Excel, Microsoft Access, ACL etc.) verlinkt.

Überprüfung der Daten

Die gleichen Tools werden dann in einem zweiten Schritt auch verwendet, um die Daten auf Anomalitäten hin zu überprüfen. Um in der Lage zu sein, Geschäftsprozesse und Stammdaten auf deren Effizienz, Konsistenz und Ordnungsmäßigkeit hin zu überprüfen, bedarf es folgender Grundvoraussetzungen:

- **Prozessverständnis**
  Verständnis der eigenen Geschäftsprozesse, aber auch von SAP-Best-Practice-Prozessen
- **SAP-Datenstrukturen**
  Verständnis der Datenverarbeitungslogik von SAP und wie diese Daten zu Analysezwecken miteinander verlinkt werden müssen
- **Analysefähigkeit**
  umfassende Kenntnis von und Kompetenz im Umgang mit dem jeweiligen Analyse-Tool (Microsoft Excel, Microsoft Access, ACL etc.)

Analyse optimieren

Auch wenn Ihrem Unternehmen ein oder mehrere Mitarbeiter mit diesen Fähigkeiten bzw. Kenntnissen zur Verfügung stehen, ist es trotzdem wichtig, die Ergebnisse solcher Analysen – zumindest bei der ersten Ausführung – eingehend mit den betroffenen Geschäftsbereichen zu verifizieren. Eine solche Prüfung hat meist zur Folge, dass die Analysen etwas angepasst werden, etwa weil eine Verfeinerung der Selektionskriterien zwecks Eliminierung von False Positives (Fehleinschätzungen) erforderlich ist. Schlussendlich sollten Sie über eine Analyse verfügen, die verlässliche Resultate liefert und sich künftig beliebig wiederholen lässt. Je nach Aufwand der Analyse stellt sich dann natürlich die Frage, inwiefern eine Voll- oder zumindest

Teilautomatisierung solcher Analysen sinnvoll ist (siehe Kapitel 20, »Umsetzung von automatisierten Test- und Monitoring-Szenarien«).

Bei allen nachfolgenden Beispielen geht es jeweils darum, das Prinzip der Kontrolle zu erläutern. Wichtig ist vor allem, die Datenstrukturen der Geschäftsprozesse zu verstehen. Ob bei der Umsetzung von Analyseszenarien eine SAP Query, das manuelle Herunterladen, Microsoft Excel oder ACL verwendet wird, ist sekundär; das Prinzip bleibt bei all diesen Methoden gleich.

Trends und Grundzüge erkennen

Grundsätzlich ist das Ziel solcher Analysen meist nicht, die genaue Anzahl von Ausnahmeerscheinungen zu bestimmen, sondern zu überprüfen, ob die Geschäftsprozesse gewisse Gegebenheiten überhaupt zulassen oder ob gewisse Trends oder Inkonsistenzen zu erkennen sind. Da mit solchen Analysen die Symptome (Ineffizienzen im Prozess, Abweichungen von geplanten oder erwarteten Zielen etc.) identifiziert werden, führen diese Tests häufig zu interessanten Diskussionen oder gar zu weiteren Analysen, bei denen die Ursache identifiziert werden kann.

Im Folgenden werden nun einige Beispiele von effizienz- und wirtschaftlichkeitsorientierten Prozesskontrollen besprochen.

14.1.1 Vergleich von Einkaufsbestelldatum mit dem Wareneingangsdatum

Bei dieser Analyse sollen Bestellpositionen identifiziert werden, die erst kurz vor dem Wareneingang angelegt wurden. Bei den identifizierten Bestellpositionen liegt demnach der Verdacht nahe, dass die Bestellungen veranlasst wurden, ohne eine entsprechende Bestellung im SAP-System erfasst zu haben. Die Bestellung wurde erst im SAP-System erfasst, als der nachfolgende Wareneingang aufgrund der fehlenden Bestellung nicht durchgeführt werden konnte.

Falls Bestellungen außerhalb des SAP-Systems genehmigt wurden, wurde in den identifizierten Bestellvorgängen höchst wahrscheinlich der Genehmigungsprozess umgangen.

SAP Query anlegen

Aufgrund der Komplexität und der Anzahl der Tabellen, die in diese Analyse involviert sind, empfiehlt es sich, eine SAP Query anzulegen (SAP-Transaktion SQVI oder SQ01).

Mit einer SAP Query lassen sich SAP-Tabellen miteinander verbinden, ohne dass der Anwender ABAP-Kenntnisse benötigt. Durch eine weitestgehend grafisch unterstützte Benutzeroberfläche werden Daten direkt im SAP-System zusammengeführt, die danach in Microsoft Excel, Microsoft Access oder ACL etc. weiter ausgewertet werden können. (Am Ende dieses Abschnitts wird noch beschrieben, wie diese Auswertung ohne Query durchgeführt werden kann.)

Abbildung 14.1 zeigt eine grafische Darstellung der Query mit den benötigten SAP-Tabellen sowie deren Struktur.

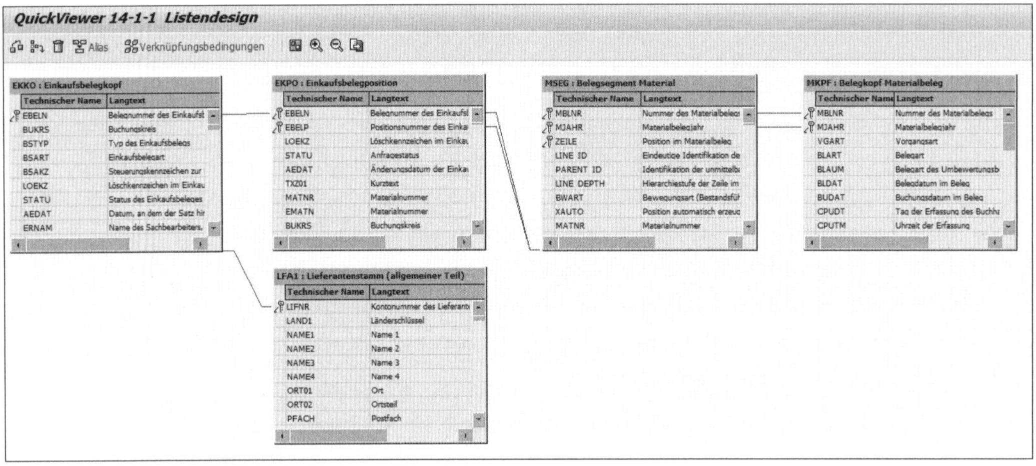

Abbildung 14.1 Grafische Darstellung der SAP Query

Tabellen zusammenfügen

Da die Verbindungen der jeweiligen Tabellen in Abbildung 14.1 nur eingeschränkt zu erkennen sind (ohne deren Eigenschaften), zeigt Tabelle 14.1, wie diese Tabellen zusammengefügt werden müssen.

Tabellen lassen sich grundsätzlich über Felder miteinander verknüpfen. In Tabelle 14.1 finden Sie eine Auflistung, über welche Felder die Tabellen verbunden werden sollen. Zusätzlich müssen Sie bei jeder Verbindung festlegen, ob es sich bei den Verknüpfungseigenschaften um einen Outer- oder um einen Inner-Join handelt.

Tabelle/Feld	Tabelle/Feld	Join
Einkaufsbelegkopf • Einkaufsbelegposition		
EKKO-EBELN	EKPO-EBELN	Inner
Einkaufsbelegkopf • Lieferantenstamm (allgemeiner Teil)		
EKKO-LIFNR	EKKO-LIFNR	Inner

Tabelle 14.1 Verknüpfungen zwischen Tabelle EKPO und weiteren relevanten Tabellen

Tabelle/Feld	Tabelle/Feld	Join
Einkaufsbelegposition • Belegsegment Material		
EKPO-EBELN	MSEG-EBELN	Inner
EKPO-BBELP	MSEG-EBELP	Inner

Tabelle 14.1 Verknüpfungen zwischen Tabelle EKPO und weiteren relevanten Tabellen (Forts.)

[zB]

Outer- oder Inner-Join

Überprüfen Sie beispielsweise, ob Wareneingänge am selben Tag erfasst wurden, an dem die zugehörige Bestellung angelegt wurde, bewirkt der *Inner-Join*, dass Bestellungen ohne Wareneingang in der Analyse nicht aufgelistet werden. Ein *Outer-Join* hingegen würde hier alle Bestellungen auflisten, auch die, zu denen noch gar keine Wareneingänge registriert wurden.

Relevante Felder auswählen

In der SAP Query muss für die ausgewählten Tabellen definiert werden, welche Felder *Listfelder* (Felder, die in der SAP Query als Spaltenkopf aufgeführt und deren Inhalte als Ergebnis aufgelistet werden) und welche Felder *Selektionsfelder* (Felder, die im Selektionsbildschirm vor der Ausführung der jeweiligen Query zur Verfügung stehen sollen) sind. Die Entscheidung kann individuell getroffen werden; dabei können gleiche Felder sowohl als List- als auch als Selektionsfelder definiert sein. So kann zum Beispiel das Feld **Werk** sowohl für die Selektion als auch als Listfeld bei Auswertungsergebnissen relevant sein.

Folgende Datenbanktabellen sind für den Vergleich von Einkaufsbestelldatum und Wareneingangsdatum relevant:

- Tabelle EKKO – Einkaufsbelegkopf
- Tabelle EKPO – Einkaufsbelegposition
- Tabelle LFA1 – Lieferantenstamm (allgemein)
- Tabelle MSEG – Belegsegment Material
- Tabelle MKPF – Belegkopf Materialbeleg

Wenn Sie die Query angelegt, die relevanten Felder bestimmt haben und die Query anschließend ausführen, gelangen Sie zum Selektionsbildschirm in Abbildung 14.2.

Abbildung 14.2 SAP Query – Einkaufsbestelldatum vs. Wareneingangsdatum

Empfohlene Selektionskriterien

Welche Selektionskriterien sollten Sie nun erfassen? Erfahrungsgemäß empfiehlt es sich, neben den Einschränkungen auf organisatorischer Ebene folgende weitere Selektionen vorzunehmen (siehe Tabelle 14.2).

Tabelle/Feld	Beschreibung	Empfohlene Auswahl
EKKO-EBELN	Belegnummer des Einkaufsbelegs	keine Auswahl
EKKO-BUKRS	Buchungskreis	der für die Analyse relevante Buchungskreis
EKKO-BSTYP	Typ des Einkaufsbelegs	Eingabe von »F«, um die Analyse auf Bestellungen einzuschränken
EKKO-BSART	Einkaufsbelegart	für die Analyse relevante Einkaufsbelegarten
EKKO-LOEKZ	Löschkennzeichen im Einkaufsbeleg (Kopf)	Mit der Taste [F2] können Sie die Selektionsoptionen aufrufen und das Symbol auswählen. So wird sichergestellt, dass nur Bestellungen selektiert werden, die nicht gelöscht wurden.

Tabelle 14.2 Empfohlene Selektionskriterien

Tabelle/Feld	Beschreibung	Empfohlene Auswahl
EKKO-AEDAT	Datum, an dem der Satz hinzugefügt wurde	keine Auswahl
EKKO-LIFNR	Kontonummer des Lieferanten	keine Auswahl
EKKO-EKORG	Einkaufsorganisation	für die Analyse relevante Einkaufsorganisationen
EKPO-LOEKZ	Löschkennzeichen im Einkaufsbeleg (Position)	Mit der Taste [F2] können Sie Selektionsoptionen aufrufen und die Option ▤ auswählen. So wird sichergestellt, dass nur Bestellungen selektiert werden, die nicht gelöscht wurden.
EKPO-MATNR	Materialnummer	keine Auswahl
EKPO-WERKS	Werk	für die Analyse relevante Werke
MSEG-BWART	Bewegungsart	Eingabe von »101«, um die Analyse auf Wareneingänge einzuschränken
LFA1-KTOKK	Kontengruppe Kreditor	für die Analyse relevante Kontengruppen der Kreditoren

Tabelle 14.2 Empfohlene Selektionskriterien (Forts.)

Haben Sie diese Query ausgeführt, können Sie die Ergebnisliste in einer lokalen Datei speichern und dann in Microsoft Excel, Microsoft Access oder ACL vergleichen, wann die Bestellung angelegt wurde (Feld EKKO-AEDAT, **Angel. am**) und wann entsprechende Wareneingänge gebucht wurden (Feld MKPF-BUDAT, **Buch. dat.**).

Alternativen für die technische Umsetzung

Falls Sie keine Möglichkeiten haben sollten, um diese Auswertung als SAP Query anzulegen, können Sie die aufgeführten Tabellen (Tabellenverbindung/Struktur) auch manuell über die SAP-Transaktionen SE16 oder SE16N in lokalen Dateien speichern und die einzelnen Tabellen dann in Microsoft Excel, Microsoft Access oder ACL verbinden und auswerten. Wichtig ist dabei, dass Inhalte relevanter Felder der genannten Tabellen vollständig heruntergeladen werden.

Sollte der Bedarf bestehen, die beschriebene Auswertung regelmäßig einzusetzen, und sollte Ihr Unternehmen die SAP-Lösungen für GRC 10.0 einsetzen, bestünde die Möglichkeit, das dargestellte Szenario mithilfe des Continuous Monitoring Frameworks zu automatisieren.

14.1.2 Fristgerechte Freigabe bzw. Anlage von Bedarfsanforderungen und Bestellungen

Vergleich von Transaktionsdaten und Stammdaten

Bei dieser Analyse soll überprüft werden, ob Bedarfsanforderungen zeitnah freigegeben werden, das heißt, es werden Transaktionsdaten (Bedarfsanforderungen, Freigaben) mit Stammdaten (Planungsparametern) verglichen. In der Folge kann so überprüft werden, wie effizient und effektiv der Beschaffungsprozess mit den aufgesetzten Stammdaten harmoniert. Man muss sich allerdings bewusst sein, dass alle Analysen, bei denen Transaktions- mit Stammdaten verglichen werden, darunter leiden können, dass Stammdaten zum Zeitpunkt der Analyse mit Transaktionsdaten aus der Vergangenheit verglichen werden. Sollten Stammdaten, in diesem Fall Planungsparameter (Planlieferzeit, Wareneingangsbearbeitungszeit), angepasst worden sein, nachdem Bedarfsanforderungen und Bestellungen erstellt worden sind, ist die Analyse nicht aussagekräftig.

Allerdings zeigt die Erfahrung, dass dies in den wenigsten Fällen zutrifft. Zudem geht es, wie bereits im vorangehenden Beispiel erwähnt, nicht darum, die genaue Anzahl solcher vorangehenden Fälle zu ermitteln, sondern grundsätzlich darum, einen Eindruck davon zu erhalten, wie effizient und effektiv der Beschaffungsprozess funktioniert. Trotzdem ist es aber auch bei solchen Analysen immer wichtig, die Resultate mit Fachleuten aus den jeweiligen operativen Geschäftsbereichen zu verifizieren.

Rückwärtsterminierung

Diese Analyse basiert auf der Rückwärtsterminierung des SAP-Systems. Vereinfacht dargestellt, arbeitet es so, wie es in Abbildung 14.3 zu sehen ist.

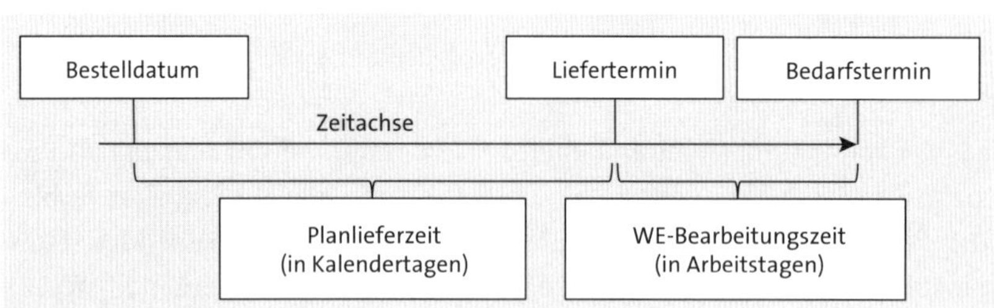

Abbildung 14.3 Bestellungen vs. Bestellanforderungen im Zeitverlauf

Vom Bedarfstermin ausgehend, bestimmt das SAP-System anhand der Wareneingangsbearbeitungszeit den Liefertermin der bestellten Ware. Ausgehend vom Liefertermin, errechnet das SAP-System dann mithilfe der

Planlieferzeit, bis wann die Bestellung spätestens platziert werden muss, damit die Ware termingerecht zur Verfügung steht.

Fristgerechte Freigabe und Anlage

Im ersten Teil dieser Analyse wird getestet, ob die Bedarfsanforderung fristgerecht freigegeben wurde. Dieser Teil ist für Sie nur relevant, wenn Bedarfsanforderungen in Ihrem Unternehmen einer Freigabestrategie unterliegen. Im zweiten Teil wird geprüft, ob die Bestellung fristgerecht angelegt wurde.

Fristgerechte Freigabe der Bestellanforderung

In dieser Analyse werden sogenannte Cluster-Tabellen verwendet. Da solche Tabellen nicht in Querys eingesetzt werden können, müssen die Tabellen erst manuell aus dem SAP-System heruntergeladen und dann in einem zweiten Schritt mithilfe von Microsoft Excel, Microsoft Access oder ACL zusammengeführt und analysiert werden.

Bei der manuellen Tabellenselektion empfiehlt es sich, die Auswahl jeweils als Variante zu sichern, um bei wiederholter Auswertung nicht alle Selektionswerte erneut erfassen zu müssen.

Empfohlene Selektionskriterien – Tabelle EBAN

In Tabelle EBAN (Bedarfsanforderungen) finden Sie sämtliche Informationen, die in einer Bedarfsanforderung enthalten sind. Mit der folgenden Auswahl lassen sich sämtliche Bedarfsanforderungen selektieren, die erfolgreich freigegeben wurden (siehe Tabelle 14.3).

Feld	Beschreibung	Empfohlene Auswahl
BANFN	Banf	keine Auswahl
BNFPO	Banf-Position	keine Auswahl
BSART	Belegart	für die Analyse relevante Belegarten
BSTYP	Belegtyp	Eingabe von »B«, um die Analyse auf Bestellanforderungen einzuschränken
LOEKZ	Löschkennzeichen	Mit der Taste [F2] können Sie die Selektionsoptionen aufrufen und hier das Feld ▤ auswählen. So wird sichergestellt, dass nur Bestellanforderungen selektiert werden, die nicht gelöscht wurden.
STATU	Bearbeitungsstatus	keine Auswahl

Tabelle 14.3 Empfohlene Selektionskriterien für Tabelle EBAN

Feld	Beschreibung	Empfohlene Auswahl
FRGKZ	Freigabekennzeichen	Eingabe von »2«, um die Analyse auf final freigegebene Bestellanforderungen einzuschränken
FRGZU	Freigabezustand	keine Auswahl
FRGST	Freigabestrategie	keine Auswahl
EKGRP	Einkäufergruppe	keine Auswahl
ERNAM	angelegt von	keine Auswahl
TXZ01	Kurztext	keine Auswahl
MATNR	Material	Mit der Taste [F2] können Sie die Selektionsoptionen aufrufen und das Feld ≠ auswählen. So wird sichergestellt, dass nur Bestellanforderungen mit einer Materialnummer selektiert werden. Indirekt werden auf diese Weise Materialien ausgeschlossen, für die diese Analyse weniger sinnvoll ist.
WERKS	Werk	für die Analyse relevante Werke
MENGE	Menge	keine Auswahl
MEINS	Mengeneinheit	keine Auswahl
BADAT	Anforderdatum	keine Auswahl
FRGDT	Freigabedatum	keine Auswahl

Tabelle 14.3 Empfohlene Selektionskriterien für Tabelle EBAN (Forts.)

Nachdem Sie die Transaktion durchgeführt haben, können Sie das Ergebnis in eine lokale Datei (Tabellenkalkulation) herunterladen.

Um den Zeitpunkt zu ermitteln, wann eine Bestellanforderung freigegeben wurde, müssen die jeweiligen Änderungsbelege analysiert werden. Fast jedes Anlegen, Ändern oder Löschen von Daten im SAP-System, seien es Stamm- oder Transaktionsdaten, wird in sogenannten Änderungsbelegen registriert und in den Tabellen CDHDR (Änderungsbelegkopf) und CDPOS (Änderungsbelegposition) gespeichert. Da diese Tabellen für sämtliche Änderungen verwendet werden, ist das Datenvolumen dieser Tabellen entsprechend groß.

Selektion der Änderungsbelege – zwei Wege

Für die Selektion dieser Änderungsbelege gibt es zwei Möglichkeiten, die nachfolgend im Detail beschrieben werden.

Variante A

Bei Variante A wird ein SAP-Standardreport verwendet, bei dem die Tabellen CDHDR (Änderungsbelegkopf) und CDPOS (Änderungsbelegposition) verlinkt sind. Der Nachteil dieser Methode ist, dass Sie für das ausgewählte Änderungsobjekt im ausgewählten Zeitraum sämtliche Änderungen erhalten. Die Selektion nach der Art der Änderungen muss daher, wie nachfolgend beschrieben, in einem zweiten Schritt erfolgen. Rufen Sie hierzu Transaktion SE38 auf, und tragen Sie den Reportnamen RSSCD100 (Änderungsbelege anzeigen) ein.

Neben der Objektklasse und dem Tabellennamen sollten die in Abbildung 14.4 zu sehenden Datumsfelder (**ab/bis**) zur Selektion genutzt werden.

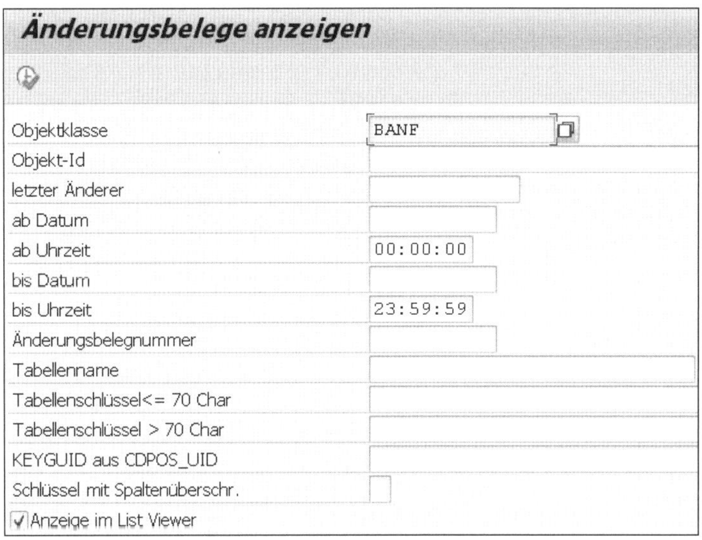

Abbildung 14.4 Auswertung der Änderungsbelege

Haben Sie den Report ausgeführt, sollten Sie mithilfe der Filterfunktion () in der Spalte **Feld** die Liste auf alle Einträge mit dem Wert »FRGZU« beschränken. Diese Selektion begrenzt die Liste auf alle Änderungen, bei denen der Freigabestatus verändert wurde. Das Ergebnis sollte dann in eine lokale Datei (Tabellenkalkulation) heruntergeladen werden.

Variante B

Bei dieser Methode werden die Tabellen CDHDR (Änderungsbelegkopf) und CDPOS (Änderungsbelegposition) manuell heruntergeladen. Folglich müssen diese Tabellen dann auch manuell miteinander verbunden werden. Mit dieser Methode lassen sich aus Tabelle CDPOS direkt bei der Selektion nur die Änderungen selektieren, die den Freigabestatus beeinflussen.

Empfohlene Selektionskriterien

Da fast alle Datenveränderungen (Stamm- und Transaktionsdaten) in den Tabellen CDHDR und CDPOS aufgezeichnet werden, sind sie entsprechend groß. Deshalb ist eine sinnvolle Selektion umso wichtiger. Die Auswahl in Tabelle 14.4 schränkt die Selektion auf sämtliche Änderungsbelege ein, die den Freigabezustand verändert haben.

Feld	Beschreibung	Empfohlene Auswahl
OBJECTCLAS	Änderungsbeleg-objekt	Eintrag von »BANF«, um die Analyse auf Bestellanforderungen einzuschränken
OBJECTID	Objektwert	Je nach Systemkapazität können hier die Bestellanforderungen aus Tabelle EBAN verwendet werden, indem Sie die Bestellanforderungsnummern (Feld BANFN) in die Zwischenablage (Clipboard) kopieren und über die Buttons und **(Einfügen)** in die Auswahl übernehmen. Sollte dies aufgrund der Datenmenge nicht möglich sein, sollten Sie zumindest den Nummernkreis der Bestellanforderungen über die Von-bis-Funktion einschränken.
CHANGENR	Belegnummer	keine Auswahl
TABNAME	Tabellenname	Eingabe von »EBAN«, um die Analyse auf die korrekte Tabelle einzuschränken
TABKEY	Tabellenschlüssel	keine Auswahl
FNAME	Feldname	Eingabe von »FRGZU«, um die Analyse auf Freigabekennzeichen einzuschränken
CHNGIND	Änderungskenn-zeichen	keine Auswahl
VALUE_NEW	neuer Wert	keine Auswahl
VALUE_OLD	alter Wert	keine Auswahl

Tabelle 14.4 Empfohlene Selektionskriterien für Tabellen mit Änderungsbelegen: Schritt 1, Tabelle CDPOS

Nachdem Sie die Transaktion durchgeführt haben, können Sie das Ergebnis in eine lokale Datei (Tabellenkalkulation) herunterladen.

Mit Tabelle CDPOS (Änderungsbelegposition) lassen sich zwar sämtliche Änderungen selektieren, die den Freigabezustand verändert haben, um aber zu analysieren, ob die Freigabe fristgerecht erfolgt ist, wird zusätzlich auch noch die Information benötigt, wann die entsprechende Freigabe erfolgte. Diese Information finden Sie in Tabelle CDHDR (Änderungsbelegkopf).

Empfohlene Selektionskriterien

Mit der Selektion aus Tabelle 14.5 werden sämtliche CDHDR-Tabelleneinträge selektiert, für die zuvor ein CDPOS-Tabelleneintrag identifiziert wurde.

Feld	Beschreibung	Empfohlene Auswahl
OBJECTCLAS	Änderungsbelegobjekt	Eingabe von »BANF«, um die Analyse auf Bestellanforderungen einzuschränken
OBJECTID	Objektwert	Sollte es die Systemkapazität nicht zulassen, dass über das Feld CHANGENR selektiert werden kann, sollten hier alternativ die Bestellanforderungsnummern aus Tabelle EBAN verwendet werden. Dies ist möglich, indem Sie die Bestellanforderungsnummern (Feld BANFN) in die Zwischenablage (Clipboard) kopieren und über die Buttons und (**Einfügen**) in die Auswahl übernehmen.
CHANGENR	Belegnummer	Je nach Systemkapazität können hier die Änderungsbelege aus Tabelle CDPOS verwendet werden, indem Sie die Änderungsbelegnummern (Feld CHANGENR) in die Zwischenablage (Clipboard) kopieren und über die Buttons und (**Einfügen**) in die Auswahl übernehmen. Sollte dies aufgrund der Datenmenge nicht möglich sein, wird hier keine Auswahl vorgenommen.
USERNAME	Name	keine Auswahl
UDATE	Datum	keine Auswahl
UTIME	Zeit	keine Auswahl
TCODE	Transaktion	keine Auswahl

Tabelle 14.5 Empfohlene Selektionskriterien für Tabellen mit Änderungsbelegen: Schritt 2, Tabelle CDHDR

Tabellen CDHDR und CDPOS

Die Tabellen CDHDR und CDPOS lassen sich über die Änderungsbelegnummer (Feld CHANGENR) eindeutig miteinander verknüpfen. Dabei empfiehlt es sich, zusätzlich das Feld UDATE (Datum) aus Tabelle CDHDR mit Tabelle CDPOS zu verlinken. Zusätzlich kann es sinnvoll sein, das Feld USERNAME (Name) ebenfalls in Tabelle CDPOS verfügbar zu machen.

Ungeachtet dessen, ob Sie die Änderungsbelege mit Variante A oder B heruntergeladen haben, müssen nun folgende Schritte ausgeführt werden:

1. In der Spalte **Neue Werte** (VALUE_NEW) müssen sämtliche Leerzeichen gelöscht werden. Hierzu verwenden Sie am besten die Funktion **Alle Ersetzen** (Tastenkombination [Strg] + [H]).
2. Die Spalte **Neue Werte** (VALUE_NEW) sollte absteigend sortiert werden.
3. Die Spalte **Datum** (UDATE) sollte absteigend sortiert werden.

Diese Schritte stellen sicher, dass die zuletzt erfolgte Freigabe selektiert wird.

Vergleich

Um nun die effektive Freigabe der Bestellanforderungen (Feld UDATE) mit dem Datum abzugleichen, an dem die Bestellanforderung spätestens hätte freigegeben werden müssen, vergleichen Sie das Feld UDATE (Änderungsdatum) aus der Änderungstabelle (Tabelle CDPOS oder CDHDR) mit dem Feld FRGDT (Freigabedatum) aus der Bestellanforderungstabelle (Tabelle EBAN).

Fristgerechtes Anlegen der Bestellung

SAP Query anlegen

Bei dieser Analyse empfiehlt es sich wieder, eine Query anzulegen (Transaktion SQ01 oder SQVI), um die Tabellen EKKO, EKPO, EKET und MARC miteinander zu verbinden (siehe Abbildung 14.5).

Da die Verbindungen der jeweiligen Tabellen in Abbildung 14.5 nur eingeschränkt zu erkennen sind, finden Sie in Tabelle 14.6 eine Auflistung, über welche Felder diese Tabellen miteinander verknüpft werden können. Zusätzlich müssen Sie bei jeder Verbindung festlegen, ob es sich um einen Outer- oder Inner-Join handelt.

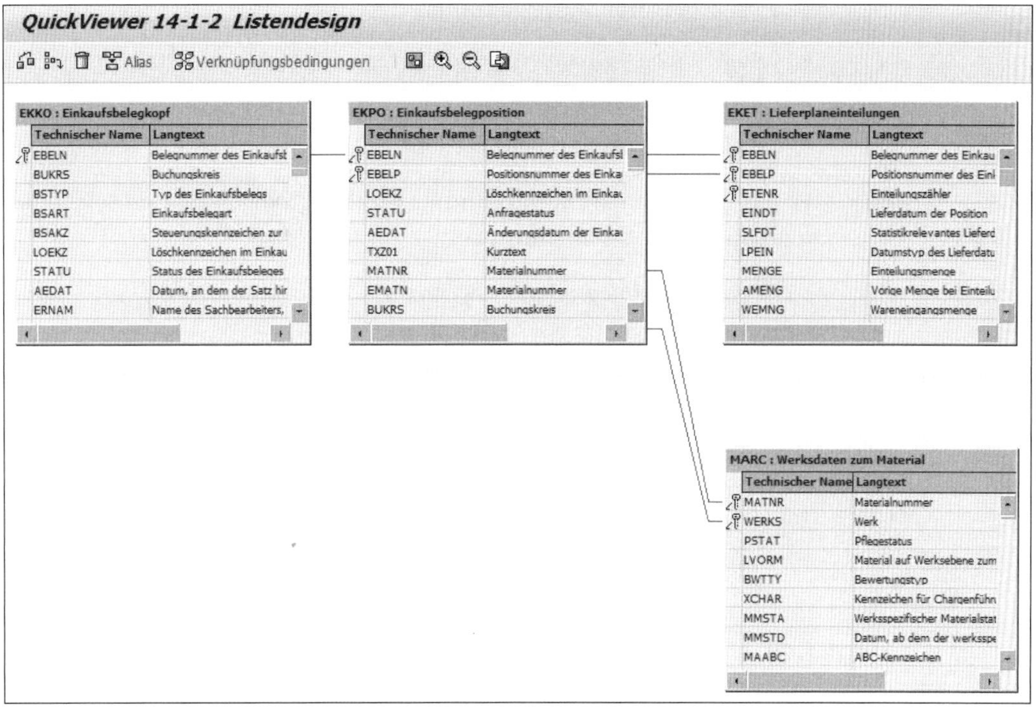

Abbildung 14.5 SAP Query – fristgerechtes Anlegen einer Bestellung

Tabelle/Feld	Tabelle/Feld	Join
Einkaufsbelegkopf • Einkaufsbelegposition		
EKKO-EBELN	EKPO-EBELN	Inner
Einkaufsbelegposition • Werksdaten zum Material		
EKPO-MATNR	MARC-MATNR	Inner
EKPO-WERKS	MARC-WERKS	Inner
Einkaufsbelegposition • Lieferplaneinteilung		
EKPO-EBELN	EKET-EBELN	Inner
EKPO-EBELP	EKET-EBELP	Inner

Tabelle 14.6 Verlinkung der Tabellen zur Auswertung der Bestellungen

Relevante Tabellen

Die einzelnen Felder, die in die Query einbezogen werden, können, je nach individuellen Bedürfnissen, den folgenden Tabellen entnommen werden:

- Tabelle EKKO – Einkaufsbelegkopf
- Tabelle EKPO – Einkaufsbelegposition
- Tabelle MARC – Werksdaten zum Material
- Tabelle EKET – Lieferplaneinteilung

Selektion

Ist die Query einmal angelegt und ausgeführt, gelangen Sie zum Selektionsbildschirm (siehe Abbildung 14.6).

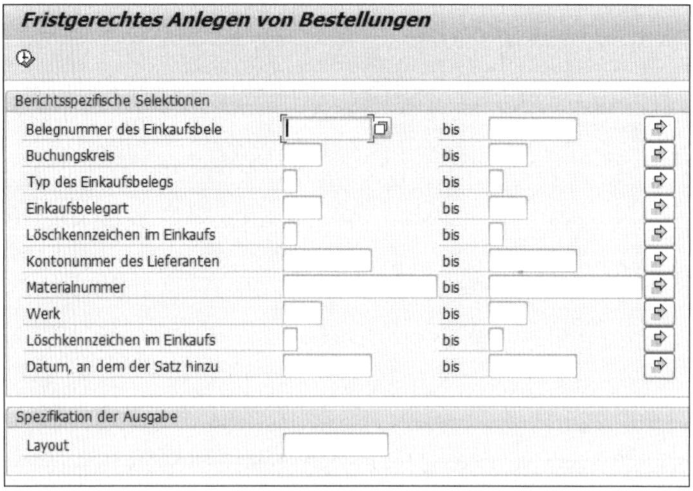

Abbildung 14.6 SAP Query »Fristgerechtes Anlegen von Bestellungen«

Empfohlene Selektionskriterien

Folgende Selektionskriterien sind zu empfehlen (siehe Tabelle 14.7):

Tabelle/Feld	Beschreibung	Empfohlene Auswahl
EKKO-EBELN	Belegnummer des Einkaufsbelegs	keine Auswahl
EKKO-BUKRS	Buchungskreis	für die Analyse relevante Buchungskreise
EKKO-BSTYP	Typ des Einkaufsbelegs	Eingabe von »F«, um die Analyse auf Bestellungen einzuschränken
EKKO-BSART	Einkaufsbelegart	für die Analyse relevante Einkaufsbelegarten

Tabelle 14.7 Empfohlene Selektionskriterien bei der Auswertung von Bestellungen (Tabelle EKKO)

Tabelle/Feld	Beschreibung	Empfohlene Auswahl
EKKO-LOEKZ	Löschkennzeichen im Einkaufsbeleg (Kopf)	Mit der Taste [F2] können Sie die Selektionsoptionen aufrufen und das Feld [=] auswählen. So wird sichergestellt, dass nur Bestellungen selektiert werden, die nicht gelöscht wurden.

Tabelle 14.7 Empfohlene Selektionskriterien bei der Auswertung von Bestellungen (Tabelle EKKO) (Forts.)

14.1.3 Zeitspanne zwischen Bestelleingang und Bestätigung des Kundenauftrags

Wird im SAP-System ein Verkaufsauftrag erfasst, werden in den Kopfdaten des Verkaufsbelegs in der Regel die Bestellnummer sowie das Bestelldatum des Kunden verzeichnet. Somit lässt sich auswerten, wie lange es dauert, bis ein Kundenauftrag im SAP-System bestätigt wurde. Durch die Erfassung des Kundenauftrags wird im System die Verfügbarkeit des Kundenbedarfs geklärt und entsprechend bestätigt. Sowohl für den Kunden als auch für die interne Bedarfsplanung ist es daher wichtig, dass Kundenaufträge möglichst effizient abgearbeitet werden.

Empfohlene Selektionskriterien – Tabelle VBAK

Für diese Auswertung wird lediglich eine Tabelle benötigt. Eine sinnvolle Auswahl der Felder sieht wie folgt aus (siehe Tabelle 14.8).

Feld	Beschreibung	Empfohlene Auswahl
VBELN	Verkaufsbeleg	keine Auswahl
ERDAT	Erstelldatum	Hier können Sie den Zeitraum der zu analysierenden Verkaufsbelege festlegen (zum Beispiel ein Jahr oder Quartal).
ERNAM	Benutzername der Person, die den Verkaufsbeleg angelegt hat	keine Auswahl
VBTYP	Vertriebsbelegtyp	Eingabe von »C«, um die Analyse auf Verkaufsaufträge einzuschränken

Tabelle 14.8 Empfohlene Auswahl in Tabelle VBAK (Verkaufsbeleg Kopfdaten)

Feld	Beschreibung	Empfohlene Auswahl
AUART	Verkaufsbelegart	für die Analyse relevante Verkaufsbelegarten
NETWR	Nettowert des Verkaufsauftrages in Belegwährung	keine Auswahl
WAERK	Belegwährung	keine Auswahl
VKORG	Verkaufsorganisation	für die Analyse relevante Verkaufsorganisationen
VTWEG	Vertriebsweg	für die Analyse relevante Vertriebswege
SPART	Sparte	für die Analyse relevante Sparten
VKGRP	Verkäufergruppe	für die Analyse relevante Verkäufergruppen
VKBUR	Verkaufsbüro	für die Analyse relevante Verkaufsbüros
GSBER	Geschäftsbereich	für die Analyse relevante Geschäftsbereiche
BSTNK	Bestellnummer des Kunden	keine Auswahl
BSARK	Bestellart des Kunden	keine Auswahl
BSTDK	Bestelldatum des Kunden	keine Auswahl
KUNNR	Kundennummer	keine Auswahl

Tabelle 14.8 Empfohlene Auswahl in Tabelle VBAK (Verkaufsbeleg Kopfdaten) (Forts.)

Um nun die Zeitspanne vom Bestelldatum des Kunden bis zur Verkaufsauftragserfassung auszuwerten, müssen die Felder BSTDK (Bestelldatum des Kunden) und ERDAT (Erstelldatum) verglichen werden. Die errechnete Zeitspanne kann mit der erwähnten Feldauswahl noch weiter verfeinert werden, indem man beispielsweise vergleicht, ob sich je nach Bestellart des Kunden oder zwischen den Verkaufsorganisationen wesentliche Unterschiede ergeben.

Diese im Vergleich zu den vorangegangenen Beispielen eher einfache Analyse veranschaulicht besonders deutlich, wie effektiv und effizient Prozesse getestet werden können.

14.1.4 Zehn weitere Beispiele möglicher datenbasierter Prozessanalysen

Verständnis der Prozesse und Datenmodelle

In diesem Abschnitt haben Sie einige Beispiele kennengelernt, wie anhand der Auswertung von Daten im SAP-ERP-System ausgewählte effizienzrelevante Sachverhalte in Geschäftsprozessen beurteilt werden können. Die Vielfalt der Geschäftsprozesse ist nahezu unendlich. Um die Geschäftsprozesse kritisch beurteilen zu können, ist sowohl Prozess-Know-how als auch ein tiefes Verständnis der Datenmodelle erforderlich.

Nachfolgend haben wir für Sie in Stichworten einige weitere Beispiele datenbasierter Prozessanalysen zusammengefasst:

- Zeitspanne zwischen Rechnungseingang und Rechnungserfassung
- geplante Wareneingangsbearbeitungszeit im Vergleich zu der tatsächlichen Wareneingangsbearbeitungszeit
- Analyse von Mengen-/Termintreue von Lieferantenlieferungen
- Auswertung von Auftragsgründen in Kundengutschriften: Muster bei
  - Benutzer (Erfasser)
  - Datum der Erfassung (beispielsweise Anfang oder Ende einer Berichtsperiode)
- Materialliegezeiten (bei batchgeführten Materialien)
- Umgehung der Freigabestrategie
- vorhersehbare Abweichungen zwischen Einkaufsbestellpreis und Materialstandardpreis (Einkaufsbestellpreisabweichung)
- Transferpreisvalidierung
- fehlende Scans von Rechnungen
- Bestellpreis- und Lieferzeitentwicklung

14.2 Analyse der Stammdatenqualität

Mangelnde Stammdatenqualität als Fehlerquelle

Fehlende, fehlerhafte oder inkonsistente Stammdaten führen dazu, dass Prozesse nicht einwandfrei funktionieren und Standardauswertungen keine verlässlichen Informationen enthalten. Deshalb hat die Qualität der Stammdaten einen sehr hohen Stellenwert. Die folgenden Beispiele sollen zeigen, wie Sie die Qualität der Stammdaten mithilfe einfacher Methoden beurteilen können.

Wie bereits in Abschnitt 8.2.2, »Feldstatusgruppen«, erwähnt, kann die Konfiguration der Feldstatusgruppen als präventive Kontrolle wichtigen Einfluss auf die Qualität der Stammdaten nehmen.

14.2.1 Qualität der Kundenstammdaten

Es gibt zahlreiche Faktoren, die direkten Einfluss auf den Unternehmenserfolg haben, wie zum Beispiel die Qualität der Produkte, die Produktionskapazität, die Stärke des Vertriebs etc. Dabei gibt es auch Faktoren, die Sie mithilfe der Datenanalysen kritisch überprüfen können. So nimmt die Qualität der Kundenstammdaten unmittelbar Einfluss auf umsatzrelevante Vorgänge eines Unternehmens und kann folglich den Unternehmenserfolg direkt beeinflussen.

Relevante Tabellen

Die wichtigsten Tabellen für die Analyse von Kundenstammdaten sind im Folgenden aufgelistet. Die Auswahl der Felder für die Analyse kann sich unterscheiden, je nachdem, ob oder wie die Prozesse/Felder bei der Analyse verwendet werden.

- Tabelle KNA1 – Kundenstamm (allgemeiner Teil)
- Tabelle KNB1 – Kundenstamm (Buchungskreis)
- Tabelle KNVV – Kundenstamm Vertriebsdaten

Wichtige Analysen

In der Praxis gibt es einige typische Auswertungsszenarien, mit deren Hilfe zum Beispiel duplizierte Kundenstammdaten identifiziert oder die Vollständigkeit der Pflege von Adressdaten (Ort, Postleitzahl etc.) beurteilt werden kann. Die wichtigsten dieser Analysen sind im Folgenden aufgeführt.

- **Duplizierte Kundenstammdaten**
  Bei dieser Analyse ist zu überprüfen, ob innerhalb einer Kontengruppe (KTOKD) Kunden dupliziert wurden. Für diese Analyse sollten folgende Felder verlinkt werden:
  - KTOKD (Kontengruppe)
  - NAME1 (Adresszeile 1: Name 1)
  - NAME2 (Adresszeile 2: Name 2)
  - STRAS (Straße)
  - PSTLZ (Postleitzahl)
  - ORT01 (Ort)

Um sicherzustellen, dass auch ähnliche Namen und Straßen als Duplikate erkannt werden, sollten Sie von den Feldern NAME1 (Adresszeile 1: Name 1), NAME2 (Adresszeile 2: Name 2) und STRAS (Straße) jeweils nur die ersten fünf bis acht Zeichen verwenden. Anderenfalls werden minimale Unterschiede, wie beispielsweise bei Straße/Str. oder Ltd/Ltd., als unterschiedliche Werte interpretiert.

- **Einheitliche Pflege der Kundenadressdaten**
  Hier kann beispielsweise überprüft werden, ob es Kunden gibt, bei denen die Felder ORT01 (Ort), PSTLZ (Postleitzahl), TELF1 (Telefon), SORTL (Sortieren) oder STCD1 (Steuernummer 1) nicht oder uneinheitlich gepflegt sind.

  Bei folgenden Feldern können Sie beispielsweise überprüfen, ob das Format (Länge etc.) der Einträge innerhalb des jeweiligen Landes einheitlich ist: PSTLZ (Postleitzahl), TELF1 (1. Telefonnummer) oder STCD1 (Steuernummer 1).

  Bei einigen Ländern gibt es innerhalb des Landes unterschiedliche Telefonnummern- oder Postleitzahlenformate; hier kann diese Analyse daher nicht verwendet werden. Bei den meisten Ländern sollte diese Auswertung aber durchgeführt werden können.

- **Richtigkeit des Abstimmkontos**
  Hier überprüfen Sie, ob das Abstimmkonto innerhalb einer Kontengruppe konsistent gepflegt ist. Das Feld **Kontengruppe** stammt aus Tabelle KNA1 und muss mit Tabelle KNB1 über das Feld KUNNR (Kundennummer) verbunden werden. Innerhalb einer Kontengruppe wird in der Praxis oft jeweils dasselbe Abstimmkonto verwendet. Anderenfalls werden die Verkaufsumsätze nicht korrekt verbucht.

  In der Regel ist ein Abstimmkonto immer gepflegt – bei der Konfiguration der Feldstatusvarianten im SAP-ERP-Standard ist das entsprechende Feld als Mussfeld definiert. Die Richtigkeit eines Abstimmkontos kann darüber hinaus plausibilisiert werden, indem Sie zum Beispiel das Abstimmkonto im Zusammenhang mit dem Land des Kunden auswerten. So wäre beispielsweise bei einem Unternehmen in den USA ein Kunde aus Deutschland mit dem Abstimmkonto »Forderungen Inland« eindeutig eine Fehlkonstellation, die es zu korrigieren gilt.

- **Fehlende oder fehlerhafte Incoterms**
  Hier überprüft man, ob die Incoterms innerhalb der relevanten Kontengruppe korrekt gepflegt sind. Das Feld **Kontengruppe** stammt aus Tabelle KNA1 und muss mit Tabelle KNVV über das Feld KUNNR verbunden werden.

- **Abstimmung der Zahlungsbedingungen zwischen Buchungskreis und Verkaufsorganisation**
  Für diese Analyse werden die Zahlungsbedingungen (Feld ZTERM) aus Tabelle KNB1 mit Tabelle KNVV verglichen. Hierzu ist es wichtig zu verstehen, wie die Zuordnung von Buchungskreis zu Verkaufsorganisation aussieht. Diese Zuordnung kann mit Transaktion OVX3 überprüft werden.

  Das Stammdatenkonzept kann durchaus auch vorsehen, dass die Zahlungsbedingungen zwischen Buchungskreis und Verkaufsorganisation nicht abgestimmt sein müssen. In der Regel ist dies allerdings der Fall.

14.2.2 Produzierte Materialien ohne Stückliste

Bei dieser Auswertung sollen Materialien identifiziert werden, die gemäß dem Beschaffungskennzeichen im Materialstamm (E = Eigenfertigung) im Werk hergestellt werden, zu denen aber keine Stückliste hinterlegt ist. Zwar gibt es im SAP-ERP-System die Möglichkeit, dass Herstellteile auch ohne Stückliste kalkuliert werden können – diese Fälle sollten sich jedoch über das Sonderbeschaffungskennzeichen in der Kalkulationssicht identifizieren lassen. In der Regel wird aber für die Kalkulation eines Herstellmaterials eine Stückliste verwendet.

Fehlende Stückliste

Fehlt eine Stückliste, kommt es zu Fehlermeldungen in der Kalkulation. Diese Materialien sind demnach entweder noch nicht komplett angelegt oder kurz davor, auf inaktiv gesetzt zu werden. Beides sollte aber im werksspezifischen Materialstatus reflektiert werden, um Fehler in der Kalkulation zu vermeiden.

Für diese Auswertung werden folgende Tabellen benötigt:

- Tabelle MARC – Werksdaten zum Material
- Tabelle MAST – Verbindung Material – Stückliste

Empfohlene Selektionskriterien – Tabelle MARC

Für diese Auswertung müssen mindestens folgende Felder aus Tabelle MARC (Werksdaten zum Material) ausgewählt werden (siehe Tabelle 14.9).

Feld	Beschreibung	Empfohlene Auswahl
MATNR	Material	keine Auswahl
WERKS	Werk	für die Analyse relevante Werke

Tabelle 14.9 Feldauswahl in Tabelle MARC (Werksdaten zum Material)

Feld	Beschreibung	Empfohlene Auswahl
LVORM	Löschvormerkung	Mit der Taste F2 können Sie die Selektionsoptionen aufrufen und das Feld ▤ auswählen. So wird sichergestellt, dass nur Kunden selektiert werden, die keine Löschvormerkung haben.
MMSTA	werksspezifischer Materialstatus	Hier sollten Materialstatus ausgewählt werden, die voraussetzen, dass das Material komplett gepflegt ist.
BESKZ	Beschaffungskennzeichen	Eintrag von »E«, um die Analyse auf produzierte Materialien einzuschränken
SOBSL	Sonderbeschaffungsart	keine Auswahl

Tabelle 14.9 Feldauswahl in Tabelle MARC (Werksdaten zum Material) (Forts.)

Um die Fehlersuche zu erleichtern, könnten weitere organisatorische Felder, wie beispielsweise der Disponent (Feld DISPO), zur Auswahl hinzugefügt werden.

Empfohlene Selektionskriterien – Tabelle MAST

Tabelle MAST (Verbindung Material – Stückliste) ist hinsichtlich der Anzahl der Spalten recht überschaubar; daher muss die Auswahl hier grundsätzlich nicht eingeschränkt werden. Möchten Sie dies trotzdem tun, sollten Sie folgende Felder auswählen (siehe Tabelle 14.10).

Feld	Beschreibung	Empfohlene Auswahl
MATNR	Material	keine Auswahl
WERKS	Werk	für die Analyse relevante Werke
STLAN	Stücklistenverwendung	keine Auswahl

Tabelle 14.10 Auswahl von Tabelle MAST (Verbindung Material – Stückliste)

Um nun festzustellen, ob es Materialien gibt, die in einem Werk entsprechend dem Beschaffungskennzeichen hergestellt werden, müssen Sie überprüfen, ob sämtliche Materialien mit dem Beschaffungskennzeichen »E« auch über einen zugehörigen Eintrag in Tabelle MAST verfügen.

Entweder wurden diese Materialien versehentlich im jeweiligen Werk angelegt oder aber die Stückliste fehlt bei diesen Materialien tatsächlich. Sollte die Stückliste fehlen, sollte dies im werksspezifischen Materialstatus reflektiert sein, anderenfalls würden bei diesen Materialien im nächsten Bewertungslauf Fehler auftreten.

14.2.3 Abstimmung von Materialkosten innerhalb eines Buchungskreises

Materialien, die von einem Werk zu einem anderen Werk innerhalb desselben Buchungskreises umgebucht werden (Umlagerung), müssen in beiden Werken gleich bewertet sein. Ein einfaches Beispiel, wie diese Materialien in den jeweiligen Werken aufgesetzt werden müssen, um die korrekte Materialbewertung zu unterstützen, zeigt Tabelle 14.11. Sie sehen hier, wie sich die Einstellungen im Materialstamm unterscheiden.

Feld im Materialstamm	Werte im Herstellwerk Werk: xx01	Werte im Empfangswerk Werk: xx02
Beschaffungskennzeichen	»E« Eigenfertigung	»F« Fremdbeschaffung
Sonderbeschaffungsart	»50« Standardfertigung	»A1« Umlagerung von Werk xx01
Sonderbeschaffungsart für die Kalkulation	»leer«	»A1« Umlagerung von Werk xx01

Tabelle 14.11 Werte im Materialstamm bei Umlagerungen

Unterschiedliche Bewertungen deuten demnach darauf hin, dass das Material – höchstwahrscheinlich im Empfangswerk – nicht korrekt aufgesetzt ist oder zumindest zum Zeitpunkt der Kalkulation nicht korrekt aufgesetzt war. Zusätzlich könnte es aber auch sein, dass die Preiseinheiten zwischen Herstell- und Empfangswerk nicht miteinander abgestimmt sind (siehe Tabelle 14.12; hier ergibt sich eine Differenz von 0,11 EUR pro Einheit).

Materialbewertung Herstellwerk	Materialbewertung Empfangswerk
EUR 110.11/1 Einheit	EUR 1.10/100 Einheiten
Differenz: EUR 0.11/1 Einheit	

Tabelle 14.12 Beispiel – Bewertungsdifferenzen aufgrund nicht abgestimmter Preiseinheiten

Empfohlene Selektionskriterien – Tabelle MBEW

Für diese Analyse – die Abstimmung von Materialkosten innerhalb eines Buchungskreises – wird Tabelle MBEW (Materialbewertung) benötigt (siehe Tabelle 14.13).

Feld	Beschreibung	Empfohlene Auswahl
MATNR	Material	keine Auswahl
BWKEY	Bewertungskreis	Für die Analyse relevante Bewertungskreise; in der Regel besteht zwischen Bewertungskreis und Werk eine 1:1-Beziehung.
LVORM	Löschvormerkung	Mit der Taste [F2] können Sie die Selektionsoptionen aufrufen und das Feld [=] auswählen. So wird sichergestellt, dass nur Kunden selektiert werden, die keine Löschvormerkung haben.
LBKUM	gesamter bewerteter Bestand	keine Auswahl
SALK3	Wert des gesamten bewerteten Bestandes	keine Auswahl
VPRSV	Preissteuerungskennzeichen	Eingabe von »S«
STPRS	Standardpreis	keine Auswahl
PEINH	Preiseinheit	keine Auswahl

Tabelle 14.13 Auswahl von Tabelle MBEW (Materialbewertung)

Sollten Sie in dieser Tabelle Bewertungsunterschiede gefunden haben, können Sie entweder mit der SAP-Standardtransaktion MB51 oder mit Tabelle MSEG (Belegelement Material) die festgestellten Bewertungsunterschiede weiter untersuchen.

Empfohlene Selektionskriterien – Tabelle MSEG

Tabelle 14.14 zeigt die wichtigsten Selektionskriterien in Tabelle MSEG (Belegelement Material).

Feld	Beschreibung	Empfohlene Auswahl
MBLNR	Nummer des Materialbelegs	keine Auswahl

Tabelle 14.14 Auswahl von Tabelle MSEG (Belegelement Material)

Feld	Beschreibung	Empfohlene Auswahl
MJAHR	Materialbelegjahr	keine Auswahl
ZEILE	Position im Materialbeleg	keine Auswahl
BWART	Bewegungsart	Eingabe von »641« (Umlagerung an Transitbestand)
MATNR	Materialnummer	keine Auswahl
WERKS	Werk	für die Analyse relevante Werke
DMBTR	Betrag in Hauswährung	keine Auswahl

Tabelle 14.14 Auswahl von Tabelle MSEG (Belegelement Material) (Forts.)

Diese Umlagerungsbewegungen erzeugen gleichzeitig eine Eingangsbuchung im empfangenden Werk. Die Werte dieser zwei Buchungen werden aus dem Standardpreis des jeweiligen Werks abgeleitet. Sind die Standardpreise unter den Werken korrekt abgestimmt, unterscheiden sich die Werte nicht zwischen dem sendenden und empfangenden Werk.

14.2.4 Zehn weitere Beispiele möglicher Stammdatenanalysen

In diesem Abschnitt haben Sie einige Beispiele kennengelernt, wie Sie anhand der Auswertung von Stammdaten im SAP-ERP-System Zustände aufdecken können, die einen negativen Einfluss auf Geschäftsprozesse haben können. Nachfolgend haben wir für Sie in Stichworten einige weitere Beispiele zusammengefasst:

- werksübergreifende Abstimmung von Planungsparametern
- Auswertung der Stammdatenduplikate (Material, Kunden, Lieferanten etc.)
- Abstimmung der in Stammdaten definierten Zahlungskonditionen von Lieferanten, die zugleich auch Kunden sind
- Analyse der Korrelation zwischen Kreditlimit und Kreditrisiko (Beispiel: Korrekt ist ein hohes Kreditlimit mit niedrigem Kreditrisiko, nicht korrekt ist ein hohes Kreditlimit mit hohem Kreditrisiko.)
- Identifizierung von fehlenden Stammdatensichten (Material, Kunden, Lieferanten etc.)

- Suche nach fehlenden Einkaufsinfosätzen für eingekaufte Materialien
- Auswertung der Material-Sonderbeschaffungsschlüssel, die auf Werke zeigen, in denen das Material nicht komplett oder gar nicht angelegt ist
- Abstimmung zwischen Dispositionsgruppe und Lieferantenart (intern/extern) des Einkaufsinfosatzes
- fehlende Verkaufs- und Transferpreise für extern und intern verkaufte Materialien

14.3 Manuelle Datenänderungen

Mit diesen Auswertungen soll in Erfahrung gebracht werden, ob und in welcher Häufigkeit Benutzer Daten im SAP-System verändern. Zum einen geht es natürlich darum zu überprüfen, ob die entsprechenden Benutzer berechtigt sind, diese Änderungen vorzunehmen. Zum anderen soll aber vor allem kontrolliert werden, wie häufig solche manuellen Änderungen erforderlich sind.

Änderungsberechtigungen der Benutzer

Ob ein Benutzer technisch dazu berechtigt ist, Daten im SAP-System zu verändern, wird über das jeweilige Benutzerprofil definiert. Wenn Sie allerdings Benutzerprofile auf mögliche Konflikte hin überprüfen, ist das jeweils nur eine Momentaufnahme der Berechtigungen, die dem Benutzer zum Zeitpunkt der Auswertung zugeordnet sind. Bei den Analysen, die hier vorgestellt werden, wird überprüft, welche Daten über einen bestimmten Zeitraum verändert wurden.

Zeitpunkt der Änderungen

Zudem kann es sein, dass ein Benutzer zwar berechtigt ist, Änderungen vorzunehmen, diese Änderungen aber zu einem falschen Zeitpunkt durchgeführt werden. Wenn ein Benutzer beispielsweise Einkaufsbestelltexte verändert, nachdem die Bedarfsanforderung bereits freigegeben wurde, handelt es sich sicherlich um eine zumindest fragwürdige Aktion – obwohl der Benutzer vom Benutzerprofil her autorisiert ist, solche Änderungen durchzuführen.

Änderungstabellen

Bei all diesen Tests wird mit den Änderungstabellen gearbeitet. Sämtliche Datenveränderungen werden in diesen Änderungstabellen registriert – entsprechend groß sind diese Tabellen. Grundsätzlich gibt es zwei Möglichkeiten, um diese Änderungstabellen zu untersuchen (siehe Variante A und B in Abschnitt 14.1.2, »Fristgerechte Freigabe bzw. Anlage von Bedarfsanforderungen und Bestellungen«). In den nachfolgenden Beispielen wird jeweils die Methode mit dem SAP-Standardreport (Variante A) beschrieben.

14.3.1 Veränderungen von Bedarfsanforderungen

Manuelle Anpassung von Planungsparametern

Bei dieser Auswertung soll festgestellt werden, inwiefern und mit welcher Häufigkeit Bedarfsanforderungen manuell angepasst werden müssen. Da Bedarfsanforderungen, basierend auf dem geplanten Bedarf und den zugrundeliegenden Planungsparametern, in der Regel automatisch vom SAP-System generiert werden, kann mithilfe dieser Analyse überprüft werden, wie gut diese Planungsparameter aufgesetzt sind. Idealerweise beschränken sich die manuellen Eingriffe auf ein Minimum. Sollten Sie aber feststellen, dass speziell Mengen- und Terminfelder des Öfteren von Hand angepasst werden müssen, kann dies ein Hinweis darauf sein, dass die Planungsparameter den Planungsprozess nicht ideal unterstützen und es Effizienzsteigerungspotenzial gibt.

Um Änderungen nachzuvollziehen, rufen Sie die SAP-Transaktion SE38 auf und geben den Reportnamen RSSCD100 (Änderungsbelege anzeigen) ein, siehe Abbildung 14.7.

Abbildung 14.7 Auswertung der Änderungsbelege für Bedarfsanforderungen

Empfohlene Selektionskriterien

Tabelle 14.15 zeigt einige Empfehlungen zur Auswahl von Selektionskriterien bei der Auswertung von Änderungen mittels des Reports RSSCD100.

Feld	Beschreibung	Empfohlene Auswahl
Objektklasse	SAP-Datenobjekt	Eingabe von »BANF«, um die Auswertung auf Bedarfsanforderungen einzuschränken
Letzter Änderer	Benutzer-ID des Änderers	keine Auswahl
Ab Datum	von welchem Datum an Änderungen berücksichtigt werden sollen	Hinsichtlich der Tabellengröße ist es wichtig, den Zeitraum der Auswertung sinnvoll einzuschränken.
Ab Uhrzeit	von welcher Uhrzeit an Änderungen berücksichtigt werden sollen	Eingabe von »00:00:00«, um sicherzustellen, dass alle Änderungen innerhalb des ausgewählten Zeitraums berücksichtigt werden
Bis Datum	bis zu welchem Datum Änderungen berücksichtigt werden sollen	Hinsichtlich der Tabellengröße ist es wichtig, den Zeitraum der Auswertung sinnvoll einzuschränken.
Bis Uhrzeit	bis zu welcher Uhrzeit Änderungen berücksichtigt werden sollen	Eintrag von »23:59:59«, um sicherzustellen, dass alle Änderungen innerhalb des ausgewählten Zeitraums berücksichtigt werden
Tabellenname	zu analysierende Tabelle innerhalb des SAP-Datenobjektes	EBAN (Bedarfsanforderungen)

Tabelle 14.15 Empfohlene Selektionskriterien für den Report RSSCD100 – Auswertung der Bedarfsanforderungen

Nach der Ausführung des Reports RSSCD100 können Sie das Resultat bei Bedarf in einem lokalen Dokument speichern und dann beispielsweise in Microsoft Excel weiter analysieren. Die Information bezüglich der Art der Änderung kann der Ausgabeliste entnommen werden, basierend auf dem Feld **Änderungstyp**.

Felder für die Bedarfsanforderungen

Tabelle 14.16 zeigt eine Auswahl der wichtigsten Felder innerhalb von Tabelle EBAN (Bedarfsanforderungen).

Feld	Bewirkt Veränderung von
LOEKZ	Löschkennzeichen
FRGZU	Freigabezustand
EKGRP	Einkäufergruppe
TXZ01	Kurztext
LGORT	Lagerort
MENGE	Bestellanforderungsmenge
LFDAT	Lieferdatum der Position
LIFNR	Wunschlieferant
KONNR	Nummer des übergeordneten Vertrags
DISPO	Disponent

Tabelle 14.16 Wichtige Felder innerhalb von Tabelle EBAN (Bedarfsanforderungen)

Die komplette Liste der Felder von Tabelle EBAN kann in Transaktion SE11 (ABAP Dictionary: Einstieg) eingesehen werden.

Manuelle Änderungen der Inhalte in den aufgeführten Feldern geben, je nach Volumen der Änderungen, Hinweise darauf, wie effizient die Prozesse aufgesetzt sind/laufen, oder aber, inwiefern die Stammdaten, in diesem speziellen Fall die Planungsparameter, der Realität entsprechen.

14.3.2 Veränderungen von Einkaufsbelegen

Bei dieser Auswertung sollen manuelle Veränderungen von Einkaufsbelegen identifiziert werden. Da die Gründe sowie das Risiko solcher Anpassungen sehr unterschiedlich sein können, zeigt Tabelle 14.17 eine Auswahl von möglichen Veränderungen und deren Risiko.

Veränderung von	Risiko	Ursache
Bestellmenge	Prozessineffizienz Beeinträchtigung der Ordnungsmäßigkeit	inkorrekte Planungsparameter im Materialstamm Umgehung der Freigabe (je nach Systemkonfiguration wird bei einer Erhöhung der Bestellmenge keine weitere Freigabe verlangt)
Bestellpreis	Prozessineffizienz Beeinträchtigung der Ordnungsmäßigkeit	keine aktuellen Preise in Infosatz oder Bestellkontrakten Umgehung der Freigabe (je nach Systemkonfiguration wird bei einer Erhöhung des Bestellpreises keine weitere Freigabe verlangt)
Überlieferungstoleranz oder Kennzeichen für unbegrenzte Überlieferung	Beeinträchtigung der Ordnungsmäßigkeit	Umgehung der Freigabe (bei der Anpassung der Toleranz oder beim Setzen des Kennzeichens für unbegrenzte Überlieferung wird keine weitere Bestellfreigabe verlangt)
Anlieferadresse	Beeinträchtigung der Ordnungsmäßigkeit	Betrug
Bestelltext	Beeinträchtigung der Ordnungsmäßigkeit	Betrug Umgehung der Freigabe (die Anpassung des Bestelltextes verlangt keine weitere Bestellfreigabe)
Freigabe	Beeinträchtigung der Ordnungsmäßigkeit	Freigabe der Bestellung durch dieselbe Person, die die Bestellung angelegt hat

Tabelle 14.17 Übersicht über die Risiken von Einkaufsbelegänderungen

Empfohlene Selektionskriterien

Um Änderungen der Einkaufsbelege auszuwerten, gehen Sie wie folgt vor: Rufen Sie Transaktion SE38 auf, und geben Sie den Reportnamen »RSSCD100« (**Änderungsbelege anzeigen**) ein.

Zudem sind folgende Selektionen vorzunehmen (siehe Tabelle 14.18).

Feldname	Beschreibung	Empfohlene Auswahl
Objektklasse	SAP-Datenobjekt	Eintrag »EINKBELEG« auswählen, um die Auswertung auf Einkaufsbelege einzuschränken
Letzter Änderer	Benutzer-ID des Änderers	keine Auswahl
Ab Datum	von welchem Datum an Änderungen berücksichtigt werden sollen	Hinsichtlich der Tabellengröße ist es wichtig, den Zeitraum der Auswertung sinnvoll einzuschränken.
Ab Uhrzeit	von welcher Uhrzeit an Änderungen berücksichtigt werden sollen	Eingabe von »00:00:00«, um sicherzustellen, dass alle Änderungen innerhalb des ausgewählten Zeitraums berücksichtigt werden
Bis Datum	bis zu welchem Datum Änderungen berücksichtigt werden sollen	Hinsichtlich der Tabellengröße ist es wichtig, den Zeitraum der Auswertung sinnvoll einzuschränken.
Bis Uhrzeit	bis zu welcher Uhrzeit Änderungen berücksichtigt werden sollen	Eingabe von »23:59:59«, um sicherzustellen, dass alle Änderungen innerhalb des ausgewählten Zeitraums berücksichtigt werden
Tabellenname	zu analysierende Tabelle innerhalb des SAP-Datenobjektes	Die gängigsten Tabellen sind hier: ▪ EKKO (Einkaufsbelegkopf) ▪ EKPO (Einkaufsbelegposition) ▪ EKET (Lieferplaneinteilung) ▪ EKES (Bestellbestätigungen) ▪ EKKN (Kontierung im Einkaufsbeleg)

Tabelle 14.18 Empfohlene Selektionskriterien für die Auswertung der Einkaufsbelegänderungen mit dem Report RSSCD100

Felder für den Einkaufsbelegkopf

Im Einkaufsbelegkopf (Tabelle EKKO) sind grundsätzlich Informationen enthalten, die für jede Position gelten. Die Bestellwährung, der Lieferant oder der Freigabestatus der Bestellung sind klassische Beispiele von Feldern, die im Einkaufsbelegkopf vorkommen.

Tabelle 14.19 zeigt die wichtigsten Felder und deren Bedeutung.

Feld	Bewirkt Veränderung von
ZTERM	Zahlungsbedingungsschlüssel
EKGRP	Einkäufergruppe
WAERS	Währungsschlüssel
WKURS	Währungskurs
INCO1	Incoterms Teil 1
INCO2	Incoterms Teil 2
KTWRT	kumulierter geplanter Wert
FRGZU	Freigabezustand

Tabelle 14.19 Wichtige Felder von Tabelle EKKO (Einkaufsbelegkopf)

Felder für die Einkaufsbelegposition

In der Einkaufsbelegposition (Tabelle EKPO) finden Sie Details dazu, was in welcher Menge und zu welchen Konditionen bestellt wird. Die wichtigsten Felder dazu sind folgende (siehe Tabelle 14.20).

Feld	Bewirkt Veränderung von
LOEKZ	Löschkennzeichen im Einkaufsbeleg
TXZ01	Kurztext
LGORT	Lagerort
KTMNG	Zielmenge
MENGE	Bestellmenge
NETPR	Nettopreis im Einkaufsbeleg in Belegwährung
UEBTO	Toleranzgrenze für Überlieferung
UEBTK	Kennzeichen: unbegrenzte Überlieferung erlaubt

Tabelle 14.20 Wichtige Felder von Tabelle EKPO (Einkaufsbelegposition)

Felder für die Lieferplaneinteilungstabelle

Da eine Einkaufsbelegposition mehrere unterschiedliche Liefertermine haben kann, finden Sie in der Lieferplaneinteilungstabelle (Tabelle EKET) Informationen zum Liefertermin mit der zu erwartenden Liefermenge. Die wichtigsten Felder von Tabelle EKET sind in Tabelle 14.21 aufgeführt.

Feld	Bewirkt Veränderung von
EINDT	Lieferdatum der Position
SLFDT	statistikrelevantes Lieferdatum
MENGE	Einteilungsmenge

Tabelle 14.21 Wichtige Felder von Tabelle EKET (Lieferplaneinteilung)

Felder für die Bestellbestätigungen

Details zur Bestellbestätigung befinden sich in Tabelle EKES (Bestellbestätigungen). Die wichtigsten Felder in Tabelle EKES sind in Tabelle 14.22 zusammengefasst.

Feld	Bewirkt Veränderung von
ETENS	laufende Nummer Bestellbestätigung
EINDT	Lieferdatum der Bestellbestätigung
MENGE	Menge der Bestellbestätigung
LOEKZ	Löschkennzeichen der Bestellbestätigung

Tabelle 14.22 Wichtige Felder von Tabelle EKES (Bestellbestätigungen)

Felder für die Kontierung im Einkaufsbeleg

Bei regulären direkten Einkaufsbestellungen wird die Kontierung über die Kontenfindung des bestellten Materials in der entsprechenden Organisation ermittelt. Bei indirekten Bestellungen oder Bestellungen, die über Anlagen, Projekte oder Aufträge erfasst werden, finden Sie in Tabelle EKKN (Kontierung im Einkaufsbeleg) die Details. Tabelle 14.23 zeigt die wichtigsten Felder von Tabelle EKKN.

Feld	Bewirkt Veränderung von
ZEKKN	laufende Nummer der Kontierung
LOEKZ	Löschkennzeichen Einkaufsbelegkontierung
MENGE	Menge
KOSTL	Kostenstelle
ANLN1	Anlagenhauptnummer

Tabelle 14.23 Wichtige Felder von Tabelle EKKN (Kontierung im Einkaufsbeleg)

Feld	Bewirkt Veränderung von
ANLN2	Anlagenunternummer
XBAUF	auf Auftrag buchen
XBPRO	auf Projekt buchen
KSTRG	Kostenträger

Tabelle 14.23 Wichtige Felder von Tabelle EKKN (Kontierung im Einkaufsbeleg) (Forts.)

Sämtliche Felder der Tabellen EKKO, EKPO, EKET, EKES und EKKN können mit Transaktion SE11 angezeigt werden.

Aufgrund der verschiedenen Nutzungsmöglichkeiten der Einkaufsprozesse und der Komplexität dieser Datenelemente empfiehlt es sich, bei einer ersten Auswertung sämtliche Änderungsbelege über einen kürzeren Zeitraum für ein Datenobjekt auszuwerten, um dann aufgrund des Ergebnisses die entsprechenden Felder zu identifizieren.

14.3.3 Veränderungen von Verkaufsbelegen

Bei dieser Auswertung geht es darum, manuelle Veränderungen von Verkaufsbelegen zu identifizieren. Da die Gründe sowie das Risiko solcher Anpassungen sehr unterschiedlich sein können, zeigt Tabelle 14.24 eine Auswahl von möglichen Veränderungen und deren Risiko.

Veränderung von	Risiko	Ursache
Verkaufspreis	Prozessineffizienz, Wirtschaftlichkeit	Verkaufspreiskonditionen werden nicht aktualisiert.
	Beeinträchtigung der Ordnungsmäßigkeit	Umgehung der Verkaufspreisfreigabe
Zahlungskonditionen	Prozessineffizienz, Wirtschaftlichkeit	Umgehung der vereinbarten Standardkonditionen
	Beeinträchtigung der Ordnungsmäßigkeit	
Löschvormerkung	Beeinträchtigung der Ordnungsmäßigkeit	Fiktive Verkaufsaufträge beschönigen den zu erwartenden Umsatz.

Tabelle 14.24 Übersicht über die Risiken bei Änderungen von Verkaufsbelegen

Empfohlene Selektionskriterien

Um den Report RSSCD100 (**Änderungsbelege anzeigen**, Aufruf über SAP-Transaktion SA38) auf Verkaufsbelege einzuschränken, empfiehlt es sich, folgende Selektionen vorzunehmen (siehe Tabelle 14.25).

Feld	Beschreibung	Empfohlene Auswahl
Objektklasse	SAP-Datenobjekt	Eintrag »VERKKBELEG« wählen, um die Auswertung auf Einkaufsbelege einzuschränken
Letzter Änderer	Benutzer-ID des Änderers	keine Auswahl
Ab Datum	von welchem Datum an Änderungen berücksichtigt werden sollen	Hinsichtlich der Tabellengröße ist es wichtig, den Zeitraum der Auswertung sinnvoll einzuschränken.
Ab Uhrzeit	von welcher Uhrzeit an Änderungen berücksichtigt werden sollen	Eingabe von »00:00:00«, um sicherzustellen, dass alle Änderungen innerhalb des ausgewählten Zeitraums berücksichtigt werden
Bis Datum	bis zu welchem Datum Änderungen berücksichtigt werden sollen	Hinsichtlich der Tabellengröße ist es wichtig, den Zeitraum der Auswertung sinnvoll einzuschränken.
Bis Uhrzeit	bis zu welcher Uhrzeit Änderungen berücksichtigt werden sollen	Eingabe von »23:59:59«, um sicherzustellen, dass alle Änderungen innerhalb des ausgewählten Zeitraums berücksichtigt werden
Tabellenname	zu analysierende Tabelle innerhalb des SAP-Datenobjektes	Die gängigsten Tabellen sind hier: ▪ VBAK (Kundenauftrag Kopfdaten) ▪ VBAP (Kundenauftrag Positionsdaten) ▪ VBEP (Kundenauftrag Einteilungsdaten) ▪ VBKD (Kundenauftrag kaufmännische Daten)

Tabelle 14.25 Empfohlene Selektionskriterien für die Auswertung der Verkaufsbelegänderungen mit dem Report RSSCD100

Felder für die Kundenauftrags-Kopfdaten

In den Kopfdaten der Kundenauftragstabelle (Tabelle VBAK) sind grundsätzlich Informationen enthalten, die für jede Verkaufsbelegposition gelten. Die wichtigsten Felder in den Kopfdaten des Kundenauftrags stellt Tabelle 14.26 dar.

Feld	Bewirkt Veränderung von
NETWR	Nettowert
WAERK	Währung des Vertriebsbelegs
KALSM	Vertrieb: Kalkulationsschema Preisfindung
VSBED	Versandbedingung

Tabelle 14.26 Wichtige Felder von Tabelle VBAK (Kundenauftrag Kopfdaten)

Positionsdaten im Kundenauftrag

In den Positionsdaten des Kundenauftrags (Tabelle VBAK) finden Sie Informationen zum verkauften Artikel sowie zur Menge und zum Nettopreis. Die wichtigsten Felder hierbei sind in Tabelle 14.27 aufgeführt.

Feld	Bewirkt Veränderung von
MATNR	Materialnummer
PSTYV	Positionstyp Vertriebsbeleg
NETWR	Nettowert der Auftragsposition in Belegwährung
KWMENG	kumulierte Auftragsmenge in VME (Verkaufsmengeneinheit)

Tabelle 14.27 Wichtige Felder von Tabelle VBAP (Kundenauftrag Positionsdaten)

Da eine Kundenauftragsposition auf verschiedene Liefertermine aufgeteilt werden kann, finden Sie die entsprechenden Details in Tabelle VBEP (Kundenauftrag Einteilungsdaten); hier ist insbesondere das Feld EDATU (Einteilungsdatum) relevant.

Felder für die Bestellbestätigungen

Bestellbestätigungen werden in der gleichnamigen Tabelle VBKD festgehalten. Die wichtigsten Felder hierzu zeigt Tabelle 14.28.

Feld	Bewirkt Veränderung von
INCO1	Incoterms, Teil 1
INCO2	Incoterms, Teil 2

Tabelle 14.28 Wichtige Felder von Tabelle VBKD (Bestellbestätigungen)

Feld	Bewirkt Veränderung von
ZTERM	Zahlungsbedingungsschlüssel
KURSK	Kurs für Preisfindung

Tabelle 14.28 Wichtige Felder von Tabelle VBKD (Bestellbestätigungen) (Forts.)

Sämtliche Felder der Tabellen können mit Transaktion SE11 angezeigt werden.

Aufgrund der verschiedenen Nutzungsmöglichkeiten der Verkaufsprozesse und der Komplexität dieser Datenelemente empfiehlt es sich auch hier, bei einer ersten Auswertung sämtliche Änderungsbelege über einen kürzeren Zeitraum für ein Datenobjekt auszuwerten, um dann aufgrund des Ergebnisses die relevanten Fälle zu identifizieren.

14.3.4 Zehn weitere Beispiele für manuelle Datenänderungen

SAP ERP hat viele Stamm- und Bewegungsdaten, die manuell geändert werden können. Außer den beschriebenen Beispielen können folgende weitere Szenarien genannt werden:

- Auswertung auffällig umfangreicher Veränderungen von Materialstandardpreisen
- Analyse der Veränderungen von Preisen und Zahlungsbedingungen in der Kundenrechnung
- Auswertung der Veränderungen von Zahlungskonditionen bei der Lieferantenrechnungserfassung
- Prüfung der Veränderungen von Anlieferadressen in Einkaufsbestellungen
- Analyse der Veränderungen von Überlieferungstoleranzen in Einkaufsbestellungen
- Analyse der Aktivitäten von Notfallbenutzern (Firefighter, siehe Abschnitt 4.3.3, »SAP Access Control«)
- Prüfung der Ordnungsmäßigkeit beim Öffnen und Schließen von Buchungsperioden
- Analyse der Veränderungen von Benutzerzugriffsrechten
- Auswertung der Veränderungen von Kreditlimit- und Risikodaten im Kundenstamm
- Analyse der manuellen Freigabe von Zahlungen

14.4 Ergänzung von SAP-ERP-Standardreports

Standardanalysen mit Daten anreichern

Bei diesen Analysen werden SAP-Standardanalysen mit Daten aus anderen Reports, Stamm- oder Transaktionsdaten bereichert. So können die Aussagekraft dieser Reports sowie die Ursachenfindung unterstützt werden. Die Anforderungen an diese Reports sind in der Regel sehr individuell, nämlich so wie die lokalen Prozesse und Organisationen im System aufgesetzt sind.

14.4.1 Bestandsanalysen um Planungsparameter erweitert

Standardanalysen

Im SAP-System werden eine Reihe von aussagekräftigen Standardanalysen zur Verfügung gestellt, um die Lagerbestände auszuwerten. Im Folgenden sind einige Beispiele für entsprechende SAP-Transaktionen aufgeführt:

- Transaktion MC46 – Lagerhüter
- Transaktion MC42 – Bestandsreichweite – nach Verbrauch
- Transaktion MC43 – Bestandsreichweite – nach Bedarf
- Transaktion MC44 – Umschlagshäufigkeit

Standardanalysen anreichern

Diese Reports identifizieren zwar Materialien, die ineffizient bewirtschaftet werden, allerdings werten sie nur die Symptome aus und nicht die Ursache des Problems. Die Aussagekraft dieser Reports kann massiv gesteigert werden, wenn sie um den für Sie relevanten Planungsparameter erweitert werden. Die hinterlegten Planungsparameter dürften in den meisten Fällen die Ursache für die ineffektive Bewirtschaftung dieser Materialien sein. Um daher nicht nur die Symptome, sondern auch die Ursache des Problems auszuwerten, gehen Sie folgendermaßen vor:

1. Als Erstes müssen Sie den gewünschten SAP-Standardreport ausführen und die Ergebnislisten in einer lokalen Datei speichern. Hierzu wählen Sie den Pfad **System • Liste • Speichern • Lokale Datei**.
2. In einem zweiten Schritt speichern Sie die für Sie relevanten Planungsparameter ebenfalls in einer lokalen Datei. Folgende sind die gängigsten Planungsparameter in Tabelle MARC (Werksdaten zum Material):
   - Feld EKGRP – **Einkäufergruppe**
   - Feld DISPR – **Material: Dispositionsprofil**
   - Feld DISMM – **Dispositionsmerkmal**
   - Feld DISPO – **Disponent**
   - Feld PLIFZ – **Planlieferzeit in Tagen**
   - Feld DZEIT – **Eigenfertigungszeit**
   - Feld WEBAZ – **Bearbeitungszeit für Wareneingang in Tagen**

- Feld DISLS – **Dispositionslosgröße**
- Feld MINBE – **Meldebestand**
- Feld EISBE – **Sicherheitsbestand**
- Feld BSTMI – **Mindestlosgröße**
- Feld BSTMA – **Maximale Losgröße**
- Feld BSTFE – **Feste Losgröße**
- Feld FEVOR – **Fertigungssteuerer**
- Feld UEETO – **Toleranzgrenze für Überlieferung**

Da sich Tabelle MARC auf die Werksebene bezieht, lässt sich die Tabelle einfach mit den aufgeführten Transaktionen MC42, MC43, MC44 und MC46 verbinden. Sie sehen dann nicht nur, wie gut die Materialien bewirtschaftet sind, sondern auch die entsprechenden Planungsparameter, die die Bewirtschaftung der Materialien wesentlich beeinflussen.

14.4.2 Kreditmanagementanalyse um Kundenstammdaten erweitert

Bei dieser Analyse geht es darum, eine Kreditmanagementanalyse mit Kundenstammdaten zu bereichern. Auf diese Weise lassen sich Kundenstammdaten, wie beispielsweise Zahlungsbedingungen und Incoterms, dem Kreditlimit und dem Kreditrisiko gegenüberstellen. In der Regel besteht zwischen diesen Daten eine gewisse Korrelation, die unter Umständen sogar in Richtlinien vorgeschrieben ist. Mithilfe dieser Analyse kann daher überprüft werden, ob die vorgeschriebenen Richtlinien eingehalten wurden.

Schritt 1 Die Analyse wird mithilfe von Transaktion F.31 (Kreditmanagement – Übersicht) durchgeführt. Dieser Report zeigt Debitoren mit deren Risikoklasse, Kreditlimit und Ausschöpfung an. Er erlaubt zwar, über den Button **Debitor** ([⇧] + [F5]) die einzelnen Debitorendetails aufzurufen, allerdings lassen sich diese Kundendaten nicht tabellarisch im Report darstellen. Für eine solche Darstellung müssen Sie wiederum als Erstes den Report in einer lokalen Datei speichern, und zwar über den Pfad **System • Liste • Speichern • Lokale Datei**.

Schritt 2 In einem zweiten Schritt müssen Sie die jeweiligen Kunden- und Kreditdaten in einer lokalen Datei speichern. Hier eine sinnvolle Auswahl möglicher Tabellen:

- Die *Zahlungsbedingungen im Kundenstamm* sind sowohl auf der Verkaufsorganisationsebene (Tabelle KNVV) als auch in Tabelle KNB1 hinterlegt. Grundsätzlich sollten diese Zahlungsbedingungsschlüssel untereinander abgestimmt sein.

- Die *Zahlungsbedingungen auf Buchungskreisebene* finden Sie in Tabelle KNB1 (Kundenstamm (Buchungskreis)) im Feld ZTERM (Zahlungsbedingungsschlüssel).
- Die *Zahl- und Lieferbedingungen auf Verkaufsorganisationsebene* finden Sie in Tabelle KNVV (Kundenstamm Vertriebsdaten). Die entsprechenden Felder dazu finden Sie in Tabelle 14.29.

Feld	Beschreibung
INCO1	Incoterms, Teil 1
INCO2	Incoterms, Teil 2
ZTERM	Zahlungsbedingungsschlüssel

Tabelle 14.29 Wichtige Felder von Tabelle KNVV (Kundenstamm Vertriebsdaten)

- Details zum *Kundenstamm aus Kreditmanagementsicht* finden Sie in Tabelle KNKK (Kundenstamm Kreditmanagement: Kontrollbereichsdaten). Die wichtigsten Felder hierzu sind in Tabelle 14.30 dargestellt.

Feld	Beschreibung
AEDAT	Datum der letzten Änderung
UEDAT	Datum, an dem das Kreditlimit überschritten wurde
DTREV	letzte Überprüfung (intern)
REVDB	letzte Überprüfung (extern)
NXTRV	nächste Überprüfung

Tabelle 14.30 Wichtige Felder von Tabelle KNKK (Kundenstamm Kreditmanagement: Kontrollbereichsdaten)

Tabellen KNB1 und KNVV

Da sich die Tabellen KNB1 und KNVV auf Buchungskreis- bzw. Verkaufsorganisationsebene befinden, müssen Sie – bevor Sie die Tabellen mit dem Report verknüpfen – überprüfen, wie die einzelnen Organisationseinheiten miteinander verbunden sind.

So lässt sich auswerten, ob das Kreditlimit mit der Risikokategorie oder mit den Zahlungs- und Lieferbedingungen korrespondiert sowie wann das Kreditlimit das letzte Mal überprüft wurde und wann das letzte Mal Änderungen im Kreditstamm vorgenommen wurden. Diese Informationen sind im

SAP-Standardreport nur über Umwege verfügbar und dadurch nur schwer auszuwerten.

14.5 Resümee

In diesem Kapitel haben Sie erfahren, dass Sie im SAP-ERP-System mittels Datenanalysen den Ablauf der Geschäftsprozesse auf Effizienz, Anomalitäten und Inkonsistenzen hin überprüfen können. In vielen Beispielen haben Sie dabei gesehen, dass Stamm- und Transaktionsdaten manuell bzw. unter Einsatz von Tools wie SAP Query (oder auch Microsoft Access oder Excel) ausgewertet werden können, wenn Sie mit den einzelnen SAP-Datenbanktabellen arbeiten. Eine solche Arbeit erfordert ein gutes Verständnis des Datenmodells im SAP-ERP-System.

Die beschriebenen Analysen sind zwar beim initialen Aufsetzen recht zeitaufwendig, andererseits sind sie jedoch effizient und effektiv, um gegebenenfalls Verbesserungspotenzial aufzudecken, das einen messbaren Effekt für den Erfolg eines Unternehmens haben kann. Außerdem lassen sich die beschriebenen Analysen automatisieren, indem sie zum Beispiel direkt in SAP Querys aufgesetzt, in Reports programmiert oder auch entsprechende Szenarien in SAP Process Control im Rahmen des Continuous Monitoring Frameworks eingerichtet werden (siehe Kapitel 20, »Umsetzung von automatisierten Test- und Monitoring-Szenarien«).

Kapitel 15
Risk und Compliance in SAP S/4HANA

Viele Kunden fragen sich, welche Änderungen es in SAP S/4HANA gibt und welche Konsequenzen aus diesen Änderungen für Ihr SAP-GRC-System resultieren. Dieses Kapitel gibt Ihnen einen Überblick über die wichtigsten Unterschiede zwischen SAP S/4HANA und SAP ERP in Bezug auf GRC.

SAP S/4HANA kommt: Die neue Generation der SAP-ERP-Software hält in einer wachsenden Zahl von Unternehmen Einzug. Das Vorgängersystem SAP ERP ECC 6.0 ist noch bis zum Jahr 2025 Teil der Standardwartung von SAP. Wenn Sie planen, auf SAP S/4HANA umzusteigen, müssen Sie auch berücksichtigen, welche Auswirkungen die Änderungen auf Ihr GRC-System haben werden. Dieses Kapitel soll Ihnen einen Überblick über das für GRC relevante Delta geben.

In Abschnitt 15.1, »SAP S/4HANA im Überblick«, werden die zentralen Neuerungen in SAP S/4HANA betrachtet. Abschnitt 15.2, »Finanzbuchhaltung«, und Abschnitt 15.3, »Controlling«, skizzieren schließlich die GRC-relevanten Änderungen bei generellen IT-Kontrollen sowie in FI (Finanzwesen) und CO (Controlling).

15.1 SAP S/4HANA im Überblick

Es gibt viele Gründe, warum SAP eine neue Business Suite auf den Markt gebracht hat: Dazu gehört die digitale Transformation der Unternehmenswelt genauso wie ein stärkerer Wettbewerbsdruck. Wachsende Datenmengen stellen Unternehmen vor neue Herausforderungen im Hinblick auf die Performance. Neue Anforderungen bestehen überdies an ein schnelleres Reporting sowie eine schnellere Verarbeitung zeitkritischer Vorgänge im SAP-ERP-System. IT-Landschaften in Unternehmen umfassen sowohl Cloud- als auch On-Premise-Lösungen, was neue Anforderungen an die Integrierbarkeit stellt.

Bestandteile von SAP S/4HANA Enterprise Management

Zunächst werfen wir einen Blick auf die neue SAP Business Suite als Ganzes. Der sogenannte digitale Kern von SAP S/4HANA, *SAP S/4HANA Enterprise Management*, umfasst weitgehend dieselben Komponenten wie SAP ERP (siehe Abbildung 15.1). Das heißt, Sie finden Funktionen für die folgenden Prozesse:

- Vertrieb (Sales)
- Service
- Marketing
- Einkauf (Sourcing and Procurement)
- Produktentwicklung (Research and Development)
- Produktion (Manufacturing)
- Rechnungswesen (Finance)
- Personalwirtschaft (Human Resources)
- Logistik (Supply Chain)
- Instandhaltung (Asset Management)

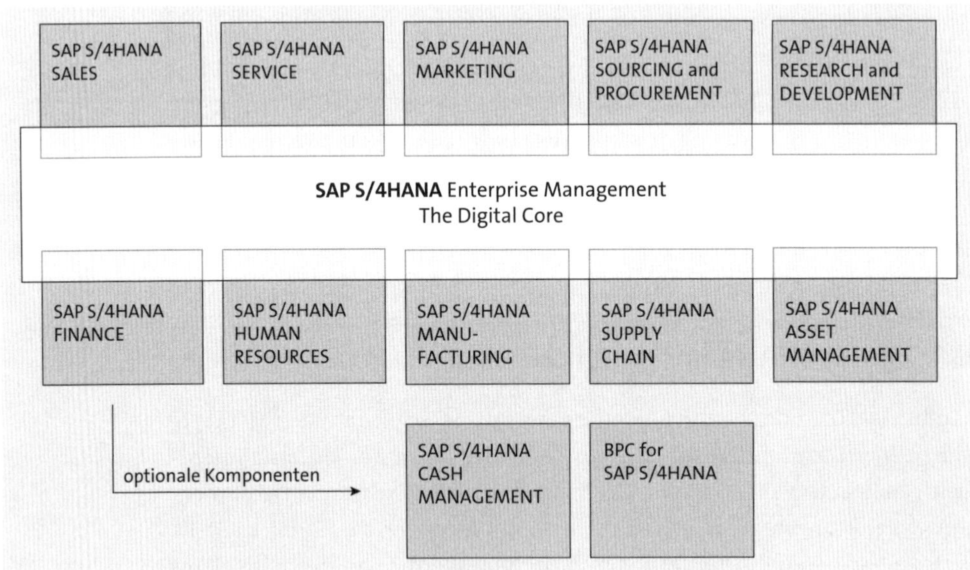

Abbildung 15.1 Komponentenstruktur von SAP S/4HANA

Erweiterungen des digitalen Kerns

Der digitale Kern kann um weitere Applikationen für die verschiedenen Bereiche erweitert werden, die teilweise in der Cloud betrieben werden. Dazu gehören zum Beispiel SAP SuccessFactors, SAP Ariba, SAP Concur und vieles mehr.

Das Finanzwesen kann optional um die (gesondert lizenzpflichtigen) Komponenten *SAP S/4HANA Cash Management* und *SAP Business Planning and Consolidation* (*BPC für SAP S/4HANA*) erweitert werden. Grundfunktionen des Cash Managements zur Verwaltung von Bankkonten und laufende Liquiditätsauswertungen sind als Basic Cash Management in der SAP-S/4HANA-Lizenz enthalten. Die Planung basiert auf SAP BPC und nutzt das sogenannte Embedded Business Warehouse von SAP S/4HANA.

15.1.1 Universal Journal als Innovationstreiber

Im Rahmen dieses Buches tragen wir die »Risk-und-Compliance-Brille«, das heißt, unser Fokus liegt klassisch auf der *externen Finanzberichterstattung*. Dieser finanzorientierten Sichtweise folgend, beginnen wir unsere Darstellung mit dem sogenannten *Universal Journal*. Als Option stand das Universal Journal bereits in SAP ERP zur Verfügung; in SAP S/4HANA steht es nun im Zentrum des neuen Datenmodells. Details zu dem neuen Datenmodell finden Sie in Abschnitt 15.2.4, »Das neue Datenmodell in der Finanzbuchhaltung«. Hier gehen wir kurz auf die Hintergründe ein, die zu der Entwicklung des Universal Journals geführt haben.

Im Rechnungswesen fließen Informationen aus verschiedenen SAP-Komponenten zusammen. Hier hörte man schon lange den Ruf, sowohl der externen als auch der internen Finanzberichterstattung eine Wahrheit (*One Version of the Truth*) zugrunde zu legen. Das bedeutet, dass Informationen aus den dahinterliegenden Datenbanktabellen zusammengeführt werden.

Vorteile eines vereinfachten Datenmodells

In SAP S/4HANA fließen Informationen aus verschiedenen Anwendungen (Hauptbuch, Anlagenbuchhaltung, Controlling, buchhalterische Ergebnisrechnung, Material-Ledger) in einer großen Datenbanktabelle, *Tabelle ACDOCA*, zusammen. Mit diesem Universal-Ledger eröffnen sich viele neue Möglichkeiten:

- ein automatisch abgestimmtes Berichtswesen (Abstimmbarkeit by Design)
- verbesserte Auswertungs- und Reporting-Optionen
- Erweiterbarkeit durch Kundenfelder und Extension-Ledger
- Predictive Accounting

Maschinelles Lernen

Das Stichwort *Predictive Accounting* hat Sie bestimmt aufhorchen lassen. Ganz genau: Die nachvollziehbare Vorhersage von Finanzkennzahlen oder der Einblick in die noch zu erwartenden Kosten und Erlöse aus dem laufenden Geschäftsjahr sind Beispiele für Predictive Accounting. Ermöglicht wird es durch *maschinelles Lernen* (*Machine Learning*). Stichworte wie *maschinelles Lernen* und *Künstliche Intelligenz* (*KI*) sind Begriffe, die in der Digitalisierung eine entscheidende Rolle einnehmen. Eine wichtige technische Voraussetzung für maschinelles Lernen, die nun dank Universal Journal erfüllt ist, ist die Verwendung einfacher Datenmodelle.

In Abbildung 15.2 sehen Sie, dass das Universal Journal die Belege aus der Hauptbuchhaltung, der Anlagenbuchhaltung, der Debitoren- und Kreditorenbuchhaltung, dem Material-Ledger und dem Controlling in einem Beleg und einer Tabelle verschmilzt.

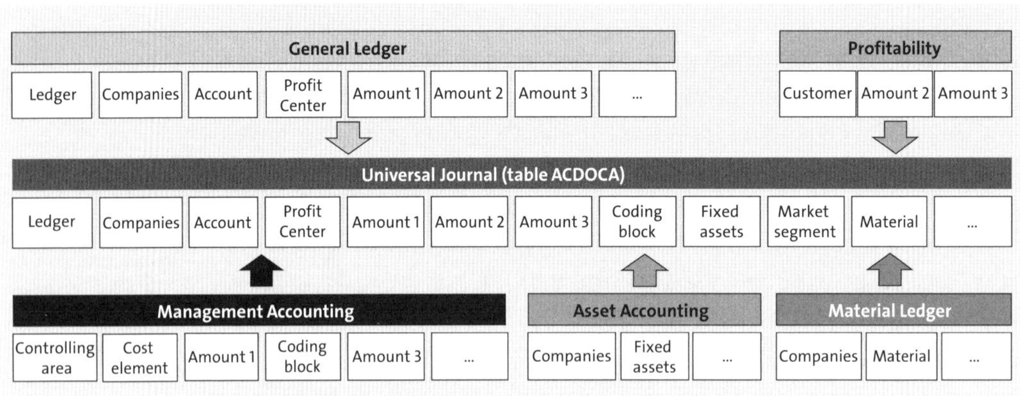

Abbildung 15.2 Schematische Darstellung des Universal Journals

Das Universal Journal war bereits in SAP ERP alternativ zum klassischen Hauptbuch verfügbar. In SAP S/4HANA ist das neue Hauptbuch keine Option mehr, sondern macht – samt der Datenbanktabelle ACDOCA – den Kern der Lösung aus, die eine höhere Integration von Daten und Werteflüssen ermöglicht.

15.1.2 Neue Reporting-Optionen

In SAP S/4HANA wird aufgrund der verbesserten Integration von Daten und Werteflüssen sowie durch die In-Memory-Technologie eine verbesserte und flexiblere Berichterstattung erreicht.

Reporting in Echtzeit

SAP S/4HANA enthält neben dem SAP-ERP-System ein eingebettetes Business Warehouse (BW). Auf demselben Server, auf dem SAP S/4HANA installiert ist, steht ein BW zur Verfügung. Dadurch sind keine ETL-Prozesse (ETL: Extract, Transform, Load) für die Übertragung der Daten erforderlich, wie das bei einem externen BW der Fall ist. Die Daten stehen nun in Echtzeit zur Verfügung, das heißt, das SAP-ERP-System und das BW-System sind auf dem gleichen Stand. Dies wird durch virtuelle InfoProvider auf der Basis des Universal Journals ermöglicht. Das eingebettete BW bietet dieselben Reporting-Möglichkeiten wie ein externes BW-System. Auf dieser Datenbasis können Sie die folgenden Reporting-Werkzeuge nutzen:

- SAP Analysis for Microsoft Office für eine integrierte Analyse mit Microsoft Excel
- SAP Lumira
- BW Querys mit dem altbekannten Business Explorer Analyzer (BEx Analyzer)
- Nutzung neuer analytischer SAP-Fiori-Apps sowie Embedded Analytics

15.1.3 Die neue Benutzeroberfläche SAP Fiori

Arbeiten auf allen Endgeräten

Der neue Standard für die Benutzeroberfläche in SAP S/4HANA ist SAP Fiori. Das neue Designkonzept bietet eine größere Übersichtlichkeit und lässt sich prinzipiell auf allen Endgeräten, das heißt, auch auf mobilen Geräten, nutzen. Welches Endgerät für die Arbeit mit SAP S/4HANA jedoch tatsächlich sinnvoll ist, hängt von der Anwendung ab. So lässt sich eine Belegerfassung auch weiterhin am besten auf einem Desktop-PC durchführen. Analytische Anwendungen, wie zum Beispiel Berichte, lassen sich auch auf Tablets problemlos aufrufen, und für Genehmigungen im Rahmen eines Genehmigungs-Workflows reicht bereits das Smartphone aus.

[«]

SAP GUI in SAP S/4HANA

Es besteht weiterhin die Möglichkeit und teilweise sogar die Notwendigkeit, Transaktionen in SAP S/4HANA via SAP GUI auszuführen. Es sind noch nicht alle Funktionen als SAP-Fiori-Apps verfügbar.

SAP Fiori Launchpad

Im sogenannten *SAP Fiori Launchpad* (siehe Abbildung 15.3) erhalten Sie einen Überblick über alle von Ihnen genutzten SAP-Anwendungen, die sogenannten *SAP-Fiori-Apps*, die in Kachelform angeordnet sind. Es gibt unter anderem transaktionale SAP-Fiori-Apps, mit denen Stammdaten gepflegt und Bewegungsdaten erzeugt werden können, und analytische SAP-Fiori-Apps für Datenauswertungen und Berichte. Abbildung 15.2 zeigt eine analytische SAP-Fiori-App, in der eine Kennzahl (der Prozentsatz überfälliger Kundenforderungen) in Echtzeit angezeigt wird. Je nachdem, ob der Wert gut, durchschnittlich oder kritisch ist, wird die Kennzahl in grüner, gelber oder roter Farbe angezeigt.

Abbildung 15.3 Überfällige Forderungen mit Echtzeit-KPI in SAP Fiori

Details zur Kennzahl

Wenn Sie Details zur Kennzahl sehen möchten, klicken Sie die entsprechende Kachel an. Daraufhin sehen Sie die Struktur der Forderungen (siehe Abbildung 15.4). Der erste Balken zeigt die nicht fälligen Forderungen an, der zweite Balken Forderungen, die maximal 30 Tage überfällig sind, der dritte Balken Forderungen, die maximal 60 Tage überfällig sind, der vierte Balken Forderungen, die maximal 90 Tage überfällig sind, und der fünfte Balken schließlich die Forderungen, die mehr als 90 Tage überfällig sind. Auf diese Weise gewinnen Sie einen Eindruck über die Fälligkeitsstruktur der Kundenforderungen.

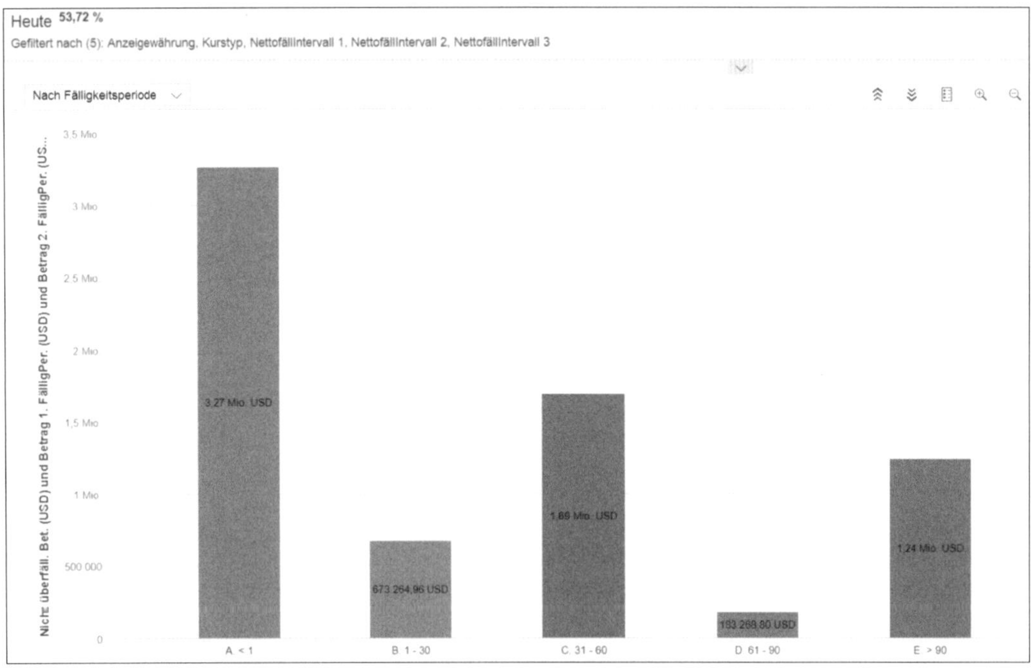

Abbildung 15.4 Details zu den fälligen Forderungen als Balkendiagramm in SAP Fiori

15.1.4 SAP HANA und die In-Memory-Technologie

Von Zeilen zu Spalten

Die technische Basis von SAP S/4HANA ist die neue In-Memory-Plattform SAP HANA. Die In-Memory-Technologie verspricht eine extrem schnelle Analyse und Aggregation großer Datenmengen. Die höhere Kompressionsrate der Daten bedeutet, dass die neue Datenbank für die gleiche Datenmenge wie in einer herkömmlichen Datenbank weniger Speicherplatz verbraucht. Außerdem stellt sie Daten, dank der *spaltenorientierten Arbeitsweise*, auf eine viel performantere Art und Weise zur Weiterverarbeitung zur Verfügung. Anstatt von einer zur nächsten Zeile springen zu müssen, findet die Verarbeitungslogik alle Daten in einer Zeile (also nebeneinander anstelle von untereinander). Diese Datenbankeigenschaften, gepaart mit der Datenverarbeitung im Arbeitsspeicher, dank der SAP-HANA-optimierten Logik, ermöglichen zeitkritischen Vorgängen eine signifikante Beschleunigung in SAP S/4HANA.

Beispiel: Performanceverbesserung

Berichte in der Ergebnisrechnung gelten als sehr performancekritisch. Hier zeigen sich die Vorteile von SAP S/4HANA besonders deutlich: Der Aufruf von Berichten in einem SAP-ERP-System ist mit einer SAP-HANA-Datenbank im Vergleich zu einer konventionellen Datenbank um den Faktor 40 schneller.

15

[«]

Performancevergleich für Rechercheberichte

Vergleicht man die Geschwindigkeit der Verarbeitung von 85 Millionen Einzelsätzen in der Ergebnisrechnung und Marksegmentrechnung (CO-PA), ergeben sich folgende Ergebnisse (Quelle: SAP):

- **Deckungsbeitragsbericht**
  - SAP-HANA-Datenbank: 7 Sekunden
  - konventionelle Datenbank: 280 Sekunden
- **Ergebnisbericht**
  - SAP-HANA-Datenbank: 5 Sekunden
  - konventionelle Datenbank: 620 Sekunden
- **Kostenverrechnungen**
  - SAP-HANA-Datenbank: 7 Sekunden
  - konventionelle Datenbank: 260 Sekunden

15.1.5 Data Aging

Archivierung von Belegen

Das sogenannte *Data Aging* ist ein neues Konzept in SAP S/4HANA, das die Archivierung von Belegen ersetzt. Das Data Aging bietet die Möglichkeit, große Datenmengen innerhalb einer Datenbank umzulagern, um mehr Arbeitsspeicher zu gewinnen. Die Daten werden dabei vom aktuellen in den historischen Bereich ausgelagert – abhängig von deren Datentemperatur.

[»]

Datentemperatur im SAP-HANA-Datenmanagement

Vereinfacht dargestellt, können Daten in SAP HANA als heiß, warm oder kalt eingestuft werden – abhängig davon, wie oft diese verwendet oder aktualisiert werden. Je geringer die Temperatur der Daten ist, desto geringer ist auch die Systemperformance bei deren Verwendung.

Der Unterschied zwischen Data Aging und Archivierung besteht darin, dass die Daten des Data Agings noch in der Datenbank verbleiben, während archivierte Daten aus der Datenbank gelöscht und in ein File-System ausgelagert werden. Die aktuellen Daten befinden sich in einer Partition für aktuelle Daten, die maximal 2 Milliarden Datensätze enthalten kann. Es gibt nur eine einzige Partition für die aktuellen Daten. Für historische Daten können mehrere Partitionen angelegt werden. Es werden, ebenso wie bei der Archivierung, nur Daten von abgeschlossenen Geschäftsprozessen in die historische Partition ausgelagert. Offene Posten verbleiben also immer in der aktuellen Partition. In die historische Partition werden ausgezifferte Belege mit einem Data-Aging-Lauf ausgelagert, die die Mindestresidenzzeit, die wie bisher im Customizing eingestellt werden kann, überschritten haben. Beim Zugriff auf Tabellen werden standardmäßig nur die aktuellen Daten gelesen. Durch die Angabe der Datentemperatur kann bei SQL-Befehlen auf die aktuellen oder auf die historischen Daten zugegriffen werden.

15.2 Finanzbuchhaltung

SAP S/4HANA nutzt, wie auch SAP ERP, die SAP-NetWeaver-Technologie. Aus diesem Grund sind die meisten in Kapitel 5, »Revisionsrelevante SAP-Basics«, Kapitel 6, »Generelle IT-Kontrollen in SAP ERP«, Kapitel 7, »Übergreifende Applikationskontrollen in SAP ERP«, und Kapitel 8, »Kontrollen in der Finanzbuchhaltung«, beschriebenen Applikationsrisiken und Kontrollen weiterhin relevant.

15.2.1 Risk und Compliance in SAP S/4HANA: Das Wichtigste auf einen Blick

Dieser Abschnitt fasst die weiterhin gültigen Kontrollmechanismen und die wichtigen risk- und compliancerelevanten Unterschiede kurz zusammen. Wir orientieren uns dabei an der klassischen, von COBIT (Control Objectives for Information and Related Technologies) geprägten Sichtweise auf ein IKS.

Generelle IT-Kontrollen (oder IT General Controls)

Neuerungen in Berechtigungen und neue SAP-HANA-Welt

Neben den weitgehend unveränderten Anforderungen rund um SAP NetWeaver gibt es SAP-HANA-spezifische Applikationsrisiken und -kontrollen. Dazu gehören das Änderungsmanagement für SAP HANA sowie ein Berechtigungskonzept von SAP HANA (siehe Kapitel 16, »Berechtigungen in SAP S/4HANA«). Früher hieß es oft: »Die Datenbankebene hat mit den Geschäftsprozessen und den Fachanwendern nichts zu tun und muss nur ausreichend vor einem unberechtigten Zugriff geschützt werden.« Diese Aussage gilt für SAP S/4HANA nicht mehr. Je nachdem, welche Vorgehensweise und Werkzeuge Sie im Reporting einsetzen, müssen sehr wohl auch für Fachanwender Rollen in SAP HANA ausgeprägt werden. Das heißt, die Rollenvergabe beschränkt sich nur auf Transaktion PFCG in SAP NetWeaver.

Cyber-Risiken

Durch die vermehrte Nutzung von Cloud-Anwendungen sowie durch die Verwendung von mobilen Geräten treten in Bezug auf SAP S/4HANA Cyber-Sicherheitsrisiken stärker in den Vordergrund. Dies betrifft unter anderem die Themen *Netzwerksicherheit* sowie *Schutz von mobilen Endgeräten*. Im Folgenden geben wir Ihnen einen kurzen Einblick in die Sicherheitsanforderungen der SAP-HANA-Welt.

[«]

Neue Profilparameter für SAP HANA

In Kapitel 7, »Übergreifende Applikationskontrollen in SAP ERP«, haben Sie verschiedene Profilparameter in SAP NetWeaver kennengelernt. Diese Profilparameter werden weiterhin genutzt. Darüber hinaus sind SAP-HANA-datenbankspezifische Profilparameter mit Risk- und Compliance-Relevanz verfügbar, die zum Beispiel die folgenden Bereiche betreffen:

- Audi-Trail (global_auditing_state etc.)
- Authentifizierung (authentication_methods etc.)
- Passwortschutz (maximum_invalid_connect_attempts etc.)

Zugriff auf Profilparameter

Eine der möglichen Optionen, auf die Werte von SAP-HANA-Profilparametern zuzugreifen – zum Beispiel für Revisionszwecke oder für die Einrichtung von CMF-Szenarien in SAP GRC –, ist eine Einsicht der Inhalte über sogenannte *Views*. In Abbildung 15.5 sehen Sie, wie Passwortschutzeinstellungen einer SAP-HANA-Datenbank eingesehen werden können. Der entsprechende Pfad lautet wie folgt: **Catalog • SYS • Views • M_INIFILE_CONTENTS**.

```
SELECT TOP 1000 * FROM "SYS"."M_INIFILE_CONTENTS"
```

	FILE_NAME	LAYER_NAME	TENANT_N...	HOST	SECTION	KEY	VALUE
518	indexserver.ini	DEFAULT			password policy	detailed_error_on_connect	false
519	indexserver.ini	DEFAULT			password policy	force_first_password_change	true
520	indexserver.ini	DEFAULT			password policy	last_used_passwords	5
521	indexserver.ini	DEFAULT			password policy	maximum_invalid_connect_attempts	6
522	indexserver.ini	DEFAULT			password policy	maximum_password_lifetime	182
523	indexserver.ini	DEFAULT			password policy	maximum_unused_initial_password_lifetime	7
524	indexserver.ini	DEFAULT			password policy	maximum_unused_productive_password_lifeti...	365
525	indexserver.ini	DEFAULT			password policy	minimal_password_length	8
526	indexserver.ini	DEFAULT			password policy	minimum_password_lifetime	1
527	indexserver.ini	DEFAULT			password policy	password_expire_warning_time	14
528	indexserver.ini	DEFAULT			password policy	password_layout	A1a
529	indexserver.ini	DEFAULT			password policy	password_lock_for_system_user	true
530	indexserver.ini	DEFAULT			password policy	password_lock_time	1440
531	indexserver.ini	DEFAULT			persistence	resource_container_max_size	2000
532	indexserver.ini	DEFAULT			persistence	trace	off
533	indexserver.ini	DEFAULT			persistence	tracefile	trace/sit.py
534	indexserver.ini	DEFAULT			pythontrace	level	all
535	indexserver.ini	DEFAULT			pythontrace	trace	off
536	indexserver.ini	DEFAULT			pythontrace	trace_errors	off
537	indexserver.ini	DEFAULT			pythontrace	trace_indexes	
538	indexserver.ini	DEFAULT			pythontrace	trace_user	
539	indexserver.ini	DEFAULT			pythontrace	tracefile	servertrace_
540	indexserver.ini	DEFAULT			query mediator	always_use_multi_value_dict	no

Abbildung 15.5 Passwortschutzrelevante Profilparameter in SAP HANA

In der Sektion **password policy** finden Sie die passwortrelevanten Parameter und deren Werte.

[»]

Hinweis: Generelle IT-Kontrollen (oder ITGC)

Nahezu alles, was für SAP ERP 6.0 bezüglich der IT- und Applikationskontrollen gilt, hat für SAP S/4HANA Bestand. Das liegt daran, dass SAP S/4HANA ebenfalls auf SAP NetWeaver basiert. Es können vereinzelt aufgrund der höheren Version von SAP NetWeaver (derzeit Release 7.5) in SAP S/4HANA im Vergleich zu SAP ERP 6.0 Unterschiede bestehen, auf die wir in dieser Auflage des Buches nicht weiter eingehen. Das von Ihnen in den folgenden Kapiteln angeeignete Wissen ist auch für SAP S/4HANA weiterhin relevant:

- Kapitel 5: Hier werden revisionsrelevante SAP-Grundlagen sowie Such- und Navigationshilfen beschrieben.
- Kapitel 6: Hier werden die wichtigsten generellen IT Kontrollen beschrieben.
- Kapitel 7: Dieses Kapitel geht auf übergreifende Applikationskontrollen für SAP ERP 6.0 ein.

Geschäftsprozesskontrollen

Neue Anforderungen bei der Funktionstrennung

SAP S/4HANA enthält etwa 200 neue Transaktionen sowie bislang 250 neue SAP-Fiori-Apps. Darüber hinaus umfasst SAP S/4HANA auch eine neue Systemarchitektur (zum Beispiel Central Hub Deployment, siehe Abschnitt 16.1.1, »Berechtigungen in SAP ERP und SAP S/4HANA im Vergleich«). Beides bedingt neue Anforderungen an die Sicherstellung der *Funktionstrennungsprinzipien* (Segregation of Duties, kurz SoD), siehe Abschnitt 16.1.3, »Berechtigungsprüfung in SAP S/4HANA«. Dadurch ist nicht nur die Rollengestaltung betroffen, sondern auch die Gestaltung von SoD-Regelwerken in GRC-Lösungen.

Auch wenn die meisten übergreifenden finanzberichterstattungsrelevanten Applikationskontrollen weiterhin gelten (siehe Abschnitt 15.2.3, »FI-Kontrollen in SAP S/4HANA«), gibt es einige wichtige Änderungen im Kontenplan, in Abschluss- und Buchhaltungsprozessen. Durch die höhere Integration von Werteflüssen haben sich insbesondere Risiken bezüglich der mangelnden Abstimmbarkeit und Konsistenz des Buchungsstoffes (zum Beispiel in Haupt- und Nebenbüchern, FI und CO) verringert.

15.2.2 Kontrollmöglichkeiten bei der Migration

GoB-Grundsätze

Bei Kontrollmöglichkeiten für die Migration steht die Einhaltung der *GoB-Grundsätze* (GoB = Grundsätze ordnungsmäßiger Buchführung) im Vordergrund: Vollständigkeit, Richtigkeit und Konsistenz des Buchungsstoffes – von transaktionalen Daten und Salden.

Die Migrationswerkzeuge enthalten Transaktion FINS_MIG_STATUS, mit der der Status der Migration überprüft werden kann. Damit lassen sich einzelne Teilprozesse der Migration sowie die betreffenden Tabellen anzeigen und Log-Dateien mit Detailinformationen aufrufen. Weitere hilfreiche Transaktionen sind FINS_MIG_MONITOR_RCO (Analyse von Bewegungsdaten) und FINS_CUST_CONSISTENCY_CHECK (Konsistenzcheck der Konfiguration).

Abstimmung vor und nach der Migration

Neben der technischen Kontrolle ist ein inhaltlicher Vergleich der noch in SAP ERP erstellten Berichte auf *Summensatzebene* mit den entsprechenden *Einzelpostenberichten* in SAP S/4HANA unabdingbar für eine erfolgreiche Abnahme und Freigabe der Migration. Zu beachten ist, dass diese Vergleichsberichte nicht nur Bilanz und GuV (GuV = Gewinn- und Verlustrechnung), sondern auch Auswertungen nach Funktionsbereichen, Profit-Centern und Kostenstellen umfassen müssen, um die Werte auf den neuen Merkmalen des Universal Journals beurteilen zu können. Eine Abstimmung der mit den folgenden Berichten erzeugten Daten, vor und nach der Migration, wird von SAP empfohlen:

- Bilanz/GuV (Report RFBILA00)
- Anlagengitter (Report RAGITT_ALV01)
- Abschreibungslauf für geplante Abschreibungen (Report RAHAFA_ALV01)
- Summenbericht für Kostenstellen (Transaktion S_ALR_87013611)
- Kundenauftragsselektion (Report RKKBSELL)
- Saldenliste Sachkonten (Report RFSSLD00)
- Einzelpostenliste Hauptbuch (Report RFSOPO00)
- Beleg-Kompaktjournal (Report RFBELJ00)
- Kreditorenumsätze (Report RFKUML00)
- Kreditoren-Offene-Posten-Liste (Report RFKEPL00)
- Debitorenumsätze (Report RFDUML00)
- Debitoren-Offene-Posten-Liste (Report RFDEPL00)
- Debitoren Dauerbuchungsurbelege (Report RFDAUB00)
- Kostenstellen: Ist-Plan-Abweichung (Transaktion GR55 mit Berichtsgruppe 1SIP)

Konsistenzprüfungen bei der Migration

Nach der Durchführung dieser Abstimmung muss im Migrations-Tool die Migration auf den Status **Abgeschlossen** gesetzt werden. Dabei werden im Hintergrund die letzten Konsistenzprüfungen ausgelöst:

1. Prüfung der Konsistenz der Konfigurationseinstellungen.
2. Prüfung, ob überfällige (das heißt in SAP S/4HANA nicht mehr vorhandene Tabellen (ANLC, ANLP etc.) durch *CDS Views* (sogenannte Kompatibilitäts-Views, CDS = Core Data Services) ersetzt wurden.
3. Prüfung des Zählers in Tabelle ACDOCA. Das SAP-System prüft, ob die Belege in das Journal migriert wurden. Hierzu wird die Anzahl der Datensätze in Tabelle ACDOCA mit der Anzahl der Datensätze in den Tabellen COEP, BSEG und FAGLFLEXA verglichen. Wenn die Anzahl der Datensätze in Tabelle ACDOCA nicht plausibel ist, wird ein Fehler ausgegeben.

Erst nach dem positiven Ergebnis dieser automatisierten Checks kann die Migration auf **Abgeschlossen** gesetzt werden. Anschließend können Benutzer wieder Buchungen im System vornehmen.

15.2.3 FI-Kontrollen in SAP S/4HANA

In Kapitel 7, »Übergreifende Applikationskontrollen in SAP ERP«, und in Kapitel 8, »Kontrollen in der Finanzbuchhaltung«, wurden die wichtigsten übergreifenden und prozessspezifischen Kontrollen vorgestellt. Die überwiegende Mehrheit von ihnen gilt weiterhin auch für SAP S/4HANA. Im Folgenden möchten wir Ihnen die Gültigkeit ausgewählter Kontrollen bestätigen.

Übergreifende Applikationskontrollen mit FI-Relevanz

- Die *Belegänderbarkeitsregeln* auf Feldebene (Transaktion OB32), siehe Abschnitt 7.1.3, »Änderbarkeit der Belege«, gelten weiterhin auch für SAP S/4HANA.
- Änderungsbelege: Stammdatenänderungen werden weiterhin als *Business Change Documents* in den Datenbanktabellen CDHDR und CDPOS festgehalten (siehe Abschnitt 7.2.1, »Änderungsbelege in SAP ERP«).
- *Belegnummernvergabe*: Es gibt weiterhin die Option, Reorganisation bzw. Archivierung von Belegen durchzuführen, die zu (erklärbaren) »Lücken« in der Belegnummernvergabe führen kann (siehe Abschnitt 7.2.3, »Belegnummernvergabe«).
- Die *Belegnummernpufferung* ist auch in SAP S/4HANA relevant: Aus Performancegründen können Nummern in Bündeln auf dem SAP NetWeaver Application Server (SAP NetWeaver AS) vergeben werden. Bei Verbuchungsabbrüchen (siehe Abschnitt 7.4.1, »Überwachung der Verbuchungsabbrüche«) kann es zu Lücken in der Belegnummernsequenz kommen.
- Transaktion FBN1 gilt weiterhin für die Pflege der *Belegnummernkreise*. Es gibt neue Belegnummernkreisobjekte (ECS etc., die oftmals eher technischen Charakter haben).
- Bei der *großen Umsatzprobe* (siehe Abschnitt 8.1.4, »Konsistenzcheck der Verkehrszahlen mit der großen Umsatzprobe«, Transaktion SAPF190) gab es einige Änderungen: Transaktion SAPF190, die es in SAP S/4HANA nicht mehr gibt, wurde durch Transaktion TFC_COMPARE_VZ ersetzt. Die neue Abstimmtransaktion ist FINS_REC (Reconcile Universal Journal Entry).
- Die Überprüfung der *Aktivierung des neuen Hauptbuches* in SAP S/4HANA via Tabelle FAGL_ACTIVEC ist zwar möglich, ergibt aber keinen Sinn, weil es nur noch das neue Hauptbuch gibt.
- Die Abstimmung zwischen Einzelposten und Verkehrszahlen sowie den *Indextabellen* mit Transaktion F.03 (FAGLF03 im neuen Hauptbuch) entfällt, weil es keine Indextabellen und Verkehrszahlen mehr gibt.

- Das Öffnen und Schließen der *Buchungsperioden* erfolgt wie bisher mit Transaktion OB52 und Transaktion OKP1. In SAP Fiori ist dies zusammengefasst in einer Applikation. Neu ist das dritte Periodenintervall, das für die Echtzeitintegration (CO/FI) benötigt wird (siehe Abschnitt 1.3.1, »Solvency II im Versicherungswesen«).
- Die *Bilanzhierarchie* wird weiterhin mit Transaktion OB58 gepflegt (siehe Abschnitt 8.1.2, »Bilanz«).
- *Sachkontenstammdaten* befinden sich weiterhin in den Tabellen SKA1 und SKB1 – einschließlich der aus IKS-Sicht wichtigen Steuerungsfelder (zum Beispiel nur **maschinell bebuchbar**), siehe Abschnitt 8.1.3, »Sachkontenstammdaten«.
- Der *Abgleich von Haupt und Nebenbüchern* mittels des Reports RFSSLDOO (Sachkontensalden) und des Reports RFHABUOO (Hauptbuch), siehe Abschnitt 8.2.1, »Richtigkeit der Kontenfindung«, wurde bereits im Zusammenhang mit den Migrationschecks erwähnt (siehe Abschnitt 15.2.2, »Kontrollmöglichkeiten bei der Migration«).
- Eine gute Übersicht von *Kontenfindungsregeln* ist weiterhin mit Transaktion FBKP möglich.
- Bei der Pflege von *Fremdwährungen* gilt der gleiche Prozess wie bisher (siehe Abschnitt 8.2.5, »Fremdwährungen«). Wechselkurse werden weiterhin in Tabelle TCURR gespeichert. Neu ist Folgendes: Bei Buchungen werden neben der Buchungskreiswährung für FI und der Konzernwährung für CO zusätzlich maximal acht frei definierbare Währungen in Tabelle ACDOCA fortgeschrieben, die entweder in Echtzeit bei der Buchung oder am Monatsende durch die periodische Bewertung ermittelt werden.
- Es gibt weiterhin die Möglichkeit der *Belegvorerfassung* (siehe Abschnitt 8.3.1, »Belegvorerfassung«) und der Dauerbuchungen (siehe Abschnitt 8.3.2, »Dauerbuchungen«, Report RFDAUBOO), sodass entsprechende Kontrollen weiterhin relevant sind.
- Die Überprüfung der Vollständigkeit der *Werteübertragung* nach FI (siehe Abschnitt 8.3.3, »Abstimm-Ledger«) mit Transaktion KALC ist nicht mehr relevant, da die Echtzeitintegration (CO/FI) gewährleistet ist.
- Wichtige Steuerungsfelder bei den *Buchungskreiseinstellungen* in Tabelle T001 (siehe Abschnitt 8.4.1, »Schutz der Buchungskreise«, insbesondere der Schutz über das Feld **Produktiv**) sind weiterhin relevant.
- Toleranzgrenzen für Geschäftspartner sind weiterhin relevant (Tabelle T043GT, siehe Abschnitt 8.4.2, »Toleranzgruppen«).

15.2.4 Das neue Datenmodell in der Finanzbuchhaltung

Dieser Abschnitt soll Sie eingehender mit dem neuen Datenmodell, das heißt dem Einsatz von Tabelle ACDOCA vertraut machen (siehe Abschnitt 15.1.2, »Neue Reporting-Optionen«). Ihre Verbindungen mit Tabellen aus SAP ERP 6.0 sehen Sie in Abbildung 15.6.

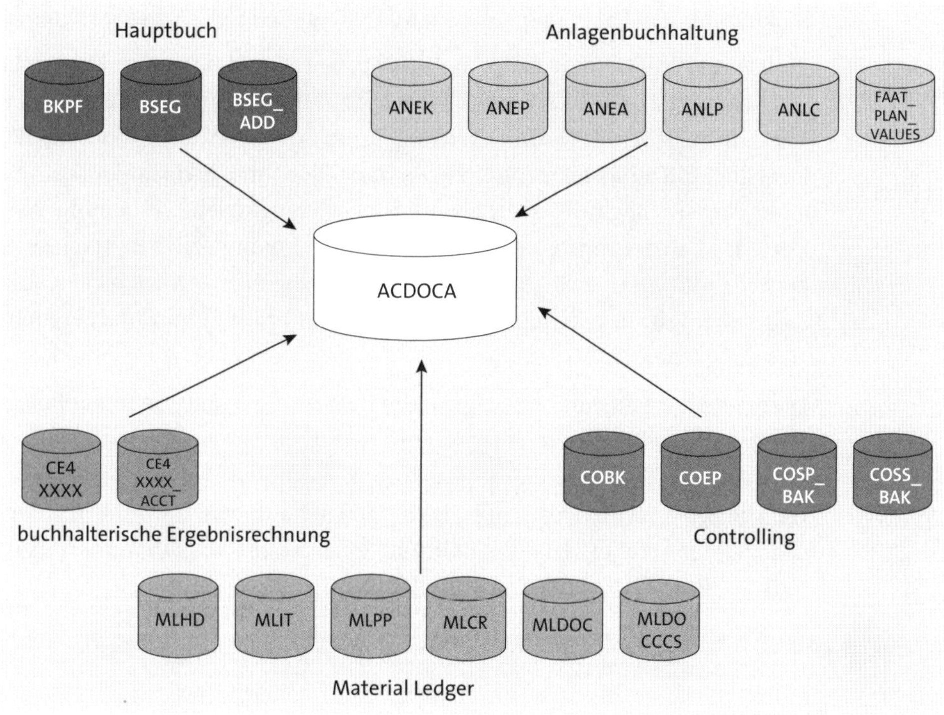

Abbildung 15.6 Universal Journal: Darstellung auf Tabellenebene

Ursprungsbelege

Die *Ursprungsbelege* (Primanota) werden in den Belegtabellen von SAP ERP 6.0 gespeichert. Im Hauptbuch wird für allgemeine Buchhaltungsbelege Tabelle BSEG und für lokale, rechnungslegungsspezifische Belege in einem nicht führenden Ledger Tabelle BSEG_ADD verwendet. In Tabelle BKPF werden weiterhin Kopfdaten gespeichert.

Neue Anlagenbuchhaltung

In der *Anlagenbuchhaltung* kommt eine neue Tabelle für die Abschreibungswerte (FAAT_PLAN_VALUES) hinzu, weil in SAP S/4HANA Abschreibungen nicht mehr während des AfA-Laufs berechnet werden. Jahresspezifische Abschreibungsattribute werden neu in Tabelle FAAT_YDDA gespeichert. Statistische FI-AA-bezogene Informationen werden in Tabelle FAAT_DOC_IT gespeichert. Somit sind die Tabellen ANEP, ANEA, ANLP und ANLC in SAP S/4HANA überfällig, werden aber durch sogenannte Kompatibilitäts-Views unterstützt.

Im Controlling werden die *Ist-Einzelposten* weiterhin in Tabelle COEP gespeichert. Sätze mit anderen Werttypen werden in die Tabellen COSP_BAK und COSS_BAK geschrieben, in denen auch die Plandaten gespeichert werden. Das *Material-Ledger* schreibt das Universal Journal fort, ausgenommen manuelle Materialpreisänderungen, die weiterhin in den Tabellen MLHD, MLIT, MLPP und MLCR gespeichert werden. Die Ergebnisse der Ist-Kalkulation werden in den Tabellen MLDOC und MLDOCCCS gespeichert.

Verkehrszahlen im Hauptbuch

Verkehrszahlen werden nicht mehr gespeichert, sondern zum Zeitpunkt eines Berichtsaufrufs errechnet. Eine Ausnahme gilt für Jahresendsalden. Mit dem Saldovortrag zum Geschäftsjahreswechsel werden technische Belege, die Eröffnungsbilanzbuchungen darstellen, im Universal Journal mit einer mit »B« beginnenden Belegnummer erzeugt (siehe Abbildung 15.7). Für jede bilanzierungsrelevante Merkmalsausprägung – zum Beispiel Sachkonto, Profit-Center, Segment oder Geschäftsbereich – wird jeweils eine Saldovortragszeile erzeugt, um Teilbilanzen für Profit-Center und Segment zu ermöglichen.

Diese technischen Saldovortragsbelege haben keinen Eintrag in der Belegkopftabelle BKPF und keine konfigurierbaren Nummernkreise; sie lassen sich mit der Beleganzeige nicht anzeigen. Zu diesen Werten in Saldovortragsbelegen werden dann die laufenden Buchungen während des Geschäftsjahres addiert, um den Endsaldo eines Kontierungsmerkmals (zum Beispiel eines Bilanzkontos) zu erhalten.

Ld	BuKr.	Jahr	Buch.dat.	Belegnr	BuZei	GV-Art	Konto	Prctr	Segment	Btrg in T...	Σ Btr BukrsW
0L	1010	2019		B000000381	000010	RFBC	100000	2000	1000_C	5.000,00	5.000,00
0L	1010	2019	02.01.2019	100001019	000001	RFBU	100000	2000	1000_C	2.000,00	2.000,00
								2000			**7.000,00**
0L	1010	2019		B000000381	000011	RFBC	100000	2100	1000_C	3.000,00	3.000,00
0L	1010	2019	02.01.2019	100001019	000002	RFBU	100000	2100	1000_C	1.000,00	1.000,00
								2100			**4.000,00**
											11.000,00

Abbildung 15.7 Beispiel: Saldovortragsbelege in Tabelle ACDOCA

15.2.5 Änderungen in der Anlagenbuchhaltung

In SAP S/4HANA wird ausschließlich die *neue Anlagenbuchhaltung* verwendet. Das bedeutet im Einzelnen:

- Buchungen werden für alle Bewertungsbereiche gleichzeitig in der Anlagenbuchhaltung und im Hauptbuch gebucht; *periodische Bestandsbuchungen* mit Transaktion ASKB entfallen daher.

- Die *Buchung der Abschreibungen* erfolgt mit einem neuen Report FAA_DEPRECIATION_POST, unter der Verwendung der neuen Abschreibungs-Engine.
- *Bewertungsbereiche* lassen sich per Customizing mit Ledgern verbinden, die Restriktion, dass der Bewertungsbereich 01 der Anlagenbuchhaltung immer mit dem führenden Ledger verbunden sein muss, entfällt.
- Transaktion ABST2 zur *Abstimmung* zwischen Anlagenbuchhaltung und Hauptbuch entfällt, weil beide Anwendungen in das Universal Journal buchen.

Afa-Lauf

Der *Afa-Lauf* verwendet ein neues Programm, das die Afa-Werte nicht neu errechnet, sondern aus Tabelle FAAT_PLAN_VALUES liest, die mit allen Anlagenbewegungen aktualisiert wird. Dieses neue Programm ist grundsätzlich schneller und fehlertoleranter als das alte Programm in SAP ERP, zum Beispiel bei gesperrten Kostenstellen. Gebucht wird, was gebucht werden kann. Der Rest kann nach der Beseitigung der Fehlerursachen durch einen neuerlichen AfA-Lauf, idealerweise für dieselbe Periode, gebucht werden, wobei eine Buchung zusammen mit einem AfA-Lauf in einer Folgeperiode möglich ist, was aber den Nachteil hat, dass dann die AfA-Werte aus den Vorperioden in diese Periode gebucht werden. Der Aufruf des Afa-Laufs wurde ebenfalls vereinfacht, indem die Unterscheidungen für die Art der Ausführung (normal, Wiederholung, außerplanmäßig, Restart) entfallen. Der Afa-Lauf kann für alle Rechnungslegungsvorschriften auf einmal oder einzeln für nur eine Rechnungslegungsvorschrift ausgeführt werden.

Geschäftsjahreswechsel

Der *Geschäftsjahreswechsel* für die Anlagenbuchhaltung wird mit der Transaktion für den Saldovortrag FAGLGVTR im Hauptbuch mit durchgeführt – es ist kein gesonderter Geschäftsjahreswechsel mehr erforderlich. Die bisherige Einschränkung, wonach nur zwei Geschäftsjahre in der Anlagenbuchhaltung offen sein können, besteht auch in SAP S/4HANA.

15.2.6 Geschäftspartnerstammdaten

Customer-Vendor-Integration

Debitoren und Kreditoren werden in SAP S/4HANA als Geschäftspartner angelegt. Dazu wird Transaktion BP verwendet; alle bisherigen Transaktionen zur Pflege von Debitoren und Kreditoren entfallen. Über die sogenannte *Customer-Vendor-Integration* (*CVI*) werden im Hintergrund automatisch Debitoren und Kreditorenstammsätze zum Geschäftspartner angelegt.

Während in SAP ERP getrennte Debitoren- und Kreditorennummern notwendig waren, ermöglicht das neue Konzept die Vergabe einer einheitlichen Nummer für einen Geschäftspartner, unter der, je nach Art der Geschäftsbeziehung, die Rollen für Debitor und Kreditor angelegt werden. Über die Rollen werden die in Abbildung 15.8 dargestellten Tabellen gepflegt, Es sind dieselben Stammdatentabellen, wie sie in SAP ERP für die Debitoren und Kreditoren verwendet werden.

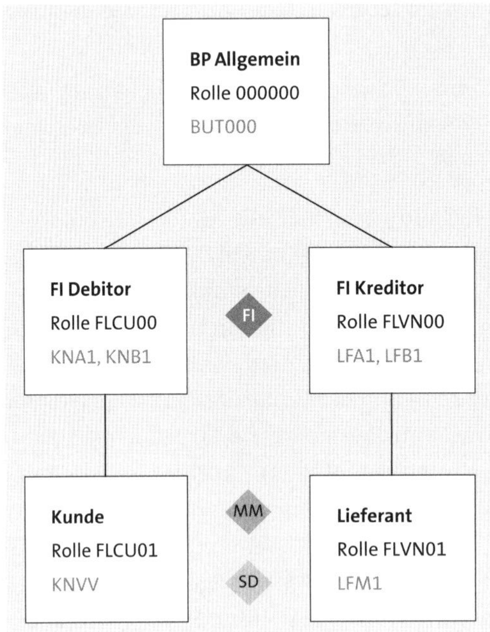

Abbildung 15.8 Geschäftspartnerrollen

Der Saldovortrag für Debitoren und Kreditoren wird mit der Transaktion für den Saldovortrag (FAGLGVTR) im Hauptbuch mit durchgeführt. Es ist kein gesonderter Saldovortrag für die Nebenbücher mehr erforderlich.

15.2.7 Parallele Rechnungslegung

Die parallele Rechnungslegung kann über die, mit dem neuen Hauptbuch bereits in SAP ERP eingeführte *Ledger-Lösung* oder über die traditionelle *Kontenlösung* abgebildet werden. Die Ledger-Lösung verwendet ein führendes Ledger 0L zur Abbildung der konzernweit verwendeten Rechnungslegungsvorschrift und zusätzliche, nicht führende Ledger, zum Beispiel ZL zur Abbildung der lokalen Rechnungslegungsvorschrift, wie es Abbildung 15.9 zeigt. Da diese Buchungen unter einer einheitlichen Kontonummer erfolgen, ist ein schlankerer Kontenplan möglich. Unterschiedliche Bewertungen von Rückstellungen oder Abschreibungen werden als ledgerspezifische Buchungen mit Transaktion FB50L jeweils nur in das Ledger der jeweiligen Rechnungslegungsvorschrift gebucht.

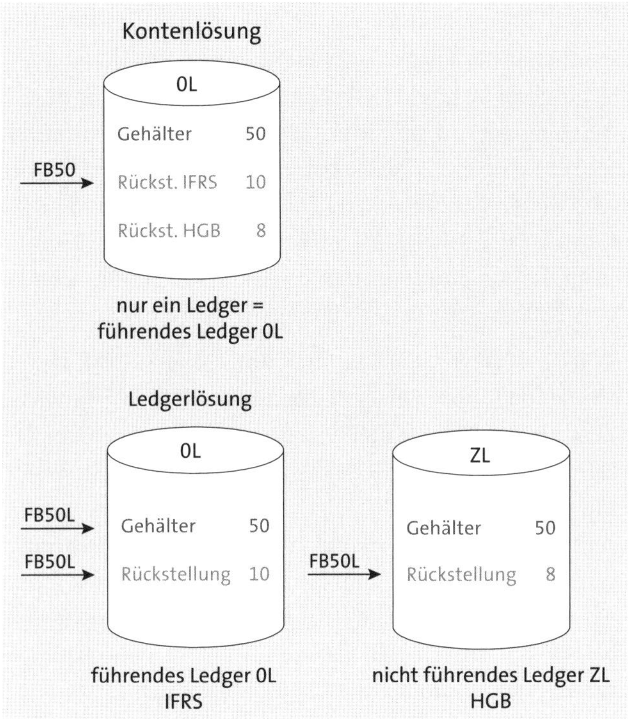

Abbildung 15.9 Kontenlösung und Ledger-Lösung

15.3 Controlling

Im Nachfolgenden werden die neuen Grundzüge von CO in SAP S/4HANA aufgezeigt.

15.3.1 Das Zusammenwachsen von FI und CO

Kostenarten als Sachkonten

Alle Kostenarten in SAP S/4HANA werden als Sachkonten angelegt – auch die Sekundärkostenarten sind nun *Sachkonten*. Im Universal Journal gibt es nur noch ein Feld **Sachkonto** für die Auswertungen in FI und CO. Die Pflege der Sachkonten erfolgt zentral mit Transaktion FS00. Über das neue Feld **Sachkontenart** wird unterschieden, ob ein Konto eine Primärkostenart, eine Sekundärkostenart oder ein reines GuV-Konto ist, das im Controlling nicht verwendet wird. Im Universal Journal werden alle Buchungen aus FI und CO gespeichert, sodass Berichte aus einer gemeinsamen Datenbasis erstellt und Abstimmprobleme vermieden werden.

15.3.2 Echtzeitintegration

Belegbezogene Abstimmbuchungen

Eine zentrale Funktionalität des Rechnungswesens in SAP S/4HANA ist die *Echtzeitintegration* zwischen CO und FI. Die Echtzeitintegration wurde mit dem neuen Hauptbuch eingeführt und löst die periodischen Abstimmbuchungen durch *belegbezogene Abstimmbuchungen* ab, was für eine höhere Transparenz sorgt. Im Gegensatz zur Echtzeitintegration im neuen Hauptbuch, in dem man durch Customizing-Einstellungen entscheiden konnte, ob man die Echtzeitintegration einsetzen möchte, ist diese in SAP S/4HANA obligatorisch.

Dies bedeutet, dass jede Verrechnung, die im Controlling stattfindet, zu einer Abstimmbuchung in FI führt. Die FI-Belege werden nur im Universal Journal gebucht, nicht aber in Tabelle BSEG; es handelt sich also nicht um vollständige FI-Belege, sondern sie verfügen nur über eine Hauptbuchsicht. Das folgende Beispiel in Abbildung 15.10 zeigt eine Leistungsverrechnung zwischen zwei Kostenstellen und dem daraus resultierenden Abstimmbeleg im Universal Journal. Wie Sie sehen, wird bei der Kostenart *Verrechnung Personenstunden* (Konto 930100) derselbe Betrag ein- und ausgebucht. Dieser Betrag wird dabei von der Kostenstelle 510 auf die Kostenstelle 400 umgebucht. Beide Vorgänge werden im gleichen Beleg abgebildet.

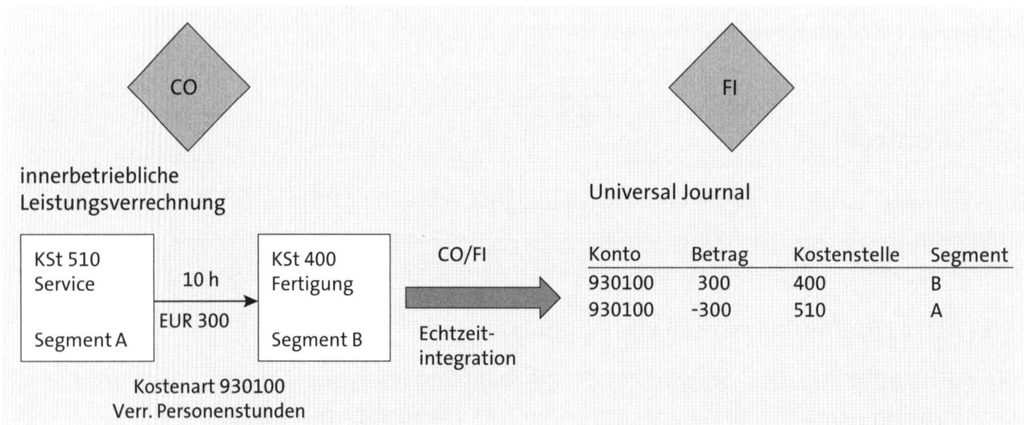

Abbildung 15.10 Echtzeitintegration von FI und CO

CO-Berichte werden auf der Basis des Universal Journals erstellt, wofür Kompatibilitätssichten auf die Tabellen COSP und COSS genutzt werden, die die Lesezugriffe auf diese Tabellen auf das Universal Journal umlenken. Damit sind Abweichungen zwischen FI und CO per Design ausgeschlossen.

15.3.3 Material-Ledger

Material-Ledger verarbeitet Bewertungs- und Steuerungsdaten bezogen auf. Die Verwendung des *Material-Ledgers* ist in SAP S/4HANA obligatorisch; es ist für die parallele Bewertung immer eingeschaltet. Die Daten des Material-Ledgers werden im Universal Journal gespeichert. Damit ist die Entwicklung des *Durchschnittspreises von Materialien* mit der Materialpreisanalyse leicht nachvollziehbar. Nur für die periodische Berechnung der Ist-Kostenschichtung von Materialen werden weiterhin separate Tabellen verwendet.

Materialpreisanalyse

Verbesserungen und Vereinfachungen im Prozess sind durch zum Beispiel folgende Änderungen im Datenmodell ermöglicht worden:

- *Tabelle MLDOC* ersetzt die Tabellen MLHD, MLIT, MLPP, MLPPF, MLCR, MLCRF, CKMLPP, CKMLCR, MLCD, CKMLMV003, CKMLMV004, CKMLPPWIP etc. – insbesondere für die Zwecke der optimierten Ist-Kalkulation.
- *Tabelle MLDOCCCS* ersetzt die Tabellen MLKEPH und CKMLKEPH, (CKMLPRKEKO) zwecks Optimierung der Kostenschichtung in der Material-Ledger-Ist-Kalkulation.

15.3.4 Buchhalterische Ergebnisrechnung

Die *buchhalterische Ergebnisrechnung* erlaubt die Ermittlung der Profitabilität, des Deckungsbeitrags und der Kostenabweichungen. Diese ist in SAP S/4HANA auf der Basis von Sachkonten in das Universal Journal integriert. Die Nachteile der buchhalterischen Ergebnisrechnung, aufgrund deren früher die kalkulatorische Ergebnisrechnung favorisiert war, sind in SAP S/4HANA gegenüber SAP ERP weitgehend beseitigt.

Auswertungen nach Kunden und Artikeln

So sind jetzt Auswertungen auf der feinsten Ebene nach einzelnen Kunden und Artikeln möglich. In SAP ERP war dies nur auf aggregierter Ebene von Kundengruppe und Artikelgruppe möglich, was die buchhalterische Ergebnisrechnung für ein Vertriebscontrolling ungeeignet machte.

Die Kosten des Umsatzes werden auf der Basis der Kostenschichtung der Produktkalkulation auf einzelne Sachkonten je Kostenelement der Kostenschichtung gebucht, womit eine Aufteilung der Kosten des Umsatzes nach fixen und variablen Anteilen und damit Deckungsbeitragsauswertungen möglich werden.

Die Abweichungen der Fertigungsaufträge lassen sich auf einzelne Sachkonten je Abweichungskategorie buchen, was einen differenzierten Ausweis der Abweichungen ermöglicht. In SAP ERP war nur eine Gesamtabweichung auf dem Preisdifferenzenkonto möglich.

Damit hat die buchhalterische Ergebnisrechnung stark an Attraktivität gewonnen. Ein Nachteil bleibt jedoch: Es sind keine kalkulatorischen Bewertungen für Kosten möglich, die zum Zeitpunkt der Fakturierung noch nicht bekannt sind. Dazu gehören zum Beispiel die Kosten für Verpackung, Provisionen, Versicherungs- und Frachtkosten. Kunden, die diese Funktionen benötigen, können weiterhin die kalkulatorische Ergebnisrechnung einsetzen. Diese arbeitet wie in SAP ERP 6.0 anstelle von Sachkonten auf der Basis von Wertfeldern und nutzt ihre eigenen Tabellen. Somit ist sie nicht mit dem Universal Journal integriert.

15.4 Resümee

In diesem Kapitel haben Sie erfahren, was SAP S/4HANA im Vergleich zu der Vorgängergeneration auszeichnet. Wir haben uns dabei auf die finanzberichterstattungsrelevante Funktionalität sowie auf generelle IT-Kontrollen fokussiert. Sie wissen jetzt, dass die SAP-HANA-Technologie und die neue Benutzeroberfläche neue sicherheitsrelevante Aspekte mitbringen und dass, trotz des geänderten Datenmodells, die meisten für SAP ERP geltenden Kontrollmechanismen auch für SAP S/4HANA valide sind.

Kapitel 16
Berechtigungen in SAP S/4HANA

Für Unternehmen, Berater und Prüfer ist mit SAP S/4HANA ein neues Zeitalter angebrochen, das, insbesondere im Hinblick auf die Berechtigungen, eine höhere Komplexität sowie die Notwendigkeit mit sich bringt, ständig auf dem Laufenden zu sein.

In Kapitel 15, »Risk und Compliance in SAP S/4HANA«, haben Sie einen Überblick über die Änderungen in SAP S/4HANA erhalten, die sich auf das *Interne Kontrollsystem* (*IKS*) auswirken. Dieses Kapitel geht nun etwas tiefer auf die Änderungen im Berechtigungskonzept in SAP S/4HANA ein und behandelt außerdem Besonderheiten bei der Umsetzung und Überwachung der Funktionstrennungsanforderungen.

SAP S/4HANA nutzt – ebenso wie SAP ERP 6.0 – SAP NetWeaver als Applikationsschicht. Somit gibt es keine grundlegenden Änderungen im Berechtigungskonzept, weil die Verarbeitungslogik weiterhin ABAP-gesteuert ist. Der Unterschied im Berechtigungskonzept von SAP ERP und SAP S/4HANA liegt in den folgenden drei Bereichen, denen Sie in Ihren Implementierungs- oder Migrationsprojekten besondere Beachtung schenken sollen.

Neben dem SAP GUI wird in SAP S/4HANA *SAP Fiori* als neue Benutzeroberfläche genutzt. Im Hinblick auf die Berechtigungen bedeutet dies, dass Benutzer zusätzliche Rechte für SAP-Fiori-Applikationen und, je nach Szenario, Systemzugriffe benötigen (siehe Abschnitt 16.1, »Berechtigungen für SAP Fiori«).

In SAP S/4HANA wurde die Anzahl der Transaktionen verringert, um die Komplexität zu reduzieren und *Geschäftsprozesse zu vereinfachen*. Diese Transformation bedeutet für die Berechtigungen, dass die Simplification Lists (Simplifikationslisten) von SAP genau analysiert und bestehende Rollen angepasst werden müssen (siehe Abschnitt 16.2, »Berechtigungen für das SAP-S/4HANA-Backend«, und Abschnitt 16.3, »Funktionstrennung in SAP S/4HANA«).

SAP HANA als Datenbank für SAP S/4HANA verfügt über ein eigenes Berechtigungskonzept. In einem SAP-GRC-Projekt ist SAP HANA vor allem im

Kontext von Data Analytics für Sie relevant (siehe Abschnitt 16.4, »Berechtigungen in SAP HANA«).

16.1 Berechtigungen für SAP Fiori

Fokus auf Usability SAP Fiori setzt sich allmählich als neue SAP-Standard-Benutzeroberfläche durch. SAP entwickelt fortlaufend neue SAP-Fiori-Apps für SAP S/4HANA, die benutzerfreundlich und intuitiv zu bedienen sind. Anwender können SAP-Fiori-Apps entweder parallel oder anstelle der Transaktionen des SAP GUI nutzen. Ein Beispiel einer SAP-Fiori-Benutzeroberfläche sehen Sie in Abbildung 16.1.

SAP-Fiori-Frontend-Server Der *SAP-Fiori-Frontend-Server* ist, technisch gesehen, ein Add-on für den SAP NetWeaver Application Server ABAP (SAP NetWeaver AS ABAP). Er liefert die Softwarekomponenten für das Frontend, die für die Ausführung von SAP-Fiori-Apps notwendig sind.

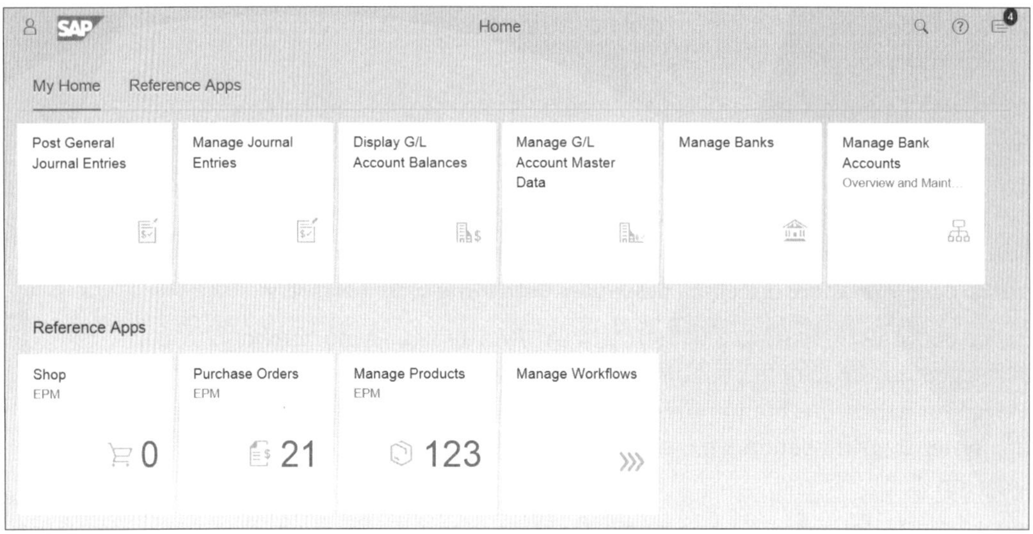

Abbildung 16.1 Beispiel für die Benutzeroberfläche SAP Fiori

Architektur des SAP-Fiori-Frontends Es stehen verschiedene *Bereitstellungsoptionen* für den SAP-Fiori-Frontend-Server zur Verfügung. Die Systemarchitektur ist abhängig von der gewählten Option (siehe Abbildung 16.2). Es gibt die folgenden Möglichkeiten, um den SAP-Fiori-Frontend-Server in einer SAP-Systemlandschaft einzurichten:

- **Eingebettete Bereitstellung (Embedded Deployment)**
  Der SAP-Fiori-Frontend-Server wird als Bestandteil des SAP NetWeaver AS ABAP, eines Backend-Systems von SAP S/4HANA, eingesetzt.
- **Hub-Bereitstellung für einzelne Backend-Systeme (Central Hub)**
  Ein dedizierter AS-ABAP-Frontend-Server mit SAP-Fiori-Frontend-Server wird in einem eigenständigen System entweder hinter oder vor der Firewall bereitgestellt.
- **SAP Fiori Cloud**
  SAP Fiori ist auch auf der SAP Cloud Platform verfügbar. Das SAP Cloud Platform Portal soll in Zukunft als Integrator für die Benutzeroberflächen fungieren. Es soll einen zentralen Einstiegspunkt mit Integrationsmöglichkeiten, wie gemeinsamen Benachrichtigungen, Suche, Benutzer- und Rollenverwaltung, ermöglichen.

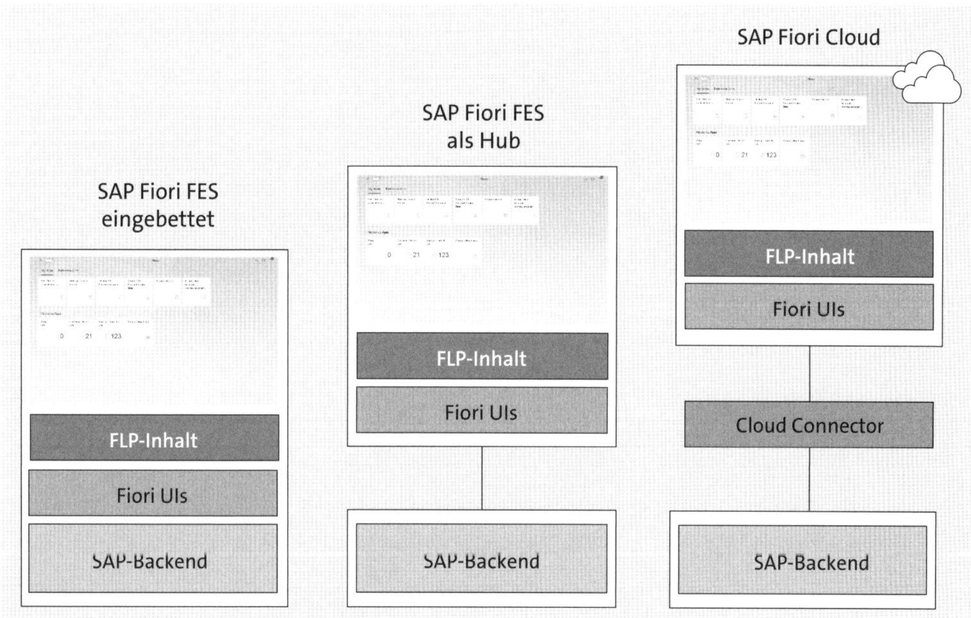

Abbildung 16.2 SAP-Fiori-Bereitstellungsoptionen

Wenn Sie SAP Fiori im Rahmen der SAP Business Suite (SAP ERP, SAP CRM, SAP SRM etc.) nutzen möchten, empfiehlt SAP, den Central Hub als Bereitstellungsoption für den Frontend-Server zu wählen. Setzen Sie hingegen SAP S/4HANA ein, wird die eingebettete Bereitstellung empfohlen. Grund dafür sind die Abhängigkeit zwischen Frontend- und Backend-Softwarekomponenten sowie eine fehlende Interoperabilität der SAP-S/4HANA-Versionen. Es ist nicht möglich, einen Frontend-Server als Central Hub für mehrere SAP-S/4HANA-Systeme unterschiedlicher Versionen zu verwenden. Dies liegt darin begründet, dass Sie nicht mehrere Versionen derselben Softwarekomponente auf einem Server installieren können.

Gemischtes Szenario

Embedded Deployment und Central Hub Deployment können auch kombiniert werden: Ein SAP-Frontend-Server-Hub mit einem zentralen SAP Fiori Launchpad und zentralen Diensten (zum Beispiel **My Inbox**) werden zusammen mit systemspezifischen lokalen SAP Fiori Launchpads genutzt (siehe Abbildung 16.3).

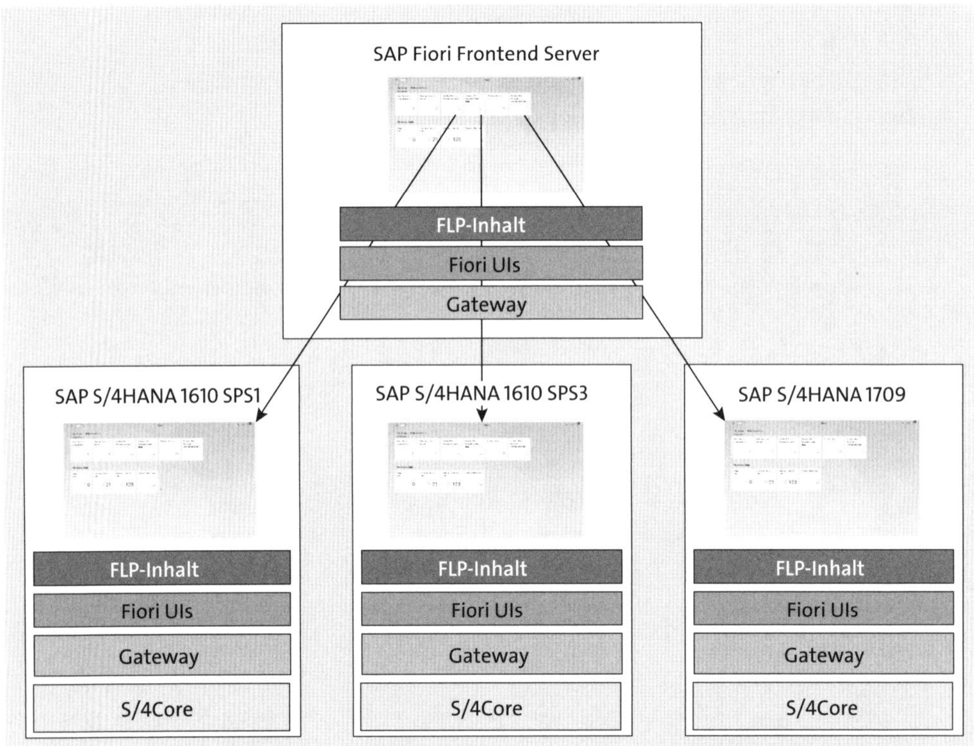

Abbildung 16.3 Kombination von Embedded Deployment und Central Hub Deployment

Web Application Firewall

Sie können SAP-Fiori-Apps in Ihrem Unternehmensnetzwerk (Intranet) einsetzen. Wenn Sie über das Internet, das heißt von außerhalb des Unternehmensnetzwerks auf die SAP-Fiori-Apps zugreifen, müssen Sie die Informationssicherheit zusätzlich sicherstellen. Verwenden Sie in diesem Fall Funktionen der *Web Application Firewall* im SAP Web Dispatcher oder eine zusätzliche Web Application Firewall als erste Verteidigungslinie.

[«]

SAP-Empfehlungen zu den Bereitstellungsoptionen

Aktuelle Informationen zu den Bereitstellungsoptionen für SAP Fiori finden Sie in dem Dokument *SAP Fiori Deployment Options and System Landscape Recommendations* unter *www.sap.com*.

16.1.1 Berechtigungen in SAP ERP und SAP S/4HANA im Vergleich

Der Unterschied von Berechtigungen in SAP ERP zu Berechtigungen in SAP S/4HANA ist am besten anhand eines Vergleichs ersichtlich. Im Nachfolgenden sehen Sie eine vereinfachte Darstellung, wie die Berechtigungsvergabe an einen Endanwender in SAP ERP und SAP S/4HANA erfolgt.

Erforderliche Berechtigungen in SAP ERP

In SAP ERP benötigt der Mitarbeiter folgende Voraussetzungen:

- ein Benutzerkonto in SAP ERP
- Berechtigungen für die Transaktionen, die er für seine Aufgaben nutzt
- Berechtigungen für die benötigten Organisationswerte (Buchungskreis, Buchungsbereich, Profit-Center etc.)

Abbildung 16.4 zeigt die notwendigen Berechtigungen im Überblick. Der Benutzer, in diesem Beispiel ein Mitarbeiter in der Buchhaltung, nutzt in SAP ERP zum Beispiel Transaktion FB01, und die entsprechende Berechtigung wird ihm im gleichen System via Berechtigungsrolle zugeteilt.

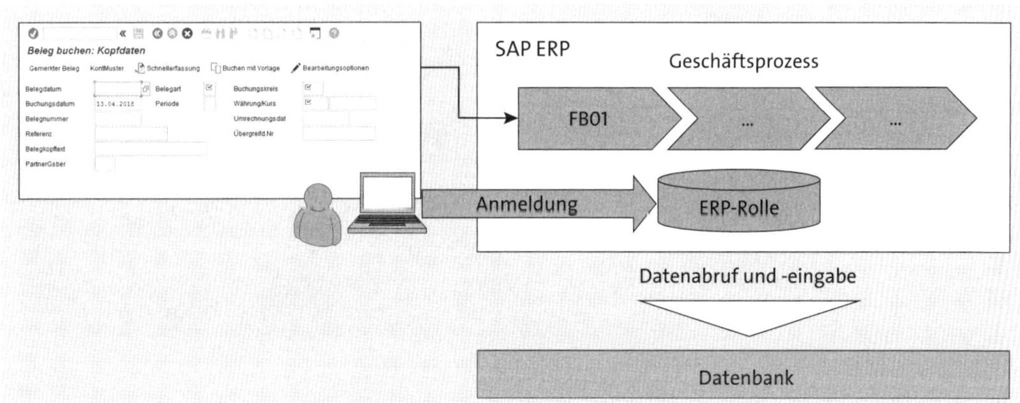

Abbildung 16.4 Berechtigungen in SAP ERP

Erforderliche Berechtigungen in SAP S/4HANA

In SAP S/4HANA benötigt ein Mitarbeiter die folgenden Voraussetzungen:

- ein Benutzerkonto in SAP Fiori
- ein Benutzerkonto in SAP S/4HANA

- Berechtigungen für die genutzten SAP-Fiori-Apps
- Berechtigungen für die genutzten Transaktionen
- Berechtigungen für die benötigten Organisationswerte (Buchungskreis, Buchungsbereich, Profit-Center etc.)
- gegebenenfalls ein Benutzerkonto und Berechtigungen in SAP HANA für die Nutzung bestimmter Reporting-Werkzeuge (siehe Abschnitt 16.4, »Berechtigungen in SAP HANA«).

Abbildung 16.5 zeigt zusammenfassend die Berechtigungen, die ein Anwender in SAP S/4HANA am Beispiel von Transaktion S_ALR_87012168 (Fälligkeitsanalyse der offenen Posten) benötigt. Für den Aufruf dieser Transaktion via SAP GUI benötigt der Anwender eine entsprechende Rolle in SAP S/4HANA. Sind für diesen Benutzer zusätzlich analytische SAP-Fiori-Apps relevant, braucht er dafür auch entsprechende Berechtigungen.

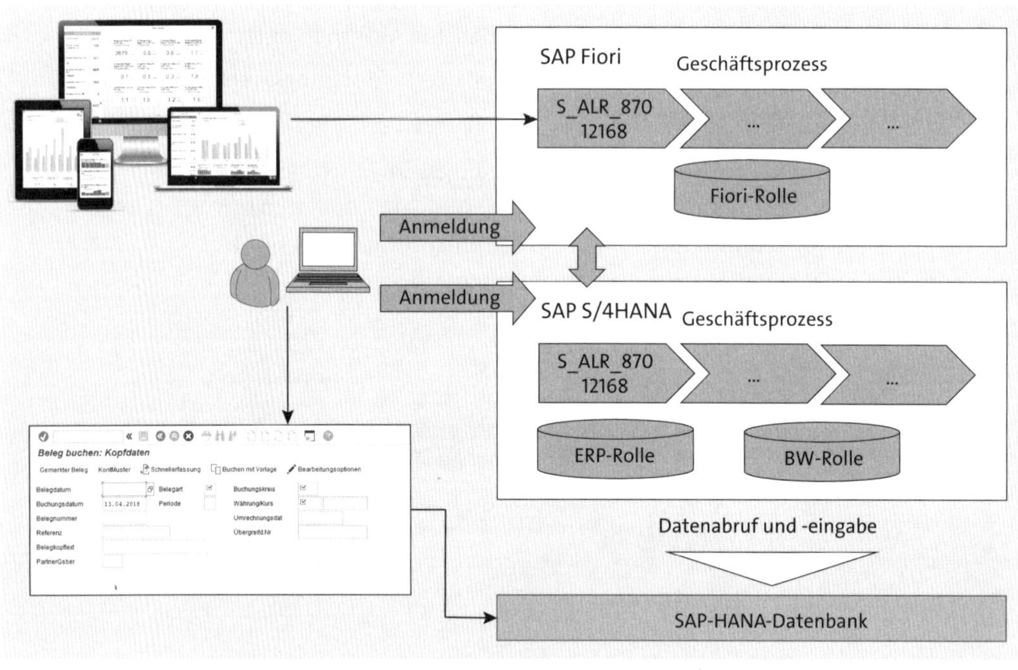

Abbildung 16.5 Berechtigungen in SAP S/4HANA

16.1.2 Gestaltung der SAP-Fiori-Berechtigungsrollen

In diesem Kapitel beschreiben wir detailliert, wie SAP-Fiori-Berechtigungsrollen gepflegt werden. Da es sich bei der SAP-Fiori-Oberfläche um einzelne Apps handelt, für die einzelne Benutzer berechtigt werden müssen, ist es hilfreich zu wissen, welche Informationsquellen Sie in der Praxis benutzen können.

SAP Fiori Apps Reference Library

Die SAP Fiori Apps Reference Library (*www.sap.com/fiori-apps-library*) beinhaltet Informationen über alle verfügbaren SAP-Fiori-Apps. Hier können Sie sich über die Voraussetzungen für ihre Verwendung sowie über die Details zu Konfiguration und Erweiterungen informieren (siehe Abbildung 16.6).

In der SAP Fiori Apps Reference Library erfahren Sie über die Registerkarte **IMPLEMENTATION INFORMATIONEN** insbesondere, wie Sie eine PFCG-Rolle (Frontend- und Backend-Rolle) anlegen. Im Bereich **Configuration** lesen Sie, was Sie bei der Erstellung einer PFCG-Rolle für die jeweilige SAP-Fiori-App wissen müssen.

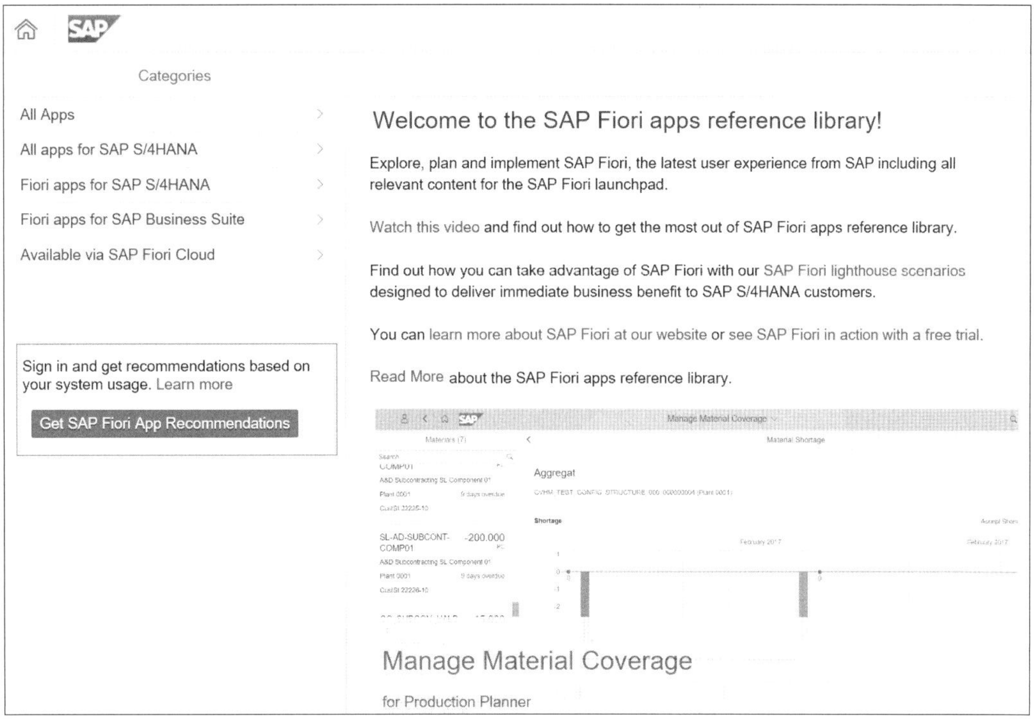

Abbildung 16.6 SAP Fiori Apps Reference Library

Benötigte Entitäten

Das SAP Fiori Launchpad ist der zentrale Zugangspunkt zu Fiori-Apps auf mobilen Geräten oder auf dem Desktop-PC. Um damit arbeiten bzw. SAP-Fiori-Apps verwenden zu können, benötigen die Anwender SAP-Fiori-Rollen. In diesen SAP-Fiori-Rollen müssen die folgenden Arten von Entitäten gepflegt sein:

- **SAP-Fiori-Benutzeroberfläche**
  Die einzelnen in Katalogen und Gruppen organisierten SAP-Fiori-Apps bestimmen, wie die SAP-Fiori-Oberfläche für Endanwender aussieht.
- **SAP-Fiori-Berechtigungen**
  Diese Berechtigungen sind erforderlich, um das SAP Fiori Launchpad zu verwenden, um SAP-Fiori-Apps zu starten und die Geschäftslogik und die Daten der SAP-Fiori-Apps zu verwenden. Die sogenannten OData-Services rufen die dynamischen Daten ab, die aus der Geschäftslogik für die SAP-Fiori-Apps angezeigt werden sollen. Die Berechtigungen, die erforderlich sind, um die Geschäftslogik von SAP Fiori zu starten und zu nutzen, sind mittels der OData-Services definiert (siehe Abbildung 16.7).

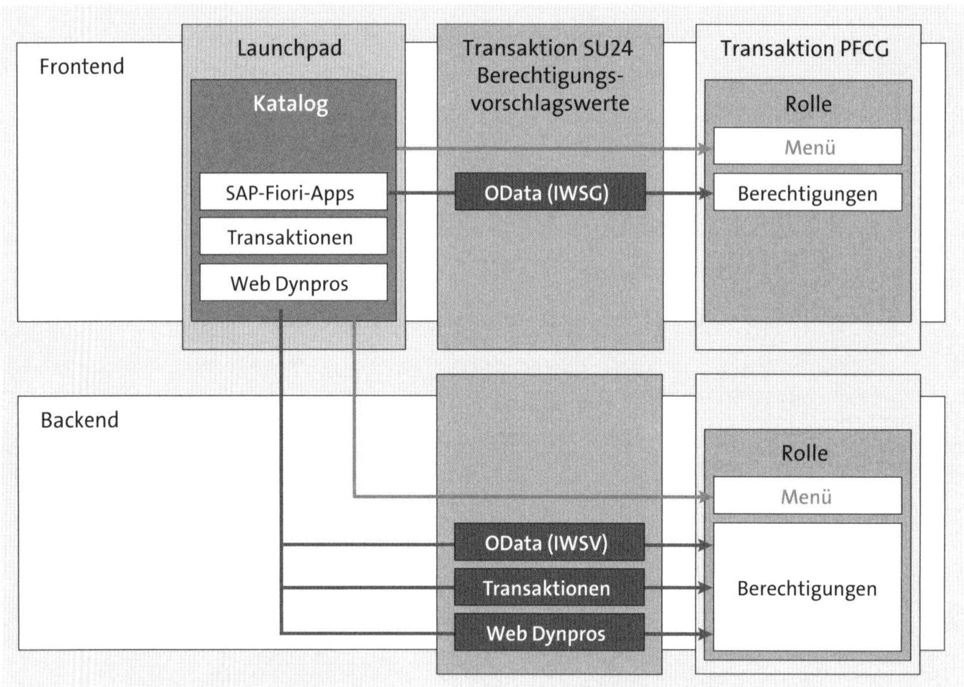

Abbildung 16.7 Überblick über PFCG-Rollenpflege und Integration mit SAP-Fiori-Katalogen

Sowohl die SAP-Fiori-Benutzeroberflächen-Entitäten als auch die Berechtigungen werden, wie bereits angedeutet, in PFCG-Rollen gepflegt.

[«]

SAP-Fiori-Apps und SAP-Fiori-Legacy-Apps

Für die Vergabe von Berechtigungen ist die Unterscheidung zwischen originären SAP-Fiori-Apps und sogenannten SAP-Fiori-Legacy-Apps zu beachten. SAP-Fiori-Legacy-Apps basieren auf Web Dynpro und SAP GUI for HTML, die im Look and Feel von SAP Fiori angeboten werden. Diese Transaktionen (Web-Dynpro-Applikationen) werden im Backend-Server berechtigt (siehe Abschnitt 16.2, »Berechtigungen für das SAP-S/4HANA-Backend«).

Benutzeroberflächen-Entitäten in SAP Fiori

Die SAP Fiori-Apps, die den Benutzern angezeigt werden, sind mit den folgenden SAP-Fiori-Benutzeroberflächen-Entitäten organisiert:

- Kataloge
- Gruppen
- PFCG-Rollen

SAP-Fiori-Kataloge

Ein *Katalog* besteht aus einer Reihe von SAP-Fiori-Apps, die Sie Ihren Nutzern zur Verfügung stellen und und für die Sie die Nutzer berechtigen können. Die Benutzer können den Katalog durchsuchen, SAP-Fiori-Apps aus dem Katalog auswählen und sie zur Einstiegsseite ihres SAP Fiori Launchpads hinzufügen.

SAP-Fiori-Gruppen

Gruppen definieren die SAP-Fiori-Launchpad-Einstiegsseite. Die Applikationen in der Gruppe sind eine Teilmenge von Applikationen, die einem oder mehreren Katalogen zugeordnet sind. Welche Kacheln auf der Eingabeseite eines Benutzers angezeigt werden, hängt von den Katalogen und Gruppen ab, die den Rollen des Benutzers zugewiesen sind. Wenn eine Gruppe Applikationen enthält, die dem Benutzer nicht über Kataloge zugewiesen sind, wird die Applikation nicht auf der Einstiegsseite des Benutzers angezeigt. Darüber hinaus kann der Benutzer die Einstiegsseite personalisieren, indem er Applikationen zu vorab bereitgestellten Gruppen oder selbst definierten Gruppen hinzufügt oder sie daraus entfernt.

SAP Fiori Launchpad Designer

Kataloge und Gruppen werden im sogenannten *SAP Fiori Launchpad Designer* verwaltet. SAP liefert technische Kataloge, die Applikationen pro Anwendungsbereich enthalten. Darüber hinaus stellt SAP Geschäftskataloge und Geschäftsgruppen zur Verfügung – als Beispiel für eine Sammlung von Applikationen, die für eine Geschäftsrolle relevant sein können.

SAP-Fiori-PFCG-Rollen

Wie Sie bereits wissen, dienen *PFCG-Rollen* dazu, den Benutzern die aus Benutzeroberflächen-Entitäten und SAP-Fiori-Berechtigungen bestehenden Rechte zuzuweisen. Es sind PFCG-Rollen auf dem Frontend-Server und PFCG-Rollen auf dem Backend-Server zu unterschieden. Folgende Pflegeschritte für die PFCG-Rollen im Frontend sind durchzuführen:

PFCG-Rollen auf dem Frontend-Server

Durch das Hinzufügen der *SAP-Fiori-Kachelkataloge* zum Rollenmenü fügen Sie die SAP-Fiori-Apps in den Katalog ein, der den Benutzern zur Verfügung steht. Durch das Hinzufügen von *SAP-Fiori-Kachelgruppen* definieren Sie die SAP-Fiori-Launchpad-Einstiegsseite (siehe Abbildung 16.8).

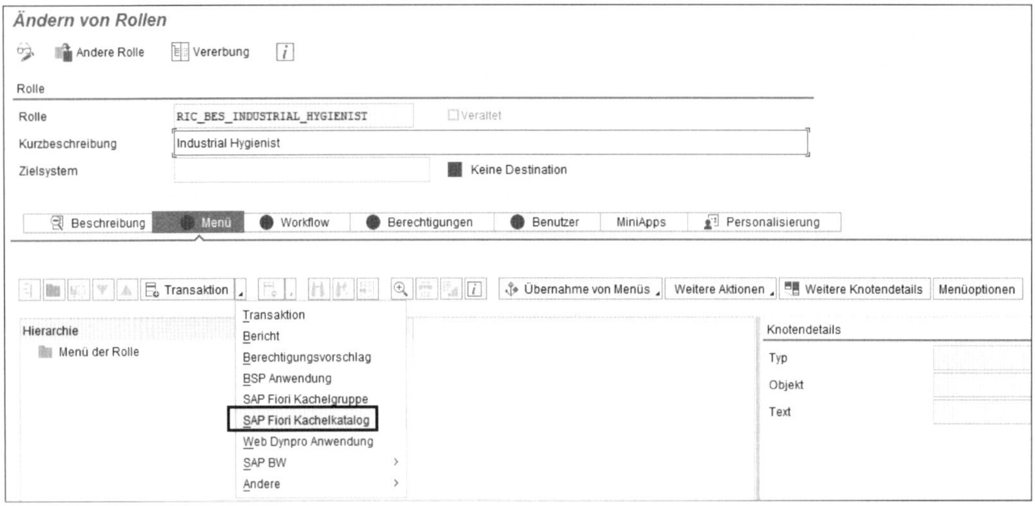

Abbildung 16.8 PFCG-Rolle im Frontend-Server pflegen: Katalog im Rollenmenü hinzufügen

Zum Starten der Applikationen benötigen Benutzer die Startberechtigungen für den Modellanbieter der aktivierten OData-Services (IWSG). Um diese Startberechtigungen zu erhalten, müssen Sie die OData-Services zum PFCG-Rollenmenü hinzufügen (siehe Abbildung 16.9).

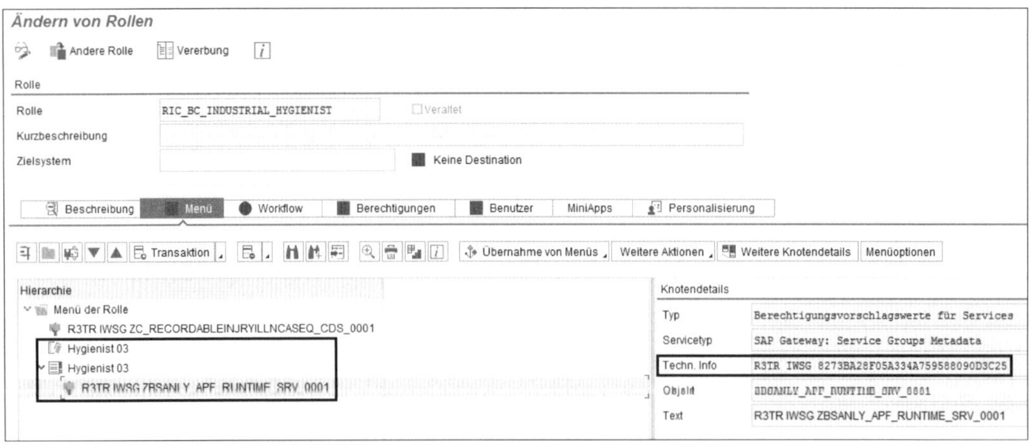

Abbildung 16.9 PFCG-Rolle im Frontend-Server pflegen: OData-Service aus dem Katalog

Wenn Sie dem Rollenmenü einen Katalog hinzufügen, ermittelt das SAP-System die in einem Katalog verwendeten OData-Services und nimmt automatisch die Startberechtigungen auf (Berechtigungsobjekt S_SERVICE), siehe Abbildung 16.10.

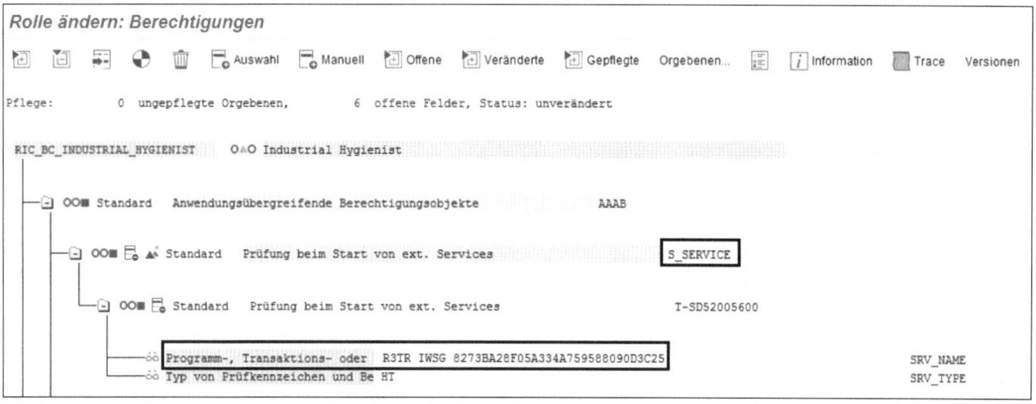

Abbildung 16.10 PFCG-Rolle im Frontend-Server pflegen: Ermittlung des Werts für Objekt S_Service

[«]

Vorsicht – manuelles Nachbearbeiten

Dieser von SAP implementierte Mechanismus des Abgleichs des Kataloginhalts (SAP-Fiori-Applikationen) mit den notwendigen OData-Services klappt bislang leider noch nicht vollumfänglich. Folglich müssen fehlende OData-Services dem PFCG-Rollenmenü des Kunden manuell hinzugefügt werden.

Um mit dem SAP Fiori Launchpad zu arbeiten und die für SAP Fiori erforderlichen OData-Services aufrufen zu können, benötigen Benutzer zusätzlich zu den applikationsspezifischen Berechtigungen (wie oben beschrieben) auf Frontend und Backend-Server bestimmte allgemeine Berechtigungen.

SAP-Fiori-Launchpad-Berechtigungen

Auf dem Frontend-Server werden *SAP-Fiori-Launchpad-Berechtigungen* benötigt, um das SAP Fiori Launchpad auszuführen zu können. Administratoren benötigen außerdem zusätzliche Berechtigungen, um den SAP Fiori Launchpad Designer auszuführen (siehe Abbildung 16.11).

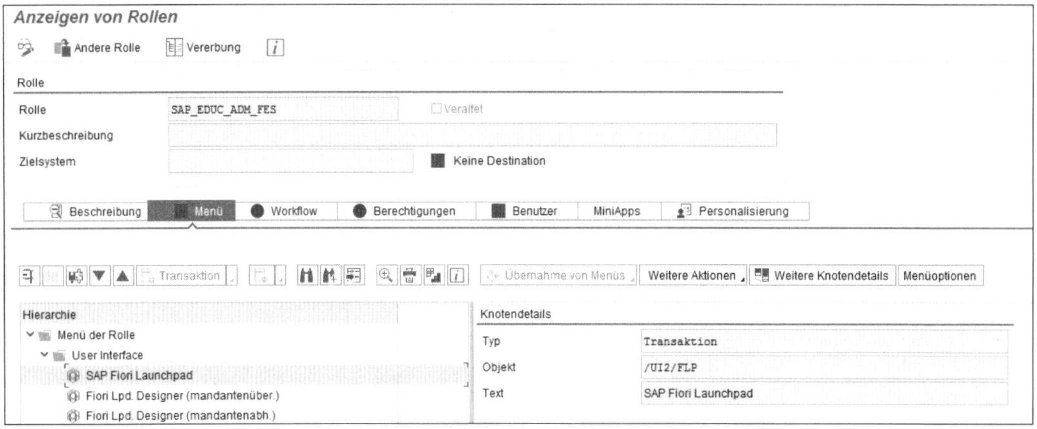

Abbildung 16.11 Beispiel der Rolle mit allgemeinen SAP-Fiori-Berechtigungen

Folgende allgemeine *OData-Berechtigungen* sind außerdem im Frontend erforderlich:

- Trusted-RFC-Backend-Konnektivitätsberechtigungen (RFC = Remote Function Call): Die Berechtigungen S_RFC und S_RFCACL sind im Backend-Server erforderlich, damit der Frontend-Server über eine Trusted-RFC-Verbindung auf den Backend-Server zugreifen kann. In die Berechtigung S_RFCACL muss der Frontend-Server (DEV, QAS, PROD) eingetragen werden (das rufende System).
- OData-Services für analytische Apps, die mithilfe einer *KPI-Kachel* (KPI = *Key Performance Indicators*) gestartet werden.
- OData-Services für analytische Apps, die mit dem *Analysis Path Framework* (*APF*) erstellt werden.

[»]

Aktivierung von OData-Services

Vor dem Hinzufügen zum Rollenmenü muss der OData-Service über Transaktion /IWFND/MAINT_SERVICES aktiviert und mindestens einmal aufgerufen werden.

PFCG-Rollen auf dem Backend-Server

Nun gehen wir zu der Backend-Seite über: Auf dem Backend-Server sind die OData-Services implementiert, die die SAP-Fiori-Applikationen verwenden. Daher müssen die Benutzer eine Startberechtigung für den Daten-Provider des OData-Services (IWSV) und alle Geschäftsberechtigungen für den Zugriff auf die in der Applikation angezeigten Geschäftsdaten haben.

Um die Berechtigungen zu erhalten, müssen in dem PFCG-Rollenmenü die OData-Services, die Web-Dynpro-Anwendungen oder die Transaktionen für das SAP GUI hinzugefügt und mit Vorschlagswerten aus Transaktion SU24 abgemischt werden. Dadurch werden der Rolle die Startberechtigungen und die Berechtigungsvorschläge für die Berechtigungen der Applikationen hinzugefügt (siehe Abbildung 16.12).

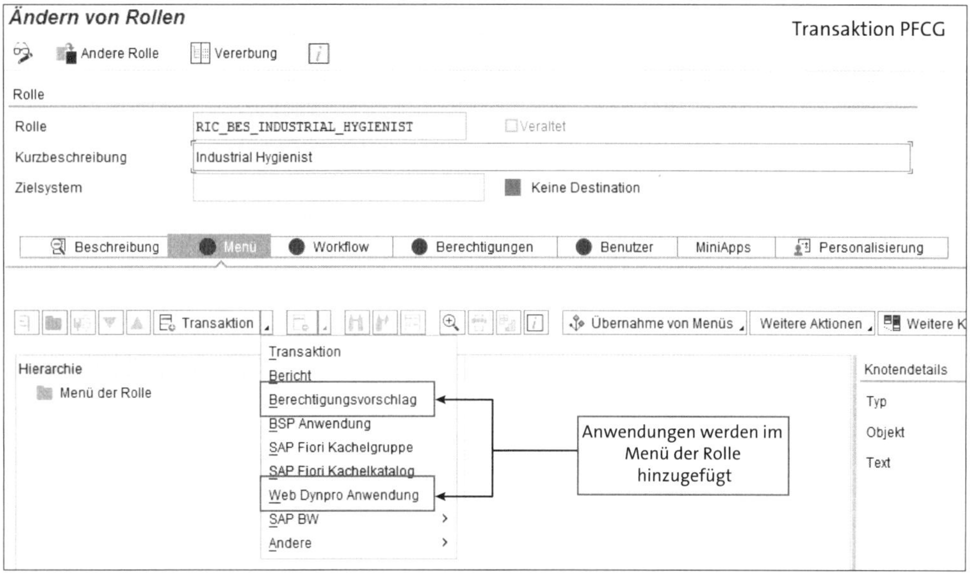

Abbildung 16.12 PFCG-Rolle im Backend-Server pflegen

Auf dem Backend-Server benötigen Benutzer außerdem folgende allgemeine Berechtigungen:

- Backend-Konnektivitätsberechtigungen: Die Berechtigungen `S_RFC` und `S_RFCACL` sind erforderlich, um auf den Trusted RFC auf jedem Backend-Server zuzugreifen.
- OData-Services für analytische Applikationen, die mithilfe einer KPI-Kachel gestartet werden.
- OData-Services für analytische Applikationen, die mit dem APF erstellt wurden.
- Berechtigungen für Transaktionsapplikationen im Backend: Dabei handelt es sich um den »üblichen« Anteil der Berechtigungsausstattung eines Benutzers – wie man es aus SAP ECC 6.0 kennt (siehe Abschnitt 5.2, »Berechtigungen«). Details hierzu entnehmen Sie Abschnitt 16.2, »Berechtigungen für das SAP-S/4HANA-Backend«.

[+]

Empfehlung für das Embedded Deployment

Es wird empfohlen, auch bei einem Embedded Deployment bei der Rollenerstellung das Frontend vom Backend zu trennen. Dabei werden OData-Services über das PFCG-Rollenmenü **Berechtigungsvorschlag • TADIR-Service** ausgewählt:

- IWSG für die PFCG-Rolle für das Frontend
- IWSV für die PFCG Rolle für das Backend

Vorlagen als Starthilfe

SAP liefert *Vorlagen für Geschäftsrollen* aus, die der Namenskonvention SAP_BR* folgen. Die ausgelieferten Geschäftsrollenvorlagen sollen typische Aktivitäten von Geschäftsbenutzern mit einem bestimmten Jobprofil abdecken. So ist beispielsweise die ausgelieferte Geschäftsrollenvorlage SAP_BR_AR_ACCOUNTANT für Debitorenbuchhalter ausgelegt.

Länderspezifische Anforderungen werden durch separate Geschäftsrollen abgedeckt, die die jeweilige Basisrolle ergänzen. Ihr technischer Name besteht aus dem technischen Namen der Basisrolle, der durch den ISO-Code des von der Rolle abgedeckten Landes erweitert wird, zum Beispiel SAP_BR_AR_ACCOUNTANT_CN als Rolle mit Geschäftskatalogen für Debitorenbuchhalter in China.

16.1.3 Berechtigungsprüfung in SAP S/4HANA

Aufgrund der hohen Komplexität der SAP-S/4HANA-Berechtigungen wollen wir uns einmal den Ablauf der Berechtigungsprüfung im SAP-System vor Augen führen (siehe Abschnitt 5.2.1, »Ablauf und Hierarchie der Berechtigungskontrollen«, für SAP ERP).

1. Wenn der Benutzer das SAP Fiori Launchpad startet, zeigt das Launchpad die Kacheln an, die den Benutzern über Kataloge zugewiesen und in Gruppen organisiert sind. Ein Launchpad-spezifischer OData-Service löst die Kataloge und Gruppen auf, denen ein Benutzer zugeordnet ist: Dieser Service löst die Katalog- und Gruppenzuordnungen des Benutzers auf. Er verwendet die PFCG-Rollen, zu denen der Benutzer auf dem Frontend-Server gehört, indem er die entsprechenden Katalog- und Gruppeneinträge im PFCG-Rollenmenü sammelt.
2. Um eine SAP-Fiori-Applikation zu starten, wählt der Benutzer eine Kachel aus. Die Kachel löst die technische SAP-Fiori-Applikationsimplementierung auf, die mit einer Zielzuordnung (Target Mapping) gestartet werden soll.

3. Die Kacheln und Zielzuordnungen eines Katalogs oder einer Gruppe, die dann die technische SAP-Fiori-Applikationsimplementierung bestimmen, werden im SAP Fiori Launchpad Designer gepflegt.
4. Wenn der Browser eines Benutzers eine SAP-Fiori-App lädt, ruft die App ihre dynamischen Daten aus dem HTTP-Endpunkt des applikationsspezifischen OData-Service auf dem Frontend-Server ab. SAP Gateway übersetzt den HTTP-Request in einen vertrauenswürdigen RFC-Aufruf an die Gateway-Aktivierung des Backend-Systems, das anschließend die Daten abruft, indem es die relevante Geschäftslogik aufruft. Ruft der Benutzer eine Legacy-Applikation in seinem SAP Fiori Launchpad auf, wird eine direkte HTTP-Anforderung an den Backend-Server geschickt und das ABAP-Programm ausgeführt, für das der User die Berechtigung im Backend-Server benötigt.
5. Der Benutzer benötigt Berechtigungen für den appspezifischen OData-Service, das heißt die Startberechtigungen für den Service auf dem Frontend-Server und im Backend-System sowie die von der Business-Logik benötigten Geschäftsberechtigungen (siehe Abbildung 16.13).

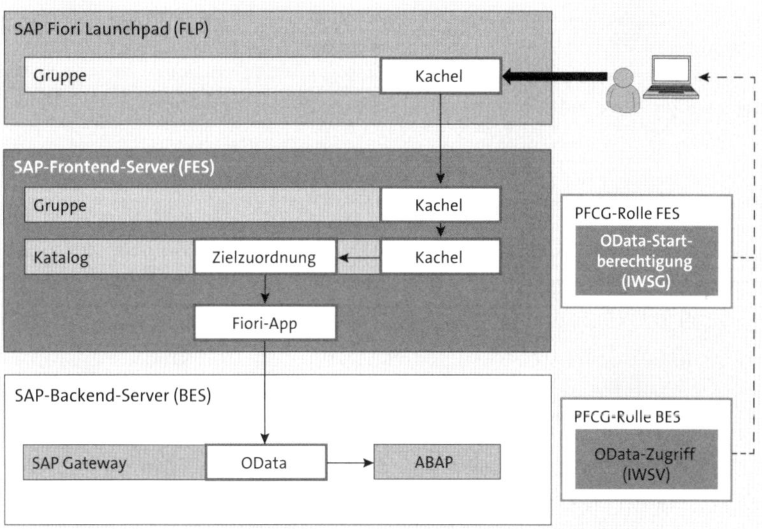

Abbildung 16.13 SAP-Fiori-Berechtigungen: Prüfungsablauf

16.2 Berechtigungen für das SAP-S/4HANA-Backend

Die Vorgehensweise bei der Berechtigungspflege im Backend von SAP S/4HANA unterscheidet sich nicht von der Vorgehensweise in SAP ERP. Sie können weiterhin die bekannten Transaktionen zur Berechtigungsverwaltung verwenden. Dies sind im Wesentlichen Transaktion PFCG (Rollenpflege) sowie Transaktion SU24 (Pflege der Berechtigungsvorschlagswerte). Weitere Informationen zur Berechtigungspflege finden Sie in Abschnitt 5.2, »Berechtigungen«.

Einige Besonderheiten gibt es im Hinblick auf die Berechtigungen im Backend von SAP S/4HANA dennoch zu beachten. Die wichtigsten Änderungen in SAP S/4HANA in Bezug auf das ABAP-Berechtigungskonzept sind wie folgt:

- Viele Transaktionen wurden bereits durch SAP-Fiori-Apps oder durch alternative SAP-GUI-Transaktionen ersetzt.
- Sowohl durch das Wegfallen von alten Transaktionen als auch durch das neue Datenmodell (vor allem bezüglich des Universal Journals, siehe Abschnitt 15.1.1, »Universal Journal als Innovationstreiber«) spricht man von der Simplifikation, die sich auch auf das Berechtigungswesen in SAP S/4HANA auswirkt. Deshalb werden in SAP S/4HANA manche Berechtigungsobjekte in Rollen zusammengelegt, die in SAP ERP separat behandelt wurden (zum Beispiel FI- und CO-Berechtigungen). So ist es möglich, dass ein Geschäftsvorgang von der gleichen Person abgeschlossen werden kann.

Nachfolgend werden einige Änderungsbeispiele beschrieben.

16.2.1 Vereinfachung der Stammdatenpflege

Transaktion BP (Geschäftspartner)

In SAP ERP werden ein Kreditorenstammsatz und ein Debitorenstammsatz verwendet. Dazu gehören die folgenden altbekannten Transaktionen: XD01, XD02, XD03, VD01, VD02, VD03, XK01, XK02, XK03, MK01, MK02 und MK03. In SAP S/4HANA werden diese Debitoren- und Kreditorenstammsätze im Geschäftspartner (Business Partner) verschmolzen. Für die Bearbeitung und Anzeige von Stammdaten für Geschäftspartner, Kunden und Lieferanten wird zentral die neue Transaktion BP genutzt. Die entsprechenden spezifischen Transaktionen aus SAP ERP sind in SAP S/4HANA nicht mehr verfügbar.

[+]

Empfehlung bezüglich der alten Transaktionen

Es wird empfohlen, die alten Transaktionen als Berechtigungsvorschlag ins Rollenmenü aufzunehmen, um die Vorschlagswerte aus Transaktion SU24 nutzen zu können. Transaktion BP (Geschäftspartner) benötigt weiterhin die Berechtigungsobjekte F_KNA1* und F_LFA1*, die durch die Berücksichtigung der »alten« Transaktionen mit den notwendigen Berechtigungsvorschlagswerten aus Transaktion SU24 in der Rolle angeboten werden. Eine andere Möglichkeit wäre, die genannten Berechtigungsobjekte für Transaktion BP in Transaktion SU24 nachzupflegen. Allerdings hat das den entscheidenden Nachteil, dass nur Objekte ohne Vorbelegung von Werten hinterlegt werden können, weil Transaktion BP sowohl anzeigend als auch ändernd verwendet werden kann.

16.2.2 Vereinfachungen im Rechnungswesen (FI/CO)

Universal Journal

Eine der wichtigsten Vereinfachungen in den Komponenten FI und CO ist der integrierte Buchungsbeleg (*Universal Journal*), der Finanzdaten mit Informationen aus dem Controlling verknüpft. Diese Verknüpfung führt dazu, dass Daten aus den beiden Bereichen in Zukunft nicht mehr aufwendig abgeglichen werden müssen; internes und externes Rechnungswesen sind also jederzeit abgestimmt. Man spricht in diesem Zusammenhang auch von einem Einkreissystem. Alle Daten des Universal Journals werden in einer zentralen Tabelle ACDOCA gespeichert (Accounting Documents Actuals, siehe Abschnitt 15.2.4, »Das neue Datenmodell in der Finanzbuchhaltung«).

Durch diese Änderung wird auch ein schnellerer Monatsabschluss möglich, da die meisten Abschlussaufgaben entfallen. Eine Simulation kann jederzeit während der Periode auf Knopfdruck erfolgen. Die Merkmale der Ergebnisrechnung werden sofort abgeleitet – es ist kein Abrechnungslauf notwendig, um relevante Marktsegmentinformationen in der Ergebnisrechnung anzeigen zu können.

In Tabelle 16.1 finden Sie einige Beispiele der Transaktionen aus den Komponenten FI und CO, die ersetzt wurden:

Alte Transaktion	Neue Funktion	Typ	Text
FS01	FS00	Transaktion	Anlegen Stamm
FS02	FS00	Transaktion	Anlegen Stamm
FS03	FS00	Transaktion	Anlegen Stamm

Tabelle 16.1 Beispiele für die Simplifikation in SAP S/4HANA

Alte Transaktion	Neue Funktion	Typ	Text
CJ41	FCOM_IP_PROJ_OVERALL01	WEBDYN	Anzeigen Projektplan
CK41	CK40N	Transaktion	Create Costing Run
S_E38_98000088	P-C-Gruppe Plan-Ist-Abweichung	FIORI	Profit-Center – Plan-Ist-Abweichung (SAP-Fiori-ID: F0926; Query: (/ERP/SFIN_M01_Q2701)
S_ALR_87100992	kein Ersatz	N.A.	Kontierungshandbuch

Tabelle 16.1 Beispiele für die Simplifikation in SAP S/4HANA (Forts.)

16.3 Funktionstrennung in SAP S/4HANA

Das Stichwort *Funktionstrennung* wurde bisher in diversen Kapiteln erwähnt, zum Beispiel in Abschnitt 2.3.1, »Prüfung von Interessenskonflikten«, im Zusammenhang mit Interessenskonflikten, in Abschnitt 4.3.3, »SAP Access Control«, etc. Sie wissen, dass das Vier-Augen-Prinzip sowie das Prinzip der minimalen Rechtevergabe in Geschäftsanwendungen zentrale IKS-Anforderungen sind. Diese Anforderungen gilt es natürlich, auch in SAP S/4HANA umzusetzen.

Unternehmen, die SAP Fiori zusätzlich oder als Ersatz für SAP-GUI-Transaktionen einsetzen, müssen die bis dato etablierten Zugriffskontrollen überdenken. Bei Funktionstrennungskontrollen ist die Integration von SAP-Fiori-Apps in SoD-Prüfregeln (SoD = Segregation of Duties) unerlässlich, um die Richtigkeit und Vollständigkeit von SoD-Risikoanalysen zu gewährleisten.

Auswirkung von SAP Fiori auf SoD-Prüfregeln

SoD-Prüfregeln müssen nicht nur auf Berechtigungen abzielen, die für die Verarbeitung der Backend-Daten erforderlich sind, sondern auch die entsprechenden Transaktions- oder Service-Berechtigungen berücksichtigen. Die höhere Komplexität des Sicherheitsmodells in SAP S/4HANA wirkt sich auf die SoD-Analyse dieses Modells aus. Unternehmen, die kein SAP Access

Control einsetzen, müssen bestehende Regeln so erweitern, dass sie auch SAP-Fiori-Apps, Web-Dynpro-Anwendungen und OData-Services umfassen. Außerdem muss beim Einsatz des Central-Hub-Modells der entsprechende SAP-Fiori Frontend-Server zusätzlich in die SoD-Analyse aufgenommen werden, um False Positives zu vermeiden.

Neue SAP-S/4HANA-SoD-Regeln für SAP GRC

Für SAP Access Control wird das auf SAP S/4HANA abgestimmte SAP-Standardregelset in SP20 (Service Package 20) bereitgestellt. Die entsprechenden BC-Sets (Business Configuration Sets) müssen im SAP-GRC-System aktiviert werden. Details können Sie SAP-Hinweis 2539742 entnehmen. Für die Einrichtung von SoD-Regeln für SAP S/4HANA in SAP Access Control im Rahmen des Central-Hub-Szenarios für SAP Fiori gehen Sie wie folgt vor:

1. Richten Sie jeweils einen GRC-Konnektor für Ihr SAP-S/4HANA-System und für Ihr SAP-Fiori-System ein.
2. Für das SAP-S/4HANA-System aktivieren Sie das BC-Set GRAC_RA_RULESET_S4HANA_CORE.
3. Für das SAP-Fiori-System aktivieren Sie das BC-Set GRAC_RA_RULESET_S4HANA_FIORI.
4. Generieren Sie die SoD-Prüfregeln im Einführungsleitfaden (Implementation Guide, IMG) über den Pfad: **SPRO • GRC • Access Control • Access Risk Analysis • Generate SoD Rules**

An dieser Stelle muss erneut erwähnt werden (siehe Abschnitt 2.3.1, »Prüfung von Interessenskonflikten«), dass Unternehmen SoD-Regeln für sich anpassen sollten – gemäß der eigenen unternehmensspezifischen Prozessstruktur, unter der Berücksichtigung von Eigenentwicklungen und selbstverständlich des relevanten Compliance-Kontextes.

Bei Letzterem kann es zum Beispiel im Rahmen der Umsetzung der DSGVO erforderlich sein, Regeln um Leseberechtigungen zu erweitern, da der SAP-Standard ursprünglich auf klassische IKS-Sicht getrimmt, im Rahmen deren vorwiegend Pflegerechte berücksichtigt werden. Die von SAP ausgelieferten Standardinhalte (siehe Abschnitt 4.3.3, »SAP Access Control«).

In Tabelle 16.2 sehen Sie einige Beispiele der Änderungen in den standardmäßig von SAP ausgelieferten SoD-Prüfregeln, die für SAP S/4HANA relevant sind.

Funktion	Transaktion in SAP ERP	Transaktion in SAP /4HANA
CC03 – Maintain Cost Centers	KS01 KS02 KS12 OKEON	KS01 KS02 KS12 OKEON [FAPP]CostCenter-displayFact-sheet [FAPP]CostCenterGroup-manage-CostCenterGroup [SVC]IWSV CB_COST_CENTER_SRV
FA01 – Maintain Asset Document	AB01 AB02 AB08 ABAA ... ABZP ABZU ABZV AFAB AFABN AIST F-90 F-91 F-92 J1AI	AB01 AB02 AB08 ABAA ... ABZP ABZU ABZV AFAB AFABN AIST F-90 F-91 F-92 J1AI [FAAP]ApplicationJob-Show [FAPP]DepreciationRun-Manage [SVC]IWSV APJ_JOB_MANAGE-MENT_SRV 0001

Tabelle 16.2 Änderungen in den SoD-Regeln in SAP GRC (SAP ECC 6.0 vs. SAP S/4HANA)

Wie sie es der letzten Spalte in Tabelle 16.2 entnehmen können, beinhalten die neuen SoD-Regeln für SAP S/4HANA zusätzlich relevante SAP-Fiori-Apps oder Werte für Services (Objekt S_SERVICE).

Wenn Sie vereinfachte manuelle Berechtigungsauswertungen, wie Sie sie aus SAP ERP kennen (zum Beispiel mithilfe des Berichts RSUSR002, siehe Abschnitt 5.2.7), in SAP S/4HANA vornehmen würden, wären die Ergebnisse einer solchen Auswertung unvollständig. Der Grund dafür ist, dass man bei diesem Ansatz SAP-Fiori-Apps nicht in die Auswertung einbeziehen kann.

16.4 Berechtigungen in SAP HANA

SAP HANA Studio

Für den Zugriff auf die SAP-HANA-Datenbank müssen Sie eigene Berechtigungen definieren. Um eine wirksame Applikationssicherheit zu gewährleisten, ist es notwendig, den Zugriff auf die Berechtigungen für SAP HANA sehr restriktiv zu gestalten, das heißt nach dem Prinzip der geringstmöglichen Rechtevergabe.

Der Zugriff auf die SAP-HANA-Datenbank erfolgt über SAP HANA Studio. *SAP HANA Studio* ist eine integrierte Entwicklungsumgebung, die von technischen Benutzern zwecks Verwaltung der SAP-HANA-Datenbank und Entwicklung der Datenmodelle (zum Beispiel für Reporting- oder GRC-Zwecke im Rahmen von Data-Analytics-bezogenen Funktionen) benutzt, aber auch als Client-Tool eingesetzt wird, um auf lokale oder Remote-SAP-HANA-Systeme zugreifen zu können.

SAP HANA Studio wird auch genutzt, um CCF-Szenarien für SAP Process Control einzurichten (siehe Abschnitt 20.3.1, »SAP GRC mit Geschäftsanwendungen verbinden«). Auch das SAP Business Integrity Screening wird in SAP HANA Studio eingerichtet. In diesem Abschnitt erfahren Sie, welche Besonderheiten Sie für das Berechtigungskonzept von SAP HANA beachten müssen.

Benutzer, Rollen, Privilegien

Es gibt drei Hauptbestandteile im SAP-HANA-Sicherheitskonzept: *Benutzer*, *Rollen* und *Privilegien*.

Einem Benutzerkonto werden Rollen zugewiesen, und einer Rolle werden einzelne Privilegien zugeordnet. Privilegien können zwar einem Benutzer direkt zugewiesen werden, dies wird aber von SAP nicht empfohlen. Der Grund ist nachvollziehbar: Die Implementierung und Verwaltung komplexer, wiederverwendbarer Berechtigungskonzepte lässt sich mit Rollen effizienter gestalten. Nichtsdestotrotz ist SAP Access Control in der Lage, Rollen (also auch Privilegien) sowohl zu provisionieren als auch der SoD-Berechtigungsanalyse zu unterziehen.

[»]

Katalogrollen vs. Repository-Rollen

Es gibt zwei Arten von Rollen in SAP HANA:

- **Repository-Rollen/Designtime-Rollen**
  Diese Rollen werden in SAP HANA Studio oder in der SAP Web IDE (dort ist ausschließlich die Erstellung von Repository-Rollen möglich) erstellt und können anschließend transportiert werden. Repository-Rollen werden immer dem technischen User `_SYS_REPO` zugeordnet; dadurch ist die Problematik mit den Verantwortlichkeiten für Datenobjekte nicht gegeben.
- **Katalogrollen/Runtime-Rollen**
  Diese Rollen werden zur Laufzeit erzeugt, in Tabellen abgelegt und sind an die Datenbank gebunden. Sie können nicht transportiert werden, und nur der Ersteller (Grantor) kann die Rolle oder die Objekte weitergeben oder sie entziehen. Beide Rollentypen können für einen produktiven Einsatz verwendet werden. Jedoch werden in der Praxis ausschließlich Repository-Rollen eingesetzt.

Arten von Privilegien in SAP HANA

Inhalte von Rollen und Privilegien bestimmen, welche Tätigkeiten ein Benutzer innerhalb von SAP HANA ausführen darf. Privilegien werden in System-, Paket-, Applikations-, Analyse- und Objektgruppierungen kategorisiert. Jede Kategorie steuert einen bestimmten Bereich innerhalb der SAP-HANA-Architektur:

Systemprivilegien

Systemprivilegien steuern allgemeine Systemaktivitäten. Sie werden hauptsächlich für Verwaltungszwecke verwendet, zum Beispiel zum Erstellen von Schemas, zum Erstellen und Ändern von Benutzern und Rollen, zum Durchführen von Datensicherungen, zum Verwalten von Lizenzen etc. Diese Berechtigungen werden Administratoren und Entwicklern zugewiesen.

Paketprivilegien

Paketprivilegien berechtigen Aktionen für einzelne Pakete im klassischen SAP HANA Repository. Pakete enthalten Entwurfszeitversionen verschiedener Objekte, zum Beispiel Analytic Views, Attribute Views, Calculation Views und analytische Privilegien. Diese Privilegien sind für Applikations- und Inhaltsentwickler bestimmt, die im klassischen SAP HANA Repository tätig sind.

Applikationsprivilegien

Applikationsprivilegien in SAP HANA Extended Application Services Classic (SAP HANA XS Classic) definieren die Berechtigungsstufe, die für den Zugriff auf eine SAP-HANA-XS-Classic-Applikation erforderlich ist (zum Beispiel um die Applikation zu starten oder bestimmte Funktionen und Dynpros anzuzeigen; seit SAP HANA 2.0 gibt es nur noch SAP HANA XS

Advanced, kurz SAP HANA XSA). Die Administrationsprivilegien sind für Applikationsendanwender und technische Benutzer bestimmt.

Analytische Privilegien gewähren unterschiedlichen Benutzern Zugriff auf verschiedene Teile von Daten in demselben View, basierend auf ihrer Geschäftsrolle. Ohne analytische Privilegien können keine Daten von den folgenden Views gelesen werden:

Analytische Privilegien

- Attribute Views
- Analytic Views
- Calculation Views

Analytische Privilegien werden Endanwendern zugewiesen.

Objektprivilegien sind SQL-Privilegien, die den Zugriff auf Datenbankobjekte und die Änderungen von Datenbankobjekten (zum Beispiel Tabellen, Views) ermöglichen. Je nach Objekttyp können verschiedene Aktionen autorisiert werden (zum Beispiel `SELECT`, `CREATE ANY`, `ALTER`, `DROP` etc.). Schemaprivilegien sind Objektprivilegien, die den Zugriff auf Schemas sowie deren Änderung und die Änderung der darin enthaltenen Objekte ermöglichen. Die Objektprivilegien sind für Endanwender und technische Benutzer bestimmt.

Objektprivilegien

16

Eine Rolle enthält normalerweise Privilegien, die für eine bestimmte Funktion oder Aufgabe erforderlich sind, wie Sie es Abbildung 16.14 entnehmen können.

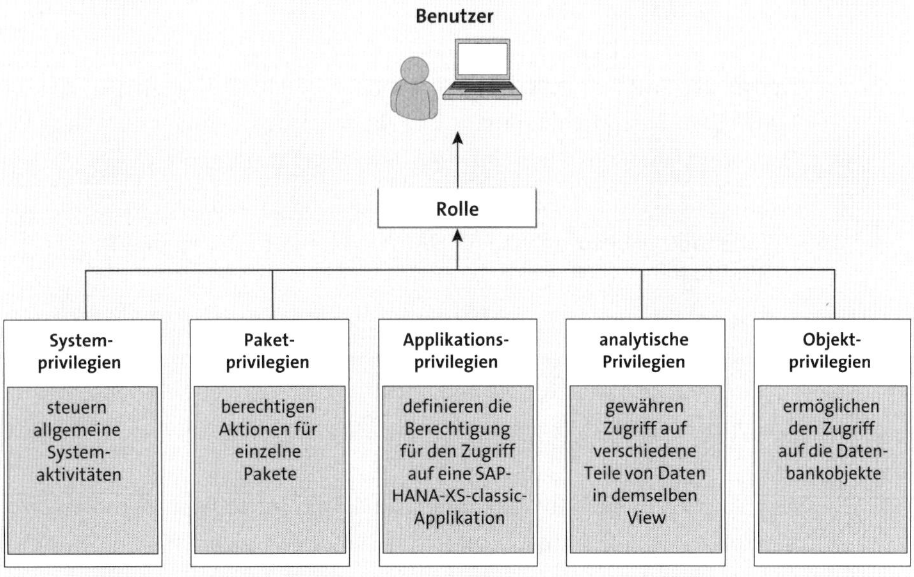

Abbildung 16.14 SAP-HANA-Sicherheitsmodell

16.4.1 Pflege von Benutzern und Rollen in SAP HANA

Seit dessen Entstehung wurde der Großteil des SAP-HANA-Sicherheitsmodells mithilfe von SAP HANA Studio entwickelt und gepflegt. Benutzerverwaltung und Rollenverwaltung befinden sich in SAP HANA Studio im Ordner **Security**. In Abbildung 16.15 können Sie beispielhaft sehen, wie in SAP HANA Studio Benutzer oder Rollen verwaltet werden können. Allerdings werden dort ausschließlich Katalogrollen verwaltet, die nicht transportiert werden können und an den Ersteller gebunden sind. Es sollten ausschließlich Repository-Rollen verwendet werden, die transportiert werden können und automatisch oder SYS_REPO User der Eigentümer ist (keine Object-Ownership-Problematik gegeben).

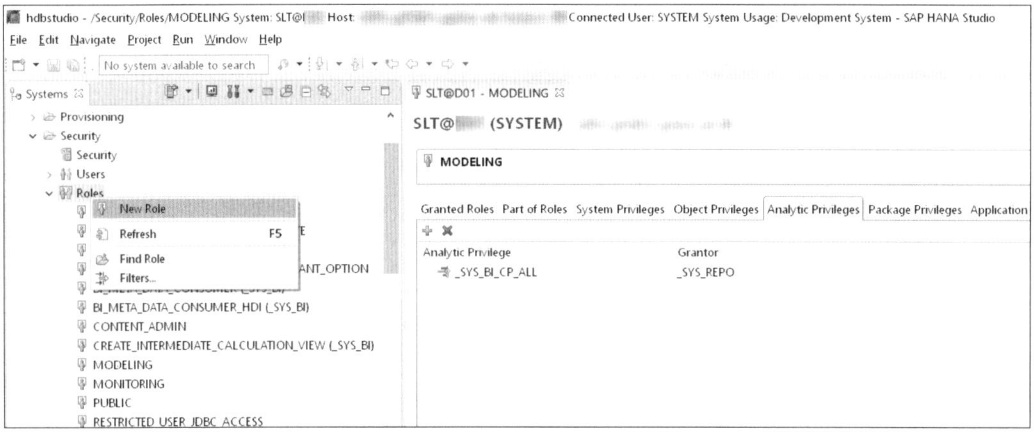

Abbildung 16.15 SAP HANA Studio

Der in der SAP HANA XS Engine gehostete Sicherheitsmanager, die SAP HANA Web-based Development Workbench, kann ebenfalls zur Pflege von Benutzern und Rollen in SAP HANA verwendet werden.

[+]

Rollenadministration via SAP HANA Web-based Development Workbench

Es wird empfohlen, SAP-HANA-Rollen über die SAP HANA Web-based Development Workbench zu administrieren, weil so immer automatisch Repository-Rollen angelegt werden und über eine Delivery Unit transportiert werden können.

Den Einstieg in diese Pflege können Sie Abbildung 16.16 entnehmen. Dabei handelt es sich um eine Alternative zu der oben beschriebenen Option via SAP HANA Studio.

Abbildung 16.16 SAP HANA Web-based Development Workbench

Die LDAP-Integration mit SAP HANA

LDAP (Leightweight Directory Access Protocol) ist ein Anwendungsprotokoll für den Zugriff auf Verzeichnisdienste. Wenn ein Unternehmen einen LDAP-kompatiblen Identitätsverwaltungsserver verwendet, um Benutzer und deren Zugriff auf Ressourcen zu verwalten, können SAP-HANA-Benutzer mithilfe der LDAP-Gruppenmitgliedschaft autorisiert werden. LDAP-Gruppen können SAP-HANA-Rollen zugeordnet werden. Das bedeutet, dass wenn SAP-HANA-Benutzer für die LDAP-Gruppenautorisierung konfiguriert sind, das SAP-HANA-System anhand der Mitgliedschaft in einer oder mehreren LDAP-Gruppen bestimmen kann, welche Rollen den Benutzern zugewiesen werden sollen. Der Zugriff der Benutzer auf die angeforderten Ressourcen wird dann durch die Berechtigungen bestimmt, die in der SAP-HANA-Rolle definiert sind.

16.4.2 Berechtigungen für Administratoren in SAP HANA

Standardbenutzer in SAP HANA

Sobald das SAP-HANA-System eingerichtet ist, steht das erste verfügbare Benutzerkonto, das Konto `SYSTEM`, zur Verfügung. Das Benutzerkonto `SYSTEM` kann initial verwendet werden, um weitere Benutzer sowie Rollen zu erstellen. Es wird empfohlen, nach dieser initialen Einrichtung den Benutzer `SYSTEM` zu deaktivieren.

Standardrollen in SAP HANA

In SAP HANA gibt es kein Analogon zum Profil `SAP_ALL`, das zum Beispiel in SAP ECC 6.0 verwendet wird. Das SAP-System liefert mehrere Vorlagenrollen aus, die als Basis für die Erstellung eigener Rollen verwendet werden können.

Tabelle 16.3 können Sie einige Beispiele dieser Standardrollen entnehmen.

Rolle	Beschreibung
CONTENT_ADMIN	Diese Rolle enthält alle Privilegien, die für die Verwendung des Information Modelers in SAP HANA Studio erforderlich sind, sowie die zusätzliche Berechtigung, diese Berechtigungen wiederum anderen Benutzern zu erteilen. Sie enthält auch Systemberechtigungen für die Arbeit mit importierten Objekten im SAP HANA Repository. Diese Rolle kann als Vorlage zum Erstellen von Rollen für Inhaltsadministratoren verwendet werden.
MODELING	Diese Rolle enthält alle Privilegien, die für die Verwendung des Information Modelers in SAP HANA Studio erforderlich sind. Sie stellt daher einem Modellierer die Datenbankautorisierung zur Verfügung, die erforderlich ist, um alle Arten von Views und Analyseberechtigungen zu erstellen. Die Rolle MODELLING enthält das vordefinierte analytische Privileg _SYS_BI_CP_ALL. Dieses analytische Privileg ermöglicht einem Benutzer möglicherweise den Zugriff auf alle Daten in aktivierten Views, die durch XML-basierte analytische Privilegien geschützt sind, unabhängig von anderen anwendbaren analytischen Privilegien. Obwohl der Benutzer die SELECT-Objektberechtigung für die Views haben muss, um tatsächlich auf Daten zugreifen zu können, sollte den Benutzern nicht das Privileg _SYS_BI_CP_ALL erteilt werden, insbesondere nicht in produktiven Systemen. Aus diesem Grund sollte die Rolle MODELLING nur als Vorlage verwendet werden.
SAP_INTERNAL_HANA_SUPPORT	Diese Rolle enthält Systemprivilegien (zum Beispiel CATALOG READ) und Objektprivilegien (zum Beispiel SELECT für das SYS-Schema), die den Zugriff auf bestimmte untergeordnete interne Systemansichten ermöglichen, die von der SAP-HANA-Entwicklungsunterstützung in Support-Situationen benötigt werden. Alle Zugriffe sind schreibgeschützt. Diese Rolle erlaubt keinen Zugriff auf Kundendaten, und sie kann nur einer begrenzten Anzahl von Benutzern gleichzeitig zugeordnet werden. Die maximale Anzahl von Benutzern, denen die Rolle zugewiesen werden kann, kann mit dem Parameter internal_support_user_limit konfiguriert werden. Der Standardwert ist »1«.

Tabelle 16.3 Standardrollen in SAP HANA

Weitere Informationen zu den Vorlagenrollen finden Sie in der aktuellen Version des SAP HANA Security Guides unter *https://help.sap.com*.

16.4.3 Berechtigungen für Schemas in SAP HANA

Insbesondere im Zusammenhang mit der Replikation von Daten in die SAP-HANA-Datenbank (zum Beispiel im Kontext von SAP GRC (siehe Kapitel 20, »Umsetzung von automatisierten Test- und Monitoring-Szenarien«) und die Einbeziehung dieser Daten in die Entwicklung von zum Beispiel Berechnungssichten (Calculation Views) kann die Einschränkung der Berechtigungen auf Schemas sinnvoll sein.

Die Berechtigungslogik ist hier wie folgt: Wenn ein Benutzer einen bestimmten SQL-Befehl (zum Beispiel `SELECT`, `UPDATE` oder `CALL`) für ein einfaches Datenbankobjekt (zum Beispiel eine Tabelle) ausführen möchte, muss dieser über das entsprechende Objektprivileg entweder für das eigentliche Objekt oder für das gesamte Schema, in dem sich das Objekt befindet, verfügen. Dies liegt daran, dass das Schema ein Objekttyp ist, der andere Objekte enthält. Ein Benutzer, der über Objektprivilegien für ein Schema verfügt, verfügt automatisch über die gleichen Objektprivilegien für alle Objekte, die sich derzeit im Schema befinden, sowie für alle Objekte, die in der Zukunft erstellt werden. In Abbildung 16.17 können Sie sehen, wie Berechtigungen für ein bestimmtes Schema mittels Objektprivilegien gepflegt werden können.

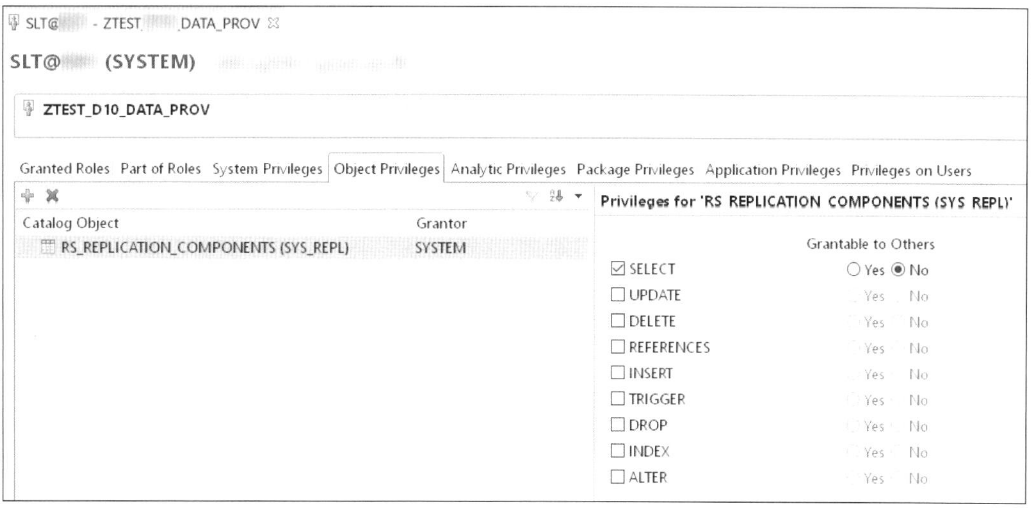

Abbildung 16.17 Beispielhaftes Objektprivileg für ein Schema in einer Rolle in SAP HANA Studio

Man kann sagen, dass das Schema das übergeordnete Objekt für alle anderen Katalogobjekte ist. Anstatt Berechtigungen für ein ganzes Schema zu erteilen, können alternativ für die einzelnen Objekte Privilegien zugewiesen werden. Bei dieser Option muss der Sicherheitsadministrator das Sicherheitsmodell jedesmal aktualisieren, wenn ein neues Objekt in einem Schema erstellt wird, um die entsprechenden Privilegien für das Objekt zuzuweisen.

Object Ownership

Ein wichtiges Konzept in Bezug auf Objektprivilegien ist das *Objekteigentum* (*Object Ownership*). Wenn ein Benutzer ein Katalogobjekt erstellt, ist dieser Benutzer der Eigentümer dieses Objektes. Als Eigentümer hat er vollen privilegierten Zugang zum Objekt. Er ist auch der einzige Benutzer, der anderen Benutzern im System Rechte für dieses Katalogobjekt zuweisen kann. Der Eigentümer des Objektes muss zuerst zum Beispiel einem Berechtigungsadministrator gestatten, diese Objektrechte anderen Benutzern über die Option **Grantable to Others** zuzuweisen, bevor dieser Berechtigungsadministrator entsprechende Katalogobjektrechte anderen Benutzern zuweisen kann.

[»]

Gefahr des Datenverlustes

Sobald Objekte in der Datenbank angelegt werden, wird deren Ersteller automatisch zu deren Inhaber. Diese Runtime-Objekte werden immer dem jeweiligen Datenbankbenutzer zugeordnet, das heißt, dass wenn der Benutzer irgendwann deaktiviert oder gelöscht wird, alle seine Objekte ebenfalls aus der Datenbank entfernt werden. Dies kann Auswirkungen auf die Sicherheit und auf die Systemstabilität haben.

Weitere Einschränkung des Datenzugriffs

Objektprivilegien implementieren grobkörnige Berechtigungen auf der Objektebene. Darüber hinaus ist es mittels analytischer Berechtigungen in der SAP-HANA-Datenbank möglich, einen differenzierteren Zugriff auf Daten in ein und demselben View für unterschiedliche Benutzer sicherzustellen. Beispielsweise können verschiedene regionale Vertriebsmanager, die nur Vertriebsdaten für ihre Regionen sehen dürfen, den gleichen analytischen View wiederverwenden. Die analytischen Privilegien ermöglichen es ihnen, Daten (zum Beispiel mittels View) nur innerhalb ihrer eigenen Region zu sehen.

[»]

SAP-HANA-Berechtigungen für Business-User

Für Benutzer, die nur mit SAP S/4HANA über SAP Fiori oder über das SAP GUI arbeiten und Standardfunktionen/Reporting nutzen, greift das in den vorherigen Kapiteln beschriebene Berechtigungskonzept. Design und Zuweisung zusätzlicher SAP-HANA-Berechtigungen können darüber hinaus erforderlich sein, wenn Business-User sich bestimmter Reporting-Optionen direkt in SAP HANA oder via sonstiger Reporting-Tools bedienen, die zum Beispiel SAP HANA Views als Datenquellen nutzen.

Während das Berechtigungskonzept in SAP HANA bezüglich der Einschränkung des Datenzugriffs selbst recht ähnlich zu SAP BW ist, würde SAP BW eine Systemmeldung (Hinweis darauf, dass nicht alle Daten angezeigt werden) erzeugen, wenn ein Benutzer Abfragen ausführen würde, die Werte zurückgeben würden, die dieser Benutzer nicht sehen darf. Hingegen würde die Query in SAP HANA Werte zurückgeben, die der Benutzer sehen darf – ohne eine Systemmeldung dazu zu erzeugen.

Wenn relevante analytische Privilegien für den aktuellen Benutzer gefunden werden und die Abfrage sich an den bestimmten View richtet, stellt der Auswertungsprozess sicher, dass dem Benutzer die Daten gemäß den in den Dimensionsbeschränkungen angegebenen Wertfiltern präsentiert werden. Die oben dargestellten Zusammenhänge und Optionen, um den Zugriff auf Daten in SAP HANA einzuschränken, sind schematisch in Abbildung 16.18 dargestellt.

16

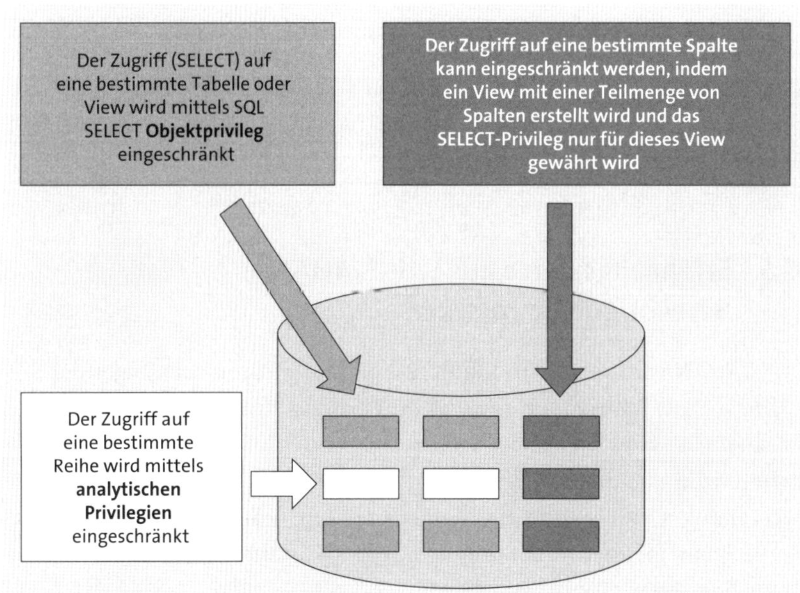

Abbildung 16.18 Analyseberechtigungen in SAP HANA

ODER und UND in der Berechtigungslogik

Innerhalb einer Dimensionsbeschränkung sind alle Wertfilter des entsprechenden Dimensionsattributs mit dem logischen ODER verknüpft. Innerhalb eines analytischen Privilegs sind alle Dimensionsbeschränkungen mit dem logischen UND verknüpft. Mehrere analytische Privilegien werden mit logischem ODER kombiniert. Wenn beispielsweise nur ein analytisches Privileg mit zwei Dimensionsbeschränkungen gefunden wird, JAHR = 2018 und LAND = US, darf der Benutzer nur Daten sehen, die die Bedingung JAHR = 2018 UND LAND = US erfüllen. Wenn diese beiden Bedingungen jedoch in zwei unterschiedlichen analytischen Privilegien für diesen Benutzer und diesen View gestellt wurden, kann der Benutzer mehr Daten sehen, nämlich die ODER-Verknüpfung der Filter der einzelnen analytischen Privilegien: JAHR = 2018 ODER LAND = US.

Berechtigungsfehler und -Trace in SAP HANA

Abschließend ist es wichtig zu erwähnen, dass das SAP-HANA-System abseits von inhaltlichen Einschränkungen in Dimensionen auf bestimmte Daten durchaus Berechtigungsfehler ausgeben kann. Im Folgenden finden Sie hierzu einige Beispiele:

- Dem Benutzer fehlt das analytische Privileg für den aufgerufenen View; die entsprechende Fehlermeldung lautet: »[258]: insufficient privilege: search table error: [2950] user is not authorized«.
- Dem Benutzer fehlt das Objektprivileg für den aufgerufenen View (zum Beispiel SELECT); die entsprechende Fehlermeldung lautet: »[258]: insufficient privilege: Not authorized«.

In solchen Fällen wird empfohlen, ein Berechtigungs-Trace durchzuführen. Für weitere Details zum Berechtigungs-Trace in SAP HANA siehe SAP-Hinweis 1809199.

16.5 Erfahrungswerte aus SAP-S/4HANA-Berechtigungsprojekten

SAP S/4HANA wird von den Kunden als unmittelbarer Nachfolger der SAP Business Suite wahrgenommen. Beim Upgrade zu SAP S/4HANA müssen Sie wissen, dass es sich um ein neues Produkt von SAP und nicht um eine Erweiterung der ursprünglichen SAP-ERP-Software handelt und eine 1:1-Umstellung von der alten auf die neue Lösung deshalb nicht möglich ist. Nachfolgend fassen wir für Sie einige wichtige Erfahrungswerte aus vergangenen Projekten zusammen.

Unabdingbarkeit eines Berechtigungsprojekts

Wie Sie bereits wissen, haben die neuen SAP-Fiori- und Datenbanktechnologien von SAP S/4HANA Auswirkungen auf das Berechtigungswesen im SAP-System. In SAP S/4HANA werden infolge der Simplifikation Transaktionen ersatzlos gestrichen oder durch neue Transaktionen oder SAP-Fiori-Apps ersetzt. Folglich müssen Sie Ihr bestehendes Berechtigungskonzept überarbeiten.

Simplification List

SAP veröffentlicht mit jedem neuen SAP-S/4HANA-Release eine *Simplification List*, ein 900 Seiten umfassendes PDF-Dokument, das Informationen zu den Neuerungen für jede Anwendung bzw. jeden Funktionsbereich bereitstellt. Dieses Dokument sollte von allen Projektmitgliedern gelesen werden, um sich mit den Neuerungen und Änderungen in SAP S/4HANA vertraut zu machen.

Diese Veränderungen/Anpassungen bedeuten nicht nur hohe Zeitaufwände, sondern können auch zu erheblichen Lücken in Ihren Berechtigungen führen. Aus diesem Grund ist eine professionelle Unterstützung sehr wichtig. Auf dem Markt sind außerdem einige Tools zu finden, die bei vielen Herausforderungen eines SAP-S/4HANA-Migrations- oder Implementierungsprojekts Abhilfe schaffen (zum Beispiel XAMS (Xiting Authorizations Management Suite) von der Xiting AG.

Die Implementierung des neuen SAP-Berechtigungskonzepts auf der Basis von stellenbezogenen Jobfunktionen (Job Profile) wird in SAP S/4HANA oft als Best Practice betrachtet. Dabei umfasst eine Jobfunktion alle Transaktionen und Datenzugriffe, die zur Ausführung der zugrundeliegenden Tätigkeiten erforderlich sind. Die üblichen berechtigungsbezogenen Schritte – ohne Anspruch auf Vollständigkeit – bei einem Migrationsprojekt in SAP S/4HANA sind nachfolgend zusammengefasst:

- **Aufbereitung der Simplification List**
  Berechtigungsadministratoren sollten alle Informationen, die für den Rollenbau relevant sind, ausarbeiten (zum Beispiel in Microsoft Excel oder in Microsoft Access) und mit ihrem aktuell implementierten Berechtigungskonzept abgleichen. Die von SAP veröffentlichte Simplification List wird in manchen Hilfs-Tools mit Suchfunktionen zur Verfügung gestellt.
- **Optimierung von Transaktion SU24**
  Die neuen Rollen sollten auf Basis der über Transaktion SU24 gepflegten Vorschlagswerte erstellt werden, das heißt, bevor Sie mit der Erstellung der neuen Rollen beginnen können, müssen Sie einen Abgleich mit Transaktion SU25 vornehmen und Transaktion SU24 optimieren.

- **Definition und Analyse von Jobprofilen**
  Die entsprechenden Jobprofile sollten inklusive Detailbeschreibung und deren Verantwortlichkeiten zusammen mit den Fachbereichen und gegebenenfalls mit der Unterstützung der IT-Bereiche definiert werden.
- **Jobprofile den Benutzern zuordnen**
  Zuordnung der SAP Anwender zu den definierten Jobprofilen.
- **Analyse der Transaktionsnutzung**
  Die neuen Rollen können zum Beispiel auf Basis der Verwendungshistorie von Transaktionen (ST03 Daten) erstellt werden und mit den neuen Prozessdefinitionen abgeglichen werden, das heißt, zu den definierten Jobprofilen werden die effektiv ausgeführten und genutzten Transaktionen in den SAP-Systemen analysiert und mit den Verantwortlichen abgestimmt.
- **Analyse der Eigenentwicklungen bezüglich der implementierten Berechtigungsprüfungen**
  Viele Kunden haben Eigenentwicklungen (kundenspezifische Programme) im Einsatz, die in den meisten Fällen keine Berechtigungsprüfungen enthalten. Sie sollten vor der Migration auf SAP S/4HANA nicht nur auf ihre Lauffähigkeit in der neuen Umgebung überprüft werden, sondern auch daraufhin, ob Sie Berechtigungsprüfungen enthalten.
- **Abgleich der genutzten Transaktionen mit der Simplification List**
  Um das Zielrollendesign für SAP S/4HANA zu ermitteln, müssen die definierten Jobprofile mit der Simplifikation List abgeglichen werden. Die Entwicklung von Alternativszenarien ist gegebenenfalls auch notwendig, falls die bisher genutzten Transaktionen nicht zur Verfügung stehen (Prozesse anpassen, neue Apps entwickeln oder auf vergleichbare Apps zurückgreifen). Mit dem Wechsel auf SAP S/4HANA sollte dies auch als Chance gesehen werden, Geschäftsprozesse zu vereinfachen.
- **Abstimmung der Rolleninhalte**
  Nachdem die PFCG-Rollen gemäß Rollenkonzept SU24 konform erstellt sind, müssen gegebenenfalls weitere Abklärungen hinsichtlich der Detailausprägungen der Rollen auf Berechtigungsobjekte vorgenommen werden. Die Berechtigungsadministratoren stimmen sich diesbezüglich mit den Fachbereichen bzw. den IT-Verantwortlichen (Applikationsbetreuern) ab. Werden neue Prozesse im Rahmen der Migration auf SAP S/4HANA eingeführt, müssen diese ebenfalls berücksichtigt werden.
- **Testen der neuen Rollen durch die Anwender**
  Es folgt eine sukzessive Optimierung der neuen Rollen während der Testphasen.

16.6 Resümee

In diesem Kapitel haben Sie erfahren, welche Besonderheiten das Berechtigungskonzept in SAP S/4HANA mit sich bringt und wie sich dieses auf das IKS-relevante Thema Funktionstrennung auswirkt. Sie wissen nun, dass die Besonderheiten auf drei wichtige Sachverhalte zurückzuführen sind: auf die neue SAP-Fiori-basierte Oberfläche, auf den Wegfall oder die Konsolidierung einiger Transaktionen sowie auf die neue SAP-HANA-Datenbanktechnologie.

Kapitel 17
Unified Connectivity: Wirksamer Schutz der SAP-ERP-Umgebungen

Die Kunst des Krieges lehrt uns, nicht darauf zu hoffen, dass der Feind nicht kommt, sondern darauf zu bauen, dass wir bereit sind, ihn zu empfangen; wir sollen nicht auf die Chance zählen, dass er nicht angreifen wird, sondern auf die Tatsache, dass wir unsere Position unanfechtbar gemacht haben.
– Sunzi

In der von der Digitalisierung geprägten Unternehmenswelt werden SAP-Landschaften zunehmend komplexer. Es ist nahezu unmöglich, die einzelnen SAP-Systeme voneinander isoliert zu gestalten. Schnittstellen zu verschiedenen anderen SAP- und Nicht-SAP-Systemen sind unvermeidlich, ebenso wie externe Anbindungen an das Internet. Dies erhöht die Komplexität der Systemarchitektur weiter. Unternehmen werden zwar immer effizienter und stützen ihre betrieblichen Prozesse weiterhin auf diese komplexen SAP-Architekturen, die inhärenten Schwachstellen der Anwendungen stellen jedoch für zahlreiche Unternehmen erhebliche Risiken dar.

In diesem Kapitel möchten wir Ihnen eine Orientierungshilfe anbieten, wie Unternehmen mithilfe von Unified Connectivity – von Fachleuten und im Nachfolgenden häufig kurz UCON genannt – ihre Governance-Praktiken verbessern, eingängig beschriebene Risiken mindern und die Angriffsfläche von SAP-Landschaften verringern können.

Dieses Kapitel dient als Leitfaden für die technische Implementierung und Konfiguration von UCON. Abhängig von Ihrer Organisation und Ihren Geschäftsprozessen, die das RFC-Kommunikationsprotokoll (RFC = Remote Function Call) verwenden, werden Sie sehen, wie Sie mithilfe von UCON Ihre interne Kontrollumgebung verbessern und ein besseres Risikomanagement im Bereich der Systemsicherheit ermöglichen können. Außerdem erhalten Sie in einigen Abschnitten einen Überblick über die möglichen Roll-out-Szenarien im Rahmen der UCON-Standardfunktionalität, mit Details zum Sicherheitsgrad der einzelnen Roll-out-Szenarien.

Das Kapitel ist hauptsächlich für Systemintegratoren und Sicherheitsberater vorgesehen, die häufig vor folgenden Herausforderungen stehen: dem Schutz von RFCs oder nicht verhandelbaren Anforderungen aus System-Audits zur Beschränkung von RFC-Objekten in den Berechtigungen von RFC-Benutzern. Sie werden sehen, dass UCON eine Wunderwaffe ist, mit der sich anspruchsvolle Aufgaben, wie das Erstellen von Berechtigungen für RFC-Benutzer, in einem Bottom-up-Ansatz bewältigen lassen.

17.1 Schnittstellenbezogene Risiken in SAP ERP

Cyber-Kriminalität

Cyber-Angriffe stellen für alle Organisationen eine echte Bedrohung dar. Cyber-Kriminalität hat als Ärgernis begonnen, das sich mittlerweile zu einem kommerzialisierten Massengeschäft ausgewachsen hat. Wir können nicht vorhersagen, welche neuen Methoden Cyber-Kriminelle in Zukunft anwenden. Es wäre falsch, sich auf eine weit verbreitete Meinung zu verlassen, dass organisierte cyberkriminelle Strukturen kein Interesse an kleinen und mittleren Unternehmen haben. Die Cyber-Risiken sind also allgegenwärtig, mit steigender Tendenz!

Heterogene SAP-Landschaften sind vor Cyber-Angriffen nicht sicher. Sicherheitsexperten müssen auch die aktuell favorisierten Angriffsvektoren einbeziehen, um die Bereiche eines Unternehmensumfeldes mit dem größten Risiko zu identifizieren. Wir leben in einem evolutionären digitalen Zeitalter der geschäftlichen Disaggregation, in dem Webanwendungen, Datenbanken und Daten bei deren Übertragung einem immer höheren Risiko ausgesetzt sind, da sie wertvolle Daten beinhalten, die mit hoher Wahrscheinlichkeit exponiert sind. Hacking und gezielte Malware-Angriffe sind derzeit die bevorzugten Methoden von Cyber-Kriminellen, deren Ziel eher Anwendungsschichten und -daten als Betriebssysteme sind.

Advanced Persistent Threat

Im Zusammenhang mit Cyber-Risiken möchten wir einen weiteren gängigen Begriff einführen: *Advanced Persistent Threat* (*APT*). APT ist ein unbegrenzter, fortschrittlicher Angriff, den organisierte Gruppen zum Stehlen von Daten nutzen. Beispielhaft ist hier die Beschreibung des US-amerikanischen *National Institute of Standards and Technology* (*NIST*) angeführt:

Ein APT ist ein Gegner, der über hoch entwickelte Expertise und enorme Ressourcen verfügt, mit denen er sich anhand verschiedener Angriffsvektoren (zum Beispiel Cyber-, physische und Täuschungsangriffe) Möglichkeiten zum Erreichen seiner Ziele schaffen kann. Ein typisches Ziel von Angreifern ist es, innerhalb der IT-Infrastruktur der Zielorganisationen Fuß zu fassen und ihre Position zu erweitern, um schließlich Daten zu stehlen, kritische Aspekte einer Mission, eines Programms oder der Organisation zu untergraben oder zu beeinträchtigen oder sich so zu positionieren, dass sie diese Ziele in Zukunft erreichen. Ein APT hat folgende Eigenschaften:

- Er verfolgt seine Ziele wiederholt über einen längeren Zeitraum.
- Er passt sich an die Abwehrbemühungen des Betroffenen an.
- Er ist so konzipiert, dass er das benötigte Maß an Interaktion aufrechterhält, bis seine Ziele erreicht sind (Quelle: Computer Security Resource Centre, NIST: *https://csrc.nist.gov/*).

RFC als Risikoquelle

Hauptangriffsvektor für SAP-Anwendungen ist der RFC, insbesondere das Aufrufen diverser Funktionalitäten in SAP-Anwendungen über entfernte Programme. Dieses Aufrufen kann aus beliebigen entfernten Programmen, von Java über Python bis Microsoft Excel, erfolgen. Wie können solche Angriffe erfolgen? Im folgenden Beispiel erfahren Sie, wie solche Angriffe erfolgen können.

[zB]

Missbrauch der Funktionsbausteine

Stellen Sie sich einen externen Angreifer vor, der sich Zugriff zu einer SAP-Fiori-App verschafft und auf dem Backend-Server über eine sichere RFC-Verbindung Funktionsbausteine ausführt, die eigentlich für die OData-Kommunikation vorgesehen sind. Hier besteht ein Risiko für Thin-Client-Anwendungen (SAP Fiori User Experience), die durch den Angreifer unbekannte Abwehrmechanismen geschützt werden müssen.

Mögliche Auswirkungen eines Angriffs

Ein unbeabsichtigtes Ausführen von kritischen Funktionsbausteinen durch Remote-Benutzer kann eine Katastrophe verursachen: Die Konsistenz der Daten und der Verarbeitungslogik kann beeinträchtigt werden. Außerdem besteht das Risiko der Datenschutzverletzung, wenn persönliche oder/und sensitive Daten von Unbefugten ausgelesen werden. Als Beispiele sind Funktionsbausteine wie BAP_USER_CREATE (das Anlegen eines Benutzers im SAP-System), das Auslesen ganzer Datenbankbereiche oder das Ausführen von Betriebssystemkommandos mit ROOT-ähnlichen Berechtigungen zu erwähnen.

[zB]

Weitere sicherheitskritische aufrufbare Funktionsbausteine

Die folgenden Funktionsbausteine sind ebenfalls sicherheitskritisch:

- RFC_ABAP_INSTALL_AND_RUN kann benutzt werden, um beliebigen ABAP-Code auszuführen.

- SXPG_CALL_SYSTEM und SXPG_COMMAND_EXECUTE können verwendet werden, um Betriebssystemkommandos auszuführen. Diese Funktionsbausteine werden oft durch Hacker missbraucht.
- Funktionsbausteine wie BAPI_HRMASTER_SAVE_REPL_MULT können eingesetzt werden, um auf Personalstammdaten zuzugreifen.

Projekt als Risikoquelle

Wir wenden uns der Frage zu, in welcher Phase eines SAP-Applikationslebenszyklus sicherheitsrelevante Weichen gestellt werden, die über die Exponiertheit der Cyber-Risiken entscheiden; es handelt sich natürlich um die Implementierung. Erfahrungsgemäß ist es für Unternehmen kostspieliger, sich nachträglich über das Thema Systemsicherheit Gedanken zu machen, als sich im Vorfeld damit zu beschäftigen. Organisationen, die mit einem SAP-ERP-Implementierungsprojekt beginnen, konzentrieren sie sich primär darauf, das SAP-System funktional zum Laufen zu bringen. Das heißt, sie stellen sicher, dass das System die geschäftlichen Anforderungen erfüllt.

Die Sicherheit der RFC-Kommunikation wird dabei häufig vernachlässigt und eher als Anhängsel betrachtet. Wenn darüber hinaus Patches für die Systeme nicht rechtzeitig ausgeführt werden, können Zero-Day-Schwachstellen oder bekannte Sicherheitslücken im System ausgenutzt werden.

UCON als schnelle Abhilfe

Bei den SAP-Standardkontrollen, die über die Berechtigungsobjekte `S_RFC`, `S_RFCACL` und `S_ICF` konstruiert wurden, handelt es sich um Härtungsmaßnahmen, die nach der Bewertung der Sicherheitsstufe der einzelnen RFC-Destinationen sorgfältig integriert werden müssen. Zu berücksichtigen sind auch die Trust-Eigenschaften von RFC-Destinationen, die sich auf den erforderlichen Berechtigungsschutz auswirken. Solange Sie allerdings noch kein stabiles Berechtigungskonzept für RFCs haben, können Sie überflüssige remote-fähige Funktionsbausteine im ersten Schritt über UCON sperren. Dadurch reduzieren Sie das Risiko externer Angriffe auf das SAP-System – ohne ein vollständig definiertes RFC-Berechtigungskonzept haben.

In älteren SAP-NetWeaver-Releases wurde der externe Zugriff auf remotefähige Funktionsbausteine (oder: RFM, Remote-Enabled Function Module), die RFCs verwendeten, ausschließlich über spezielle Berechtigungsprüfungen kontrolliert – `S_RFC` oder `S_RFCACL` – sowie über entsprechende Rollen mit zweckgebundenen Zuordnungen zu Benutzern.

Dieser Ansatz war nicht sicher, weil sich die Identifizierung der externen RFCs als umständlich gestaltete. Sicherheitsadministratoren gingen daher häufig dazu über, den RFC-Benutzern `SAP_ALL` oder `S_RFC` zuzuordnen. Um den damit einhergehenden Risiken entgegenwirken zu können, ist UCON entstanden.

Definition von UCON

Wir interpretieren UCON als *Anwendungs-Firewall*, die remotefähige Funktionsbausteine kontrolliert, die über eingehende RFC-Verbindungen aufgerufen werden können. Die Kontrollrichtlinie wird in einer Anwendungstabelle namens *Communication Assembly* (*CA*) bearbeitet. Dies ist eine effiziente präventive Kontrolle zur Risikominderung, mit deren Hilfe Systemintegratoren die Kommunikationssicherheit in SAP-Landschaften erheblich härten können.

Technische Verfügbarkeit

Die Ausführungen in diesem Buch beschränken sich auf die SAP-Standardfunktionalität von UCON, das heißt die Anwendungs-Firewall, Administrations-Tools und UCON-Szenarien, die ab SAP NetWeaver 7.4 Support Package Stack 05 verfügbar sind: Generell bezieht sich dieses Dokument auf die folgenden SAP-Basisbereiche (Anwendungskomponente BC-MID-RFC):

- logische Komponente: SAP_BASIS
- Produkt (Hauptinstanz): SAP NetWeaver
- Produktversion: 740 SP05

[«]

Nicht behandelte Systeme

Nachfolgend wird ausschließlich SAP-Software behandelt. Die folgenden Softwareprodukte lassen wir außen vor: Unix/Linux, Oracle, Netzwerke, alle anderen Arten von Firewalls, andere RFC-bezogene Fragestellungen.

SAP-Hinweise zu UCON

Es wird empfohlen, dass Sie die jeweils aktuellen Versionen der SAP-Hinweise nutzen, die auf dem SAP Service Marketplace verfügbar sind.

Die in Tabelle 17.1 aufgeführten SAP-Hinweise enthalten die neuesten Informationen über die Installation sowie über Korrekturen auf ABAP- und Kernel-Ebene.

SAP-Hinweisnummer	Titel
2098702	Sammelhinweis für Unified Connectivity (UCON) RFC
2095083	Als »Blocked« definierte RFC-Funktionsbausteine werden zur Laufzeit nicht abgelehnt.
2139366	Potenzielle Umgehung von Unified-Connectivity-Laufzeitprüfungen
2045713	Unified Connectivity Downport for ABAP 740 SP4

Tabelle 17.1 UCON-relevante SAP-Hinweise

SAP-Hinweisnummer	Titel
2098703	ABAP-Korrektur für UCON RFC Data Collector
2103255	Falsche Laufzeittabellen für Unified Connectivity führen zu gesperrten Funktionsaufrufen.
2044302	Einplanung des Standardjobs SAP_UCON_MANAGEMENT
2245130	Potenzielle Umgehung von Unified-Connectivity-Laufzeitprüfungen in BC-MID-RFC
2399516	Beschädigte UCON-Laufzeittabellen
2488356	HTTP-Whitelist-Aktivierung – Import aus alter Datenbanktabelle HTTP_WHITELIST

Tabelle 17.1 UCON-relevante SAP-Hinweise (Forts.)

17.2 Die Funktionsweise von UCON

Eine produktive SAP-Instanz nutzt nur zehn Prozent aller RFMs im ABAP-Server für die Kommunikation mit anderen Systemen oder Clients. UCON bietet eine einfache und umfassendere Kontrolle darüber, welche RFMs von anderen Systemen aufgerufen werden können: Ein RFM kann nur extern aufgerufen werden, wenn es zunächst einer CA zugeordnet wird, die wiederum so konfiguriert ist, dass sie mit einem virtuellen Host verknüpft werden kann (siehe Abbildung 17.1). Für alle anderen RFMs, die nicht einer CA zugeordnet sind, wird der externe Zugriff gesperrt.

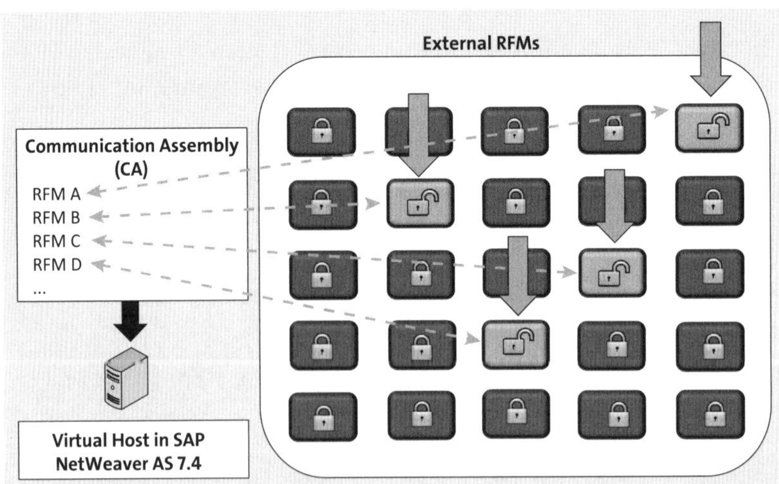

Abbildung 17.1 UCON Whitelisting von RFMs in der Communication Assembly

Auf diese Weise lässt sich der externe Zugriff auf RFMs unabhängig vom Benutzerkontext kontrollieren und beschränken. Berechtigungsprüfungen sind jedoch für Prüfungen im Benutzerkontext weiterhin erforderlich und interne Aufrufe (innerhalb des Systems) von RFMs werden weiterhin unabhängig von deren Zuordnung in der CA ausgeführt.

Begrenzung von RFMs

Außer der Einschränkung von aufrufbaren Funktionsbausteinen kann UCON Input für die Definition von Berechtigungen liefern, die zwecks eines vollständigen RFC-Schutzes richtig definiert werden müssen. Details hierzu finden Sie in Abschnitt 17.5.7.

17.3 Phasen der UCON-Einführung

Wie geht man das Thema UCON-Einführung in der Praxis an? Die zusammenfassende Sicht auf die einzelnen Phasen können Sie Abbildung 17.2 entnehmen. Um störfreie Geschäftsprozesse und Integrationsszenarien sicherstellen zu können, empfiehlt SAP, vor dem Aktivieren der Laufzeitprüfungen zunächst eine Evaluierung und Simulation der RFMs durchzuführen.

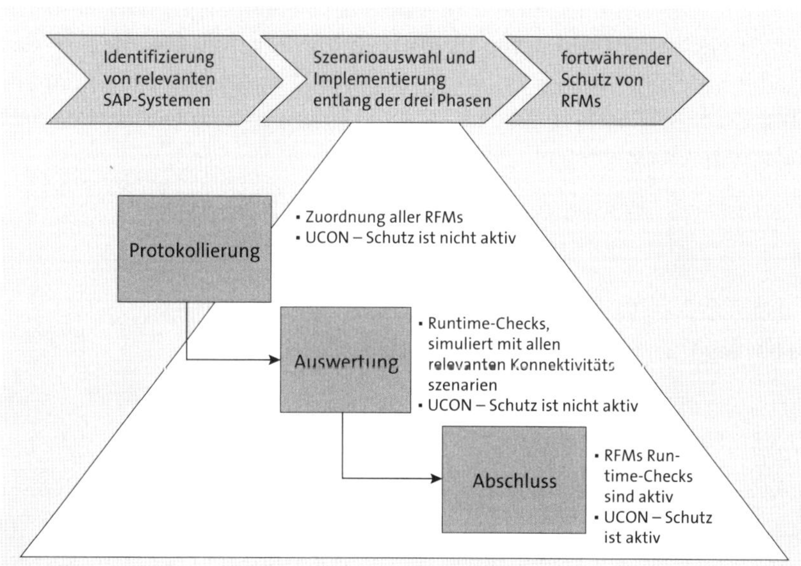

Abbildung 17.2 UCON : Implementierungsphasen

17.3.1 Protokollierungsphase (Logging)

Plan- und standardmäßig sind alle RFMs der Protokollierungsphase zugeordnet. Wenn man sich eingehend mit dem System vertraut gemacht hat, kann man RFMs der Standard-CA zuordnen und zur nächsten Phase übergehen.

Für die Protokollierungsphase muss eine angemessene Dauer ausgewählt werden. Für ein stabiles System und die Systemintegration sollte diese bei geeigneten Kenntnissen über die geplanten RFMs von mindestens einem Monat bis zu zwölf Monaten betragen und bei Bedarf einen Jahresabschluss einbeziehen.

Alle RFMs, die im Rahmen von Support Package, Enhancement Package Upgrades oder kundeneigenen Entwicklungen neu ins SAP-System gelangen, werden nach der Aktivierung des UCON-Jobs standardmäßig der Protokollierungsphase zugewiesen.

Bis zu dieser Phase ist der UCON-Schutz nicht aktiv, obwohl die RFMs der Standard-CA zugewiesen sind.

17.3.2 Auswertungsphase (Evaluation)

In dieser Phase findet die tatsächliche Simulation der RFMs in der CA mit allen integrierten Konnektivitätsszenarien statt.

Für diese Auswertungsphase wird eine ausreichend lange Dauer empfohlen, da vielleicht ein irrelevantes RFM zur CA zugeordnet worden ist, das wieder entfernt werden muss, oder weil ein RFM vergessen wurde. In Abbildung 17.3 sehen Sie das erforderliche Filterkriterium **Uncalled function modules with CA assignment**.

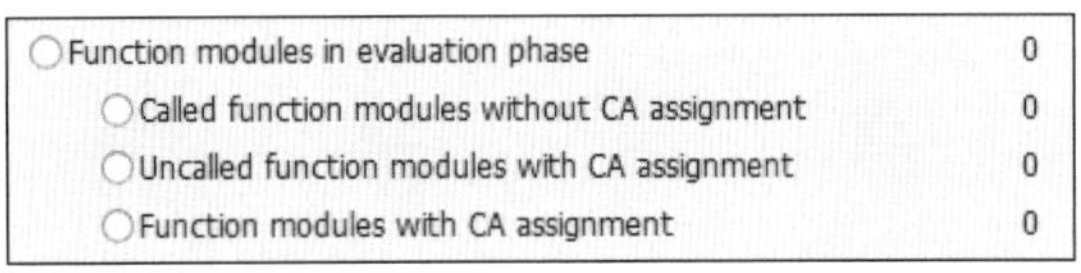

Abbildung 17.3 Filter in der Auswertungsphase

17.3.3 Finale Phase (Final)

Sobald die Auswertungsphase vorüber ist, das heißt alle RFMs über einen gewissen Zeitraum genügend geprüft und gesammelt und der Standard-CA zugewiesen worden sind, können die RFMs der finalen Phase zugewiesen werden. Erst jetzt werden die UCON-Laufzeitprüfungen aktiv, und das System ist geschützt.

17.3.4 Unterschied zwischen der Protokollierungs- und der Auswertungsphase

In der Protokollierungsphase wird leicht vergessen, ein RFM einer CA zuzuordnen. Dieser Umstand lässt sich nur in der Auswertungsphase mit dem Filterkriterium **Called function modules without CA assignment** (aufgerufene Funktionsbausteine ohne CA-Zuordnung) aufdecken, siehe Abbildung 17.3.

Zwischen der Protokollierungs- und der Auswertungsphase gibt es geringfügige Unterschiede. Beachten Sie, dass die Auswertungsphase die eigentliche Simulation eines Geschäftsprozesses oder eines Integrationsszenarios ist, in der Administratoren schlussfolgern können, welche RFMs definitiv erforderlich sind.

17.4 Konfigurationsschritte

Dieser Abschnitt zeigt, wie Sie die Grundlage für die Aktivierung von UCON schaffen. Die dargestellten Konfigurationsschritte müssen einmal pro System ausgeführt werden (unabhängig davon, ob es sich um ein Produktiv- oder Nichtproduktivsystem handelt), und sie gelten für alle UCON-Bereitstellungsszenarien. Nach den grundlegenden Schritten können die operativen UCON-Schritte realisiert werden.

17.4.1 Profilparameter für UCON festlegen

Profilparameter-Aktivierung

Geben Sie in der SAP-Transaktion RZ10 im Fenster **Edit Profiles** in das Feld **Profile** den Wert »DEFAULT« ein, da UCON auf allen Anwendungsservern global wirksam sein soll. Wählen Sie dann im Bereich **Edit Profile** den erweiterten Pflegemodus (die Option **Extended maintenance**) aus, siehe Abbildung 17.4.

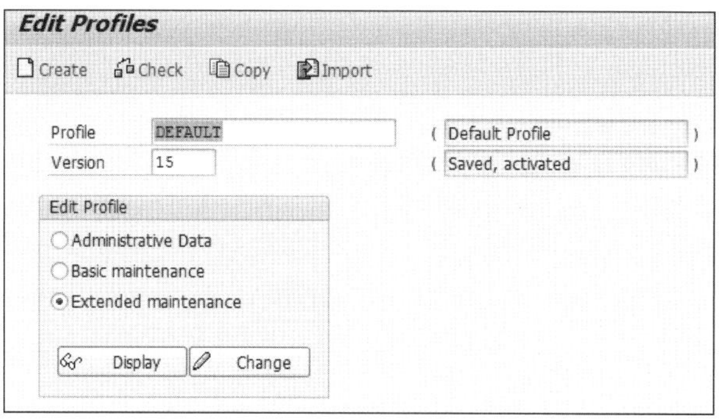

Abbildung 17.4 Pflege von Profilparametern

Finden Sie den Parameter `ucon/rfc/active` durch dessen Eingabe in das Feld **Parameter name**, und legen Sie unter **Parameter val.** den Wert »1« fest (siehe Abbildung 17.5).

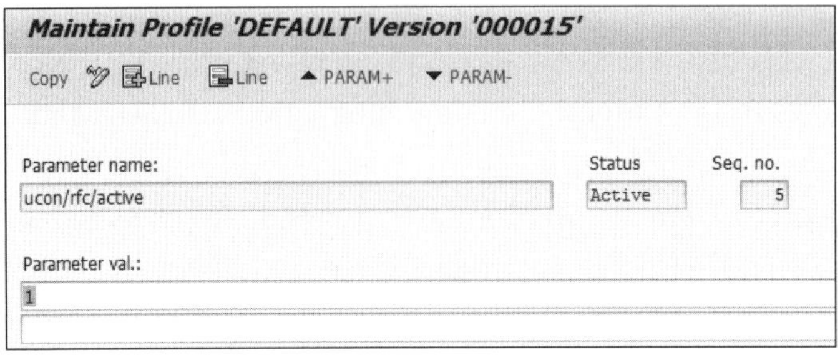

Abbildung 17.5 Parameterpflege des UCON-Profils

Damit der Wert wirksam wird, ist ein Neustart des Anwendungsservers erforderlich.

17.4.2 UCON-Batch-Job einplanen

Protokollierung antriggern

Mit dem UCON-Batch-Job lassen sich Statistiken zu RFC-Aufrufen erfassen). Rufen Sie dazu den folgenden Pfad in Transaktion SM36 auf: **Standard Jobs (Standardjobs) • Default Scheduling (Standardeinplanung)**

SAP_UCON_MANAGEMENT und der automatisch angetriggerte Nachfolgejob SAP_UCON_STATISTIC_RECORDS protokollieren alle eingehenden remotefähigen Funktionsbausteine von anderen Systemen und Clients. Dieser Job muss für Systeme, für die kürzlich ein Upgrade durchgeführt wurde, manuell eingeplant werden, da keine standardmäßige Einplanung vorgesehen ist. Lesen Sie dazu auch SAP-Hinweis 2044302 (Einplanung des Standardjobs SAP_UCON_MANAGEMENT).

Nach erfolgreichem Abschluss der Schritte 1 und 2 beginnt die Erfassung der RFC-Statistikdaten.

17.4.3 UCON-Set-up ausführen

UCON aufsetzen

Bei der Einrichtung von UCON müssen Entitäten erstellt werden (auch als UCON-Artefakte bezeichnet), und zwar die CA und virtuelle Hosts, die in Entwicklungs- und Produktivsystemen benötigt werden. Diese Schritte müssen sowohl in Entwicklungs- als auch in Produktivsystemen ausgeführt werden.

Führen Sie Transaktion UCONPHTL (UCON-Phasenverwaltungswerkzeug) aus. Wählen Sie unter **Operations** (Operationen) die Option **Unified Conn. Setup** (Unified-Connectivity-Set-up) aus (siehe Abbildung 17.6).

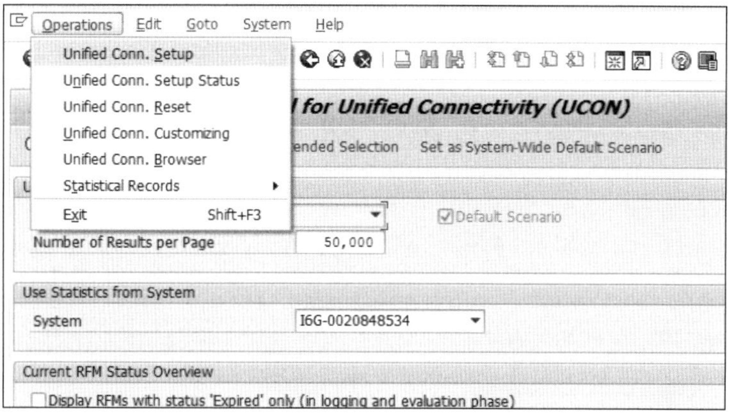

Abbildung 17.6 UCON-Set-up-Transaktion: der Einstieg

Es wird in der Praxis empfohlen, in dem folgenden Dialogfenster im Bereich **Type of Communication Assembly** einen eigenen Namensraum zu verwenden. Wählen Sie hierzu die Option **Transportable** aus, setzen Sie ein Häkchen bei **Use Own Namespace**, und tragen Sie den Namen ein (siehe Abbildung 17.7).

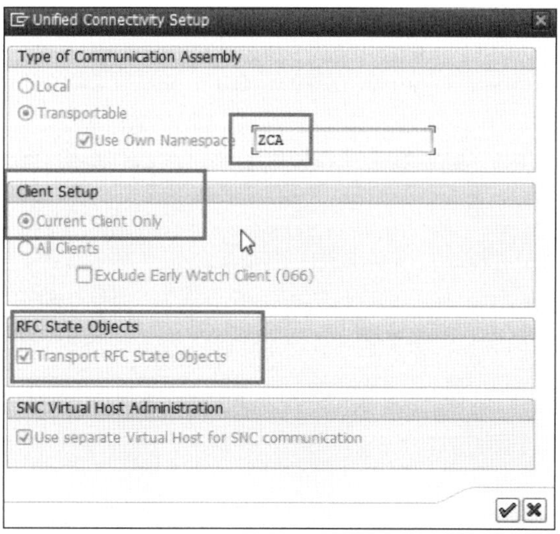

Abbildung 17.7 UCON-Set-up

Wählen Sie je nach Anzahl der Mandanten im Produktiv- und Entwicklungssystem im Bereich **Client Setup** die Option **Current Client Only** aus (nur aktuellen Mandanten; vorausgesetzt, es gibt nur einen Mandanten in einem System) oder **All Clients** (alle Mandanten), wenn es mehrere Mandanten gibt und der RFC-Schutz auf alle Mandanten angewendet werden soll.

Setzen Sie das Kennzeichen **Transport RFC State Objects** (Transport des RFC-Statusobjektes), und ordnen Sie die Änderungen einem Paket zu. Das SAP-System beginnt daraufhin mit der Vorbereitung der Funktionsbausteine und versetzt diese in die Auswertungsphase.

Anschließend ordnen Sie die Funktionsbausteine selektiv der CA zu, indem Sie diese markieren und auf **Assign to Default CA** klicken, wie in Abbildung 17.8 dargestellt.

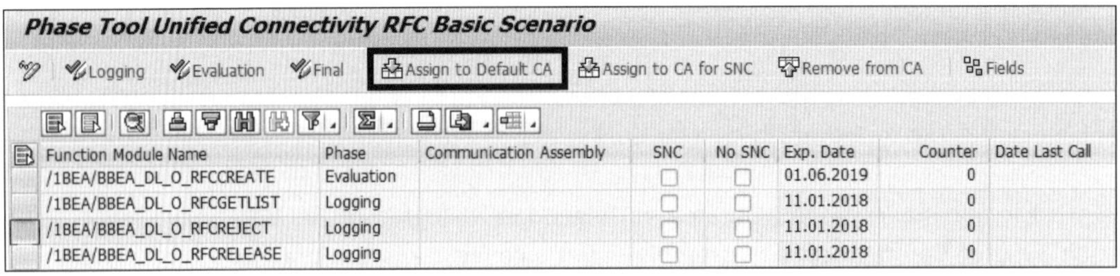

Abbildung 17.8 Zuordnung von Funktionsbausteinen zur Communication Assembly

Den Status der UCON-Entitäten können Sie prüfen, indem Sie in Abbildung 17.6 unter **Operations** (Operationen) die Option **Unified Conn.Setup Status** (Unified-Connectivity-Set-up-Status) auswählen, wodurch Sie in die Sicht aus Abbildung 17.9 gelangen.

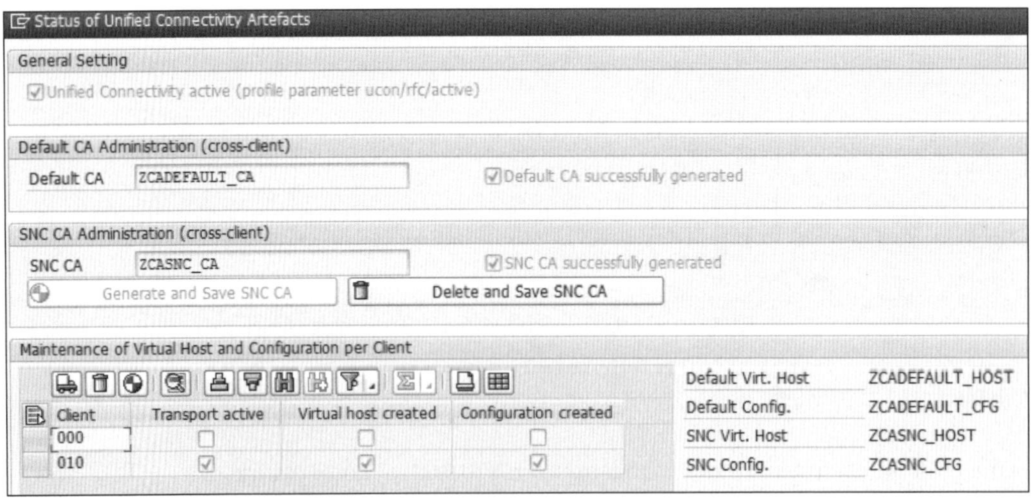

Abbildung 17.9 UCON-Entitäten und aktueller Status

17.4.4 Virtuelle Hosts für RFCs konfigurieren

Virtuelle Hosts für RFCs konfigurieren

UCON verwendet eine neue Art von *virtuellem Host*, der den im SAP NetWeaver Application Server (SAP NetWeaver AS) eingehenden RFC-Verkehr abwickelt. Die virtuellen Hosts für RFCs ermöglichen die Aufteilung eines »physischen« Ports in mehrere virtuelle Kanäle für die RFC-Kommunikation. Diese virtuellen Hosts sind nicht mit den virtuellen Hosts zu verwechseln, die HTTP(S)- und SMTP-Protokolle verarbeiten.

Für die RFC-Kommunikation mit SNC-Schutz (SNC = Secure Network Communications) muss ein eigener virtueller Host für SNC konfiguriert werden. Navigieren Sie vom UCON-Browser zum virtuellen Host, indem Sie die Option **Virtual Host** auswählen (siehe Abbildung 17.10).

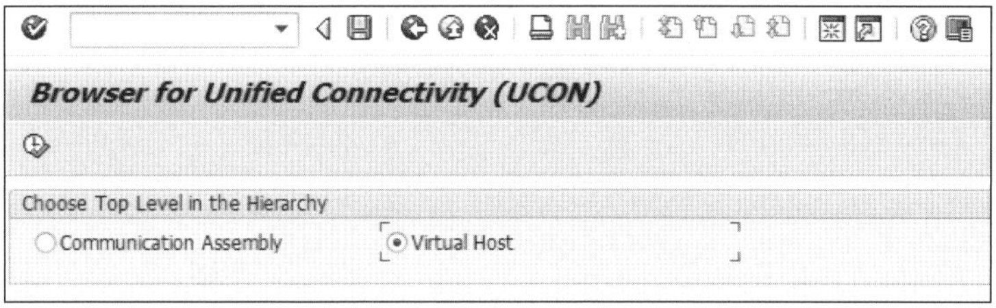

Abbildung 17.10 Browser für UCON: der Einstieg

17

In Abbildung 17.11 können Sie sehen, wo die eigentliche Konfiguration des virtuellen Hosts vorzunehmen ist.

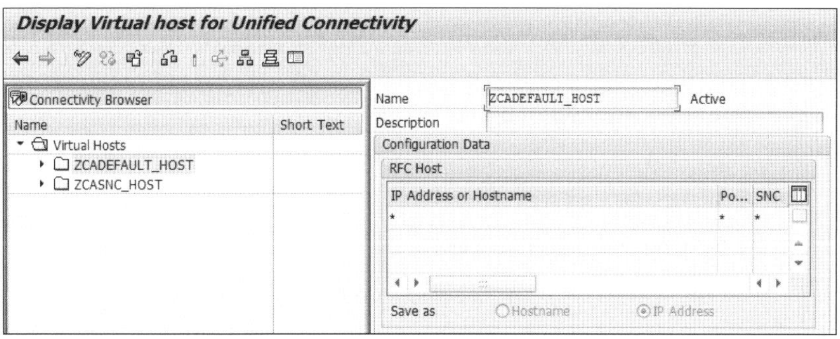

Abbildung 17.11 Konfigurieren des virtuellen Hosts

Weiterführende Informationen zur Konfiguration virtueller Hosts

Weitere Informationen zum Konfigurieren virtueller Hosts für RFC finden Sie im SAP Help Portal über die folgende URL:

https://help.sap.com/saphelp_nw74/helpdata/de/f4/48f4934ad0481588cdddf4c25699db/content.htm

Best Practice für virtuelle Hosts

Als Best Practice empfiehlt es sich, separate virtuelle Hosts und eine entsprechende CA zu erstellen. Dies ist in den folgenden Fällen erforderlich:

- **Fall A**
  Es liegen RFMs vor, die in der Protokollierungsphase als hochgradig kritisch identifiziert und für externe Aufrufe nur mit SNC-Schutz zur Verfügung gestellt werden. Für diese RFMs sind eine stärkere Verschlüsselung, Authentifizierung und Single-Sign-on-Mechanismen erforderlich. In diesem Fall müssen Sie einen virtuellen Host mit SNC-Schutz und eine entsprechende sichere CA konfigurieren. Es gibt auch einen Anwendungsfall, in dem die RFC-Kommunikation zwischen SAP-Systemen stattfindet und auf Rechenzentren gehostet wird, die sich auf unterschiedlichen Netzwerkperimetern über verschiedene geografische Grenzen hinweg befinden. In solchen Fällen ist eine SNC-Verschlüsselung der RFC-Kommunikation gerechtfertigt.
- **Fall B**
  Die RFMs, die in der Protokollierungsphase identifiziert werden, sind kritisch; die SNC können jedoch aufgrund des Aufwands oder der Performance nicht für diese konfiguriert werden. In diesem Fall genügen die Standard-CA und ein entsprechender virtueller Host.

17.4.5 Geeignete Dauer für Protokollierungs- und Auswertungsphasen wählen

Phasendauer festlegen

Im UCON-Customizing kann, je nach Bedarf, eine geeignete Dauer für die Protokollierungs- und Auswertungsphase festgelegt werden. Wählen Sie hierzu unter **Operations** den Punkt **Unified Conn. Customizing** (siehe Abbildung 17.12).

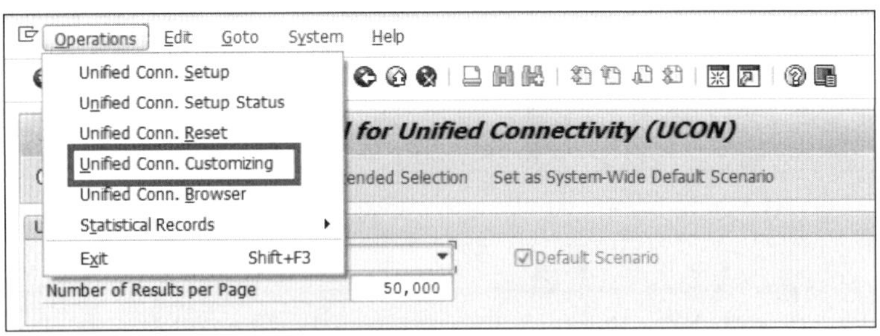

Abbildung 17.12 UCON-Konfiguration: der Einstieg

Die Anzahl der im Bereich **Unified Connectivity Customizing** eingegebenen Tage gibt die maximale Zeit vor, die den Systemintegratoren für die Auswertung der berechtigten Anzahl von RFMs zur Verfügung steht, sowie für die Überprüfung, ob ein Ausschluss eines RFM in der CA das Fehlschlagen eines Geschäftsprozesses verursacht hat (siehe Abbildung 17.13).

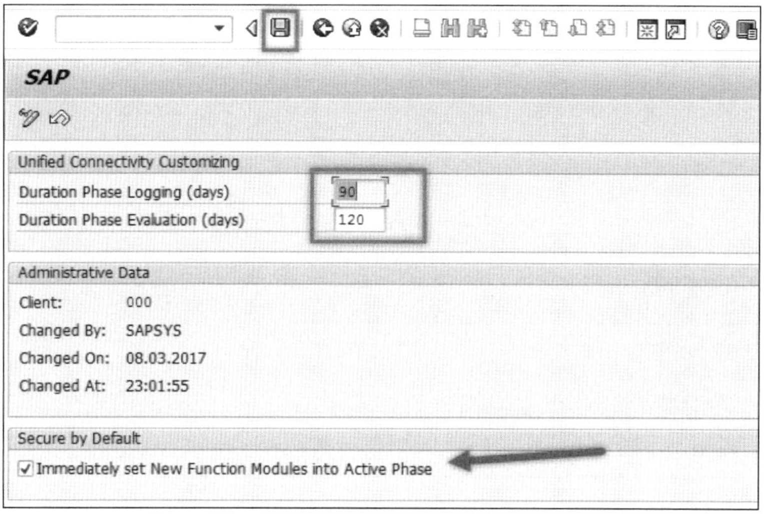

Abbildung 17.13 Definition der Dauer von Protokollierungs- und Auswertungsphase

Pro Landschaft muss ein lokales Paket erstellt werden (siehe Abbildung 17.14). Bei der Auswahl von **Secure by Default** (standardmäßig sicher) in Abbildung 17.13 sind alle RFMs (unabhängig von der Zuordnung zur CA) für Aufrufe von externen RFC-Destinationen gesperrt. Die Auswahl dieser Option ist ein bewährtes Verfahren.

Abbildung 17.14 Zuordnung des Customizing-Objektes zum lokalen Paket

17.4.6 RFMs der Standard-Communication-Assembly zuordnen

CA-Zuordnung

In diesem Schritt bereiten wir die UCON-Whitelist von RFMs vor, indem wir die korrekten RFMs sorgfältig auswählen und der CA zuordnen. Wählen Sie in Transaktion UCONCOCKPIT im Bereich **Current RFM Status Overview** die

Option **Called function modules without CA assignment** (aufgerufene Funktionsbausteine ohne CA-Zuordnung). Es handelt sich dabei um die extern aufgerufenen Funktionsbausteine (siehe Abbildung 17.15).

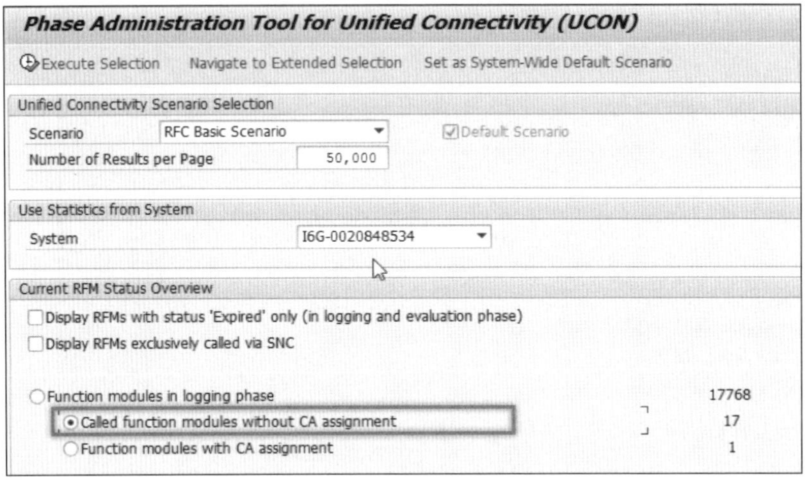

Abbildung 17.15 Der Einstieg in die Zuordnung von RFMs zur Communication Assembly

Wählen Sie im Menü von Abbildung 17.16 folgenden Pfad: **Change** (Ändern) • **Select an RFM** (RFM auswählen) • **Assign to Default CA** (der Standard-CA zuordnen) • **Save** (Sichern)

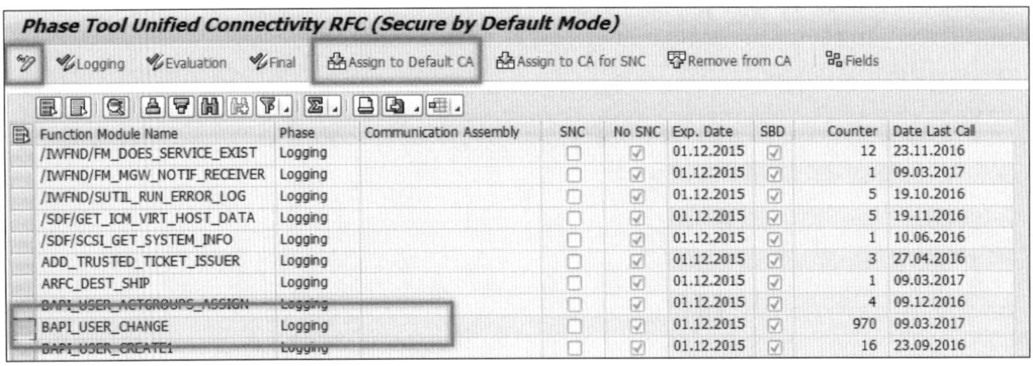

Abbildung 17.16 Communication-Assembly-Zuordnung von RFMs

Auch gibt es die Option, eine dedizierte CA für SNC-relevante RFMs auszuwählen. Wählen Sie dazu **Assign to CA for SNC** (der CA für SNC zuordnen).

17.4.7 Funktionsbausteine der Auswertungsphase zuordnen

Auswertungsphase zuordnen

In diesem Schritt wählen wir die RFMs aus und werten sie dahingehend aus, ob die Auswahl korrekt war. Dieser Schritt hilft dabei, Unterbrechungen im Geschäftsprozess aufgrund von gesperrten RFMs zu identifizieren. Wählen Sie in Transaktion UCONCOCKPIT die Option **Function modules with CA assignment** (aufgerufene Funktionsbausteine mit CA-Zuordnung). Wählen Sie anschließend im Menü den Pfad **Change** (Ändern) • **Select an RFM** (RFM auswählen) • **Assign to Default CA** (der Standard-CA zuordnen) • **Save** (Sichern), siehe Abbildung 17.17).

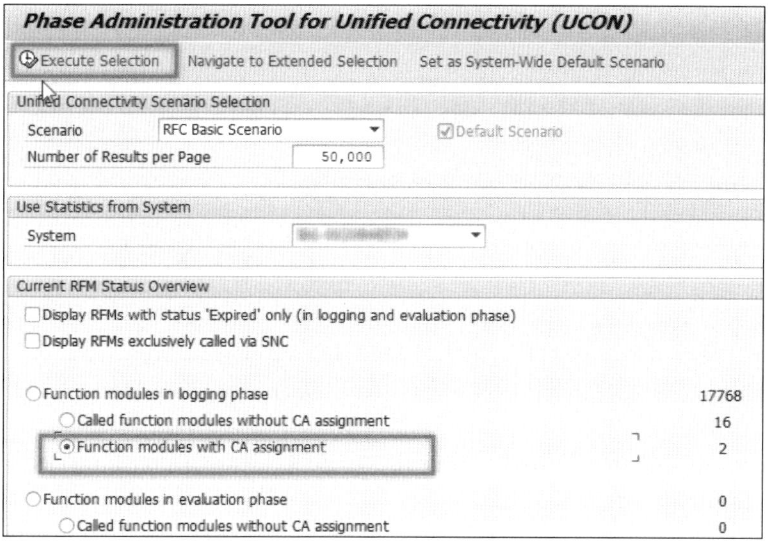

Abbildung 17.17 Funktionsbausteine mit CA: Zuordnung

In Abbildung 17.18 sehen Sie, wie der CA zugeordnete RFMs in der Logging-Phase der Auswertungsphase zugeordnet werden.

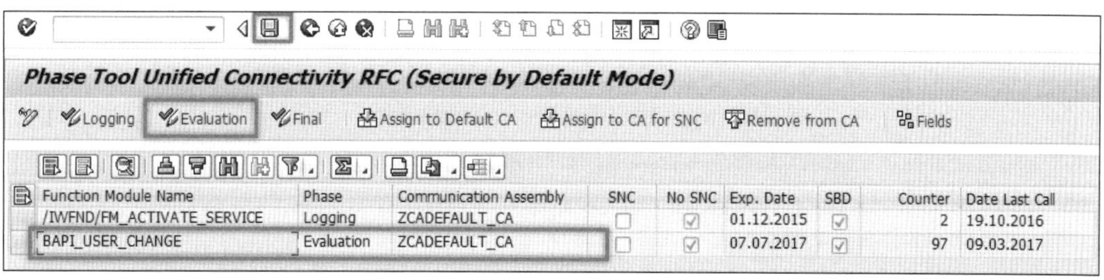

Abbildung 17.18 Zuordnung von RFMs zur Auswertungsphase

17.4.8 Funktionsbaustein der finalen Phase zuordnen

RFMs der finalen Phase zuordnen

Dies ist der letzte Schritt, in dem RFMs aus der Auswertungsphase ausgewählt und der Überprüfungs- und aktiven Phase zugeordnet werden. Für RFMs, die nicht der CA, aber der finalen Phase zugeordnet sind, ist die UCON-Laufzeitprüfung nicht aktiv.

Es lassen sich lediglich RFMs extern aufrufen, die der CA und der finalen Phase zugeordnet sind (siehe Abbildung 17.19). Diese Zuordnung sehen Sie am Beispiel von BAPI_USER_CHANGE.

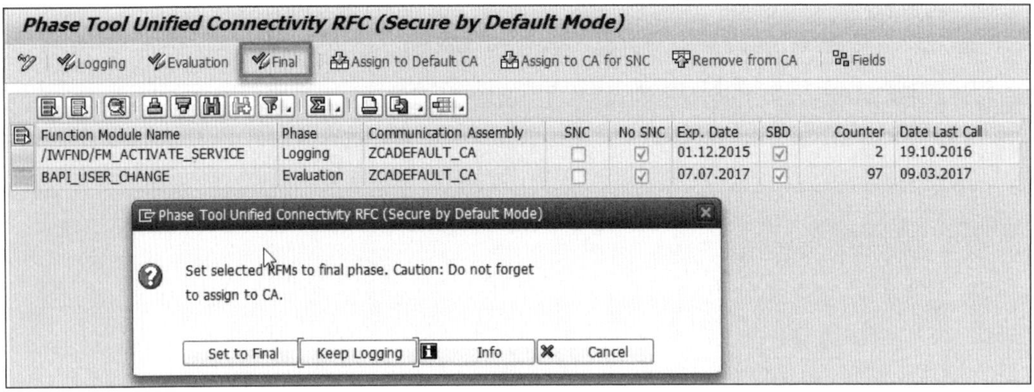

Abbildung 17.19 Zuordnung von Funktionsbausteinen zur finalen Phase

Abbildung 17.20 zeigt, dass die Phase BAPI_USER_CHANGE den Status **Final** angenommen hat.

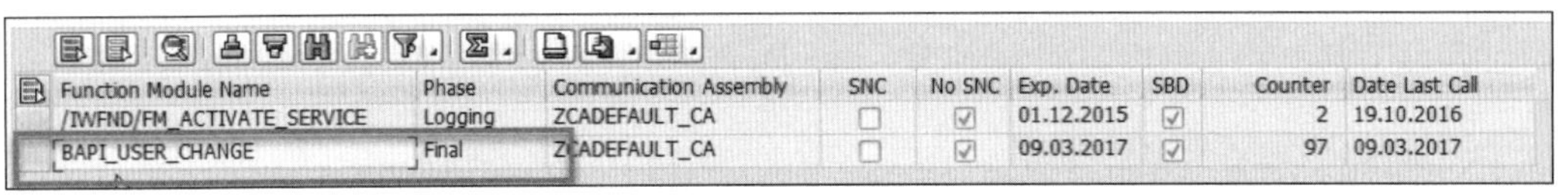

Abbildung 17.20 Zuordnung von RFMs zur finalen Phase

17.4.9 Durch UCON-Monitorvorlagen im Computer Center Management System navigieren

Einen Überblick über die Statistiken der RFMs erhalten Sie in den Standardmonitorvorlagen im Computer Center Management System (CCMS). In Transaktion RZ20 finden Sie unter **SAP Unified Connectivity Monitor Templates** (UCON-Monitorvorlagen) den Arbeitsvorrat für das UCON-Phasenverwaltungswerkzeug in den Farben Gelb (Fehler und Warnungen) und Grün (siehe Abbildung 17.21).

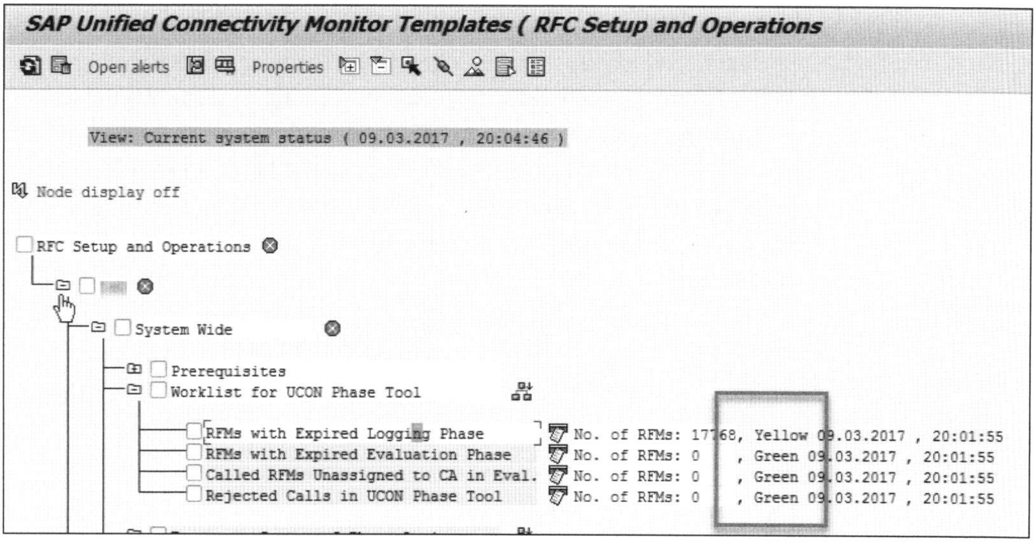

Abbildung 17.21 CCMS-Monitorvorlage

17.4.10 »Secure by Default« auswählen

Secure by Default

Wie der Begriff vermuten lässt, werden alle RFMs, die nach der Aktivierung von **Secure by Default** (standardmäßig sicher) im System ankommen oder dort erstellt werden, automatisch der finalen/Prüfungsphase zugeordnet und sind damit gesperrt.

Alle zuvor dargelegten Schritte (Schritt 1 bis 10) sind Arbeitsschritte, die unabhängig von den Bereitstellungsszenarien ausgeführt werden können.

17.5 Bereitstellungsszenarien für UCON

In diesem Abschnitt zeigen wir Ihnen, welche UCON-Szenarien in der Praxis verwendet werden können. Abhängig von Ihrer Systemlandschaft können Sie so das passende Szenario auswählen. Auf diese Weise können wir das Potenzial von UCON voll ausschöpfen. Abschließend werden wir sehen, wie sich die Szenarien voneinander unterscheiden.

Für eine SAP-Landschaft mit vertraulichen Daten muss das Roll-out-Szenario C bereitgestellt werden, da es einheitlich für die gesamte SAP-Landschaft maximalen Schutz bietet. Die Verwendung der anderen Roll-out-Szenarien für SAP-Landschaften ist Ermessenssache.

17.5.1 Szenario A: Produktive Nutzung des lokalen RFC-Basisszenarios

Wie in der Landschaftsübersicht dargestellt, wird der UCON-Schutz nur auf das Produktivsystem angewendet. Entsprechend wird die Konfiguration nur lokal im Produktivsystem vorgenommen, das heißt, die gesamte Konfiguration und das Customizing sind ausschließlich im Produktivsystem vorhanden (siehe Abbildung 17.22). Weitere Informationen dazu finden Sie in Abschnitt 17.4, »Konfigurationsschritte«, in der Erläuterung der einzelnen Schritte.

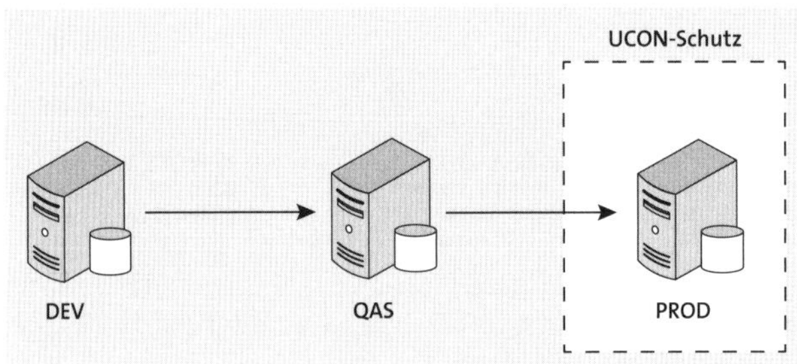

Abbildung 17.22 Produktive Verwendung des lokalen RFC-Basisszenarios

Heben Sie die Markierung der Option **Transport RFC State Objects** (Transport RFC-Statusobjekte) im Bereich **UCON-Setup** auf, um RFM local zu CA in einem Produktivsystem zuordnen zu können (siehe Abbildung 17.23).

Abbildung 17.23 Transportoption für RFC-Statusobjekte in Szenario A

Nachfolgend finden Sie die Checkliste für die für Szenario A zu erfüllenden Voraussetzungen:

- Parameter: UCON-Laufzeitprüfungen: ja
- Standard-CA, Standard-Host und Standardkonfig. in mind. einem Mandanten konfigurieren: ja
- UCON-Batch-Job: ja
- Protokollierung externer RFC-Aufrufe: ja

Nach der Aktivierung von UCON werden RFMs automatisch der Protokollierungsphase zugeordnet. Wie in der CCMS-UCON-Überwachungsvorlage angegeben, werden RFMs mit abgelaufener Protokollierungsphasendauer angezeigt. Wählen Sie im UCON-Phasenverwaltungswerkzeug **Called function modules without CA assignment** (aufgerufene Funktionsbausteine ohne CA-Zuordnung) aus, und analysieren Sie die aufgerufenen RFMs.

Wählen Sie die berechtigten RFMs aus, und ordnen Sie diese der Standard-CA zu. Dieser Schritt führt zum Whitelisting der RFMs, die für externe Aufrufe verfügbar sein sollen.

Wählen Sie nun alle anderen RFMs aus, und ordnen Sie diese der nächsten Phase, das heißt der Auswertungsphase zu. Wiederholen Sie die Schritte 1 bis 3 in der Auswertungsphase. Diese Phase ist unter Umständen redundant, wenn sich die Integrationsteams in der Protokollierungsphase bezüglich der RFMs zu 100 Prozent sicher sind.

Überwachen Sie kontinuierlich die bei Laufzeitprüfungen abgelehnten RFC-Aufrufe im CCMS-Arbeitsvorrat, und klassifizieren Sie diese als berechtigt oder nicht berechtigt. Sind die RFC-Aufrufe berechtigt, weisen Sie sie der CA zu.

Sämtliche neuen RFMs, die kundenspezifisch via Support Package oder per Enhancement Package ins System gelangen, werden standardmäßig der Protokollierungsphase zugeordnet und müssen dahingehend klassifiziert werden, ob sie der CA zugeordnet werden.

[«]

Verwendung des Szenarios A in der Praxis

Das Roll-out-Szenario A lässt sich auf Produktivsysteme in einer SAP-Produktivlandschaft anwenden.

17.5.2 Szenario B: Testnutzung des lokalen RFC-Basisszenarios

Wie in der Landschaftsübersicht dargestellt, wird der UCON-Schutz nur auf die Qualitäts- oder Vorproduktivumgebung angewendet. Entsprechend wird die Konfiguration nur lokal im Qualitäts- oder Vorproduktivsystem vorgenommen, das heißt, die gesamte Konfiguration und das Customizing sind ausschließlich im Qualitäts-/Vorproduktivsystem vorhanden (siehe Abbildung 17.24).

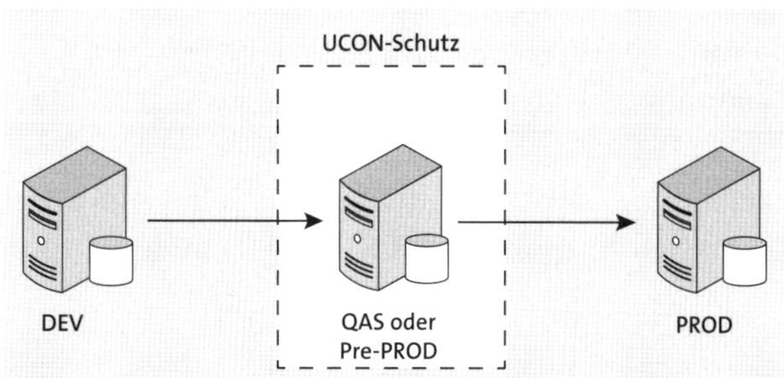

Abbildung 17.24 Testnutzung des lokalen RFC-Basisszenarios

Weitere Informationen dazu finden Sie in Abschnitt 17.4, »Konfigurationsschritte«, in der Erläuterung der einzelnen Schritte. Die produktive Instanz kann zwar ausgeführt werden, aber sie enthält keine UCON-Entitäten.

Nachfolgend finden Sie die Checkliste für die für Szenario B zu erfüllenden Voraussetzungen:

- Parameter: ja, vorübergehend
- UCON-Laufzeitprüfungen: ja
- Standard-CA, Standard-Host und Standardkonfiguration in mindestens einem Mandanten einrichten: ja
- UCON-Batch-Job: ja
- Protokollierung externer RFC-Aufrufe: ja

Die Markierung der Option **Transport RFC State Objects** (Transport RFC-Statusobjekte) im Bereich **UCON-Setup** muss aufgehoben werden (siehe Abbildung 17.25).

Abbildung 17.25 Transportoption für RFC-Statusobjekte in Szenario B

Der UCON-Profilparameter muss in RZ11 vorübergehend auf den Wert »1« gesetzt werden; ein Systemneustart ist nicht erforderlich.

Die anderen Schritte zur Klassifizierung der RFMs und die Auswertungs- und Protokollierungsphase entsprechen den Schritten im Roll-out-Szenario A. Lediglich die Umgebung besteht aus einem Test- oder Vorproduktivsystem.

Mögliche Verwendung des Szenarios B

Das Roll-out-Szenario B kann auf alle Qualitäts-/Vorproduktivsysteme einer SAP-Landschaft angewendet werden, die sich im Aufbau befinden, beispielsweise wenn das Produktivsystem noch nicht in Betrieb oder nur für Testzwecke verfügbar ist.

Die Dauer der Protokollierungs- und Auswertungsphase sollte zumindest die Dauer eines vollständigen Integrationstestzyklus (FIT) in der Vorproduktion umfassen.

17.5.3 Szenario C: Das Produktivsystem ist Teil der RFC-Basisszenario-Landschaft

Bislang haben wir die lokale Konfiguration des UCON-Schutzes im Produktivsystem betrachtet (Szenario A) und wie UCON lokal in Qualitätssystemen eingerichtet wird. Wir haben die UCON-Entitäten noch nicht über das *Change and Transport System* (*CTS*) transportiert. In Szenario C nutzen wir das CTS, um UCON in der gesamten SAP-Landschaft einzurichten.

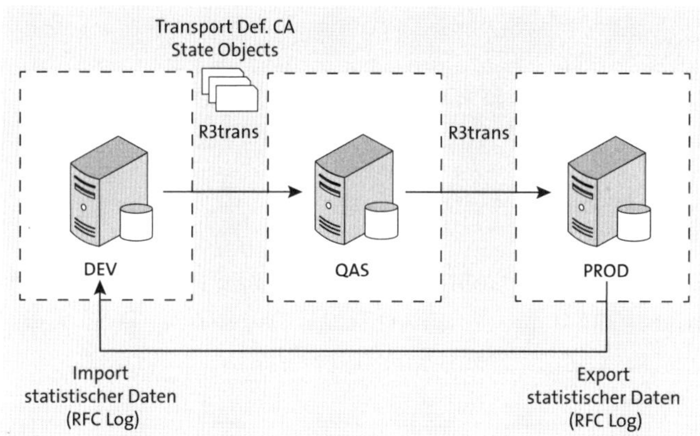

Abbildung 17.26 Produktivsystem als Teil der RFC-Basisszenario-Landschaft

Wie in der Landschaftsübersicht in Abbildung 17.26 dargestellt, wird der UCON-Schutz einheitlich auf das Entwicklungs- (DEV), Qualitäts- (QAS) und Produktivsystem (PROD) angewendet. Entsprechend ist die Konfiguration über alle Systeme der Landschaft hinweg einheitlich.

Nachfolgend finden Sie die Checkliste für die für Szenario C zu erfüllenden Voraussetzungen:

- Parameter: ja
- UCON-Laufzeitprüfungen: ja
- Standard-CA, Standard-Host und Standardkonfiguration in mindestens einem Mandanten einrichten: ja
- UCON-Batch-Job: Ja
- Protokollierung externer RFC-Aufrufe: ja

Die Option Transport **RFC State Objects** (Transport RFC-Statusobjekte) im Bereich **UCON-Setup** muss markiert sein:

Abbildung 17.27 Transportoption für RFC-Statusobjekte in Szenario B

Nachdem in der UCON-Monitorvorlage in RZ20 angezeigt worden ist, dass die Protokollierungsphase für einige RFMs abgelaufen ist, exportieren Sie nun die statistischen Datensätze aus dem Produktivsystem und speichern sie in einer CSV-Datei (siehe Abbildung 17.28).

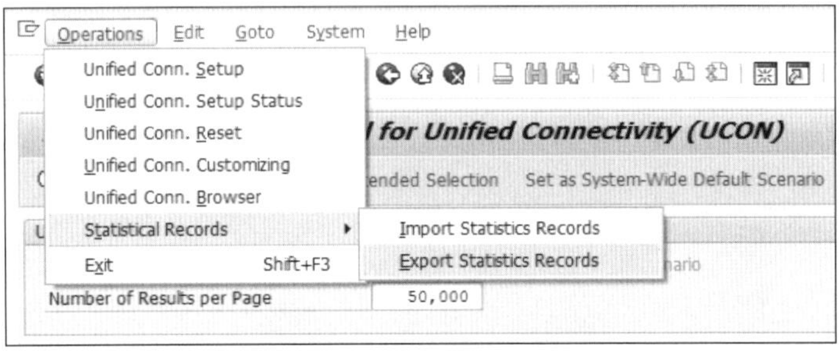

Abbildung 17.28 Statistische Datensätze exportieren

Importieren Sie die RFC-Protokollierungsdaten in die Entwicklungsumgebung. Importieren Sie dann die statistischen Datensätze (siehe Abbildung 17.29).

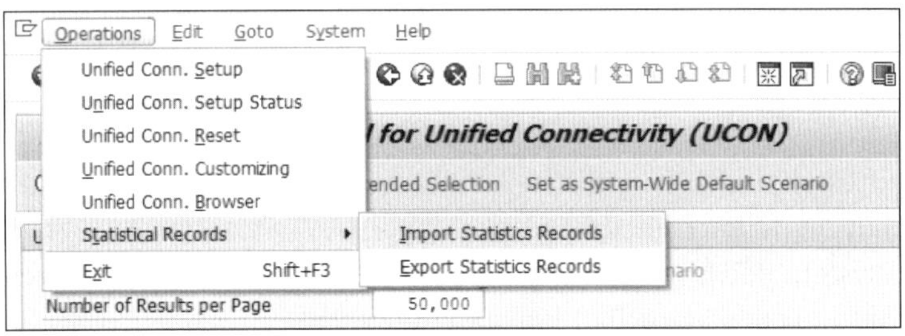

Abbildung 17.29 Statistische Datensätze importieren

Ordnen Sie die berechtigten RFMs der Standard-CA und anschließend einem Transportauftrag zu. In den Statusobjekten sind die Phasenzuordnungsdaten enthalten.

Für alle RFMs in der Phase **Expired** (abgelaufen) werden in den CCMS-UCON-Monitorvorlagen Fehler angezeigt; verschieben Sie die RFMs in die Auswertungsphase, und wiederholen Sie die Schritte 2, 3 und 4.

Protokollierungs- und Auswertungsphase

Die Zuordnung der Protokollierungs- und Auswertungsphase kann nur in der Entwicklungsumgebung vorgenommen werden.

17.5.4 Szenario D: Das Entwicklungssystem ist Teil der RFC-Basisszenario-Landschaft

Wie in der Landschaftsübersicht dargestellt, werden die Zuordnungen der UCON-Phase und der CA nur in der Entwicklungsumgebung DEV durchgeführt (siehe Abbildung 17.30).

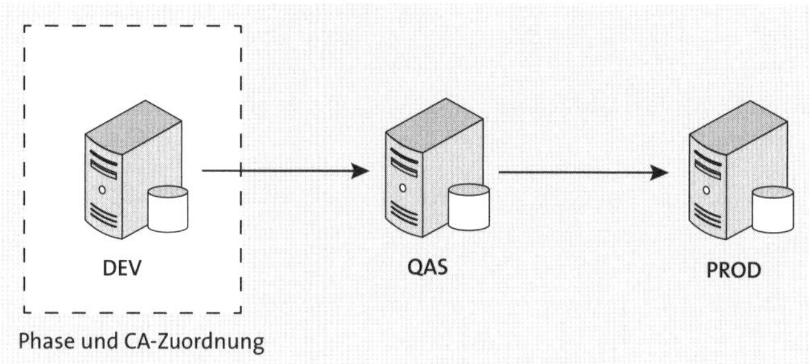

Abbildung 17.30 Das Entwicklungssystem als Teil der RFC-Basisszenario-Landschaft

Nachfolgend finden Sie die Checkliste für die für Szenario D zu erfüllenden Voraussetzungen:

- Parameter: nein
- UCON-Laufzeitprüfungen: nein
- Standard-CA, Standard-Host und Standardkonfiguration in mindestens einem Mandanten einrichten: ja
- UCON-Batch-Job: nein
- Protokollierung externer RFC-Aufrufe: nein

[«]

Voraussetzungen für Szenario D

Dieses Szenario kann nur in Systemen bereitgestellt werden, in denen keine QAS- und PROD-Systeme verfügbar und die Protokollierung sowie Laufzeitprüfungen nicht durchführbar sind. Es muss vorab eine definitive Liste berechtigter RFMs verfügbar sein, die der CA zugeordnet werden.

17.5.5 Szenario E: UCON ausschließlich mit Protokollierung

Wie in der Landschaftsübersicht dargestellt, muss lediglich die UCON-Basiskonfiguration durchgeführt werden. Nur die UCON-Phase Protokollierung und die CA-Zuordnung müssen in der Entwicklungsumgebung vorgenommen werden (siehe Abbildung 17.31).

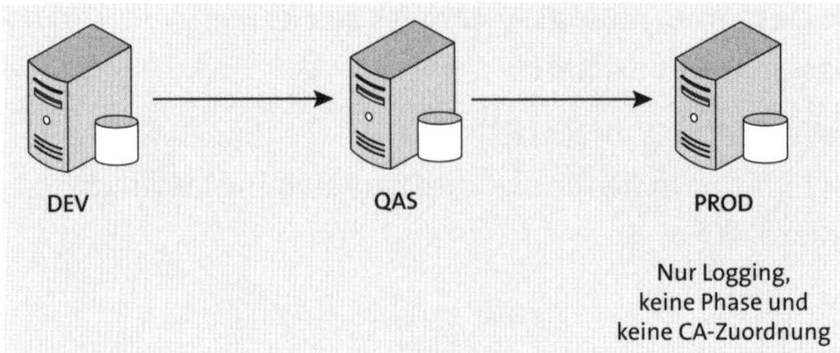

Abbildung 17.31 Einsatz von UCON ausschließlich für die Protokollierung

Nachfolgend finden Sie die Checkliste für die für Szenario E zu erfüllenden Voraussetzungen:

- Parameter: nein
- UCON-Laufzeitprüfungen: nein
- Standard-CA, Standard-Host und Standardkonfiguration in mindestens einem Mandanten einrichten: ja
- UCON-Batch-Job: ja
- Protokollierung externer RFC-Aufrufe: ja

[»]

Voraussetzungen für Szenario E

Dieses Szenario kann primär bereitgestellt werden, um von den Informationen zu profitieren, die über die protokollierten RFMs und relevanten Attribute ermittelt wurden.

Da für den UCON-Parameter der Wert »0« festgelegt ist und es keine CA-Zuordnung von RFMs gibt, werden alle externen RFMs nur als Protokollierung angezeigt und können extern aufgerufen werden.

17.5.6 Szenario F: Der UCON-RFC ist vollständig ausgeschaltet

In diesem Szenario wurde für das System ein Upgrade auf SAP NetWeaver 7.4 durchgeführt, und es gibt keine konfigurierten UCON-Entitäten. Die RFMs sind exponiert und für Aufrufe von außen verfügbar.

17.5.7 Szenario G: UCON-Rollenbau-Szenario

Bei diesem Szenario handelt es sich um eine Erweiterung der Roll-out-Szenarien A, B, C und D. Basierend auf den Attributen der RFM-Aufrufe, wie der verwendeten Destination, dem auszuführenden Client oder serverseitig auszuführenden Benutzern, können dedizierte Rollen erstellt werden. Rufen Sie Transaktion UCONROLE auf, oder navigieren Sie von UCONCOCKPIT dorthin, indem Sie das Szenario **Role Building Scenario** (Rollenbau-Szenario) auswählen (siehe Abbildung 17.32).

RFMs können logisch gruppiert und verschiedenen CAs zugeordnet werden. Dieser Zuordnungsschritt ist jedoch nicht obligatorisch.

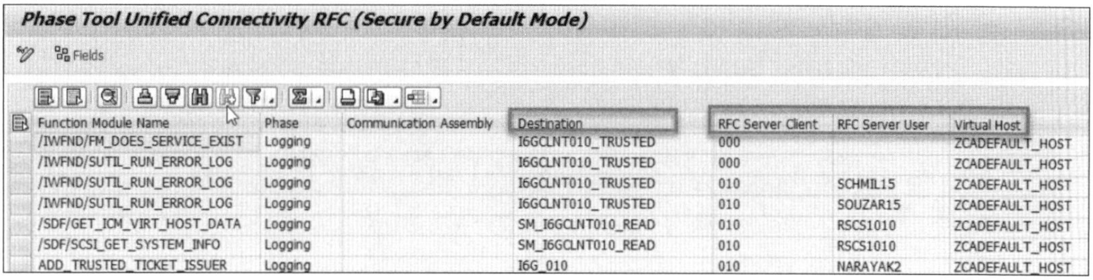

Abbildung 17.32 UCON-Attribute für das Rollenbau-Szenario

Anschließend können Sie in Transaktion PFCG für jede CA eine ABAP-Benutzerrolle erstellen, die das entsprechende Berechtigungsobjekt S_RFC enthält. Es ist zusätzlich erforderlich, dass der Benutzer für die entsprechende CA autorisiert ist. Dies können Sie erreichen, indem Sie, wie in Abbildung 17.33 dargestellt, bei der Rollenpflege den Pfad **Other • SAP UCON Communication Assembly** wählen.

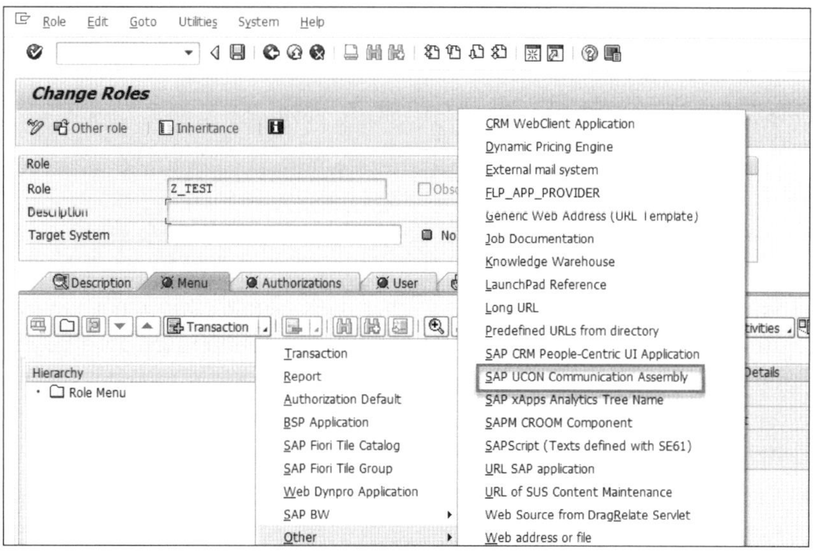

Abbildung 17.33 Zuweisung der Communication Assembly zu einer Rolle

Wenn diese Rolle dem in der Destination definierten Benutzer zugeordnet ist, kann ein externer Client nur die in der Liste definierten Funktionsbausteine aufrufen. Das RFM sollte dennoch der CA zugeordnet sein; andernfalls sperrt UCON den Aufruf.

17.5.8 Vergleich des Sicherheitsgrades sämtlicher Szenarien

Sehen wir uns nun an, wie sich die einzelnen Szenarien hinsichtlich des Sicherheitsgrades (Schutz) qualitativ miteinander vergleichen lassen. Der Sicherheitsgrad der einzelnen Roll-out-Szenarien lässt sich wie Tabelle 17.2 gezeigt zusammenfassen.

#	Roll-out-Szenario	Schutz	System
A	Produktive Nutzung des lokalen RFC-Basisszenarios	hoch	PROD
B	Testnutzung des lokalen RFC-Basisszenarios	gering	QAS
C	Das Produktivsystem ist Teil der RFC-Basisszenario-Landschaft	sehr hoch	DEV QAS PROD
D	Das Entwicklungssystem ist Teil der RFC-Basisszenario-Landschaft	keiner	DEV
E	UCON ausschließlich mit Protokollierung	keiner	PROD
F	Der UCON-RFC ist vollständig ausgeschaltet	keiner	–
G	UCON-Rollenbau-Szenario	mittel	DEV QAS PROD

Tabelle 17.2 UCON-Szenarien und deren Sicherheitsgrade

Im Einzelnen heißt das:

- **Das Roll-out-Szenario C hat aus folgenden Gründen einen sehr hohen Sicherheitsgrad**
  Eine einzige Definition einer CA über die gesamte Landschaft hinweg stellt sicher, dass es keine unbetreute Systemkennung gibt, die eine potenzielle Angriffsfläche in Bezug auf exponierte RFMs darstellt. UCON-Laufzeitprüfungen sind über die gesamte SAP-Landschaft hinweg einheitlich aktiv.
- **Das Roll-out-Szenario A hat aus folgendem Grund einen hohen Sicherheitsgrad**
  Die UCON-Laufzeitprüfungen sind im Produktivsystem aktiv, UCON-Entitäten sind jedoch lokal im Produktivsystem enthalten. Die Entwick-

lungs- und Qualitätssystemlandschaften sind weiterhin exponiert und ungeschützt.

- **Das Roll-out-Szenario B hat aus folgendem Grund einen geringen Sicherheitsgrad**
  Die UCON-Laufzeitprüfungen sind nur in Qualitäts-/Vorproduktivsystemen aktiv.
- **Die Roll-out-Szenarien D und E haben aus folgendem Grund keinen Sicherheitsgrad**
  Die UCON-Laufzeitprüfungen sind in keinem System der Landschaft aktiv. Diese Szenarien sollten nur verwendet werden, wenn RFMs nicht geschützt, sondern nur geloggt und überwacht werden sollen.

17.6 FAQ zu UCON

Dauer der Protokollierungs- und der Auswertungsphase: Wie wähle ich eine geeignete Dauer für die Protokollierungs- und Auswertungsphase aus?

Diese Dauer sollte einen Zeitraum abdecken, in dem sämtliche integrierten Konnektivitätsszenarien mindestens einmal ausgeführt wurden. Generell sollte die Dauer der Protokollierungsphase zwei Drittel der Dauer der Auswertungsphase ausmachen. Sie sollte mindestens einen Monats- oder Jahresabschlusszyklus abdecken.

Vorsichtsmaßnahmen: Welche Vorsichtsmaßnahmen müssen wir für neue Integrationsszenarien, das heißt für neu miteinander verbundene Systeme ergreifen?

Wenn ein neues RFM oder ein bereits durch den UCON-Schutz gesperrtes RFM berücksichtigt werden muss, empfiehlt SAP, ein Testsystem und ein UCON-Szenario in einem isolierten Subnetzwerk einzurichten, jedoch mit derselben Standard-CA.

Berechtigungsprüfungen: Welche Auswirkungen hat der Einsatz von UCON auf die Berechtigungsprüfungen?

Werden die RFMs nicht in der Standard-CA berücksichtigt, das heißt nicht exponiert, wird die RFC-Session abgebrochen und der Zugriff verweigert. Ist das RFM in der Standard-CA, verläuft der RFC-Aufruf erfolgreich, und die benutzerabhängigen S_RFC-, S_RFCACL- und S_ICF-Prüfungen werden dennoch ausgeführt.

Auswirkungen auf die Performance: Wie kann man sicherstellen, dass die konfigurierte UCON reibungslos ausgeführt wird und keine Performanceprobleme verursacht, vor allem da die Auswertungsphase eine Simulationsphase ist?

Meine Empfehlung ist, dass die Systemintegratoren vor dem Produktivstart einen Performancetest der UCON-Konnektivität mit aktiven Laufzeitprüfungen für die aktuellste Kopie des Produktivsystems von SAP durchführen lassen. Abhängig von der Anzahl der verwendeten RFCs und der über Schnittstellen mit und vom SAP-System angebundenen Systemen, würde sich eine signifikante Abweichung der Latenz beobachten lassen, wenn der externe RFM-Aufruf in einem System mit aktiver UCON-Laufzeitprüfung aufgerufen wurde, verglichen mit einem System mit ausgeschalteten UCON-Laufzeitprüfungen. Die Aufrufzeit und die Remote-Ausführungszeit sind nur zwei von einer Reihe von Parametern, die in Transaktion ST03N über einen Zeitraum beobachtet und bewertet werden können.

[»]

SAP-Hinweis über RFC-Statistiken

Nähere Informationen über RFC-Statistiken und deren Anwendung zur Messung der Systemperformance insgesamt, vor und nach dem Wechsel zu UCON, finden Sie in SAP-Hinweis 552845.

Standard-CA vs. sichere SNC-CA: In welchen Fällen sollten Sie eine standardmäßige und wann eine SNC-CA verwenden?

Das hängt ausschließlich davon ab, ob die eingehenden RFCs durch SNC geschützt sind oder nicht. Man kann einen separaten virtuellen SNC-Host und eine entsprechende sichere CA über die Standard-CA und den virtuellen Standard-Host konfigurieren, um die folgenden Fälle abzudecken:

- **Fall A**
  Für RFMs, die in der Protokollierungsphase als hochgradig kritisch identifiziert werden und die für externe Aufrufe nur mit SNC-Schutz zur Verfügung gestellt werden, das heiß für RFMs, für die eine stärkere Verschlüsselung, Authentifizierung und Single-Sign-on-Mechanismen erforderlich sind, ist ein virtueller SNC-Host und eine entsprechende sichere CA gerechtfertigt.
- **Fall B**
  Bestimmte RFMs, die von externen Systemen aufgerufen werden und für die aufgrund der Performance keine SNC konfiguriert werden können. Standard-CA und entsprechender virtueller Host ohne SNC. Um die

Uneindeutigkeit von Aufrufen desselben RFM von verschlüsselten und nicht verschlüsselten SNC zu beseitigen, sollten Sie entscheiden, ob ein RFM kritisch ist und diesen dann einer CA zuordnen, aber nicht beides.

17.7 Resümee

Sie haben in diesem Kapitel einen Einblick in die RFC-bezogenen Risiken erhalten und darüber erfahren, welche Abhilfe UCON hierfür bietet. Sie wissen nun, dass die nicht verwendeten, remote aufrufbaren Funktionsbausteine mithilfe von UCON gesperrt werden können. Eine detaillierte Anleitung für die Konfiguration von UCON sowie die Beschreibung von möglichen Verwendungsszenarien geben Ihnen das nötige Rüstzeug, um RFC- und UCON-bezogene Sachverhalte als Prüfer oder Risk-and-Compliance-Verantwortlicher besser verstehen zu können. Außerdem können nun die SAP-Security-Berater unter den Lesern die Einrichtung von UCON eigenständig in Angriff nehmen.

TEIL III

Von Konzept und Inhalt zur Umsetzung: Die Automatisierung eines Internen Kontrollsystems

Stellen Sie sich vor, Sie unterstützen als Berater ein Erdölunternehmen in einem arabischen Wüstenstaat dabei, ein Internes Kontrollsystem zu automatisieren. Ihre vorausgegangenen Recherchen haben gezeigt, dass dieses Unternehmen dem dortigen König gehört, eigentlich keine gesetzlichen IKS-Vorschriften zu erfüllen hat und die Finanzberichterstattung dieses Unternehmens für die Öffentlichkeit nicht zugänglich ist.

Sie machen sich also auf den Weg zu diesem Projekt, steigen in der arabischen Wüste aus dem Flugzeug und erfahren vor Ort Folgendes: Die bis dato auf Papier dokumentierten Risiken und Kontrollen beziehen sich primär auf die finanzberichterstattungsrelevanten Prozesse; daraus schließen Sie, dass eine Bilanz und eine GuV bei diesem Unternehmen existieren, wenn auch nur für einen auserwählten Personenkreis. Sie erfahren, dass die interne Revision besteht, im Übrigen verweist man Sie jedoch auf den COSO-Cube und erwartet von Ihnen, dass dieses »Ding« auf Knopfdruck »in Aktion« ist und verwendet werden kann. Wie gehen Sie damit um?

So abenteuerlich dieses Szenario klingt: Ich habe mich in dieser Situation irgendwo in der Wüste wiedergefunden und möchte meine Erfahrungen mit Ihnen teilen, wie ich diese Lage gemeistert habe.

In diesem letzten Teil des Buches erläutere ich Ihnen das theoretische Konzept der IKS-Automatisierung und zeige, wie Sie dieses Konzept mithilfe eines SAP-Softwareprodukts umsetzen. Besonders interessant ist dabei die Vorgehensweise bei der »echten« Automatisierung, wenn Geschäftsabläufe weitgehend ohne Beteiligung von Menschen überwacht werden. Es handelt sich hier um den Continuous-Monitoring-Ansatz, der auf der Integration von GRC-Software mit ERP-Systemen basiert. Abschließend erfahren Sie anhand eines Praxiskapitels, wie Unternehmen unterschiedlicher Größe die Themen IKS und Compliance Management effizient umgesetzt haben.

Kapitel 18

IKS-Automatisierung: Wie bringt man den COSO-Cube ins Rollen?

Das Konzept eines auf Knopfdruck funktionierenden Internen Kontrollsystems ist recht simpel und sehr abstrakt zugleich: Grund genug, diesem ein eigenständiges Kapitel zu widmen.

Konzepte zur Umsetzung des Internen Kontrollsystems (IKS) sind sehr von der COSO-Studie (COSO = Committee of Sponsoring Organizations of the Treadway Commission) beeinflusst, dem international anerkannten Maß im Bereich IKS. Vielen IKS-Umsetzungskonzepten liegt üblicherweise das theoretische Konstrukt des COSO-Cubes mit seinen 26 Grundprinzipien, fünf Kernkomponenten und drei Dimensionen zugrunde. Konzepte, die in der Praxis von verschiedenen Beratungshäusern angeboten oder unternehmensintern konzipiert werden, stellen häufig ein aus inhaltlicher und konzeptioneller Sicht hochwertiges Gerüst dar – das aber leider meist auf Microsoft Excel basiert und bei SAP-Anwendern auf die SAP-Plattform transferiert werden muss. Dass ein solcher Ansatz keine Automatisierungsvisionen bietet, liegt auf der Hand.

18

Was bedeutet es, ein IKS zu automatisieren, und wie lässt sich die Lücke zwischen Konzepten und ihrer effizienten Umsetzung schließen? Bei der Suche nach Kernkompetenzen im Bereich der Prozessautomatisierung würde man sich bei Softwareherstellern umsehen, und auch SAP stellt passende Lösungen zur Verfügung. Bevor wir auf diese in Kapitel 19, »IKS-Automatisierung mithilfe von SAP Process Control«, und Kapitel 20, »Umsetzung von automatisierten Test- und Monitoring-Szenarien«, eingehen, sollten Sie sich in diesem Kapitel zunächst das Grundverständnis für das Konzept der IKS-Automatisierung erarbeiten.

18.1 Grundidee der IKS-Automatisierung

Wie bei Grundideen üblich und wie der Begriff schon sagt, ist die Grundidee der IKS-Automatisierung simpel und für die Allgemeinheit verständlich.

[»]

Hinweis zur folgenden Darstellung

Manche der complianceerfahrenen Leser könnten die nachfolgenden Ausführungen als zu simpel, vereinfachend und verallgemeinernd bezeichnen. Dem können wir nicht gänzlich widersprechen. Beachten Sie daher bei den folgenden Ausführungen, dass die komplexen Sachverhalte bewusst heruntergebrochen und notgedrungen vereinfacht worden sind. Im Folgenden soll zunächst lediglich die Bedeutung der IKS-Automatisierung konkretisiert und die Grundfrage beantwortet werden, wie man den COSO-Cube ins Rollen bringt.

18.1.1 COSO-Cube in Aktion

Intuitive Aktivitäten

Wie Sie in Abbildung 18.1 sehen, hat das COSO-Modell Inhalte und Aktivitäten. *Automatisierung* würde bedeuten, dass die Aktivitäten von den beteiligten Personen – Vertretern der drei Verteidigungslinien (siehe Abschnitt 21.1.1) – möglichst einfach ausgeführt und Informationen beschafft werden, beispielsweise durch das Ausfüllen bestimmter Felder in einer Vorlage oder durch die Analyse der Daten, die in Form einer E-Mail-Nachricht bzw. Aufgabe in Ihrer Inbox angekommen sind und die Sie mit einem Mausklick abschließen und zurückschicken können. »Automatisiert« kann also in Bezug auf IKS nicht als »personenunabhängig« verstanden werden.

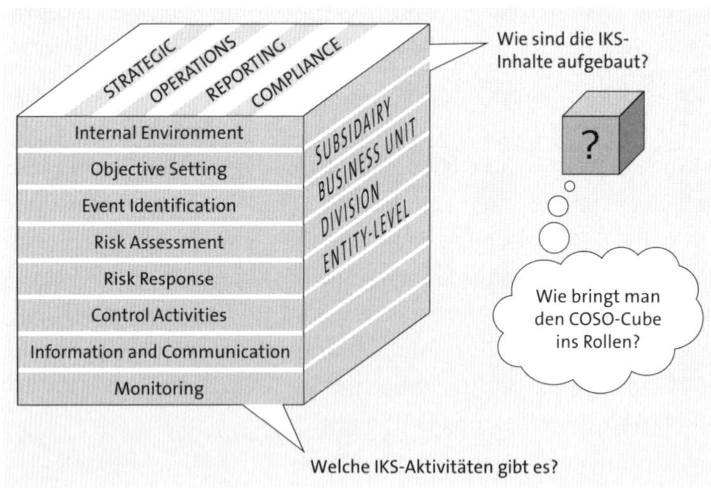

Abbildung 18.1 IKS-Automatisierung

Effiziente Verwaltung der Inhalte

IKS-Aktionen bearbeiten *IKS-Inhalte* (oder Content), und aus diesem Grund führen wir an dieser Stelle einen neuen Begriff ein: das *Objekt*. Ein Objekt in einer Softwarelösung entspricht einem Stammdatum (siehe Abschnitt 5.1.1,

»Daten im SAP-System«) und ist in diverse Aktivitäten bzw. Transaktionen involviert. IKS-Objekte und IKS-Aktionen bilden zusammen IKS-Ergebnisse.

[«]

Parallelen zwischen SAP und einer IKS-Software

Würde man Daten in SAP ERP auf Daten in einer IKS-Anwendung projizieren, würde dies folgendermaßen aussehen:

- *SAP ERP*: Stammdaten + Transaktionen = Bewegungsdaten
- *IKS-Anwendung*: IKS-Objekte + IKS-Aktionen = IKS-Ergebnisse

IKS-Ergebnisse

Um die Bedeutung von *IKS-Ergebnissen* genauer zu beschreiben, kann man ein einzelnes IKS-Ergebnis genauer betrachten, zum Beispiel einen Protokolleintrag im System, der folgende Informationen enthält:

- Objekt: Kontrolle »Das Verfallsdatum auf der Milchpackung ist o. k.«
- Testdatum: 07:30 Uhr, 08.02.2019
- COSO-Domäne: Operations
- COSO-Komponente: Control Activities
- Aktivität: Kontrolldurchführung
- Aktivitätsergebnis: negativ

18.1.2 Zielsetzung der IKS-Automatisierung

Drei Dimensionen der IKS-Automatisierung

Bei der Automatisierung eines IKS handelt es sich im Allgemeinen um eine Applikation, die IKS-spezifische *Objekte* abbildet und eine Reihe von IKS-relevanten *Aktivitäten* in Bezug auf diese Objekte ermöglicht. Dies geschieht aus der Perspektive der am IKS-Prozess beteiligten *Personen* (siehe Abbildung 18.2, »IKS-relevante Objekte und Dokumentation«).

Somit kommen bei der IKS-Automatisierung drei wichtige Dimensionen zum Tragen – Objekte, Benutzer und Aktionen –, die das Grundgerüst einer IKS-Applikation bilden und mit deren Hilfe der Compliance-Prozess modelliert werden kann. Dies ist auf der Abbildung 18.2 schematisch dargestellt.

IKS-Automatisierung = Compliance-Automatisierung

Das IKS wird als ein Mittel zur Sicherstellung von Compliance angesehen (siehe Abschnitt 18.1.1, »COSO-Cube in Aktion«). Aus diesem Grund kann man bei der IKS-Automatisierung auch von der *Compliance-Automatisierung* generell sprechen. Dies ist insofern relevant, da viele Leser mit IKS primär gesetzliche Anforderungen zur Handhabung von finanzberichterstattungsrelevanten Risiken und Kontrollen verbinden. Es ist wichtig zu verstehen, dass ein IKS, und insbesondere die Software zu dessen Automatisierung, diverse gesetzliche und unternehmenseigene Anforderungen handhaben können.

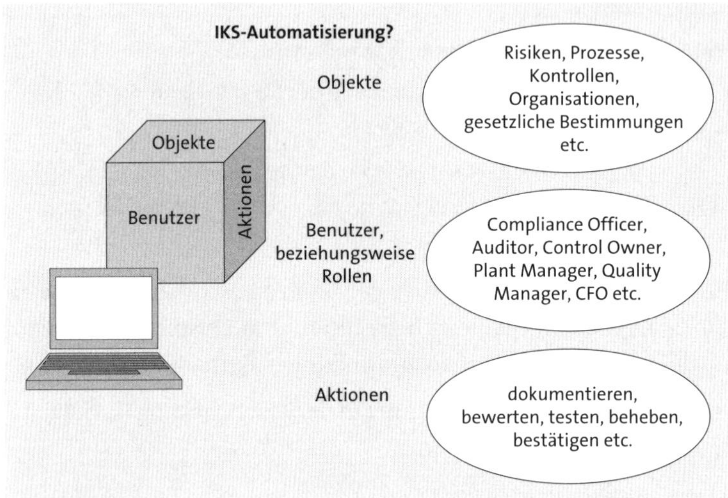

Abbildung 18.2 Ansatz zur IKS-Automatisierung

FDA-Compliance automatisieren

Wie in Abbildung 18.3 dargestellt, sind Prozessschritte wie das Testen von Qualitätskontrollen durch den Qualitätsmanager und das Beheben der bei Kontrollaktivitäten festgestellten Probleme durch den Plant Manager ein Ausschnitt aus dem Qualitätsmanagementprozess, der im Rahmen der Umsetzung von FDA-Compliance-Anforderungen zu etablieren ist. Dieses Beispiel zeigt, wie die einzelnen Bauelemente für eine FDA-spezifische Compliance-Automatisierung zusammengefügt werden können.

SOX-Compliance automatisieren

Man könnte die einzelnen IKS-Bauelemente aber auch für die Umsetzung eines IKS-Prozesses nutzen, der die Konformität mit den gesetzlichen Anforderungen an die Verlässlichkeit der externen Finanzberichterstattung gewährleisten soll.

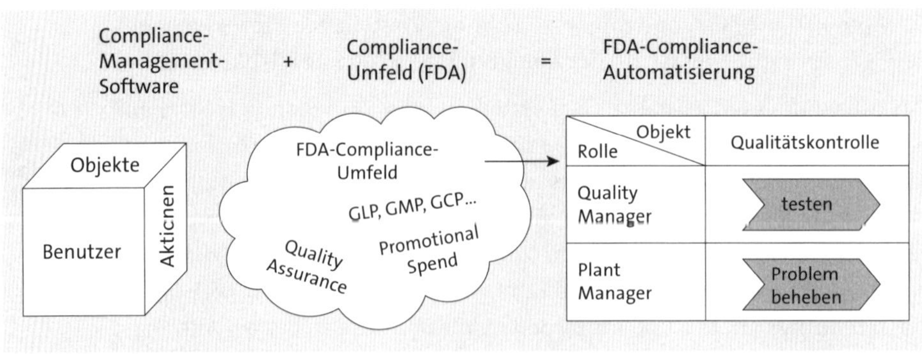

Abbildung 18.3 Modellierung des Compliance-Prozesses – FDA-Compliance

Wie in Abbildung 18.4 dargestellt (dieses Beispiel ist vereinfacht und keinesfalls vollständig), kann der SOX-Compliance-Prozess mithilfe einzelner IKS-Bausteine folgende Teilprozesse beinhalten:

- Der Kontrollverantwortliche führt die im Geschäftsprozess vorhandenen Kontrollschritte durch und bestätigt dies.
- Der Auditor prüft die Effektivität der Kontrollen, das heißt, er überprüft, ob die Kontrollziele durch Kontrollmechanismen erreicht werden und ob die Kontrollen auch tatsächlich durchgeführt werden.
- Der Prozessverantwortliche kümmert sich um die Behebung der vom Auditor festgestellten Schwächen und bewertet die Aktualität des Designs von etablierten Kontrollmechanismen.

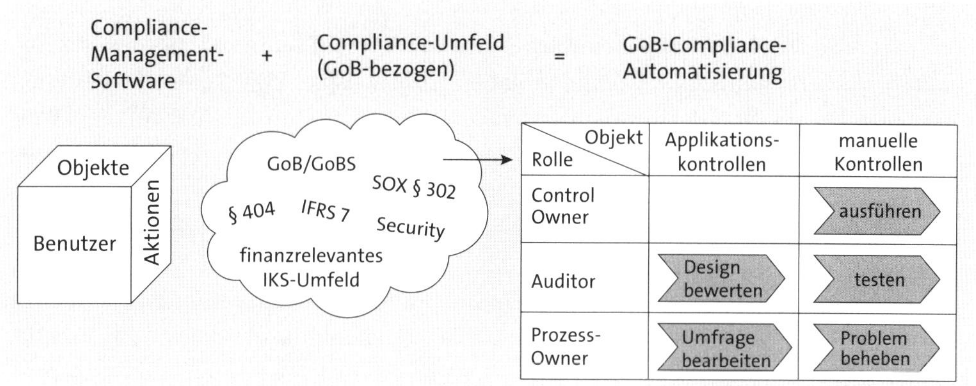

Abbildung 18.4 Modellierung des Compliance-Prozesses – SOX-Compliance

SOX-Compliance-Prozess

In Abhängigkeit vom rechtlichen, organisatorischen und branchenspezifischen Umfeld können die Szenarien bei der IKS-Automatisierung unterschiedlich ausfallen; die Grundzusammenhänge in dem Konstrukt, das eine IKS-Automatisierung ermöglicht, können damit als allgemeingültig betrachtet werden.

[«]

Wandel im Risiko-basierten Ansatz

Dreh- und Angelpunkt bei der IKS-Automatisierung ist die Verknüpfung zwischen Risiken und Kontrollen. In den letzten Jahren hat sich die Abkehr von dem stark formalisierten Ansatz beschleunigt, bei dem die Dokumentation des IKS-Rahmenwerks nur alle paar Jahre als Ganzes überarbeitet wird. Dieser Ansatz kann schon als risikobasiert bezeichnet werden, ist allerdings recht statisch und ist stark durch die Finanzberichtserstattungs-relevanten Anforderungen geprägt. Unter anderem durch die immer höhere Relevanz weiterer IKS-Domänen setzt sich die etwas dynamischere Prägung des risiko-basierter Ansatzes durch, bei der die Risikoidentifizierung, -aktualisierung und -bewertung laufend stattfindet und Verlinkungen mit Kontrollen als Risikogegenmaßnahmen ebenfalls fortwährend aktualisiert werden.

Im nächsten Abschnitt lernen Sie die Grundeigenschaften von einzelnen Bauelementen kennen, die für die Modellierung eines automatisierten IKS-Prozesses verwendet werden können.

18.2 IKS-relevante Objekte und Dokumentation

Objekte sind die zentralen Bausteine eines IKS, die einerseits eine statische *Dokumentationsfunktion* haben (zum Beispiel eine Kontrolle, bestehend aus ihrer Beschreibung, verschiedenen Attributen etc.) und auf diese Weise die Anforderungen an das Vorhandensein eines IKS erfüllen. Andererseits sind diese Objekte Gegenstand unterschiedlicher Bewertungen (zum Beispiel Beurteilung des Designs einer Kontrolle, inwieweit diese dazu geeignet ist, das Kontrollziel zu erreichen). Diese *dynamische Funktion* von IKS-Objekten hat unter anderem den Zweck, eine zeitraumbezogene Aussage über die *Effektivität* der Kontrolle zu liefern, die als Objekt dokumentiert ist.

Dem Design des IKS-Datenmodells, in dessen Mittelpunkt diverse Objekte stehen, kommt bei der IKS-Automatisierung eine zentrale Bedeutung zu. Bei der Beschreibung der IKS-Objekte wird nachfolgend ihre betriebswirtschaftliche Bedeutung auf ein Minimum reduziert; im Fokus stehen vielmehr ihre funktionalen Eigenschaften, die eine praktische Bedeutung bei der IKS-Umsetzung haben.

18.2.1 Organisationseinheiten

Organisationshierarchie – Eigenschaften

Organisationseinheiten dienen dem Zweck, die Struktur eines Unternehmens abzubilden. Dabei wird diese meist in Form einer *Hierarchie* dargestellt. Die Granularität der einzelnen Hierarchiestufen richtet sich in erster Linie nach Reporting-Anforderungen und entspricht bei einem international agierenden Konzern meist einer Aufteilung nach Geschäftsgebieten (Business Lines) innerhalb eines Landes. Je nach Spezifika kann sich die Organisationsstruktur in einem IKS auch nach weiteren Anforderungen richten, wie zum Beispiel Sign-off-Zuständigkeiten (siehe Abschnitt 18.3.9,

»Sign-off«), nach eigenständig bilanzierenden Einheiten, nach der Abbildung von Shared-Services-Organisationen etc.

[zB]

Shared-Services-Organisationen

Es kann vorkommen, dass eine Kontrolle für mehrere Organisationseinheiten relevant ist. Ein typischer Fall sind die generellen IT-Kontrollen: Wird die von »Organisation A« und »Organisation B« verwendete IT-Applikation von einer zentralen IT-Service-Organisation betreut, sind die Organisationen A und B aus Compliance-Gesichtspunkten auf die Effektivität von Change-Management-Kontrollen bezüglich dieser IT-Applikation angewiesen.

Die Organisationen A und B haben keinen Einfluss auf die genannten Kontrollen, müssen diese aber im eigenen IKS-Reporting ausweisen und sind de facto für diese verantwortlich (siehe Abschnitt 6.1.1, »IT-Organisation«). Falls eine IT-Service-Organisation im Unternehmen nicht als eigenständige Einheit fungiert, muss sie »fiktiv« als solche ausgewiesen werden.

HCM-Organisationsmanagement vs. IKS-Struktur

Am Beispiel der Shared-Services-Organisationen wird klar, dass die compliancerelevanten Organisationsstrukturen oft wenig mit der operativen Struktur eines Unternehmens zu tun haben – durch die Brille des Prüfers gesehen, sieht die Welt eben manchmal anders aus. Berücksichtigt man darüber hinaus die Tatsache, dass auch die Aufteilung der IKS-Verantwortlichkeiten nicht zwingend mit der personalwirtschaftlichen Zuordnung von Mitarbeitern übereinstimmt, relativiert sich die Bedeutung der Integration einer IKS-Applikation mit dem *Organisationsmanagement* von SAP (siehe Abschnitt 11.4.3, »Strukturelle Berechtigungen«). Die Frage nach der Integration mit dem Organisationsmanagement wird häufig bei der Implementierung von SAP Process Control gestellt, weil man die in anderen SAP-Anwendungen bereits vorhandenen Organisationsstrukturen nach Möglichkeit wiederverwenden möchte.

[zB]

IKS-Verantwortlichkeit entspricht nicht der HR-Zuordnung

Ein Internal Auditor, der auf Corporate-Ebene in Deutschland eine Anstellung hat, könnte in seiner operativen Verantwortung auch den ganzen EMEA-Bereich abdecken.

Multidimensionalität der Organisationsstruktur

Manchmal ist es in der Praxis erforderlich, die gleichen Organisationseinheiten in unterschiedlichen Hierarchien anzuordnen, etwa gruppiert nach geografischen Regionen, nach Geschäftsfeldern etc. Eine wesentliche Eigenschaft der Organisationshierarchie bei der IKS-Automatisierung ist daher die Multidimensionalität. Dieses Prinzip ist zum Teil in SAP Process Control realisiert.

18.2.2 Risiken

Wie bereits in Abschnitt 18.1.2, »Zielsetzung der IKS-Automatisierung«, angesprochen, kommt den Risiken bei der GRC-Gestaltung und insbesondere dem IKS eine zentrale Bedeutung zu. Die Risikoidentifikation kann je nach Organisation der drei Verteidigungslinien und der verwendeten Tools unterschiedlich ablaufen:

- Meldung von Risikovorschlägen via Compliance-Hotline, anschließende Konsolidierung von Meldungen durch zentralisierte Risikomanagement-Funktion
- Risikodesign im Rahmen von Workshops mit Prozessverantwortlichen
- direkte manuelle Anlage von Risiken
- Massenupload, zum Beispiel im Rahmen eines GRC-Implementierungsprojekts
- Top-down-Verteilung von Risiken (zum Beispiel auf Vorlagen basierend)
- automatisierte Anlage eines Risikos, zum Beispiel als Ergebnis einer Umfrage oder einer automatisierten Auswertung

In einer GRC-Applikation werden Risiken mit Kontrollen direkt oder indirekt (mittels anderer Objekte) verknüpft. Dabei muss es die Möglichkeit geben, sowohl eine 1:n- als auch eine n:1-Verknüpfung herzustellen.

[zB]

Ein Risiko – mehrere Kontrollen

Das Risiko doloser Handlungen, das im Einkaufsprozess durch mangelnde Funktionstrennung hervorgerufen wird, kann unter anderem eintreten, wenn eine (oder beide) der folgenden Kontrollen ineffektiv ist/sind (bzw. das Risiko nicht im nötigen Maß minimieren können):

- mangelnde Funktionstrennung im Bereich Berechtigungen (wie das Zusammenkommen der Transaktionen FK02 (Kreditorenstammdaten ändern) und MIRO (Logistik Rechnungsprüfung) innerhalb derselben Rolle oder desselben Benutzerstamms)
- ineffiziente Kontrollen im Bereich der Einmallieferanten (CpD-Lieferanten, Conto pro Diverse), wodurch die Pflege der Bankverbindung direkt bei der Erfassung einer Eingangsrechnung möglich ist

Die Verlinkung zwischen Risiken und Kontrollen ist ein wichtiger Vorgang im IKS- und Risikomanagement: es handelt sich um Kontrollen als Risikogegenmaßnahme, sodass Kontrollen ihre Daseinsberechtigung strenggenommen nur im Zusammenhang mit Risiken haben.

Keine Kontrollen ohne Risiken

Ein Risiko als Objekt ist nicht nur für IKS-Zwecke interessant; hier wird es meist nur qualitativen Bewertungen unterzogen. Im Bereich Risk Management kann ein Risiko sowohl in qualitative als auch quantitative Bewertungen einbezogen sein (siehe Abschnitt 4.3.5, »SAP Risk Management«, und Abschnitt 18.3.7, »Risikobewertung«). Darüber hinaus gibt es risikospezifische Aktivitäten.

Integrative Rolle: Risikoobjekt

18.2.3 Prozesse

Geschäftsprozesse als IKS-Objekte

Aus IKS-Gesichtspunkten haben Geschäftsprozesse die Rolle eines Containers, mit Kontrollfunktion für die darin enthaltenen Prozessschritte. Das primäre Ziel der Prozesse ist es, die Einbindung von Kontrollen in die Geschäftsabläufe zu gewährleisten. Ähnlich wie bei den Organisationseinheiten können Prozesse aus Reporting-Gründen hierarchisch dargestellt werden (zum Beispiel in der Kette Prozess – Teilprozess – Prozessschritt); darüber hinaus kann die Abbildung der Prozessschritte als Objekte in einem Flow-Chart-Diagramm notwendig sein, um all die Abhängigkeiten zwischen den einzelnen Prozessschritten zu verdeutlichen. Des Weiteren können Prozesse im Datenmodell einer IKS-Applikation ein Medium der Verknüpfung von Organisationseinheiten mit Kontrollen sein.

18.2.4 Kontrollen

Kontrollattribute

Eingegliedert in die Prozesshierarchie, sind Kontrollen Objekte, die als Prozessschritte mit einer Kontrollfunktion angesehen werden können. Kontrollen als zentrale Objekte in einer IKS-Applikation verfügen über eine Reihe von Eigenschaften und Attributen, die sowohl eine informative als auch eine steuernde Funktion haben. Diese Attribute sind oft unternehmensspezifisch; in der Praxis haben sich aber folgende Attribute etabliert:

- **Kontrollfrequenz**
  Hiermit ist die Periodizität der Kontrollprozeduren gemeint (mehrmals täglich/laufend, täglich, wöchentlich etc.).
- **Auslöser**
  Ist die Kontrolle ereignis- oder zeitbezogen?
- **Kontrollzweck**
  Handelt es sich um präventive oder detektive Kontrollen?

Darüber hinaus unterscheidet man zwischen manuellen, halbautomatisierten und automatisierten Kontrollen. Wie in Abschnitt 5.1.2, »Kontrollen im SAP-System«, erwähnt, lassen sich automatisierte Kontrollen in Konfigurations-, Stammdaten- und Transaktionskontrollen aufteilen.

Multidomänenprinzip im IKS

Entsprechend der Aufteilung des COSO-Cubes gibt es Kontrollen, die die strategischen, operationellen sowie die Reporting- und Compliance-Bereiche abdecken. In der Praxis besteht oft der Bedarf, die genannten Bereiche, auch als Domänen bezeichnet, übergeordnet zu betrachten: Ähnlich wie bei dem in Abschnitt 18.2.1, »Organisationseinheiten«, erwähnten *Multihierarchieprinzip* bei den Organisationseinheiten werden Kontrollaktivitäten – mit allen anderen zugehörigen Objekten einschließlich Organisationseinheiten – auf der obersten Hierarchiestufe in einem IKS in Domänen unterteilt. Dabei kann man von einem *Multidomänenprinzip* sprechen. So können beispielsweise in einem Kontrollsystem Domänen existieren, die sowohl Compliance-Ziele, wie SOX, FDA etc., abdecken als auch Kontrollen beinhalten, die auf die Effizienz in Geschäftsprozessen abzielen oder sich auf der strategischen Ebene abspielen.

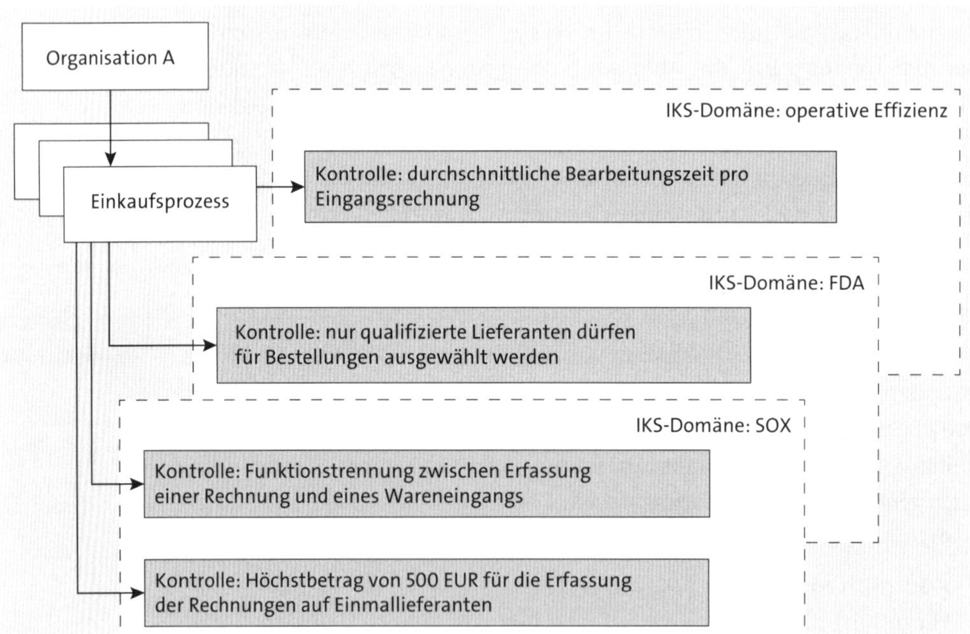

Abbildung 18.5 Multidomänenprinzip in einer IKS-Applikation

Das Multidomänenprinzip (siehe Abbildung 18.5) wird in den einschlägigen Applikationen unterstützt, in SAP Process Control zum Beispiel durch das Multiple Compliance Framework.

Wiederverwendbarkeit von Kontrollen

Eine weitere wesentliche Eigenschaft ist die Wiederverwendbarkeit von Kontrollen. Das bedeutet, dass die gleichen Objekte sowohl innerhalb einer Domäne als auch domänenübergreifend den gleichen oder unterschiedlichen Organisationseinheiten zugeordnet sein können.

Integrative Rolle: Kontrollen im GRC-Konzept

Die Kontrolle als Objekt in einer IKS-Applikation hat eine wichtige integrative Funktion, wenn man das IKS konzeptionell als GRC-Bestandteil in einem Unternehmen betrachtet. Innerhalb einer GRC-Applikation übernehmen die Kontrollen als Objekte folgende Funktion:

- **Corporate Governance**
  Hier übernehmen Kontrollen eine ähnliche Rolle wie im Rahmen des IKS. Dabei unterscheidet man zwischen internen und externen Corporate-Governance-Kontrollen. (Quelle:Wikipedia)
- **Risk Management**
  Hier übernehmen Kontrollen in erster Linie eine kompensierende Rolle. Dabei sollen sie der Eintrittswahrscheinlichkeit eines Risikos und/oder dessen Auswirkung mildernd entgegenwirken.

18.2.5 Kontrollziele

Optionales Objekt

Der Begriff *Kontrollziel* spricht für sich; das Kontrollziel als optionales Objekt in einer IKS-Applikation dient dazu, die IKS-Dokumentation detaillierter zu gestalten. Die Notwendigkeit der Objekte in einer IKS-Applikation lässt sich von der Notwendigkeit ableiten, Aktionen (siehe Abschnitt 18.3, »Grundszenarien der IKS-Aktivitäten«) auf diese Objekte aufzusetzen. Im IKS-Prozess sind meist gezielte Aktionen bezüglich des Kontrollziels erforderlich.

Meist wird in der Praxis die Notwendigkeit dieses Objektes dadurch verursacht, dass ein Kontrollziel durch mehrere Kontrollschritte erreicht wird (1:n-Verhältnis).

[zB]

Ein Kontrollziel – mehrere Kontrollen

Das Kontrollziel ist die Nachvollziehbarkeit der Änderungen von kritischen Daten, zum Beispiel in einer eigenentwickelten Tabelle im SAP-System.

Dieses Ziel kann nur durch zwei effektive Applikationskontrollen gewährleistet sein, die parallel funktionieren (siehe Abschnitt 7.2.2, »Tabellenprotokollierung«):

- die generelle Handhabung der Protokollierung in einem Mandanten durch die Einstellung des Profilparameters `rec/client`

- die Berücksichtigung der Protokollierungsanforderungen im Change-Management-Prozess (das Kennzeichen **Protokoll** für einzelne Tabellen)

Es kann aber auch andere Konstellationen geben, zum Beispiel wenn eine Kontrolle für mehrere Kontrollziele verwendet wird (n:1-Verhältnis).

Integrative Rolle: Kontrollziele im GRC-Konzept

Die Notwendigkeit, das Kontrollziel als eigenständiges Objekt zu dokumentieren, kann in der Praxis darüber hinaus auch durch ein spezifisches IKS-Datenmodell bedingt sein, beispielsweise durch eines, bei dem die Zuordnung von Risiken und Kontengruppen einer Kontrolle nicht direkt, sondern mittels eines Kontrollziels erfolgt. Oder: Betrachtet man das Kontrollziel außerhalb des IKS (als Bestandteil eines GRC-Modells), kann das Kontrollziel als Objekt verstanden werden, das in direktem Zusammenhang mit der Strategie eines Unternehmens steht.

18.2.6 Kontengruppen

Verbindung zwischen Berichterstattung und Prozessen

Kontengruppen sind optionale Objekte in einer IKS-Applikation, deren Existenz darauf zurückzuführen ist, dass die am weitesten verbreiteten Compliance-Anforderungen effiziente Kontrollen im Bereich der externen Finanzberichterstattung erfordern. Eine Kontengruppe schließt eines oder mehrere Sachkonten ein. Dabei haben Kontengruppen das Ziel, diese Finanzberichterstattung in den Geschäftsprozessen und darüber hinaus mit den Kontrollschritten in diesen Prozessen zu verknüpfen (siehe Abbildung 18.6).

[»]

Bilanzgliederung

An dieser Stelle ist anzumerken, dass laut § 266 HGB oder im Rahmen des IAS-Frameworks die Gliederung von Verbindlichkeiten in Inland und Ausland nicht verpflichtend ist. Diese Gliederung kommt in der Praxis trotzdem häufig vor.

Abbildung 18.6 Zusammenhang zwischen der Bilanz und einer Kontrolle

Auch eine Kontrolle kann mit mehreren Kontengruppen zusammenhängen.

[zB]

Eine Kontrolle – mehrere Kontengruppen

Ein mangelndes automatisches Ausziffern eines WE/RE-Kontos kann zum inkorrekten Ausweis der Zahlen gleichzeitig auf mehreren Konten führen:

- Saldo des WE/RE-Kontos
- Ware unterwegs
- ausstehende Rechnungen
- Preisdifferenzen

Kontengruppen als Mittel der Priorisierung

Des Weiteren können die Kontengruppen in einer IKS-Applikation auch dazu verwendet werden, die Menge der zu testenden Kontrollen (oder übergeordnet auf der Ebene von Organisationseinheiten) je nach deren Relevanz einzuschränken, wobei sich diese Relevanz unter anderem nach dem Wert von bestimmten Bilanzpositionen richtet. Übersteigt der Wert einer bestimmten Kontengruppe, die üblicherweise einer Organisationseinheit mittels anderer Objekte wie Prozess, Teilprozess oder Kontrolle zugeordnet wird, eine bestimmte Höhe, werden diese Objekte für eine bestimmte Aktivität vorausgewählt (üblicherweise Designtest oder Effektivitätstest, siehe Abschnitt 18.3.4, »Designtest«, und Abschnitt 18.3.5, »Effektivitätstest«). Dabei soll an dieser Stelle angemerkt werden, dass wesentlichkeitsbasiertes Scoping allein in der Regel nicht ausreicht (siehe weitere Scoping-Möglichkeiten in Abschnitt 18.3.2, »Selektion und Priorisierung von Kontrollaktivitäten«).

18.2.7 Beispiel eines IKS-Datenmodells

Die beschriebenen Bausteine bilden das Grundgerüst einer IKS-Applikation. Das Zusammenspiel in Form von Verknüpfungen zwischen diesen Bausteinen macht das Datenmodell bzw. das IKS-Datenszenario in einer IKS-Applikation aus.

In der Praxis können die IKS-Datenmodelle variieren; die Vielfalt der möglichen Kombinationen der IKS-Objekte ist vor allem durch die zahlreichen Möglichkeiten bedingt, wie die Risiken, Prozesse und Kontrollen miteinander verknüpft werden. In Abbildung 18.7 ist beispielhaft ein Szenario dargestellt, bei dem die Risiken der Kontrolle sowohl direkt (Risiko 2) als auch indirekt (via Kontrollziel, Risiko 3) zugeordnet werden. Denkbar ist auch ein Szenario, bei dem Kontrollziele den Kontrollen über Kontengruppen zugeordnet werden. Eine direkte Risikozuordnung erfolgt in der Praxis in zweifacher Hinsicht. Dies hat eine wichtige informative und integrative Bedeutung in einer GRC-Applikation (in Abschnitt 19.3.2, »IKS-Datenmodell in SAP Process Control«, finden Sie hierzu mehr Details am Beispiel von SAP Process Control). Aufgrund der immer höheren Anforderungen an einen Risiko-orientierten Ansatz, bei dem Risiko–Kontrollbeziehungen laufend angepasst werden, hat sich in der Praxis die einfachste und praktikabelste Option durchgesetzt: eine direkte Verknüpfung zwischen Risiken und Kontrollen, bei der folgende Kriterien erfüllt werden:

- Kontrollen werdenaus Sicht des Risikomanagements als Risikogegenmaßnahmen betrachtet.
- Die Risiko-Kontrollmatrix bildet IKS-Rahmenwerk.
- Die Risikohöhe wird bei der Priorisierung von Kontrollaktivitäten verwendet.

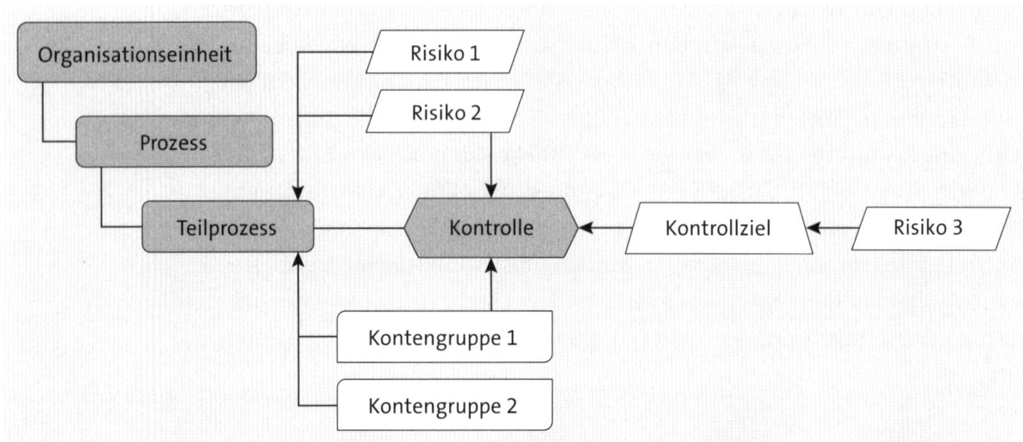

Abbildung 18.7 Schematisches Beispiel eines IKS-Datenmodells

[zB]

IKS-Datenmodell

Bleiben wir bei Abbildung 18.7. Sie sehen dort, dass ein Prozessschritt, in diesem Fall ein Teilprozess, mehrere Risiken beinhaltet (Risiko 1 und Risiko 2).

- Die einzige Kontrolle innerhalb dieses Teilprozesses bezieht sich nur auf eines der beiden Risiken, das heißt, dieses Risiko – Risiko 2 – wird durch die Kontrolle neutralisiert bzw. abgedeckt (vorausgesetzt, das Design dieser Kontrolle ist korrekt und die Kontrolle effektiv).

- Das andere Risiko – Risiko 1 – ist dagegen nicht durch eine Kontrolle abgedeckt. In einer IKS-Applikation würde dies Handlungsbedarf erfordern.

18.3 Grundszenarien der IKS-Aktivitäten

In diesem Abschnitt werden grundlegende Aktivitäten beschrieben, die die Kernfunktionalität einer imaginären IKS-Applikation bilden.

Ist bei Geschäftsprozessen die Abfolge von Aktivitäten klar – etwa von der Bedarfsermittlung über die Bestellung, den Wareneingang und die Rechnungsprüfung bis hin zur Zahlung im P2P-Prozess (P2P = Purchase-to-Pay) –, erscheinen die IKS-Aktivitäten zunächst recht abstrakt und nicht in die unmittelbare Wertschöpfungskette eingebunden. Abbildung 18.8 zeigt typische Aktivitäten im Rahmen der Definition eines SOX-Compliance-Prozesses.

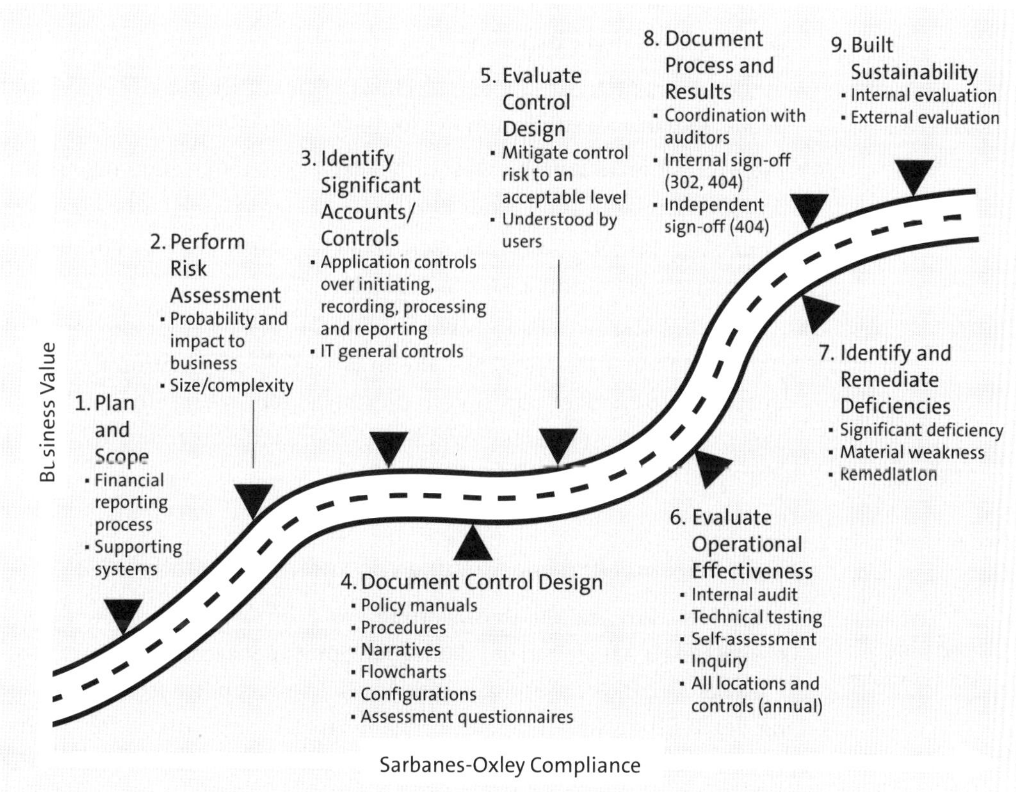

Abbildung 18.8 Compliance Roadmap (Quelle: IT Control Objectives for Sarbanes-Oxley, IT Governance Institute)

[+]

Literaturtipp

Das Dokument *IT Control Objectives for Sarbanes-Oxley* des IT Governance Institutes sei allen Lesern empfohlen. Es ist im Internet frei verfügbar (*www.isaca.org*) und enthält anschauliche Ausführungen zum Thema IKS im IT-Umfeld.

Auf die wichtigsten Aktivitäten aus Abbildung 18.8 gehen wir nachfolgend ein.

18.3.1 Dokumentation

Dokumentation in einer IKS-Applikation

Die Dokumentation in einer IKS-Applikation setzt sich aus den Inhalten der einzelnen, in Abschnitt 18.2, »IKS-relevante Objekte und Dokumentation«, beschriebenen Objekte und aus deren Verknüpfungen zusammen. Eine der verbreiteten Formen der IKS-Dokumentation ist eine Risiko- und Kontrollmatrix. Im Einzelnen können im Rahmen der Dokumentationsfunktion folgende Aktivitäten existieren:

- Änderung der Objektinhalte (zum Beispiel der Beschreibung einer Kontrolle oder ihrer bestimmten Attribute)
- Anlegen eines neuen Objektes (zum Beispiel Entstehen eines neuen Risikos infolge einer Prozessänderung)
- Änderung in der Zuordnung von Objekten (zum Beispiel Einführung einer Kontrolle innerhalb eines Prozesses)
- Die Verlinkung zwischen Risiken und Kontrollen ist einer der wichtigsten Dokumentationsvorgänge, die in einer GRC-Applikation möglichst intuitiv und flexibel sein sollen. Dies bedeutet im Einzelnen zum Beispiel, dass im Datenmodell zwischen Risiken und Kontrollen M:N Beziehungen möglich sein sollten.

18.3.2 Selektion und Priorisierung von Kontrollaktivitäten

Scoping: Priorisierung von IKS-Aktivitäten

Für die Selektion und die Priorisierung von Prüfungshandlungen als IKS-Aktivitätsarten hat sich in der deutschen Sprache inzwischen ein weiterer englischer Begriff etabliert: das *Scoping*. Ziel des Scopings ist es, den Umfang der Prüfungshandlungen (in erster Linie Design- und Effektivitätstests) zu planen bzw. diese Aktivitäten auf Bereiche zu konzentrieren, die eine erhöhte Aufmerksamkeit erfordern. Eine erhöhte Priorität gilt dabei der Auswahl der Kontrollen, die am wahrscheinlichsten zu einem Nichterreichen eines Kontrollziels führen können. In einer IKS-Applikation erfolgt das Scoping durch die Ermittlung bestimmter Objektmerkmale oder -werte, die später bei der Auswahl von IKS-Objekten ausschlaggebend sind. In der Praxis werden meist Merkmale wie die Risikohöhe oder der Wert von Bilanzpositionen bzw. die Wesentlichkeit genutzt. Bei der Wesentlichkeit spielen Kontengruppen im IKS-Datenmodell eine zentrale Rolle.

[zB]

Scoping-Szenarien

Im Folgenden sind Beispiele für Scoping-Szenarien dargestellt:

- Für die Durchführung von Effektivitätstests der Kontrollen werden generell nur Organisationseinheiten selektiert, deren Bilanzsumme eine gewisse Wertgrenze übersteigt.
- Für den Designtest werden nur Kontrollen ausgewählt, die zuletzt vor über zwei Jahren getestet wurden.
- Dem Effektivitäts- und Designtest werden alle Kontrollen unterzogen, die mit den Risiken im Status **hoch** assoziiert sind.
- Kontrollen, deren Kontrolldurchführung positiv bestätigt wurde und die mit den Risiken im Status **gering** assoziiert sind, werden von den Effektivitätstests ausgeschlossen.

18.3.3 Kontrolldurchführung

18

Die Kontrolldurchführung betrifft per Definition das Objekt Kontrolle und kann auf eine der folgenden Arten verstanden werden:

- **Bestätigung der Kontrolldurchführung**
  Hier ist die Bestätigung einer verantwortlichen Person gemeint, dass bestimmte Prozessschritte durchgeführt wurden, entsprechend der im Textfeld einer Kontrolle vorhandenen Beschreibung. Es handelt sich dabei in erster Linie um die manuellen Kontrollschritte oder um Kontrollschritte mit einem hohen manuellen Anteil.
- **Automatisierte Kontrolldurchführung: Monitoring**
  Hierbei ist das Anstoßen einer Kontrolldurchführung in der IKS-Applikation selbst gemeint. Dabei handelt es sich um die Automatisierung der Kontrolldurchführung, bei der die IKS-Applikation als Kontrollmedium verwendet wird (die zu analysierenden Daten werden vom IKS-System automatisiert bereitgestellt, oder die Analyse selbst wird bereits vom IKS-System vorgenommen). Dies wird durch die Integration der IKS-Applikation mit dem jeweiligen SAP-ERP-System erreicht. Eine in der Praxis verbreitete Bezeichnung für die automatisierte Kontrolldurchführung ist das Monitoring (siehe Abschnitt 19.4.4, »Problembehebungs-

prozess« und Kapitel 20, »Umsetzung von automatisierten Test- und Monitoring-Szenarien«).

[zB]

Monitoring

Ein Beispiel für die automatisierte Kontrolldurchführung in einer IKS-Applikation ist die tägliche Durchsicht von manuellen Buchungen oberhalb einer bestimmten Wertgrenze im Hauptbuch mithilfe des Belegjournals (Report RFBELJ00).

Dabei wird die Liste der vom jeweiligen Report selektierten Belege aus dem SAP-System an die IKS-Applikation weitergereicht und für eine zuständige Person zwecks Durchsicht zugänglich gemacht.

Wiederverwendung der bestätigten Kontroll-durchführung

Eines der Ziele der Ergebniserfassung bei der Kontrolldurchführung in einer IKS-Applikation ist, dass die entsprechenden Informationen von einer unabhängigen complianceverantwortlichen Person verwendet werden können, um ein Urteil über die Funktionsfähigkeit von Kontrollen zu fällen. Dabei verlässt sich diese Person zum Teil auf die Aussagen von Kontrollverantwortlichen sowie auf gegebenenfalls beigefügte Nachweise und kann unter Umständen im eigenen professionellen Ermessen den Umfang der eigenen Arbeit verringern.

18.3.4 Designtest

Designtest: Beurteilung der Beschaffenheit

Der Designtest bezieht sich üblicherweise auf die Bewertung der Beschaffenheit oder auf die Bewertung der Änderung in der Beschaffenheit eines bestimmten IKS-Objektes innerhalb eines bestimmten Zeitraums. In erster Linie handelt es sich dabei um die Bewertung des Designs von Kontrollen. Ziel ist es dabei, festzustellen, ob die Beschaffenheit (oder das Design) der entsprechenden Kontrolle dazu geeignet ist, das Kontrollziel zu erreichen.

[zB]

Designtest

Angenommen, bei einer Kontrolle handelt es sich um die Trennung der Aktivitäten zwischen dem Erfassen von Bestellungen (Transaktion ME21) und dem Erfassen von Wareneingängen (Transaktion MIGO). Berechtigungstechnisch wird dieses Ziel dadurch erreicht, dass diese Transaktionen nicht innerhalb derselben Rolle zusammenkommen dürfen, das heißt, es muss separate Rollen geben, die die Vergabe der jeweiligen Berechtigungen an unterschiedliche Benutzer ermöglichen. Im Rahmen des Designtests würde man in diesem Fall die Rollen dahingehend analysieren, inwieweit deren Inhalte den genannten Anforderungen genügen.

In der Praxis kann ein Designtest eine Designbewertung, eine Designumfrage oder eine Aktualitätsumfrage für Prozesse vornehmen, bei denen man IKS-relevante Änderungen in Geschäftsprozessen identifizieren möchte, die eine Auswirkung auf die Kontrollgestaltung haben können.

18.3.5 Effektivitätstest

Wird das Kontrollziel erreicht?

Das Ergebnis eines Effektivitätstests ist eine positive oder negative Aussage in Bezug auf die Erreichung des Kontrollziels. Dabei unterscheidet man zwischen einem manuellen und einem automatisierten Effektivitätstest.

- **Manuelle Effektivitätstests**
  Bei manuellen Effektivitätstests werden die Geschäftsvorfälle auf die Einhaltung der vorgesehenen Kontrollregeln hin überprüft. Die Geschäftsvorfälle werden gegebenenfalls in Stichproben untersucht, deren Umfang von der Frequenz der Kontrollen abhängt. Bei der Untersuchung gibt es unterschiedliche Techniken wie Inspektion, Interview, Beobachtung, externe Bestätigung etc.
- **Automatisierte Effektivitätstests**
  Bei einem automatisierten Effektivitätstest erfolgt die Beantwortung der Frage, ob das Kontrollziel erreicht wurde, in einer IKS-Applikation. Dabei wird der Abgleich des Ist-Zustandes im SAP-ERP-System mit den vordefinierten Kriterien für den Soll-Zustand durchgeführt.

18

Funktionstrennung

Aufgrund des Prinzips der Funktionstrennung in der IKS-Applikation werden die Bestätigung der Kontrolldurchführung und die Durchführung des Effektivitätstests formal getrennt.

- **Kontrolldurchführung**
  Die Kontrolldurchführung wird von einer Person bestätigt, die eine operative Prozess- und Kontrollverantwortung trägt.
- **Durchführung des Effektivitätstests**
  Die kontrollverantwortliche Person darf keine compliancerelevanten Aussagen treffen: Das heißt, der Effektivitätstest darf nur von einer von der Kontrolldurchführung unabhängigen Person wahrgenommen werden.

[zB]

Kontrolldurchführung und automatisierte Effektivitätstests

Angenommen, die Verwendung von Einmallieferanten wird organisatorisch für das Erfassen von Eingangsrechnungen mit maximal 500 EUR zugelassen:

- Die entsprechende *Kontrolldurchführung* findet manuell statt: Der Kontrollverantwortliche soll die Betragsgrenze einhalten; falls eine Rechnung 500 EUR übersteigt und der Lieferant nicht vorhanden ist, muss er einen neuen Lieferantenstammsatz anlegen lassen und diesen anschließend für das Erfassen des Geschäftsvorfalls verwenden.
- Im Rahmen eines *automatisierten Effektivitätstests* würde eine IKS-Applikation die auf Einmallieferanten gebuchten Belege mit einem Rechnungsbetrag, der mehr als 500 EUR beträgt, aus dem SAP-System auslesen und als eine negative Abweichung vom Kontrollziel ausweisen bzw. für den Prüfer verfügbar machen.

18.3.6 Umfrage

Informationsbeschaffung

Umfragen kommen in einer IKS-Anwendung zwecks Beschaffung von Informationen zum Einsatz, die später von IKS-Verantwortlichen bei der Beurteilung der Konformität verwendet werden.

[zB]

Umfragen

Nachfolgend sind einige Beispiele bezüglich der Arten von Umfragen (oder: *Assessments, Evaluations*) aufgelistet:

- Entity-Level Controls: Die Beurteilung der Effektivität dieses speziellen Bereichs erfordert oft Interviews, die in einer IKS-Anwendung protokolliert werden können.
- Ergebnisse von Umfragen über die Änderungen in Prozessen oder im Design von Kontrollen werden oft von IKS-Verantwortlichen bei der Dokumentation oder beim Designtest verwendet.
- Zwecks Identifizierung von neuen Risiken, die eine IKS-Applikation noch nicht erfasst, können Umfragen an die Prozess- und Kontrollverantwortlichen oder an das Management verschickt werden.

Funktionstrennung: Designtest vs. Umfrage über Designänderung

Wie im Fall der Bestätigung der Kontrolldurchführung und des Effektivitätstests kommt bei einem Designtest und einer Umfrage über die Designänderung einer bestimmten Kontrolle die Funktionstrennung zum Einsatz. Die beiden Aktivitäten dürfen nicht von derselben Person durchgeführt werden.

18.3.7 Risikobewertung

Bei der Risikobewertung kann es sich um eine qualitative und eine quantitative Bewertung von Risiken handeln:

- **Qualitative Risikobewertung**
  Die qualitative Risikobewertung setzt sich aus der Beurteilung der Eintrittswahrscheinlichkeit und der Auswirkung eines Risikos zusammen. Das Endergebnis ist meist die Einstufung eines Risikos als hoch, mittel oder niedrig.
- **Quantitative Risikobewertung**
  Die quantitative Risikobewertung ist meist eine monetäre Bewertung des Risikos.

Integrative Aspekte der Risikobewertung

Die Funktionalität einer IKS-Anwendung beinhaltet oft nur eine qualitative Bewertung von Risiken, die in der Regel für Planungszwecke verwendet wird. Betrachtet man die Funktionalität einer IKS-Applikation als Teil einer GRC-Lösung, kommen die Vorteile einer integrierten Lösung zum Vorschein: Die Ergebnisse der Risikobewertung als Teil einer Risk-Management-Applikation können in einer IKS-Anwendung wiederverwendet werden.

Die Bewertung einzelner Risiken kann organisatorisch entweder durch einzelne oder gleichzeitig durch mehrere Personen abgegeben werden – je nach eingesetzten Tools. Eine gemeinsame Risikobewertung kann automatisiert oder manuell konsolidiert werden. Je nach Integrationsgrad der GRC-Lösung mit ERP- oder Managementinformationssystemen kann eine Risikobewertung durch KRIs automatisch angepasst werden (siehe Abschnitt 4.3.5, »SAP Risk Management«).

18.3.8 Behebung

Inhalte

Negative Ergebnisse von Bewertungen und Tests im Rahmen der IKS-Aktivitäten können zum Beispiel folgende sein:

- Feststellung des ungenügenden Designs oder der Ineffektivität einer Kontrolle
- Risiko, das nicht durch eine Kontrolle abgedeckt ist
- eine Kontrolle, die nicht durchgehend ausgeführt wird

Diese negativen Ergebnisse müssen protokolliert werden. Zu ihrer Behebung sind Folgeaktivitäten erforderlich.

18.3.9 Sign-off

Eine formelle Bestätigung der ausgeführten Aktivitäten durch das Management oder die Prozessverantwortlichen kann notwendig sein. Dabei bezieht sich diese Bestätigung auf eine bestimmte Gruppe von IKS-Objekten, auf die Ergebnisse diverser Aktivitäten und insbesondere auf die identifizierten Schwachstellen.

Bedeutung

In der Praxis kann diese Bestätigung folgende inhaltliche Bedeutung haben:

- Bestätigung der Wirksamkeit von Kontrollen
- Bestätigung der Kenntnisnahme von bestehenden Problemfällen (zum Beispiel ineffektive Kontrollen) und eingeleitete Schritte zu ihrer Behebung
- Bestätigung sowohl der Aktualität der erfassten Prozess- und Kontrollschritte als auch der Risiken

Im SOX-geprägten IKS-Compliance-Umfeld ist diese Bestätigung Pflicht und hat sich unter dem Namen *Sign-off* etabliert.

18.3.10 Reportauswertung

Reporting in einer IKS-Applikation dient dem Zweck, einen Überblick sowohl über die IKS-Objekte (Organisations- und Prozessstrukturen, Risiko- und Kontrollmatrizen etc.) als auch über die Ergebnisse der Aktionen (in erster Linie Ergebnisse von Effektivitäts- und Designtests) zu erlangen.

Die Reporting-Funktion stellt die Essenz der Automatisierung eines IKS dar, bei der der Stand der Compliance »in Echtzeit« ausgewertet werden kann.

18.3.11 Personen als Bindeglied zwischen IKS-Objekten und Aktionen

Alle genannten IKS-Aktivitäten werden von verschiedenen Personen ausgeführt, die somit die Aktivitäten mit Objekten verbinden. Welche Personengruppen (das heißt welche *Rollen*) gibt es in einem IKS-Szenario?

In Tabelle 18.1 sehen Sie einige Beispiele für typische Rollen, die in einem IKS-Prozess zu finden sind.

Rollen	Objekte	Aktionen
IKS-Verantwortlicher	alle	Dokumentation, Scoping, Zuweisung der Verantwortlichkeiten, je nach Effektivitätstest
Management	eigene Organisationen, Prozesse und Kontrollen	Reporting, Sign-off
Prozessverantwortlicher	Prozesse, Kontrollen	Aktualitäts- und Designumfragen, Behebung von Schwachstellen
Kontrollverantwortlicher	Kontrollen	Bestätigung der Kontrolldurchführung.

Tabelle 18.1 Vereinfachte Übersicht über die IKS-Rollen in Verknüpfung mit Objekten und Aktionen

Je nach Größe und Organisation eines Unternehmens kann es eine Differenzierung zwischen den Aufgaben von globalen und lokalen IKS-Verantwortlichen geben. Insbesondere bei größeren Unternehmen ist die Balance zwischen zentralisierten und lokalen bzw. Entity-spezifischen Aufgaben innerhalb der GRC-Management-Prozesse sehr wichtig.Im Kontext von Effizienz und Wirtschaftlichkeit (siehe Abschnitt 3.1.5, »Struktur der effizienz- und wirtschaftlichkeitsorientierten Kontrollen im SAP-ERP-Umfeld«, sowie Kapitel 14, »Exemplarische effizienz- und wirtschaftlichkeitsorientierte Analyseszenarien in SAP ERP«) fallen die »üblichen« ausschließlich auf Compliance bzw. Gesetzeskonformität ausgerichteten Grenzen bei der IKS-Rollendefinition: Die am IKS-Prozess teilnehmenden Stakeholder können zum Beispiel Rollen wie Prozessverantwortlicher, Data-Governance-Spezialist, oder Controller bekommen.

Drei Verteidigungslinien

Um das große Ganze besser erfassen zu können, möchte ich Ihnen an dieser Stelle empfehlen, einen Blick in den Abschnitt 21.1.1, »Die erste Verteidigungslinie«, zu werfen. Das IKS kann als ein Teil von Governance-, Risk- und Compliance-Management-Prozessen betrachtet werden, in die Vertreter der drei Verteidigungslinien involviert sind. Abschließend möchte ich anmerken, dass die Frage nach einer optimalen GRC-Organisation nicht neu ist.

[zB]

Chief Compliance Officer – kein neuer Beruf

Friedrich Wilhelm I., König in Preußen und Markgraf von Brandenburg, Erzkämmerer und Kurfürst des Heiligen Römischen Reiches (1688–1740) sprach bei der Bestellung des Geheimen Kammerrats von Creutz zum Wirklichen Geheimen Etats- und Kriegsrat und Generalkontrolleur von allen Kassen: »...... und wenn er bei Administrirung der Kassen nur die geringste Confusion und Unrichtigkeit anmerket oder auch verspüret, daß die Redanten und andere dabei bestellte Bediente ihrem Ambt nicht mit gehöriger Treue, Fleiß und Accuratesse ein Gnügen thun, so soll er darunter ohne einigen Zeitverlust entweder mit denen darüber bestellten Collegiis communiciren und solches remedieren oder Uns davon (...) Selbst allerunterthänigst referiren ...«.

18.4 Resümee

Nun sind Sie mit der Theorie der IKS-Automatisierung ausgestattet und bestens gerüstet, um zu erfahren, wie man in der Praxis bei der IKS-Automatisierung vorgeht. Wichtig ist es in diesem Kapitel zu verstehen, dass die IKS-Automatisierung das Zusammenführen der Inhalte, Aktionen und Rollen zu einem IKS-Prozess bedeutet und dass bei dem Risiko-basierten Ansatz das IKS nicht isoliert, sondern als Bestandteil von integrierten Governance-, Risk- und Compliance-Management-Prozessen betrachtet werden muss.

Kapitel 19
IKS-Automatisierung mithilfe von SAP Process Control

Von der IKS-Automatisierungstheorie zur Praxis: Es gilt nun, die theoretischen Grundlagen, die Thema der ersten Kapitel dieses Buches waren, mithilfe von SAP Process Control umzusetzen. Wie das funktioniert, ist Gegenstand dieses Kapitels.

In Kapitel 18, »IKS-Automatisierung: Wie bringt man den COSO-Cube ins Rollen?«, wurde die Frage beantwortet, wie ein IKS-Prozess automatisiert werden kann. Sie haben erfahren, wie dieses Ziel theoretisch durch die Kombination von einzelnen IKS-spezifischen Grundbausteinen – Objekten, Aktionen und Rollen – zu erreichen ist. Nachdem die zentralen Eigenschaften der erwähnten IKS-Grundbausteine beschrieben worden sind, ist es nun an der Zeit, die einzelnen Puzzleteile zusammenzufügen und zu zeigen, wie ein automatisierter IKS-Prozess in der Praxis mithilfe von Software modelliert und technisch umgesetzt wird.

Im Folgenden erfahren Sie, wie ein Internes Kontrollsystem (IKS) mithilfe von SAP Process Control automatisiert werden kann, und insbesondere, wie die technische Architektur der Lösung aussieht, wie Grundfunktionen der Applikation zum Laufen gebracht werden und wie IKS-Prozesse und -Modelle in SAP Process Control implementiert werden können.

Die Funktionen und die technischen Details, die in diesem Kapitel im Vordergrund stehen, beziehen sich auf Release 12.0 der SAP GRC Suite bzw. konkret von SAP Process Control. In Abschnitt 4.3, »SAP-Lösungen für Governance, Risk and Compliance (GRC)«, haben wir bereits die Einbettung von SAP Process Control in die SAP GRC Suite und die SAP Assurance and Compliance Software beschrieben.

19.1 Einleitung: IKS-Umsetzung mit SAP Process Control

Vor der Umsetzung eines IKS-Prozesses steht der Entwurf. Wie in jedem Implementierungsprojekt kommt der Blueprint-Phase hierbei eine zentrale Bedeutung zu. In diesem Abschnitt erfahren Sie, wie in der Praxis bei der Implementierung von SAP Process Control der IKS-Prozess in Form einer Matrix modelliert werden kann, um eine Grundlage für die spätere technische Umsetzung zu schaffen.

Die Beschreibung von IKS-Prozessen in Form von Flow Charts ist gängige Praxis. Der in Abbildung 19.1 gezeigte Prozess stellt die Bestätigung der Kontrolldurchführung durch einen Kontrollverantwortlichen im Rahmen des sogenannten Self Assessments dar.

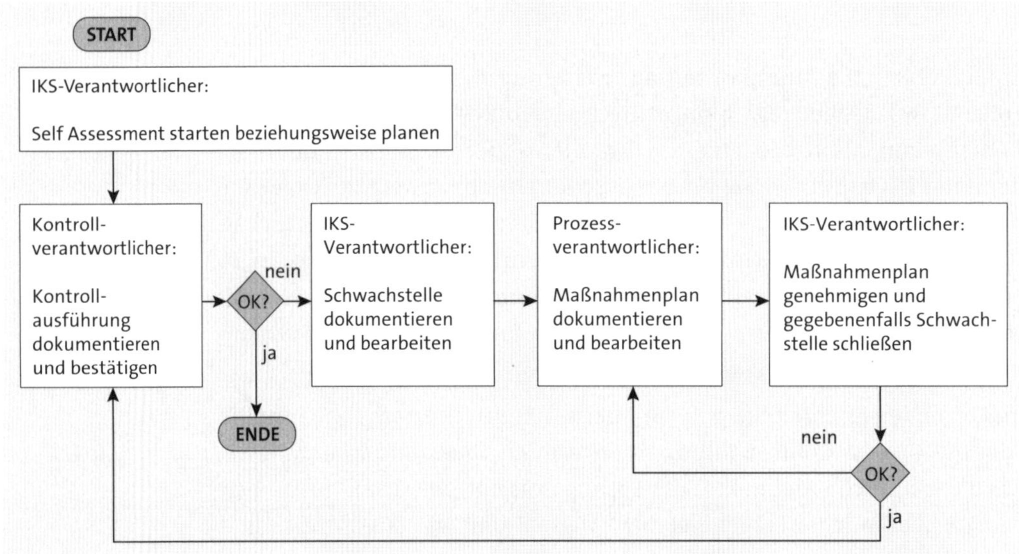

Abbildung 19.1 Bestätigung der Kontrolldurchführung im Rahmen des IKS-Prozesses

Von Flow Charts zur Umsetzungsmatrix

In Kapitel 18, »IKS-Automatisierung: Wie bringt man den COSO-Cube ins Rollen?«, wurden die Eigenschaften der wichtigsten IKS-Objekte und IKS-Aktionen beschrieben. Der weitere Grundbaustein für die IKS-Umsetzung sind die Menschen bzw. die Rollen: Als letztes Bindeglied bringen sie eine dritte Dimension in eine IKS-Applikation und verknüpfen IKS-Objekte und Aktionen zu einer IKS-Matrix (siehe Abbildung 19.2).

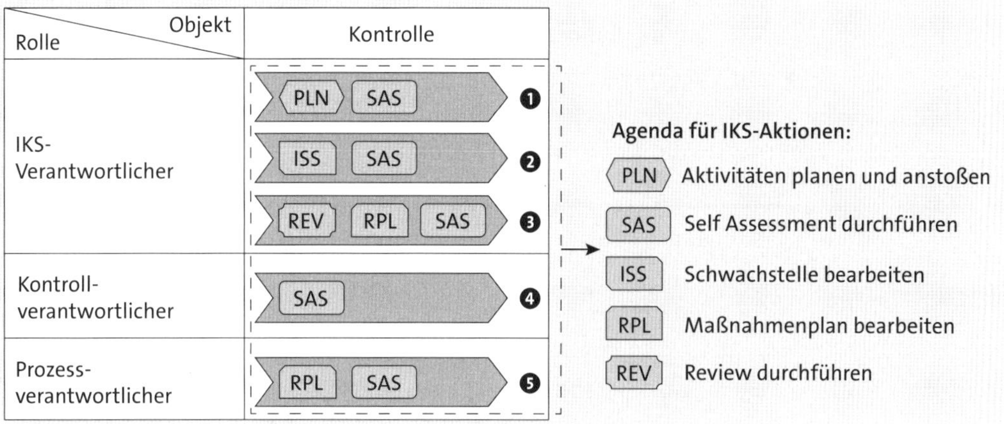

Abbildung 19.2 Umsetzungsmatrix für den IKS-Teilprozess »Bestätigung der Kontrolldurchführung«

Wie Sie in Abbildung 19.2 sehen, betrifft der Prozess ein einziges Objekt: die Kontrolle. Aktionen, die sich auf die Kontrolle beziehen, sind nach Rollen gruppiert:

Von Flowcharts zur Umsetzungsmatrix

1. Ein *IKS-Verantwortlicher* plant und stößt die Kontrollbestätigung (SAS = Self Assessment) ❶ an, bearbeitet eine Schwachstelle (ISS = Issue), die sich auf ein Self Assessment bezieht ❷, und genehmigt oder lehnt einen Maßnahmenplan (RPL = Remediation Plan) ❸ zur Beseitigung dieser, auf das Self Assessment bezogenen Schwachstelle ab.
2. Ein *Kontrollverantwortlicher* dokumentiert die Durchführung der Kontrolle im Rahmen des Self Assessments (SAS) ❹ und meldet gegebenenfalls eine Schwachstelle.
3. Ein *Prozessverantwortlicher* ist für die Bearbeitung des Maßnahmenplans zuständig ❺, der infolge einer Schwachstelle im Rahmen des Self Assessments angelegt wurde.

Das Design der SAP-Process-Control-Funktionalität in Form einer Matrix auf der Ebene von einzelnen Rollen ist von wesentlicher Bedeutung. Diese Bedeutung lässt sich auf das *Object-related Security Concept* zurückführen (siehe Abschnitt 19.5.2, »Objektbezogene Sicherheit in Aktion«).

IKS-Umsetzungsmatrix

Der IKS-Prozess lässt sich durch die flexible Gestaltung von Rollen sowie durch die Kombination von Objekten und Aktionen unternehmensspezifisch anpassen. Aus der Matrix lassen sich zwei Arten von Informationen ableiten, die für das Design der *Rollen* im Rahmen des Object-related Security Concepts erforderlich sind:

- Die Aktionen bestimmen die *Inhalte* einer Rolle (Antwort auf die Frage: Was darf der Benutzer?).
- Die Objekte bestimmen die *Ebene* der Zuordnung der Rolle zu den Benutzern (Antwort auf die Frage: Wo bzw. für welche Objekte darf der Benutzer die Aktionen ausführen?).

[»]

Aufbau der IKS-Umsetzungsbeschreibung in diesem Kapitel

Bei der Beschreibung der Implementierung eines IKS-Prozesses in SAP Process Control folgt dieses Kapitel dem folgenden Schema:

- Im technischen Teil wird beschrieben, welche Komponenten der technischen Landschaft erforderlich sind und wie Sie das Minimum an Standardfunktionen von SAP Process Control zum Laufen bringen (siehe Abschnitt 19.2, »Technische Implementierung«).
- Der in Kapitel 18 skizzierte Ansatz, bei dem der IKS-Prozess in Form einer Matrix konzipiert (»3-D-Ansatz«) werden kann, wird auch bei der Beschreibung der Implementierung eines IKS-Prozesses befolgt: Zuerst gehen wir auf die Eigenschaften der *Objekte* ein – auf die Stammdaten und auf deren mögliche Modelle in SAP Process Control (siehe Abschnitt 19.2, »Technische Implementierung«).
- Die Beschreibung der Umsetzung der möglichen *Aktionen* bzw. Szenarien bildet den Kern dieses Kapitels (siehe Abschnitt 19.4, »Implementierung des IKS-Prozesses«).
- Die Gestaltung der *Rollen* bringt die letzte Dimension in die IKS-Matrix ein und schließt logisch deren Beschreibung ab, indem Rollen mit Aktionen und Objekten verknüpft werden (siehe Abschnitt 19.5, »IKS- und Compliance-Umsetzung: Rollen«).
- In Abschnitt 4.3, »SAP-Lösungen für Governance, Risk and Compliance (GRC)«, beschreiben wir aus Prozesssicht die möglichen Integrationsszenarien von SAP Process Control mit anderen Komponenten wie SAP Risk Management, SAP Access Control etc.

19.2 Technische Implementierung

In diesem Abschnitt erfahren Sie, welche technischen Komponenten für die Implementierung von SAP Process Control erforderlich und welche Konfigurationsschritte nach dem Abschluss der technischen Installation vorzunehmen sind, um die Standardfunktionen von SAP Process Control anzustoßen. Anschließend werden Informationsquellen zu SAP Process Control vorgestellt.

19.2.1 Planung der SAP-GRC-Systemlandschaft

Installation Guide und *Product Availability Matrix* (*PAM*) bilden eine Grundlage für die Planung der technischen Landschaft, bei der Anforderungen an die einzelnen Elemente (für die Server- und für die Client-Seite) der künftigen Lösung analysiert werden müssen.

SAP-GRC-Landschaft: die ersten Schritte

Im ersten Schritt sind Details für die technische Plattform, die der gewünschten SAP-GRC-Lösung zugrunde liegt, mithilfe von PAM (*https://support.sap.com/release-upgrade-maintenance/pam.html*) zu klären. SAP Process Control basiert auf der Technologieplattform SAP NetWeaver. Dementsprechend wird der *SAP NetWeaver Application Server ABAP* (*SAP NetWeaver AS ABAP*) *7.52* benötigt, einschließlich der erforderlichen Hilfsapplikationen. Dabei ist es wichtig zu erwähnen, dass für SAP GRC Suite die SAP-HANA-Technologie als Alternative zu den bisher üblichen Datenbanken eingesetzt werden kann.

Danach folgt der nächste Schritt: Die Anforderungen an die einzelnen Komponenten der SAP-GRC-Landschaft müssen kundenindividuell festgelegt werden.

Bestandteile der technischen Architektur: Client

Frontend-Client-Architektur

Bei den obligatorischen SAP-Process-Control-Bestandteilen unterscheidet man zwischen Komponenten, die eine Interaktion mit der Applikation ermöglichen (Frontend Client), und der Applikation selbst. Im Folgenden werden die relevanten Frontend Clients kurz vorgestellt.

- Die Benutzer greifen auf die Applikation über einen Webbrowser zu. Technisch gesehen, kann im Hintergrund der SAP Business Client, SAP Enterprise Portal oder zunehmend SAP-Fiori-/SAPUI5-basierte Technologie verwendet werden.
- *SAP Enterprise Portal*, das auf dem *SAP NetWeaver Application Server Java* läuft (SAP NetWeaver AS Java), ist in Release 12.0 optional, da die Weboberfläche alternativ mithilfe des SAP Business Clients aufgerufen werden kann. Die Nutzung des SAP Business Clients erfordert keine zusätzliche Installation, sondern ist im SAP NetWeaver AS ABAP enthalten.
- Die Konfiguration und die Administration der Anwendung erfolgen über den *Einführungsleitfaden* (*Implementation Guide, IMG*), der über das *SAP GUI* aufgerufen wird.

- Zusätzlich kann für den administrativen Zugriff *SAP HANA Studio* erforderlich sein, zum Beispiel, um Views für eine CMF-Integration (CMF = Continuous Monitoring Framework) in SAP Process Control bearbeiten zu können.
- Je nach Webbrowser-Version kann zusätzlich der *Adobe Flash Player* erforderlich sein, um insbesondere diverse GRC-Dashboards anzeigen zu können.
- Der *Adobe Reader* (ab Version 9.1) ist erforderlich, um SAP Interactive Forms by Adobe im Rahmen der Offline-Workflow-Prozesse bearbeiten und an SAP GRC zurückschicken zu können.

SAP Solution Manager

Um einen reibungslosen Betrieb von SAP Process Control sicherzustellen, benötigen Sie zudem den *SAP Solution Manager* (in erster Linie, um die SAP-Process-Control-Software herunterladen zu können) und den Support Package Manager, um Support Packages herunterzuladen.

Weitere Bestandteile der technischen Architektur: Server

In Abhängigkeit vom gewünschten funktionalen Umfang können weitere Softwarekomponenten erforderlich sein.

Optionen für den Aufbau der Systemlandschaft

SAP-Fiori-basierte Oberflächen bringen neue Anforderungen an die Systemarchitektur mit sich. Dabei gibt es zwei Optionen für den Aufbau der Systemlandschaft:

1. **Zentralisiertes oder Central Hub Deployment**
   In diesem Fall kommt der ABAP-Frontend-Server, auch SAP Gateway Server genannt, separat vom ABAP-Backend-Server (hier befinden sich die primäre SAP-GRC-Software bzw. die Logik und die Daten) zum Einsatz. Dieses zentrale System beinhaltet die erforderlichen User-Interface-Komponenten (UI- Komponenten).
2. **Dezentralisiertes oder Embedded Deployment**
   Dieses Szenario ist zwar technisch möglich, wird aber seitens SAP nicht empfohlen. Dabei wird SAP Gateway samt erforderlichen UI-Komponenten im gleichen System wie die SAP-GRC-Software installiert.

Die für SAP Fiori erforderlichen Komponenten

Die folgenden Komponenten sind für den Einsatz von SAP Fiori erforderlich:

- **SAP Gateway**
  Der wichtigste Inhalt von SAP Gateway ist das Framework, das OData-Services verwaltet. Diese ermöglichen eine HTPPS-basierte Verbindung zwischen Benutzeroberfläche und Backend.

- **Zentrales UI-Add-on**
  Benötigt wird das UI-Add-on, inklusive SAPUI5 Library und SAP Fiori Launchpad. Dieses Add-on bildet die Grundlage bzw. die Infrastruktur für alle SAP-Fiori-Apps.
- **Produktspezifische UI-Add-ons**
  Hierbei geht es um produktspezifische UI-Add-ons (und/oder SAP-Fiori-Apps), zum Beispiel UI ACS (UI Assurance and Compliance Software), das die SAP-Fiori-basierte Oberfläche für SAP GRC beinhaltet. Für SAP Process Control 12.0 sind zwar nur vier SAP-Fiori-Apps vorhanden, die gesamte Funktionalität kann jedoch über SAP Fiori Visual Theme im SAP Business Client benutzt werden.

SAP Crystal Reports nutzen

Ab Release 10.0 der SAP GRC Suite sind für die Verwendung von SAP Crystal Reports keine zusätzlichen Komponenten mehr notwendig. Die Verwendung von SAP Crystal Reports wird durch sogenannte *Crystal Reports Adapter* ermöglicht.

Weitere Reporting-Anforderungen können die Notwendigkeit der Integration mit SAP BI/SAP BW, SAP Lumira oder die Anbindung an SAP HANA (XS Engine) samt Plug-in-Installation erforderlich machen.

Freitextsuche

In der SAP GRC Suite ist es möglich, nach Elementen des GRC-Rahmenwerks, wie zum Beispiel Richtlinien, Kontrollen, Risiken etc., mithilfe von Stichworten zu suchen. Um eine solche Suche technisch zu ermöglichen, wird *SAP NetWeaver TREX* benötigt.

Adobe Document Services

Adobe Document Services laufen auf einem Java-Applikationsserver und sind für den PDF-Druck, vor allem aber für die Verwendung von SAP Interactive Forms by Adobe notwendig.

Kontroll-automatisierung

In Zusammenhang mit der Integration der SAP GRC Suite mit weiteren ERP-Systemen sind Plug-ins erforderlich, die ab Release 10.0 nicht mehr GRC-komponentenspezifisch sind. So decken dieselben Plug-ins die Integrationsbedürfnisse von SAP Process Control, SAP Risk Management und SAP Access Control ab.

[«]

SAP-GRC-Plug-ins

Für die Installation von Plug-ins in anzubindenden SAP-Systemen sind folgende Dateien relevant:

- **GRCPINW** für die Hauptfunktionen von Access Control
- **GRCPIERP** für HR-Trigger in SAP Access Control und CMF-Funktionalität, zum Beispiel in SAP ECC 6.0

Daten in die SAP-HANA-Datenbank laden

Außerdem muss bei der Verwendung von SAP-HANA-basierten CMF-Szenarien in SAP Process Control (siehe Abschnitt 20.3.1, »SAP GRC mit Geschäftsanwendungen verbinden«) die Frage der Datenbeschaffung bzw. -replikation in die SAP-HANA-basierte Datenbank geklärt werden – es sei denn, Sie greifen auf die sich bereits in SAP HANA befindlichen Daten (zum Beispiel aus SAP S/4HANA) zu. Dabei muss die SAP GRC Suite selbst nicht zwingend die SAP-HANA-Datenbank verwenden. Die Anbindung der SAP-Systeme erfolgt oft mittels SAP Landscape Transformation Replication Server. Dieser kann (muss aber nicht) als separate Instanz aufgesetzt werden. Für Nicht-SAP-Systeme stehen zahlreiche Möglichkeiten zur Verfügung, wie zum Beispiel SAP Data Services, Direct Extractor Connection etc.

19.2.2 Initiale Konfiguration der Standardfunktionen

Die ersten Schritte

Nachdem die Installations- und Postinstallationsaktivitäten beendet worden sind, besteht die nächste Aufgabe darin, die Anwendung zu konfigurieren. Die Praxis zeigt hier, dass es Konfigurationsschritte gibt, die am Anfang der Realisierungsphase im Projekt immer vorzunehmen sind. Im Folgenden werden die Konfigurationsschritte in einer bewährten Reihenfolge stichwortartig aufgelistet. Diese Schritte sind notwendig, um die im Standardumfang vorhandene Kernfunktionalität anzustoßen, den ersten Funktionstest durchzuführen und gegebenenfalls den ersten Erfolg im Projekt zu erleben.

Bei der folgenden Darstellung werden die jeweiligen Komponenten in Klammern ergänzt, um die Konfiguration in *SAP Enterprise Portal* und im *SAP GUI* über den IMG (Transaktion SPRO) auseinanderzuhalten.

1. **Applikation aktivieren (SAP GUI)**
   Der erste Schritt ist es, die Aktivierung der relevanten Applikationen zu überprüfen und gegebenenfalls vorzunehmen.
2. **BC-Sets aktivieren (SAP GUI)**
   Um den Implementierungsprozess zu beschleunigen, sind im SAP-System, basierend auf Best-Practice-Erfahrungen, einige Einstellungen vorkonfiguriert, die in sogenannten *Business Configuration Sets* (*BC-Sets*) zusammengefasst sind.
3. **Testbenutzer anlegen und Rollen zuweisen (SAP GUI)**
   Die Grundlagen zu Benutzern und Rollen im SAP-System werden in Abschnitt 19.5, »IKS- und Compliance-Umsetzung: Rollen«, erläutert.

4. **Zugriff auf die Applikation prüfen (SAP Enterprise Portal)**
   Die generelle Aufrufbarkeit von SAP Process Control in SAP Enterprise Portal (vorausgesetzt, dieses wird verwendet) oder mithilfe des SAP Business Clients muss geprüft werden.
5. **Case-Management-Konfiguration (Fälle) überprüfen (SAP GUI)**
   Als Nächstes muss die Konsistenz der Konfiguration im Case Management überprüft werden.
6. **Automatisiertes Workflow-Customizing durchführen (SAP GUI)**
   Die vorkonfigurierten Workflows müssen nur noch aktiviert werden.
7. **Eigenschaften der Aufgaben (Tasks) auf »generell« setzen (SAP GUI)**
   Bei diesem technischen Schritt werden Aufgaben konfiguriert, die für Workflows in SAP Process Control relevant sind.
8. **Ereigniskopplung aktivieren (SAP GUI)**
   Dieser Schritt ist ebenfalls im Rahmen von Workflows relevant.
9. **Workflows testen (SAP GUI)**
   Nachdem alle im Rahmen von Workflows notwendigen Konfigurationsschritte beendet worden sind, kann der erste Workflow-Test durchgeführt werden.
10. **Jobs einplanen (SAP GUI)**
    Im IMG sind an diversen Stellen Punkte vorhanden, die das Einplanen von Applikationsjobs erfordern (zum Beispiel das Versenden von E-Mails, Benutzer-Replacements etc.).

19

[«]

Ausweichempfänger!

Über den IMG-Pfad **GRC • Allgemeine Einstellungen • Workflow • Ausweichempfänger bearbeiten** wird angeboten, einen Default-Empfänger (ein anonymes bzw. nicht personenbezogenes Benutzerkonto) zu definieren. Dieser Benutzer würde GRC-Workflow-Aufgaben erhalten, deren Adressat nicht automatisch (durch Berechtigungen etc.) ermittelt werden konnte. Wir raten generell von der Verwendung des Ausweichempfängers ab, da die Handhabung der GRC-Aufgaben über die Inbox eines anonymen Benutzers nicht nur unpraktisch ist (manuelles Weiterleiten ist je nach Workflow-Art nur mithilfe von Administratoren möglich), sondern auch die Grundprinzipien von GRC inklusive Nachvollziehbarkeit verletzt. Stattdessen hat sich die Einplanung des Reports RSWP_RESTART_WF_GRID etabliert, das für fehlgeschlagene Workflows einen erneuten Zustellversuch bewirkt. Die Voraussetzung hierfür ist, dass fehlerhafte Workflows regelmäßig überwacht und Ursachen behoben werden.

11. **Wurzelorganisationshierarchie anlegen (SAP GUI)**
    Mithilfe von Transaktion GRFN_STR_CREATE (Administration SAP Process Control) muss der oberste Knoten innerhalb der Organisationshierarchie angelegt werden.
12. **Auflage/Richtlinie anlegen und Organisationseinheit zuordnen (SAP Enterprise Portal)**
    Nachdem die wichtigsten Konfigurationsschritte über das SAP GUI bzw. IMG durchgeführt worden sind, müssen die Vorbereitungsarbeiten in SAP Process Control über SAP Enterprise Portal vorgenommen werden.

Praktische Verwendung der Zwischenergebnisse

Nach dem Abschluss der initialen Konfiguration gibt es in der Praxis folgende Optionen:

- Schulungen und Workshops zur Standardfunktionalität von SAP Process Control
- Fit-Gap-Analyse (Analyse der Anforderungen vs. Standardfunktionen) und Blueprinting.
- Anpassung der Standardfunktionen und Implementierung des kundenspezifischen Szenarios mit dem Ziel, ein Proof of Concept durchzuführen, einen Prototyp aufzubauen und (meist nach der Dokumentation und Abnahme des Business Blueprints) einen Produktivstart vorzubereiten.

19.2.3 Informationsquellen zu Implementierung, Betrieb und Upgrade von SAP Process Control

Um Kunden während der unterschiedlichen Lebensphasen von SAP-Software zu unterstützen, stellt SAP verschiedene Informationsquellen zur Verfügung (siehe Abbildung 19.3).

Guides für SAP Process Control

Im SAP Support Portal stehen für SAP-Kunden im Einzelnen folgende Dokumente online zur Verfügung:

- **Sizing Guide for SAP Process Control**
  Dieses Dokument hilft bei der Planung und Auswahl der Größe und Performance von Hardware, auf der die SAP-Process-Control-Applikation installiert wird.
- **Master Guide for SAP Process Control**
  Dieses Dokument gibt eine grobe funktionale Übersicht über SAP Process Control, beschreibt diverse relevante Informationsquellen wie weitere Guides und SAP-Hinweise; des Weiteren wird hier ein Überblick über die einzelnen Softwarekomponenten und über die technische Architektur der Lösung gegeben.

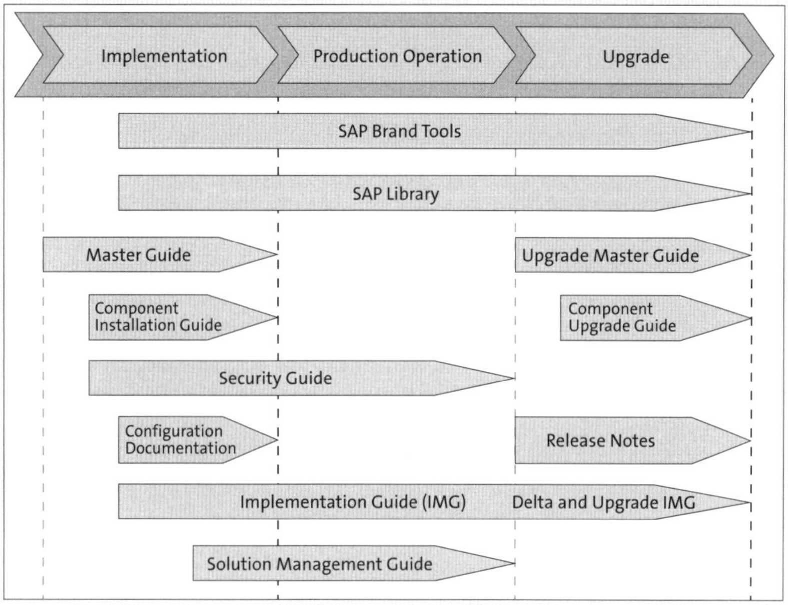

Abbildung 19.3 Informationsquellen (Quelle: SAP-Dokumentation, Master Guide für SAP Process Control)

- **Installation Guide for SAP Process Control**
  Dieses Dokument beschreibt detailliert die Schritte, die sowohl im Rahmen der Vorbereitung und Durchführung der technischen Installation als auch für die Postinstallationsaktivitäten erforderlich sind.
- **Operations Guide for SAP Process Control**
  Hier werden die typischen Aktivitäten im Rahmen der Administration und des laufenden Supports der SAP-Process-Control-Applikation beschrieben.
- **Security Guide for SAP Process Control**
  Dieses Dokument gibt einen detaillierten Einblick in die Themen rund um die Sicherheit und das Berechtigungskonzept von SAP Process Control.
- **Upgrade Guide for SAP Process Control**
  Dieses Dokument beschreibt die Vorgehensweise bei der technischen Umstellung der früheren Releases von SAP Process Control auf den neuesten Releasestand.

Darüber hinaus ist der fünftägige SAP-Kurs GRC330 zu SAP Process Control zu empfehlen, der in erster Linie die Implementierung behandelt.

19.3 Datenmodell

IKS-Stammdaten

In diesem Abschnitt erfahren Sie, wie das Grundgerüst der *IKS-Stammdaten* in SAP Process Control aussieht. Dabei wird vermittelt, welche Eigenschaften die Stammdaten haben, welche IKS-Datenmodelle, -Konzepte und -Szenarien bei der effizienten Abbildung von IKS-Stammdaten möglich sind und welche Herausforderungen bei Implementierungsprojekten im Zusammenhang mit Stammdaten erfahrungsgemäß entstehen und wie diese gemeistert werden.

Am Ende dieses Abschnitts lernen Sie die praktische Verwendung der ersten von drei Dimensionen (Objekte, Aktionen und Rollen) bei der IKS-Umsetzung in SAP Process Control kennen – die IKS-Objekte.

In diesem Kapitel genutzte Benutzeroberfläche

Vorab möchten wir anmerken, dass alle in den nachfolgenden Kapiteln verwendeten Screenshots auf der Standardbenutzeroberfläche von SAP GRC basieren. Diese beinhalten vor allem Folgendes:

- sechs Registerkarten, auf die sich einzelne SAP-Process-Control-Funktionen in Form von Hyperlinks verteilen
- innerhalb von einzelnen Funktionen und Objekten eine bestimmte Anordnung von Registerkarten und Feldern

Beides wird in SAP-GRC-Implementierungsprojekten zwecks einer höheren Benutzerfreundlichkeit und -akzeptanz dahingehend angepasst, dass Anwendern nur für sie relevante Optionen zur Auswahl zur Verfügung stehen – und das möglichst auf einem Screen, das heißt, ohne die Seiten oder die Registerkarten wechseln zu müssen. In Abschnitt 19.5.6 gehen wir auf die Gestaltung der Benutzeroberfläche ein.

19.3.1 IKS-Stammdaten in SAP Process Control

Betriebswirtschaftliche Sicht

Die Bedeutung von einzelnen IKS-Objekten im Rahmen eines matrixbasierten Modells zur IKS-Automatisierung wurde in Kapitel 18, »IKS-Automatisierung: Wie bringt man den COSO-Cube ins Rollen?«, erläutert. Das Grundgerüst der IKS-Stammdaten in SAP Process Control ist ähnlich aufgebaut: Die Organisations- und die Prozesshierarchie (einschließlich der Kontrollen), die miteinander verknüpft werden, bilden den Kern der Applikation.

Sie finden die Organisations- und die Prozesshierarchie in SAP Process Control im Navigationsmenü über **Stammdaten • Arbeitsbereich Organisationen** sowie **Geschäftsprozesse**.

Organisations- und Prozesshierarchie

Die Organisationshierarchie kann über beliebig viele Ebenen verfügen (siehe Abbildung 19.4).

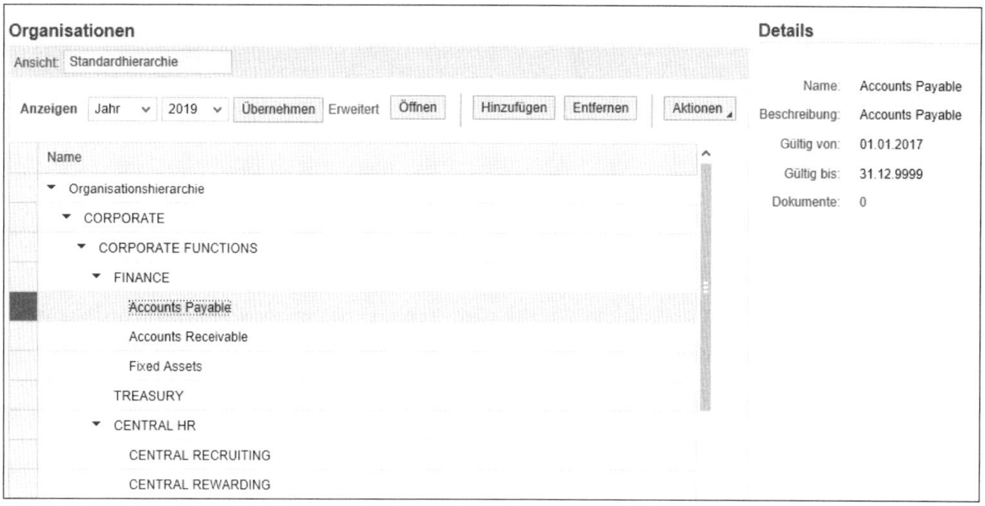

Abbildung 19.4 Organisationshierarchie

Die Prozesshierarchie besteht aus Prozessen, die ebenfalls unbeschränkt zahlreiche Ebenen haben können (auch wenn in der Praxis kaum mehr als zwei Ebenen verwendet werden), sowie aus Teilprozessen und Kontrollen. In Abbildung 19.5 sehen Sie ein Beispiel für eine Prozesshierarchie: Die Verknüpfung von einer oder mehreren Kontrollen mit einem Teilprozess komplettiert jede Hierarchie.

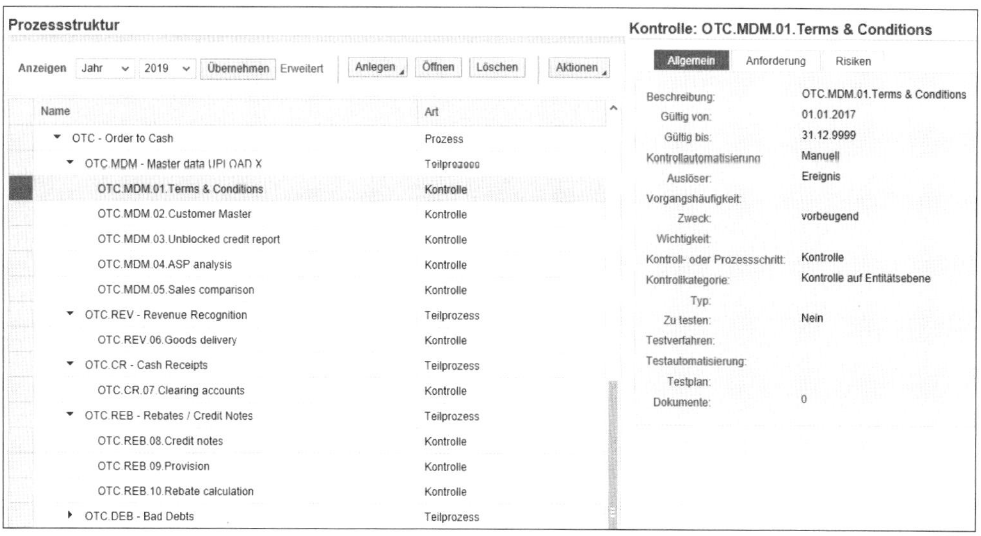

Abbildung 19.5 Prozesshierarchie

Eigenschaften der Objekte

Betrachtet man die einzelnen Objekte – beispielsweise Organisationen (siehe Abbildung 19.6) und Kontrollen (siehe Abbildung 19.7) –, sind deren zentrale Eigenschaften schnell zu erkennen:

- Die Objekte enthalten Dokumentationsfelder, zum Beispiel **Name** (bis zu 40 Zeichen) und **Beschreibung** (unbeschränkt).
- Den einzelnen Objekten können Attachments/Anlagen oder Links hinzugefügt werden (Registerkarte **Anlagen und Links**).
- Organisationen und Kontrollen verfügen über Attribute, die entweder eine reine Dokumentations- und Reporting-Funktion haben (zum Beispiel die Kontrollattribute **Kontrollbedeutung** oder **Art**) oder darüber hinaus die Logik der Applikation steuern (zum Beispiel das Kontrollattribut **Testautomatisierung: Automatisch/Manuell/Halbautomatisiert**).

Diese Eigenschaften gelten für alle Objekte in SAP Process Control. Darüber hinaus sind die meisten Objekte zeitabhängig (siehe Abschnitt 19.3.4, »Zeitabhängigkeit der IKS-Stammdaten«).

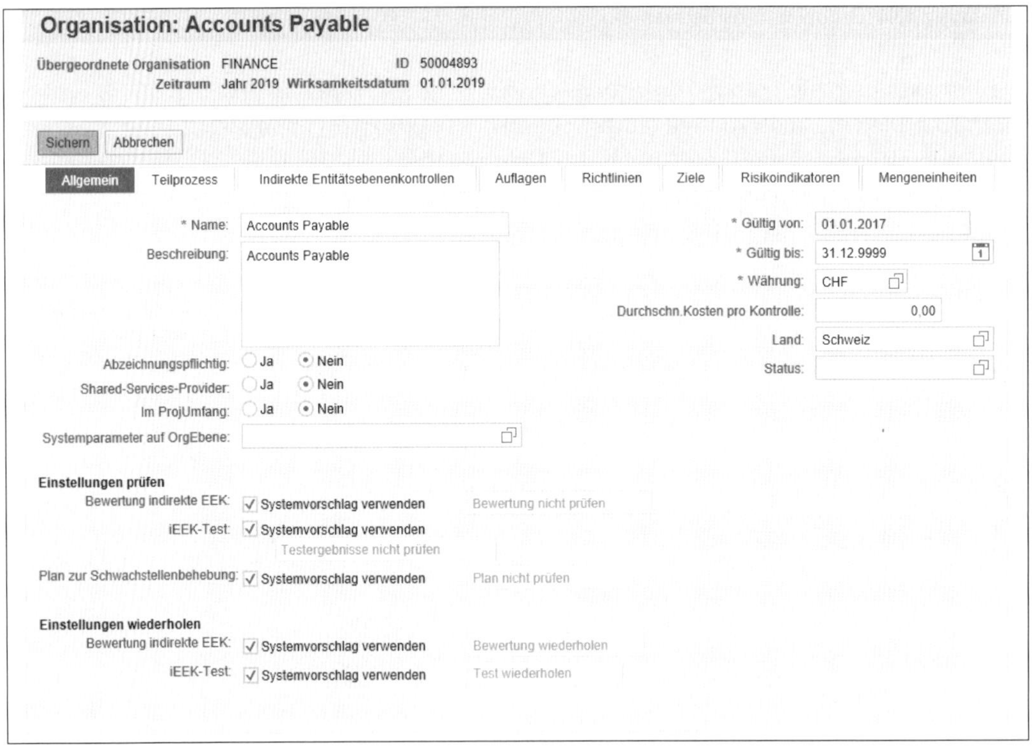

Abbildung 19.6 Beispiel für eine Organisationseinheit

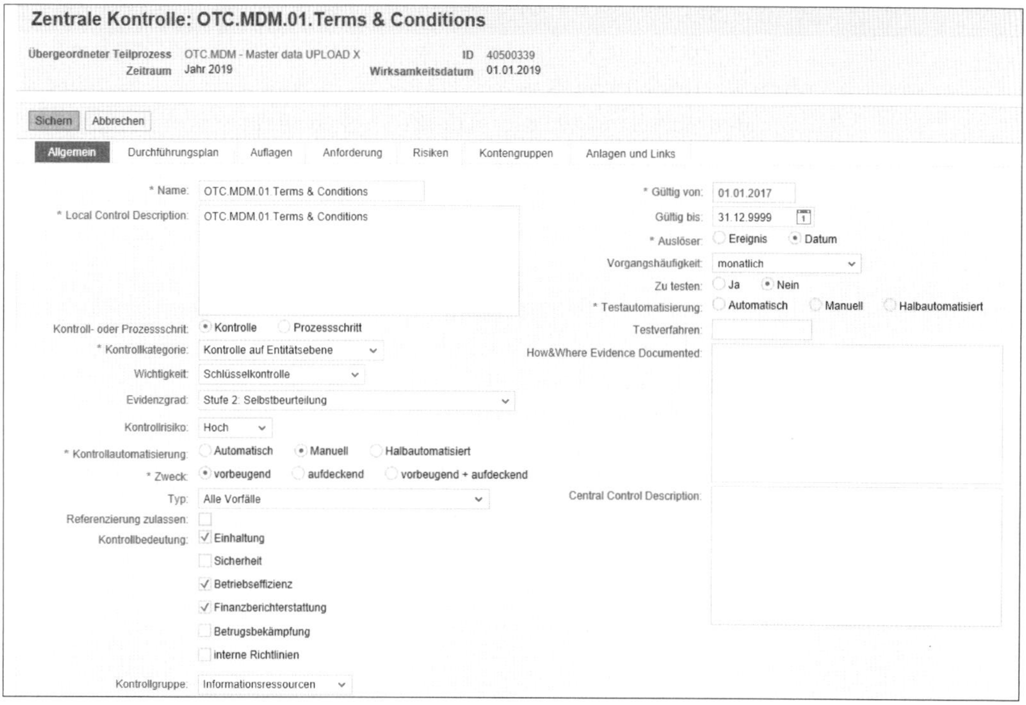

Abbildung 19.7 Beispiel für eine zentrale Kontrolle

Organisations- und Prozesshierarchie

Die wichtigsten Objekte in SAP Process Control sind die Organisationshierarchie und die Prozesshierarchie.

Für *alle Objekte* innerhalb der Organisations- und Prozesshierarchie gilt: Berechtigungstechnisch erlauben diese den Zugriff auf IKS-Stammdaten, auf das Reporting sowie auf die IKS-Aktivitäten (siehe Abschnitt 19.3.6, »Konzept der objektbezogenen Sicherheit«).

Organisationen bilden in erster Linie Reporting- und Zuständigkeitsanforderungen in SAP Process Control ab. Die Organisationshierarchie kann in der SAP GRC Suite mehrere Sichten beinhalten (zum Beispiel Aufbau nach Geschäftsbereichen, Geografie etc.). Dabei muss es sich bei einer Sicht pro Komponente (SAP Process Control, SAP Risk Management, SAP Access Control) um die Default-Sicht handeln.

Prozesse, *Subprozesse* und *Kontrollen* spiegeln Reporting- und Zuständigkeitsanforderungen sowie die Struktur der IKS-relevanten Geschäftsprozesse wider. *Subprozesse* können darüber hinaus in Umfragen involviert werden. *Kontrollen* stehen im Mittelpunkt des IKS-Prozesses und sind in diverse Bewertungen und Tests involviert, sowohl manuell als auch automatisiert.

Weitere SAP-Process-Control-Objekte wie Risiken, Kontrollziele, Kontengruppen, Testpläne, Umfragen etc. werden in Kapitel 18, »IKS-Automatisierung: Wie bringt man den COSO-Cube ins Rollen?«, behandelt. Näher auf das Datenmodell in SAP Process Control gehen wir in Abschnitt 19.3.2, »IKS-Datenmodell in SAP Process Control«, ein. Aufgrund der Wichtigkeit des risikobasierten Ansatzes in SAP GRC möchte ich an dieser Stelle erwähnen, dass Risiken aus SAP Risk Management Bestandteil des IKS-Rahmenwerks sein können – falls ein harmonisiertes Datenmodell verwendet wird (siehe Abschnitt 19.3.2, »IKS-Datenmodell in SAP Process Control«). In SAP GRC können Risiken alternativ grafisch dargestellt und gepflegt werden – einschließlich der Verlinkung mit Kontrollen. In Abbildung 19.8 sehen Sie eine solche grafische Sicht (Bow Tie).

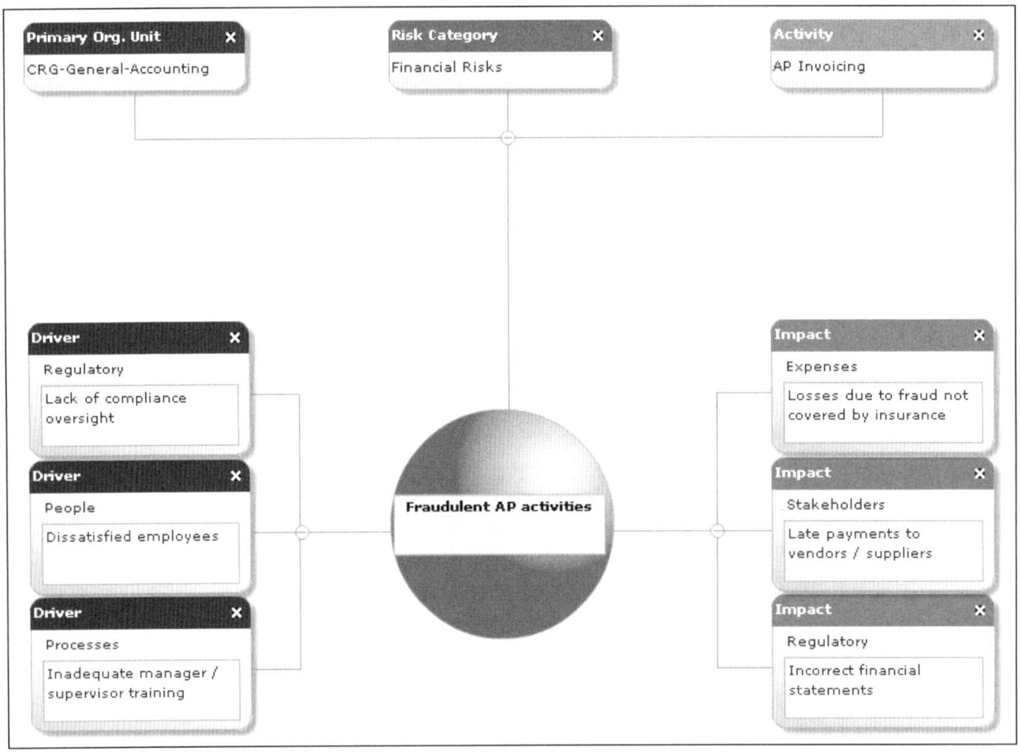

Abbildung 19.8 Risiko in der SAP GRC Suite, grafische Sicht

Technische Details und Administration

Die Pflege der Stammdaten im Rahmen des IKS-Prozesses erfolgt in der Applikation. Für verschiedene administrative Aufgaben gibt es Transaktionen wie GRFN_STR_DISPLAY (Anzeige SAP Process Control) (siehe Abbildung 19.9) oder GRFN_STR_CHANGE (Administration SAP Process Control), die die Pflege der Stammdaten direkt im Backend ermöglichen (der Zugriff auf die Stammdaten erfolgt über das SAP GUI).

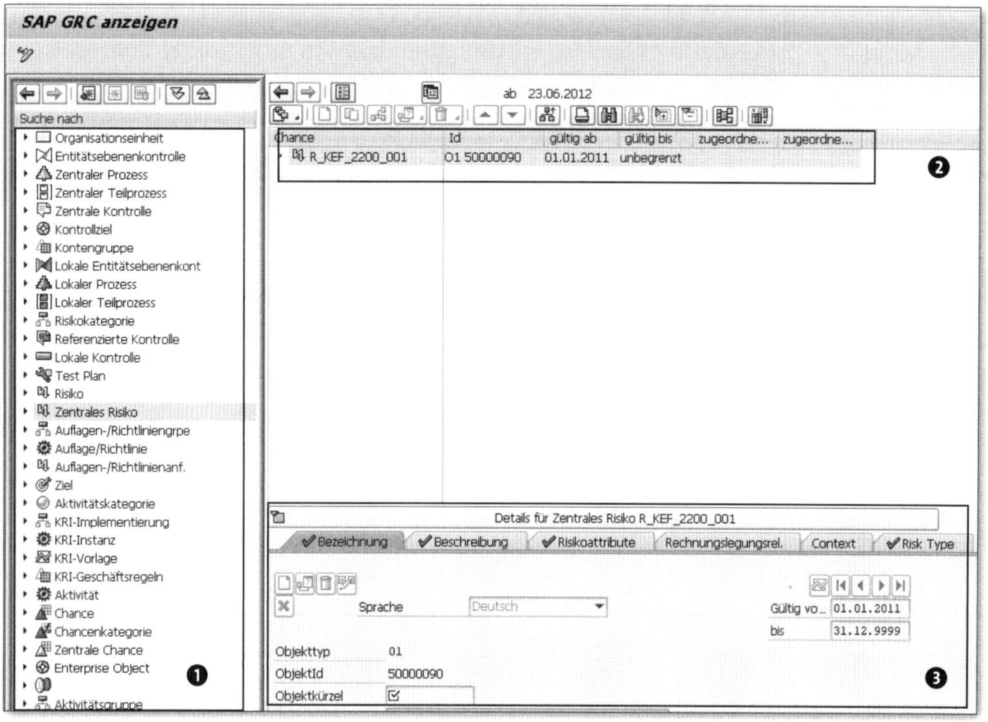

Abbildung 19.9 Administrationstransaktion für Stammdaten in SAP Process Control

Wie Sie in Abbildung 19.9 sehen können, enthält die Administrationstransaktion drei Arbeitsbereiche:

❶ Links finden Sie Suchoptionen für alle Objekte.

❷ Rechts oben können die allgemeinen Eigenschaften der Objekte gepflegt werden (zum Beispiel Zuordnungen, Definition des Gültigkeitszeitraums etc.).

❸ Rechts unten stehen Pflegeoptionen für die Inhalte der einzelnen Objekte zur Verfügung.

[«]

Zugriffsbeschränkung

An dieser Stelle muss betont werden, dass die genannten Administrationsfunktionen nur einem sehr kleinen Benutzerkreis vorbehalten sein sollten, weil hier weitreichende Änderungen vorgenommen werden können und das System dabei generell keine bzw. nur wenige Konsistenzchecks im Backend vorsieht (zum Beispiel können hier ohne Weiteres Objekte gelöscht werden, zu denen Aufgaben oder Benutzerzuordnungen existieren).

19.3.2 IKS-Datenmodell in SAP Process Control

Betriebswirtschaftliche Sicht

Die zentrale Aufgabe von IKS-Stammdaten in SAP Process Control ist die Abbildung des IKS-Frameworks (in der Praxis spricht man oft von der Risiko- und Kontrollmatrix). Dieses ist in erster Linie als eine Zusammensetzung von Prozessen, Kontrollen, Risiken, Kontrollzielen etc. zu verstehen.

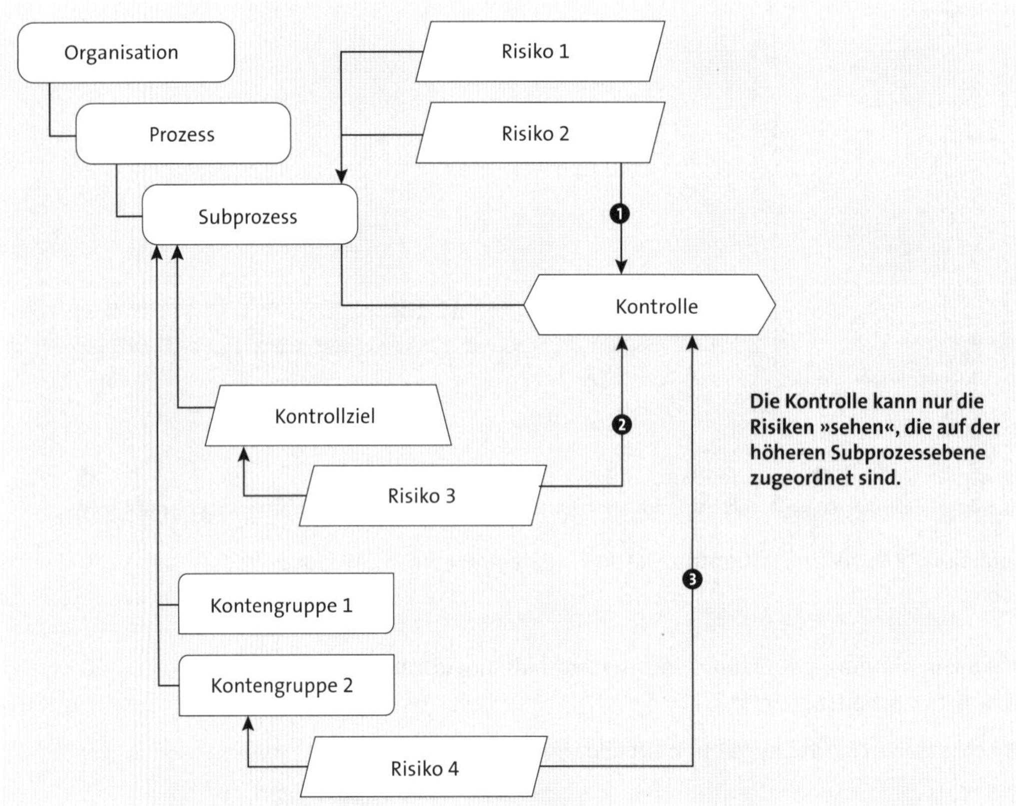

Abbildung 19.10 Datenmodell und drei Wege der Risikozuordnung in SAP Process Control

Verwendung von Risiken im IKS-Datenmodell

Das IKS-Datenmodell ist in groben Zügen in Abbildung 19.10 dargestellt. Sie sehen, dass den Subprozessen zusätzlich die Objekte *Kontengruppe* und *Kontrollziel* zugeordnet werden können. Das *Risiko* (technisch handelt es sich dabei um Risikovorlage) als Objekt hat eine besondere Bedeutung und kann im IKS-Datenmodell auf drei verschiedene Arten abgebildet werden.

- **Direkte Zuordnung**
  Risiken können den Subprozessen und Kontrollen direkt zugeordnet werden ❶. Dabei können auf der Ebene einer Kontrolle nur Risiken zugewiesen werden, die eine Hierarchiestufe höher bereits einem Subprozess zugeordnet wurden.
- **Indirekte Zuordnung**
  Falls einem Subprozess ein Kontrollziel oder eine Kontengruppe zugeordnet wurde, die wiederum mit Risiken assoziiert wird, erscheinen die Risiken in der untergeordneten Kontrolle als zugeordnet via Kontrollziel ❷ oder via Kontengruppe ❸.

Zusammenfassend kann man sagen, dass eine Kontrolle nur Risiken »sehen« und »erkennen« kann, die auf der Subprozessebene zugeordnet sind.

Die betriebswirtschaftliche Bedeutung der direkten Risikozuordnung ist wie folgt:

- Die Zuordnung der Risiken auf der Subprozessebene beantwortet die Frage: Welche Risiken gibt es im Prozess bzw. welche Risiken sind relevant?
- Die Zuordnung der Risiken auf einer tieferen Kontrollebene liefert dabei eine Antwort auf die Frage: Welche der relevanten Risiken sind durch Kontrollmechanismen abgedeckt?

[«]

Harmonisiertes Datenmodell in der SAP GRC Suite

Ab Release 10.0 der SAP GRC Suite wird das harmonisierte Datenmodell ermöglicht. Bei dieser Option können lokale Risiken, die in der Komponente SAP Risk Management verwaltet werden, in das IKS-Rahmenwerk in SAP Process Control aufgenommen werden. Die Verlinkung erfolgt dabei auf folgende Art und Weise (siehe Abschnitt 4.3.2, »SAP Process Control«, und Abschnitt 4.3.5, »SAP Risk Management«, bezüglich der Integration von SAP Process Control und SAP Risk Management):

- Kontrollen werden mit Risiken als Risk Response in SAP Risk Management verknüpft; eine Verlinkung mit dem Teilprozess ist dabei nicht erforderlich.
- Risiken werden, wie gewohnt, zuerst mit Teilprozessen und anschließend mit Kontrollen in SAP Process Control verknüpft.

Das harmonisierte Datenmodell kann bei Bedarf parallel zu dem oder anstelle des in Abbildung 19.10 dargestellten Silomodells eingesetzt werden.

Technische Details und Konfiguration

Folgende technische Hintergrundinformationen sind erfahrungsgemäß bei Implementierungsprojekten hilfreich: Im Rahmen der softwaretechnischen Realisierung der Stammdaten in SAP Process Control wurden HR-Strukturen verwendet. Alle Objekte sind im Infotyp 1000 (Tabelle HRP1000) enthalten. Der Link zu den Langtextfeldern (zum Beispiel die Felder unter **Beschreibung**) ist im Infotyp 1002 (Tabelle HRP1002, Feld TABNR) zu finden, und die Texte selbst sind in Tabelle HRT1002 enthalten.

Konfiguration der Nummernkreise

Die Konfiguration der Nummernkreise kann über das SAP GUI im IMG über den Pfad **GRC • Allgemeine Einstellungen • Nummernkreise definieren** vorgenommen werden. Dieser Schritt ist optional, da die bereits vorhandene Default-Konfiguration der Nummernkreise übernommen werden kann.

19.3.3 Zentrale vs. lokale IKS-Stammdaten

Betriebswirtschaftliche Sicht

Beim IKS-Stammdatenkonzept ist es wichtig, in SAP Process Control zwischen *zentralen* und *lokalen Stammdaten* zu unterscheiden. Aus IKS-Gesichtspunkten kommt diese Differenzierung beim zentralisierten vs. dezentralisierten Ansatz hinsichtlich des IKS-Dokumentationsprozesses zum Tragen (siehe Abschnitt 19.4.1, »IKS-Dokumentationsprozess«).

- **Globale IKS-Objekte**
  Globale IKS-Objekte kann man allgemein als Inhalt eines zentralen IKS-Katalogs betrachten. Diese haben eher eine passive Funktion und sind eine Art Stammdatenvorlage, die in den IKS-Prozess indirekt involviert ist.
- **Lokale IKS-Objekte**
  Die lokalen IKS-Objekte sind aktive Stammdaten, die in den IKS-Prozess direkt involviert sind. Die lokalen IKS-Objekte entstehen beim Verlinken der vereinzelten Hierarchien von globalen Objekten.

Wie es in Abbildung 19.11 zu sehen ist, zeichnen sich die zentralen Stammdaten dadurch aus, dass sie nicht mit einer Organisation verknüpft sind: Bei der Übernahme der Prozess- und Kontrollhierarchie aus dem Katalog mit zentralen Stammdaten in eine Organisation ändern die zentralen Stammdatenobjekte ihre Eigenschaft und werden zu lokalen Objekten.

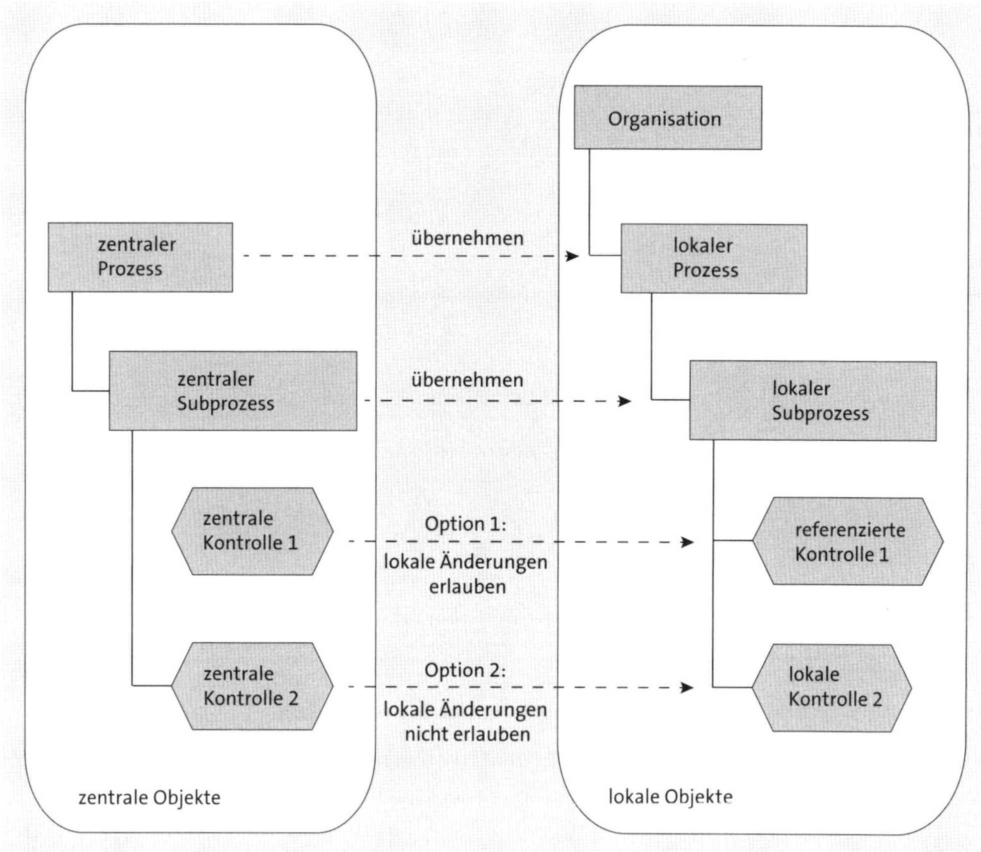

Abbildung 19.11 Lokale vs. zentrale IKS-Objekte

Entstehung lokaler Objekte

Ändern IKS-Stammdaten ihre Eigenschaften von zentral auf lokal, bedeutet das systemtechnisch das Entstehen neuer *Objekte*. Bei der Zuordnung eines zentralen Subprozesses zu einer Organisation wird dieser beispielsweise kopiert; so entsteht ein lokaler Subprozess.

Technische Tipps

In Abschnitt 19.3.2, »IKS-Datenmodell in SAP Process Control«, wurde bereits beschrieben, dass Stammdatenobjekte in *HR-Infotypen* enthalten sind. Innerhalb dieser Infotypen werden die IKS-Stammdaten nach Objekttypen differenziert, von denen einige in Tabelle 19.1 dargestellt sind.

Objekttyp	Beschreibung
O	Organisation
P0	lokaler Prozess
P1	lokaler Subprozess
P2	lokale Kontrolle
P3	referenzierte Kontrolle
P5	zentrale Kontrolle
P7	zentrale Entitätsebenen-Kontrolle
P9	lokale Entitätsebenen-Kontrolle
PK	zentraler Prozess
PL	zentraler Subprozess

Tabelle 19.1 Differenzierung der Stammdatenobjekte durch Objekttypen

19.3.4 Zeitabhängigkeit der IKS-Stammdaten

IKS-Zustand zur beliebigen Zeit

Ein IKS ist nicht statisch; die Organisationsstrukturen, Geschäftsprozesse, Zuständigkeiten und Kontrollmechanismen etc. befinden sich ständig im Wandel. Um die wichtige Anforderung zu erfüllen, in SAP Process Control nicht nur über ein Abbild des IKS zu einem bestimmten Stichtag zu verfügen, sondern auch den Zustand des IKS zu einem beliebigen Zeitpunkt in der Vergangenheit (oder auch den geplanten Zustand in der Zukunft) wiedergeben zu können, wurde das Konzept der Zeitabhängigkeit entwickelt: Jedes Objekt hat eine zeitliche Gültigkeit, die in den Feldern **gültig von** und **gültig bis** (siehe Abbildung 19.7) festgehalten wird.

Änderung der Organisationsstruktur

Ändert sich beispielsweise die Organisationsstruktur, wie in Abbildung 19.12 dargestellt, kann dies mithilfe der zeitlichen Gültigkeit abgebildet werden:

- Die Inhalte des Feldes **gültig bis** wurden bei der Organisation **Frankreich** von »unbegrenzt« auf »31.12.2018« geändert.
- Zudem wurde eine neue Organisation **Asia & Pacific Group** mit dem Wert »01.01.2019« im Feld **gültig ab** angelegt.

Auf diese Weise wird zum Beispiel vermieden, dass IKS-Objekte gelöscht werden, und der Grundsatz der Nachvollziehbarkeit kann gewährleistet werden. Wählt man in der Übersicht der Organisationshierarchie den gewünschten Zeitraum, wird die für diesen Zeitraum gültige Organisationsstruktur angezeigt.

Wurde die Organisationshierarchie einmal angelegt, kann im Frontend (über SAP Enterprise Portal) der Wert im Feld **gültig ab** nicht mehr geändert werden.

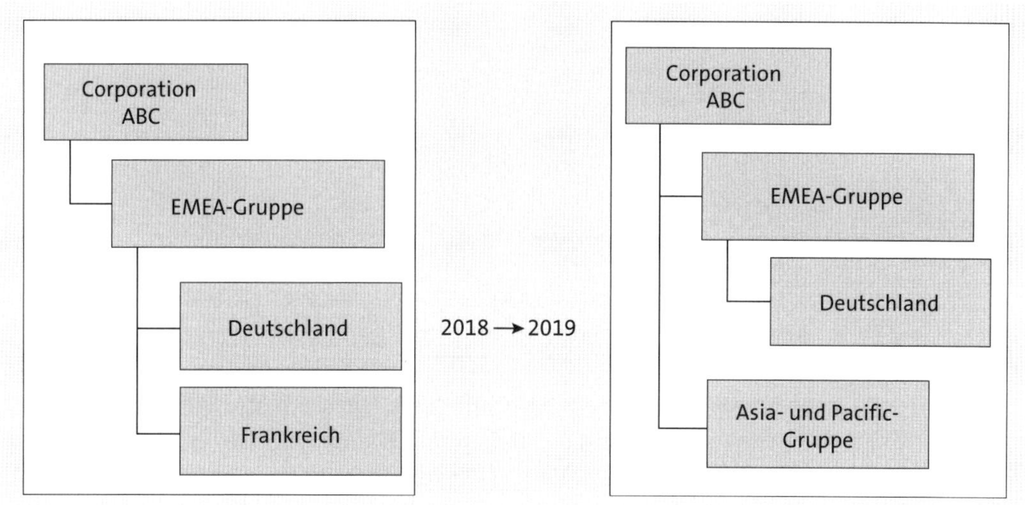

Abbildung 19.12 Zeitabhängigkeit der IKS-Stammdaten am Beispiel von Organisationen

19.3.5 Nachvollziehbarkeit der Änderungen

Der Grundsatz der Nachvollziehbarkeit ist in einer Compliance-Management-Anwendung wie SAP Process Control von großer Bedeutung. Das Entstehen neuer Risiken (auch neuer Prozesse, Kontrollen etc.), Änderungen der Organisationsstrukturen oder in der Beschreibung von Kontrollen und vieles mehr können in SAP Process Control mithilfe von Reports ausgewertet werden. Die Standardreports in SAP Process Control ermöglichen es, verschiedene Auswertungen vorzunehmen.

Abbildung 19.13 zeigt die Änderungsanalyse, mit deren Hilfe Sie einen Vergleich der IKS-Stammdaten innerhalb von zwei Perioden, hier 2018 und 2019, vornehmen können.

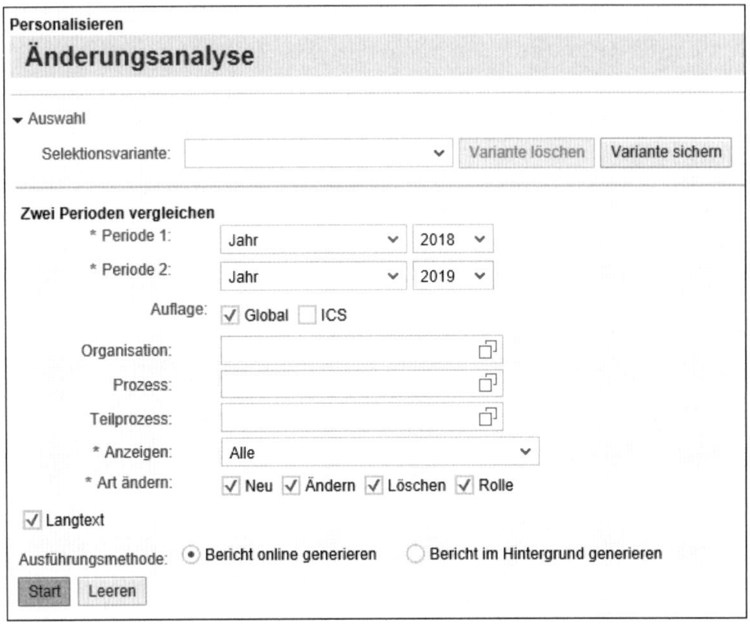

Abbildung 19.13 Änderungsanalyse

In Abbildung 19.14 sehen Sie außerdem eine weitere Möglichkeit, Änderungen anzeigen zu lassen – und zwar alle Änderungen in einem bestimmten Zeitraum mithilfe des Berichts **Revisionsprotokoll**.

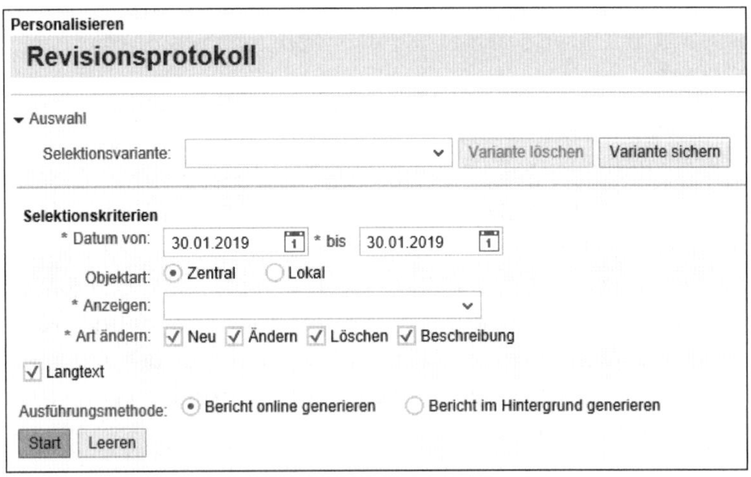

Abbildung 19.14 Revisionsprotokoll

Abbildung 19.15 zeigt beispielhaft die Ergebnisse der Änderungsanalyse; es handelt sich um Änderungen der Verantwortlichkeiten.

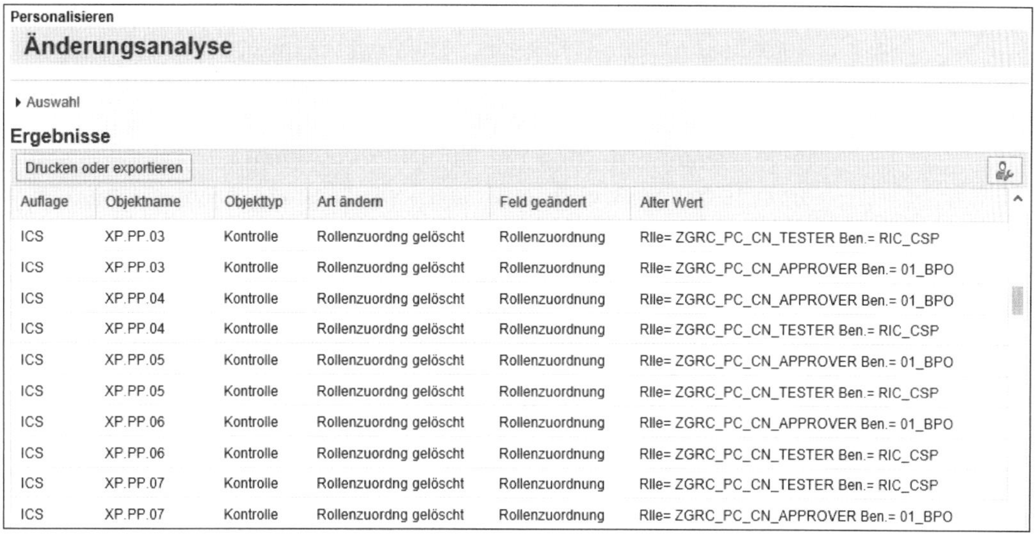
Personalisieren

Änderungsanalyse

▸ Auswahl

Ergebnisse

Drucken oder exportieren

Auflage	Objektname	Objekttyp	Art ändern	Feld geändert	Alter Wert
ICS	XP.PP.03	Kontrolle	Rollenzuordng gelöscht	Rollenzuordnung	Rlle= ZGRC_PC_CN_TESTER Ben.= RIC_CSP
ICS	XP.PP.03	Kontrolle	Rollenzuordng gelöscht	Rollenzuordnung	Rlle= ZGRC_PC_CN_APPROVER Ben.= 01_BPO
ICS	XP.PP.04	Kontrolle	Rollenzuordng gelöscht	Rollenzuordnung	Rlle= ZGRC_PC_CN_APPROVER Ben.= 01_BPO
ICS	XP.PP.04	Kontrolle	Rollenzuordng gelöscht	Rollenzuordnung	Rlle= ZGRC_PC_CN_TESTER Ben.= RIC_CSP
ICS	XP.PP.05	Kontrolle	Rollenzuordng gelöscht	Rollenzuordnung	Rlle= ZGRC_PC_CN_APPROVER Ben.= 01_BPO
ICS	XP.PP.05	Kontrolle	Rollenzuordng gelöscht	Rollenzuordnung	Rlle= ZGRC_PC_CN_TESTER Ben.= RIC_CSP
ICS	XP.PP.06	Kontrolle	Rollenzuordng gelöscht	Rollenzuordnung	Rlle= ZGRC_PC_CN_APPROVER Ben.= 01_BPO
ICS	XP.PP.06	Kontrolle	Rollenzuordng gelöscht	Rollenzuordnung	Rlle= ZGRC_PC_CN_TESTER Ben.= RIC_CSP
ICS	XP.PP.07	Kontrolle	Rollenzuordng gelöscht	Rollenzuordnung	Rlle= ZGRC_PC_CN_TESTER Ben.= RIC_CSP
ICS	XP.PP.07	Kontrolle	Rollenzuordng gelöscht	Rollenzuordnung	Rlle= ZGRC_PC_CN_APPROVER Ben.= 01_BPO

Abbildung 19.15 Ergebnisse der Änderungsanalyse

Änderungsbelege

Die Stammdatenänderungen können in SAP Process Control ausgewertet werden, weil sie protokolliert werden: Für jede Änderung wird im SAP-System ein sogenannter *Änderungsbeleg* gespeichert. SAP Process Control basiert auf der Plattform SAP NetWeaver – genauso wie SAP ERP. Um die Protokollierung technisch zu ermöglichen, müssen die technischen Voraussetzungen erfüllt sein, die in Abschnitt 7.2.2, »Tabellenprotokollierung«, beschrieben werden. Im Einzelnen handelt es sich um die Einstellungen relevanter Profilparameter sowie um Protokollierungskennzeichen, die für die in Abschnitt 19.3.2, »IKS-Datenmodell in SAP Process Control«, erwähnten Tabellen gesetzt werden müssen.

19.3.6 Konzept der objektbezogenen Sicherheit

Benutzer-Objekt-Zuweisung

Die in SAP Process Control hierarchisch abgebildeten Organisationen und Geschäftsprozesse umfassen die gesamte IKS-relevante Struktur eines Unternehmens. Bei einem großen international agierenden Unternehmen mit komplexen Strukturen liegt der Bedarf nahe, die Zuständigkeiten im Rahmen der IKS-Prozesse nicht nur funktional (was/welche Aktionen der Benutzer vornehmen darf), sondern auch objektbezogen abzugrenzen (wo/in welcher Organisations- und Prozesshierarchie der Benutzer Aktionen durchführen darf). Ein weiteres wichtiges Konzept, das in SAP Process Control realisiert ist, ist daher das Konzept der objektbezogenen Sicherheit.

Nehmen Sie an, Sie möchten Zuständigkeiten zwischen zwei Organisationshierarchien und zwischen zwei Prozessen abgrenzen. Wie Sie in Abbildung 19.16 sehen, darf der IKS-Verantwortliche A nicht auf Organisation B zugreifen (um zum Beispiel im Berichtswesen diverse Auswertungen vorzunehmen oder ein Sign-off durchzuführen, siehe Abschnitt 19.4, »Implementierung des IKS-Prozesses«). Innerhalb von Organisation A darf der Prozessverantwortliche Y nur auf die Prozesse und Kontrollen zugreifen, die fachlich dem Bereich der Anlagenbuchhaltung zugehören. Er darf nicht auf den Bereich der Kreditorenbuchhaltung zugreifen, der in den Aufgabenbereich des Prozessverantwortlichen X fällt.

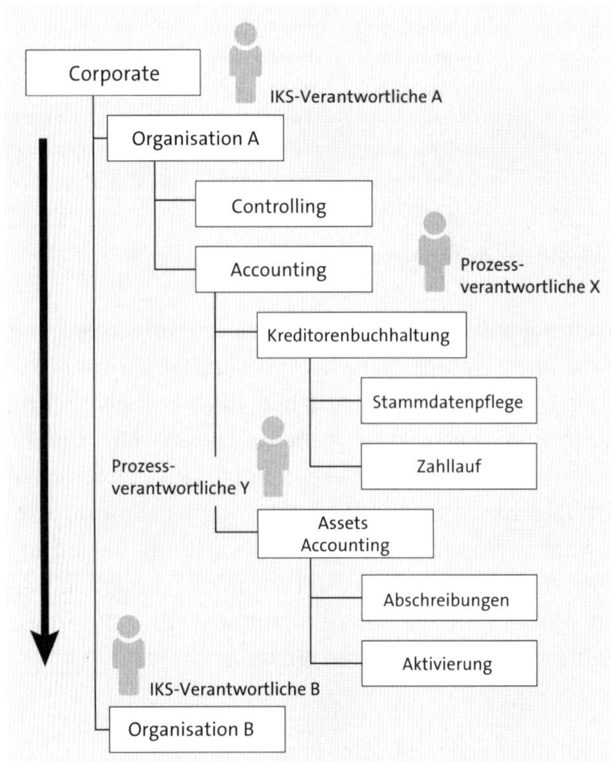

Abbildung 19.16 Prinzip der objektbezogenen Sicherheit in SAP Process Control

Eine solche Abgrenzung ist durch eine direkte Zuordnung der Personen zu den Objekten innerhalb einer IKS-Hierarchie sichergestellt. Dabei wird die Ausführung bestimmter Aktionen nach dem *Top-down-Prinzip* entlang der Hierarchie ermöglicht. Man erhält (die Zuordnung vorausgesetzt) Rechte für die tiefer gelegenen Hierarchieebenen.

Mehr technische Details zum Thema Berechtigungen in SAP Process Control und darüber, wie die Zuordnung der Benutzer erfolgt, können Sie Abschnitt 19.5, »IKS- und Compliance-Umsetzung: Rollen«, entnehmen.

19.3.7 Kundeneigene Felder

Dokumentation in Objekten und Aktionen

Ein IKS muss dokumentiert werden, zum einen in den Textfeldern von IKS-Objekten (Kontrollen, Risiken etc.), zum anderen durch die Auswahl der vordefinierten Werte in diversen *Attributen*. Die Gesamtheit solcher Informationen über alle Objekte hinweg stellt das dokumentierte IKS-Framework dar. Über die Dokumentation des IKS hinaus besteht Dokumentationsbedarf bei der Durchführung verschiedener Umfragen, Bewertungen und Tests.

Im Allgemeinen kann man in SAP Process Control zwischen stammdaten- und aktionsbezogener Dokumentation unterscheiden.

In Abbildung 19.17 sehen Sie eine stammdatenbezogene Dokumentation (Felder innerhalb einer Kontrolle) und in Abbildung 19.18 eine aktionsbezogene Dokumentation (Felder innerhalb der Aufgabe **Selbstbeurteilung**). Sollten Sie bei der stammdaten- oder aktionsbezogenen Dokumentation weitere, über den Standard hinausgehende Felder benötigen, können kundeneigene Felder angelegt werden (Custom Fields).

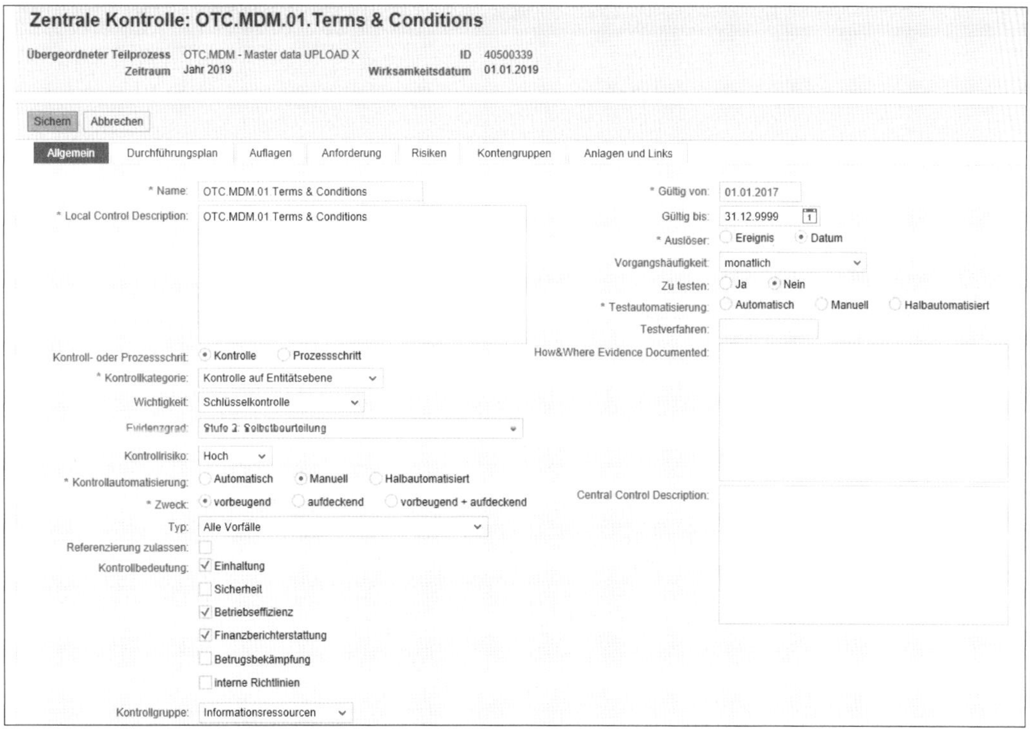

Abbildung 19.17 Beispiel: stammdatenbezogene Dokumentation

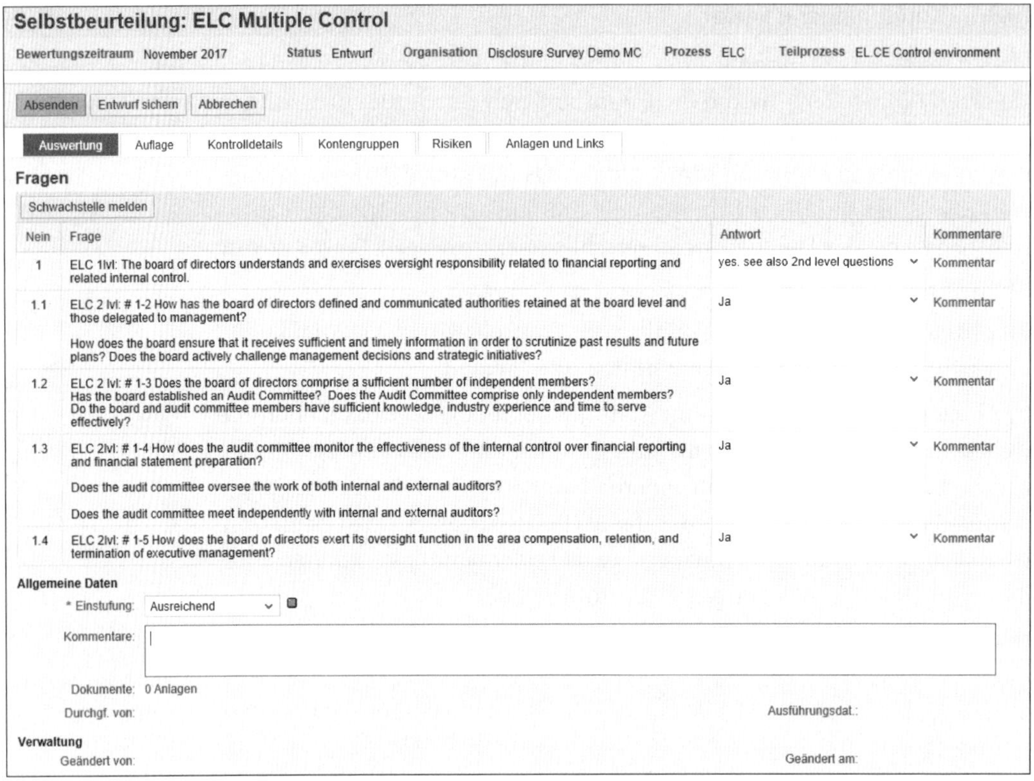

Abbildung 19.18 Beispiel: aktionsbezogene Dokumentation

Kundeneigene Felder in SAP Process Control

Die Aufteilung der Dokumentationsoptionen in stammdatenbezogene und aktionsbezogene Dokumentationen entspricht der Aufteilung der Optionen bei deren technischen Umsetzung. Man spricht hierbei von HR- und Nicht-HR-Feldern:

- stammdatenbezogene Felder: HR-Felder
- aktionsbezogene Felder: Nicht-HR-Felder

[»]

Hintergrund der Differenzierung

Diese Differenzierung der technischen Realisierungsmöglichkeiten ist auf das zugrundeliegende Datenmodell zurückzuführen:

- Da Stammdaten in den HR-Infotypen (siehe Abschnitt 19.3.2, »IKS-Datenmodell in SAP Process Control«) enthalten sind, spricht man von HR-Feldern.
- Bei der softwaretechnischen Realisierung von Bewertungs-, Test- und sonstigen Workflows wurde die Case-Management-Funktionalität ein-

> gesetzt (diese wird zum Beispiel in SAP Relationship Management (SAP CRM) verwendet), sodass sich die Dokumentationsfelder in *Cases* und nicht in den HR-Infotypen befinden.

Ablauf für HR-Felder

Da beim Anlegen neuer HR-Felder das ABAP Dictionary betroffen ist, benötigen Sie hierzu einen Entwicklerschlüssel. Die Schritte, die Sie beim Anlegen von HR-Feldern durchführen müssen, lauten wie folgt:

1. Anlegen der neuen Datenelemente im ABAP Dictionary
2. Anlegen von Infotypen
3. Hinzufügen der Felder in der SAP-GUI-Administrationstransaktion (optional)
4. Hinzufügen der Felder in Web Dynpro ABAP und Java
5. Hinzufügen der Felder in den Reports (optional)

Ablauf für Nicht-HR-Felder

Beim Anlegen von Nicht-HR-Feldern sind folgende Schritte erforderlich:

1. Anlegen der neuen Datenelemente im ABAP Dictionary
2. Anlegen neuer Felder
3. Hinzufügen der Felder in Web Dynpro ABAP und Java
4. Hinzufügen der Felder in den Reports (optional)

19.3.8 Multiple-Compliance-Framework-Konzept

Betriebswirtschaftliche Sicht

In Abschnitt 18.2.4, »Kontrollen«, wurde das *Multidomänenprinzip* angesprochen. Diese aus dem COSO-Modell abgeleitete, wichtige Eigenschaft eines IKS dient dem Zweck, mehrere IKS-Ziele abzudecken (zum Beispiel die Konformität mit bestimmten gesetzlichen Anforderungen wie SOX, BilMoG (Bilanzrechtsmodernisierungsgesetz) oder FDA (Food and Drug Administration), die Überwachung der operativen Effektivität der Prozesse oder die Einhaltung interner Richtlinien etc.). Parallel dazu sollen die Inhalte, die die IKS-Ziele global, das heißt domänenübergreifend ansprechen, möglichst effizient wiederverwendet werden. In SAP Process Control ist das Multidimensionalitätsprinzip durch das Multiple-Compliance-Framework-Konzept realisiert.

In Abbildung 19.19 ist dieses Konzept am Beispiel einer Kontrolle dargestellt, die für zwei Compliance-Sichten zugleich relevant ist. Die Hauptidee, die hinter diesem Konzept steht, ist es, eine höhere Effizienz im IKS-Prozess zu erzielen. Dies soll auf zwei Wegen erreicht werden: zum einen durch die Wiederverwendung von gleichen Kontrollen in verschiedenen *Auflagen* wie ICS, DSGVO oder ISO 27001 (eine Domäne entspricht in SAP Process

Control einer Auflage), zum anderen durch die Wiederverwendung der Test-, Umfrage- und Bewertungsergebnisse für Prozesse und Kontrollen, die von domänenübergreifender Relevanz sind (zum Beispiel Testergebnisse für IT General Controls (ITGC) im Rahmen von ICS, DSGVO).

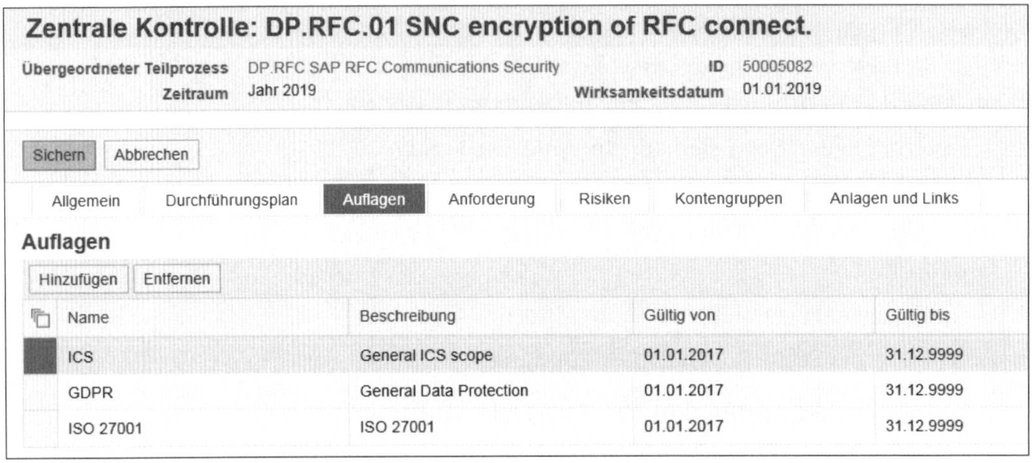

Abbildung 19.19 Multiple-Compliance-Framework-Konzept in SAP Process Control

Eigenschaften von Auflagen

Die einzelnen *Auflagen* können gleiche Stammdaten verwenden (Objekte), sich aber hinsichtlich der Funktionalität unterscheiden (zum Beispiel enthält die Auflage »FDA« einen spezifischen Prozess der Problembehandlung, in dem CAPA-Funktionalität (CAPA = Corrective And Preventive Actions) und die E-Signatur zum Einsatz kommen, siehe Abschnitt 19.4.4, »Problembehebungsprozess«).

[»]

Eigenschaften von Auflagen

Zusammenfassend lassen sich folgende Eigenschaften von Auflagen hervorheben.

- **Workflows**
  Workflowgestützte IKS-Aktivitäten gibt es in SAP Process Control nur im Zusammenhang mit Auflagen. Deren Ergebnisse werden entweder separat pro Auflage geloggt oder mit weiteren Auflagen geteilt.
- **Reporting**
  Etablierte Auflagen stehen automatisch als Auswertungsdimensionen in allen gängigen Standardreports zur Verfügung.
- **Berechtigungen**
  Rollen können entweder als auflagenübergreifend oder auflagenspezifisch gestaltet werden.

- **Stammdaten**
  Die Kontrolldokumentation kann zum Beispiel in übergreifenden oder in auflagenspezifischen Feldern erfolgen.

Wie Sie sehen, ziehen sich Auflagen wie rote Fäden durch die gesamte SAP-Process-Control-Funktionalität. In der Standardauslieferung von SAP Process Control sind zwei Auflagen vorkonfiguriert: SOX und FDA.

Neue Auflage anlegen

Um eine neue Auflage anzulegen, müssen die folgenden Schritte unternommen werden:

1. SAP GUI: neue auflagenspezifische Rollen (via PFCG) anlegen
2. SAP GUI: neue Auflage anlegen und konfigurieren (im IMG)
3. SAP GUI: neue Rollen der neuen Auflage zuweisen (im IMG)
4. Frontend: neue Auflage innerhalb einer bestehenden oder neuen Auflagengruppe anlegen

Beispiel: Datenschutz

Je nach Detailierungstiefe kann es hilfreich sein, innerhalb einer Auflage weitere Dimensionen zu verwalten. Dies hat meist mit Dokumentationsanforderungen zu tun. So beinhalten zum Beispiel Datenschutzbestimmungen (Datenschutz-Grundverordnung, DSGVO) viele Paragrafen, die für einzelne datenschutzrelevante Kontrollen bedeutsam sein können. Um dies abbilden zu können, werden innerhalb von bereits vorgestellten Auflagen (Regulations) sogenannte Anforderungen (Requirements) gepflegt. In Abbildung 19.20 sehen Sie fünf Anforderungen, die einzelnen Artikeln der DSGVO zugeordnet werden können und mit einer Kontrolle verlinkt sind. Die Voraussetzung dafür ist, dass die entsprechende Auflage (GDPR) zuvor der Kontrolle zugeordnet wurde.

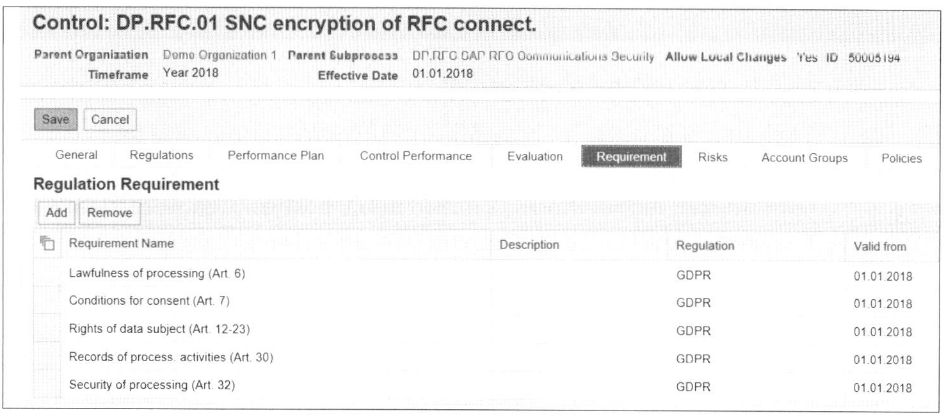

Abbildung 19.20 Anforderungen als Teil des Multiple Compliance Frameworks in SAP Process Control

19.4 Implementierung des IKS-Prozesses

Wie Sie es bereits aus Abschnitt 4.3, »SAP-Lösungen für Governance, Risk and Compliance (GRC)«, wissen, kann ein IKS-Prozess vereinfacht als Abfolge der IKS-Aktivitäten dargestellt werden. In Abbildung 19.21 sehen Sie ein Beispiel für eine solche Abfolge.

Nachdem Sie in Abschnitt 15.3 die Grundszenarien der IKS-Aktivitäten kennengelernt haben, erfahren Sie in diesem Abschnitt, wie das IKS-Standardszenario in SAP Process Control aussieht, welches die Inhalte einzelner Prozessschritte sind und wie diese technisch umgesetzt und gegebenenfalls angepasst werden können. Dabei beschränken wir uns auf die wesentlichen Fragestellungen, die sich erfahrungsgemäß bei der Implementierung von SAP Process Control ergeben.

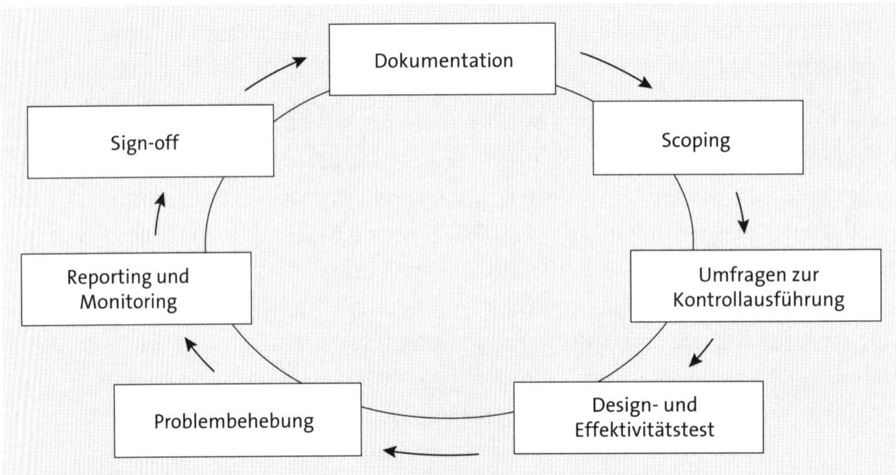

Abbildung 19.21 IKS-Zyklus: vereinfachte Darstellung

19.4.1 IKS-Dokumentationsprozess

Betriebswirtschaftliche Sicht

Wie setzt man das IKS-Framework im SAP-System um? Diese Frage ist nicht nur während der Implementierungsphase relevant, während der die IKS-Stammdaten in SAP Process Control initial hochgeladen werden müssen, sondern auch während des Betriebs von SAP Process Control.

Die Organisationsstrukturen, Geschäftsprozesse, Kontrollmechanismen und Zuständigkeiten befinden sich ständig im Wandel, und die IKS-Stammdaten müssen in regelmäßigen Abständen aktualisiert werden. Die Pflege in SAP Process Control ist intuitiv, dank der Weboberfläche. Eine wichtige Voraussetzung für die Pflege ist die Kenntnis des Datenmodells (siehe Abschnitt 19.3.2, »IKS-Datenmodell in SAP Process Control«).

Pflege im zentralen Katalog

In Abbildung 19.22 ist der Ablauf der Pflege der IKS-Stammdaten im zentralen Katalog (Schritte ❶ bis ❻, Arbeitsbereich **Stammdaten** in der deutschen Sprachversion) dargestellt.

Schritt ❹ ist optional und hängt von den IKS-Dokumentationsanforderungen im Unternehmen ab; zwingend ist hingegen die Durchführung der übrigen Pflegeschritte.

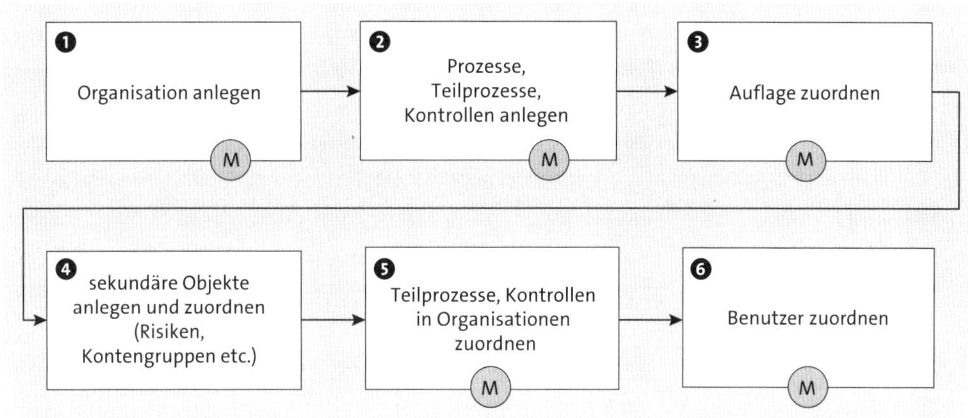

Abbildung 19.22 Ablauf der IKS-Stammdatenpflege

Upload der zentralen IKS-Daten

Wie Sie sehen, gibt es viele Schritte, die bei einer rein manuellen Pflege der Daten notwendig sind. Mit M sind dabei die Muss-Schritte markiert. Für einen Massen-Upload der Stammdaten kann das MDUG-Tool (MDUG = Master Data Upload Generator) verwendet werden. Dieses Tool bietet SAP als Bestandteil der SAP GRC Suite an. Die Funktionalität ist mithilfe von Transaktion GRFN_MDUG aufrufbar. Die Benutzerdokumentation sowie die Verweise auf weitere Informationsquellen sind in SAP-Hinweis 1563286 zu finden. Bei dem in Abbildung 19.22 beschriebenem Prozess deckt der MDUG nur die Schritte ❶ bis ❹ ab, sodass er nur für zentrale Daten zuständig ist und leider keine vollständige Abdeckung der Anforderungen in Projekten oder im laufenden Betrieb anbietet. Auf die Möglichkeit, lokale Kontrolldaten effizient zu pflegen, gehen wir in diesem Kapitel noch weiter ein.

Vier-Augen-Prinzip bei der Pflege des IKS-Frameworks

Betriebswirtschaftliche Sicht

Bei der Pflege der IKS-Stammdaten ist es oft erforderlich, zum Beispiel aus Qualitäts- oder Zuständigkeitsgesichtspunkten, in die Änderungen eine weitere Person zu involvieren (wie beim Anlegen einer neuen Kontrolle, der Zuordnung eines Risikos, der Änderung der Prozessbeschreibung etc.).

Vier-Augen-Prinzip bei der Kontrolldokumentation

Im IKS-Alltag ist ein Szenario denkbar, bei dem ein Prozessverantwortlicher die Beschreibung des Designs einer Kontrolle ändern möchte. Ein IKS-Verantwortlicher muss diese Änderung genehmigen; zumindest sollte er über die Änderung in Kenntnis gesetzt werden.

Beide Optionen sind in SAP Process Control möglich, wie es in Abbildung 19.23 dargestellt wird.

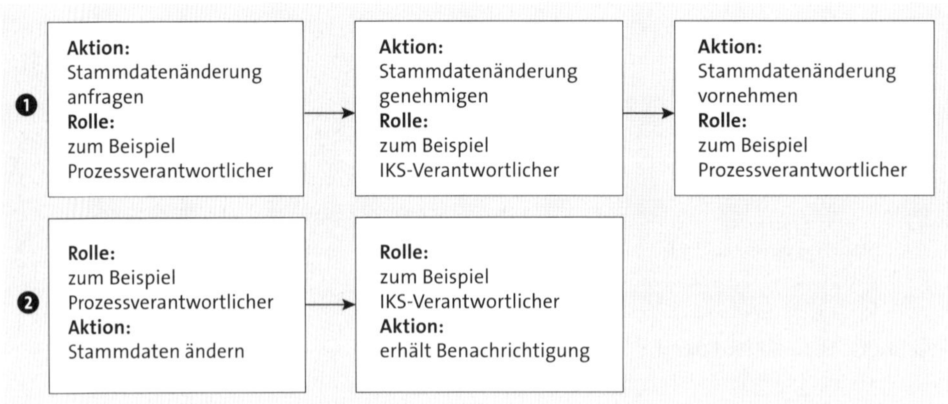

Abbildung 19.23 Zwei Optionen zur Abbildung des Vier-Augen-Prinzips

Beim ersten Szenario ❶ wird ein Genehmigungsprozess angestoßen, bevor eine Änderung an den Objekten erfolgen kann. Es kann aber auch die zweite Option zum Einsatz kommen ❷, nach der bei der Durchführung von Änderungen an den Objekten eine Benachrichtigung an die zuständigen Personen gesendet wird.

Technische Details und Konfiguration

Um die beschriebenen Optionen zu ermöglichen, müssen Workflows für Stammdatenänderungen aktiviert worden sein. Dies nehmen Sie im IMG über den Pfad **GRC • Gemeinsame Stammdateneinstellungen • Workflow für Stammdatenänderungen aktivieren** vor.

In der Praxis wird die Stammdatenpflege meist über eine saubere Abgrenzung der Berechtigungen bestimmt; die vorgestellten Workflows für Stammdatenänderungen kommen eher selten zum Einsatz.

Zentralisierte vs. dezentralisierte Dokumentation des IKS

Betriebswirtschaftliche Sicht

Man unterscheidet in der Praxis zwischen einem dezentralisierten und einem zentralisierten Ansatz im Rahmen der IKS-Dokumentation. Dabei ist nicht nur der Prozess an sich gemeint; im Rahmen des IKS-Prozesses können auch manche der IKS-Aktionen, wie zum Beispiel Scoping, Planung, unabhängige Effektivitätstests etc., zentral (auf der Corporate-Ebene) oder dezentral (in den einzelnen Einheiten) durchgeführt werden. Darüber hinaus ist die Verwaltung von IKS-Stammdaten relevant: wie die obligatorische Verwendung von einem vorgeschriebenen Mindestumfang an zentral dokumentierten Kontrollen.

FEI-Survey-Ergebnisse

Laut einer Umfrage, die von Financial Executives International (FEI, *www.fei.org*) 2007 durchgeführt wurde, betrugen die durchschnittlichen Compliance-Kosten bei einem dezentral organisierten IKS 1,9 Millionen EUR, während Unternehmen mit einem zentral organisierten IKS wesentlich weniger – durchschnittlich 1,3 Millionen EUR – aufwenden mussten.

Auch wenn diese Umfrage bereits mehr als 10 Jahre zurückliegt, zeigen die Erfahrungen, dass der stark zentralisierte Ansatz nicht nur aus Kostengründen, sondern auch aufgrund seiner eher geringeren internen Akzeptanz im Unternehmen kaum Anwendung findet.

Während eine Zentralisierung der Aktivitäten in SAP Process Control mithilfe von Rollen gewährleistet werden kann, besteht auf der Stammdatenseite die Option, den Organisationseinheiten Subprozesse entweder als Referenz oder als Kopie zuzuordnen, wie es in Abbildung 19.25 dargestellt ist.

Optionen bei der Zuordnung von Teilprozessen

Die Zuordnung erfolgt innerhalb einer Organisation. Im Bereich **Teilprozess** müssen Sie hierzu den Button **Teilprozess zuordnen** anklicken und anschließend den benötigten Subprozess aus dem zentralen Katalog auswählen. Die Auswahl der Zuordnungsmethode ist ein separater Schritt (siehe Abbildung 19.24).

Abbildung 19.24 Zuordnungsoptionen für Teilprozesse

In Abbildung 19.25 sind alle bestehenden Optionen beschrieben, die in SAP Process Control bezüglich der Kontrollpflege zur Verfügung stehen:

- Wurde ein Subprozess aus dem Zentralkatalog als Referenz zugeordnet ❶, können die zugehörigen Kontrollen nicht mehr geändert werden.
- Wurde dagegen ein Subprozess als Kopie zugeordnet ❷, können die bestehenden Kontrollen geändert ❹ oder neue Kontrollen angelegt ❸ werden.

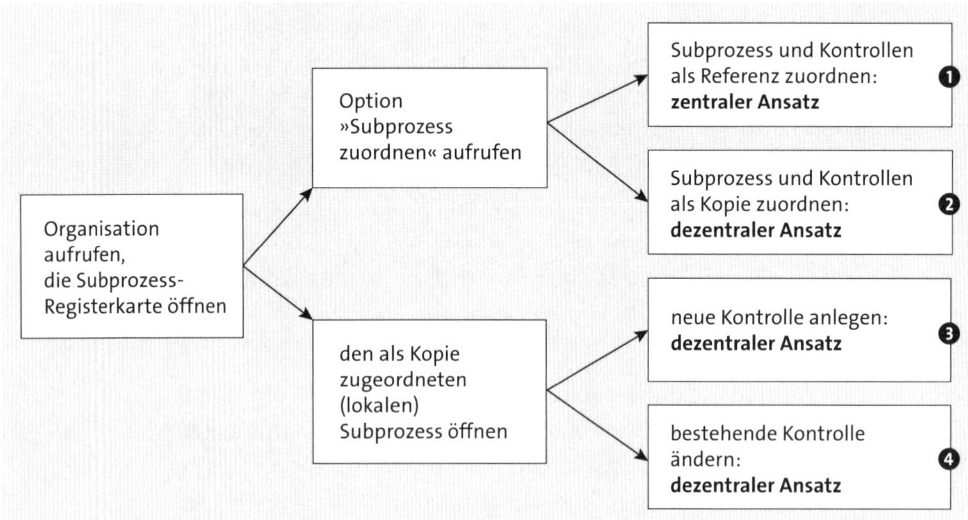

Abbildung 19.25 Zentralisierter vs. dezentralisierter IKS-Dokumentationsansatz in Aktion

Praxisbeispiel: hybrider Ansatz

In Abschnitt 19.3.3, »Zentrale vs. lokale IKS-Stammdaten«, wurde das Konzept der lokalen vs. globalen Stammdaten beschrieben. Die lokalen Stammdaten entstehen, wenn die Subprozesszuordnung erfolgt ist. In der Praxis wird am häufigsten der hybride Ansatz verfolgt, bei dem die Flexibilität eines dezentralen Ansatzes mit der Effizienz der wiederverwendbaren zentralen Kontrollbeschreibung kombiniert wird. Die Voraussetzung dafür ist, dass die Zuweisung der Teilprozesse samt Kontrollen mit der Verwendung der Option **lokale Änderungen erlaubt** erfolgt. Ein Beispiel einer lokalen Kontrolle, wie sie bei einem hybriden Ansatz gepflegt wird, können Sie Abbildung 19.26 entnehmen. Wie Sie sehen, kann die zentrale Kontrollbeschreibung nicht geändert werden (das Feld ist ausgegraut). Diese Information kommt aus einer zentralen Kontrolle, die mit dieser lokalen Kontrolle (sowie mit weiteren lokalen Kontrollen in weiteren Organisationseinheiten) verknüpft ist. Bei mehreren Hundert lokalen Ausprägungen dieser Kontrollinstanz wird eine Anpassung der zentralen Beschreibung automatisch verteilt. Dabei können in lokalen Kontrollen weiterhin eigene (lokale) Kontrollbeschreibungen gepflegt werden.

Abbildung 19.26 Lokale Kontrolle in SAP Process Control bei einem hybriden Ansatz

19

Shared-Services-Konzept im IKS

Betriebswirtschaftliche Sicht

Die Quintessenz des in SAP Process Control abgebildeten Shared-Services-Konzepts besteht in der mehrfachen Wiederverwendung der gleichen Prozess- und Kontrollhierarchie und insbesondere in der mehrfachen Wiederverwendung der Test- und Bewertungsergebnisse innerhalb einer Auflage.

Aus betriebswirtschaftlicher Sicht kann die Wiederverwendung von Prozess- und Kontrollhierarchien sowie von Test- und Bewertungsergebnissen bei den beiden IKS-Szenarien *Outsourcing* und *generelle IT-Kontrollen* erforderlich sein.

[zB]

Outsourcing oder zentralisierte Dienstleistungen

Wurden bestimmte Dienstleistungen im Unternehmen ausgegliedert oder innerhalb von sogenannten Shared Services hausintern zentralisiert, beinhaltet das die folgende Herausforderung für den IKS-Prozess: Bei den zentralisierten Prozessen werden die Kontrollen zwar de facto »aus einer Hand« abgewickelt, bleiben aber weiterhin formell in der Verantwortung aller Einheiten, die sich der entsprechenden Prozesse bedienen (siehe Abschnitt 6.1.2, »IT-Outsourcing: Wer ist verantwortlich für die Kontrollen?«).

Nicht nur organisatorische, sondern auch IKS-spezifische Herausforderungen führen in einem Umfeld, in dem Geschäftsprozesse IT-gestützt ablaufen, zu einer ähnlichen Situation.

[zB]

IT-General-Controls-Szenario

Nehmen Sie einmal an, dass dieselbe IT-Anwendung von mehreren Einheiten innerhalb eines Unternehmens genutzt wird. Für jede Einheit kann es dabei unterschiedliche geschäftsprozessspezifische Kontrollmechanismen in eigener Zuständigkeit geben. Dabei sind die ITGC zentralisiert, deren Verantwortliche in der Regel einer IT-Abteilung angehören. Diese ITGC haben Gültigkeit für die ganze Anwendung und dementsprechend auch für alle Einheiten, die diese Anwendung einsetzen.

In beiden beschriebenen Fällen besteht der Bedarf, die Ergebnisse der Tests und die Bewertungen für gleiche Kontrollen für mehrere Organisationen verfügbar zu machen. Die Herausforderung, diesen Ansatz technisch umzusetzen, wird in SAP Process Control mithilfe der Shared-Services-Funktion gelöst.

Folgende Voraussetzungen müssen für die Verwendung der Shared-Services-Funktion geschaffen sein: Die Service-Geber-Organisation muss als solche attributiert werden (siehe Abbildung 19.27).

Abbildung 19.27 Organisation als Service-Geber

Des Weiteren müssen die in der Service-Geber-Organisation verwendeten Subprozesse für die Wiederverwendung von den Service-Nehmer-Organisationen freigegeben worden sein (siehe Abbildung 19.28).

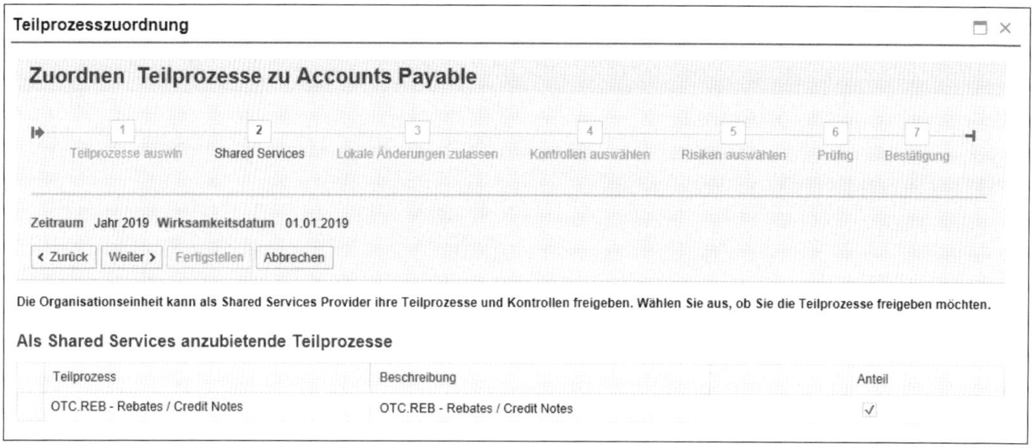

Abbildung 19.28 Freigabe von Shared-Services-Kontrollen

Bei der Zuordnung von Subprozessen zu einer Service-Nehmer-Organisation werden die freigegebenen Subprozesse als solche gekennzeichnet (siehe Abbildung 19.29.

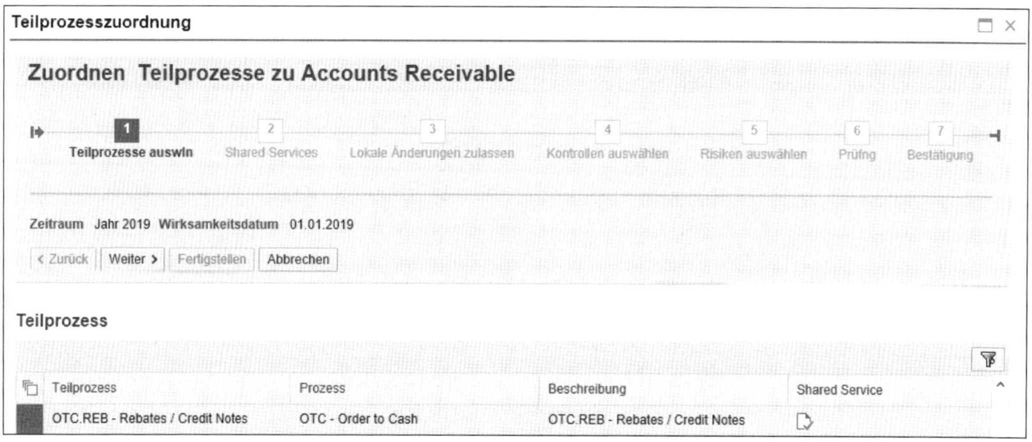

Abbildung 19.29 Zuweisung von Teilprozessen in einer Service-Nehmer-Organisation

Im weiteren Schritt ist die Service-Geber-Organisation in einer Drop-down-Liste auszuwählen (siehe Abbildung 19.30).

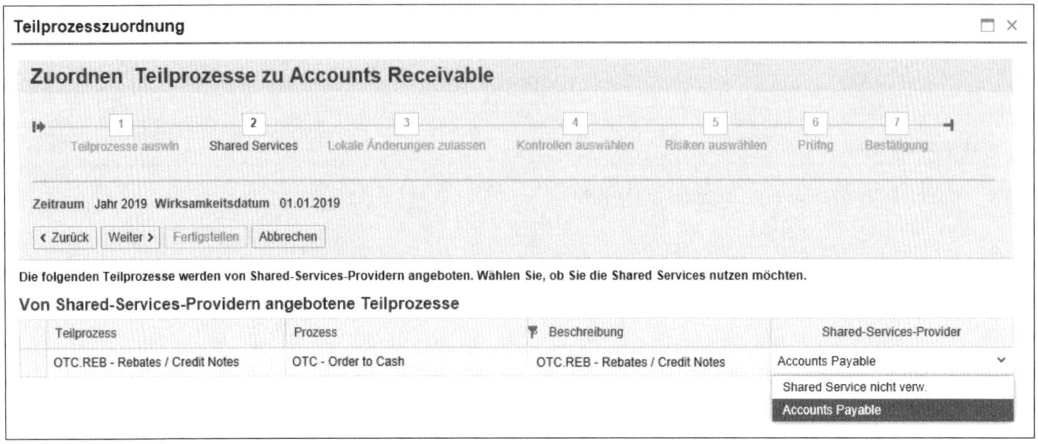

Abbildung 19.30 Auswahl der Service-Geber-Organisation

Referenzierung

Eine weitere Möglichkeit zur Abbildung von Shared-Services-Strukturen ist die Referenzierung. Diese Option wird in der Praxis häufiger verwendet als die oben beschriebene eigentliche Shared-Services-Funktionalität. Der Grund dafür ist, dass die Referenzierung eine größere Flexibilität aufweist und besser mit dem oben beschriebenen hybriden Ansatz zu vereinbaren ist.

[»]

Shared-Services-Funktion vs. Referenzierung

Bei Shared-Services-Funktion werden sämtliche, mit einem Teilprozess verknüpften Kontrollen verlinkt. Hingegen erlaubt die Referenzierung die Verlinkung von einzelnen Kontrollen.

Die Voraussetzung für die Verwendung von Shared-Services-Funktionalität ist die Zuweisung von Teilprozessen mit der **Option Änderungen erlaubt – nein**. Dies ist mit dem hybriden Ansatz nicht vereinbar; bei der Referenzierung gibt es diese Einschränkung nicht.

Wie Sie es in Abbildung 19.31 sehen, stammen zwei von insgesamt sechs Kontrollen aus dem Teilprozess **DB.INC Data Breach incident handling** der Organisation **Demo Organization 2**. Diese beiden Kontrollen sind an die Organisation **Demo Organization 1** referenziert bzw. decken deren datenschutzspezifische Risiken ab.

Personalize

Referencing Overview

▸ Selection

Results

Print or Export

Organization	Subprocess	Risk	Control	Referenced Organization	Referenced Subprocess
Demo Organization 1	DP.RFC SAP RFC Communications Security	Data breach due to weak RFC	DP.RFC.01 SNC encryption of RFC connect.		
Demo Organization 1	DP.RFC SAP RFC Communications Security	Data breach due to weak RFC	DB.INC.02 SoP for notific. of author-s	Demo Organization 2	DB.INC Data Breach incident handling
Demo Organization 1	DP.RFC SAP RFC Communications Security	DP.R.01 Unauth. access GDPR class. data	DP.RFC.01 SNC encryption of RFC connect.		
Demo Organization 1	DP.RFC SAP RFC Communications Security	DP.R.02 Network attack: Eavesdrop/Hijack	DP.RFC.01 SNC encryption of RFC connect.		
Demo Organization 1	DP.RFC SAP RFC Communications Security	DP.R.02 Network attack: Eavesdrop/Hijack	DP.RFC.02 Application firewall UCON		
Demo Organization 1	DB.INC Data Breach incident handling	DP.R.01 Unauth. access GDPR class. data	DB.INC.01 SoP notific. of data subjects	Demo Organization 2	DB.INC Data Breach incident handling

Abbildung 19.31 Beispiel: Kontrollreferenzierung – Report

Eigene Risiken durch ausgeliehene Kontrollen abdecken

Der funktionale Kern der Referenzierung kann wie folgt beschrieben werden: Ist bei einer lokalen Kontrolle der Attributwert **Referenzierung erlaubt** aktiviert, kann diese Kontrolle Risiken einer anderen Organisationseinheit unbeschränkt oft abdecken.

Massenbearbeitung von lokalen Kontrollen

Limitationen überwinden: ICS Update Tool

Sie haben nun einen Eindruck davon erhalten, wie die Dokumentation eines IKS-Frameworks in SAP Process Control abgebildet werden kann. Abschließend zeigen wir auf, (wie bereits beim Thema Stammdaten-Upload angesprochen), wie eine der funktionalen Limitationen von SAP Process Control überwunden werden kann: Es handelt sich um die initiale Anlage sowie die laufende Aktualisierung von lokalen Kontrollen via Upload, die mithilfe des ICS Update Tools ermöglicht wird. Diese von Riscomp entwickelte Lösung deckt alle für SAP Process Control erforderlichen Szenarien ab:

- Aktualisierung bestehender Kontrollen, einschließlich deren Delimitation
- Anlage von neuen lokalen Kontrollen, ohne Link zum zentralen Katalog
- Anlage von neuen lokalen Kontrollen, mit Link zum zentralen Katalog

Zugriff für Endanwender

Neben einer technischen Limitation ist es wichtig, auch organisatorische Grenzen zu überwinden: Während das Tool MDUG nur im Backend durch Administratoren bedient werden sollte, kann das ICS Update Tool für die Endanwender zur Verfügung gestellt werden. Dabei greifen die üblichen Berechtigungsrestriktionen: Ein Upload kann nur vorgenommen werden, wenn man zur Aktualisierung von lokalen Stammdaten berechtigt ist.

Überwachung der Qualität von IKS-Daten

Die intuitive Aktualisierung des IKS-Rahmenwerks durch den Endanwender hat sich in der Praxis als sehr hilfreich erwiesen und entlastet zentrale

GRC-Teams enorm. Dabei wird das ICS Update Tool auch zwecks Überwachung der Qualität von IKS-Stammdaten verwendet: Eine effizientere Aufteilung der Aufgaben zwischen zentralen Teams (Überwachung) und entityspezifischen IKS-Verantwortlichen (Aktualisierung lokaler IKS-Daten) ist einer der wichtigsten Erfolgsfakturen für die IKS-Automatisierung. Wie sieht der Einsatz des ICS Update Tools im Einzelnen aus? In Abbildung 19.32 können Sie das ICS Update Tool in Aktion sehen.

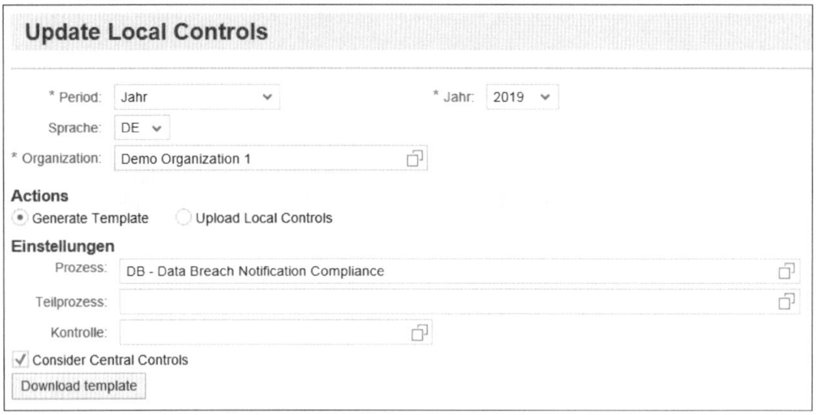

Abbildung 19.32 ICS Update Tool: Auswahlmaske

Nehmen Sie einmal an, Sie möchten innerhalb einer bestimmten Organisation datenschutzrelevante Kontrollen im Prozess **DB – Data Breach Notification Compliance aktualisieren** verwenden – in deutscher Sprache und mit einer Gültigkeit ab dem 1. Januar 2019.

Zentrale Kontrollen anzeigen und übernehmen

Dabei besteht die Option, sich via **Consider Central Controls** im anschließend generierten Template auch die zentralen Kontrollen anzeigen zu lassen, die für diese Organisation relevant sind, aber noch nicht verwendet wurden. Es ist bei einem späteren Upload dieses Templates möglich, die selektierten zentralen Kontrollen lokal zu übernehmen. Im generierten Template ist der Stand der IKS-Dokumentation zum ausgewählten Stichtag und in der ausgewählten Sprache ersichtlich (siehe Abbildung 19.33).

Die farblosen Felder sind editierbar – einschließlich zum Beispiel der Zuweisung einer neuen Auflage im Feld **Regulation**. Die hellblau markierten (hier umrahmten) Felder zeigen nur Daten an, die über ein Upload nicht aktualisiert werden können. Dies kann durch die feldbasierte Konfiguration in SAP Process Control oder im ICS Update Tool selbst eingestellt werden. Die Spaltenüberschriften entsprechen den Namen der einzelnen Felder und können via Konfigurationstransaktion des ICS Update Tools bei Bedarf geändert werden. Außerdem besteht die Option, via Konfiguration Default-

Werte für einzelne Felder zu hinterlegen. Auf diese Art lässt sich die Datenqualität bei der Pflege von Kontrollen durch Endanwender erhöhen.

Eine lokale Kontrolle MIT Link erstellen	ID der lokalen Kontrolle	Name	Gültig bis	Auflage	Beschreibung	Ist Kontrolle	Kategorie der Kontrolle
Ja /Nein				ICS		Ja /Nein	Kontrolle auf Entitätsebene /IT-Kontrolle
Nein	CONTROL/L/50005178	DB.INC.01 SoP notific. of data subjects	31.12.9999	GDPR	DB.INC.01 SoP notific. of data subjects	Ja	Geschäftsprozesskontrolle
Nein	CONTROL/L/50005179	DB.INC.02 SoP for notific. of author-s	31.12.9999	GDPR	DB.INC.02 SoP for notific. of author-s	Ja	IT-Kontrolle
Nein	CONTROL/L/50005180	DB.INC.03 Logging of breach notif-s	31.12.9999	GDPR	DB.INC.03 Logging of breach notif-s	Ja	IT-Kontrolle
Nein	CONTROL/L/50005182	DB.REC.01 Incident recording process	31.12.9999	GDPR	DB.REC.01 Incident recording process	Ja	IT-Kontrolle
Nein	CONTROL/L/50005183	DB.REC.02 GDPR compl. of incid. recor	31.12.9999	GDPR	DB.REC.02 GDPR compl. of incid. record	Ja	IT-Kontrolle
Nein	CONTROL/L/50005184	DB.REC.03 Integrity of log evidence	31.12.9999	GDPR	DB.REC.03 Integrity of log evidence	Ja	IT-Kontrolle

Abbildung 19.33 Das vom ICS Update Tool generierte Template

Qualitätskontrolle durch Simulation und Log

Die angepassten Template-Inhalte können hochgeladen werden; dabei steht die Option einer Simulation (siehe Abbildung 19.34) zur Verfügung: Ein Simulationslauf hilft, Inkonsistenzen aufzudecken (zum Beispiel leeres Muss-Feld, Tippfehler beim Attributwert etc.). Sind mögliche Fehler behoben, kann ein Live-Upload erfolgen.

Abbildung 19.34 ICS Update Tool: Upload eines Templates im Simulationsmodus

Sowohl nach dem Upload im Simulationsmodus als auch beim produktiven Upload wird ein ausführliches Log generiert, das zwecks Auditability bei Bedarf extrahiert und lokal gespeichert werden kann. In den Kopfdaten des Logs sind Details zu Benutzer sowie Datum und Uhrzeit des Uploads, zum relevanten Zeitraum, zur technischen ID der betreffenden Organisationseinheit sowie zu den aktualisierten Kontrollen zu sehen (siehe Abbildung 19.35).

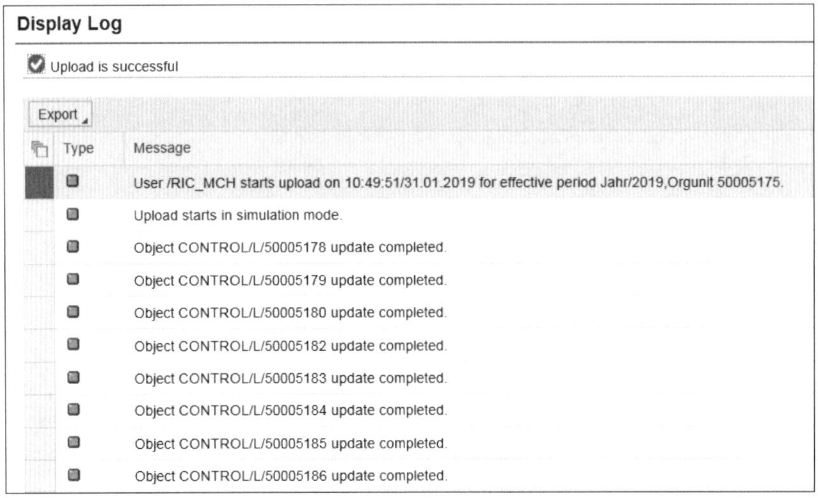

Abbildung 19.35 ICS Update Tool: kontrollgenaues Log nach dem Upload eines Templates

Das ICS Update Tool beinhaltet alle Konsistenzchecks, die in SAP Process Control bei einer manuellen Pflege greifen. So ist es zum Beispiel nicht möglich, Kontrollen in einem Zeitraum zu delimitieren, für den workflowgestützte IKS-Aktivitäten bestehen.

19.4.2 Scoping-Prozess

In Abschnitt 1.1.4, »SOX in den USA«, wurde der Prozess der Kontrollauswahl (Top-down Risk Based Scoping) erstmals erwähnt. Das Ziel dieses Prozesses ist es, Kontrollbereiche zu priorisieren. Da dieser Prozess vom Gesetzgeber nicht als zwingend vorgeschrieben ist und es nur eine allgemeine Anleitung gibt, haben sich diverse Best-Practice-Szenarien etabliert. Viele dieser Szenarien werden in SAP Process Control angeboten.

Wesentlichkeitsbasierter Scoping-Prozess

Betriebswirtschaftliche Sicht

In Abschnitt 18.3.2, »Selektion und Priorisierung von Kontrollaktivitäten«, wurde Scoping als eines der Grundszenarien der IKS-Aktivitäten erläutert. Dabei kommt eine wesentlichkeitsbasierte Beurteilung zum Einsatz, die sich an der Höhe der Salden von einzelnen Konten oder deren Gruppen orientiert. Dies erfolgt in der Praxis entweder initial beim Aufsetzen eines IKS-Rahmenwerks; bei einigen Unternehmen (insbesondere bei US-SOX-Auflagen) findet der Prozess der Validierung der Wesentlichkeit von einzelnen legalen Einheiten regelmäßig statt, zum Beispiel jährlich.

Kontengruppen in SAP Process Control

Der wesentlichkeitsbasierte Auswahlprozess wird in SAP Process Control unterstützt. Dabei spielen *Kontengruppen* als Verbindung zwischen Finanzberichterstattung und Prozessen eine zentrale Rolle (siehe Abschnitt 18.2.6, »Kontengruppen«). Die Hierarchie der Kontengruppen wird im Arbeitsbereich **Stammdaten** und hier in der Menügruppe **Konten** angelegt. In Abschnitt 19.4.1, »IKS-Dokumentationsprozess«, ist die Rolle der Kontengruppen im Datenmodell von SAP Process Control beschrieben.

Zwei Optionen

Über den Pfad **Stammdaten • Konten** können Sie zwei Optionen des wesentlichkeitsbasierten Scoping-Prozesses in SAP Process Control definieren:

- **Konzernkontensalden** (Consolidated Balances and Significance)
- **Kontensalden auf Organisationsebene** (Organization-Level Balances and Significance)

Durchführung

Bei beiden Scoping-Optionen müssen folgende Schritte durchgeführt werden:

1. Die Salden der einzelnen Kontengruppen werden entweder in einer Microsoft-Excel-Tabelle, die herunter- und hochgeladen werden kann, oder direkt in der Anwendung manuell gepflegt.
2. Anschließend wird ein Wichtigkeitsschwellenwert festgelegt und angewendet (siehe Abbildung 19.36).

Abbildung 19.36 Wesentlichkeitsbasierter Scoping-Prozess: Konzernkontensalden

3. Als Ergebnis werden sowohl die relevanten Kontensalden als auch Organisationen und Subprozesse automatisch markiert (dies kann aber auch manuell vorgenommen werden). Die Kontensalden auf Organisationsebene sehen Sie in Abbildung 19.37.

4. Die Scoping-Ergebnisse werden per Default pro Jahr gespeichert, können aber flexibel konfiguriert werden.

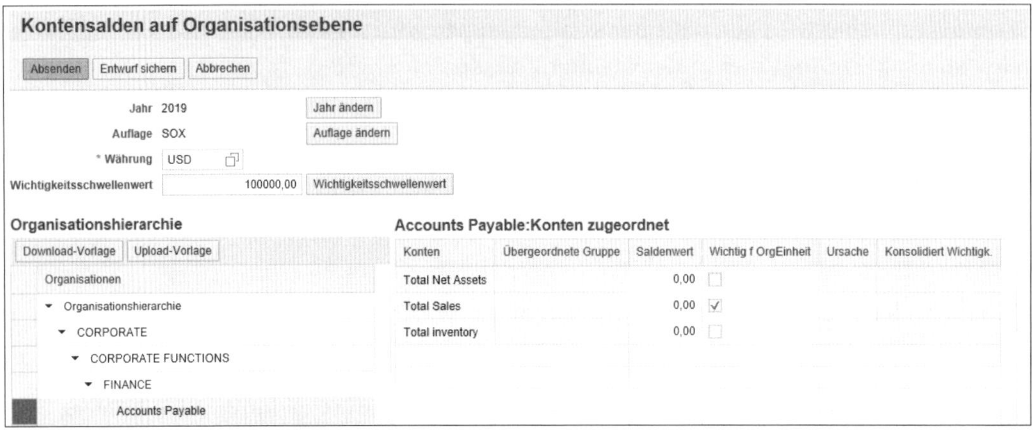

Abbildung 19.37 Wesentlichkeitsbasierter Scoping-Prozess: Kontensalden auf Organisationsebene

Unterschied der Optionen

Der Unterschied zwischen den beiden beschriebenen Ansätzen besteht darin, dass bei der zweiten Option die Kontensalden pro Organisation gepflegt werden können. Bei der ersten Option kommt eine Kontengruppe hingegen nur einmal vor, und ihr Saldo stellt einen konsolidierten Wert dar.

Risikobasierter Scoping-Prozess

Workflowbasierte Risikobeurteilung

Die Inhalte eines Scoping-Prozesses variieren in der Praxis: Während die Wesentlichkeitsanalyse ein mehr oder weniger einheitliches und weit verbreitetes Scoping-Verfahren ist, gestalten Unternehmen die Folgeschritte im Rahmen der top-down-risikobasierten Kontrollauswahl sehr unterschiedlich. SAP Process Control bietet hierzu zwei Szenarien an:

- qualitative Bewertung der Risiken
- Risikoeinstufung von Kontrollen

Szenarien

Beide Szenarien sind workflowbasiert, das heißt, der Benutzer erhält in seiner Inbox eine Aufgabe zur Abarbeitung.

Qualitative Bewertung der Risiken

In Abbildung 19.38 sehen Sie den Ablauf der Risikobewertung. Nachdem der Benutzer eine Aufgabe per Workflow in der Inbox erhalten hat, müssen zwei Risikodimensionen bewertet werden: zum einen die Eintrittswahrscheinlichkeit (Probability) und zum anderen eine mögliche Schadenshöhe

(Impact). Das Endergebnis dieser Bewertung ist die qualitative Einstufung der Risiken, entsprechend der hinterlegten Entscheidungsmatrix. Der Benutzer hat bei der Bewertung die Möglichkeit, Einzelheiten zu den Risiken und deren Herkunft im Datenmodell einzusehen.

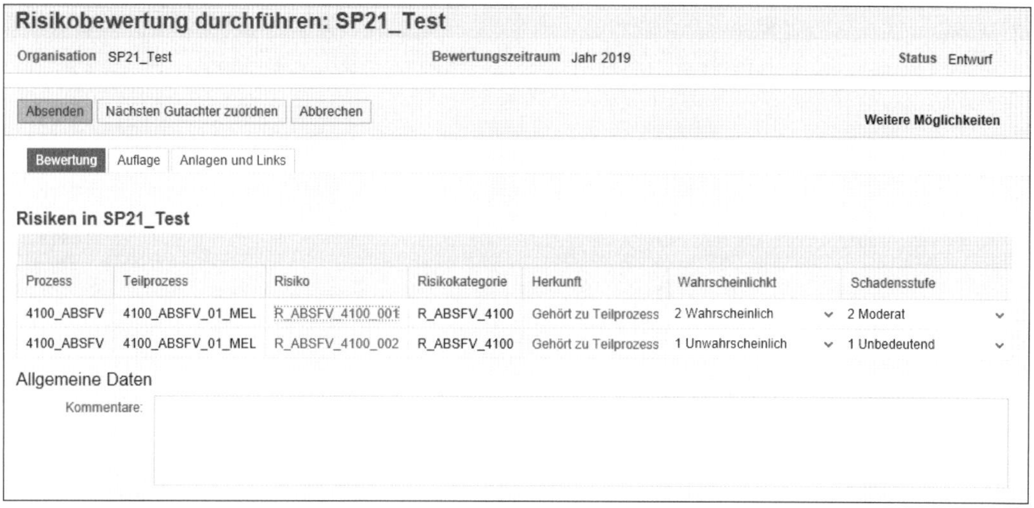

Abbildung 19.38 Risikobewertung als Teil des Scoping-Prozesses

> **Gültigkeit der Bewertungsergebnisse**
> Die Bewertungsergebnisse gelten nur für einen bestimmten Zeitraum. Dieser Zeitraum wird bei der Planung festgelegt (siehe Abschnitt 19.4.3) und ist zum Beispiel im Reporting sichtbar (siehe Abschnitt 19.4.5).

19

Risikoeinstufung von Kontrollen

In Abbildung 19.39 sehen Sie den Ablauf des zweiten Scoping-Szenarios, bei dem die Kontrollen einer Risikoeinstufung unterzogen werden. Bei der Bearbeitung eines Tasks (diese werden pro Subprozess generiert) haben Sie die Möglichkeit, die Einzelheiten zu den Kontrollen sowie die bestehenden Problemfälle einzusehen ❶. Die zu bewertenden Kriterien sind flexibel konfigurierbar; die Werte sind per Drop-down auswählbar ❷. Das Endergebnis ist die Risikoeinstufung der Kontrollen ❸, entsprechend der hinterlegten Entscheidungsmatrix, die in die Stammdaten der jeweiligen Kontrollen übertragen wird. Die Ergebnisse der Risikoeinstufung werden in das Kontrollattribut **Kontrollrisiko** übernommen; dieses Attribut kann bei Bedarf auch manuell gepflegt werden (falls die Konfiguration dies erlaubt).

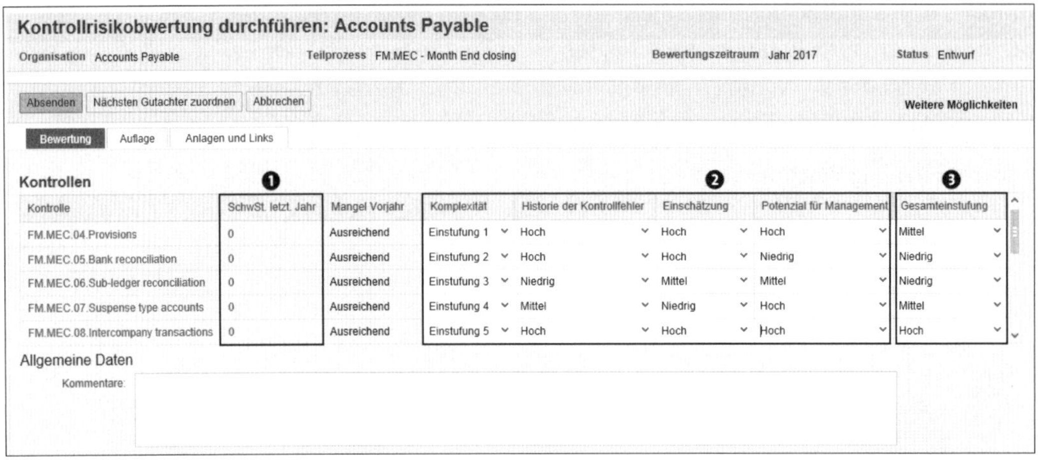

Abbildung 19.39 Kontrollrisikobewertung als Teil des Scoping-Prozesses

Vergleich

Während bei der Risikobewertung zwei Kriterien – Eintrittswahrscheinlichkeit und Schadenshöhe – vorgegeben sind und nur die möglichen Werte angepasst werden können, können bei der Risikoeinstufung der Kontrollen beliebige Bewertungskriterien definiert werden. In beiden Fällen kann die Ableitungslogik in einer Matrix hinterlegt werden. Die jeweiligen Einstellungen sind im IMG über **GRC • Process Control • Umfangsermittlung** zu finden.

[»]

Harmonisiertes Datenmodell, Unterstützung von Scoping

In Abschnitt 19.3.2, »IKS-Datenmodell in SAP Process Control«, haben Sie erfahren, dass beim harmonisierten Datenmodell Risiken in der Komponente SAP Risk Management vollumfänglich in SAP Process Control als Bestandteil des IKS-Rahmenwerks benutzt werden können. Dies gilt auch für qualitative Risikobewertungsergebnisse: Diese stehen in SAP Process Control für Scoping-Optionen zur Verfügung.

Ableitung der kombinierten Risikobewertungsergebnisse

Das Feld **Nachweisebene** in Kontrollen stellt eine weitere Option dar, um einen risikobasierten Ansatz im IKS einzurichten. In diesem Feld können Werte entweder manuell eingetragen oder automatisiert ermittelt werden (als Kombination der Werte für Kontrollrisikolevel und Risikolevel). Die Ableitungsregeln – *Kontrollrisikolevel + Risikolevel = Nachweisebene* – werden im IMG gepflegt: **GRC • Process Control • Umfangsermittlung • Nachweisebene setzen**.

19.4.3 Planungsprozess, Tests und Bewertungen

Mithilfe der Planungsfunktion werden in SAP Process Control workflowbasierte IKS-Aktionen angestoßen. Diese Funktion ist im Arbeitsbereich **Bewertungen** und dort in der Menügruppe **Bewertungsplanung** unter **Planer** zu finden.

In der Planungsfunktion sind aufgrund der Harmonisierung von Funktionen einzelner Komponenten sowohl Workflows für SAP Process Control (einschließlich SAP Policy Management) als auch für SAP Risk Management zu finden.

Wie Sie in Abbildung 19.40 sehen, beginnt die Planung mit der Auswahl der durchzuführenden Aktivität, der Periode, des Startdatums und eines Fälligkeitsdatums (Deadline). **Planer**

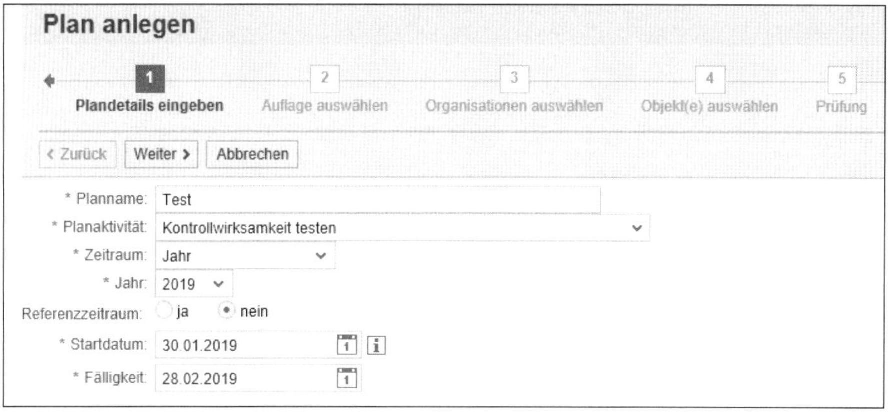

Abbildung 19.40 Planer: die Einstiegsmaske

Im nächsten Schritt (siehe Abbildung 19.41) wird festgelegt, für welche Auflage die jeweilige Workflow-Aktivität gilt. Sie haben dabei die Möglichkeit, die Gültigkeit für mehrere Auflagen festzulegen.

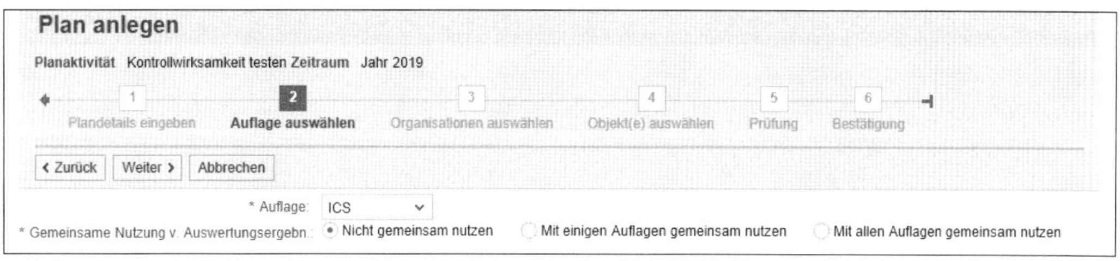

Abbildung 19.41 Planer: Selektion der Auflagen

Im nächsten Schritt können einzelne oder mehrere Organisationen ausgewählt werden (siehe Abbildung 19.42).

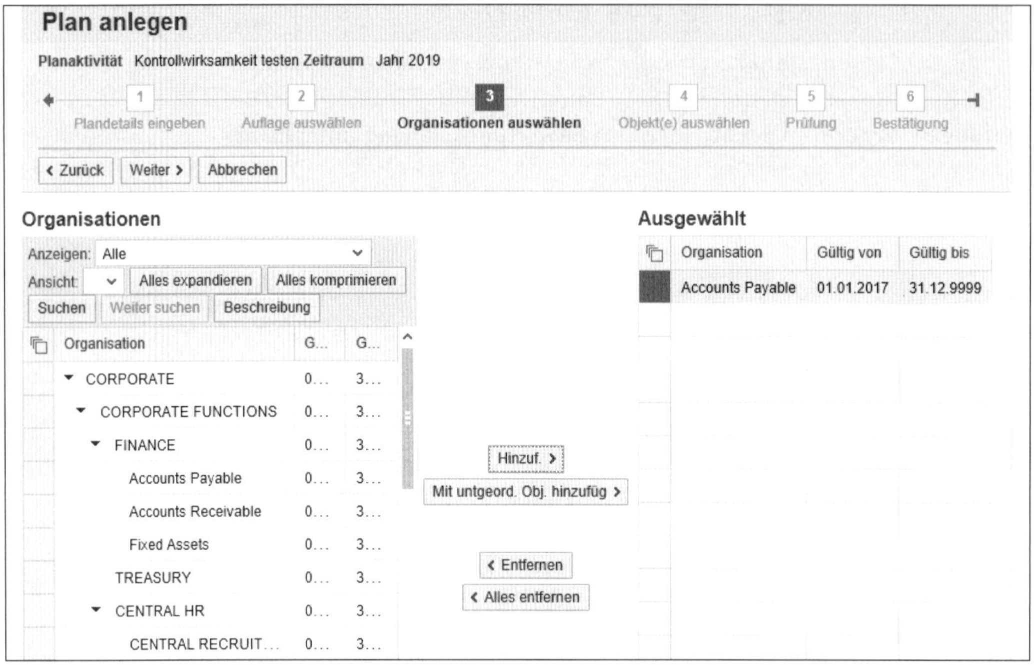

Abbildung 19.42 Planer: Selektion der Organisationen

Abschließend werden Kontrollen ausgewählt. Wie Sie es in Abbildung 19.43 sehen, stehen drei Optionen zur Verfügung: Sie können alle Kontrollen, spezifische Kontrollen oder Kontrollen mit bestimmten Attributwerten auswählen. Insbesondere die letzte Option ist für eine effiziente Gestaltung der IKS-Aktivitäten extrem wichtig.

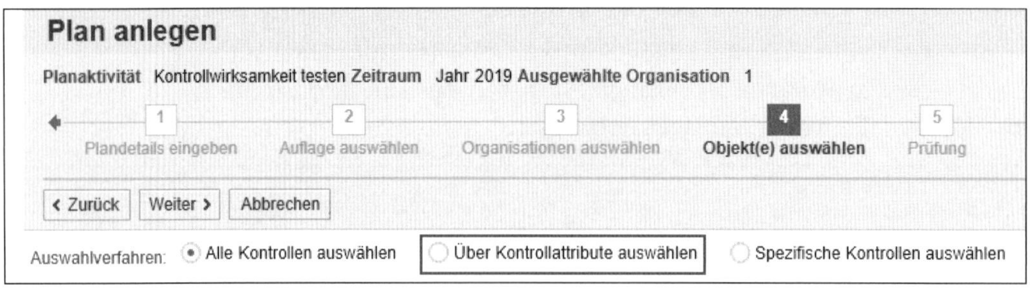

Abbildung 19.43 Planer: Selektion von Kontrollen

[«]

Mögliche SAP-Process-Control-relevante und workflowbasierte Aktivitäten in der Planungsfunktion

Folgende Aktivitäten können bei der Planung ausgewählt werden:

- Kontrolldesignbewertung (Control Design Assessment)
- Selbstbeurteilung (Self Assessment); diese Aktivität wird oft im Kontext der Bestätigung der Kontrolldurchführung verwendet.
- Kontrollrisikobewertung (Control Risk Assessment)
- Risikobewertung (Risk Assessment); diese Aktivität kommt meist im Rahmen von Scoping zum Einsatz.
- Tests der Effektivität und Bewertung von direkten und indirekten Entitätsebenen-Kontrollen (Entity-Level Controls)
- Teilprozess-Designbewertung
- Test der Kontrollwirksamkeit (Test of Control Effectiveness)
- Sign-off
- Mängelaggregation (Aggregation of Deficiencies)
- Offenlegungsumfrage (Disclosure Survey) auf der Ebene *Organisation*, *Teilprozess* oder *Kontrollen*

Zeitabhängigkeit der IKS-Aktivitäten

Die Auswahl einer Test- oder Bewertungsperiode ist von großer Bedeutung, denn nicht nur Objekte sind in SAP Process Control zeitbezogen, sondern auch die Test- und Bewertungsergebnisse. Der im Planer ausgewählte Zeitraum ist dafür ausschlaggebend, in welchem Berichtszeitraum entsprechende Ergebnisse später gefunden werden können.

Im nächsten Schritt muss definiert werden, ob die Test- oder Bewertungsergebnisse nur innerhalb einer Auflage verwendet oder gegebenenfalls mit anderen Auflagen geteilt werden. Darüber hinaus können eine oder mehrere Organisationseinheiten und anschließend die zu bewertenden oder zu testenden Objekte ausgewählt werden (Subprozesse oder Kontrollen). Im Rahmen dessen gibt es drei Optionen:

alle Kontrollen innerhalb einer Organisation auswählen

- Kontrollen anhand ihrer Attribute auswählen
- Kontrollen einzeln auswählen

Scoping-Ergebnisse in der Planung

Der in Abschnitt 19.4.2 beschriebene Scoping-Prozess findet seine logische Fortsetzung in der Planung: Einerseits kann die Auswahl von Organisationseinheiten nur auf **Organisationen im Projektumfang** (im Scope) beschränkt werden (siehe Abbildung 19.44). Andererseits lassen sich über die Option **Über Kontrollattribute auswählen** im Planer zum Beispiel nur Kontrollen selektieren, die mit hohen Risiken assoziiert sind oder einen bestimmten Evidenzgrad haben.

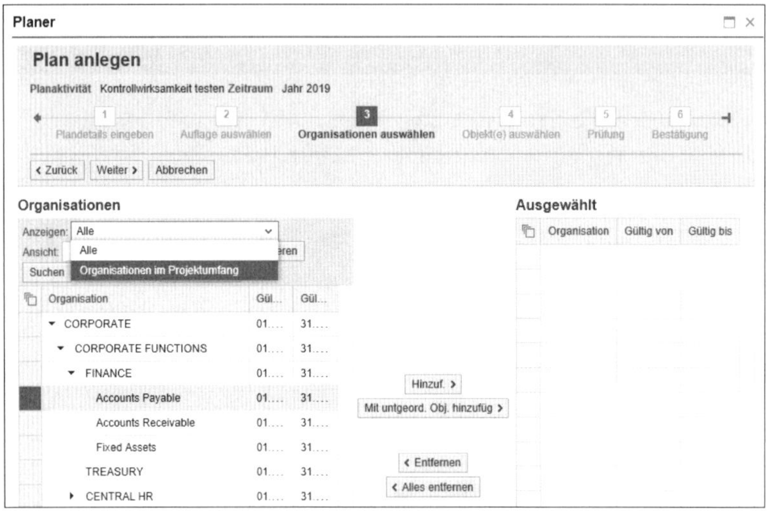

Abbildung 19.44 Verwendung der Scoping-Ergebnisse in der Planung: Organisationseinheiten

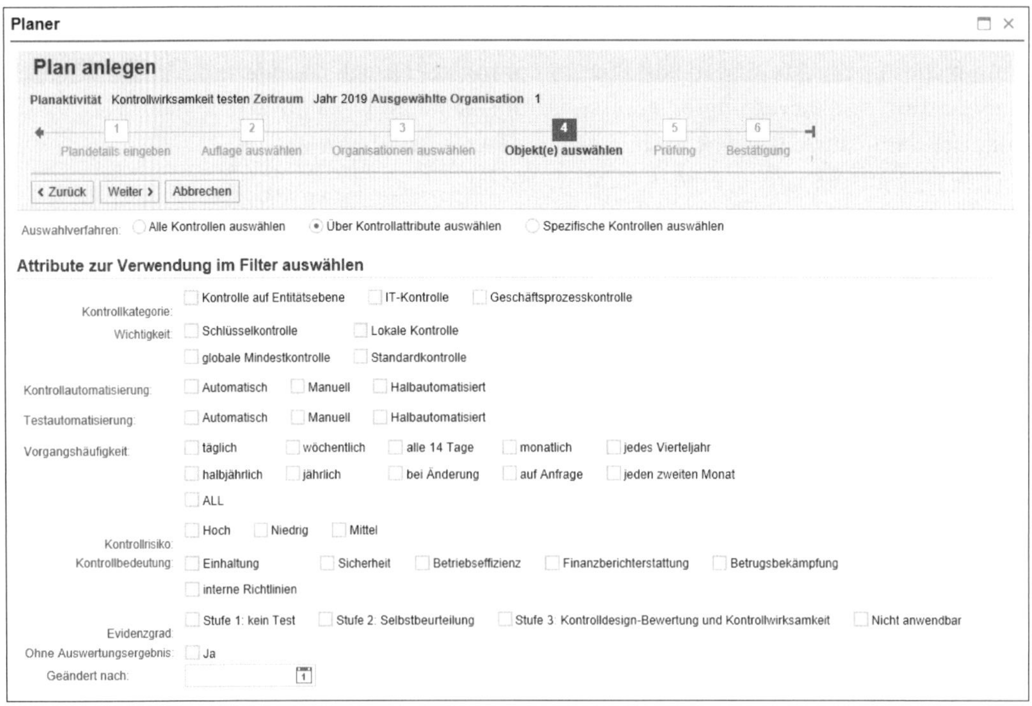

Abbildung 19.45 Verwendung der Scoping-Ergebnisse in der Planung; Kontrollauswahl

[«]

Planer bereinigen

In der Praxis ist es oft erforderlich, zum Beispiel während der Implementierungs- oder Testphase, die Einträge in der Planungsfunktion zu löschen. Diese befinden sich in der Datenbanktabelle GRFNTASKPLAN.

Neuheiten im Planer

Ab Release 10.1 SP15 der SAP GRC Suite wurde der Planer um eine sehr hilfreiche Funktionalität ergänzt: die flexible Definition von E-Mail-Benachrichtigungen, die den Einsatz von frei definierbaren Templates ermöglicht.

Benachrichtigungen

E-Mail-Benachrichtigungen

In SAP Process Control werden E-Mail-Benachrichtigungen automatisch verschickt. Der Auslöser hierzu ist eine neue Aufgabe (oder Task) in der Inbox, die in der Planungsfunktion definiert wurde. Ein neuer Task wird generiert, nachdem das *Startdatum* der Aktion erreicht worden ist oder Bedingungen für weitere Benachrichtigungen (zum Beispiel eine Erinnerung zwei Tage vor der Fälligkeit) erfüllt ist. Bei der Verwendung von SAP Interactive Forms by Adobe gibt es außerdem automatische Bestätigungen via E-Mail, zum Beispiel dazu, dass Testergebnisse via SAP Interactive Forms by Adobe erfolgreich importiert wurden oder dass gleiche Ergebnisse in der Vergangenheit von dem Benutzer bereits versendet wurden (Konsistenzcheck für den Fall, dass Benutzer aus Versehen gleiche Adobe-Formulare nochmals bearbeiten).

[«]

E-Mail-Benachrichtigungen – Übersicht

Folgende Arten von E-Mail-Benachrichtigungen stehen in SAP Process Control zur Verfügung:

- Benachrichtigung für die initialen Workflow-Aufgaben
- Erinnerungsbenachrichtigung
- Eskalation
- manuelle Ad-Hoc-Benachrichtigung für einzelne Aufgaben via Planer Monitor
- Ergebnisse der Verarbeitung in SAP Interactive Forms by Adobe
- Benachrichtigungen, die durch die Pflege von Stammdaten ausgelöst werden können (zum Beispiel Zuweisung einer Kontrolle als Risk Response oder Änderung der Organisationshierarchie beim aktivierten Vier-Augen-Prinzip für Stammdaten)

Redundanzen vermeiden

Es ist wichtig an dieser Stelle zu erwähnen, dass man in der Projektpraxis oft die Wahl treffen muss, ob die initiale Benachrichtigung zusätzlich zu den E-Mails mit SAP Interactive Forms by Adobe deaktiviert werden muss oder nicht; andernfalls werden Benutzer für die gleiche Aufgabe doppelt informiert.

Erinnerung und Eskalationsfunktion

Das Versenden einer Erinnerung (Reminder) beim Überschreiten der Fälligkeit eines Tasks ist eine separat zu konfigurierende Option. Darüber hinaus kann eine Eskalationsfunktion etabliert werden, in die auch weitere Personen außer dem Aufgabenverantwortlichen (Task Owner) involviert werden können.

Die E-Mail-Benachrichtigungsfunktion wird im IMG über den Pfad **GRC • Allgemeine Einstellungen • Workflow • Workflow der E-Mail-Benachrichtigungen** eingerichtet. Dabei muss die SAPconnect-Konfiguration vorgenommen werden (Standardtransaktion SCOT).

In der Praxis muss häufig der Text der Benachrichtigungen angepasst werden, die die Benutzer erhalten. Dies können Sie bei Bedarf im IMG über **GRC • Allgemeine Einstellungen • Workflow • Workflow-Aufgabennamen** durchführen.

Neue Art der Einrichtung von Benachrichtigungen

Wie bereits oben erwähnt, wird ab Release 10.1 SP15 der SAP GRC Suite im Planer (Frontend) eine benutzerfreundliche Option zur Verfügung gestellt, um vorformatierte Templates für Benachrichtigungen zu verwenden, die nach frei definierbaren Regeln (ebenfalls im Frontend pflegbar!) versendet werden können.

Kontrolldurchführung bestätigen

Kontrolldurchführung

In Abschnitt 18.3.3, »Kontrolldurchführung«, wurden die möglichen Wege der Abbildung der Kontrolldurchführung in einer IKS-Applikation aufgezeigt; hierbei geht es um die Bestätigung der Kontrolldurchführung und um die automatisierte Kontrolldurchführung.

Der automatisierten Kontrolldurchführung ist ein separates Kapitel gewidmet: Kapitel 20, »Umsetzung von automatisierten Test- und Monitoring-Szenarien«. Für die Bestätigung der Kontrolldurchführung wird in SAP Process Control ein workflowbasiertes Verfahren verwendet, bei dem ein Kontrollverantwortlicher eine *Selbstbeurteilungsaufgabe* (Self Assessment) zur Bearbeitung erhält. Diese Aufgabe bezieht sich auf eine Kontrolle innerhalb einer bestimmten Organisationseinheit.

Wie Sie es aus Abbildung 19.46 ersehen können, muss der Benutzer eine Umfrage (Survey) bearbeiten, in der einzelne Fragen zu beantworten sind ❶. Die Umfragen können in SAP Process Control frei definiert werden – im Arbeitsbereich **Bewertungen** unter **Umfragen**. Bei Bedarf kann der Kontrollverantwortliche **Kontrolldetails** einsehen ❷. Eine wichtige Funktion in

SAP Process Control ist die Möglichkeit, Attachments und Links anzufügen ❸, was bei der Bestätigung der Kontrolldurchführung als *Nachweis* (Supporting Evidence) verwendet wird. Abschließend muss eine **Einstufung** ❹ vorgenommen werden.

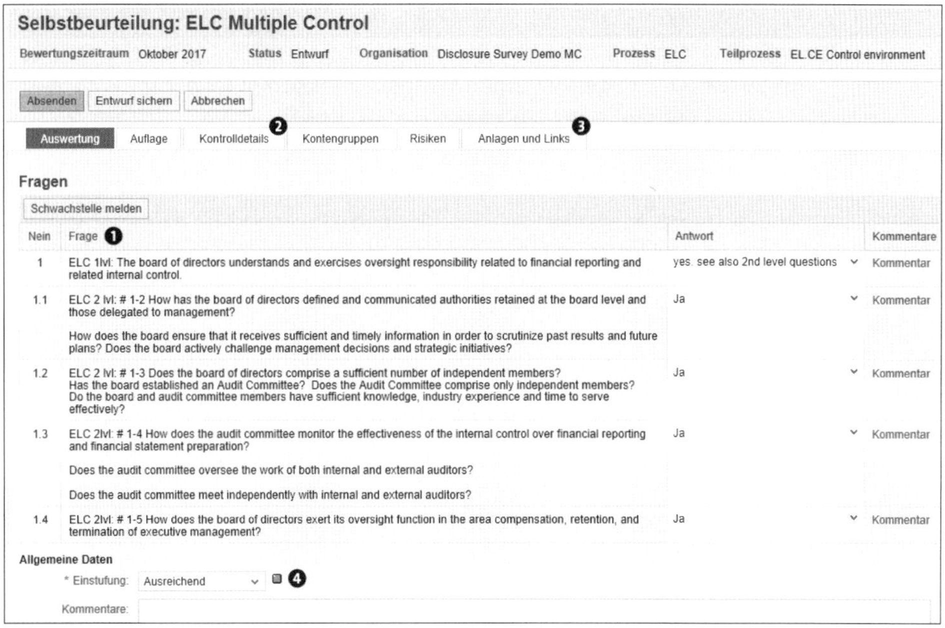

Abbildung 19.46 Bewertung der Selbstbeurteilung (Self Assessment)

Konfiguration

Der Ablauf eines Selbstbeurteilungs-Workflows bedarf – wie alle anderen Workflows in SAP Process Control – keiner weiteren Konfiguration. Die Workflows sind vorkonfiguriert und müssen nur aktiviert werden (siehe Abschnitt 19.2.2, »Initiale Konfiguration der Standardfunktionen«). In der Praxis können allerdings wichtige Details wie Bezeichnungen von einzelnen Bewertungsstufen im Rahmen von Selbstbeurteilungen angepasst werden: Dies erfolgt im IMG über **GRC • Process Control • Bewertungskonfiguration • Namen für Einstufungen angeben**. Außerdem steht ab Release 10.1 der SAP GRC Suite die Möglichkeit zur Verfügung, mehr als drei Bewertungsoptionen einzurichten. Außerdem lässt sich über die Konfiguration steuern, ob zum Beispiel Review-Schritte notwendig sind, welche Rolle die entsprechende Workflow-Aufgabe erhält oder welche vom Standard abweichenden Namen die einzelnen Aufgaben bekommen sollen.

Kontrollen testen

Die Bedeutung von Effektivitätstests im Rahmen einer IKS-Applikation wurde in Abschnitt 18.3.5, »Effektivitätstest«, beschrieben: Das Ziel eines Effektivitätstests ist es, eine Aussage bezüglich der Erreichung des Kontrollziels treffen zu können. Dabei unterscheidet man zwischen manuellen und automatisierten Effektivitätstests.

Manuelle Effektivitätstests

Automatisierte Tests werden in Kapitel 20, »Umsetzung von automatisierten Test- und Monitoring-Szenarien«, erörtert. Manuelle Effektivitätstests werden in SAP Process Control mithilfe eines entsprechenden Workflows umgesetzt. Der Tester hat einen Testplan zu bearbeiten, der ihm per Workflow zugeschickt wurde, wie Sie es in Abbildung 19.47 sehen.

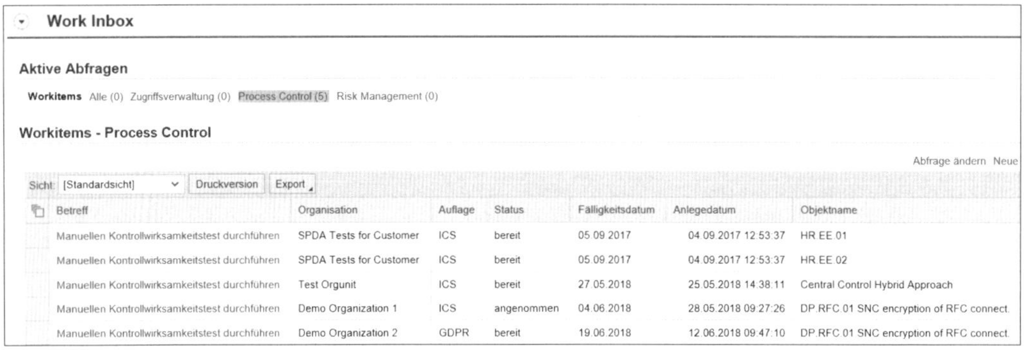

Abbildung 19.47 Effektivitätstestaufgabe in der Inbox

Testpläne werden im Arbeitsbereich **Stammdaten** unter **Manuelle Testpläne** gepflegt. Dabei kann in den einzelnen Testschritten innerhalb eines Testplans die Logik des Testablaufs hinterlegt werden.

[zB]

Logik in manuellen Testplänen

Die Logik innerhalb eines Testplans legt zum Beispiel fest, ob ein negatives Ergebnis im Rahmen eines Testschritts zum negativen Gesamtergebnis führt, welcher Stichprobenumfang vorgeschrieben ist, welche Methode bei der Stichprobenauswahl verwendet wird etc.

Im allgemeinen Bereich der Testdokumentation sind Testdatum, Testergebnis und sonstige Kommentare zu erfassen. Ob der Gesamttest positiv oder negativ ausgefallen ist, wird im Bereich **Testdetails** festgelegt (siehe Abbildung 19.49). Bevor man zu dem Gesamturteil gelangt, muss der Testplan bearbeitet werden (siehe Abbildung 19.48). Im Falle eines positiven Effektivitätstests wird dieser Test über den Button **Absenden** abgeschlossen. Falls der Effektivitätstest negativ ausgefallen ist, erzwingt das SAP-System das Anlegen eines Problemfalls (Button **SchwachSt melden**).

Die darauffolgenden Schritte bei einer gemeldeten Schwachstelle sind in Abschnitt 19.4.4, »Problembehebungsprozess«, beschrieben.

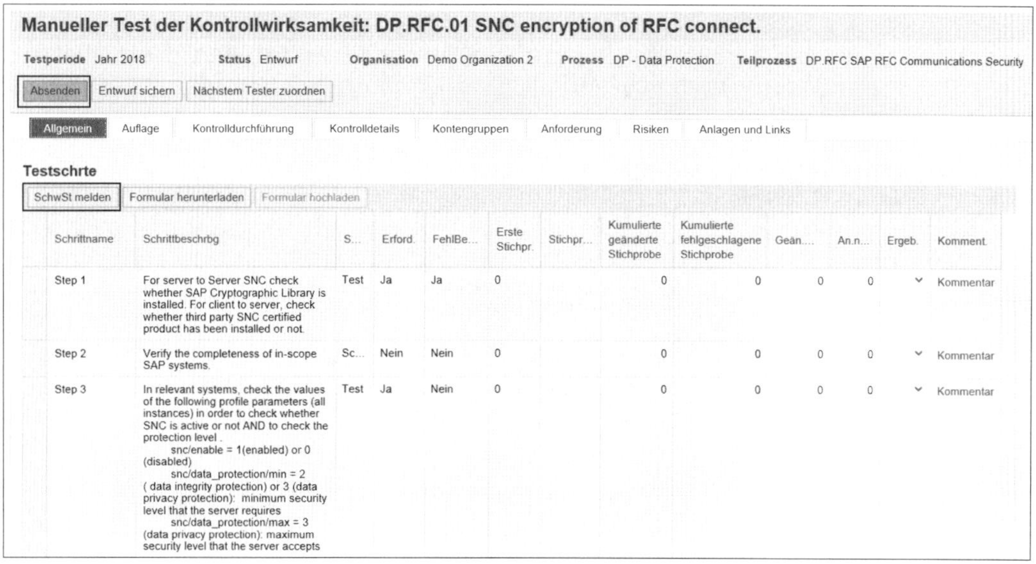

Abbildung 19.48 Test der Kontrolleffektivität: Bearbeitung des Testplans

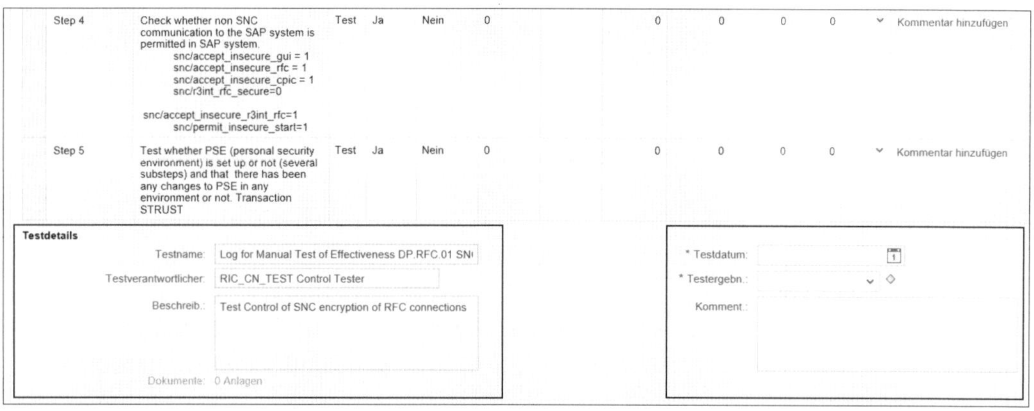

Abbildung 19.49 Test der Kontrolleffektivität: Gesamteinstufung

Offline-Test

Betriebswirtschaftliche Sicht

Effektivitätstests können nicht immer erfolgen, wenn der Computer des Benutzers mit dem Netzwerk verbunden ist. Eine Offline-Dokumentation der Testergebnisse ist in SAP Process Control mithilfe von SAP Interactive Forms by Adobe möglich.

SAP Interactive Forms by Adobe

Wie Sie es in Abbildung 19.50 erkennen können, kann das Offline-Formular innerhalb einer zu bearbeitenden Aufgabe heruntergeladen werden. Das

Formular kann anschließend beispielsweise lokal gespeichert und im Offline-Modus ausgefüllt werden. Diese Option ist allerdings weniger praktikabel, da nach dem Ausfüllen des Formulars ein erneuter Zugriff auf die Workflow-Aufgabe in der Inbox erforderlich ist.

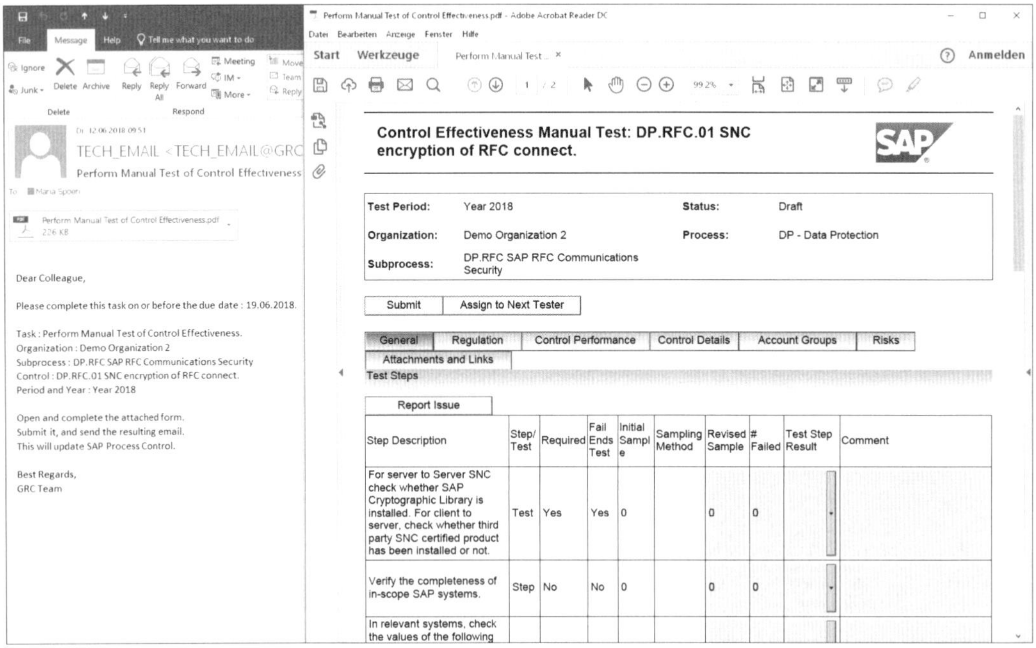

Abbildung 19.50 Offline-Bewertungsformular

Ergebnisse per E-Mail verschicken

Um diese Limitierung zu umgehen, besteht die Möglichkeit, die Offline-Formulare automatisiert per E-Mail zu verschicken. Nach dem Ausfüllen des Formulars kann der Benutzer dieses einfach zurückschicken – samt Attachments. Dadurch ist für viele Anwender die Anmeldung an SAP Process Control im Prinzip überflüssig. Das System liest die Test- und Bewertungsergebnisse aus dem Formular automatisch ein und importiert gegebenenfalls die beigefügten Dateien.

Weitere Umfragen und Bewertungen

Bislang haben Sie die IKS-Aktivitäten im Rahmen von Scoping, Kontrolldurchführung und Effektivitätstests kennengelernt. Es wurden alle Hauptaktivitäten aufgelistet, die mit der Planungsfunktion verfügbar sind. Darüber hinaus gibt es eine weitere Planungsfunktion im Workcenter **Zertifizierung**, in dem Sign-off und Aggregation von Schwachstellen geplant werden. Nachfolgend erfahren Sie mehr über ausgewählte Hauptaktivitäten.

Kontrolldesign-Bewertung (Control Design Assessment)

Beschaffenheit der Kontrollen bewerten

Im Rahmen der Kontrolldesign-Bewertung wird die Beschaffenheit einer Kontrolle analysiert, inwieweit diese dazu geeignet ist, das Kontrollziel zu erreichen (siehe Abschnitt 18.3.6, »Umfrage«). In SAP Process Control ist diese Aktivität genauso wie die Selbstbeurteilung workflowbasiert, bezieht sich auf die Kontrolle als Objekt und verwendet auf die gleiche Art eine Umfrage, die als eigenständiges Objekt gepflegt werden kann.

Aktivitäten bezüglich der Entitätsebenen-Kontrollen

Die folgenden beiden IKS-Aktionen beziehen sich auf Entitätsebenen-Kontrollen (oder Entity-Level Controls, siehe Abschnitt 3.1.4, »Struktur eines klassischen IKS-Frameworks im SAP-ERP-Umfeld«), die in SAP Process Control eine eigenständige Hierarchie bilden:

- Test der indirekten Entitätsebenen-Kontrollwirksamkeit (Test of Indirect Entity-Level Control Effectiveness)
- indirekte Entitätsebenen-Kontrollbewertung (Indirect Entity-Level Control Assessment)

High-Level-Kontrollen bewerten

Die Notwendigkeit von Entitätsebenen-Kontrollen innerhalb eines IKS-Frameworks entspringt der COSO-Studie und wird betriebswirtschaftlich dadurch begründet, dass es Kontrollmechanismen gibt, die das Kontrollumfeld insgesamt wesentlich beeinflussen, aber nicht unmittelbar Bestandteil der Geschäftsprozesse sind.

Die Entitätsebenen-Kontrollen sind, wie Sie in Abbildung 19.51 sehen, nicht Bestandteil der »üblichen« Prozess- und Kontrollhierarchie, sondern werden separat auf der Registerkarte **Indirekte Entitätsebenenkontrollen** innerhalb von Organisationseinheiten zugeordnet.

Gepflegt werden die Entitätsebenen-Kontrollen im Arbeitsbereich **Stammdaten** unter **Aktivitäten und Prozesse**. Der Ablauf von workflowbasierten Tests und Bewertungen dieser IKS-Objekte gleicht dem Ablauf von »normalen« Kontrollen.

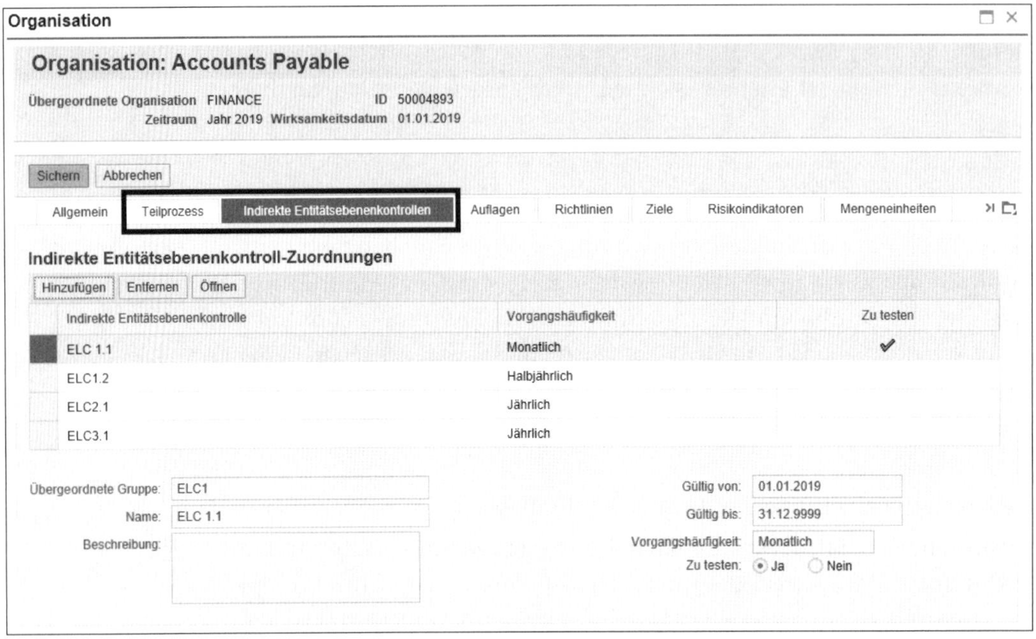

Abbildung 19.51 Zuordnung von Entitätsebenen-Kontrollen

Teilprozessdesign-Bewertung (Subprocess Design Assessment)

Teilprozesse oder Gruppe von Kontrollen bewerten

Diese Aktion bezieht sich innerhalb einer Prozesskontrollhierarchie auf den Subprozess (den Hierarchieknoten oberhalb der Kontrollen), weist übliche Bewertungseigenschaften aus und verfolgt das Ziel, Kontrollgruppen kumuliert zu betrachten. In der Praxis verwendet man diese Option zum Beispiel, um den Anpassungsbedarf oder die Aktualität der IKS-Dokumentation in Erfahrung zu bringen.

Offenlegungsumfragen

Mehrere Objekte gruppieren

Für viele Kunden waren die verfügbaren Workflows nicht ausreichend, um die vielfältigen IKS-Aktivitäten vollumfänglich abbilden zu können. Aus diesem Grund bietet SAP ab Release 10.1 eine neue Workflowart an: die *Offenlegungsumfrage* (*Disclosure Survey*). Funktional werden diese Workflows für Organisationen, Teilprozesse oder Kontrollen ermöglicht und erlauben es, bei Bedarf mehrere Objekte (zum Beispiel alle Kontrollen einer Organisationseinheit) in ein Workflow-Item zu »verpacken« und zwecks Umfrage zu verschicken. Der wesentliche Unterschied zu den sonstigen Test- oder Bewertungs-Workflows besteht darin, dass im Workflow keine Gesamteinstufung bzw. Bewertung angeboten wird; stattdessen wird das Feedback eines Benutzers als Antwort zu einer Umfrage (für jedes einzelne Objekt im Workflow oder/und zum Beispiel in der Gesamtheit zu allen Kontrollen) eingesammelt.

In der Praxis wird diese Workflow-Art für diverseste Zwecke eingesetzt: als Certification Letter (alternativ oder zusätzlich zum Sign-off), zwecks einer jährlichen Risikobewertung oder Scoping-Beurteilung für einzelne Organisationseinheiten etc.

19.4.4 Problembehebungsprozess

Betriebswirtschaftliche Sicht

Ein IKS muss wirksam sein, und zu den Kernaufgaben einer Compliance-Management-Applikation gehört es, identifizierte Schwachstellen effizient zu beseitigen. *Schwachstellen* (Issues), die in der Praxis, je nach Bereich, auch als *Feststellungen* oder *Problemfälle* bezeichnet werden, können zum Beispiel folgendermaßen verursacht werden:

- Es existieren keine oder nur ungenügende Kontrollen in einem Prozess, sodass im Prozess vorhandene Risiken nicht abgedeckt werden.
- Eine Kontrolle ist ineffizient oder hat ein falsches Design, sodass das Kontrollziel nicht erreicht werden kann.
- Eine Kontrolle wird nicht in der vorgesehenen Häufigkeit ausgeführt etc.

In SAP Process Control bildet der Prozess der Schwachstellenbearbeitung den funktionalen Kern der Anwendung.

Wie in Abbildung 19.52 dargestellt, entstehen die Schwachstellen in SAP Process Control, wenn das Ergebnis eines manuellen Tests, einer Bewertung oder einer automatisierten Kontrolle negativ ausgefallen ist.

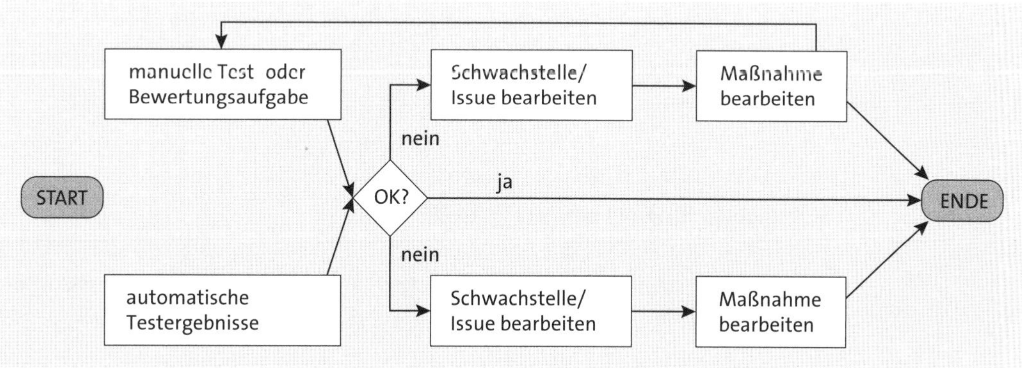

Abbildung 19.52 Ablauf der Schwachstellenbeseitigung

Anschließend muss der Maßnahmenplan zur Beseitigung der Schwachstellen bearbeitet werden. Ist diese Bearbeitung abgeschlossen, kann vom SAP-System automatisiert eine erneute Bewertung oder ein Test angestoßen werden (dies ist optional).

Automatisierte Neubewertung

Das automatisierte Anstoßen einer Neubewertung erfolgt in der Praxis meist mit einer Verzögerung: Dies ist insbesondere bei einem Effektivitätstest sinnvoll, weil die Wirkung einer Kontrolle nicht sofort nach der Bearbeitung der Schwachstellen erneut beurteilt werden und neue Stichproben gezogen werden können.

Prozessschritte

Der Prozess der Meldung und Bearbeitung einer Schwachstelle lässt sich wie folgt zusammenfassen:

Das Anlegen einer Schwachstelle ist Pflicht und wird vom SAP-System erzwungen, falls das Ergebnis eines Tests oder einer Bewertung negativ eingestuft wurde. Im Rahmen eines Tests oder einer Bewertung können mehr als eine Schwachstelle gemeldet werden.

Beim Melden einer Schwachstelle müssen unter anderem im Feld **Priorität** die Priorität (**Niedrig**, **Mittel**, **Hoch**) und im Feld **Verantwortlicher** die verantwortliche Person definiert werden (siehe Abbildung 19.53).

Abbildung 19.53 Schwachstelle melden

Das SAP-System schlägt einen Benutzer vor, der die Schwachstelle bearbeiten muss. Den Systemvorschlag können Sie bei Bedarf überschreiben.

Die gemeldete Schwachstelle wird per Workflow an die **Work Inbox** des zuständigen Benutzers geschickt (siehe Abbildung 19.54).

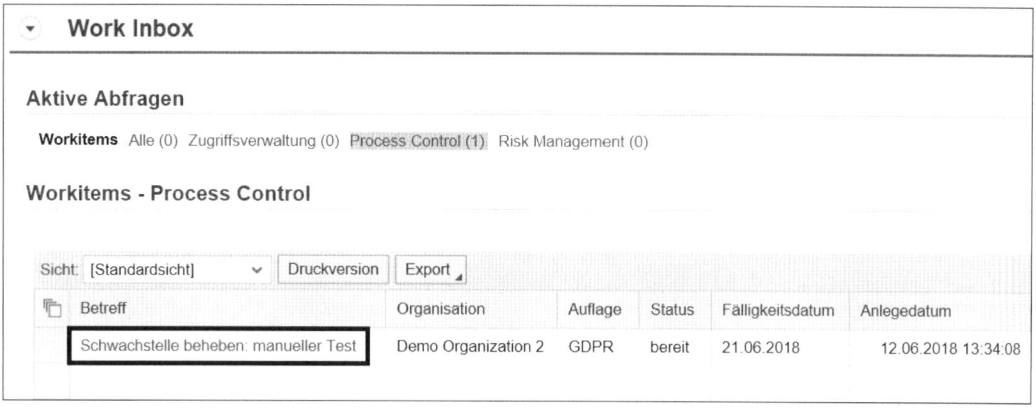

Abbildung 19.54 Gemeldete Schwachstelle in der Work Inbox

Es gibt drei Optionen bei der Bearbeitung einer Schwachstelle (siehe Abbildung 19.55):

- **Schwachstellenbehebungsplan zuordnen**: einen Plan zu ihrer Beseitigung anlegen
- **Ohne Plan abschließen**: die Schwachstelle stornieren (dabei muss eine Begründung dokumentiert werden)
- **Schwachstelle neu zuordnen**: die Schwachstelle an einen anderen Benutzer weiterleiten

Abbildung 19.55 Möglichkeiten zur Schwachstellenbearbeitung

Anschließend erfolgt die Bearbeitung des Plans zur Beseitigung der Schwachstelle. Dieser Plan wird als *Maßnahmenplan* bezeichnet.

Maßnahmenplan

Der Maßnahmenplan hat ein Fälligkeitsdatum und einen Bearbeiter, der, ähnlich wie bei der Meldung einer Schwachstelle, vom SAP-System vorgeschlagen oder manuell definiert wird (siehe Abbildung 19.56).

Abbildung 19.56 Schwachstellenbehebungsplan zuordnen

Der Maßnahmenplan wird in der **Work Inbox** des Benutzers zugestellt (siehe Abbildung 19.57).

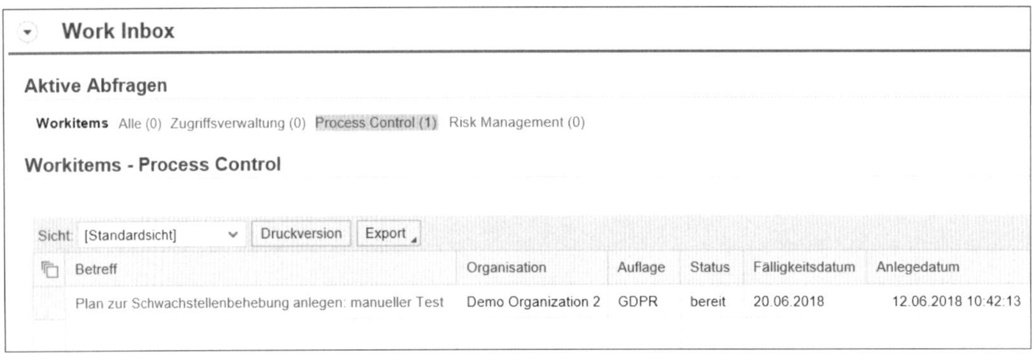

Abbildung 19.57 Gemeldeter Maßnahmenplan in der Work Inbox

Die Bearbeitung des Maßnahmenplans wird dokumentiert (siehe Abbildung 19.58). Im markierten Bereich können der Fertigstellungsgrad und die Beschreibung aktualisiert werden.

Technische Details und Konfiguration

Um den Prozess der Schwachstellenbeseitigung flexibler zu gestalten, bietet der IMG einige Optionen an. Es ist bereits erwähnt worden, dass ein automatisiertes Anstoßen einer wiederholten Bewertung oder eines Tests optional ist. Über den Pfad **GRC • Process Control • Bewertungskonfiguration • Neuauswertungsnotwendigkeit und Verzögerung festlegen** kann dies konfiguriert werden; darüber hinaus kann hier die gewünschte Verzögerung einer Neubewertung festgelegt werden.

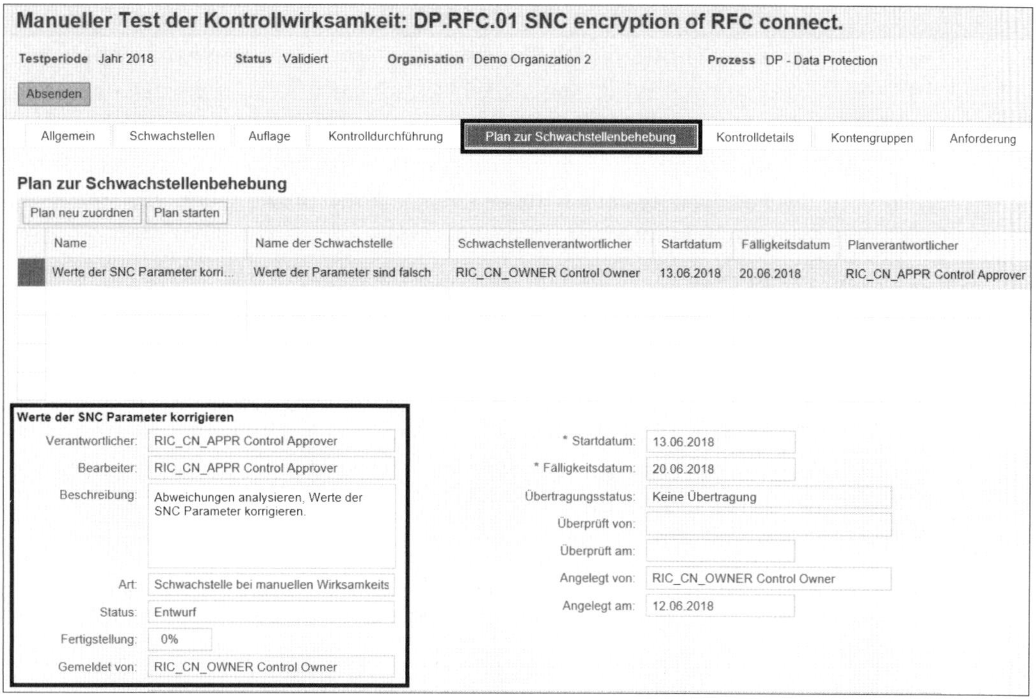

Abbildung 19.58 Bearbeitung des Maßnahmenplans

Logik für das Fälligkeitsdatum konfigurieren

In dieser Einstellung können Sie bestimmen, wie das Fälligkeitsdatum für eine erneute Auswertung ermittelt wird. Dazu gehen Sie folgendermaßen vor:

1. Wählen Sie für die Neubewertung und den Nachtest eine bestimmte Anzahl an Tagen aus.
2. Das Fälligkeitsdatum für die Neuauswertung (zum Beispiel ein erneuter Wirksamkeitstest oder eine erneute Kontrolldesign-Bewertung) ist das letzte Datum des ursprünglichen Fälligkeitsdatums, des Datumsauslösers der Neubewertung oder des erneuten Tests (unter Berücksichtigung der möglicherweise vorhandenen Verzögerung) und des Fälligkeitsdatums der Fehlerbehebung plus der Anzahl an Tagen, die Sie bei der Konfiguration in der Spalte FällVersch (Verschiebung des Fälligkeitsdatums) angeben.

Notwendigkeit von Schwachstellen einrichten

In SAP Process Control wird die Option angeboten, bei Bewertungen von Entitätsebenen-Kontrollen das Melden einer Schwachstelle nur ab einer bestimmten Einstufung erforderlich zu machen. Diese Option wird im IMG über folgenden Pfad konfiguriert: **GRC • Process Control • Bewertungskonfiguration • Notwendigkeit von Schwachstellen einrichten**

Vier-Augen-Prinzip bei IKS-Aktionen

Betriebswirtschaftliche Sicht

Manche Schritte im IKS-Prozess erfordern in der Praxis besondere Aufmerksamkeit. Wird eine als kritisch eingestufte Schwachstelle gemeldet oder wird entschieden, dass eine bestehende Schwachstelle aufgrund eines umgesetzten Maßnahmenplans geschlossen werden darf, ist es oft notwendig, eine weitere Person in den Entscheidungsprozess zu involvieren (siehe Abbildung 19.59).

Validierung im IKS-Prozess

Dieses Vier-Augen-Prinzip ist in SAP Process Control in Form von Review-Aufgaben realisiert, die zwischen die einzelnen Test- und Bewertungsschritte geschaltet werden können. Dabei erhält ein Reviewer per Workflow die Aufgabe, die Test- oder Bewertungsergebnisse zu prüfen (bzw. zu *validieren*) ❶ oder bei einem abgeschlossenen Maßnahmenplan ❷ zu entscheiden, ob dieser beispielsweise umgesetzt wurde und die Schwachstelle geschlossen werden kann.

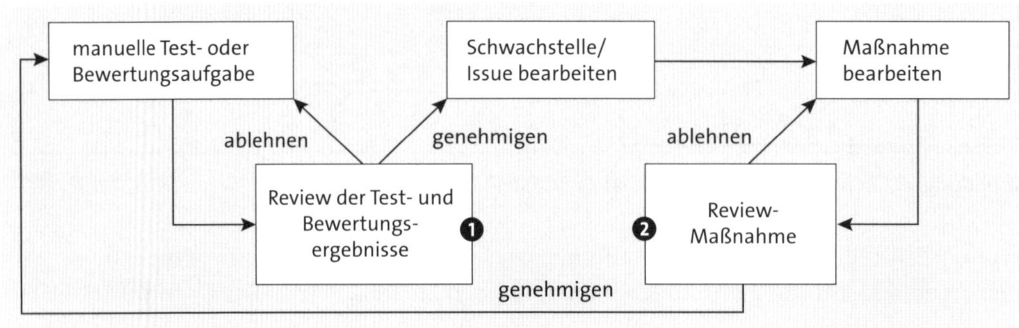

Abbildung 19.59 Review-Schritte im Test- und Bewertungsprozess

Reviewer

Dabei hat der Reviewer neben der Möglichkeit, eigene Kommentare zu hinterlegen, die Wahl, das Ergebnis zu akzeptieren oder es abzulehnen.

Die Review-Schritte können in SAP Process Control generell in Abhängigkeit von der Einstufung einer Schwachstelle oder individuell für bestimmte Subprozesse durchgeführt werden. Letztere Option wird in den Stammdaten und nicht im IMG definiert.

Wie Sie in Abbildung 19.60 sehen können, kann auf der Subprozessebene gesteuert werden, ob für zugehörige Kontrollen bei Tests und Bewertungen ein Review-Schritt notwendig ist ❶. Hier kann auch definiert werden, ob Tests und Bewertungen nach dem Abschluss eines Maßnahmenplans automatisch angestoßen werden ❷.

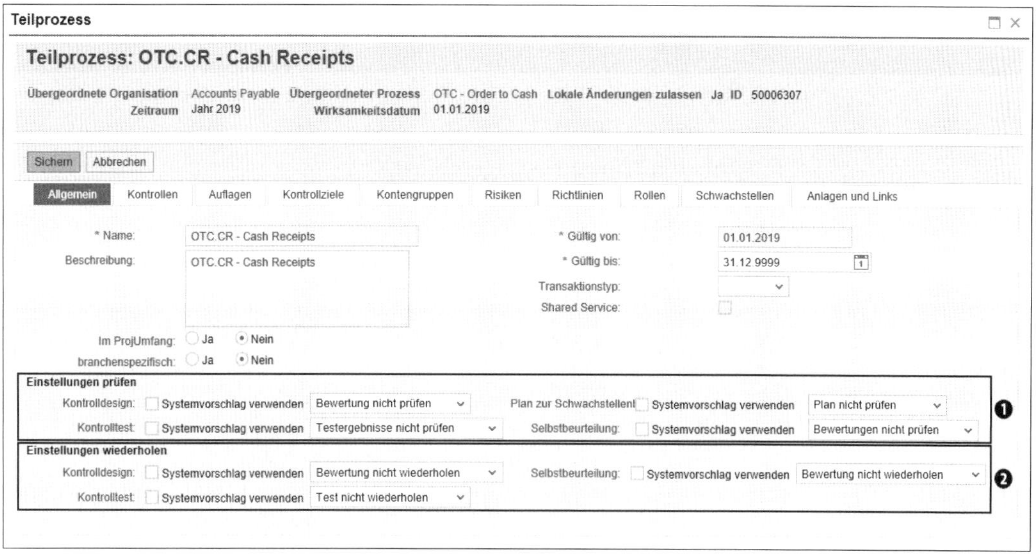

Abbildung 19.60 Steuerung des Reviews sowie der Test- und Bewertungswiederholung

Technische Details und Konfiguration

Ob die Validierung für bestimmte IKS-Aktionen notwendig ist, kann im IMG über **GRC • Process Control • Bewertungskonfiguration • Festlegen, ob Prüfung erforderlich ist** bestimmt werden.

Des Weiteren bietet SAP Process Control die Möglichkeit, Validierungsschritte in Abhängigkeit von der Einstufung der Schwachstellen zu erzwingen. Hierzu wählen Sie den IMG-Pfad **GRC • Process Control • Bewertungskonfiguration • Überprüfung je nach Bewertung überspringen**.

Testautomatisierung und Monitoring durch Integration

CMF – Continuous Monitoring Framework

»Push the button and get results«: Die große Vision der IKS-Automatisierung ist mithilfe von Compliance-Management-Software, unter anderem auch SAP Process Control, und zwar basierend auf dem CMF, wahr geworden. Diesem Thema ist ein separates Kapitel gewidmet (siehe Kapitel 20, »Umsetzung von automatisierten Test- und Monitoring-Szenarien«). An dieser Stelle sollen nur die wichtigsten Aspekte zusammengefasst und Antworten auf die häufigsten Fragen gegeben werden.

Sicht des Benutzers

Für einen Business-Anwender, der mit ausführenden IKS-Aktivitäten und nicht mit dem Aufsetzen des Systems betraut ist, bedeutet es meist keinen Unterschied, ob es sich in SAP Process Control um automatisierte oder manuelle Kontrollen handelt:

- Automatisierte Kontrollen sind genauso Bestandteil der Prozess- und Kontrollhierarchie wie manuelle Kontrollen.
- Die Test- und Bewertungsaufgaben sowie die Testergebnisse werden den Benutzern sowohl für manuelle als auch für automatisierte Kontrollen in Form von Workflows zugeschickt.

Anders verhält es sich mit der *Konfiguration* der Kontrollen, die für einen »normalen« Business-Anwender nicht sichtbar ist.

[zB]

Automatisierte Kontrollen

Als *automatisiert* werden Kontrollen bezeichnet, die ohne menschliche Beteiligung ausgeführt werden. Wird zum Beispiel ein Produktivmandant in einem SAP-ERP-System für direkte Änderungen geöffnet, bedeutet das, dass eine wichtige präventive Applikationskontrolle – auch wenn dabei kompensierende Kontrollmechanismen möglich sind – ineffektiv geworden ist. Dieser Zustand kann von SAP Process Control aufgedeckt, als Schwachstelle gemeldet und einer verantwortlichen Person zur Bearbeitung zugeschickt werden.

Höhere Effizienz

Bei diesem Beispiel würde der Aufwand, alle im Unternehmen verwendeten Mandanten in allen SAP-ERP-Systemen manuell zu überprüfen, Zeit und Ressourcen in Anspruch nehmen. Ein automatisierter Test erfolgt dagegen in Bruchteilen einer Sekunde und fordert die Aufmerksamkeit der Verantwortlichen nur, falls eine Schwachstelle aufgedeckt wurde.

Anforderungen in Unternehmen

Neben einem solchen idealtypischen Szenario, bei dem das SAP-System aufgrund vordefinierter Prüfregeln »weiß«, dass eine Schwachstelle vorliegt, sind in SAP Process Control weniger eindeutige Szenarien vorstellbar. Bei diesen müssen die Auswertungsergebnisse zuerst von einer verantwortlichen Person analysiert werden, bevor eine Schwachstelle angelegt und bearbeitet wird (wie die manuelle Buchung auf ein Konto, das nur maschinell bebucht werden sollte); auch diese Option ist mithilfe des CMF in SAP GRC abbildbar.

Typische Verwechslung

In der Praxis wird das Testen der Kontrollen – etwa die *Überprüfung* ihres Designs oder ihrer Effektivität – oft mit dem *Ausführen* dieser Kontrollen verwechselt. Die in SAP Process Control vorhandene Funktionalität ist dazu geeignet, die Kontrollen nicht nur zu testen, sondern auch um diverse Monitoring-Szenarien als Bestandteil der vorhandenen Geschäftsprozesse zu unterstützen (= eigentliche Kontrolldurchführung).

Vorteile gegenüber anderen Überwachungsoptionen

Gegenüber anderen Monitoring-Tools und -Optionen (zum Beispiel Auswertung von ABAP-Reports oder Dienstleistungen oder Monitoring-Funktionen im SAP Solution Manager) hat der Ansatz, Kontrollmechanismen in einem zentralisierten IKS-Managementsystem zu überwachen, klare Vorteile: Ein formalisierter und workflowbasierter Prozess zur Schwachstellenbearbeitung kann sicherstellen, dass identifizierte Probleme effizienter behoben werden, und der »IKS-Gesamtblick« erlaubt eine vollständige Aussage über den Stand der Compliance (nahezu in Echtzeit). Außerdem lässt sich in SAP GRC die gesamte Historie zurückverfolgen.

Wo sehen die Benutzer nun die Ergebnisse der Test- und Monitoring-Vorgänge in SAP Process Control, und welche Maßnahmen sind gegebenenfalls zur Beseitigung der identifizierten Schiefstände möglich?

In Abbildung 19.61 können Sie erkennen, dass es mindestens drei Einstiegspunkte gibt, um die Ergebnisse der automatisierten Test- und Überwachungsszenarien zu überprüfen:

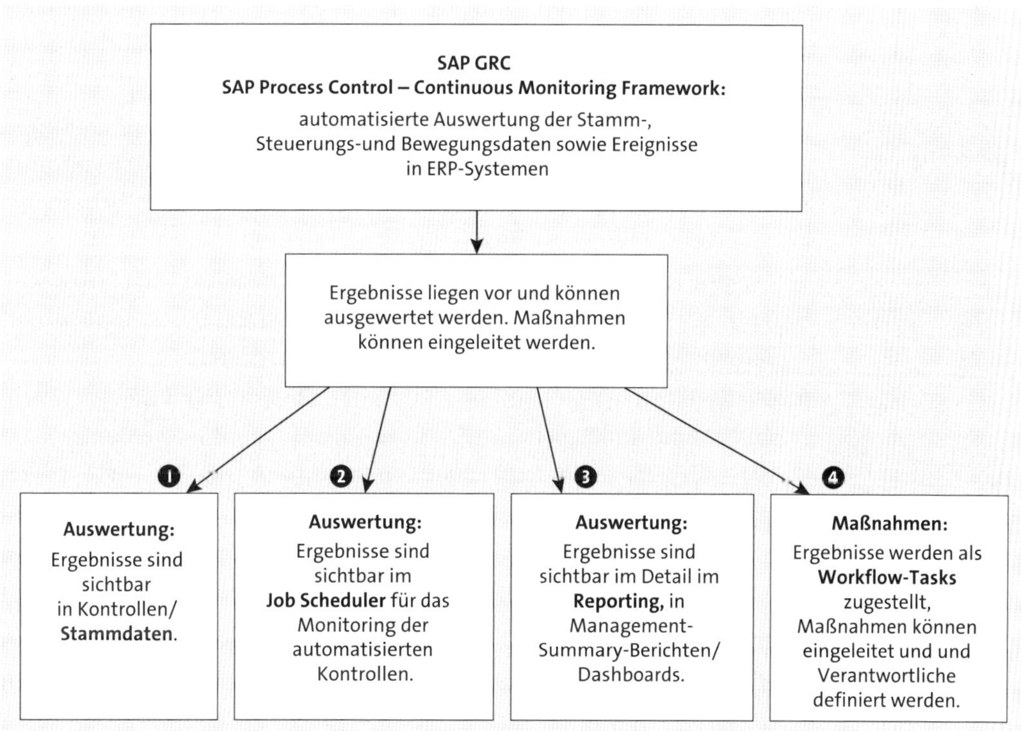

Abbildung 19.61 Auswertungsmöglichkeiten für das Continous Controls Monitoring Framework

Sämtliche Ergebnisse der Bewertungen von Kontrollen werden – unabhängig davon, ob diese manuell oder automatisiert stattfanden – in den Kontrollen selbst abgelegt ❶. Das bedeutet, wenn Sie eine lokale Kontrolle öffnen, finden Sie auf der Registerkarte **Auswertung** (je nach Release der SAP GRC Suite gibt es für CMF-Ergebnisse eine zusätzliche Registerkarte) sowohl Ergebnisse von Designumfragen etc. als auch Ergebnisse von automatisierten Tests (vorausgesetzt, die Kontrolle ist als automatisiert oder vollautomatisiert definiert und konfiguriert).

Die Auflistung sämtlicher aktiver CMF-Szenarien und deren Ergebnisse sind im Job Scheduler zu finden ❷. Selbstverständlich sind die Ergebnisse auch in zahlreichen Reports auswertbar ❸.

Die Ergebnisse werden per Workflow zugestellt. Die Grundidee, dass keine Schwachstelle im IKS verloren geht und grundsätzlich dokumentiert und weiterbearbeitet werden muss, gilt auch für automatisierte Kontrollen. Für Überwachungsszenarien werden dem verantwortlichen Benutzer sogenannte Exceptions (Abweichungen) und für Testszenarien Schwachstellen (Issues) per Workflow zugestellt ❹. Die nachfolgende Bearbeitung der Schwachstellen folgt dem Standardprozess in SAP Process Control.

Technische Details und Konfiguration

Die technischen Details bezüglich der Einrichtung von automatisierten Test- und Monitoring-Szenarien können Kapitel 20, »Umsetzung von automatisierten Test- und Monitoring-Szenarien«, entnommen werden. An dieser Stelle seien nur die wichtigsten Punkte genannt:

- SAP Process Control kann sich mit SAP ERP, PeopleSoft, Oracle und weiteren Business-Applikationen verbinden und Stamm-, Steuerungs- und Bewegungsdaten in diesen Anwendungen analysieren.
- Die wichtigsten Elemente im CMF innerhalb von SAP Process Control sind Skripte und Regeln, die den Kontrollen zugeordnet werden.
  - *Datenquellen* definieren, welche Daten aus welchem System gelesen werden.
  - *Regeln* definieren die Selektionswerte und enthalten zum Teil Analysekriterien und Analyselogik.
- Im Rahmen von CMF können sowohl SAP-Process-Control-eigene Skripte und Regeln als auch Standardreports und Querys in SAP ERP verwendet werden.
- Die SAP-HANA-Technologie bietet wesentliche Vorteile bei der Einrichtung von CMF-Szenarien – insbesondere für transaktionale Daten.

Aggregation von Mängeln

Betriebswirtschaftliche Sicht

In einer IKS-Applikation kann es notwendig sein, mehrere festgestellte Schwachstellen und Mängel zu konsolidieren. Hierfür kann es vielerlei Gründe geben:

- Bei den Tests und Bewertungen von Kontrollen innerhalb unterschiedlicher Prozesse können sich gemeldete Schwachstellen auf den gleichen Sachverhalt beziehen.
- Die gleiche Kontrolle kann in SAP Process Control in unterschiedlichen Perioden getestet werden und in jeder Periode die gleiche Schwachstelle aufweisen; selbst bei einem Test oder einer Bewertung können mehrere Schwachstellen gemeldet werden.
- Im Rahmen der gesetzlichen Anforderungen, wie beispielsweise bei US-SOX, kann es erforderlich sein, die identifizierten Schwachstellen summarisch zu betrachten und deren formelle Einstufung als gegebenenfalls signifikanten Mangel (Significant Deficiency) oder sogar als wesentliche Schwäche (Material Weakness) vorzunehmen. Die Kriterien für die Gruppierung entspringen der externen Finanzberichterstattung: Unterschiedliche Schwachstellen können gleiche Positionen im Jahresabschluss betreffen und in der Summe ein höheres Risiko verursachen als einzeln betrachtet.

In SAP Process Control ist dieser Bedarf mithilfe der Mängelaggregationsfunktion abgedeckt (Aggregation of Deficiencies). Wie die meisten IKS-Aktionen läuft auch die Mängelaggregation workflowgesteuert ab: Die verantwortliche Person erhält eine Aufgabe, die eine Übersicht über die bestehenden Schwachstellen enthält; die einzelnen Schwachstellen müssen in Gruppen zusammengefasst werden.

Sign-off-Prozess

Notwendigkeit des Sign-offs

Die *Abzeichnung* (*Sign-off*) ist der letzte Schritt im IKS-Zyklus, der von SAP Process Control unterstützt wird. Diese optionale IKS-Aktion ist auf die formellen gesetzlichen Anforderungen (wie in US-SOX) zurückzuführen, nach denen das Management eines Unternehmens zu bestätigen hat, dass ein IKS sowie Maßnahmen zur Sicherstellung von dessen Effektivität etabliert sind.

Prozessschritte

Das in SAP Process Control etablierte Sign-off-Verfahren ist workflowbasiert und wird üblicherweise für alle Organisationen innerhalb einer Corporate-Hierarchie gleichzeitig eingeplant. Die verantwortliche Person hat eine Sign-off-Aufgabe in mehreren Schritten abzuarbeiten, durch die sie vom SAP-System geleitet wird (Buttons **Weiter** und **OK**):

1. Der Benutzer hat einen Überblick über die Organisationseinheiten, die in das Sign-off involviert sind, sowie über alle offenen und geschlossenen Schwachstellen, die bei der Bewertung und beim Testen von Kontrollen gemeldet wurden.
2. Anschließend wird die Umfrage bearbeitet, wobei die einzelnen Fragen frei definiert werden können.
3. Im nächsten Schritt hat der Benutzer die Option, Kommentare sowie Attachments (zum Beispiel für bestehende Schwachstellen) zu hinterlegen.
4. Im letzten Schritt erfolgt die finale Bestätigung des Sign-offs.

Besonderheiten des Abzeichnungsvorgangs

Die wichtigsten Eigenschaften des Abzeichnungsvorgangs lassen sich wie folgt zusammenfassen:

- Das Sign-off erfolgt nach dem Bottom-up-Prinzip. Entlang der Organisationshierarchie werden zuerst die tiefer gelegenen Hierarchiestufen abgezeichnet, bis der oberste Hierarchieknoten erreicht ist.
- Die offenen Test- und Bewertungsaufgaben werden geschlossen.
- Die abgezeichnete Periode (das Sign-off kann für einen beliebigen Zeitraum durchgeführt werden) wird »eingefroren«; die Änderung von Stammdaten ist anschließend nicht mehr möglich.
- Die offenen Schwachstellen werden in die nächste Periode im Status **Vortrag** (Carry Forward) übertragen.

Technische Details und Konfiguration

Die Attribute für das Sign-off werden im IMG gepflegt: **GRC • Process Control • Abzeichnung**.

In der Praxis kann es hin und wieder in der Testphase während der Implementierung von SAP Process Control erforderlich sein, die durch ein Sign-off verursachte Sperre aufzuheben. Dies erfolgt durch das Löschen der Einträge in der Datenbanktabelle GRPCCLOSING.

19.4.5 Reporting

Betriebswirtschaftliche Sicht

Das primäre Ziel des Reportings in SAP Process Control ist es, Realtime-Informationen über die Wirksamkeit eines IKS zu liefern: über die festgestellten Mängel, den Stand der Bearbeitung etc. Der Umgang vieler Benutzergruppen mit SAP Process Control, wie zum Beispiel Topmanagement oder externe Wirtschaftsprüfung etc., kann sich nur auf das Reporting beschränken; bei anderen Benutzergruppen spielen das Reporting sowie die Durchführung von Tests und Bewertungen oder die Bearbeitung von Schwachstellen etc. ebenfalls eine sehr wichtige Rolle. Dementsprechend hoch ist die Bedeutung des Reportings während eines Implementierungsprojekts. Die Reports in SAP Process Control sind zwar *theoretisch* ready to use, in der Projektpraxis gibt es allerdings immer Konfigurations- und Anpassungsbedarf, wie zum Beispiel das Einfügen neuer Felder in einen Report, das Umbenennen von Feldern, das Festlegen einer Default-Auswahl und Anordnung von Feldern, performanceoptimierende Konfigurationseinstellungen u. v. m.

Standardreports

SAP Process Control bietet insgesamt ca. 40 Standardreports, die folgende Bereiche abdecken:

- **Stammdaten**
  stammdaten- und dokumentationsbezogene Reports, die primär auf das in SAP Process Control etablierte IKS-Framework abzielen (Risiko- und Kontrollmatrix etc.), einschließlich der Auswertung der vorgenommenen Änderungen
- **Auswertung der Test- und Bewertungsergebnisse**
  Reports zur Überprüfung des geplanten Test- und Bewertungsumfangs, zur Analyse der Test- und Bewertungsergebnisse, zum Nachverfolgen von offenen Schwachstellen sowie von Maßnahmen zu deren Beseitigung
- **Automatische Überwachung**
  Reports, die speziell für das CMF gestaltet sind. Hier können sowohl der CMF-Setup angezeigt werden (zum Beispiel die Beziehungen zwischen Geschäftsregeln, Datenquellen und Kontrollen) als auch CMF-Ergebnisse ausgewertet werden.
- **Management Dashboards**
  diverse zusammenfassende Darstellungen von Test- und Bewertungsergebnissen (Heatmaps, Dashboards etc.) mit Aggregationsoptionen
- **Rollen und Berechtigungen**
  Benutzer- und berechtigungsbezogene Reports erlauben eine Auswertung der Zuständigkeiten und Benutzerzuweisungen im IKS-Framework.

Im Folgenden sind einige Beispiele für Reports dargestellt, die Sie in SAP Process Control nutzen können.

In Abbildung 19.62 sehen Sie einen detaillierten Bericht in SAP Process Control: **Evaluation Results by Organization** (Bewertungsergebnisse nach Organisation). Der Bericht zeigt Ergebnisse von Self-Assessments (Selbstbeurteilung) und Effectiveness (Effektivitätstest) pro Kontrolle. Die Bewertungssymbole dienen außerdem als Hyperlinks, über die Anwender sich Details zu jeder Bewertung anzeigen lassen können.

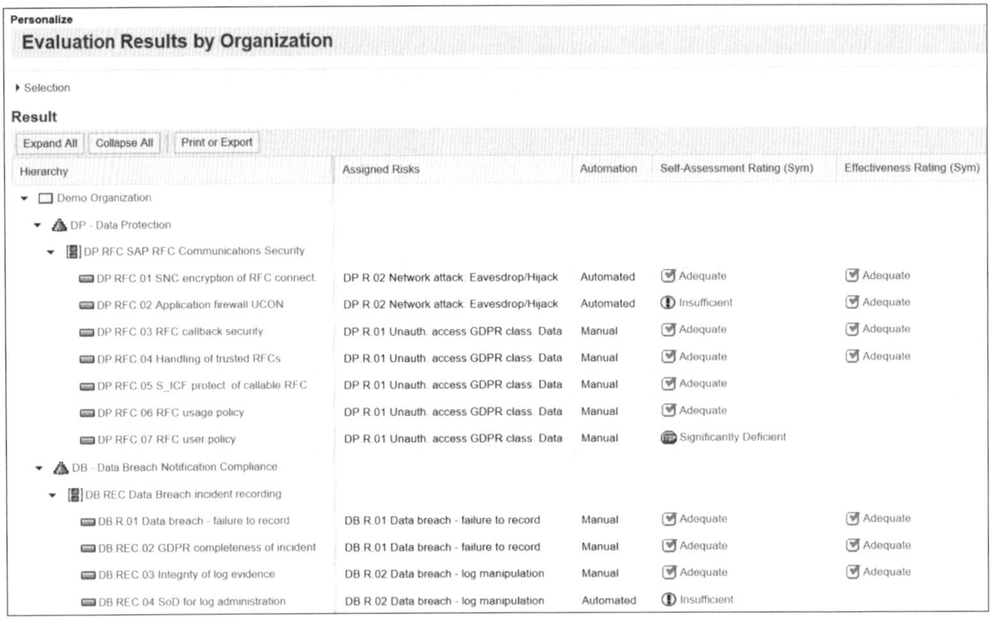

Abbildung 19.62 Beispiel: detaillierter Bericht in SAP Process Control

Zusätzlich zu den detaillierten Berichten gibt es einige Dashboards, die statistische Zusammenfassungen und grafische Visualisierungen anbieten, wie Sie es in Abbildung 19.63 sehen.

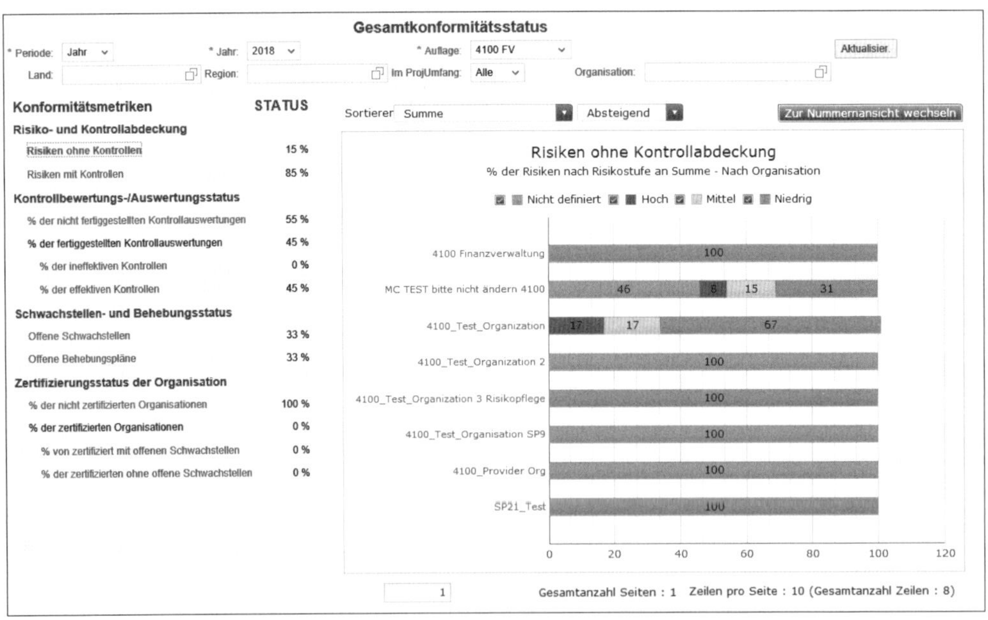

Abbildung 19.63 Beispiel: Dashboard in SAP Process Control

Es gibt zwei Optionen, um einen Report in SAP Process Control aufzurufen:

Report aufrufen

- Report online generieren
- Report im Hintergrund generieren und das generierte Ergebnis als Attachment vom System an die eigene Inbox senden lassen

Grundsätzlich können in SAP Process Control zwei Technologien für Reports verwendet werden:

Technische Details und Konfiguration

- **SAP Crystal Reports**
  SAP Crystal Reports können Sie alternativ oder ergänzend, das heißt als weitere Darstellungsoption, für Berichte nutzen. Der Crystal Reports Adapter wird bereits zusammen mit der SAP GRC Suite ausgeliefert, sodass keine zusätzliche Infrastruktur erforderlich ist (siehe Abschnitt 19.2.1). Außerdem gibt es für die meisten Berichte vordefinierte Layouts. Diese Crystal-Reports-Layouts beinhalten insbesondere bei detaillierten Berichten (siehe Abbildung 19.62) zusätzliche Charts, die den Informationswert der Berichte in SAP Process Control steigern können. Bedenken Sie jedoch, dass die Crystal Reports Layouts nicht durch Endanwender angepasst werden können.
- **Web Dynpro**
  In SAP Process Control können Sie standardmäßig Berichte über Web Dynpro aufrufen. Die Berichte werden im SAP List Viewer (ALV) im Grid-Layout dargestellt. Sie müssen keine weiteren Komponenten installieren. Die Mehrheit der Berichte in SAP Process Control werden mit dieser Option als Default ausgeliefert. Der Vorteil des ALV besteht darin, dass Endanwender Berichte nach Belieben personalisieren können.
- **SAP BusinessObjects**
  Es steht Ihnen ein Analyse-Dashboard-Report zur Verfügung, der SAP BusinessObjects Dashboards (ehemals Xcelsius) einsetzt.

In der Praxis werden leider die Flexibilität und die Konfigurationsoptionen der Reporting Engine unterschätzt. Es ist mit relativ wenig Aufwand machbar, Standardreports anzupassen oder, auf ihnen basierend, neue kundenindividuelle Reports zu bauen – mittels Standardkonfigurationsoption im IMG: Es handelt sich dabei um die Anpassung der Durchlaufstrategie (Walking Strategy) von Reports. Typische Fälle aus Projekten wären zum Beispiel folgende:

Anpassbarkeit von Standardreports

- **Zusammenführung von Schwachstellenarten**
  Ad-hoc-Schwachstellen, Issues aus üblichen Tests und Bewertungen und Exceptions aus dem CMF sind im SAP-GRC-Standard allesamt in unterschiedlichen Reports auswertbar. Es ist möglich, alle Schwachstellenar-

ten im gleichen Report zusammenzuführen. Das Ergebnis sehen Sie in Abbildung 19.64.

- **Transparenz bei automatisierten Kontrollen**
  Monitoring und Testmodus bei automatisierten Kontrollen sind im SAP-GRC-Standard nicht im gleichen Report auffindbar. Mittels Konfiguration ist eine Zusammenführung durchführbar.

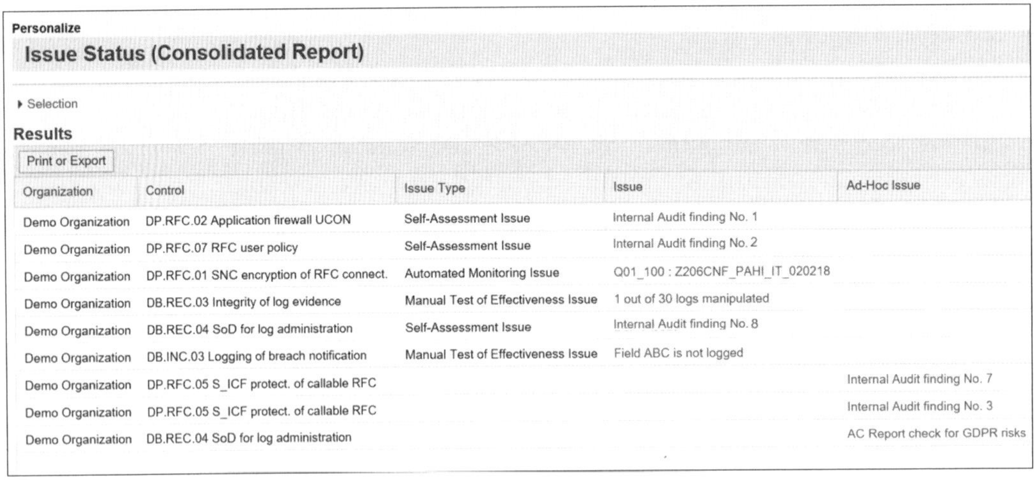

Personalize

Issue Status (Consolidated Report)

▸ Selection

Results

Print or Export

Organization	Control	Issue Type	Issue	Ad-Hoc Issue
Demo Organization	DP.RFC.02 Application firewall UCON	Self-Assessment Issue	Internal Audit finding No. 1	
Demo Organization	DP.RFC.07 RFC user policy	Self-Assessment Issue	Internal Audit finding No. 2	
Demo Organization	DP.RFC.01 SNC encryption of RFC connect.	Automated Monitoring Issue	Q01_100 : Z206CNF_PAHI_IT_020218	
Demo Organization	DB.REC.03 Integrity of log evidence	Manual Test of Effectiveness Issue	1 out of 30 logs manipulated	
Demo Organization	DB.REC.04 SoD for log administration	Self-Assessment Issue	Internal Audit finding No. 8	
Demo Organization	DB.INC.03 Logging of breach notification	Manual Test of Effectiveness Issue	Field ABC is not logged	
Demo Organization	DP.RFC.05 S_ICF protect. of callable RFC			Internal Audit finding No. 7
Demo Organization	DP.RFC.05 S_ICF protect. of callable RFC			Internal Audit finding No. 3
Demo Organization	DB.REC.04 SoD for log administration			AC Report check for GDPR risks

Abbildung 19.64 Anpassung der Berichte: zusammengeführte Schwachstellenarten

Kundenindividuelle Dashboards bauen

Integrationsmöglichkeiten der Reporting Engine von SAP Process Control mit Business Intelligence erlauben es, insbesondere den zusätzlichen Bedarf an statistischen Zusammenfassungen oder Trendanalysen abzudecken (Darstellung der Test- und Bewertungsergebnisse auf einer Zeitachse). Die neuen BI-Reports können direkt in das entsprechende Workcenter von SAP Process Control integriert werden. In Abbildung 19.65 sehen Sie ein entsprechendes Beispiel: Dieses Dashboard wurde auf der Basis der nach SAP BI replizierten Daten mithilfe von SAP Lumira Designer (früher SAP BusinessObjects Design Studio) implementiert.

Dank der SAP-HANA-Technologie und neuen Reporting-Tools, wie zum Beispiel SAP Lumira, wurden vor nicht allzu langer Zeit neue Möglichkeiten geschaffen, um über die üblichen SAP-BW-/BI-Optionen hinaus den vielfältigen Anforderungen von Kunden an individuell gestalteten Dashboards gerecht werden zu können.

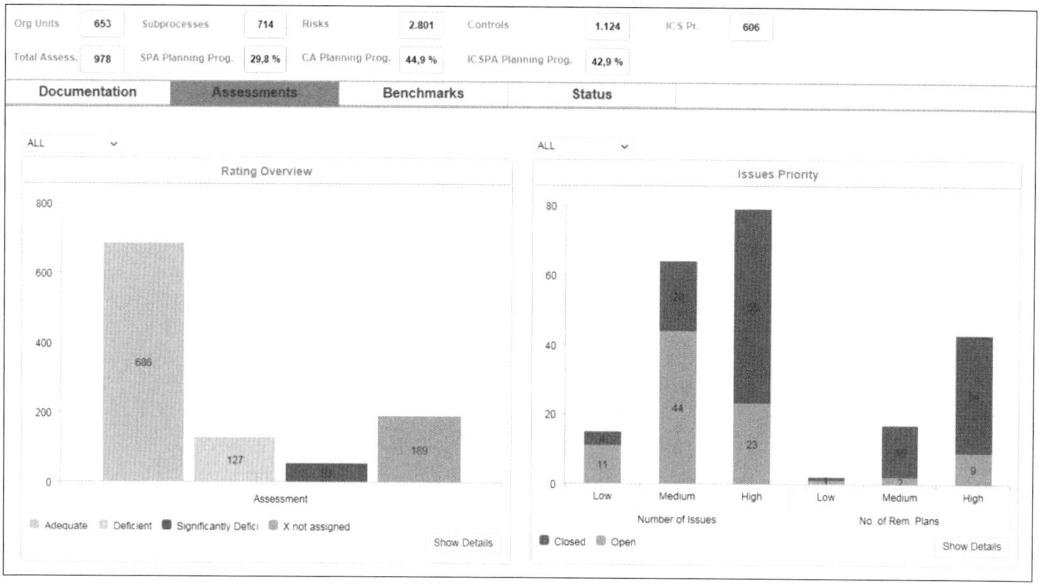

Abbildung 19.65 Beispiel eines kundenindividuellen Dashboards in SAP Process Control

19.5 IKS- und Compliance-Umsetzung: Rollen

IKS-Prozess modellieren

Die Modellierung eines workflowbasierten IKS-Prozesses erfolgt im Wesentlichen durch die Gestaltung von Berechtigungsrollen. Diese bringen eine dritte Dimension in das IKS-Modell, indem IKS-Objekte und -Aktionen verknüpft bzw. einem Benutzer zugeteilt werden.

Im Folgenden erfahren Sie, wie das Berechtigungsmodell in SAP Process Control aussieht, welche vordefinierten Best-Practice-Berechtigungsrollen SAP Process Control anbietet und wie die Zuordnung der Benutzer zu den Berechtigungsrollen im Rahmen einer objektbezogenen Sicherheit erfolgt. Zudem wird dargestellt, wie die Rollen angepasst oder neu gestaltet werden können.

[+]

Informationsquelle

Eine detaillierte Beschreibung des Berechtigungskonzepts ist dem *Security Guide for SAP Process Control* zu entnehmen, der für SAP-Kunden im SAP Support Portal zugänglich ist.

19.5.1 Berechtigungsmodell in SAP Process Control

Abbildung 19.66 zeigt den Aufbau des Berechtigungskonzepts in SAP Process Control.

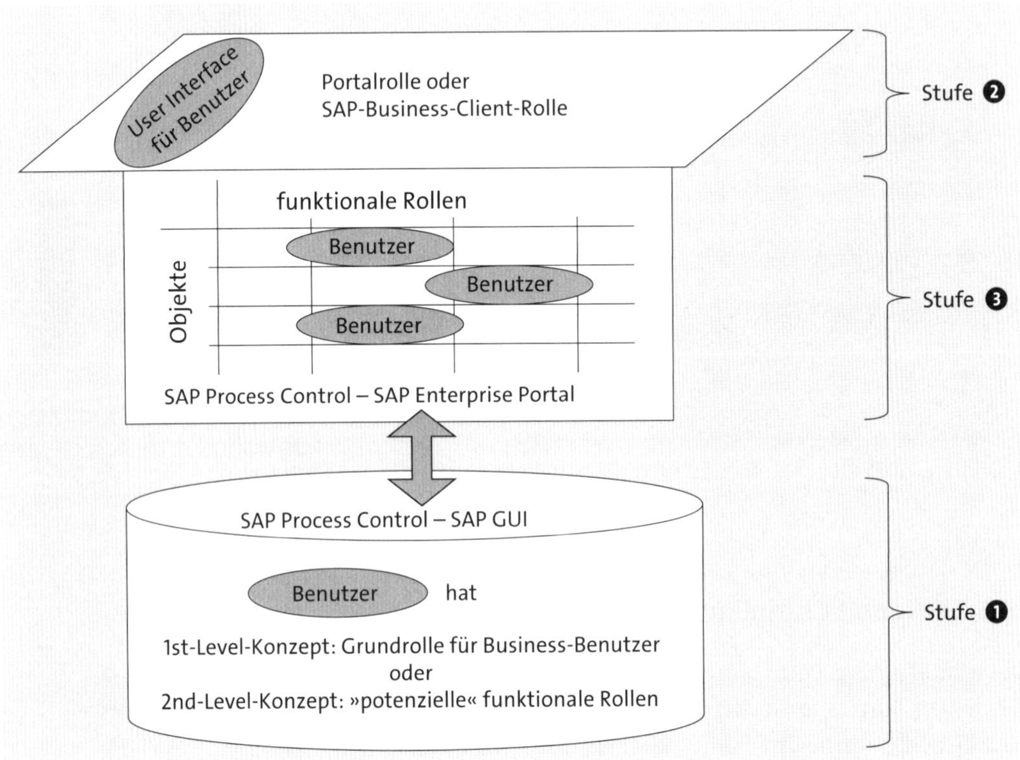

Abbildung 19.66 Überblick über das Rollenkonzept von SAP Process Control

Im Rahmen der ersten Stufe ❶ muss ein Benutzer über das SAP GUI angelegt sein und eine Grundausstattung an Rollen besitzen (die Rolle SAP_GRC_FN_BUSINESS_USER, die jedem Benutzer zugeordnet wird). Darüber hinaus kann diese Grundausstattung auch funktionale Rollen enthalten, die im Rahmen des Second-Level-Berechtigungskonzepts notwendig sind.

Die zweite Berechtigungsstufe ❷ betrifft entweder Portalrollen oder SAP-Business-Client-Rollen, die einem Benutzer die Sicht auf unterschiedliche Bereiche und Funktionen innerhalb von SAP Process Control ermöglichen. Die Schritte 1 und 2 gehören eher zur technischen Pflege der Benutzer, die in der Regel vom Security-Team übernommen wird – im Gegensatz zu Schritt 3.

Die dritte Stufe ❸ beinhaltet die Zuordnung eines Benutzers auf der Weboberfläche von SAP Process Control (im Frontend) innerhalb einer Matrix zu IKS-Objekten (wie Organisationen, Prozessen, Subprozessen und Kontrollen) und gleichzeitig zu den funktionalen Rollen. Auf dieser Stufe ist das *Konzept der objektbezogenen Sicherheit* in SAP Process Control realisiert, das den IKS-Prozess primär steuert.

Prozesssicht auf die Berechtigungsvergabe

Diese Stufen werden im Produktivbetrieb von SAP Process Control folgendermaßen umgesetzt:

Jeden Benutzer mit den notwendigen Berechtigungs- und Portalrollen auszustatten, ist Aufgabe der Benutzer- und Berechtigungsadministration (über Transaktion SU01, die Benutzerpflege im IMG (SAP GUI) sowie über die User Management Engine in SAP Enterprise Portal).

Der letzte Pflegeschritt ist Bestandteil des IKS-Prozesses in SAP Process Control und wird in dieser Anwendung, je nach Szenario, zum Beispiel von organisationsspezifischen IKS-Verantwortlichen durchgeführt.

[«]

Benutzerauthentifizierung und Sicherheit in SAP Process Control bei Einsatz von SAP Enterprise Portal – technische Information

Das ABAP-System ist als User Store (Benutzerinformationsquelle) der User Management Engine (UME) des Java-Stacks konfiguriert. In SAP Process Control erfolgt die Benutzerauthentifizierung durch das Java-System, das via UME auf das ABAP-System zur Verifizierung des Benutzers zugreift. Ist ein Benutzer am Java-Stack angemeldet, erstellt der Java-Stack ein SSO-Ticket (Session Cookie) für den Benutzer. Greift der Benutzer nun über einen Internetbrowser auf das ABAP-System zu, wird dieses SSO-Ticket an das ABAP-System zur Anmeldung weitergereicht.

Die Compliance-Management-Anwendung muss selbst »compliant« sein: Die üblichen Sicherheitsanforderungen wie Passwortsicherheit, triviale Passwörter, Standardbenutzer etc. gelten darum auch für SAP Process Control.

Da die Benutzerverwaltung und die Authentifizierungsmechanismen im ABAP-System ablaufen, gelten hier die gleichen Kontrollmechanismen, wie in Abschnitt 6.3, »Sicherheitskontrollen beim Zugriff auf das SAP-System und bei der Authentifizierung«, beschrieben.

19.5.2 Objektbezogene Sicherheit in Aktion

In Abschnitt 19.3.6, »Konzept der objektbezogenen Sicherheit«, und Abschnitt 19.5.1, »Berechtigungsmodell in SAP Process Control«, wurde das Konzept der objektbezogenen Sicherheit bereits angeschnitten. Dieses Konzept dient dazu, die organisatorischen (objektbezogenen) sowie funktionalen Verantwortlichkeiten zu bestimmen. Wie Sie in dem Beispiel in Abbildung 19.67 sehen, wurde dem Benutzer **Erica Mustermann** die Order-to-Cash-bezogene Kontrolle **OTC.CR.07 Clearing accounts** zugeordnet ❶. Zugleich erhält dieser Benutzer die funktionale Rolle **Control Approver** ❷.

Was bewirkt die beschriebene Benutzerzuordnung? In diesem Beispiel »weiß« SAP Process Control durch die Zuordnung zum Beispiel, dass die Aufgabe zur Selbstbeurteilung – eine IKS-Aktion, die in der SOX-Control-Owner-Rolle enthalten ist – für die zugewiesene Kontrolle an Pat Szafron gesendet werden muss. Außerdem kann die Rolle so konfiguriert sein, dass der Benutzer im Reporting nur auf die »eigene« Hierarchie Zugriff hat.

Abbildung 19.67 Zuordnung der Benutzer zu den Objekten und Rollen

In SAP Process Control erfolgt die Zuordnung der Benutzer zu den Objekten in zwei Bereichen:

- Für die zentralen Organisationshierarchien erfolgt die Pflege über **Zugriffsverwaltung • GRC-Rollenzuordnungen • Organisationen**.
- Für die Organisations-, Prozess- und Kontrollhierarchien erfolgt die Pflege über **Zugriffsverwaltung • GRC-Rollenzuordnungen • Geschäftsprozesse**.

19.5.3 First-Level- vs. Second-Level-Berechtigungen

Der Prozess der Zuordnung der Benutzer zu den Objekten und Rollen kann inhaltlich auf zwei Arten erfolgen, je nachdem, welcher der zwei möglichen Berechtigungslevel im IMG über **GRC • Allgemeine Einstellungen • Berechtigungs-Customizing bearbeiten** bei der Implementierung ausgewählt wurde. Hier gibt es zwei Optionen: **First Level** und **Second Level**.

Second-Level-Berechtigungen

Ist die Einstellung für Berechtigungen des zweiten Levels aktiv, ist die Benutzerauswahl für Rollenzuordnungen auf Entitätsebene auf Benutzer beschränkt, denen in ihrem Benutzerprofil die entsprechende Berechtigungsrolle zugeordnet wurde.

In Abbildung 19.68 ist die Benutzerzuordnung bei dieser Option dargestellt. Die Benutzerin **Erica Mustermann** erhält die Rolle **Control Tester** und zugleich die Zuordnung zu einem Prozess (siehe Markierung).

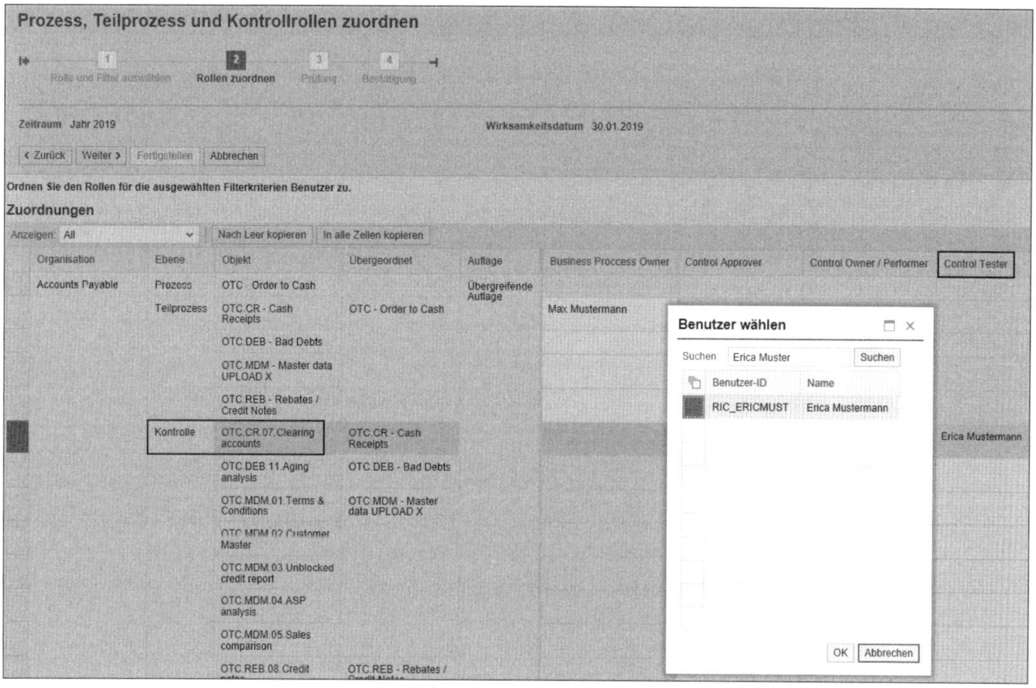

Abbildung 19.68 Unterschied zwischen Level-1- und Level-2-Berechtigungen

Erica Mustermann ist bei dieser Option nur deshalb als einer der möglichen Benutzer verfügbar, weil sich die Rolle **Control Tester** auch in ihrem ABAP-Stammsatz findet (siehe die Markierung in Abbildung 19.69). Das bedeutet, dass die Zuordnung einer ABAP-Rolle in ABAP deren Zuordnung in SAP Enterprise Portal »erlaubt«.

First-Level-Berechtigungen

Wird hingegen die First-Level-Option genutzt, kann in SAP Enerprise Portal bei der Zuordnung jeder Benutzer in SAP Process Control ausgewählt werden (der entsprechende Benutzer muss in seinem ABAP-Stammsatz die Rolle SAP_GRC_FN_BUSINESS_USER verwenden).

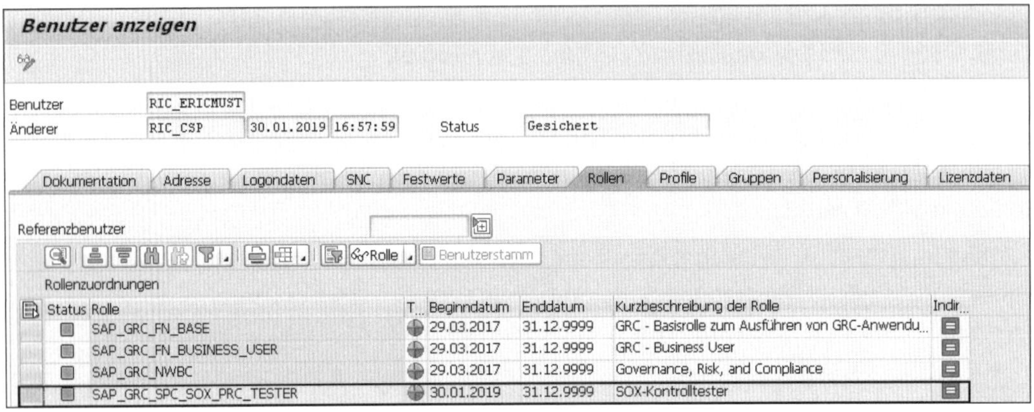

Abbildung 19.69 Zuordnung funktionaler Rollen im Back-End: Option Berechtigungen des zweiten Levels

Vor- und Nachteile

In der Praxis weist die Second-Level-Berechtigungsoption, im Vergleich zur First-Level-Berechtigungsoption, einerseits eine höhere Präzision und eine geringere Fehlerquote bei der Rollenzuweisung in SAP Process Control auf. Beispielsweise kann nicht aus Versehen ein Kontrollverantwortlicher als externer Auditor eingetragen werden.

Andererseits steigt der Aufwand beim initialen Anlegen eines Benutzers in ABAP via SAP GUI (Transaktion SU01) bei der Second-Level-Option, weil dieser nicht nur eine generische, sondern auch eine funktionsspezifische Rolle erhalten muss. Das bedeutet, dass der Benutzer- und Berechtigungsadministrator zuvor (gegebenenfalls in einem Antrag auf Benutzeränderung) zusätzlichen Input von der Fachseite bezüglich der IKS-spezifischen Aufgaben eines Benutzers erhalten haben muss.

19.5.4 Vordefiniertes Best-Practice-Rollenkonzept im SAP-System

BC-Sets

SAP Process Control enthält Best-Practice-Erfahrungen als *BC-Sets*. Dies betrifft auch die Berechtigungsrollen: Durch die Aktivierung eines entsprechenden BC-Sets werden vordefinierte Standardrollen verfügbar (es handelt sich um die ABAP-Berechtigungsrollen im Rahmen der ersten und zweiten Berechtigungsstufe, siehe Abschnitt 19.5.1, »Berechtigungsmodell in SAP Process Control«).

Standardrollen

In Abbildung 19.70 sehen Sie Beispiele für Standardrollen in SAP Process Control.

- Im oberen Bereich ❶ sind Rollen aufgelistet, die für IKS-Objekte auflagenübergreifend gelten.
- Im unteren Bereich ❷ befinden sich Rollen aus der vorkonfigurierten Auflage SOX.
- Darüber hinaus gibt es Rollen, die Administrations- und Konfigurationsberechtigungen für SAP Process Control beinhalten, sowie Rollen für eine FDA als weitere vorkonfigurierte Auflage.

Einzelrolle	Kurzbeschreibung der Rolle	
SAP_GRC_SPC_GLOBAL_AE_CONTACT	Auflagenübergreifender Kontakt für zu prüfende Einheiten	
SAP_GRC_SPC_GLOBAL_AUT_ADMIN	Auflagenübergreifender Administrator für automatisierte Kontrolle	
SAP_GRC_SPC_GLOBAL_CEO_CFO	Auflagenübergreifender CEO & CFO	
SAP_GRC_SPC_GLOBAL_INT_AUD	Auflagenübergreifender interner Revisor	
SAP_GRC_SPC_GLOBAL_ORG_ADMIN	Auflagenübergreifender Organisationsadministrator	
SAP_GRC_SPC_GLOBAL_ORG_OWNER	Auflagenübergreifender Organisationsverantwortlicher	❶
SAP_GRC_SPC_GLOBAL_PRC_ADMIN	Auflagenübergreifender Prozess- & Kontrolladministrator	
SAP_GRC_SPC_GLOBAL_REG_ADMIN	Auflagenübergreifender Auflagenadministrator	
SAP_GRC_SPC_GLOBAL_SRV_ADMIN	Auflagenübergreifender Fragen- & Umfragenadministrator	
SAP_GRC_SPC_GLOBAL_TPL_ADMIN	Auflagenübergreifender Testplanadministrator	
SAP_GRC_SPC_SOX_AUT_SPECIALIST	SOX-Spezialist für Customizing der automatisierten Kontrolle	
SAP_GRC_SPC_SOX_CTL_OWNER	SOX-Kontrollverantwortlicher	
SAP_GRC_SPC_SOX_CTL_PERFORMER	SOX-Kontrollverantwortlicher	
SAP_GRC_SPC_SOX_ICMAN	SOX-Manager des internen Kontrollsystems	
SAP_GRC_SPC_SOX_ORG_TESTER	SOX-iEEK-Tester	❷
SAP_GRC_SPC_SOX_PRC_OWNER	SOX-Prozessverantwortlicher	
SAP_GRC_SPC_SOX_PRC_TESTER	SOX-Kontrolltester	
SAP_GRC_SPC_SOX_SIG_ADMIN	Auflagenübergreifender Zertifizierungsadministrator	
SAP_GRC_SPC_SOX_SPR_OWNER	SOX-Teilprozessverantwortlicher	

Abbildung 19.70 Beispielhafte Standardrollen in SAP Process Control

Der praktische Nutzen von vordefinierten Rollen liegt auf der Hand: Ein komplettes Neudesign von Rollen ist aufwendig. In der Designphase eines Implementierungsprojekts verwendet man Standardrollen als Vergleichs- und spätere Anpassungsbasis.

19.5.5 Anpassung der Rollen

Business-Events zuordnen

Die Eigenschaft von Berechtigungsrollen, workflowbasierte IKS-Aktionen zu steuern (siehe Abschnitt 19.5.2, »Objektbezogene Sicherheit in Aktion«), steht im Mittelpunkt, wenn es um die Änderung der bestehenden oder um das Design neuer Rollen geht. Die Anpassung dieser Eigenschaft erfolgt im IMG durch die Zuordnung der Geschäftsereignisse (Business-Events) via **GRC • Allgemeine Einstellungen • Workflow • Benutzerdefinierte Regeln zur Geschäftsereignisbestimmung bearbeiten**.

Abbildung 19.71 enthält zwei Beispiele für eine Rollenanpassung: Die Berechtigungsrolle SAP_GRC_SPC_GLOBAL_CEO_CFO erhält durch die Zuordnung des Geschäftsereignisses OPC_PERF_SIGNOFF die Eigenschaft, einem Benutzer die workflowbasierten Sign-off-Tasks zukommen zu lassen.

Sicht "Benutzerdefinierte Geschäftsereignisse" ändern: Übersicht

Neue Einträge

Benutzerdefinierte Geschäftsereignisse

Geschäftsereignis	Sort	Rolle	Entitäts-ID	Teilentität	GeschäftsereignName
OPC_PERF_SIGNOFF	1	SAP_GRC_SPC_GLOBAL_CEO_CFO	CORPORATE		Abzeichnung durchführen
OPC_PERF_SIGNOFF	1	SAP_GRC_SPC_GLOBAL_ORG_OWNER	ORGUNIT		Abzeichnung durchführen
OPC_PERF_TESTING	1	SAP_GRC_SPC_SOX_PRC_TESTER	G_TL	TE	Testen durchführen

Abbildung 19.71 Beispiel für die Rollenanpassung: Zuweisung von workflowbasierten IKS-Aktionen

Bei der Berechtigungsrolle SAP_GRC_SPC_SOX_PRC_TESTER ist analog zum beschriebenen Beispiel das Geschäftsereignis OPC_PERF_TESTING dafür zuständig, einem Benutzer einen eingeplanten Effektivitätstest vom SAP-System zuschicken zu lassen (siehe Abschnitt 19.4.3, »Planungsprozess, Tests und Bewertungen«).

Weiteres Beispiel für Rollenanpassungen

Eine weitere Eigenschaft der Rollen, die aus Projekterfahrung im Fokus der Anpassungen stehen, ist die Änderung der Objekt- bzw. Entitätsebene bei der Zuordnung von Benutzern (siehe Abschnitt 19.5.2, »Objektbezogene Sicherheit in Aktion«).

[zB]

Änderung der Objekt- bzw. Entitätsebene bei der Zuordnung

Eine solche Anpassung ist zum Beispiel erforderlich, falls die Zuordnung eines Benutzers für die Bearbeitung der Effektivitätstests auf der Subprozessebene erfolgen soll (das heißt für alle tiefer in der Hierarchie befindlichen Kontrollen), und nicht eine Stufe tiefer auf der Ebene von einzelnen Kontrollen (dies ist der Fall bei der Standardrolle **SOX-Kontrollester**).

Berechtigungsobjekt GRFN_API

Bezüglich der weiteren inhaltlichen Anpassung der Rollen in SAP Process Control möchten wir Sie auf den Security Guide für die SAP GRC Suite verweisen, insbesondere auf die darin befindliche Auflistung von möglichen Werten bei der Ausprägung des Berechtigungsobjektes GRFN_API.

19.5.6 Gestaltung der Benutzeroberfläche

Benutzerfreundlichkeit im Fokus

Benutzerfreundlichkeit und Intuitivität gehören zu den zentralen Erfolgskriterien, wenn es um die Benutzerakzeptanz von SAP GRC geht. Ganz besonders wichtig ist die Benutzerfreundlichkeit für Anwender, die mit dem System nicht täglich arbeiten – und bei GRC-Funktionen gehört immerhin die Mehrheit aller Benutzer meist der ersten Verteidigungslinie an (zum Beispiel Kontroll- oder Prozessverantwortliche).

Mit der Vereinfachung des Umgangs mit workflowgestützten Aufgaben sind Sie bereits vertraut: Es handelt sich um SAP Interactive Forms by Adobe. Was die Benutzeroberfläche an sich angeht, gibt es im SAP-GRC-Standard einiges an Verbesserungspotenzial, das es in Projekten maximal auszureizen gilt. Zusammengefasst gibt es in der Praxis folgende Arten von UI-Anpassungen:

- rollenbasierterte Benutzeroberfläche für GRC-Funktionen, auf Launchpads basierend
- Minimierung der Anzeigeoptionen auf der Oberfläche durch die Anpassung von Berechtigungsobjekten (meist `GRFN_API`) in den Berechtigungsrollen
- Minimierung der Anzahl von Feldern und Registerkarten in den einzelnen Funktionen und Objekten – durch die Rollengestaltung, IMG-Konfiguration oder (wenn es anders nicht geht) durch Web Dynpro Enhancements
- Anpassung der Struktur von SAP Interactive Forms by Adobe

Entry-Page-basierte Benutzeroberfläche

Im Folgenden gehen wir auf den ersten Punkt ein. Die bisherigen Beschreibungen und Screenshots der Gesamtoberfläche gelten wie die Standardrolle von SAP, die sechs Registerkarten mit zahlreichen Funktionen zur Verfügung stellt. Die Navigation zwischen einzelnen Registerkarten für Gelegenheitsnutzer ist schwer zuzumuten; daher setzt man in Projekten das Ziel, für die Rolle, die ein Benutzer primär wahrnimmt (zum Beispiel Kontroll-, Prozessverantwortlicher, Tester, Auditor oder IKS-Administrator), die Gesamtheit aller GRC-Funktionen auf dem Bildschirm auf einmal anbieten zu können – ohne zusätzliche Navigation. Manchmal werden Dashboards in eine separate Registerkarte ausgegliedert, wie Sie es in Abbildung 19.72 sehen.

Ansonsten kann eine optimierte Benutzeroberfläche eines IKS-Koordinators wie in Abbildung 19.73 aussehen. Die Benutzeroberfläche beruht auf der Entry-Page-Technologie und setzt sich aus den einzelnen (in unterschiedlichen Rollen wiederverwendbaren) Kacheln zusammen, die technisch auch als CHIPS (Collaborative Human Interface Parts) bezeichnet werden. Manche Kacheln beinhalten direkt zur Verfügung stehende Optionen. So sind zum Beispiel alle Workflow-Items oder relevanten Kontrollen direkt sichtbar, ohne dass man die Funktionen **Inbox** oder **My Processes** aufrufen müsste. Dies erhöht die Übersichtlichkeit und erspart Ihnen einige Klicks bei der Navigation.

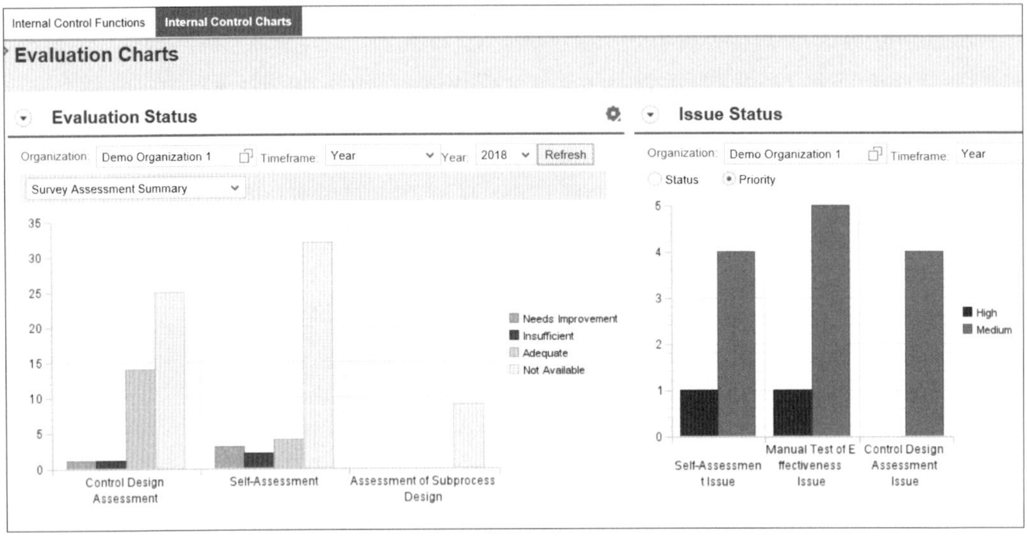

Abbildung 19.72 Beispiel für Standard-CHIPS mit Dashboards in SAP Process Control

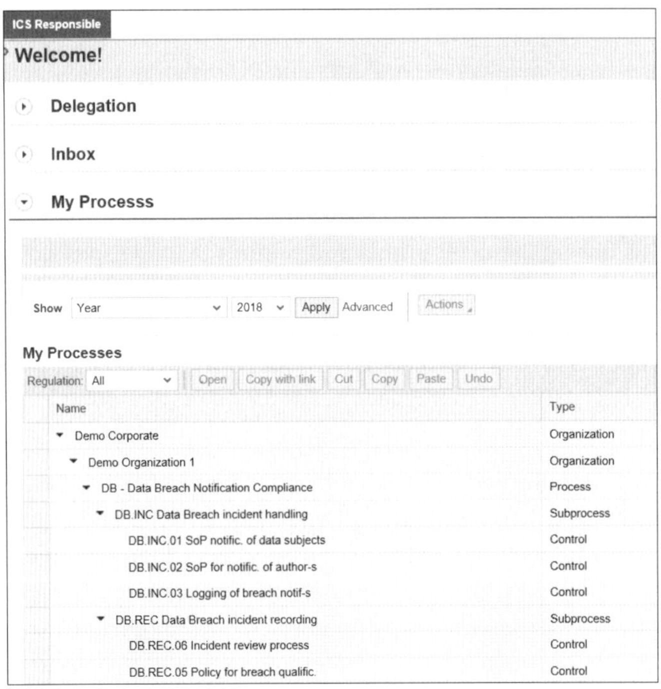

Abbildung 19.73 Beispiel 1: Kundenindividuelle Entry-Page-basierte Benutzeroberfläche

Außerdem lassen sich in den einzelnen Kacheln weiterführende Funktionen nach Themen zusammenfassen, zum Beispiel Stammdaten, Reporting, IKS-Aktivitäten etc. Kacheln lassen sich schließen oder verschieben (siehe Abbildung 19.74).

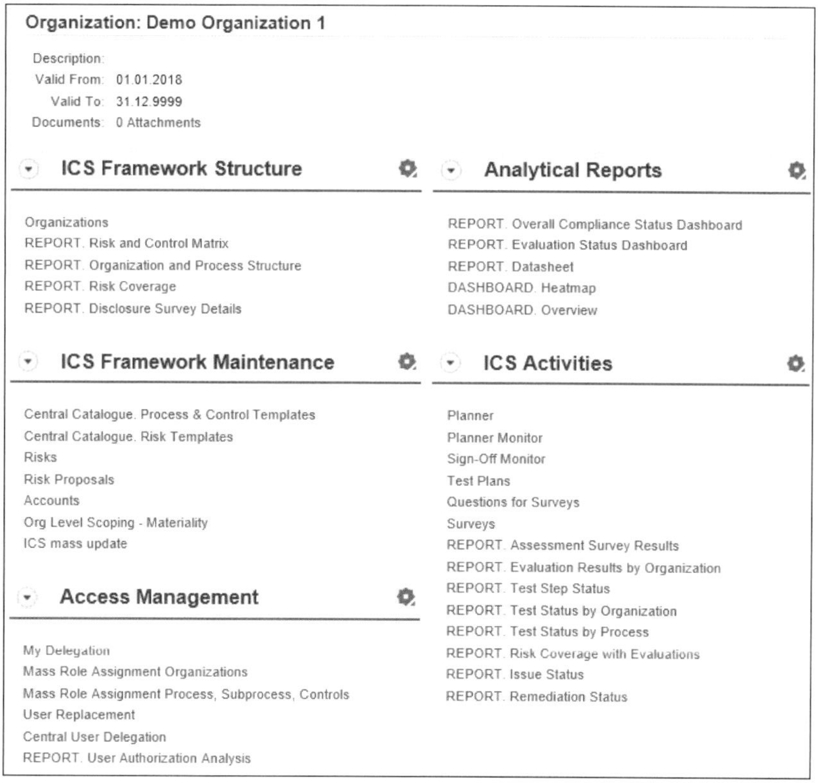

Abbildung 19.74 Beispiel 2: Kundenindividuelle Entry-Page-basierte Benutzeroberfläche

Als Teil der Standardversion von SAP GRC werden einige zusätzliche Dashboards zur Verfügung gestellt – entweder in Form von sogenannten Side Panels oder als eigenständige CHIPs. Diese offenen, in die Benutzeroberfläche integrierten Dashboards kommen bei Benutzern erfahrungsgemäß sehr gut an.

Die von SAP zur Verfügung gestellten Standard-CHIPs reichen leider in der Praxis nicht aus, um die gesamte Entry-Page-basierte Oberfläche zu bauen. Auf die gesamte Komplexität der Implementierung von kundenindividuellen CHIPs und Entry Pages können wir im Rahmen dieses Buches nicht eingehen; wir möchten Ihnen lediglich die hilfreiche Transaktion LPD_CUST mit auf den Weg geben, mit der Sie die Struktur der einzelnen UI-Elemente (sogenanntes Launchpad) nachvollziehen und bei Bedarf anpassen können. Weiterführende Konfigurationsschritte erfordern fundiertes technisches SAP-Wissen und finden in Web Dynpro statt (Transaktion SE80).

Ab Release 12.0 der SAP GRC Suite können Sie eine SAP-Fiori-basierte Einstiegsseite nutzen. In Abbildung 19.75 sehen Sie *Kacheln* (Tiles) innerhalb der Gruppe **My Home**.

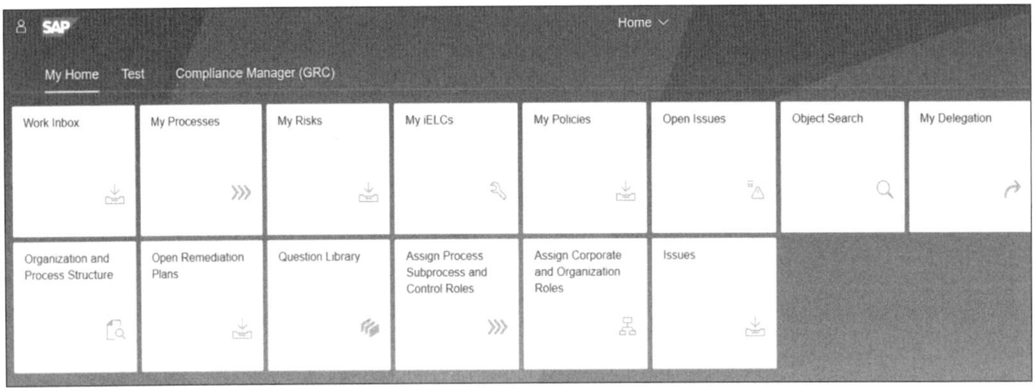

Abbildung 19.75 SAP-Fiori-basierte Einstiegsseite von SAP GRC

In SAP Process Control werden einige vordefinierte Business-Catalog-Rollen zur Verfügung gestellt. In der Projektpraxis werden die Rollen allerdings meist kundenindividuell gestaltet. Im Wesentlichen weisen Sie einer PFCG-Rolle hierbei *Kachelkataloge* (Tile Catalogs) und *Kachelgruppen* (Tile Groups) zu. Die Fiori-Kacheln in SAP Process Control sind bislang selten originäre Fiori-Apps. Stattdessen wird das sogenannte *SAP Fiori Visual Theme* genutzt, das dafür sorgt, dass die bekannten Funktionen im Fiori-Design dargestellt werden.

19.6 Resümee

In diesem Kapitel haben Sie erfahren, wie ein IKS-Prozess mithilfe von SAP Process Control automatisiert werden kann. Sie haben einen sehr detaillierten Einblick in die wichtigsten Funktionen erhalten.

In Kapitel 20, »Umsetzung von automatisierten Test- und Monitoring-Szenarien«, erwartet Sie nun die vertiefte Darstellung eines der wichtigsten IKS-Automatisierungsszenarien: die Integration der IKS-Prozesse mit den SAP-ERP und S/4-HANA-Systemen, in denen compliancerelevante Geschäftsprozesse ablaufen.

Kapitel 20
Umsetzung von automatisierten Test- und Monitoring-Szenarien

Alle Vorbereitungen sind abgeschlossen: Die gesetzlichen Compliance-Anforderungen, die Kontrollen in SAP ERP und SAP S/4HANA sowie die IKS-Prozesssicht kommen nun in automatisierten Test- und Überwachungsszenarien zusammen.

In Kapitel 19, »IKS-Automatisierung mithilfe von SAP Process Control«, haben Sie erfahren, wie ein IKS-Prozess mithilfe von SAP Process Control automatisiert werden kann. Der höchste Automatisierungsgrad in einem IKS besteht darin, IKS-Ergebnisse »per Knopfdruck« zu erzeugen, und zwar im Kontext von:

- Kontrolldurchführung
- Bestätigung der Kontrolldurchführung
- Tests der Kontrolldurchführung

In diesem Kapitel erfahren Sie, welche Optionen Ihnen für die Automatisierung von Test- und Monitoring-Szenarien im SAP-ERP-Umfeld zur Verfügung stehen. Darüber hinaus lernen Sie, wie eine dieser Optionen, die Integration von Compliance-Management-Software mit SAP-ERP-Systemen, am Beispiel von SAP Process Control 12.0 umgesetzt werden kann. Dieses Buch soll Ihnen somit auch als Quelle für Continuous-(Controls)-Monitoring-Ideen dienen.

Thema von Teil II dieses Buches waren die Kontroll- und Überwachungsszenarien in SAP ERP und SAP S/4HANA. Der Detaillierungsgrad der Beschreibungen war dort hoch genug (die Beschreibungen wurden bis auf die Ebene der Datenbanktabellen und -felder heruntergebrochen), damit Sie – kombiniert mit dem Wissen, das Sie in diesem Kapitel erwerben – eigenständig einzelne automatisierte Szenarien, basierend auf SAP GRC, einrichten können.

20.1 Automatisierte Test- und Überwachungsszenarien im SAP-Umfeld

Die externe Wirtschaftsprüfung und die interne Revision müssen auf die erhöhte Automatisierung der SAP-ERP-gestützten Geschäftsprozesse in geeigneter Weise reagieren. So hat sich in den vergangenen Jahrzehnten nicht nur ein neuer Prüfungsansatz etabliert (die Systemprüfung, siehe Abschnitt 2.1.2, »Systemprüfung als Prüfungsansatz im IT-Umfeld«), sondern es sind auch neue Tools und andere Integrationsmöglichkeiten entstanden.

In Kapitel 14, »Exemplarische effizienz- und wirtschaftlichkeitsorientierte Analyseszenarien in SAP ERP«, haben Sie gelesen, dass nicht nur gesetzesgetriebene Konformität, sondern auch die Wirtschaftlichkeit und Effizienz in Geschäftsprozessen ein Beweggrund für die Überwachungsszenarien sein kann. Dieses Kapitel hat Ihnen einen Eindruck davon vermittelt, welches Know-how im Bereich der SAP-ERP-Prozesse und -Kontrollen erforderlich ist, um entsprechende Kontrollen umsetzen zu können.

In diesem Abschnitt lernen Sie die drei Arten von compliancebezogenen, automatisierten Test- und Überwachungsoptionen im SAP-Umfeld kennen:

- Offline-CAAT-Tools
- Auswertungsmöglichkeiten direkt im SAP-ERP-System
- Auswertungsmöglichkeiten in SAP GRC

Jede Option hat ihre eigene Daseinsberechtigung, abhängig von Ihren organisatorischen und systemtechnischen Rahmenbedingungen. Sie erfahren, welche Eigenschaften und Einsatzbereiche sowie welche Vor- und Nachteile die einzelnen Optionen haben.

20.1.1 Offline-CAAT-Tools

Eine Möglichkeit, um Compliance automatisiert zu testen und zu überwachen, ist der Einsatz von Offline-Datenanalysen mithilfe von *CAAT-Tools* (CAAT = Computer Assisted Auditing Techniques).

Hauptmerkmale der Offline-Datenanalyse

Offline-Analysen haben die folgenden Merkmale:

Der Prüfer arbeitet mit Datenextrakten. Diese werden zum Beispiel im ***.txt**- oder ***.csv**-Format in ein Analyse-Tool eingelesen und diversen Analyselogiken unterzogen. Die Daten werden vom Prüfer entweder selbst aus dem System des Kunden extrahiert oder auf Anfrage und unter Beschreibung der benötigten Feldstruktur vom Unternehmen zur Verfügung gestellt.

Die erwähnten Analyselogiken sind entweder bereits als vordefinierte Skripte vorhanden oder werden vom Prüfer selbst definiert bzw. angepasst. Die Anpassung der Analyselogik (Abfragen) erfordert eine gewisse technische Kenntnis im Umgang mit dem Analyse-Tool. Insgesamt hält sich die Komplexität der Abfrageadministration aber in Grenzen und ist von einem Nichtprogrammierer zu meistern.

Gegenstand der Auswertungen sind in erster Linie Transaktionsdaten (elektronische Belege diverser Geschäftsereignisse: Bestellungen, Rechnungs- und Wareneingänge, Anlagen- und Materialbewegungen, manuelle Buchungen etc.).

Die Analyse und Interpretation der Ergebnisse, die nicht automatisiert werden können, sind wesentlicher Bestandteil der Arbeit mit CAAT. Die Analyse erfolgt weitgehend unabhängig und manuell. Der Prüfer erledigt seine Arbeit »im stillen Kämmerlein«; die Ergebnisse werden den Kunden in der Regel nur im Rahmen der Kommunikation über Prüfungsfeststellungen bekannt gegeben.

Know-how-Anforderungen

Neben dem technischen Know-how im Umgang mit den entsprechenden Tools (Datenimport, die Umsetzung der Analyseszenarien und Verwendung von statistischen Funktionen, Speicherung der Analyseergebnisse etc.) sind in erster Linie Kenntnisse der Prozesse gefragt, im Rahmen derer die zu analysierenden Daten zustande kommen.

[zB]

Notwendige Kenntnisse im SAP-gestützten Order-to-Cash-Prozess

Betrachten wir zwei Beispiele, die illustrieren, über welche Kenntnisse der Prüfer verfügen muss:

- Führt der Prüfer zum Beispiel Auswertungen bezüglich der offenen Debitorenposten durch, muss er wissen, dass sich die Kundenstammdaten in den Tabellen KNA1 und KNB1 befinden, dass die offenen Posten Tabelle BSID zu entnehmen sind und dass die ausgeglichenen Posten aus Tabelle BSID in Tabelle BSAD übergehen. Kenntnisse der einzelnen Transaktionen, die den Prozess bilden (Fakturierung, manuelle Rechnungen, Ausgleichsvorgänge etc.), sind dabei essenziell.
- Führt der Prüfer Plausibilitätschecks im Bereich des Mahnwesens durch, muss er wissen, wie bzw. durch welches Programm Mahnläufe durchgeführt werden, welche Mahnstufen eingerichtet sind etc. Auf

der Datenmodellebene benötigt er einen Überblick über die relevanten Tabellen, die Stammdaten und Belege (beispielsweise muss er wissen, dass in Tabelle KNB5 relevante Mahndaten enthalten sind).

Das entsprechende Prozess-, Datenmodell- und Kontroll-Know-how im SAP-Umfeld kann sich der Prüfer unter der Verwendung der in Kapitel 5, »Revisionsrelevante SAP-Basics«, beschriebenen Techniken selbst aneignen.

Vorteile von Offline-Datenanalysen

Offline-Datenanalysen werden vor allem eingesetzt, um den Unabhängigkeitsanforderungen gerecht zu werden, die den Vertretern der dritten GRC-Verteidigungslinie innerhalb der GRC-Organisation eines Unternehmens auferlegt werden. Die interne oder externe Revision muss in der Lage sein, eigenständig die Software und die Auswertungslogik zu bestimmen und zu verwalten.

Früher hat man oft weitere Vorteile von Offline-Tools hervorgehoben, die inzwischen dank der Neuerungen in der Softwarewelt (zum Beispiel In-Memory-Technologie) weniger ins Gewicht fallen: die Offline-Tools bieten in der Regel eine Auswahl an Best-Practice-Auswertungsfunktionen (statistische Formeln, vordefinierte Logik etc.) an, die oft im Kontext der Revision eingesetzt werden. Beispielsweise kann die *Benford's-Law-basierte* Analyse helfen, auffällige Muster bei der Verteilung von Zahlen aufzudecken (wenn die maximalen Toleranzgrenzen bei Bestellungen durch deren Splittung absichtlich umgangen werden). Heutzutage ist dies kein Alleinstellungsmerkmal mehr: In SAP HANA können zum Beispiel zusätzliche statistische Librarys oder Predictive Analytics Librarys verwendet werden, die oben genannte und viele andere Formeln beinhalten.

Darüber hinaus sind weitere Vorteile zu nennen: Der Prüfer ist im Offline-Modus weitgehend unabhängig, sowohl hinsichtlich der Verfügbarkeit der Ansprechpartner und des Systems als auch hinsichtlich der Systemperformance. Gleiche Szenarien können für Daten verwendet werden, die aus unterschiedlichen Systemen kommen. Beim flexiblen Importieren der Daten aus unterschiedlichen Quellen muss nur noch das Mapping korrekt durchgeführt werden.

Die spezialisierten Datenanalyse-Tools sind in der Lage, große Datenmengen in Bruchteilen einer Sekunde zu verarbeiten. Verglichen mit den Online-Auswertungen, die manch ein System in die Knie zwingen können, ist dies einer der größten Vorteile (es sei denn, die Analysen laufen zum Beispiel gegen in eine SAP-HANA-Datenbank replizierte Daten (siehe Abschnitt 20.3.1, »SAP GRC mit Geschäftsanwendungen verbinden«).

In der Praxis gibt es neben der Notwendigkeit des Daten- und Prozess-Know-hows zwei große Herausforderungen: die Extraktion der benötigten Daten aus dem System und die Umwandlung dieser Daten in das für die Datenanalyse-Tools nutzbare Format.

Herausforderungen im Umgang mit Datenanalyse-Tools

Für die Extraktion der Daten im SAP-Umfeld gibt es einige technische Mittel:

Datenextraktion im SAP-Umfeld

- **Data Browser**
  Häufig wird der Data Browser (Transaktion SE16) verwendet, mit dem Inhalte von Datenbanktabellen einzeln abgerufen werden können. Aus Performancegründen reicht diese Option allerdings nicht immer aus.
- **Audit-Informationssystem**
  Das Audit-Informationssystem (AIS, siehe Abschnitt 4.3.12, »Audit-Informationssystem«) bietet einige gängige, vordefinierte Szenarien für die Datenextraktion (zum Beispiel für die Buchhaltungsbelege aus den Tabellen BKPF und BSEG).
- **DART-Tool**
  Das Data Retention Tool (DART), dessen Funktionalität in der Praxis verwendet wird, um Steuerbehörden Daten zur Verfügung zu stellen, kann auch für die Extraktion weiterer Daten verwendet werden. Diesem Tool mangelt es allerdings an Flexibilität, insbesondere bei der Änderung der vorkonfigurierten Datenstrukturen.
- **ABAP-Reports**
  Für komplexe Datenextraktionen, bei denen mehrere Tabellen involviert sind, werden in der Praxis oft ABAP-Programme geschrieben. Aufgrund der simplen Logik ist der Programmieraufwand nicht hoch, und die Programme können wiederverwendet werden.

Hinsichtlich des *Formats* der Daten ist festzuhalten, dass die Extraktionsergebnisse (zum Beispiel als .txt oder .csv) in der Regel ohne Weiteres verwendbar sind. Stehen allerdings nur Spool-Listen zur Verfügung, bei denen die einzelnen Datenfelder untereinander angeordnet und sonst unregelmäßig verteilt sind, können diese nicht direkt verwertet werden. In solchen Fällen stehen separate Tools zur Verfügung, die es erlauben, durch die Einrichtung von Erkennungsmustern die unüberschaubaren Spool-Listen in ein Datenbankformat umzuwandeln.

Welche Einsatzbereiche für Offline-Datenanalyse-Tools gibt es in der Praxis? Die Steuerbehörden verwenden weltweit Datenextrakte, um Steuerprüfungen durchzuführen. In Deutschland war diese Vorgehensweise zum Beispiel über die GDPdU-Bestimmung geregelt (Grundsätze zum Datenzugriff und zur Prüfbarkeit digitaler Unterlagen; Verwaltungsanweisung in

Offline-Datenanalysen: Steuerprüfung

Form eines BMF-Schreibens vom 16. Juli 2001). Die GDPdU regelten die Aufbewahrung digitaler Unterlagen sowie die Mitwirkungspflicht der Steuerpflichtigen, die die notwendigen Daten bei der Betriebsprüfung unter anderem durch die »Datenträgerüberlassung in verschiedenen Formaten« zur Verfügung stellen müssen. Inhaltlich geht es bei solchen Prüfungen vor allem darum, die Richtigkeit der von Unternehmen gezahlten Steuern (Umsatzsteuer, Körperschaftssteuer, Lohnsteuer etc.) anhand der Analyse der einzelnen Geschäftsvorfälle zu überprüfen. Für die Offline-Analyse-Tools wurden Standardanalyseszenarien entwickelt, die von Steuerbehörden eingesetzt werden und eine Prüfung auf »Knopfdruck« erlauben.

Ablösung der GDPdU durch GoBD

Die GDPdU wurden durch die GoBD zum 1. Januar 2015 abgelöst: Es handelt sich um die Grundsätze zur ordnungsmäßigen Führung und Aufbewahrung von Büchern, Aufzeichnungen und Unterlagen in elektronischer Form sowie für den Datenzugriff.

Offline-Datenanalysen: Wirtschaftsprüfung und interne Revision

Neben der Nutzung durch die Steuerbehörden werden Offline-Analyseszenarien verstärkt in der Wirtschaftsprüfung und in der internen Revision verwendet. Im Fokus der Revision stehen einzelne Geschäftsvorfälle, deren detaillierte Analyse Erkenntnisse über Geschäftsprozesse liefern kann.

[zB]

Belegbezogene Prüfung in der externen und internen Revision

Nachfolgend sind einige Beispiele für Analyseszenarien zusammengefasst:

- **Kreditorenbuchhaltung**
  Detaillierte Analyse der Altersstruktur, Auswertung auf doppelt erfasste Rechnungen etc.
- **Debitorenbuchhaltung**
  Unterstützung bei der Auswahl der Geschäftsvorfälle für die Cut-off-Prüfung, detaillierte Analyse der Alters- und Länderstruktur der offenen Posten, Plausibilitätsprüfungen im Mahnwesen (Mahnsperren, Mahnstufen etc.)
- **Anlagenbuchhaltung**
  Detaillierte Analyse der Aktivierungen, der Zu- und Abgänge, der manuellen Abschreibungen etc.
- **Hauptbuch**
  Analyse der manuellen Buchungen, der manuellen Bebuchung von Konten, die nur automatisch bebucht werden dürfen etc.
- **Materialwirtschaft**
  Inventurbuchungen, Plausibilitätsprüfungen bei der Materialbewertung, Wareneingänge ohne Bestellungen etc.

Die einzelnen Transaktionen können unter anderem eine verlässliche Aussage über die Funktionstrennung in Geschäftsprozessen liefern. Während die Analyse der vergebenen Berechtigungen Aufschluss über das *Potenzial* der möglichen Verstöße (zum Beispiel im Bereich Funktionstrennung oder Toleranzgrenzen) gibt, liefern die einzelnen Belege Informationen zu *tatsächlich stattgefundenen Unregelmäßigkeiten*, weil in den einzelnen Transaktionen die Benutzer-ID des Erfassers protokolliert wird.

Funktionstrennungsprüfung über Belege

[zB]

Berechtigungsbezogene Datenanalyse

Ein typisches Funktionstrennungsszenario im Einkauf ist beispielsweise die Überprüfung der einzelnen Bestellungen, Waren- und Rechnungseingänge sowie die Identifizierung der zusammengehörenden Vorgänge, die von demselben Benutzer erfasst wurden.

Bei der Funktionstrennungsanalyse von zahlungsrelevanten Vorgängen ist beispielsweise der Vergleich eines Erfassers der Zahlungsvorschlagsliste mit dem Benutzer denkbar, der den Zahllauf durchgeführt hat. Der Zahlungsprozess beschränkt sich selten nur auf das SAP-System, und so können ähnliche Auswertungen auch in nachgelagerten spezialisierten Zahlungssystemen (wie des schweizerischen Softwareherstellers mammut soft computing AG) durchgeführt werden, indem man zum Beispiel den Erfasser einer Zahlung mit dem Visierer (Genehmiger der Zahlung) abgleicht.

In Kapitel 12, »Betrug im SAP-System«, wurden Beispiele für Datenmodelle aufgeführt, die zur Aufdeckung eines Betrugs beitragen können. Die Offline-Datenanalyse-Tools ermöglichen aufgrund ihrer speziellen Auswertungs-Features einige Analyseszenarien, die sich zum Beispiel mithilfe von SAP Querys nur schwer realisieren lassen, wie die folgenden:

Betrug

- Buchungen von Sachbearbeitern, die einen auffällig hohen Anteil an Stornos aufweisen
- Buchungen an Wochenenden oder zu ungewöhnlichen Uhrzeiten
- manuelle Buchungen auf Konten, die lange Zeit nicht verwendet wurden
- nah am Periodenende stattfindende Buchungen mit hohen Beträgen auf Kundenkonten, die lange nicht verwendet wurden
- Lieferanten, die ähnliche Stammdaten (Bankkonto etc.) wie die der Mitarbeiter aufweisen
- Splitting von Bestellungen, um das maximale Limit zu umgehen

Es gibt jedoch keine Szenarien, die mit einer hundertprozentigen Wahrscheinlichkeit Betrug aufdecken können. Das Ziel der fraudbezogenen Auswertungen ist es vielmehr, die Gesamtheit an Geschäftsvorfällen zu identifizieren, die ein Fraud-Potenzial aufweisen und anschließend detailliert manuell untersucht werden müssen.

Nachteile von Offline-CAAT

Das Akronym CAAT bringt man zwar in erster Linie mit Audit- und Compliance-Fragestellungen in Verbindung, doch wenn man hinter diese Anwendung blickt und die Funktionalität von CAAT betrachtet, wird man schnell feststellen, dass mit CAAT nicht nur revisionsbezogene IKS-Ziele, sondern auch operationelle Ziele in allen denkbaren IT-gestützten Prozessen adressiert werden können. Wenn es dabei nicht den großen Nachteil von Offline-Datenanalysen gäbe: Wie es sich bereits von diesem Begriff ableiten lässt, handelt es sich dabei um Ex-post-Auswertungen.

20.1.2 Auswertungsmöglichkeiten in SAP-ERP-Systemen

Angenommen, Sie haben SAP ERP (oder auch SAP S/4HANA) im Einsatz, möchten aber keine zusätzlichen Tools anschaffen: Welche Optionen gibt es in diesem Fall? Diverse Online-Auswertungsmöglichkeiten der IKS-relevanten Daten in SAP-ERP-Systemen können als weitere CAAT-Kategorie verstanden werden. Im SAP-ERP-Umfeld gibt es hierzu eine Fülle von Optionen, die sich grundsätzlich in zwei Bereiche gruppieren lassen:

- **Reports im SAP-ERP-System**
  Im Benutzermenü, das nach Geschäftsprozessen strukturiert ist, gibt es in jedem Abschnitt ein eigenes Informationssystem (zum Beispiel **Rechnungswesen • Finanzwesen • Kreditoren • Infosystem**). Eine Zusammenfassung von mehr als 600 auditrelevanten ABAP-Reports, die in einer übersichtlichen Struktur enthalten sind, stellt das AIS zur Verfügung. Das AIS ist in jedem SAP-ERP-System im Standard vorhanden (siehe Abschnitt 4.3.12, »Audit-Informationssystem«).
- **Querys und Views**
  Des Weiteren bieten SAP Querys und SAP-InfoSets ebenfalls die Möglichkeit, Online-Auswertungen schnell und unkompliziert zu generieren. Zahlreiche Beispiele in Kapitel 14, »Exemplarische effizienz- und wirtschaftlichkeitsorientierte Analyseszenarien in SAP ERP«, beschreiben detailliert deren Einsatz.

  Diese Option ist mit etwas Design- und Implementierungsaufwand verbunden – genauso wie die neue Möglichkeit beim Einsatz von SAP HANA, über *HANA Views* performante Auswertungslogik zu nutzen. Aus Risikogesichtspunkten sollte der Zugriff auf SAP HANA Design Studio, sehr restriktiv gehandhabt werden. Außerdem ist die direkte Nutzung von HANA Views nicht die benutzerfreundlichste Option. In der Praxis werden deshalb zusätzliche Visualisierungstools benutzt.

- **Online-Überwachungs-Tools und -Services, die an das SAP-ERP-System angeschlossen werden können**
  Dedizierte GRC-Lösungen lassen wir an dieser Stelle vorerst außen vor. Der SAP Solution Manager (bzw. dessen Business-Process- und SLA-Monitoring-Funktionen), das RSECNOTE-Tool und Dienstleistungen von SAP wie SAP EarlyWatch Alert oder der Security Optimization Service sind hier zu nennen. Auch *SAP Business Warehouse* (*SAP BW*) kann die Option bieten, IKS-relevante Reports und Querys zu entwickeln.

Nachteile von Offline- und Online-CAAT-Tools

Im Vergleich zu den Offline-Datenanalyse-Tools bieten Online-Auswertungen zwar einen klaren Vorteil, doch die Test- und Bewertungsergebnisse werden bei beiden Optionen in einem IKS-Prozess manuell ausgewertet, und das ist generell mit vielen Nachteilen verbunden:

- **IKS-relevante Dokumentation**
  Die Dokumentation zur jeweiligen Auswertungsoption – das adressierte Risiko, das Kontrollziel, die Bedeutung der Felder in den Selektionskriterien, die Beurteilung der Ergebnisse etc. – kann nicht oder nicht hinreichend hinterlegt werden. Die üblichen Online-Analysemöglichkeiten sind schlicht und ergreifend nicht in ein gesamtheitliches IKS-Dokumentationsrahmenwerk integriert.
- **Beurteilung und Protokollierung der Auswertungsergebnisse**
  Die Beurteilung und Protokollierung der Auswertungsergebnisse erfolgt überwiegend manuell: Die Entscheidung, ob das Ergebnis korrekt ist oder nicht, liegt grundsätzlich immer im Ermessen eines Menschen – nur bei Offline- und Online-CAAT-Tools muss diese Entscheidung immer wieder getroffen werden, nachdem neue Auswertungsergebnisse vorliegen; das Ergebnis der Beurteilung wird meist ebenfalls manuell festgehalten, zum Beispiel in Microsoft Excel-Sheets.
- **Zustellung der Auswertungsergebnisse**
  Eine differenzierte Zustellung der Auswertungsergebnisse an zuständige Personen (an Kontroll- oder Prozessverantwortliche), einen Alert auszudrucken und abzuheften bzw. im besten Fall in einer Dateiform zu extrahieren und zu speichern oder per E-Mail zu verschicken, ist aus Compliance-Gesichtspunkten suboptimal. Ein Compliance-Prozess muss *compliant* sein, das heißt, der Grundsatz der Nachvollziehbarkeit und die sich daraus ergebenden Protokollierungsanforderungen müssen erfüllt werden, was bei einem manuellen Prozess schwer realisierbar ist.

- **Reporting**
  Die Aggregation der beispielsweise in Microsoft Excel zusammengetragenen Überwachungs- und Bewertungsergebnisse lässt ein zeitnahes und zentralisiertes Reporting zu einer ressourcenintensiven Herausforderung werden.

Alles in allem gibt es sowohl bei den Offline- als auch bei den Online-CAAT-Tools einige Nachteile, unter anderem weil diese nicht in einen automatisierten IKS-Prozess als Ganzes eingebunden sind.

20.1.3 GRC-Management-Software

SAP GRC: eine Investition

Die SAP-GRC-Lösungen sind die erste Wahl, wenn es um Automatisierung der Test- und Überwachungsszenarien geht (siehe Abschnitt 4.3, »SAP-Lösungen für Governance, Risk and Compliance (GRC)«). Es handelt sich um eine Investition, weil diese Tools nicht in der Lizenz von SAP ERP oder SAP S/4HANA enthalten sind. Warum sich diese Investition dennoch lohnt, erfahren Sie in Kapitel 21, »SAP GRC – Erfolgsfaktoren und Erfahrungswerte«.

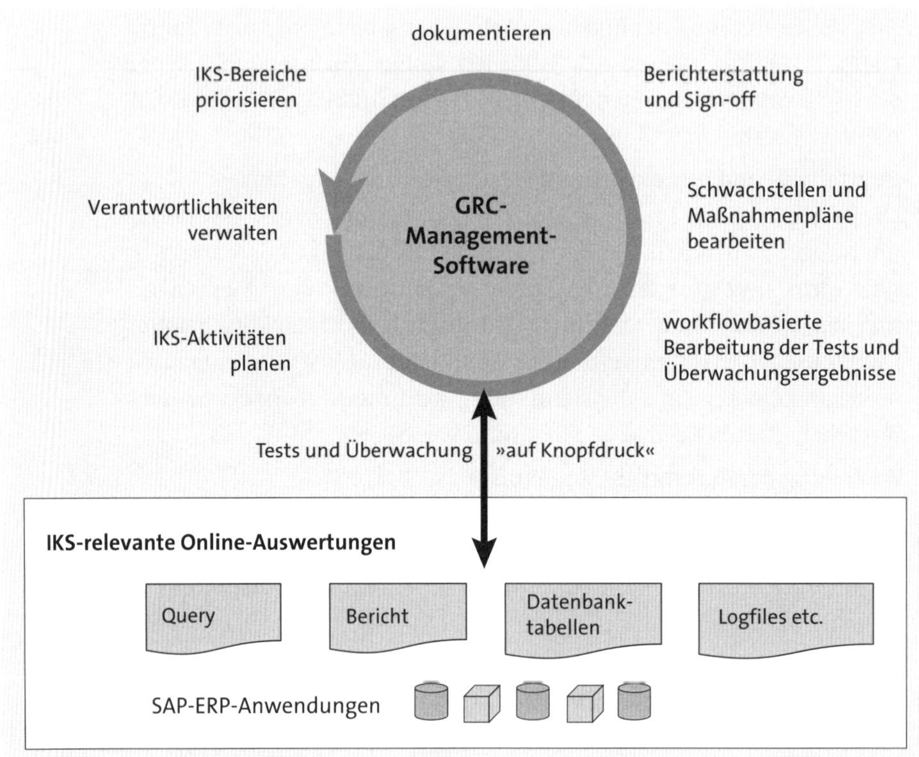

Abbildung 20.1 Test- und Überwachungsautomatisierung mithilfe von GRC-Management-Software, IKS-Fokus

Wie Sie in Abbildung 20.1 sehen, bedeutet die Automatisierung mittels SAP GRC nicht nur das Generieren der Ergebnisse der Test- und Monitoring-Vorgänge (zum Beispiel ob eine Kontrolle effektiv ist oder nicht) »auf Knopfdruck«, sondern auch deren Einbeziehung in den IKS-Gesamtprozess, einschließlich der Dokumentation bis hin zur Problembearbeitung und zum Reporting.

Integration von GRC- und Zielsystem

Es gibt unterschiedliche Möglichkeiten, wie Auswertungslogik in einem GRC-System zustande kommt:

- Es kann sich zum Beispiel um Ergebnisse von *Online-CAAT-Tool-basierten* Auswertungen handeln (Querys und Reports im Ziel-ERP-System), das heißt, man bindet bereits vorhandene Auswertungsoptionen ein.
- Prüflogik und -mittel können neu aufgebaut werden.
- Es können vom Softwareprovider ausgelieferte Best Practice Szenarien – nach einer notwendigen Anpassung von z. B. Selektionskriterien – wiederverwendet werden.

Die letzten beiden Optionen kann je nach Softwarehersteller mehrere technische Mittel umfassen. Im nachfolgenden Kapitel sehen wir uns diese genauer an, wobei das *Continuous Monitoring Framework* (*CMF*) der SAP GRC Suite im Fokus stehen steht.

20.1.4 Machine Learning im Dienst von GRC

Das Thema *Maschinelles Lernen* (*ML*) gewinnt in unserem Digitalisierungszeitalter immer mehr an Bedeutung. Im weitesten Sinne ist ML dazu vorhanden, uns basierend auf vorhandenen Daten dabei zu helfen, Entscheidungen zu treffen. Im GRC-Kontext kann ML als ergänzende Möglichkeit für die Verwendung von Algorithmen und mathematischen Verfahren verstanden werden, die die Einrichtung von Test- und Überwachungsszenarien entlang der für ML üblichen Prozessschritte unterstützt. Es handelt sich um die folgenden Schritte auf dem Weg der Daten hin zu Entscheidungen:

1. Daten verstehen
2. mithilfe diverser Algorithmen Prognosen berechnen
3. auf Basis der gemachten Voraussagen Entscheidungen treffen
4. Bestimmung von kausalen Inferenzen

Ohne Anspruch auf Vollständigkeit möchten wir Ihnen im Nachfolgenden anhand weniger Beispiele einen Eindruck über einen möglichen Mehrwert von ML vermitteln.

Daten verstehen

Innerhalb dieser ML-Domäne geht es um die Visualisierung und Strukturierung von Daten (zum Beispiel Principal Component Analysis), die Bildung von Gruppen innerhalb großer Datenmengen (Clustering) sowie die Darstellung von unstrukturierten Daten (zum Beispiel von großen Textmengen). Nachfolgend möchten wir ein Beispiel der Verwendung von Clustering im GRC-Kontext bringen.

[zB]

K-Means-Clustering für Bankkundendaten

Angenommen, eine Bank möchte die einzelnen, über Online-Banking vorgenommenen Überweisungen eigener Kunden auf Geldwäsche oder Betrug überprüfen. Da Kunden eine sehr vielfältige Palette an Einkommen, Alter, Beruf etc. aufweisen, wurde entschieden, ML-Techniken für die Bildung von Kundengruppen einzusetzen – auf deren Verhalten basierend. Dabei wurden die Merkmale *Anzahl aller Transaktionen* und *Gesamtwert aller Transaktionen pro Kunde* betrachtet. Auf diesen Merkmalen basierend, wurde der K-Means-Algorithmus eingesetzt, der zu der ML-Kategorie *Unüberwachtes Lernen* (Unsupervised Learning) gehört. Im Rahmen der Anwendung des K-Means-Algorithmus wurden alle Kunden in drei Gruppen aufgeteilt: Die verhaltensorientierte Einstufung erweist sich in der Praxis als viel aussagekräftiger, als wenn bereits vorhandene Gruppen wie **Student** und **Angestellt** betrachtet würden. Bei der letzteren Option blieben zum Beispiel Fälle unberücksichtigt, bei denen ein Student ein erfolgreiches Start-up-Unternehmen gründen und mit hohen Beträgen operieren würde.

Clustering-Ergebnisse bei der Analyse verwenden

Wie würde man in unserem Fall die K-Means-Clustering-Ergebnisse nutzen? Die Analyselogik wird auf die Bankkunden pro Cluster separat angewandt – mit clusterspezifischen Parametern bzw. Schwellenwerten. Diese Analyselogik kann sich auf Algorithmen wie Anomaly Detection, statistische Formeln wie Normalverteilung oder auch auf simplere Aufdeckungsmethoden in SAP Business Integrity Screening stützen (siehe Abschnitt 4.3.7, »SAP Business Integrity Screening«). Eine simplere Aufdeckungslogik kann zum Beispiel Geldüberweisungen in Hochrisikoländer, einen unüblichen Wechsel der Anmeldesprache im Online-Banking, die Betragshöhe und sonstige Attribute berücksichtigen.

Erfahrungsgemäß gibt es bei den pro Cluster bzw. pro Gruppe identifizierten Verdachtsfällen weniger False Positives, da die nach Verhaltensmerkmalen gebildeten Kundengruppen im Vergleich zu der bereits angesprochenen Alternative, bei der Gruppen nach bekannten Attributen wie

Student oder Angestellter gebildet werden, eine höhere Kohärenz aufweisen.

Mithilfe von mathematischen Verfahren Voraussagen treffen

Automatische Klassifizierung

Der Mehrwert von ML im Kontext von GRC liegt darin, in vorhandenen Daten »Ausreißer« wie Betrugsfälle, Fehler, Angriffsattacken oder sonstige Unregelmäßigkeiten finden zu können – und zwar durch die Anwendung von zahlreichen Methoden und Modellen im Rahmen der wichtigsten mathematischen ML-Verfahren, allen voran der Klassifizierung.

[zB]

Automatische Klassifizierung

Automatische Klassifizierung als Teil des *Überwachten Lernens* hat zum Ziel, ein Modell oder eine Funktion zu entwickeln, die das Einordnen von Objekten anhand von deren Attributen in bereits existierende Klassen ermöglicht.

Bei der Erstellung eines Klassifizierungsmodells greift man auf historische Daten und Beispiele zurück. Nachfolgend beschreiben wir zwei Beispiele von Klassifizierungsaufgaben im Kontext von GRC.

[zB]

Klassifizierung im Kontext der Cyber-Security

Nehmen Sie an, Sie möchten Netzwerkverbindungen überwachen. Die im Netzwerk-Log enthaltenen Daten (Details über Maschine, Browser, Software, Netzwerkprotokoll, Dauer der Verbindung etc.) können Aufschluss darüber liefern, ob eine Verbindung üblich oder eher das Ergebnis einer Cyber-Attacke ist. Die algorithmusgestützte Klassifizierung kann benutzt werden, um verdächtige Netzwerkverbindungen automatisiert zu identifizieren und zu blocken.

Warum wird der Ruf nach ML-gestützten Klassifizierungsmethoden immer lauter? Der übliche Ansatz, bei dem Erfahrungen von Subject Matter Experts für die Entwicklung der Aufdeckungslogik benutzt werden, bekommt zunehmend Konkurrenz durch die immer bessere ML-Technologie und Tools bzw. wird mit letzteren kombiniert. Der Kosten- und Time-to-Market-Druck sind dabei entscheidende Treiber.

[zB]

Aufdeckung des Zahlungsbetrugs

Ein weiteres Beispiel wäre die Aufdeckung des Zahlungsbetrugs auf der Basis von Kreditkarten- oder Online-Banking-Transaktionen. Wie im K-Means-Clustering-Beispiel bereits angedeutet, können hier die ebenfalls durch ML-Verfahren ermittelten Gruppen von Kunden separat betrachtet werden, um die Treffsicherheit zu erhöhen. Für die Entwicklung des Klassifizierungsmodells sind Datenbeispiele mit bestätigten Betrugsfällen erforderlich. Je nach Beschaffenheit der Daten können SMOTE (Synthetic Minority Over-sampling Technique), ENN (Edited Nearest Neighbours) und weitere Verfahren und deren Kombinationen für die Entwicklung eines Aufdeckungsmodells eingesetzt werden.

Neben der automatischen Klassifizierung können für die Entwicklung von Aufdeckungsmodellen auch andere ML-Verfahren wie neuronale Netzwerke benutzt werden.

Wie können SAP-Lösungen bei der Anwendung der ML-Technologie helfen? Ein Beispiel wäre die *Predictive Analysis Library* (*PAL*) von SAP. Diese beinhaltet Funktionen, die zwecks Ausführung der analytischen Algorithmen durch SQLScript-Prozeduren eingebunden werden können. PAL wird als Bestandteil der *Application Function Library* (*AFL*) in SAP HANA installiert und kann via SAP HANA Design Studio aufgerufen werden.

PAL beinhaltet unter anderem die folgenden Funktionen und Algorithmen:

- Clustering-Algorithmen
- Klassifizierungsalgorithmen
- Algorithmen für die Regressionsanalyse
- Assoziierungsalgorithmen
- Time-Series-Algorithmen

20.2 Automatisierte Tests und Monitoring in SAP GRC

Im Folgenden gehen wir detailliert auf das *CMF* ein (siehe Abschnitt 19.4.4, »Problembehebungsprozess«), das die Integration von SAP Process Control und SAP ERP ermöglicht. Sie erfahren zum Beispiel, wie das CMF aufgebaut ist, welche Szenarien beim Einrichten von automatisierten Test- und Monitoring-Vorgängen in der Praxis vorkommen und wie diese Szenarien in SAP Process Control technisch umgesetzt werden.

20.2.1 Continuous Monitoring Framework

Bei der Erläuterung des CMF beschränken wir uns auf die wesentlichen Punkte und am häufigsten gestellten Fragen. Zuerst gehen wir auf die üblichen Verwechslungen und Begriffsmutationen ein, die in der Praxis zu beobachten sind.

[«]

Continuous Monitoring Framework – Begrifflichkeiten

In der Praxis sind verschiedene Bezeichnungen für das CMF anzutreffen, wie die folgenden:

- Automated Rules Framework (ARF)
- Automated Controls Framework (ACF)
- Automated Monitoring Framework (AMF)
- Continuous Controls Monitoring (CCM)

Alle Bezeichnungen meinen jedoch das gleiche Prinzip: die Integration von GRC-Management-Software mit SAP-ERP-Systemen zwecks Einrichtung von Test- und Überwachungsszenarien. In Bezug auf SAP Process Control verwenden wir den Begriff *CMF*. Es gibt einen Grund, warum das Wort *Controls* im Kontext von CMF nicht mehr obligatorisch ist.

[«]

Neuerungen im CMF von SAP Process Control 12.0

Wie Sie in Abschnitt 20.3, »Einrichtung von CMF-Szenarien in SAP Process Control«, sehen werden, erfolgt die Automatisierung von Test- und Überwachungsszenarien in SAP Process Control in Verbindung mit Kontrollen. Dabei können einer Kontrolle mehrere Szenarien zugeordnet werden. Wegen des Rufs nach mehr Flexibilität in der Lösung hat SAP ab Release 12.0 der SAP GRC Suite ermöglicht, dass Test- und Überwachungsszenarien *ohne Verlinkungskontrollen* verwendet werden können. Man spricht in diesem Zusammenhang von Geschäftsregeln, anhand deren Ergebnisse Ad-hoc-Schwachstellen angelegt und gehandhabt werden können.

Wie Sie in Abbildung 20.2 sehen, gibt es in SAP Process Control (ab Release 10.0) zwei unterschiedliche und unabhängige Bereiche, in denen Sie automatisierte Test- und Überwachungsszenarien einrichten können.

Diese beiden unterschiedlichen Bereiche sind:

- **Fortlaufende Überwachung**
  Dieser Abschnitt steht für das CMF ❶. Es handelt sich dabei um die neue bzw. wesentlich erweiterte Funktionalität, die ab Release 10.0 zur Verfügung steht.

- **Automatische Überwachung der älteren Versionen**
  Hier sind die »alten« Versionen zu finden; man spricht dabei vom im Hinweiskasten, »Continuous Monitoring Framework – Begrifflichkeiten«, erwähnten ARF ❷.

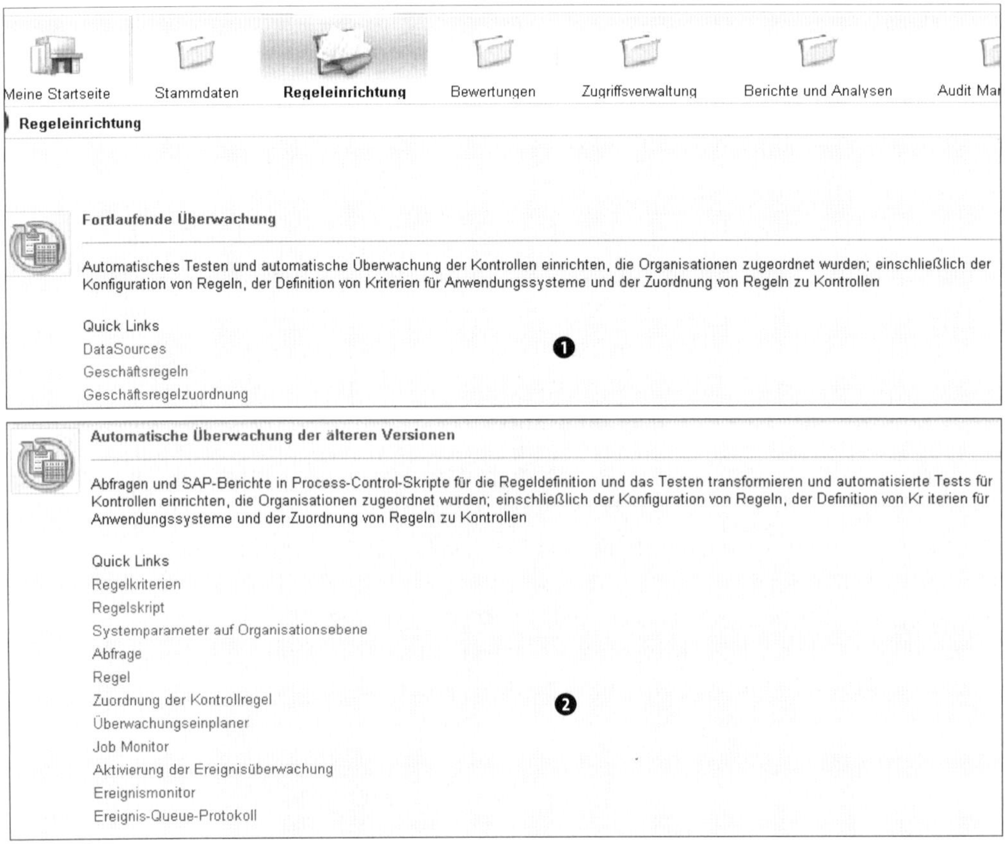

Abbildung 20.2 Continuous Monitoring Framework in SAP Process Control

Bei dem Release-Sprung von v.3 auf v.10 der SAP GRC Suite gab es so viele Änderungen bzw. Verbesserungen, dass die alte Funktionalität nicht mehr direkt wiederverwendbar war. Das bedeutet, dass die vordefinierten Szenarien, die im Standardauslieferungsumfang von SAP GRC enthalten sind, nur im alten ARF, nicht aber im neuen CMF vorhanden sind. In diesem Buch sprechen wir durchgehend von CMF, der neuen Funktionalität in der SAP GRC Suite ab Releasestand v.10. Hiervon ausgenommen ist das Beispiel in Abschnitt 20.3.5, »Automatisierung mithilfe vordefinierter Best-Practice-Szenarien«, das den Aufbau eines vordefinierten Szenarios aus dem älteren Release beschreibt.

20.2.2 Continuous Monitoring Framework – Potenzial und Erwartungshaltung

Schnell und verlässlich geprüft

Ob man sich beim Prüfen der Konfigurationseinstellungen in 20 SAP-Systemen manuell jeden Tag zwanzigmal anmelden muss, zum Beispiel Tabelle T000 oder Profilparameter aufrufen, Werte manuell checken und die Ergebnisse in einer Microsoft-Excel-Datei protokollieren, oder dies im CMF umsetzt und eigentlich nur im Falle einer Abweichung etwas zu tun hat (eine automatisch generierte Schwachstelle mit allen erforderlichen Details, die automatisch per Workflow zugestellt wird), ist ein riesiger Unterschied. Der Einsatz des CMF kann viel Zeit einsparen und zudem noch die Wahrscheinlichkeit eines Fehlers auf null bringen.

[zB]

Umsetzung der Kontrollmatrix

Angenommen, Sie haben sich als Compliance Officer entschieden, die Vorteile der Test- und Überwachungsszenarien zu nutzen und SAP Process Control einzurichten (oder eine andere GRC-Lösung), um Ihr IKS effizienter zu gestalten. Sie haben einen Berater beauftragt und ihm Ihre – sicherlich über die Jahre ausgereifte und nahezu perfekte – Risiko- und Kontrollmatrix mit der Bitte übergeben, »das Ganze zu automatisieren«.

Damit ist für Sie der Fall bereits fast abgeschlossen, aber der Berater sieht sich diese Matrix an und fängt bereits nach fünf Minuten an, die ersten Fragen zu stellen. Sie sind daraufhin etwas enttäuscht und verunsichert, weil Ihr aus Ihrer Sicht nahezu perfektes IKS-Framework ins Wanken zu geraten scheint.

In einem solchen Fall werden Sie sich sicher fragen, wieso sich in Ihrer Matrix Fehler oder Unstimmigkeiten befunden haben, die Ihnen selbst offenbar nicht aufgefallen sind. Es gibt mehrere Antworten auf diese Frage:

- **Vermischung mehrerer Kontrollen**
  Hinter einer dokumentierten Kontrolle können sich oft mehrere mögliche Kontrollmechanismen verbergen, sodass eine Konkretisierung erforderlich ist.
- **Zu allgemeine Beschreibungen**
  Die Kontrollbeschreibungen sind oft zu allgemein, zum Beispiel werden keine Transaktionen erwähnt, sodass die Verknüpfung mit den zugrundeliegenden Datenbanktabellen/Feldern/Objekten etc. nicht sofort ersichtlich ist. In der Praxis kommen oft Formulierungen für *Illustrative Controls* vor, die per Copy & Paste aus COBIT (Control Objectives for Information and Related Technologies) übernommen wurden.

[»]

CMF – der Teufel steckt im Detail

Erinnern Sie sich an Kapitel 14, »Exemplarische effizienz- und wirtschaftlichkeitsorientierte Analyseszenarien in SAP ERP«, in dem Sie gesehen haben, welcher Detaillierungsgrad der Dokumentation notwendig ist, um ein automatisiertes Test- oder Überwachungsszenario einzurichten. Dies sollte Ihnen eine recht genaue Vorstellung davon vermitteln, welcher Initialaufwand und welche Skills hierzu erforderlich sind.

- **Eigenentwicklungen im System**
  Die *Eigenentwicklungen* in einem ERP-System können nicht immer als solche bekannt sein. Ein Berater beherrscht (im Idealfall) neben der CMF-Funktionalität, aber nur die *Standardprozesse* eines ERP-Systems. Wenn daher die Eigenentwicklungen nicht genau dokumentiert sind, kann es an dieser Stelle zu irrtümlichen Annahmen und Rückschlüssen kommen.

Kontrollen spezifizieren

Es kann viele weitere Gründe geben, weshalb die Informationen aus einer Risiko- und Kontrollmatrix nicht ausreichen, um eine Kontroll- oder Risikobewertung automatisieren zu können – zumindest nicht ohne dass man ein separates CMF-Projekt aufsetzt. Ein guter Berater hat sicherlich die gängigsten und effizientesten Test- und Analyseszenarien im SAP-ERP-Umfeld zur Hand. Seine eigentliche Aufgabe besteht aber vielmehr darin, den Kunden bei der Analyse seiner Wünsche anzuleiten und zu einer dokumentierten Spezifikation zu verhelfen, die für jede Kontrolle erforderlich ist.

Kosten vs. Nutzen

Bei der Erarbeitung der Spezifikationen werden Sie feststellen, dass es nicht immer nötig bzw. möglich ist, alle Mechanismen zu automatisieren. Manchmal stellt sich bei einer Kosten- und Nutzenanalyse schlicht und ergreifend heraus, dass das abzudeckende Risiko, die sinnvolle Kontrollhäufigkeit oder der gewonnene Informationswert in keinem Verhältnis zum Realisierungsaufwand bei deren Automatisierung steht.

Aufbau des CMF in SAP Process Control

Müsste man den Aufbau des CMF kurz zusammenfassen und in wenigen Worten beschreiben, würde dies folgendermaßen aussehen (siehe Abbildung 20.3).

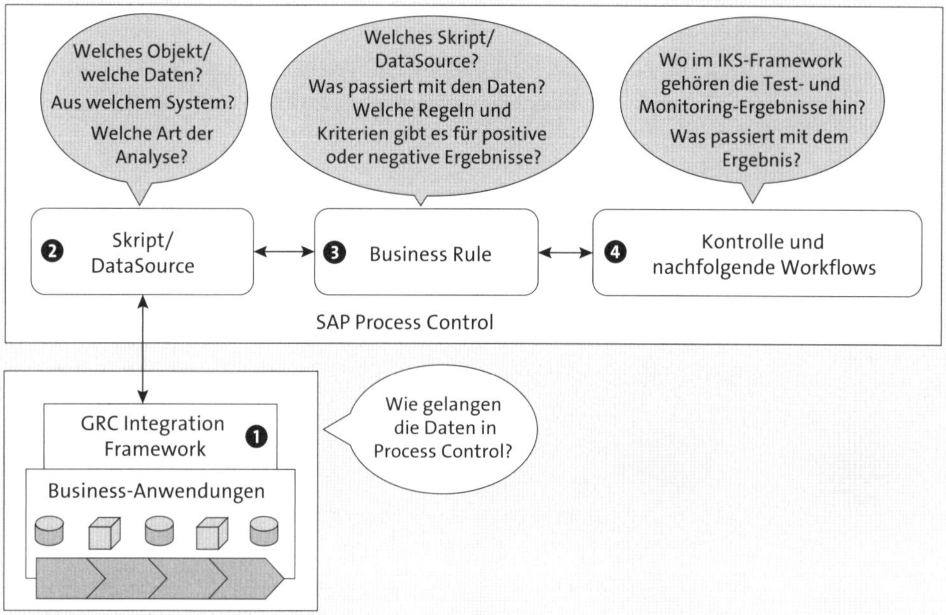

Abbildung 20.3 Hauptelemente des Continuous Monitoring Frameworks in SAP Process Control

Struktur und Hauptelemente

Betrachten wir Abbildung 20.3 etwas näher.

❶ Das *GRC Integration Framework* stellt sicher, dass Stamm-, Steuerungs- und Bewegungsdaten sowie Ereignisse aus dem Zielsystem nach SAP Process Control gelangen. Ein Bestandteil des GRC Integration Frameworks sind Plug-ins (in älteren Releaseständen sprach man von Real Time Agents). Diese beinhalten unter anderem vordefinierte Analyselogik bzw -programme.

❷ Die *DataSources* (*Datenquellen*) in SAP Process Control definieren, welche Daten aus welchem System auf welche technische Art und Weise mithilfe des GRC Integration Frameworks gelesen werden. Hier wird eine grundlegende Unterscheidung zwischen den einzelnen technischen Möglichkeiten vorgenommen, Daten aus einem SAP-ERP-System an SAP GRC zu überführen.

❸ Die *Business Rules* (*Geschäftsregeln*) definieren Selektionskriterien für die zu analysierenden Daten und beinhalten Analyseregeln bzw. -logik für deren Verwertung und Ausgabe. Diese Analyseregeln bilden den Kern des CMF, und mit ihrer Hilfe wird bestimmt, ob als Ergebnis eines Tests zum Beispiel eine Schwachstelle in einem bestimmten Status generiert werden muss.

❹ Die *Kontrolle* schlägt die Brücke zwischen der technischen Einrichtung (Skripte und Regeln) im Rahmen des CMF und zwischen dem IKS-Framework. Dabei sind Test- und Bewertungsergebnisse ein Teil der Ihnen aus Abschnitt 19.4.3, »Planungsprozess, Tests und Bewertungen«, bereits bekannten IKS-Prozesse (Problembehebung).

[»]

Hohe Effizienz bei der CMF-Vewaltung durch Business Rule Parameters

Business Rule Parameters

In Verbindung mit Geschäftsregeln kann ein weiteres wichtiges Element des CMF abgebildet werden: sogenannte *Business Rule Parameters*. Dieses Element ist optional und aus diesem Grund nicht in die Abbildung 20.3 aufgenommen. Mit Hilfe von BRP kann festgelegt werden, welche Werte für zum Beispiel Buchungskreis oder Belegart oder welcher Betrag in den Filterkriterien eines Geschäftsregel automatisch zum Einsatz kommen – und zwar im Zusammenhang mit einer bestimmten Organisationseinheit in SAP GRC, die eine entsprechende automatisierte Kontrolle beherbergt (siehe den nächsten Punkt *Kontrolle*). Auf diese Art lassen sich bestimmte Filterwerte aus den Business Rules auslagern, sodass diese Business Rules nur die Kernlogik beinhalten und nicht vervielfacht werden müssen. In der Praxis sind die Business Rule Parameters extrem nützlich

Das Zusammenbringen der einzelnen CMF-Elemente beim Aufsetzen von Test- und Monitoring-Szenarien erfolgt in der Reihenfolge, die in Abbildung 20.4 dargestellt ist.

1. Als Erstes werden unter **DataSources** Datenquellen eingerichtet.
2. Danach können (optional) **Business Rule Parameters** eingerichtet werden
3. Anschließend werden unter **Business Rules** die Regeln angelegt oder angepasst, wobei diese auf den vorher definierten Datenquellen aufbauen.
4. Im letzten Schritt erfolgt die Zuordnung der Regeln zu den einzelnen Kontrollen unter **Business Rule Assignment**.

[»]

Voraussetzung zur Einrichtung von Test- und Monitoring-Szenarien

Die Voraussetzung für das Aufsetzen von Test- und Monitoring-Szenarien ist, dass das GRC Integration Framework inklusive der Verbindung zwischen SAP Process Control und dem Zielsystem eingerichtet ist.

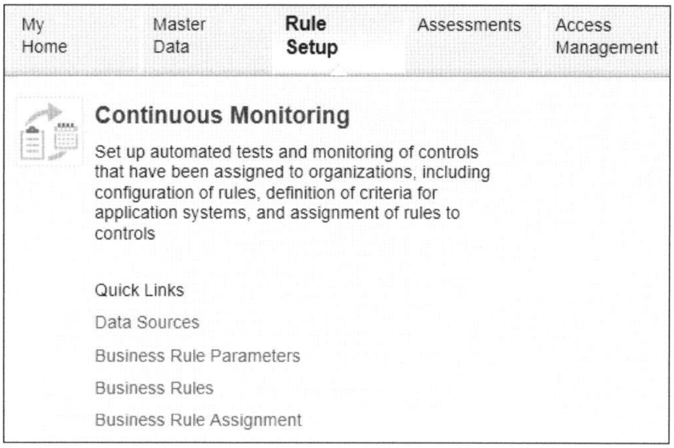

Abbildung 20.4 Reihenfolge beim Aufsetzen der automatisierten Test- und Monitoring-Szenarien

20.3 Einrichtung von CMF-Szenarien in SAP Process Control

Nachdem Sie einen kurzen Einblick in den CMF-Aufbau in SAP Process Control erhalten haben, werden nun die einzelnen Schritte beschrieben, wie Sie CMF-Szenarien in SAP Process Control einrichten.

20.3.1 SAP GRC mit Geschäftsanwendungen verbinden

Bevor das CMF funktionieren kann, bedarf es einer Integration zwischen SAP GRC und den Geschäftsanwendungen in SAP ERP. Was benötigt man in einem Zielsystem, um dieses an SAP Process Control anzuschließen?

Es wurde bereits erwähnt, dass hierzu einer der CMF-Bestandteile notwendig ist, das GRC Integration Framework. Dieses hat im Wesentlichen folgende Aufgaben/Funktionen:

- Es stellt eine Verbindung zwischen den Systemen sicher.
- Es beinhaltet vordefinierte Analyselogik bzw. -programme.

Plug-ins für eine direkte Anbindung

Diese beiden Aufgaben erfüllen genau genommen die sogenannten *Plug-ins* innerhalb des GRC Integration Frameworks, die in einem Zielsystem installiert werden müssen, sowie die Konnektoren, die zum Beispiel bei der Anbindung von SAP-ERP-Systemen auf der RFC-Technologie (RFC = Remote Function Call) basieren. Eine vereinfachte Darstellung des GRC Integration Frameworks zeigt Abbildung 20.5. Es handelt sich dabei um die Option einer direkten Anbindung.

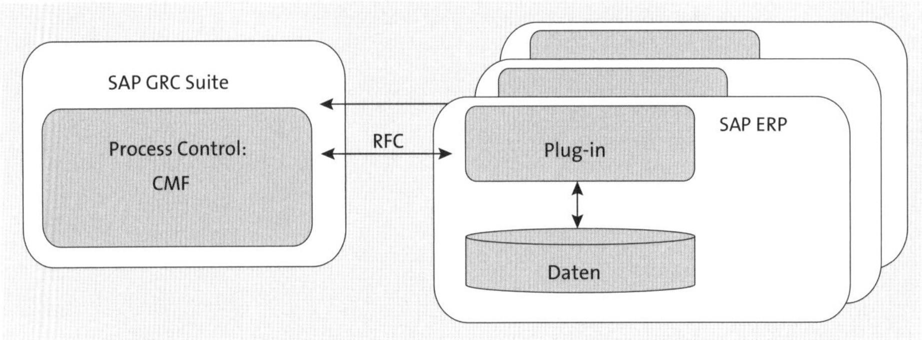

Abbildung 20.5 Überblick über das Integrations-Framework der SAP GRC Suite 12.0

Plug-ins: SAP Process Control und SAP Access Control

In der Projektpraxis wird oft die Frage nach Überschneidungen der Plug-ins für SAP Access Control und für SAP Process Control gestellt. Ab Release 10.0 verwenden die beiden Applikationen dieselben Plug-ins. Anders war es bei den Vorgängerreleases von SAP GRC. Des Weiteren möchten viele Kunden wissen, ob die beiden Plug-ins auf demselben System installiert werden.

[»]

Verbindung des CMF mit der SAP S/4HANA Cloud

On-Premise betriebene SAP-Process-Control-Applikationen können ab Release 12.0 der SAP GRC Suite mithilfe von RFC und Cloud Connectors mit der SAP S/4HANA Cloud verbunden werden. In den Datenquellen kommt dabei das Teilszenario **Konfigurierbar** (siehe Abschnitt 20.3.2, »Datenquellen in SAP Process Control«) zum Einsatz, das das Einbinden von Datenbanktabellen oder sogar von deren Joins ermöglicht. Im Grunde sind die Abweichungen von der üblichen Kopplung des CMF mit SAP ERP oder der On-Premise-Version von SAP S/4HANA minimal, da auch die SAP S/4HANA Cloud auf der SAP-NetWeaver-Technologie basiert.

[+]

Installation von Plug-ins

Die offizielle Informationsquelle für die Installation von Plug-ins ist der Installation Guide, der im Service Marketplace von SAP zu finden ist (*https://service.sap.com/instguides*).

Für SAP Process Control verwenden Sie die Installationsdatei **GRCPIERP**, die mit SAP Access Control gemeinsam genutzt wird. Zusätzlich ist für SAP Access Control eine weitere Installationsdatei **GRCPINW** erforderlich, die aber für SAP Process Control nicht relevant ist.

Um das GRC Integration Framework in SAP Process Control einzurichten, sind einige Konfigurationsschritte erforderlich. Im Einführungsleitfaden (Implementation Guide, IMG) über **Governance, Risk and Compliance • Gemeinsame Komponenteneinstellungen • Integration Framework** erscheinen die vier Menüpunkte **Konnektoren anlegen, Konnektoren und Verbindungsarten bearbeiten, Verbindungseinstellungen bearbeiten**.

Konnektoren einrichten

Die ersten drei dieser Menüpunkte sind Pflicht und werden in der Reihenfolge von oben nach unten abgearbeitet.

1. **Konnektoren anlegen**
   Hier werden Transaktion SM59 aufgerufen und die RFC-Verbindungen gepflegt.
2. **Konnektoren und Verbindungen bearbeiten**
   Bei diesem Konfigurationsschritt werden Konnektoren definiert. Dabei werden die zuvor angelegten RFC-Verbindungen verwendet. In Abbildung 20.6 sehen Sie zwei Konnektoren, die in den nachfolgenden Abschnitten bei der Pflege von Datenquellen und Geschäftsregeln verwendet werden.

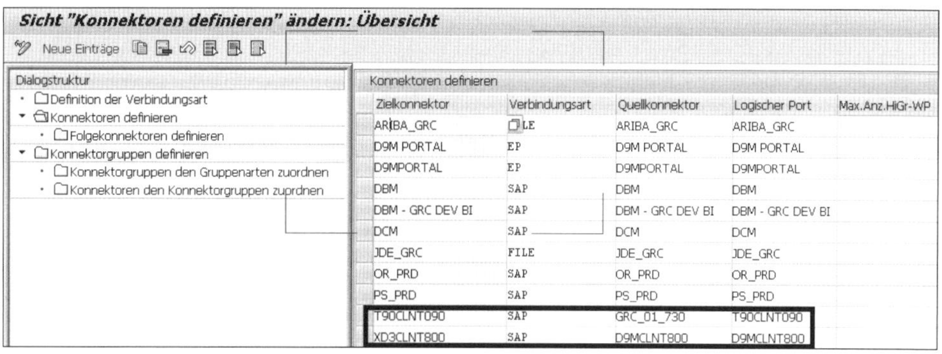

Abbildung 20.6 Konnektoren und Verbindungen bearbeiten

In Abbildung 20.6 sehen Sie in der Spalte **Quellkonnektor** für die markierten Zeilen Namen von RFC-Verbindungen, die vom Zielsystem in Richtung SAP GRC zeigen. Diese Rückkopplung ist für den asynchronen Modus erforderlich: Bei dieser CMF-Ausführungsoption holt SAP Process Control das Ergebnis nicht durch die initial aufgebaute RFC-Verbindung (zum Beispiel aufgrund der großen Datenmenge), sondern das Ergebnis wird vom Zielsystem an SAP GRC weitergereicht, sobald die Aufbereitung abgeschlossen ist.

3. **Verbindungseinstellungen bearbeiten**
   Dieser Punkt wird ausgeführt, um die Bearbeitung der Konnektoren für SAP Process Control abzuschließen. Hier ist das Integrationsszenario **AM**

(Automatische Überwachung) auszuwählen. Dieses Integrationsszenario wird für das CMF in SAP Process Control verwendet; eventuell werden weitere Szenarien von SAP Access Control eingesetzt. Im darauffolgenden (letzten) Schritt werden erlaubte Konnektoren pro Teilszenario festgelegt.

Indirekte Anbindung von Geschäftsanwendungen

Wie sieht es bei Nicht-SAP-Systemen aus? Theoretisch können SAP Process Integration oder einzelne Webservices zur Anbindung von Java-basierten Anwendungen verwendet werden. Dabei können kostenpflichtige Zusatzentwicklungen bzw. Plug-ins von spezialisierten SAP-Partnern erworben werden. In der Praxis wird allerdings stattdessen zunehmend eine indirekte Anbindung von Drittsystemen mittels SAP BW/BI oder SAP HANA verwendet. Die letztere Option gewinnt immer mehr an Bedeutung und wird zunehmend für die Integration mit SAP ERP verwendet. Dies bringt einige funktionale Vorteile – vor allem profitiert man aber von der Eliminierung der negativen Performanceauswirkungen bei großen Datenmengen.

SAP HANA für CMF und Data Analytics

Bei der indirekten Integration von SAP oder Nicht-SAP-Systemen mit SAP GRC via SAP HANA muss eine Replikation der Daten in die SAP-HANA-Datenbank etabliert werden. Dies erfordert unter Umständen die Installation von SLT-Plug-Ins (SAP Landscape Transformation Replication Server, je nach Art der Integration) in den Zielsystemen sowie die Einrichtung eines SLT-Replikationsservers. Bei der in Abbildung 20.7 beschriebenen Vorgehensweise wird die SAP-HANA-Datenbank des SAP-GRC-Systems verwendet; in der Praxis kann es allerdings die SAP-HANA-Datenbank eines anderen SAP-NetWeaver-basierten Systems sein.

[»]

Architektur von SAP HANA 2.0 für Data Analytics

Ab Release 2 von SAP HANA ist es möglich, mehrere Tenants in der gleichen Datenbank einzurichten. Dies hilft bei der Abgrenzung von replizierten Daten, die als Quelle für Data Analytics dienen können von allen weiteren Daten und Schemas (Daten in SAP BW on SAP HANA, Applikationsdaten von anderen Anwendungen etc.).

Die Einrichtung von CMF-Konnektoren kann nicht direkt zu dem Zielsystem, sondern zu einer SAP-HANA-Datenbank gemacht werden, in der replizierte Daten zu finden sind. Dabei wird im oben beschriebenen letzten Konfigurationsschritt der entsprechenden Verbindung das Szenariotyp HANA zugewiesen (seit Release v.10.1 der SAP GRC Suite vorhanden).

Datenreplikation in die SAP-HANA-Datenbank

Die SLT-Datenreplikation ermöglicht es, sofort nach der Entstehung neuer Daten (zum Beispiel Belegen) diese weiterzuleiten. Bevor diese laufende Replikation starten kann, müssen allerdings alle vorhandenen Daten einmal vollständig übertragen werden. Erfahrungswerte für zum Beispiel Tabellen mit Buchhaltungsbelegen (BKPF und BSEG) zeigen, dass eine solche Übertragung mehrere Hundert Millionen Einträge umfassen und mehrere Stunden dauern kann.

[«]

Tabellensperre bei der initialen Replikation umgehen.

Die initiale und nachfolgende SLT-Datenreplikation wird im SLT-Server via Transaktion LTRC eingerichtet. Dabei greifen Default-Einstellungen (insbesondere im Hinblick auf den Lesetyp), die dazu führen, dass entsprechende Tabellen gesperrt werden. Dies kann zur Folge haben, dass zum Beispiel in einem produktiven SAP-ERP-System niemand buchen kann. Um einen solch gravierenden Fehler zu vermeiden, muss Transaktion LTRS verwendet werden, die eine weitergehende Anpassung der Replikationseinstellungen ermöglicht (zum Beispiel Lesetyp 5, Sender-Queue etc.).

Die anschließende Einrichtung und Handhabung von CMF-Szenarien folgt den Schritten, die in den folgenden Abschnitten beschrieben sind.

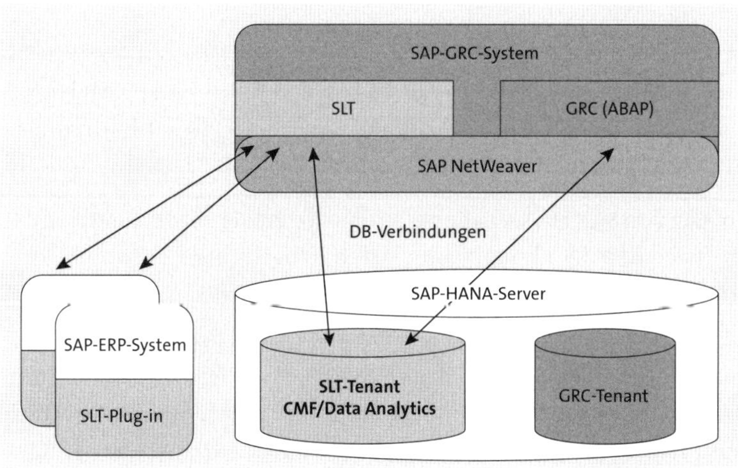

Abbildung 20.7 Beispiel für eine Systemlandschaft bei der Anbindung von SAP GRC via SAP HANA

SAP-HANA-Vorteile für das CMF

Der Autor dieses Buches hat CMF-Szenarien mittels einer indirekten Anbindung via SAP-HANA-Datenbank – zusammen mit seinem Riscomp-Expertenteam mehrfach implementiert. Die Vorteile der dabei zum Einsatz kommenden SAP-HANA-Technologie sind wie folgt:

- **Performance**
  Eliminierung der negativen Performanceauswirkungen, insbesondere bei transaktionalen CMF-Szenarien mit großen Datenmengen – und zwar sowohl für das Zielsystem als auch für SAP GRC.
- **Funktionen**
  Bei der Anwendung von CMF-Logik, gleichzeitig an mehrere Zielsysteme, ist eine Konsolidierung bei der Bearbeitung von CMF Exceptions möglich.
- **Entwicklung von SAP HANA Views**
  Bei der Entwicklung von SAP HANA Views (SQLScript) sind der Komplexität der Logik keine Grenzen gesetzt. Dabei kann man bei Bedarf auf zusätzliche statistische Librarys zugreifen.
- **Organisatorische Vorteile**
  Bei einem eigenständigen Data Analytics Tenant ist man insbesondere bei der Entwicklung von SAP HANA Views nicht an die Einschränkungen aufgrund des Change Managements (Sperre für Systemänderungen in einem bestimmten Zeitraum, zum Beispiel während der Abschlussaktivitäten etc.) eines SAP-ERP-Systems gebunden. Unterschätzen Sie nicht die Wichtigkeit der Einschränkung von Berechtigungen auf das notwendige Minimum. Auch die initiale Installation von SLT-Plug-ins in Zielsystemen muss gut geplant sein.

  Beim Einsatz von SAP S/4HANA ist eine zusätzliche SLT-Replikation nicht zwingend erforderlich, weil Daten bereits in einer SAP-HANA-Datenbank vorliegen. Berücksichtigen Sie jedoch die Anforderungen hinsichtlich Sicherheit, Datenschutz und Change Management.

Beim Einsatz von SAP HANA haben Sie keine Nachteile bei der Zeitnähe der Auswertungen und der Aktualität der Daten zu befürchten. SLT sorgt dafür, dass Daten im Data Analytics Tenant immer aktuell sind.

In Abschnitt 20.3.8, »Verwendung von SAP BW für das Continuous Monitoring Framework«, wird eine ähnliche SAP-BW/BI-basierte Option der Anbindung von SAP Process Control an Zielsysteme beschrieben. Diese ist durchaus praktikabel, wenn die Datenreplikation in SAP BW bereits eingerichtet ist.

Indirekte Anbindung via Webservices

In der Praxis kommen auch Workarounds vor, bei denen Daten aus einem Drittsystem mithilfe eines ABAP-Programms über Webservices in eine Z*-Tabelle im SAP-System (oder direkt im SAP-GRC-System) geschrieben werden. Anschließend können diese Daten mithilfe von konfigurierbaren Regeln verwertet werden. Eine solche Vorgehensweise kann nur empfohlen werden, wenn das Datenmodell stabil bleibt, da Anpassungen (wie neue Felder einführen) sehr aufwendig sein können.

20.3.2 Datenquellen in SAP Process Control

Eine Datenquelle ist das Schlüsselelement zwischen den Test- und Monitoring-Regeln in SAP Process Control und dem GRC Integration Framework. Im Folgenden sehen Sie, wie Sie eine neue Datenquelle anlegen. Rufen Sie den Hyperlink **Data Source** bzw. **Datenquellen** (Abbildung 20.4) auf, und klicken Sie auf den Button **Anlegen** (siehe Abbildung 20.8).

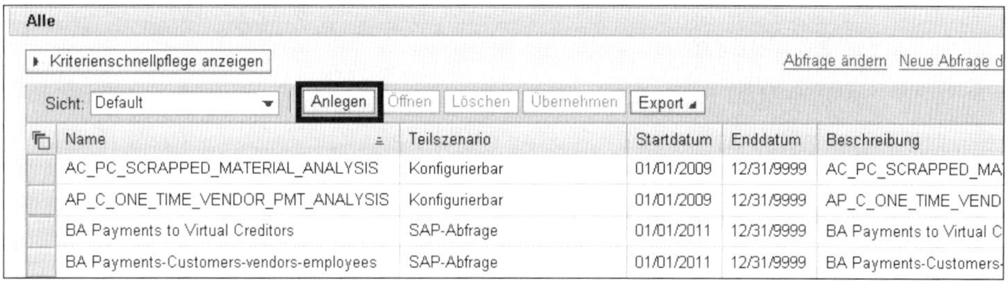

Abbildung 20.8 Anlegen einer neuen Datenquelle

Im sogenannten Kopf der Datenquelle legen Sie im Feld **Datenquelle** den Namen sowie im Feld **Beschreibung** die allgemeine Beschreibung fest (siehe Abbildung 20.9). Pflegen Sie außerdem in den Feldern **Gültig von** und **Gültig bis** den Gültigkeitszeitraum sowie im Feld **Status** den Status **Neu** oder **In Prüfung** (siehe die Markierung in der Abbildung).

Abbildung 20.9 Allgemeine Angaben zur Datenquelle

Die Statussteuerung soll verhindern, dass noch nicht vollständig konfigurierte Datenquellen in einem nachfolgenden Pflegeschritt verwendet werden. Zusätzlich kann die Datenquelle mit weiteren Suchattributen (im IMG frei konfigurierbar) versehen werden.

Als Nächstes müssen die Details einer Datenquelle definiert werden. In diesem Schritt legen Sie fest, ob die Datenquelle Programme, Querys und Datenbanktabellen direkt im SAP-ERP-Zielsystem anspricht. Eine Datenquelle kann verschiedene technische Mittel verwenden, um an die Daten im SAP-ERP-Zielsystem zu gelangen. Diese Mittel sind als Teilszenarien kategorisiert (siehe Markierung in Abbildung 20.10).

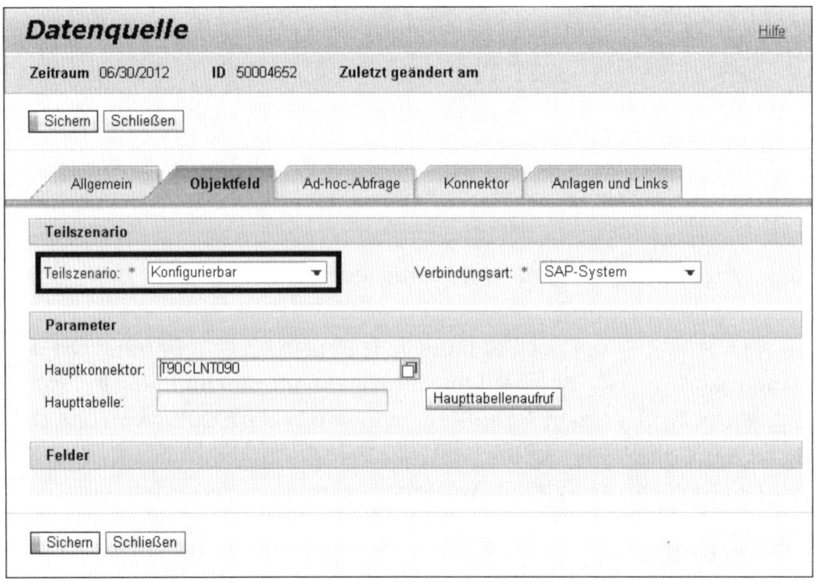

Abbildung 20.10 Teilszenarien für das CMF in SAP Process Control

Teilszenarien

Im Einzelnen stehen Ihnen die folgenden Teilszenarien zur Auswahl:

- **Reportprogramm**

  Mithilfe dieses Teilszenarios werden die Standard-ABAP-Programme für Test- und Monitoring-Zwecke verwendet. Wenn man bedenkt, dass zum Beispiel das AIS im SAP-System eine Ansammlung von ca. 600 SAP-Standardreports ist, wird deutlich, welches Potenzial die Einbindung von AIS in den GRC-gestützten Compliance-Management-Prozess bietet. Es können aber auch weitere Reports eingebunden werden.

  Die Voraussetzung hierfür ist, dass der Report Daten nur liest und nicht ändert. Hierzu muss er im Ziel-SAP-ERP-System für die Anbindung an SAP GRC freigegeben sein.

- **Funktionstrennungsintegration**
  Mithilfe dieses Teilszenarios wird die Integration von SAP Access Control mit SAP Process Control ermöglicht. Das Ziel ist es dabei, die Risikoanalyseergebnisse für Berechtigungen von SAP Access Control an SAP Process Control weiterzugeben.
- **BW-Abfrage**
  Der Name spricht für sich! Mithilfe dieses Teilszenarios können BW Querys in das CMF von SAP Process Control eingebunden werden.
- **Konfigurierbar**
  Dieses Teilszenario ist eine der wichtigsten Verbesserungen und Erweiterungen in Release 10.0 von SAP Process Control. Als sogenannter Skripttyp war es zwar auch im alten Release 3.0 verfügbar, es war aber nicht möglich, mehrere Tabellen miteinander zu verbinden. Außerdem konnten nur transparente Tabellen eingebunden werden. Diese Limitationen sind nun beseitigt. Die weitergehende Pflege von Datenquellen wird im Folgenden anhand dieses Teilszenarios beschrieben.
- **Ereignis**
  Wie der Name schon sagt, erlaubt es dieses Teilszenario, bestimmte Events in SAP-ERP-Systemen zu überwachen. Außerdem kann es Inhalte in Netzwerkpaketen überwachen, zum Beispiel »verdächtige« Patterns.

[+]

Ereignisbasierte Kontrollüberwachung

Mithilfe der vordefinierten *Cisco-SONA-Prüfregel* im CMF von SAP Process Control kann automatisch eine Schwachstelle oder ein Alert erzeugt und per Workflow an eine verantwortliche Person verschickt werden, falls im Netzwerkdatenfluss ein auffälliges Textmuster auftreten sollte. Zum Beispiel kann über eine solche Mustererkennung festgestellt werden, ob im SAP-System amerikanische Sozialversicherungsnummern oder sonstige sensitive Daten per E-Mail verschickt werden, was per Gesetz nicht erlaubt ist.

- **Externer Partner**
  Mithilfe dieses Teilszenarios können diverse Webservices des CMF verwendet werden.
- **Prozessintegration**
  Wenn Sie SAP Process Integration einsetzen, können Sie dieses System an das CMF von SAP Process Control anbinden. SAP Process Integration wird eingesetzt, um in einer verteilten Systemlandschaft Webservices zwischen einzelnen Anwendungen zu verwalten.

- **Programmiert**
  Sollte im Rahmen des CMF eine komplexere Logik erforderlich sein, können Sie unter der Verwendung von ABAP-Strukturen, die eigens für SAP GRC entwickelt wurden, neue Programme generieren. Einige der vordefinierten Regeln sind im »alten« Framework in SAP Process Control zu finden und gehören zum Teilszenario **Programmiert** bzw. in der ARF-Sprache zum gleichnamigen Skripttyp.
- **SAP-Abfrage**
  Dieses Teilszenario ermöglicht die Verwendung von SAP Querys oder SAP Quick Views. Viele der in Kapitel 14, »Exemplarische effizienz- und wirtschaftlichkeitsorientierte Analyseszenarien in SAP ERP«, beschriebenen Umsetzungsbeispiele beruhen auf dieser SAP-Funktionalität (SAP Query und SAP Quick Views).
- **SAP HANA View**
  Dieses Teilszenario ist ab Release 10.1 der SAP GRC Suite neu dazugekommen und ermöglicht den Umgang mit einer nahezu beliebigen Komplexität und großen Datenmengen. Ein möglicher Aufbau der Systemlandschaft wurde in Abschnitt 20.3.1, »SAP GRC mit Geschäftsanwendungen verbinden«, beschrieben. Der SAP HANA View wird als SQLScript in SAP HANA Design Studio einer SAP-HANA-Datenbank entwickelt.

Definition des CMF-Datenmodells und der Grundlogik

Bevor eine Datenquelle angelegt werden kann, bedarf es je nach Szenariotyp einer Anlage von SAP Querys, SAP HANA Views, Selektionsvarianten für einen ABAP-Report etc. Eine Ausnahme stellt der Szenariotyp **Konfigurierbar** dar. Hier kann das Datenmodell als Verknüpfung mehrerer Tabellen implementiert und die Prüflogik später in Geschäftsregeln, zum Beispiel via BRF+, eingerichtet werden. In der Praxis werden 80–90 % aller Szenarien mit dieser Option umgesetzt, denn die Vorteile liegen auf der Hand: Man ist nicht an die Change-Management-Restriktionen von Zielsystemen gebunden.

[zB]

Überwachung der Zahlungen an Einmallieferanten

Im folgenden Beispiel könnte man gut SAP Querys für die Automatisierung verwenden.

- **Risiko**
  Da bei der Erfassung der Eingangsrechnungen für Einmallieferanten auch deren Bankverbindung gepflegt werden kann, wird das Funktionstrennungsprinzip verletzt. Dies birgt das Risiko doloser Handlungen.

- **Kontrollziel**
  Die Einhaltung des zugelassenen Maximalbetrags für die Erfassung eingehender Rechnungen muss regelmäßig überprüft werden.
- **Umsetzung**
  In SAP Process Control muss eine automatisierte Kontrolle eingerichtet werden. Mithilfe dieser Kontrolle wird bei der Rechnungserfassung für einen Einmallieferanten eine Schwachstelle angelegt und eine verantwortliche Person über diese Schwachstelle in Kenntnis gesetzt.

Für die Umsetzung dieser Kontrolle gibt es viele Optionen: Um diese zum Beispiel als SAP-HANA- oder SAP-Query-basiertes Testszenario in SAP Process Control abzubilden, muss auf replizierte Daten in SAP HANA ein SAP HANA View oder im SAP-Zielsystem eine SAP-Query angelegt werden, der das in Abbildung 20.11 beschriebene Datenmodell zugrunde liegt.

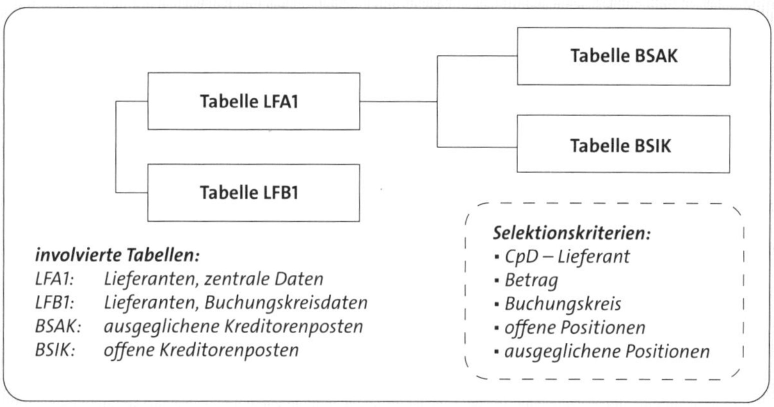

Abbildung 20.11 Beispiel für ein Datenmodell einer SAP Query

Eine SAP Query oder ein SAP HANA View kann anschließend in der Datenquelle in SAP Process Control verwendet werden.

Nachdem das Teilszenario sowie das Hauptzielsystem durch die Definition des Hauptkonnektors ausgewählt worden sind, muss in der Datenquelle das im Zielsystem anzusprechende Objekt angelegt werden. Das Objekt hängt, wie beschrieben, vom ausgewählten Teilszenario ab.

Teilszenario »Konfigurierbar«

Im Teilszenario **Konfigurierbar** wurde die Zielsetzung bei der Identifizierung von CpD-Vorgängen (CpD = Conto pro Diverse) vereinfacht. Ziel ist lediglich die Auswertung von Stammdaten auf Einmallieferanten. Die Verknüpfung der Haupttabellen LFB1 oder LFA1 mit Tabelle BSAK oder BSIK ist leider nicht möglich, da diese nicht als abhängige Tabellen definiert sind.

Wenn Sie im Teilszenario **Konfigurierbar** eine Tabelle als Datenquelle anlegen möchten, gehen Sie folgendermaßen vor: Über einen Klick auf den in Abbildung 20.12 gezeigten Button **Haupttabellenaufruf** gelangen Sie in die Suchmaske.

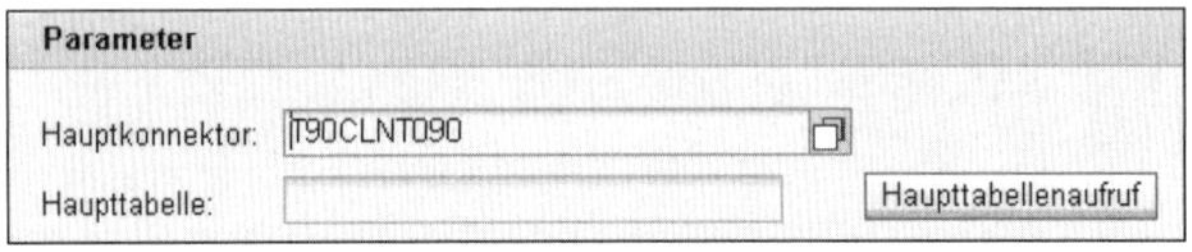

Abbildung 20.12 Einstieg in den Haupttabellenaufruf

Hier können Sie nach einer Tabelle aus dem Zielsystem suchen (siehe Abbildung 20.13).

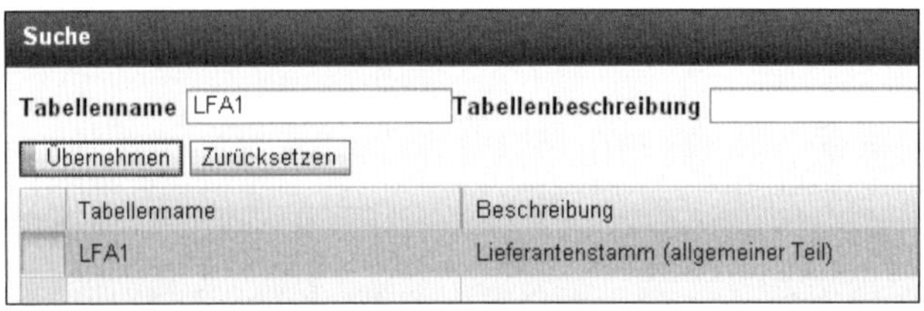

Abbildung 20.13 Tabellensuche im Teilszenario »Konfigurierbar«

Anschließend haben Sie die Möglichkeit, weitere Tabellen hinzuzufügen und mit der Haupttabelle zu verknüpfen (siehe die Markierung in Abbildung 20.14). Auf der Registerkarte **Ad-hoc-Abfrage** können Sie prüfen, ob die Verbindung von der Datenquelle zum Zielsystem funktioniert und ob Daten angezeigt werden.

Auf der Registerkarte **Konnektor** können Sie bei Bedarf Verbindungen zu weiteren Zielsystemen hinzufügen. Auf diese Weise können Sie Szenarien einrichten, bei denen gleichzeitig dieselbe Test- und Überwachungslogik für mehrere Systeme genutzt wird.

Statuspflege nicht vergessen!

Bei der initialen Anlage einer Datenquelle können Sie über den Status **in Prüfung** nicht hinauskommen. Um die Anlage der Datenquelle abzuschließen und den nächsten Schritt – die Anlage einer Geschäftsregel – vorzunehmen, müssen Sie die Datenquelle wieder öffnen, den Status auf **Aktiv** setzen und speichern.

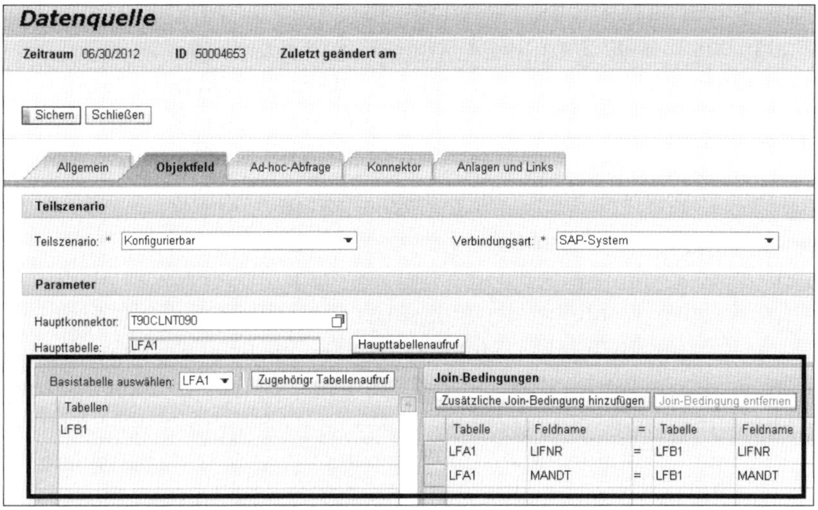

Abbildung 20.14 Tabellen im Teilszenario »Konfigurierbar« verknüpfen

20.3.3 Geschäftsregeln anlegen

Die Geschäftsregeln bilden den Kern des CMF. Wie der Name schon sagt, wird in einer Regel zum Beispiel definiert, ob als Testergebnis eine Schwachstelle mit der Priorität **Hoch**, **Mittel** oder **Niedrig** generiert wird oder ob der Test positiv ausfällt. Im Folgenden zeigen wir Ihnen, wie Sie eine Geschäftsregel anlegen (siehe Abbildung 20.15).

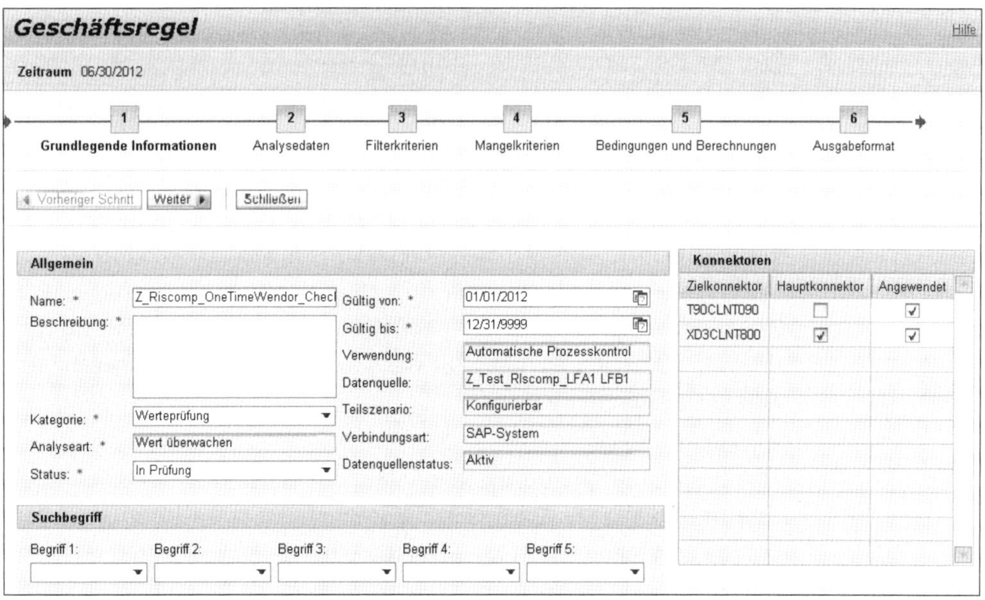

Abbildung 20.15 Geschäftsregel anlegen

Im Rahmen einer Guided Procedure sind mehrere Schritte auszuführen. Die Anzahl und die Inhalte der Schritte können etwas variieren, je nachdem, welcher Szenariotyp in der zugrundeliegenden Datenquelle definiert wurde. In diesem Beispiel arbeiten wir mit der folgenden Maximalausprägung einzelner Schritte, die für den Szenariotyp **Konfigurierbar** gilt (die Schritte 7 bis 10 sind in der Abbildung nicht zu sehen):

1. **Grundlegende Informationen**
   In diesem Schritt sind die Kopfdaten zu erfassen. Wie Sie in Abbildung 20.15 sehen, wurde bei der Anlage der Geschäftsregel die Datenquelle ausgewählt, die in Abschnitt 20.3.2, »Datenquellen in SAP Process Control«, gezeigt wurde. Hier haben Sie die Option, im Bereich **Konnektoren** zu definieren, ob ein oder mehrere Systeme angesprochen werden sollen. Dem Feld **Kategorie** kommt hinsichtlich des CMF eine besondere Bedeutung zu: Hier wird differenziert, ob Werte oder Änderungen geprüft werden (siehe Abschnitt 20.3.4, »Überwachung der Datenänderungen im Continuous Monitoring Framework«).
2. **Analysedaten**
   Hier müssen Felder übernommen werden, die später bei der Festlegung von Filterkriterien oder Analyselogik verwendet werden. Es handelt sich dabei um Felder, die zuvor in der Datenquelle definiert worden sind.
3. **Filterkriterien**
   In diesem Schritt besteht die Möglichkeit, Daten einzuschränken und nur relevante Datensätze bei der Analyse zu verwenden.
4. **Mängelkriterien**
   Das Herz einer Geschäftsregel sind Kriterien, die festlegen, ob ein Test- oder Überwachungsszenario Ergebnisse liefert. Mindestens ein Mängelkriterium muss definiert werden.
5. **Bedingungen und Berechnungen**
   Hier besteht die Option, mittels BRF+ (Business Rules Framework Plus) zusätzliche bzw. komplexere Filter- oder Mängelkriterien einzurichten. Das BRF+ ist eine Wissenschaft für sich und erfordert zusätzliche Skills. Trotzdem bringt dieser Schritt sehr viel Flexibilität in die Ausgestaltung der CMF-Szenarien, da ABAP-Entwicklungsaufwand dadurch gegebenenfalls vermieden werden kann.
6. **Ausgabeformat**
   Hier besteht die Option, die Reihenfolge von Feldern sowie deren Überschriften oder sogar deren Konsolidierung festzulegen. Dies hat Einfluss auf die Darstellung der CMF-Ergebnisse bei deren späterer detaillierter Analyse.

7. **Technische Einstellungen**
   Dieser Bereich kann sowohl Einfluss auf die Performance als auch auf die Vollständigkeit der Auswertung haben, da hier unter anderem die maximale Anzahl der zu analysierenden Datensätze, die synchrone oder asynchrone Ausführung der Logik etc. festgelegt werden.
8. **Ad-hoc-Abfrage**
   Genauso wie bei Datenquellen bieten Ad-hoc-Abfragen in Geschäftsregeln eine sehr bequeme Möglichkeit, um Tests durchzuführen, um zu sehen, ob die definierte Logik korrekt ist und ob Ergebnisse vorliegen.
9. **Anlage und Links**
   Hier können Dateien, zum Beispiel die Spezifikation eines Szenarios, zwecks Dokumentation beigefügt werden.
10. **Bestätigung**
    Dies ist der finale Schritt. Nachdem dieser Schritt durchgeführt worden ist, wird die Geschäftsregel im Status **Entwurf** gespeichert.

In Schritt 3, **Filterkriterien**, wurde die Selektion nur auf den Mandanten 800 eingeschränkt (siehe Abbildung 20.16).

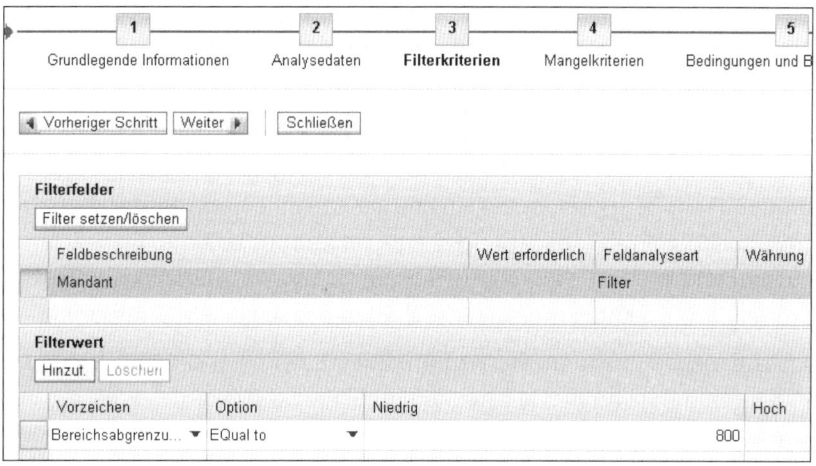

Abbildung 20.16 Filterkriterien für die Geschäftsregel definieren

In Schritt 4, **Mängelkriterien**, sehen Sie die eigentliche Logik der CMF-Regel (siehe Abbildung 20.17). Sollte im SAP-Zielsystem das Feld **Ist das Konto ein CpD-Konto?** in den Lieferantenstammdaten (Tabelle LFA1) den Wert »X« haben, ist dies ein Hinweis darauf, dass es sich um einen Einmallieferanten handelt. Die eingerichtete Regel würde eine Schwachstelle oder eine Exception mit der Wichtigkeit **Hoch** versehen.

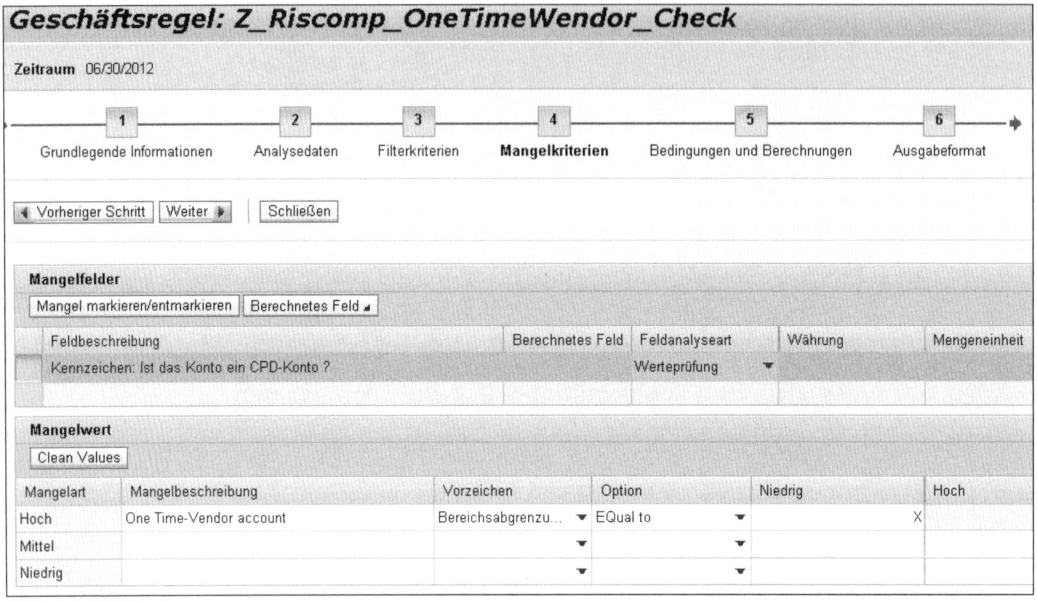

Abbildung 20.17 Mängelkriterien für die Geschäftsregel definieren

20.3.4 Überwachung der Datenänderungen im Continuous Monitoring Framework

Wenn Sie eine Geschäftsregel anlegen, müssen Sie zunächst entscheiden, ob es sich um eine Werteprüfung oder um eine Änderungsanalyse (siehe Abschnitt 20.3.3, »Geschäftsregeln anlegen«) handeln soll. In unserem Beispiel sollen keine Werte, sondern eine änderungsbasierte Überwachung eingerichtet werden. Wählen Sie darum die Option **Änderungsprotokollprüfung** im Feld **Kategorie** einer Geschäftsregel (siehe Abbildung 20.18).

Anschließend können Sie im Feld **Analyseart** zwischen einer Vielzahl von Varianten für die Analyseart auswählen. Die Auswahl wurde in Release der SAP GRC Suite 10.0 wesentlich erweitert. So können Sie zum Beispiel eine beliebige Änderung der Daten (**Änderungen**), nur einem bestimmten Muster entsprechende Änderungen (**Muster**) oder auch deren Anzahl überwachen (**Anzahl der Änderungen**).

Die Analyse der Änderungen kann sowohl die Änderungen selbst als auch die Anzahl der Änderungen von bestimmten Feldinhalten überwachen.

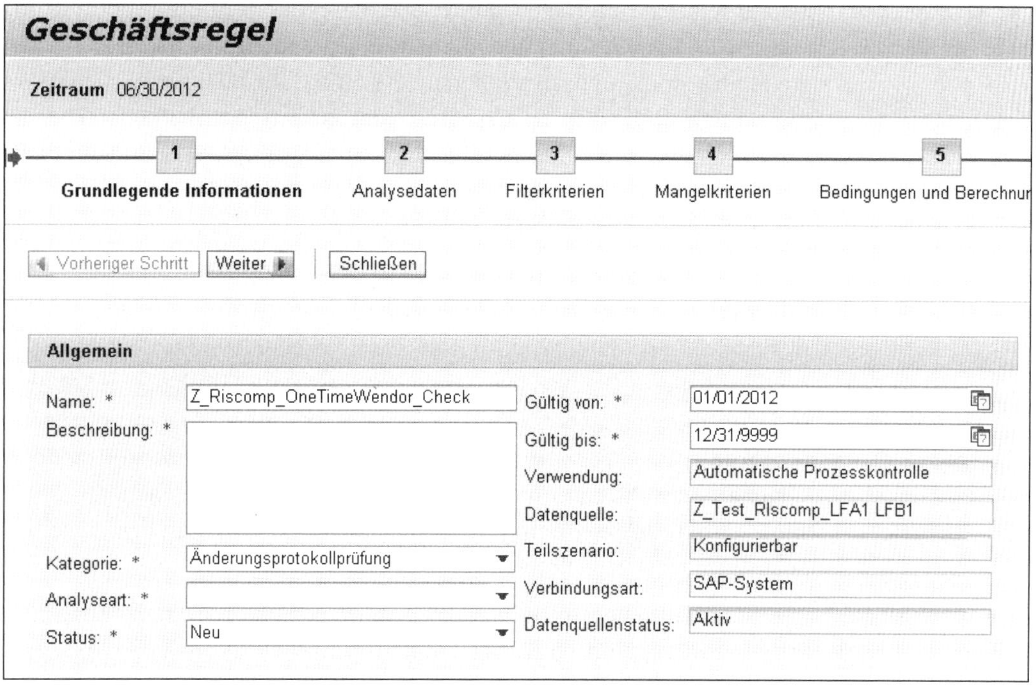

Abbildung 20.18 Einrichtung der Geschäftsregel für die Überwachung von Änderungen

Analyse der Änderungen

Die Überwachung von Änderungen könnte in den folgenden Fällen sinnvoll sein:

- Für die Finanzbuchhaltung sind manche Einstellungen im Sachkontenstamm aus IKS-Gesichtspunkten kritisch. Dies betrifft zum Beispiel die Inhalte des Feldes **Nur automatisch bebuchbar**. Wird der Inhalt dieses Feldes unautorisiert geändert, kann das unter Umständen die Abstimmbarkeit des Hauptbuches mit den Nebenbüchern beeinträchtigen. In diesem Fall ist eine automatisierte Kontrolle sinnvoll, die bei jeder Änderung Alarm schlägt.
- Manche Änderungen können erst bei häufigem Vorkommen einen Hinweis auf Unregelmäßigkeiten geben. So könnte es sinnvoll sein, wenn mehrere CpDs bzw. Einmallieferanten angelegt werden, zum Beispiel pro Land. Dies kann durch eine automatisierte Kontrolle abgedeckt werden, die bei mehr als fünf Änderungen von CpD-Lieferanten eine Notifikation an die zuständige Person sendet.

Woher kommen die Änderungsdaten?

Sie werden sich nun fragen, auf welche Daten das Continuous Monitoring Framework für die Analyse der Änderungen zugreift. In Kapitel 7, »Übergreifende Applikationskontrollen in SAP ERP«, haben Sie erfahren, dass im SAP-Umfeld der wichtige Grundsatz der Nachvollziehbarkeit technisch unter anderem durch die Speicherung der Änderungsbelege und durch die Protokollierung der Tabellenänderungen realisiert wird. Das CMF kann diese beiden Protokollierungsoptionen verwerten, denen unterschiedliche Datenmodelle zugrunde liegen.

Change Log Tool

In der Praxis kommt es manchmal vor, dass compliancerelevante Objekte nicht in die Protokollierungsoptionen einbezogen werden. Um auch die Änderung dieser Objekte, bzw. genauer gesagt der Feldinhalte, in SAP Process Control überwachen zu können, wurde im CMF eine snapshotbasierte Protokollierungsfunktion etabliert. Im Rahmen dieses *Change Log Tools* speichert das Programm `GRCPCRTA_CHANGELOGGRC` objektgenau die Snapshots, damit die Regeln im CMF den Unterschied zwischen den einzelnen Snapshots auswerten können.

Grenzen

Die offensichtliche Limitation des Change Log Tools, die auf das Snapshot-Prinzip zurückzuführen ist, besteht darin, dass jeweils die letzte Änderung in einem Zeitraum protokolliert wird, der seit der letzten Ausführung des Programms `GRCPCRTA_CHANGELOGGRC` verstrichen ist. Dies kann unter Umständen nicht alle Änderungen abfangen. Aus diesem Grund muss die Periodizität der Ausführung dieses Programms möglichst an die erwartete Änderungshäufigkeit angepasst werden.

Vorteil

Der Vorteil des Change Log Tools im CMF besteht darin, dass man die Protokollierung der compliancerelevanten Objekte kurzfristig und unkompliziert sicherstellen kann, zum Beispiel als Reaktion auf Feststellungen der externen oder internen Revision.

[zB]

Objektgenaue Protokollierung

Angenommen, im Rahmen einer SAP-Systemprüfung wurde festgestellt, dass die wichtige eigenentwickelte Z*-Tabelle, die in einer Schnittstelle die Umsetzung der Buchungslogik steuert, nicht protokolliert wird. In diesem Fall können Sie speziell für diese Tabelle das Change Log von SAP Process Control einschalten. Im Vergleich zu den Standard-Protokollierungsfunktionen kann dies viel schneller zu Ergebnissen führen, da eine Änderung der zentralen Basiseinstellungen üblicherweise einen zeitintensiven Change-Management-Prozess nach sich zieht. Langfristig sollte natürlich dafür Sorge getragen werden, dass die Protokollierung möglichst mithilfe der SAP-Standardfunktionen erfolgt (siehe Abschnitt 7.2, »Kontrollen für die datenbezogene Nachvollziehbarkeit«).

20.3.5 Automatisierung mithilfe vordefinierter Best-Practice-Szenarien

Plug & Play

Die einfachste Möglichkeit der Kontrollautomatisierung ist die Verwendung der vordefinierten Analyseregeln in SAP Process Control. Diese Option, nach dem Plug-&-Play-Prinzip die passenden Szenarien auszusuchen, wurde bereits in Abschnitt 20.2.1, »Continuous Monitoring Framework«, erwähnt, und Sie wissen, dass SAP bei vordefinierten Regeln Best-Practice-Erfahrungen zusammengetragen hat (für SAP- und Nicht-SAP-Systeme). Leider sind in den neuen Releaseständen der SAP GRC Suite keine neuen vordefinierten Szenarien zu finden, sondern nur die aus dem älteren CMF stammenden Szenarien (Release 3.0 von SAP Process Control, siehe Abschnitt 4.3.2, »SAP Process Control«).

[«]

Relevante SAP-Hinweise

Folgende SAP-Hinweise sind bezüglich vordefinierter Szenarien im Rahmen von ARF zu empfehlen:

- SAP-Hinweis 1314345 – SAP Delivered Rules Documentation
- SAP-Hinweis 1320737 – SAP Delivered Controls Documentation

Verfügbare Skripte und Regeln

Insgesamt gibt es in Release 3.0 von SAP Process Control über 130 Skripte für SAP-Anwendungen, auf denen mindestens genauso viele Regeln basieren (das gleiche Skript kann in unterschiedlichen Regeln verwendet werden):

Die Palette an vordefinierten Prüf- und Monitoring-Regeln für das SAP-System beinhaltet Stammdatenkontrollen, Konfigurationskontrollen und Kontrollen, bei denen Bewegungsdaten im Fokus sind. Inhaltlich handelt es sich um IT General Controls, kurz ITGC, (sicherheitsrelevante Parameter, Change-Management-Kontrollen etc.), Kontrollen in der Finanzbuchhaltung, im Einkauf, Vertrieb, Personalwesen, Treasury etc. In Abschnitt 13.3, »FDA-Compliance in IT-gestützten Geschäftsprozessen«, finden Sie einige Beispiele der FDA-relevanten vordefinierten CMF-Szenarien in SAP Process Control.

[zB]

Regel FIMPRCH_05T1_01_A – Analyse von Materialpreisänderungen

Die Regel `FIMPRCH_05T1_01_A` identifiziert Materialpreisänderungen, die einen vordefinierten Schwellenwert übersteigen. Es handelt sich um eine *halbautomatisierte Kontrolle*: Die Schwachstelle wird nicht automatisch angelegt, sondern erst nach der Analyse der aufgedeckten Änderungen, die per Workflow einem vorab definierten Benutzer zugeschickt werden.

Was weitere IKS-relevante Attribute betrifft, ist diese Kontrolle als detektiv einzustufen; die relevanten Assertions sind dabei Rechte (Rights and Obligations) und Bewertung (Valuation or Allocation).

Diese Regel finden Sie unter **Regeleinrichtung • Automatische Überwachung der älteren Versionen • Regel**. Wie Sie in Abbildung 20.19 sehen, ist die Regel im alten Framework wesentlich einfacher strukturiert (nur wenige Registerkarten und Felder) als im neuen CMF.

Im Bereich **Allgemein** sind allgemeine Kopfdaten zu finden. Die eigentliche Pflege der Regel erfolgt auf der Registerkarte **Regelkriterien**. Zusätzlich können (optional) Filterkriterien gepflegt werden. Hierzu stehen Ihnen die Buttons **Hinzufügen** und **Entfernen** zur Verfügung.

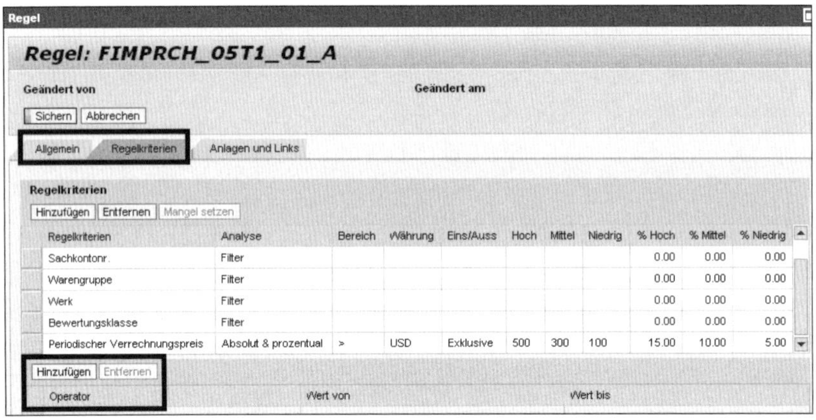

Abbildung 20.19 Vordefinierte Regel zur Überwachung von Materialpreisänderungen

Dabei können pro Feld Kriterien und Analyselogik zur Identifizierung von Schwachstellen definiert werden (siehe Abbildung 20.20).

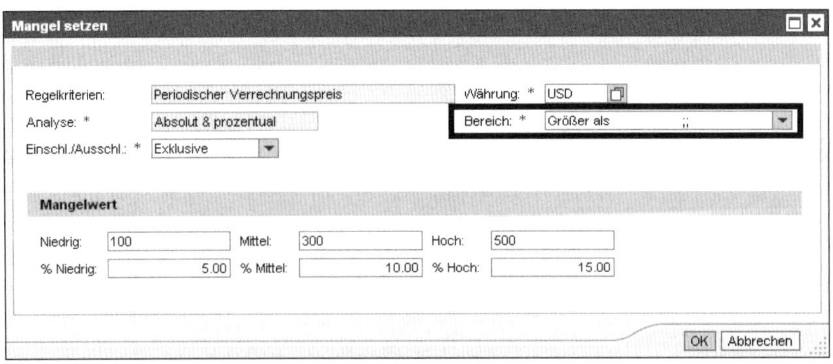

Abbildung 20.20 Regel für die Mängelermittlung setzen

Schwachstelle mit Priorität **hoch** wird angelegt, wenn eine Materialpreisänderung 500 USD oder 15% von dem ursprünglichen Preis übersteigt.

Verwendung

In der Praxis kopieren Sie eine Regel, und nachdem die Regelkriterien angepasst und die benötigten Konnektoren ausgewählt worden sind, wird die Regel einer Kontrolle zugeordnet. Der Vorteil der vordefinierten Regeln liegt in erster Linie im geringen Aufwand bei deren Einrichtung, und man kann dadurch recht schnell und unkompliziert erste Erfahrungen im Umgang mit dem CMF sammeln.

Wie es allerdings bei einem One-Size-Fits-All-Ansatz mitunter vorkommt, kann es unter Umständen an Flexibilität mangeln, insbesondere hinsichtlich des Skripttyps **GRC-programmiert**: So können zum Beispiel weder die grundlegende Analyselogik angepasst noch zusätzliche Felder herangezogen werden. In solchen Fällen lässt es nicht vermeiden, auf weitere technische Möglichkeiten im Rahmen des CMF zurückzugreifen.

[zB]

Logik des Skripts FIMPRCH_05T1_01_A

Nehmen wir die bereits erwähnte Regel `FIMPRCH_05T1`. Das darin verwendete Skript `FIMPRCH_05T1_01_A` liegt der beschriebenen gleichnamigen Regel zugrunde.

- Dieses Skript basiert auf einem Programm aus dem GRC Integration Framework, das mithilfe des GRC-CMF-ABAP-Entwicklungs-Frameworks generiert wurde (daher der Skripttyp **GRC-programmiert**), das Inhalte der Datenbanktabelle MLHD (Material-Ledger-Beleg: Kopf) liest und zur Analyse an SAP Process Control weitergibt.
- Die Datenextraktion basiert auf den Selektionskriterien Buchungskreis, Werk, Sachkontonummer, Bewertungsklasse, Warengruppe, Preissteuerung und Benutzer-ID; die Regelkriterien verwenden das Feld **Preis**.
- Der Materialpreis in SAP ERP kann mithilfe diverser Transaktionen angepasst werden:
  - CK24 – Preisfortschreibung mit Kalkulation
  - CK40N – Kalkulationslauf bearbeiten
  - CKME – Aktivierung geplanter Preise
  - CKMLPC – Preisänderung
  - MR21 – Preisänderung

Daher liegt es nahe, die »ungefährlichen« Transaktionen bei der Analyse zu ignorieren und nur die relevanten Transaktionen zu berücksichtigen, wie zum Beispiel MR21. Da dieses Feld im Skript aber weder als *Filter* noch als *Mangel* definiert ist, ist dies nicht möglich.

20

Die parallele Verwendung des alten und des neuen CFM-Rahmenwerks ist nicht sinnvoll. Der Mehrwert der vordefinierten Regeln im alten CMF besteht eher darin, Ihnen – als Informationsquelle – eine Hilfestellung im Hinblick auf Risiken und mögliche Szenarien zu geben. Diese können Sie bei Bedarf im neuen Rahmenwerk nachbauen.

20.3.6 Verbindung von Kontrollen und Regeln

Die Automatisierung der Test- und Monitoring-Vorgänge bedeutet im CMF-Kontext, dass beispielsweise die Entscheidungen, ob eine Kontrolle effektiv ist, ob sie das richtiges Design hat (bei den Testszenarien) oder ob Abweichungen von vordefinierten Kriterien vorliegen (bei den Monitoring-Szenarien), ohne Beteiligung eines Menschen getroffen werden. Wie das CMF aufgebaut ist, wissen Sie bereits. Der letzte Schritt beim Aufsetzen von automatisierten Test- und Monitoring-Szenarien ist nun die Verbindung des IKS-Frameworks mit dem CMF. Dies erfolgt durch die Zuordnung von Analyseregeln zu Kontrollen (siehe Abbildung 20.21).

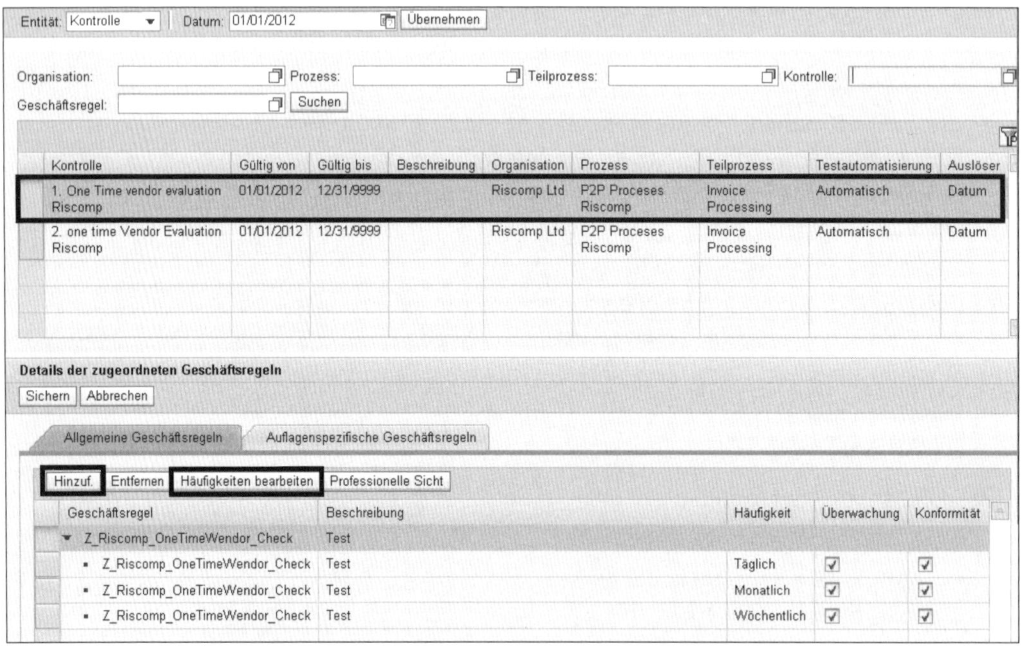

Abbildung 20.21 Zuordnung von Regeln zu einer Kontrolle

Die Auswahl einer Kontrolle (im Beispiel **One Time vendor evaluation Riscomp**) kann nur erfolgen, wenn diese durch die Auswahl eines entsprechenden Attributes als automatisierte Kontrolle definiert wurde. Anschließend werden die benötigten Analyseregeln zugeordnet (Button **Hinzuf.**) und im letzten Schritt die Frequenz der Test- und Überwachungsvorgänge (Button **Häufigkeit bearbeiten**) ausgewählt.

Mehrere Regeln einer Kontrolle zuordnen

Wenn im Rahmen einer automatisierten Kontrolle unterschiedliche Systeme angesprochen (SAP- und Nicht-SAP-Systeme) oder unterschiedliche Analysen in demselben oder in mehreren Systemen durchgeführt werden müssen (wie die Analyse der Änderungen und Werte), würde man die Option wählen, mehrere Regeln einer Kontrolle zuzuordnen.

[zB]

Mehrere Regeln einer Kontrolle zuordnen – Überwachung der Funktionstrennung

Angenommen, Sie möchten in Ihrem SAP-System die Funktionstrennung im Hinblick auf die Erfassung eingehender Rechnungen und die Erfassung von Bestellungen überprüfen. Dabei würde man sowohl an eine berechtigungsbezogene Auswertung (eine präventive Kontrolle) als auch an eine belegbezogene Auswertung (eine detektive Kontrolle) denken. Beide Auswertungen können durch unterschiedliche Regeln im CMF realisiert werden, und beide Regeln können derselben Kontrolle zugeordnet werden.

20.3.7 Und los geht's!

CMF-Verwendungsszenarien: Test und Überwachung

Sie wissen nun, wie das CMF aufgebaut ist und wie automatisierte Test- und Monitoring-Szenarien eingerichtet werden. Wie werden diese Szenarien nun in einem IKS-Prozess gehandhabt? In Abschnitt 19.4.4, »Problembehebungsprozess«, haben Sie erfahren, dass es in SAP Process Control aus der Sicht eines Business-Benutzers kaum Unterschiede im Umgang mit manuellen oder automatisierten Kontrollen gibt: Sämtliche IKS-Aktionen sind als Aufgaben bzw. Workflow-Tasks in der Inbox oder als Formular (auf Basis von SAP Interactive Forms by Adobe) in Ihrer E-Mail-Inbox abzuarbeiten. Dabei wird funktional zwischen Exceptions (Monitoring-Fokus) und Schwachstellen (Compliance-Fokus) unterschieden.

Für diese Aufgaben werden im Planer unter anderem Effektivitätstests der Kontrollen eingeplant. Diese workflowgestützte Aktivität kann nicht nur auf manuelle, sondern auch auf automatisierte Kontrollen aufgesetzt werden (siehe Abbildung 20.22).

Nachdem ein Effektivitätstest einer automatisierten Kontrolle – das heißt einer Kontrolle, der eine oder mehrere Geschäftsregeln zugewiesen sind – im Planer erfasst und das Startdatum dieses Tests erreicht worden ist, triggert SAP Process Control die im CMF definierte Logik an. Im Fall negativer Testergebnisse werden der verantwortlichen Person die Ergebnisse per Workflow zugestellt. Das Ergebnis kann eine Schwachstelle (Issue) sein oder eine Review-Aufgabe, mit der Option, eine Schwachstelle anzulegen. Den Planer assoziiert man deshalb mit einer, die Compliance unterstützenden Rolle von SAP Process Control.

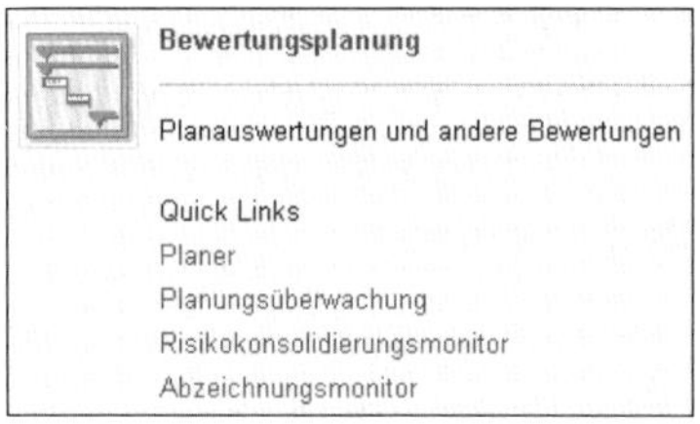

Abbildung 20.22 Planner: CMF Szenarien für Compliance- bzw. Testzwecke antriggern

Zusätzlich zu dieser Planer-Option gibt es eine weitere Option: Um das Monitoring-Konzept umzusetzen, kommt der Job Monitor zum Einsatz (siehe Abbildung 20.23).

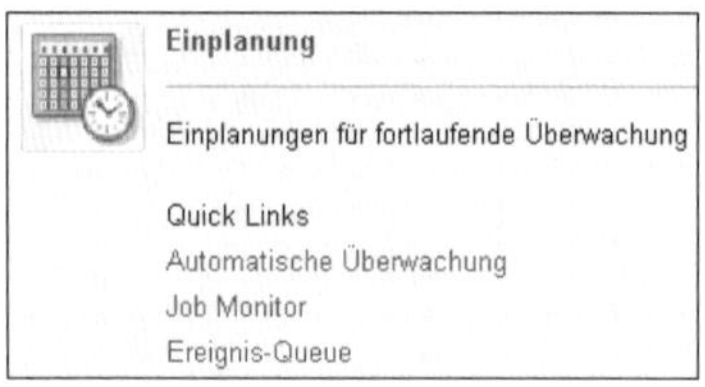

Abbildung 20.23 Automatische Überwachung: CMF Szenarien für Monitoringzwecke antriggern

Der Job Monitor gibt Ihnen eine Übersicht über alle Ergebnisse der aktiven CMF-Szenarien. Die Voraussetzung hierfür ist, dass eine periodische Einplanung mithilfe der Option **Automatische Überwachung** erfolgt ist: Über diese Option können Sie mit der gewünschten Periodizität Überwachungsjobs anlegen.

Im Job Monitor sehen Sie eine Gesamtübersicht aller eingeplanten CMF Szenarien (siehe Abbildung 20.24). Dies ist eine hilfreiche Informationsquelle für Poweruser in SAP Process Control, deren Zugriff nicht auf bestimmte Organisationseinheiten beschränkt ist.

Abbildung 20.24 Beispiel für den Einsatz des Job Monitors

Im Unterschied zu der complianceorientierten Verwendung von CMF-Szenarien über den Planer werden Ergebnisse nicht als Schwachstellen (Issues), sondern als Abweichungen (Exceptions) von SAP Process Control registriert. Schwachstellen und Exceptions können sowohl im Reporting, als auch auf der Ebene von Workflows auseinandergehalten werden.

Wie werden CMF-Ergebnisse von Endanwendern empfangen und weiterbearbeitet? Wie auch bei manuellen IKS-Aktivitäten kommen CMF-Ergebnisse per Workflow in der GRC-Work-Inbox oder als SAP Interactive Form by Adobe in der E-Mail-Inbox eines Anwenders an. Im folgenden Beispiel wurden einige manuelle Buchungen auf Umsatzkonten gefunden, die sonst nur durch einen Fakturierungslauf maschinell hätten bebucht werden sollen. Details zu jeder einzelnen zu analysierenden Ausreißer-Transaktion werden neben dem Adobe-Formular in einer Excel-Datei in der gleichen E-Mail mitgeschickt.

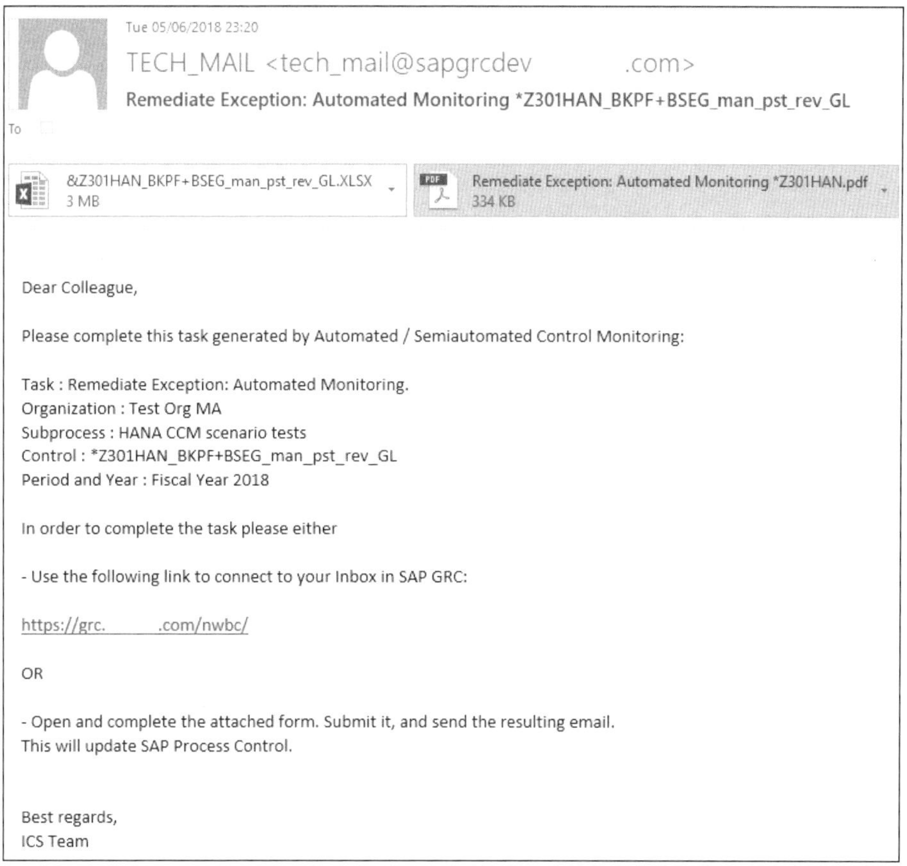
Tue 05/06/2018 23:20
TECH_MAIL <tech_mail@sapgrcdev .com>
Remediate Exception: Automated Monitoring *Z301HAN_BKPF+BSEG_man_pst_rev_GL
To

&Z301HAN_BKPF+BSEG_man_pst_rev_GL.XLSX
3 MB

Remediate Exception: Automated Monitoring *Z301HAN.pdf
334 KB

Dear Colleague,

Please complete this task generated by Automated / Semiautomated Control Monitoring:

Task : Remediate Exception: Automated Monitoring.
Organization : Test Org MA
Subprocess : HANA CCM scenario tests
Control : *Z301HAN_BKPF+BSEG_man_pst_rev_GL
Period and Year : Fiscal Year 2018

In order to complete the task please either

- Use the following link to connect to your Inbox in SAP GRC:

https://grc. .com/nwbc/

OR

- Open and complete the attached form. Submit it, and send the resulting email.
This will update SAP Process Control.

Best regards,
ICS Team

Abbildung 20.25 Versand von CMF-Ergebnissen via E-Mail

In Abbildung 20.26 sehen Sie, wie die CMF-Ergebnisse mithilfe von SAP Interactive Forms by Adobe bearbeitet werden können. Über das Adobe-Formular können Sie Ihr Analyseergebnis dokumentieren und mit einem Klick auf **Submit** an SAP Process Control weiterreichen. Dort werden die Ergebnisse sofort eingelesen und stehen zur Auswertung als Berichte zur Verfügung.

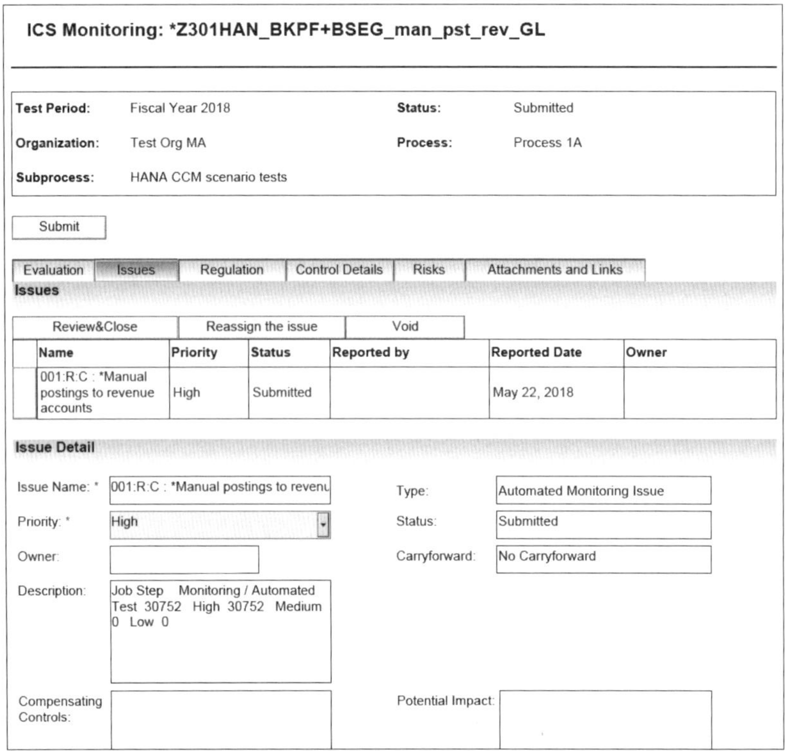

Abbildung 20.26 Bearbeitung von CMF-Ergebnissen via SAP Interactive Forms by Adobe

Die Bearbeitung von via E-Mail zugestellten Aufgaben in SAP Process Control führt zu einer höheren Benutzerakzeptanz und hat sich inzwischen als Standard durchgesetzt. Das Online-Verfahren, bei dem man auf eine eigene Work-Inbox in SAP GRC zugreifen muss, wird in der Praxis nur selten verwendet.

20.3.8 Verwendung von SAP BW für das Continuous Monitoring Framework

Die Verwendung von BW Querys im CMF ähnelt der Verwendung von SAP HANA Views oder SAP Querys: Ein Skript vom Typ **Business Information**

Warehouse verwendet eine Abfrage in SAP BW, um die benötigten Daten zu extrahieren und um diese innerhalb des CMF zu verwerten.

Einsatzszenarien für BW Querys im Rahmen des CMF

Die Verwendung von BW Querys kann vor allem bei der Einrichtung der folgenden beiden Szenarien eine geeignete Lösung sein:

- **Kennzahlenbasierte Analysen**
  Viele SAP-Kunden verwenden SAP BW, um dort diverse kennzahlenbasierte Analysen oder kennzahlenbasierte Reports abzubilden. Die einzelnen SAP-BW-/BI-basierten Kennzahlen (Key Performance Indicators (KPI), Key Risk Indicators (KRI) etc.) können als Auslöser eines Workflows dienen, wenn die in einer Regel hinterlegten Kriterien (Schwellenwerte etc.) erfüllt sind.
- **SAP BW als Vermittler bei Werteanalysen**
  Ein gewisses Potenzial für die Verwendung von BW Querys liegt in deren Rolle als *Bindeglied* bzw. *Vermittler* bei der Anbindung von Drittanwendungen an SAP Process Control. Wie es in Abschnitt 20.3.1, »SAP GRC mit Geschäftsanwendungen verbinden«, bereits erwähnt wurde, ist die Verwendung von SAP BW dank einer hohen Flexibilität der ETL-Engine (ETL = Extract, Transform, Load) eine weitere Option neben SAP-HANA-, SAP-Process-Integration- oder webservicebasierten Anbindungen von Drittsystemen an SAP Process Control. Diese Alternative ist nur praktikabel, wenn die Datenreplikation für Drittsysteme bereits eingerichtet ist.

Die zweite Option ist in Abbildung 20.27 dargestellt: Daten aus Nicht-SAP-Anwendungen gelangen über SAP BW in SAP Process Control. Die Daten aus dem Zielsystem können in SAP BW von einem BW-Skript in Echtzeit abgefragt werden (hierzu muss der InfoProvider entsprechend konfiguriert werden). Alternativ dazu müssen die Daten in SAP BW periodisch eingelesen bzw. aktualisiert werden.

20

In einem SAP-System, in dem nur SAP-BW-Skripte zum Einsatz kommen, sind keine Plug-ins als Bestandteil des GRC Integration Frameworks erforderlich.

SAP BW für SAP-GRC-Reporting

Der Einsatz von SAP BW für das CMF muss vom Einsatz von SAP BW im Rahmen des Reportings unterschieden werden. Für die Verwendung im Rahmen des kundeneigenen Reportings sind in SAP BW vordefinierte Extraktoren für das Auslesen der Daten aus SAP Process Control (diese werden in SAP GRC in sogenannten Data Marts abgelegt) vorhanden. Beim Einsatz von BW Querys im Rahmen des CMF kommen die Daten aus einem SAP-ERP-System.

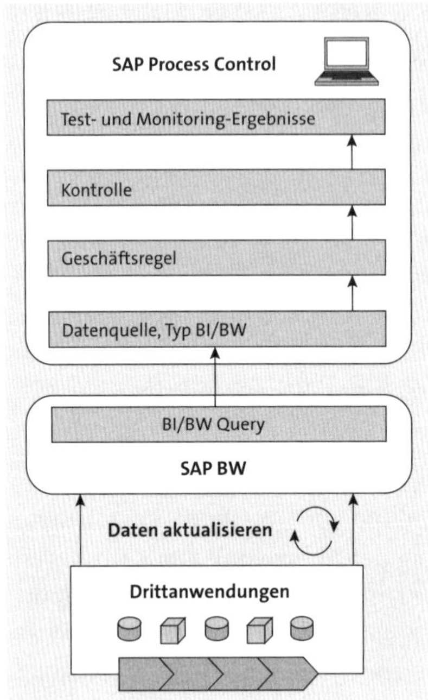

Abbildung 20.27 Verwendung von SAP BW im CMF-Szenario in SAP Process Control

20.4 Resümee

In diesem Kapitel haben Sie erfahren, wie IKS-relevante ERP-gestützte Prozesse automatisiert überwacht werden und wie eine solche Überwachung in den SAP-Process-Control-gestützten IKS-Prozess integriert werden kann. Wichtig war es dabei, Folgendes zu verstehen:

Alle in Abschnitt 5.1.1, »Daten im SAP-System«, genannten Arten von Daten können mithilfe von Offline- oder Online-CAATs, aber auch im Rahmen des CMF analysiert werden, um Test- oder Monitoring-Szenarien zu ermöglichen. Die Möglichkeit, solche Test- und Monitoring-Szenarien in einer Compliance-Management-Anwendung wie SAP Process Control abzubilden, bietet viele Vorteile gegenüber Offline- und Online-CAAT-Tools. Sie haben auch erfahren, wie man CMF-Szenarien in SAP Process Control implementiert und wie man dabei von der neuen SAP-HANA Technologie profitieren kann.

Kapitel 21
SAP GRC – Erfolgsfaktoren und Erfahrungswerte

Wem und warum nutzt GRC, und welche sind die wichtigsten Erfolgskriterien einer SAP-GRC-Implementierung? Diese Grundfragen beantwortet das letzte Kapitel dieses Buches.

Es gibt durchaus wirtschaftliche Gründe für den Einsatz von GRC-Management-Lösungen, die weit über die Vermeidung von Strafen bei der Nichteinhaltung von gesetzlichen Auflagen hinausgehen. Daher beantworten wir Ihnen in diesem Kapitel die Frage, inwiefern sich die Verwendung von GRC für Sie lohnt. Dieses Kapitel liefert Ihnen Erkenntnisse über den Mehrwert von GRC und über die Erfolgskriterien von SAP-GRC-Implementierungen.

Um die Vorteile von GRC besser zu verstehen, ist es hilfreich, die übliche Aufbauorganisation von GRC-Funktionen im Unternehmen zu kennen. Wir beginnen deshalb dieses Kapitel mit einer Vorstellung der sogenannten »drei Verteidigungslinien«.

21.1 Wem nutzt GRC: Die drei Verteidigungslinien im Überblick

Three-Lines-of-Defense-Modell

An welchen Anwenderkreis richten sich SAP-GRC-Managementlösungen? In der GRC-Welt spricht man vom Modell der drei Verteidigungslinien oder dem *Three-Lines-of-Defense-Modell* (*TLoD-Modell*) im Unternehmen.

Die in Abbildung 21.1 dargestellte Struktur hat sich als Best Practice durchgesetzt. Je nach Spezifika des Unternehmens oder einer Institution kann das TLoD-Modell im Hinblick auf spezifische Bezeichnungen von Abteilungen und Funktionen innerhalb der drei Verteidigungslinien in seiner konkreten Ausgestaltung variieren; die Grundstruktur bleibt jedoch gleich.

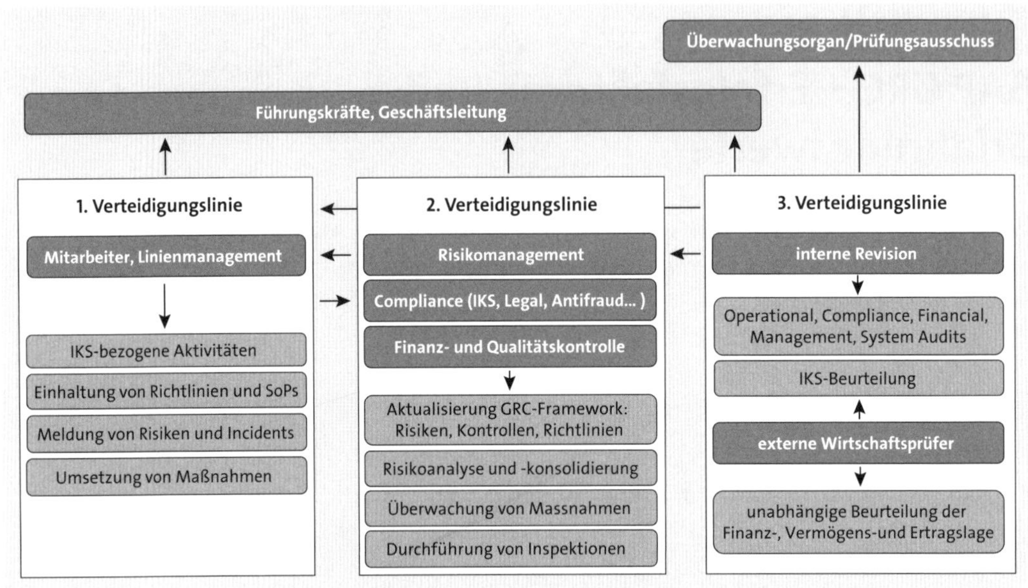

Abbildung 21.1 Die drei Verteidigungslinien im Unternehmen (Quelle: Chuprunov: »GRC im Dienste der Betrugs- und Korruptionsbekämpfung«)

Das TLoD-Modell hielt auch in einigen relevanten Standards Einzug, zum Beispiel wird es in *European Confederation of Institutes of Internal Auditing (ECIIA)* – Kommentare zu der 8. EU-Richtlinie erwähnt. Das TLoD-Modell wird darüber hinaus in Veröffentlichungen diverser nationaler und internationaler Berufsverbände empfohlen, zum Beispiel in vom Deutschen Institut für Interne Revision e. V. (DIIR), vom Institut für Interne Revision Österreich (IIA Austria), vom Schweizerischer Verband für Interne Revision (SVIR Switzerland), vom Institute of Internal Auditors (IIA) etc. herausgegebenen Publikationen.

Die nächsten Abschnitte gehen auf die drei Verteidigungslinien näher ein. Naturgemäß ist die Darstellung dieser Verteidigungslinien recht generisch und variiert abhängig von Branche, Unternehmensgröße und Unternehmensform. Externe Assurance-Funktionen (zum Beispiel externe Wirtschaftsprüfer und Aufsichtsbehörden) werden zuweilen sogar einer vierten Verteidigungslinie zugeordnet.

21.1.1 Die erste Verteidigungslinie

Operatives Management und Fachanwender

Das operative Management und die in Geschäftsprozesse unmittelbar involvierten Mitarbeiter bilden die erste Verteidigungslinie. Sie sind als

Risikoeigentümer für Risiken unmittelbar zuständig, da sie im täglichen Geschäft die Risiken konkret eingehen. Unter der Federführung der Vertreter der zweiten Verteidigungslinie tragen sie zur Messung und Steuerung von Risiken bei. Überdies sind sie für die Umsetzung von Maßnahmen zuständig.

[zB]

GRC-Aufgaben der ersten Verteidigungslinie

Typische Aufgaben dieser Mitarbeiter im Unternehmen sind folgende:

- Aneignung und Befolgung relevanter Richtlinien
- Meldung von Vorfällen
- Kontrolldurchführung
- Feedbacks bei Prozessänderungen mit Risikorelevanz
- Teilnahme an Reviews und die Analyse der Risikoprofile
- Implementierung von Kontrollen
- Umsetzung von risikomindernden Maßnahmen bzw. Projekten, inklusive vorgeschriebener Berichterstattung
- rechtzeitiges Reagieren auf Risikoereignisse

21.1.2 Die zweite Verteidigungslinie

Mitarbeiter für GRC-Management-Aufgaben

Bei der zweiten Verteidigungslinie handelt es sich um Mitarbeiter, die mit GRC-Management-Aufgaben unmittelbar betraut sind und Themen wie zum Beispiel Risikomanagement, Richtlinienmanagement, IKS, Legal Compliance sowie Sicherheits- und Qualitätsmanagement verantworten. Die wesentlichen Ziele dieser GRC-Profis sind die Durchführung von Risikokontrolle, Unterstützung der ersten Verteidigungslinie sowie die Vornahme von Berichterstattungen.

[zB]

GRC-Aufgaben der zweiten Verteidigungslinie

Typische Aufgaben der GRC-Manager:

- Initiierung, Überwachung und Aggregation von Risikoanalysen und Umfragen
- Aktualisierung von Risiko- und IKS-Rahmenwerken
- Erstellung und Aktualisierung von Richtlinien
- Vornahme von GRC-relevanten Berichterstattungen an Führungsetagen
- Überwachung der Kontrolldurchführung

- Beurteilung des Designs der Kontrollen und der Schwachstellenbereinigung
- Initiierung neuer Kontrollmechanismen
- laufende Optimierung der GRC-Management-Prozesse

Eine der größten Herausforderungen in der zweiten Verteidigungslinie ist die sogenannte *Siloorganisation*, die dem Aufbrechen von Silodenken gilt. So kommt es häufig vor, dass unterschiedliche Abteilungen teilweise gleiche Themen in den Fokus stellen und so zum Beispiel Risiken oder Kontrollen redundant bearbeiten. Der gut konzipierte Einsatz von GRC-Software kann helfen, solche Silosituationen zu vermeiden.

21.1.3 Die dritte Verteidigungslinie

Unabhängige Assurance-Funktionen

Die Unabhängigkeit bzw. unabhängige Assurance-Funktionen (interne Revision) im Unternehmen sind das Hauptmerkmal der dritten Verteidigungslinie. Aus der Risikoperspektive ist die interne Revision als unabhängige Instanz für die Überwachung der Risikohandhabung durch die erste und zweite Verteidigungslinie zuständig. Dies lässt sich am Beispiel des Umgangs mit Kontrollen verdeutlichen. Die Vertreter der ersten Verteidigungslinie bestätigen die Kontrolldurchführung oder die Wirksamkeit ihrer Designs. Die interne Revision prüft in Stichproben, ob die Kontrollen tatsächlich stattgefunden haben; es handelt sich dabei um die Durchführung von Effektivitätstests. In der Praxis kann diese Aufgabe auch von Vertretern anderer Verteidigungslinien wahrgenommen werden, sofern die Sicherstellung des Unabhängigkeitsprinzips gewährleistet ist.

Der Berufsverband IIA (Institute of Internal Auditors) hat im Jahr 2015 sein eigenes *International Professional Practices Framework* um Aussagen in Bezug auf die Mission und Grundprinzipien der Internen Revision ergänzt, die einen Gesamteindruck der Aufgaben der dritten Verteidigungslinie vermitteln.

[»]

Mission der Internen Revision laut IIA

Übergeordnetes Ziel der Internen Revision ist es, den Wert einer Organisation durch risikoorientierte und objektive Prüfung, Beratung und Einblicke zu erhöhen und zu schützen.

In der Praxis zählt manchmal die externe Revision zur dritten Verteidigungslinie.

21.2 Der Mehrwert von GRC

Zahlreichen, unter anderem von großen Wirtschaftsprüfungsgesellschaften durchgeführten Umfragen ist zu entnehmen, dass die Wichtigkeit von GRC-Themen für Unternehmen kontinuierlich zunimmt. Solche Umfrageergebnisse spiegeln meist den Stellenwert dieses Themas in den obersten Führungsetagen wider. Entspricht diese subjektiv empfundene Wichtigkeit aber auch einem objektiv messbaren Mehrwert, oder handelt es sich bei GRC um ein notwendiges Übel? Unsere Meinung nach ist der Mehrwert von GRC evident, wie Sie im Folgenden sehen werden.

Vermeidung von Strafen

Wahrscheinlich gilt Ihr erster Gedanke im Rahmen einer Investition in eine GRC-Initiative der Vermeidung einer potenziellen Strafe. Schließlich können die Bußgelder bei Verstößen gegen die EU-Datenschutz-Grundverordnung (DSGVO) bis zu 20 Millionen Euro oder bis zu vier Prozent des weltweiten Jahresumsatzes eines Unternehmens betragen. Über die Frage, ob es möglich ist, gesetzlichen Anforderungen nur mit dedizierten GRC-Softwarelösungen oder auch zum Beispiel mit Microsoft Excel nachzukommen, möchten wir an dieser Stelle nicht diskutieren. Eine potenzielle Strafvermeidung allein greift allerdings für einen Business-Case zu kurz. Stattdessen ist es notwendig, einen Ansatz zu entwickeln, der auf konkreten Erfahrungswerten und transparenten Annahmen basiert. Einige der Möglichkeiten zeigen wir im Folgenden auf.

21.2.1 Einsparung durch Risikoreduktion

Risiken quantifizieren

Wenn man Risiken transparent bewerten und deren Minderung messen kann, lässt sich auch eine potenzielle Einsparung durch Risikoreduktion beziffern. Eine mögliche Vermeidung oder zumindest Verminderung von Strafen ist nur ein Beispiel zur Risikoreduktion. Da es insbesondere im Hinblick auf die neuen gesetzlichen Auflagen (zum Beispiel die DSGVO) keine Erfahrungswerte gibt, ist hier keine seriöse Quantifizierung der Risikoreduktion möglich. Das Umfeld an Risiken, in denen sich Unternehmen bewegen, ist vielfältig. Für branchenübergreifende Betrugsrisiken sind laut Annual Fraud Indicator 2017 folgende Bewertungsansätze zu finden, die für den europäischen Raum relevant sind:

- **Einkauf**
  Bei der Berechnung von potenziellen Verlusten durch Betrug im Einkauf beträgt die Verlustrate (Fraud Loss Rate, kurz FLR) 4,76 % von den entsprechenden Aufwänden (Expenditures) im Unternehmen. Dies gilt sowohl für den privaten als auch für den staatlichen Wirtschafssektor.

- **Personalwesen**
  Im Bereich der Personalabrechnung beträgt die Betrugsverlustrate 1,7 % der entsprechenden Aufwände.

In der älteren Ausgabe von Annual Fraud Indicator (2013, National Fraud Authority in UK) wird davon ausgegangen, dass im Schnitt 0,54 % des Umsatzes eines Unternehmens durch Korruption und Betrug verloren gehen.

Neben solchen, auf Untersuchungen basierenden Durchschnittswerten kommen in der Praxis Expertenmeinungen, statistische Verfahren/Simulationen (insbesondere bei Finanzdienstleistern) und weitere Ansätze zur Quantifizierung von Risiken zum Einsatz.

Reduktionspotenzial schätzen

Aufgrund von Projekterfahrungen und Kundenaussagen halten wir eine Reduktion von Risikoereignissen (operationelle Risiken, unter anderem durch Betrug und Korruption) um ca. 15 % für möglich. Wichtige Voraussetzungen, um dieses Reduktionspotenzial auszuschöpfen, sind eine ausreichende Unterstützung seitens der Unternehmensführung sowie eine fachgerechte Implementierung von GRC-Managementprozessen. Selbst bei der bescheidenen Annahme einer Risikoreduktion um 5 % ist das Einsparpotenzial allein bei Betrugsrisiken beachtlich.

[zB]

Quantifizierung des GRC-Mehrwerts: Betrugsrisiken

Angenommen, der Jahresumsatz eines international tätigen Unternehmens beträgt 10 Milliarden EUR. Durch Betrug und Korruption würden, gemäß oben dargestellten Annahmen, jährlich 54 Millionen EUR verloren gehen, was bei einer fünfprozentigen Reduktion der Risikoereignisse zu einer möglichen Einsparung von 2,7 Millionen EUR führen könnte – falls man entsprechende Risiken in einer GRC-gestützten, unternehmensweiten Antikorruptionsinitiative angehen würde.

21.2.2 Marktwert eines Unternehmens

Kann der Marktwert eines Unternehmens durch die Implementierung von GRC und insbesondere IKS-Managementprozessen positiv beeinflusst werden? Diese Frage hat sich Moldir Abdikerim, eine Beiträgerin zu diesem Buch während ihres Masterstudiums (in Risk Management and Financial Regulation) an der Queen's University Belfast gestellt. Nachfolgend fassen wir die wesentlichen Erkenntnisse aus ihrer Dissertation zum Thema »The Impact of Internal Control on firm Value. Evidence from UK firms« (2015) zusammen.

In wissenschaftlichen Studien gilt es, mit statistischen Mitteln bestimmte Annahmen oder Hypothesen zu bestätigen oder abzulehnen; folgende drei Hypothesen wurden im Rahmen dieser Dissertation aufgestellt:

1. **IKS beeinflusst den Firmenmarktwert**
   Es gibt eine statistisch signifikante lineare Beziehung zwischen dem Firmenwert und dem IKS.

   Ergebnis: Es besteht eine direkte Korrelation zwischen IKS und Marktwert eines Unternehmens.
2. **Der Einfluss des IKS auf den Marktwert ist positiv**
   Dies trifft zu, falls der Koeffizient der IKS-Variablen positiv ist.

   Ergebnis: IKS beeinflusst den Unternehmenswert positiv.
3. **Striktere IKS Anforderungen tragen zu einem noch höheren Marktwert bei**
   Mit anderen Worten: Der Durchschnittswert aller Unternehmen, die strikteren IKS-Anforderungen unterliegen, ist höher als der einer weniger IKS-regulierten Gesamtheit.

   Ergebnis: Die Untersuchung hat Hypothese 3 nicht bestätigen können.

Untersuchungsmethode

Der Untersuchung lag die Methode der kleinsten Quadrate (*Ordinary Least Squares Estimation*) zugrunde. Darauf basierend, hat Moldir Abdikerim ein Modell entworfen, das einen unmittelbaren Zusammenhang zwischen dem sogenannten *Tobins Quotient* (einer betriebswirtschaftlichen Kennzahl zur Unternehmensbewertung) und mehreren Parametern wiedergibt. Diese Parameter umfassen insbesondere:

- die Größe (Bilanzsumme)
- das Umsatzwachstum
- die Profitabilität (die Gesamtkapitalrendite)
- den Verschuldungsgrad
- das systematische bzw. das Marktrisiko (Betafaktor)
- die IKS-Implementierung (Rating)

Die aus der Untersuchung resultierenden Ergebnisse bestätigten die ersten beiden Hypothesen. Die Validierung der dritten Hypothese führte allerdings zu uneindeutigen Ergebnissen. Aus diesem Grund konnte nicht eindeutig nachgewiesen werden, dass striktere IKS-Auflagen wie SOX 2002 zu einem höheren Marktwert eines Unternehmens beitragen können.

21.2.3 Effizienzsteigerung

GRC-Lösungen sind Werkzeuge, die der Arbeitserleichterung und der Effizienz dienen. Erfahrungsgemäß gibt es Effizienzvorteile – und folglich Einsparpotenzial – in den folgenden beiden Bereichen:

- **Operative Unterstützung**
  Die Unterstützung kann zum Beispiel im IT-Bereich relevant sein, insbesondere hinsichtlich Applikations- und Infrastruktursicherheit, Applikationsmanagement sowie Benutzer- und Berechtigungsverwaltung. Das letzte Beispiel geht über die IT hinaus, weil die Berechtigungsvergabe Geschäftsprozesse betrifft, die ERP-gestützt ablaufen. Weitere Beispiele sind das Management von Richtlinien, SOPs (Standard Operating Procedures), Verfahrensanweisungen etc.
- **Höhere Effizienz in der dritten Verteidigungslinie**
  Hier geht es um die effiziente Gestaltung der Abläufe innerhalb der drei Verteidigungslinien (siehe Abschnitt 21.1, »Wem nutzt GRC: Die drei Verteidigungslinien im Überblick«); primär sind davon GRC-relevante Prozesse betroffen, wie zum Beispiel in den Bereichen IKS, Richtlinien- oder Risikomanagement.

In beiden Fällen ist die Quantifizierung des Vorteils gut möglich und basiert auf dem Vorher-nachher-Vergleich des Arbeitsaufwandes manueller und automatisierter Prozesse (mittels einer GRC-Lösung). Im Folgenden befassen wir uns mit konkreten Beispielen zu den beiden erwähnten Bereichen.

Effizienz im IT-Bereich

In Abschnitt 4.3.3, »SAP Access Control«, haben Sie den Einblick in die Funktion von SAP Access Control erhalten. Durch den Einsatz der workflowgestützten Benutzer- und Berechtigungsverwaltungsfunktionen von SAP Access Control kann sowohl die Durchlaufzeit als auch der manuelle Aufwand für die Abwicklung der Anträge (Anlage neuer Benutzer, Vergabe bestimmter Berechtigungen) drastisch reduziert oder sogar auf null gebracht werden. Dies gilt zum Beispiel dann, wenn sich eine Rolle als nicht risikobehaftet einstufen und sich ohne Genehmigungsschritt durch SAP GRC vollautomatisiert einem Benutzer zuweisen lässt.

Höhere Transparenz und die Revisionssicherheit der Anträge sind weitere Vorteile. Des Weiteren kann zum Beispiel die Überwachung von sicherheitsrelevanten Systemeinstellungen oder Ereignissen durch SAP Process Control oder SAP Enterprise Threat Detection eine signifikante Reduktion des manuellen Aufwandes ermöglichen sowie ein schnelleres Erkennen und Eingreifen bei risikobehafteten Ereignissen.

Effizienz in drei Verteidigungslinien

Lösungen zur Automatisierung von GRC-Prozessen sind entstanden, weil zum Beispiel IKS, Risiko-, Richtlinien- und Compliance-Management mittels Microsoft Excel extrem zeitaufwendig und ressourcenintensiv sind. Insbesondere bei Aktivitäten wie der Konsolidierung für Reporting-Zwecke (zum Beispiel Risikoanalyse- oder Testergebnisse für Kontrollen) oder der Suche oder Pflege von Daten in GRC-Rahmenwerken kann eine signifikante Zeiteinsparung von bis zu 80 % erreicht werden.

[«]

GRC-Effizienztreiber

Die wichtigsten GRC-Effizienztreiber sind:

- Eliminierung manueller Prozessschritte
- Zentralisierung von Daten (GRC-Rahmenwerk)
- Standardisierung von Prozessen und Daten
- exceptionbasierter Ansatz bei Überwachungstätigkeiten
- Beschleunigung der Berichterstattung

In Abschnitt 21.1, »Wem nutzt GRC: Die drei Verteidigungslinien im Überblick«, haben Sie den Aufbau der GRC-Organisation im Unternehmen kennengelernt. Eine Effizienzsteigerung durch gut implementierte GRC-Managementprozesse kommt vor allem der *zweiten* und *dritten Verteidigungslinie* zugute. Vertreter der ersten Verteidigungslinie verbringen grundsätzlich weniger Zeit mit GRC-Aufgaben (im Vergleich zu sonstigen operativen Tätigkeiten). Deshalb rückt hier erfahrungsgemäß die Benutzerfreundlichkeit der GRC-Prozesse in den Vordergrund, um grundsätzlich Effizienzvorteile erzielen zu können. Hinreichende *Benutzerfreundlichkeit* ist eine zwingende Voraussetzung für die Benutzerakzeptanz von GRC.

Effizienz vs. qualitative Vorteile

In der zweiten und dritten Verteidigungslinie führt eine höhere Effizienz erfahrungsgemäß nicht zwangsläufig zur Reduktion der Mitarbeiterzahl, sondern zur Verringerung von Routineaufgaben. So haben die GRC-Profis im Unternehmen mehr Zeit für hochwertigere Aufgaben. Dies kann das Erreichen qualitativer GRC-Ziele fördern. Beispiele sind:

- höheres Risikobewusstsein, tief verwurzelte Risiko- und Compliance-Kultur im Unternehmen
- vollständigeres und aktuelleres Risikoprofil
- schnellere Reaktion der Unternehmensführung und gesteigerte Steuerbarkeit von Risiken
- engerer Einbezug der ersten Verteidigungslinie in GRC-Prozesse
- klare Verantwortlichkeiten für Daten, Prozesse und Kontrollen

- bessere Zusammenarbeit zwischen IT und Business
- gesteigertes Ansehen des Unternehmens in den Augen diverser Stakeholder

Über den Zusammenhang zwischen diesen Zielen und oben erwähnten quantifizierbaren Vorteilen möchten wir an dieser Stelle nicht weiter spekulieren. Es logisch, dass Chancen auf Risikoreduktion mit den genannten Zielsetzungen Hand in Hand gehen.

21.3 Projekterfahrungen bei der Automatisierung von IKS und Risikomanagement

Aufwand vs. Komplexität

Die Implementierung von SAP Process Control und/oder SAP Risk Management (im Folgenden als SAP GRC bezeichnet) ist weniger aufwendig als ein SAP-ERP- oder SAP-S/4HANA-Projekt: Sie erreicht nicht die Vielfalt und Komplexität der abzudeckenden Geschäftsprozesse, die übliche Projektdauer und die Anzahl der benötigten Berater während des Projekts. Sie betrifft außerdem nicht vergleichbar viele Endanwender nach dem Go-live. Betrachtet man allerdings die notwendige Palette an technischen und fachlichen Fähigkeiten, ist eine SAP-GRC-Implementierung nicht zu unterschätzen.

Sie erfahren im folgenden Abschnitt, welche Hilfsmittel eine Implementierung erleichtern und welche Themen während der Designphase im Vordergrund stehen. Zudem wissen Sie nach der Lektüre, welche Projektstruktur sich als Best Practice etabliert hat und welche Faktoren den Erfolg eines Projektes beeinflussen.

21.3.1 Hilfsmittel und Skills für das GRC-Projekt

Hohe Ansprüche an das Know-how bei Integrationsszenarien

Die Implementierung automatisierter Test- und Überwachungsszenarien ist eine herausfordernde Aufgabe (siehe Kapitel 20, »Umsetzung von automatisierten Test- und Monitoring-Szenarien«). Ein Grund dafür ist die Technik, die in diesem speziellen Bereich zum Einsatz kommt. Im Einzelnen geht es um das Beherrschen sowohl der KRI-Rahmenwerke (Key Risc Indicators) oder CMF (Continuous Monitoring Framework) in SAP GRC als auch der relevanten Umsetzungsoptionen: Bei komplexeren Fällen greift man zum Beispiel zu SAP Querys, SQLScript in SAP HANA und sogar zur ABAP-Entwicklung.

Darüber hinaus muss ein Berater einen guten Mix von Prozess-, ERP- und compliancespezifischem Know-how mitbringen, um die CMF-Szenarien auf der Grundlage der Risiken des Kunden vorschlagen und implementieren zu können. Eine besondere Rolle spielt dabei die Kenntnis des Datenmodells im jeweiligen Prozess.

CMF-Hilfsmittel und Quick Wins

Eine Reihe von Hilfsmitteln kann Ihnen die Projektarbeit erleichtern. Zum einen können Sie auf diverse vordefinierte CMF-Szenarien im SAP-System zurückgreifen (siehe Abschnitt 4.3.2, »SAP Process Control«). Zum anderen ist im SAP Help Portal für SAP Process Control eine recht gute Dokumentation zu finden, die das Aufsetzen einzelner CMF-Teilszenarien Schritt für Schritt beschreibt. Dabei können insbesondere Teilszenarien konfigurierbar sein (bei geringer Komplexität) und ABAP-Reports ein Erfolgserlebnis recht schnell ermöglichen.

Auch im Stand-Alone-Anteil von SAP GRC, wo die Integration mit anderen Anwendungen nicht relevant ist, hat sich im Laufe der letzten Jahre die funktionale Komplexität sowie der Umfang von relevanten Technologien erhöht. Nachfolgend abstrahieren wir zwei Komplexitätsstufen.

Vordefinierte Konfiguration wiederverwenden

Im Auslieferungsumfang der SAP GRC Suite sind bereits einige vordefinierte IMG-Konfigurationseinstellungen enthalten. Manche Punkte erleichtern den Implementierungsprozess erheblich – insbesondere wenn man die Lösung, zum Beispiel für Sandbox- oder für Proof-of-Concept-Zwecke, recht schnell ans Laufen bringen muss.

Vorkonfigurierte Workflows

Die bloße Erwähnung der Notwendigkeit, Workflows einzurichten, lässt SAP-Kunden erschaudern, die die Komplexität dieses Themas im ABAP-Umfeld kennen. Bezüglich SAP Process Control kann ganz klar Entwarnung gegeben werden: Die Workflows in SAP Process Control sind vorkonfiguriert und müssen im Rahmen der Postinstallationsaktivitäten nur aktiviert werden (siehe Abschnitt 19.2.2, »Initiale Konfiguration der Standardfunktionen«). In der Praxis werden die Rollen, die den workflowgestützten IKS-Prozess steuern, angepasst. Dazu gehört auch die Zuweisung von sogenannten *Business Agents*, sofern diese anstelle von Standardrollen kundenindividuell gestaltet werden sollen.

BC-Sets

SAP hat nicht nur Workflows vorkonfiguriert. Darüber hinaus stehen für alle wesentlichen SAP-Process-Control-Elemente Vorschlagswerte für die Konfiguration in *Business Configuration Sets* (*BC-Sets*) zur Verfügung. Diese BC-Sets müssen ebenfalls nur noch aktiviert werden.

[+]

BC-Sets

In folgenden Bereichen stehen in SAP Process Control BC-Sets zur Verfügung:

- **Rollen**
  Die in BC-Sets enthaltenen Berechtigungsrollen entsprechen dem SOX- und FDA-getriebenen Best-Practice-IKS-Prozess. Zu den Rollen gehören auch Einstellungen bezüglich der Workflow-Steuerung.
- **Attribute**
  Die für die Dokumentation eines IKS-Frameworks erforderlichen Attribute beruhen auf der COSO-Studie.
- **Compliance-Initiativen**
  Zwei Compliance-Initiativen – SOX und FDA – sind vorkonfiguriert.
- **Sonstige Konfigurationseinstellungen**
  An vielen weiteren Stellen beinhalten IMG-Optionen ebenfalls entsprechende BC-Sets, zum Beispiel bei Scoping-Funktionen.

Das Vorgehensmodell *Accelerated SAP* (*ASAP*) kann auch auf die Implementierung von SAP Process Control projiziert werden.

ASAP-Roadmap-Content

Für die ASAP-Roadmap existiert SAP-Process-Control-spezifischer Content. In erster Linie handelt es sich hierbei um Checklisten, Guidelines und Musterbeispiele für einen Projektplan. Die Detailtiefe des ASAP-Ansatzes für SAP Process Control ist recht überschaubar.

Weitere Hilfsmittel und Dokumentationsquellen

Folgende Hilfsmittel und Dokumentationsquellen können Sie in Ihrem Projekt unterstützen:

- **Management von Stammdaten**
  Für einen Massen-Upload der Stammdaten nach SAP Process Control und SAP Risk Management gibt es den *Master Data Upload Generator* (*MDUG*), siehe Abschnitt 19.4.1, »IKS-Dokumentationsprozess«). Die seit Release 10.0 zusätzlich angebotene Content-Lifecycle-Management-Lösung wird in der Praxis kaum eingesetzt.
- **Dokumentation**
  Abgesehen von der ausführlichen Dokumentation im Einführungsleitfaden (Implementation Guide, kurz IMG), bietet der SAP Service Marketplace nützliche Guidelines; darüber hinaus sind das SAP Community Network sowie die Standardschulung GRC330 für einen SAP-Process-Control-Berater ein Muss.

Die GRC-Lösung individuell gestalten

Konfigurierbarkeit maximal ausnutzen

Die vordefinierte Konfiguration in SAP GRC bietet einige Vorteile. Sie ist jedoch nicht als Best Practice zu verstehen, die zu jedem Unternehmen passt. Nicht immer können eine hinreichende Benutzerfreundlichkeit und Benutzerakzeptanz erreicht werden. Die Erfahrung zeigt, dass es für die Benutzerakzeptanz der Software (wie auch bei der Implementierung von SAP ERP und SAP S/4HANA) eine zentrale Rolle spielt, dass die Wünsche und Abläufe der Anwender berücksichtigt werden. Dies bedeutet, dass die Konfigurationsmöglichkeiten ausgereizt und, wo es nicht anders geht, auf weitere Erweiterungsoptionen zurückgegriffen werden sollte. Nachfolgend lernen Sie einige der wichtigsten Aspekte für die Benutzerakzeptanz kennen:

- nutzerfreundliche Gestaltung der Benutzeroberfläche (siehe Abschnitt 19.5.6)
- effiziente Stammdaten-Uploads und -Updates (siehe Abschnitt 19.4.1)
- Verbesserung des Reportings (siehe Abschnitt 19.4.5)
- Passendes Design von Berechtigungsrollen (siehe Abschnitt 19.5.5)

Benutzeroberfläche

Wie bereits in Abschnitt 19.5.6, »Gestaltung der Benutzeroberfläche«, angesprochen, die SAP-GRC-Standardrolle, mit der die Anwender auf SAP-GRC-Funktionen zugreifen, beinhaltet sechs Registerkarten (bzw. Launchpads). Sie ist insbesondere für Anwender, die nur ganz wenige Funktionen nutzen (zum Beispiel Kontrollverantwortliche) nicht optimal geeignet. Standardmäßig ebenfalls vorhandene Entry-Page-Rollen reichen nicht aus, was die Standardauswahl der Entry-Page-Bestandteile (Chips) betrifft.

In Projekten ist es wichtig, rollenspezifische Benutzeroberflächen zu entwerfen, um die Benutzerfreundlichkeit zu verbessern. Erfahrenen Beratern steht hierzu eine Reihe von Optionen zur Verfügung: Dazu gehören etwa der altbekannte SAP Business Client, an SAP Fiori Launchpad samt Fiori Visual Theme in Release 12.0 der SAP GRC Suite sowie einige SAP-Fiori-Apps und Entry Pages.

Es gibt weitere Möglichkeiten bei der UI-Gestaltung, die die Akzeptanz fördern. Dazu gehören die Beschränkung auf das Nötigste (Registerkarten und Felder), sowohl in der Applikation als auch in SAP Interactive Forms by Adobe.

Stammdaten-Uploads und -Updates

Das optimale Datenmodell für das GRC-Rahmenwerk und die Vorgehensweise beim initialen Upload sowie für dessen laufende Aktualisierung sind sehr wichtig. Zu viele Kompromisse – zum Beispiel aufgrund der Einschränkungen von Standardmitteln – bewirken oft wesentliche Einbußen hinsichtlich Effizienz und Benutzerfreundlichkeit. Außerdem ist ein ausgewogenes Verhältnis zwischen zentralisierten und organisationsspezifischen Aufgaben bei der laufenden Aktualisierung des IKS-Rahmenwerks nicht ohne einfache und intuitive Massen-Upload- und Update-Funktionen möglich. Ein passendes Werkzeug dafür ist das ICS-Update-Tool von Riscomp (siehe Abschnitt 19.4.1, »IKS-Dokumentationsprozess«).

Reporting

Allzu oft beschränken sich Implementierungsprojekte auf die Auswahl von SAP-GRC-Standardberichten und deren minimale Anpassung (zum Beispiel Default bei der Feldauswahl). Denn allein für SAP Process Control gibt es mehr als 40 Standardberichte. Ein an die Bedürfnisse der Kunden angepasstes Berichtwesen ist für Endanwender extrem wichtig. Der Schlüssel zum Erfolg: eine möglichst kleine Anzahl von Berichten, die alle erforderlichen Daten ohne zusätzliche Formatierung oder Personalisierung liefert.

Die Reporting Engine in SAP GRC ist sehr mächtig und erlaubt es, ohne Programmieraufwand neue Reports zu erstellen oder mehrere bestehende Reports zu konsolidieren. Das hierzu erforderliche Know-how betrifft Konfigurationseinstellungen für Durchlaufstrategien (Walking Strategys). Leider stellt SAP derzeit (Januar 2019) keine Dokumentation für die Konfiguration der Reporting Engine zur Verfügung.

Berechtigungsrollen

Kundenspezifische Prozesse abzubilden heißt in erster Linie, kundenindividuelle Rollen zu entwerfen und zu implementieren – unter Berücksichtigung von relevanten Workflows, Zusammenhängen zwischen Rolleninhalten und UI sowie von erforderlichen Anzeige- und Pflegerechten. Dies erfordert ein sehr gutes Verständnis des Datenmodells und ein tiefes Detailwissen über mögliche Ausprägungen von Berechtigungen, vor allem im Berechtigungsobjekt `GRFN_API`. Der offizielle SAP Security Guide für SAP GRC ermöglicht einen sehr guten Einstieg in das Thema.

21.3.2 Best-Practice-Projektaufbau bei der IKS-Umsetzung

Dieser Abschnitt stellt Ihnen eine bewährte Vorgehensweise beim Aufbau eines GRC-Projekts vor. In Abbildung 21.2 sehen Sie die komprimierte, Darstellung eines Projektplans für die Implementierungen von SAP Process Control. Die einzelnen Arbeitspakete wurden in dieser Darstellung bis auf die Ebene von Projektphasen zusammengefasst. Ihnen sind sicher folgende Besonderheiten aufgefallen:

- Proof-of-Concept-Ansatz in der Designphase
- relativ großer Anteil der Stammdatenvorbereitung am Gesamtprojekt

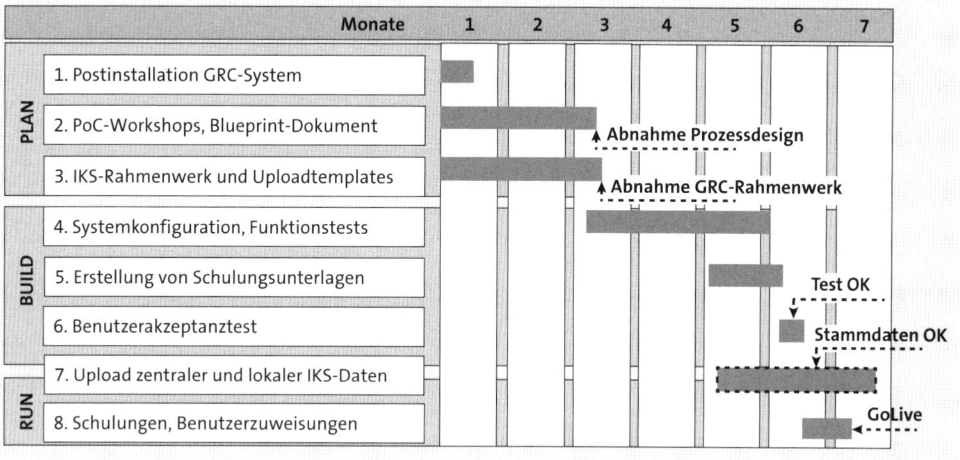

Abbildung 21.2 High-Level-Projektstruktur bei der Implementierung von SAP Process Control

Proof of Concept

Der Proof-of-Concept-Ansatz hat sich als Best Practice etabliert, wobei man auch weitere Variationen bei der Bezeichnung dieses Ansatzes antreffen kann:

- Conference Room Pilot
- Prototyp

Unter *Proof of Concept* (*PoC*) versteht man die Simulation der zu implementierenden GRC-Prozesse, unter der Teilnahme der künftigen Power-User bzw. der GRC-Prozess- und Applikationseigner. Ziel ist es, die benötigten Prozesse gemeinsam im SAP-GRC-System durchzuspielen und sie, soweit es im zeitlichen und finanziellen Rahmen möglich ist, bereits während der PoC-Phase an individuelle Anforderungen anzupassen. Best-Practice-Lösungen von erfahrenen Implementierungspartnern erweisen sich dabei als extrem nützlich und zeitsparend. Wunschvorstellungen oder Konzepte bezüglich der Prozesse im IKS- oder Risikomanagement werden auf einer abstrakten Ebene mit den vorhandenen Funktionen von SAP GRC abgeglichen. Die gemeinsame Simulation der Prozesse erlaubt es den Projektteilnehmern, ein besseres Verständnis der Vorhaben zu entwickeln. Im Idealfall haben die Beteiligten dadurch auch ihr erstes gemeinsames Erfolgserlebnis im Rahmen des Projekts.

GRC-Daten: Big Bang vs. Roll-outs

Die Anforderungen an die Aufbereitung beim Upload von Stammdaten können variieren. In der Regel gelten die hochgeladenen und vom Kunden abgenommenen zentralen GRC-Daten als Voraussetzung für ein Go-live. Lokale Daten (sofern der Kunde einen Hybriden oder dezentralisierten Ansatz verfolgt) können zwar in einem *Big-Bang-Ansatz* komplett hochgeladen werden; dies erfordert allerdings einen nicht zu unterschätzenden Koordinationsaufwand aufseiten des Kunden. Alternativ können lokale Daten nach einem funktionalen Go-live Schritt für Schritt (zum Beispiel pro Region, Legal Entity oder auch organisationsübergreifend pro Geschäftsprozess) im Zuge von Roll-outs hochgeladen oder von Endanwendern aktualisiert werden. Die Auswahl von passenden Optionen und Tools ist dabei sehr wichtig.

Die Implementierung von automatisierten Test- und Überwachungsszenarien (in Abbildung 21.2 nicht berücksichtigt) kann die Projektstruktur und -dauer beeinflussen.

21.3.3 IKS-Content

Auf den Content kommt es an

Während in SAP Risk Management das Vorhandensein von Risiken keine Muss-Anforderung für ein Go-live darstellt, sieht es bei SAP Process Control etwas anders aus: Der Aufwand, ein IKS-Rahmenwerk initial aufzusetzen, das alle, zumindest in einem Prozess vorhandenen wesentlichen Risiken beinhaltet und die passenden Kontrollen dazu enthält, kann recht hoch sein. Wer die große SOX-Implementierungswelle erlebt hat, weiß, was gemeint ist. Die Qualität und der Reifegrad eines IKS-Frameworks sollten recht hoch sein – auch wenn man bei der SAP-GRC-Implementierung davon ausgeht, dass das IKS-Rahmenwerk nicht starr bleibt, sondern sich weiterentwickelt.

Es sind auch dynamischere risikobasierte Ansätze anzutreffen, bei denen Kontrollen erst nach und nach im System definiert werden – als Risikogegenmaßnahmen.

Nicht nur der Aufwand bei der initialen Entwicklung des IKS-Rahmenwerks macht den Content so wichtig. Aus den vorangegangenen Kapiteln wissen Sie, dass sich ein IKS-Rahmenwerk aus vielen Objekten zusammensetzt, die die Funktionalität und den IKS-Prozess als Ganzes mitbestimmen. Selbst perfekte Inhalte müssen daher bei der Implementierung von SAP Process Control in eine Struktur gebracht werden, die den gewünschten IKS-Prozess ermöglicht.

GRC-Content: funktionale Zusammenhänge

Unter anderem können die folgenden Funktionen die IKS-Struktur wesentlich beeinflussen:

- **Shared-Services-Konzept**
  Diese Funktion kann insbesondere das Rollenmodell, Berichtswesen oder auch die Rahmenwerkstruktur (zum Beispiel bei IT General Con-

trols, ITGC) beeinflussen (siehe Abschnitt 19.4.1, »IKS-Dokumentationsprozess«).

- **Berechtigungen**
  Die Vergabe der Rechte für bestimmte IKS-Aktionen ist in SAP Process Control an Berechtigungsobjekte und deren Hierarchien geknüpft. Sie erinnern sich sicherlich an das Konzept der objektbezogenen Sicherheit (siehe Abschnitt 19.5.2, »Objektbezogene Sicherheit in Aktion«).
- **Berichte**
  Hierarchische Ebenen bei den IKS-Stammdaten sind gleichzeitig Selektionsebenen und Aggregationsstufen für die Ergebnisse. Es gibt viele Nuancen in den Stammdaten, die im Reporting zu berücksichtigen sind.
- **Scoping**
  Sie werden sich an dieser Stelle an die vier Optionen im Datenmodell erinnern, mit deren Hilfe Risiken mit Kontrollen und Subprozessen verknüpft werden (direkt, mittels Kontrollzielen und mittels Kontengruppen). Es liegt auf der Hand, dass für die Risikobewertung, als eine der Scoping-Möglichkeiten, das Datenmodell zu berücksichtigen ist.

CMF-Content

CMF-Szenarien gehören auch zum GRC-Content, und deren Einsatz nimmt ebenfalls Einfluss auf die Struktur des IKS-Rahmenwerks. Wie Sie in Kapitel 20, »Umsetzung von automatisierten Test- und Monitoring-Szenarien«, erfahren haben, werden CMF-Regeln mit lokalen bzw. organisationsspezifischen Kontrollen verknüpft; dabei spielt der Grad der Zentralisierung von CMF-Szenarien eine zentrale Rolle: Bei dezentralisiert eingesetzten Szenarien wird eine Geschäftsregel mehreren lokalen Kontrollinstanzen zugewiesen.

Die Verwendung von automatisierten Test- und Überwachungsszenarien bringt zwar den Mehrwert für den IKS-Prozess als Effizienz- und Verlässlichkeitstreiber, in der Praxis fangen allerdings nicht alle Kunden mit dem Einsatz von CMF gleich nach dem SAP-GRC-Go-live an. Ratsam ist es:

- mit einigen, wenigen Szenarien (ca. 10–15) anzufangen, die den größten Mehrwert bringen (abgedecktes Risiko vs. Implementierungsaufwand abwägen)
- sich zuerst auf zentralisiert aufgesetzte Szenarien zu fokussieren

Dies ermöglicht zum einen das Sammeln erster Erfahrungswerte (unter anderem organisatorischer Art), um weitere komplexe oder dezentralisierte Szenarien auszurollen. Außerdem macht es, je nach initialem IKS-Reifegrad, Sinn, im manuellen Anteil des IKS-Rahmenwerks eine gewisse Stabilität zu erreichen, denn eine schrittweise Ersetzung von manuellen Kontrollen durch CMF-Szenarien ist gängige Praxis.

CMF-Szenario implementieren

Bei der Implementierung jedes einzelnen CMF-Szenarios sind folgende Schritte zu durchlaufen:

1. Jedes Szenario erfordert ein eigenes Dokument, in dem zum Beispiel Folgendes festgehalten wird:
   - adressiertes Risiko
   - Kontrollziel
   - Zielsysteme
   - zugrundeliegendes Datenmodell
   - technische Realisierung der Datenselektion (unter Umständen Spezifikation für SQLScript für SAP HANA oder eine SAP Query)
   - gegebenenfalls Pflege der Reportvarianten in Zielsystemen oder von Business-Rule-Parametern in SAP GRC
   - Details zu den CMF-Regeln (Filter, Ausnahmekriterien, gegebenenfalls Business Rules Framework (BRF) und Regeln etc.)
   - geplante Periodizität der Ausführung für Überwachungs- und/oder Testzwecke
2. Es empfiehlt sich auch, eine Schätzung des Datenvolumens zu berücksichtigen, insbesondere bei den transaktionalen Kontrollen. (Vorsicht: Die Systemperformance muss hier berücksichtigt werden.) Diese Aktivität ist im gleichen Zuge mit der Validierung der Logik und der Festlegung der Selektionskriterien durchzuführen. CMF-Ergebnisse, die mehrere Tausend Exceptions mit sich bringen, sind nur bei Szenarien sinnvoll, bei denen die Ergebnislisten als Stichprobenquellen für weitere manuelle Checks verwendet werden.
3. Ausgenommen der Verwendung vordefinierter Regeln, Standardreports oder konfigurierbaren Regeln, bei denen Tabellen direkt in eine Analyse einbezogen werden können, muss bei allen anderen technischen Lösungen im Zielsystem entweder eine SAP Query, ein ABAP-Programm oder ein SAP HANA View zur Extraktion der Daten etabliert werden.
4. Die abschließende Umsetzung in SAP Process Control beinhaltet das Anlegen der Datenquellen und der Analyseregeln, gegebenenfalls Business-Rules Parameter und die anschließende Verknüpfung der Regeln mit Kontrollen.

[«]

Schätzung des CMF-Implementierungsaufwands

Nachfolgend finden Sie eine abgestufte Übersicht des Aufwandes im Bereich CMF:

- **Gering**
  Als verhältnismäßig gering kann der Aufwand bei der Einrichtung von automatisierten Test- und Überwachungsszenarien angesehen werden, bei denen konfigurierbare Skripte bzw. Datenquellen, vordefinierte Regeln und SAP-Standardreports verwendet werden.
- **Mittelmäßig**
  Als mittelmäßig kann der Aufwand für die SAP-Query-basierte Automatisierung und für die komplexeren, konfigurierbaren Skripte bzw. Datenquellen eingestuft werden. Einfachere SAP-HANA-View-basierte Szenarien gehören ebenfalls dazu.
- **Hoch**
  Zu dieser Kategorie gehört die Entwicklung von komplexen SAP-HANA-Skripten oder spezialisierten ABAP-Programmen für SAP-Systeme, basierend auf dem GRC-Development-Framework.

21.3.4 Erfolgsfaktoren

Kein Kunde gleicht dem anderen, und die pauschale Ausstellung eines Erfolgsrezepts wäre unseriös. Dennoch möchten wir Ihnen aus unseren Projekterfahrungen einige Anhaltspunkte mitgeben, die Sie berücksichtigen sollten.

Unterstützung im Management

Stellenwert von GRC

Die wichtigsten Erfolgsfaktoren haben mit Softwarelösungen erst einmal nichts zu tun: Die Stellung von GRC-Themen in den Augen des Managements entscheidet schlussendlich darüber, ob sie stiefmütterlich behandelt und vernachlässigt werden – bis es zum Beispiel im Audit Committee aufgrund der vielen Prüfungsfeststellungen eskaliert wird (im besten Fall). Es zeigt sich, ob der Mehrwert von GRC wirklich verstanden wird und die drei Verteidigungslinien sowie entsprechende Projekte genügend Aufmerksamkeit erhalten.

Erfolgreiche GRC-Initiativen sind nur bei hinreichendem Verständnis auf C-Ebenen und in den Senior-Management-Etagen möglich – von deren Vorbildfunktion abgesehen.

Gut geplant ist halb gewonnen

Planung in der Konzeptionsphase

Nehmen Sie sich in der Konzeptionsphase Zeit. Es gibt vieles zu bedenken, insbesondere hinsichtlich der Integrationsszenarien: Es geht zum Beispiel nicht nur um den IKS-Prozess und Ihre ERP-Systeme, sondern auch um eine mögliche Einbettung des IKS in das Risikomanagement, um Synergien mit dem Compliance Management, Performance- und Strategiemanagement, mit der internen Revision etc.

Sie sollten einen Proof-of-Concept-Ansatz (PoC) anstreben (auch: Prototyp, Conference Room Pilot). Die recht abstrakten Risiko- und IKS-Managementprozesse sollten Sie mit Kunden ausreichend durchspielen, bevor Sie grundlegende Entscheidungen über das Design treffen. Dies fördert außerdem die Gewissheit, dass Fachbereiche genau das bekommen, was sie haben möchten. Die Flexibilität, die die Software mit sich bringt, sollte voll ausgeschöpft werden (siehe Abschnitt 21.3.1, »Hilfsmittel und Skills für das GRC-Projekt«).

Bei der Verwendung von CMF-Szenarien sollten Sie im Pilotprojekt zwar möglichst alle relevanten Arten der technischen Umsetzungsmöglichkeiten (Szenariotypen) abdecken, die Gesamtanzahl dieser Szenarien dürfte im Pilotprojekt aber überschaubar sein.

IKS-Content: Reifegrad und Projektkapazität

Befüllen von Templates und Qualitätssicherung

Dass Ihr IKS-Rahmenwerk über einen hinreichenden Reifegrad verfügen soll, haben wir bereits mehrfach betont. Es ist außerdem wichtig, genügend Kapazität für Routineaufgaben, wie das Befüllen von Templates und Quality Assurance bei Test-Uploads, vorzusehen. Je nach IKS-Ansatz des Kunden kann es erforderlich sein, pro Organisationseinheit eine Vorlage mit mehreren Hundert Kontrollen zu befüllen. Bei großen, international tätigen Firmen kommt man sehr schnell an die Gesamtzahl von über 20.000 organisationsspezifischen Kontrollinstanzen. Es ist eine Kommunikation mit den Verantwortlichen jeder involvierten Entität notwendig. Das ist auch dann der Fall, wenn Sie wenn Sie einen dezentralisierten oder hybriden Ansatz verfolgen, lokale Kontrollinstanzen nicht bereits vor dem Go-live vorbereiten und stattdessen auf eine Qualitätssicherung der dezentral stattfindenden Lokalisierung eines IKS-Rahmenwerks im Produktivbetrieb setzen – zum Beispiel beim Einsatz des ICS Update Tools von Riscomp.

Richtiges Know-how

Die Installation von SAP-GRC-Lösungen erfordert die auf dem Markt ausreichend vorhandene SAP-Basis-Fertigkeiten im SAP-NetWeaver- und SAP-HANA-Umfeld.

Designphase

Bei der Konzeption der GRC-Prozesse muss dagegen eine Reihe von Skills aus unterschiedlichen Disziplinen zusammengebracht werden. Im Rahmen diverser Arbeitspakete benötigen Sie vielerlei Unterstützung:

- Für die Abbildung der Compliance-Managementprozesse wird der Input der Ansprechpartner aus Risikomanagement, IKS-Beauftragten, SOX-Compliance-Team, interner Revision etc. benötigt.
- Bei der Automatisierung von Test-, Überwachungs- und Risikoanalyseszenarien im SAP-ERP-Umfeld müssen Sie auf das Wissen zur Prozesskonfiguration im SAP-Applikations-Support sowie gegebenenfalls auf das Know-how der Business-Analysten zugreifen können, insbesondere falls Modifikationen und Anpassungen der SAP-ERP-Standardprozesse vorliegen.

Umsetzung und Support-Phasen

Bei der Implementierung von SAP Process Control und SAP Access Control werden vor allem an die Applikationsberater sehr hohe Anforderungen gestellt: Ein Background in Risk and Compliance, SAP Security und SAP-ERP-Auditing ist sehr zu empfehlen. Wie in Abschnitt 21.3.1, »Hilfsmittel und Skills für das GRC-Projekt«, bereits angedeutet, werden viele technische Skills benötigt, um eine bestmögliche Benutzerfreundlichkeit der Anwendung sicherzustellen: Über gutes Applikations- und Konfigurations-Know-how hinaus sind unter Umständen Web Dynpro, SAP Fiori, Adobe Document Services sowie SAP-Basisgrundlagen notwendig.

Bei der Einrichtung kundenindividueller Dashboards ist es hilfreich, zum Beispiel auf SAP-BI-Experten zurückgreifen zu können. Nichtsdestotrotz ist der GRC-Berater auch hier für die Einrichtung der Datenanlieferung (zum Beispiel via Data Marts oder SAP HANA Views) mit zuständig, was sehr gute technische Kenntnisse des HR-Infotyp-basierten Datenmodells erfordert.

Support

Wenn Sie nach dem Go-live in die Burn-in-Phase nicht allzu viele OSS-Meldungen bzw. Incidents übernommen haben, ist der Support-Bedarf zwar recht überschaubar, stellt aber noch höhere Anforderungen an einen Berater in puncto SAP Case Management, Workflows, HR-basiertes Datenmodell, GRC-Berechtigungen etc.

CMF-Anteil

Nicht zuletzt: Für die technische Realisierung einiger CMF-Szenarien bedarf es der Entwicklung von ABAP-Reports, SAP HANA Views oder SAP Querys.

Außerdem sind die Kenntnisse der compliancerelevanten SAP-ERP-Standardprozesse, der zugrundeliegenden Datenmodelle und insbesondere der wichtigsten Applikationskontrollen ein Muss: Selbst wenn der technische Anteil der Umsetzung (zum Beispiel der SAP-Infoset- oder der ABAP-basierten automatisierten Test- und Überwachungsszenarien) von anderen Spezialisten übernommen wird, einem Berater kann die Erstellung der technischen Spezifikation von keinem Mitarbeiter abgenommen werden.

Zusammenarbeit mit SAP

Es ist unerlässlich, das GRC-Know-how im Unternehmen mithilfe von SAP Education oder durch Teilnahme an GRC-Veranstaltungen aktuell zu halten. Sie sollten Fehlermeldungen bearbeiten, neue Produkt-Releases im Rahmen von Co-Innovation oder weiteren Initiativen implementieren, die eigene Projekt-Erfolgsstory publik machen und sich mit anderen Kunden unter der Vermittlung von SAP austauschen. Es gibt viele Möglichkeiten, von der Zusammenarbeit mit SAP zu profitieren. Es ist ratsam, von diesen Möglichkeiten, soweit es geht, Gebrauch zu machen.

Wenn gewünschte Verbesserungen der Funktionalität von SAP nicht im Rahmen von Enterprise-Support als zu behebende Fehler akzeptiert werden, lohnt es sich trotzdem, sich nach weiteren Optionen umzusehen.

[»]

SAP GRC verbessern

Im März 2018 hat SAP eine SAP-Customer-Connection-Initiative, »GRC – Process Control & Risk Management 2018«, ins Leben gerufen, die in regelmäßigen Abständen stattfindet. Viele Kunden aus mehreren Ländern haben insgesamt über 160 funktionale Verbesserungsvorschläge eingereicht, 30 Vorschläge wurden in der Selektionsphase für die Umsetzung durch SAP SE akzeptiert. Diese Verbesserungen sind zur Umsetzung in Release 12.0 der SAP GRC Suite eingeplant worden. Solche Zusagen gelten in der Softwarebranche allerdings nicht als rechtlich bindend. Details über solche Verbesserungsinitiativen können Sie dem folgenden Link entnehmen: *https://www.sap.com/about/customer-involvement/influence-adopt.html*.

21.4 Resümee

In der Literatur und in Studien werden unterschiedliche Entwicklungsstufen des IKS beschrieben. Man findet hier in erster Linie Einstufungen, die sich auf Qualität und Zuverlässigkeit des IKS beziehen (hinsichtlich des

Contents). In Abbildung 21.3 sehen Sie eine Darstellung, die auf der offiziellen Webseite des *IT Governance Institutes* (*ITGI*) zu finden ist.

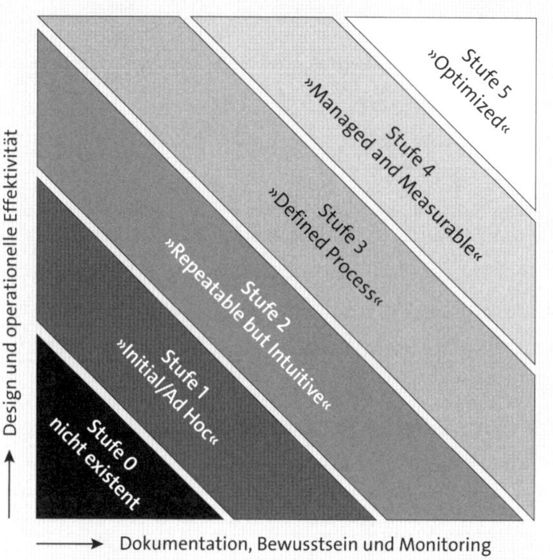

Abbildung 21.3 Qualität und Zuverlässigkeit von Kontrollen
(Quelle: IT Governance Institute: »IT Control Objectives for Sarbanes-Oxley«)

Laut dieser Darstellung ist der Zustand erstrebenswert, der als *optimized* charakterisiert wird. Viele Unternehmen, die ihr eigenes IKS als *optimized* einstufen, meinen damit die Qualität und die Verlässlichkeit eigener Kontrollen. Die Effizienz der Aktivitäten (aus *Prozesssicht*) rund um diese Kontrollen wird oft nicht beachtet: Selbst wenn ein Compliance-Prozess im Wesentlichen auf einer Dokumentation in Microsoft Excel und Word basiert und die Kommunikation via E-Mails erfolgt, wird aufgrund des perfekten Inhalts des IKS-Frameworks das IKS als Ganzes ebenfalls als perfekt angesehen.

Daher möchten wir an dieser Stelle ein weiteres Merkmal hervorheben, das oft in Vergessenheit gerät und das laut ITGI für die Erfüllung von »optimierten IKS-Voraussetzungen« erforderlich ist. Es handelt sich um die Automatisierung des IKS und der Compliance-Managementprozesse:

> *»Technology is leveraged to its fullest extent to document processes, control objectives and activities, identify gaps, and evaluate the effectiveness of controls.« (Quelle: ITGI)*

Das Stichwort Technologie ist hier unmissverständlich: Die Voraussetzung für ein optimiertes IKS kann nur mithilfe von GRC-Management-Lösungen erreicht werden.

Die von Unternehmen eingesetzten Technologien ändern sich. Mit ihnen ändern sich auch die mit ihnen verbundenen Risiken, Kontrollen, aber auch GRC-Lösungen. Die Relevanz der Aussage vom ITGI verringert sich mit der Zeit nicht. Ohne zu tief in die Kristallkugel bezüglich der Zukunft blicken zu wollen, möchten wir abschließend unsere Sicht auf einige der wichtigsten Entwicklungen zusammenfassen:

Im Hinblick auf die Inhalte von GRC sind die folgenden Neuerungen zu verzeichnen:

- GRC-Rahmenwerke decken immer mehr Compliance-Sichten ab: Unternehmen erkennen zunehmend den Vorteil darin, über finanzberichterstattungsorientierte hinaus weitere Dimensionen wie Anti-Fraud, Operational und ISO-Compliance, Datenschutz etc. in GRC-Management-Lösungen abzubilden.
- Themen wie Datenschutz und Cyber-Security, angetrieben unter anderem durch die DSGVO-bedingten Änderungen, die weit über GRC-Rahmenwerkinhalte hinausgehen. Wir leben in einer Zeit des Umbruchs: Prozesse und IT-Landschaften ändern sich.
- Zunehmende »Cloudisierung« schlägt sich auch bei Rahmenwerken nieder: die Wichtigkeit der Zertifizierungen von Serviceprovidern – und entsprechende inhaltliche Referenzierungen darauf in GRC – nehmen zu.

Die Folge ist eine Reihe von Trends im Hinblick auf SAP-Lösungen für GRC:

- Unternehmen interessieren sich für möglichst integrierte GRC-Plattformen, die Prozesse für IKS und Risikomanagement, interne Revision, Compliance Management etc. unterstützen. Funktionale Erweiterungen betreffen dabei unter anderem Datenschutzthemen.
- Die Verwendung von Cloud-Software kommt auch bei GRC-Lösungen zunehmend an: Unternehmen bauen das Misstrauen ab, erkennen die Vorteile und verstehen besser die Sicherheitsaspekte von cloudbasierten Lösungen.
- Neue Technologien wie zum Beispiel SAP HANA erleichtern den Einstieg in die Welt des Machine Learnings (ML). Kunden erwarten mehr Flexibilität bei der Integration von GRC- und Analytics-Werkzeugen und interessieren sich zunehmend für ML-Verwendungsszenarien, die nicht nur durch Data Scientists gehandhabt werden können.
- Die ersten GRC-Lösungen kamen vor über 10 Jahren auf den Markt, und der Nur Wettbewerb sowie dessen darwinistischen Auswirkungen nehmen zu. Nur Lösungen, die bei der Benutzerfreundlichkeit und Flexibilität des Datenmodels mithalten, haben Aussicht auf Erfolg.

Anhang

Anhang A
Abkürzungsverzeichnis

AAF	Audit and Assurance Faculty
ACF	Automated Controls Framework
ACL	Access Control List
ADA	Anlagendatenbank
AfA	Abschreibung für Abnutzung
AFG	Auslösende Feldgruppe
AFL	Application Function Library
AHK	Anschaffungs- und Herstellkosten
AI	Artificial Intelligence
AICPA	American Institute of Certified Public Accountants
AIS	Audit-Informationssystem
AktG	Aktiengesetz
ALE	Application Link Enabling
AMF	Autorité des Marchés Financiers
AMF	Automated Monitoring Framework
AMS	Application Management Services
AO	Abgabenordnung
APF	Analysis Path Framework
APT	Advanced Persistent Threat
ArbG	Arbeitsgesetz
ARF	Automated Rules Framework
ARM	Access Risk Management

AS	Application Server
ASAP	Accelerated SAP
ASB	Auditing Standards Board
BAdI	Business Add-In
BaFin	Bundesanstalt für Finanzdienstleistungsaufsicht
BAFU	Bundesamt für Umwelt
BAG	Bundesamt für Gesundheit (Schweiz)
BAPI	Business Application Programming Interface
BC-Set	Business Configuration Set
BDSG	Bundesdatenschutzgesetz
BetrVG	Betriebsverfassungsgesetz
BilMoG	Bilanzrechtmodernisierungsgesetz
BMG	Bundesministerium für Gesundheit
BMM	Materialwirtschaftsdatenbank
BPersVG	Bundespersonalvertretungsgesetz
BPP	Business Process Procedures
BRF	Business Rules Framework Belegdatenbank
BRF	Business Rules Framework
BRG	Business Role Governance
BS	British Standard
BSC	Balanced Scorecard
BSI	Bundesamt für Sicherheit in der Informationstechnik
CA	Communication Assembly
CAAT	Computer Assisted Auditing Techniques
CAPA	Corrective And Preventive Actions
CATT	Computer Aided Test Tool
CCMS	Computer Center Management System

CDS	Core Data Services
CEA	Centralized Emergency Access
CEAVOP	Completeness, Existence, Accuracy, Valuation, Ownership, Presentation
CFR	Code of Federal Regulations
CHIP	Collaborative Human Interface Part
CHMP	Ausschuss für Humanarzneimittel
CIA	Certified Internal Auditor
CISA	Certified Information Systems Auditor
CMF	Continuous Monitoring Framework
CMMI	Capability Maturity Model Integration
CO	Controlling
COBIT	Control Objectives for Information and Related Technologies
CO-OM	Overhead Management (Kostenstellenrechnung)
CO-PA	Profitability Analysis (Ergebnis- und Marktsegementrechnung)
CO-PC	Produktkosten-Controlling
COSO	Committee of Sponsoring Organizations of the Treadway Commission
CPA	Certified Public Accountant
CpD	Conto pro Diverse
CRA	Crystal Reports Adapter
CRISC	Certified in Risk and Information Systems Control
CRR	Capital Requirements Regulation
CSAE	Canadian Standard on Assurance Engagements
CTS	Change and Transport System
CUP	Compliance User Provisioning
CVI	Customer-Vender-Integration

DART-Tool	Data Retention Tool
DCGK	Deutscher Corporate Governance Kodex
DDF	Debitorendatenbank
DIIR	Deutsches Institut für Interne Revision e. V.
DIN	Deutsches Institut für Normung
DMS	Dokumentationsmanagementsystem
DMZ	Demilitarisierte Zone
DPG	SAP Data Privacy Governance
DSAG	Deutschsprachige SAP-Anwendergruppe
DSGVO	Datenschutz-Grundverordnung
EAM	Enterprise Asset Management
eCATT	Extended CATT
ECILA	European Confederation of Institutes of Internal Auditing
ECN	Ericsson Corporate Networks
EDI	Electronic Data Interchange
EFG	Ergänzungsfeldgruppe
EHP	Enhancement Packages (Erweiterungspakete)
EHS	Environment, Health and Safety
ELC	Entity-Level Controls
EMA	European Medicines Agency, Europäische Arzneimittelagentur
EMEA	Wirtschaftsraum Europa, Naher Osten und Afrika (**E**urope, **M**iddle **E**ast und **A**frica)
EN	Europäische Normen
ENN	Edited Nearest Neighbours
ErwG	Erwägungsgrund
ETL	Extract, Transform, Load
EU	Europäische Union
EWR	Europäischer Wirtschaftsraum

FAIT	Fachausschuss für Informationstechnologie
FAMA	Fachausschuss für moderne Abrechnungssysteme beim Institut der Wirtschaftsprüfer Deutschland e. V.
FDA	Food and Drug Administration
FEFO	First Expired – First Out
FEI	Financial Executives International
FI	Financials (Finanzwesen)
FI-AA	Asset Accounting (Anlagenbuchhaltung)
FI-AP	Accounts Payable (Kreditorenbuchhaltung)
FI-AR	Accounts Receivable (Debitorenbuchhaltung)
FI-BL	Bank Accounting (Bankbuchhaltung)
FIFO	First In – First Out
FI-GL	General Ledger (Hauptbuch)
FLR	Fraud Loss Rate Annual
FMCL	Fast Moving Consumer Goods
FSA	Financial Services Agency
GAAP	Generally Accepted Accounting Principles
GAIT	Guide to the Assessment of IT Risk
GAMP	Good Automated Manufacturing Practice (Gute Herstellungspraxis)
GdPdU	Grundsätze zum Datenzugriff und zur Prüfbarkeit digitaler Unterlagen
GDPR	General Data Protection Regulation
GKP	Gute klinische Praxis
GLP	Good Laboratory Practice (Gute Laborpraxis)
GMP	Good Manufacturing Practice (Gute Herstellungspraxis)
GoB	Grundsätze ordnungsmäßiger Buchführung
GoBD	Grundsätze zur ordnungsmäßigen Führung und Aufbewahrung von Büchern, Aufzeichnungen und Unterlagen in elektronischer Form sowie zum Datenzugriff

GoBS	Grundsätze ordnungsmäßiger DV-gestützter Buchführungssysteme
GRC	Governance, Risk, and Compliance
GS	Guidance Statement
GSS	Guided Self-Service
GuV	Gewinn- und Verlustrechnung
GWG	Geringwertige Wirtschaftsgüter
GxP	Gute Praxis (x als Platzhalter)
HGB	Handelsgesetzbuch
HIPAA	Health Insurance Portability and Accountability Act
HKSA	Hong Kong Standard on Auditing
HPFB	Health Products and Food Branch (Kanada)
IaaS	Infrastructure as a Service
IAASB	International Auditing and Assurance Standards Board
IAASB	International Auditing and Assurance Standards Board
IAG	Identity Access Governance
IAS	International Accounting Standards
ICAEW	Institute of Chartered Accountants
ICH	International Conference on Harmonization
IDoc	Intermediate Document
IDS	Intrusion Detection System
IDW	Institut der Wirtschaftsprüfer in Deutschland
IFAC	International Federation of Accountants
IFRS	International Financial Reporting Standards
IIA	Institute of Internal Auditors
IIA Austria	Institut für Interne Revision Österreich
IIA Switzerland	Institut für Interne Revision Schweiz
IKS	Internes Kontrollsystem

IMG	Implementation Guide (Einführungsleitfaden)
ISA	International Standards on Auditing
ISACA	Information Systems Audit and Control Association
ISAE	International Standard on Assurance Engagements
ISO	International Organization for Standardization
ISPE	International Society for Pharmaceutical Engineering
ISS	Issue
ITAF	Information Technology Assurance Framework
ITC	The International Trade Centre
ITGC	IT General Controls
ITGI	IT Governance Institute
ITIL	Information Technology Infrastructure Library
ITSEC	Information Technology Security Evaluation Criteria
ITSEM	Information Technology Security Evaluation Manual
J-SOX	Japanese SOX
KDF	Kreditorendatenbank
KEF	Kritische Erfolgsfaktoren
KI	Künstliche Intelligenz
KMU	Kleine und mittlere Unternehmen
KonTraG	Gesetz zur Kontrolle und Transparenz im Unternehmensbereich
KRI	Key Risk Indicators
KTW	Korrektur- und Transportwesen
LDAP	Leightweight Directory Access Protocol
LIFO	Last In – First Out
MDEC	Medical Device Evaluation Committee (Australien)
MDUG	Master Data Upload Generator
MHD	Mindesthaltbarkeitsdatum

MHLW	Ministery for Health, Labour and Welfare (Japan)
ML	Maschinelles Lernen
MM	Materials Management (Materialwirtschaft)
MOF	Microsoft Operations Framework
MQT	Multi Application Query Tool
MRC	Management Risk Controlling
NDA	Non-Disclosure Agreement
NI	National Instrument
NIST	National Insitute of Standards and Technology
NPCB	National Pharmaceutical Control Bureau (Malaysia)
O2C	Order-to-Cash
OECD	Organisation for Economic Co-operation and Development
OLSP	Organization Level System Parameter
OP	Offener Posten
OR	Ordnungsmäßige Rechnungslegung
ORX	Operational Risk Data eXchange Association
P2P	Purchase-to-Pay Procure-to-Pay
PaaS	Platform as a Service
PAL	Predictive Analysis Library
PAM	Product Availability Matrix
PCAOB	Public Company Accounting Oversight Board
PCI-DSS	Payment Card Industry Data Security Standard
PDCA	Plan-Do-Check-Act
PIC/S	Pharmaceutical Inspection Cooperation Scheme
PKI	Public Key Infrastructure
PM	Plant Maintenance
PMSB	Pharmaceutical and Medical Safety Bureau (Japan)

PoC	Proof of Concept
PS	Prüfungsstandard Project System
PublG	Publizitätsgesetz
QAS	Qualitätssicherungssystem in einer drei- oder vierstufigen SAP-Landschaft
qRFC	queued RFC
RAL	Read Access Logging
RAR	Risk Analysis and Remediation
RBE	Reversed Business Engineering
RE	Rechnungseingang
RFC	Remote Function Call
RFM	Remote-enabled Function Module (remotefähige Funktionsbausteine im SAP-System)
RMS	Risk Management System (Risikomanagementsystem)
ROI	Return on Investement
RPL	Remediation Plan
SaaS	Software as a Service
SAP BPC	SAP Business Planning and Consolidation
SAP CRM	SAP Customer Relationship Management
SAP ERP HCM	SAP ERP Human Capital Management
SAP ILM	SAP Lifecycle Management
SAP MIC	SAP Management of Internal Controls
SAP SRM	SAP Supplier Relationship Management
SAS	Self Assessment
SD	Sales and Distribution (Vertrieb)
SDF	Sachkontendatenbank
SEC	Securities and Exchange Commission, US-Börsenaufsicht
SGB	Sozialgesetzbücher

SHI	Schweizerisches Heilmittelinstitut (Schweiz)
SLA	Service Level Agreement
SME	Small and Medium-sized Enterprises
SMOTE	Synthetic Minority Over-sampling Technique
SNC	Secure Network Communications
SOC	System and Organizational Controls
SoD	Segregation of Duties
SOP	Standard Operation Procedure
SOS	Security Optimization Service
SOX	Sarbanes-Oxley Act
SPM	Superuser Privilege Management
SSAE	Statement on Standards for Attestation Engagements
SSO	Single Sign-on
StGB	Strafgesetzbuch
TGA	Therapeutic Goods Administration (Australien)
TLoD	Three Lines of Defense
TLS	Transport Layer Security
TMS	Transport Management System
TOM	Technische und organisatorische Maßnahmen
UAM	User Access Management
UAR	User Access Review
UCON	Unified Connectivity
UME	User Management Engine
UNIDO	The United Nations Industrial Development Organization
URÄG	Untenehmensrechts-Änderungsgesetz 2008
VMM	Value Measuring Methodology
VMP	Validation Master Plan
VRV	Logische Datenbank RV: Fakturen

WE	Wareneingang
WIP	Work in Progress
XAMS	Xiting Authorizations Management Suite
ZBV	Zentrale Benutzerverwaltung

Anhang B
Literatur

- Abdikerim, M.; Master Thesis: MS in Risk Management and Financial Regulation, Queen's University Belfast, The impact of Internal Control on firm Value. Evidence from UK firms 17. September 2015.
- ACFE: »Report to the Nations 2018 global study on occupational fraud and abuse«, *https://www.acfe.com/report-to-the-nations/2018/* (zuletzt aufgerufen am 11.02.2019).
- Achathaler, L.; Hofman, D.; Pazmandy, M. (Hrsg.): Korruptionsbekämpfung als globale Herausforderung – Beiträge aus Praxis und Wissenschaft. Wiesbaden 2011.
- Bakhshaliyeva, N. et al: SAP Predictive Analytics. Vorausschauende Analysen mit SAP. Bonn 2017.
- Baltes, O.; Lakomy, H.; Spieß, P.; Wörmann-Wiese, E.: SAP-Materialwirtschaft – Das Praxishandbuch. Bonn 2017.
- Bechler, M. et al.: SAP Solution Manager – Das Praxishandbuch. Bonn 2017.
- Behera, R.: Cross-Enterprise Integration with SAP GRC Access Control. Boston 2009.
- Buchner, R.: Wirtschaftliches Prüfungswesen. 2. Auflage, München 1997.
- Bundesamt für Sicherheit in der Informationstechnik: IT-Grundschutzkataloge, verfügbar unter: *www.bsi.bund.de* (zuletzt aufgerufen am 11.02.2019).
- Christian, A.; Iyer, D.R.; Sudhalkar, A.: Implementing SAP Governance, Risk, and Compliance. Boston 2013.
- Chuprunov, M.: SAP GRC – Governance, Risk und Compliance im Dienste der Korruptions- und Betrugsbekämpfung. Gleichen 2017.
- Däubler, W.; Klebe, T.; Wedde, P.; Weichert, T.: Bundesdatenschutzgesetz – Kompaktkommentar. 3. Auflage, Frankfurt am Main 2010.
- Deutschsprachige SAP-Anwendergruppe (DSAG e. V.): SAP-Prüfleitfäden, Leitfäden Datenschutz etc., verfügbar unter: *http://www.dsag.de/leitfaeden* (zuletzt aufgerufen am 11.02.2019).

- EHI-Studie: Inventurdifferenzen, 2016 *https://www.ehi.org/de/studien/inventurdifferenzen-2016/* (zuletzt aufgerufen am 11.02.2019).
- Englbrecht, M.; Wegelin, M.: SAP Fiori. Implementierung und Entwicklung. 2., aktualisierte und erweiterte Auflage, Bonn 2017.
- Engels, J.I.: Die Geschichte der Korruption. Frankfurt 2014.
- Fifka, M.; Falke, A. (Hrsg.): Korruption als internationales Phänomen. Berlin 2012.
- Financial Stability Institute: Occasional Paper No 11, The four lines of defence model for financial institutions. December 2015.
- Gächter, S.; Schulz, J.: Intrinsic honesty and the prevalence of rule violations across societies. In: Nature. 9. März 2016.
- Gee, J.; Button, M.: The Financial Cost of Fraud 2015. *http://www.pkf.com/media/31640/PKF-The-financial-cost-of-fraud-2015.pdf*, PKF Littlejohn LLP and University of Portsmouth, Centre for Counter Fraud Studies (zuletzt aufgerufen am 11.02.2019).
- Gola, P.; Klug, C.; Körffer, B.; Schomerus, R.: BDSG. Bundesdatenschutzgesetz. 10. überarbeitete und ergänzte Auflage, München 2010.
- Gola, P.: Datenschutz-Grundverordnung: DS-GVO VO (EU) 2016/679. München 2017.
- Green, V.: Combating unethical practices in fovernment, commerce and society. iUniverse, Inc. 2013.
- Hall, C.: Local Government Fraud Prevention. Fort Worth 2014.
- Hartke, L.; Hohnhorst, G.; Sattler, G.: SAP-Handbuch Sicherheit und Prüfung. 4. Auflage, Düsseldorf 2010.
- Helfen, M.; Trauthwein, H. M.: SAP-Lösungen testen. 2., aktualisierte und erweiterte Auflage, Bonn 2010.
- Horwath, P.; Schäfer, H-Th.: Prüfung bei automatisierter Datenverarbeitung. 2. Auflage, Berlin 1983.
- Huber, S.: SAP-Testmanagement. Bonn 2015.
- IMF: Corruption: Cost and Mitigation Strategies, Mai 2016, *http://www.imf.org/external/pubs/ft/sdn/2016/sdn1605.pdf* (zuletzt aufgerufen am 11.02.2019).
- Kaplan, R.; Norton, D.; Hilgner, B.: Der effektive Strategieprozess. Erfolgreich mit dem 6-Phasen-System. Frankfurt 2009.
- Kucklick, C.: Die Granulare Gesellschaft. Berlin 2016.
- Kunze, T.; Reinelt, D.; Schmalzing, K.: SAP S/4HANA Finance – Customizing. Bonn 2018.

- Leffson, U.: Wirtschaftsprüfung. 4. vollständig überarbeitete Auflage, Wiesbaden 2012.
- Lehnert, V.; Luther, I.; Christoph, B.; Pluder, C.: Datenschutz mit SAP – SAP Business Suite und SAP S/4HANA. Bonn 2018.
- Lehnert, V.; Stelzner, K.; John, P.; Otto, A.: SAP-Berechtigungswesen. 3. aktualisierte und erweiterte Auflage, Bonn 2016.
- Maurer-Lambrou, U.; Vogt, N. P.: Basler Kommentar Datenschutzgesetz. 2. Auflage, Zürich 2010.
- Minz, G.: Ansätze einer Prüfungstheorie für computergestützte Buchführungssysteme. In: WPg 36 (1983), Nr. 18.
- Minz, G.; Zepf, G.: Computergestützte Jahresabschlussprüfung – Erfordernis, Möglichkeiten und Voraussetzungen. In: BfuP 36 (1984), Heft 5.
- Montgomery, R. H.: Auditing Theory and Practice. New York 1912.
- National Fraud Authority UK: »Annual Fraud Indicator 2013«, *https://www.gov.uk/government/uploads/system/uploads/attachment_data/file/206552/nfa-annual-fraud-indicator-2013.pdf* (zuletzt aufgerufen am 11.02.2019).
- Oberhofer, B.: Datenschutz und Arbeitsrecht (Vol. Handbuch Datenschutzrecht). 2009.
- Otto, A.; Stelzner, K.: Berechtigungen in SAP – 100 Tipps & Tricks. Bonn 2014.
- Pierre, R.: »Detecting Financial Fraud Using Machine Learning: Winning the War Against Imbalanced Data« aus *https://towardsdatascience.com/detecting-financial-fraud-using-machine-learning-three-ways-of-winning-the-war-against-imbalanced-a03f8815cce9* (zuletzt aufgerufen am 11.02.2019).
- Salmon, J. et al.: SAP S/4HANA Finance – Funktionen, Neuerungen, Migration. Bonn 2019.
- SAP AG: Benutzer und Rollen (BC-SEC-USR), verfügbar unter: *http://help.sap.com/* (zuletzt aufgerufen am 11.02.2019).
- SAP AG: Sicherheitsleitfäden, verfügbar unter: *http://service.sap.com/securityguide* (zuletzt aufgerufen am 11.02.2019).
- Schirrmacher, T.; Schirrmacher, D., Korruption. Wenn Eigennutz vor Gemeinwohl steht. 2014.
- Schuppenhauer, R.: Grundsätze für eine ordnungsmäßige Datenverarbeitung (GoDV). Handbuch der DV-Revision. 6. Auflage, Düsseldorf 2007.
- Stumm, H.; Berlin, D.: SAP-Systeme schützen. Bonn 2016.

- Tiede, T.: Sicherheit und Prüfung von SAP-Systemen. 4., aktualisierte und erweiterte Auflage, Bonn 2018.
- Tinnefeld, M.-T.; Buchner, B.; Petri, T.: Einführung in das Datenschutzrecht. Datenschutz und Informationsfreiheit in europäischer Sicht. 6. Auflage, München 2017.
- Wikipedia: Suchbegriff »Tobins Quotient« *https://de.wikipedia.org/wiki/Tobin%E2%80%99s_Q* (zuletzt aufgerufen am 11.02.2019).
- Withus, K.-H.: Internes Kontrollsystem und Risikomanagementsystem – Neue Anforderungen an die Wirtschaftsprüfer durch das BilMoG. In: Die Wirtschaftsprüfung. Hrsg. Institut der Wirtschaftsprüfer in Deutschland e.V., Heft 17/2009.
- World Bank Institute: Fighting Corruption Through Collective Action – a Guide for business, 2008, *http://www.globalcompact.de/wassets/docs/korruptionspraevention/publicationen/fighting_collective_action.pdf* (zuletzt aufgerufen am 11.02.2019).

Verwendete Gesetze und Richtlinien

- Aktiengesetz (AktG), Deutschland.
- Aktiengesetz (AktG), Österreich.
- Auditors' Act, Dänemark.
- Basic Standard for Enterprise Internal Control, China.
- Bilanzrechtsmodernisierungsgesetz (BilMoG), Deutschland.
- Bundesdatenschutzgesetz (BDSG), (DEU) 2009.
- Code of Federal Regulations (CFR), Titel 21, USA.
- Datenschutzgesetz (DSG), (AUT) 2000.
- Europäische Union: Richtlinie 95/46/EG des Europäischen Parlaments und des Rates vom 24. Oktober 1995 zum Schutz natürlicher Personen bei der Verarbeitung personenbezogener Daten und zum freien Datenverkehr, Amtsblatt Nr. L 281 vom 23/11/1995.
- Europäische Union: Verordnung (EU) 2016/679 des Europäischen Parlaments und des Rates vom 27. April 2016 zum Schutz natürlicher Personen bei der Verarbeitung personenbezogener Daten, zum freien Datenverkehr und zur Aufhebung der Richtlinie 95/46/EG (DSGVO).
- Europarat (Council of Europe, COE): Übereinkommen zum Schutz des Menschen bei der automatischen Verarbeitung personenbezogener Daten, 28.01.1981.
- Financial Instruments and Exchange (J-SOX), Japan.

- Financial Statements Act, Dänemark.
- Foreign Practice Act, USA.
- Gesetz zur Kontrolle und Transparenz im Unternehmensbereich (KonTraG), Deutschland.
- GmbH-Gesetz (GmbHG), Österreich.
- Grundsätze zur ordnungsmäßigen Führung und Aufbewahrung von Büchern, Aufzeichnungen und Unterlagen in elektronischer Form sowie zum Datenzugriff (GoBD, BMF-Schreiben vom 14. November 2014).
- Handelsgesetzbuch (HGB), Deutschland.
- Health Insurance Portability and Accountability Act (HIPAA), USA.
- Loi de Sécurité Financière, Frankreich.
- National Instruments (NI), Canada.
- Obligationenrecht (OR), Schweiz.
- Organisation für wirtschaftliche Zusammenarbeit und Entwicklung (Organisation for Economic Co-operation and Development, OECD): Recommandation of the Council Concerning Guidelines Governing the Protection of Privacy and Transborder Flows of Personal Data, 23. September 1980.
- Public Company Accounting Reform and Investor Protection Act (US-SOX), USA.
- Strafgesetzbuch (STGB), Deutschland.
- UN General Assembly: Guidelines for the Regulation of Computerized Personal Data Files, 14 December 1990.
- US Department of Commerce: Safe Harbor Principles – Privacy Policy, 2000.
- Verordnung zur Durchführung des Datenschutzgesetzes (VDSG), (CHE) 1993.

Anhang C
Der Autor

Maxim Chuprunov (CPA, CISA, CRISC) hat das Studium der Betriebswirtschaft inklusive Forschungsvorhaben als DAAD-Stipendiat im Jahr 2001 mit der Magisterarbeit zum Thema »Audit im SAP-Umfeld« abgeschlossen. Seitdem ist er diesem Thema treu geblieben und baut es konsequent im GRC-Bereich aus. Die Verbindung der fachlichen und GRC-spezifischen Sichten auf Geschäftsprozesse mit dem technischen Lösungs-Know-how gehört zu seinem Spezialgebiet.

Bevor Maxim Chuprunov Ende 2010 die Riscomp GmbH (Schweiz) gründete, war er bei der KPMG DTG in München und der KPMG LLP in Boston, bei der Schenker AG in Essen sowie bei der SAP AG in Zürich tätig.

Zusammen mit seinen Riscomp-Kollegen unterstützt er Kunden bei Implementierung und Support von SAP-GRC-Lösungen. Außerdem bietet Riscomp einige SAP-GRC-Zusatzentwicklungen und integrierte Tools an. Er ist im SAP Solution Management als Ideengeber bei Tests und Design von GRC-Softwareprodukten bekannt und führt als Referent bei SAP Education Schulungen durch.

C.1 Die Beiträger

Moldir Abdikerim ist Partnerin und Principal-GRC-Beraterin bei der Riscomp GmbH. Seit 2010 arbeitet sie in den Bereichen Business Intelligence, BusinessObjects, SAP BPC sowie SAP GRC. Während ihrer Zeit bei Riscomp hat sie über 15 erfolgreiche GRC-Implementierungsprojekte weltweit begleitet. Ihr Spezialgebiet ist die Integration von SAP GRC mit SAP ERP und SAP S/4HANA sowie die HANA-basierte Umsetzung von integrativen Automatisierungsszenarien für GRC. Sie ist Wirtschaftsingenieurin und MSc in Risk Management and Financial Regulation (Queen's University Belfast). Durch ihre Diplomarbeit »The impact of Internal Control on firm Value. Evidence from UK firms« hat Moldir einen wichtigen Beitrag zu Abschnitt 21.2.2, »Marktwert eines Unternehmens«, geleistet.

Reto Bachmann ist Projektleiter im Bereich Operational Excellence bei ABB Asea Brown Boveri, Schweiz. Als SAP-Berater hat er rund 10 Jahre Projekterfahrung in logistikverwandten Themen, hauptsächlich in der unterhaltungselektronischen, in der pharmazeutischen und in der Nahrungsmittelindustrie (FMCG). Später wechselte er in die interne Revision eines schweizerischen Chemieunternehmens, für das er über einen Zeitraum von 4 Jahren Datenanalysen entwickelte und einführte, um die Effizienz der Kontrollen sowie die Ordnungsmäßigkeit von SAP-Prozessen effektiv und kostenoptimiert zu beurteilen. Danach war er in ähnlichen Rollen bei einem schweizerischen Pharmaunternehmen und für Mettler-Toledo International tätig.

Kapitel 14, »Exemplarische effizienz- und wirtschaftlichkeitsorientierte Analyseszenarien in SAP ERP«, dieses Buches entstand unter Mitwirkung von Reto Bachmann.

Günther Emmenegger war im Business Development von SAP für die Lifesciences-Industrie/Biowissenschaften im EMEA-Wirtschaftsraum und Indien verantwortlich und ist aktuell im Ruhestand. Nach dem Studium der Mathematik und der angewandten Physik in Freiburg im Breisgau arbeitete er in der deutschen Weltraumforschung und 19 Jahre für einen französischen Chemie- und Pharmakonzern. Nach vier Jahren als Validierungsberater bei einem Implementierungspartner von SAP war er seit 2001 in verschiedenen Rollen für die Lifesciences-Kunden von SAP tätig.

Kapitel 13, »Exkurs: FDA-Compliance und Kontrollen in SAP«, dieses Buches entstand unter Mitwirkung von Günther Emmenegger.

Gerhard Jurasek ist Geschäftsführer der SAPPHIR IT & Management Training GmbH in Graz. Er ist international als SAP-Berater und SAP-Trainer auf dem Gebiet Finanzwesen und Controlling tätig. Er ist Buchautor und veröffentlichte einige Artikel in der Fachzeitschrift »Der Controlling-Berater«. Zudem lehrt er am Institut für Controlling an der Universität Graz. Herr Jurasek hat einen wertvollen Beitrag zu Kapitel 15, »Risk und Compliance in SAP S/4HANA«, in diesem Buch geleistet.

Maria Spöri ist Beraterin für SAP-Berechtigungen und SAP Security bei der NOVO BusinessConsultants AG. Sie hat 7 Jahre SAP-Projekterfahrung in der Beschaffung bei einem großen Technologiekonzern. Anschließend wechselte sie fachlich in den Bereich SAP Security und spezialisierte sich auf die Konzeption und Einführung von Berechtigungskonzepten für SAP ERP, IDM-basierte User-Provisionierung sowie SoD-Themen. Der Beitrag von Frau Spöri zu diesem Buch (Kapitel 16, »Berechtigungen in SAP S/4HANA«) ist während ihrer Arbeit bei der Riscomp GmbH entstanden.

Vishal Padiyar (CISA, CISM, CRISC) ist bei der Riscomp GmbH als Senior-SAP-Security-Governance- und GRC-Berater tätig. Er hat über 12 Jahre Erfahrung in den Bereichen IT Governance, Risk und Enterprise Security, die er während seiner Tätigkeit als Berater bei Kunden, unter anderem aus Lifesciences und Finanzindustrie, in der Schweiz, Deutschland und Indien sammeln konnte. Sein Hauptfokus ist dem risikobasierten Ansatz bei der Etablierung von SAP Security – relevanten Kontrollmechanismen und Lösungen – gewidmet, die auf Cyber-Risiken in hybriden SAP-Landschaften abzielen. Außerdem begeistert sich Vishal für das Thema Datenschutz. Vishal hat Kapitel 17, »Unified Connectivity: Wirksamer Schutz der SAP-ERP-Umgebungen«, verfasst.

Volker Lehnert ist seit 2000 bei SAP SE in unterschiedlichen Verwendungen im Rahmen Compliance & Sicherheit tätig. 2012 übernahm er bei SAP im Bereich Installed Base Maintenance and Support (IMS) als Product Owner die Vervollständigung der Datenschutzfunktionen in der SAP Business Suite. Seit 2018 ist er als Senior Director Data Privacy in der Entwicklung für die Bereitstellung relevanter Datenschutz-Features in SAP S/4HANA verantwortlich. Volker Lehnert ist Co-Autor des Datenschutzleitfadens der DSAG, Hauptautor des SAP-PRESS-Bestsellers *SAP-Berechtigungswesen* und Hauptautor des aktuellen Bestsellers *Datenschutz mit SAP*. In Datenschutzkreisen ist er auch bekannt als der Datenschutzexperte von SAP, der so komisch-bunte Anzüge trägt. Unabhängig von Stilirritationen hat Volker Lehnert das Datenschutzprofil der Produkte SAP Business Suite und SAP S/4HANA verantwortlich geprägt.

In Zusammenarbeit mit Volker Lehnert entstand Kapitel 11, »Datenschutz-Compliance in SAP ERP Human Capital Management«, dieses Buches (außer Abschnitt 11.2, »Datenschutzrelevante übergreifende Kontrollmechanismen im SAP-System«).

Marc Michely beschäftigt sich seit vielen Jahren mit der Optimierung von Prozessabläufen und Kontrollen in Unternehmen im internationalen Umfeld. Als Prüfer und Berater sammelte er Erfahrungen in diesen Bereichen und fokussiert sich bei PricewaterhouseCoopers Schweiz, Abteilung System and Process Assurance, auf den Bereich der zentralen Überwachung von Unternehmensprozessen bei Shared-Service-Centern von internationalen Firmen.

Mit der Unterstützung von Marc Michely entstand Kapitel 12, »Betrug im SAP-System«, dieses Buches.

Michael Heckner unterstützt bei SAP SE seit gut 10 Jahren zahlreiche weltweit tätige Unternehmen auf ihrem Weg zu Corporate Governance, Risikomanagement und Compliance, sowohl in den USA als auch in Europa. Sein Interesse liegt in der Softwareunterstützung und -optimierung neuartiger und komplexer Geschäftsprozesse. Herr Heckner hat das Vorwort zu diesem Buch verfasst.

Index

B

C

P

T

U

V

W

Z

SAP PRESS
mit SAP
Aktuell zur DSGVO
Datenschutz mit SAP
SAP Business Suite und SAP S/4HANA
Schritt für Schritt zum datenschutzkonformen SAP-System
Neue gesetzliche Anforderungen umsetzen
Bordmittel von SAP effektiv einsetzen
Datenschutz
Lehnert · Luther
Christoph · Pluder
Rheinwerk
Publishing